普通高等教育“十二五”规划教材

钢铁冶金原理

（第4版）

重庆大学　黄希祜　编

北　京
冶　金　工　业　出　版　社
2023

内 容 提 要

本书是高等学校冶金工程专业开设的冶金热力学及动力学或冶金原理等技术基础课程的教材。全书共8章：冶金热力学基础，冶金动力学基础，金属熔体，冶金炉渣，化合物的形成-分解及碳、氢的燃烧反应，氧化物还原熔炼反应，氧化熔炼反应，铁水及钢液的炉外处理反应；附录有复杂公式的导出、化合物的标准生成吉布斯自由能表、习题答案等。全书注重阐述钢铁冶金的基础理论，并力求将这些基础理论应用于钢铁冶金过程反应的分析。

本书除作为钢铁冶金专业（本科生及研究生）的教材外，亦可供冶金工程技术及科研人员参考。

图书在版编目(CIP)数据

钢铁冶金原理/黄希祜编.—4版.—北京：冶金工业出版社，2013.1(2023.1重印)

普通高等教育“十二五”规划教材

ISBN 978-7-5024-5821-8

Ⅰ.①钢…　Ⅱ.①黄…　Ⅲ.①炼钢—高等学校—教材　②炼铁—高等学校—教材　Ⅳ.①TF4

中国版本图书馆CIP数据核字(2012)第281814号

钢铁冶金原理（第4版）

出版发行　冶金工业出版社　　**电　话**　(010)64027926

地　址　北京市东城区嵩祝院北巷39号　　**邮　编**　100009

网　址　www.mip1953.com　　**电子信箱**　service@mip1953.com

责任编辑　杨　敏　宋　良　美术编辑　彭子赫　版式设计　孙跃红

责任校对　李　娜　责任印制　窦　唯

三河市双峰印刷装订有限公司印刷

1981年12月第1版，1990年11月第2版，2002年1月第3版，

2013年1月第4版，2023年1月第8次印刷

787mm×1092mm　1/16；41.75印张；1011千字；651页

定价82.00元

投稿电话　**(010)64027932**　**投稿信箱**　**tougao@cnmip.com.cn**

营销中心电话　**(010)64044283**

冶金工业出版社天猫旗舰店　**yjgycbs.tmall.com**

（本书如有印装质量问题，本社营销中心负责退换）

第4版前言

《钢铁冶金原理》自1980年开始编写1981年初版之后，又先后修订过3次，经历了30年之久，一直被国内大多数冶金院校用作教材，也被较多出版的相关的教材、专著及科技杂志论文列入其参考文献中，受到读者的青睐。本书第2版荣获冶金工业部第三届优秀教材一等奖及1997年国家级教学成果一等奖；第3版曾被列入普通高等教育“九五”国家级重点教材，并于2006年获中国冶金教育学会冶金优秀教材一等奖。这些殊荣都鞭策着作者有责任作第4次修订，以满足现在教学的需要。

在本次修订中，全书的章节框架没有做大的改动，一方面，是对各章节的某些内容进行了适当增删与革新（约300处）；另一方面，适当扩大、加深了本学科的相关基本知识。例如，等温方程式的应用与举例，二元相图的分析与热力学函数，钢液凝固过程的反应与动力学，固体料溶解的动力学，三元系相图的类型（补充），熔渣的离子溶液结构模型（补充），硫化物、氯化物等的形成－分解反应，氧气炼钢过程的反应，铁水预处理及钢液炉外处理反应（补充），并增删了各章的例题及习题，增写了各章的复习思考题。这是为了扩大及提高本学科基础理论的需要，特别有益于研究生及工程技术人员加深基本功之用。

本次修订后，篇幅有较大的增加，各校选作教材时仍可以其中的基本内容为主，按教学时数决定取舍，一些次要、较深内容可作为学生自由阅读、提高之用，该部分用符号“*”标示。

中国科学院魏寿昆院士及中国工程院殷瑞钰院士对本书的再次修订给予了指导和关怀，东北大学车荫昌教授在修订中给予了襄助。在此，一并表示衷心的感谢！

编者已步入九旬之年，深感精力不足，为水平所限，书中难免有漏误及不当之处，敬请指正，是感！

黄希祜

2012年冬　于重庆大学东林村

第 3 版前言

本书第 1 版于 1981 年出版，第 2 版于 1990 年出版，近 20 年来一直为国内大多数冶金院校所采用。第 2 版于 1997 年荣获国家级教学成果一等奖。

根据国家级重点教材的要求，本着“加强基础，突出重点，拓宽专业”的原则，本书在第 2 版的基础上，作了增删和改写。在体系方面，将“冶金动力学基础”移前，与原来的“冶金热力学基础”、“金属熔体”及“冶金炉渣”组成钢铁冶金物理化学基础篇；后四章则是利用这些基础理论对钢铁冶金过程中的主要反应进行热力学及动力学的分析，为钢铁冶金工程学及相关课程奠定必要的理论基础。这样可使全书的体系更加合理，而且对于冶金过程反应的分析更全面、系统些。另外，为了进一步适当拓宽专业面的理论基础，增写了一些有关的内容或公认为成熟的新理论。为便于读者自学，在许多地方比上一版本更注意了文字表达，使内容更加严谨、易懂。书中编入的较多例题是为使读者对所讲理论和公式获得更深入的理解与应用，是作为学生课外自学之用的，不宜在课堂上讲授。某些较深而复杂公式的推导作为附录处理，可供读者进一步参考。此次修订后，篇幅有所增加，各院校可根据本校教学要求及学时数，决定其内容的取舍。

本书初稿完成后，采用邀请专家单独审稿方式。北京科技大学曲英教授、东北大学车荫昌教授和重庆大学魏庆成教授为本书的主要审稿人，参加审稿工作的还有重庆大学的谢兵、白晨光、唐萍、董凌燕等有关课程的授课教师。他们提出了宝贵的修改意见。重庆大学及学校教务处、材料科学及工程学院的领导对本书的修订工作给予了大力的关注与支持，在此一并表示衷心的感谢。

由于受编者水平所限，本教材存在缺点和不足之处，恳请同行专家及广大读者批评、指正。

黄希祜

2000 年 7 月于重庆大学

第2版前言

本书系1981年12月初版《钢铁冶金原理》的修订本。近年来，我国已将炼铁、炼钢及电冶三个专业合并为一个范围较广、适应性较强的钢铁冶金专业，有必要按照新的教学要求编写更适用的教材，因此对原书进行了大幅度的修订。

在修订本书过程中，调整了原书的章节，精选了各章的内容，舍去一些次要内容，加强了对基础内容的阐述，全面改写了本书，使修订后的教材更具系统性、完整性和先进性。并且便于读者自学。

本书包括一些加宽、加深的内容及例题，有关学校可根据本校教学要求及学时数决定取舍。

本书修订稿完成后在重庆大学召开了审稿会。东北工学院梁连科、武汉钢铁学院王弘毅、华东冶金学院陈二保、成都无缝钢管厂职工大学彭哲清、重庆大学徐宗亮、王家荫等同志参加了审稿会，并提出了很多宝贵的修改意见。重庆大学冶金原理教研室魏庆成同志审阅了全部书稿。重庆大学冶金系领导对本书的修订给予大力的支持，北京科技大学魏寿昆教授对本书的修订予以鼓励和关怀，在此一并表示衷心的感谢。

由于本次修订时间紧迫，对于本书存在的缺点及不足之处，敬请读者批评指正。

编　者

1989年9月

第 1 版前言

本书是根据冶金部教材会议制订的钢铁冶金专业教学计划和《钢铁冶金原理》课程教学大纲编写的，主要讲述钢铁冶金过程物理化学的理论基础及主要反应的物理化学原理，为学习钢铁冶金工程学科奠定必要的理论基础。本书除供钢铁冶金专业教学使用之外，也可供冶金工作者学习冶金过程理论之用。

本书第三章部分内容初稿由昆明工学院李振家编写，其余各章均由重庆大学黄希祜编写。

本书初稿完成后由上海工业大学、中南矿冶学院、东北工学院、包头钢铁学院、北京钢铁学院、合肥工业大学、昆明工学院、武汉钢铁学院、鞍山钢铁学院及重庆大学等院校部分教师共同审定，在审定中提出了许多宝贵意见，特此表示衷心的感谢。编者根据这些意见作了修改。本书完稿后曾在重庆大学冶金系钢铁冶金专业两个年级试用过。参加试用的还有西安冶金建筑学院、内蒙古工学院、南京工学院、太原工学院、北京冶金机电学院等单位，以及重庆大学炼铁、炼钢和冶金原理教研室的部分教师。他们对本书的内容再次提出了修改意见，使本书的质量又得到进一步提高。但是由于编者水平有限，实践经验不足，加之成稿时间仓促，书中还会有不少缺点，甚至错误的地方，殷切希望读者提出批评与指正。

本书计量的单位未采用国际单位制，仍沿用公制。书末附有公制转换为国际单位制表，可供应用。

编　者

1980 年 6 月

目　　录

绪　言

人类社会的发展史是和冶金技术的发展密切相关的。人们从事生产活动及生活中都离不开金属材料。人类早在远古时代就开始利用金属，不过那时仅利用了自然状态存在的少数几种金属，如金、银、铜及陨石铁，后来才逐渐发现从矿石中提取金属的方法。首先得到的是铜及其合金——青铜，日后又冶炼出了铁。人类利用的金属种类日渐增多，到了19世纪末叶，可利用的金属已达到了50多种。而在20世纪初叶及中叶，冶金技术获得了特别迅速的发展。现在元素周期表中有92种是金属元素，而具有工业意义的元素有75种。对于这些金属元素，各国有不同的分类方法，有的分为铁金属和非铁金属两大类，前者是指铁及其合金，后者则是指除了铁及其合金以外的金属元素；有的分为黑色金属和有色金属两大类，而有色金属则是指除铁、铬、锰3种金属以外的所有金属。

铁及其合金的生产规模和利用数量在金属中占主导地位，它们的产量占全世界金属产量的90%以上。铁及其合金广泛应用于国民经济的各个部门，不仅是因为铁的资源丰富，钢铁材料的价格比较低廉，而且由于其具有作为工程材料的良好加工性能及力学性能。在人类社会的发展史上，曾经出现了广泛使用铁制品的“铁器时代”，标志着生产力的大发展。时至今日，虽然出现了种类繁多的材料，但生铁和钢仍是用途最广、生产量最多的材料。所以，人们长期以来把钢和钢材的产量、品种、质量作为衡量一个国家工业、农业、国防和科学现代化水平的重要标志之一。

金属是从矿石中提取的。作为提取金属的矿石主要成分是金属的氧化物及硫化物（少数卤化物）。从矿石提取金属及金属化合物的生产过程称为提取冶金（extractive metallurgy），在这类物质的生产过程中离不开化学反应，所以又称为化学冶金（chemical metallurgy）。按提取金属工艺过程的不同，区分为火法冶金（pyrometallurgy）、湿法冶金（hydrometallurgy）及电冶金，后者包括电炉冶炼、熔盐及水溶液的电解。

从理论方面来说，火法冶金过程是物理化学原理在高温化学反应中的应用，湿法冶金则是水溶液化学及电化学原理的应用。虽然冶金过程大体分为火法和湿法，但火法是主要的。大多数的金属主要是通过高温冶金反应取得的。即使在某些采用湿法的有色金属提取中，也仍然要经过某些火法冶炼过程，如焙烧，作为原料的初步处理。这是因为火法冶金生产率高、流程短、设备简单及投资省，但其却不利于处理成分结构复杂矿或贫矿。

矿石在进入冶炼过程之前要经过矿石的处理，包括分级、均分、破碎、选矿、球团、烧结等。其中一些属于物理－机械的处理，另一些则是物理化学的处理。在冶炼中主要是通过还原熔炼获得粗金属，而后再通过氧化熔炼，以除去粗金属中的有害杂质，同时要求能取得所谓无废物的工艺，以保证物质的有效利用，提取矿石中的有价金属及充分利用生产中伴生的废物。

因此，火法冶金过程包括焙烧、熔炼、精炼、蒸馏、离析等过程，其内进行的化学反应则有热分解、还原、氧化、硫化、卤化、蒸馏等。

钢铁冶金多采用火法过程，一般分为三个工序：

(1) 炼铁。从矿石或精矿中提取粗金属，主要是用焦炭作燃料及还原剂，在高炉内的还原条件下，矿石被还原得到粗金属——生铁，其中溶解有来自还原剂中的碳（4% ~ 5%）及矿石、脉石中的杂质，如硅、锰、硫、磷等元素。

(2) 炼钢。将生铁中过多的元素（C、Si、Mn）及杂质（S、P）通过氧化作用及熔渣参与的化学反应去除，达到无害于钢种性能的限度，同时还要除去钢液中溶解的气体（H、N）及由氧化作用引入钢液中的氧（脱氧），并调整钢液的成分，最后把成分合格的钢液浇注成钢锭或钢坯，便于轧制成材。

(3) 二次精炼。为了提高一般炼钢方法的生产率及钢液的质量（进一步降低杂质和气体的含量），而将炼钢过程的某些精炼工序转移到炉外盛钢桶或特殊反应炉中继续完成或深度完成。

近年来，将高炉的出炉铁水进行所谓的“三脱”（脱硅、脱磷、脱硫）处理后，供给转炉炼钢，以减轻转炉除去这些元素的过重造渣负担及补偿转炉氧化渣脱硫能力的不足，实现少渣量、高生产率的吹炼工艺。因此，出现了两种主要的炼钢工序，一种是高炉场—高炉—铁水预处理—转炉—二次精炼（见图 0 - 1 中①），另一种是原料（废钢）—电弧炉—二次精炼（见图 0 - 1 中②）。由此获得杂质元素 P、S、O、H、N 含量低及含有一定 C 量或某些合金元素成分的合格钢水，而后进入连铸机浇注成铸坯半成品，再经过加热、热轧、酸洗、冷轧、热处理、退火及表面加工，成为最后的钢材产品。图 0 - 1 示出了近代钢铁生产的流程。

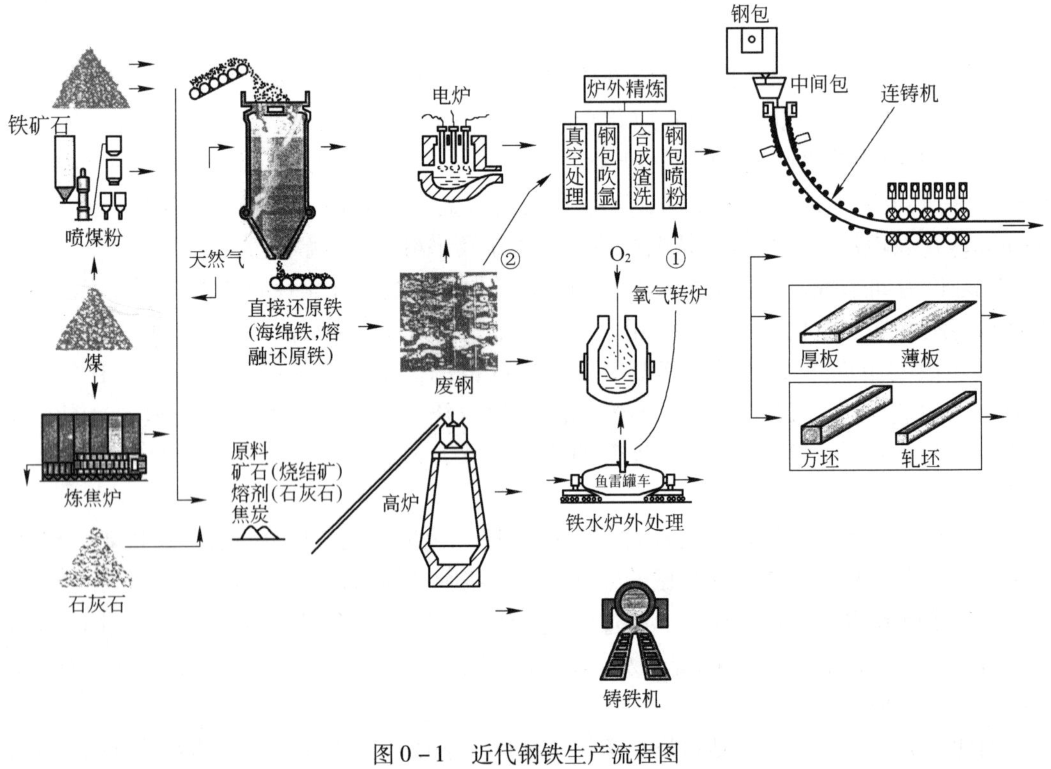

图 0 - 1　近代钢铁生产流程图

上述的钢铁生产过程是复杂的多相反应，含有气、液、固三态的多种物质的相互作用，形成了十分复杂的冶金过程。其中既有物理过程，如蒸发、升华、熔化、凝固、溶解，以及热的传递、物质的扩散、流体的流动等，又伴随有化学反应，如焙烧、烧结、还原、氧化等。

因此，冶金就是利用化学原理来改变物质分子之间及分子内部原子之间的结合状态，产生新物质的工程科学，而冶金又是多种学科的结合。但物理化学是其基础，技术科学（传输原理）是其实现的手段，流程工程学则是其生产有效运行的保证。具体来讲，冶金是利用物理化学的观点、原理、方法来研究高温化学反应，特别是原子－分子尺度，即“点空间尺度”上单元操作的化学反应的热力学及动力学。它采用了抽象的封闭体系的研究方法，来探索及揭示各类单元反应及相变过程的理论、可行性或方向性、进行的限度及速率等问题，这在冶金学科中称为冶金过程物理化学或简称冶金过程理论，它研究了从矿石转变成金属或其化合物产品过程的物理化学原理。

冶金过程物理化学的学科内容包括冶金过程热力学、冶金过程动力学及冶金熔体三部分。

冶金过程热力学（thermodynamics of process metallurgy）是利用化学热力学的原理研究冶金反应过程的可能性（方向）及反应达到平衡的条件，以及在该条件下反应物能达到的最大产出率，确定控制反应过程的参数（温度、压力、浓度及添加剂的选择）。

冶金过程动力学（kinetics of process metallurgy）是利用化学动力学的原理及物质、热能、动量传输的原理来研究冶金过程的速率和机理，确定反应过程速率的限制环节，从而得出控制或提高反应速率、缩短冶炼时间、增加生产率的途径。

冶金熔体（metallurgical melt）是参与火法冶金反应的具体物质，包括金属互溶的金属熔体、氧化物互溶的熔渣及硫化物互溶的熔锍（matte）等。它研究熔体的相平衡、结构及其物理和化学性质，而熔体的组分是反应的直接参加者，熔体的组成、结构及性质则直接控制着反应的进行。

因此，冶金过程物理化学利用上述三方面的理论，对冶金过程中的反应进行热力学及动力学的分析。它在改进现有的冶金工艺、提高产品质量、扩大品种、增加产量、探索新的冶金流程以及促进冶金技术的发展方面，起了重大的推进作用。

冶金过程物理化学的发展是从火法冶金，特别是从炼钢热力学开始的，现在已经有了很大的发展，从钢铁冶炼扩展到有色金属冶炼及金属材料领域中。特别是国际冶金过程物理化学会议的召开，对本学科的发展起了促进和推动的作用。其中，美国的奇普曼（J. Chipman）、埃利奥特（J. F. Elliott），德国的辛克（H. Schenck）、瓦格纳（Carl Wagner）以及其他国家的冶金学家，如埃林汉（H. J. Ellingham）、理查森（F. D. Richardson）、达肯（L. S. Darken）、希尔德布德（J. H. Hildebrand）、沙马林（A. M. Самарин）、易新（O. A. Есин）等都做出了重大的贡献。例如，在冶金热力学中引入了活度的概念及其应用，测定了绝大多数高温热力学的数据，建立了金属熔体及熔渣的结构模型，引入及发展了新相形核理论及传输原理，发展了宏观动力学，加深了冶金过程动力学的研究范围等。此外，冶金热力学数据库的建立（如化学数据库 ECDB、FactSage 软件、Thermo－Calc 软件等）和计算相图的出现，使冶金热力学进入了运用计算机、运用近代测试方法、深化研究的新领域。

1　冶金热力学基础

冶金热力学的研究对象是反应能否进行，即反应的可行性和方向性、反应达到平衡态的条件及该条件下反应物能达到的最大产出率。

化学反应的吉布斯自由能变化（ΔG）是判断反应在恒温、恒压下能否自发进行的依据。对于任一冶金反应，其吉布斯自由能的变化可表示为：

$$\Delta G = G_{产} - G_{反}$$

即它等于反应产物与反应物的吉布斯自由能的差值。$\Delta G<0$，反应能自发正向进行；$\Delta G>0$，反应逆向进行；$\Delta G=0$，反应达到平衡。因此，ΔG 的负值是反应正向进行的驱动力。此负值越大，则该反应正向进行的趋势也越大。化学反应的热力学性质，如温度、压力及活度等条件能改变反应的吉布斯自由能变化的特征，从而使反应向希望的方向进行。利用反应的标准吉布斯自由能变化（$\Delta G^{\ominus}$）可得出反应的平衡常数（$K^{\ominus}$），它是反应达到平衡时温度、压力、活度之间的数学关系式。由此可计算出一定条件下，反应在平衡态时产物的浓度或反应物的最大转化率。

本章在化学热力学的基础上，阐述冶金热力学中应用于反应的吉布斯自由能变化、标准吉布斯自由能变化、平衡常数以及为它们所涉及的溶液热力学性质中组分的化学势、活度、相图的热力学等内容。

1.1　化学反应的标准吉布斯自由能变化及平衡常数

1.1.1　理想气体的吉布斯自由能变化

理想气体的吉布斯自由能变化的基本式为：

$$dG = Vdp' - SdT \tag{1-1}$$

式中　G——吉布斯自由能，J/mol；

V——体积，m^3；

p'——气体的压力，Pa；

S——熵，J/(mol·K)；

T——温度，K。

由式（1－1）可进一步导出吉布斯自由能偏微商的两个重要的公式：

$$(\partial G/\partial p')_T = V \tag{1-2}$$

$$(\partial G/\partial T)_p = -S \tag{1-2'}$$

即在恒温下，吉布斯自由能对压力的偏微商等于气体的体积；而在恒压下，吉布斯自由能对温度的偏微商等于气体熵的负值。

又在恒温下，即 $dT=0$ 时，由式（1－1）可得：

$$dG = Vdp' \tag{1-3}$$

将由理想气体状态方程得出的 $V = RT/p'$ 代入式（1-3），可得 $dG = RTdp'/p' = RT\mathrm{d}\ln p'$。将上式积分，下限是标准态（$p^\ominus$），上限是给定的状态（$p'$），即：

$$\int_{G^\ominus}^{G} dG = \int_{p^\ominus}^{p'} RT\mathrm{d}\ln p'$$

得

$$G = G^\ominus + RT\ln\left(\frac{p'}{p^\ominus}\right) = G^\ominus + RT\ln p \tag{1-4}$$

而

$$p = p'/p^\ominus$$

式中 G，$G^\ominus$——分别为气体在温度 T 及压力 p'、$p^\ominus$ 条件下的吉布斯自由能和标准吉布斯自由能（即 1mol 气体在 100kPa 及温度 T 条件下的吉布斯自由能）；

$p^\ominus$——标准态压力，100kPa。

上式中，$p = p'/p^\ominus$，称为量纲一的压力。因此，在利用上式时，要注意对数符号后的量均需除以其单位（$p^\ominus$），化作纯数，而 p = 的数值等于以"atm（大气压）"计算的数值。

根据理想混合气体的道尔顿分压定律，并利用式（1-4），理想混合气体中任一组成气体 B 的吉布斯自由能则可表示为：

$$G_B = G_B^\ominus + RT\ln p_B \tag{1-5}$$

式中 p_B——混合气体中组分 B 的量纲一的分压，$p_B = p'_B/p^\ominus$；

p'_B——组分 B 的分压，Pa。

注意：上列诸式仅适用于温度较高而压力不高的冶金反应中的气体。对于高压、低温的气体，应在式中以气体的逸度 f 代替压力 p。

1.1.2 化学反应的等温方程式及等压方程式

对于气体 B_1、B_2、…的化学反应：

$$\nu_1 B_1 + \nu_2 B_2 + \nu_3 B_3 = \nu_4 B_4 + \cdots + \nu_j B_j \quad \text{或} \quad \sum \nu_B B_B = 0$$

利用式（1-5），可得出其吉布斯自由能变化（ΔG）：

$$\sum \nu_B G_B = \sum \nu_B G_B^\ominus + RT \sum \nu_B \ln p_B \tag{1-6}$$

式中 ν_B——参加反应的气体物质的化学计量数，对于反应物取负号，生成物取正号；

p_B——气体物质的量纲一的分压。

式（1-6）可简写成： $\Delta G = \Delta G^\ominus + RT \sum \ln p_B^{\nu_B}$

由于分压的对数和等于分压积的对数，并采用乘积的符号：$\prod_{B=1}^{n} p_B = p_{B_1} p_{B_2} \cdots p_{B_n}$，则上式可写成：

$$\Delta G = \Delta G^\ominus + RT\ln \prod_{B=1}^{n} p_B^{\nu_B} \tag{1-7}$$

式中 $\Delta G^\ominus$——各气体压力的量纲一时反应的标准吉布斯自由能变化。

当反应处于平衡态时，其 $\Delta G = 0$，则由式（1-7）可得：

$$\Delta G^\ominus = -RT\ln \prod_{B=1}^{n} p_B^{\nu_B} \tag{1-8}$$

式（1-8）右边对数符号后的乘积用 K 表示，称之为反应的平衡常数，即 $K = \prod_{B=1}^{n} p_B^{\nu_B}$

而式（1-8）改写成：
$$\Delta G^{\ominus} = -RT\ln K$$
或
$$K = \exp[-\Delta G^{\ominus}/(RT)] \tag{1-9}$$

对于一定的化学反应，$\Delta G^{\ominus}$仅是温度的函数，所以K也仅与温度有关。推广到任意的化学反应，可用组分的活度a_B代替p_B，则等温方程可表示为：
$$\Delta G = \Delta G^{\ominus} + RT\ln\prod a_B^{\nu_B} \tag{1-10}$$
式中　$\Delta G^{\ominus}$——各物质的活度为1时反应的标准吉布斯自由能变化。

因此，在不同情况下，可赋予a_B代表p_B（分压，理想气体）、f_B（逸度，高压气体）、x_B（摩尔分数，理想溶液）和a_B（活度，实际溶液）。

式（1-7）和式（1-10）均称为化学反应的等温方程，它表示化学反应在恒温恒压下按化学计量方程式从左向右每单位反应进度的吉布斯自由能变化：
$$\frac{dG}{d\xi} = \sum \nu_B G_B = \Delta_r G_m \tag{1-11}$$
式中　ξ——化学反应的进度，mol，而$d\xi = dn_B/n_B$。

故以下化学反应的热力学变化符号均注以下标m，如$\Delta_r G_m^{\ominus}$、$\Delta_r H_m^{\ominus}$等，其单位为J/mol。

上述的平衡常数是用量纲一的压力或活度表示的，是个量纲一的量，在标准状态规定之后，它仅是温度的函数，称之为标准平衡常数，可用$K^{\ominus}$表示（也可写成$K_p^{\ominus}$或$K_a^{\ominus}$）。

上述的等温方程中，右边的第2项$RT\ln\prod_{B=1}^{n} p_B^{\nu_B}$或$RT\ln\prod_{B=1}^{n} a_B^{\nu_B}$分别称为压力商或活度商，它们的值使反应的$\Delta_r G_m < 0$时，反应能正向进行；$\Delta_r G_m = 0$时，反应达到平衡，此时的温度即为反应在非标准状态下的平衡温度。因此，改变压力商或活度商是冶金中常采用的实现反应的手段。

$\Delta_r G_m$是决定恒温恒压下反应方向的物理量，而由$\Delta_r G_m^{\ominus}$计算的$K^{\ominus}$却是决定反应在该温度下能够完成的最大产率或反应的平衡浓度的物理量。$\Delta_r G_m^{\ominus}$值越负，则$K^{\ominus}$值越大，反应正向进行得越完全；反之，$\Delta_r G_m^{\ominus}$的正值越大，$K^{\ominus}$值就越小，反应进行得越不完全，甚至不能进行。当反应$|\Delta_r G_m^{\ominus}|$的值很大时，如40～50kJ/mol，$\Delta_r G_m^{\ominus}$的正、负号也就基本上决定了$\Delta_r G_m$的正、负号，从而可大略地估计反应的方向。但是，判断高温反应的可能性，一般还是应该用$\Delta_r G_m$而不用$\Delta_r G_m^{\ominus}$。

如前所述，对于一定的化学反应，$\Delta_r G_m^{\ominus}$及$K^{\ominus}$是温度的函数。它们的温度关系式可用等压方程表示。利用$\Delta_r G_m^{\ominus} = -RT\ln K^{\ominus}$及$\Delta_r G_m^{\ominus} = \Delta_r H_m^{\ominus} + T(\partial \Delta_r G_m^{\ominus}/\partial T)_p$（Gibbs - Helmholtz式）可导出下列式子：
$$\left(\frac{\partial \Delta_r G_m^{\ominus}/T}{\partial T}\right)_p = -\frac{\Delta_r H_m^{\ominus}}{T^2} \tag{1-12}$$
$$\left(\frac{\partial \ln K^{\ominus}}{\partial T}\right)_p = \frac{\Delta_r H_m^{\ominus}}{RT^2} \tag{1-13}$$
式中　$\Delta_r H_m^{\ominus}$——反应的标准焓变，J/mol。

式（1-13）称为范特霍夫方程式或等压方程，它可确定温度对平衡移动的影响：

$\Delta_r H_m^{\ominus} > 0$（吸热反应）时，$\partial \ln K^{\ominus}/\partial T > 0$，$K^{\ominus}$随温度的上升而增大，即平衡向吸热方

面移动；

$\Delta_r H_m^{\ominus} < 0$（放热反应）时，$\partial \ln K^{\ominus} / \partial T < 0$，$K^{\ominus}$随温度的上升而减小，即平衡向相反方向，亦即向吸热方面移动；

$\Delta_r H_m^{\ominus} = 0$（无热交换的反应体系）时，$\partial \ln K^{\ominus} / \partial T = 0$，$K^{\ominus}$与温度无关，即温度不能改变平衡状态。

因此，通过反应的 $\Delta_r H_m^{\ominus}$ 的特性，可确定温度对反应限度（$K^{\ominus}$）的影响，即提高温度，平衡都向吸热方面移动。

此外，利用等压方程还可导出 $\Delta_r G_m^{\ominus}$ 及 $K^{\ominus}$的温度关系式。

因此，等温方程及等压方程是化学热力学的两个基本方程。前者确定恒温恒压下，化学反应进行的方向和限度；后者则确定温度对平衡移动，即反应方向的影响。同一化学反应不同温度下的 $\Delta_r G_m^{\ominus}$ 不能用作比较不同温度下反应进行的限度，而要由等压方程来判断，即与式（1-13）中的 $\Delta_r H_m^{\ominus}$ 的性质有关。

1.1.3 化合物生成反应的标准吉布斯自由能（$\Delta_r G_m^{\ominus}$）的温度关系式

1.1.3.1 $\Delta_r G_m^{\ominus}$ 与 T 的多项式

有两种导出法。

（1）由 Gibbs-Helmholtz 方程导出。

$$\mathrm{d}\left(\frac{\Delta_r G_m^{\ominus}}{T}\right) = -\frac{\Delta_r H_m^{\ominus}}{T^2}\mathrm{d}T$$

$$\frac{\Delta_r G_m^{\ominus}}{T} = -\int \frac{\Delta_r H_m^{\ominus}}{T^2}\mathrm{d}T \tag{1}$$

按 Kirchhoff 定律
$$\left(\frac{\partial \Delta_r H_m^{\ominus}}{\partial T}\right)_p = \Delta c_{p,m}$$

式中 $\Delta c_{p,m}$——化学反应生成物摩尔定压热容与反应物摩尔定压热容的差值，J/(mol·K)。

而
$$c_{p,m} = a_0 + a_1 \times 10^{-3} T + a_{-2} \times 10^5 T^{-2}$$

积分上式后得：
$$\Delta_r H_m^{\ominus} = \int_{298}^{T} \Delta c_{p,m} \mathrm{d}T = \Delta H_0 + \Delta a_0 T + (\Delta a_1 \times 10^{-3}/2) T^2 + \cdots \tag{2}$$

将式（2）代入式（1），积分后得：

$$\Delta_r G_m^{\ominus} = \Delta H_0 - \Delta a_0 T \ln T - (\Delta a_1 \times 10^{-3}/2) T^2 - (\Delta a_{-2} \times 10^5) T^{-1} - \cdots + IT \quad (1-14)$$

式中 ΔH_0——积分常数，可由量热计实验的 $T=298\text{K}$ 及 $\Delta H^{\ominus}$（298K）求得；

I——积分常数，可由 $T=298\text{K}$ 及 $\Delta G^{\ominus}$（298K）求得。

（2）由吉布斯自由能的定义：$\Delta_r G_m^{\ominus} = \Delta_r H_m^{\ominus} - T\Delta_r S_m^{\ominus}$ 导出。

由于
$$\Delta_r H_m^{\ominus} = \Delta_r H_m^{\ominus}(298\text{K}) + \int_{298}^{T} \Delta c_{p,m} \mathrm{d}T, \Delta_r S_m^{\ominus} = \Delta_r S_m^{\ominus}(298\text{K}) + \int_{298}^{T} \frac{\Delta c_{p,m}}{T}\mathrm{d}T$$

得
$$\Delta_r G_m^{\ominus} = \Delta_r H_m^{\ominus}(298\text{K}) + \int_{298}^{T} \Delta c_{p,m} \mathrm{d}T - T\left(\Delta_r S_m^{\ominus}(298\text{K}) + \int_{298}^{T} \frac{\Delta c_{p,m}}{T}\mathrm{d}T\right)$$

或
$$\Delta_r G_m^{\ominus} = \Delta_r H_m^{\ominus}(298\text{K}) - T\Delta_r S_m^{\ominus}(298\text{K}) - T\int_{298}^{T} \frac{1}{T^2}\mathrm{d}T \int_{298}^{T} \Delta c_{p,m} \mathrm{d}T \quad (1-15)$$

式（1-15）右边第 3 项为前式中 $\int_{298}^{T} \Delta c_{p,m} \mathrm{d}T$ 及 $T\int_{298}^{T} \frac{\Delta c_{p,m}}{T}\mathrm{d}T$ 两项利用分部积分公式得出的

二重积分项，即利用$\int u\mathrm{d}v = uv - \int v\mathrm{d}u$获得，其中设$u = -1/T$，则$\mathrm{d}u = \mathrm{d}T/T^2$；$v = \int \Delta c_{p,\mathrm{m}}\mathrm{d}T$，则$\mathrm{d}v = \Delta c_{p,\mathrm{m}}\mathrm{d}T$。

再代入$\Delta c_{p,\mathrm{m}}$之式，即可简化为：

$$\Delta_{\mathrm{r}}G_{\mathrm{m}}^{\ominus} = \Delta_{\mathrm{r}}H_{\mathrm{m}}^{\ominus}(298\mathrm{K}) - T\Delta_{\mathrm{r}}S_{\mathrm{m}}^{\ominus}(298\mathrm{K}) - T(\Delta a_0 M_0 + \Delta a_1 M_1 + \Delta a_{-2} M_{-2}) \quad (1-16)$$

式中，$M_0 = \ln\frac{T}{298} + \frac{298}{T} - 1$，$M_1 = \frac{1}{2T}(T-298)^2 \times 10^{-3}$，$M_{-2} = \frac{1}{2}\left(\frac{1}{298} - \frac{1}{T}\right)^2 \times 10^5$。$M_0$、$M_1$、$M_{-2}$都是温度的函数，可由计算机进行计算或查表求得。这是利用定积分的计算，与方法（1）相比，不需求两个积分常数ΔH_0及I。

如果物质在积分上下限的温度区间内有相变发生，则应计入相变温度（T_{trs}）的相变焓（$\Delta_{\mathrm{trs}}H_{\mathrm{m}}^{\ominus}$）及相变熵（$\Delta_{\mathrm{trs}}S_{\mathrm{m}}^{\ominus}$），而$c_{p,\mathrm{m}}$也要采用该温度区内的温度式。因此，式（1－15）或式（1－16）可改写为：

$$\Delta_{\mathrm{r}}G_{\mathrm{m}}^{\ominus}(T) = \left[\Delta_{\mathrm{r}}H_{\mathrm{m}}^{\ominus}(298\mathrm{K}) \pm \sum_{j=1}^{n}\Delta_{\mathrm{trs}}H_{\mathrm{m}}^{\ominus} - T\left(\Delta_{\mathrm{r}}S_{\mathrm{m}}^{\ominus}(298\mathrm{K}) \pm \sum_{j=1}^{n}\Delta_{\mathrm{trs}}S_{\mathrm{m}}^{\ominus}\right)\right] - T\left(\sum_{i=1}^{-2}\Delta a_i M_i + \sum_{i=1}^{-2}\sum_{j=1}^{n}\Delta b_{ij}\Delta M_{ij}\right) \quad (1-17)$$

式中　Δa_i——298K到第1个T_{trs}，反应的$\Delta c_{p,\mathrm{m}} = \varphi(T)$式中各项的系数差；

Δb_{ij}——相变温度之间反应的$\Delta c_{p,\mathrm{m}} = \varphi(T)$中各项的系数差；

M_i——298K到第1个T_{trs}的M值（即M_0、M_1、M_{-2}）；

ΔM_{ij}——相邻两相变温度之间及最后相变温度到指定温度的M的差值，$\Delta M_{ij} = M_{ij} - M_{ij-1}$，因为在这种计算中积分下限都是298K，后一温度的M值已将前一相变温度的M值计算在内了，所以要依次加以减去前一温度的M值。

式（1－17）右边方括号内的项未引入$\Delta c_{p,\mathrm{m}} = \varphi(T)$，即认为反应进行时体系的总摩尔定压热容不发生变化而计算的$\Delta_{\mathrm{r}}G_{\mathrm{m}}^{\ominus}(T)$，是$\Delta_{\mathrm{r}}G_{\mathrm{m}}^{\ominus}(T)$的近似值，可表示为$\Delta_{\mathrm{r}}G_{\mathrm{m}}^{\ominus}(T)_{近}$；而加上圆括号内的项，是计入了$\Delta c_{p,\mathrm{m}} = \varphi(T)$关系的$\Delta_{\mathrm{r}}G_{\mathrm{m}}^{\ominus}(T)$的项。

式（1－17）中的$\sum\Delta_{\mathrm{trs}}H_{\mathrm{m}}^{\ominus}$及$\sum\Delta_{\mathrm{trs}}S_{\mathrm{m}}^{\ominus}$项，对反应物发生相变，取负号；对生成物发生相变，则取正号。因为温度升高时，物质发生相变是吸热的，即$\Delta_{\mathrm{trs}}H_{\mathrm{m}}^{\ominus} > 0$，从而$\Delta_{\mathrm{trs}}S_{\mathrm{m}}^{\ominus}\left(=\frac{\Delta_{\mathrm{trs}}H_{\mathrm{m}}^{\ominus}}{T_{\mathrm{trs}}}\right) > 0$。

又在每个相变温度，式中的$\Delta_{\mathrm{trs}}H_{\mathrm{m}}^{\ominus}$和$T\Delta_{\mathrm{trs}}S_{\mathrm{m}}^{\ominus}\left(=\frac{\Delta_{\mathrm{trs}}H_{\mathrm{m}}^{\ominus}}{T_{\mathrm{trs}}}\right)$项有不同的符号，因此两者可以相消，所以每个相变温度的$\Delta_{\mathrm{r}}G_{\mathrm{m}}^{\ominus}(T)$不包括该温度的$\Delta_{\mathrm{trs}}H_{\mathrm{m}}^{\ominus}$及$\Delta_{\mathrm{trs}}S_{\mathrm{m}}^{\ominus}$，仅在计算下一个相变温度或其后某温度的$\Delta_{\mathrm{r}}G_{\mathrm{m}}^{\ominus}(T)$时，才计入前一个或前几个$\Delta_{\mathrm{trs}}H_{\mathrm{m}}^{\ominus}$及$\Delta_{\mathrm{trs}}S_{\mathrm{m}}^{\ominus}$。

式（1－14）及式（1－17）是化学反应的$\Delta_{\mathrm{r}}G_{\mathrm{m}}^{\ominus}$的典型表达式，适用于参加反应的物质热力学数据比较完全及在很宽温度范围内讨论反应平衡的情况。

此外，还可将式（1－14）略加以简化，取$\Delta c_{p,\mathrm{m}}$为常数，得出三项式：

$$\Delta_{\mathrm{r}}G_{\mathrm{m}}^{\ominus} = A + BT\ln T + CT \quad (\mathrm{J/mol}) \quad (1-18)$$

式中　A，B，C——常数。

此式在冶金中有时也采用。

1.1.3.2 $\Delta_r G_m^\ominus$ 与 T 的二项式

上面导出的 $\Delta_r G_m^\ominus$ 的温度多项式中包含有 $\ln T$、T^2、T^{-1} 等项，计算起来颇不方便。但是此多项式的 $\Delta_r G_m^\ominus - T$ 图则是十分近似的直线关系，因而可采用 $\Delta_r G_m^\ominus$ 的温度函数的二项式 $\Delta_r G_m^\ominus = A + BT$ 表示。式中常数 A、B 是上述多项式用二元回归法处理得到的，它们分别相当于在此二项式适用的温度范围内标准焓变及熵变的平均值。

【例 1-1】 试计算 FeO 在 298～1650K 温度范围内的标准生成吉布斯自由能的温度式。FeO 的生成反应为 $Fe(s) + \frac{1}{2}O_2 = FeO$（s 或 l）[1]，所需热力学数据如表 1-1 所示。反应的 $\Delta_f H_m^\ominus$(FeO, s, 298K) = −264429J/mol，$\Delta_f S_m^\ominus$(FeO, s, 298K) = −70.96J/(mol·K)。

表 1-1 Fe、O_2 及 FeO 的热力学数据

物质	相态	$\Delta_f H_m^\ominus$ (298K) /J·mol^{-1}	$S_m^\ominus$ (298K) /J·(mol·K)$^{-1}$	相变温度 /K	相变焓 /J·mol^{-1}	$c_{p,m}$ (B) /J·(mol·K)$^{-1}$
Fe	α	0	27.15	1033	5021	$17.49 + 24.77 \times 10^{-3} T$
	β	0	27.15	1183	900.0	37.66
	γ	0	27.15	1673	690.36	$7.70 + 19.50 \times 10^{-3} T$
FeO	s	−264429	58.71	1650		$48.79 + 8.37 \times 10^{-3} T - 2.80 \times 10^5 T^{-2}$
	l	−264429				68.200
O_2	g	0	205.04			$30 + 4.2 \times 10^{-3} T - 1.67 \times 10^5 T^{-2}$

解 参加反应的 Fe 和 FeO 在 298～1650K 内发生相变，现需分段计算 298、1033、1183、1650K 温度的 $\Delta_f G_m^\ominus$（FeO，s，T）值。

298～1033K　$\Delta c_{p,m}$(FeO, s) = $16.30 - 18.50 \times 10^{-3} T - 1.97 \times 10^5 T^{-2}$　(J/(mol·K))

1183～1650K　$\Delta c'_{p,m}$(FeO, s) = $-3.87 + 6.27 \times 10^{-3} T - 1.97 \times 10^5 T^{-2}$　(J/(mol·K))

计算式（1-17）中各温度的 M 及 ΔM，由前相应公式计算如下：

	M_0	M_1	M_{-2}
1033K	0.5316	0.2615	0.2850
1183K	0.6306	0.3310	0.3151
$\Delta M = M_{(1183)} - M_{(1033)}$	0.0990	0.0695	0.0301
1650K	0.8920	0.5539	0.3780
$\Delta M = M_{(1650)} - M_{(1183)}$	0.2614	0.2229	0.0629

现计算各温度的 $\Delta_f G_m^\ominus$(FeO,s,T)：

$$\Delta_f G_m^\ominus(\text{FeO,s,298K}) = \Delta_f H_m^\ominus(\text{FeO,s,298K}) - T\Delta_f S_m^\ominus(\text{FeO,s,298K})$$
$$= -264429 - 298 \times (-70.96) = -243283\text{J/mol}$$

$\Delta_f G_m^\ominus(\text{FeO,s,1033K}) = -264429 - 1033 \times (-70.96) - 1033 \times (16.30 \times 0.5316 - 18.50 \times$

[1] 反应中物质存在的状态，规定用（s）、（l）、（g）分别表示物质是固态、液态及气态，明显的气态物质也可不用标示。

$$0.2615-1.97\times0.2850)=-191127-1033\times3.2659$$
$$=-194500\text{J/mol}$$

$$\Delta_f G_m^{\ominus}(\text{FeO,s,1183K})=\left[-264429-5021-1183\times\left(-70.96-\frac{5021}{1033}\right)\right]-1183\times$$
$$[3.2659+(-3.87)\times0.099+6.27\times0.0695-1.97\times0.0301]$$
$$=-179754-1183\times3.2592$$
$$=-183610\text{J/mol}$$

$$\Delta_f G_m^{\ominus}(\text{FeO,s,1650K})=\left[-264429-5021-900-1650\times\left(-70.96-\frac{5021}{1033}-\frac{900}{1183}\right)\right]-$$
$$1650\times(3.2592-3.87\times0.2614+6.27\times0.2229-1.97\times0.0629)$$
$$=-149803\text{J/mol}$$

各温度的 $\Delta_f G_m^{\ominus}$(FeO, s, T) 如下：

298K	−243283J/mol	1183K	−183610J/mol
1033K	−194500J/mol	1650K	−149803J/mol

利用上列数据作 $\Delta_f G_m^{\ominus}$(FeO, s) − T 图，如图 1 − 1 所示，$\Delta_f G_m^{\ominus}$(FeO, s)与 T 之间十分接近直线关系。

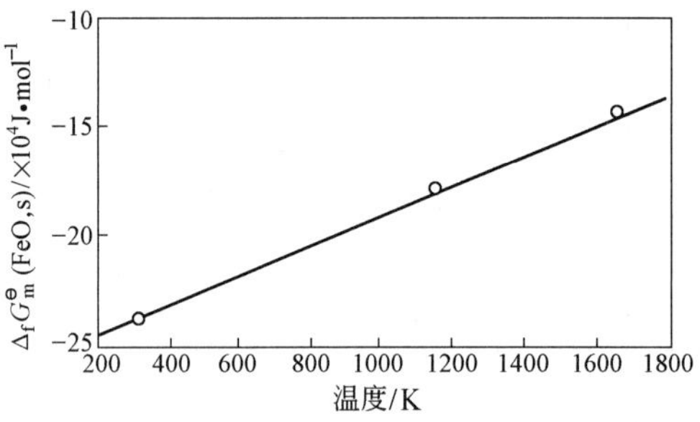

图 1 − 1 FeO 的 $\Delta_f G_m^{\ominus}$(FeO, s) − T 图

利用回归分析法处理上列数据，可得出 FeO 的 $\Delta_f G_m^{\ominus}$(FeO, s) = $A + BT$ 二项式。回归分析法的计算公式为 $y = A + Bx$，对本题，$y=\Delta_f G_m^{\ominus}$ (FeO, s)，$x = T$，

而
$$B=\frac{\sum(x_i-\bar{x})(y_i-\bar{y})}{\sum(x_i-\bar{x})^2}$$
$$A=\bar{y}-B\bar{x}$$

式中 x_i，y_i——分别为各温度下计算的 $\Delta_f G_m^{\ominus}$(FeO, s)；

$\bar{x}$，$\bar{y}$——分别为它们的平均值。

将各计算值列成表 1 − 2。

表 1 − 2 回归分析法计算值表

$-y_i$	$y_i-\bar{y}$	x_i	$x_i-\bar{x}$	$(x_i-\bar{x})^2$	$(y_i-\bar{y})^2$	$(x_i-\bar{x})(y_i-\bar{y})$
243283	−50484	298	−743	552049	2548634300	37509612
194500	−1701	1033	−8	64	2893401	13608
183610	9189	1183	142	20164	84437721	1304838
149803	42996	1650	609	370881	1848656000	26184564
$\sum y_i=771196$ $\bar{y}=-192799$		$\sum x_i=4164$ $\bar{x}=1041$		$\sum(x_i-\bar{x})^2=943158$	$\sum(y_i-\bar{y})^2=4484621422$	$\sum(x_i-\bar{x})(y_i-\bar{y})=65012622$

由表中数值，得：

$$B=\frac{\sum(x_i-\bar{x})(y_i-\bar{y})}{\sum(x_i-\bar{x})^2}=\frac{65012622}{943158}=68.93$$

$$A=\bar{y}-B\bar{x}=-192799-68.93\times1041=-264555$$

故 $$\Delta_f G_m^\ominus(FeO,s)=-264555+68.93T\quad(J/mol)$$

相关系数 $$r=\frac{\sum(x_i-\bar{x})(y_i-\bar{y})}{\sqrt{\sum(x_i-\bar{x})^2(y_i-\bar{y})^2}}=\frac{65012622}{\sqrt{943158^2\times4484621422^2}}=\frac{65012622}{65036194}=1.0$$

上式是利用数理统计中的二元回归分析法化多项式为二项式。回归前多采用微机处理，计算 $\Delta_r G_m^\ominus=f(T)$ 的多项式，并进一步求出其二项式。附录1有可利用的微机计算程序图。

由上述反应计算的 $\Delta_r G_m^\ominus$ 称为反应的标准摩尔生成吉布斯自由能，用符号 $\Delta_f G_m(B,T)$ 表示。它是在温度 T 和标准压力下，由稳定单质生成1mol 产物B的吉布斯自由能的变化值，而稳定单质的标准吉布斯自由能假定为零。

利用上述方法可计算出任一化合物的标准生成吉布斯自由能在一定温度范围内的 $\Delta_r G_m^\ominus(B)$ 的二项式。附录2中化合物的标准生成反应的 $\Delta_f G_m^\ominus(B)$ 即是利用这种方法求出的。但对某些反应，当从多项式得到的二项式中常数项有较大误差时，可根据实验所得的平衡常数进行修正，这样的二项式则称为半经验二项式。

1.1.4 冶金反应的 $\Delta_r G_m^\ominus$ 的求法

1.1.4.1 利用化合物的标准生成吉布斯自由能计算化学反应的 $\Delta_r G_m^\ominus$

对于反应 $$\nu_1 B_1+\nu_2 B_2 = \nu_3 B_3+\nu_4 B_4$$

有 $$\Delta_r G_m^\ominus(T)=\sum\nu_B\Delta_f G_m^\ominus(B,T)$$

式中 ν_B——物质的化学计量数，对生成物取正号，对反应物取负号；

$\Delta_f G_m^\ominus(B,T)$——物质B的标准生成吉布斯自由能，J/mol。

【例1-2】 试求下列反应的标准吉布斯自由能变化（$\Delta_r G_m^\ominus$）及平衡常数的温度关系式。

$$TiO_2(s)+3C_{(石)} = TiC(s)+2CO(g)$$

解 由附录2取上反应中各化合物的 $\Delta_f G_m^\ominus$，可得：

$$\begin{aligned}\Delta_r G_m^\ominus &=2\Delta_f G_m^\ominus(CO,g)+\Delta_f G_m^\ominus(TiC,s)-\Delta_f G_m^\ominus(TiO_2,s)\\&=2\times(-114400-85.77T)+(-184800+12.55T)-(-941000+177.57T)\\&=527400-336.56T\quad(J/mol)\end{aligned}$$

$$\Delta_r G_m^\ominus=-RT\ln K^\ominus=-19.147T\lg K^\ominus$$

故 $$\begin{aligned}\lg K^\ominus&=-\Delta_r G_m^\ominus/(19.147T)=-527400/(19.147T)+336.56/19.147\\&=-27545/T+17.58\quad(J/mol)\end{aligned}$$

1.1.4.2 由实验测定的反应的平衡常数求反应的 $\Delta_r G_m^\ominus$

在 $d\ln K^\ominus=[\Delta_r H_m^\ominus/(RT^2)]dT$ 中，若视 $\Delta_r H_m^\ominus$ 为常数，在温度 $T_1\sim T$ 界限内积分之，可得：

$$\ln K^\ominus=-\Delta_r H_m^\ominus/(RT)+[\Delta_r H_m^\ominus/(RT_1)+\ln K_1^\ominus]$$

式中 $K_1^\ominus$，$K^\ominus$——分别为温度 T_1、T 时反应的平衡常数。

当 T_1 的 $K_1^\ominus$ 已知时，则上式可改写成：

$$\ln K^\ominus=A/T+B \tag{1-19}$$

式中，$A=-\Delta_r H_m^{\ominus}/R$，$B=\Delta_r H_m^{\ominus}/(RT_1)+\ln K_1^{\ominus}$。

如以不同温度下测得的反应的 $K^{\ominus}$ 计算 $\ln K^{\ominus}$，并对该温度的倒数 $1/T$ 作图，如图 1－2 所示可得一直线关系。而由直线的斜率和截距可分别得出较大温度范围内的常数 A 及 B，从而可得该反应的 $\ln K^{\ominus}$ 及 $\Delta_r G_m^{\ominus}$ 的温度关系式为：

$$\Delta_r G_m^{\ominus}=-RT\ln K^{\ominus}=-RT(A/T+B)$$
$$=-RA-RBT \quad (\text{J/mol})$$

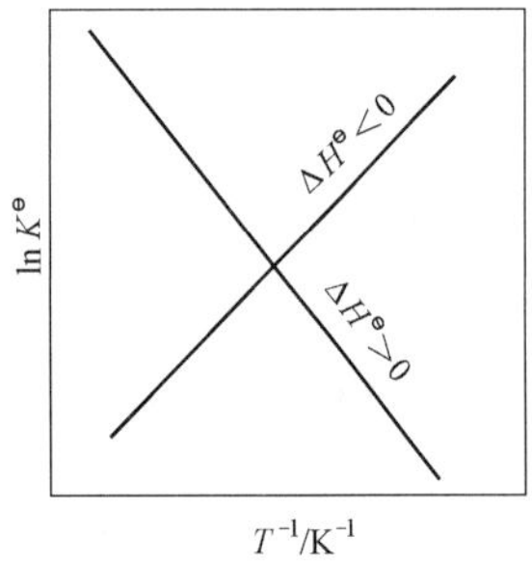

图 1－2 $\ln K^{\ominus}-1/T$ 图

【例 1－3】 在不同温度下测得碳酸钙分解反应（$CaCO_3(s)=CaO(s)+CO_2$）的平衡常数如表 1－3 所示，试用图解法及回归分析法计算反应平衡常数的温度式和 $\Delta_r G_m^{\ominus}$ 的温度式。

表 1－3 碳酸钙在不同温度下的平衡常数

温度/℃	$K^{\ominus}$	温度/℃	$K^{\ominus}$
800	0.158	860	0.435
820	0.220	880	0.690
840	0.315		

解 利用式（1－19）的关系，可由各温度下测定的反应平衡常数的 $\lg K^{\ominus}$ 对 $1/T$ 作图，由所作直线的参数得到平衡常数对数的温度关系式。计算的数值如表 1－4 所示。

表 1－4 计算的数值表

t/℃	T/K	$T^{-1}/\times10^{-4}$	$\lg K^{\ominus}$	t/℃	T/K	$T^{-1}/\times10^{-4}$	$\lg K^{\ominus}$
800	1073	9.32	－0.80	860	1133	8.83	－0.36
820	1093	9.15	－0.66	880	1153	8.67	－0.16
840	1113	8.98	－0.50				

利用表 1－4 的数值作出的 $\lg K^{\ominus}-1/T$ 的关系，如图 1－3 所示。直线的斜率为：

$$\frac{-0.7-(-0.3)}{(9.2-8.8)\times10^{-4}}=-10000$$

将以上数值代入式（1－19）中，得 $\lg K^{\ominus}=-10000/T+B$。

再将各温度的 $\lg K^{\ominus}$ 值代入上式，取平均值，得 $B=8.51$。于是：

$$\lg K^{\ominus}=-10000/T+8.51$$

又 $\Delta_r G_m^{\ominus}=-RT\ln K^{\ominus}=-19.147T(-10000/T+8.51)$

$$=191470-162.94T \quad (\text{J/mol})$$

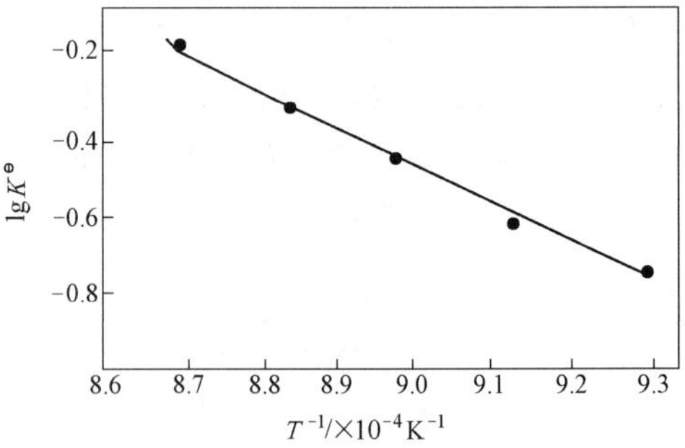

图 1－3 $CaCO_3$ 分解反应的 $\lg K^{\ominus}-1/T$ 关系

回归分析法计算的公式为 $y=Bx+A$，对于本题，$y=\lg K^{\ominus}$，$x=1/T$。

故得：

$$\lg K^{\ominus}=-9771/T+8.28$$

$$\Delta_r G_m^{\ominus} = -19.147T(-9771/T + 8.28) = 187085 - 158.53T \quad (\text{J/mol})$$

以上两种方法计算的数值比较接近，但这里未计入实验的偶然误差，与文献值（$\lg K^{\ominus} = -8920/T + 7.54$）略有差别。

1.1.4.3　由电动势法求反应的 $\Delta_r G_m^{\ominus}$

利用 ZrO_2 固体电解质构成的固体电解质电池为：

$$A, AO \mid ZrO_2 \text{ 固体电解质} \mid B, BO$$

其产生的电动势可以测定元素 A 还原氧化物 BO 反应（$BO + A = B + AO$）的 $\Delta_r G_m^{\ominus}$ 或 BO 及 AO 的 $\Delta_f G_m^{\ominus}(B)$。常用的固体电解质是用 CaO 稳定的 ZrO_2。两极分别是 A + AO 及 B + BO 混合物反应形成的氧分压（$AO(s) = A(s) + \frac{1}{2}O_2$，$BO(s) = B(s) + \frac{1}{2}O_2$）构成的氧电极。其中一个是参比电极，如测 $\Delta_f G_m^{\ominus}(AO)$ 时，B + BO 是参比电极，而A + AO 是待测电极。

$w(CaO) = 4\% \sim 7.4\%$ 的固体 ZrO_2 具有与 CaF_2 相类似的晶型结构。当加入 CaO 去置换部分 ZrO_2 时，由于 Ca^{2+} 与 Zr^{4+} 离子的价位不同，当一个 Ca^{2+} 去置换一个 Zr^{4+} 时，ZrO_2 晶格中正电荷减少 2 单位，相当于负电荷增加 2 单位，为保持晶体的电中性，就有一个 O^{2-} 逸出$\left(O^{2-} = \frac{1}{2}O_2 + 2e\right)$，形成带 2 单位正电荷的氧离子空位[❶]。由于 ZrO_2 晶格内存在着大量的这种氧离子空位，在较高温度下，由氧分压较高的氧电极产生的 O^{2-} 能沿着这些空位向氧分压较低的氧电极迁移，形成电流。

图 1-4 为此种固体电解质电池装置的示意图及结构。

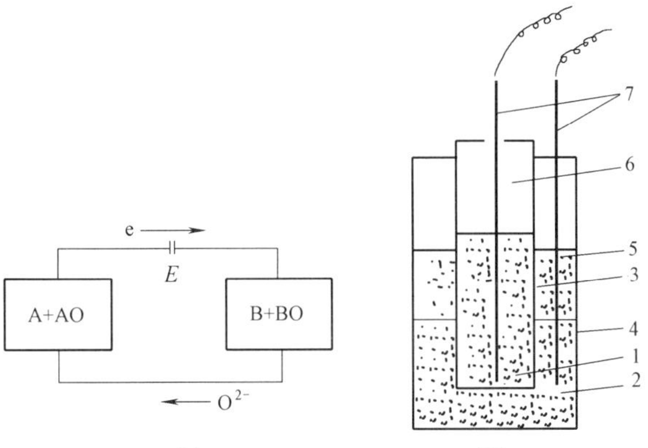

图 1-4　$ZrO_2 + (CaO)$ 固体电解质电池装置

（a）示意图；（b）结构

1—B + BO 构成的氧电极；2—A + AO 构成的氧电极；3—ZrO_2 管；4—刚玉管；5—刚玉粉填料；6—耐火纤维棉；7—不锈钢丝导线

设 B + BO 电极的氧分压大于 A + AO 电极的氧分压，电极及电池反应如下：

❶ 参见 5.4.1.1 节。

正极（右） $BO(s) = B(s) + \frac{1}{2}O_2 \quad \Delta_f G_m^{\ominus}(BO,s)$

$$\frac{1}{2}O_2 + 2e = O^{2-}$$

即 $$BO(s) + 2e = B(s) + O^{2-} \tag{1}$$

气相中 O_2 从电极上吸收 2e，成为 O^{2-}，进入 ZrO_2 空位内，该电极失去 2e，成为正极。

负极（左） $A(s) + \frac{1}{2}O_2 = AO(s) \quad \Delta_f G_m^{\ominus}(AO,s)$

$$O^{2-} = \frac{1}{2}O_2 + 2e$$

即 $$O^{2-} + A(s) = AO(s) + 2e \tag{2}$$

O^{2-} 离子在氧的化学势驱动下，通过 ZrO_2 内的氧离子空位到达氧分压低的一端，失去 2e，变为 O_2，电极获得 2e，成为负极。

电池反应为式（1）、式（2）之和：

$$BO(s) + A(s) = AO(s) + B(s)$$

而 $$\Delta_r G_m^{\ominus} = \Delta_f G_m^{\ominus}(AO,s) - \Delta_f G_m^{\ominus}(BO,s) \tag{3}$$

上述电池反应进行时，两电极的接触电势之差称为电池的电动势，可用一方向相反但数值相同的外电压来测定这种电动势（对消法）。在这种可逆条件下，体系所做的电功等于上述化学反应标准吉布斯自由能的减小量，即 $W'_{电} = -\Delta_r G_m^{\ominus}$，而电功等于电池的电动势（$E$）与电量的乘积。电量等于 nF，n 为反应时电子转移数，此处为 2；F 为法拉第常数，为 96500C/mol，故 $W'_{电} = 2FE$，而 $\Delta_r G_m^{\ominus} = -2FE$。代入式（3），得：

$$\Delta_r G_m^{\ominus} = \Delta_f G_m^{\ominus}(AO,s) - \Delta_f G_m^{\ominus}(BO,s) = -2FE$$

故由测定的 E 可求出反应的 $\Delta_r G_m^{\ominus}$。如已知 $\Delta_f G_m^{\ominus}$(BO，s)，则可求：

$$\Delta_f G_m^{\ominus}(AO,s) = \Delta_f G_m^{\ominus}(BO,s) - 2FE$$

因此，测定某一温度下电池的电动势 E，从而得出反应的 $\Delta_r G_m^{\ominus}$，或利用已知的 $\Delta_f G_m^{\ominus}$(BO，s）值，即可计算出 $\Delta_f G_m^{\ominus}$(AO，s)。再利用不同温度下测定的电动势，即可算出 $\Delta_r G_m^{\ominus}$ 或 $\Delta_f G_m^{\ominus}$(AO，s）的温度关系式。

【例 1-4】 利用固体电解质电池 Pt | Mo，MoO_2 | ZrO_2 + (CaO) | Fe，FeO | Pt 测得不同温度下电池的电动势 E（如表 1-5 所示），试计算反应 $2FeO(s) + Mo(s) = MoO_2(s) + 2Fe(s)$ 的 $\Delta_r G_m^{\ominus}$ 及 $\Delta_f G_m^{\ominus}$(MoO_2，s）的温度关系式。

表 1-5 电池反应测定的电动势

温度/℃	750	800	850	900	950	1000	1050
E/mV	22.1	17.8	13.2	8.8	3.8	-1.3	-6.9

解 本电池的电极反应及电池反应如下：

正极 $$2FeO(s) + 4e = 2Fe(s) + 2O^{2-}$$

负极 $$2O^{2-} + Mo(s) = MoO_2(s) + 4e$$

电池反应为上列两个反应相加，得：

$$2FeO(s) + Mo(s) = MoO_2(s) + 2Fe(s)$$

$$\Delta_r G_m^\ominus = \Delta_f G_m^\ominus(MoO_2, s) - 2\Delta_f G_m^\ominus(FeO, s)$$

而
$$\Delta_r G_m^\ominus = -4FE$$

$\Delta_r G_m^\ominus$ 的二项式为：

$$\Delta_r G_m^\ominus = A + BT$$

用回归分析法计算机程序处理 $y = Bx + A$，式中，$y = \Delta_r G_m^\ominus = -4FE$，$x = T$，得：

$$\Delta_r G_m^\ominus = -46702 + 37.11T \quad (J/mol)$$

又
$$\Delta_f G_m^\ominus(MoO_2, s) = \Delta_r G_m^\ominus + 2\Delta_f G_m^\ominus(FeO, s)$$

利用 $\Delta_r G_m^\ominus(FeO,\ s) = -264000 + 64.59T$ (J/mol) 可得：

$$\Delta_f G_m^\ominus(MoO_2, s) = -574702 + 166.29T \quad (J/mol)$$

以上诸式适用的温度范围为 750 ~ 1050℃。

此外，也可通过设计适当的固体电解质电池来测定复合化合物的 $\Delta_f G_m^\ominus$。例如，用以下电池可测定复合化合物 $FeO \cdot V_2O_3$ 的 $\Delta_f G_m^\ominus$：

$$Mo \mid Fe, FeO \cdot V_2O_3, V_2O_3 \mid ZrO_2 + (CaO) \mid Mo, MoO_2 \mid Mo$$

用钼丝作电极导线，右边参比电极是 $Mo + MoO_2$ 的混合物构成的氧电极（$MoO_2 = Mo(s) + O_2$），左边待测电极是 $Fe + FeO \cdot V_2O_3$ 的混合物构成的氧电极（$FeO \cdot V_2O_3 = Fe + V_2O_3 + \frac{1}{2}O_2$），电池反应为：

$$Fe(s) + \frac{1}{2}MoO_2(s) + V_2O_3(s) = \frac{1}{2}Mo + FeO \cdot V_2O_3(s) \quad \Delta_r G_m^\ominus = -2FE$$

及
$$\Delta_f G_m^\ominus(FeO \cdot V_2O_3, s) = \Delta_r G_m^\ominus + \frac{1}{2}\Delta_f G_m^\ominus(MoO_2, s) + \Delta_f G_m^\ominus(V_2O_3, s)$$

只要已知 MoO_2 及 V_2O_3 的 $\Delta_f G_m^\ominus$，由测出的电池 E 就能求出 $\Delta_f G_m^\ominus$（$FeO \cdot V_2O_3$，s）。

【例 1-5】 利用下列固体电解池电池：

$$Pt-Rh \mid Fe(s), FeO \cdot Al_2O_3(s), Al_2O_3(s) \mid ZrO_2 + (CaO) \mid MoO_2(s), Mo(s) \mid Pt-Rh$$

测得反应 $Fe(s) + \frac{1}{2}O_2 + Al_2O_3(s) = FeO \cdot Al_2O_3(s)$ 的 $\lg p_{O_2} = -\frac{31280}{T} + 10.00$（1373 ~ 1700K）。试求：（1）复合化合物 $FeO \cdot Al_2O_3(s)$ 的 $\Delta_f G_m^\ominus$；（2）1600K 时上述固体电解池电池的电动势。

解 （1）$\Delta_f G_m^\ominus(FeO \cdot Al_2O_3,\ s)$。电池反应为：

$$Fe(s) + \frac{1}{2}O_2 + Al_2O_3(s) = FeO \cdot Al_2O_3(s)$$

则
$$\Delta_f G_m^\ominus(FeO \cdot Al_2O_3, s) = \Delta_r G_m^\ominus + \Delta_f G_m^\ominus(Al_2O_3, s)$$

而
$$\Delta_r G_m^\ominus = -RT\ln\left(\frac{1}{p_{O_2}^{0.5}}\right) = 19.147 \times 0.5T\left(-\frac{31280}{T} + 10.00\right)$$
$$= -299459 + 95.74T \quad (J/mol)$$

又
$$\Delta_f G_m^\ominus(Al_2O_3, s) = -1687200 + 323.24T \quad (J/mol)$$

故
$$\Delta_f G_m^\ominus(FeO \cdot Al_2O_3, s) = -299459 + 95.74T + (-1687200 + 323.24T)$$
$$= -1986656 + 418.98T \quad (J/mol)$$

（2）1600K 电池的电动势。电极及电池的反应为：

正极 $$\frac{1}{2}MoO_2(s)+2e = \frac{1}{2}Mo(s)+O^{2-}$$

负极 $$Fe(s)+Al_2O_3(s)+O^{2-} = FeO\cdot Al_2O_3+2e$$

电池反应 $$Fe(s)+Al_2O_3(s)+\frac{1}{2}MoO_2 = \frac{1}{2}Mo(s)+FeO\cdot Al_2O_3(s)$$

而 $$\Delta_r G_m^{\ominus} = -2FE$$

即 $$2FE = -\Delta_r G_m^{\ominus} = -(\Delta_f G_m^{\ominus}(FeO\cdot Al_2O_3,s)-\Delta_f G_m^{\ominus}(Al_2O_3,s)-\frac{1}{2}\Delta_f G_m^{\ominus}(MoO_2,s))$$

$$=1986656-418.98T+(-1687200+323.24T)+\frac{1}{2}(-578200+166.5T)$$

$$=10356+12.49T$$

故 $$E=\frac{10356+12.49\times 1600}{2\times 96500}=0.1572V$$

1.1.4.4　线性组合法求反应的 $\Delta_r G_m^{\ominus}$

因为 $\Delta_r G_m^{\ominus}$ 是反应过程的热力学函数，只与反应过程的始末态有关，而与中间反应过程无关，故可将反应物转变为生成物的反应所经历的一些中间反应的 $\Delta_r G_m^{\ominus}$ 用线性组合法处理，就可得到所求反应的 $\Delta_r G_m^{\ominus}$：

$$\Delta_r G_m^{\ominus} = \sum m_{(i)}\Delta_r G_{m(i)}^{\ominus} \tag{1-20}$$

式中　$\Delta_r G_{m(i)}^{\ominus}$——各组合反应的 $\Delta_r G_m^{\ominus}$；

$m_{(i)}$——进行线性组合时各组合反应的 $\Delta_r G_{m(i)}^{\ominus}$ 应乘上的系数。

例如，$C_{(石)}$[1]与 H_2 生成 CH_4 的反应 $C_{(石)}+2H_2(g)=CH_4(g)$，可由 $C_{(石)}$、$H_2(g)$ 及 CH_4 燃烧反应的 $\Delta_r G_{m(i)}^{\ominus}$ 求得：

$$C_{(石)}+O_2 = CO_2 \qquad \Delta_r G_{m(1)}^{\ominus} = -395350-0.54T\quad(J/mol) \tag{1}$$

$$H_2+\frac{1}{2}O_2 = H_2O(g) \qquad \Delta_r G_{m(2)}^{\ominus} = -247500+55.88T\quad(J/mol) \tag{2}$$

$$CH_4+2O_2 = CO_2+2H_2O(g) \qquad \Delta_r G_{m(3)}^{\ominus} = -799306+0.50T\quad(J/mol) \tag{3}$$

$$C_{(石)}+2H_2 = CH_4$$

$$\Delta_r G_{m(4)}^{\ominus} = \pm m_{(1)}\Delta_r G_{m(1)}^{\ominus} \pm m_{(2)}\Delta_r G_{m(2)}^{\ominus} \pm m_{(3)}\Delta_r G_{m(3)}^{\ominus} \tag{4}$$

式中　$m_{(1)}$，$m_{(2)}$，$m_{(3)}$——各组合反应或其 $\Delta_r G_{m(i)}^{\ominus}$ 在线性组合时应取的系数，± 则为应取的正号或负号。

可根据选取所求反应与某一组合反应中同类物质的化学计量数之比决定其 m 值；而根据此同类物位于化学反应式中的同侧或异侧确定 m 的符号，同侧取正号，异侧则取负号。例如，比较反应式（4）和反应式（1），取 $C_{(石)}$ 为同类物质，它们的化学计量数之比为 1，且 $C_{(石)}$ 居于此两反应式的同侧，故 $m_{(1)}=+1$；比较反应式（4）和反应式（2），取 H_2 为同类物质，其化学计量数之比为 2，且居于两反应式的同侧，故 $m_{(2)}=+2$；比较反应式（4）和反应式（3），取 CH_4 为同类物质，其化学计量数之比为 1，但 CH_4 居于此两

[1] “石”表示 C 的形态为石墨。

反应式的异侧，而 $m_{(3)}=-1$，故得：

$$\Delta_r G_m^{\ominus}=\Delta_r G_{m(1)}^{\ominus}+2\Delta_r G_{m(2)}^{\ominus}-\Delta_r G_{m(3)}^{\ominus}$$

$$\Delta_r G_{m(4)}^{\ominus}=-91044+110.72T \quad (J/mol)$$

注意，不能选取均出现于各反应式中的物质为同类物。

又由于 $\Delta_r G_m^{\ominus}=-RT\ln K^{\ominus}$，故同样可得：

$$\ln K^{\ominus}=\pm m_{(1)}\ln K_{(1)}^{\ominus}\pm m_{(2)}\ln K_{(2)}^{\ominus}\pm m_{(3)}\ln K_{(3)}^{\ominus}$$

或写为：
$$\ln K^{\ominus}=\sum m_{(i)}\ln K_{(i)}^{\ominus}=\sum \ln(K_{(i)}^{\ominus})^{m(i)}$$

故对于反应式（4）有：
$$K_{(4)}^{\ominus}=K_{(1)}^{\ominus}(K_{(2)}^{\ominus})^2(K_{(3)}^{\ominus})^{-1}$$

即所求反应的平衡常数的对数，等于各组成反应平衡常数的对数的代数和。

必须指出，各个反应式中同种物质的状态必定相同，其实质是体系中有多个化学反应同时达到平衡，各相之间也达到了平衡，而每个物质可能同时存在于几个化学反应中，各物质的活度（或浓度、分压）应符合各个反应的平衡常数的关系。

线性组合法适用于实验难以测定其热力学数据的反应。

1.1.4.5* 由吉布斯自由能函数求 $\Delta_r G_m^{\ominus}$

热力学中定义 $fef=\dfrac{H_T^{\ominus}-H_R^{\ominus}}{T}$ 为焓函数。式中 $H_R^{\ominus}$ 为参考温度 T 下物质的标准焓，对气体物质取 0K 时的标准焓，即 $H_0^{\ominus}$；对凝聚态物质取 298K 时的标准焓，即 $H_{289}^{\ominus}$。由 $G_T^{\ominus}=H_T^{\ominus}-TS_T^{\ominus}$ 两端加上 $-H_R^{\ominus}$，则定义式改写成：

$$fef=\frac{G_T^{\ominus}-H_R^{\ominus}}{T}=\frac{H_T^{\ominus}-H_R^{\ominus}}{T}-S_T^{\ominus}$$

式中，$\dfrac{G_T^{\ominus}-H_R^{\ominus}}{T}$ 称为吉布斯自由能函数，记为 fef。

对于任一化学反应，某温度下的标准吉布斯自由能函数变化为：

$$\Delta fef=\frac{\Delta G_T^{\ominus}-\Delta H_R^{\ominus}}{T}$$

即
$$\Delta_r G_T^{\ominus}=\Delta H_R^{\ominus}+T\Delta fef$$

而
$$\Delta fef=\sum(\nu_B fef)_{产物}-\sum(\nu_B fef)_{反应物}$$

此即利用参加反应物质的吉布斯自由能函数（fef）来计算化学反应的 $\Delta_r G_m^{\ominus}$，类似于前面介绍的利用物质的标准生成自由能（$\Delta_f G_m^{\ominus}$）来计算 $\Delta_r G_m^{\ominus}$。

当参加反应的物质既有气体又有凝聚态物质时，则将 $H_R^{\ominus}$ 统一起来，两种参考温度下 fef 的转换式为：

$$\frac{G_T^{\ominus}-H_{298}^{\ominus}}{T}=\frac{G_T^{\ominus}-H_0^{\ominus}}{T}-\frac{H_{298}^{\ominus}-H_0^{\ominus}}{T}$$

上式各项均可在热力学的手册中查得❶。

根据 $H_T^{\ominus}-H_{298}^{\ominus}=\int_{298}^{T}c_{p,m}\mathrm{d}T$ 可导出纯物质的吉布斯自由能函数的计算式为：

❶ 见参考文献［27］。

$$\frac{G_T^{\ominus} - H_{298}^{\ominus}}{T} = \frac{H_T^{\ominus} - TS_T^{\ominus} - H_{298}^{\ominus}}{T} = -S_T^{\ominus} + \frac{H_T^{\ominus} - H_{298}^{\ominus}}{T}$$

$$= -\left(S_{298}^{\ominus} + \int_{298}^{T} \frac{c_{p,m}}{T} dT\right) + \frac{1}{T}\int_{298}^{T} c_{p,m} dT$$

而 $\Delta H_{298}^{\ominus}$、$S_{298}^{\ominus}$ 等由量热计测定。这样就可由物质的 $c_{p,m}$、$S_{298}^{\ominus}$ 来计算气态、固态及液态物质的吉布斯自由能函数了。但对于某些原子数不多的简单气体物质，可由光谱数据，用统计热力学导出的下式，比较精确地计算出其吉布斯自由能函数：

$$\frac{G_T^{\ominus} - H_0^{\ominus}}{T} = -\frac{3}{2}R\ln M - \frac{5}{2}R\ln T - R\ln Q + 30.404$$

式中，焓的参考温度是 0K；M 是气体物质的摩尔质量；Q 是内配分函数，由气体分子的转动惯量、对称数、分子中原子的振动频率组成。

利用上两式可计算及列出一定温度间隔（如 500K）的吉布斯自由能函数数值表，供计算化学反应的 $\Delta_r G_m^{\ominus}$。虽然通过表值使计算方法简单化，但要有相应的这种表格与之配合。本书未列出，主要是采用 $\Delta_f G_{m,B}^{\ominus}$ 来计算化学反应的 $\Delta_r G_m^{\ominus}$。

【例 1－6】 利用吉布斯自由能函数计算反应 $Fe(s) + \frac{1}{2}O_2 = FeO(s)$ 在 1000K 温度下的 $\Delta_r G_m^{\ominus}$。从物质的吉布斯自由能函数表查得的 1000K 时的数据为：O_2，$\frac{G_T^{\ominus} - H_0^{\ominus}}{T} = -212.12 J/(mol \cdot K)$，$H_{298}^{\ominus} - H_0^{\ominus} = 8656.7 J/mol$；Fe，$\frac{G_T^{\ominus} - H_0^{\ominus}}{T} = -42.1 J/(mol \cdot K)$，$H_{298}^{\ominus} - H_0^{\ominus} = -4477 J/mol$；FeO（$Fe_{0.947}O$），$\frac{G_T^{\ominus} - H_0^{\ominus}}{T} = -85.8 J/(mol \cdot K)$，$H_{298}^{\ominus} - H_0^{\ominus} = 9464 J/mol$，$\Delta H_{298}^{\ominus} = -264429 J/mol$。

解　首先将气态 O_2 的 *fef* 值换算成 298K 时的 *fef* 值，即：

$$\frac{G_T^{\ominus} - H_{298}^{\ominus}}{T} = \frac{G_T^{\ominus} - H_0^{\ominus}}{T} - \frac{H_{298}^{\ominus} - H_0^{\ominus}}{T} = -212.12 - \frac{8656.7}{1000} = -220.78 J/(mol \cdot K)$$

$$\Delta fef = fef_{FeO} - fef_{Fe} - \frac{1}{2}fef_{O_2} = -85.8 - (-42.1) - \frac{1}{2} \times (-220.78)$$

$$= 66.69 J/(mol \cdot K)$$

$$\Delta_r G_m^{\ominus} = \Delta H_{298}^{\ominus} + T\Delta fef = -264429 + 1000 \times 66.69 = -197739 J/mol$$

利用化合物标准生成吉布斯自由能计算的值为：

$$\Delta_r G_m^{\ominus} = \Delta_f G_m^{\ominus} = -264555 + 68.93 \times 1000 = -195625 J/mol$$

见 1.1.3.2 节例 1－1，两者结果数值相近。

1.2　溶液的热力学性质——活度及活度系数

溶液是两种或两种以上的液态物质（组分）构成的均相混合体系，组分的浓度可在一定范围内变动。冶金中的混合气体、钢液、熔渣等均是多组分的溶液，高温冶金反应多发生在这些溶液构成的体系内。但这些溶液并不是理想溶液，因此在处理这种体系内发生的化学反应的热力学时，就需要以活度代替浓度。本节讲述与活度有关的基本知识。

1.2.1 溶液组分浓度的单位及其相互转换关系

组分的浓度是溶液热力学的基本参数。浓度是单位质量或单位体积的溶液所含某组分的量，但它在不同地方采用了不同单位或量纲。本书采用下列符号表示组分 B 的浓度单位。

（1）质量分数和质量百分数。

质量分数：
$$w(\mathrm{B})=\frac{m_\mathrm{B}}{m}\times 100\%$$

质量百分数：
$$w(\mathrm{B})_{\%}=\frac{m_\mathrm{B}}{m}\times 100$$

式中 m_B——组分 B 的质量，kg；

m——溶液的质量，kg。

（2）体积分数和体积百分数（用于混合气体）。

体积分数：
$$\varphi(\mathrm{B})=\frac{V_\mathrm{B}}{V}\times 100\%$$

体积百分数：
$$\varphi(\mathrm{B})_{\%}=\frac{V_\mathrm{B}}{V}\times 100$$

式中 V_B——组分 B（气体）的体积，m^3；

V——溶体（混合气体）的体积，m^3。

（3）摩尔分数。

$$x_\mathrm{B}=\frac{n_\mathrm{B}}{n}$$

$$x_\mathrm{B}=\frac{n_\mathrm{B}}{n}\times 100\%$$

式中 n_B——B 的物质的量，mol，$n_\mathrm{B}=\frac{m_\mathrm{B}}{M_\mathrm{B}}$（$M_\mathrm{B}$ 为 B 的摩尔质量，kg/mol；m_B 为 B 的质量，kg）；

n——溶液的物质的量，mol。

（4）浓度。

$$c_\mathrm{B}=\frac{n_\mathrm{B}}{V}\quad (\mathrm{mol/m^3})$$

式中 V——溶液的体积，m^3。

c_B 多用于物理化学的公式中，因为体系的状态函数的量多是用 n_B 表示的。

（5）质量摩尔浓度。

$$b_\mathrm{B}=\frac{n_\mathrm{B}}{m_\mathrm{A}}\quad (\mathrm{mol/kg})$$

式中 b_B——1kg 溶剂中溶质 B 的物质的量；

m_A——溶剂的质量，kg。

上列诸浓度单位之间有下列关系式：

（1）
$$w(\mathrm{B})_{\%}=\frac{100x_\mathrm{B}M_\mathrm{B}}{x_\mathrm{A}M_\mathrm{A}+x_\mathrm{B}M_\mathrm{B}}\ （二元系）\qquad (1-21)$$

或
$$w(\mathrm{B})_{\%}=\frac{100}{\frac{M_A}{M_B}\cdot\frac{1}{x_B}+\left(1-\frac{M_A}{M_B}\right)} \tag{1-22}$$

式中　M_A，M_B——分别为溶剂 A 及溶质 B 的摩尔质量。

（2）
$$x_B=\frac{M_A}{100M_B}\cdot w(\mathrm{B})_{\%}\text{（二元稀溶液）} \tag{1-23}$$

$$x_B=\frac{w(\mathrm{B})_{\%}/M_B}{w(\mathrm{B})_{\%}/M_B+(100-w(\mathrm{B})_{\%})/M_A}=\frac{w(\mathrm{B})_{\%}M_A}{w(\mathrm{B})_{\%}(M_A-M_B)+100M_B}\approx\frac{M_A}{100M_B}\cdot w(\mathrm{B})_{\%}$$

由于稀溶液中，$w(\mathrm{B})_{\%}(M_A-M_B)\ll 100M_B$，故可对上式简化，而 B 的摩尔分数与其质量分数成线性关系。

（3）
$$c_B=\frac{w(\mathrm{B})_{\%}}{100}\cdot\frac{\rho}{M_B} \tag{1-24}$$

式中　ρ——溶液的密度，kg/m^3。

因
$$c_B=\frac{n_B}{V}=\frac{1}{V}\cdot\left(\frac{w(\mathrm{B})_{\%}}{100}\cdot V\rho\right)\cdot\frac{1}{M_B}=\frac{w(\mathrm{B})_{\%}}{100}\cdot\frac{\rho}{M_B}$$

式中　V——溶液的体积，m^3。

（4）
$$p_B=\frac{\varphi(\mathrm{B})_{\%}p}{100}$$

$$\frac{\varphi(\mathrm{B})_{\%}}{100}=\frac{p_B}{p}=\frac{n_B}{n}=\frac{V_B}{V}=x_B \tag{1-25}$$

式中，当 $p=1$（量纲一的量）时，$p_B=\frac{\varphi(\mathrm{B})_{\%}}{100}$。

1.2.2　溶液的基本物理化学定律

在恒温下研究溶液的蒸气压和溶液组成的关系发现，有些溶液的蒸气压与溶液组分的浓度具有线性关系。

1.2.2.1　拉乌尔定律

在溶液中当组分 B 的 $x_B\to 1$ 时，它的蒸气压与其浓度 x_B 成线性关系：

$$p'_B=p_B^*x_B \tag{1-26}$$

式中　p'_B——组分 B 在其浓度为 x_B 时的平衡蒸气分压，Pa；

p_B^*——纯组分 B 在同温度下的饱和蒸气压，Pa。

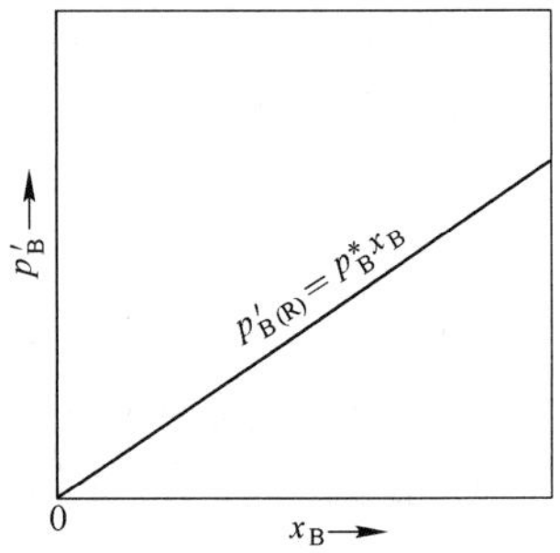

图 1－5　拉乌尔定律图

这个实验规律称为拉乌尔定律。在整个浓度范围内，服从拉乌尔定律的溶液称为理想溶液。式（1－26）的图形关系如图 1－5 所示。性质十分相近的组分，如 Fe－Mn、Fe－Co、FeO－MnO 等形成的溶液近似于理想溶液。这种溶液形成时，异种质点间的交互作用能（u_{A-B}）和同种质点间的交互作用能（u_{A-A}、u_{B-B}）的关系为 $u_{A-B}=\frac{1}{2}(u_{A-A}+u_{B-B})$，所以蒸气压与浓度有线性关系。

1.2.2.2 亨利定律

在溶液组分 B 的浓度趋近于零（$x_B \to 0$）的所谓稀溶液中，组分 B 的蒸气压与其浓度 x_B 成线性关系：

$$p'_B = k_{H(x)} x_B \tag{1-27}$$

式中 $k_{H(x)}$——亨利定律常数，下角标（x）是指以摩尔分数表示浓度。

这一关系称为稀溶液的亨利定律，而服从亨利定律的溶液称为稀溶液。在这种溶液内，因为溶质 B 的浓度很小，组分 B 的原子完全被溶剂原子所包围，溶质原子仅受到周围溶剂原子的匀称作用，所以蒸气压与浓度也呈线性关系，如图 1-6 中的直线所示。图中曲线为实际溶液的蒸气压与其浓度的非线性关系。

$k_{H(x)}$是比例常数。由 $p'_B = k_{H(x)} x_B$ 知，$k_{H(x)} = p'_B / x_B$，故将图 1-6 中亨利定律直线外延至 $x_B = 1$ 的纵轴上，截距即是 $k_{H(x)}$，如图 1-7 所示。在 $x_B = 1$ 处，实际的纯物质 B 的蒸气压为 p_B^*，所以 $k_{H(x)}$ 可视为虚设的纯组分 B 的蒸气压，又称为假想纯物质 B 的蒸气压。

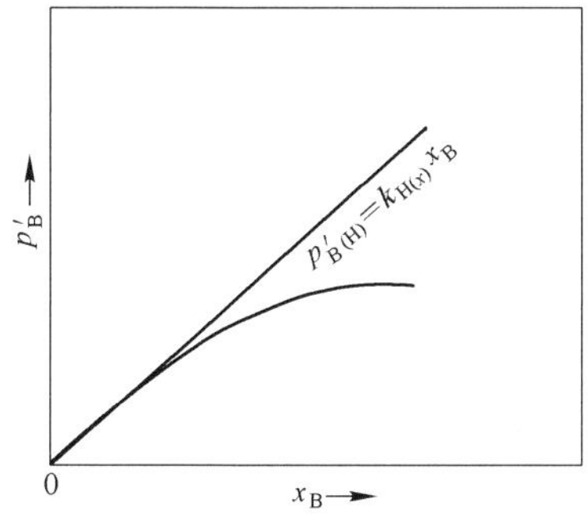

图 1-6 亨利定律图[1]

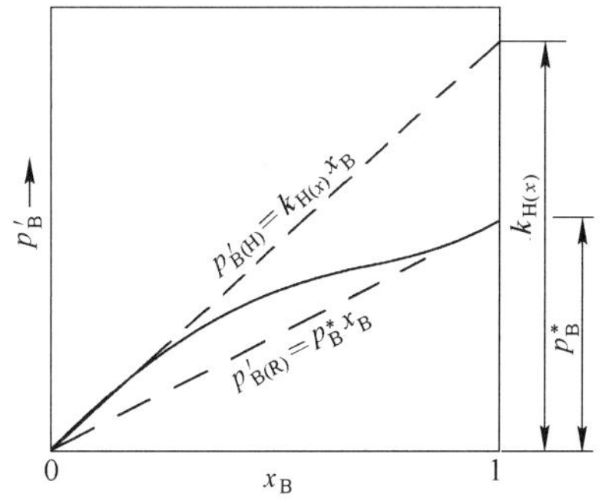

图 1-7 溶液的 $p'_B - x_B$ 综合关系

当稀溶液组分的浓度采用质量分数表示时，由式（1-23）知，组分 B 的摩尔分数 x_B 与其质量分数 $w(B)_{\%}$ 成正比，故亨利定律又可用式（1-28）表示出：

$$p'_B = k_{H(x)} x_B = k_{H(x)} \cdot \frac{M_A}{100 M_B} \cdot w(B)_{\%} \tag{1-28}$$

故 $$p'_B = k_{H(\%)} w(B)_{\%}$$

而 $$k_{H(\%)} = k_{H(x)} \cdot [M_A / (100 M_B)]$$

式中 p'_B——稀溶液内组分 B 在其浓度为 $w(B)_{\%}$ 时的蒸气压；

$k_{H(\%)}$——亨利定律常数，$k_{H(\%)} = k_{H(x)} \cdot [M_A / (100 M_B)]$，下角标(%)表示以质量分数表示浓度。

当 $w(B) = 1\%$ 时，$k_{H(\%)} = p'_B$，即 $k_{H(\%)}$是溶液中组分 B 的 $w(B)$为 1% 的蒸气压。但此 1% 浓度的蒸气压可以是真实的或假想的，如果此 $w(B)$ 在遵守亨利定律浓度范围内，则 $k_{H(\%)}$是稀溶液内 $w(B) = 1\%$ 的蒸气压；但对 $w(B) = 1\%$ 不服从亨利定律的溶液，则此 $k_{H(\%)}$是假想的 $w(B) = 1\%$ 的蒸气压，这时可从亨利定律直线（$p'_B = k_{H(\%)} w(B)_{\%}$）外推到

[1] 下角标（H）表示亨利定律。

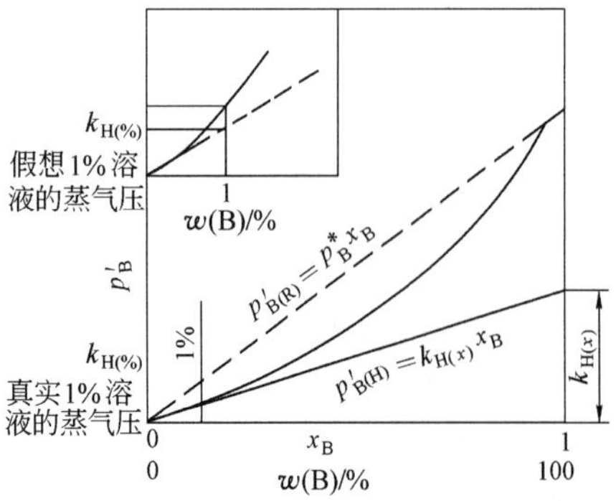

图1－8 亨利定律常数 $k_{H(x)}$、$k_{H(\%)}$ 的求法

$w(B)=1\%$ 的纵轴上的截距求得 $k_{H(\%)}$（假想状态的蒸气压），如图1－8所示。$k_{H(x)}$ 可称为亨利定律的基本常数，由实验确定，将它乘上组分B浓度的转换系数，如 $\dfrac{M_A}{100M_B}$，可得到相应浓度（质量分数）的亨利常数，即 $k_{H(\%)}$。

虽然上述两定律出现在溶液中原子间作用力比较简单的理想状态下，但它们却是描述实际溶液热力学性质的基础。

表1－6所示为拉乌尔定律与亨利定律的比较。

表1－6 拉乌尔定律与亨利定律的比较

定 律	公 式	浓度	常 数	常数确定法
拉乌尔定律	$p'_B=p^*_Bx_B$	x_B	p^*_B，纯物质B的蒸气压	蒸气压热力学方程：$\lg p^*=f(T)$ 计算，$p^*_B=\lim\limits_{x_B\to 1}\left\|\dfrac{p'_B}{x_B}\right\|$
亨利定律	$p'_B=k_{H(x)}x_B$	x_B	$k_{H(x)}$，假想纯物质B的蒸气压，与溶剂种类有关	由实际蒸气压曲线外推法：$k_{H(x)}=\lim\limits_{x_B\to 1}\left\|\dfrac{p'_B}{x_B}\right\|$
	$p'_B=k_{H(\%)}w(B)_{\%}$	$w(B)/\%$	$k_{H(\%)}$，质量1%溶液的蒸气压，与溶剂种类有关	由实际蒸气压曲线外推法：$k_{H(\%)}=\lim\limits_{w(B)_{\%}\to 1}\left\|\dfrac{p'_B}{w(B)_{\%}}\right\|$

1.2.3 活度及活度系数

图1－9所示为实际溶液的蒸气压曲线。组分B的蒸气压与其浓度呈现非线性关系，因为溶液中异类原子间的交互作用能（u_{A-B}）不等于同类原子间的交互作用能（u_{A-A}、u_{B-B}），所以当 $u_{A-B}<\dfrac{1}{2}(u_{A-A}+u_{B-B})$ 时，对拉乌尔定律形成正偏差；而当 $u_{A-B}>\dfrac{1}{2}(u_{A-A}+u_{B-B})$ 时，对拉乌尔定律形成负偏差。

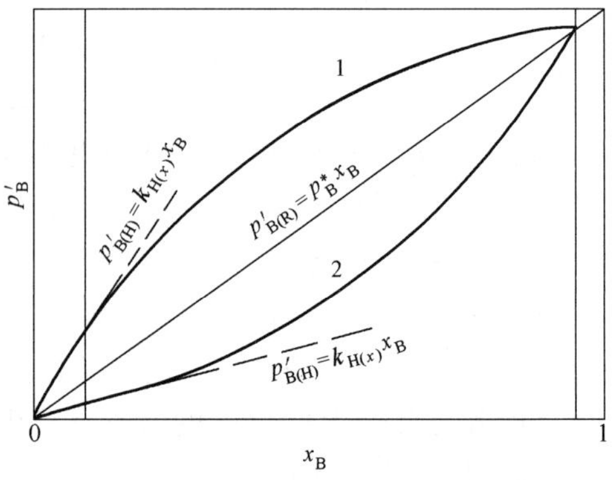

图1－9 实际溶液的蒸气压曲线
1—正偏差；2—负偏差

由图1－9可见，实际溶液组分B的浓度位于曲线两端，即当 $x_B\to 1$ 和 $x_B\to 0$ 时，蒸气压曲线分别服从拉乌尔定律和亨利定律，呈现直线段。但在此两端浓度之间，却是非线性关系。为使这种实际溶液组分的蒸气压与浓度的关系保持两定律的形式，提出了对浓度进行修正的方法，即在实际溶液浓度范

围内，以引入浓度修正系数的拉乌尔定律及亨利定律式作为计算蒸气压的公式。因此，实际溶液组分 B 蒸气压的计算式可按如下导出。

以拉乌尔定律为基准或参考态，对组分 B 浓度进行修正：

$$p'_B = p_B^* \gamma_B x_B = p_B^* a_{B(R)}$$

引入修正后的浓度值称为活度（activity），用 $a_{B(R)}$[1]表示，而此修正系数 γ_B 称为活度系数，因此有：

$$a_{B(R)} = \frac{p'_B}{p_B^*}, \quad \gamma_B = \frac{p'_B}{p_B^* x_B} = \frac{p'_B}{p'_{B(R)}} \quad 或 \quad \gamma_B = \frac{a_{B(R)}}{x_B}$$

式中 $p'_{B(R)}$——组分 B 在 x_B 时，溶液若为理想溶液的蒸气压，$p'_{B(R)} = p_B^* x_B$；

$a_{B(R)}$——以拉乌尔定律为基准，组分 B 在 x_B 时的活度。

以亨利定律为基准或参考态，对组分 B 的浓度进行修正：

$$p'_B = k_{H(x)} f_{B(H)} x_B = k_{H(x)} a_{B(H)}$$

修正系数为 $f_{B(H)}$，修正后的浓度值也称为活度，用 $a_{B(H)}$ 表示，因此有：

$$a_{B(H)} = \frac{p'_B}{k_{H(x)}}, \quad f_{B(H)} = \frac{p'_B}{k_{H(x)} x_B} = \frac{p'_B}{p'_{B(H)}} \quad 或 \quad f_{B(H)} = \frac{a_{B(H)}}{x_B}$$

式中 $p'_{B(H)}$——组分 B 在 x_B 时，溶液若为稀溶液的蒸气压，$p'_{B(H)} = k_{H(x)} x_B$；

$a_{B(H)}$——以亨利定律为基准，组分 B 在 x_B 时的活度。

当浓度用质量分数（$w(B)$）代替摩尔分数（x_B）时，同样可得出下列相应的关系式：

$$p'_B = k_{H(\%)} f_{B(\%)} w(B)_{\%} = k_{H(\%)} a_{B(\%)}$$

$$a_{B(\%)} = \frac{p'_B}{k_{H(\%)}}, \quad f_{B(\%)} = \frac{p'_B}{k_{H(\%)} w(B)_{\%}} = \frac{p'_B}{p'_{B(\%)}} \quad 或 \quad f_{B(\%)} = \frac{a_{B(\%)}}{w(B)_{\%}}$$

因此，由上面的讨论可以得出溶液组分 B 活度的定义式为：

$$a_B = p'_B / p'_{B(标)} \tag{1-29}$$

式中 p'_B——实际溶液浓度为 x_B 或 $w(B)$ 时组分 B 的蒸气压；

$p'_{B(标)}$——代表 p_B^*、$k_{H(x)}$ 及 $k_{H(\%)}$，分别为纯物质 B、假想纯物质 B 及 $w(B)=1\%$ 溶液的蒸气压，它们也是两定律的比例常数。

因此，把具有这种蒸气压或两定律比例常数的状态称为活度的标准态。根据上述的活度定义，标准态的活度应为 1 $\left(a_{B(R)} = \frac{p'_B}{p_B^*} = \frac{p_B^*}{p_B^*} = 1,\ a_{B(H)} = \frac{p'_B}{k_{H(x)}} = \frac{k_{H(x)}}{k_{H(x)}} = 1,\ a_{B(\%)} = \frac{p'_B}{k_{H(\%)}} = \frac{k_{H(\%)}}{k_{H(\%)}} = 1 \right)$，而它们的浓度也为 1（即 $x_B = 1$ 或 $w(B) = 1\%$）。只有具备活度为 1，且浓度也为 1 的状态，才能作为计算活度的标准态。

活度的标准态如前所述是其所取两定律之一的比例常数，说明了活度是参照某种溶液的定律为基准得出的。所以作为标准态的这种溶液则可称为活度的参考态，它即是实际溶液的活度系数为 1 的线状态，即实际溶液的蒸气压曲线分别与亨利定律及拉乌尔定律相结合的直线段。而标准态则是点状态，如图 1-10 中 A、B、C 点的状态所示。

活度系数 γ_B 或 f_B 则是浓度的修正系数（$a_{B(R)} = \gamma_B x_B$ 或 $a_{B(\%)} = f_{B(\%)} w(B)_{\%}$），它表示实际溶液对选作标准溶液偏差的方向（正或负偏差）及程度。

---

[1] 下角标（R）表示按拉乌尔定律为参考态的活度。

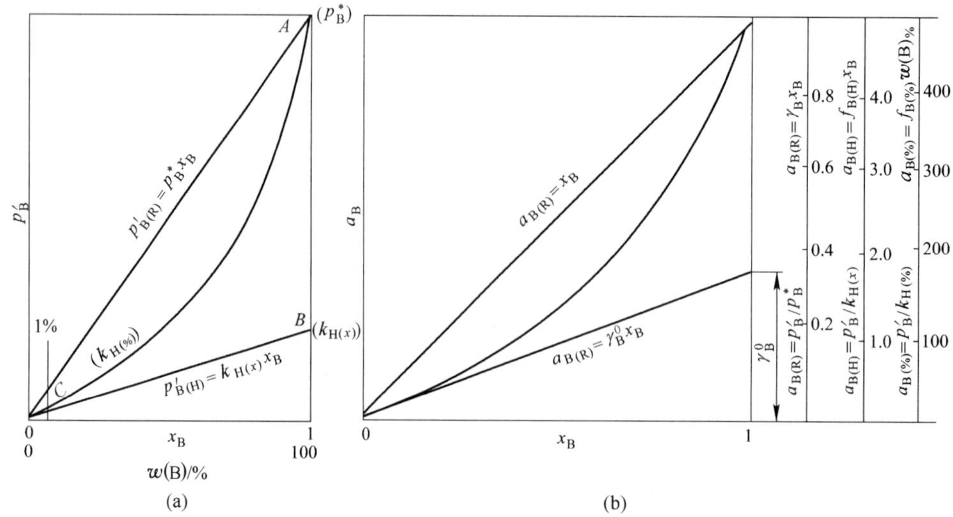

图 1－10　三种标准态的活度值的比较

活度是个相对值，但对不同的标准态，由同一组分的蒸气压（p'_B）计算的活度有不同的数值。

图 1－10（a）示出了钢铁冶金中通常选用的活度的三种标准态。A 点是纯物质标准态（p_B^*），是以拉乌尔定律为参考态的；B 点是假想纯物质标准态（$k_{H(x)}$），是以亨利定律为参考态的；C 点是质量 1% 溶液标准态 $\left(k_{H(\%)}\text{或 } k_{H(x)}\cdot\dfrac{M_A}{100M_B}\right)$，仍是以亨利定律为参考态的。图 1－10（b）还绘有由此三种标准态计算的活度值数量级的比较。

表 1－7 列出了三种标准态的活度、活度系数的通式、实际溶液内不同浓度范围的活度及活度系数表达式。表中各浓度范围的组分 B 的活度及活度系数用下列式表示：

标准状：p_B^*，$k_{H(x)}$，$k_{B(\%)}$

活度及活度系数：

$$a_{B(R)}=\frac{p'_B}{p^*_{B(R)}}\qquad a_{B(H)}=\frac{p'_B}{k_{H(x)}}\qquad a_{B(\%)}=\frac{p'_B}{k_{B(\%)}}$$

$$\gamma_{(B)}=\frac{a_{B(R)}}{x_B}=\frac{p'_B}{p'_{B(R)}}\qquad f_{B(H)}=\frac{a_{B(H)}}{x_B}=\frac{p'_B}{p'_{B(H)}}\qquad f_{B(\%)}=\frac{a_{B(\%)}}{w(B)_\%}=\frac{p'_B}{p'_{B(\%)}}$$

3 种浓度范围内的 a_B 及 γ_B、f_B：

$$1(100\%)\longleftarrow x_B(w(B)_\%)\longleftarrow 0$$

$a_{B(R)}=x_B$	$a_{B(R)}=\gamma_B x_B$	$a_{B(R)}=\gamma_B^0 x_B$
$\gamma_B=1$	$\gamma_B\neq 1$	$\gamma_B=\gamma_B^0$
	$a_{B(H)}=f_{B(H)}x_B$	$a_{B(H)}=x_B$
	$f_{B(H)}\neq 1$	$f_{B(H)}=1$
	$a_{B(\%)}=f_{B(\%)}w(B)_\%$	$a_{B(\%)}=w(B)_\%$
	$f_{B(\%)}\neq 1$	$f_{B(\%)}=1$

表1－7中，γ_B^0 是稀溶液内组分B以纯物质为标准态的活度系数（$a_{B(R)}=\gamma_B^0 x_B$），其值为常数。按活度的定义为：

$$a_{B(R)}=p'_B/p_B^*=(k_{H(x)}x_B/p_B^*)=(k_{H(x)}/p_B^*)x_B=\gamma_B^0 x_B$$

故 $\gamma_B^0=k_{H(x)}/p_B^*$，所以 γ_B^0 又表示稀溶液对理想溶液的偏差。γ_B^0 可由稀溶液的 $a_{B(R)}=\gamma_B^0 x_B$ 直线外推到 $x_B=1$ 纵轴上的截距求得：

$$\gamma_B^0=\lim_{x_B\to 1}\left|\frac{a_{B(R)}}{x_B}\right|$$

此如图1－10中 $a_{B(R)}-x_B$ 图形所示。此外，也可由实际溶液的 γ_B-x_B 图形外推到 $x_B=0$ 纵轴上的截距求得：$\gamma_B^0=\lim\limits_{x_B\to 0}|\gamma_B|$，因为这时溶液已位于稀溶液的范围内。

表1－7　实际溶液内三种标准态的活度及活度系数

标准态	浓度	活度	活度系数	实际溶液内三种浓度范围的活度及活度系数表达式		
				$x_B\to 1$	$x_B\to 0$	$0<x_B<1$
纯物质：p_B^*，$a_{B(R)}=1$，$x_B=1$ 拉乌尔定律参考态	x_B	$a_{B(R)}=\frac{p'_B}{p_B^*}$	$\gamma_B=\frac{p'_B}{p'_{B(R)}}=\frac{a_{B(R)}}{x_B}$	$a_{B(R)}=\frac{p'_B}{p_B^*}=\frac{p_B^* x_B}{p_B^*}=x_B$；$\gamma_B=1$	$a_{B(R)}=\frac{p'_B}{p_B^*}=\frac{k_{H(x)}x_B}{p_B^*}=\frac{k_{H(x)}}{p_B^*}x_B=\gamma_B^0 x_B$；$\gamma_B=\gamma_B^0$	$a_{B(R)}=\frac{p'_B}{p_B^*}=\frac{p'_B x_B}{p_B^* x_B}=\frac{p'_B}{p'_{B(R)}}x_B=\gamma_B x_B$；$\gamma_B\neq 1$
假想纯物质：$k_{H(x)}$，$a_{B(x)}=1$，$x_B=1$ 亨利定律参考态	x_B	$a_{B(H)}=\frac{p'_B}{k_{H(x)}}$	$f_{B(H)}=\frac{p'_B}{p'_{B(H)}}=\frac{a_{B(H)}}{x_B}$		$a_{B(H)}=\frac{p'_B}{k_{H(x)}}=\frac{k_{H(x)}x_B}{k_{H(x)}}=x_B$；$f_{B(H)}=1$	$a_{B(H)}=\frac{p'_B}{k_{H(x)}}=\frac{p'_B x_B}{k_{H(x)}x_B}=\frac{p'_B}{p'_{B(H)}}x_B=f_{B(H)}x_B$；$f_{B(H)}\neq 1$
质量1%溶液：$k_{H(\%)}$，$a_{B(\%)}=1$，$w(B)=1\%$ 亨利定律参考态	$w(B)/\%$	$a_{B(\%)}=\frac{p'_B}{k_{H(\%)}}$	$f_{B(\%)}=\frac{p'_B}{p'_{B(\%)}}=\frac{a_{B(\%)}}{w(B)_\%}$		$a_{B(\%)}=\frac{p'_B}{k_{H(\%)}}=\frac{k_{H(\%)}w(B)_\%}{k_{H(\%)}}=w(B)_\%$；$f_{B(\%)}=1$	$a_{B(\%)}=\frac{p'_B}{k_{H(\%)}}=\frac{p'_B w(B)_\%}{k_{H(\%)}w(B)_\%}=\frac{p'_B}{p'_{B(\%)}}w(B)_\%=f_{B(\%)}w(B)_\%$；$f_{B(\%)}\neq 1$

表1－7中，假想纯物质标准态和质量1%溶液标准态的活度系数均可用 f_B 表示出，这在组分的浓度很低时可如此看待。此可由下式了解：

$$\frac{f_{B(H)}}{f_{B(\%)}}=\frac{a_{B(H)}/x_B}{a_{B(\%)}/w(B)_\%}=\frac{(p'_B/k_{H(x)})w(B)_\%}{(p'_B/k_{H(\%)})x_B}=\frac{k_{H(\%)}w(B)_\%}{k_{H(x)}x_B}$$
$$=\frac{M_A}{100M_B}\cdot\left[w(B)_\%\Big/\frac{w(B)_\% M_A}{w(B)_\%(M_A-M_B)+100M_B}\right]\qquad(1-30)$$

式中　$f_{B(H)}$，$f_{B(\%)}$——分别为假想纯物质和质量1%溶液为标准态的活度系数，式中的 $w(B)_\%/x_B$ 值取自式（1－23）中的推导。

式(1－30)表明，当 $w(B)_\%\to 0$ 或当 $M_B\approx M_A$ 时，则有 $w(B)_\%(M_A-M_B)\ll 100M_B$ 的

关系，式中 $w(\mathrm{B})_{\%}(M_A - M_B)$ 项可忽略，而得到 $f_{B(H)} = f_{B(\%)}$，即两种活度系数相同。

可再从 $p'_B - x_B$ 图上各线段的关系来理解 a_B、γ_B、γ_B^0、f_B 以及关系式 $\gamma_B = \gamma_B^0 f_B$ 的意义。

在图 1－11 中的 $p'_B - x_B$ 曲线上任取一点 P，在其对应的状态下，线段 PQ 相当于此状态下组分 B 的实际蒸气压 p'_B，则：

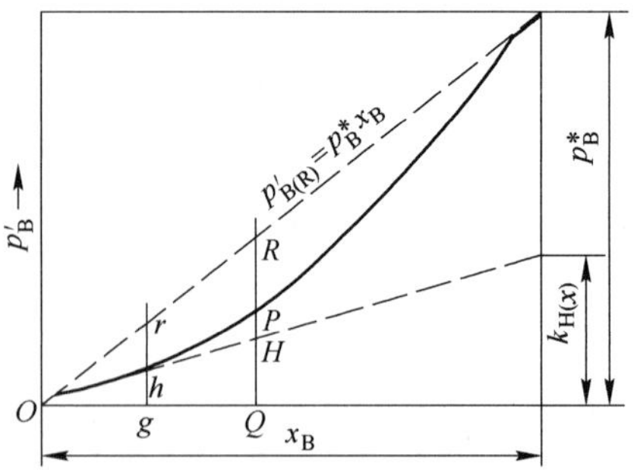

图 1－11　$p'_B - x_B$ 图

$$a_{B(R)} = \frac{p'_B}{p_B^*} = \frac{PQ}{p_B^*}$$

$$\gamma_B = \frac{a_{B(R)}}{x_B} = \frac{p'_B/p_B^*}{p'_{B(R)}/p_B^*} = \frac{p'_B}{p'_{B(R)}} = \frac{PQ}{RQ}$$

$$f_{B(H)} = \frac{a_{B(H)}}{x_B} = \frac{p'_B/k_{H(x)}}{p'_{B(H)}/k_{H(x)}} = \frac{p'_B}{p'_{B(H)}} = \frac{PQ}{HQ}$$

当 x_B 增大时，P 点与 R 点逐渐靠拢；当 $x_B \to 1$，即服从拉乌尔定律时，PQ 与 RQ 相等，$\gamma_B = 1$。当 x_B 减小时，P 点逐渐向 H 点靠近；当 x_B 减小到服从亨利定律的浓度范围（或 $x_B \to 0$）时，P 点与 H 点重合，在图 1－11 中以 h 点表示。又由图中可以看出：

$$\lim_{x_B \to 0} \gamma_B = \frac{hg}{rg} = \frac{k_{H(x)}}{p_B^*}$$

由 γ_B^0 的定义：

$$\lim_{x_B \to 0} \gamma_B = \gamma_B^0$$

则得：

$$\gamma_B^0 = \frac{k_{H(x)}}{p_B^*}$$

下面再考查 γ_B 与 $f_{B(H)}$ 的关系：

$$\frac{\gamma_B}{f_{B(H)}} = \frac{PQ}{RQ} \Big/ \frac{PQ}{HQ} = \frac{HQ}{RQ} = \frac{k_{H(x)}}{p_B^*} = \gamma_B^0$$

可见，$\gamma_B = \gamma_B^0 f_{B(H)}$ 这一关系在 $x_B = 0 \sim 1$ 范围内均成立。但因为只有在 x_B 或 $w(\mathrm{B})_{\%} \to 0$ 时才有 $f_{B(H)} = f_{B(\%)}$，所以，只有在 x_B 或 $w(\mathrm{B})_{\%} \to 0$ 时才有 $\gamma_B = \gamma_B^0 f_{B(\%)}$。

【例 1－7】 用蒸气压法测得 973K 条件下，Sn－Zn 系中 Zn 不同浓度的蒸气压如表 1－8 所示。在此温度下，Zn 的饱和蒸气压 $p_{Zn}^* = 7.984 \times 10^{-2}$ Pa。试计算：（1）三种标准态的 Zn 的活度和活度系数；（2）以纯物质为标准态的稀溶液的活度系数 γ_{Zn}^0。

表 1－8　Sn－Zn 系 Zn 的蒸气压值

$x[\mathrm{Zn}]$	0.050	0.100	0.150	0.200	0.300	0.400	0.500
$p'_{Zn}/\times 10^{-2}$ Pa	0.551	1.086	1.605	2.124	3.114	3.992	4.744

解　（1）根据活度及活度系数定义的公式，在计算它们的数值时，需先求出所采用的标准态下物质的蒸气压，即 p_{Zn}^*、$k_{H(x)}$ 及 $k_{H(\%)}$ 的值。

1）纯物质标准态 p_{Zn}^*：由题给，$p_{Zn}^* = 7.984 \times 10^{-2}$ Pa。

2）假想纯物质标准态 $k_{H(x)}$：作溶液 $p'_{Zn} - x[\mathrm{Zn}]$ 的蒸气压曲线，从 $x[\mathrm{Zn}] = 0$ 处作曲线的切线，由 $x[\mathrm{Zn}] = 1$ 纵轴上的截距可求得 $k_{H(x)}$，如图 1－12 所示。

$$k_{H(x)}=\lim_{x[Zn]\to 1}\left|\frac{p'_{Zn}}{x[Zn]}\right|=11\times 10^{-2}$$

3）质量1%溶液标准态 $k_{H(\%)}$：

$$k_{H(\%)}=k_{H(x)}\cdot\frac{M_{Sn}}{100M_{Zn}}$$

$$=11\times 10^{-2}\times\frac{118.7}{100\times 65.4}=0.2\times 10^{-2}$$

式中，$M_{Sn}=118.7g/mol$，$M_{Zn}=65.4g/mol$。

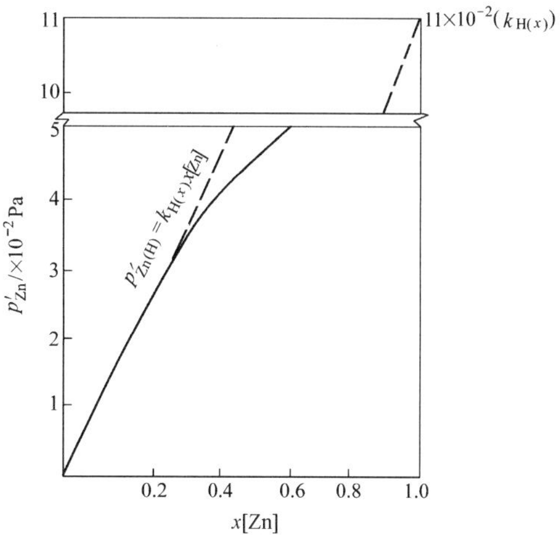

图1－12　$p'_{Zn}-x[Zn]$图:求 $k_{H(x)}$

三种标准态活度和活度系数的计算公式为：

1）　$a_{Zn(R)}=\frac{p'_{Zn}}{p^*_{Zn}}=\frac{p'_{Zn}}{7.984\times 10^{-2}}$

$$\gamma_{Zn}=\frac{p'_{Zn}}{7.984\times 10^{-2}x[Zn]}$$

2）　$a_{Zn(H)}=\frac{p'_{Zn}}{k_{H(x)}}=\frac{p'_{Zn}}{11\times 10^{-2}}$

$$f_{Zn(H)}=\frac{p'_{Zn}}{11\times 10^{-2}x[Zn]}$$

3）　$a_{Zn(\%)}=\frac{p'_{Zn}}{k_{H(\%)}}=\frac{p'_{Zn}}{0.2\times 10^{-2}}$

$$f_{Zn(\%)}=\frac{p'_{Zn}}{0.2\times 10^{-2}w(Zn)_{\%}}$$

而 $w(Zn)_{\%}$ 可利用下式，由 $x[Zn]$ 求得：

$$w(Zn)_{\%}=\frac{100}{\frac{M_A}{M_B}\cdot\frac{1}{x_B}+\left(1-\frac{M_A}{M_B}\right)}=\frac{100}{\frac{118.7}{65.4}\times\frac{1}{x_B}+\left(1-\frac{118.7}{65.4}\right)}=\frac{100}{1.815/x[Zn]-0.815}$$

将表1－8中各Zn浓度下的 p'_{Zn} 值代入上列诸式，将计算结果列入表1－9中。

表1－9　Sn－Zn系Zn的活度及活度系数

$x[Zn]$	0.050	0.100	0.150	0.200	0.300	0.400	0.500
$p'_{Zn}/\times 10^{-2}$Pa	0.551	1.086	1.605	2.124	3.114	3.992	4.744
$a_{Zn(R)}$	0.069	0.136	0.201	0.266	0.390	0.500	0.594
γ_{Zn}	1.38	1.36	1.34	1.33	1.30	1.25	1.20
$a_{Zn(H)}$	0.050	0.099	0.146	0.193	0.283	0.363	0.431
$f_{Zn(H)}$	1.00	0.99	0.97	0.965	0.943	0.907	0.863
$a_{Zn(\%)}$	2.755	5.43	8.025	10.62	15.57	19.96	23.72
$w(Zn)/\%$	2.82	5.76	8.86	12.11	19.10	26.86	35.51
$f_{Zn(\%)}$	0.98	0.94	0.91	0.88	0.82	0.74	0.67

从表1－9可以看出，以亨利定律为参考态的两种活度系数 $f_{Zn(H)}$ 和 $f_{Zn(\%)}$ 在 $x[Zn]\to 0$ 时接近相同，但随着 $x[Zn]$ 的增加，两者的差值增大。

（2）又因 γ^0_{Zn} 是稀溶液内Zn以纯锌为标准态的活度系数：$a_{Zn(R)}=\gamma^0_{Zn}x[Zn]$，可由以下两种方法求得：

1）对溶液的 $a_{Zn(R)}-x[Zn]$ 曲线，在 $x[Zn]=0$ 处作曲线的切线（亨利定律直线），外延到 $x[Zn]=1$ 轴上的交点即为 γ_{Zn}^0，如图 1－13 所示。

$$\gamma_{Zn}^0=\lim_{x[Zn]\to 1}\left|\frac{a_{Zn(R)}}{x[Zn]}\right|=1.38$$

2）在实际溶液内：$a_{Zn(R)}=\gamma_{Zn}x[Zn]$，当 $x[Zn]$ 位于稀溶液的浓度范围内时，前式中的 γ_{Zn} 即为 γ_{Zn}^0，故作 $\gamma_{Zn}-x[Zn]$ 图，曲线外推到 $x[Zn]=0$ 的截距即为 γ_{Zn}^0，如图 1－14 所示，

$$\gamma_{Zn}^0=\lim_{x[Zn]\to 0}|\gamma_{Zn}|=1.38$$

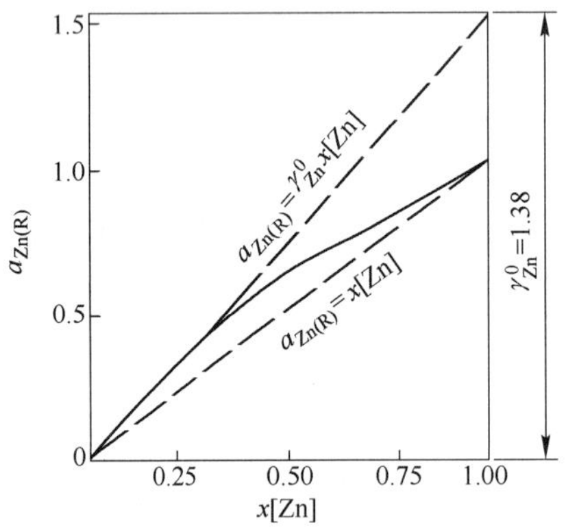

图 1－13 $a_{Zn(R)}-x[Zn]$ 图：求 γ_{Zn}^0

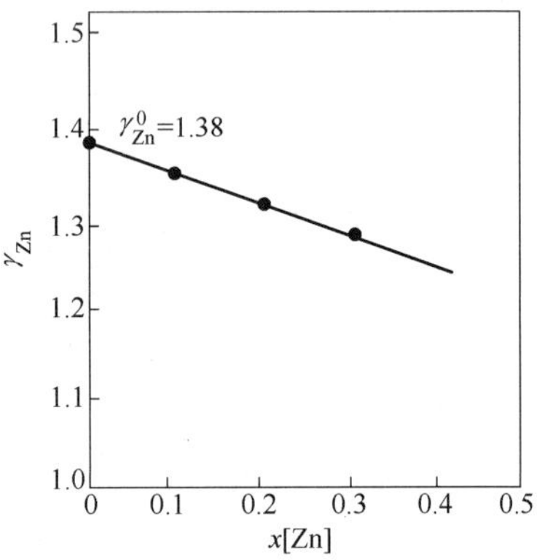

图 1－14 $\gamma_{Zn}-x[Zn]$ 图：求 γ_{Zn}^0

1.2.4 活度标准态的选择及转换

如前所述，活度的值与标准态的选择有关，虽然标准态的选择是任意的，但它的选择应使组分在溶液中表现的性质（如蒸气压），与其作为参考态的拉乌尔定律或亨利定律所得的值尽可能相近。一般作为溶剂或浓度较高的组分可选纯物质作标准态，当其进入浓度较大的范围内时，其活度值接近于其浓度值。当组分的浓度比较低时，可选用假想纯物质或质量 1% 溶液作标准态，而进入浓度较小的范围内，其活度值也接近其浓度值。

但是，在处理冶金反应的平衡常数时，需要注意组分活度的如下特点：

（1）在冶金过程中，作为溶剂的铁，当其中元素的溶解量不高，而铁的浓度很高时，则可视 $w(Fe)=100\%$，$x[Fe]=1$，以纯物质为标准态时，$a_{Fe(R)}=x[Fe]=1$，而 $\gamma_{Fe}=1$。因此，平衡常数式中就不包括 Fe 的活度了。

（2）形成饱和溶液的组分 B 以纯物质为标准态时，其 $a_{B(R)}=1$。因为在饱和溶液中，当溶解的组分 [B] 与其纯的固相平衡共存时，它们的吉布斯自由能或化学势相等：$G_B^{\ominus}+RT\ln p_B^*=G_B^{\ominus}+RT\ln p_{[B]}$（式中 $p_{[B]}$ 为组分 [B] 的蒸气压），故 $p_{[B]}=p_B^*$，则 $a_{[B]}=p_{[B]}/p_B^*=p_B^*/p_B^*=1$。

（3）如果溶液属于稀溶液，则可以浓度代替其活度（k_H 标准态）。冶金中金属溶液的组分常以质量 1% 溶液作标准态，这时可表示为 $a_{B(\%)}=w[B]_{\%}$。

（4）熔渣中组分的活度常选用纯物质标准态，这是因为其浓度都比较高。

此外，在热力学的计算中，常涉及活度标准态之间的转换，有下列几种转换关系。

（1）纯物质标准态活度与假想纯物质标准态活度之间的转换：

$$\frac{a_{B[R]}}{a_{B[H]}}=\frac{p'_B/p_B^*}{p'_B/k_{H(x)}}=\frac{k_{H(x)}}{p_B^*}=\gamma_B^0 \quad 故 \quad a_{B(R)}=\gamma_B^0 a_{B(H)} \tag{1-31}$$

（2）纯物质标准态活度与质量1%溶液标准态活度之间的转换：

$$\frac{a_{B[R]}}{a_{B[\%]}}=\frac{p'_B/p_B^*}{p'_B/k_{H(\%)}}=\frac{k_{H(\%)}}{p_B^*}=\frac{M_A}{100M_B}\cdot\frac{k_{H(x)}}{p_B^*}=\frac{M_A}{100M_B}\cdot\gamma_B^0 \tag{1-32}$$

（3）假想纯物质标准态活度与质量1%溶液标准态活度之间的转换：

$$\frac{a_{B[H]}}{a_{B[\%]}}=\frac{p'_B/k_{H(x)}}{p'_B/k_{H(\%)}}=\frac{k_{H(\%)}}{k_{H(x)}}=\frac{M_A}{100M_B} \tag{1-33}$$

由 $a_{B(R)}=\gamma_B^0 a_{B(H)}$，即 $\gamma_B x_B=\gamma_B^0 f_B x_B$，可得 $\gamma_B=\gamma_B^0 f_{B(H)}$ 或 $\gamma_B^0=\gamma_B/f_{B(H)}$。这是活度系数之间的转换关系式，但却是浓度单位相同的活度系数之间的关系式。当组分的浓度很低或 $M_A-M_B=\Delta M$ 接近于0时，此式也适用于纯物质标准态与质量1%溶液标准态的活度系数之间的转换关系，因为这时 $f_{B(H)}=f_{B(\%)}$（见式(1-30)的关系）。下文此类情况较多，可统一用 f_B 表示 $f_{B(H)}$ 和 $f_{B(\%)}$，而不需加以区别。又 $\frac{M_A}{100M_B}$ 是稀溶液内不同浓度单位的转换系数，它和 γ_B^0 同是上述不同标准态活度之间的转换系数。表1-10总结了不同标准态活度之间转换的系数及其特性，对照了它们之间的异同。

表1-10 不同标准态活度之间转换的系数及其特性

活度之间转换类别	转换系数	转换系数特性
$a_{B(R)}/a_{B(H)}$	γ_B^0	浓度单位相同，参考态不同，仅是 γ_B/f_B 的转换
$a_{B(R)}/a_{B(\%)}$	$\gamma_B^0\cdot\frac{M_A}{100M_B}$	浓度单位不相同，参考态也不同，故涉及两者均需转换
$a_{B(H)}/a_{B(\%)}$	$\frac{M_A}{100M_B}$	参考态相同，故无 γ_B/f_B 的转换，但浓度单位不同，故仅涉及浓度单位的转换

因此，γ_B^0 是溶液的一个重要热力学参数。它是稀溶液中溶液组分B在以纯物质为标准态的活度系数（$a_{B(R)}=\gamma_B^0 x_B$），在一定温度下是常数。它的物理意义可归纳如下：

（1）$\gamma_B^0=\frac{k_{B(H)}}{p_B^*}$，即 γ_B^0 是两种标准态的蒸气压之比；

（2）$\gamma_B^0=\frac{a_{B(R)}}{a_{B(H)}}$，即 γ_B^0 是两种标准态的活度之比；

（3）$\gamma_B^0=\frac{\gamma_{B(R)}}{f_{B(\%)}}$（$w(B)_\%\to 0$），$\gamma_B^0=\frac{\gamma_{B(R)}}{f_{B(H)}}$（$0<w(B)_\%<1$），即 γ_B^0 是两种标准态活度系数之比；

（4）$\gamma_B^0=\gamma_{B(R)}$（$w(B)_\%\to 0, f_{B(H)}=1$），稀溶液即是理想溶液。

γ_B^0 不仅是不同标准态活度或活度系数之间的转换系数，而且也是计算铁液中元素标准溶解吉布斯自由能的参数（详见后述）。

γ_B^0 可由 $a_{B(R)}=\gamma_B^0 x_B$ 关系式，通过实验溶液的 $a_{B(R)}-x_B$ 或 γ_B-x_B 曲线外推到 $x_B=0$ 求得；也可用其他方法，如后面介绍的 α 函数法及正规溶液的热力学关系式，在 $x_B\to 0$ 时求得。

【例1-8】 表1-11所示为Fe-Cu系在1873K时铜以纯物质为标准态的活度。试计算铜以假想纯物质和质量1%溶液为标准态的活度。

表 1-11 Fe-Cu 系中 Cu 的活度（$a_{Cu(R)}$）

$x[Cu]$	0.015	0.025	0.061	0.217	0.467	0.626	0.792	1.000
$a_{Cu(R)}$	0.119	0.1823	0.424	0.730	0.820	0.870	0.888	1.00

解 计算公式为：

$$a_{Cu(H)}=a_{Cu(R)}/\gamma_{Cu}^{0} \quad 及 \quad a_{Cu(\%)}=a_{Cu(R)}\bigg/\left(\frac{M_A}{100M_B}\cdot\gamma_{Cu}^{0}\right)$$

因此，应先求出 γ_{Cu}^{0}。由溶液的 $a_{Cu(R)}-x[Cu]$ 图或 $\gamma_{Cu}-x[Cu]$ 图，用外推法可求得 $\gamma_{Cu}^{0}=7.93$，如图 1-15 及图 1-16 所示。

故
$$a_{Cu(H)}=a_{Cu(R)}/\gamma_{Cu}^{0}=a_{Cu(R)}/7.93=0.126a_{Cu(R)}$$

$$a_{Cu(\%)}=a_{Cu(R)}\bigg/\left(\frac{M_A}{100M_B}\cdot\gamma_{Cu}^{0}\right)=a_{Cu(R)}\bigg/\left(\frac{55.85}{100\times63.5}\times7.93\right)=14.34a_{Cu(R)}$$

式中，$M_A=M_{Fe}=55.85\text{g/mol}$，$M_B=M_{Cu}=63.5\text{g/mol}$。

利用上式计算的活度值如表 1-12 所示。

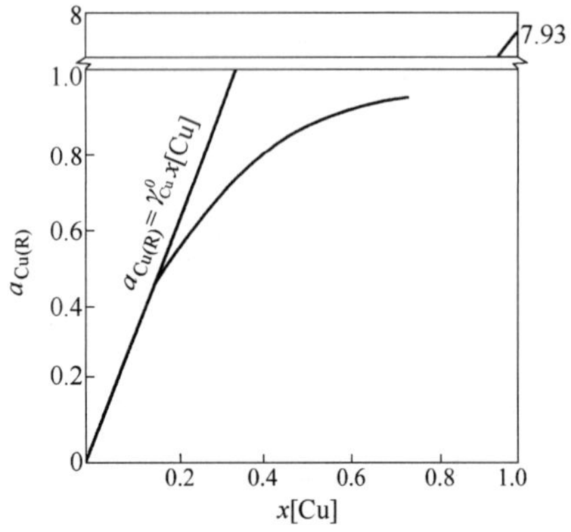

图 1-15 $a_{Cu(R)}-x[Cu]$ 图

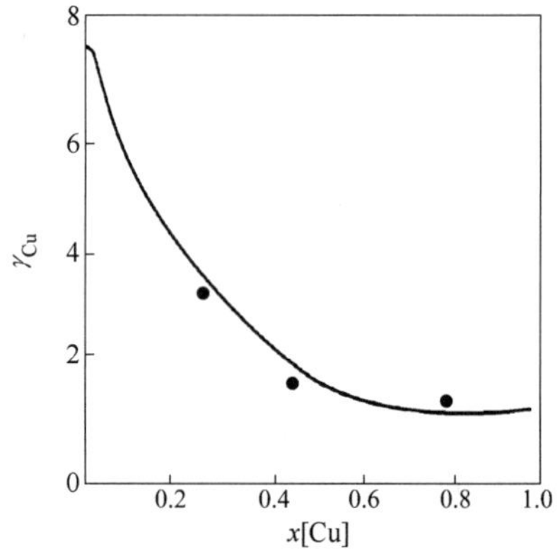

图 1-16 $\gamma_{Cu}-x[Cu]$ 图

表 1-12 Fe-Cu 系的 $a_{Cu(R)}$、$a_{Cu(H)}$ 及 $a_{Cu(\%)}$

$x[Cu]$	0.015	0.025	0.061	0.217	0.467	0.626	0.792	1.000
$a_{Cu(R)}$	0.119	0.1823	0.424	0.730	0.820	0.870	0.888	1.00
γ_{Cu}	7.93	7.29	6.95	3.36	1.76	1.39	1.12	1.00
$a_{Cu(H)}$	0.015	0.023	0.053	0.092	0.103	0.110	0.112	0.126
$a_{Cu(\%)}$	1.706	2.614	6.080	10.47	11.76	12.48	12.74	14.34

1.3 溶液的热力学关系式

溶液的吉布斯自由能是溶液最重要的热力学函数。它由溶液形成时的焓变量及熵变量两项组成：

$$\Delta G_{\mathrm{m}} = \Delta H_{\mathrm{m}} - T\Delta S_{\mathrm{m}}\text{（积分摩尔量）}$$

$$\Delta G_{\mathrm{B}} = \Delta H_{\mathrm{B}} - T\Delta S_{\mathrm{B}}\text{（偏摩尔量）}$$

ΔH_{m} 取决于溶液中原子间的交互作用能（引力与斥力），亦即混合焓，而 ΔS_{m} 则取决于各原子间排列的有序度。按照焓变量和熵变量的性质，溶液可分为以下五类：

（1）理想溶液：$\Delta H_{\mathrm{m}}=0$，$\Delta S_{\mathrm{m}}=\Delta S_{\mathrm{m(R)}}$；

（2）稀溶液：$\Delta H_{\mathrm{m}}\neq 0$（常量），$\Delta S_{\mathrm{m}}\neq\Delta S_{\mathrm{m(R)}}$；

（3）正规溶液：$\Delta H_{\mathrm{m}}\neq 0$，$\Delta S_{\mathrm{m}}=\Delta S_{\mathrm{m(R)}}$；

（4）无热溶液：$\Delta H_{\mathrm{m}}=0$，$\Delta S_{\mathrm{m}}\neq\Delta S_{\mathrm{m(R)}}$；

（5）实际溶液：$\Delta H_{\mathrm{m}}\neq 0$，$\Delta S_{\mathrm{m}}\neq\Delta S_{\mathrm{m(R)}}$。

式中　$\Delta S_{\mathrm{m(R)}}$——理想溶液的熵变量，它是溶液原子呈完全无序分布状态的熵变量。

本节即讨论上述溶液的 ΔH、ΔS 及 ΔG。

1.3.1　偏摩尔量及化学势

溶液形成时，组分的原子或分子产生了有异于混合前纯组分中的作用力，从而引起溶液广度性质的变化。这种变化不仅与混合组分的本性有关，还与混合组分的浓度有关。因此，溶液的热力学函数，特别是在平衡的计算中，就需用与组分的浓度有关的那种热力学量，即用偏摩尔量来表示。

所谓偏摩尔量，就是在恒温、恒压及其他组分的物质的量保持不变的条件下，溶液的广度性质 X（X 代表 U、V、H、S、G）对某组分 B 物质的量的偏微商：

$$X_{\mathrm{B}} = (\partial X/\partial n_{\mathrm{B}})_{T,p,n_{\mathrm{K(K\neq B)}}}$$

式中　X_{B}——组分 B 的偏摩尔量；

　　n_{K}——除 n_{B} 外，其余组分的物质的量。

按上述定义的 X_{B} 称为组分 B 的偏摩尔广度性质。它是在溶液的浓度不变时，将加入微量组分 B 而引起溶液广度性质改变的变量换算成每摩尔组分 B 的值。也可认为，它是该溶液中每摩尔组分 B 的实际广度性质。但它却是随溶液组成改变的强度性质。

当广度性质是吉布斯自由能（G）时，组分 B 的偏摩尔量则称为化学势，用符号 μ_{B} 或 G_{B} 表示：

$$\mu_{\mathrm{B}} = G_{\mathrm{B}} = (\partial G/\partial n_{\mathrm{B}})_{T,p,n_{\mathrm{K(K\neq B)}}} \tag{1-34}$$

组分 B 的化学势是多组分体系（如溶液）在恒温恒压下的吉布斯自由能函数的偏摩尔量，是衡量恒温恒压下体系变化的趋向和限度的准则。而相变和化学反应都引起体系中组分的物质的量产生变化，从而就会涉及组分的化学势。所以，组分的化学势是体系相平衡及化学平衡的条件，即自发变化的方向总是物质 B 从化学势较高的相流向化学势较低的相，直至两相中的化学势相等，从而达到平衡。可以说，化学势是相间物质变化的驱动力，犹如温度是热流动的驱动力一样。

偏摩尔量有如下四个重要公式：

（1）微分式。设溶液中各组分的物质的量为 n_1，n_2，…。恒温恒压下，溶液的吉布斯自由能 G 是各组分物质的量的函数，即 $G=f(n_1,\ n_2,\ \cdots)$，则：

$$\mathrm{d}G = \left(\frac{\partial G}{\partial n_1}\right)_{T,p,n_2,n_3,\cdots}\mathrm{d}n_1 + \left(\frac{\partial G}{\partial n_2}\right)_{T,p,n_1,n_3,\cdots}\mathrm{d}n_2 + \cdots = G_1\mathrm{d}n_1 + G_2\mathrm{d}n_2 + \cdots = \sum G_{\mathrm{B}}\mathrm{d}n_{\mathrm{B}} \tag{1-35}$$

上式两边各项均除以溶液的物质的量$\sum n$，得：

$$dG_m = G_1 dx_1 + G_2 dx_2 + \cdots = \sum G_B dx_B \tag{1-36}$$

式中　G_m——溶液的摩尔吉布斯自由能，J/mol；

$G_1, G_2, \cdots$——各组分偏摩尔吉布斯自由能，J/mol。

（2）集合公式。在恒温恒压及保持溶液中各组分的比例不变（即 $dn_1 : dn_2 : \cdots = n_1 : n_2 : \cdots$）的条件下，将式（1－35）积分，得：

$$\int_0^G dG = \int_0^{n_1} G_1 dn_1 + \int_0^{n_2} G_2 dn_2 + \cdots$$

因为溶液组成不变，所以 G_1，G_2，…也不变，故得：

$$G = G_1 n_1 + G_2 n_2 + \cdots = \sum G_B n_B \tag{1-37}$$

式（1－37）两边各项均除以$\sum n$，得：

$$G_m = G_1 x_1 + G_2 x_2 + \cdots = \sum G_B x_B \tag{1-37'}$$

式（1－37）和式（1－37′）均称为偏摩尔量（式中的 G 也可以换为 V、U、S、H 等广度性质）的集合公式。它表示溶液的吉布斯自由能 G(或摩尔吉布斯自由能 G_m)等于各组分的偏摩尔吉布斯自由能 G_B 与其物质的量 n_B（或摩尔分数 x_B）的乘积之和。

（3）吉布斯－杜亥姆(Gibbs－Duhem)方程，简称 G－D 方程。将式(1－37)全微分，得：

$$dG = (G_1 dn_1 + n_1 dG_1) + (G_2 dn_2 + n_2 dG_2) + \cdots$$

上式与式(1－35)比较，可得：

$$n_1 dG_1 + n_2 dG_2 + \cdots = \sum n_B dG_B = 0 \tag{1-38}$$

将式(1－37′)全微分后，再与式（1－36）比较，也可得：

$$x_1 dG_1 + x_2 dG_2 + \cdots = \sum x_B dG_B = 0 \tag{1-39}$$

式(1－38)和式(1－39)均称为 G－D 方程。它表示恒温恒压下，溶液中各组分的偏摩尔吉布斯自由能（或其他偏摩尔量）的改变不是彼此独立的，而是互相制约、互为补偿的。

物质的 G 的绝对值无法求出，故溶液的 G 也无法求出。因此，要选择其标准态，从而求出溶液 G 的相对值。常规定用同温度、同压力下纯液态物质（或过冷液体）作标准态，它的化学势等于 1mol 纯物质的吉布斯自由能，用 G_B^* 表示。

因此，溶液中组分 B 的相对化学势或化学势变量为：

$$\Delta\mu_B = \Delta G_B = G_B - G_B^* \tag{1-40}$$

由式(1－40)按加合定律，可得出溶液的相对吉布斯自由能或吉布斯自由能变量：

$$\Delta G = G - G^* = \sum n_B G_B - \sum n_B G_B^* = \sum n_B (G_B - G_B^*)$$

故

$$\Delta G = \sum n_B \Delta G_B \quad 或 \quad \Delta G_m = \sum x_B \Delta G_B \tag{1-41}$$

（4）* 摩尔量与偏摩尔量的互求式。

1）由 ΔG_B 求 ΔG_A（积分式）。由 G－D 方程：

$$x_A d\Delta G_A + x_B d\Delta G_B = 0$$

得：

$$\int_{x_B=0}^{x_B=x_B} dG_A = -\int_{x_B=0}^{x_B=x_B} \frac{x_B}{x_A} d\Delta G_B$$

$$\Delta G_A = -\int_0^{x_B} \frac{x_B}{x_A} d\Delta G_B$$

可由已知的 ΔG_B 与 x_B 的关系式或作$\frac{x_B}{x_A}-\Delta G_B$ 图，由图解积分求解。

2）由 ΔG_m 求 ΔG_B（微分法）。由集合公式：

$$\Delta G_m = x_A\Delta G_A + x_B\Delta G_B \qquad (1)$$

$$d\Delta G_m = x_A dG_A + \Delta G_A dx_A + x_B\Delta G_B + \Delta G_B dx_B$$

式中，$x_A d\Delta G_A + x_B d\Delta G_B = 0$，故：

$$d\Delta G_m = \Delta G_A dx_A + \Delta G_B dx_B$$

两边乘以$\frac{x_A}{dx_B}$得：
$$x_A\frac{d\Delta G_m}{dx_B} = x_A\Delta G_A\frac{dx_A}{dx_B} + x_A\Delta G_B$$

又 $x_A + x_B = 1$，故 $dx_A = -dx_B$，则有：

$$x_A\frac{d\Delta G_m}{dx_B} = -x_A\Delta G_A + x_A\Delta G_B \qquad (2)$$

式(1)+式(2)得：
$$\Delta G_B = \Delta G_m + (1-x_B)\frac{\partial\Delta G_m}{\partial x_B} \qquad (1-42)$$

同理可得：
$$\Delta G_A = \Delta G_m + (1-x_A)\frac{\partial\Delta G_m}{\partial x_A} \qquad (1-43)$$

以$(\Delta G_m, x_B)$数据作图，如图1－17所示。从图中曲线上最低点 q 作曲线的切线 sf，在其两端坐标轴上得到的截距即为偏摩尔量 ΔG_A 及 ΔG_B。兹证明如下。

在图中 x_A 处，$\Delta G_m = pq$，$x_B = rq$，$\frac{d\Delta G_m}{dx_A} = \frac{rs}{rq}$（曲线在 $x_A = x_A$ 点切线的斜率）

故 $\Delta G_A = \Delta G_m + x_B\frac{d\Delta G_m}{dx_A} = pq + rq\cdot\frac{rs}{rq} = pq + rs = os$（曲线在 $x_A = 1$ 点的截距）

在 x_B 处，$\Delta G_m = pq$，$x_A = qd$，$\frac{d\Delta G_m}{dx_B} = \frac{fd}{qd}$（曲线在 $x_B = x_B$ 点切线斜率）

故 $\Delta G_B = \Delta G_m + x_A\frac{d\Delta G_m}{dx_A} = pq + qd\cdot\frac{fd}{qd} = pq + fd = bf$（曲线在 $x_B = 1$ 点的截距）

因为 q 点的 $\Delta G_m(pq) < 0$，$fd > 0$，所以 $bf < 0$。

图1－18为1600℃，Fe－Si熔体的 $\Delta H_m - x_B$ 图。由作图法求得：

$$\Delta H_{Si} = -4.8\text{kJ/mol}$$

$$\Delta H_{Fe} = -3.2\text{kJ/mol}$$

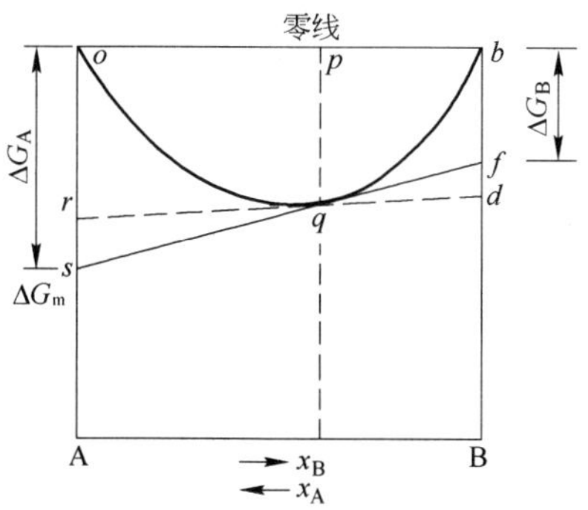

图1－17 $\Delta G_m - x_B$ 关系图

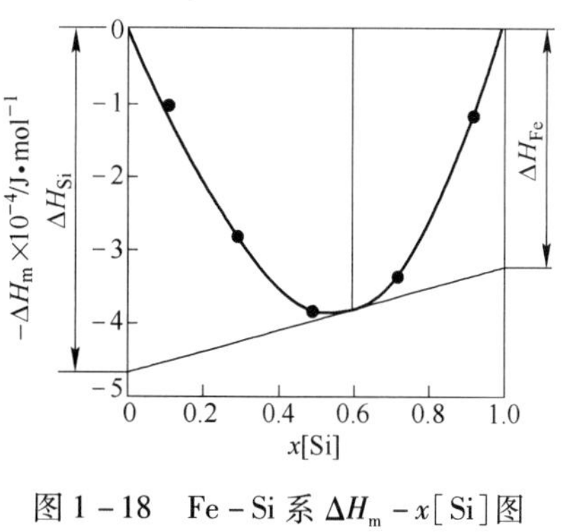

图1－18 Fe－Si系 $\Delta H_m - x$[Si]图

此外，化学势与温度及压力的关系式为：

$$\left(\frac{\partial G_B}{\partial T}\right)_p = -S, \quad \left(\frac{\partial G_B}{\partial p}\right)_T = V$$

1.3.2　理想溶液

在全部浓度范围内服从拉乌尔定律的溶液称为理想溶液，理想溶液各组分的活度等于其摩尔分数（$a_B = p'_B / p_B^* = x_B$）。

气相与溶液处于平衡时，溶液中组分B的化学势$\mu_{[B]}$与其在气相中的化学势$\mu_{B(g)}$相等，即$\mu_{[B]} = \mu_{B(g)}$，但$\mu_{B(g)} = \mu_B^{\ominus} + RT\ln p_B$，故：

$$\mu_{[B]} = \mu_{B(g)} = \mu_B^{\ominus} + RT\ln p_B$$

将拉乌尔定律式$p'_B = p_B^* x_B$代入上式，得：

$$\mu_{[B]} = \mu_B^{\ominus} + RT\ln p_B^* + RT\ln x_B = \mu_{B(R)}^{\ominus}(p,T) + RT\ln x_B \qquad (1-44)$$

或

$$\Delta\mu_B = \Delta G_B = RT\ln x_B \qquad (1-45)$$

式中，$\mu_{B(R)}^{\ominus}(p,T) = \mu_B^{\ominus} + RT\ln p_B^*$称为理想溶液的标准化学势，是在与溶液相同的温度下，$x_B = 1$的纯组分B的化学势；$\mu_B^{\ominus}$是气体B在温度T及$p' = 100\text{kPa}$下的标准化学势，仅与温度有关，但p_B^*却与温度、压力有关，所以$\mu_{B(R)}^{\ominus}(p, T)$与温度、压力有关。

由式（1－45）可进一步导出溶液的其他热力学函数。

利用式（1－45），可得：

$$\Delta G_m = RT\sum x_B \ln x_B \qquad (1-46)$$

由式（1－2），可得：

$$\Delta S_B = -(\partial \Delta G_B / \partial T)_p = -\partial(RT\ln x_B / \partial T)_p = -R\ln x_B \qquad (1-47)$$

及

$$\Delta S_m = -R\sum x_B \ln x_B \qquad (1-48)$$

又由式（1－12）及式（1－46），可得：

$$\Delta H_B = -RT^2[\partial \ln x_B / \partial T]_p \qquad (1-49)$$

及

$$\Delta V_B = (\partial \Delta G_B / \partial p)_T = [\partial(RT\ln x_B)/\partial p]_T \qquad (1-50)$$

式中，x_B与温度及压力无关，故$\partial\ln x_B/\partial T$及$\partial\ln x_B/\partial p$为零，因而对理想溶液，$\Delta H_B = 0$，$\Delta V_B = 0$。

可见，ΔS_B或ΔS_m是理想溶液的基本热力学函数，由它可获得ΔG_m或ΔG_B。又由于体系处于某状态的熵是与该宏观状态对应的微观状态的数目，即与热力学的概率ω有关，故可由玻耳兹曼公式$S = k\ln\omega$求理想溶液的熵变（式中k为玻耳兹曼常数）。

因为理想溶液中原子或分子处于完全无序分布的状态，设1mol溶液的原子总数为N，其中A类原子占n个，B类原子占（$N-n$）个，则形成理想溶液的组态熵由热力学概率

$$\omega = C_N^n = \frac{N!}{n!(N-n)!}$$

得出：

$$\Delta S_m = k\ln\omega = k\ln\frac{N!}{n!(N-n)!}$$

利用斯特林公式：$\ln x! = x\ln x - x$化去上式中的阶乘，得：

$$\begin{aligned}\Delta S_m &= k[\ln N! - \ln n! - \ln(N-n)!] \\ &= k[N\ln N - n\ln n - (N-n)\ln(N-n)] \\ &= k[n\ln N + (N-n)\ln N - n\ln n - (N-n)\ln(N-n)] \\ &= k\left[n\ln\frac{N}{n} + (N-n)\ln\frac{N}{N-n}\right]\end{aligned}$$

$$= -kN\left[\frac{n}{N}\ln\frac{n}{N}+\frac{N-n}{n}\ln\frac{N-n}{N}\right]$$
$$= -(Rx_A\ln x_A + Rx_B\ln x_B)$$
$$= -R\sum x_B\ln x_B \qquad (1-51)$$

式中，$x_A = n/N$，$x_B = (N-n)/N$，$R = kN$，N 即 N_A（阿伏加德罗常数，mol^{-1}）。

因此，理想溶液的 ΔH_m 及 ΔV_m 为零，这是因为各原子间的交互作用能相等；而 ΔG_m 和 ΔS_m 则可由组分的浓度进行简单的计算，ΔS_m 取决于溶液中原子间完全无序的分布。

1.3.3 稀溶液

溶质的蒸气压服从亨利定律，而溶剂的蒸气压服从拉乌尔定律的溶液称为稀溶液。由于溶质 B 的浓度很低（$x_B \to 0$），它完全为溶剂所包围，仅需考虑溶质和溶剂质点之间的作用能。因此，恒温时，向稀溶液中加入溶质仍具有稀溶液的性质，加入的每个新的溶质质点常伴随有相同的热效应，所以其混合焓与浓度无关，而是常量。其熵变不等于理想溶液的值（$\Delta S_{m(R)}$），而是有所减小，因为溶液质点周围出现了有序态。

利用前述理想溶液的化学势公式导出式（1-44）的方法，可得出稀溶液不同标准态的化学势的表达式。

（1）假想纯物质标准态：

$$\mu_B = \mu_B^{\ominus} + RT\ln k_{H(x)} + RT\ln x_B = \mu_{B(H)}^{\ominus}(p,T) + RT\ln x_B$$

式中，$\mu_{B(H)}^{\ominus}(p,\ T) = \mu_B^{\ominus} + RT\ln k_{H(x)}$，是 $x_B = 1$ 的标准化学势。

（2）质量 1% 溶液标准态：

$$\mu_B = \mu_B^{\ominus} + RT\ln k_{H(\%)} + RT\ln w(B)_{\%} = \mu_{B(\%)}^{\ominus}(p,T) + RT\ln w(B)_{\%}$$

式中，$\mu_{B(\%)}^{\ominus}(p,T) = \mu_B^{\ominus} + RT\ln k_{H(\%)}$，是亨利定律直线上 $w(B)_{\%} = 1$ 处的标准化学势。

（3）纯物质标准态：

$$\mu_B = \mu_B^{\ominus} + RT\ln p_B^* + RT\ln\gamma_B^0 x_B = \mu_{B(R)}^{\ominus}(p,T) + RT\ln x_B + RT\ln\gamma_B^0$$

式中，$\mu_{B(R)}^{\ominus}(p,\ T) = \mu_B^{\ominus} + RT\ln p_B^*$。

它们均是以组分浓度（x_B，$w(B)_{\%}$）示出的化学势，但有不同的标准化学势。

又以 $a_{B(R)} = \gamma_B^0 x_B$ 代替式（1-49）中的 x_B：

得：
$$\Delta H_B = -RT^2(\partial\ln\gamma_B^0 x_B/\partial T)_p = -RT^2(\partial\ln\gamma_B^0/\partial T)_p \qquad (1-52)$$

在一定温度下，稀溶液的 $\Delta H_m = \mathrm{const}$，不随浓度而改变。因为 $\gamma_B^0 = \mathrm{const}$，而 ΔH_B 可由任意两温度的 γ_B^0 求得，由上可导出 $\ln[\gamma_{B,T_2}^0/\gamma_{B,T_1}^0] = \frac{\Delta H_B^{\ominus}}{R}\left(\frac{1}{T_2}-\frac{1}{T_1}\right)$。

又在式（1-47）中，以 $\gamma_B^0 x_B$ 代替 x_B，可得：

$$\Delta S_B = -\left(\frac{\partial(RT\ln\gamma_B^0 x_B)}{\partial T}\right)_p = -\left(\frac{\partial(RT\ln\gamma_B^0)}{\partial T}\right)_p - \left(\frac{\partial(RT\ln x_B)}{\partial T}\right)_p$$
$$= -R\left[\ln\gamma_B^0 + T\left(\frac{\partial\ln\gamma_B^0}{\partial T}\right)_p\right] - R\ln x_B \qquad (1-53)$$

稀溶液的 ΔS_B 由两部分组成：（1）形成理想溶液的熵变 $-R\ln x_B$，即溶质无序分布在溶剂中；（2）溶质在溶剂中出现的有序态，与 γ_B^0 有关而与浓度无关。或上式可表示为：

$$\Delta S_B = A - R\ln x_B \qquad (1-53')$$

式中　A——常数，仅与 γ_B^0 及 T 有关。

1.3.4 实际溶液

由于实际溶液中原子间的作用能很复杂，溶液形成时出现了热效应及原子的有序态。这就使溶液组分化学势的表达式和其蒸气压的表达式一样，十分复杂。如与处理实际溶液蒸气压计算式的方法一样，用组分的活度去代替理想溶液组分化学势中的浓度，就能使实际溶液组分的化学势具有与理想溶液组分的化学势形式相同的表达式。

因此，对于以纯物质为标准态的实际溶液组分的化学势，可用 $a_B = \gamma_B x_B$ 去代替式（1－44）、式（1－45）中的 x_B，得：

$$\mu_{[B]} = \mu^{\ominus}_{B(R)}(p,T) + RT\ln a_B$$

或
$$\Delta G_B = RT\ln a_B = RT\ln\gamma_B + RT\ln x_B \tag{1-54}$$

式中 $\mu^{\ominus}_{B(R)}(p,\ T)$ ——以纯物质为标准态，$a_B=1$ 的标准化学势。

又
$$\Delta G_m = RT\sum x_B \ln a_B \tag{1-55}$$

同样，对于以质量1%溶液为标准态的实际溶液组分B的化学势，可用 $a_B = f_B w(B)_{\%}$ 代替式（1－44）、式（1－45）中的 x_B：

$$\mu_{[B]} = \mu^{\ominus}_{B(\%)} + RT\ln(f_B w(B)_{\%}) \tag{1-56}$$

或
$$\Delta G_B = RT\ln f_B + RT\ln w(B)_{\%}$$

式中 $\mu^{\ominus}_{B(\%)}$——以质量1%溶液为标准态，$a_B=1$ 的标准化学势。

又由式（1－54）及式（1－45），可得：

$$\Delta G_B - RT\ln x_B = \Delta G_B - \Delta G_{B(R)} = RT\ln\gamma_B \tag{1-57}$$

而 $RT\ln x_B = \Delta G_{B(R)}$ 是理想溶液的偏摩尔吉布斯自由能变化，故 $RT\ln\gamma_B$ 则是实际溶液与理想溶液的偏摩尔吉布斯自由能的差值，它与 γ_B 有关。而 γ_B 则与溶液中原子间的交互作用能有关。当 $u_{A-B} > \frac{1}{2}(u_{A-A} + u_{B-B})$ 时，溶液趋向于形成有序态或化合物，而 $\gamma_B < 1$，这对拉乌尔定律产生了负偏差，并放出了热能（$\Delta H_m < 0$），同时 $\Delta V_m < 0$；相反，$u_{A-B} < \frac{1}{2}(u_{A-A} + u_{B-B})$ 时，溶液趋向于形成同类原子的偏聚，甚至出现分层现象，而 $\gamma_B > 1$，这对拉乌尔定律产生了正偏差，这种溶液形成时要吸收热（$\Delta H_m > 0$），而 $\Delta V_m > 0$；当 $u_{A-B} = \frac{1}{2}(u_{A-A} + u_{B-B})$ 时，$\gamma_B = 1$，而 $a_B = x_B$，溶液是理想溶液。

温度升高使实际溶液趋向于理想性质，因为由 $\partial(\Delta G_B/T)/\partial T = -\Delta H_B/T^2$ 知，$\partial\ln\gamma_B/\partial T = -\Delta H_B/RT^2$，当 $\Delta H_B < 0$ 时，$\partial\ln\gamma_B/\partial T > 0$；当 $\Delta H_B > 0$ 时，$\partial\ln\gamma_B/\partial T < 0$，即温度升高时，成正偏差（$\gamma_B > 1$）的溶液的 γ_B 值减小，而成负偏差（$\gamma_B < 1$）的溶液的 γ_B 值则增大，溶液的有序态随温度的升高而减小。

压力变化则对活度的影响很小。可以认为，活度或活度系数与压力无关。因为

$$\left(\frac{\partial\ln a_B}{\partial p}\right)_T = \left(\frac{\partial\ln\gamma_B}{\partial p}\right)_T + \left(\frac{\partial\ln x_B}{\partial p}\right)_T = \frac{1}{RT}\left(\frac{\partial\Delta G_B}{\partial p} - \frac{\partial\Delta G^{\ominus}_B}{\partial p}\right) = \frac{V_B - V^{\ominus}_B}{RT} = \frac{\Delta V_B}{RT}$$

一般情况下，$\Delta V_B \approx 0$，故活度与压力的关系很小。

实际溶液对理想溶液的偏差有时用超额函数（excess function）来讨论较为方便。超额函数是实际溶液的偏摩尔量（或摩尔量）与假想其作为理想溶液时的偏摩尔量（或摩尔

量）的差值，用上标“ex”表示。于是可得出下列超额函数：

$$G_B^{ex}=G_B-G_{B(R)}=(G_B-G_{B(R)}^{\ominus}(p,T))-(G_{B(R)}-G_{B(R)}^{\ominus}(p,T))$$
$$=RT\ln a_B-RT\ln x_B=RT\ln\gamma_B$$

即
$$G_B^{ex}=RT\ln\gamma_B$$

及
$$G_m^{ex}=RT\sum x_B\ln\gamma_B \tag{1-58}$$

又
$$S_B^{ex}=-\frac{\partial G_B^{ex}}{\partial T}=-\frac{\partial(RT\ln\gamma_B)}{\partial T}=-R\ln\gamma_B-RT\left(\frac{\partial\ln\gamma_B}{\partial T}\right)_p \tag{1-59}$$

$$S_m^{ex}=-R\sum x_B\ln\gamma_B-RT\sum x_B\left(\frac{\partial\ln\gamma_B}{\partial T}\right)_p \tag{1-60}$$

$$H_B^{ex}=H_B-H_{B(R)}=(H_B-H_B^*)-(H_{B(R)}-H_B^*)=\Delta H_B\quad(H_{B(R)}-H_B^*=0) \tag{1-61}$$

$$H_m^{ex}=G_m^{ex}+TS_m^{ex}=-RT^2\sum x_B\left(\frac{\partial\ln\gamma_B}{\partial T}\right)_p \tag{1-62}$$

$$G_B^{ex}=H_B^{ex}-TS_B^{ex}=\Delta H_B-TS_B^{ex} \tag{1-63}$$

式中 ΔH_B——实际溶液的偏摩尔焓变化。

因此，实际溶液对理想溶液的偏差有两种处理法，一般是用组分的活度表示：$\Delta G_m=RT\sum x_B\ln a_B$，$\Delta G_B=RT\ln a_B$；而超额函数则是用组分的活度系数表示：$G_m^{ex}=RT\sum x_B\ln\gamma_B$，$G_B^{ex}=RT\ln\gamma_B$，适用于用活度系数处理的溶液问题，如正规溶液。

【例1-9】 1873K 测得 Fe-Ni 系内 $x[\text{Ni}]=0.5$ 时，$a_{Ni}=0.387$，$a_{Fe}=0.479$（纯物质标准态）及溶解焓 $\Delta H(\text{Ni})=-6891\text{J/mol}$，$\Delta H(\text{Fe})=-1844\text{J/mol}$，试计算溶液的超额热力学函数。

解 由式（1-58）得：

$$G_m^{ex}=RT\sum x_B\ln\gamma_B=RT\sum x_B\ln(a_B/x_B)$$
$$=8.314\times1873\times[0.5\times\ln(0.387/0.5)+0.5\times\ln(0.479/0.5)]$$
$$=19.147\times1873\times0.5\times[\lg0.774+\lg0.958]=-2329\text{J/mol}$$
$$H_m^{ex}=\Delta H_m=x[\text{Fe}]\Delta H(\text{Fe})+x[\text{Ni}]\Delta H(\text{Ni})$$
$$=-0.5\times1844-0.5\times6891=-4368\text{J/mol}$$
$$S_m^{ex}=(\Delta H_m-G_m^{ex})/T=[-4368-(-2329)]/1873=-1.09\text{J/(mol}\cdot\text{K)}$$

1.3.5 正规溶液

混合焓不为零，但混合熵等于理想溶液混合熵的溶液称为正规溶液（regular solution）。它是 1927 年由 J. H. Hildebrand 提出的。这是比较接近于实际溶液的一种溶液模型，因为它考虑了溶液原子间的交互作用能产生的混合焓。但当这种混合焓不很大时，原子间的热运动能使原子间形成的有序态破坏，因而溶液形成的熵变仅是由于原子完全无序的混合，故其混合熵与理想溶液的相同。

因此，正规溶液的热力学性质可用 $\Delta H_m\neq0$ 及 $\Delta S_m=\Delta S_{m(R)}=-R\sum x_B\ln x_B$ 两者表示。对于 A-B 二元系溶液，ΔH_m 的计算式为：

$$\Delta H_m=\alpha x_A x_B\text{❶} \tag{1-64}$$

---

❶ 此式的导出见附录 1 中（2）。

$$\alpha = \frac{zN_A}{2}(2u_{A-B} - u_{A-A} - u_{B-B})$$

式中 α——混合能参量，或称为质点之间的交互作用能，J/mol，与溶液的组成及温度无关；

z——与溶液组成无关的配位数（即某质点周围最邻近的、等距离的质点数）；

u_{A-B}，u_{A-A}，u_{B-B}——分别为二元系溶液中原子对 A－B、A－A、B－B 的交互作用能或键能，其值为负；

N_A——阿伏加德罗常数。

由 $\Delta H_m = \alpha x_A x_B$，可进一步导出下列公式：

$$\Delta H_A = \alpha x_B^2 \quad \Delta H_B = \alpha x_A^2 \tag{1-65}$$

又由 $\Delta S_{B(R)} = -R\ln x_B$ 可进一步导出：

$$\Delta G_A = \alpha x_B^2 + RT\ln x_A \quad \Delta G_B = \alpha x_A^2 + RT\ln x_B \tag{1-66}$$

而

$$\Delta G_m = \alpha x_A x_B + RT(x_A \ln x_A + x_B \ln x_B) \tag{1-67}$$

又由式（1－63）$G_B^{ex} = \Delta H_B - TS_B^{ex}$，对于正规溶液，$S_B^{ex} = 0$，故 $G_B^{ex} = \Delta H_B$；又由式(1－58) $G_B^{ex} = RT\ln\gamma_B$ 及联系式（1－65），可得：

$$\Delta H_A = RT\ln\gamma_A = \alpha x_B^2 \quad \Delta H_B = RT\ln\gamma_B = \alpha x_A^2 \tag{1-68}$$

（1）由于$(\partial\Delta G_B^{ex}/\partial T)_p = -\Delta S_B^{ex} = 0$，而 $\Delta G^{ex} = RT\ln\gamma_B$，所以 $RT\ln\gamma_B$ 不随温度变化，而是常数。虽然 $RT\ln\gamma_B$ 中含有 T 这个不变量，但 $\ln\gamma_B$ 却与温度成反比，即 $\ln\gamma_B \propto 1/T$ 或 $T_A\ln\gamma_A = T_B\ln\gamma_B$。因此可认为，$\Delta G_B^{ex}$、$\Delta H_B$、$\alpha$ 及 $RT\ln\gamma_B$ 均不随温度的变化而改变。

（2）由于 $RT\ln\gamma_B = \alpha(1-x_B)^2$，当 $x_B \to 0$ 时，$\ln\gamma_B = \ln\gamma_B^0 = \alpha/(RT)$，而溶液此时服从亨利定律。所以，正规溶液有 $\alpha = RT\ln\gamma_B^0 = RT\ln\gamma_A^0$，$\alpha$ 与溶液组成无关。α 可由两种方法求得：

1）利用式（1－68）得出的 $\alpha = RT\ln\gamma_B/(1-x_B)^2$，由测定的 γ_B 求得；2）利用 $\alpha = \Delta H_B/(1-x_B)^2$，由量热计测出的偏摩尔溶解焓求得。例如，对于 Fe－V 系，当 $x[V] = 0.5$ 时，测得 $\Delta H(V) = -9162$J/mol，计算出 $\alpha = -36648$J/mol，用 γ_V 计算的 $\alpha = -37000$J/mol。此外，还可由测定的二元系相图计算此混合能参量（α），请见 1.7.4 节式（1－115）、式（1－117）。

（3）由于 $x_A + x_B = 1$，故式(1－68)可写成：

$$RT\ln\gamma_A = \alpha x_B - \alpha x_A x_B \quad RT\ln\gamma_B = \alpha x_A - \alpha x_A x_B \tag{1-69}$$

对于 k 个组分的溶液，某组分 B 的 $RT\ln\gamma_B$ 为：

$$RT\ln\gamma_B = \sum_{i\neq B}^{k} \alpha_{iB} x_i - \sum_{i=1}^{k-1}\sum_{j=i+1}^{k} \alpha_{i-j} x_i x_j \tag{1-70}$$

式中，第一项不包括组分 B 的浓度 x_B 在内，i、j 表示其他组分。

【例 1－10】 在 1600℃ 测得 Fe－V 系内 V 的活度如表 1－13 所示，试计算此正规溶液内组分间的混合能参量 α。

表 1－13 Fe－V 系内 V 的活度

$x[V]$	0.1	0.2	0.3	0.4	0.5	0.6	0.7	0.8	0.9
a_V	0.0138	0.0466	0.103	0.188	0.312	0.470	0.634	0.787	0.900

解 由正规溶液的热力学公式（1－68）改写成：

$$RT\ln(a_V/x[V]) = \alpha(1-x[V])^2 \quad 或 \quad 19.147T\lg(a_V/x[V]) = \alpha(1-x[V])^2$$

由上式计算出 $19.147\times1873\times\lg(a_V/x[V])$ 及 $(1-x[V])^2$ 的数值，如表 1－14 所示。

表 1－14 有关的计算值表

$x[V]$	0.1	0.2	0.3	0.4	0.5	0.6	0.7	0.8	0.9
a_V	0.0138	0.0466	0.103	0.188	0.312	0.470	0.634	0.787	0.900
$19.147T\lg\frac{a_V}{x[V]}$	－30846	－22688	－16650	－11760	－7345	－3803	－1542	－255	0
$(1-x[V])^2$	0.81	0.64	0.49	0.36	0.25	0.16	0.09	0.04	0.01

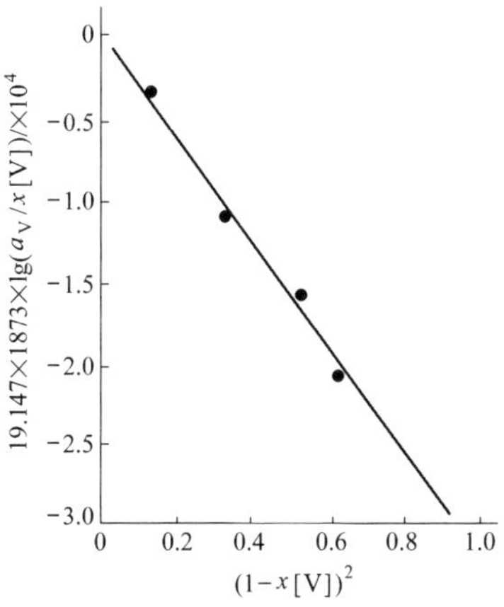

图 1－19 $RT\ln\gamma_V-(1-x[V])^2$ 的关系

利用计算的两组数据作图，直线的斜率即 α 值，由图 1－19 得出：

$$直线斜率 = \frac{-27000-(-4800)}{0.8-0.2} = -37000$$

即 Fe－V 系的正规溶液的混合能量 $\alpha = -37000\text{J/mol}$。

利用正规溶液模型可以处理高温下溶液组分之间混合能参量比较小的实际溶液，如硅、铜、钛、铝在铁中的溶液。由于 $\Delta H_m\neq0$，可能出现一定程度的有序态，不能保证质点成完全无序的分布，从而 $S_m^{ex}\neq0$，所以 $\Delta S_m=\Delta S_{m(R)}$ 与 $\Delta H_m\neq0$ 两个性质是相矛盾的。事实上并无真正的正规溶液。但是当 ΔH_m 比较小，即 $\alpha<2RT$（10～30kJ/mol）时，质点的热运动能使质点形成的有序态减小，使 ΔS_m 接近 $\Delta S_{m(R)}$，则有近似的正规溶液出现。近似程度随 $|\alpha|$ 的增大而减小。

为使正规溶液模型更好地适用于实际溶液，曾提出下列几种修正法：

（1）亚正规溶液。这是修正 α，不把 α 看成常量，它是随成分的变化而改变的。根据 $\Delta H_B=\alpha(1-x_B)^2$，当 $x_B=0$ 时，$\Delta H_B^*=\alpha_B$；当 $x_A=0$ 时，$\Delta H_A^*=\alpha_A$；当浓度为其他值时，$\alpha=\alpha_Bx_A+\alpha_Ax_B=\Delta H_B^*x_A+\Delta H_A^*x_B$。式中，$\Delta H_B^*$ 及 ΔH_A^* 分别是溶液的组分 $x_B\to0$ 及 $x_A\to0$ 时的焓变，如图 1－20 所示。

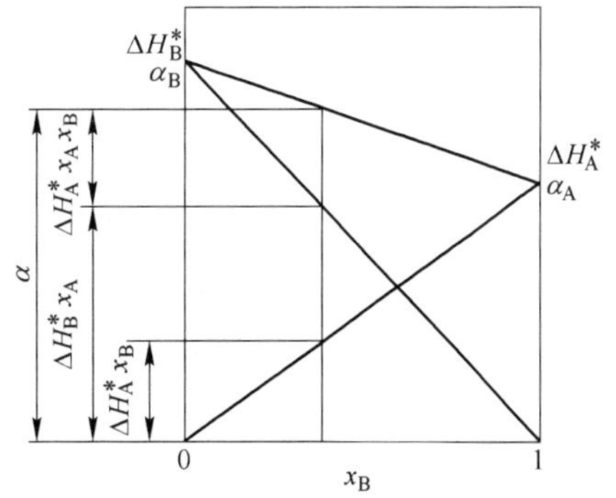

图 1－20 亚正规溶液的 α 值

将上式代入 $\Delta H_m=\alpha x_Ax_B$，得到：

$$\Delta H_m = \Delta H_B^* x_A^2 x_B + \Delta H_A^* x_A x_B^2 \tag{1-71}$$

由 $\Delta H_A = \Delta H_m + (1-x_A)\dfrac{\partial H_m}{\partial x_A}$ 的关系式，可得：

$$\Delta H_A = \Delta H_A^* + 2x_A(\Delta H_B^* - 2\Delta H_A^*) + x_A^2(5\Delta H_A^* - 4\Delta H_B^*) + 2x_A^3(\Delta H_B^* - \Delta H_A^*) \tag{1-72}$$

$$\Delta H_B = \Delta H_B^* + 2x_B(\Delta H_A^* - 2\Delta H_B^*) + x_B^2(5\Delta H_B^* - 4\Delta H_A^*) + 2x_B^3(\Delta H_A^* - \Delta H_B^*) \tag{1-73}$$

再由上面两式求得的 ΔH_A、ΔH_B，可进一步得：

$$\ln\gamma_B = \frac{\Delta H_B}{RT}$$

$$\Delta G_m = \Delta H_m + RT(x_A\ln x_A + x_B\ln x_B)$$

$$\Delta G_B = \Delta H_B + RT\ln x_B$$

而计算的关键是要由实验得出 ΔH_A^* 及 ΔH_B^*，而 α 不是常量，随成分的改变而变化。

（2）准正规溶液。这是对 S_m^{ex} 的修正。因为溶液中的有序态与 H_m^{ex} 有关，设 $H_m^{ex} = tS_m^{ex}$，t 为常数，于是有：

$$S_m^{ex} = \frac{1}{t}\Delta H_m$$

$$G_m^{ex} = H_m^{ex} - TS_m^{ex} = H_m^{ex}\left(1-\frac{T}{t}\right) = \alpha x_A x_B\left(1-\frac{T}{t}\right) \tag{1-74}$$

或

$$RT\ln\gamma_B = \alpha\left(1-\frac{T}{t}\right)(1-x_B)^2 \tag{1-75}$$

当 $x_B \to 0$ 时，$\gamma_B = \gamma_B^0$，$\alpha = \dfrac{RT\ln\gamma_B^0}{1-T/t}$，即准正规溶液的 α 与温度有关。

t 具有温度的性质，当 $T=t$ 时，$G_m^{ex}=0$，而 $S_m^{ex} = \Delta S_{m(R)}$，即当溶液加热到此温度时，溶液就完全具有理想溶液的性质。对于 Fe 及 Ni 基合金，$t = 6877$℃或 $T = 7150$K。

（3）准化学理论模型。这是为解决 $\Delta H_m \neq 0$ 而 $\Delta S_m = \Delta S_{m(R)}$ 的矛盾，而直接引入微观有序态的存在，即质点的分布虽然是紊乱的，但其中存在着微观的有序态，把这种有序分布与混合焓联系起来，就能导出溶液的热力学关系式。它们的导出及应用将在本书的 4.6.6 节中介绍。

1.3.6　总结

溶液的 G_m 可表示为：

$$G_m = \sum x_B\mu_B^{\ominus}(\mu, T) + RT\sum x_B\ln x_B + G_m^{ex}$$

或

$$\Delta G_m = RT\sum x_B\ln x_B + G_m^{ex} \tag{1-76}$$

即溶液的摩尔吉布斯自由能由三项组成，即各组分未混合前的摩尔吉布斯自由能（即液态纯物质的 G_m^*），形成理想溶液的摩尔吉布斯自由能及由此转变为其他性质的溶液的超额吉布斯自由能，而 G_m^{ex} 衡量了整个溶液的不理想程度，它比活度更全面。例如，对于 A－B 二元系溶液：$G_m^{ex}=0$，是理想溶液；$G_m^{ex} = \alpha x_A x_B$，是正规溶液；$G_m^{ex} = RT\ln\gamma_B^0$ 是稀溶液；$G_m^{ex} = RT\ln\gamma_B$，是实际溶液。而计算的主要参数相应是 x_B（理想溶液）、γ^0（稀溶液）、γ（实际溶液）、α（正规溶液）。又 α 是溶液组分间的作用能参量，因此又可认为，α 为零的是理想溶液，α 为常数的是正规溶液，而 α 与溶液成分是非线性的则是实际溶液。

1.4 活度的测定及计算方法

溶液中组分的活度不像浓度那样可以由化学分析法测定。在包含有活度因素的热力学公式中，若其他物理量或参数是可测的或已知的，就可由此计算组分的活度。常用的方法有蒸气压法、分配定律法、化学平衡法、电动势测定法等。

1.4.1 蒸气压法

蒸气压法是利用公式 $a_B = p_B/p_{B(标)}$，由测定组分的蒸气压来计算活度的方法。

$p_{B(标)}$与选择的标准态有关。当以纯物质为标准态时，p_B^* 可由纯物质测定的蒸气压或由该物质蒸气压与温度有关的公式计算出来；如采用假想纯物质或质量 1% 溶液标准态，需要由实验测定 $k_{H(x)}$ 或 $k_{H(\%)}$，如前所述。

蒸气压法适用于测定蒸气压较高的有色合金组分的活度，一般采用的测定方法是使惰性气体通过金属溶液面上，测定一定体积的气体挥发组分的质量。此外，尚有利用真空中组分的升华速度或组分的蒸气，通过标定的小孔流速来测定蒸气压。

1.4.2 分配定律法

当组分 B 溶解于互不相溶的两相中时，如果已知此组分在一相中的活度，则可由分配系数的测定求出此组分在另一相中的活度。

两相（Ⅰ、Ⅱ）中组分的化学势为：

$$\mu_{B(\mathrm{I})} = \mu_{B(\mathrm{I})}^{\ominus} + RT\ln a_{B(\mathrm{I})}$$

$$\mu_{B(\mathrm{II})} = \mu_{B(\mathrm{II})}^{\ominus} + RT\ln a_{B(\mathrm{II})}$$

平衡时，$\mu_{B(\mathrm{I})} = \mu_{B(\mathrm{II})}$，故由上式得：

$$\ln\frac{a_{B(\mathrm{II})}}{a_{B(\mathrm{I})}} = \ln L_B = \frac{\mu_{B(\mathrm{I})}^{\ominus} - \mu_{B(\mathrm{II})}^{\ominus}}{RT} \quad 或 \quad L_B = a_{B(\mathrm{II})}/a_{B(\mathrm{I})} \tag{1-77}$$

式中 L_B——分配系数，$L_B = \exp[(\mu_{B(\mathrm{I})}^{\ominus} - \mu_{B(\mathrm{II})}^{\ominus})/(RT)]$，在一定温度下，$L_B$ 与组分 B 在两相内的标准态有关；

(Ⅰ),(Ⅱ)——相应两相。

如两相中的组分 B 均选纯物质标准态，则 $\mu_{B(\mathrm{I})}^{\ominus} = \mu_{B(\mathrm{II})}^{\ominus}$，从而 $L_B = 1$ 及 $a_{B(\mathrm{I})} = a_{B(\mathrm{II})}$，即两相中组分 B 的活度相同。如两相中组分 B 的标准态不同（p_B^* 及 $k_{H(x)}$或 $k_{H(\%)}$，$k_{H(x)}$及 $k_{H(\%)}$），则 $L_B \neq 1$，而 $a_{B(\mathrm{I})} \neq a_{B(\mathrm{II})}$。

由于

$$L_B = \frac{a_{B(\mathrm{II})}}{a_{B(\mathrm{I})}} = \frac{x_{B(\mathrm{II})}}{x_{B(\mathrm{I})}} \cdot \frac{\gamma_B}{f_B} = L'_B \cdot \frac{\gamma_B}{f_B}$$

$L'_B = x_{B(\mathrm{II})}/x_{B(\mathrm{I})}$称为表观分配系数。当Ⅱ相中 B 以纯物质为标准态、Ⅰ相中 B 以假想纯物质为标准态、$\gamma_B = f_B = 1$ 时，则 $L'_B = L_B$。因此，利用两相内 $\gamma_B = f_B = 1$ 的溶液内 B 的浓度，则可求得 L_B。或仅当任一相中的活度系数为 1 时，也可由 $\lg L'_B - x_B$ 关系作图，外推到 $x_B = 0$ 处，求得 $L'_B = L_B$。

【例 1-11】 实验测得 1873K 时，磷在铁及银两液体金属内的分配平衡浓度如表 1-15所示，试求铁液中磷的活度。

表 1－15　磷在铁及银两液体金属内的分配平衡浓度

$x[P]_{[Fe]}$	0.10	0.15	0.20	0.25
$x[P]_{[Ag]}$	6.3×10^{-5}	1.5×10^{-4}	3.16×10^{-4}	6.25×10^{-4}

解
$$a_{P[Fe]}=a_{P[Ag]}/L_P$$

由表 1－15 可见，银液中磷的平衡浓度很低，位于稀溶液内，故可视为 $a_{P[Ag]}=x[P]_{[Ag]}$，因而有：

$$a_{P[Fe]}=x[P]_{[Ag]}/L_P$$

由表中的平衡浓度得出表观分配系数 $L'_P=x[P]_{[Ag]}/x[P]_{[Fe]}$，再由 $\lg L'_P-x[P]_{[Fe]}$ 关系作图，曲线外推到 $x[P]_{[Fe]}=0$ 处，求得 $L'_P=L_P$，计算值见表 1－15。由图 1－21 得，$x[P]_{[Fe]}=0$ 时，$\lg L'_P=\lg L_P=-3.29$，故 $L_P=5.12\times10^{-4}$，而 $a_{P[Fe]}=x[P]_{[Ag]}/(5.12\times10^{-4})$。

由各 $x[P]_{[Ag]}$ 按上式计算的 $a_{P[Fe]}$ 见表 1－16。

表 1－16　求 $a_{P[Fe]}$ 的有关计算值及铁液中磷的活度

$x[P]_{[Fe]}$	0.10	0.15	0.20	0.25
$x[P]_{[Ag]}$	6.3×10^{-5}	1.5×10^{-4}	3.16×10^{-4}	6.25×10^{-4}
$L'_P=x[P]_{[Ag]}/x[P]_{[Fe]}$	6.3×10^{-4}	1.0×10^{-3}	1.58×10^{-3}	2.5×10^{-3}
$\lg L'_P$	－3.20	－3.00	－2.80	－2.60
$a_{P[Fe]}$	0.12	0.29	0.62	1.22

【例 1－12】　实验测得 1873K 时，在与成分为 $w(CaO)=41.93\%$、$w(MgO)=2.74\%$、$w(SiO_2)=42.58\%$、$w(FeO)=13.39\%$ 的熔渣平衡的铁液中 $w[O]=0.048\%$，而纯氧化铁渣下，铁液中氧的溶解度与温度的关系式为 $\lg w[O]_{\%}=-6320/T+2.734$，试求熔渣中氧化铁的活度及活度系数。

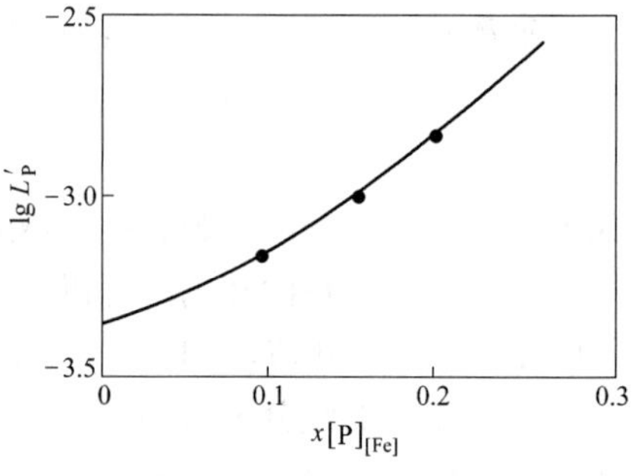

图 1－21　$\lg L'_P-x[P]_{[Fe]}$ 的关系

解　氧在熔渣与铁液间的反应可表示为：

$$(FeO)=\!=\!=[O]+[Fe]$$ ❶

反应的平衡常数为：

$$K^{\ominus}=\frac{a_{[O]}a_{[Fe]}}{a_{(FeO)}}$$

这里，熔渣中（FeO）的活度标准态是纯物质，而铁液中［O］的活度标准态是质量 1% 溶液。又因看作氧在铁液中形成稀溶液时，$a_{[O]}=w[O]_{\%}$；溶剂铁以纯物质为标准态，而其浓度又很高，$x[Fe]\approx1$，故 $a_{[Fe]}=x[Fe]=1$。于是平衡常数为 $K^{\ominus}=w[O]_{\%}/a_{(FeO)}$。

这时 $K^{\ominus}$ 可看作是铁液中氧的浓度和与其平衡的熔渣中氧化铁的活度之比，这即是氧

❶ 本书规定用方括号［］表示存在于金属液中的物质，圆括号（）表示存在于熔渣中的物质。

以不同形式在两相中的分配比，故可认为 $K^{\ominus}=L_O$。因此，可得出由铁液的 $w[O]_{\%}$ 和 L_O 计算 $a_{(FeO)}$ 的公式：

$$a_{(FeO)}=w[O]_{\%}/L_O$$

L_O 可由纯氧化铁渣与铁液形成的平衡体系的数据得出。在这种情况下，$a_{(FeO)}=x(FeO)=1$，而 $L_O=w[O]_{\%}/a_{(FeO)}=w[O]_{\%}$，故可由 $\lg w[O]_{\%}=-6320/T+2.734$ 得出 L_O：

$$\lg w[O]_{\%}=-\frac{6320}{1873}+2.734=-0.642, w[O]_{\%}=0.23$$

亦即 $L_O=0.23$，于是 $a_{(FeO)}=w[O]_{\%}/L_O=0.048/0.23=0.209$

又
$$\gamma_{FeO}=w[O]_{\%}/(L_O x(FeO))$$

$x(FeO)$可根据100g熔渣组分的物质的量计算出：

$$n(CaO)=41.93/56=0.749, n(MgO)=2.74/40=0.069$$
$$n(SiO_2)=42.58/60=0.710, n(FeO)=13.39/72=0.185$$
$$\sum n=1.713, x(FeO)=0.185/1.713=0.108$$

故
$$\gamma_{FeO}=0.048/(0.23\times0.108)=1.932$$

1.4.3 化学平衡法

化学平衡法求活度是冶金中最常采用的方法之一，由于化学反应的平衡常数 $K^{\ominus}=\prod a_B^{\nu_B}$，则：

$$a_B=\prod a_j^{\nu_j}/K^{\ominus}$$

式中，$\prod a_j^{\nu_j}$表示除组分 B 的活度外，反应中其他组分的活度或分压的积。当它们的数值是已知的或可测定的，就能利用反应的 $K^{\ominus}$来计算组分 B 的活度。例如，铁液中溶解 C、O、S 等元素的活度可通过下述反应得出：

$$CO_2+[C]=2CO \qquad a_{[C]}=\frac{p_{CO}^2}{p_{CO_2}}\cdot(K^{\ominus})^{-1}$$

$$CO+[O]=CO_2 \qquad a_{[O]}=\frac{p_{CO_2}}{p_{CO}}\cdot(K^{\ominus})^{-1}$$

$$H_2+[O]=H_2O(g) \qquad a_{[O]}=\frac{p_{H_2O(g)}}{p_{H_2}}\cdot(K^{\ominus})^{-1}$$

$$H_2+[S]=H_2S(g) \qquad a_{[S]}=\frac{p_{H_2S(g)}}{p_{H_2}}\cdot(K^{\ominus})^{-1}$$

以上诸式中，$K^{\ominus}$为各反应的平衡常数。在一定温度下，它与组分活度的标准态有关。$K^{\ominus}$值决定后，就可由测定反应的气相组分的平衡分压比计算溶解组分的活度。

$K^{\ominus}$值可用下述方法得出。例如，对于上述第 1 个反应，当［C］取质量 1% 溶液标准态时，

$$K^{\ominus}=\frac{p_{CO}^2}{p_{CO_2}}\cdot\frac{1}{a_{[C]}}=\frac{p_{CO}^2}{p_{CO_2}w[C]_{\%}}\cdot\frac{1}{f_C}=K'\cdot\frac{1}{f_C}$$

式中，$K'=p_{CO}^2/(p_{CO_2}w[C]_{\%})$，称为反应的表观平衡常数，因为其内溶解的［C］的浓度用质量分数表示。虽然K'和f_C随$w[C]_{\%}$而改变，但它们是在保持$K^{\ominus}$不变的条件下做相应改变。当$f_C=1$时，$K'=K^{\ominus}$，故可由实验测定的K'，用$\lg K'-w[C]_{\%}$构成的半对数曲线外推到$w[C]_{\%}=0$纵轴上的截距得出$\lg K'$或$K^{\ominus}$，因此$f_C=K'/K^{\ominus}$，$a_{[C]}=w[C]_{\%}\cdot(K'/K^{\ominus})$。

当K'值较小时，也可直接用K'作图。

如［C］采用纯物质，即以纯石墨为标准态，则可由反应的$\Delta_rG_m^{\ominus}$求$K^{\ominus}$。

【例1－13】 在1813K，用$CO+CO_2$混合气体与铁液中溶解的碳反应：$CO_2+[C]=2CO$，测得平衡时不同碳浓度下的p_{CO}^2/p_{CO_2}值如表1－17所示，试计算碳的活度及活度系数γ_C^0。

表1－17 反应$CO_2+[C]=2CO$平衡时的p_{CO}^2/p_{CO_2}

$w[C]/\%$	0.100	0.216	0.425	0.640	1.06	2.92	5.20（饱和）
p_{CO}^2/p_{CO_2}	43	93	191	292	525	2930	15300

解 反应的$K^{\ominus}=\dfrac{p_{CO}^2}{p_{CO_2}}\cdot\dfrac{1}{a_{[C]}}$，故$a_{[C]}=\dfrac{p_{CO}^2}{p_{CO_2}}\cdot\dfrac{1}{K^{\ominus}}$，而$\gamma_C=\dfrac{p_{CO}^2}{p_{CO_2}x[C]}\cdot\dfrac{1}{K^{\ominus}}$

$K^{\ominus}$与碳活度的标准态有关。

（1）碳以纯石墨为标准态。这时可由反应$CO_2+C_{(石)}=2CO$的$\Delta_rG_m^{\ominus}$求$K^{\ominus}$，因为$C_{(石)}$的标准态是纯物质，此反应的$\Delta_rG_m^{\ominus}=166550-171T$（J/mol）。

$$\lg K^{\ominus}=-\frac{166550}{19.147\times1813}+\frac{171}{19.147}=4.133,\quad K^{\ominus}=13583$$

所以
$$a_{C(R)}=\frac{p_{CO}^2}{p_{CO_2}}\times\frac{1}{13583},\quad \gamma_C=\frac{p_{CO}^2}{p_{CO_2}x[C]}\times\frac{1}{13583}$$

而
$$x[C]=\frac{w[C]_{\%}\cdot M_{Fe}}{w[C]_{\%}(M_{Fe}-M_C)+100M_C}=\frac{55.85w[C]_{\%}}{43.85w[C]_{\%}+1200}$$

例如，对于$w[C]=0.1\%$，

$$a_{C(R)}=\frac{43}{13583}=3.17\times10^{-3},x[C]=\frac{55.85\times0.1}{43.85\times0.1+1200}=4.64\times10^{-3}$$

$$\gamma_C=\frac{43}{13583\times4.64\times10^{-3}}=0.68$$

其余$w[C]_{\%}$的相应数值见表1－18。

表1－18 Fe－C系碳的活度及活度系数

$w[C]/\%$	0.100	0.216	0.425	0.640	1.06	2.92	5.20
p_{CO}^2/p_{CO_2}	43	93	191	292	525	2930	15300
$a_{C(R)}$：(1)	3.17×10^{-3}	6.85×10^{-3}	0.014	0.021	0.039	0.216	1.126
(2)	2.81×10^{-3}	6.08×10^{-3}	0.012	0.019	0.034	0.192	1
$x[C]$	4.64×10^{-3}	9.97×10^{-3}	0.02	0.029	0.047	0.123	0.203
γ_C：(1)	0.68	0.69	0.7	0.72	0.83	1.76	5.55
(2)	0.606	0.61	0.6	0.66	0.72	1.56	4.93

续表 1－18

$\lg K'$	2.63	2.63	2.65	2.66	2.69	3.00	3.47
$a_{C(\%)}$	0.102	0.221	0.455	0.695	1.25	6.98	36.43
f_C	1.02	1.03	1.07	1.09	1.18	2.39	7.01

注：（1）按反应的 $\Delta_r G_m^{\ominus}$ 的计算值；（2）按碳饱和浓度的 $K^{\ominus}$ 的计算值。

又由表 1－18 知，5.20% 是铁液中碳的饱和浓度，在以纯物质为标准态时，其活度为 1，这时反应平衡时的 $p_{CO}^2/p_{CO_2}=15300$，

故 $$K^{\ominus}=\frac{p_{CO}^2}{p_{CO_2}}\cdot\frac{1}{a_{C(R)}}=15300\times\frac{1}{1}=15300 \quad 而 \quad a_{C(R)}=\frac{p_{CO}^2}{p_{CO_2}}\times\frac{1}{15300}$$

对于 $w[C]=0.1\%$ 或 $x[C]=4.64\times10^{-3}$，$p_{CO}^2/p_{CO_2}=43$，

故 $$a_{C(R)}=\frac{43}{15300}=2.81\times10^{-3},\gamma_C=0.606$$

用两种方法取得的 $K^{\ominus}$ 计算的数值大略相近，而以按反应 $\Delta_r G_m^{\ominus}$ 的 $K^{\ominus}$ 计算的数值较高，因为纯石墨的反应能力比饱和碳的高。

（2）碳以质量 1% 溶液为标准态。为计算 $K^{\ominus}$，可先计算出各碳浓度下的表观平衡常数 K'，如表 1－18 所示，用 $\lg K'-w[C]_{\%}$ 作图，将直线外推到 $w[C]_{\%}=0$ 的截距 $\lg K^{\ominus}=2.623$，于是获得 $K'=K^{\ominus}=420$，如图 1－22 所示。

故 $$a_{C(\%)}=\frac{p_{CO}^2}{p_{CO_2}}\times\frac{1}{420},\quad f_C=\frac{p_{CO}^2}{p_{CO_2}w[C]_{\%}}\times\frac{1}{420}$$

例如，对于 $w[C]=0.1\%$，$p_{CO}^2/p_{CO_2}=43$，$a_{C(\%)}=\frac{43}{420}=0.102$，$f_C=\frac{43}{420\times0.1}=1.02$

其余 $w[C]_{\%}$ 的 $a_{C(\%)}$ 和 f_C 见表 1－18。

γ_C^0 是碳浓度进入稀溶液范围的活度系数（$a_{C(R)}=\gamma_C^0 x[C]$），但在铁溶液中，石墨碳的饱和浓度（$x[C]=0.203$）比较低，难以用亨利定律直线外推到 $x[C]=1$ 来求 γ_C^0，此处采用 $\gamma_C-x[C]$关系图（见图 1－23）外推求得：$\gamma_C^0=\lim_{x[C]\to0}|\gamma_C|=0.5$。

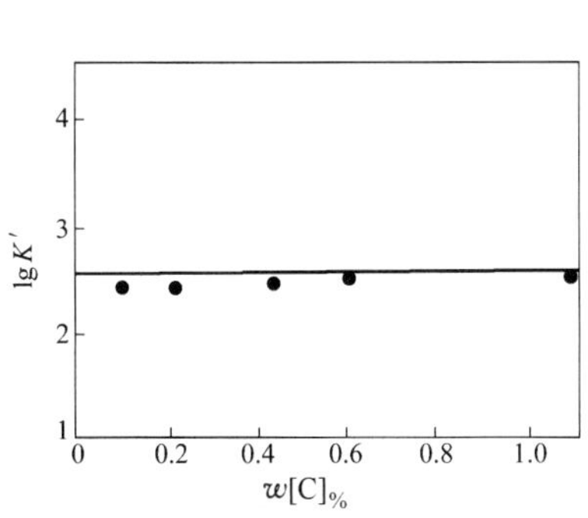

图 1－22 反应 $\lg K'-w[C]_{\%}$ 的关系

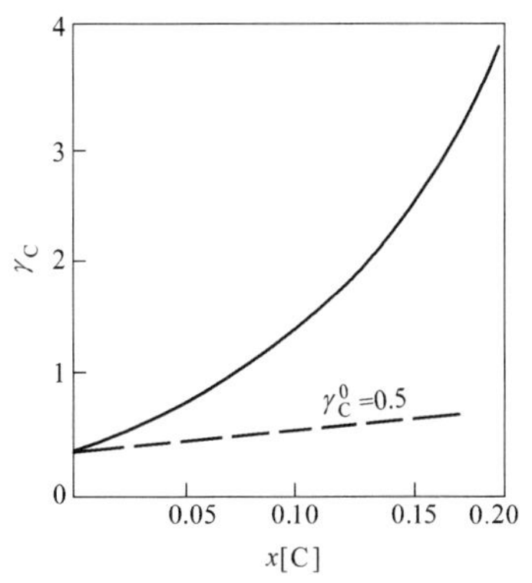

图 1－23 $\gamma_C-x[C]$的关系

1.4.4 电动势测定法

前面介绍的测定化合物标准生成吉布斯自由能的固体电解质电池，只要稍加改装就能用来测量金属液中组分的活度。这是化学电池，靠电池内进行的化学反应的 $\Delta_r G_m$ 产生电动势。此外，还有由电池中物质迁移产生电动势来测量熔渣或金属液内组分活度的浓差电池。

1.4.4.1 测定钢液中氧的活度（或浓度）的电池

测定钢液的氧量多采用前述的 $ZrO_2+(CaO)$ 固体电解质电池。但在这里，被测电极是溶解有氧的钢液，参比电极仍采用氧分压一定的某种金属及其氧化物的混合物（B + BO)，常用的有 $Cr+Cr_2O_3$、$Ni+NiO$ 等。这种电池可用下列结构表示：

$$[O]_{Fe}(p_{O_{2(1)}})\mid ZrO_2+(CaO)\mid Cr,Cr_2O_3(p_{O_{2(2)}})$$

电极反应为：

正极（右）
$$\frac{1}{3}Cr_2O_3(s)==\frac{1}{2}O_2(p_{O_{2(2)}})+\frac{2}{3}Cr(s)$$

又
$$\frac{1}{2}O_2(p_{O_{2(2)}})+2e==O^{2-}$$

故
$$\frac{1}{3}Cr_2O_3(s)+2e==\frac{2}{3}Cr(s)+O^{2-} \qquad (1)$$

负极（左）
$$O^{2-}==[O]+2e \qquad (2)$$

即正极的 O_2 吸收电子，转变为 O^{2-}，沿固体电解质 ZrO_2 内的氧空位流动，达到负极时放出电子，转变为氧原子，溶解于钢液中；而电子则沿着外电路流到正极，为 O_2 所吸收，产生 O^{2-}。

电池反应为式（1）、式（2）之和为：

$$\frac{1}{3}Cr_2O_3(s)==\frac{2}{3}Cr(s)+[O]$$

$$\Delta_r G_m=\Delta_r G_m^{\ominus}+RT\ln a_{[O]} \qquad (3)$$

反应的吉布斯自由能变量的负值等于电池电动势所做的电功，故 $-\Delta_r G_m=nFE$

而
$$E=-\frac{\Delta_r G_m^{\ominus}}{2F}-\frac{RT}{2F}\ln a_{[O]}$$

或
$$\ln a_{[O]}=-\frac{\Delta_r G_m^{\ominus}}{RT}-\frac{2FE}{RT} \qquad (1-78)$$

式中 $\Delta_r G_m^{\ominus}$——反应（3）中溶解氧的活度为1时的标准吉布斯自由能变量。

上述电池称为化学反应电池，是电池内进行的化学反应的 $\Delta_r G_m$ 产生电动势，即由化学能转变为电能，所以组分活度的计算式中包括了电池反应的 $\Delta_r G_m^{\ominus}$ 及测定的电池的电动势。

测定钢液氧含量的固体电解质电池的结构示意图如图1－24所示。由参比电极（$Cr + Cr_2O_3$）和 ZrO_2 +（CaO）构成的电极称为定氧探头，其内还装有热电偶，它的导线（铂）可作为此电极的电流引出线；另一电极是周期性地插入钢液的钼杆。

严格来说，由上述固体电解质电池反应导出的活度计算公式仅适用于纯离子导电的情况，但当钢液的温度很高及 $w[O]$ 很低（低于 $1.0\times10^{-3}\%$）时，会出现或多或少的电子导电，使测定的误差增大，这时需对所测值引入电子导电参数（P_e）作为校正值。P_e 可由不同参比氧电极对同一固体电解质测定的电动势得出。对于 ZrO_2 +（CaO）固体电解质，在1600℃时，$P'_e = 10^{-22} \sim 10^{-20}$Pa。而其与温度的关系式为 $\lg P'_e = -134350/T + 56.28$。此外，选择两电极氧分压差别不太大的参比电极，也可减少电子的导电性。

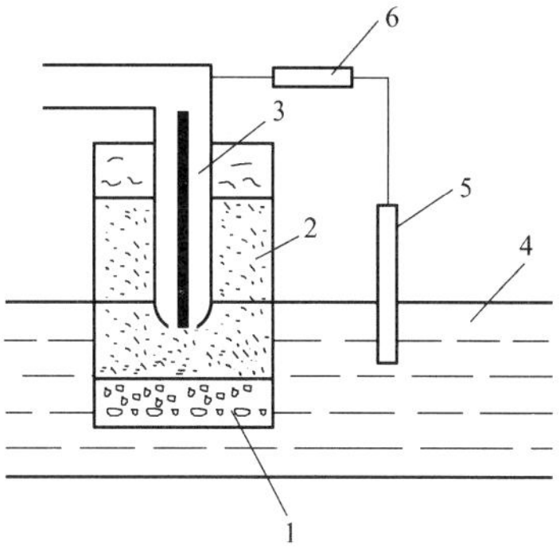

图1－24 测定钢液氧含量的固体电解质电池的结构示意图

1—ZrO_2 +（CaO）固体电解质；2—参比电极（$Cr + Cr_2O_3$）；3—热电偶；4—钢液；5—钼杆；6—测电动势的电位差计

【例1－14】 在1600℃下用参比电极为 $Cr + Cr_2O_3$ 的定氧探头测定钢液中的氧浓度时，测得电池的电动势为310mV。电池结构为 Cr，$Cr_2O_3 | ZrO_2 + (CaO) | [O]_{Fe}$。已知 $\frac{2}{3}Cr(s) + [O] = \frac{1}{3}Cr_2O_3(s)$，$\Delta_r G_m^{\ominus} = -252897 + 85.33T$ （J/mol），求钢液中的氧浓度。

解 这是利用电池内进行的化学反应的 $\Delta_r G_m^{\ominus}$ 及测定的电动势来计算钢液中氧的活度。由电池反应的 $\Delta_r G_m = \Delta_r G_m^{\ominus} - RT\ln a_{[O]}$ 及 $-\Delta_r G_m = nFE$ 导出：

$$\ln a_{[O]} = \frac{\Delta_r G_m^{\ominus}}{RT} + \frac{2FE}{RT}$$

代入相应的数值：

$$\lg a_{[O]} = -\frac{252897}{19.147T} + \frac{85.33}{19.147} + \frac{2\times96500\times0.31}{19.147T} = -\frac{10083}{1873} + 4.46 = -0.923$$

所以 $a_{[O]} = 0.119$，取 $f_O = 1$，则 $w[O] = 0.119\%$。

1.4.4.2 测定熔渣组分活度的电池

测定熔渣组分活度的原电池是以含待测熔渣组分（氧化物）的金属元素的熔体作为一电极，例如对 SiO_2，采用 Fe－Si 合金熔体；另一电极为气体氧电极（参比电极）。常用的参比电极有两种，一种是用氧吹石墨杆构成的石墨氧电极，也称碳－氧电极，其中氧分压由反应 $C_{(石)} + \frac{1}{2}O_2 = CO$ 的 $\Delta_f G_m^{\ominus}$ 确定，这种电极有很高的可逆性（$O_2 + 4e \rightleftharpoons 2O^{2-}$）及重现性，但在高温下，能使氧化物陶瓷管还原；另一种参比电极是 MgO 电极，氧可溶解于 MgO 中，发生电极反应 $[O]_{(MgO)} + 2e = O^{2-}$。

对于 $CaO-SiO_2-Al_2O_3$ 渣系，测定 SiO_2 的活度时，可采用下列电池：

$$Fe-Si \mid CaO, SiO_2, Al_2O_3 \mid C \text{ 或 } MgO$$

其中，左电极为 Fe－Si 合金，右电极为石墨或 MgO 的氧电极。其电极反应为：

正极（右） $O_2+4e = 2O^{2-}$

负极（左） $[Si] = (Si^{4+})+4e$

电池反应为上述两电极反应的组合：

$$[Si]+O_2 = (Si^{4+})+2O^{2-} \quad 或 \quad [Si]+O_2 = (SiO_2)$$

式中，Si^{4+} 为熔渣中的硅离子，它能与 O^{2-} 离子结合形成 SiO_4^{4-} 络离子，与渣内的 SiO_2 相当。

利用上述反应的等温方程与 $\Delta_r G_m = -4FE$ 方程的关系，可导出式（1－79）：

$$E = E^{\ominus} - \frac{RT}{4F}\ln\frac{a_{(SiO_2)}}{a_{[Si]}p_{O_2}} \tag{1-79}$$

式中 $E^{\ominus}$——反应的标准电动势（$a_{(SiO_2)}=1$，$a_{[Si]}=1$，$p_{O_2}=1$）。

在这个电池中，正极的 O^{2-} 及负极的 Si^{4+} 在熔渣中扩散的速率不相同，易产生扩散电势。为消除这种影响，可将两个由 SiO_2 浓度不同的熔渣构成的同型电池的正极连在一起，成反向相接。例如，

$$Fe-Si \mid 熔渣(x(SiO_2)_{(1)}) \mid 石墨 \mid 熔渣(x(SiO_2)_{(2)}) \mid Fe-Si$$

其中，两个电池的 Fe－Si 电极的硅含量相同。左电池熔渣的 $x(SiO_2)_{(1)}$ 是待测活度的浓度，右电池熔渣的 $x(SiO_2)_{(2)}$ 是饱和浓度。

两电池的反应及电动势为：

$$[Si]+O_2 = (SiO_2)_{(1)} \quad E_1 = E_1^{\ominus} - \frac{RT}{4F}\ln\frac{a_{(SiO_2)_{(1)}}}{a_{[Si]}p_{O_2}}$$

$$(SiO_2)_{(2)} = [Si]+O_2 \quad E_2 = E_2^{\ominus} - \frac{RT}{4F}\ln\frac{a_{[Si]}p_{O_2}}{a_{(SiO_2)_{(2)}}}$$

电池反应为： $(SiO_2)_{(2)} = (SiO_2)_{(1)}$

故 $$E = E_1+E_2 = (E_1^{\ominus}+E_2^{\ominus}) - \frac{RT}{4F}\ln\frac{a_{(SiO_2)_{(1)}}}{a_{(SiO_2)_{(2)}}}$$

由于 $$E_1^{\ominus} = -E_2^{\ominus}$$

所以 $$E = -\frac{RT}{4F}\ln\frac{a_{(SiO_2)_{(1)}}}{a_{(SiO_2)_{(2)}}}$$

因为右电池的熔渣为 SiO_2 饱和，故 $a_{(SiO_2)_{(2)}}=1$，从而：

$$\lg a_{(SiO_2)_{(1)}} = -4FE/(19.147T) \tag{1-80}$$

【例 1－15】 利用下列浓差电池：Fe，Si(w[Si]＝42%)｜熔渣($x(SiO_2)=0.4$)｜石墨｜熔渣(SiO_2 饱和)｜Fe，Si(w[Si]＝42%)测得 1900K 时的电动势为 93mV。试求渣中 $x(SiO_2)=0.4$ 时 SiO_2 的活度。

解 利用上面导出的式（1－80），代入各数据，得：

$$\lg a_{(SiO_2)} = -\frac{4FE}{19.147T} = -\frac{4\times96500\times0.093}{19.147\times1900} = -0.987, a_{(SiO_2)} = 0.103$$

1.4.5 用 G－D 方程计算组分的活度法

当二元系溶液中一个组分的活度或其系数已经测定，则应用 G－D 方程可以计算出另

一组分的活度或活度系数。

对于 A－B 二元系，由式（1－39），$x_A d\Delta G_A + x_B d\Delta G_B = 0$。

由于 $\Delta G_A = RT\ln a_A$，$\Delta G_B = RT\ln a_B$，故：

$$x_A d\ln a_A + x_B d\ln a_B = 0 \quad 或 \quad d\ln a_A = -\frac{x_B}{x_A} d\ln a_B \tag{1-81}$$

如 $\ln a_B$ 随溶液组成变化的关系是已知的，则积分式（1－81）可得出浓度为 x_A 的 $\ln a_A$ 或 a_A 的值。

如将式（1－81）从稀溶液（$x_B \to 0$，$a_B \to 0$，而 $x_A \to 1$，$a_A \to 1$）到指定溶液（$x_B(a_B)$，$x_A(a_A)$）积分，则：

$$\int_{x_A=1的\ln a_{A(1)}}^{x_A=x_A的\ln a_{A(2)}} d\ln a_A = -\int_{x_B=0的\ln a_B}^{x_B=x_B的\ln a_B} \frac{x_B}{x_A} d\ln a_B$$

$$\ln\frac{a_{A(2)}}{a_{A(1)}} = -\int_{x_B=0的\ln a_B}^{x_B=x_B的\ln a_B} \frac{x_B}{x_A} d\ln a_B$$

式中 $a_{A(1)}$，$a_{A(2)}$——分别为 $x_A = 1$ 及 $x_A = x_A$ 的活度，而 $a_{A(1)} = 1$，故 $a_A = a_{A(2)}$，

即
$$\ln a_A = -\int_{x_B=0的\ln a_B}^{x_B=x_B的\ln a_B} \frac{x_B}{x_A} d\ln a_B \tag{1-82}$$

a_A 值可通过图解积分式（1－82）求得。即用 x_B/x_A 对 $-\ln a_B$ 作图，画出 x_B/x_A 与 $-\ln a_B$ 关系的曲线，如图 1－25 所示。测量出曲线下的面积（阴影线）就能确定 $x_A = 1$ 到 $x_A = x_A$ 之间的 $\ln a_A$ 值，但是这个积分的有效性受到限制。

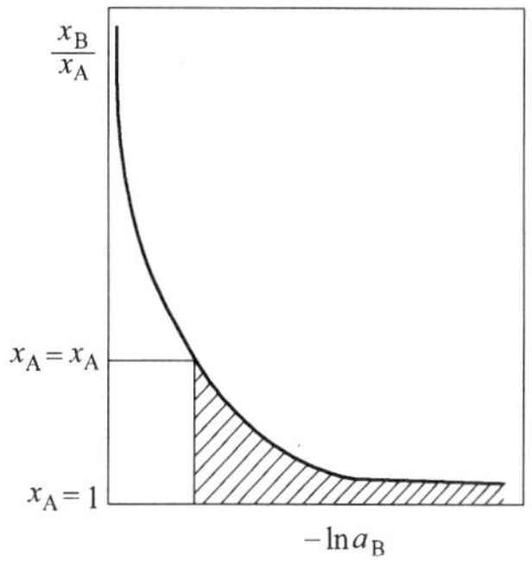

图 1－25 $d\ln a_A = -\frac{x_B}{x_A} d\ln a_B$ 的图解法

当 $x_A = 1$，即 $x_B/x_A = 0$ 时，$-\ln a_B \to \infty$，曲线不能与横轴相交，难以测出曲线下的面积；

当 $x_B = 1$，即 $x_B/x_A \to \infty$ 时，$-\ln a_B \to 0$，曲线不能与纵轴相交，也难以测出曲线下的面积。

但是，如用活度系数代替式（1－82）中的活度，则可克服上述困难。

由 $x_A d\ln a_A + x_B d\ln a_B = 0$ 得：

$$(x_A d\ln\gamma_A + x_B d\ln\gamma_B) + (x_A d\ln x_A + x_B d\ln x_B) = 0$$

$$(x_A d\ln\gamma_A + x_B d\ln\gamma_B) + (x_A \frac{dx_A}{x_A} + x_B \frac{dx_B}{x_B}) = 0$$

$$(x_A d\ln\gamma_A + x_B d\ln\gamma_B) + (dx_A + dx_B) = 0$$

由于 $x_A + x_B = 1$，故 $dx_A + dx_B = 0$，从而

$$(x_A d\ln\gamma_A + x_B d\ln\gamma_B) = 0$$

仿前同样可得：

$$\int_{x_A=1的\ln\gamma_{A(1)}}^{x_A=x_A的\ln\gamma_{A(2)}} d\ln\gamma_A = -\int_{x_B=0的\ln\gamma_B}^{x_B=x_B的\ln\gamma_B} \frac{x_B}{x_A} d\ln\gamma_B$$

$$\ln\frac{\gamma_{A(2)}}{\gamma_{A(1)}} = -\int_{x_B=0的\ln\gamma_B}^{x_B=x_B的\ln\gamma_B} \frac{x_B}{x_A} d\ln\gamma_B \tag{1-83}$$

因为 $x_A = 1$，$\gamma_{A(1)} = 1$，故 $\gamma_A = \gamma_{A(2)}$，即

$$\ln\gamma_A = -\int_{x_B=0的\ln\gamma_B}^{x_B=x_B的\ln\gamma_B} \frac{x_B}{x_A}\mathrm{d}\ln\gamma_B \qquad (1-84)$$

由式(1－84)的 $x_B/x_A-(-\ln\gamma_B)$ 画出的曲线图如图1－26所示。由图可见，当 $x_B=0$ 时，$x_B/x_A\to0$，而 $-\ln\gamma_B\to-\ln\gamma_B^0$（确定值），故曲线可与横轴相交，积分式有确定值，这就可求出 $\ln\gamma_A$ 或 γ_A 值。

但当 $x_B\to1$ 时，$x_B/x_A\to\infty$，而 $-\ln\gamma_B\to-\ln1\to0$，曲线仍不能与纵轴相交，即不能给出 $x_B\to1$ 时的 γ_A 值。在这种情况下，需利用达肯（L. S. Darken）提出的 α 函数求解。

如 $\ln\gamma_B=f(x_A)$ 的数学式不能得出，则可用面积仪测出曲线下的面积，或利用定积分近似计算的辛浦生法（或称抛物线法）计算。

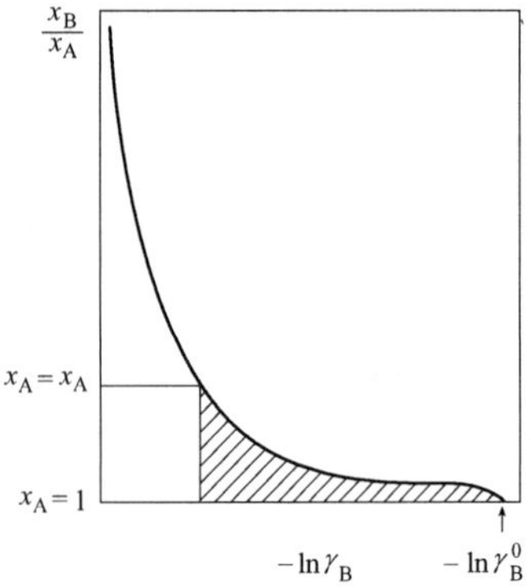

图1－26　$\mathrm{d}\ln\gamma_A=-\frac{x_B}{x_A}\mathrm{d}\ln\gamma_B$ 的图解法

【例1－16】 用G－D方程从Fe－Cu系的 γ_{Cu} 求 γ_{Fe}。Fe－Cu系在1823K时：

$$\lg\gamma_{Cu}=1.45x[Fe]^2-1.86x[Fe]^3+1.41x[Fe]^4$$

并计算 $x[Fe]=0.6\sim0.95$ 范围内间隔为0.05的Fe－Cu系内铁的活度系数及活度。

解

$$\ln\frac{\gamma_{Fe(2)}}{\gamma_{Fe(1)}}=-\int\frac{x[Cu]}{x[Fe]}\mathrm{d}\ln\gamma_{Cu}$$

因为Fe以纯物质为标准态，$x[Fe]\to1$，故 $\gamma_{Fe}=1$，而

$$\ln\gamma_{Fe}=-\int\frac{x[Cu]}{x[Fe]}\mathrm{d}\ln\gamma_{Cu}$$

$$\begin{aligned}
\lg\gamma_{Fe} &= -\int_0^{x[Cu]}\frac{x[Cu]}{1-x[Cu]}\mathrm{d}(1.45x[Fe]^2-1.86x[Fe]^3+1.41x[Fe]^4)\\
&= -\int_0^{x[Cu]}\frac{x[Cu]}{1-x[Cu]}[2\times1.45(1-x[Cu])-3\times1.86(1-x[Cu])^2+\\
&\quad 4\times1.41(1-x[Cu])^3]\mathrm{d}x[Cu]\\
&= -\int_0^{x[Cu]}x[Cu][2.9-5.58(1-x[Cu])+5.64(1-x[Cu])^2]\mathrm{d}x[Cu]\\
&= -\int_0^{x[Cu]}(2.9x[Cu]-5.58x[Cu]+5.58x[Cu]^2+5.64x[Cu]-\\
&\quad 11.28x[Cu]^2+5.64x[Cu]^3)\mathrm{d}x[Cu]\\
&= -\int_0^{x[Cu]}(2.96x[Cu]-5.7x[Cu]^2+5.64x[Cu]^3)\mathrm{d}x[Cu]\\
&= -(1.48x[Cu]^2-1.9x[Cu]^3+1.41x[Cu]^4)_0^{x[Cu]}
\end{aligned}$$

所以　$\lg\gamma_{Fe}=-1.48x[Cu]^2+1.9x[Cu]^3-1.41x[Cu]^4$

对 $x[Fe]$ 及其相应的 $x[Cu]$ 取表1－19中的值时，计算的 γ_{Fe} 及 a_{Fe} 值见表1－19第3行及第4行。

表1-19 由 γ_{Cu} 计算的 γ_{Fe} 及 a_{Fe} 值

x[Fe]	1	0.95	0.90	0.85	0.75	0.70	0.65	0.60
x[Cu]	0	0.05	0.10	0.15	0.25	0.30	0.35	0.40
γ_{Fe}	1	0.992	0.97	0.94	0.86	0.81	0.76	0.71
a_{Fe}	1	0.94	0.873	0.799	0.645	0.567	0.494	0.426

1.4.5.1 α函数法

采用由G-D方程导出的 α 函数方程，可以求出此低浓度的活度系数。由式（1-84）：

$$\lg\gamma_A = -\int_{x_B=0}^{x_B=x_B}\frac{x_B}{x_A}\mathrm{d}\lg\gamma_B$$

利用分部积分法：

$$\int u\mathrm{d}v = uv - \int v\mathrm{d}u$$

命
$$u=\frac{-x_B}{1-x_B},\mathrm{d}u=\frac{\mathrm{d}x_B}{(1-x_B)^2},v=\ln\gamma_B,\mathrm{d}v=\mathrm{d}\ln\gamma_B$$

故
$$\lg\gamma_A = -\int_{x_B=1}^{x_B=x_B}\frac{x_B}{1-x_B}\lg\gamma_B + \int_{x_B=0}^{x_B=x_B}\frac{\lg\gamma_B}{(1-x_B)^2}\mathrm{d}x_B$$
$$= -\frac{\lg\gamma_B}{(1-x_B)^2}\cdot x_Ax_B + \int_{x_B=0}^{x_B=x_B}\frac{\lg\gamma_B}{(1-x_B)^2}\mathrm{d}x_B$$

命 $\alpha=\dfrac{\lg\gamma_B}{(1-x_B)^2}$，称为 α 函数❶。当 $x_B\to1$ 时，则接近纯溶质的情况。虽然分母趋于0，但此时服从拉乌尔定律，$\gamma_B\to1$，分子也趋近于0，这时 α 则不一定趋于∞，而是一定值。上式可写成：

$$\lg\gamma_A = -\alpha x_Ax_B + \int_{x_B=0}^{x_B=x_B}\alpha\mathrm{d}x_B \tag{1-85}$$

上式中的 $\lg\gamma_A$ 可由 $x_B-\alpha$ 作图，由曲线下面积求得。

【例1-17】 在1100℃，铜在Al-Cu系中的活度如表1-20所示。试用由G-D方程导出的 α 函数方程来计算 x[Al]=0.05的活度系数。

表1-20 Al-Cu系内［Cu］的活度

x[Al]	0.1	0.2	0.3	0.4	0.5	0.6	0.7	0.8
x[Cu]	0.9	0.8	0.7	0.6	0.5	0.4	0.3	0.2
$a_{[Cu]}$	0.86	0.61	0.34	0.18	0.08	0.045	0.02	0.01

解 对于本题式（1-85）可写成：

❶ 此处命 $\alpha=\lg\gamma_B/(1-x_B)^2$，称之为 α 函数，与前面的二元正规溶液的混合能参量 $\alpha=RT\ln\gamma_B/(1-x_B)^2$ 有不同的意义及数值。文献中也用 Ω 代替 α，表示二元正规溶液的混合能参量，则它们的关系为 $\Omega=\alpha RT$ 或 $\alpha=\Omega/RT$。

$$\lg\gamma_{Al} = -\alpha x[Al]\cdot x[Cu] + \int_{x[Cu]=0}^{x[Cu]=x[Cu]} \alpha \mathrm{d}x[Cu]$$

或 $$\lg\gamma_{Al} = -\frac{x[Cu]}{x[Al]}\lg\gamma_{Cu} + \int_{x[Cu]=0}^{x[Cu]=x[Cu]} \alpha \mathrm{d}x[Cu]$$

由 $\alpha\left(=\frac{\lg\gamma_{Cu}}{(1-x[Cu])^2}\right)$ 与 $x[Cu]$ 作图 1－27，由曲线下 $x[Al]=0.05-x[Al]=1.0$ 间的阴影面积求出。作图的数据如表 1－21 所示。

上述方程的第 1 项，即 $\alpha x[Al]\cdot x[Cu]$ 可由曲线上 $x[Al]=0.05$ 处的 α 值得出：$\alpha=\lg\gamma_{Cu}/(1-x[Cu])^2=-1.58$。

又第 2 项为曲线下 $x[Al]=0.05$ 到 $x[Al]=1.0$ 之间的面积，现用梯形面积法求出。

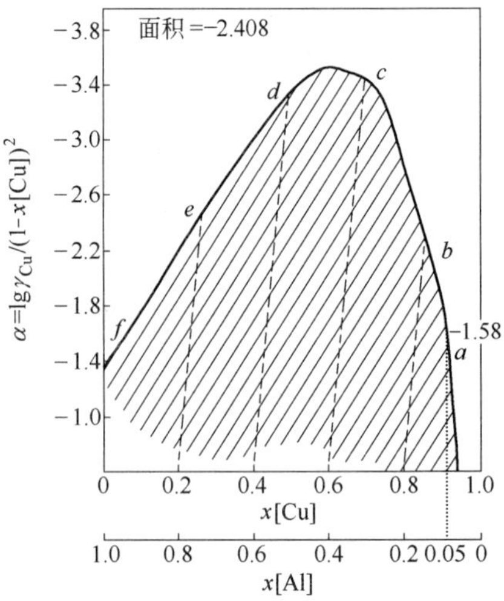

图 1－27 α 函数方程的图解法

表 1－21 Al－Cu 系的 γ_{Cu} 及 α 值

$x[Al]$	0.1	0.2	0.3	0.4	0.5	0.6	0.7	0.8
$x[Cu]$	0.9	0.8	0.7	0.6	0.5	0.4	0.3	0.2
$a_{[Cu]}$	0.860	0.610	0.340	0.180	0.080	0.045	0.020	0.010
γ_{Cu}	0.956	0.763	0.486	0.300	0.160	0.113	0.067	0.050
α	−1.970	−2.945	−3.484	−3.268	−3.184	−2.636	−2.400	−2.032

$$\int_{x[Cu]=0}^{x[Cu]=0.9} \alpha \mathrm{d}x[Cu] = \frac{1}{2}\times(-1.4-2.4)\times 0.2+\frac{1}{2}\times(-2.4-3.2)\times 0.2+\frac{1}{2}\times(-3.2-3.3)\times 0.2+\frac{1}{2}\times(-3.3-2.0)\times 0.2+\frac{1}{2}\times(-1.58-2.0)\times 0.2=-2.32$$

则 $\lg\gamma_{Al}=-1.58\times 0.05\times 0.95-2.32=-2.395$

所以 $\gamma_{Al}=0.0040, a_{[Al]}=0.0040\times 0.05=0.0002$

而 $x[Al]=0.05$ 时，Al 在铜液中形成稀溶液。

1.4.5.2* 三元系 G－D 方程计算组分活度法

G－D 方程应用于三元系中，可从一个易于测定的组分的活度（或活度系数）求出其他两个组分的活度（或活度系数）。计算的方法较多，有达肯（L. S. Darken）法、瓦格纳（C. Wager）法、苏曼（R. Schuhmann）法、戈克森（N. A. Gokcen）法及周国治法等。

A 苏曼法

由三元系内组分 B 的活度（或活度系数）求组分 A 及 C 的活度系数。

三元系内的 G－D 方程为：

$$n_A \mathrm{d}\mu_A + n_B \mathrm{d}\mu_B + n_C \mathrm{d}\mu_C = 0$$

（1）保持 μ_B、n_C 不变，将上式对 n_A 求导得：

$$n_A\left(\frac{\partial\mu_A}{\partial n_A}\right)_{\mu_B,n_C}+n_C\left(\frac{\partial\mu_C}{\partial n_A}\right)_{\mu_B,n_C}=0$$

再保持 n_A、n_C 不变，将上式对 μ_B 求导，得：

$$n_A\left[\frac{\partial\left(\frac{\partial\mu_A}{\partial n_A}\right)_{\mu_B,n_C}}{\partial\mu_B}\right]_{n_A,n_C}+n_C\left[\frac{\partial\left(\frac{\partial\mu_C}{\partial n_A}\right)_{\mu_B,n_C}}{\partial\mu_B}\right]_{n_A,n_C}=0 \tag{1}$$

（2）保持 n_A、n_C 不变，将上述三元系内的 G－D 方程对 μ_B 求导，得：

$$n_A\left(\frac{\partial\mu_A}{\partial\mu_B}\right)_{n_A,n_C}+n_B+n_C\left(\frac{\partial\mu_C}{\partial\mu_B}\right)_{n_A,n_C}=0$$

再保持 μ_B、n_C 不变，将上式对 n_A 求导，得：

$$\left(\frac{\partial\mu_A}{\partial\mu_B}\right)_{\mu_B,n_C}+n_A\left[\frac{\left(\frac{\partial\mu_A}{\partial\mu_B}\right)_{n_A,n_C}}{\partial n_A}\right]_{\mu_B,n_C}+\left(\frac{\partial n_B}{\partial n_A}\right)_{\mu_B,n_C}+n_C\left[\frac{\partial\left(\frac{\partial\mu_C}{\partial\mu_B}\right)_{n_A,n_C}}{\partial n_A}\right]_{\mu_B,n_C}=0 \tag{2}$$

比较式(1)和式(2)，由于

$$\left[\frac{\partial\left(\frac{\partial\mu_A}{\partial n_A}\right)_{\mu_B,n_C}}{\partial\mu_B}\right]_{n_A,n_C}=\left[\frac{\partial\left(\frac{\partial\mu_A}{\partial n_B}\right)_{n_A,n_C}}{\partial n_A}\right]_{\mu_B,n_C}$$

$$\left[\frac{\partial\left(\frac{\partial\mu_C}{\partial\mu_A}\right)_{n_B,n_C}}{\partial\mu_B}\right]_{n_A,n_C}=\left[\frac{\partial\left(\frac{\partial\mu_C}{\partial\mu_B}\right)_{n_A,n_C}}{\partial n_A}\right]_{n_B,n_C}$$

所以

$$\left(\frac{\partial\mu_A}{\partial\mu_B}\right)_{n_A,n_C}+\left(\frac{\partial n_B}{\partial n_A}\right)_{n_B,n_C}=0 \tag{3}$$

式（3）中，第 1 项是在 n_A、n_C 不变的条件下，增加 n_B 引起体系中 μ_A 随 μ_B 的变化率，即是在$\frac{x_A}{x_C}$不变的条件下，μ_A 对 μ_B 的偏导数：$\left(\frac{\partial\mu_A}{\partial\mu_B}\right)_{n_A,n_C}=\left(\frac{\partial\mu_A}{\partial\mu_B}\right)_{\frac{x_A}{x_C}}$。第 2 项则是在保持 n_B、n_C 不变的条件下，体系中 n_B 随 n_A 的变化率，它等于 x_B 随 x_A 的变化率：$\left(\frac{\partial n_B}{\partial n_A}\right)_{\mu_B,n_C}=\left(\frac{\partial x_B}{\partial x_A}\right)_{\mu_B,n_C}$。因此式（3）可改写为：

$$\left(\frac{\partial\mu_A}{\partial\mu_B}\right)_{\frac{x_A}{x_C}}=-\left(\frac{\partial x_B}{\partial x_A}\right)_{\mu_B,n_C} \tag{4}$$

利用分步积分法得到：

$$\left[\mu_A=\mu'_A-\int_{\mu'_B}^{\mu_B}\left(\frac{\partial x_B}{\partial x_A}\right)_{\mu_B,n_C}\mathrm{d}\mu_B\right]_{\frac{x_A}{x_C}}$$

由于

$$\mu'_A=\mu_A^{\ominus}+RT\ln a'_A,\mu_A=\mu_A^{\ominus}+RT\ln a_A$$

所以
$$\mu_A - \mu'_A = RT\ln\frac{a_A}{a'_A}$$

又由于
$$\mu_B = \mu_B^{\ominus} + RT\ln a_B \text{ 或 } d\mu_B = RT\ln a_B$$

故得
$$\left[\lg a_A = \lg a'_A - \int_{a'_B}^{a_B}\left(\frac{\partial x_B}{\partial x_A}\right)_{a_B,n_C} d\lg a_B\right]_{\frac{x_A}{x_C}}$$

及
$$\left[\lg a_C = \lg a'_C - \int_{a'_B}^{a_B}\left(\frac{\partial x_B}{\partial x_C}\right)_{a_B,n_A} d\lg a_B\right]_{\frac{x_A}{x_C}}$$

当μ_B改为μ_B^{ex}，而$\mu_B^{ex} = RT\ln\gamma_B$时，可得：

$$\left[\lg \gamma_A = \lg \gamma'_A - \int_{\gamma'_B}^{\gamma_B}\left(\frac{\partial x_B}{\partial x_A}\right)_{\gamma_B,n_C} d\lg \gamma_B\right]_{\frac{x_A}{x_C}} \quad (1-86)$$

$$\left[\lg \gamma_C = \lg \gamma'_C - \int_{\gamma'_B}^{\gamma_B}\left(\frac{\partial x_B}{\partial x_C}\right)_{\gamma_B,n_C} d\lg \gamma_B\right]_{\frac{x_A}{x_C}} \quad (1-87)$$

上式中，等号右侧第1项$a'_A(\gamma'_A)$是二元系A－C中A的活度（或活度系数），而$a'_C(\gamma'_C)$则是其中C组分的活度（或活度系数），可由A－C二元系的$a_A - x_A$（或$\gamma_A - x_A$）得出。等号右侧第2项则利用偏导数$\left(\frac{\partial x_B}{\partial x_A}\right)_{\gamma_B,n_C}$与$d\lg a_B$或$d\lg\gamma_B$的乘积图解积分法求得。

【例1－18】 试利用图1－28所示A－B－C三元系中组分B的等$\lg\gamma_B$曲线及图1－29所示A－C二元系中组分A的$\gamma'_A - x_A$曲线，计算此三元系中组分A的γ_A。

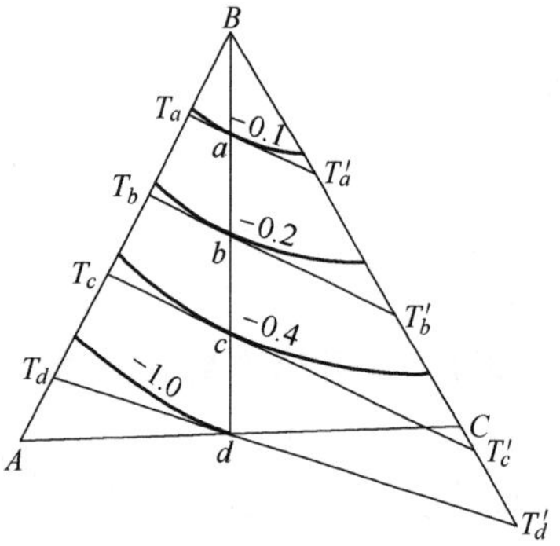

图1－28　A－B－C三元系中等$\lg\gamma_B$曲线
$\left(\text{求}\frac{\partial x_B}{\partial x_A}\text{及}\frac{\partial x_B}{\partial x_C}\right)$

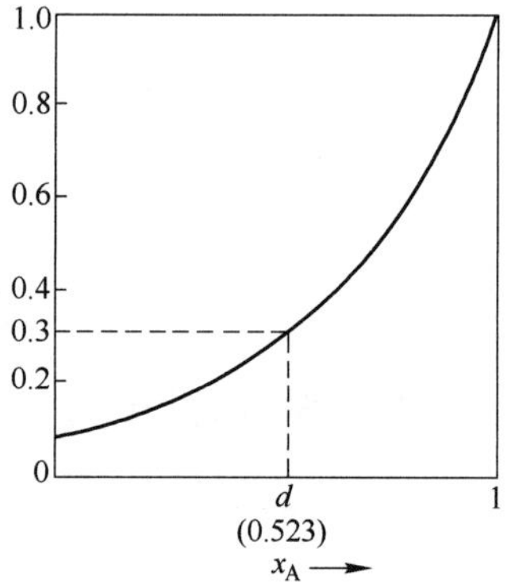

图1－29　A－C二元系中
$\gamma'_A - x_A$曲线

解　利用式（1－86）求组分A的γ_A，分两步进行。

（1）求$\lg\gamma'_A$。

γ'_A是三元系中$x_B = 0$，即A－C二元系中组分A的活度系数，它需由A－C系的组成，通过A－C二元系的活度曲线图求得。例如，为求三元系图中物系a的组分A或C的$\lg\gamma'_A$或$\lg\gamma'_C$，可从图中B角作a点的等比线，即连接B与a的直线，其与对边的交点为d。

在此线上各点（如 a、b、c、d）的组成中，其两旁组分 A 与 C 的浓度比均相同。如由图 1－28 知 AC 边上 d 点（即 a 点）的 $\frac{x_A}{x_C}=\frac{Ad}{Cd}=1.1$，而 $x_A+x_C=1$，故 d 点的组分浓度为 $x_A=0.523$，$x_C=0.477$。从图 1－29 可求得 $x_A=0.523$ 对应的 $\gamma'_A=0.3$，因而：

$$\lg\gamma'_A=\lg 0.3=-0.5229$$

（2）用图解法求偏导数 $\left(\frac{\partial x_B}{\partial x_A}\right)_{\gamma_B,n_C}$。

取图 1－28 中的 d 点作为积分的始点，此处曲线上的 $\lg\gamma_B=-1.0$；取 a 点作为积分的终点，其 $\lg\gamma_B=-0.1$，以此来计算式（1－86）中积分

$$\left[\int_{x_{B(d)}}^{x_{B(a)}}\left(\frac{\partial x_B}{\partial x_A}\right)_{\gamma_B,n_C}\mathrm{d}\lg\gamma_B\right]_{\frac{x_A}{x_C}=0}$$

的面积。过 d 点作此曲线的切线，与 AB 边交于 T_d 点，则偏导数等于此切线在 AB 边上的交点 T_d 构成的线段比，为：

$$\left(\frac{\partial x_B}{\partial x_A}\right)_{\gamma_B,n_C}=\frac{AT_d}{BT_d}=0.18\quad(\lg\gamma_B=-1.0)$$

用相同的方法分别作出 Bd 线上 c、b、a 各点在该处的曲线切线，与 AB 边的交点分别为 T_c、T_b、T_a，并求出构成的$\left(\frac{\partial x_B}{\partial x_A}\right)_{\gamma_B,n_C}$分别为：

$$\frac{AT_c}{BT_c}=0.66\quad(\lg\gamma_B=-0.4)$$

$$\frac{AT_b}{BT_b}=1.52\quad(\lg\gamma_B=-0.2)$$

$$\frac{AT_a}{BT_a}=3.83\quad(\lg\gamma_B=-0.1)$$

利用上列数值绘出 $\frac{\partial x_B}{\partial x_A}-\lg\gamma_B$ 图，如图 1－30 所示。

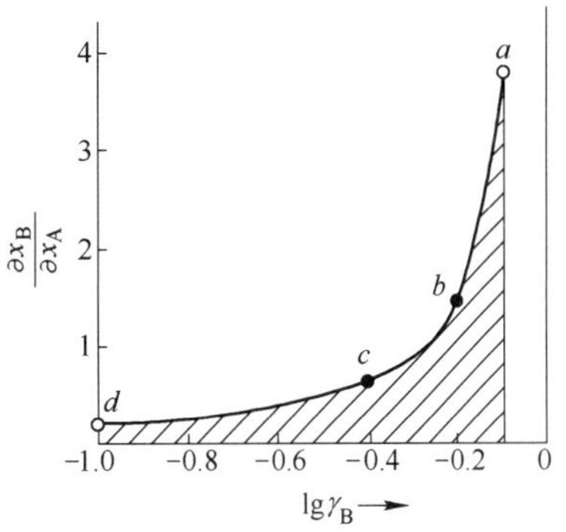

图 1－30 图解积分求 $\left[\int_{\gamma_{B(d)}}^{\gamma_{B(a)}}\left(\frac{\partial x_B}{\partial x_A}\right)_{\gamma_B,n_C}\mathrm{d}\lg\gamma_B\right]_{\frac{x_A}{x_C}}$

积分值等于图 1－30 中曲线下的面积（梯形面积之和），即：

$$\int_{\gamma_{B(d)}}^{\gamma_{B(a)}}\left(\frac{\partial x_B}{\partial x_A}\right)_{\gamma_B,n_C}\mathrm{d}\lg\gamma_B=\frac{1}{2}\times(0.18+0.66)\times0.6+\frac{1}{2}\times(0.66+1.52)\times0.2+\frac{1}{2}\times(1.52+3.83)\times0.1=0.7375$$

$$\lg\gamma_{A(a)}=\lg\gamma'_{A(d)}-\left[\int_{\gamma_{B(d)}}^{\gamma_{B(a)}}\left(\frac{\partial x_B}{\partial x_A}\right)_{\gamma_B,n_C}\mathrm{d}\lg\gamma_B\right]_{\frac{x_A}{x_C}=1.1}$$

$$=-0.5229-0.7375=-1.2604$$

$$\gamma_{A(a)}=0.0549$$

利用同样的方法作出各切线在 BC 边上的交点，并求出相应的 $\left(\frac{\partial x_B}{\partial x_C}\right)_{\gamma_B,n_C}$，如 $\frac{CT'_a}{BT'_a}$、$\frac{CT'_b}{BT'_b}$、$\frac{CT'_c}{BT'_c}$，再进行图解积分，求出 $\lg\gamma_C$ 的值，而切线交于 BC 边延线上的则取负值。

因此，苏曼法作一次等活度系数曲线，就可求出 $\frac{\partial x_B}{\partial x_A}$ 及 $\frac{\partial x_B}{\partial x_C}$ 两个偏导数的值，这是此法的优点。

B 周国治法

利用 $$x_A G_A^{ex} + x_B G_B^{ex} + x_C G_C^{ex} = 0$$

由 $G_B^{ex} = RT\ln\gamma_B$，可求得 $G_A^{ex} = RT\ln\gamma_A$、$G_C^{ex} = RT\ln\gamma_C$。

引入下述的 R 函数代替 G_m^{ex}，以 y 函数代替浓度，得出计算 $G_A^{ex} = f(R, y)$、$G_C^{ex} = f(R, y)$ 的函数式。定义：

$$R = \frac{G_m^{ex}}{1 - x_B}$$

$$y = \frac{x_C}{x_A + x_C} = \frac{x_C}{1 - x_B},\quad 1 - y = \frac{x_A}{1 - x_B}$$

（1）导出 $G_A^{ex} = f(R, y)$、$G_C^{ex} = f(R, y)$。

由 $$G_m^{ex} = x_A G_A^{ex} + x_B G_B^{ex} + x_C G_C^{ex}$$

得：$$R = \frac{G_m^{ex}}{1 - x_B} = \frac{x_A}{1 - x_B}G_A^{ex} + \frac{x_B}{1 - x_B}G_B^{ex} + \frac{x_C}{1 - x_B}G_C^{ex} = (1 - y)\, G_A^{ex} + \frac{x_B}{1 - x_B}G_B^{ex} + yG_C^{ex} \tag{1}$$

以下将 R 对 y 微分：

$$\mathrm{d}\left(\frac{R}{y}\right) = \mathrm{d}\left[\frac{1 - y}{y}G_A^{ex} + \frac{x_B}{y(1 - x_B)}G_B^{ex} + G_C^{ex}\right] = \left(\frac{1}{y} - 1\right)\mathrm{d}G_A^{ex} + G_A^{ex}\mathrm{d}\left(\frac{1}{y}\right) + \frac{x_B}{y(1 - x_B)}\mathrm{d}G_B^{ex} + G_B^{ex}\mathrm{d}\left[\frac{x_B}{y(1 - x_B)}\right] + \mathrm{d}G_C^{ex}$$

$$= \frac{x_A}{x_C}\mathrm{d}G_A^{ex} + G_A^{ex}\mathrm{d}\left(\frac{1}{y}\right) + \frac{x_B}{x_C}\mathrm{d}G_B^{ex} + G_B^{ex}\mathrm{d}\frac{x_B}{y(1 - x_B)} + \mathrm{d}G_C^{ex} \tag{2}$$

又 $$x_A\mathrm{d}G_A^{ex} + x_B\mathrm{d}G_B^{ex} + x_C\mathrm{d}G_C^{ex} = 0$$

将上式代入式（2）中，经整理得：

$$\mathrm{d}\left(\frac{R}{y}\right) = G_A^{ex}\mathrm{d}\frac{x_B}{y(1 - x_B)} + G_A^{ex}\mathrm{d}\left(\frac{1}{y}\right) \tag{3}$$

或 $$\mathrm{d}\left(\frac{R}{y}\right) = \frac{G_B^{ex}}{y(1 - x_B)^2}\mathrm{d}x_B + \left(G_A^{ex} + \frac{x_B}{1 - x_B}G_B^{ex}\right)\mathrm{d}\left(\frac{1}{y}\right) \tag{4}$$

当 x_B 恒定（$x_B = \text{const}$），而 $\alpha = \frac{RT\ln\gamma_B}{(1 - x_B)^2}$ 时，

$$G_A^{ex} = \left|\frac{\partial\left(\frac{R}{y}\right)}{\partial\left(\frac{1}{y}\right)}\right|_{x_B} - \frac{x_B G_B^{ex}}{1 - x_B} = \left[\frac{y\partial R - R\partial y}{y^2}\Big/\partial\left(\frac{1}{y}\right)\right] - x_B(1 - x_B)\alpha$$

$$= R - y\left(\frac{\partial R}{\partial y}\right)_{x_B} - x_B(1 - x_B)\alpha$$

$$G_A^{ex}+x_B(1-x_B)\alpha=R-y\left(\frac{\partial R}{\partial y}\right)_{x_B} \tag{5}$$

同样，将 R 对（$1-y$）微分：

同样 $$G_C^{ex}=\left|\frac{\partial\left(\frac{R}{1-y}\right)}{\partial\left(\frac{1}{1-y}\right)}\right|_{x_B}-\frac{x_B G_B^{ex}}{1-x_B}=R+(1-y)\left(\frac{\partial R}{\partial y}\right)_{x_B}-x_B(1-x_B)\alpha$$

$$G_C^{ex}+x_B(1-x_B)\alpha=R+(1-y)\left(\frac{\partial R}{\partial y}\right)_{x_B} \tag{6}$$

因此，为求 G_A^{ex}、G_C^{ex}，需求出 R 函数。

（2）R 函数的导出。

当 $y=\text{const}$ 时，式（4）变为$\left[\mathrm{d}R=\frac{G_B^{ex}}{(1-x_B)^2}\mathrm{d}x_B\right]_y$，积分之可得 $y=\text{const}$ 条件下的 R 值：

$$R=R^*+\left[\int_{x_B=x_B^*}^{x_B}\frac{G_B^{ex}}{(1-x_B)^2}\mathrm{d}x_B\right]_y$$

式中，$x_B^*=1$，$R^*=R_0$，而 $G_B^{ex}=RT\ln\gamma_B$，故：

$$R=R_0+\left[\int_{x_B^*=1}^{x_B}\frac{RT\ln\gamma_B}{(1-x_B)^2}\mathrm{d}x_B\right]_y$$

由于$\frac{x_A}{x_C}=\frac{1-y}{y}$，$y$ 为恒定值时，$\frac{x_A}{x_C}$（B 角的等比线，见图 1－31）也为恒定值，因此 y 就是$\frac{x_A}{x_C}$恒比线。又因为 $\alpha=\frac{RT\ln\gamma_B}{(1-x_B)^2}$，故

$$R=R_0+\left(\int_{x_B^*=1}^{x_B}\alpha\mathrm{d}x_B\right)_y$$

式中，R_0 可根据 R 函数的定义［式（1）］如下求出：

$$\begin{aligned}R_0&=\lim_{x_B\to1}R=\lim_{x_B\to1}(1-x_B)\alpha+\lim(1-y)G_A^{ex}+\lim_{x_B\to1}yG_C^{ex}\\&=\lim_{x_B\to1}(1-y)G_A^{ex}+\lim_{x_B\to1}yG_C^{ex}\end{aligned}$$

故 $$R=\lim_{x_B\to1}(1-y)G_A^{ex}+\lim_{x_B\to1}yG_C^{ex}+\left(\int_{x_B^*=1}^{x_B}\alpha\mathrm{d}x_B\right)_y \tag{7}$$

当 $x_B\to1$ 时，则此三元系对 A、C 组分则是稀溶液，其 G_A^{ex}、G_C^{ex} 可分别由 A－B 系、C－B系的 α 函数法（$\ln\gamma_A=-\alpha_B x_A x_B+\int_{x_B=0}^{x_B}\alpha_B\mathrm{d}x_B$），推出，即：

$$G_A^{ex}=\left[\int_0^1\frac{G_B^{ex}}{(1-x_B)^2}\mathrm{d}x_B\right]_{x_C=0}=\left(\int_0^1\alpha\mathrm{d}x_B\right)_{x_C=0}$$

$$G_C^{ex}=\left[\int_0^1\frac{G_B^{ex}}{(1-x_B)^2}\mathrm{d}x_B\right]_{x_A=0}=\left(\int_0^1\alpha\mathrm{d}x_B\right)_{x_A=0}$$

上两式中的 α 并不相同，前者为 C－B 系，后者为 A－B 系。将上两式代入式（7）中，可得到 R 函数的计算式：

$$R = (1-y)\left(\int_0^1 \alpha \mathrm{d}x_B\right)_{x_C=0} + y\left(\int_0^1 \alpha \mathrm{d}x_B\right)_{x_A=0} + \left(\int_{x_B=1}^{x_B} \alpha \mathrm{d}x_B\right)_y \tag{1-88}$$

（3）计算方法。

已知三元系中 P 等点的 G_B^{ex}（$=RT\ln\gamma_B$），求它们的 G_A^{ex}、G_C^{ex}。

1）计算 P 点的 R 值。从 A－B－C 三角形顶角 B 作 $\frac{x_A}{x_C}=0$，$\frac{1}{4}$，$\frac{1}{2}$，y^P，$\frac{1}{4}$的等比例线（见图 1－31），然后通过 P 点作 x_B 的等含量线 DE，分别交等比例线于 E、H、G、P、F、D 各点。利用上式计算各点的 R 值，其中各项为相应数值的乘积。$\alpha \mathrm{d}x_B = \frac{RT\ln\gamma_B}{(1-x_B)^2}\mathrm{d}x_B$ 用$\frac{RT\ln\gamma_B}{(1-x_B)^2}-x_B$ 的图解积分法得出。

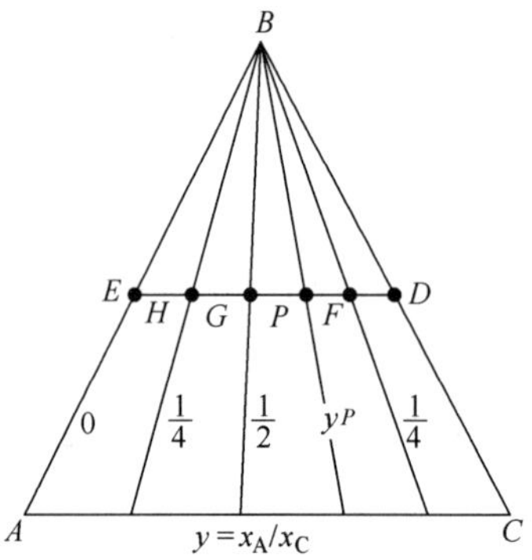

图 1－31　A－B－C 系中组分 B 的等含量线及等比例线

2）由各 $R-y$ 曲线求 G_A^{ex}、G_C^{ex}。用上面计算的 D、F、P、G、H 各点的 R 值，作等含量（x_B^P）线（DE 线）上的 $R-y$ 图，在 $y=y^P$ 处作曲线的切线。从式（5）及式（6）可知，由切线在纵坐标轴 $y=0$ 及 $y=1$ 上的截距（见图 1－32），可利用下式得出 P 点的 G_A^{ex}、G_C^{ex}。

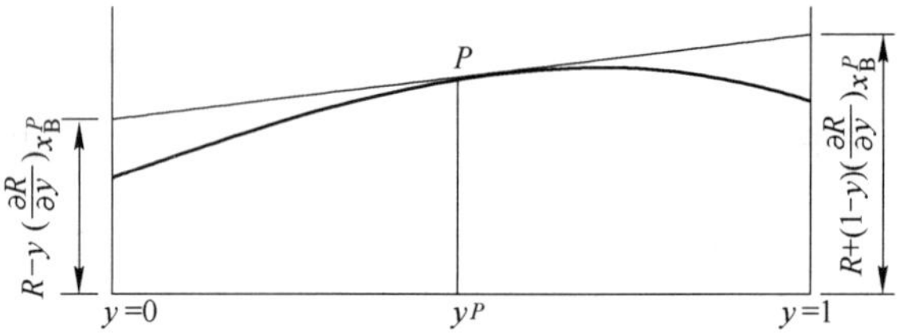

图 1－32　由 $R-y$ 曲线求 G_A^{ex}、G_C^{ex}

$y=0$ 的截距：　$$R - y\left(\frac{\partial R}{\partial y}\right)_{x_A^P} = G_A^{ex} + x_B^P(1-x_B^P)\alpha$$

$y=1$ 的截距：　$$R + (1-y)\left(\frac{\partial R}{\partial y}\right)_{x_B^P} = G_B^{ex} - x_B^P(1-x_B^P)\alpha$$

3）作 G_A^{ex}、G_C^{ex} 曲线。重复上述步骤，计算出若干点的 G_A^{ex} 及 G_C^{ex} 的值，而后绘出它们的曲线图。

周国治法采用从 B 组分（已知 $G_B^{ex}=RT\ln\gamma_B$）作出的等比例线（y 线）与等含量（x_B）线的交点计算 G_A^{ex}、G_C^{ex}，这些点的分布较均匀，不用再作辅助线，计算中只需一组积分和一次微分，所以该方法简单、省时。

1.4.6　用偏摩尔热力学函数计算活度法

由于 $\Delta G_B = RT\ln a_B = \Delta H_B - T\Delta S_B$，而 ΔH_B 及 ΔS_B 可由溶液的结构模型得出。第 4 章熔渣的离子溶液组分的活度即是采用这种方法得出的。

此外，还可利用二元系相图计算活度，详见1.7.4节。并利用铁液中溶解元素的相互作用系数计算溶解元素的活度。

1.5 标准溶解吉布斯自由能及溶液中反应的 $\Delta_r G_m^\ominus$ 及 $\Delta_r G_m$ 的计算

在高温冶金中，参加化学反应的物质有些是以溶解状态存在于金属液或熔渣中的。例如，铁液中［Si］的氧化可用下列反应式表示：

$$[Si] + O_2 = (SiO_2)$$

即溶解于铁液中的［Si］氧化形成的 SiO_2 溶解于炉渣中。这种反应的标准吉布斯自由能变量与由纯物质态参加的化学反应 $Si(l) + O_2 = SiO_2(s)$ 的标准吉布斯自由能变量不一定相同。这是因为在上述两个反应中 Si 和[Si]、SiO_2 和(SiO_2)存在的状态不同。它们所具有的标准吉布斯自由能不尽相同，从而两反应的 $\Delta_r G_m^\ominus$ 也不尽相同。而前一反应中的溶解态[Si]和(SiO_2)的吉布斯自由能，包含了由它们的纯液态物质标准态转变为溶解标准态的吉布斯自由能变量的所谓标准溶解吉布斯自由能。因此，利用组分的标准溶解吉布斯自由能，就可计算有溶液参加的高温多相化学反应的 $\Delta_r G_m$。

1.5.1 标准溶解吉布斯自由能

物质在溶解前是纯态（固态、气态或液态的纯物质），其标准态自然是纯物质。物质溶解到溶液中后，溶解态的标准态通常有两种选择法。

（1）纯物质标准态的标准溶解吉布斯自由能。对于纯物质的溶解：$B = [B]_{(R)}$，

$$\Delta G_B = G_{[B]} - G_B^*$$

由于
$$G_{[B]} = \mu_B^\ominus(T) + RT\ln p_{[B]}, G_B^* = \mu_B^\ominus(T) + RT\ln p_B^*$$

故
$$\Delta G_B^\ominus = \mu_B^\ominus(T) + RT\ln p_{[B]} - \mu_B^\ominus(T) - RT\ln p_B^* = RT\ln(p_{[B]}/p_B^*) \tag{1-89}$$

式中 $p_{[B]}$，p_B^*——分别为溶解组分［B］和纯组分B的蒸气压。

当溶解组分［B］以纯物质为标准态时，$p_{[B]} = p_B^* a_B$，而式（1－89）变为 $\Delta G_B^\ominus = RT\ln a_B$；如组分B溶解形成纯物质标准态溶液，则 $a_B = 1$，从而 $\Delta G_B^\ominus = RT\ln 1 = 0$。

因此，物质溶解前后，如两者的标准态完全相同，则物质的标准溶解吉布斯自由能为零[1]。

（2）质量1%溶液标准态的标准溶解吉布斯自由能。对于纯物质的溶解：$B = [B]_{(\%)}$，这时 $p_{[B]} = K_{H(\%)} a_{B(\%)}$，仿照式（1－89）得：

$$\Delta G_B^\ominus = RT\ln\left(\frac{K_{H(\%)}}{p_B^*} \cdot a_{B(\%)}\right) = RT\ln\left(\gamma_B^0 \cdot \frac{M_A}{100M_B} \cdot a_{B(\%)}\right)$$

如组分B溶解形成质量1%标准溶液，则 $a_{B(\%)} = 1$，从而

$$\Delta G_B^\ominus = RT\ln\left(\gamma_B^0 \cdot \frac{M_A}{100M_B}\right) \tag{1-90}$$

---

[1] 这是以纯液态物为标准态的 $\Delta G_B^\ominus = \mu_B^*(l) - \mu_B^*(l) = 0$；当用纯固态物时，则 $\Delta G_B^\ominus = \mu_B^*(s) - \mu_B^*(l) \neq 0$。纯物质溶解的前提是液态，如以纯固态溶解，则应计入 $\Delta_{fus}G^\ominus$（B，s）。

由式（1－32）可知，上式右边对数符号后的项乃是此两种不同标准态组分 B 的活度之比。因此，组分 B 的溶解吉布斯自由能实为由两种不同标准态活度之间转换引起的能量变化。

将式（1－90）改写成：

$$\Delta G_{B}^{\ominus}=RT\ln\gamma_{B}^{0}+RT\ln\frac{M_{A}}{100M_{B}} \tag{1-91}$$

并将式(1－91)与 $\Delta G_{B}^{\ominus}=\Delta H_{B}^{\ominus}-T\Delta S_{B}^{\ominus}$ 相比较，知：

$$\Delta H_{B}^{\ominus}=RT\ln\gamma_{B}^{0},\Delta S_{B}^{\ominus}=-R\ln x_{B}=-R\ln\frac{M_{A}}{100M_{B}}\cdot w(B)_{\%}$$

式中，$w(B)_{\%}=1$，即 $w(B)=1\%$。

故组分 B 的标准溶液可作为正规溶液或准正规溶液处理，而用二项式 $\Delta G_{B}^{\ominus}=A+BT$ 示出。

此外，对于假想纯物质标准态，同样可得 $\Delta G_{B}^{\ominus}=RT\ln\gamma_{B}^{0}$。

1.5.2 铁液中元素的标准溶解吉布斯自由能的计算法

1.5.2.1 利用实验测定的 γ_{B}^{0}，由式（1－90）计算 $\Delta G_{B}^{\ominus}$

γ_{B}^{0} 不仅是不同标准态活度之间的转换系数，而且也是计算标准溶解吉布斯自由能的主要数据。表 1－22 所示是铁液内元素 B 在 1873K 下的 γ_{B}^{0} 值及标准溶解吉布斯自由能 $\Delta G_{B}^{\ominus}$ 的二项式，溶解元素的标准态为质量 1% 溶液。

表 1－22 元素 B 在铁液中的 γ_{B}^{0} 及 $\Delta G_{B}^{\ominus}$（质量 1% 溶液标准态）

元素 B	γ_{B}^{0}(1873K)	$\Delta G_{B}^{\ominus}$/J·mol^{-1}
Ag(l) ══ [Ag]	200	82420 － 43.76T
Al(l) ══ [Al]	0.029	－63180 － 27.91T
B(s) ══ [B]	0.022	－65270 － 21.55T
$C_{(石)}$ ══ [C]	0.57	22590 － 42.26T
Ca(g) ══ [Ca]	2240	－39500 ＋ 49.4T
Ce(l) ══ [Ce]	0.032	－54400 ＋ 46.0T
Co(l) ══ [Co]	1.07	1000 － 38.74T
Cr(l) ══ [Cr]	1.0	－37.70T
Cr(s) ══ [Cr]	1.14	19250 － 46.86T
Cu(l) ══ [Cu]	8.6	33470 － 39.37T
1/2H_2 ══ [H]	—	36480 ＋ 30.48T
Mg(g) ══ [Mg]	91	－78690 ＋ 70.80T
Mn(l) ══ [Mn]	1.3	4080 － 38.16T
Mo(l) ══ [Mo]	1	－42.80T
Mo(s) ══ [Mo]	1.86	27610 － 52.38T
1/2N_2 ══ [N]	—	3600 ＋ 23.89T

续表 1 - 22

元素 B	γ_B^0(1873K)	$\Delta G_B^{\ominus}$/J · mol^{-1}
Nb(l) ══ [Nb]	1.0	-42.7T
Nb(s) ══ [Nb]	1.4	23000 - 52.3T
Ni(l) ══ [Ni]	0.66	-23000 - 31.05T
1/2O_2 ══ [O]	—	-117150 - 2.89T
1/2P_2 ══ [P]	—	-122200 - 19.25T
Pb(l) ══ [Pb]	1400	212500 - 106.3T
1/2S_2 ══ [S]	—	-135060 + 23.43T
Si(l) ══ [Si]	0.0013	-131500 - 17.61T
Ti(l) ══ [Ti]	0.074	-40580 - 37.03T
Ti(s) ══ [Ti]	0.077	-25100 - 44.98T
V(l) ══ [V]	0.08	-42260 - 35.98T
V(s) ══ [V]	0.1	-20710 - 45.6T
W(l) ══ [W]	1	-48.12T
W(s) ══ [W]	1.2	31380 - 63.6T
Zr(l) ══ [Zr]	0.014	-80750 - 34.77T
Zr(s) ══ [Zr]	0.016	-64430 - 42.38T

表 1 - 22 中的 γ_B^0 按照数值的特征可分为下列几类：

(1) $\gamma_B^0 = 1$，元素在铁液中形成理想溶液或近似理想溶液，如 Mn、Co、Cr、Nb、W；

(2) $\gamma_B^0 \gg 1$，元素在铁液中的溶解度很小，在高温下挥发能力很大的元素，如 Ca、Mg，因为其 $K_{H(x)} \gg p_B^*$（亨利定律对拉乌尔定律成很大的正偏差），故 $\gamma_B^0 = K_{H(x)}/p_B^* \gg 1$；

(3) $\gamma_B^0 \ll 1$，元素与铁原子形成稳定的化合物，如 Al、B、Si、Ti、V、Zr 等；

(4) 气体溶解前不是液态，而是 100kPa 的气相，故无 γ_B^0 值；

(5) 以固态溶解的元素的 γ_B^0 比以液态溶解的 γ_B^0 值要高些，因为前者的 $\Delta G_B^{\ominus}$ 中包含元素的熔化吉布斯自由能。

【例 1 - 19】 液体铬在 1873K 溶于铁液中形成质量 1% 溶液时，测得 $\gamma_{Cr}^0 = 1$。铬的熔点为 2130K，熔化焓为 19246J/mol。试求固体铬的标准溶解吉布斯自由能与温度的关系式。

解 固体铬的溶解过程可视为 Cr (s) →Cr (l) → [Cr]，而其标准溶解吉布斯自由能为此两阶段的标准吉布斯自由能的和。

$$\mathrm{Cr(s)} = \mathrm{Cr(l)}$$

$$\Delta_{fus} G_m^{\ominus}(\mathrm{Cr,s}) = \Delta_{fus} H_m^{\ominus} - T\Delta_{fus} S_m^{\ominus} = 19246 - \frac{19246}{2130} \times T = 19246 - 9.04T \quad (\mathrm{J/mol})$$

$$\mathrm{Cr(l)} = [\mathrm{Cr}]$$

$$\Delta G^{\ominus}(\mathrm{Cr,l}) = RT\ln\left(\gamma_{Cr}^0 \cdot \frac{M_{Fe}}{100M_{Cr}}\right) = 19.147 \times 1873\lg\gamma_{Cr}^0 + 19.147T\lg\left(\frac{55.85}{100 \times 52}\right)$$

$$= -37.70T \quad (\mathrm{J/mol})$$

注意，上式中，因为 $\gamma_{Cr}^0=1$ 是 1873K 的值，故该项的温度取 1873K，而第 2 项是与温度有关的。因此，铬的标准溶解吉布斯自由能为：

$$\Delta G^{\ominus}(Cr,s)=\Delta_{fus}G_m^{\ominus}+\Delta G^{\ominus}(Cr,l)=19246-9.04T-37.70T$$

$$=19246-46.74T\quad(J/mol)$$

【例 1－20】 硅在铁液中的溶解焓由量热计测得为 $\Delta H^{\ominus}(Si)=-131766J/mol$，又知 1873K 的 $\gamma_{Si}^0=0.0013$，试计算硅溶解的标准吉布斯自由能与温度的关系式。

解 硅在铁液中的溶解属于正规溶液范畴，其 $\Delta H^{\ominus}(Si)=RT\ln\gamma_{Si}^0=19.147\times1873\times\lg0.0013=-103500J/mol$，比由量热计测定的值要低些，因此只能作为准正规溶液看待。利用由题中给出的 $\Delta H^{\ominus}(Si)$ 及 $\gamma_{Si}^0(1873K)$ 计算出来的 $\Delta G^{\ominus}(Si)$，可求出 $\Delta S^{\ominus}(Si)$，这两者视为与温度无关，可用于任何温度下。

由 $\Delta G^{\ominus}(Si)=RT\ln\left(\gamma_{Si}^0\cdot\dfrac{M_{Fe}}{100M_{Si}}\right)=19.147\times1873\times\lg\left(0.0013\times\dfrac{55.85}{100\times28}\right)=-164472J/mol$

故　$\Delta S^{\ominus}(Si)=-(\Delta G^{\ominus}(Si)-\Delta H^{\ominus}(Si))/T=-(-164472+131766)/1873$

$=17.46J/(mol\cdot K)$

所以　$\Delta G^{\ominus}(Si)=\Delta H^{\ominus}(Si)-T\Delta S^{\ominus}(Si)=-131766-17.46T\quad(J/mol)$

1.5.2.2　化学平衡法

对于溶于铁液中的某些元素（如 C、S、O 等），可通过气相和溶液间化学反应的平衡常数求得 $\Delta G_B^{\ominus}$。例如，对于铁液中硫的 $\Delta G^{\ominus}(S)$，可由下列反应及其 $\Delta G^{\ominus}$ 联合求出。

$$H_2+\frac{1}{2}S_2=\!=\!=H_2S\qquad\Delta_fG_{m(1)}^{\ominus}\qquad K_1^{\ominus}\tag{1}$$

$$\frac{H_2+[S]=\!=\!=H_2S}{\frac{1}{2}S_2=\!=\!=[S]}\qquad\frac{\Delta_rG_{m(2)}^{\ominus}}{\Delta G^{\ominus}(S)}\qquad K_2^{\ominus}\tag{2}$$

故
$$\Delta G^{\ominus}(S)=\Delta_fG_{m(1)}^{\ominus}-\Delta_rG_{m(2)}^{\ominus}=-RT(\ln K_1^{\ominus}-\ln K_2^{\ominus})\tag{3}$$

而反应（2）的 $\ln K_2^{\ominus}$ 可通过化学平衡法测定。

【例 1－21】 在 1810K、1873K 和 2003K 三个温度下，测得 H_2S+H_2 混合气体与铁液反应平衡时的 p_{H_2S}/p_{H_2} 值如表 1－23 所示，试求硫的标准溶解吉布斯自由能与温度的关系式。已知：$H_2+\frac{1}{2}S_2=\!=\!=H_2S(g),\Delta_fG_m^{\ominus}(H_2S,g)=-91630+50.58T(J/mol)$。

表 1－23　反应 $H_2+[S]=H_2S$ 平衡时的 p_{H_2S}/p_{H_2}

1810K	$w[S]/\%$	0.50	0.74	1.11	1.45	1.98	2.66	3.54	4.77		
	$(p_{H_2S}/p_{H_2})/\times10^{-3}$	1.18	1.74	2.54	3.32	4.44	5.58	7.22	8.69		
1873K	$w[S]/\%$	0.25	0.5	1.0	2.0	3.0	4.0				
	$(p_{H_2S}/p_{H_2})/\times10^{-3}$	0.65	1.3	2.5	4.7	6.6	8.2				
2003K	$w[S]/\%$	0.38	0.57	0.78	0.85	0.95	1.17	1.50	1.99	2.64	3.52
	$(p_{H_2S}/p_{H_2})/\times10^{-3}$	1.17	1.72	2.35	2.49	2.74	3.25	4.31	5.36	6.89	8.2

解 利用前述的式（3）可得：

$$\Delta G^\ominus(S) = -RT(\ln K_1^\ominus - \ln K_2^\ominus) = -19.147T\left(\frac{91630}{19.147T} - \frac{50.58}{19.147} - \lg K_2^\ominus\right)$$

$$= -19.147T\left(\frac{4786}{T} - 2.64 - \lg K_2^\ominus\right) \quad (\text{J/mol})$$

利用表 1－23 可求出 $\lg K_2^\ominus$ 的温度关系式：$\lg K_2^\ominus = A/T + B$。

（1）反应(2)在各温度下的 $K_2^\ominus$。

先计算各温度的表观平衡常数 $K_2' = \frac{p_{H_2S}}{p_{H_2}} \cdot \frac{1}{w[S]_\%}$，如表 1－24 所示。以 $\lg K_2' - w[S]_\%$ 关系作图，将直线外推到 $w[S]_\% = 0$，从纵坐标轴上的截距可得出各温度下的 $\lg K_2^\ominus$ 及 $K_2^\ominus$。如图 1－33 所示，$\lg K_2^\ominus$ 为：1810K，$\lg K_2^\ominus = -2.62$；1873K，$\lg K_2^\ominus = -2.58$；2003K，$\lg K_2^\ominus = -2.51$。

表 1－24 反应 H_2 +［S］$= H_2S$ 在各温度下的 K_2'

1810K	$w[S]/\%$	0.50	0.74	1.11	1.45	1.98	2.66	3.54	4.77		
	$(p_{H_2S}/p_{H_2})/\times10^{-3}$	1.18	1.74	2.54	3.32	4.44	5.58	7.22	8.69		
	$K_2' = \frac{p_{H_2S}}{p_{H_2}} \cdot \frac{1}{w[S]_\%} / \times10^{-3}$	2.36	2.35	2.29	2.29	2.24	2.10	2.04	1.82		
	$\lg K_2'$	−2.63	−2.63	−2.64	−2.64	−2.65	−2.68	−2.69	−2.74		
1873K	$w[S]/\%$	0.25	0.5	1.0	2.0	3.0	4.0				
	$(p_{H_2S}/p_{H_2})/\times10^{-3}$	0.65	1.3	2.5	4.7	6.6	8.2				
	$K_2' = \frac{p_{H_2S}}{p_{H_2}} \cdot \frac{1}{w[S]_\%} / \times10^{-3}$	2.6	2.6	2.5	2.35	2.2	2.05				
	$\lg K_2'$	−2.59	−2.59	−2.60	−2.63	−2.66	−2.69				
2003K	$w[S]/\%$	0.38	0.57	0.78	0.85	0.95	1.17	1.50	1.99	2.64	3.52
	$(p_{H_2S}/p_{H_2})/\times10^{-3}$	1.17	1.72	2.35	2.49	2.74	3.25	4.31	5.36	6.89	8.2
	$K_2' = \frac{p_{H_2S}}{p_{H_2}} \cdot \frac{1}{w[S]_\%} / \times10^{-3}$	3.08	3.02	3.01	2.93	2.88	2.78	2.87	2.69	2.61	2.33
	$\lg K_2'$	−2.51	−2.52	−2.52	−2.53	−2.54	−2.56	−2.54	−2.57	−2.58	−2.63

（2）以 $\lg K_2^\ominus - 1/T$ 作图，求 $\lg K_2^\ominus = f(1/T)$。

这种直线关系见图 1－34。由于实验点少而且分散，难以作出准确的直线，因此，进一步用回归分析计算机框图处理，得：

$$\lg K_2^\ominus = -2100/T - 1.457$$

$$\Delta G^\ominus(S) = -19.147T\left(\frac{4786}{T} - 2.64 - \lg K_2^\ominus\right) = -19.147T\left(\frac{4786}{T} - 2.64 + \frac{2100}{T} + 1.457\right)$$

$$= -131846 + 22.65T \quad (\text{J/mol})$$

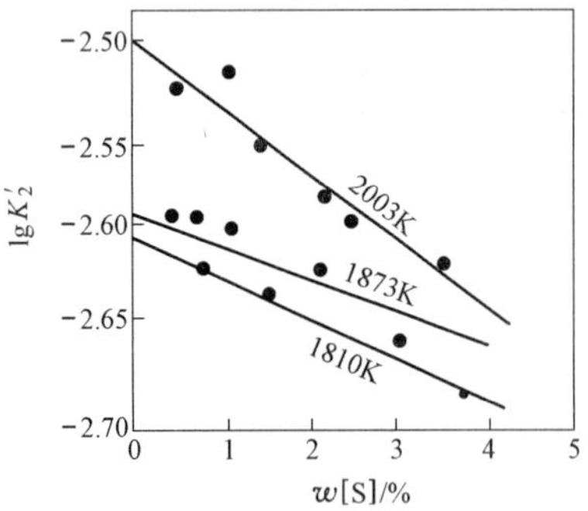

图 1－33 $\lg K_2' - w[S]$关系

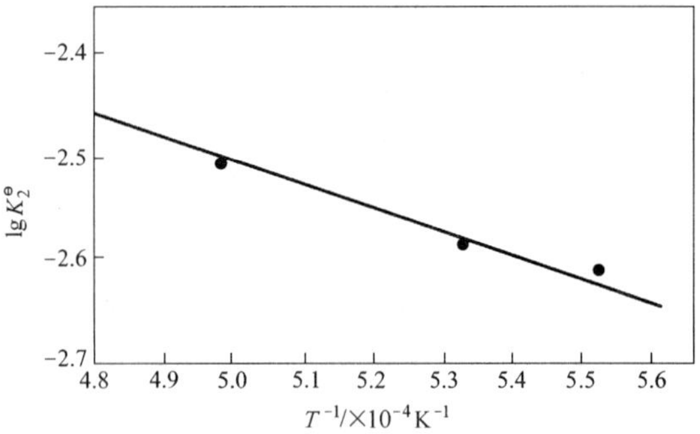

图 1－34 $\lg K_2^\ominus - 1/T$关系

1.5.3 有溶液参加的反应 $\Delta_r G_m^\ominus$ 及 $\Delta_r G_m$ 的计算

组分的标准溶解吉布斯自由能是计算有溶解组分参加反应的 $\Delta_r G_m^\ominus$ 及平衡常数 $K^\ominus$ 的基本数据。这种反应的 $\Delta_r G_m^\ominus$ 是纯物质参加反应的 $\Delta_r G_{m(纯)}^\ominus$ 与溶解组分的标准吉布斯自由能 $\Delta G_B^\ominus$ 的线性组合，例如，反应

$$\frac{2x}{y}[M] + O_2 = \frac{2}{y}M_xO_y(s)$$

的 $\Delta_r G_m^\ominus$ 是下列纯物质参加反应的 $\Delta_r G_{m(纯)}^\ominus$ 及组分 M 的 $\Delta G^\ominus(M)$ 的线性组合：

$$\frac{2x}{y}M(s) + O_2 = \frac{2}{y}M_xO_y(s) \qquad \Delta_r G_{m(纯)}^\ominus$$

$$\frac{2x}{y}M(s) = \frac{2x}{y}[M] \qquad \frac{2x}{y}\Delta G^\ominus(M)$$

$$\frac{2x}{y}[M] + O_2 = \frac{2}{y}M_xO_y(s) \qquad \Delta_r G_m^\ominus$$

$$\Delta_r G_m^\ominus = \Delta_r G_{m(纯)}^\ominus - \frac{2x}{y}\Delta G^\ominus(M)$$

$\Delta_r G_{m(纯)}^\ominus$ 为纯物质参加反应的标准吉布斯自由能变量，其值由参加反应的化合物的 $\Delta_f G_m^\ominus(B)$ 计算。但反应的 $\Delta_r G_m^\ominus$ 因［B］的标准态不同，其 $\Delta G^\ominus(B)$ 不同，从而计算的反应的 $\Delta_r G_m^\ominus$ 值也不同，但由此计算的反应的 $\Delta_r G_m$ 则是相同的。这是因为在一定状态下，物质的化学势具有一定的值，而与标准态无关。由 $\mu_B = \mu_B^\ominus + RT\ln a_B$ 可知，标准态不同，则 $\mu_B^\ominus$ 和 a_B 的值要相应变化，但 μ_B 的值却保持不变。

【例 1－22】 试计算熔渣中 SiO_2 被碳还原，形成溶解于铁液中硅的反应的 $\Delta_r G_m^\ominus$。

解 反应为：

$$(SiO_2) + 2C_{(石)} = [Si] + 2CO$$

可以用下列两种标准态进行计算：

(1) $SiO_2(s) + 2C_{(石)} = Si(l) + 2CO \qquad \Delta_r G_{m(纯)}^\ominus = 717550 - 369.18T \quad (J/mol)$

$SiO_2(s) = (SiO_2) \qquad \Delta G^\ominus(SiO_2) = 0$

$Si(l) = [Si] \qquad \Delta G^\ominus(Si) = -131500 - 17.61T \quad (J/mol)$

$(SiO_2) + 2C_{(石)} = [Si] + 2CO \qquad \Delta_r G_m^\ominus = \Delta_r G_{m(纯)}^\ominus - \Delta G^\ominus(SiO_2) + \Delta G^\ominus(Si)$

$$= 586050 - 386.79T \quad (J/mol) \qquad (1)$$

(2) $SiO_2(s) + 2C_{(石)} = Si(l) + 2CO$ $\quad \Delta_r G^\ominus_{m(纯)} = 717550 - 369.18T \quad (J/mol)$

$SiO_2(s) = SiO_2(l)$ $\quad \Delta_{fus} G_m^\ominus(SiO_2) = 9600 - 4.81T \quad (J/mol)$

$SiO_2(l) = (SiO_2)$ $\quad \Delta G^\ominus(SiO_2) = 0$

$Si(l) = [Si]$ $\quad \Delta G^\ominus(Si) = -131500 - 17.61T \quad (J/mol)$

$(SiO_2) + 2C_{(石)} = [Si] + 2CO$ $\quad \Delta_r G_m^\ominus = \Delta_r G^\ominus_{m(纯)} - \Delta_{fus} G_m^\ominus(SiO_2) - \Delta G^\ominus(SiO_2) + \Delta G^\ominus(Si)$

$= 576450 - 381.98T \quad (J/mol) \qquad (2)$

(SiO_2) 在反应（1）中的标准态是纯固体 SiO_2，而在反应（2）中则是纯液体 SiO_2，SiO_2 的熔点为2021K，往往在给定温度（如1873K）以上，所以常以固态熔解。虽然给定温度在 SiO_2 的熔点附近，两种标准态计算的 $\Delta_r G_m^\ominus$ 相差不是很大，但以前一种方法最简便。此两种标准态的转换式为：

$$\ln \frac{a_{B(l)}}{a_{B(s)}} = \frac{\Delta_{fus} H_B^\ominus}{R}\left(\frac{1}{T_{fus}} - \frac{1}{T}\right)$$

因此，在计算化学反应的 $\Delta_r G_m^\ominus$ 时，其中溶液的化合物多采用纯物质为标准态，则其 $\Delta_r G_m^\ominus(B) = 0$。

【例1-23】 溶解于铁液中铝的 $x[Al] = 0.2$，而 $\gamma_{Al} = 0.034$，试计算1873K时溶解铝分别以纯液铝、假想纯液铝及 $w[Al] = 1\%$ 溶液为标准态时，被氧（$p'_{O_2} = 100kPa$）氧化反应的 $\Delta_r G_m$。已知 $\gamma_{Al}^0 = 0.029$（1873K），反应：

$$2Al(l) + \frac{3}{2}O_2 = Al_2O_3(s) \quad \Delta_f G_m^\ominus(Al_2O_3, s) = -1682927 + 323.24T \quad (J/mol)$$

解 $2[Al] + \frac{3}{2}O_2 = Al_2O_3(s) \quad \Delta_r G_m = \Delta_r G_m^\ominus(Al_2O_3, s) + RT\ln[1/(a_{Al}^2 p_{O_2}^{3/2})]$

溶解铝采用不同标准态时，$\Delta_r G_m^\ominus$ 和 a_{Al} 有不同的数值。为求 $\Delta_r G_m$，需要计算出 $\Delta_r G_m^\ominus$ 及各标准态的 a_{Al}。

反应的 $\Delta_r G_m^\ominus$（Al_2O_3，s）由下列组合反应求出：

$2Al(l) + \frac{3}{2}O_2 = Al_2O_3(s)$ $\quad \Delta_f G_m^\ominus(Al_2O_3, s)$

$2Al(l) = 2[Al]$ $\quad 2\Delta G^\ominus(Al)$

$2[Al] + \frac{3}{2}O_2 = Al_2O_3(s)$ $\quad \Delta_r G_m^\ominus(Al_2O_3, s) = \Delta_f G_m^\ominus(Al_2O_3, s) - 2\Delta G^\ominus(Al)$

（1）纯液铝标准态：

$$\Delta_f G_m^\ominus(Al_2O_3, s) = -1682927 + 323.24 \times 1873 = -1077500 J/mol$$

$$2\Delta G^\ominus(Al) = 0$$

$a_{Al(R)} = \gamma_{Al} x[Al] = 0.034 \times 0.2 = 6.8 \times 10^{-3}$

$$\begin{aligned}\Delta_r G_m &= \Delta_r G_m^\ominus(Al_2O_3, s) + RT\ln[1/(a_{Al}^2 p_{O_2}^{3/2})] \\ &= (\Delta_f G_m^\ominus(Al_2O_3, s) - 2\Delta G^\ominus(Al)) - RT\ln(a_{Al(R)}^2 p_{O_2}^{3/2}) \\ &= (-1077500 - 0) - 19.147 \times 1873 \times \lg[(6.8 \times 10^{-3})^2 \times 1] = -922037 J/mol\end{aligned}$$

（2）假想纯液铝标准态：

$$2\Delta G^\ominus(Al) = 2RT\ln\gamma_{Al}^0 = 2 \times 19.147 \times 1873 \times \lg 0.029 = -110284 J/mol$$

$$a_{Al(H)} = \frac{a_{Al(R)}}{\gamma_{Al}^0} = 6.8 \times 10^{-3}/0.029 = 0.234$$

$$\begin{aligned}\Delta_f G_m &= (\Delta_f G_m^{\ominus}(Al_2O_3, s) - 2\Delta G^{\ominus}(Al)) - RT\ln(a_{Al(H)}^2 p_{O_2}^{3/2}) \\ &= [-1077500 - (-110284)] - 19.147 \times 1873 \times \lg(0.234^2 \times 1) \\ &= -921973 J/mol\end{aligned}$$

（3）$w[Al] = 1\%$溶液标准态：

$$2\Delta G^{\ominus}(Al) = 2RT\ln\left(\frac{55.85}{100 \times 27} \times 0.029\right) = -231093 J/mol$$

$$a_{Al(\%)} = a_{Al(R)} \Big/ \left(\frac{55.85}{100 \times 27} \times 0.029\right) = 11.33$$

$$\begin{aligned}\Delta_r G_m &= (\Delta_f G_m^{\ominus}(Al_2O_3, s) - 2\Delta G^{\ominus}(Al)) - RT\ln(a_{Al(\%)}^2 p_{O_2}^{3/2}) \\ &= [-1077500 - (-231093)] - 19.147 \times 1873 \times \lg(11.33^2 \times 1) \\ &= -922021 J/mol\end{aligned}$$

由上面计算可见，铝的标准态不同，$\Delta_r G_m^{\ominus}$ 也不同，但计算出的 $\Delta_r G_m$ 却是相同的。

1.6 化学反应等温方程式的总结及应用举例

前面已经介绍了等温方程式及其计算所需的热力学函数，本节再以总结的方式对其有关概念及其在冶金中的应用加以综述。

对于任一化学反应

$$\sum \nu_B B = 0$$

的等温方程式，可表示为：

$$\Delta_r G_m = \sum \nu_B \mu_B^{\ominus} + RT\sum a_B^{\nu_B} = \Delta_r G_m^{\ominus} + RT\ln J_a = -RT\ln K^{\ominus} + RT\ln J_a \quad (J/mol)$$

式中 $\Delta_r G_m$——反应进度为1mol的吉布斯自由能变化，J/mol；

$\Delta_r G_m^{\ominus}$——反应的标准吉布斯自由能变化，即在温度为 T、各物质的分压或浓度始终保持为 $p' = p^{\ominus}$或 $a_B = 1$ 时，反应进度为1mol的标准吉布斯自由能变化，它仅是温度的函数，与压力及浓度无关；

J_a——活度商；

$K^{\ominus}$——反应的标准平衡常数，即 $K^{\ominus} = \prod a_B^{\nu_B}$，$\Delta_r G_m^{\ominus} = -RT\ln K^{\ominus}$或 $K^{\ominus} = \exp[-\Delta_r G_m^{\ominus}/(RT)]$，由于 $\Delta_r G_m^{\ominus}$ 仅是温度的函数，所以 $K^{\ominus}$也仅是温度的函数。

1.6.1 $\Delta_r G_m^{\ominus}$

$\Delta_r G_m^{\ominus}$ 是反应产物与反应物处于标准态（$p_B' = p_B^{\ominus}$，$a_B = 1$）时反应吉布斯自由能的差值，表示反应的限度，是反应完成程度的量度。而在 $\Delta_r G_m^{\ominus} = -RT\ln K^{\ominus}$式中，左边的 $\Delta_r G_m^{\ominus}$ 是反应在标准态时产物的吉布斯自由能与反应物的吉布斯自由能的差值，可由各组分（化合物）的 $\Delta_f G_m^{\ominus}(B)$（化合物的标准生成吉布斯自由能变化，J/mol）及 $\Delta G_B^{\ominus}$（溶解组分的标准溶解吉布斯自由能变化）线性组合法求得；右边的 $K^{\ominus}$是反应的平衡常数，是反应达到平衡时各组分活度（浓度）、分压的积，即 $K^{\ominus} = \prod(p_B，a_B)^{\nu_B}$。

$\Delta_r G_m^{\ominus}$ 及 $K^{\ominus}$与反应式中各组分所采用的标准态有关，不同的标准态有不同的计算值。

一般气相组分的 $p_B=1$；溶解组分的活度 a_B 有两种标准态，即金属溶液中组分采用质量 1% 溶液标准态，熔渣中组分采用纯物质标准态，纯组分的 $a_B=1$。

$\Delta_r G_m^\ominus$ 可在标准状态下判断化学反应的方向，因为这时 $J_a=1$，故 $\Delta_r G_m=\Delta_r G_m^\ominus$，其也能直接适用于 $|\Delta_r G_m^\ominus|>40\sim50$kJ/mol 的反应，用以代替 $\Delta_r G_m$ 来判断反应的方向，但是对于高温冶金反应却不太适合。$\Delta_r G_m^\ominus$ 又是计算反应平衡常数及体系平衡成分的基本数据，由它可进一步计算出反应达到平衡时各组分的活度（浓度）及分压。但仅在参加反应的物质（包括产物）之间能平衡共存时，才可由 $\Delta_r G_m^\ominus=-RT\ln K^\ominus$ 计算出 $K^\ominus$。例如，反应：

$$\frac{1}{4}Fe_3O_4(s)+CO=\!=\!=\frac{3}{4}Fe(s)+CO_2$$

仅当温度低于 570℃ 时，$Fe_3O_4(s)$ 和 $Fe(s)$ 才能平衡共存；高于 570℃ 时，$Fe_3O_4(s)$ 将与 $Fe(s)$ 反应生成 $FeO(s)$：

$$Fe_3O_4(s)+Fe(s)=\!=\!=4FeO(s)$$

这可从 Fe－O 系相图及 Fe－O 系优势区图得知（参见本书图 5－12 及图 5－13）。因而可认为，在 570℃ 以上，由 $\Delta_r G_m^\ominus=-RT\ln K^\ominus$ 计算出的 $K^\ominus$ 是个虚拟值。因此对于这类反应，要根据实验数据得来的相图、优势区图或热力学计算确定反应中凝聚态物质平衡共存的温度、组分浓度及存在区域，这样才能用 $\Delta_r G_m^\ominus=-RT\ln K^\ominus$ 式计算其平衡常数。

1.6.2 $\Delta_r G_m$

$\Delta_r G_m$ 是反应在恒温、恒压下自发进行方向的判据：$\Delta_r G_m>0$，反应不能自发向右进行；$\Delta_r G_m<0$，反应可自发向右进行；$\Delta_r G_m=0$，反应达到平衡，此时 $\Delta_r G_m=\Delta_r G_m^\ominus=-RT\ln K^\ominus$。$\Delta_r G_m$ 由 $\Delta_r G_m^\ominus$ 及 $RT\ln J_a$ 确定。对于一定的 $\Delta_r G_m^\ominus$ 值，改变 $RT\ln J_a$ 项能使 $\Delta_r G_m$ 的正负符号改变，也就能使一个在标准状态下不能进行的反应（$\Delta_r G_m>0$）得以自发地向右进行（$\Delta_r G_m<0$），所以改变 J_a 是冶金中常用的实现反应自发进行的方法。改变 J_a 从而改变 $\Delta_r G_m$ 的手段有改变温度、压力及组分的活度等，详见后述。

需要注意，当采用的物质的标准态不同时（其他条件不变），a_B、$\Delta_r G_m^\ominus$、$K^\ominus$、$\Delta G_B^\ominus$ 均不相同，即它们随标准态的变化而改变。由 $\Delta_r G_m=\sum\nu_B\mu_B$ 及各组分的 $\mu_B=\mu_B^\ominus+RT\ln a_B$ 知，当标准态不同时 $\mu_B^\ominus$ 和 a_B 要相应改变以保持 μ_B 为定值，从而 $\Delta_r G_m$ 不改变。

1.6.3 $\Delta_r G_m^\ominus=\Delta_r H_m^\ominus-T\Delta S_m^\ominus$

$\Delta_r G_m^\ominus$ 常用二项式表出：$\Delta_r G_m^\ominus=A+BT$（J/mol）。$A$ 及 B 分别相当于一定温度范围内反应的标准焓变和熵变的平均值，即 $\Delta_r G_m^\ominus=\Delta_r\overline{H}_m^\ominus-T\Delta_r\overline{S}_m^\ominus$。由于化学反应是原子或分子的重排过程，反应物的旧键拆散，组成具有新键的产物。而键的变化决定了 $\Delta_r H_m^\ominus$，体系的混乱度变化则决定了 $\Delta_r S_m^\ominus$。前者减少（即放热反应）时，使 $\Delta_r G_m^\ominus$ 降低；$\Delta_r S_m^\ominus$ 增加时，也有利于 $\Delta_r G_m^\ominus$ 的降低，这就影响了反应的方向和平衡点。由于 $\Delta_r H_m^\ominus$ 和 $\Delta_r S_m^\ominus$ 的符号在大多数反应中是相同的，即对吸热反应，$\Delta_r S_m^\ominus$ 增加；而对放热反应，$\Delta_r S_m^\ominus$ 减少，因而两者对 $\Delta_r G_m^\ominus$ 所起的作用相反。但是在这种条件下，温度所起的作用则最突出，如 $\Delta_r H_m^\ominus$ 和 $\Delta_r S_m^\ominus$ 都是正值，则高温促使反应向右进行；反之，如两者都是负值，则低温促使反应向右进行。可以利用 $\Delta_r G_m^\ominus=0$（此时 $K^\ominus=1$）得出的温度（$T=\Delta_r H_m^\ominus/\Delta_r S_m^\ominus$）来近似确定此

温度界限，此温度称为反应的转向温度。另外，对于气－固（液）相反应，也可单独用 $\Delta_r S_m^{\ominus}$ 来确定温度升高对反应的 $\Delta_r G_m^{\ominus}$ 的影响。当反应伴随有体积增加（$\Delta V>0$）时，则在恒温、恒压下，$\Delta_r S_m^{\ominus}>0$，因而 $\Delta_r G_m^{\ominus}$ 随温度的升高而减小（例如，$C(s)+CO_2 = 2CO$，$\Delta_r G_m^{\ominus}=166550-171T$，J/mol）；相反，当反应伴随有体积减小（$\Delta V<0$）时，则 $\Delta_r S_m^{\ominus}<0$，因而 $\Delta_r G_m^{\ominus}$ 随温度的升高而增加（例如，$H_2+\frac{1}{2}S_2(g) = H_2S$，$\Delta_r G_m^{\ominus}=-91630+50.85T$，J/mol）；当 $\Delta V\approx0$ 时，$\Delta_r S_m^{\ominus}\approx0$，因此温度对 $\Delta_r G_m^{\ominus}$ 的影响则很小（例如，$C(s)+O_2 = CO_2$，$\Delta_r G_m^{\ominus}=-395350-0.54T$，J/mol）。

1.6.4 促使反应正向进行（$\Delta_r G_m<0$）的手段

当一个化学反应在标准状态下不能正向进行（$\Delta_r G_m^{\ominus}>0$）时，可通过改变 J_a 促使反应的 $\Delta_r G_m<0$，反应就能正向进行。例如，对于下列反应：

$$SiO_2(s)+2C_{(石)} = [Si]+2CO$$

首先由参加反应的物质的 $\Delta_f G_m^{\ominus}(B)$ 及标准溶解吉布斯自由能 $\Delta G_B^{\ominus}$ 线性组合，求得上列反应的 $\Delta_r G_m^{\ominus}$：

$$SiO_2(s)+2C_{(石)} = Si(l)+2CO \qquad \Delta_r G_{m(纯)}^{\ominus}=717550-369.18T$$

$$Si(l) = [Si] \qquad \Delta G^{\ominus}(Si)=-131500-17.61T$$

$$SiO_2(s)+2C_{(石)} = [Si]+2CO \qquad \Delta_r G_m^{\ominus}=586050-386.79T$$

$$\Delta_r G_m=\Delta_r G_m^{\ominus}+RT\ln J_a=\Delta_r G_m^{\ominus}+RT\ln(p_{CO}^2 a_{Si})$$

如 $\Delta_r G_m>0$，反应在指定状态下不能进行，则可通过改变 J_a 项促使 $\Delta_r G_m<0$，反应就能正向进行。由上式可见，改变 J_a 从而改变 $\Delta_r G_m$ 的因素是：（1）温度；（2）压力，降低成为气态产物的分压；（3）活度，提高反应物的活度或降低产物的活度；（4）使用添加剂，与产物发生化学反应。

对上列反应，取 1450K 作为比较标准。在 1450K 下，$\Delta_r G_m^{\ominus}=586050-386.79\times1450=25204.5$J/mol，即上列反应在此温度下的 $\Delta_r G_m^{\ominus}>0$，故反应在标准状态下不能自发向右进行。现分别对上列反应采取下列手段。

（1）提高温度到 1550K，则：

$$\Delta_r G_m^{\ominus}=586050-386.79\times1550=-13474.5\text{J/mol}$$

即温度提高到 1550K，$\Delta_r G_m^{\ominus}<0$，反应就能正向进行。

（2）改变活度。当上列反应还原的 Si 溶解于铁液中，其活度为 0.08（质量 1% 溶液标准态）时，则：

$$\Delta_r G_m=586050-386.79\times1450+19.147\times1450\times\lg0.08=-5249\text{J/mol}$$

即 $\Delta_r G_m<0$，反应能够正向进行。

（3）改变压力，使上列反应在真空中进行。抽真空使 $p'_{CO}=13.3$Pa，则：

$$\Delta_r G_m=586050-386.79\times1450+2\times19.147\times1450\times\lg(13.3\times10^{-5})=-82409\text{J/mol}$$

即 $\Delta_r G_m<0$，反应能够正向进行。

（4）添加剂的作用。对于反应

$$TiO_2(s)+2Cl_2 = TiCl_4(g)+O_2 \quad \Delta_r G_m^{\ominus}=184510-57.4T \quad (\text{J/mol}) \qquad (1)$$

在标准状态下，当温度低于3214K时是不能进行的，因其 $\Delta_r G_m^\ominus \gg 0$，$K^\ominus \ll 1$。如在反应物中加入碳作添加剂，则可发生下列反应：

$$2C_{(石)} + O_2 \longrightarrow 2CO \qquad \Delta_r G_m^\ominus = -228800 - 171.54T \quad (J/mol) \tag{2}$$

其 $\Delta_r G_m^\ominus \ll 0$，$K^\ominus \gg 1$。由于 O_2 是反应（1）的产物，同时又是反应（2）的反应物，而反应（1）的 $\Delta_r G_m^\ominus \gg 0$、$K_1^\ominus \ll 1$，故反应（1）在该温度下是不能正向进行的。但加入固体碳后，由于反应（2）的 $\Delta_r G_m^\ominus \ll 0$、$K_2^\ominus \gg 1$，其能够自发向右进行，则将使反应（1）的 O_2 的化学势降低，因而就能促进反应（1）的进行，从而出现了下列反应（3）：

$$TiO_2(s) + 2Cl_2 + 2C_{(石)} \longrightarrow TiCl_4(g) + 2CO \tag{3}$$

$$\Delta_r G_m^\ominus = -44290 - 228.94T \quad (J/mol)$$

在标准状态下，反应（3）在任何温度下的 $\Delta_r G_m^\ominus \ll 0$，$K^\ominus \gg 1$，所以都能进行。这是由于反应（1）与反应（2）组合形成了耦合反应（coupled reaction）的结果。

在冶金中，当体系中有一个物质同时参加两个反应，其中一个反应（$\Delta_r G_m^\ominus \ll 0$）的自发进行将促使另一个非自发反应（$\Delta_r G_m^\ominus \gg 0$）进行，这称为耦合反应。它可使不能进行的反应通过另外的途径得以进行，获得所需要的产物。这也是使用添加剂对反应实现的作用。

从热力学原理来看，以上四种手段的后三种都是为了降低产物的化学势。[Si] 的活度从1（标准态）降到0.08后，μ_{Si}减少了34090J/mol；CO分压由100kPa（标准态）降到13.39Pa，μ_{CO}减少了107600J/mol；由于添加剂的作用，也使反应（1）的产物 O_2 的分压由标准态下降到与C、CO（标准态）平衡时的氧分压。

1.6.5 等温方程式的应用举例

化学反应的等温方程式在冶金及材料的制备研究中得到了很广泛的应用。通过反应 $\Delta_r G_m$ 的计算，可预测体系中发生的化学反应及相变等过程的方向和平衡条件，确定反应进行的条件（温度、组分的活度、气氛压力、反应器材料的选择等）。利用 $\Delta_r G_m^\ominus$，可以计算反应的限度、产物的浓度及最大产率等。在计算的基础上，可改进旧工艺的参数，探索新工艺的可行条件。

【例1-24】（反应的可能性）试判断氮化铝陶瓷能否在高温（如1800K）的空气中使用。

解 氮化铝（AlN）陶瓷在空中可发生下列反应：

$$2AlN(s) + \frac{3}{2}O_2 \longrightarrow Al_2O_3(s) + N_2$$

现计算反应的 $\Delta_r G_m$，如 $\Delta_r G_m < 0$，则说明AlN陶瓷在1800K的空气中能被氧化。

$$\Delta_r G_m = \Delta_r G_m^\ominus + RT\ln(p_{N_2}/p_{O_2}^{3/2})$$

$$\Delta_r G_m^\ominus = \Delta_f G_m(Al_2O_3) - 2\Delta_f G_m^\ominus(AlN) = (-1682927 + 323.24T) - 2(-327000 + 115.5T)$$
$$= -1028927 + 92.24T \quad (J/mol)$$

因
$$p_{O_2} = 0.21,\ p_{N_2} = 0.79$$

故 $$\Delta_r G_m = -1028927 + 92.24T + 19.147T\lg\left(\frac{0.79}{0.21^{3/2}}\right) = -1028927 + (92.24 + 17.5)T$$

$= -1028927 + 109.74 \times 1800 = -831395 < 0$

这说明 AlN 陶瓷在 1800K 的空气中能被氧化。

【例 1－25】 （反应进行的温度）硅热法炼镁是用 Si 还原 MgO 而得到 Mg。当总压为 1kPa 时，在加入 CaO 与 SiO_2 形成 Ca_2SiO_4 的条件下，试求 Si 还原 MgO 的最低温度。

解 还原反应为：

$$2CaO(s) + Si(s) + 2MgO(s) = Ca_2SiO_4 + 2Mg(g)$$

由本书附录 2 的 $\Delta_f G_m^{\ominus}$（B）得出上述反应的

$$\Delta_r G_m^{\ominus} = 385350 - 216.7T \quad (J/mol)$$

当总压为 1kPa 时，$p_{Mg(g)} = \frac{1000}{10^5} = 0.01$

$$\Delta_r G_m = \Delta_r G_m^{\ominus} + RT\ln p_{Mg(g)}^2 \leqslant 0$$

解得：$T \geqslant 1314K$（1041℃）

CaO 加入后，使 Si 还原 MgO（s）制得 Mg 的最低温度应为 1041℃，这是由于加入的 CaO 起到了降低产物 SiO_2 的化学势的作用。

【例 1－26】 （反应进行温度及降低温度的手段——真空）用铝热法生产金属铬需要消耗大量的铝，现改用碳作还原剂，试求：（1）需要多高的温度方能使反应进行？（2）如使反应在真空度为 1kPa 的真空室内进行，碳还原 Cr_2O_3 的温度可降低多少？

解 （1）还原反应为：

$$Cr_2O_3(s) + 3C_{(石)} = 2Cr(s) + 3CO$$

$$\Delta_r G_m^{\ominus} = 766940 - 504.63T \quad (J/mol)$$

反应中，$a_{Cr} = 1$，$p_{CO} = 1$，$\Delta_r G_m = \Delta_r G_m^{\ominus} = 0$，则还原温度为：

$$T = \frac{766940}{504.63} = 1520K(1247℃)$$

即温度高于 1520K，才能使反应进行。

（2）在真空度为 1kPa 条件下，$p_{CO} = \frac{10^3}{10^5} = \frac{1}{100}$，而

$$\Delta_r G_m = \Delta_r G_m^{\ominus} + RT\ln p_{CO}^3 = 766940 - \left[504.63 - 19.147 \times \lg\left(\frac{1}{100}\right)^3\right]T$$

$$= 766940 - 619.51T \quad (J/mol)$$

$$\Delta_r G_m = 0, T = 1238K(965℃)$$

即在上述真空条件下，还原温度可降低 282℃。由于还原温度（965℃）不高，反应中不会形成碳化铬，保持了金属铬的纯度。

【例 1－27】 （反应产物的平衡组成或最大产率）将摩尔比为 $n_{CO_2}/n_{H_2} = 1/1$ 的混合气体 $CO_2 + H_2$ 送入温度为 1000℃、总压为 100kPa 的炉内，体系将按反应 $CO_2 + H_2 = CO + H_2O(g)$ 建立平衡。（1）试求反应的气相平衡成分。（2）当温度降至 600℃时，如在此平衡气相混合物中加入过量的 CaO，则 CaO 将与 CO_2 发生反应 $CaO(s) + CO_2 = CaCO_3(s)$，而使 CO_2 的浓度降低，试求体系的最终气相平衡成分。$CO_2 + H_2 = CO + H_2O(g)$，$\Delta_r G_m^{\ominus} = 36571 - 33.51T$（J/mol）。

解 （1）反应物在一定温度及气压下，将按照反应式中物质的化学计量比例进行反

应，使反应产物增加，而反应物则减少。达到平衡时，若生成了 $x$mol 的 CO 及 $x$mol 的 $H_2O(g)$，反应物的 CO_2 及 H_2 则将分别减少到（$1-x$）mol,即有下列关系存在：

平衡反应	$CO_2 + H_2 \longequal CO + H_2O(g)$
反应前物质的量/mol	1 1 0 0
平衡时物质的量/mol	$1-x$ $1-x$ x x
平衡时物质的总量/mol	$\sum n = 1-x+1-x+x+x=2$

平衡时各物质的分压为：

$$p_{CO_2} = p_{H_2} = \frac{1-x}{2}p, p_{CO} = p_{H_2O(g)} = \frac{x}{2}p$$

$$K^{\ominus} = \frac{p_{CO}\,p_{H_2O(g)}}{p_{CO_2}p_{H_2}} = \frac{\frac{x}{2}\times\frac{x}{2}}{(\frac{1-x}{2})^2} = \frac{x^2}{(1-x)^2}$$

$$\lg K^{\ominus} = -\frac{36571}{19.147\times1273} + \frac{33.51}{19.147} = 0.25, K = 1.78$$

故 $$\frac{x^2}{(1-x)^2} = 1.78,\ x = 0.57$$

由于 $x=0.57$，气相平衡成分为：

$$p_{CO_2} = p_{H_2} = \frac{1-x}{2} = \frac{1-0.57}{2} = 0.215$$

$$p_{CO} = p_{H_2O(g)} = \frac{x}{2} = \frac{0.57}{2} = 0.285$$

（2）当温度降至600℃在100kPa下加入过量的CaO时，将发生反应 $CO_2 + CaO(s) \longequal CaCO_3(s)$,而使气相中的 CO_2 分压减小。这时体系中的平衡反应为：

$$H_2O(g) + CO \longequal H_2 + CO_2$$

$$CO_2 + CaO(s) \longequal CaCO_3(s)$$

$$H_2O(g) + CO + CaO(s) \longequal CaCO_3(s) + H_2$$

$$\Delta_r G_m^{\ominus} = -831473 + 65.5T \quad (J/mol)$$

$$\lg K^{\ominus} = \frac{831473}{19.147\times873} - \frac{65.5}{19.147} = 46.32, K^{\ominus} = 2.1\times10^{46}$$

如前所述求上面反应的气相平衡成分。

化学反应	$H_2O(g) + CO + CaO(s) \longequal CaCO_3(s) + H_2$
初始态物质的量/mol	0.285 0.285 0.215
平衡态物质的量/mol	$0.285-x$ $0.285-x$ $0.215+x$
平衡时物质的总量/mol	$\sum n = 0.285-x+0.285-x+0.215+x = 0.785-x$

平衡气相成分为：

$$p_{H_2O(g)} = \frac{0.285-x}{0.785-x}p,\quad p_{CO} = \frac{0.285-x}{0.785-x}p,\quad p_{H_2} = \frac{0.215+x}{0.785-x}p$$

$$K^{\ominus} = \frac{p_{H_2}}{p_{H_2O(g)}p_{CO}} = \frac{(0.215+x)(0.785-x)}{(0.285-x)(0.285-x)} = 2.1\times10^{46}$$

故 $x = 0.285$

所以平衡气相成分为：

$$p_{H_2}=\frac{0.215+x}{0.785-x}=\frac{0.215+0.285}{0.785-0.285}=1$$

$$p_{CO}=\frac{0.285-x}{0.785-x}=\frac{0.285-0.285}{0.785-0.285}=0$$

$$p_{H_2O}=\frac{0.285-x}{0.785-x}=\frac{0.285-0.285}{0.785-0.285}=0$$

即平衡时，$H_2O(g)$ 及 CO 可完全被 CaO(s) 吸收，转变为 H_2，获得纯氢气。

【例 1-28】 （反应物之间量比的确定）利用 CO_2+H_2 混合气体对钢件进行渗碳处理。这种混合气体在炉内发生反应 $CO_2+H_2 = CO+H_2O(g)$，而其形成的 CO 又可发生反应 $2CO = [C]+CO_2$，使 CO 分解析出的碳溶解于钢件中，使钢件进行渗碳。但是另一方面，气相中又同时有反应 $CO_2 = CO+\frac{1}{2}O_2$、$H_2O(g) = H_2+\frac{1}{2}O_2$ 发生，使气相具有一定的氧化性，在不同条件下可使钢件受到氧化，即发生反应 $Fe(s)+\frac{1}{2}O_2 = FeO(s)$（或 $Fe(s)+CO_2 = FeO(s)+CO$），此氧势则与采用的渗碳气体的组成有关。试计算渗碳过程中，使钢件不受到氧化的渗碳气体应具有的最小量比 $n(CO_2)/n(H_2)$。渗碳温度为 1000K。

解 为使渗碳过程中铁不受到氧化，必须使选用的渗碳混合气体的反应平衡氧分压小于或等于 FeO(s) 的平衡氧分压，即 p_{O_2}(渗碳气体)$\leqslant p_{O_2}$(FeO)。为此，需要计算出此两者的平衡氧分压。而渗碳混合气体的氧分压，与其初始态的 CO_2 及 H_2 的量比 $n(CO_2)/n(H_2)$有关。

（1）铁氧化的平衡氧分压。

$$Fe(s)+\frac{1}{2}O_2 = FeO(s) \quad \Delta_r G_m^{\ominus}=-264000+64.59T \quad (J/mol)$$

$$K=\frac{1}{(p_{O_2})^{1/2}}, \quad p_{O_2}=\left(\frac{1}{K}\right)^2$$

$$\lg K=\frac{264000}{19.147\times1000}-\frac{64.59}{19.147}=10.415, K=2.60\times10^{10}$$

则

$$p_{O_2}=\left(\frac{1}{2.60\times10^{10}}\right)^2=1.48\times10^{-21}$$

（2）渗碳混合气体的平衡氧分压。它的平衡氧分压可由以下两个反应求得：

$$CO+\frac{1}{2}O_2 = CO_2 \quad \Delta_r G_m^{\ominus}=-28695-87.59T \quad (J/mol) \tag{1}$$

$$H_2+\frac{1}{2}O_2 = H_2O(g) \quad \Delta_r G_m^{\ominus}=-247500+55.85T \quad (J/mol) \tag{2}$$

$$p_{O_2}=\left(\frac{p_{CO_2}}{p_{CO}K_{(1)}}\right)^2, \quad K_{(1)}=1.548\times10^{10} \tag{1'}$$

$$p_{O_2}=\left(\frac{p_{H_2O}}{p_{H_2}K_{(2)}}\right)^2, \quad K_{(2)}=1.022\times10^{10} \tag{2'}$$

若要由上两式求 p_{O_2}，需能得出体系中的 p_{CO}、p_{CO_2} 或 p_{H_2}、$p_{H_2O(g)}$ 等平衡分压。它们可由进入炉内的渗碳混合气体的反应求得。设初始态的 CO_2 与 H_2 的物质的量（mol）之比为 $x:1$。

平衡反应	$CO_2 + H_2 \rightleftharpoons H_2O(g) + CO$
反应前物质的量/mol	x　　1　　0　　0
平衡时物质的量/mol	$x-\alpha$　　$1-\alpha$　　α　　α
平衡时物质的总量/mol	$\sum n = x-\alpha+1-\alpha+\alpha+\alpha = 1+x$

平衡时各物质的浓度为：

$$p_{CO_2}=\frac{x-\alpha}{1+x}p,\ p_{H_2}=\frac{1-\alpha}{1+x}p,\ p_{H_2O}=\frac{\alpha}{1+x}p,\ p_{CO}=\frac{\alpha}{1+x}p$$

故由式（1′）

$$p_{O_2}=\left(\frac{p_{CO_2}}{p_{CO}K_{(1)}}\right)^2=\left(\frac{x-\alpha}{\alpha K_{(1)}}\right)^2 \tag{1″}$$

由式（2′）

$$p_{O_2}=\left(\frac{p_{H_2O}}{p_{H_2}K_{(2)}}\right)^2=\left[\frac{\alpha}{(1-\alpha)K_{(2)}}\right]^2 \tag{2″}$$

上式为渗碳混合气体反应的平衡氧分压，当其值等于 Fe 氧化或 FeO(s)的平衡氧分压时，将 $p_{O_2}=1.48\times10^{-21}$ 及 $K_{(2)}=1.022\times10^{10}$ 代入式（2″），可求得：

$$\left(\frac{\alpha}{1-\alpha}\right)^2=1.48\times10^{-21}\times(1.022\times10^{10})^2$$

$$\alpha=0.28$$

再将 $p_{O_2}=1.48\times10^{-21}$、$K_{(1)}=1.548\times10^{10}$ 及 $\alpha=0.28$ 代入式（1″）中，得：

$$\left(\frac{x-\alpha}{\alpha}\right)^2=\left(\frac{x-0.28}{0.28}\right)^2=1.48\times10^{-21}\times(1.548\times10^{10})^2$$

$$x=0.45$$

x 是渗碳混合气体初始态的 $n(CO_2)/n(H_2)$（$=x/1$）的值，能使钢件在渗碳过程中不受氧化的渗碳混合气体中的最小量比（即 $n(CO_2)/n(H_2)$的值）不能大于0.45。

本例说明，利用反应的 $\Delta_r G_m^\ominus$ 可计算出为获得一定平衡组成，体系初始态应具有的物质量比的关系，即体系的平衡态与其初始态有关。

1.7 二元系相图的分析与热力学函数

相是体系中宏观表现的化学组成及其物理性质完全均匀的部分。相与相之间在指定条件下有明显的分界线。而相图则是用图形表示出体系在一定组成及温度（对气相组分还有压力）下处于平衡时相的状态，它不仅表明了体系内各种相存在的组成及温度区域，而且表出了相与相之间的转变关系。利用相图可以了解材料制造过程的状态或相变化及体系的成分、结构与性能之间的关系。

相图大都由实验测定，常用的方法有淬冷法（静态法）和热分析法（动态法）。前者是在各温度下恒温测定物质组成对温度的关系；后者是在按照一定程序连续改变温度时，测量物质组成对温度的关系。由于新的实验技术不断出现，实验精度逐渐提高，某些早期发表的相图得到修正和补充，达到了更加完美的地步。

另外，由于相图与热力学密切相关，不仅由实验绘制的相图可获得熔体的热力学性质（熔化热、偏摩尔热力学函数、活度、作用能参数等），而且由热力学资料导出的热力学方程也可计算、绘制相图。早在 1908 年，J. J. Van Laar 就提出了这种方法。通过计算方法构成的相图和实验测定方法一样，都是在于求出各温度下体系达到平衡时共存相的成分。

1.7.1　二元系相图的识别

1.7.1.1　二元系相图的基本类型

本节在物理化学的基础上归纳出构成二元系相图的几何元素，作为分析相图的基础。

二元系相图有许多种类型，但其基本相图则约有五种，如图 1－35 所示。而复杂相图则是它们按照一定规律组合或演变构成的。

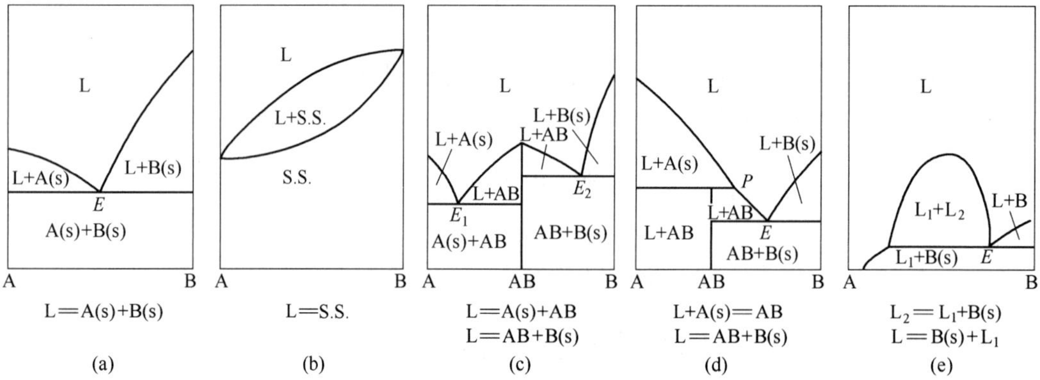

图 1－35　二元系相图的基本类型

（a）简单共晶二元系；（b）连续固溶体二元系；（c）稳定化合物二元系；（d）不稳定化合物二元系；（e）偏晶反应二元系

1.7.1.2　构成二元系相图的几何元素

由图 1－35 可见，二元系相图由曲线、水平线、垂直线等组成。这些线把整个图面划分为若干个面域及交点，构成了二元系相图的基本几何元素，即面、线、点。

（1）面。面表示相存在区。单相区是稳定存在的液溶区（L. L.）、固溶区（S. S.）或固相（S）。两相区是平衡共存的两固相（S_1+S_2）、两液相（L_1+L_2）及固液两相区（S＋L）。

（2）曲线。曲线表示单相区（L、S）和两相区（S_1+S_2、S＋L）的分界线，也是溶解度线（L＋S）。曲线为液相线时，是初晶线（熔点线）；曲线为固相线时，则是固溶线；也可是液相分层线。

（3）垂直线。垂直线表示两组分形成化合物的组成线。有两种性质的化合物：一种是稳定化合物，有固定的熔点，熔化后的成分不改变，其垂直线顶端点有析出此化合物的液相曲线，这种化合物称为同分熔化化合物；另一种是不稳定化合物，没有固定的熔点，其垂直线顶端的水平线温度为其分解温度，这种化合物称为异分熔化化合物。同分熔化化合物的垂直线又是相图的子相图的划分线，基于此，可将复杂的二元系相图分解成两个相邻的、独立的子相图，可分别独自进行简单相图的分析。异分熔化化合物的垂直线则无此作用。

（4）水平线。水平线有两种：一种是晶型转变线，是同质异形物的晶型转变线，横线上下区域分别为两种晶型的存在区；另一种是相变反应线，则是相之间发生反应的反应线，有旧相分解或化合而产生新相。有的水平线还是相区的分界线。因此，冷却时可发生两类相变反应，即一分为二的共晶型反应(A ═ B + C)及合二为一的包晶型反应(A + B ═ C)。而式中的 A、B、C 可以是固相（s）或液相（l），因而形成以下六类相变反应：

1）共晶型（eutectic），A(l)═B(s) + C(s)，其中两固相可以是纯物质、固溶体或固态化合物；

2）共析型（eutectoid），A(s)═B(s) + C(s)；

3）包晶型（peritectic），A(l) + B(s)═ C(s)，也称转熔型反应，即液相与固相化合生成另一固相；

4）包析型（peritectoid），A(s) + B(s)═ C(s)；

5）偏晶型（monotectic），A(l)═B(l) + C(s)；

6）偏析型（monotectoid），A(s)═B(s) + C(s)。

上式中的 B(s)、C(s)可以是纯组分、固溶体或化合物。这些相变反应都是发生在水平直线（一定温度）上的，其两端点相与其中间点相平衡共存。

（5）点。点表示相邻的三个相共存，称为三相点。若曲线是液相线，则交点可以是共晶点、偏晶点或包晶点；若曲线两侧是固相，则曲线与水平线的交点为共析点或包析点，水平线与垂直线的交点可以是包析点。

二元系相图中各点、线、面上平衡共存的相数和自由度，如表 1 – 25 所示。

表 1 – 25 二元系相图的相数及自由度

几何元素	曲 线	水平线	单相区	两相区
相数	2	3	1	2
自由度	1	0	2	1

图 1 – 36 所示为基本类型的二元系相图组合而成的复杂二元系相图示例。

1.7.1.3 Fe – C 二元系相图

现利用前面讲述的二元系相图的几何元素，来分析 Fe – C(Fe – F_3C) 二元系相图。

铁与碳能形成三种化合物，即 Fe_3C、Fe_2C 和 FeC，与铁的碳含量有关。而碳含量 $w[C] \leqslant 5\%$ 的铁碳合金中的基本组成是 Fe – Fe_3C 系，其相图是钢铁热处理工艺的理论基础，对实际应用有很大的意义。

铁的同素异形体有 α、γ、δ 三种。在 910℃ 出现 αFe/γFe 晶型转变，在 1392℃ 出现 γFe/δFe 晶型转变。它们对碳有不同的溶解能力，分别形成了三种固溶体，即铁素体（α

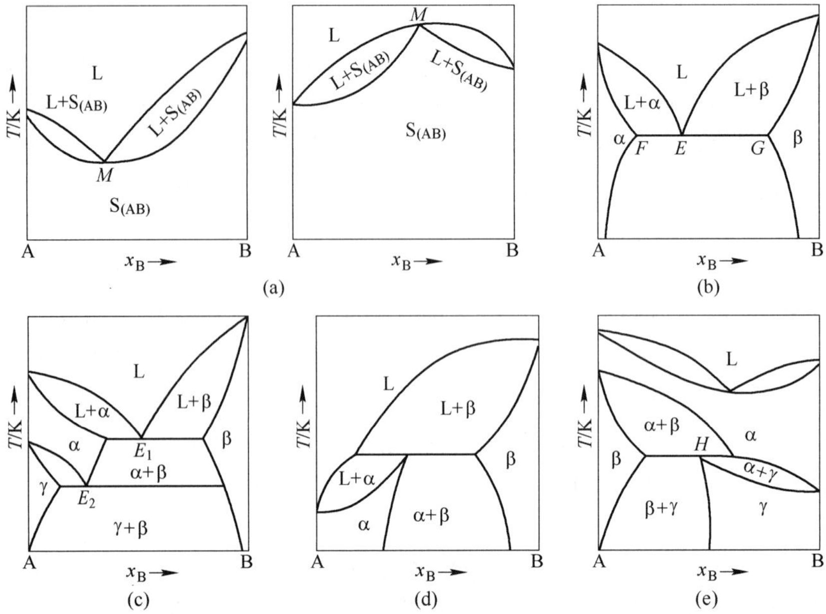

图 1－36　复杂二元系相图示例

（a）具有最低点（或最高点）连续固溶体；（b）具有共熔点并形成有限固溶体；（c）具有共析反应；（d）具有转熔反应并形成有限固溶体；（e）具有包析反应

相)、奥氏体（γ 相）和高温铁素体（δ 相)。铁与碳形成一种化合物 Fe_3C，称为渗碳体，它是一种亚稳定相，在较高温度下经长时间保持，可分解为石墨及铁，反应为 $Fe_3C(s) = 3Fe(s) + C_{(石)}$。

图 1－37 所示为 Fe－C 二元系相图，其中出现了以下三种相变反应：

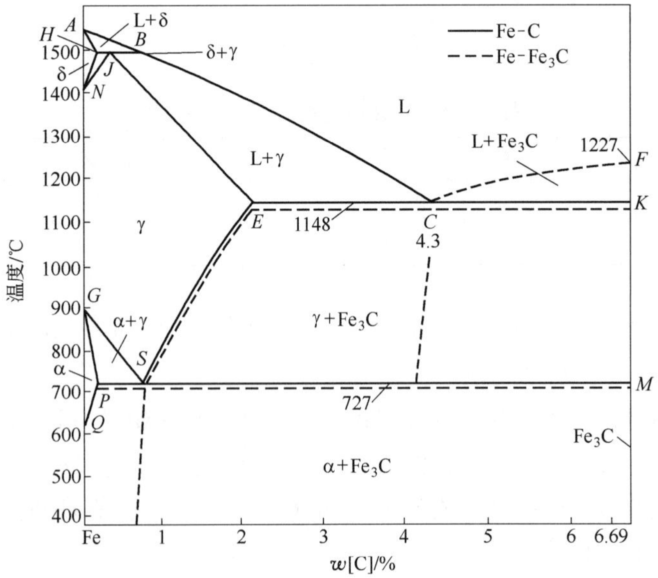

图 1－37　Fe－C 二元系相图

实线—C(石墨)在 γFe 中溶解度线；虚线—Fe_3C 在 γFe 中溶解度线

(1) 包晶型，L + δ = γ（图中 *J* 点）；

(2) 共晶型，L = γ + Fe_3C(s)（图中 *C* 点）；

(3) 共析型，γ = α + Fe_3C(s)（图中 *S* 点）。

包晶型反应的产物（γ）称为奥氏体，共晶型反应的产物（γ + Fe_3C）称为莱氏体，而共析型反应的产物（α + Fe_3C）称为珠光体。工业用钢（w[C] < 2%）在冷却过程中，奥氏体分解为铁素体和渗碳体，它们相间排列，形成层状的组织（珠光体）。碳素钢在室温下的金相组织基本上由铁素体、珠光体和渗碳体组成。这三者的体积分数和分布状态的变化直接影响到碳素钢的性能，表现在碳含量增加，则钢的强度增加，而塑性降低。

Fe - C 二元系相图中几何元素的意义，见表 1 - 26。

表 1 - 26 Fe - C 二元系相图中几何元素的意义

符号	意 义	符号	意 义
A	铁的熔点：1538℃	*GP*	γ 析出 α 的边界线：γ→α
AB	铁液析出 δ 的液相线：L→δ	*PQ*	α 析出 Fe_3C 线：α→Fe_3C
AH	铁液析出 δ 的固相线：L→δ	*G*	γFe/αFe 转变点：912℃
BC	铁液析出 γ 的液相线：L→γ	*S*	共析反应点：γ = Fe_3C + α
FC	铁液析出 Fe_3C 的液相线：L→Fe_3C	*PSM*	共析反应线：γ = Fe_3C + α
HN	δ 析出 γ 的开始线：δ→γ	*E*	三相点：L + γ + Fe_3C
JN	δ 析出 γ 的边界线：δ→γ	*P*	三相点：α + γ + Fe_3C
BJH	包晶反应线：L + δ = γ	*Q*	α 相出现点（w[C] = 0%）
J	包晶反应点：L + δ = γ	*ABCF*	液相区：L
JE	铁液析出 γ 的固相线：L→γ	*ABH*	两相区：L + δ
B	三相点：L + δ + γ	*HJN*	两相区：δ + γ
H	三相点：L + δ + γ	*AHN*	单相区：δ
N	δFe/γFe 转变点：1396℃	*NJESG*	单相区：γ
C	共晶反应点：L = γ + Fe_3C	*EKMS*	两相区：γ + Fe_3C
ECK	共晶反应线：L = γ + Fe_3C	*GSP*	两相区：α + γ
ES	γ 析出 Fe_3C 线：γ→Fe_3C	*QPM*	两相区：α + Fe_3C
GS	γ 析出 α 线：γ→α	*GPQ*	单相区：α

1.7.2 二元系溶液的摩尔吉布斯自由能 - 组成图

当液态溶液冷却达到液相线温度时，稳定的固相从溶液中析出。这个固相可以是纯物质、与液相相同或不相同成分的固溶体、由两个或多个组分组成的化合物。而溶液的摩尔吉布斯自由能与组成的关系随温度的变化，将在液相线上出现相的变化。如在整个浓度范围内，溶液是稳定的，则所有液态的吉布斯自由能低于任何可能出现的固态的吉布斯自由能；反之，如体系的温度低于固相线的最低温度，则固态的吉布斯自由能在任何处都低于液态的吉布斯自由能。在此温度区间，摩尔吉布斯自由能与组成的关系将是液态稳定的成分范围，越过此范围则是固态稳定；而在此范围内，是固、液两态平衡共存。因此，根据最低吉布斯自由能态是最稳定的，以及相平衡共存时共存相有相同的 G_B 这样的事实，就可认为，摩尔吉布斯自由能－组成关系图和体系的组成相之间存在着相当的定量关系。因而可认为，相图是可由摩尔吉布斯自由能－组成图产生的。

二元系的摩尔吉布斯自由能表达式为：

$$G_m = x_A G_A^\ominus + x_B G_B^\ominus + (x_A \ln x_A + x_B \ln x_B) + G^{ex}$$

对不同性质的溶液取其相应的 G^{ex}，可计算及绘制出 $\Delta G_m - x_B$ 曲线图。

1.7.2.1　$G^{ex}=0$：理想溶液

$$\Delta G_m = RT(x_A \ln x_A + x_B \ln x_B) \qquad (1-92)$$

式(1－92)的图形如图1－38所示，它是以 $x_B=0.5$ 为对称轴的下垂曲线。ΔG_m 的一阶及二阶导数分别为：

$$\left(\frac{\partial \Delta G_m}{\partial x_B}\right)_T = RT(-\ln x_A + \ln x_B)$$

$$\left(\frac{\partial^2 \Delta G_m}{\partial x_B^2}\right)_T = RT\left(\frac{1}{x_A} + \frac{1}{x_B}\right) > 0$$

前者表示曲线上浓度 x_B 的切线的斜率，后者表示在任何浓度时都大于零，并且 $\Delta G_m = -T\Delta S_m$，所以曲线均是下垂的，并且随温度的下降，其下垂度增大。

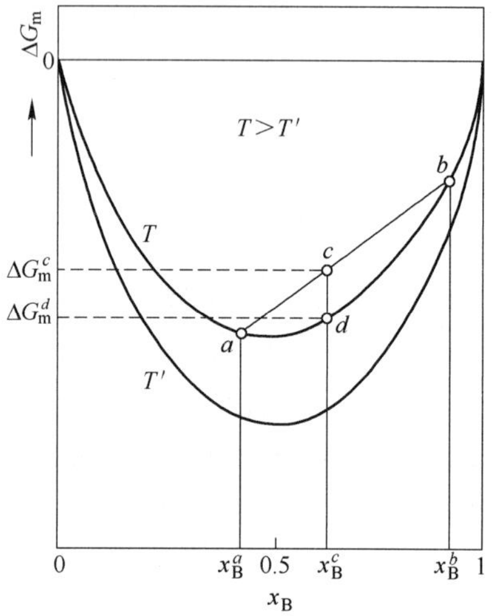

图1－38　理想溶液的摩尔吉布斯自由能与组成（$\Delta G_m - x_B$）的关系曲线

这一二元系溶液在一定压力及温度下呈单相平衡，而不可能两相共存。因为如图1－38所示，成分为 x_B 的溶液在温度 T 下包含 a 及 b 两相，其 ΔG_m 为 c 点所示，由于 $|\Delta G_m^c| > |\Delta G_m^d|$，所以 a 及 b 相是热力学上不稳定的相，将转变成 d 相。在全部浓度范围内，曲线上的点均具有此特性。

1.7.2.2　$G^{ex} = \alpha x_A x_B$：正规溶液

$$\Delta G_m = RT(x_A \ln x_A + x_B \ln x_B) + \alpha x_A x_B \qquad (1-93)$$

即它的 $\Delta G_m - x_B$ 曲线受 α（混合能参量）及 T（温度）的影响，如图1－39所示。

正规溶液的 ΔG_m 随 α 的减小而减小，而曲线的下垂位下移（$\alpha>0$）。在 $\alpha=0$ 时，是理想溶液的 ΔG_m。温度提高，ΔG_m 下降，曲线也向下移，仅在很高温度下溶液才接近理想溶液，因为这时（α 很小或 T 很高）异种组分的相互作用能减小，使 $\alpha = \frac{1}{2}(2\mu_{A-B} - \mu_{A-A} - \mu_{B-B}) = 0$。

当 α 从零逐渐增加，下垂曲线位置上移达到某值时，则出现具有液相分层区的溶解度曲线。图1－39（a）中示出了 α 从形成理想溶液的 $\Delta G_m - x_B$ 曲线到形成液相分层区的溶解度曲线的变化。图1－39（b）中，$[\alpha]=3.0$。

这个溶解度方程是 $\Delta G_m - x_B$ 曲线上 $\left(\frac{\partial G_m}{\partial x_B}\right)_T = 0$ 的温度与组成的关系式。由于 $\frac{\partial \Delta G_m}{\partial x_B} =$

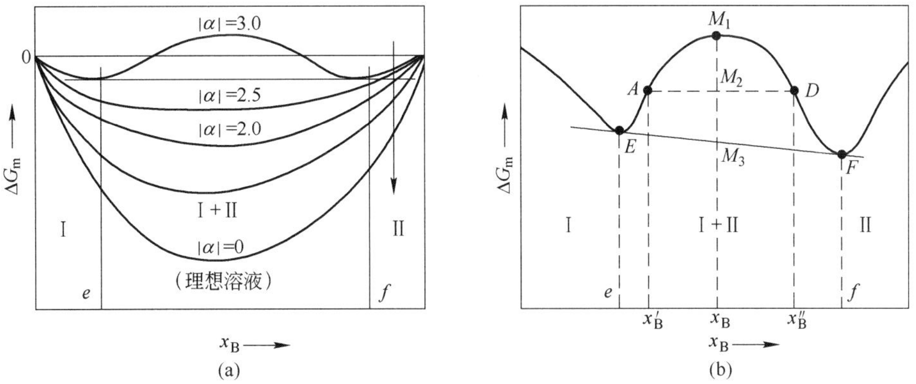

图 1-39 正规溶液的 $\Delta G_m - x_B$ 曲线图

(a)[α]对 $\Delta G_m - x_B$ 曲线的影响；(b)液相形成分层区的曲线

0，而

$$\Delta G_m = RT(x_A \ln x_A + x_B \ln x_B) + \alpha x_A x_B$$

也可表示为：

$$\frac{\Delta G_m}{RT} = \frac{\alpha x_A x_B}{RT} + (x_A \ln x_A + x_B \ln x_B)$$

利用上式即可绘出 $\Delta G_m - x_B$ 或 $\frac{\Delta G_m}{RT} - x_B$ 的曲线。如图 1-39(b)所示。它是中间突出、两旁有最低点的曲线。此两个最低点的组成代表互不溶解的两相（Ⅰ、Ⅱ）的最大溶解度（e、f 点），而其位置（E、F 点）则代表它们的吉布斯自由能变化。曲线上 A、D 点为拐点$\left(\frac{\partial^2 \Delta G_m}{\partial x_B^2}=0\right)$，$A$、$D$ 点之间的曲线有极大值$\left(\frac{\partial \Delta G_m}{\partial x_B}=0，\frac{\partial^2 \Delta G_m}{\partial x_B^2}<0\right)$，$E$、$F$ 为曲线上两个极小值$\left(\frac{\partial^2 \Delta G_m}{\partial x_B^2}>0\right)$。$e$、$f$ 组成的左、右分别为相Ⅰ和相Ⅱ的稳定存在区；而 ef 组成范围内则是Ⅰ相和Ⅱ相共存区，两相的量则随 x_B 而改变。

ef 范围内的体系在此温度下是不稳定的，将分解成组成为 e 及 f 的两相。例如，对于组成为 x_B 的体系（M_1，$\Delta G_m^{M_1}$）可分解成组分为 x'_B 及 x''_B 的两相，其总的 ΔG_m 为 $\Delta G_m^{M_2}$，但因为 $\Delta G_m^{M_1} > \Delta G_m^{M_2} > \Delta G_m^{M_3}$，所以最终稳定态是组成为 e、f 的两相。$\Delta G_m^{M_2}$ 可由杠杆原理求得。

由于组成在 ef 范围内的体系在此温度下均将分解为Ⅰ、Ⅱ两平衡共存相，所以有：

$$\mu_A^{\mathrm{I}} = \mu_A^{\mathrm{II}}，\mu_B^{\mathrm{I}} = \mu_B^{\mathrm{II}}$$

$$\frac{\partial \mu_A^{\mathrm{I}}}{\partial x_B} = \frac{\partial \mu_A^{\mathrm{II}}}{\partial x_B}，\frac{\partial \mu_B^{\mathrm{I}}}{\partial x_B} = \frac{\partial \mu_B^{\mathrm{II}}}{\partial x_B}$$

这也表明，通过平衡共存的两相的曲线作一公切线，由两切点坐标可得出两共存相的组成。

又由

$$\mu_A^{\mathrm{I}} = RT\ln a_A^{\mathrm{I}}，\mu_B^{\mathrm{II}} = RT\ln a_B^{\mathrm{II}}$$

可得：

$$a_A^{\mathrm{I}} = a_A^{\mathrm{II}}，a_B^{\mathrm{I}} = a_B^{\mathrm{II}}$$

即两平衡共存组分的活度相等。

前面讲到，在一定温度下，溶解度曲线是出现在一定的 α 值条件下，此 α 值称为 α 的临界值，即 α_{cr}。当 $\alpha < \alpha_{cr}$时，曲线是圆滑下垂的；当 $\alpha > \alpha_{cr}$时，曲线上挠，其上有拐点，而后逐渐变为有顶点突出的对称曲线；当曲线的两拐点与最低点处于同一水平线上时，α 则出现了其临界值。因此，可利用下列关系式求出 α_{cr}：

$$\frac{\partial \Delta G_m}{\partial x_B} = \frac{\partial^2 \Delta G_m}{\partial x_B^2} = \frac{\partial^3 \Delta G_m}{\partial x_B^3} = 0$$

由于

$$\Delta G_m = RT(x_A \ln x_A + x_B \ln x_B) + \alpha x_A x_B$$

则

$$\frac{\partial \Delta G_m}{\partial x_B} = RT\left[\alpha(x_A - x_B) + \ln \frac{x_B}{x_A}\right]$$

$$\frac{\partial^2 \Delta G_m}{\partial x_B^2} = RT\left(-2\alpha + \frac{1}{x_A} + \frac{1}{x_B}\right)$$

$$\frac{\partial^3 \Delta G_m}{\partial x_B^3} = RT\left(\frac{1}{x_A^2} - \frac{1}{x_B^2}\right)$$

当 $x_A = x_B = 0.5$ 时，上面后三式为0，并且在 $\alpha = 2$ 时，二阶导数也为0，所以 $\alpha = 2$ 为临界值。而当 $\alpha > \alpha_{cr}$时，则相出现分离。

图1－40所示为 α 对溶液摩尔吉布斯自由能变化及其一阶、二阶和三阶导数的影响。而 α_{cr}则是二阶导数和三阶导数在组成进入不相混合区时同时等于零的值。

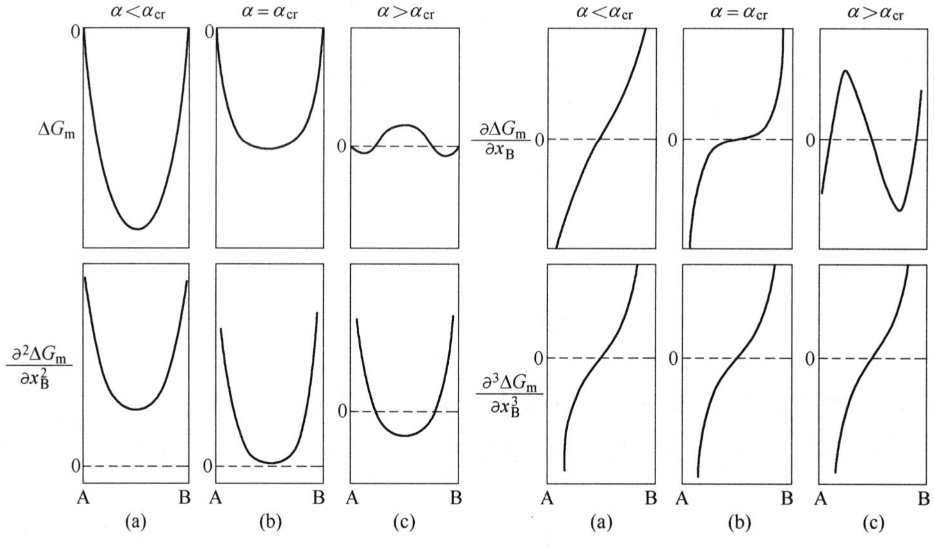

图1－40　α 对 ΔG_m、$\frac{\partial \Delta G_m}{\partial x_B}$、$\frac{\partial^2 \Delta G_m}{\partial x_B^2}$和$\frac{\partial^3 \Delta G_m}{\partial x_B^3}$的影响

（1）$\alpha < \alpha_{cr}$时，$\frac{\partial^2 \Delta G_m}{\partial x_B^2} > 0$，曲线为下垂曲线，成单相溶液；在 $x_B = 0.5$ 处，$\frac{\partial \Delta G_m}{\partial x_B} = 0$ 及$\frac{\partial^2 \Delta G_m}{\partial x_B^2} > 0$，曲线有最低点。

（2）$\alpha = \alpha_{cr}$时，在 $x_B = 0.5$ 处，$\frac{\partial^2 \Delta G_m}{\partial x_B^2} = 0$，两拐点在此点重合，由$\frac{\partial^2 \Delta G_m}{\partial x_B^2} = RT$

$\left(-2\alpha+\frac{1}{x_A}+\frac{1}{x_B}\right)=0$ 得 $\alpha=\frac{1}{2}\left(\frac{1}{x_A}+\frac{1}{x_B}\right)$；在 $x_B=0.5$ 处，$\alpha=\alpha_{cr}=2$。

（3）$\alpha>\alpha_{cr}$ 时，两个最低点的 $\left(\frac{\partial\Delta G_m}{\partial x_B}\right)_T=0$ 及 $\left(\frac{\partial^2\Delta G_m}{\partial x_B^2}\right)_T>0$，两拐点为极值，而 $\frac{\partial^2\Delta G_m}{\partial x_B^2}=0$；中部最高点的 $\frac{\partial\Delta G_m}{\partial x_B}=0$，而 $\frac{\partial^2\Delta G_m}{\partial x_B^2}<0$。

三类正规溶液的三阶导数完全相同，即与 α 无关。

又由于 $\alpha=\frac{\Omega}{RT}$[1]，α 是 $\frac{1}{T}$ 的函数。但当 α 为定值时，温度对 ΔG_m-x_B 曲线的影响与 α 的相似；可是却成相反的变化，即随着温度下降，曲线逐渐变平坦，再转变为有拐点的上突曲线。因此，也就出现了一个临界温度 T_{cr}，可如下求得：

由于
$$\frac{\partial\Delta G_m}{\partial x_B}=\frac{\partial^2\Delta G_m}{\partial x_B^2}=0$$

命
$$\frac{\partial^2\Delta G_m}{\partial x_B^2}=RT_{cr}\left(-2\alpha+\frac{1}{x_A}+\frac{1}{x_B}\right)=0$$

在 $x_B=0.5$ 时，$T_{cr}=\frac{2\Omega x_Ax_B}{R(x_A+x_B)}=\frac{\Omega}{2R}$。

1.7.2.3　其他溶液模型的 G^{ex}

文献中给出 G^{ex} 的其他表达式，如：

$$G^{ex}=x_Ax_B(a_Bx_A+a_Ax_B)$$

式中，a_B、a_A 分别是 $x_B\to0$ 及 $x_A\to0$ 的焓变。

这是亚正规溶液的 G_B^{ex}（参见图 1-20）。再如：

$$G^{ex}=x_Ax_B(a_Ax_A^2+a_Bx_B^2+c_Bx_Ax_B) \qquad (1-94)$$

$$G^{ex}=x_Ax_B(a_Ax_A^3+a_Bx_A^2x_B+a_Cx_Ax_B^2+a_4x_B^3) \qquad (1-95)$$

G^{ex} 的表达式越复杂，待定系数（如 a_A、a_B、c_B、a_C、a_4 等）就越多，物理意义就越不明确，计算量也越大。这些系数都与各相的交互作用参量有关。计算这些交互作用参量所需的基本热力学函数则是金属的蒸发热、原子体积等。

1.7.3* 由热力学方程绘制二元系相图

1.7.3.1　由熔体的 ΔG_m-x_B 曲线绘制相图（公切线法）

由熔体的 ΔG_m-x_B 曲线绘制相图可分三步进行：

（1）液态溶液的 ΔG_m-x_B 方程。由于液相线是发生固相在液相中的溶解，形成液态溶液（L. L.），其反应为：

$x_BB(s)=\!=\!=x_BB(l)$	$\Delta_{fus}G=x_B\Delta_{fus}G_B$
$x_BB(l)+x_AA(l)=\!=\!=(L.L.)$	ΔG_m
$x_BB(s)+x_AA(l)=\!=\!=(L.L.)$	$\Delta G_{(l)}=x_B\Delta_{fus}G_B+\Delta G_m$

[1] 参见51页脚注。

式中 $\Delta_{fus}G_B$——1mol B 的熔化吉布斯自由能变化，$\Delta_{fus}G_B = \Delta_{fus}H_B^{\ominus}\left(1-\dfrac{T}{T_{fus(B)}}\right)$；

(L. L.)——1mol 液态溶液；

ΔG_m——A(l)与B(l)混合形成1mol溶液的吉布斯自由能变化，$\Delta G_m = RT(x_A\ln x_A + x_B\ln x_B)$。

对不同性质的溶液，其 $\Delta G_{(l)}$ 为：

理想溶液 $$\Delta G_{(l)} = x_B\Delta_{fus}H_B^{\ominus}\left(1-\frac{T}{T_{fus(B)}}\right)+RT(x_A\ln x_A + x_B\ln x_B) \tag{1-96}$$

正规溶液 $$\Delta G_{(l)} = x_B\Delta_{fus}H_B^{\ominus}\left(1-\frac{T}{T_{fus(B)}}\right)+\alpha x_A x_B+RT(x_A\ln x_A + x_B\ln x_B) \tag{1-97}$$

实际溶液 $$\Delta G_{(l)} = x_B\Delta_{fus}H_B^{\ominus}\left(1-\frac{T}{T_{fus(B)}}\right)+RT(x_A\ln a_A + x_B\ln a_B) \tag{1-98}$$

(2) 固溶体的 $\Delta G_m - x_B$ 方程。由于固相线是发生液相在固相中的溶解，形成固溶体(S. S.)，其反应为：

$$\begin{array}{ll} x_A A(l) = x_A A(s) & \Delta G_A = -x_A\Delta_{fus}G_A \\ x_A A(s) + x_B B(s) = (S.S.) & \Delta G_m \\ \hline x_A A(l) + x_B B(s) = (S.S.) & \Delta G_{(s)} = -x_A\Delta_{fus}G_A + \Delta G_m \end{array}$$

同样，如前可得出下式（理想溶液）：

$$\Delta G_{(s)} = -x_A\Delta_{fus}H_A^{\ominus}\left(1-\frac{T}{T_{fus(A)}}\right)+RT(x_A\ln x_A + x_B\ln x_B) \tag{1-99}$$

也可得出其他性质溶液的 $\Delta G_{(s)}$ 式，从略。

(3) 作该温度下固溶体及液态溶液的 $\Delta G_m - x_B$ 曲线，再作它们的公切线，两切点的横坐标值即是该温度下二元系相图固相线及液相线的组成点，如图1-41所示。

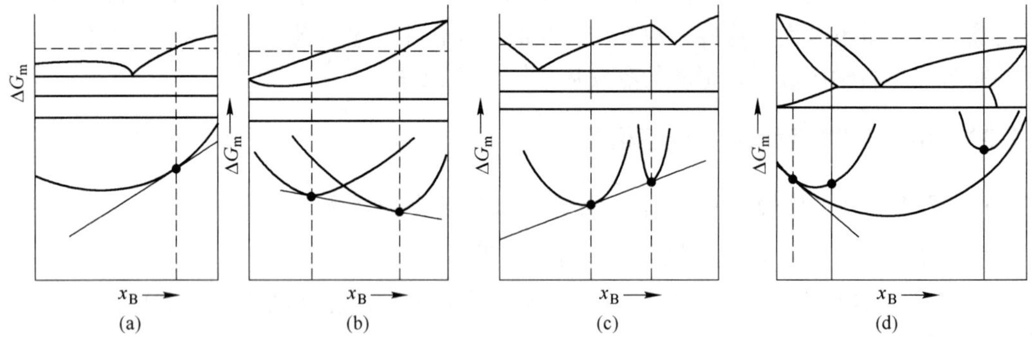

图1-41 二元系相图及其 $\Delta G_m - x_B$ 曲线平衡共存相公切线的作法

$\left(\dfrac{dG_{(s)}}{dx_B}=\dfrac{dG_{(l)}}{dx_B}, \mu_{A(s)}=\mu_{A(l)}, \mu_{B(s)}=\mu_{B(l)}\right)$

(a) 液相完全互溶，固相完全不互溶；(b) 液、固相完全互溶；

(c) 液相完全互溶，固相完全不互溶，形成稳定化合物；

(d) 固相有限互溶，液相有限互溶

1.7.3.2 由熔体的热力学函数（$\Delta_{fus}H_B^{\ominus}$）绘制相图

根据 $\mu_{B(s)}=\mu_{B(l)}$ 建立的方程可计算出不同温度下相平衡的组成点，绘制出液相线及固相线或平衡线，构成二元系相图。

A 热力学方程的导出

由热力学函数，主要是组分的熔化焓 $\Delta_{fus}H_B^{\ominus}$ 建立计算的方程，其导出步骤如下：

（1）求 1mol 溶液的 $G_m=f(T,\ x)$ 方程。

可写出液态溶液及固溶体中组分 A 及 B 的化学势：

$$\mu_{A(l)}=G_{A(l)}^{\ominus}+RT\ln x_{A(l)}+G_{A(l)}^{ex}$$
$$\mu_{A(s)}=G_{A(s)}^{\ominus}+RT\ln x_{A(s)}+G_{A(s)}^{ex}$$
$$\mu_{B(l)}=G_{B(l)}^{\ominus}+RT\ln x_{B(l)}+G_{B(l)}^{ex}$$
$$\mu_{B(s)}=G_{B(s)}^{\ominus}+RT\ln x_{B(s)}+G_{B(s)}^{ex}$$

（2）利用相平衡条件($\mu_B^{\mathrm{I}}=\mu_B^{\mathrm{II}}$)得出：$f(x_B^{\mathrm{I}},x_B^{\mathrm{II}})=0$。由于 $\mu_{A(l)}=\mu_{A(s)}$，得出：

$$\ln\frac{x_{A(s)}}{x_{A(l)}}=\frac{1}{RT}(G_{A(l)}^{\ominus}-G_{A(s)}^{\ominus}+G_{A(l)}^{ex}-G_{A(s)}^{ex})=\frac{1}{RT}(\Delta_{fus}G_A^{\ominus}+G_{A(l)}^{ex}-G_{A(s)}^{ex})$$

或写成：

$$\frac{x_{A(s)}}{x_{A(l)}}=\exp\left[\frac{1}{RT}(\Delta_{fus}G_A^{\ominus}+G_{A(l)}^{ex}-G_{A(s)}^{ex})\right]=\varphi_A \tag{1}$$

同样，由 $\mu_{B(s)}=\mu_{B(l)}$，可写出：

$$\frac{x_{B(s)}}{x_{B(l)}}=\exp\left[\frac{1}{RT}(\Delta_{fus}G_B^{\ominus}+G_{B(l)}^{ex}-G_{B(s)}^{ex})\right]=\varphi_B \tag{2}$$

式中，$\Delta_{fus}G_A^{\ominus}$ 及 $\Delta_{fus}G_B^{\ominus}$ 分别为 A 及 B 的标准熔化吉布斯自由能变化。它们分别为：

$$\begin{aligned}\Delta_{fus}G_A^{\ominus}&=G_{A(l)}^{\ominus}-G_{A(s)}^{\ominus}=H_{A(l)}^{\ominus}-TS_{A(l)}^{\ominus}-H_{A(s)}^{\ominus}+TS_{A(s)}^{\ominus}\\&=H_{A(l)}^{\ominus}-H_{A(s)}^{\ominus}-T(S_{A(l)}-S_{A(s)})\\&=\Delta_{fus}H_A^{\ominus}\left(1-\frac{T}{T_{fus(A)}}\right)\end{aligned}$$

$$\Delta_{fus}G_B^{\ominus}=G_{B(l)}^{\ominus}-G_{B(s)}^{\ominus}=\Delta_{fus}H_B^{\ominus}\left(1-\frac{T}{T_{fus(B)}}\right)$$

又

$$x_{A(l)}+x_{B(l)}=1 \tag{3}$$
$$x_{A(s)}+x_{B(s)}=1 \tag{4}$$

将式(1)～式(4)联立求解，得：

$$x_{A(l)}=\frac{\varphi_B-1}{\varphi_B-\varphi_A},\quad x_{B(s)}=\frac{\varphi_B(1-\varphi_A)}{\varphi_B-\varphi_A}$$

B 几种相图的计算法

（1）理想溶液的液相线及固相线。

对理想溶液，$G^{ex}=0$，$a_A=x_A$，$a_B=x_B$，故有：

$$\ln\frac{x_{A(s)}}{x_{A(l)}}=-\frac{\Delta_{fus}H_A^{\ominus}}{RT}\left(1-\frac{T}{T_{fus(A)}}\right) \tag{1-100}$$

$$\ln\frac{x_{B(s)}}{x_{B(l)}}=-\frac{\Delta_{fus}H_B^{\ominus}}{RT}\left(1-\frac{T}{T_{fus(B)}}\right) \tag{1-101}$$

$$x_{A(l)}+x_{B(l)}=1,\ x_{A(s)}+x_{B(s)}=1$$

联立解以上 4 个方程，可得出相图上各组成的值。

（2）端际固溶体的液相线、固相线及相界线。

1）液相线及固相线。如图 1－42 所示，固相有限互溶，在相图的两端形成了端际固溶体Ⅰ和Ⅱ。当固溶体Ⅰ的液相线及固相线都很靠近 $x_A=1$ 的纵轴时，体系中 B 的含量很少，而且它们的固相线及液相线都靠近在 $x_A=1$ 的纵轴一边，所以有 $x_{B(l)}\approx0$ 及 $x_{A(l)}\approx1$ 的特点。一些铁基合金就具有这个组成特点。于是有：

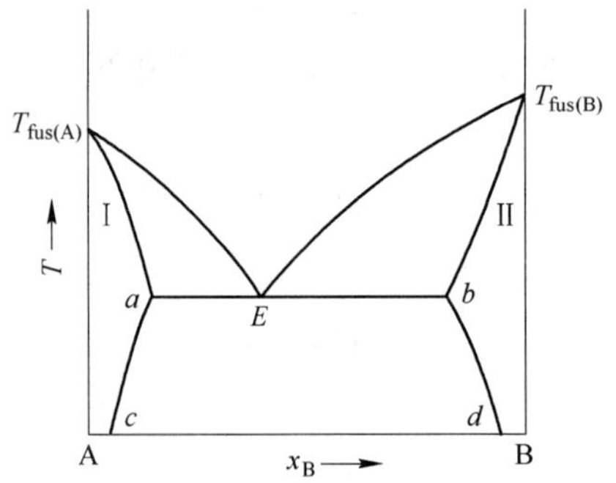

图 1－42　固相有限互溶、液相完全互溶的相图

$$G^{ex}_{A(l)}=\alpha_{(l)}x^2_{B(l)}=0 \tag{5}$$

$$G^{ex}_{B(l)}=\alpha_{(l)}x^2_{A(l)}=\alpha_{(l)} \tag{6}$$

α 可由正规溶液的 $\gamma^0_{B(l)}$ 得出。

在固溶体Ⅰ的固相线上，同样有 $x_{B(s)}=0$，$x_{A(s)}=1$。因此，固溶体中两组分的 G^{ex} 为：

$$G^{ex}_{A(s)}=\alpha_{(s)}x^2_{B(s)}=0 \tag{7}$$

$$G^{ex}_{B(s)}=\alpha_{(s)}x^2_{A(s)}=\alpha_{(s)} \tag{8}$$

式中，$\alpha_{(s)}$ 为固溶体Ⅰ的混合能参量，可由固溶体Ⅰ中的 $\gamma^0_{B(s)}$ 得出。

将式(5)及式(7)代入式(1)中，可得：

$$\ln\frac{x_{A(s)}}{x_{A(l)}}=\frac{\Delta_{fus}G^{\ominus}_A}{RT}$$

或

$$\ln\frac{1-x_{B(s)}}{1-x_{B(l)}}=\frac{\Delta_{fus}G^{\ominus}_A}{RT}$$

利用麦克劳林（Maclaurin）公式，当 $x\to0$ 时，$\ln(1-x)=-x$，上式可改写成：

$$x_{B(l)}-x_{B(s)}=\frac{\Delta_{fus}G^{\ominus}_A}{RT} \tag{9}$$

将式（6）及式（8）代入式（2）中，得：

$$\frac{x_{B(s)}}{x_{B(l)}}=\exp\left[\frac{1}{RT}(\Delta_{fus}G^{\ominus}_B+\alpha_{(l)}-\alpha_{(s)})\right]=\varphi'_B \tag{10}$$

式(9)与式(10)联立求解，可得出端际固溶体液相线及固相线的计算式为：

$$x_{B(l)}=\frac{\Delta_{fus}G^{\ominus}_A}{RT(1-\varphi'_B)},x_{B(s)}=\frac{\Delta_{fus}G^{\ominus}_B\varphi'_B}{RT(1-\varphi'_B)}$$

2）相界线。图 1－42 中 ac 及 bd 是端际固溶体Ⅰ和Ⅱ的相界线。在计算这些相平衡线时，可认为溶质服从亨利定律、溶剂服从拉乌尔定律来处理。在相Ⅰ中，A 是溶剂，B 是溶质，所以有：

$$\mu_{B(Ⅰ)}=\mu^{\ominus}_{B(Ⅰ)}+RT\ln\gamma^0_{B(Ⅰ)}x_{B(Ⅰ)} \tag{11}$$

$$\mu_{A(Ⅰ)}=\mu^{\ominus}_{A(Ⅰ)}+RT\ln x_{A(Ⅰ)} \tag{12}$$

在相Ⅱ中，B 则是溶剂，A 是溶质，因而有：

$$\mu_{A(Ⅱ)}=\mu^{\ominus}_{A(Ⅱ)}+RT\ln\gamma^0_{A(Ⅱ)}x_{A(Ⅱ)} \tag{13}$$

$$\mu_{B(Ⅱ)}=\mu^{\ominus}_{B(Ⅱ)}+RT\ln x_{B(Ⅱ)} \tag{14}$$

由于两相中均选用纯物质标准态，所以：

$$\mu^{\ominus}_{A(Ⅰ)}=\mu^{\ominus}_{A(Ⅱ)},\mu^{\ominus}_{B(Ⅰ)}=\mu^{\ominus}_{B(Ⅱ)}$$

在一定温度下两相平衡时，$\mu^{\ominus}_{B(Ⅰ)}=\mu^{\ominus}_{B(Ⅱ)}$，由式（11）及式（14）可得到：

$$\gamma^{0}_{B(Ⅰ)}x_{B(Ⅰ)}=x_{B(Ⅱ)}$$

或

$$\frac{x_{B(Ⅱ)}}{x_{B(Ⅰ)}}=\gamma^{0}_{B(Ⅰ)} \tag{15}$$

同时，两相中有$\mu_{A(Ⅰ)}=\mu_{A(Ⅱ)}$，由式（12）及式（13）得到：

$$x_{A(Ⅰ)}=\gamma^{0}_{A(Ⅱ)}x_{A(Ⅱ)}$$

或

$$\frac{1-x_{B(Ⅰ)}}{1-x_{B(Ⅱ)}}=\gamma^{0}_{A(Ⅱ)} \tag{16}$$

再由式（15）及式（16）联立求解，得到端际固溶体的相界线的方程为：

$$x_{B(Ⅰ)}=\frac{\gamma^{0}_{A(Ⅱ)}-1}{\gamma^{0}_{B(Ⅰ)}\gamma^{0}_{A(Ⅱ)}-1} \tag{1-103}$$

$$x_{B(Ⅱ)}=\frac{\gamma^{0}_{B(Ⅰ)}(\gamma^{0}_{A(Ⅱ)}-1)}{\gamma^{0}_{B(Ⅰ)}\gamma^{0}_{A(Ⅱ)}-1} \tag{1-104}$$

（3）简单共晶体的液相线。当溶液以正规溶液模型处理时，在一定温度下，溶液与纯固相$A_{(s)}$达到平衡：

$$\mu^{\ominus}_{A(s)}=\mu_{A(l)}=\mu^{\ominus}_{A(l)}+RT\ln x_A+G^{ex}$$

但

$$G^{ex}=RT\ln\gamma_A=\alpha(1-x_A)^2$$

故

$$\mu^{\ominus}_{A(s)}=\mu^{\ominus}_{A(l)}+RT\ln x_A+\alpha(1-x_A)^2$$

$$\mu^{\ominus}_{A(l)}-\mu^{\ominus}_{A(s)}=\Delta_{fus}G^{\ominus}_{A}=-RT\ln x_A-\alpha(1-x_A)^2 \tag{1-105}$$

故

$$\Delta_{fus}G^{\ominus}_{A}+RT\ln x_A+\alpha(1-x_A)^2=0 \tag{1-106}$$

液相线的形状与α值有关，其随着α的增加而变得很复杂，如图1-43所示。

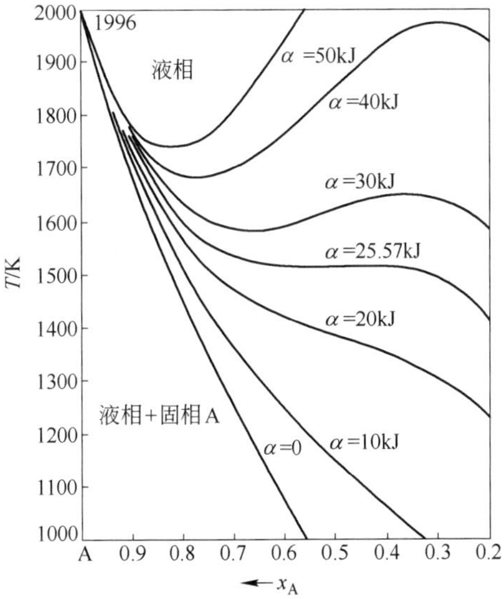

图1-43 正规溶液的液相线与α的关系
（B在固相A中不能溶解，$T_{fus(A)}$=1996K，$\Delta_{fus}H^{\ominus}_{A}$=9580J/mol）

【例1-29】 试通过热力学计算绘制FeO-MnO系相图。FeO与MnO在整个浓度范围内形成连续的液态溶液及固溶体，FeO及MnO的熔点及熔化焓分别是：

$$T_{fus(FeO)}=(1647\pm5)K,$$

$$\Delta_{fus}H^{\ominus}_{FeO}=(32.2\pm2.1)kJ/mol$$

$$T_{fus(MnO)}=(2050\pm10)K,$$

$$\Delta_{fus}H^{\ominus}_{MnO}=(43.4\pm6.3)kJ/mol$$

解 FeO与MnO可视为近似形成理想溶液，它们的活度等于其浓度。绘制此二元系相图的目的在于得出其液相线及固相线的$f(x_B,T)=0$方程，而后由此计算出不同温度下液态溶液及固溶体的组成。

$$MnO(s)==(MnO)$$

液相线方程为：

$$\ln\frac{x(\mathrm{MnO})_{(s)}}{x(\mathrm{MnO})}=\frac{\Delta_{\mathrm{fus}}H^{\ominus}_{\mathrm{MnO}}}{R}\left(\frac{1}{T}-\frac{1}{T_{\mathrm{fus(MnO)}}}\right)$$

即

$$\ln\frac{x(\mathrm{MnO})_{(s)}}{x(\mathrm{MnO})}=\frac{\Delta_{\mathrm{fus}}H^{\ominus}_{\mathrm{MnO}}\cdot\Delta T}{RTT_{\mathrm{fus(MnO)}}}\tag{1}$$

$$\mathrm{FeO(s)}=\!=\!=(\mathrm{FeO})$$

液相线方程为：

$$\ln\frac{x(\mathrm{FeO})_{(s)}}{x(\mathrm{FeO})}=\frac{\Delta_{\mathrm{fus}}H^{\ominus}_{\mathrm{FeO}}\cdot\Delta T}{RTT_{\mathrm{fus(FeO)}}}\tag{2}$$

又

$$x(\mathrm{MnO})_{(s)}+x(\mathrm{FeO})_{(s)}=1\tag{3}$$

$$x(\mathrm{MnO})+x(\mathrm{FeO})=1\tag{4}$$

联立解上面4个方程，可得出温度 T 下 FeO－MnO 系液态溶液及固溶体的组成。下面计算1647～2058K范围内 FeO 及 MnO 的浓度。取 $T=1773\mathrm{K}(1500℃)$，则：

$$\ln\frac{x(\mathrm{MnO})_{(s)}}{x(\mathrm{MnO})}=\frac{43400}{8.314\times1773\times2058}\times(2058-1773)=0.410$$

故

$$x(\mathrm{MnO})_{(s)}=1.51x(\mathrm{MnO})$$

$$\ln\frac{x(\mathrm{FeO})_{(s)}}{x(\mathrm{FeO})}=\frac{32200}{8.314\times1773\times1647}\times(1647-1773)=-0.167$$

故

$$x(\mathrm{FeO})_{(s)}=0.85x(\mathrm{FeO})$$

将 $x(\mathrm{MnO})_{(s)}$ 及 $x(\mathrm{FeO})_{(s)}$ 代入式（3）中：

$$1.51x(\mathrm{MnO})+0.85x(\mathrm{FeO})=1.51x(\mathrm{MnO})+0.85(1-x(\mathrm{MnO}))=1$$

得

$$x(\mathrm{MnO})=0.23$$

$$x(\mathrm{FeO})=1-0.23=0.77$$

$$x(\mathrm{MnO})_{(s)}=1.51\times0.23=0.35$$

$$x(\mathrm{FeO})_{(s)}=0.85\times0.77=0.65$$

利用同样方法可计算其余温度的相应数值，请见表1－27。

表1－27 各温度下 FeO－MnO 系的组成

温度/K	2058	1950	1873	1773	1650	1647
$x(\mathrm{MnO})$	1	0.668	0.46	0.23	0.011	0
$x(\mathrm{FeO})$	0	0.332	0.54	0.77	0.98	1
$x(\mathrm{MnO})_{(s)}$	0	0.77	0.59	0.35	0.02	1
$x(\mathrm{FeO})_{(s)}$	1	0.23	0.41	0.65	0.98	0

利用表 1－27 中数据可作出 FeO－MnO 系相图，如图 1－44 所示。

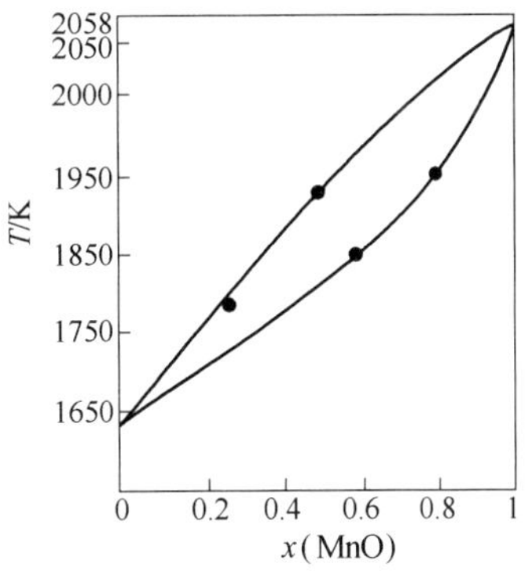

图 1－44　FeO－MnO 系相图

1.7.4　由相图计算热力学性质

利用实验测绘的二元系相图可以计算熔体组分的热力学性质，其原理仍是由平衡时各组分化学势相等导出的热力学函数与平衡组成之间的关系式：$f(x_B, T)=0$。计算时，首先在相图中得出平衡温度及组分浓度的数据，或求出平衡浓度随温度的变化率，代入所导出的方程中，即可获得热力学数据。

1.7.4.1　组分的熔化焓和熔化熵

如图 1－42 所示，在接近纯组分 A 的熔点时，$x_A \to 1$，$a_{A(s)}=x_{A(s)}$，$a_{A(l)}=x_{A(l)}$，由式（1－100）可得：

$$\lim_{x_A \to 1} RT\mathrm{d}\ln\frac{x_{A(l)}}{x_{A(s)}} = -\Delta_{fus}H_A^{\ominus}\mathrm{d}\left(1-\frac{T}{T_{fus(A)}}\right) = \Delta_{fus}H_A^{\ominus}\frac{\mathrm{d}T}{T_{fus(A)}}$$

或

$$RT_{fus(A)}\lim_{x_A \to 1}\mathrm{d}\ln\frac{x_{A(l)}}{x_{A(s)}} = \Delta_{fus}H_A^{\ominus}\frac{\mathrm{d}T}{T_{fus(A)}}$$

即

$$RT_{fus(A)}^2\lim_{x_A \to 1}\mathrm{d}\ln\frac{x_{A(l)}}{x_{A(s)}} = \Delta_{fus}H_A^{\ominus}\mathrm{d}T$$

当 $x_A \to 1$ 时，

$$\lim_{x_A \to 1}\ln x_A = \lim_{x_A \to 1}[\ln(-x_B)] = -x_B = x_A - 1$$

因此

$$\Delta_{fus}H_A^{\ominus} = RT_{fus(A)}^2\lim_{x_A \to 1}\left(\frac{\mathrm{d}x_{A(l)}}{\mathrm{d}T}-\frac{\mathrm{d}x_{A(s)}}{\mathrm{d}T}\right)$$

对简单共晶体系，因$\frac{\mathrm{d}x_{A(s)}}{\mathrm{d}T}=0$，故：

$$\Delta_{fus}H_A^{\ominus} = RT_{fus(A)}^2\lim_{x_A \to 1}\frac{\mathrm{d}x_{A(l)}}{\mathrm{d}T}$$

积分得：

$$\Delta_{fus}H_A^{\ominus} = RT_{fus(A)}^2\frac{1-x_{A(l)}}{T_{fus(A)}-T} = RT_{fus(A)}^2\frac{x_{B(l)}}{\Delta T} \tag{1-107}$$

$$\Delta_{fus}S_A^{\ominus} = -\frac{\Delta_{fus}H_A}{T_{fus(A)}} \tag{1-108}$$

【例 1－30】　由 $SiO_2-B_2O_3$ 相图液相线上温度为 1663℃、$x[B_2O_3]=0.017$ 点，求 SiO_2 的熔化焓及熔化熵。SiO_2 的熔点为 1723℃。

解　$$\Delta_{fus}H_{SiO_2}^{\ominus} = RT_{fus(SiO_2)}^2\frac{x[SiO_2]}{T_{fus(SiO_2)}-T} = 8.314\times1996^2\times\frac{0.017}{1996-1936} = 9385\mathrm{J/mol}$$

$$\Delta_{fus}S_{SiO_2}^{\ominus} = -\frac{\Delta_{fus}H_{SiO_2}^{\ominus}}{T_{fus(SiO_2)}} = -\frac{9385}{1996} = -4.70\mathrm{J/(mol\cdot K)}$$

1.7.4.2　组分的溶解焓及溶解熵

溶解度是指与某一相平衡的另一相的组分浓度。溶解焓是指某一组分或相与另一组分或相相互溶解形成溶液的混合焓，用 $\Delta H_{A(l)}$ 或 $\Delta_{mix}H_A$ 表示。同样，有 $\Delta S_{A(l)}$ 或 $\Delta_{mix}S_A$。

对简单的共晶体相图，当液相线上任一点的液相与其析出的固相平衡时，有 $\mu_{A(s)} = \mu_{A(l)}$，而

$$\Delta G_A = G_A - G_{A(l)}^{\ominus} = \Delta H_A - T\Delta S_A = 0$$

$$\Delta H_A = H_{A(l)} - H_{A(s)}^{\ominus} = (H_{A(l)} - H_{A(l)}^{\ominus}) + (H_{A(l)}^{\ominus} - H_{A(s)}^{\ominus}) = \Delta H_{A(l)} + \Delta_{fus}H_A^{\ominus}$$

式中 $\Delta H_{A(s)}^{\ominus}$——$A_{(s)}$溶于 A－B 溶液中的溶解焓；

$\Delta H_{A(l)}$——$A_{(l)}$溶于 A－B 溶液中的溶解焓。

$$\Delta S_A = S_{A(l)} - S_{A(s)}^{\ominus} = (S_{A(l)} - S_{A(l)}^{\ominus}) + (S_{A(l)} - S_{A(s)}^{\ominus}) = \Delta S_{A(l)} + \Delta_{fus}S_A^{\ominus}$$

而
$$\Delta S_{A(l)} - \Delta S_A^{\ominus} = \Delta S_{A(l)} - (-R\ln x_A) = S_A^{ex}$$

即
$$\Delta S_{A(l)} = S_A^{ex} - R\ln x_A$$

故得：
$$\Delta S_A = -R\ln x_A + S_A^{ex} + \Delta_{fus}S_A^{\ominus}$$

于是
$$\Delta H_A = T\Delta S_A = T\ (-R\ln x_A + S_A^{ex} + \Delta_{fus}S_A^{\ominus})$$

而
$$\ln x_A = -\frac{\Delta H_A}{RT} + \frac{\Delta_{fus}S_A^{\ominus} + S_A^{ex}}{R}$$

或写成
$$\ln x_A = -\frac{a}{T} + b$$

式中
$$a = \frac{\Delta H_A}{R},\quad b = \frac{\Delta_{fus}S_A^{\ominus} + S_A^{ex}}{R}$$

以液相线的（$\ln x$，$1/T$）作图，可得出直线的斜率和截距，因而求得溶解焓 $\Delta H_{A(l)}$及溶解熵 $\Delta S_{A(l)}$如下：

由
$$\Delta H_A = aR$$

得：
$$\Delta H_{A(l)} = \Delta H_A - \Delta_{fus}H_A^{\ominus} = aR - \Delta_{fus}H_A^{\ominus} \tag{1-109}$$

由
$$S_A^{ex} = Rb - \Delta_{fus}S_A^{\ominus} = Rb - \frac{\Delta_{fus}H_A^{\ominus}}{T_{fus(A)}}$$

得：
$$\Delta S_{A(l)} = -R\ln x_A + S_A^{ex} = R(-\ln x_A + b) - \frac{\Delta_{fus}H_A^{\ominus}}{T_{fus(A)}} \tag{1-110}$$

【例 1－31】 $SiO_2-B_2O_3$ 系中 SiO_2 的熔点 $T_{fus(SiO_2)} = 1996K$，$\Delta_{fus}H_{SiO_2}^{\ominus} = 9385J/mol$。试绘出 $SiO_2-B_2O_3$ 系相图，并求出 SiO_2 的溶解焓及溶解熵。

解 （1）$SiO_2-B_2O_3$ 系相图。

由式（1－107）计算出 400～1600℃范围内的 $x[B_2O_3]$及 $x[SiO_2]$。根据式（1－107）：

$$x[B_2O_3] = x[B_2O_3]_{(l)} = \frac{\Delta_{fus}H_{SiO_2}^{\ominus}}{RT_{fus(SiO_2)}^2} \cdot \Delta T$$

现计算 1600℃的 $x[B_2O_3]$及 $x[SiO_2]$。

$$x[B_2O_3] = \frac{9385}{8.314 \times 1996^2} \times (1996 - 1873) = 2.85 \times 10^{-4} \times 12.3 = 0.035$$

$$x[SiO_2] = 1 - 0.035 = 0.965$$

其余温度的 $x[B_2O_3]$及 $x[SiO_2]$见表 1－28。

表 1－28 不同温度的 $x[B_2O_3]$、$x[SiO_2]$、$\ln x[SiO_2]$ 及 $1/T$

t/℃	1600	1400	1200	1000	800	600	400
T/K	1873	1673	1473	1273	1073	873	673
ΔT/K	123	323	523	723	923	1123	1323
$1/T$/K^{-1}	5.3×10^{-4}	6.0×10^{-4}	6.8×10^{-4}	7.9×10^{-4}	9.8×10^{-4}	11×10^{-4}	15×10^{-4}
$x[B_2O_3]$	0.035	0.092	0.148	0.205	0.263	0.320	0.377
$x[SiO_2]$	0.965	0.908	0.852	0.800	0.737	0.680	0.623
$\ln x[SiO_2]$	－0.036	－0.097	－0.160	－0.223	－0.305	－0.386	－0.473

由($t,x[SiO_2]$)数值绘出 $B_2O_3-SiO_2$ 系相图中 SiO_2 的液相线，如图 1－45 所示。

(2) SiO_2 的溶解焓和溶解熵。

由表 1－28 中数据，用二元回归法得出下列方程：

$$\ln x[SiO_2] = -\frac{420}{T} - 0.148$$

$$\gamma(\text{相关系数}) = 0.6$$

由式 (1－109) 及式 (1－110) 得：

$$\Delta H_{SiO_2(l)} = aR - \Delta_{fus}H^{\ominus}_{SiO_2} = (-420)\times 8.314 - 9385$$
$$= -12877\text{J/mol}$$

$$\Delta S_{SiO_2(l)} = R(-\ln x[SiO_2] + b) - \frac{\Delta_{fus}H_{SiO_2}}{T_{fus(SiO_2)}}$$

$$= 8.314\times\left[\left(\frac{420}{T}+0.148\right)-0.148\right] - \frac{9385}{1996} = \frac{3492}{T} - 4.70$$

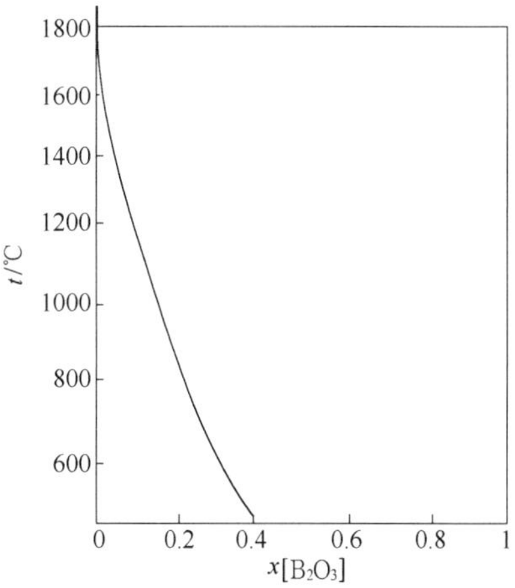

图 1－45 $B_2O_3-SiO_2$ 系液相线图

1.7.4.3 组分的活度

利用相图中液、固两相平衡时组分在两相中的化学势相等，可计算液相组分的活度，常采用熔化吉布斯自由能或凝固点下降法。

A 固相线为垂直线的相图

采用的熔化吉布斯自由能法，是利用组分的熔化焓作为相图热力学方程中的热力学参数，来计算不同温度下平衡的液、固相的组分活度。如图 1－46 所示，在凝固时每一温度下，液相线上的组分都与纯溶剂处于平衡状态中。这时，$a_{A(s)}=1$，则：

$$\mu^{\ominus}_{A(l)} + RT\ln a_{A(l)} = \mu^{\ominus}_{A(s)} + RT\ln a_{A(s)} = \mu^{\ominus}_{A(s)}$$

$$\mu^{\ominus}_{A(l)} - \mu^{\ominus}_{A(s)} = -RT\ln a_{A(l)}$$

而
$$\mu^{\ominus}_{A(l)} - \mu^{\ominus}_{A(s)} = \Delta G^{\ominus}_{m(A)}$$

故
$$\ln a_{A(l)} = -\frac{\Delta G^{\ominus}_{m(A)}}{RT} = -\frac{\Delta_{fus}H^{\ominus}_{A}}{R}\left(\frac{1}{T}-\frac{1}{T_{fus(A)}}\right) \quad (1-111)$$

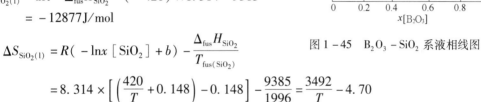

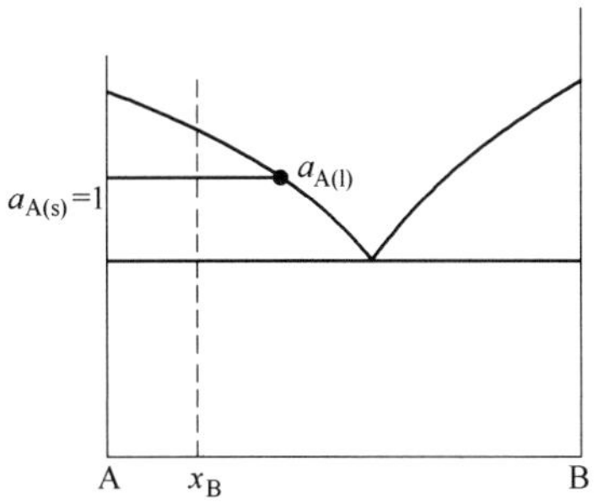

图 1－46 共晶相图

另外，利用凝固点下降法也可导出与式（1－111）相同的方程。溶液中析出的固体溶剂的活度为：

$$a_{A(s)}=a_{A(l)}=p_{A(s)}/p^{*}_{A(l)}$$

$$\ln a_{A(l)}=\ln p_{A(s)}-\ln p^{*}_{A(l)}$$

在恒温、恒压下，对上式微分：

$$\left(\frac{\mathrm{d}\ln a_{A(l)}}{\mathrm{d}T}\right)_p=\left(\frac{\partial\ln p_{A(s)}}{\mathrm{d}T}\right)_p-\left(\frac{\partial\ln p^{*}_{A(l)}}{\mathrm{d}T}\right)_p=\frac{\Delta H_{升华}}{RT^2}-\frac{\Delta H_{蒸发}}{RT^2}=-\frac{\Delta_{fus}H^{\ominus}_{A}}{RT^2}$$

$$\mathrm{d}\ln a_{A(l)}=-\frac{\Delta_{fus}H^{\ominus}_{A}}{RT^2}\mathrm{d}T$$

$$\int_1^{a_{A(s)}}\mathrm{d}\ln a_{A(l)}=\int_{T_{fus(A)}}^{T}-\frac{\Delta_{fus}H^{\ominus}_{A}}{RT^2}\mathrm{d}T$$

$$\ln a_{A(l)}=-\frac{\Delta_{fus}H^{\ominus}_{A}}{R}\left(\frac{1}{T}-\frac{1}{T_{fus(A)}}\right)\qquad(1-112)$$

【例1－32】 试求 $SiO_2-B_2O_3$ 二元系相图中温度为1400℃、$x[SiO_2]=0.90$ 时 SiO_2 的活度。$\Delta_{fus}H^{\ominus}_{SiO_2}=9385\mathrm{J/mol}$，$T_{fus(SiO_2)}=1996\mathrm{K}$。

解 $$\ln a_{SiO_2}=-\frac{\Delta_{fus}H^{\ominus}_{SiO_2}}{R}\left(\frac{1}{T}-\frac{1}{T_{fus(SiO_2)}}\right)=-\frac{9385}{8.314}\times\left(\frac{1}{1673}-\frac{1}{1996}\right)=-0.109$$

$$a_{SiO_2}=0.78,\gamma_{SiO_2}=\frac{0.78}{0.90}=0.86$$

B 液、固两相完全互溶的相图

当液、固两相均具有正规溶液性质时，则有：

$$G^{ex}_{A(l)}=\alpha_{(l)}x^2_{B(l)},G^{ex}_{A(s)}=\alpha_{(s)}x^2_{B(s)}$$

$$G^{ex}_{B(l)}=\alpha_{(l)}x^2_{A(l)},G^{ex}_{B(s)}=\alpha_{(s)}x^2_{A(s)}$$

将以上各式代入1.7.3.2节的式（1）和式（2）中，可得：

$$\frac{x_{A(s)}}{x_{A(l)}}=\exp\left[\frac{1}{RT}(\Delta_{fus}G^{\ominus}_{A}+\alpha_{(l)}x^2_{B(l)}-\alpha_{(s)}x^2_{B(s)})\right]$$

$$\frac{x_{B(s)}}{x_{B(l)}}=\exp\left[\frac{1}{RT}(\Delta_{fus}G^{\ominus}_{B}+\alpha_{(l)}x^2_{A(l)}-\alpha_{(s)}x^2_{A(l)})\right]$$

联立解上面两个方程，得：

$$\alpha_{(l)}=\frac{x^2_{A(s)}F_A-x^2_{B(s)}F_B}{x^2_{B(l)}x^2_{A(s)}-x^2_{A(l)}x^2_{B(s)}}$$

$$\alpha_{(s)}=\frac{x^2_{B(l)}F_A-x^2_{A(l)}F_B}{x^2_{B(l)}x^2_{A(s)}-x^2_{A(l)}x^2_{B(s)}}$$

式中

$$F_A=RT\ln\frac{x_{A(s)}}{x_{A(l)}}-\Delta_{fus}G^{\ominus}_{A}$$

$$F_B=RT\ln\frac{x_{B(s)}}{x_{B(l)}}-\Delta_{fus}G^{\ominus}_{B}$$

由 $\Delta_{fus}G^{\ominus}_{A}$、$\Delta_{fus}G^{\ominus}_{B}$ 及相图中各组成 x_A、x_B 等求得 F_A、F_B，从而得出 $\alpha_{(l)}$、$\alpha_{(s)}$，再利用正规溶液公式 $RT\ln\gamma_B=\alpha x^2_A$ 求得活度系数：

$$\gamma_{A(l)}=\exp\frac{\alpha_{(l)}x_{B(l)}^2}{RT},\gamma_{B(l)}=\exp\frac{\alpha_{(l)}x_{A(l)}^2}{RT} \tag{1-113}$$

$$\gamma_{A(s)}=\exp\frac{\alpha_{(s)}x_{B(s)}^2}{RT},\gamma_{B(s)}=\exp\frac{\alpha_{(s)}x_{A(s)}^2}{RT} \tag{1-114}$$

1.7.4.4 估算正规溶液的混合能参量 α

由相图计算二元正规溶液的混合能参量的方法有以下两种。

A 由二元系相图的液相线方程计算

由式(1-106)所示的简单共晶体相图的液相线方程知：

$$\Delta_{fus}G_A^{\ominus}+RT\ln x_A+\alpha(1-x_A)^2=0$$

在共晶温度 T_E 及其组成 x_A 处，则有：

$$\Delta_{fus}G_A^{\ominus}+RT_E\ln x_A+\alpha(1-x_A)^2=0$$

又

$$\Delta_{fus}G_A^{\ominus}=\Delta_{fus}H_A^{\ominus}\left(1-\frac{T_E}{T_{fus(A)}}\right)$$

故得：

$$\alpha_A=\frac{1}{(1-x_A)^2}\left[-RT_E\ln x_A-\Delta_{fus}H_A^{\ominus}\left(1-\frac{T_E}{T_{fus(A)}}\right)\right] \tag{1-115}$$

同样，由相图共晶点右侧液相线的方程得：

$$\alpha_B=\frac{1}{(1-x_B)^2}\left[-RT_E\ln x_B-\Delta_{fus}H_B^{\ominus}\left(1-\frac{T_E}{T_{fus(B)}}\right)\right] \tag{1-116}$$

但是，正规溶液的 $\alpha_A\approx\alpha_B$。可是因为相图是由实测的数据绘制的，并非完全服从正规溶液的性质，因此应是 $\alpha_A\neq\alpha_B$。为此，可取它们的平均值作为 A-B 系的混合能参量，即 $\alpha=\frac{1}{2}(\alpha_A+\alpha_B)$。

B 由组分 A 的活度方程计算

当温度为 T、纯固相 A 与液相线上浓度为 x_A 的溶液平衡时，则有：

$$\mu_{A(s)}^{\ominus}=\mu_{A(l)}=\mu_{A(l)}^{\ominus}+RT\ln a_A$$

$$\ln a_A=\frac{1}{RT}(\mu_{A(s)}^{\ominus}-\mu_{A(l)}^{\ominus})=-\frac{\Delta G_A^{\ominus}}{RT}$$

而

$$\Delta G_A^{\ominus}=-\Delta_{fus}H_A^{\ominus}\left(1-\frac{T}{T_{fus(A)}}\right)$$

故

$$\ln a_A=-\frac{\Delta_{fus}H_A^{\ominus}}{R}\left(\frac{1}{T}-\frac{1}{T_{fus(A)}}\right) \tag{1}$$

这里假定 $\Delta H_A^{\ominus}=\Delta_{fus}H_A^{\ominus}$，即溶解焓等于熔化焓。

对氧化物，如 A_aO_b 及 B_aO_b 形成的二元系正规溶液，当其可视为由简单阳离子（A^{a+}、B^{b+}）与简单阴离子（O^{2-}）组成的离子结构溶液时，根据完全离子结构模型及正规离子结构模型（见后面 4.6.1 节及 4.6.2 节式（4-19）），对氧化物 A_aO_b 及 B_aO_b 组成的二元系溶液，其 A_aO_b 组分的活度可视为两离子的活度（或浓度）方次的乘积：

$$a_A=a_{A_aO_b}=a_{A^{a+}}^a\cdot a_{O^{2-}}^b=(\gamma_{A^{a+}}x_A)^a \tag{2}$$

式中，$a_{O^{2-}}=1$，因为这里的溶液是看做由阳离子及阴离子分别组成的两种离子溶液混合而成的，而阴离子溶液仅由氧离子（O^{2-}）组成，故 $a_{O^{2-}}=1$。这里用 x_A 代替 $x_{A^{a+}}$，也即

为 $x_{A_aO_b}$。

$$\ln a_A = \ln a_{A_aO_b} = a(\ln\gamma_{A^{a+}} + \ln x_A) \tag{3}$$

由正规溶液的公式 $RT\ln\gamma_A = ax_B^2$，对 $A_aO_b - B_aO_b$ 二元系可写出：$RT\ln\gamma_{A^{a+}} = ax_B^2$，而 $\ln\gamma_{A^{a+}} = \dfrac{ax_B^2}{RT}$，式中，$x_B = x_{B_aO_b}$，则：

$$\ln a_A = \ln a_{A_aO_b} = a(ax_B^2/RT + \ln x_A) \tag{4}$$

将式（4）代入式（1），整理后得二元系的混合能参量为：

$$\alpha_{A_aO_b - B_aO_b} = \Delta_{fus}H^{\ominus}_{A_aO_b}(T - T_{fus(A_aO_b)})/(ax_B^2 T_{fus(A_aO_b)}) - RT\ln x_A/x_B^2 \tag{1-117}$$

式中　$\Delta_{fus}H^{\ominus}_{A_aO_b}$——$A_aO_b$ 的溶解焓，假定其等于纯 A_aO_b 的熔化焓；

$T_{fus(A_aO_b)}$——A_aO_b 的熔点；

a——组分 A_aO_b 的 A 原子数；

x_A，x_B——分别为组分 A、B 的摩尔分数，$x_A = \dfrac{\nu_A n_A}{\sum\nu_A n_A}$，$\nu_A$ 是 A_aO_b 分子中形成 A^{a+} 离子的原子数，n_A 是 100g 熔体中组分 A 的物质的量，同样有 $x_B = \dfrac{\nu_B n_B}{\sum\nu_B n_B}$。

计算时，取 $\alpha_{A_aO_b - B_aO_b} = \alpha_{B_aO_b - A_aO_b}$，因此可从二元系相图两边的液相线计算 α，然后取平均值。

【例 1-33】 试计算 $CaO - TiO_2$ 二元系的混合能参量。

解　分别从相图（如图 1-47 所示）的 CaO 及 TiO_2 组成端进行计算。

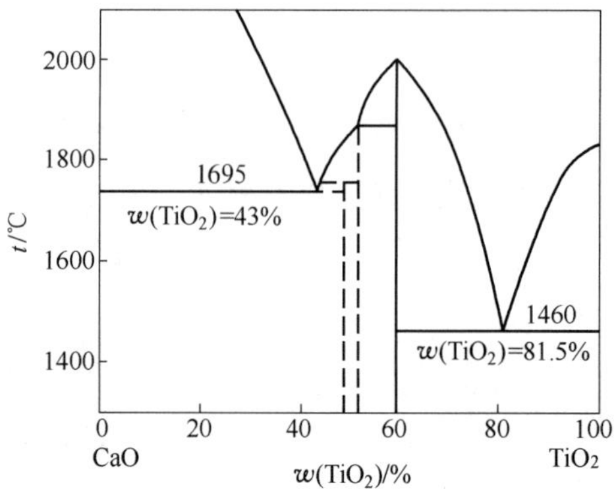

图 1-47　$CaO - TiO_2$ 相图

（1）从相图的左端（CaO）取。

	CaO	TiO_2
熔点 T_{fus}/K	2860	
熔化焓 $\Delta_{fus}H^{\ominus}$/kJ	75.36 ±4.18	
共晶体温度 T/K	1968 ±10	
共晶点成分(质量百分数)$w(B)_{\%}$	57	43
相对分子质量 M_B	56	80
物质的量 $n_B = \dfrac{w(B)_{\%}}{M_B}$	1.02	0.54
$\sum\nu_B n_B$	1.56	
阳离子分数 $x_B = \dfrac{\nu_B n_B}{\sum\nu_B n_B}$	0.65	0.35

1）由二元系相图的液相线方程（式（1-115））计算：

$$\begin{aligned}\alpha_{CaO - TiO_2} &= \frac{1}{(1 - x[CaO])^2}\left[-RT_E\ln x[CaO] - \Delta_{fus}H^{\ominus}_{CaO}\left(1 - \frac{T_E}{T_{fus(CaO)}}\right)\right]\\ &= \frac{1}{(1-0.65)^2}\times\left[-8.314\times1968\times\ln0.65 - 75360\times\left(1 - \frac{1968}{2860}\right)\right]\\ &= -134330\text{J} = -134.33\text{kJ}\end{aligned}$$

2）由二元系相图液相线组分的活度方程(式(1-117))计算：

$$\alpha_{CaO-TiO_2}=\frac{75.36\times(1968-2860)}{1\times0.35^2\times2860}-\frac{8.314\times1968\times\ln0.65}{10^3\times0.35^2}=-191.87+57.53=-134.27\text{kJ}$$

两种方法计算的数值非常接近。

(2) 从相图的右端(TiO_2)取。

	TiO_2	CaO
熔点 T_{fus}/K	2103	
熔化焓 $\Delta_{fus}H^{\ominus}$/kJ	64.9 ±4.18	
共晶体温度 T/K	1733 ±10	
共晶体成分(质量百分数) $w(B)_{\%}$	81.5	18.5
相对分子质量 M_B	80	56
物质的量 $n_B=\dfrac{w(B)_{\%}}{M_B}$	1.019	0.330
$\sum\nu_B n_B$	1.349	
阳离子分数 $x_B=\dfrac{\nu_B n_B}{\sum\nu_B n_B}$	0.755	0.245

1) 由二元系相图的液相线方程(式(1-116))计算:

$$\alpha_{TiO_2}=\frac{1}{(1-x[TiO_2])^2}\left[-RT_E\ln x[TiO_2]-\Delta_{fus}H^{\ominus}_{TiO_2}\left(1-\frac{T_E}{T_{fus(TiO_2)}}\right)\right]$$

$$=\frac{1}{0.245^2}\times\left[-8.314\times1733\times\ln0.755-64900\times\left(1-\frac{1733}{2103}\right)\right]$$

$$=-69016-10184=-79.20\text{kJ}$$

2) 由二元系相图液相线组分活度方程(式(1-117))计算:

$$\alpha_{CaO-TiO_2}=\frac{64.9\times(1733-2103)}{1\times0.245^2\times2103}-\frac{8.314\times1733\times\ln0.755}{10^3\times0.245^2}=-169.66+67.5=-102.16\text{kJ}$$

两种方法的计算值有一定的差别。用二元系相图的液相线方程计算相图右端的 $\alpha_{CaO-TiO_2}$ 有较低值(-79.20),如与相图左端的计算值取平均值,则获得的 $\alpha_{CaO-TiO_2}=\frac{1}{2}\times[(-134.33)+(-79.20)]=-106.77\text{kJ}$。这比用二元系相图液相线组分的活度方程的计算值低些。

上述计算方法中均未考虑由相图中取 $\Delta_{fus}H^{\ominus}$、T_{fus}、T_E 及共晶体的组成时带来的误差值,所以计算值是近似的。

1.7.5* 由二元系相图计算及绘制三元系相图

三元系相图是由 3 个组分构成的相平衡图。它是由等边三角形代表的 3 个顶角的纯组分两两构成的二元系组成。它的相图或热力学性质可由其组成的 3 个二元系的相图或热力学性质得出。高温实验的困难性和理论推导的局限性,使得三元系的相图及其热力学性质比二元系的少得多。因此,出现了利用二元系相图或热力学数据,来预报或估算由其组成的三元系的相图或热力学性质。

1.7.5.1 计算原理

由二元系的热力学性质绘制三元系相图的基本原理,仍是采用由三元系的偏摩尔吉布斯自由能变达到最小值，求得三元系的相平衡图绘制的数据。对于三元系，有：

$$G_m = \sum x_i G_i^0 + RT\sum x_i \ln x_i + G_m^{ex}$$

式中，G_i^0 为纯组分具有某种相结构的摩尔吉布斯自由能；$x_i\ln x_i$ 为组分形成理想溶液的摩尔吉布斯自由能；G_m^{ex} 为3个二元系形成的实际溶液的超额吉布斯自由能。而在恒温、恒压下，体系达到平衡的热力学条件则是其偏摩尔吉布斯自由能达到最小值，即：

$$\left(\frac{\partial G_m}{\partial x_1}\right)_{x_2,x_3}=0,\quad \left(\frac{\partial G_m}{\partial x_2}\right)_{x_1,x_3}=0,\quad \left(\frac{\partial G_m}{\partial x_3}\right)_{x_1,x_2}=0$$

联立解上面3个方程，可得出三元系相图的平衡成分。

因此，由上可见，由二元系相图绘制三元系相图的关键在于确定 G_m 表达式中的超额吉布斯自由能项。G_m^{ex} 由下式表示：

$$G_m^{ex} = \sum W_{ij}G_{ij}^{ex}$$

式中，G_{ij}^{ex}为二元系 ij 的超额吉布斯自由能，可用正规溶液或亚正规溶液的 G_{ij}^{ex} 表示；W_{ij}称为二元系 ij 的权重因子，表示3个边的二元系对三元系热力学性质的贡献或作用程度，可用下式表示：

$$W_{ij} = \frac{x_i x_j}{X_{i(ij)}X_{j(ij)}} \quad (ij=12,\ 31,\ 23)$$

$X_{i(ij)}$、$X_{j(ij)}$ 分别为组分 i 及 j 在 ij 二元系中的组成点，它们可用三元系的组成点表示，如 $X_{ij} = \frac{1}{2}(1 - x_i - x_j)$ 关系式等。这种直接用二元系的相应热力学参数（如 G_{ij}^{ex}）乘上权重因子（W_{ij}）后，求和来表示三元系热力学性质（如 G_m）的模型，则称为几何模型。

1.7.5.2 几何模型的对称法与非对称法

几何模型主要是选择构成三元系的3个二元系边上合适的成分点，用3个二元系的点表示三元系的组成，各自再配上一定的权重因子。按照配上的权重因子是否相同，分为对称法与非对称法。

（1）对称法。如图1－48（a）所示，它的3个边都配以相同的权重因子。

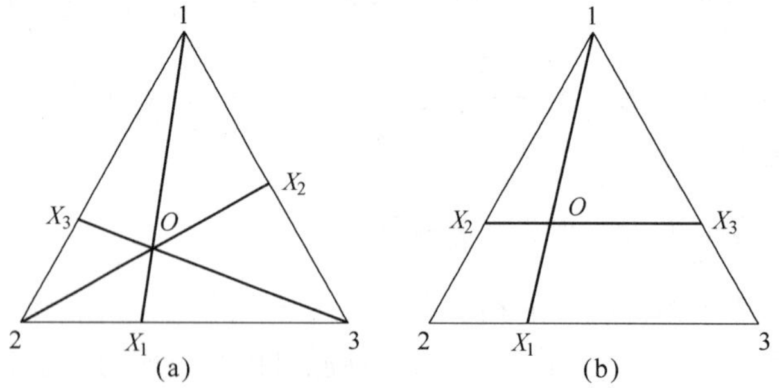

图1－48 对称法与非对称法的二元系的选择组成

（a）对称型：Kohler；（b）非对称型：Toop

由三元系内任意点 O 分别与3个顶角连接，并延长交至3个边上的点，利用这3个点的热力学性质来近似表示三元系的热力学性质，其超额吉布斯自由能为：

$$G_{\mathrm{m}}^{\mathrm{ex}} = \sum (x_i + x_j)^2 G_{ij}^{\mathrm{ex}}\left(\frac{x_i}{x_i + x_j}, \frac{x_j}{x_i + x_j}\right)$$

式中，x_i、x_j 是所求三元系 i 和 j 组分的摩尔分数。

（2）非对称法。如图 1－48（b）所示，若 3 个边的二元系所取的权重因子不尽相同，则称之为非对称法。其适合的点是由通过三元系内 O 点的平行于底边的等含量（x_1 = const）线，和一条与对边顶角的连线（等比例线）相交于对边的二元系而得。其超额吉布斯自由能为：

$$G_{\mathrm{m}}^{\mathrm{ex}} = \frac{x_2}{1 - x_1} G_{12}^{\mathrm{ex}}(x_1, 1 - x_1) + \frac{x_3}{1 - x_1} G_{13}^{\mathrm{ex}}(x_1, 1 - x_1) + (x_2 + x_3)^2 G_{23}^{\mathrm{ex}}\left(\frac{x_2}{x_2 + x_3}, \frac{x_3}{x_2 + x_3}\right)$$

一般可根据三元系各边的二元系 G_{ij}^{ex} 的大小，来判断三元系的对称性。若 3 个二元系偏离理想溶液或正规溶液不明显，则可作为对称法处理；若仅两个二元系相似，而它们与第 3 个二元系相差很大，则可作为非对称法处理。文献上提出的对称几何模型有 Kohler 模型、Muggianu 模型、Client 模型等，非对称几何模型有 Toop 模型、Hiller 模型等。这是由于各模型采用的选择构成三元系的 3 个二元系边的点不同所致。

上述几何模型的设定都是假设与所处理的体系无关。首先，它的对称法不能用于极限情况，即不能还原成二元系的形式。其次，非对称法的 3 个组分在三角形 3 个顶点的不同分配方法会得到不同的结果。此外，对于任一体系的对称法与非对称法的选择也有人为的主观判断，从而影响了三元系相图计算的全盘计算机化。所以，截然地划分为对称法与非对称法使两者不相干，也是不恰当的。为解决这些困难，就提出了新一代的几何模型[1]。

1.7.5.3 新一代几何模型法

这一模型又称为周国治模型，其不仅能克服上述的某些缺点，更主要的是与所处理的体系有关。模型的选点则与所处理的体系密切相关。如图 1－49 所示，它是通过 O 点作平行于 3 个二元系边的平行线（等含量线），在 3 个边上构成的。组成点的组分是计算三元系组成点的相关数据。

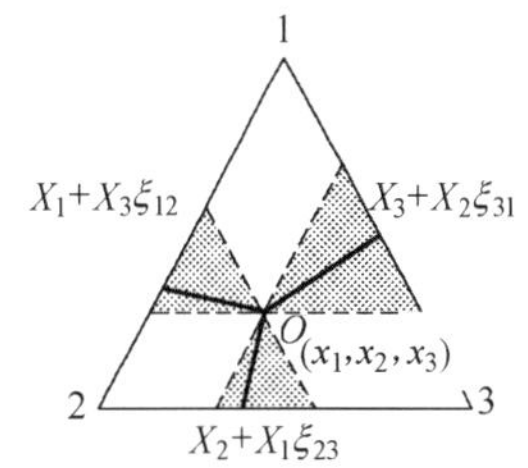

图 1－49 三元系的 3 个二元系的选点组分

新一代几何模型的解析表达式仍为[1]：

$$G^{\mathrm{ex}} = \sum W_{ij} G_{ij}^{\mathrm{ex}} \tag{1}$$

式中，G^{ex} 为三元系的超额摩尔吉布斯自由能；G_{ij}^{ex} 为 ij 二元系的超额摩尔吉布斯自由能；W_{ij} 是 ij 二元系的权重因子。

$$W_{ij} = \frac{x_i x_j}{X_{i(ij)} X_{j(ij)}} \quad (ij = 12, 31, 23) \tag{2}$$

式中，$X_{i(ij)}$ 为组分 i 在 ij 二元系的组成点；x_i 及 x_j 为三元系组分的摩尔分数。

$X_{i(ij)}$ 与三元系组分（x_i，$i = 1 \sim 3$）的关系则为：

$$X_{i(ij)} = x_i + \sum_{k=1} x_k \xi_{i(ij)}^k \quad (k = 3) \tag{3}$$

$\xi_{i(ij)}^k$ 表示组分 k 与 ij 二元系中 i 组分相似程度的相似系数，它由下式定义：

---

[1] 周国治．新一代的溶液几何模型及今后的展望．金属学报，1993，31（2）．

$$\xi_{i(ij)}^{k} = \frac{\eta(ij,ik)}{\eta(ij,ik) + \eta(ji,ik)} \tag{4}$$

其中，$\eta(ij, ik)$ 是一个与 ij 和 ik 二元系中超额吉布斯自由能相关的偏差函数，定义为：

$$\eta(ij,ik) = \int_{x_i=0}^{x_i=1} (G_{ij}^{ex} - G_{ik}^{ex})^2 dx_i \tag{5}$$

$$\eta(ji,jk) = \int_{x_j=0}^{x_j=1} (G_{ji}^{ex} - G_{jk}^{ex})^2 dx_j \tag{5'}$$

即利用两个二元系的 G_{ij}^{ex} 或 G_{ik}^{ex} 差值的平方的积分式计算。它是非负值，且当 j 和 k 组分近似时，其值应趋于零。

因为 η 函数可采取多种不同的形式，所以也可出现其他种类的模型。ξ_{ij}^{k} 示出了组分 k 对二元系 ij 中组分 i 或 j 相似的程度。η 则称为 G_{ij}^{ex} 差值的平方。如组分 k 相似于组分 j，即组分 k 近似于组分 j，则 $\eta(ij,ik)=0$ 及 $\xi_{ij}^{k}=0$，从而 $X_i = x_i$。但是，如组分 $k<$ 组分 i，则 $\eta(ij,ik)>0$ 及 $\eta(ji,jk)\approx 0$，从而 $\xi_{i(ij)}^{k}=1$。因此，ξ_{ij}^{k} 位于 0 ~ 1 之间。小的 $\xi_{i(ij)}^{k}$ 表示组分 $k\approx$ 组分 j，大的 ξ_{ij}^{k} 表示组分 $k\approx$ 组分 i。所以 ξ_{ij}^{k} 表示组分 k 相似于组分 i 或组分 j 的程度，从而 $X_i = x_i + \sum x_k \xi_{i(ij)}^{k}$。

因此，可得出此模型三元系的 3 个二元系的选点组分如下。

$$x_1：(X_1 + X_3\xi_{12}，1 - X_1 - X_3\xi_{12})$$
$$x_2：(X_2 + X_1\xi_{23}，1 - X_2 - X_1\xi_{23})$$
$$x_3：(X_3 + X_2\xi_{31}，1 - X_3 - X_2\xi_{31})$$

利用二元系的 G_{ij}^{ex} 计算出 $\eta(ij,ik)$、$\eta(ji,jk)$ 从而计算出 $\xi_{i(ij)}^{k}$，再得出 $X_{i(ij)}$ 式及 $X_{j(ij)}$ 式（见式(3)），就能得出计算三元系相图的权重因子 W_{ij}。

新一代模型已成功地预报了一系列三元系或多元系的性质，除相图外，其还能预报一些三元系或多元系的物理性质，如黏度、表面张力、密度等。例如，对于熔体的黏度，有：

$$\eta = \sum_{i=1}^{3} x_i\eta_i + \eta^{ex}$$

而

$$\eta^{ex} = \sum_{i=1}^{3} W_{ij}^{\eta}\eta_{ij}^{ex}$$

式中，η 为三元系熔体的黏度；η_i 为组分 i 的黏度；η^{ex} 为超额黏度，即体系实际黏度与各组分黏度的加权平均值之差；W_{ij}^{η} 与前面相图计算的 W_{ij}、$X_{i(ij)}$ 等相似进行。

习　题

1－1　试计算 MgO 在 298 ~ 1388K 温度范围内的标准生成吉布斯自由能的温度式。MgO 的生成反应为 $Mg(s) + \frac{1}{2}O_2 = MgO(s)$。镁的熔点是 947K，熔化焓 $\Delta_{fus}H_m^{\ominus}(Mg，s，947K) = 8950J/mol$，$\Delta_f H_m^{\ominus}(MgO，s，298K) = -601.2kJ/mol$，$\Delta_f S_m^{\ominus}(MgO，s，298K) = -107.3J/(mol \cdot K)$，$\Delta c_{p,m}(MgO，s) = 5.31 - 5.06\times10^{-3}T - 4.925\times10^{5}T^{-2}$（温度范围为 298 ~ 947K），$\Delta c_{p,m}(MgO，s) = 10.33 - 10.25\times10^{-3}T + 0.431\times10^{5}T^{-2}$（熔化过程，即 $c_{p,m(l)} - c_{p,m(s)}$），J/(mol · K)。

1－2　利用化合物的标准生成吉布斯自由能 $\Delta_f G_m^{\ominus}(B)$ 计算下列反应的 $\Delta_r G_m^{\ominus}$ 及平衡常数。

$$Mn(s)+FeO(l)=\!=\!=MnO(s)+Fe(l) \qquad 2Cr_2O_3(s)+3Si(l)=\!=\!=4Cr(s)+3SiO_2(s)$$

1－3　在不同温度下测得反应 $FeO(s)+CO=Fe(s)+CO_2$ 的平衡常数值见表1－29，试用作图法及回归分析法计算此反应的平衡常数及 $\Delta_r G_m^{\ominus}$ 的温度关系式。

表1－29　反应平衡常数的测定值

温度/℃	600	700	800	900	1000	1100
$K^{\ominus}$	0.818	0.667	0.515	0.429	0.351	0.333

1－4　在1073K，下列电池

$$Mo,MoO_2 \mid ZrO_2+(CaO) \mid Fe,FeO$$

$$Mo,MoO_2 \mid ZrO_2+(CaO) \mid Ni,NiO$$

测得的电动势分别为173mV和284mV，试计算下列反应的 $\Delta_r G_m^{\ominus}$：$FeO(s)+Ni(s)=\!=\!=NiO(s)+Fe(s)$。

1－5　用线性组合法求下列反应的 $\Delta_r G_m^{\ominus}$：$Fe_2SiO_4(s)+2C_{(石)}=\!=\!=2Fe(s)+SiO_2(s)+2CO$。

已知：　$FeO(s)+C_{(石)}=\!=\!=Fe+CO \qquad \Delta_r G_m^{\ominus}=158970-160.25T \quad (J/mol)$

$2FeO(s)+SiO_2(s)=\!=\!=Fe_2SiO_4(s) \qquad \Delta_r G_m^{\ominus}=-36200+21.09T \quad (J/mol)$

1－6　在1800K测得Fe－Ni系内Ni以纯液态为标准态的活度系数见表1－30。试求镍在稀溶液内的 γ_{Ni}^0 及以质量1%溶液为标准态的活度。

表1－30　Fe－Ni系内镍的活度系数

$x[Ni]$	0.1	0.2	0.3	0.4	0.5
γ_{Ni}	0.668	0.677	0.690	0.710	0.750

1－7　将一定质量的硅试样与300g铁液混合，用量热计测得加入的硅量为0.540g时混合热为809J/mol，试样温度为298K，熔体温度为1873K，硅在1873K时的 $H(Si)=91.1kJ/mol$。试求硅的偏摩尔焓 $H(Si)$ 和 $\Delta H(Si)$。

1－8　铁－硅熔体中，$\gamma^0_{Si(1600℃)}=0.0013$，$\gamma^0_{Si(1420℃)}=0.00047$，试求1600℃时硅溶于铁液中形成稀溶液的偏摩尔焓 $\Delta H(Si)$。

1－9　在1873K时Fe－Ni系内，$x[Ni]=0.6$，$\gamma_{Ni}=0.82$，$x[Fe]=0.4$，$\gamma_{Fe}=0.88$，而 $\Delta H(Ni)=-4704J/mol$，$\Delta H(Fe)=-4462J/mol$，试求溶液的超额热力学函数值。

1－10　1823K时Fe－Cu系内，Cu以纯铜为标准态的活度系数与 $x[Fe]$ 的关系式为：$\lg\gamma_{Cu}=1.45x[Fe]^2-1.86x[Fe]^3+1.41x[Fe]^4$，而 $\gamma_{Cu}^0=10.1$。试计算 $w[Cu]$ 分别为0.5%、1.0%、1.5%、2.0%、2.5%时以质量1%溶液为标准态的活度 $a_{Cu(\%)}$。

1－11　在1873K，Fe－Cu系内铜的蒸气压的测定值见表1－31。纯铜蒸气压的温度关系式为：$\lg p_{Cu}^*=15919/T-6.636$，$p_{Cu}^*$ 的单位为Pa。(1) 绘出 $x[Cu]=0\sim1$ 的饱和蒸气压曲线，并标出亨利定律及拉乌尔定律；(2) 分别计算铜以纯铜、假想纯铜及质量1%溶液为标准态的活度及活度系数。

表1－31　Fe－Cu系内Cu的蒸气压

$x[Cu]$	0.015	0.023	0.061	0.217	0.467	0.626	0.792	0.883
p'_{Cu}/Pa	8.7	13.3	30.9	53.2	59.8	63.4	64.7	67.2

1－12　钛在铁液中的 $\gamma_{Ti}^0=0.0111$（1600℃），试求同样温度下以质量1%为标准态的活度系数。

1－13　实验测得1873K时铬在铁及银液中的平衡分配浓度见表1－32，试求铁液中铬的活度。

表1-32　Fe-Ag系内铬的平衡分配浓度

$x[Cr]_{[Fe]}/\times10^{-2}$	1.87	3.93	7.76	9.82	14.79	15.97	19.56	24.18	30.25	49.30
$x[Cr]_{[Ag]}/\times10^{-2}$	0.010	0.029	0.059	0.110	0.140	0.170	0.280	0.370	0.410	0.510

1-14　在1873K时，与纯氧化铁渣平衡的铁液中氧的质量分数为0.211%，与成分为$w(CaO)=39.18\%$、$w(MgO)=2.56\%$、$w(SiO_2)=39.76\%$、$w(FeO)=18.57\%$的熔渣平衡的铁液中氧的质量分数为0.048%。试计算熔渣中FeO的活度及活度系数。

1-15　反应$H_2+[S]═H_2S$在1873K下平衡时的p_{H_2S}/p_{H_2}见表1-33，试计算铁液中硫的活度及活度系数。

表1-33　反应$H_2+[S]═H_2S$平衡时的p_{H_2S}/p_{H_2}

$w[S]/\%$	0.455	0.681	0.995	1.357	1.797
$(p_{H_2S}/p_{H_2})/\times10^{-3}$	1.18	1.73	2.52	3.30	4.40

1-16　在1873K下，$CO+CO_2$混合气体与铁液中[C]反应达平衡时，测得碳浓度不同时的气相浓度见表1-34。试计算[C]以石墨为标准态的活度、活度系数及γ_C^0值。

$$CO_2+C═2CO \qquad \lg K^{\ominus}=\lg\frac{p_{CO}^2}{p_{CO_2}}=-8698/T+8.93$$

表1-34　$CO_2+C═2CO$反应的平衡气相成分　　(%)

$w[C]$	0.2	0.5	1.0	1.5	2.0
$\varphi(CO)$	99.05	99.74	99.89	99.94	99.963
$\varphi(CO_2)$	0.95	0.26	0.11	0.06	0.037

1-17　1873时，Fe-Ni系内Ni的活度测定值见表1-35，试用G-D方程图解法，即定积分近似计算辛浦生图解法求［Fe］的活度。

表1-35　Fe-Ni系内Ni的活度

$x[Ni]$	1	0.9	0.8	0.7	0.6	0.5	0.4	0.3	0.2	0.1
a_{Ni}	1	0.89	0.766	0.62	0.485	0.394	0.283	0.207	0.136	0.067

1-18　在1000~1500K范围内，液态Cu-Zn合金具有正规溶液的性质，其$\alpha=-19250$J/mol。$\lg p_{Zn}^*=-\frac{6850}{T}-0.75\lg T+8.36$，试求：(1) 1200K，$x_{Cu}=0.4$的Cu-Zn合金液面上锌的蒸气压；(2) 1200K，形成Cu-Zn合金的$\Delta H_m^{\ominus}$。

1-19　Fe-Al系正规溶液在1600℃的$G_{Al}^{ex}=-53974+93.09x[Al]$ (J/mol)，纯铁的蒸气压$\lg p_{Fe}^*=-\frac{21080}{T}-2.14\lg T+16.02$ (kPa)。试求$x[Fe]=0.6$时铁的蒸气压。

1-20　试用准正规溶液有关公式，计算$x[Ti]=0.1$时的超额热力学函数ΔH_{Ti}^{ex}、ΔH_m^{ex}、ΔS_{Ti}^{ex}、ΔS_m^{ex}、ΔG_{Ti}^{ex}、ΔG_m^{ex}。已知$\gamma_{Ti}^0=0.074$，温度为1873K。

1-21　铁液中$w[V]=0.08\%$，求反应$2[V]+\frac{5}{2}O_2═V_2O_5(s)$在1873K下的平衡常数$K^{\ominus}$及$p'_{O_2}=100$kPa下的$\Delta_r G_m^{\ominus}$和平衡氧分压$p_{O_2}$。已知$\gamma_V^0=0.1$。

1－22　Fe－Si 系熔体与被 SiO_2(s)饱和的 FeO－SiO_2 熔渣及具有一定 p'_{O_2} 的气相保持平衡。试求不同温度下 p_{O_2} 与 $w[Si]_{\%}$ 的一般关系式及1600℃时的关系式（[Si]服从亨利定律）。

1－23　钒溶于铁液中形成正规溶液。试求 $w[V]=30\%$、$p'_{N_2}=100kPa$ 及温度为1600℃时，反应形成VN(s)的 $\Delta_r G_m^{\ominus}$(VN，s，1873K)。溶解钒的 $\gamma_V^0=0.1$，钒的标准态为：（1）纯物质；（2）质量1%溶液。

1－24　试求1600℃及 $p'_{N_2}=100kPa$ 下，铁液内形成氮化钛(TiN)时[Ti]的最低浓度。标准态为：（1）纯固态钛；（2）纯液态钛。

1－25　Fe－Si 系中硅的活度系数 $\lg\gamma_{Si}=-2.96+5.25x(Si)$。求1600℃时，硅溶解于铁液中形成质量1%溶液的偏摩尔吉布斯自由能 $\Delta G(Si)$ 及标准溶解吉布斯自由能 $\Delta G^{\ominus}(Si)$。

1－26　利用固体电解质电池测定08沸腾钢液的氧含量，电池结构为：Mo|$[O]_{Fe}$|ZrO_2+(CaO)|Mo,MoO_2|Mo，各温度的电动势值见表1－36。试求钢液中氧的质量分数与温度的关系式（$\lg w[O]=A/T+B$）。已知：$Mo+2[O]=MoO_2$，$\Delta_r G_m^{\ominus}=-343980+172.28T$　(J/mol)。

表1－36　各温度测定的电动势

T/K	E/mV	T/K	E/mV	T/K	E/mV
1863	140	1833	172	1823	163

1－27　在1600℃下，用参比电极为 Cr＋Cr_2O_3 的定氧探头测定钢液中的氧，电池结构为：Cr，Cr_2O_3|ZrO＋(CaO)|$[O]_{Fe}$。试求在什么条件下，固体电解质电池的正负极将会互换（即电池反应逆向进行）。电池反应为：$\frac{2}{3}Cr(s)+[O]=\frac{1}{3}Cr_2O_3(s)$，$\Delta_r G_m^{\ominus}=-252897+85.33T$　(J/mol)。

1－28　奥氏体内碳的活度与其浓度的关系式为：$\ln a_{C(H)}=\ln\frac{x[C]}{x[Fe]}+6.6\frac{x[C]}{x[Fe]}(0\leqslant x[C]\leqslant x[C]_{(饱)})$，试导出铁的活度与其浓度的关系式。标准态为假想纯物质。

1－29　请用G－D方程证明，稀溶液内溶质服从亨利定律（$a_{B(R)}=\gamma_B^0 x_B$）时，溶剂则服从拉乌尔定律（$a_{A(R)}=x_A$）。

1－30　试计算锰及铜溶解于铁液中形成质量1%溶液的标准溶解吉布斯自由能。已知：$\gamma_{Mn}^0=1$，$\gamma_{Cu}^0=8.6$。

1－31　固体钒溶于铁液中的 $\Delta G^{\ominus}(V)=-20710-45.6T$　(J/mol)，试求1873K时的 $\gamma_{V(s)}^0$。

1－32　由实验测得 Fe－C 熔体中 $a_{C(R)}$ 的温度关系为：

$$\lg a_{C(R)}=\lg\left(\frac{x[C]}{1-2x[C]}\right)+\frac{1180}{T}-0.87+\left(0.72+\frac{3400}{T}\right)\left(\frac{x[C]}{1-x[C]}\right)$$

试求：（1）$\lg\gamma_C$ 与 T 及 $x[C]$ 的关系式；（2）$\lg\gamma_C^0$ 与 T 的关系式及1600℃的 γ_C^0；（3）反应 $C_{(石)}=[C]$ 的 $\Delta G^{\ominus}(C)$；（4）1600℃、$w[C]=0.24\%$ 时的 $a_{C(\%)}$。

1－33　在不同温度下测得 CO＋CO_2 混合气体与铁液中[C]反应达平衡时的 p_{CO}^2/p_{CO_2} 的值见表1－37，试计算碳的标准溶解吉布斯自由能的温度关系式。已知：$CO_2+C_{(石)}=2CO$，$\Delta_r G_m^{\ominus}=-166550+171T$　(J/mol)。

表1－37　与铁液中[C]平衡的 p_{CO}^2/p_{CO_2}

T/K \ $w[C]$/%	0.2	0.4	0.6	0.8	1.0
1833	107.4	241.2	396.6	566.4	726
1933	170.2	373.2	600	876.8	1202
2033	267.6	565.2	929.4	—	—

1-34 试计算下列反应的 $\Delta_r G_m^\ominus$ 及 $\lg K^\ominus$ 的温度关系式：

$CO_2+[C]═══2CO$，$(FeO)═══[Fe]+[O]$，$[Ti]+[C]═══TiC\ (s)$

1-35 在1873K时，铁液中硅被 O_2 氧化：$[Si]+O_2=SiO_2(s)$，铁液中硅的浓度为 $x[Si]=0.2$，$\gamma_{Si}=0.03$，$p_{O_2}=100kPa$，试计算氧化反应的 $\Delta_r G_m$。硅的标准态为：（1）纯硅；（2）假想纯硅；（3）质量1%溶液。$\gamma_{Si}^0=0.0013$。

1-36 某种元素M以固、液、气三种状态被氧化，形成氧化物（MO）。试根据下列反应的 $\Delta_r G_m^\ominus$ 式判断M是固相、液相还是气相，并计算M的熔点及沸点。

$$2M+O_2═══2MO(s)\quad \Delta_r G_{m(1)}^\ominus=-1202460+215.18T\quad (J/mol)$$

$$2M+O_2═══2MO(s)\quad \Delta_r G_{m(2)}^\ominus=-1465400+411.98T\quad (J/mol)$$

$$2M+O_2═══2MO(s)\quad \Delta_r G_{m(3)}^\ominus=-1219140+233.04T\quad (J/mol)$$

1-37 在1000℃温度下，向热处理炉内送入 CO_2+H_2 混合气体，对钢件进行渗碳处理，渗碳反应为：$2CO=[C]+CO_2$，$\Delta_r G_m^\ominus=-166550+171T$ （J/mol）。但为使通入的混合气体能在不使钢件受到氧化（即不发生反应 $Fe(s)+\frac{1}{2}O_2=FeO(s)$ 或 $Fe(s)+H_2O$（或 CO_2）$=FeO(s)+H_2$（或 $H_2O(g)$））的前提下进行渗碳，试求通入的 CO_2+H_2 混合气体的 $n(CO_2)/n(H_2)$ 应具有的最小值及钢件的渗碳浓度。

1-38 在工业上可用硅还原MgO(s)来制取金属镁，但在标准状态下使反应进行的温度却很高（高于2470K），因此常选用CaO作添加剂。试求用CaO作添加剂时，MgO(s)的还原开始温度。由于还原反应得到的镁是气态的（镁的沸点较低，为1363K），如再采用真空操作，使反应在1200℃以下进行，试求需要采用多大的真空度？

1-39 固体铁在1300℃时与 $FeO-CaO-SiO_2$ 渣系及 $CO+CO_2$ 混合气体共存，熔渣的 $a_{FeO}=0.45$，气相中 $p_{CO}/p_{CO_2}=2.0$。试问铁能否被氧化？并计算平衡气相中的 p_{CO}/p_{CO_2}。

1-40 NiO-MgO形成连续固溶体（可视为理想溶液），它们的熔点和熔化热分别为 $T_{fus(NiO)}=2233K$，$\Delta_{fus}H_{NiO}^\ominus=52300J/mol$；$T_{fus(MgO)}=3073K$，$\Delta_{fus}H_{MgO}^\ominus=77404J/mol$。

（1）试给出温度为2600K时固、液熔体的 $\Delta G_{B(l及s)}-x_B$ 图，并用作图法求出固、液相平衡共存的组成。（2）用计算法求出固、液相平衡共存的组成，并绘出相图以做比较。

1-41 根据Fe-C平衡相图，试计算铁的熔化热。实测值为13800J/mol。

1-42 Fe-Mn系形成连续固溶体，由相图得出它们的熔点及熔化热为：Fe，1536℃，13800J/mol；Mn，1244℃，12130J/mol。1400℃时，平衡的固、液相中 $w[Mn]_{(s)}=27.4\%$（固相），$w[Mn]_{(l)}=32.8\%$（液相）。试求1400℃、$w[Mn]=32.8\%$ 的Fe-Mn熔体中，Mn及Fe的活度系数。

1-43 由 $CaO-SiO_2$ 系相图（见图4-1）求CaO与 SiO_2 的作用能参量 α。CaO及 SiO_2 的熔点及熔化焓可由附录3查得。

复习思考题

1-1 在应用等温方程式计算反应的 $\Delta_r G_m$ 时，需要注意哪些观点？

1-2 应怎样来理解公式 $\Delta_r G_m^\ominus=-RT\ln K^\ominus$ 的涵义？它有哪些用途？在应用此式计算 $K^\ominus$ 时，应注意些什么？

1-3 等温方程式联系了哪些状态？如何应用它的热力学原理来分析反应的方向、限度及各种因素对平衡的影响？

1-4 标准态不同（其他条件不变）时，热力学参数 a_B、μ_B、$\Delta_r G_m^\ominus$、$K^\ominus$、$\Delta G_B^\ominus$、$\Delta_r G_m$ 有何不同？

1-5 若一个化学反应在标准态下不能自发进行（$\Delta_r G_m^\ominus>0$），一般可采取哪些手段使之能正向进行？试举例说明。

1－6 影响平衡常数的因素与影响平衡的因素是否相同？

1－7 一个化学反应的 $\Delta_r G_m^\ominus$ 用二项式 $\Delta_r G_m^\ominus = A + BT$（J/mol）表示，请说明式中 A 及 B 数值的符号及温度改变对 $\Delta_r G_m^\ominus$ 的影响。

1－8 $\Delta_r G_m^\ominus$ 是体现化学反应进行限度的热力学函数，$\Delta_r G_m^\ominus = -RT\ln K$，则高温下的 $\Delta_r G_m^\ominus$ 比低温下的 $\Delta_r G_m^\ominus$ 数值更负，因而可否认为高温下此反应就进行得更完全？

1－9 $\Delta_r G_m^\ominus$ 是反映化学反应限度的函数，在什么条件下其也可作为判断反应方向及限度的函数？

1－10 试说明等温方程式在冶金及材料制备中能够解决哪些问题？

1－11 冶金中，溶液组分活度的标准态有哪几种？请说明其应用范围。为什么有了活度的标准态，还要提出活度的参考态？它们之间有何共同点和不同点？在钢铁冶金中，金属溶液组分的活度常取质量1%溶液标准态，有何方便之处？采用质量1%溶液标准态、实际溶液的浓度 $w[B] = 1\%$ 时，在什么条件下其活度才为1？

1－12 说明 γ^0 的物理意义、表达式、求法及用途。

1－13 怎样进行活度标准态之间的转换？它们的转换系数是什么？如何进行转换？

1－14 说明化学平衡法及分配定律法测定溶液中组分活度的一般原理及其适用条件。

1－15 什么称为固体电解质电池？用其测定化学反应的 $\Delta_r G_m^\ominus$（B）或 $\Delta_f G_m^\ominus$（B）以及钢液中氧活度的原理是什么？

1－16 在G－D方程的应用中引出 α 函数能解决什么问题？用什么方法进行计算？

1－17 G－D方程应用于三元系中，可由测定的一个组分的活度或活度系数得出另外两个组分的活度或活度系数。试简要说明计算的原理。

1－18 什么是超额热力学函数？它的应用有何方便之处？

1－19 什么是正规溶液？决定其热力学性质的主要参数是什么？有哪些特点？如何得出正规溶液的基本热力学式？它适用于什么条件下的实际溶液？为使正规溶液模型能够更好地适用于实际溶液，曾提出过哪些修正式？

1－20 组分B溶于铁液中，即发生反应 B(l)═[B]，当 $w[B] = 1\%$ 时，它的 ΔG_B（偏摩尔（混合）吉布斯自由能）和 $\Delta G_B^\ominus$（组分B的标准溶解吉布斯自由能）有何区别？若要计算它们，需要知道哪些数据？

1－21 在计算组分B的标准溶解吉布斯自由能（$\Delta G_B^\ominus$）时，若采用纯物质标准态，为什么还要区分纯物质是液态还是固态？如何转换？

1－22 有溶液参加的多相反应中，溶解组分活度的标准态可任意选定，但由等温方程计算的 $\Delta_r G_m$ 却是相同的，为什么？

1－23 相图是平衡条件下体系热力学函数的几何描述，试说明二元系相图中点、线、面的意义，晶型转变线和相变反应线有什么区别？

1－24 说明Fe－C平衡图中三条水平线的意义。

1－25 根据哪些事实可以认为：$\Delta G_m - x_B$ 与体系的组成相之间存在相应的量关系，从而产生了相图，说明相图是热力学的图形表示法。

1－26 试写出理想溶液、正规溶液及实际溶液的吉布斯自由能与组成的关系式，并绘出它们的关系图，说明其特点。

1－27 试述由吉布斯自由能曲线及热力学函数计算、绘制二元系相图的原理和方法。

1－28 由实测二元系相图可提取溶液的哪些热力学数据？简述其原理。它们应用的基本热力学函数是什么？

1－29 如何从二元系相图或其他热力学性质的普通模型预测三元（或多元）系相图或其他热力学性质？请以新一代几何模型来说明其原理及计算程序。

2 冶金动力学基础

利用热力学原理，能够确定冶金反应过程进行的可能性、方向和限度，但不能确定反应的速率。因为热力学的计算是在始、终态间假设的可逆过程的基础上进行，而可逆过程是无限慢的，没有考虑过程中瞬时状态的时间因素，所以不能解决反应的速率问题。某些反应热力学的可能性（$-\Delta G$）很大，但反应的速率却很低，因此，反应可能进行与实际上反应以某种速率进行是完全不同性质的两个方面。要全面理解冶金反应过程，就必须同时研究反应的热力学和动力学，创造条件，使热力学的可能性变为现实。

广义的动力学有两种不同的内容。利用物理化学的动力学，从分子论研究化学反应本身的速率和机理的，称为微观动力学。在有流体流动、传质或传热，并考虑体系几何特征条件下，宏观地研究反应过程的速率和机理的，称为宏观动力学。冶金反应主要是多相反应，反应的速率除受化学因素影响外，还受物理因素，特别是传质速率的影响，所以冶金动力学属于宏观动力学的范畴。

多相反应发生在体系的相界面上，反应一般有如下三个环节：

（1）反应物对流扩散到反应界面上；

（2）在反应界面上进行化学反应；

（3）反应产物离开反应界面向相内扩散。

因此，反应过程是由物质的扩散和界面化学反应各环节组成的串联过程。而反应过程的总速率则和这些组成环节的速率或其内出现的阻力有关。其中，速率最慢或阻力最大，对总反应速率影响很大的环节是反应过程速率的限制环节。一般必须区分两种速率的限制情况：当传质快于界面反应的进行时，总反应的速率只取决于界面反应的动力学条件；当传质比界面反应进行得慢时，这时传递到相界面上的物质能全部转化为产物，界面反应达到或接近化学平衡状态。后一种情况多发生在高温熔体内的多相反应过程中，常把界面反应作为达到平衡态来处理，进行平衡计算。

研究冶金反应动力学的目的就是在于：了解反应在各种条件下的组成环节（机理）及其速率表达式；导出总反应的速率方程，确定反应过程的限制环节；讨论反应的机理以及各种因素对速率的影响；以便选择合适的反应条件，控制反应的进行，实现强化冶炼过程、缩短冶炼时间及提高反应器生产率。

冶金过程动力学自20世纪40年代末期以来已成为颇为活跃的边缘科学，除了用动力学的理论和实验方法研究冶金过程的速率和机理外，还进一步向冶金反应工程学的方向发展。后者是利用化学反应工程学的理论来研究冶金过程及其反应器的设计、最优化操作和控制的工程理论学科。

本章讲述冶金过程动力学的基础知识，为分析有化学反应参加的冶金过程的动力学奠定基础。

2.1 化学反应的速率

2.1.1 化学反应的速率式

对于均相化学反应 $aA + bB + \cdots = eE + dD$

发生在封闭体系内，任何反应物被消耗的速率是与其化学计量数成正比的：

$$\frac{dn_A/dt}{dn_B/dt} = \frac{a}{b},\quad \frac{1}{a}\cdot\frac{dn_A}{dt} = \frac{1}{b}\cdot\frac{dn_B}{dt}$$

式中 t——时间，s；

n_A，n_B——反应物的物质的量，mol。

上述反应的转化速率或反应进度，即每摩尔物质的量的变化值$\left(\xi = \frac{dn_A}{a} = \frac{dn_B}{b}\right)$对时间的导数定义为：

$$J = -\frac{1}{a}\cdot\frac{dn_A}{dt} = -\frac{1}{b}\cdot\frac{dn_B}{dt} = \frac{1}{e}\cdot\frac{dn_E}{dt} = \cdots \quad (\text{mol/s})$$

因为反应物随时间而减少，所以 dn_A/dt 为负，而 J 是正值；反应产物随时间在增加，所以 dn_E/dt 是正，而 J 也是正值；平衡时，$J=0$。

转化速率是广度性质，与体系的尺寸有关，而单位体积的转化速率 J/V 则称为（基于浓度的）反应速率，用 v 表示：

$$v = \frac{J}{V} = \frac{1}{V}\left(-\frac{1}{a}\cdot\frac{dn_A}{dt}\right)$$

v 是一强度性质，与 T、p、n 有关。在许多研究的体系中，V 是常数或不变量，这时

$$\frac{1}{V}\left(\frac{dn_A}{dt}\right) = \frac{d(n_A/V)}{dt} = \frac{dc_A}{dt}$$

而

$$v = -\frac{1}{a}\cdot\frac{dc_A}{dt} = -\frac{1}{b}\cdot\frac{dc_B}{dt} = \cdots = \frac{1}{e}\cdot\frac{dc_E}{dt} \tag{2-1}$$

因此，在 V 是常数时，用式（2-1）中任一浓度变化的速率可表示化学反应的速率。

对于大多数化学反应，根据反应的质量作用定律，速率可表示为：

$$v = kc_A^a c_B^b \cdots \tag{2-2}$$

式中 k——比例常数，称为化学反应的速率常数或比速常数。

$c_A, c_B, \cdots$——A、B 等的浓度，mol/m^3；

$a, b, \cdots$——整数或分数$\left(\frac{1}{2}, \frac{1}{3}\cdots\right)$。

k 是 p、T 的函数，但与压力的关系很小。反应对反应物 A 是 a 级，对 B 是 b 级，而指数之和 $n = a + b + \cdots$是反应的总级数，简称级数。因为 v 是单位时间的浓度变化，所以 k 的单位是 $\text{m}^{3(n-1)}/(\text{mol}^{n-1}\cdot\text{s})$。例如，对于 1 级反应（$n=1$），$k$ 的单位是 s^{-1}，即与浓度无关；对于 2 级反应（$n=2$），k 的单位是 $\text{m}^3/(\text{mol}\cdot\text{s})$。

因此，反应级数表示反应物的浓度对反应速率影响的特性。反应级数大都要经过实验测定。如果测定的反应级数等于反应式中反应物分子数之和，级数为正整数，则这类反应

的反应式能代表反应的机理，该反应是基元反应（反应物分子相互碰撞而直接转化为产物分子），服从质量作用定律。但有一些反应的级数不一定等于反应式中反应物分子数之和，则这种反应的实际步骤并不是按照化学反应式来进行的，是比较复杂的，反应往往由几个基元反应所控制，其中最慢的一个基元反应是反应速率的限制者，而整个反应的级数则与这一基元反应的级数相同。但如果反应受几个基元反应限制，则级数可能是分数。

上述反应的速率式（2－2）是瞬时速率，是速率的微分式。但由于反应物的浓度随反应的进展而不断变化，反应速率也在不断地变化，所以可用速率常数来表示反应的速率，把它视为反应物浓度为 1 单位的反应速率。但速率式中一种更为有用的形式，则是表出浓度与时间的函数关系式，这就能确定一定反应时间的浓度或达到一定浓度所需要的时间，称为速率的积分式，可由各级反应速率的微分式导出。

表 2－1 列出了常见三种级数反应的速率微分式和积分式及其特征。表中，t 是某反应物的反应时间，s；c^0 是初始浓度，mol/m^3 或 mol/L；c 是时间 t 的浓度；x 是在时间 t 已消失的浓度，而 $c=c^0-x$。此外，表中速率式是当温度一定及体系的体积恒定时，反应在不可逆条件下导出的。

表 2－1　常见三种级数反应的速率式及其特征

级数	反应式	初始浓度	微分式	积 分 式	k 的单位	$c-t$ 关系
0	$aA \rightarrow$ 产物	$c_A^0=a$	$-\frac{dc_A}{dt}=k$	$c_A=-kt+a$ $k=\frac{1}{t}(a-c_A)$ $k=\frac{x_A}{t}$	$mol/(m^3 \cdot s)$	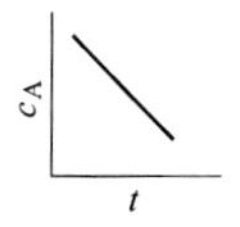
1	$aA \rightarrow$ 产物	$c_A^0=a$	$-\frac{dc_A}{dt}=kc_A$	$\ln c_A=-kt+\ln a$ $k=\frac{1}{t}\ln\frac{a}{c_A}$ $k=\frac{1}{t}\ln\frac{a}{a-x_A}$	s^{-1}	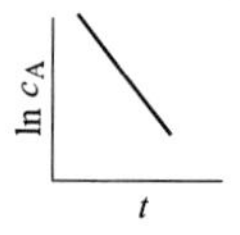
2	$2aA \rightarrow$ 产物	$c_A^0=a$	$-\frac{dc_A}{dt}=kc_A^2$	$\frac{1}{c_A}=kt+\frac{1}{a}$ $k=\frac{1}{t}\cdot\frac{a-c_A}{ac_A}$ $k=\frac{1}{t}\cdot\frac{x_A}{a(a-x_A)}$	$m^3/(mol \cdot s)$	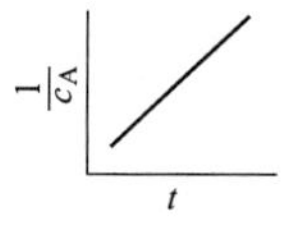
	$aA+bB \rightarrow$ 产物	$c_A^0=a$ $c_B^0=b$	$-\frac{dc_A}{dt}=kc_Ac_B$	$\ln\frac{c_A}{c_B}=\ln\frac{a}{b}+(b-a)kt$ $k=\frac{1}{t}\cdot\frac{1}{b-a}\cdot\ln\frac{ac_B}{bc_A}$ $k=\frac{1}{t}\cdot\frac{1}{b-a}\ln\frac{a(b-x_B)}{b(a-x_A)}$	$m^3/(mol \cdot s)$	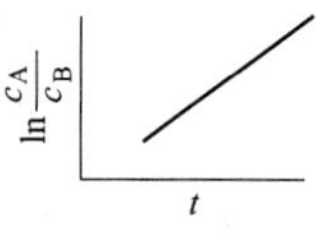

【例 2－1】　在电炉内冶炼不锈钢，在吹氧过程中每 2min 取样一次，测定的钢液中的碳含量如表 2－2 所示。试求脱碳反应的级数及反应速率常数。

表 2-2 各时间测定的钢液中的碳含量

t/min	0	2	4	6	8	10	12	14	16	18	20
w[C]/%	1.50	1.25	1.04	0.78	0.52	0.30	0.23	0.16	0.11	0.074	0.05

解 以 $w[C]_{\%}-t$ 作图，见图 2-1。

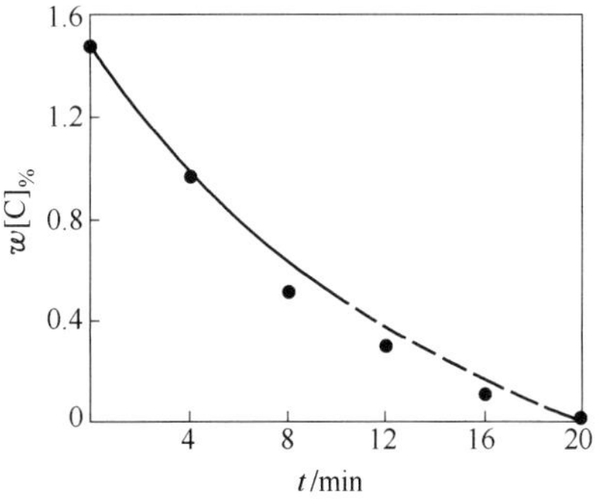

图 2-1 $w[C]_{\%}-t$ 图

(1) $t\leqslant 10\text{min}$，$w[C]_{\%}\geqslant 0.3$，曲线为一直线，则：

$$-\frac{dw[C]_{\%}}{dt}=k$$

级数 $n=0$。以 0 ~ 10min 的 $w[C]_{\%}$ 作回归分析直线，得：

$$w[C]_{\%}=1.5-0.12t$$

故反应速率常数 $k=0.12$。

(2) $t>10\text{min}$，$w[C]_{\%}<0.3$，$w[C]_{\%}-t$ 关系为曲线。设反应为一级，则：

$$-\frac{dw[C]_{\%}}{dt}=kw[C]_{\%}$$

$$\int\frac{dw[C]_{\%}}{w[C]_{\%}}=-k dt$$

$$\ln w[C]_{\%}=-kt+I$$

利用回归分析法，由表 2-2 中的数据可得出：

$$\ln w[C]_{\%}=3.888+0.185t$$

而反应速率常数 $k=0.185$。

2.1.2 反应级数的确定及反应速率常数式

由表 2-1 可知，不同反应级数的反应有不同的速率式，为了说明反应的机理及写出其速率式，首先要确定反应的级数。对于不太复杂的反应，特别是冶金中的反应，可采用尝试法。这是将实验测定的各时间反应物的浓度代入速率的各积分式中，试探其中哪个积分式求出的 k 是不随时间而变化的，则该式的级数就是所求反应的级数。或采用作图法，分别用 c、$\ln c$、$1/c$ 等对 t 作图，呈直线关系的即为所求反应的级数，如表 2-1 右端的附图所示。

对于一定的反应，反应速率常数 k 和温度有关，这可由阿累尼乌斯（Arrhenius）方程表示出：

$$k=k_0\exp[-E_a/(RT)] \tag{2-3}$$

式中 k_0——指数前系数，又称为频率因子，也是 $T\to\infty$ 时的 k；

E_a——化学反应的活化能，它是完成一化学反应进度，使物质变为活化分子所需的平均能量，J/mol。

E_a 值越大，k 受温度的影响就越强烈。对于 k_0 有相近值的不同反应，活化能越小，则在一定温度时的 k 就越大，即反应趋向于沿着活化能较小的途径进行。活化能可看作反应进行中需要克服的一种能碍。因此可认为，任一反应是沿着能量降低（$-\Delta G$）的方向以及遵循阻力（能碍）最小的途径进行。而温度的升高，实际上就是提高反应活化分子的平均能量，使它们更加活泼，从而加速了反应。

为求反应的活化能及得出反应速度常数的温度关系式，可将式（2-3）用对数表示：

$$\ln k = -E_a/(RT) + k_0' \tag{2-4}$$

式中，$k_0' = \ln k_0$。以不同温度下得出的 $\ln k$ 对 $1/T$ 作图，得一条直线（见图 2-2（a）），斜率为 $-E_a/R$，截距为 k_0'，从而可得：

$$E_a = -R \times 斜率, \quad \ln k = A/T + B \tag{2-4'}$$

式中，$A = -E_a/R$，$B = k_0'$。

上式表明，在温度不大的范围内，活化能 E_a 可看作与温度关系不大的常数，但它能反映温度对反应速率的影响。E_a 很大的反应，升高温度，k 值增加得很显著；E_a 值小的反应，升高温度，k 值增加得不很显著，如图 2-2（b）所示。

活化能随温度改变，则 $\ln k$ 与 $1/T$ 的关系如图 2-3 所示，是曲线。这时可从曲线上的温度点作切线，由切线的斜率得出该温度的活化能。活化能随温度的改变多半表明反应机理发生了变化。

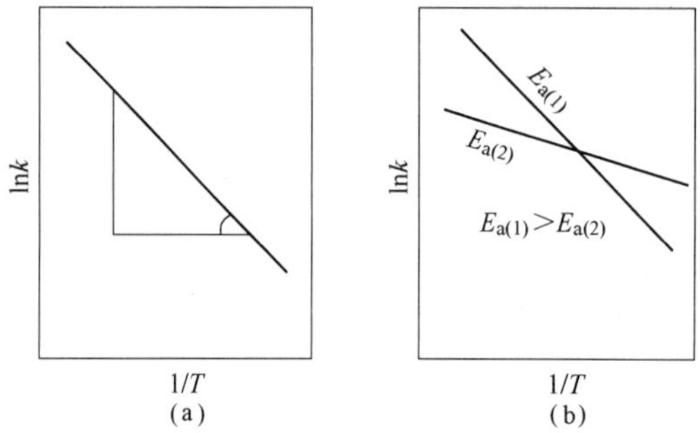

图 2-2　$\ln k - 1/T$ 的关系

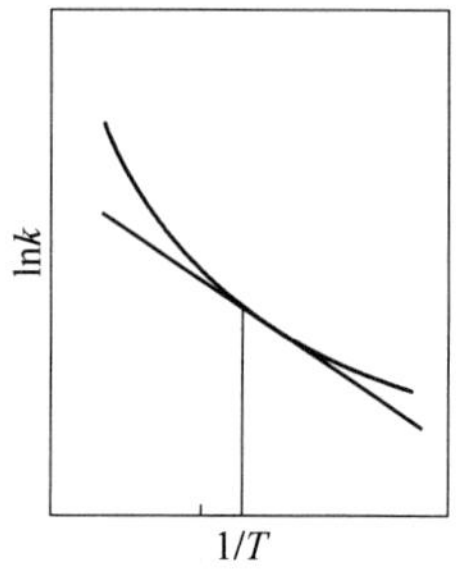

图 2-3　$\ln k - 1/T$ 的关系

阿累尼乌斯方程不仅用于处理化学反应，还能在理论上应用于扩散、黏滞流动等其他分子的传输过程。

反应速率常数 k 也可由以分子结构理论和量子力学为基础的绝对反应速率理论，或称过渡状态理论来计算。反应分为两步进行，反应物分子间首先碰撞，形成活化络合物（M），而后分解成产物：

$$A + B + \cdots \rightleftharpoons M \longrightarrow 产物$$

活化络合物（M）是如图 2-4 所示的反应途中处于活化能最大状态的原子集团，其形成的平衡常数为：$K = \dfrac{c_M}{c_A c_B \cdots} = \exp\left(-\dfrac{\Delta G_m^*}{RT}\right)$，其分解速率就是整个反应的速率。而其分解乃是向分解方向的分子发生振动，转化为产物。络合物的振动数（ν）是与其分解的频率相等的。因此，反应速率等于络合物的振动数与其浓度的乘

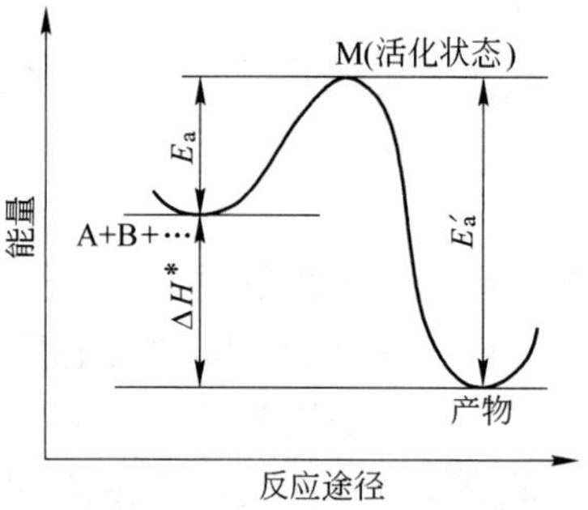

图 2-4　反应发生的能量变化

积。根据量子力学，振动数（ν）由下式表出：

$$\nu = \frac{k'T}{h}$$

式中 k'——玻耳兹曼常数；

h——普朗克常量。

因此，反应速率 v 为：

$$v = kc_A c_B \cdots = \frac{k'T}{h}c_M = \frac{k'T}{h}c_A c_B \cdot \exp\left(-\frac{\Delta G_m^*}{RT}\right)$$

而反应速率常数 k 为：

$$k = \frac{k'T}{h}\exp\left(-\frac{\Delta G_m^*}{RT}\right) = \frac{k'T}{h}\exp\left(\frac{\Delta S_m^*}{R}\right)\exp\left(-\frac{\Delta H_m^*}{RT}\right) \qquad (2-5)$$

ΔS_m^* 是反应的活化熵，ΔH_m^* 是活化焓，它们可由反应物和络合物的配分函数算出。从式（2－5）可以看出，反应速率不仅取决于活化焓，而且还与活化熵有关，两者对速率常数的影响正相反。所以，有些反应虽然活化焓很大，但由于其活化熵也很大，仍能以较快的速率进行。但是，也有些反应即使其活化焓很小，如其活化熵是一个绝对值较大的负数，其反应速率也可能很小。

【例2－2】 在能旋转的石墨坩埚内放置含氧化钒的高炉渣与铁水接触，作还原的动力学实验。在不同时间测得渣中钒含量的变化如表2－3所示。渣中钒以三价离子存在，则还原反应为：$2(V^{3+}) + 3(O^{2-}) + 3[C] = 2[V] + 3CO$。[C]的浓度为饱和浓度，碱度一定时，$(O^{2-})$ 的浓度也为恒定值。试求反应的级数、反应速率常数的温度式及活化能。

表2－3 渣中氧化钒被铁水中碳还原时的钒含量 $w(V)_{\%}$

温度/K \ 时间/min	0	10	20	30	40	50
1693	2.0	1.80	1.70	1.61	1.60	1.58
1737	2.0	1.68	1.50	1.20	1.00	0.90
1785	2.0	1.60	1.00	0.80	0.65	0.50

解 （1）反应的级数。以 $\lg c(V) - t$ 作图，不是直线关系（未绘出图），说明反应不是一级。再用 $1/c(V) - t$ 作图，得出直线关系（见图2－5），证实反应对 $c(V)$ 是二级。

（2）反应速率常数的温度式。利用二级反应的速率积分式计算出 k 值：

$$k = \frac{1}{t} \cdot \frac{c^0(V) - c(V)}{c^0(V)c(V)}$$

对各温度，k 取平均值；或从图2－5（a）中各直线的斜率得出 k 值。再将各 T 及其相应的 k 值列成表2－4。上式中，$c(V) = \frac{w(V)_{\%}\rho_m}{100M_V} = \frac{w(V)_{\%} \times 7}{100 \times 51} = 1.37 \times 10^{-3} w(V)_{\%}$ （mol/cm^3），k 的单位为 $cm^3/(mol \cdot min)$。

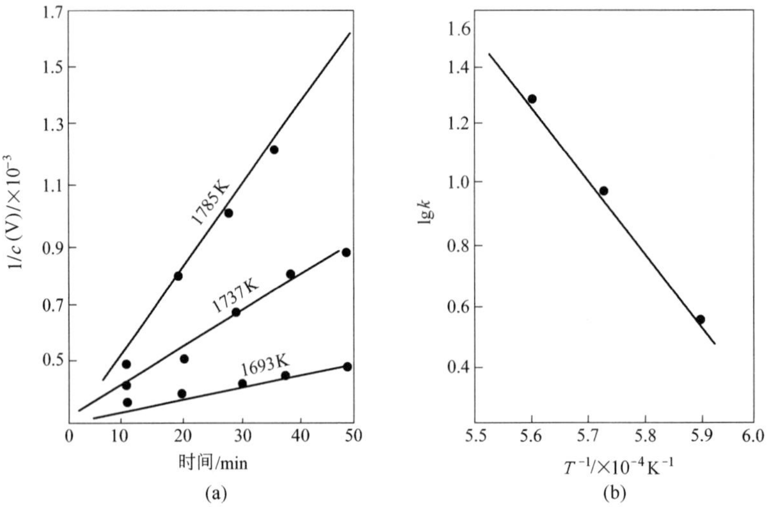

图 2－5　渣中氧化钒被碳还原反应级数的确定法（a）及活化能的确定法（b）

表 2－4　各温度的 1/T 及 lg$k$ 值

温度/K	1693	1737	1785
$T^{-1}/\times10^{-4}$	5.91	5.76	5.60
k	2.89	7.84	16.79
lg$k$	0.46	0.89	1.23

用回归分析法处理上列数据，取 $y=Ax+B$，式中 $y=\lg k$，$x=1/T$，得：

$$\lg k=-\frac{24286}{T}+14.85$$

（3）活化能。$E_a=-19.147\times(-24286)=465004$　J/mol。

以上反应发生在高速旋转坩埚内，同时又是在 CO 气泡搅拌的条件下，即在强大的对流扩散下进行的，反应的限制环节是化学反应，所以能够计算出多相体系内化学反应的速率常数的温度式。

2.1.3　可逆反应的速率式

前面导出的反应的速率式是在“不可逆”条件下得出的，这仅在反应初期或反应的平衡常数很大，而逆反应可以忽视时，才是正确的。但若体系内出现了逆反应，在确定反应的总速率时，则应考虑逆反应的存在。

对于可逆反应　$a\mathrm{A}+b\mathrm{B}\rightleftharpoons e\mathrm{E}+d\mathrm{D}$

其净反应速率为：　$v_\mathrm{A}=k_+c_\mathrm{A}^ac_\mathrm{B}^b-k_-c_\mathrm{E}^ec_\mathrm{D}^d$

当反应达到平衡时，$v_\mathrm{A}=0$，故有：

$$\frac{k_+}{k_-}=\left(\frac{c_\mathrm{E}^ec_\mathrm{D}^d}{c_\mathrm{A}^ac_\mathrm{B}^b}\right)_{平}=K$$

式中　k_+，k_-——分别为正、逆反应的速率常数；

K——反应的平衡常数。

故　$$v_\mathrm{A}=k_+c_\mathrm{A}^ac_\mathrm{B}^b-k_-c_\mathrm{E}^ec_\mathrm{D}^d/k_+=k_+(c_\mathrm{A}^ac_\mathrm{B}^b-c_\mathrm{E}^ec_\mathrm{D}^d/K)\tag{2-6}$$

可见，可逆反应的速率式中包含了热力学(K)和动力学(k)的因素。对于具体的反应，由式(2－6)还可进一步导出其积分式。

【例2－3】 试导出 FeO(s) 被 CO 还原的反应 $FeO(s) + CO = Fe(s) + CO_2$ 的速率微分式及积分式。假定气流速度够快，CO、CO_2 的界面浓度与相内浓度（mol/m^3）相同。

解 还原反应为一级可逆反应：$FeO(s) + CO \underset{k_-}{\overset{k_+}{\rightleftharpoons}} Fe(s) + CO_2$

其速率的微分式为：$v = -\frac{dc}{dt} = k_+ c(CO) - k_- c(CO_2)$

按式（2－6），可写成：$v = k_+ (c(CO) - c(CO_2)/K)$

由于在反应中 CO 消失的物质的量和 CO_2 生成的物质的量相等，故 $c(CO) + c(CO_2) = \text{const} = c$，则：

$$v = -\frac{dc}{dt} = k_+\left(c(CO) - \frac{c}{K} + \frac{c(CO)}{K}\right) = k_+\left[\left(1+\frac{1}{K}\right)c(CO) - \frac{c}{K}\right]$$

平衡时，$v = 0$，则 $\frac{c}{K} = \left(1+\frac{1}{K}\right)c(CO)_{平}$

式中 $c(CO)_{平}$——反应达到平衡时 CO 的浓度。

故 $$-\frac{dc}{dt} = k_+\left(1+\frac{1}{K}\right)(c(CO) - c(CO)_{平})$$

再将 c 的后标取消，则可得出以上可逆反应的微分式为：

$$v = -\frac{dc}{dt} = k(c - c_{平}) \tag{2-7}$$

式中，$k = k_+\left(1+\frac{1}{K}\right)$，称为一级可逆反应的速率常数。它是由正反应的速率常数和反应的平衡常数组成，体现了动力学因素和热力学因素的结合。

由上述微分式可进一步导出其积分式。将式（2－7）分离变量：

$$-\frac{dc}{c - c_{平}} = k dt$$

积分后，得：$\ln(c - c_{平}) = -kt + I$

式中，I 为积分常数，能由 $t = 0$ 的初始浓度 c^0 求得，即 $I = \ln(c^0 - c_{平})$，因而上式变为：

$$\ln\frac{c - c_{平}}{c^0 - c_{平}} = -kt \quad 或 \quad k = -\frac{1}{t}\cdot\ln\frac{c - c_{平}}{c^0 - c_{平}}$$

2.1.4 多相化学反应的速率式

由于多相反应在体系内相界面上进行，所以在其速率式中要引入相界面的面积（A，m^2）这一因素。对于一级反应，有：

$$v = k\cdot\frac{A}{V}\cdot\Delta c \quad (mol/(m^3\cdot s)) \tag{2-8}$$

式中 k——界面反应速率常数，它和以相内浓度为基础的均相反应的 k 不相同，其是以单位面积为基础的 k，m/s[1]；

---

[1] $k = \frac{v}{(A/V)\cdot\Delta c} = \frac{mol/(m^3\cdot s)}{(m^2/m^3)\cdot mol/m^3} = m/s$。

A——相界面面积，m^2；

V——体系的体积，m^3；

Δc——对可逆反应为 $\Delta c = c - c_{平}$，对不可逆反应为 $\Delta c = c$，mol/m^3。

二级界面反应 k 的单位为 $m^4/(mol \cdot s)$，而其体积反应 k 的单位为 $m^3/(mol \cdot s)$，两者之比为 m。同样，对一级反应，两者之比也为 m。

2.2 分子扩散及对流传质

扩散是体系中物质自动迁移、浓度变均匀的过程。它的驱动力是体系内存在的浓度梯度或化学势梯度$\left(\frac{dc}{dx} = \frac{c}{RT} \cdot \frac{d\mu_c}{dx}\right)$，促使组分从高浓度区向低浓度区内迁移。

纯物质体系中的扩散是同位数的浓度不同时发生的，这称为自扩散或本征扩散（intrinsic diffusivity)，它是无相界面的扩散。当体系中有一组分在扩散，另一组分也会由于相反方向上化学势梯度的存在而形成相反方向的扩散，两组分的扩散同时存在、互相影响，这称为互扩散或化学扩散（intermutual or chemical diffusivity)，它是相界面的扩散。原子的这种迁移导致体系的组成均匀。这两种扩散均属于分子扩散，发生于静止的体系中。另一类为与外界条件有关的扩散，如表面扩散、毛细管扩散、漩涡扩散等。

在流动体系中出现的扩散则称为对流传质或紊流湍动传质，它是由分子扩散和流体的分子集团的整体运动（即对流运动)，使其内的物质发生迁移。

单位时间内，通过单位截面积的物质的量（mol）称为该物质的扩散通量，也称为物质流或传质速率，其单位是 $mol/(m^2 \cdot s)$，而单位时间通过某截面积的物质的量则称为扩散流，mol/s。

2.2.1 分子扩散

2.2.1.1 分子扩散的基本定律——菲克定律

在静止的混合体系中，任一组分原子或分子的周围均存在着浓度梯度，若某组分在 x 轴方向上的浓度梯度为$\partial c/\partial x$，则它将向浓度降低 x 的方向迁移。该组分在单位时间内，通过垂直于扩散方向单位截面积的物质的量（即扩散通量）与其浓度梯度成正比：

$$J = \frac{1}{A} \cdot \frac{dn}{dt} = -D\frac{\partial c}{\partial x} \tag{2-9}$$

式中 J——扩散通量，$mol/(m^2 \cdot s)$；

A——扩散流通过的截面积，m^2；

D——扩散系数，m^2/s；

$\partial c/\partial x$——在 x 轴方向上的浓度梯度，mol/m^4；

x——距离，m。

式中的负号表示扩散通量的方向与浓度梯度的方向相反，即$\partial c/\partial x$ 在扩散方向是负值，加上负号使扩散通量为正值。

$\partial c/\partial x$ 是常量和变量的情况，分别称为菲克第一定律和第二定律。

当单位时间进入某扩散层的物质通量等于其流出的通量时，收入等于支出，扩散层内没有物质的累积，这就形成了稳定态的扩散。扩散层内各处物质的浓度不随距离和时间而改变（浓度梯度用偏微分表示，这是因为在一般情况下浓度还随时间而改变），$\partial c/\partial x =$ const，因此，浓度和距离成线性关系：$c = ax + b$，a、b 为常数，故式（2-9）可改写为：

$$J = -D \cdot \frac{\partial c}{\partial x} = -D \cdot \frac{\Delta c}{\Delta x} = -D \cdot \frac{c - c^0}{\Delta x} \tag{2-10}$$

式中　c^0，c——扩散层两端的浓度，mol/m³。

当进入某扩散层的物质通量不等于其流出的通量时，扩散层内物质的量有变化，浓度随时间和距离而改变，形成了特定的浓度场，从而浓度梯度也发生了改变：$\frac{\partial}{\partial x}\left(\frac{\partial c}{\partial x}\right) = \frac{\partial^2 c}{\partial x^2}$。这就是非稳定态的扩散，它服从扩散的菲克第二定律：

$$\frac{\partial c}{\partial t} = \frac{\partial}{\partial x}\left(D \cdot \frac{\partial c}{\partial x}\right) = D \cdot \frac{\partial^2 c}{\partial x^2} \tag{2-11}$$

即浓度随时间的变化，与浓度梯度的二阶导数成正比。

式（2-11）可根据扩散物质的质量平衡关系导出。设扩散层的截面积为 1m²，厚度为 dx，则体积元的体积为 $1 \times \mathrm{d}x = \mathrm{d}x$，m³。

dt 时间内流入与流出此体积元的扩散通量的代数和（即净流出量）称为发散量，其值为：

$$\mathrm{div}\,\bar{J} = -D\left(\frac{\partial c}{\partial x}\right)\mathrm{d}t - \left[-D\frac{\partial c}{\partial x} + \frac{\partial}{\partial x}\left(-D\frac{\partial c}{\partial x}\right)\mathrm{d}x\right]\mathrm{d}t = D\frac{\partial^2 c}{\partial x^2}\mathrm{d}x \cdot \mathrm{d}t \tag{1}$$

式中，右端第 3 项为体积元内距离为 dx 的扩散通量梯度的变化量。

dt 时间内，体积元内积累的物质的量为：

$$\theta = (1 \times \mathrm{d}x) \cdot \frac{\partial c}{\partial t} \cdot \mathrm{d}t = \frac{\partial c}{\partial t} \cdot \mathrm{d}t \cdot \mathrm{d}x \tag{2}$$

式(1)和式(2)相等，得：

$$\frac{\partial c}{\partial t} = D\frac{\partial^2 c}{\partial x^2} \tag{2-12}$$

此即菲克第二定律的一维微分方程，也可简单写成：$\frac{\partial c}{\partial t} = D\,\nabla^2 c$。

当组分向三维空间扩散时，则有：$\frac{\partial c}{\partial t} = D\left(\frac{\partial^2 c}{\partial x^2} + \frac{\partial^2 c}{\partial y^2} + \frac{\partial^2 c}{\partial z^2}\right)$

此三维扩散的数学方程的解很复杂，但在物质流动时，扩散阻力主要集中在相界面的薄层内，所以一般利用一维扩散方程即可近似表出这种过程。

如果扩散层内有化学反应发生，则菲克第二定律可表示为：

$$D\frac{\partial^2 c}{\partial x^2} = \frac{\partial c}{\partial t} + kc^n \tag{2-13}$$

式中　kc^n——n 级化学反应的速率。

式（2-12）、式（2-13）是菲克第二定律的微分方程，是流量连续变化的非稳定态下的扩散方程。在选定的初始条件和边界条件（即体系和环境之间物质和能量的交换条件）下解此微分方程❶，可得出 $f(t,x,c)=0$ 的数学式：

---

❶ 参见附录 1 中（3）。

$$\frac{c-c^0}{c^*-c^0}=1-\mathrm{erf}\ z \tag{2-14}$$

式中 c^0——初始浓度；

c^*——界面浓度；

erf——误差函数符号；

D——扩散系数。

式(2－14)中的 $\mathrm{erf}\ z\left(=\frac{2}{\sqrt{\pi}}\int_0^z \mathrm{e}^{-z^2}\mathrm{d}z\right)$称为高斯误差函数，它是高斯误差分布函数 $y=\mathrm{e}^{-z^2}$的积分乘以 $2/\sqrt{\pi}$。而式右边，即 $1-\mathrm{erf}\ z$ 则称为补余误差函数，它是 $x/\sqrt{Dt}$的函数。因此，比较简单的方法是用$\frac{c-c^0}{c^*-c^0}=f\left(\frac{x}{\sqrt{Dt}}\right)$函数曲线求解上式，如图2－6所示。

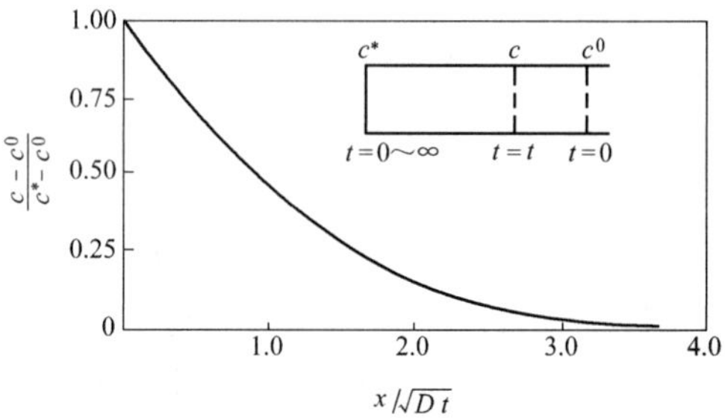

图2－6 $\frac{c-c^0}{c^*-c^0}=f\left(\frac{x}{\sqrt{Dt}}\right)$函数曲线

【例2－4】 用 CO + CO_2 混合气体（$\varphi(CO)=96\%$，$\varphi(CO_2)=4\%$），在 1273K 下对低碳钢件（$w[C]=0.1\%$）进行渗碳处理。渗碳气体对钢件表面保持着 $w[C]=1.0\%$ 的表面浓度。计算：（1）渗碳2h后，钢件表面下 0.3×10^{-3}m 深处的 $w[C]_{\%}$。（2）3h后，$w[C]>0.40\%$的渗碳层厚度。（3）如使 $w[C]>0.40\%$的渗碳层的厚度增加1倍，需要多少时间？钢件中 $D_C=3\times10^{-11}\mathrm{m^2/s}$。

解 （1）由式(2－14)知，欲求时间 t 的扩散浓度，需先求出 $x/\sqrt{Dt}$值，再由图2－6得到$\frac{c-c_0}{c^*-c_0}$值。

$$\frac{x}{\sqrt{Dt}}=\frac{0.3\times10^{-3}}{\sqrt{3\times10^{-11}\times2\times3600}}=0.645$$

由图2－6得：
$$\frac{c-c_0}{c^*-c_0}=0.52$$

渗碳2h后，钢件表面下 0.3×10^{-3}m 深处，

$$w[C]_{\%}=0.52\times(1.0-0.1)+0.1=0.560,w[C]=0.560\%$$

（2）
$$\frac{c-c_0}{c^*-c_0}=\frac{0.40-1.0}{0.10-1.0}=0.667$$

由图2－6得：$\frac{c-c_0}{c^*-c_0}=0.667$的$\frac{x}{\sqrt{Dt}}=0.53$，故

$$x=0.53\sqrt{Dt}=0.53\times(3\times10^{-11}\times2\times3600)^{1/2}$$
$$=0.246\times10^{-3}\mathrm{m}$$

（3）$w[C]\geqslant0.4\%$的渗碳层的厚度增加1倍，则 $x=2\times0.246\times10^{-3}$m。在相同的渗碳条件下，碳扩散层的距离是与时间成正比的，因而(2)和(3)中的渗碳有相同的$\frac{x}{\sqrt{Dt}}$

值，即：

$$\frac{x}{\sqrt{Dt}}=\frac{0.246\times10^{-3}}{\sqrt{D\times3\times3600}}=\frac{2\times0.246\times10^{-3}}{\sqrt{Dt}}$$

而

$$t=\left(\frac{2\times0.246\times10^{-3}}{0.246\times10^{-3}}\right)^2\times3\times3600$$
$$=43200\text{s}=12\text{h}$$

2.2.1.2 扩散系数

由式（2－9）可见，扩散系数 D 是浓度梯度 $\partial c/\partial x=1$ 的扩散通量。它是体系局部状态的函数，所以和 T、p 及体系的局部成分有关。

根据爱因斯坦公式：

$$D=\frac{1}{6}\left(\frac{\Delta^2}{t}\right)$$

式中 Δ^2——原子的平均平方移动距离，它是原子单位跳跃的长度；

t——原子两次移动的平均时间。

按液体的弗连克尔模型，原子要在其平衡位附近振动一定时间，获得足够能量后才能移入邻近的平衡位，因为要克服一定的能碍。原子在平衡位上停留而振动的时间就是两次移动之间的平均时间 t，其值与振动周期有关：

$$t=t_0\exp[E_D/(RT)]$$

式中 t_0——振动周期；

E_D——原子移动的活化能。

而原子间平均移动距离 $\Delta^2=r^2$，则：

$$D=[r^2/(6t_0)]\exp[-E_D/(RT)]=D_0\exp[-E_D/(RT)] \tag{2-15}$$

式中 D_0——指数前系数，$D_0=r^2/(6t_0)$，可由测定的 $\ln D-1/T$ 关系图求得 D_0 及 E_D。

A 固体内的扩散

在凝聚相中，点阵上的原子扩散到邻近空位上，相邻的另一原子又扩散到这一原子扩散后所留下的空位上，即原子与空位发生相反方向的移动。这种扩散的活化能就是产生邻近空位所需的能量。当空位形成后，原子沿空位移动的能量却很小。空位扩散是固体中主要扩散机理。除此之外，还有原子互换位置、相邻几个原子同时进行转圈式交换位置、沿间隙位移动位置等机理。固体中的扩散系数 $D=10^{-12}\text{m}^2/\text{s}$ 数量级。

B 溶液中的扩散

在溶液中，扩散系数 D 还与溶液的组成有关。在浓度场中，组分 B 受到的作用力为：

$$F_B=-\frac{1}{N_A}\cdot\frac{\partial\mu_B}{\partial x}$$

式中 N_A——阿伏加德罗常数。

则每个原子移动的速度为：

$$v_B=B_BF_B=-\frac{B_B}{N_A}\cdot\frac{\partial\mu_B}{\partial x}$$

式中 B_B——淌度，即原子 B 在单位力作用下产生的速度。

在化学势梯度驱动下，原子在 x 方向上的扩散通量则为：

$$\mu_B = c_B v_B = -B_B \frac{c_B}{N_A} \cdot \frac{\partial \mu_B}{\partial x}$$

又
$$\mu_B = -D_B \frac{\partial c_B}{\partial x}$$

故
$$D_B = \frac{c_B B_B}{N_A} \cdot \frac{\partial \mu_B}{\partial c_B}$$

将上式中的 c_B 改写成 x_B，又因 $\mu_B = \mu_B^\ominus + RT\ln\gamma_B x_B$，则：

$$D_B = \frac{B_B RT}{N_A}\left(\frac{\partial \ln\gamma_B + \partial \ln x_B}{\partial x_B / x_B}\right) = kTB_B\left(1 + \frac{\partial \ln\gamma_B}{\partial \ln x_B}\right) \tag{2-16}$$

当 $x_B \to 0$ 时，$\gamma_B = \gamma_B^0 = \text{const}$，从而 $\mathrm{d}\ln x_B \to 0$，$\mathrm{d}\ln\gamma_B \to 0$，故得：

$$D_B = B_B kT$$

或用通式表示为：

$$D = BkT \tag{2-17}$$

这是一个原子的扩散系数，式中，B 为原子的淌度，k 为玻耳兹曼常数。它表明在稀溶液中，扩散系数 D 是常数。

根据斯托克斯（Stokes）公式：$F = 6\pi\eta r u$，故 $B = \dfrac{u}{F} = \dfrac{1}{6\pi\eta r}$，因此溶液中

$$D = kT/(6\pi\eta r) \tag{2-18}$$

式中　η——溶液的动力黏度[1]，Pa · s；

r——扩散原子的半径，m。

式（2-18）称为斯托克斯—爱因斯坦公式，适用于原子（或质点）尺寸比介质质点尺寸大得多的情况。但液体金属中原子间的尺寸相近，因而此式只能近似地用于金属液中的扩散。但根据实验测定的结果，式（2-18）却能较普遍地适用于金属液中的扩散，可能是偶然的巧合。

在稀溶液中，D 除与扩散质点的尺寸有关外，还与异类原子（离子）间的键能有关。质点的尺寸减小及其与邻近质点的键能减小，则 D 增大。当它们之间的作用力增加，特别是在共价键成分高、形成群聚原子团时，扩散系数减小了许多，例如，铁液中溶解氧以 FeO 群聚团进行扩散。此外，影响溶液黏度的第三组分的存在，也常使扩散系数改变。

C　气体中的扩散

气体常发生对流，所以其扩散系数的测定比较困难。如两种气体彼此扩散，只有气体 A 在一个方向上的扩散通量等于气体 B 在相反方向上的扩散通量，才能保持稳定态的扩散。

由菲克第一定律

$$J_A = J_B = -D_{AB}\frac{\partial c_A}{\partial x} = D_{AB}\frac{\partial c_B}{\partial x}$$

D_{AB}称为 A 在 B 或 B 在 A 中的互扩散系数。它与其两个单一组分扩散系数的关系式是：$D_{AB} = x_A D_A + x_B D_B$。式中，$D_A$ 及 D_B 称为组分的本征扩散系数，可由实验测定，它们均随浓度而改变。若 A-B 二元系中一个组分的浓度极低，则有 $D_{AB} = D_B$ 的关系存在，即互扩散系数与浓度较低组分的本征扩散系数近似相等。

根据气体分子动力理论，D_{AB}可由下式得出：

---

[1] 参见 3.4.3 节。

$$D_{AB}=\frac{T^{1.75}\times10^{-7}}{(V_A^{1/3}+V_B^{1/3})^2p'}\times\left(\frac{M_A+M_B}{M_AM_B}\right)^{1/2}\quad(m^2/s)\tag{2-19}$$

或

$$D_{AB}=\frac{K}{p'}\cdot T^{1.75}\tag{2-20}$$

式中 V_A，V_B——气体 A 及 B 的摩尔体积，m^3/mol，某些气体的摩尔体积见表 2－5；
p'——总压力，$p'=p'_A+p'_B$，Pa；
M_A，M_B——气体 A 及 B 的摩尔质量，kg/mol；
K——与压力及温度无关的常数。

表 2－5 某些气体的摩尔体积 （m^3/mol）

气 体	摩尔体积	气 体	摩尔体积	气 体	摩尔体积
H_2	7.07	Ne	5.59	NH_3	14.9
He	2.88	Ar	16.1	H_2O	12.7
N_2	17.9	CO	18.9	Cl_2	37.7
O_2	16.6	CO_2	26.9	Br_2	67.2
空气	20.1	N_2O	35.9	SO_2	41.1

可见，气体在自由空间的互扩散系数与热力学温度的 1.75 次方成正比，而与总压力成反比。气体的互扩散系数位于 $10^{-5}\sim10^{-3}m^2/s$ 之间。表 2－6 所示为某些气体的互扩散系数。

表 2－6 某些气体的互扩散系数（273K，100kPa） （m^2/s）

气 体	互扩散系数	气 体	互扩散系数
H_2-H_2O	7.47×10^{-5}	$CO-CO_2$	1.39×10^{-5}
H_2－空气	2.19×10^{-5}	$CO-N_2$	1.44×10^{-5}
H_2O-CO_2	1.38×10^{-5}		

上述气体在其他温度下的扩散系数可用下式计算：

$$D_T/D_0=(T/T_0)^{(1.5\sim2)}\tag{2-21}$$

式中 D_T，D_0——分别为 T 及 273K 下的扩散系数。

D 气体在固体孔隙中的扩散

气体在多孔介质孔隙中的扩散系数和孔隙的直径有关。当孔隙很小、气体分子的平均自由程（λ）比孔隙的直径大得多时，气体分子直接与孔隙壁碰撞的机会就会比分子之间相互碰撞的机会多，致使其内气体扩散的速率减小，这称为克努生（Knudsen）扩散。若孔隙的直径比气体分子的平均自由程大得多，则分子间的相互碰撞较频繁，而分子与孔隙壁的碰撞相对较少，与自由空间的扩散速率完全相同。

克努生扩散系数 D_k 根据理论推导，可用下式表示出：

$$D_k=\frac{2}{3}r\left(\frac{8RT}{\pi M}\right)^{1/2}=3.068r\sqrt{\frac{T}{M}}\tag{2-22}$$

式中 r——孔隙的半径，m；

T——热力学温度，K；

M——扩散气体的摩尔质量，kg/mol。

但是，由于多孔介质中孔隙的分布错综复杂，不仅孔隙大小各异，而且形状也不相同。其有效扩散截面要比整个多孔介质的横截面小得多，而且扩散的途径弯曲拐折，比外观距离更长，难以用上式来计算其内气体的扩散系数。因此，考虑上述各因素时，引出了一个对气体在自由空间的扩散系数进行修正的有效扩散系数 D_e：

$$D_e = D\varepsilon\xi \quad (m^2/s) \tag{2-23}$$

式中 D——气体在自由空间内的扩散系数，m^2/s；

ε——多孔介质的孔隙率，%（m^3/m^3）；

ξ——迷宫系数（tortuosity factory），或称拉比伦斯系数（labyrinth factory），它是两点间直线距离对曲折距离之比，其值越小，表明孔隙毛细通道曲折度越大，扩散距离的增长度越大，对于未固结散料，其值为0.5～0.7，对于压实料坯，其值可达0.1～0.2。

迷宫系数 ξ 能由实验测定，可表示为孔隙率 ε 的直线关系。例如，H_2 还原赤铁矿时，测得还原层内 ξ 与 ε 的经验式为：

$$\xi = 0.04 + 0.238\varepsilon$$

一般来说，当气体分子的平均自由程比孔隙直径大一个数量级（孔隙小于 10^{-7} m）时，可认为克努生扩散起主要作用，而压力能显著地提高介质内气体的扩散速率。但当分子平均自由程远小于孔隙直径时，加大压力的作用则不显著。

E 等分子逆流扩散

对于等分子的反应，每种气体分子的总传质速率等于其扩散速率。例如，在铁矿石被 CO（或 H_2）还原的反应 FeO(s) + CO ═ Fe(s) + CO_2 中，稳定态下当传质成为限制环节时，气相中有一个 CO 分子扩散到固体 FeO(s) 的表面，发生化学反应，将产生一个 CO_2 分子。后者以相反方向从固体表面的还原层向气相中扩散，形成等分子逆流扩散，这种物质传输过程称为等分子逆流扩散传质。此时，由于气相中 CO 和 CO_2 的浓度之和为常数，即

$$c(CO) + c(CO_2) = \text{const}$$

则

$$\frac{dc(CO)}{dx} + \frac{dc(CO_2)}{dx} = 0$$

$$\frac{dc(CO)}{dx} = -\frac{dc(CO_2)}{dx}$$

又因气相混合物中 $D_{CO-CO_2} = D_{CO_2-CO} = D$，故由菲克第一定律可得：

$$J_{CO} = -D\frac{dc(CO)}{dx}, J_{CO_2} = -D\frac{dc(CO_2)}{dx}$$

即在等分子逆流扩散的气相中，组分 CO 和 CO_2 不仅具有大小相等、方向相反的浓度梯度，而且扩散传质速率的绝对值也彼此相等。又由于无压力变化就不能出现气体的流动，每种气体分子的总传质速率等于其扩散速率。

F* 上坡扩散（uphill diffusion）

根据菲克定律，扩散的驱动力是浓度梯度，扩散仅能从高浓度向低浓度进行。但按式

(2-16)，组分的本征扩散系数不仅与该组分的淌度有关，还与组分的活度系数有关。当 $\frac{\mathrm{dln}\gamma_B}{\mathrm{dln}x_B} < -1$ 时，则 $D_B < 0$，即扩散沿浓度增加的方向进行，出现了所谓的“上坡”扩散。例如，含有相同碳量，但其中一个又含有硅的两钢件焊接在一起，碳则能从含硅的钢件向不含硅的另一钢件中扩散，出现上坡扩散。但按菲克定律，两钢件中最初的碳量是相同的，就不会发生碳的扩散。因此，在这种条件下就应该认为，扩散的驱动力是活度梯度而不是浓度梯度，因为硅提高了碳的活度（铁中硅的活度相互作用系数 $e_{Si}^{Si} = 0.11$），它是碳从含硅钢件向不含硅钢件扩散的驱动力。这说明，扩散的真正驱动力应是化学势梯度 $\left(\frac{\mathrm{d}c}{\mathrm{d}t} = \frac{c}{RT} \cdot \frac{\mathrm{d}\mu}{\mathrm{d}x}\right)$。但是在一般的动力学中，利用菲克定律还是能说明问题的，仅在特殊解释中才需应用到活度概念。

气体中的扩散系数为 $10^{-5}\mathrm{m^2/s}$，铁液中的扩散系数为 $10^{-9}\mathrm{m^2/s}$，熔渣内的扩散系数为 $10^{-11} \sim 10^{-10}\mathrm{m^2/s}$，而固体金属中的扩散系数为 $10^{-19} \sim 10^{-11}\mathrm{m^2/s}$ 数量级，与固溶体的类型及扩散原子的半径有关。在间隙固溶体内，扩散原子的尺寸很小，沿结点间位扩散；而置换固溶体内，原子则沿空位或以环形异位方式向邻近位扩散。

2.2.2 对流扩散

2.2.2.1 对流扩散方程

在流速较大的体系内，物质的扩散不仅有由浓度梯度引起的分子扩散，还有由流体的对流引起的物质传输。扩散分子的运动和流体的对流运动同时发生，是使物质从一个地区迁移到另一个地区的协同作用，称为对流扩散。对流扩散系数和流体的体积流速有关，它比分子扩散系数要高几个数量级，为 $10^{-2}\mathrm{m^2/s}$。

设在 x 轴方向上出现分子扩散，虽然流体流动的方向和分子扩散的方向不完全一致，但 x 轴方向上有一个能协同分子扩散的速度分量 u_x，则分子扩散和流体流动在此方向上所发生的传质通量为：

$$J = -D\frac{\partial c}{\partial x} + u_x c \tag{2-24}$$

式中 J——传质通量，$\mathrm{mol/(m^2 \cdot s)}$；

D——分子扩散系数，$\mathrm{m^2/s}$；

c——浓度，$\mathrm{mol/m^3}$；

x——距离，m；

u_x——流体在 x 轴方向上的对流分速度，它是单位时间内流过单位截面的流体的体积，m/s（$\mathrm{m^3/(m^2 \cdot s)}$）。

式（2-24）右边第一项为分子的不稳定扩散通量，第二项则为流体流速引起的传质通量，因为 $u_x c$ 的单位为 $(\mathrm{m^3/(m^2 \cdot s)}) \times (\mathrm{mol/m^3}) = \mathrm{mol/(m^2 \cdot s)}$，所以 $u_x c$ 是单位时间、单位截面积上流过的该种物质的通量。将式（2-24）对 x 求导，可得：

$$\frac{\partial J}{\partial x} = -D\frac{\partial}{\partial x}\left(\frac{\partial c}{\partial x}\right) + u_x\frac{\partial c}{\partial x}$$

由于 $-\dfrac{\partial J}{\partial x}=\dfrac{\partial c}{\partial t}$[1]，故

$$-\frac{\partial c}{\partial t}=-D\frac{\partial^2 c}{\partial x^2}+u_x\frac{\partial c}{\partial x}\quad 或\quad -u_x\frac{\partial c}{\partial x}+D\frac{\partial^2 c}{\partial x^2}=\frac{\partial c}{\partial t} \tag{2-25}$$

对于三维扩散，则有

$$-\left(u_x\frac{\partial c}{\partial x}+u_y\frac{\partial c}{\partial y}+u_z\frac{\partial c}{\partial z}\right)+D\left(\frac{\partial^2 c}{\partial x^2}+\frac{\partial^2 c}{\partial y^2}+\frac{\partial^2 c}{\partial z^2}\right)=\frac{\partial c}{\partial t}$$

这是一个常系数的二阶偏微分方程。它的解，除了要给出初始条件和边界条件外，还要给出流体流动的连续性方程和动量守恒方程，比菲克第二定律的解更复杂。实际上，除少数具有简单的边界条件（例如，在平板上和旋转圆盘周围的流动），可以采用解析解外，多数都无法得出精确解，需要利用计算机进行数值法求解，这可参阅有关文献。

但在有对流运动的体系中，如果气（流）体在凝聚相的表面附近流动，流体的某组分向此相的表面扩散（或凝聚相表面的物质向流体中扩散），流体中扩散物的浓度是 c，而其在凝聚相表面上的浓度（界面浓度）是 c^*，则该组分的扩散通量与此浓度差成正比，可表示为：

$$J=\beta(c-c^*) \tag{2-26}$$

式中，β 为比例系数，称为传质系数，它与流体的速度（u）及性质（黏度、密度）、组分的扩散系数（D）有关，是浓度差为一单位的传质通量，也是一单位驱动力产生的传质速率，具有淌度的物理意义。$J/(c-c)^*$ 的单位为 $[\mathrm{mol/(m^2\cdot s)}]/(\mathrm{mol/m^3})=\mathrm{m/s}$，它和一级多相化学反应的速率常数的单位相同。

式(2－25)和式(2－26)均可称为对流扩散方程，后一方程是利用实验数据在模型法的基础上求得的传质系数来计算传质通量，避免了繁重的数学演算，在工程上得到了广泛的应用。

2.2.2.2 传质系数

传质系数可利用传质模型及量纲分析法导出。

A 边界层理论

在流速较大的非均相体系（气－固、气－液、液－固等）内，流体在相界面上流动时，由于流体与相界面出现摩擦阻力，在贴近相界面的流体薄层内有很大的速度梯度，而在相界面上流体的速度为零。但离开相界面，在垂直于流动方向上，流体的速度则逐渐增加，达到流体的主流速度后，其速度梯度为零。贴近相界面，有速度梯度出现的流体薄层称为速度边界层。

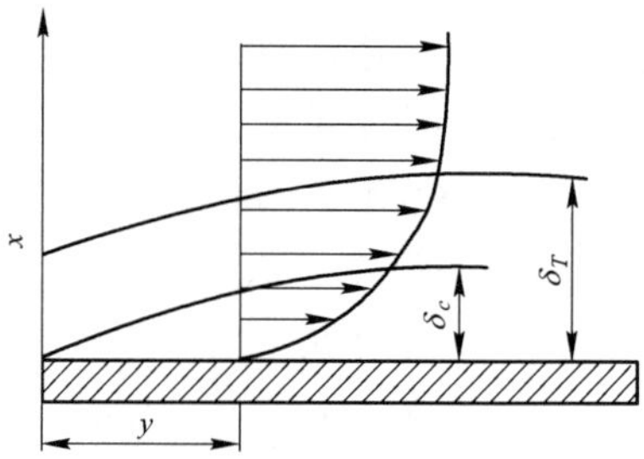

图 2－7　平板面上的速度边界层图

图 2－7 所示为流体以速度 u 沿固体平板表面流动时，在离流体与平板开始接触点的距离为 y 处速度的

[1] 在非稳定态扩散中，体积元 $\mathrm{d}x(\mathrm{m^3})$ 内物质积累的量为 $(\partial c/\partial t)\mathrm{d}x$，而此体积元内净增量为 $J-\left(J+\dfrac{\partial J}{\partial x}\mathrm{d}x\right)$，而 $J-\left(J+\dfrac{\partial J}{\partial x}\mathrm{d}x\right)=\dfrac{\partial c}{\partial t}\mathrm{d}x$，故 $\dfrac{\partial c}{\partial t}=-\dfrac{\partial J}{\partial x}$。

分布。边界层的厚度随流过的距离而变化，根据动量平衡计算，流体的速度边界层的厚度为：

$$\delta_u = 5.2(\nu y/u)^{1/2} \tag{2-27}$$

式中 ν——流体的运动黏度❶，m^2/s。

在此流体流动的过程中，同时还伴随有传热及传质现象发生。流体内部的温度不同于相界面的温度，于是在相界面附近形成了有温度梯度的温度边界层，其厚度用 δ_T 表示。根据传热方程，可得出温度边界厚度 δ_T 与速度边界层厚度 δ_u 之间的关系：

$$\delta_T = \delta_u\left(\frac{\nu}{\alpha}\right)^{-1/3} \tag{2-28}$$

式中 α——热扩散系数，或称导温系数，m^2/s。

又流体内部的浓度也不同于相界面的浓度，因而在相界面附近形成了有浓度梯度的扩散边界层，其厚度用 δ_c 表示。根据传质方程，可求出扩散边界层厚度 δ_c 与速度边界层厚度 δ_u 的关系：

$$\delta_c = \delta_u\left(\frac{D}{\nu}\right)^{1/3} \tag{2-29}$$

对于气体，因 $D=\nu=10^{-4}m^2/s$，故 $\delta_c=\delta_u$；对于金属熔体，$D=10^{-9}m^2/s$，$\nu=10^{-6}m^2/s$，故 $\delta_c/\delta_u=0.1$，即扩散边界层的厚度为速度边界层厚度的1/10。

由于以上三种传输过程是有内在联系的，都是由流体内的分子运动所引起的，所以它们所遵循的规律也是相似的，分别服从于牛顿黏滞定律、傅里叶（Fourier）定律及菲克定律。它们的传输系数（ν、α、D）具有相同的单位 m^2/s，并分别形成了以动量、温度及浓度梯度存在的三种边界层，以表示出它们的传输特征。

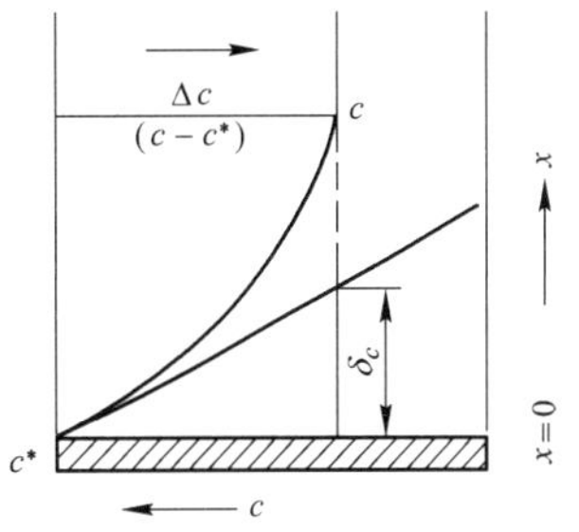

图2－8 平板表面上的浓度边界层（$c^* > c$）

图2－8所示为扩散边界层中浓度的分布曲线。c^* 为界面浓度，而 c 为扩散边界层外流体的内部浓度。虽然扩散边界层位于层流范围内，但它的浓度梯度发生了剧烈的变化，致使浓度分布曲线上的转折点无法确定，难以做出数学处理。但是由图可见，在贴近界面处，浓度分布曲线呈现了线性关系。因此，在 $x=0$ 处作浓度分布曲线的切线，以其与相内浓度（c）线的延长线的交点到界面的距离作为扩散边界层的厚度 δ_c，并进而求出传质系数 β。

由于在 $x=0$ 处，垂直于相界面的对流传质（$u_x c$）为零，故式（2－24）为：

$$J = -D\left(\frac{\partial c}{\partial x}\right)_{x=0} \tag{1}$$

又

$$J = \beta(c^* - c) \tag{2}$$

故

$$\beta = \frac{-D\left(\frac{\partial c}{\partial x}\right)_{x=0}}{c^* - c} \tag{3}$$

❶ 参见第3章3.4.3节。

由图 2－8 知：

$$\frac{c-c^*}{(\partial c/\partial x)_{x=0}}=\delta_c \tag{4}$$

式中，$(\partial c/\partial x)_{x=0}$为切线的斜率，其值为负；$c-c^*<0$。

故由式(3)及式(4)得传质系数为：

$$\beta=D/\delta_c \tag{2-30}$$

这样就把测定传质系数变为求边界层厚度的问题了，如此求得的扩散边界层又称为有效边界层。

扩散边界层内存在着浓度差，表征物质通过此层受到了扩散的阻力，因而可认为，物质在整个流体内及向相界面或离开相界面扩散时，所受到的阻力主要集中在此边界层内。边界层越厚，则扩散阻力越大，而传质系数就越小。但又由式(4)可见，相界面附近的浓度梯度（$(\partial c/\partial x)_{x=0}$越大（或切线的斜率越大），则边界层的厚度就越薄，而传质系数也越大。提高流体的速度可使浓度梯度变大，从而可降低边界层的厚度。当流速增大到使边界层的厚度趋近于零时，扩散阻力就不再存在了，这时的流速称为临界流速。因此，在保持临界流速的体系内，可以不用考虑这种扩散阻力的存在。

在相界面处（$x=0$），流体的流速为零，而且$\partial c/\partial t=0$，这是稳定态的分子扩散，可用菲克第一定律的数学式来处理此传质过程：

$$J=\frac{1}{A}\cdot\frac{\mathrm{d}n}{\mathrm{d}t}=-D\frac{\partial c}{\partial x}$$

即

$$\frac{1}{A}\cdot\frac{\mathrm{d}(Vc)}{\mathrm{d}t}=\frac{V}{A}\cdot\frac{\mathrm{d}c}{\mathrm{d}t}=-D\frac{\partial c}{\partial x}$$

式中 A——相界面面积，m^2；

V——流体的体积，m^3。

而由式(3)知，

$$-D\left(\frac{\partial c}{\partial x}\right)_{x=0}=\beta(c^*-c)$$

故

$$\frac{\mathrm{d}c}{\mathrm{d}t}=-\beta\cdot\frac{A}{V}\cdot(c-c^*) \tag{5}$$

式中

$$c-c^*<0$$

在高温下，界面反应速率远比扩散速率快，因而界面浓度 c^* 是反应的平衡浓度，可用 $c_{平}$ 表示出。于是，对式(5)做分离变量处理，得：

$$\frac{\mathrm{d}c}{c-c_{平}}=-\beta\cdot\frac{A}{V}\cdot\mathrm{d}t$$

积分上式，得：

$$\ln(c-c_{平})=-\beta\cdot\frac{A}{V}\cdot t+I$$

式中 I——积分常数，可由初始浓度 c^0 决定，即当 $t=0$ 时，$c=c^0$，而 $I=\ln(c^0-c_{平})$。

故

$$\lg\frac{c-c_{平}}{c^0-c_{平}}=-\frac{\beta}{2.3}\cdot\frac{A}{V}\cdot t \tag{2-31}$$

这便是流体内物质扩散速率的积分式。

因此，由实验测得各时间的浓度 c，以 $\lg\frac{c-c_{平}}{c^0-c_{平}}$ 对时间 t 作图，可由直线斜率 $\left(-\frac{\beta}{2.3}\cdot\frac{A}{V}\right)$求出传质系数 β 及有效边界层厚度 δ。

但应指出，实际上，有效边界层内仍有紊流流动，不能认为完全是静止的分子扩散，只能以等效的概念来理解此层内的对流扩散及分子扩散跟某种数值的分子扩散相当。

在紊流流体中，δ 一般为 $10^{-5} \sim 10^{-4}$m，随着流体搅拌强度的变化，β 波动在 $10^{-5} \sim 10^{-3}$m/s 之间。对于紊流的气体，$\beta = (1 \sim 5) \times 10^{-1}$m/s。

【例 2-5】 用如图 2-9 所示的旋转坩埚做高炉渣对铁水的脱硫实验。熔渣与碳饱和的铁水之间的脱硫反应为 $[S] + (O^{2-}) + [C] = (S^{2-}) + CO$，实验温度为 1873K，坩埚的转速为 100r/min。铁水的最初硫含量（质量分数）为 0.80%。硫在铁水内的 $D_S = 3.9 \times 10^{-9} m^2/s$。渣-铁界面硫的平衡浓度 $w[S]_平 = 0.013\%$，坩埚内铁水深度 $h = 0.0234$m，在脱硫过程中测得的各时间铁水内硫的质量分数如表 2-7 所示。试计算铁水内硫的传质系数和有效边界层的厚度。

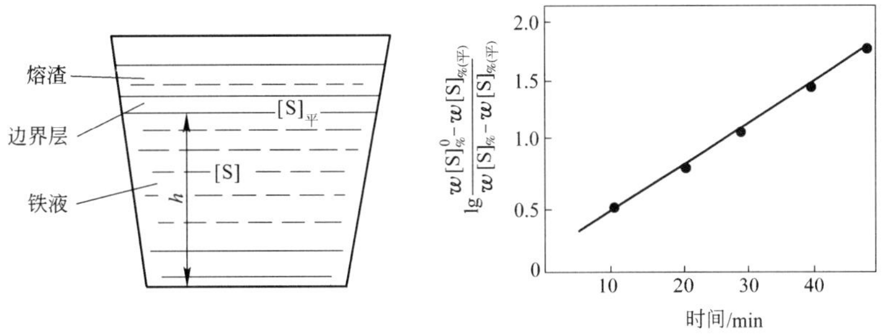

图 2-9　实验坩埚内铁水的扩散层及求 β 的图形法

表 2-7　各时间铁水内硫的质量分数

时间/min	0	10	20	30	40	50
$w[S]/\%$	0.8	0.263	0.113	0.065	0.044	0.033

解　利用式（2-31），由作图法可计算出 β，当浓度采用质量分数时，

$$\lg\frac{w[S]^0_\% - w[S]_{\%(平)}}{w[S]_\% - w[S]_{\%(平)}} = \frac{\beta}{2.3} \cdot \frac{A}{V} \cdot t$$

式中　$w[S]^0_\%, w[S]_\%, w[S]_{\%平}$——分别为铁水内实验开始前、时间 t 时硫的质量百分数及渣-铁界面硫的平衡质量百分数。

$$A/V = 1/h = 1/0.0234$$

将各时间对应的 $w[S]_\%$ 代入上式左端，计算值见表 2-8。

表 2-8　计算值

时间/min	0	10	20	30	40	50
$w[S]_\%$	0.8	0.263	0.113	0.065	0.044	0.033
$\dfrac{w[S]^0_\% - w[S]_{\%平}}{w[S]_\% - w[S]_{\%平}}$	1	3.15	7.87	15.1	25.39	39.35
$\lg\dfrac{w[S]^0_\% - w[S]_{\%平}}{w[S]_\% - w[S]_{\%平}}$	0	0.498	0.896	1.180	1.405	1.595

以 $\lg[(w[S]^0_\% - w[S]_{\%平})/(w[S]_\% - w[S]_{\%平})]$ 对 t 作图，如图 2-9 所示，直线斜率 $=[1/(2.3\times0.0234)]\times\beta=0.033$，故

$$\beta = 2.3\times0.0234\times0.033 = 1.78\times10^{-3}\text{m/min}$$

$$\delta = \frac{D}{\beta} = \frac{3.9\times10^{-9}\times60}{1.78\times10^{-3}} = 1.31\times10^{-4}\text{m}$$

B　浸透模型论

这个理论认为紊流体系内，界面上没有静止的边界层，从流体内部移来的流体常使相界面更新。如图 2-10 所示，把流体看作由浓度为 c 的多个体积元所组成。它们受流体的对流作用，从流体内部向相界面迁移，在前驻点 a 处与相界面接触，其浓度变为 c^*，当 $c^*>c$ 时，相界面的物质向此体积元内扩散；当 $c^*<c$ 时，体积元内的物质向相界面扩散。该体积元一直沿相界面移动，它们之间继续进行非稳定态的扩散。达到后驻点 b 后重新进入流体内，让位给从流体内来的另一体积元，此体积元又同样在相界面上进行非稳定态的扩散，使表面浓度 c^* 保持不变。该模型还假定流体和相界面之间处于平衡状态，所以体积元的迁移很快，它在相界面上停留的时间很短促，使扩散层的厚度远小于体积元的厚度；同时，也不考虑相反方向的扩散。因此，可把这种传质看作是一维半无限扩散过程。

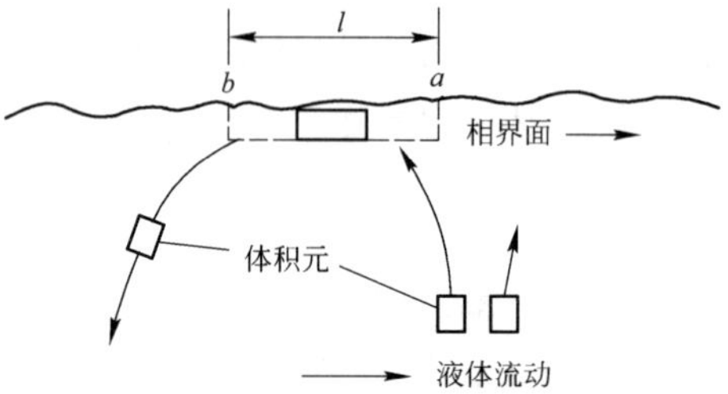

图 2-10　表面更新模型示意图

对于半无限非稳定态的一维扩散，菲克第二定律的解是：

$$\frac{c-c^0}{c^*-c^0} = 1-\text{erf}\left(\frac{x}{2\sqrt{Dt}}\right)$$

在 $x=0$ 处对 x 微分，得：

$$\left(\frac{\partial c}{\partial x}\right)_{x=0} = -\frac{2(c^*-c^0)}{\sqrt{4\pi Dt}}$$

而物质的扩散通量为：

$$J_{x=0} = -D\left(\frac{\partial c}{\partial x}\right)_{x=0} = \frac{2D(c^*-c^0)}{\sqrt{4\pi Dt}} = \sqrt{\frac{D}{\pi t}}\cdot(c^*-c^0)$$

体积元与相界面接触时间 t_e 内，平均扩散通量为：

$$J_{x=0} = \frac{1}{t_e}\int_0^{t_e}\sqrt{\frac{D}{\pi t_e}}\cdot(c^*-c^0)\text{d}t = \frac{2}{\sqrt{\pi}}\sqrt{\frac{D}{t_e}}\cdot(c^*-c^0)$$

根据传质系数方程 $J=\beta(c^*-c^0)$ 得：

$$\beta = 2\left(\frac{D}{\pi t_e}\right)^{1/2} \tag{2-32}$$

而

$$\delta = \frac{D}{\beta} = \frac{1}{2}(\pi D t_e)^{1/2} \tag{2-33}$$

因此，传质系数的计算在于确定体积元在相界面上的停留时间 t_e。其可由体积元的流速 u 和体积元在相界面上形成的两驻点间的距离 l 来确定，即：$t_e=l/u$。超过了 t_e，则体积元与流体的接触面积就要更新。

由于 t_e 一般较难确定，现在此模型多用于流体中气泡或液滴上浮时，由气泡等的直径

及上浮速度计算出 t_e。当气泡在流体中上浮时，气泡的顶点不断接触新的流体，而流体沿气泡表面向下流动，从气泡的底部离开气泡。它们之间相对运动的速度可视为无摩擦的流动，因而相对运动的速率就等于气泡上浮的速度 u。流体和气泡接触时，气泡移动的距离则是气泡的直径 d，因而两者的接触时间为：$t_e = d/u$。当时间超过 t_e 时，气泡与流体的接触面积就要更新。因此，利用测得的气泡的大小和上浮速度就能计算出 t_e。

根据钢液对气泡的浮力与排开液体所需的力相等的关系，得出气泡的上浮速度为：

$$u = 2\sqrt{\frac{gr}{3}} \tag{2-34}$$

式中 r——气泡的半径，m；

g——重力加速度，$g = 9.81\mathrm{m/s^2}$。

C 表面更新模型

流体（钢水）体积元与气泡的接触时间或寿命 t 并不像浸透模型那样假定是常数，而是按 $0 \sim \infty$ 分布，服从统计规律；而体积元的传质系数则与体积元暴露的时间分布有关，可由体积元与气泡的接触时间的分配函数 $\varphi(t)$ 求得，它是寿命为 t 的流体体积元面积占体积元总面积的分数。

$\varphi(t)$ 与体积元寿命的关系如图 2-11 所示：

$$\int_0^\infty \varphi(t)\,\mathrm{d}t = 1 \tag{1}$$

这表示界面上不同寿命（t）的体积元面积的总和为 1，亦即寿命为 t 的体积元面积占体积元总面积的 $\frac{\varphi(t)}{1}$。

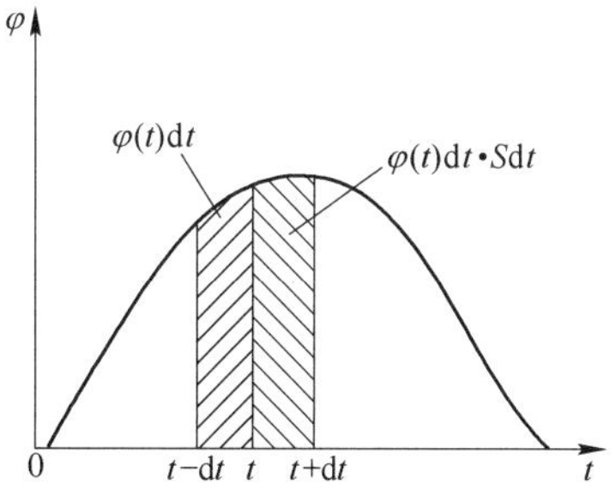

图 2-11 流体体积元在界面上的寿命分布函数

但在单位时间接触的面积中只有 S 部分被更新（S 表示单位时间内更新的表面积与相界面总面积之比），它是可测定的。因此，利用 $\varphi(t)$ 和 S 的关系，就可由 S 来计算与 $\varphi(t)$ 有关的传质速率。

如图 2-11 所示，若总表面积为 1，接触时间为（$t-\mathrm{d}t$）$\sim t$ 的流体体积元在界面上的面积为 $\varphi(t)\mathrm{d}t$，经过 $\mathrm{d}t$ 时间，被更新的表面积为 $\varphi(t)\mathrm{d}t \cdot S\mathrm{d}t$，则未更新的表面积为 $\varphi(t)\mathrm{d}t - \varphi(t)\mathrm{d}t \cdot S\mathrm{d}t = \varphi(t)\mathrm{d}t(1-S\mathrm{d}t)$。而在此时刻，体积元的表面积等于体积元在表面停留的时间 $t+\mathrm{d}t$ 内的面积：$\varphi(t+\mathrm{d}t)\mathrm{d}t$。它即是未被更新的表面积，故

$$\varphi(t+\mathrm{d}t)\mathrm{d}t = \varphi(t)\mathrm{d}t(1-S\mathrm{d}t) \tag{2}$$

或

$$\frac{\varphi(t+\mathrm{d}t) - \varphi(t)}{\mathrm{d}t} = -S\varphi(t) \tag{3}$$

式（3）可写成：

$$\frac{\mathrm{d}\varphi(t)}{\mathrm{d}t} = -S\varphi(t) \tag{4}$$

分离变量并积分之，得：

$$\varphi(t) = C\exp(-St) \tag{5}$$

式中，C 为积分常数。由于接触时间或寿命在 $0 \sim \infty$ 范围内分布，从概率分布密度的性质可知

$$\int_0^\infty \varphi(t)\,\mathrm{d}t = 1$$

于是，由式(5)和式(1)得：

$$\int_0^\infty \varphi(t)\,\mathrm{d}t = \int_0^\infty C\exp(-St)\,\mathrm{d}t = \frac{C}{S} = 1 \tag{6}$$

故得 $C=S$，因而接触时间分布函数与表面更新的关系为：

$$\varphi(t) = S\exp(-St)$$

由于寿命或接触时间为 t 的流体体积元的传质速率为

$$J' = \sqrt{\frac{D}{\pi t}}(c^0 - c)$$

则对于构成全部表面上所有接触时间或寿命的体积元的总物质流 J 应为：

$$J = \int_0^\infty J'\varphi(t)\,\mathrm{d}t = \int_0^\infty \sqrt{\frac{D}{\pi t}}(c^0 - c)S\exp(-St)\,\mathrm{d}t = \sqrt{DS}(c^0 - c)$$

而

$$J = \beta(c^0 - c)$$

故

$$\beta = \sqrt{DS} \tag{2-35}$$

表面更新率 S 是指单位时间内更新的表面积占相界面总表面积的比例。对于一般的紊流，表面更新率为每秒 5～25 次，即 $S=5 \sim 25\mathrm{s}^{-1}$；对于猛烈的紊流，则 $S>500\mathrm{s}^{-1}$。当体积元由相内部到达相界面时，停留在相界面的时间为 t(s)，若更新的表面积占相界面总表面积的 $\frac{1}{4}$，则需要停留 4s 才能使体积元的表面全部更新一次，这样，$S=\frac{1}{4}\mathrm{s}^{-1}$。如果 $S=\frac{1}{5}\mathrm{s}^{-1}$，即每秒可使体积元表面积全部（指与相界面接触的部分）更新 5 次，则此体积元在相界面的停留时间只需 0.2s 即可使其表面全部更新一次，故可得到 S 与 t 的关系为：

$$S = \frac{1}{t}$$

但每个体积元在相界面停留的时间是互不相等的，因此用平均停留时间 t_e 表示，即：

$$S = \frac{1}{t_e} \tag{2-36}$$

式中，t_e 可视为表面更新一次所需的时间。

浸透模型求传质系数的公式为：

$$\beta = 2\left(\frac{D}{\pi t_e}\right)^{1/2}$$

若将 t_e 换成 $\frac{1}{S}$，注意到 $2\left(\frac{1}{\pi}\right)^{1/2} \approx 1$，则得：

$$\beta = \sqrt{DS} = \sqrt{\frac{D}{t_e}} \tag{2-37}$$

因此，可利用 t_e 由表面更新模型来计算传质系数。

如流体中有表面活性物质，它将在体积元向前流动的相界面上发生吸附，而使该处的相界面相对其周围区域有较小的表面张力，于是周围区域就向此吸附区移动，对新到来的体积元产生了压力（称为铺展压），以排斥新到来的体积元，而使表面更新受到阻碍，从而降低了传质系数。例如，钢液中［O］和［S］就有阻碍气、液两相间传质的作用。

【例 2－6】 感应炉内，熔池表面与大气接触，观察到每秒每 $100 \times 10^{-4}\mathrm{m}^2$ 液面有 12 个 CO 气泡冒出，使其表面破坏（更新）。每个气泡破裂时的表面积约为 $15 \times 10^{-4}\mathrm{m}^2$。已知氧在钢液中的扩散系数 $D_O = 1.4 \times 10^{-8}\mathrm{m}^2/\mathrm{s}$，试用表面更新理论计算传质系数。

解　利用表面更新率，可计算传质系数。

由
$$S=\frac{12\times15\times10^{-4}}{100\times10^{-4}}=1.80\text{s}^{-1}$$

可得：
$$\beta=\sqrt{DS}=\sqrt{1.4\times10^{-8}\times1.80}=1.6\times10^{-4}\text{m/s}$$

此外，表面更新率 S 也可用作浸透模型的参数，即体积元与相界面的接触时间 t_e 表示。由前面求得：
$$S=1.80\text{s}^{-1}$$

则
$$t_e=\frac{1}{S}=\frac{1}{1.80}=0.555\text{s}$$

而
$$\beta=\sqrt{\frac{D}{t_e}}=\sqrt{\frac{1.4\times10^{-8}}{0.555}}=1.59\times10^{-4}\text{m/s}$$

两种模型计算的传质系数相差较小。

【例2－7】　从中间包底部向钢水鼓入氮气，产生的气泡设为球形，其半径为 2.5×10^{-4}m。气－液界面的氮浓度 $w[\text{N}]=0.011\%$。钢水内部的氮浓度 $w[\text{N}]=0.001\%$，$D_{\text{N}}=5\times10^{-8}\text{m}^2/\text{s}$，$\rho=7.1\times10^3\text{kg/m}^3$。试分别用浸透模型及表面更新模型计算钢水中氮的传质通量。

解　(1) 浸透模型法。

$$J_{\text{N}}=\beta_{\text{N}}(c^*-c),\quad \beta_{\text{N}}=2\sqrt{\frac{D}{\pi t_e}}$$

式中，t_e 为气泡与钢水的平均接触时间，$t_e=\frac{2r}{v}$。

对于球形气泡，其上浮速度为：

$$v=2\left(\frac{gr}{3}\right)^{1/2}=2\times\left(\frac{9.81\times2.5\times10^{-4}}{3}\right)^{1/2}=5.72\times10^{-2}\text{m/s}$$

$$t_e=\frac{2\times2.5\times10^{-4}}{5.72\times10^{-2}}=0.87\times10^{-2}\text{s}$$

$$\beta_{\text{N}}=2\times\sqrt{\frac{5\times10^{-8}}{3.14\times0.87\times10^{-2}}}=2.71\times10^{-3}\text{m/s}$$

$$J=\beta_{\text{N}}(c^*-c)=2.71\times10^{-3}\times(0.011-0.001)\times\frac{7.1\times10^3}{100\times14\times10^{-3}}=0.138\text{mol/(m}^2\cdot\text{s)}$$

(2) 表面更新模型法。

$$J_{\text{N}}=\beta(c^*-c),\beta_{\text{N}}=\sqrt{DS}=\sqrt{\frac{D}{t_e}}$$

$$\beta_{\text{N}}=\sqrt{\frac{D}{t_e}}=\sqrt{\frac{5\times10^{-8}}{0.87\times10^{-2}}}=2.4\times10^{-3}\text{m/s}$$

$$J=\beta_{\text{N}}(c^*-c)=2.4\times10^{-3}\times(0.011-0.001)\times\frac{7.1\times10^3}{100\times14\times10^{-3}}=0.120\text{mol/(m}^2\cdot\text{s)}$$

D　量纲分析法

对于有紊流运动的高温流体，较难测定反应中速率的变化，因此，也就较难建立各物理量之间的微分方程。在这种情况下，可采用以相似理论为基础的模型法。它是采用与研究现象相似的模型进行研究，即采用量纲分析法导出相似准则，并在此建立的模型上，通过实验得出相似准则之间的函数关系式，来计算某物理量（如传质系数）。

传质系数β与流体的物性（速度u、黏度η或ν、密度ρ、扩散系数D）[1]、相界面的几何参数（物体的特性尺寸L，是指与物体同体积的球体的直径）等参数有关，可利用下列函数关系示出：

$$\beta = f(u, D, \nu, \rho, L)$$

利用量纲分析法，可把上例6个物理量或与β有关的几个参数组成几个量纲一的量的特征数，而这些特征数之间的关系可表示成指数的函数式。通过模型实验，再证实这种关系的存在，并确定各特征数的指数和常数，就能建立该物理量的数学方程。用各特征数代替众多参数，不仅使建立的数学方程中参数的数目减少，而且使这种数学方程通过实验易于建成。

利用π定理，可以确定过程有关的特征数种类及其函数关系式。

当气体环流特性尺寸为L的固体物时，传质系数可表示为下列函数关系式：

$$\beta = f(u, D, \nu, \rho, L)$$

根据π定理，上式可写成　$\pi = \beta^a u^b D^c \nu^d \rho^e L^f$　　(1)

代入各物理量的单位或量纲得：　$\pi = (\mathrm{m/s})^a (\mathrm{m/s})^b (\mathrm{m^2/s})^c (\mathrm{m^2/s})^d (\mathrm{kg/m^3})^e \mathrm{m}^f$　　(2)

式中　m，s，kg——SI单位制的基本单位。

π定理的条件是使每个基本单位在上式左、右两边的幂指数之和相等，而π是量纲一的量，其指数为零，因此对于m、s、kg的幂指数有如下三个方程。

$$\mathrm{m}:\ a + b + 2c + 2d - 3e + f = 0$$

$$\mathrm{s}:\ -a - b - c - d = 0$$

$$\mathrm{kg}:\ e = 0$$

如未知数等于3，则上述方程组可解。由于未知数共6个，所以可任意选择3个。按照π定理，可由这三个任意选择的参数得出3个量纲一的量的特征数，因为量纲一的量的特征数，其个数等于所研究的物理量的个数减去基本单位的个数（长度、时间、质量）。现任意选择a、b、c三个变数，则由上述三个方程可得出其余未知数d、e、f的值：

$$d = -a - b - c$$

$$e = 0$$

$$f = a + b$$

将所得的d、e、f代入式（1）中，并将含有相同指数的参数合并在一起，于是式（2）为：

$$\pi = \beta^a u^b D^c \nu^{-a-b-c} L^{a+b} \quad 或 \quad \pi = \left(\frac{\beta L}{\nu}\right)^a \left(\frac{uL}{\nu}\right)^b \left(\frac{D}{\nu}\right)^c \tag{3}$$

因为π是量纲一的量，所以式（3）中每个括号内的参数群也是量纲一的量，称为特征数（criterion）：

$$c_1 = \frac{\beta L}{\nu}$$

[1] η为动力黏度，ν为运动黏度，而$\nu = \eta/\rho$，参见第3章3.4节。

$$c_2 = \frac{uL}{\nu}$$

$$c_3 = \frac{D}{\nu}$$

但为求传质系数，常将上述三个量纲一的量的特征数加以改造或组合，使之得出具有一定物理特性的其他特征数。

（1）雷诺数（Reynolds number）。它即上述导出 c_2 的特征数，表征流体运动特征：

$$Re = \frac{uL}{\nu} \quad \left[\frac{(\mathrm{m/s})\times \mathrm{m}}{\mathrm{m^2/s}}\right] \tag{2-38}$$

$Re<20\sim30$ 是层流流动，而 $Re>20\sim30$ 则是紊流流动，这时 L 是被环流的物体的直径。对于管内的流动，Re 的临界值为 2100～2300。

（2）舍伍德数（Sherwood number）。它表征流体的传质特性，是上述 c_1/c_3 的组合，即：

$$Sh = \frac{c_1}{c_3} = \frac{\beta L}{\nu}\Big/\frac{D}{\nu} = \frac{\beta L}{D} \quad \left[\frac{(\mathrm{m/s})\times \mathrm{m}}{\mathrm{m^2/s}}\right] \tag{2-39}$$

它对无流动的外扩散及层流层的内扩散有恒定值，与被环流的物体形状有关，对于球形物的扩散，其值为 2。

（3）施密特数（Schmidt number）。它表征流体物理化学性质的特征数，是上述 c_3 的倒数，即：

$$Sc = \frac{1}{c_3} = \frac{\nu}{D} \quad \left(\frac{\mathrm{m^2/s}}{\mathrm{m^2/s}}\right) \tag{2-40}$$

对于理想气体，由于 $D = \frac{1}{3}\lambda\,\bar{u}$，$\nu = \frac{1}{3}\lambda\,\bar{u}$（$\lambda$ 为气体分子的平均自由程，$\bar{u}$ 为平均速度），故 $Sc=1$。

其次，根据量纲分析原理，与过程有关的各特征数间的关系可用它们的指数乘积式表示，故求 β 时，可写成指数关系式：$Sh=f(Re,Sc)$，即：

$$Sh = KRe^a Sc^b$$

式中　K，a，b——常数，由模型实验确定。

对于气体流动中的传质，因为 $Sc=1$，所以上式可写成：

$$Sh = KRe^a$$

将上式两边取对数：$\ln Sh = \ln K + a\ln Re$，再以测定的 $\ln Sh$ 对 $\ln Re$ 作图，得一直线，如图 2－12 所示。由直线的参数可得到常数 K、a。直线上的折点相当于层流转变为紊流流动时 Re 的临界值。对于环流固体表面的气体，由实验得出 $Sh=0.54Re^{1/2}$，代入 Sh 及 Re 的参数并简化，可得：

$$\beta = \frac{D}{L}(0.54Re^{1/2}) = 0.54Du^{1/2}L^{-1/2}\nu^{-1/2} \tag{2-41}$$

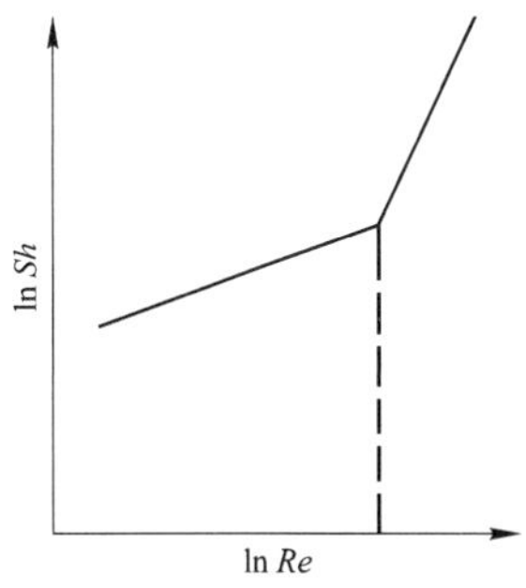

图 2－12　$Sh-Re$ 的关系

为了得到 $Sh-Re$ 关系，仅需确定 β 中的任一个参数（如流体速度的变化），而与其余参数（物体的尺寸、气体的性质）的关系则可由计算得出，这就使必须测定的参数的数量减到最少。

如果 $Sc \neq 1$，如在液体的流动中，通过模型实验或从理论推导，可建立下列特征数方程。

对于绕流的球形物体：　　$Sh = 2 + 0.6Re^{1/2}Sc^{1/3}$　　(2-42)

如果是静止的流体，$u=0$，则有 $Sh=2$。

对于平板表面的流动：　　$Sh = 0.662Re^{1/2}Sc^{1/3}$　　(2-43)

当流体的流速很大时，Re 和 Sc 的指数也有所改变。

对于 N_2（Ar）、CO 气泡表面：　　$Sh = 1.13Re^{1/2}Sc^{1/2}$　　(2-44)

对于层流自由表面：　　$Sh = 1.13Re^{1/2}Sc^{1/2}$　　(2-45)

对于钢-渣界面钢液侧：　　$Sh = 0.015Re^{0.9}Sc^{1/3}$　　(2-46)

【例 2-8】 在直径为 7.7×10^{-2}m 的炉管中装有一层直径为 1.27×10^{-2}m 的氧化铁球团，在 1089K 及 100kPa 下，通入流量为 8.9L/min 的 CO 气体进行还原。假定球团表面气体的成分为 $x(CO)=95\%$、$x(CO_2)=5\%$，CO_2 和 CO 的黏度分别为 4.4×10^{-5}Pa·s 及 4.2×10^{-5}Pa·s，CO 的互扩散系数 $D=1.44\times10^{-4}m^2/s$。试求 CO 的传质系数。

解　利用式（2-42）可求出 CO 的传质系数，为此，先计算出 Re 及 Sc 的有关参数。其中，η 和 ρ 由气体的平均成分计算。

ρ：
$$\rho = \frac{M}{V} = \frac{Mp'}{RT} = M_{CO+CO_2} \cdot \frac{p'}{RT}$$
$$= (0.95\times28 + 0.05\times44)\times10^{-3}\times\frac{10^5}{8.314\times1089}$$
$$= 0.32kg/m^3$$

η：
$$\eta = x(CO)\eta_{CO} + x(CO_2)\eta_{CO_2}$$
$$= 0.95\times4.2\times10^{-5} + 0.05\times4.4\times10^{-5}$$
$$= 4.21\times10^{-5}Pa\cdot s$$

或
$$\nu = \eta/\rho = 4.21\times10^{-5}/0.32 = 13.16\times10^{-5}m^2/s$$

u：
$$u = \frac{V_0(T/273)}{\pi r^2} = \frac{(8.9\times10^{-3}/60)\times(1089/273)}{3.14\times(3.85\times10^{-2})^2} = 0.127m/s$$

故 Re：
$$Re = \frac{uL}{\nu} = \frac{1.27\times10^{-2}\times0.127}{13.16\times10^{-5}} = 12.26$$

Sc：
$$Sc = \frac{\nu}{D} = \frac{13.16\times10^{-5}}{1.44\times10^{-4}} = 0.91$$

$$Sh = 2 + 0.6Re^{1/2}Sc^{1/3} = 2 + 0.6\times(12.26)^{1/2}\times(0.91)^{1/3} = 4.04$$

故
$$\beta = \frac{Sh\cdot D}{L} = \frac{4.04\times1.44\times10^{-4}}{1.27\times10^{-2}} = 4.58\times10^{-2}m/s$$

E* 旋转圆盘实验测定法

当圆盘试样在流体中旋转，其表面作为反应界面时，远离圆盘试样表面处，流体垂直地流向圆盘试样表面；而在贴近圆盘试样表面附近的流体，则做旋转运动，其流速等于圆盘试样的角速度。由于离心力的作用，流体同时获得了径向速度。

在高速转动圆盘试样的条件下，根据流体动力学方程，解圆盘试样附近的流动场得：

$$\delta = 1.61\left(\frac{D}{\nu}\right)^{1/3}\left(\frac{\nu}{\omega}\right)^{1/2} \tag{2-47}$$

而

$$\beta = \frac{D}{\delta} = 0.62D^{2/3}\nu^{-1/6}\omega^{1/2} \tag{2-48}$$

式中　ν——流体的运动黏度，m^2/s；

ω——圆盘试样的角速度，$\omega = 2n\pi/60$，n 是转速，r/min。

旋转圆盘法多用于研究固体物溶解的动力学。所用试样形状是厚度远小于直径的圆盘，试样应有不脆裂或不被流体渗透的性能。在进行生产条件下的动力学研究时，也可采用旋转圆柱体试样的方法，但得出的数据分散性较大。

【例 2-9】　在 1663K 下，用半径为 0.775×10^{-2}m 的烧结白云石圆柱体在转炉熔渣中做旋转实验，测定白云石中 MgO 溶解的传质系数。熔渣的黏度为 0.1Pa·s，密度为 $3115kg/m^3$，MgO 的扩散系数为 $1.0\times10^{-9}m^2/s$，圆柱体试样的转速为 360r/min。试求 MgO 在熔渣中的传质系数。

解　由式（2-48）　$\beta = 0.62D^{2/3}\nu^{-1/6}\omega^{1/2}$

式中

$$\nu = \eta/\rho = 0.1/3115 = 3.21\times10^{-5}m^2/s$$

$$\omega = 2\pi n/60 = (2\times3.14\times360)/60 = 37.68r/s$$

$$D = 1.0\times10^{-9}m^2/s$$

所以

$$\beta = 0.62\times(1.0\times10^{-9})^{2/3}\times(3.21\times10^{-5})^{-1/6}\times37.68^{1/2}$$

$$= 0.62\times10^{-6}\times3.21^{-0.167}\times10^{0.833}\times6.14$$

$$= 2.13\times10^{-5}m/s$$

2.2.3　结论

物质的扩散分为分子扩散及对流扩散两类。前者出现在静止的体系内，用菲克定律 $D\frac{\partial^2 c}{\partial x^2} = \frac{\partial c}{\partial t}$处理，当$\frac{\partial c}{\partial t} = 0$ 时，用其第一定律；当$\frac{\partial c}{\partial t} \neq 0$，即扩散过程中浓度因化学反应而改变时，则用第二定律。这种扩散又称为内扩散，扩散的驱动力是浓度梯度，而比例系数是扩散系数 D，在不同结构的介质内有较大的差别，它和温度的关系为：$D = D_0 e^{-E_D/(RT)}$，由实验测定。

对流扩散是流体内组分与相界面间发生的传质，它的驱动力是相内浓度与界面浓度之差，比例系数是传质系数 β。可选用三种模型原理确定 β 值。β_1（边界层理论）$= D/\delta$，δ 为相界面侧浓度边界层的厚度，由浓度随时间变化的实验测定的直线斜率估计；β_2（浸透模型）$= 2\sqrt{\frac{D}{\pi t_e}}$，$t_e$ 为体积元在相界面上的停留时间，较难确定；对于气泡或液滴在流体中上浮的情况，其可由气泡的直径及上浮速度计算出来；β_3（表面更新理论）$= \sqrt{DS}$，S 为表面更新率，它是 t_e 的倒数。三者中 β 与 D 的关系分别是 β 与 D 或$\sqrt{D}$成正比。

另外，还有量纲分析法，是利用相似理论，在水力学模型基础上导出 β 的计算公式：$\beta = Sh\cdot\frac{D}{L}$，对于静止介质，$Sh = 2$；对于流动介质，$Sh \propto \sqrt{Re}$。

2.3 吸附化学反应的速率

在冶金反应过程中，某些反应物由相内传输到相界面，经过吸附、界面反应及脱附等环节，因此，反应物的吸附和产物的脱附对化学反应速率的影响也很大。

气体在固体表面的吸附分为物理吸附和化学吸附两种。前者是通过范德华引力的作用，后者是利用化学键力的作用，使被吸附的气体分子在固体表面上形成性质不同于化合价化合物的所谓表面复合物。化学吸附主要发生在固体表面的活性点上。固体表面上微观凸出部分的原子或离子的价键未被邻近原子饱和，具有较高的表面能，常是化学吸附的活性点，如固体表面晶格不完整而缺陷较多的地方。化学吸附多是单分子层，发生在一定温度下，化学键的作用力在 10^{-10} m 范围内，是放热的，1mol 气体吸附的活化能在 80kJ 以上。

2.3.1 朗格缪尔吸附等温式

当分压为 p'_A（Pa）的气体 A 在固体表面进行吸附时，可用下述吸附反应式表示：

$$A(g) + \sigma = A\sigma$$

式中 σ——固体单位表面积上未被吸附物占据的活性点；

Aσ——气体分子 A 占据的活性点。

单位面积上活性点的总数 n 为 $n(\sigma)+n(A\sigma)$，因而单位面积上被 A 分子占据的面积分数 θ_A 为：

$$\theta_A = \frac{n(A\sigma)}{n(\sigma)+n(A\sigma)}$$

而单位面积上，未被分子 A 占据的面积分数为：

$$1-\theta_A = \frac{n(\sigma)}{n(\sigma)+n(A\sigma)}$$

当吸附达平衡时，吸附反应的平衡常数 $K_A = \frac{\theta_A}{p'_A(1-\theta_A)}$，从而

$$\theta_A = \frac{K_A p'_A}{1+Kp'_A}$$

吸附反应的速率正比于被吸附的 A 所占有的面积分数 θ_A，故

$$v = k_A\theta_A$$

式中 k_A——吸附反应的速率常数。

于是有

$$v = \frac{k_A K_A p'_A}{1+K_A p'_A} \tag{2-49}$$

如溶解组分 A 发生吸附，则可有

$$v = \frac{k_A K_A a_A}{1+K_A a_A} \tag{2-50}$$

这就是朗格缪尔吸附等温式。反应的级数和 p'_A 或 a_A 的大小有关。当 $Kp'_A \gg 1$ 或 $Ka_A \gg 1$ 时，是零级；当 $K_A p'_A \ll 1$ 或 $K_A a_A \ll 1$ 时，是 1 级。

如吸附反应是可逆的，则反应速率可用下式表出：

$$v = k_{+} \sum p'_{A(反)}(1-\theta_A) - k_{-} \sum \theta_{A(产)} \qquad (2-51)$$

2.3.2　化学反应成为限制环节的速率式

气体吸附而发生的化学反应，是由反应气体分子的吸附、吸附物的界面化学反应及气体产物的脱附三个环节所组成。例如，H_2 还原氧化铁的反应可写为：

$$H_2 + FeO(s) = FeO \cdot H_{2(吸)} \qquad 吸附$$

$$FeO \cdot H_{2(吸)} = Fe \cdot H_2O(g)_{(吸)} \qquad 化学反应$$

$$Fe \cdot H_2O(g)_{(吸)} = Fe(s) + H_2O(g) \qquad 脱附$$

经实验证实，第二步最慢，是整个过程的限制环节，其速率正比于被吸附的 H_2 或被 H_2 占据的活性点的面积分数 θ_A，故

$$v = k_{H_2}\theta_A$$

即

$$v = \frac{k_{H_2}K_{H_2}p'_{H_2}}{1 + K_{H_2}p'_{H_2}} \qquad (2-52)$$

式中　k_{H_2}——H_2 还原氧化铁的化学反应速率常数；

K_{H_2}——H_2 吸附的平衡常数。

由式（2－52）可见，当 p'_{H_2}很大时，反应为零级，这表示矿粒表面绝大多数的活性点都吸附了 H_2，吸附达到了饱和。当 $K_{H_2}p'_{H_2} \ll 1$ 时，反应为 1 级，而式（2－52）变为：

$$v = k_{H_2}K_{H_2}p'_{H_2} \qquad (2-53)$$

在高炉内，p'_{H_2}远小于 100kPa，所以可认为，氢还原氧化铁的反应是 1 级。

为确定式（2－52）中的常数 k_{H_2}和 K_{H_2}，可将其改写为：

$$v/p'_{H_2} = k_{H_2}K_{H_2} - K_{H_2}v$$

利用测定的 $v/p'_{H_2} - v$ 作图，可由直线的参数确定常数 k_{H_2}和 K_{H_2}。

【例 2－10】 在 723K、不同压力下测得 H_2 还原赤铁矿的速率如表 2－9 所示，试求矿石还原的速率式。

表 2－9　H_2 还原赤铁矿的速率

$p'_{H_2}/\times10^5Pa$	0.2	0.4	0.6	0.8
$v/\times10^{-4}kg\cdot(m^2\cdot min)^{-1}$	0.2	0.3	0.4	0.5

解　将式（2－52）改写成：　$v/p'_{H_2} = k_{H_2}K_{H_2} - K_{H_2}v$

以 $v/p'_{H_2} - v$ 作图，所需数据如表 2－10 所示，取回归直线方程，得出直线的斜率 $K_{H_2} = -1.19$，截距 $k_{H_2}K_{H_2} = 1.18\times10^{-4}$，故

$$v/p'_{H_2} = -1.19v + 1.18\times10^{-4}$$

而

$$v = (1.18\times10^{-4}p'_{H_2})/(1 + 1.19p'_{H_2}) \quad (kg/(m^2\cdot min)) \qquad (2-54)$$

表 2－10　v/p'_{H_2}的计算值

$p'_{H_2}/\times10^5Pa$	0.2	0.4	0.6	0.8
$v/\times10^{-4}kg\cdot(m^2\cdot min)^{-1}$	0.2	0.3	0.4	0.5
v/p'_{H_2}①$/\times10^{-4}$	1	0.75	0.67	0.63

① v/p'_{H_2}是单位力产生的速度（即淌度），而 p'_{H_2}的$\frac{v}{p'_{H_2}} = p'_{H_2}\cdot\frac{v}{p'_{H_2}} = v = 10^4$。

2.3.3 吸附成为限制环节的速率式

在吸附化学反应的三个组成环节中，吸附也可成为速率的限制环节。例如，钢液中溶解的氮是由下列环节组成的：

$$\frac{1}{2}N_2 = N(g) \tag{1}$$

$$N(g) + \sigma = N\sigma \tag{2}$$

$$N\sigma = [N] + \sigma \tag{3}$$

上式中，N 的吸附是过程的限制环节，反应的平衡常数为：

$$K_N = \frac{\theta_N}{p'_{N(g)}(1-\theta_N)}$$

式中 θ_N——被吸附的氮原子占据的面积分数；

$1-\theta_N$——未被氮原子占据的面积分数。

故 $$\theta_N = K_N p'_{N(g)}(1-\theta_N)$$

又 $$\frac{1}{2}N_2 = N(g)$$

则 $$p'_{N(g)} = K_{N_2} p'^{1/2}_{N_2}$$

故 $$\theta_N = K_N K_{N_2} p'^{1/2}_{N_2}(1-\theta_N)$$

氮溶解的速率与吸附的氮量成正比，故

$$v = k_N K_N K_{N_2} p'^{1/2}_{N_2}(1-\theta_N) \tag{2-55}$$

式中 k_N——吸附化学反应速率常数；

K_{N_2}，K_N——分别为反应（1）及（2）的平衡常数。

因此，在一定温度下，氮在铁液中的溶解速率与氮的分压及界面上未被占据的活性点数（$1-\theta_N$）成正比。

因为铁液中溶解的氧和硫是表面活性物，能在界面上与氮争夺吸附点而优先占聚活性点，使氮的转移变慢。此外，由于这种表面活性元素能降低界面张力，还会使表面更新困难，从而降低了铁液溶解氮的速率。在这种情况下，上式中的（$1-\theta$）可表示为：

$$1-\theta = \frac{1}{1+k_O a_O},\quad 1-\theta = \frac{1}{1+k_S a_S},\quad 1-\theta = \frac{1}{1+300a_O+130a_S}$$

式中，k_O，k_S 为吸附常数，第三个公式的适用温度为 1600℃。

2.4 反应过程动力学方程的建立

2.4.1 反应过程动力学方程建立的原则

热力学根据反应中的平衡态，建立温度、压力及活度之间的数学关系式；而动力学则根据反应过程中出现的稳定态或准稳定态，导出动力学方程。

2.4.1.1 稳定态原理

稳定态是自然界发生过程的普遍现象。例如，在与环境交换能量及物质的敞开体系内，组分的质量在某时间的变化，是由于内部的化学反应及参加反应的物质经过体系－环境界面转移而促成的。当维持引入的物质的量与其消耗的量达到相等时，就可建立过程的稳定状态，从而使过程在稳定态中进行。例如，在炼钢过程中，氧不断传入熔池，又不断被熔池内的元素氧化所消耗，转变为产物而排出；固体碳在空气中燃烧，当有过剩的固体碳存在时，就能保证氧被碳不断消耗，建立稳定态的燃烧过程；在高炉冶炼过程中，反应物的不断加入能保证还原产物不断形成；对于气相存在的体系中，体系恒定的气体压力是保证稳定过程的必要条件。因此，向敞开体系内引入反应物及排走产物的连续过程，是达到稳定态的必要条件；而在与环境无物质交换的封闭体系内，只能在一循环过程内将一定量的反应物处理成产物，才能在稳定态下进行。

多相体系内，界面反应与热能和物质的转移也是配合进行的，具有耦合性质。例如，当界面反应进行时，首先会引起反应区的焓变化及与其周围发生热能的交换。因为界面反应的进行必然引起反应区温度改变，所以使动力学参数及反应的平衡常数改变。若反应是吸热的，反应一经开始就会引起反应区的温度下降，从而使反应速率减慢，单位面积能量的消耗速率也降低。另外，由于此时反应区的温度低于整个相区的温度，出现了温度梯度，将导致由相区向反应界面区的供热增加，促使反应区的温度又升高。因此，在反应过程中的任何时刻，反应区的温度是热的供给与消耗相互趋于稳定的结果。一般则假定传热速率很快，所以把体系近似作为恒温体系看待，而不考虑传热对反应速率的影响。

界面反应进行时，反应区界面反应物因消耗而不断减少，反应产物的量则不断增多，从而使反应的驱动力减弱及反应速率减慢。但是，反应界面区和整个相区之间的浓度差又会促使物质的传质发生，向反应界面区供给反应物及从反应界面区排走产物的速率加快。因此，反应界面区的浓度是多相化学反应速率与物质传质自动调节的结果。例如，当 $v_{化} > v_{扩}$ 时，界面反应物的浓度下降，反应速率减慢，而界面浓度与相内浓度差变大，促使扩散速率加快，从而使 $v_{化} \approx v_{扩}$；相反，当 $v_{化} < v_{扩}$ 时，则界面反应物的浓度提高，化学反应加快，而浓度梯度又减小，促使扩散速率再下降，从而使 $v_{扩} \approx v_{化}$。在任何时刻，虽然反应速率随时间变化，但通过各环节的物质流却是相同的。

因此可认为，在化学反应过程中，各环节的速率是相互制约、相互促进、相互调整的，整个过程处于所谓的稳定态或准稳定态（quasi steady state）。

2.4.1.2　由稳定态建立动力学方程

对于由界面化学反应和扩散环节组成的串联式多相化学反应过程的动力学方程，可由稳定态原理导出。所谓稳定态是指化学反应中某中间物的生成速率与消耗速率相等，以致反应物的浓度或速率不随时间而变化的状态。如果反应各环节的速率不随时间而改变，则认为总反应是稳定的或准稳定的，而各环节的速率彼此相等。对于下列反应过程

$$\mathrm{A} \xrightarrow[k_1]{v_\mathrm{A}} \mathrm{B} \xrightarrow[k_2]{v_\mathrm{B}} \mathrm{C}$$

则有：

$$\frac{\mathrm{d}c_\mathrm{A}}{\mathrm{d}t} = \frac{\mathrm{d}c_\mathrm{B}}{\mathrm{d}t} = \frac{\mathrm{d}c_\mathrm{C}}{\mathrm{d}t}$$

或

$$\frac{\mathrm{d}c_\mathrm{B}}{\mathrm{d}t} = k_1 c_\mathrm{A} - k_2 c_\mathrm{B} = 0$$

即

$$c_\mathrm{B} = \frac{k_1}{k_2} c_\mathrm{A}$$

或有精确解 $$c_B=\frac{k_1c_A^0}{k_2-k_1}[\exp(-k_1t)-\exp(-k_2t)]$$

当 $k_2 \gg k_1$（生成的中间产物 B 是活化络合物，极易继续反应而转变为 C）时，第一步消耗 A 的速率为：

$$v_1=-\frac{dc_A}{dt}=k_1c_A$$

积分得到： $$c_A=c_A^0\exp(-k_1t)$$

所以也可得： $$c_B=\frac{k_1}{k_2}c_A^0\exp(-k_1t)=\frac{k_1}{k_2}c_A$$

各环节的速率不改变，就相当于所有中间物质 B 的浓度恒定：$c_B=c_{B(稳)}=\text{const}$。

如果各环节的速率不相等及不恒定，那么中间物质 B 的浓度 c_B 就会随时间而改变。因此，中间物质的浓度恒定和各环节的速率相等是具有等价意义的。

当串联反应中有一个或多个环节进行得较快，而仅有一个环节最慢时，这一环节就是整个反应过程的限制者，称为速率限制环节。稳定进行过程的速率取决于限制环节的速率，在数量级上它等于其余环节的速率：$v_B=v_1=v_2=v_3=\cdots$。故限制环节是动力学上最慢，而热力学上最难以达到平衡的环节。没有限制环节就不可能出现稳定态，而且限制环节的速率就是总反应的速率，实验测定的反应级数和表观活化能也就属于此限制环节的值。在这种情况下可认为，阻力最小或速率最大的环节近似达到了平衡，但整个反应却未达到平衡。当界面反应达到平衡时，界面浓度可作为平衡浓度处理；当扩散达到平衡时，则相内的浓度差等于零，而界面浓度就是相内的浓度，即该相内浓度成均一分布。

利用稳定态原理建立反应的动力学方程时，能消去各环节速率式中出现的界面浓度项，因为它们是无法测定的，人们只能直接测定整个相的内部浓度。

例如，对于反应 $$A(s)+B(g)=\!=\!=AB(g)$$

界面反应速率为： $$v_B=-\frac{1}{A}\cdot\frac{dn_B}{dt}=k_+(c_B^*-c_{AB}^*/K)$$

扩散速率为： $$J_B=\frac{1}{A}\cdot\frac{dn_B}{dt}=\beta_B(c_B-c_B^*)$$

$$J_{AB}=\frac{1}{A}\cdot\frac{dn_{AB}}{dt}=\beta_{AB}(c_{AB}^*-c_{AB})$$

在稳定状态下， $$v_B=J_B=J_{AB}=v_\Sigma$$

由此关系可将上列三式求解，消去未知的界面浓度 c_B^*、c_{AB}^*，得到总反应的速率为：

$$v_\Sigma=\frac{c_B-c_{AB}/K}{\frac{1}{\beta_B}+\frac{1}{K\beta_{AB}}+\frac{1}{k_+}} \qquad (2-56)$$

式中　$K=k_+/k_-$——化学反应的平衡常数。

由于各环节的速率与浓度均成线性关系，即服从菲克第一定律式及一级化学反应的表达式，所以总反应的速率与浓度也成线性关系。如果某环节的速率式是非线性的，则要进行简化，使界面反应为一级，扩散层则按有效边界层的概念转换为线性关系，这样才能进行简单的代数和处理。

可见，利用稳定态或准稳定态原理来处理就能简化动力学方程的建立，从而避免了复杂微分方程的解，得到简单代数的运算关系式。

2.4.2 液－液相反应的动力学模型——双膜理论

在物性不同或有流速差别的两个不同液相，如金属液与熔渣组成的体系内，相界面的两侧存在着表征传质阻力的边界层。如图 2－13 所示，Ⅰ相内浓度为 c_{I} 的组分到达相界面上，其浓度下降为 c_{I}^*，在此通过化学反应转变为浓度为 c_{II}^* 的生成物，然后再向Ⅱ相内扩散，其浓度下降到Ⅱ相的内部浓度 c_{II}，整个化学反应过程由扩散（Ⅰ相）、界面反应、扩散（Ⅱ相）三个环节串联组成。

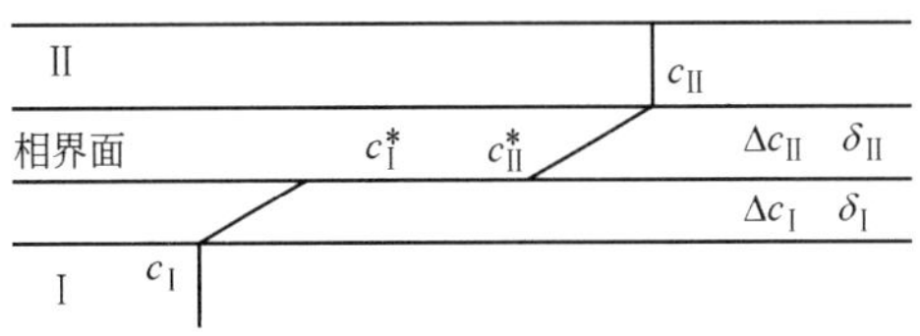

图 2－13 液－液相界面两侧的边界层及浓度分布

两边界层的厚度分别为 δ_{I} 及 δ_{II}，浓度差分别为 $\Delta c_{\mathrm{I}} = c_{\mathrm{I}} - c_{\mathrm{I}}^*$ 及 $\Delta c_{\mathrm{II}} = c_{\mathrm{II}}^* - c_{\mathrm{II}}$，三个环节的速率式如下。

反应物向相界面扩散： $$J_{\mathrm{I}} = \frac{1}{A} \cdot \frac{\mathrm{d}n}{\mathrm{d}t} = \beta_{\mathrm{I}}(c_{\mathrm{I}} - c_{\mathrm{I}}^*) \tag{1}$$

界面化学反应： $$v_{\mathrm{c}} = -\frac{1}{A} \cdot \frac{\mathrm{d}n}{\mathrm{d}t} = k_{+}(c_{\mathrm{I}}^* - c_{\mathrm{II}}^*/K) \tag{2}$$

产物离开相界面扩散： $$J_{\mathrm{II}} = \frac{1}{A} \cdot \frac{\mathrm{d}n}{\mathrm{d}t} = \beta_{\mathrm{II}}(c_{\mathrm{II}}^* - c_{\mathrm{II}}) \tag{3}$$

式中 β_{I}，β_{II}——分别为Ⅰ相及Ⅱ相内组分的传质系数；
k_{+}——正反应速率常数；
K——反应的平衡常数，反应为一级可逆；
A——反应的相界面面积。

当反应过程处于稳定态时，$v_{\mathrm{c}} = J_{\mathrm{I}} = J_{\mathrm{II}}$，可由此关系消去不能测定的界面浓度 c_{I}^*、c_{II}^*，整理后可得出总反应的速率。为此，可将式（3）乘以 $1/K$，并将它们改写成下列式子：

$$\frac{1}{\beta_{\mathrm{I}}} \cdot \frac{1}{A} \cdot \frac{\mathrm{d}n}{\mathrm{d}t} = c_{\mathrm{I}} - c_{\mathrm{I}}^*$$

$$-\frac{1}{k_{+}} \cdot \frac{1}{A} \cdot \frac{\mathrm{d}n}{\mathrm{d}t} = c_{\mathrm{I}}^* - c_{\mathrm{II}}^*/K$$

$$\frac{1}{K\beta_{\mathrm{II}}} \cdot \frac{1}{A} \cdot \frac{\mathrm{d}n}{\mathrm{d}t} = \frac{c_{\mathrm{II}}^*}{K} - \frac{c_{\mathrm{II}}}{K}$$

三式相加得： $$-\frac{1}{A} \cdot \frac{\mathrm{d}n}{\mathrm{d}t}\left(\frac{1}{\beta_{\mathrm{I}}} + \frac{1}{K\beta_{\mathrm{II}}} + \frac{1}{k_{+}}\right) = c_{\mathrm{I}} - c_{\mathrm{II}}/K$$

式中，$-\frac{1}{A} \cdot \frac{\mathrm{d}n}{\mathrm{d}t} = v = J_{\mathrm{I}} = J_{\mathrm{II}} = v_{\mathrm{c}}$

故 $$v = \frac{c_{\mathrm{I}} - c_{\mathrm{II}}/K}{\frac{1}{\beta_{\mathrm{I}}} + \frac{1}{K\beta_{\mathrm{II}}} + \frac{1}{k_{+}}} \tag{2-57}$$

式中 v——总反应的速率。

如用物质浓度对 t 的导数来表示总反应的速率，则因 $-\frac{1}{A}\cdot\frac{dn}{dt}=-\frac{V_{\text{I}}}{A}\cdot\frac{dc_{\text{I}}}{dt}$，于是式（2-57）可改写成：

$$-\frac{dc_{\text{I}}}{dt}=\frac{c_{\text{I}}-c_{\text{II}}/K}{\frac{1}{\beta_{\text{I}}}\cdot\frac{V_{\text{I}}}{A}+\frac{1}{K\beta_{\text{II}}}\cdot\frac{V_{\text{I}}}{A}+\frac{1}{k_{+}}\cdot\frac{V_{\text{I}}}{A}}$$

$$-\frac{dc_{\text{I}}}{dt}=\frac{c_{\text{I}}-c_{\text{II}}/K}{\frac{1}{k_1}+\frac{1}{k_2}+\frac{1}{k_c}} \tag{2-58}$$

而

$$\frac{1}{\bar{k}}=\frac{1}{k_1}+\frac{1}{k_2}+\frac{1}{k_c}$$

式中 V_{I}——Ⅰ相的体积，m^3；

$\bar{k}$——总反应的速率常数。

故式（2-58）又可表示为：$-\frac{dc_{\text{I}}}{dt}=\frac{c_{\text{I}}-c_{\text{II}}/K}{1/\bar{k}}=\bar{k}(c_{\text{I}}-c_{\text{II}}/K)$ （2-59）

式中，$k_1=\beta_{\text{I}}\cdot\frac{A}{V_{\text{I}}}$，$k_2=\beta_{\text{II}}K\cdot\frac{A}{V_{\text{I}}}$，$k_c=k_{+}\cdot\frac{A}{V_{\text{I}}}$，称为容量速率常数。

式（2-58）是反应过程的动力学微分式。由此可进一步导出其积分式，即浓度与时间的关系式。为此，需要先从式（2-59）的三变量（t、c_{I}、c_{II}）中消去 c_{II}，对于一级反应，可利用反应物与其形成产物的化学计量数相等的关系，得出 $c_{\text{II}}=f(c_{\text{I}})$ 的关系式：

$$n_{\text{I}}^0-n_{\text{I}}=n_{\text{II}}-n_{\text{II}}^0$$

$$c_{\text{I}}^0-c_{\text{I}}=(c_{\text{II}}-c_{\text{II}}^0)\cdot(V_{\text{II}}/V_{\text{I}})$$

故

$$c_{\text{II}}=c_{\text{II}}^0+(c_{\text{I}}^0-c_{\text{I}})\cdot(V_{\text{I}}/V_{\text{II}}) \tag{2-60}$$

式中 n_{I}，n_{II}——分别为反应物及其形成产物的物质的量，上标“0”表示初始浓度；

V_{I}，V_{II}——分别为Ⅰ相及Ⅱ相的体积，m^3。

将式（2-60）代入式（2-59），用分离变量法进行积分，即可得出动力学积分式，详见第7章。

式（2-58）中，$c_{\text{I}}-c_{\text{II}}/K$ 是反应的驱动力，而分母中各环节容量速率常数的倒数则是各环节呈现的阻力。这三个阻力之和即是反应的总阻力，即 $1/\bar{k}$。这表明，反应过程的速率正比于其驱动力、反比于其阻力，与电学中的欧姆定律相似。

既然反应过程的总速率取决于各环节的阻力，那么各环节的容量速率常数（k_1、k_2、k_c）或阻力的相对大小，就决定了反应过程的速率范围或限制环节。

（1）$1/k_c \gg 1/k_1+1/k_2$ 时，$1/\bar{k}=1/k_c$，即 $\bar{k}=k_c$，而总反应速率 $v=k_c(c_{\text{I}}-c_{\text{II}}/K)$，过程的限制环节是界面化学反应。这时，界面浓度等于相内浓度，即 $c_{\text{I}}^*=c_{\text{I}}$，这称为化学反应限制或过程位于动力学范围内。

（2）$1/k_c \ll 1/k_1+1/k_2$ 时，$1/\bar{k}=1/k_1+1/k_2$，即 $\bar{k}=1/(1/k_1+1/k_2)$，而 $v=(c_{\text{I}}-c_{\text{II}}/K)/(1/k_1+1/k_2)$，过程的限制环节是扩散（根据 $1/k_1$ 远大于或远小于 $1/k_2$，还可能是由Ⅰ相或Ⅱ相内的传质所限制）。这时，界面浓度等于平衡浓度，即 $c_{\text{I}}^*=c_{平}$，这称为扩散限制环节或过程位于扩散范围内。

(3) $1/k_c \approx 1/k_1 + 1/k_2$ 时，界面反应和扩散环节两者的速率相差不是很大，反应将同时受到各环节的限制，过程速率由式（2－58）表示，这称为混合限制或过程位于过渡范围内。

这种两相间反应界面两侧都存在表征扩散阻力的浓度边界层的模型，称为双膜理论（double－film theory）。它是1924年由 W. K. Lewis 和 W. G. Whiteman 提出的，多用于处理液－液相或气－液相反应过程的动力学。

需要指出，双膜理论采用了静止的浓度边界层概念，并认为两相中的传质是独立进行的。实际上，由于接触的两相物性（ν、D）不同，它们的传质系数对钢液和熔渣而言要相差20～100倍，因而是互有影响的。但双膜理论未考虑到这点，所以其仅是一种近似处理的方法。

2.4.3 气－固相间反应的动力学模型

碳酸盐、硫化物、氧化物等的分解及固体金属的氧化属于下列类型的气－固相反应：

$$\text{固体(Ⅰ)} = \text{固体(Ⅱ)} + \text{气体}$$

而氧化物的间接还原属于下列类型的气－固相反应：

$$\text{固体(Ⅰ)} + \text{气体(Ⅰ)} = \text{固体(Ⅱ)} + \text{气体(Ⅱ)}$$

还有固体碳的燃烧，则属于下列类型的气－固相反应：

$$\text{固体} + \text{气体(Ⅰ)} = \text{气体(Ⅱ)}$$

对于这些由一个固相消失而生成另一个固相（碳的燃烧则不生成固相产物）的多相反应，因固体试样性能（致密或多孔）不同，提出了多种动力学模型。对于致密或孔隙率低（例如 $\varepsilon = 5\%$）的固体物料，有未反应核模型（unreacted core model）；对于孔隙率高的固体料或矿球，则有多孔体积反应模型（porous volume－reacted model）。形成固体产物的反应要比不形成固体产物的反应复杂，前者由气体的外扩散、界面反应及内扩散环节组成，后者则由外扩散及界面反应环节组成。

2.4.3.1 未反应核模型

当固相反应物致密时，化学反应从固相物的表面开始逐渐向矿块中心推进，反应物和产物层之间有较明显的界面存在；而反应在层间的相界面附近区域进行，因此形成的固相产物则出现在原来的固相反应物处，而原固相物内部则是未反应的部分，这称为未反应核模型或收缩模型。这种沿固体内部出现的相界面附近区域发展的反应，又称为区域化学反应（topochemical reaction）或局部化学反应。在这种情况下，化学反应发生在固体内部的相界面上，而气体则要通过包围在相界面四周的固相产物层向内（反应气体）或向外（产物气体）扩散，因而反应的速率将随着反应向内部推进，从而出现有峰值曲线的变化，如图2－14所示。

反应经历三个时期。首先，反应从固体表面的某些活性点（晶格歪扭程度大的、缺陷多的地方）开始，但由于新相核的生成有困难，初时无可察觉的速率，称为诱导期。其次，是新晶核长大期，新、旧两相的界面不断向矿块内扩大，这对气体的吸附及界面反应有催化作用（相界面上质点的无序态、力场的不对称性及总键能减小均对界面反应有催化作用），所以反应速率随着界面的扩大而加快，称为自动催化期（反应界面扩大期）。最后，当各晶核发展出来的各反应界面的前沿达到极限，并进而彼此开始重叠，使界面缩小

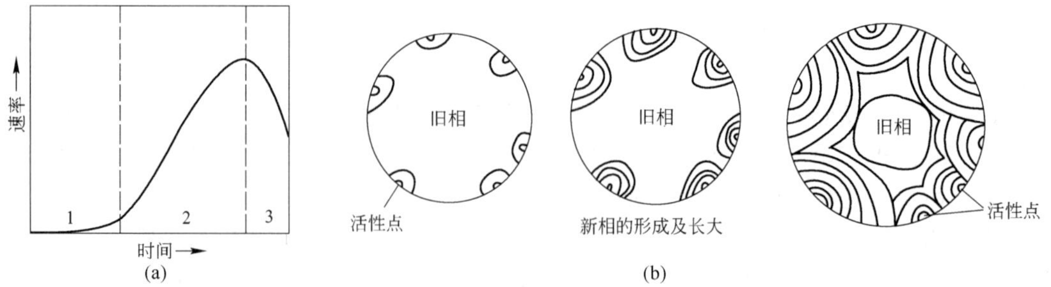

图 2-14　未反应核模型速率变化的特征

（a）速率变化；（b）从固体物表面各活性点开始发展的区域反应区

1—诱导期；2—反应界面扩大期；3—反应界面缩小期

时起，反应速率逐渐下降，称为反应界面缩小期。

气-固相反应过程一般由以下三个环节组成：

（1）气体在固体物外的外扩散；

（2）气体与固体物的界面反应，其中包括气体在相界面上的吸附及脱附、界面反应和新相晶格的重建；

（3）气体（包括反应气体及产物气体）通过固相产物层的内扩散。

由上述各环节组成的串联式气-固相反应的速率仍然取决于其限制环节的速率。在保持临界气流速度，即外扩散不成为限制环节时，反应过程由内扩散（固相产物层）及界面反应所组成。

A　速率微分式

对于 A(s) + B(g)══C(s) + D(g) 类型的反应（如图 2-15 所示），在反应中，当气体通过半径为 r_0 的矿球外的固相产物层，到达矿球内半径为 r 的反应界面上时，进行化学反应。气体的初始浓度为 c^0，反应界面上的浓度为 c，反应气体的平衡浓度为 $c_{平}$，组成环节的速率式如下。

界面化学反应速率：$v_c = 4\pi r^2 k(c - c_{平})$❶　　(1)

产物层内扩散速率：$J = -D_e A \dfrac{dc}{dr} = -4\pi r^2 D_e \dfrac{dc}{dr}$　　(2)

式中　k——界面化学反应速率常数，假定反应为一级可逆，$k = k_+\left(1 + \dfrac{1}{K}\right)$，m/s；

J——通过固相产物层的气体扩散流，mol/s；

D_e——产物层内气体的有效扩散系数，见式（2-23）；

A——反应物层半径为 r 的界面面积，$A = 4\pi r^2$。

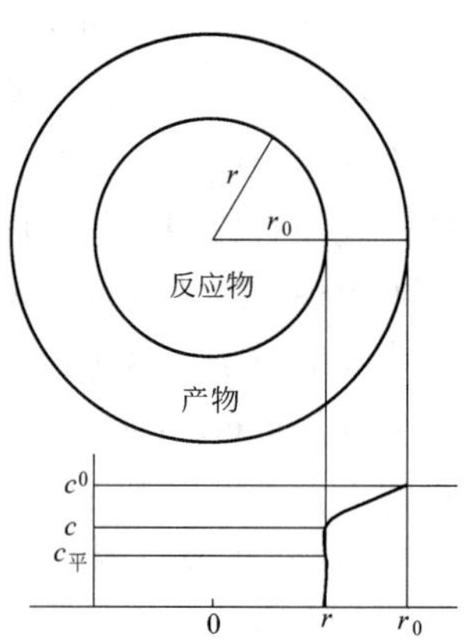

图 2-15　矿球反应组成环节的浓度分布

虽然反应界面的半径随时间而改变，但在稳定态中 J 与 r 无关，而是常量。在 c 及 r

❶　见第 2 章 2.1.3 节例 2-3 中的式（2-7）。

的相应界限 $c^0 \sim c$ 及 $r^0 \sim r$ 内积分式（2）

$$-\int_{c^0}^{c} \mathrm{d}c = \frac{J}{4\pi D_e}\int_{r_0}^{r} \frac{1}{r^2}\mathrm{d}r$$

得：
$$c - c^0 = \frac{J}{4\pi D_e} \cdot \frac{r_0 - r}{r_0 r} \tag{2-61}$$

由于此处（$c - c^0$）<0，故为保持 J 为正值，则 J 可写为：

$$J = 4\pi D_e \left(\frac{r_0 r}{r_0 - r}\right) \cdot (c^0 - c) \tag{2-62}$$

在稳定态过程中，$v_c = J$，即

$$4\pi r^2 k(c - c_{平}) = 4\pi D_e \left(\frac{r_0 r}{r_0 - r}\right) \cdot (c^0 - c)$$

化简上式，解出界面浓度 c 为：

$$c = \frac{D_e r_0 c^0 + k c_{平}(r_0 r - r^2)}{D_e r_0 + k(r_0 r - r^2)} \tag{3}$$

将式(3)代入式(1)，得：
$$v = -\frac{\mathrm{d}n}{\mathrm{d}t} = 4\pi r^2 \cdot \frac{k D_e r_0 (c^0 - c_{平})}{D_e r_0 + k(r_0 r - r^2)} \tag{2-63}$$

或
$$v = \frac{4\pi r^2 r_0 (c^0 - c_{平})}{r_0/k + (r_0 r - r^2)/D_e} \tag{2-64}$$

当 $k \gg D_e$ 时，
$$v = 4\pi D_e (c^0 - c_{平}) \cdot \frac{r_0 r}{r_0 - r} \tag{2-65}$$

反应的限制环节是内扩散，而相界面浓度 $c = c_{平}$；

当 $k \ll D_e$ 时，
$$v = 4\pi r^2 k (c^0 - c_{平}) \tag{2-66}$$

反应的限制环节是界面反应，而相界面浓度 $c = c^0$。

B 速率的积分式

利用上述微分式可进一步导出其积分式。与前述原则相同，这里仍有三个变量（n、r、t），需要消去一个变量（如 n）才能进行积分。对于气－固相反应：$A(s) + B(g) = C(s) + D(g)$，气体反应物和固体反应物的化学计量数均相同，故有 $-\frac{\mathrm{d}n_{A(s)}}{\mathrm{d}t} = -\frac{\mathrm{d}n_{B(g)}}{\mathrm{d}t}$ 的速率相等关系，由此可建立 $f(r,t) = 0$ 的关系式。

固相反应物摩尔速率式：

$$v_A = -\frac{\mathrm{d}n_A}{\mathrm{d}t} = -\frac{\mathrm{d}n_A}{\mathrm{d}r} \cdot \frac{\mathrm{d}r}{\mathrm{d}t} = -\frac{\mathrm{d}}{\mathrm{d}r}\left(\frac{4}{3}\pi r^3 \rho\right)\frac{\mathrm{d}r}{\mathrm{d}t} = -4\pi r^2 \rho \frac{\mathrm{d}r}{\mathrm{d}t}$$

式中 ρ——固体 A 的摩尔密度（即浓度），mol/m^3。

又
$$v = -\frac{\mathrm{d}n_{B(g)}}{\mathrm{d}t} = \frac{4\pi r^2 k D_e r_0 (c^0 - c_{平})}{D_e r_0 + k(r_0 r - r^2)}$$

而 $v_A = v$

所以
$$-4\pi r^2 \rho \frac{\mathrm{d}r}{\mathrm{d}t} = \frac{4\pi r^2 k D_e r_0 (c^0 - c_{平})}{D_e r_0 + k(r_0 r - r^2)}$$

可简化为：
$$\frac{k D_e r_0 (c^0 - c_{平})}{\rho}\mathrm{d}t = -[k(r_0 r - r^2) + D_e r_0]\mathrm{d}r$$

在 $0\sim t$ 及 $r_0\sim r$ 内积分，得：

$$\frac{r_0(c^0-c_{平})}{\rho}t=\frac{1}{6D_e}(r_0^3+2r^3-3r_0r^2)-\frac{1}{k}(r_0r-r_0^2) \tag{2-67}$$

当 $k\ll D_e$ 时，界面化学反应限制，其速率积分式为：

$$r_0-r=\frac{k(c^0-c_{平})}{\rho}t \tag{2-68}$$

当 $k\gg D_e$ 时，内扩散限制，其积分式为：

$$r_0^3-3r_0r^2+2r^3=\frac{6D_er_0(c^0-c_{平})}{\rho}t \tag{2-69}$$

但是，反应过程中矿块内出现的反应界面的半径 r 难以直接测定，所以一般是利用减重实验，由测定固体反应物质量变化得出的反应度 R 或穿透度 f 来代替 v 表示速率式。如用 m_0 表示 $t=0$ 时固相反应物的质量，m 表示 t 时固体反应物的残存质量，则 m_0-m 是矿球经过时间 t 减轻的质量。于是，矿球已反应了的百分数，即反应度（或称转化率）用 R 表示时，$R=(m_0-m)/m_0$。由于 $m_0=\frac{4}{3}\pi r_0^3\rho$，$m=\frac{4}{3}\pi r^3\rho$，则：

$$R=\frac{m_0-m}{m_0}=\frac{\frac{4}{3}\pi r_0^3\rho-\frac{4}{3}\pi r^3\rho}{\frac{4}{3}\pi r_0^3\rho}=1-\left(\frac{r}{r_0}\right)^3$$

即

$$(r/r_0)^3=1-R \tag{2-70}$$

式中 ρ——固相物的摩尔密度，mol/m^3。

这里假设固体反应物和其产物的密度大致相同，因此

$$r/r_0=(1-R)^{1/3} \quad 或 \quad r=r_0(1-R)^{1/3} \tag{2-71}$$

另外，反应的穿透度 f 可表示为：

$$f=\frac{r_0-r}{r_0} \quad 或 \quad r=r_0(1-f) \tag{2-72}$$

它为反应过程中矿球半径改变的分数，其与反应度 R 之间的关系为：

$$f=1-(1-R)^{1/3} \tag{2-73}$$

将式（2-71）代入式（2-67）中，化简后得：

$$\frac{c^0-c_{平}}{r_0^2\rho}t=\frac{1}{6D_e}[3-2R-3(1-R)^{2/3}]+\frac{1}{kr_0}[1-(1-R)^{1/3}] \tag{2-74}$$

这是以反应度表示出的反应的积分式，按照 D_e 及 k 的相对大小，可得出反应过程的限制环节的积分式。

当 $k\ll D_e$ 时，式（2-74）变为：

$$\frac{k(c^0-c_{平})}{r_0\rho}t=1-(1-R)^{1/3}=F(R) \tag{2-75}$$

此即界面反应成为限制环节的速率积分式，以 $F(R)$ 函数对 t 作图，可由直线的斜率求得 k。

当 $k\ll D_e$ 时，式（2-74）变为：

$$\frac{2D_e(c^0 - c_{平})}{r_0^2\rho}t = 1 - \frac{2}{3}R - (1-R)^{2/3} = F'(R) \tag{2-76}$$

此即内扩散成为限制环节的速率积分式，以 $F'(R)$ 函数对 t 作图，可由直线的斜率求得 D_e。

此外，在式（2－67）中代入 $r = r_0(1-f)$，也可得到以穿透度 f 表示的反应速率的积分式：

$$\frac{c^0 - c_{平}}{r_0^2\rho}t = \frac{1}{6D_e}[1 + 2(1-f)^3 - 3(1-f)^2] + \frac{1}{kr_0}f$$

或

$$\frac{c^0 - c_{平}}{\rho r_0}t = \frac{r_0}{6D_e}f^2(3-2f) + \frac{f}{k} \tag{2-77}$$

但反应过程中 f 不易测出，所以仍以 R 表示的反应速率的积分式最为通用。

此外，利用上述原理也可导出由外扩散、内扩散及界面反应混合限制的速率式，详见第6章6.2节。

实际上在未反应核模型中，由于固相产物层的形成随着反应界面向中心推移，而且不断减小（相界面出现合并），总反应的速率将随时间而减小。同时，由于固相产物层的不断加厚，气体物的扩散阻力也增加，因而到达矿球内的扩散流也随时间而减小。所以就较难保持稳定态的过程，而只能是准稳态的过程，特别是反应的后期（矿球内反应界面缩小期）。

虽然如此，未反应核模型导出的速率式，不仅能较满意地说明致密固体的气－固相反应过程中各种限制环节的速率特征，而且能成功地用于冶金实践中和分析动力学中的问题以及计算反应的速率常数、传质系数、有效扩散系数等动力学参数。

2.4.3.2* 多孔体积反应模型❶

反应的气体向孔隙率高的矿球内扩散的同时，在孔隙内发生了化学反应，即扩散与化学反应同时进行。有两种处理方法，即化学反应在整个矿球体积内的孔隙表面或孔隙内进行。对于前者，可认为扩散与化学反应为并行环节，它比后者复杂得多，现仅对后者做一般介绍。

由于矿球孔隙内扩散层中有化学反应发生，则菲克定律可表示为：

$$D\frac{\partial^2 c}{\partial x^2} = \frac{\partial c}{\partial t} + kc$$

假定化学反应为一级不可逆。由于扩散的进行，上式右边第一项 $\frac{\partial c}{\partial t}$ 应随时间而增加，但同时进行的化学反应则消耗气体，使浓度的变化减慢，经过一定时间后达到稳定状态。这时 $\frac{\partial c}{\partial t} = 0$，于是

$$D\frac{\partial^2 c}{\partial x^2} = kc$$

这是二阶线性齐次常微分方程，其通解为：

---

❶ 取材于 Жуховицкий А. А. Швардман Л. А. Физическая химия，1976。

$$c = A\exp(-\sqrt{k/D}\,x) + B\exp\sqrt{k/D}\,x \tag{1}$$

当 $x=\infty$ 时，$c=0$，从而 $B=0$，因此 $c=A\exp(-\sqrt{k/D}\,x)$。又因 $x=0$ 时，$c=c^0$（矿球表面气体的浓度），从而 $A=c^0$，于是

$$c = c^0\exp(-\sqrt{k/D}\,x) \tag{2}$$

这是式（1）的解。它表示多孔介质内扩散和化学反应同时进行时，气体在孔隙中浓度的分布式。

式（2）也表明化学反应进行时，扩散在矿球孔隙内进展的深度。如命 $l=x=\sqrt{D/k}$，则 $c=c^0/\mathrm{e}$，故可用浓度下降 c^0/e 的距离 l 来量度反应前沿进展的深度，即 $l=\sqrt{D/k}$。

可见，气体扩散的深度与 D/k 有关。由式（2）可得出用经过单位表面积、$x=0$ 处的扩散通量表示的总过程的速率式：

$$\begin{aligned} J &= \frac{1}{A}\cdot\frac{\mathrm{d}n}{\mathrm{d}t} = -D\left(\frac{\partial c}{\partial x}\right)_{x=0} \\ &= -D\frac{\partial}{\partial x}[c^0\exp(-\sqrt{k/D}x)]_{x=0} \\ &= -D(-\sqrt{k/D})c^0\exp(-\sqrt{k/D}x)]_{x=0} \\ &= c^0\sqrt{Dk} \end{aligned}$$

仿此，可进一步求出 $x=x$，即用孔隙内的扩散通量表示的总过程的速率式。假定在稳定态中孔隙界面气体的浓度为 c^*，孔隙内介质的传质系数为 β，则气体向孔隙界面扩散的通量应等于其向矿球深处流动的通量，即

$$J = \frac{1}{A}\cdot\frac{\mathrm{d}n}{\mathrm{d}t} = \beta(c^0 - c^*) = c^*\sqrt{Dk}$$

由此得出：

$$c^* = \beta c^0/(\beta + \sqrt{Dk})$$

故

$$J = \frac{1}{A}\cdot\frac{\mathrm{d}n}{\mathrm{d}t} = c^*\sqrt{Dk} = \beta c^0\sqrt{Dk}/(\beta + \sqrt{Dk}) \tag{2-78}$$

当 $\beta \ll \sqrt{Dk}$时，$J=\beta c^0$，过程位于外扩散范围内，限制环节是矿球内气体的扩散。这出现在气流速度小及温度很高时，这时 Dk 值很大。

当 $\beta \gg \sqrt{Dk}$时，$J=c^0\sqrt{Dk}$，过程位于化学反应及内扩散环节限制范围内。又如 $l\gg r$（r 为矿球的半径），而 $D\gg k$，则矿球内实际不存在浓度梯度，因而反应在矿球内成体积性的发展；如 $D\ll k$，则反应区（l）发展不大，而稳定态过程仅在矿球表面上进行。

2.4.4 反应过程速率的影响因素

（1）温度。扩散系数与温度的关系为：$D=D_0\exp[-E_{\mathrm{D}}/(RT)]$，而反应速率常数与温度的关系为：$k=k_0\exp[-E_{\mathrm{D}}/(RT)]$，但 $E_{\mathrm{D}}<E_{\mathrm{a}}$，所以温度对 D 的影响比对 k 的影响小。随着温度的升高，k 的增加率比 D 的增加率大。如图 2-16 所示，在低温下，$k\ll D$，界面反应是限制环节；随着温度的升高，k 和 D 的差别减小，反应进入过渡范围内；但在高温下，$k>D$，扩散则成为限制环节。因此，在其他条件相同时，低温下界面反应是限制环节，而在高温下扩散是限制环节。

（2）固相物的孔隙率。如固体反应物（矿球）的孔隙率高，孔隙又是开口的，构成

了贯穿于固体整个体积内的细微通道网络，那么由于气体能沿这些通道扩散，除了固体的宏观表面外，内部孔隙的微表面也是反应的界面，使反应成体积性的发展。这时总反应的速率可用多孔体积反应模型描述，而其速率将比按照未反应核模型计算的值高得多。固相生成物的孔隙特性直接影响气－固相反应的有效扩散系数 D_e（见式（2－23）），出现内扩散限制。固相生成物的孔隙率一般取决于固相生成物和固相反应物的摩尔体积之比。当固相生成物的摩尔体积小于其反应物的摩尔体积时，固相生成物具有多孔的结构（例如，K、Na、Ca、Mg 等金属氧化形成的氧化物），这对气体的内扩散有利；相反，固相生成物则具有较致密的结构（例如，Fe、Al、Cr、Ni、Cu、Zn 等的氧化物）。但如固相生成物的塑性很低，膨胀产生的应力能形成裂纹，也有利于气体的扩散。此外，由于反应中固相反应物和其生成物的体积有变化，在推导其速率方程时，应对矿球的最初半径 r_0 进行修正，引入固相生成物体积变化的修正系数。但是，矿球内孔隙的形状、大小及分布状态是不均匀的，并且在反应过程中又是不断变化的，致使反应速率式的推导十分困难，一般只能作恒量看待。

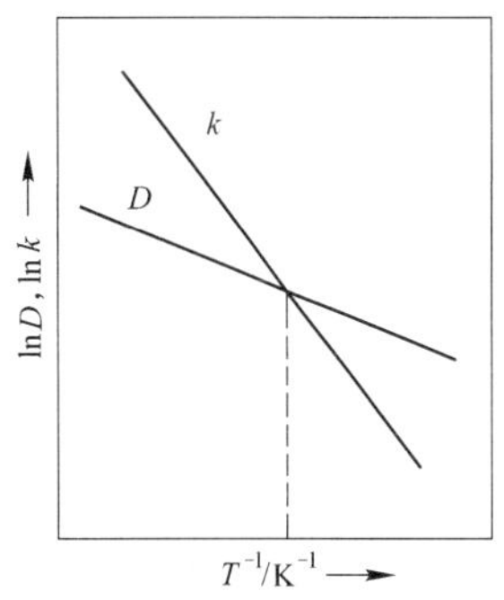

图 2－16　温度对 k 和 D 的影响

（3）固相物的粒度及形状。在一般条件下，无论固相物是否致密，反应过程的速率都是随着固相反应物粒度的增加而减小。但对于致密的固相反应物，由于反应仅能在宏观表面上进行，因此，随着粒度的减小，宏观表面积增大，其上处于不饱和键（表面能）的原子或分子数增多，吸附气体分子的作用力强，反应速率就加快，界面反应成为限制环节。但随着反应的进行，内扩散则成为限制环节。如果固相反应物是多孔的结构且粒度又比较小，或在反应的最初阶段，反应的限制环节将是宏观表面和内部孔隙的微观表面共同参加的界面反应，仅当粒度超过某一临界值时才能转入扩散限制，如图 2－17 所示。因此在生产上，应根据矿石结构的性能选择适宜的粒度。当矿料比较致密时，要选择较小的粒度；但过小的粒度（如粉料）也不适宜，因为它会妨碍炉料的透气性。矿粒的形状则会影响固相反应物的表面积。当反应处于化学反应限制环节时，其速率的积分式仿照式（2－75），可表示为：

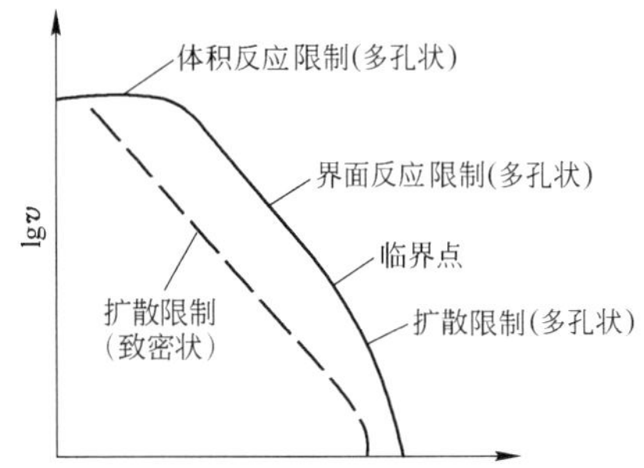

图 2－17　反应过程中速率与粒度的关系

v—反应速率；d_0—矿球的最初直径（粒度）

$$1-(1-R)^{1/F}=k't$$

式中，$k'=k(c^0-c_{平})/(r_0\rho)$；$F$ 为形状系数，$F=\dfrac{rA}{V}$（r 为特性尺寸，A 为面积，V 为体积）。

1）对于球形矿粒，$F=3$，而 $1-(1-R)^{1/3}=k't$；

2）对于圆柱形矿粒，$F=2$，而 $1-(1-R)^{1/2}=k't$；

3）对于平板形矿粒，$F=1$，而 $1-(1-R)=k't$。

可见，平板形矿粒的反应时间最长，而速率最低。

（4）流体流速。在对流运动的体系内，传质系数 β 随着流体流速的增加而增加（按式（2-41）），$\beta \propto u^n$（$n>0$），边界层的厚度也减小，所以在扩散范围内，它能使扩散环节，并从而使整个过程的速率加快。但流体流速对界面化学反应成为限制环节的过程的速率则无影响。

综上可得出如下结论：当不同的因素发生变化时，将会对界面反应和扩散两环节的速率有不同程度地增大或减弱作用，相应地能使过程的控制环节发生改变。在由实验研究化学反应的机理时，则必须在实验中创造条件，使整个过程位于动力学范围内。

在绝大多数的情况下，界面化学反应的活化能远比扩散的活化能高，因此，在低温下过程受化学反应速率的限制，在高温下则受传质所限制。在动力学范围内进行的多相化学反应过程的特点是：反应速率与固体粒度及流体流速无关，反应速率随温度的升高增加得较快。在扩散范围内又可分为外扩散及内扩散限制，前者的特点是：扩散速率主要与流速有关，而与固体的孔隙率及粒度无关；扩散速率与温度的关系比较小，且扩散阻力与时间无关；后者的特点是：扩散速率与固体孔隙率有很大关系，而与流速无关；扩散阻力随时间而增加。

2.4.5　速率限制环节的确定法

多相化学反应过程的总速率取决于其组成环节所受到的阻力，其中阻力最大或速率常数（β、k）最小的是限制环节，因此，可根据其影响因素对速率表现的特征来确定其限制环节。

2.4.5.1　利用测定的活化能估计法

温度对界面反应和扩散两环节有不同程度的影响，这反映在需克服与阻力有关的各自活化能的大小上，因此，可综合用下式表示：

$$v = A\exp[-Q/(RT)]$$

式中　v——总反应速率，它是分别按反应物浓度为1单位或浓度梯度为1计算的速率；

A——指数前系数，与温度无关；

Q——界面反应或扩散的活化能，即 E_a 或 E_D。

如以测定的 $\ln v$ 对 $1/T$ 作图，由直线的斜率（$-Q/R$）求得的活化能就是限制环节的活化能。如果直线在某温度发生转折，说明该反应的限制环节通过该温度后有所改变，如图2-18所示。

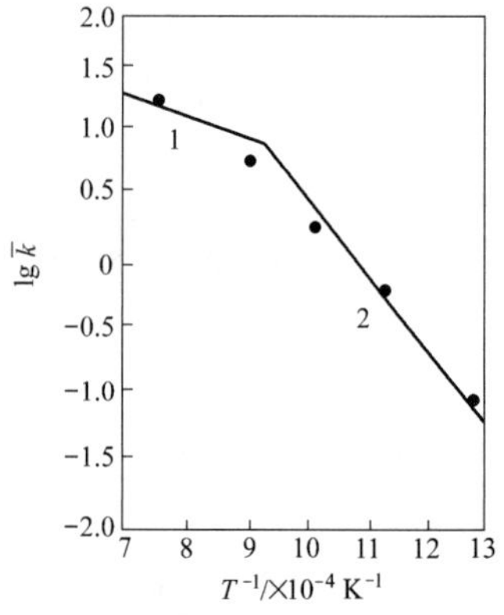

图2-18　反应 $2C+O_2=2CO$ 的 $\lg\bar{k}-1/T$ 关系

一般来说，若反应为2级，活化能又很大，例如，对于气体参加的反应，$E_a \geqslant 60 \sim 120$kJ/mol；对于液-液间反应，$E_a > 400$kJ/mol，则界面反应是限制环节。若反应为1级，活化能又比较小，例如，气体内 $E_D \leqslant 40 \sim 60$kJ/mol，液相内 $E_D \leqslant 150$kJ/mol，铁液中 $E_D = 17 \sim 85$kJ/mol，熔渣中 $E_D = 170 \sim 180$kJ/mol，则扩散是限制环节。

【例2-11】　把空气送入碳管内，在管壁上发生了气-固相反应：$2C_{(石)} + O_2 = 2CO$，在不同温度下测得的总反

应的速率常数 $\bar{k}$ 如表 2－11 所示。试确定此反应在不同温度范围内的限制环节，反应的速率常数 $\lg k = -5590/T + 6.06$，求 1073K 时氧的传质系数。

表 2－11 各温度下测定的 $\bar{k}$

温度/K	773	873	973	1073	1173	1273	1373
$\bar{k}$/min^{-1}	0.073	0.447	2.15	6.81	13.72	19.47	23.4

解 可利用不同温度范围内求得的反应活化能的数值来判断反应的限制环节。为此，由题所给数据计算出 $\lg \bar{k}$ 及 $1/T$ 值，再以 $\lg \bar{k} - 1/T$ 作图，可得出反应的活化能，计算值见表 2－12。

表 2－12 计算的作图数据

温度/K	773	873	973	1073	1173	1273	1373
$T^{-1}/\times 10^{-4}\text{K}^{-1}$	12.93	11.45	10.28	9.32	8.53	7.86	7.28
$\bar{k}$/min^{-1}	0.073	0.447	2.15	6.81	13.72	19.47	23.4
$\lg \bar{k}$	－1.13	－0.349	0.33	0.83	1.14	1.29	1.37

图 2－18 中的点可连成两根直线，其交点的温度由 $1/T = 9.1 \times 10^{-4}$，得 $T = 1100\text{K}$；直线 1 的斜率为 -0.1×10^4，$Q = -19.147 \times (-0.1 \times 10^4) = 19.15\text{kJ/mol}$；直线 2 的斜率为 -0.56×10^4，$Q = -19.147 \times (-0.56 \times 10^4) = 107.22\text{kJ/mol}$。

根据前述原则可认为，1100K 以下的活化能属于界面化学反应，所以在此温度以下，反应的限制环节是界面化学反应；而在此温度以上的活化能则属于扩散，反应的限制环节是扩散。

又上述反应对 O_2 是一级，可逆性小，在 1100K 附近属于过渡范围，其速率式为

$$1/\bar{k} = 1/\beta + 1/k$$

从而

$$1/\beta = 1/\bar{k} - 1/k = \frac{k - \bar{k}}{k\bar{k}}$$

即

$$\beta = \frac{k\bar{k}}{k - \bar{k}}$$

在 1073K 时，$\bar{k} = 6.81\text{min}^{-1}$，$\lg k = -\dfrac{5590}{1073} + 6.06 = 0.85$，$k = 7.08\text{min}^{-1}$。

于是

$$\beta = \frac{7.08 \times 6.81}{7.08 - 6.81} = 0.178 \times 10^3 \text{m/min} = 3\text{m/s}$$

2.4.5.2 搅拌强度改变法

当一个反应的速率受温度的影响不大，而增加流体的搅拌强度能使反应速率迅速增加时，则扩散是限制环节。可进一步改变影响各组分扩散速率的其他条件，确定哪一个组分的扩散是限制者。

为此，对选定的限制环节，由其速率式写出：

$$-\frac{\mathrm{d}c}{\mathrm{d}t} = \beta \cdot \frac{A}{V} \cdot (c^* - c)$$

$$\int_{c}^{c^*} -\frac{1}{c^* - c}\mathrm{d}c = \beta \cdot \frac{A}{V} \cdot t$$

或

$$\phi(c) = \frac{\beta}{l} \cdot t$$

式中，$l = V/A$，其相当于熔渣或金属液的厚度，与熔池的几何形状有关。

如实验测得 $\phi(c) - t$ 关系是直线，即 $\frac{\beta}{l} = \text{const}$，则可证实该组分的扩散是限制环节。

2.4.5.3 假设最大速率确定法

这是分别计算界面反应和参加反应的各物质扩散的最大速率（即在所有其他环节不呈现阻力时，该环节的速率最大），其中速率最小者则是总反应过程的限制环节。例如，对于钢液中锰的氧化，一般仅考虑［Mn］及其产物的扩散、化学反应本身三个环节，实际上还应考虑参加反应的其他有关物质的扩散环节，即反应$[Mn] + (FeO) = (MnO) + [Fe]$中(FeO)、［Fe］的扩散，因此其应由5个环节（界面反应及［Mn］、［Fe］、(FeO)、(MnO)的扩散）所组成。经计算知，(MnO)在渣中的扩散速率最慢，是反应的限制环节。

【例2－12】 在25t电炉内，与组成为$w(FeO) = 20\%$、$w(MnO) = 5\%$的熔渣接触的钢液中，锰的质量分数$w[Mn] = 0.2\%$，温度为1600℃。试确定钢液中锰氧化速率的限制环节。钢液的$\rho_m = 7 \times 10^3 \text{kg/m}^3$，熔渣的$\rho_s = 3.5 \times 10^3 \text{kg/m}^3$，$\beta_{Mn} = 3.3 \times 10^{-4} \text{m/s}$，$\beta_{Fe} = 3.3 \times 10^{-4} \text{m/s}$，$\beta_{Mn^{2+}} = 8.3 \times 10^{-7} \text{m/s}$，$\beta_{Fe^{2+}} = 8.3 \times 10^{-4} \text{m/s}$。钢－渣界面面积$A = 15\text{m}^2$。

解 钢液中［Mn］的氧化由以下分子反应式及离子反应式表示：

$$[Mn] + (FeO) = (MnO) + [Fe], [Mn] + (Fe^{2+}) = (Mn^{2+}) + [Fe]$$

由于渣中（FeO）以Fe^{2+}及O^{2-}形式存在，而O^{2-}比Fe^{2+}的扩散系数大，O^{2-}的浓度也比Fe^{2+}的浓度高，所以（FeO）的扩散实际上是由Fe^{2+}的扩散决定的。上述反应过程由5个环节组成，其中4个是扩散，另1个是界面化学反应，如图2－19所示。

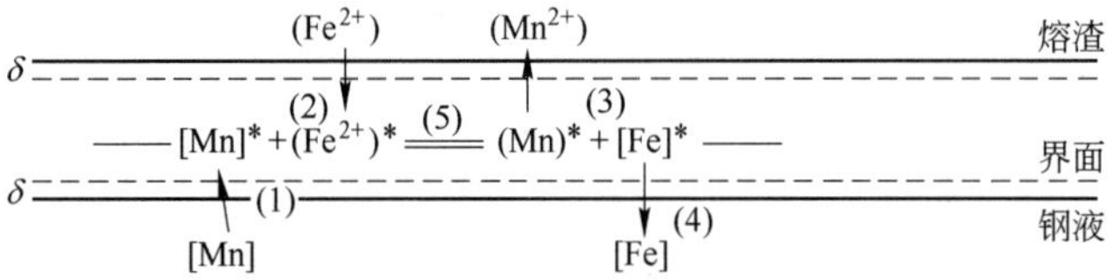

图2－19 锰氧化反应的组成环节

5个环节的反应方程式为：

(1) $[Mn] = [Mn]^*$；

(2) $(Fe^{2+}) = (Fe^{2+})^*$；

(3) $(Mn^{2+})^* = (Mn^{2+})$；

(4) $[Fe]^* = [Fe]$；

(5) $[Mn]^* + (Fe^{2+})^* = (Mn^{2+})^* + [Fe]^*$。

锰氧化过程的速率取决于其中最慢环节的速率。因为高温下界面化学反应的速率很高，远高于质点的扩散，不会成为反应过程的限制环节，所以锰氧化过程的限制环节应是上述4个扩散环节中的最慢者。现采用假设最大速率处理法来确定其中最慢的环节，即分别计算4个组分扩散的最大速率（即在所有其他环节不呈现阻力时，该环节的速率最大），再进行比较以确定其中速率最小者，它即是锰氧化过程的限制环节。

例如，第一个扩散环节，即钢液中［Mn］向钢－渣界面扩散：

$$v_{Mn} = \beta_{Mn}A(c[Mn] - c[Mn]^*)$$

$c[Mn]^*$是钢－渣界面上Mn的浓度，可由界面反应的$K^{\ominus}$求得：

$$c[Mn]^* = c(Mn^{2+})^* \cdot c[Fe]^*/(K^{\ominus}c(Fe^{2+})^*)$$

当假定Mn^{2+}、Fe^{2+}及Fe（原子）的扩散未受到阻力时，界面浓度即等于体积浓度，即：

$$c[Mn]^* = c[Mn] = c(Mn^{2+}) \cdot c[Fe]/(K^{\ominus}c(Fe^{2+}))$$

由于$c(Fe^{2+}) > c(Fe)^*$，$c(Mn^{2+}) < c(Mn^{2+})^*$，$c(Fe) < c(Fe)^*$，故$c[Mn]$为最小，从而由下式可见$v_{Mn}$为最大：

$$v_{Mn} = \beta_{Mn}A[c[Mn] - c(Mn^{2+}) \cdot c[Fe]/(K^{\ominus}c(Fe^{2+}))] \quad (1)$$

又反应的平衡商：
$$J = c(Mn^{2+}) \cdot c[Fe]/(c[Mn] \cdot c(Fe^{2+}))$$

即
$$c[Mn] \cdot J = c(Mn^{2+}) \cdot c[Fe]/c(Fe^{2+}) \quad (2)$$

将式（2）代入式（1），得：　$v_{Mn} = \beta_{Mn}Ac[Mn](1 - J/K^{\ominus})$

以下求J和$K^{\ominus}$：

$$J = \frac{c(Mn^{2+}) \cdot c[Fe]}{c[Mn] \cdot c(Fe^{2+})} = \frac{w(MnO)_{\%} \cdot w[Fe]_{\%}}{w[Mn]_{\%} \cdot w(FeO)_{\%}} = \frac{5 \times 100}{0.2 \times 20} = 125$$

$$K^{\ominus} = \frac{c(Mn^{2+})^* \cdot c[Fe]^*}{c[Mn]^* \cdot c(FeO)^*} = \frac{w(MnO)_{\%}^* \times 100}{w[Mn]_{\%}^* \cdot w(FeO)_{\%}^*}$$

$$[Mn] + (FeO) = (MnO) + [Fe] \quad \Delta_r G_m^{\ominus} = -123307 + 56.48T \quad (J/mol)$$

$$\lg K^{\ominus} = \lg \frac{w(MnO)_{\%}^*}{w[Mn]_{\%}^* \cdot w(FeO)_{\%}^*} = \frac{123307}{19.147 \times 1873} - \frac{56.48}{19.147} = 0.488$$

即
$$\frac{w(MnO)_{\%}^*}{w[Mn]_{\%}^* \cdot w(FeO)_{\%}^*} = 3.10$$

故
$$K^{\ominus} = \frac{w(MnO)_{\%}^* \times 100}{w[Mn]_{\%}^* \cdot w(FeO)_{\%}^*} = 3.10 \times 100 = 310$$

以下计算各扩散环节的速率：

（1）
$$v_1 = v_{Mn} = \beta_{Mn}Ac[Mn](1 - J/K^{\ominus})$$
$$= 3.3 \times 10^{-4} \times 15 \times \frac{0.2}{100} \times \frac{7 \times 10^3}{56 \times 10^{-3}} \times \left(1 - \frac{125}{310}\right) = 0.75 mol/s$$

（2）
$$v_2 = v_{Fe^{2+}} = \beta_{Fe^{2+}}Ac(Fe^{2+})(1 - J/K^{\ominus})$$
$$= 8.3 \times 10^{-7} \times 15 \times \frac{20}{100} \times \frac{3.5 \times 10^3}{72 \times 10^{-3}} \times \left(1 - \frac{125}{310}\right) = 0.072 mol/s$$

（3）
$$v_3 = v_{Mn^{2+}} = \beta_{Mn^{2+}}Ac(Mn^{2+})(K^{\ominus}/J - 1)$$
$$= 8.3 \times 10^{-7} \times 15 \times \frac{5}{100} \times \frac{3.5 \times 10^3}{71 \times 10^{-3}} \times \left(\frac{310}{125} - 1\right) = 0.045 mol/s$$

（4）
$$v_4 = v_{Fe} = \beta_{Fe}Ac[Fe](K^{\ominus}/J - 1)$$

$$=3.3\times10^{-4}\times15\times\frac{100}{100}\times\frac{7\times10^{3}}{56\times10^{-3}}\times\left(\frac{310}{125}-1\right)=916\text{mol/s}$$

由上可见，[Mn]、(MnO)、(FeO) 或 [Mn]、(Mn^{2+})、(Fe^{2+}) 三者的扩散速率较小。虽然差别不大，但 (MnO) 或 (Mn^{2+}) 的扩散速率最小，是氧化过程速率的限制环节。可是当 [Mn] 浓度较高时或在反应初期，它的扩散速率也较高，会超过 (Mn^{2+}) 的扩散速率。所以可以得出钢液中元素氧化反应速率的限制规律是：当 (FeO) 的扩散不成为限制环节时，若元素的浓度高，在渣中形成的元素的氧化物，如 (MnO) 的扩散是限制环节；若元素的浓度低，则它的扩散是限制环节。

2.5 新相形成的动力学

在冶金反应过程中，生成的产物往往都要经过新相核的形成、长大及排出，所以它们也可能是动力学的组成环节，在一定条件下，其速率也可能成为整个反应速率的限制环节。

反应产物在均匀相内形核，称为均相形核；而在相内不溶解夹杂物或在反应器壁上形核，则称为异相形核。

在多相反应的初始阶段并不立即出现新相核，只有当反应生成物的量超过它在相中的饱和溶解量时，其才能自相中析出，或再经过聚合、长大而自相中排出。

根据弗兰克尔形核动力学理论，新相核的形成与起伏现象有关。一般来说，任何体系的能量或性质是其构成的原子或分子能量或性质的统计平均值。但是，个别微小体积的能量或性质与整个体系的平均值却有偏差，这种偏差有时甚至是很大的，这种现象称为起伏或涨落现象（fluctuation）。

例如，对于浓度的起伏，其偏差可用统计物理学方法导出的起伏的相对值 θ 表示：

$$\theta=1/\sqrt{\overline{N}} \qquad (2-79)$$

式中 $\overline{N}$——单位体积的平均质点数。

但是，仅在极小体积内浓度的起伏才有较大的值，而在较大体积内（如 $10^{-6}m^3$），实际上是微不足道的。例如，$1m^3$ 内有 2.69×10^{25} 个分子，则 $\theta=1/\sqrt{\overline{N}}=1/\sqrt{2.69\times10^{25}}\approx0.193\times10^{-11}$；而对于 $10^{-27}m^3$ 体积，$\theta=1/\sqrt{2.69\times10^{25}\times10^{-27}}=6.1$。由于 $\theta=(N_\theta-\overline{N})/\overline{N}$，故起伏时质点的浓度 $N_\theta=7.1\overline{N}$，即起伏时质点的浓度可比平均值提高约 7.1 倍。这种浓度的起伏在某一瞬间某个别微小体积内引起浓度增加，高过其饱和值，就聚集成新相核。

2.5.1 均相形核

在恒温、恒压下，当体系内因浓度起伏而出现新相核时，体系的 ΔG 可表示为：

$$\Delta G=\frac{4}{3}\pi r^3\Delta G_V+4\pi r^2\sigma \qquad (2-80)$$

式中 r——球形新相核的半径，m；

ΔG_V——单位体积新相核的吉布斯自由能变量，J/m^3；

σ——新相和旧相间的界面能，J/m^2。

式（2-80）中，第1项为新相核形成的吉布斯自由能的减少值，第2项则为形成的新相核表面吉布斯自由能的增加值。如两项之和促使 $\Delta G<0$，则新相核能自发形成。

利用等温方程，可求出第1项中的 ΔG_V：

$$\Delta G_V = \frac{1}{V}(-RT\ln a_{B(平)} + RT\ln a_B) = \frac{RT}{V}\ln\frac{a_B}{a_{B(平)}} = \frac{\rho RT}{M}\ln\alpha \tag{2-81}$$

式中　V——新相核的摩尔体积，m^3/mol；

a_B，$a_{B(平)}$——分别为旧相中组分B的活度及平衡活度；

ρ，M——分别为新相核的密度（kg/m^3）及摩尔质量（kg/mol）；

α——旧相的过饱和度，$\alpha = a_B/a_{B(平)}$。

当旧相中有新相核形成时，其 $\Delta G_V<0$，但 $4\pi r^2\sigma>0$，因而由式（2-80）可见，其第1项为负值，并随 r 的增加而其负值增大，如图2-20中曲线(1)所示；第2项为正值，并随 r 的增加而增大，如图2-20中曲线(2)所示。两者综合的结果是，随 r 的增加，初期 ΔG 增加，但达到极大值后 ΔG 下降，如图2-20中曲线(3)所示。ΔG 达到极大值的核称为临界核，其半径称为临界半径，用 r^* 表示。这种核具有的能量称为临界吉布斯自由能，用 ΔG^* 表示。因此，只有由起伏形成的核的 $r \geq r^*$ 时，这种核才能稳定存在，因为这时体系的吉布斯自由能降低了。

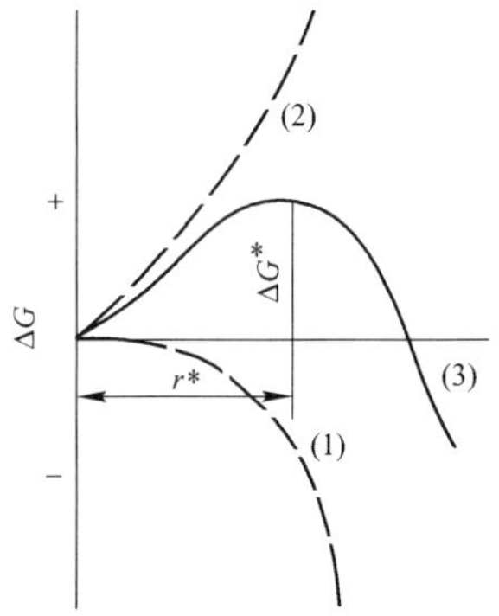

图2-20　均相形核时 ΔG 与 r 的关系

将式（2-80）的 ΔG 对 r 求导，并使之等于零，则可得出临界半径 r^* 及临界核生成的吉布斯自由能变量 ΔG^*：

$$\frac{d\Delta G}{dr} = 4\pi r^2\Delta G_V + 8\pi r\sigma = 0$$

故

$$r^* = -2\sigma/\Delta G_V \tag{2-82}$$

及

$$\Delta G^* = \frac{16\pi\sigma^3}{3\Delta G_V^2} = \frac{4}{3}\pi r^{*2}\sigma = \frac{1}{3}(4\pi r^{*2}\sigma) = \frac{1}{3}(A^*\sigma) \tag{2-83}$$

式中　A^*——临界核的表面积，m^2。

因此，r^* 和 ΔG^* 与旧相的过饱和度（$\Delta G_V = f(\alpha)$）及新-旧相的界面张力有关，而 ΔG^* 等于临界核形成所需表面能的1/3。

形核和扩散一样需要克服能碍，所以是活化过程，而 ΔG^* 就是活化过程的活化能，它是形核过程所必须克服的能碍，其值等于临界核表面能的1/3，而其余不足的界面能由起伏来补偿。所以，由浓度引起的能量起伏是形核的必要条件。但是，为使组成晶核的质点从旧相经过界面向新相处供给，还需要有质点扩散的活化能 E_D。因此，新相核出现的频率 I，即每秒单位体积旧相的核数为：

$$I = A\exp[-\Delta G^*/(RT)]\cdot B\exp[-E_D/(RT)] = k_0\exp[-(\Delta G^* + E_D)/(RT)] \tag{2-84}$$

式中　k_0——指数前常数，即 $A\cdot B$。

因此，只有形成的核不小于临界核时，其才能稳定存在并进一步长大。形核过程中出现的活化能越小，则核形成的速率就越大，这主要与体系的过饱和度及新－旧相间的界面张力有关。

半径大于 r^* 的晶核能稳定存在，并给晶核的继续长大创造了先决条件。核的长大是原子以单原子层（二维核）向形成的晶核上集中，这样在长大的过程中需要克服的能碍就较小。如图 2－21 所示，核 1 及核 2 比核 3 的方式生长更快，因为表面形成时消耗的能量增加得较小。用与前述类似的方法可得出二维晶核生长的 ΔG_{II}、ΔG_{II}^*、r_{II}^*：

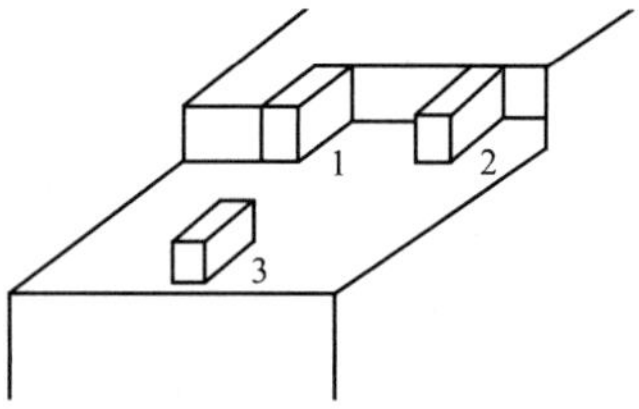

图 2－21　二维方式长大的晶核

$$\Delta G_{\mathrm{II}} = \pi r^2 \Delta G_A + 2\pi r\sigma$$

$$r_{\mathrm{II}}^* = -\sigma/\Delta G_A$$

$$\Delta G_{\mathrm{II}}^* = -\pi\sigma^2/\Delta G_A$$

式中　ΔG_A——单位面积二维晶核的吉布斯自由能变化，J/m^2。

因此，在相界面上二维晶核的长大过程仍是由其形成及质点向此界面上扩散的环节构成，而其速率为：

$$v = k_0'\exp[-(\Delta G_{\mathrm{II}}^* + E_{\mathrm{D}})/(RT)] \tag{2-85}$$

式中　k_0'——二维晶核生长的指数前常数。

2.5.2　异相形核

当核在异相界面上形成时，则称为异相形核。图 2－22 所示为 1 相内固相 2 界面上形成的球冠形核 3，图中设 A_{13} 是新相核 3 与 1 相的界面面积，它是半径为 r_{13}^* 的球体的球冠形部分；A_{12} 是 1 相和 2 相的界面面积；A_{23} 是形成的新相核 3 与 2 相的界面面积。由于新相核 3 在 2 相表面形成，1 相和 2 相界面面积减小的值等于形成的新相核 3 与 2 相界面的面积，即 $A_{12} = A_{23}$。这些相界面的界面张力相应为 σ_{13}、σ_{12} 及 σ_{23}，图中用有箭头的直线表出；而 θ 称为接触角，它是平衡时三相接触点上沿 A_{13} 的切线与 A_{23} 的夹角。

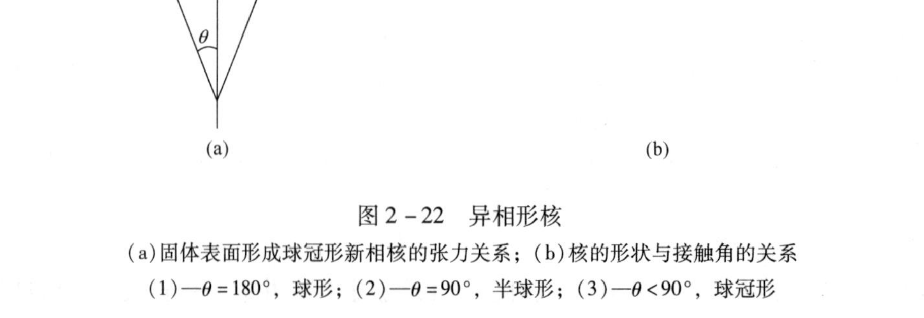

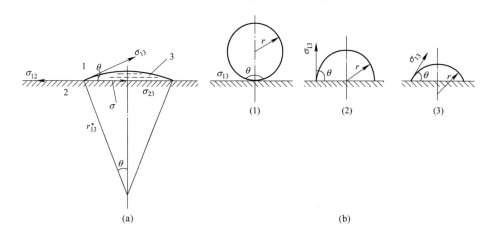

图 2－22　异相形核

(a) 固体表面形成球冠形新相核的张力关系；(b) 核的形状与接触角的关系

(1)—$\theta = 180°$，球形；(2)—$\theta = 90°$，半球形；(3)—$\theta < 90°$，球冠形

三个界面张力之间在平衡时有下列关系：

$$\sigma_{12}=\sigma_{23}+\sigma_{13}\cos\theta$$

故
$$\sigma_{12}-\sigma_{23}=\sigma_{13}\cos\theta,\cos\theta=\frac{\sigma_{12}-\sigma_{23}}{\sigma_{13}}$$

与前面讲述的均相形核相似，可对异相形核导出 ΔG、ΔG^* 及 r^* 的关系式。

根据式（2-83），$\Delta G^*=\frac{1}{3}(A^*\sigma)$，故有：

$$\Delta G^*=\frac{1}{3}(\sigma_{13}A_{13}+\sigma_{23}A_{23}-\sigma_{12}A_{12})$$

利用前述的 $A_{12}=A_{23}$、$\sigma_{12}-\sigma_{23}=\sigma_{13}\cos\theta$ 的关系，可将上式化简为：

$$\Delta G^*=\frac{1}{3}\sigma_{13}(A_{13}-A_{23}\cos\theta)$$

又
$$A_{13}=\int_0^\theta(2\pi r_{13}^*\sin\theta)(r_{13}\mathrm{d}\theta)=2\pi r_{13}^{*2}(1-\cos\theta),A_{23}=\pi(r_{13}\sin\theta)^2=\pi r_{13}^{*2}\sin^2\theta$$

故
$$\Delta G^*=\frac{1}{3}\sigma_{13}[2\pi r_{13}^{*2}(1-\cos\theta)-\pi r_{13}^{*2}\sin^2\theta\cos\theta]=\frac{\pi\sigma_{13}r_{13}^{*2}}{3}(2-2\cos\theta-\sin^2\theta\cos\theta)$$
$$=\frac{\pi\sigma_{13}r_{13}^{*2}}{3}\ (2-3\cos\theta+\cos^3\theta)$$

又由式(2-82)的关系，有
$$r_{13}^*=-\frac{2\sigma_{13}}{\Delta G_V}$$

将 r_{13}^* 值代入上式，可得异相形核的 $\Delta G_{异}^*$：

$$\Delta G_{异}^*=\frac{4\pi\sigma_{13}^3}{3\Delta G_V^2}(2-3\cos\theta+\cos^3\theta) \tag{2-86}$$

将其与均相形核的 $\Delta G_{均}$（即式(2-83)）比较，得：

$$\frac{\Delta G_{异}^*}{\Delta G_{均}^*}=\frac{2-3\cos\theta+\cos^3\theta}{4}=\beta \tag{2-87}$$

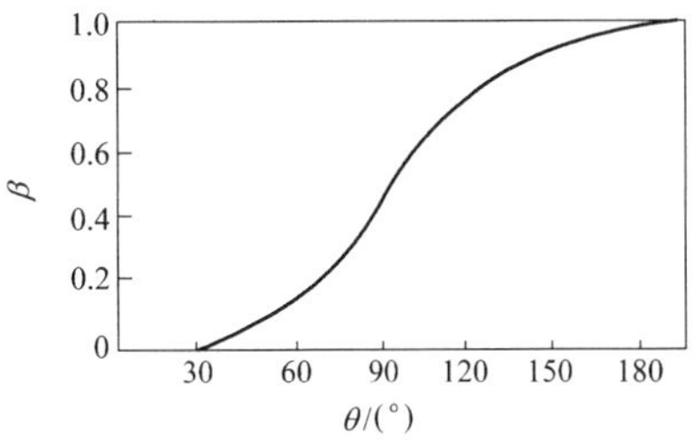

图 2-23　$\beta-\theta$ 的关系

由于 $\theta\leqslant180°$，故 $\beta<1$，而 $\Delta G_{异}^*<\Delta G_{均}^*$，即异相形核比均相形核更易进行。这是由于 1 相中现成界面的存在，致使均相形核时消耗于形成新相核界面的那部分功大为降低。将 β 与 θ 的关系表示于图 2-23 中，可见 $\theta=180°$时，$\beta=1$，$\Delta G_{异}^*=\Delta G_{均}^*$，异相形核与均相形核有相同条件，核均为球形，如图 2-22（b）中（1）所示。$\theta=0°$ 时，$\beta=0$，而 $\Delta G_{异}^*=0$，异相核无条件形成；在此区间范围内，$\Delta G_{异}^*<\Delta G_{均}^*$，异相核比均相核易于形成。但随着 θ 的减小，异相核形成的概率不断增大，到 $\theta=0°$时为最大。

因此，均相内形成的核被原相所包围，是球形；而在现成界面形成的核，则是在两个原相之间的界面上形成，它虽与均相核有相同的半径，但却是原子数（或体积）较小的半球体或球冠形（甚至是附着于界面上的平面层），而且其体积随着 θ 的减小而减小，因此，它们易于形成，如图 2-22 所示。

与均相形核的式（2－84）及式（2－85）相同，可导出异相形核的频率或速率式，它们两者的形式相同，仅 ΔG^* 不相同。因此，为提高异相形核的频率，需有较小的 $\Delta G^*_{异}$ 值，由于

$$\cos\theta = \frac{\sigma_{12} - \sigma_{23}}{\sigma_{13}}$$

故减小 σ_{23}，即新相核与界面物之间的界面张力越小，则 $\cos\theta$ 越大（即 θ 越小或 3 相对 2 相的润湿性越大），$\Delta G^*_{异}$ 就越小。这些条件与核及界面物的结构的相近性有关。它们之间的结构越相近，则接触层的晶格变形性越小，因而界面张力越小，新相核就更易于在与其结构相近的界面物上形成。在金属液中引入与其结构相近的结晶粒物，使金属孕育化，可改善其铸件结构，从而细化晶粒及提高金属的性能。此外，加入能降低金属液的表面张力及其与新相核的界面张力的表面活性物，也可达到这一目的。

钢液中发生化学反应的产物如与熔渣或炉衬耐火材料间的界面张力越小（或其间的润湿性越大），则越易于在它们界面上发生异相形核。例如，钢液中碳的氧化是在炉底耐火材料表面异相形核，形成 CO 气泡的。

【例 2－13】 试计算钢液中碳氧化形成的 CO 气泡的临界半径。脱碳反应 $[C]+[O]=CO$ 的 $\Delta_r G_m^\ominus = -22264 - 39.63T$(J/mol)，钢液中碳的质量分数为 1.1%，其 $a_{[C]}=1.53$；氧的质量分数为 0.011%，其 $a_{[O]}=0.0033$；钢液表面能 $\sigma = 1.5\text{J/m}^2$，温度为 1873K。

解 可由式（2－82）计算 CO 气泡的临界半径，即 $r^* = -2\sigma/\Delta G_V$，为此，先由式（2－81）求 ΔG_V：

$$\Delta G_V = \frac{RT}{V_{CO}}(-\ln K^\ominus + \ln J)$$

式中 V_{CO}——反应形成的 CO 气泡的摩尔体积，m^3/mol。

在标准状态下反应形成的 1mol CO 的 $V_{CO(273)} = 22.4\times10^{-3}\text{m}^3$，故在 1873K 下，

$$V_{CO(1873)} = V_{CO(273)} \times \frac{1873}{273} = 22.4\times10^{-3}\times\frac{1873}{273} = 0.154\text{m}^3/\text{mol}$$

$$\lg K^\ominus = \frac{22264}{19.147\times1873} + \frac{39.63}{19.147} = 2.693, K^\ominus = 493.58$$

$$J = \frac{p_{CO}}{a_{[C]}a_{[O]}} = \frac{1}{1.53\times0.0033} = 198.06$$

故
$$\Delta G_V = \frac{19.147\times1873}{0.154}\times(-\lg 493.58 + \lg 198.06) = -92265\text{J/m}^3$$

而
$$r^* = -\frac{2\sigma}{\Delta G_V} = -\frac{2\times1.5}{-92265} = 3.3\times10^{-5}\text{m}$$

2.5.3 新相核的长大及排出

2.5.3.1 新相核的聚合及长大

具有临界吉布斯自由能的新相核能经过聚合、长大及排出，达到从熔体中分离除去的目的。

熔体中产生的新相核借助自然迁移或受到定向力的作用发生碰撞，实现聚合、长大。

其一般有两种凝聚形式，即异向凝聚和同向凝聚。前者是大小约为 10^{-6}m 的质点通过布朗运动聚合、长大，后者则是直径大于 10^{-5}m 的质点在熔体中受到引力场（上浮）、电场（电泳）、浓度场（受吸附作用的运动）等力场作用而聚合、长大。

新相核借助相互碰撞及扩散的作用出现了聚合，而核与熔体的分界面上的超额吉布斯自由能变量则是新相核出现聚合的动力。聚合过程中伴随有很大的界面张力，它将促使新相核与熔体的分界面减小，从而有利于聚合。

两个新相核（Ⅰ、Ⅱ）聚合时，单位表面积的吉布斯自由能的减少可由下式估计：

$$\left(\frac{\partial G}{\partial A}\right)_{p,T} = \sigma_{\text{Ⅰ},\text{Ⅱ}} - (\sigma_{\text{Ⅰ},\text{m}} + k\sigma_{\text{Ⅱ},\text{m}}) \tag{2-88}$$

式中 $\sigma_{\text{Ⅰ},\text{Ⅱ}}$——质点Ⅰ和Ⅱ接触界面上的单位界面能；

$\sigma_{\text{Ⅰ},\text{m}}$，$\sigma_{\text{Ⅱ},\text{m}}$——分别为质点Ⅰ或Ⅱ与熔体间的单位界面能；

k——考虑了聚合时质点Ⅰ和Ⅱ表面积不同的系数。

式（2-88）适用于液滴聚合及固体质点之间的聚合（也称凝聚）。质点聚合使分界面的面积减小，从而界面能得以降低。两个半径相同的熔滴的聚合速率与界面张力 $\sigma_{\text{Ⅰ},\text{m}}$ 成正比，而与黏度 η 成反比，即 $v=k$（$\sigma_{\text{Ⅰ},\text{m}}/\eta$）。而黏度对聚合速率的影响却比界面张力的影响大得多。一般来说，界面张力值大的质点能更有效地聚合、长大。熔体中出现的大颗粒质点大多是由许多微米级的微小质点所聚合的，这些聚合体中的质点是靠熔体与质点间表面积减少而产生的界面能所固结住的。但是，这种聚合体在熔体与质点的相对运动速度不小于 1.4m/s 时，可能被运动着的流体所冲散，这是固相质点聚合的最大特点。

因此，为使熔体中形核的新相质点聚合，首先需要有自发接触的条件存在，而后是靠毛细力固结，并与熔体对聚合表面的黏附作用有关。润湿性是表征复杂聚合物生成强度的重要特性。当熔体与聚合质点表面的润湿角 $\theta>90°$时，可能聚合；若 $\theta<90°$，从热力学观点来看就难以聚合了；而当 $\theta>100°$以上时，紊流流体的作用力则不可能拉开固结的聚合体而使之分离开来。

2.5.3.2 引力场中相分离的速度

无论是凝聚相还是气相质点，其聚合、长大后都能自动与熔体分离。在重力场的作用下，聚合质点向熔体表面浮出或者下沉，聚集在炉底上，达到分离的目的。这种质点从熔体中分离的速率与其大小、几何形状、聚集状态、熔体与新相质点的密度差别、新相质点及熔体的黏度、熔体的对流状态、新相质点对熔体的黏附以及熔体中的表面活性物等有关，因此影响是很复杂的，难以准确计算。

为了近似估计半径为 r 的球形固体质点的上浮速度，普遍采用了斯托克斯公式。它是根据球形质点在黏性介质中所受到的运动阻力（$F=6\pi r\eta v$）与其浮力（$F=\frac{4}{3}\pi r^3 g\Delta\rho$）相等而导出的，即：

$$\frac{4}{3}\pi r^3 g\Delta\rho = 6\pi r\eta v$$

$$v = \frac{2}{9} g r^2 \frac{\Delta\rho}{\eta} \tag{2-89}$$

式中 g——重力加速度，$g=9.81\text{m/s}^2$；

r——新相球形质点的半径，m；

$\Delta\rho$——熔体与新相质点的密度之差，kg/m^3；

η——熔体的动力黏度，Pa·s。

严格来说，式（2-89）只有当雷诺数 $Re<0.6$ 时才能成立，对于 10μm 以下的质点，实验数据才与计算值相一致，但它广泛地用于计算钢液脱氧产物的排出速度。

对于大颗粒质点，式（2-89）计算的数值偏高，也可用式（2-90）计算，它是采用牛顿阻力公式 $F=kr^2\eta v^2$ 代替式（2-89）中的阻力公式 $F=6\pi r\eta v$ 而得出的：

$$v^2=\frac{4\pi r}{3k}\cdot g\cdot\frac{\Delta\rho}{\eta} \tag{2-90}$$

式中，$k=24/Re$，是与 Re 有关的系数。

由于液滴中液体的运动和边界条件不同，液体质点的上浮速度与相同尺寸的固体质点的运动速度有差别，于是提出了适用于液相质点上浮速度的公式：

$$v_1=\frac{2}{3}gr^2\frac{\Delta\rho}{\eta}\cdot\frac{\eta+\eta_1}{2\eta+3\eta_1} \tag{2-91}$$

式中　η_1——液相质点的黏度，Pa·s。

将式（2-91）除以式（2-89），可得：

$$\frac{v_1}{v_s}=3\frac{\eta+\eta_1}{2\eta+3\eta_1}>1$$

由此可见，在质点的大小相同时，液相质点的上浮速度比固相质点的上浮速度大。所以，在钢液的脱氧中常希望采用适合的脱氧剂，使之能形成液态的脱氧产物而利于迅速浮出。另外，当 $\eta_1>\eta$，即质点的黏度大于熔体的黏度时，式（2-91）就变成式（2-89）了。因此，对于黏度很大的液相质点，可采用斯托克斯公式。

除上述通用的公式外，还有分别考虑了质点形状差别、对流作用以及表面活性物的吸附等影响的质点上浮速度公式，但它们都是在斯托克斯公式的基础上进行修正，如下所述。

(1)* 计入质点形状差别的上浮速度：

$$v=\frac{2}{9}gr^2\cdot\frac{\Delta\rho}{\eta k} \tag{2-92}$$

式中　k——形状系数，$k=r_2/r_1$，是用斯托克斯公式中的质点半径（r_2）对与上浮质点同体积的球形半径（r_1）之比表示的，其变化值为 2~5。

(2)* 对流运动的流体中质点的上浮速度：

$$v=\frac{2}{9}gr^2\cdot\frac{\Delta\rho}{\eta}+v_x\cos\alpha \tag{2-93}$$

式中　v_x——流体的流动速率，m/s；

α——流体流动速率向量与垂线间的夹角，(°)。

(3)* 熔体中表面活性物（如氧、硫等）被吸附到新相质点表面的上浮速度：

$$v=\frac{2}{9}gr^2\cdot\frac{\Delta\rho}{\eta}+\frac{3\Gamma RT}{2\eta c}\cdot\frac{dc}{dx} \tag{2-94}$$

式中　Γ——熔体中表面活性物的吸附量；

c——表面活性物的浓度；

dc/dx——浓度梯度。

2.5.3.3* 液相中气泡的生成和上浮速度

冶金过程中大都伴随有气相生成。当气相以气泡形式从熔体中析出时，也要遵循形核理论，可如前导出其临界半径：

$$r^* = -\frac{2\sigma}{\Delta G_V}$$

在一定温度下，气泡和熔体处于平衡态时，

$$dp + dG_V = 0 \quad (dp = Vdp，而\ V = 1m^3)$$

或 $$\Delta G_V = -\Delta p$$

故 $$r^* = \frac{2\sigma}{\Delta p^*}$$

式中 Δp^*——半径为 r^* 的气泡内的超额压力，可如下得出。

$$p^* V^* = \frac{n}{N_A} RT$$

由 $\Delta p^* = p^*$，$V^* = \frac{4}{3}\pi r^{*3}$，$R = 82.07 \times 10^{-6} m^3/(K \cdot mol)$，$n$ 为临界气泡的分子数（取 $n = 100$），N_A 为阿伏加德罗常数，可得出临界气泡内的压力（即临界压力）为：

$$p^* = 1.54 \times 10^6 (\sigma^3 T)^{1/4}$$

如钢液的 $\sigma = 1.6N/m$，$T = 1810K$，则 $p^* = \Delta p^* = 7.2 \times 10^4 Pa$。

在一般的炼钢过程中是不可能产生如此高的过剩压力的，所以就难以依靠局部的浓度起伏来完成这种临界气泡的形成，而只能是异相形核，即在反应熔池底部的粗糙耐火材料表面的微孔处形核。在冶炼过程中，反应生成的气体可不断地向此微孔内形成的临界气泡内扩散，使气泡的体积不断长大，而上浮速度也越来越快。当气泡的当量直径（和气泡同体积的球形的半径）小于 $5 \times 10^{-3}m$ 时，气泡大约呈球形；当大于 $5 \times 10^{-3}m$ 时，由于钢水静压的作用，气泡变成扁平的椭圆球形；当大于 $1 \times 10^{-3}m$ 时，则成为球冠形。它们的上浮速率为：

刚性球形 $$v = \frac{2gr^2\rho_m}{9\eta} \tag{2-95}$$

扁平椭圆球形 $$v = \frac{\rho_m g r^2}{3\eta} \tag{2-96}$$

球冠形 $$v = \frac{2}{3}(gr^2)^{1/2} \tag{2-97}$$

式中 r——气泡的曲率半径。

当球冠形气泡的夹角为45°~65°时，其上浮速度和当量直径 d_e 的关系为：

$$v = 0.72(gd_e)^{1/2} \tag{2-98}$$

球冠形气泡在上浮过程中，由于其体积较大，引起熔体流动，促使熔体成分和温度均一，能加速反应的进行。

2.5.4 钢液的结晶动力学

当液体金属的温度下降到其熔点以下时，它的摩尔吉布斯自由能（负值）变得比固态时大，因而开始自发形核结晶，其 ΔG_V、r^* 及 ΔG^* 可仿前推导如下：

$$\begin{aligned}\Delta G_V &= (\Delta_{fus}H_m - T\Delta_{fus}S_m)/V = (\Delta_{fus}H_m - T\Delta_{fus}S_m)\cdot(\rho/M)\\ &= -Q_{fus}(1-T/T_{fus})\cdot(\rho/M)\\ &= -Q_{fus}\cdot\frac{T_{fus}-T}{T_{fus}}\cdot\frac{\rho}{M} = -\frac{Q_{fus}\Delta T\rho}{MT_{fus}}\end{aligned} \tag{2-99}$$

式中 Q_{fus}——金属的熔化热（结晶潜热），J/mol；

ΔT——液体金属的过冷度，$\Delta T = T - T_{fus}$，T_{fus} 为熔点；

ρ，M——分别为液体金属的密度（kg/m^3）及摩尔质量（kg/mol）。

由图 2－24 可见，在 T^*（固态金属液的 $G_{(s)}$ 线与液态金属液的 $G_{(l)}$ 线的交点温度）以下，$G_{(s)} < G_{(l)}$，固态金属液较稳定；而在 T^* 以上则相反，$G_{(s)} > G_{(l)}$，液态金属液则较稳定。因此，当 ΔT（过冷度）>0 时，$\Delta G_V < 0$，过冷度越大，金属液的结晶潜热越容易放出，结晶就越容易进行，这是金属液结晶的热力学条件。它们的结晶临界参数可如下求出：

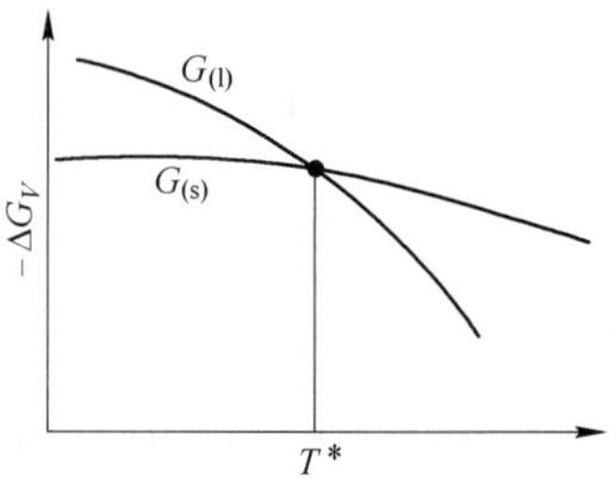

图 2－24 $G_{(s)}$ 和 $G_{(l)}$ 随温度的变化图

$$r^* = -\frac{2\sigma}{\Delta G_V} = \frac{-2\sigma}{-Q_{fus}\Delta T\rho/(MT_{fus})} = \frac{2\sigma MT_{fus}}{Q_{fus}\Delta T\rho} \tag{2-100}$$

$$\begin{aligned}\Delta G^* &= \frac{1}{3}(4\pi r^{*2}\sigma) = \frac{1}{3}\times 4\pi\times\left(\frac{2\sigma MT_{fus}}{Q_{fus}\Delta T\rho}\right)^2\sigma\\ &= 16.75\left(\frac{M}{\rho}\right)^2\cdot\sigma^3\cdot\frac{T_{fus}^2}{Q_{fus}^2}\cdot\frac{1}{(\Delta T)^2} = C\sigma^3/(\Delta T)^2\end{aligned} \tag{2-101}$$

式中 C——常数，$C = 16.75\left(\frac{M}{\rho}\right)^2\cdot\frac{T_{fus}^2}{Q_{fus}^2}$。

根据均相形核的频率 I（见式（2－84）），可得出液体金属结晶的速率为：

$$\begin{aligned}v_1(\text{或 } I) &= A\exp[-\Delta G^*/(RT)]\cdot B\exp[-E_D/(RT)]\\ &= k_0\exp\{-C'\sigma^3/[RT(\Delta T)^2]\}\cdot\exp[-E_D/(RT)]\end{aligned} \tag{2-102}$$

式中，$k_0 = A\cdot B$，为指数前常数。这里以过冷度（ΔT）代替了式（2－83）中的 ΔG_V，作为结晶核形成的主要影响因素，可同样绘出与如图 2－20 相似的图形，表出晶核形成的临界吉布斯自由能变化出现的 ΔT 值，而只有当 $\Delta T > \Delta T^*$ 时，晶核才能稳定存在并长大。

同样，可导出晶核长大的速率：

$$v_2 = k_0\exp\{-C'\sigma^3/[RT(\Delta T)^2]\}\cdot\exp[-E_D/(RT)] \tag{2-103}$$

式中，$C' = 4.19\left(\frac{M}{\rho}\right)^2\cdot\frac{T_{fus}^2}{Q_{fus}^2}$。

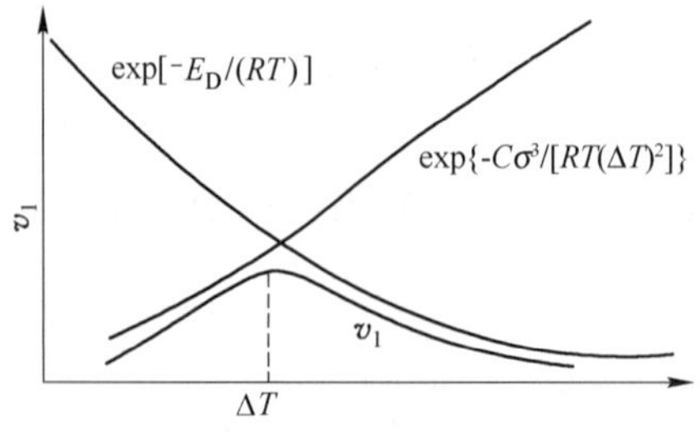

图 2－25 晶核形成速率与 ΔT 的关系

晶核形成的速率 v_1 中，$\exp[-E_D/(RT)]$ 随着温度的降低而减小，而 $\exp\{-C\sigma^3/[RT(\Delta T)^2]\}$ 则增大，如图 2－25 所示。因此，晶核形成的速率 v_1

可用图中的 v_1 曲线表示。它是在一个最适宜温度或过冷度 ΔT 时出现极大值的凸形曲线。这是因为在较小的过冷度范围内，ΔT 增加时，v_1 随$\frac{C\sigma^3}{RT(\Delta T)^2}$的增加而增大，即核形成能力随 ΔT 的增加而增大。达到极大值后，ΔT 再增加时 v_1 则减小，这是因为温度降低时 $e^{-E_D/(RT)}$减小了许多，由于形核质点的扩散能力降低了。

对于晶核长大的速率 v_2，可同样得出相似形状的曲线。

将晶核形成及长大的速率曲线 v_1 及 v_2 绘于同一坐标图中，如图 2－26 所示。

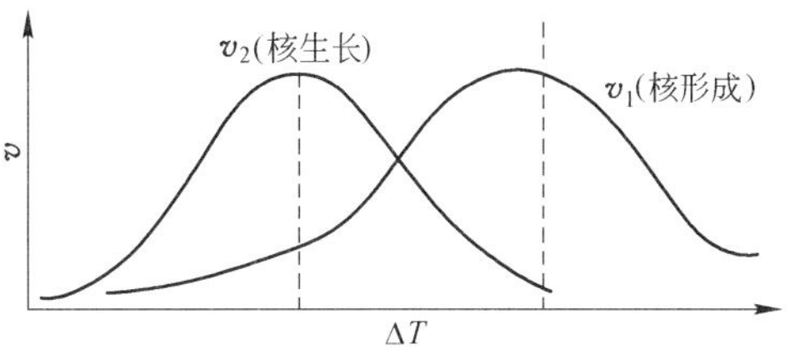

图 2－26 晶核形成及长大速率与 ΔT 的关系

在钢液的理论结晶温度（指出钢温度，即 $\Delta T=0$），晶核形成速率（v_1）和核长大速率（v_2）都接近于零，结晶不能进行。随着过冷度的增加，两者都增大，达到极大值后又降低，而在很大的过冷度下，实际上又接近于零。但结晶后，晶粒的大小则取决于该 ΔT 值下 v_1 和 v_2 的比值。在 ΔT 较小时，$v_2>v_1$，能形成少量的粗大晶粒；而在 ΔT 较大时，$v_2<v_1$，能形成大量的细小晶粒。当 ΔT 极大地降低时，可使 v_1 及 v_2 均接近于零，这时，熔体可保持不能结晶，即非晶质状态。

盐类、硅酸盐和有机物有很大的过冷倾向，而钢等金属则可冷却到较小的过冷度以下，但仍具有足够的稳定性，因为在较低温度下原子的活动能力较弱。钢液凝固的晶粒度取决于晶粒形成及长大的速率，形核率越大，长大速率越小，就能得到细晶粒的结构，使钢材具有较高的强度、韧性、硬度等综合性能。虽然冷却速率越大，过冷度越大，则晶粒越细，但是如图 2－26 所示，过分增大过冷度，则反而使形核速率及其长大速率下降，不利于细晶粒结构的形成。

2.6 固体料溶解的动力学

在钢铁冶金中加入的固体料，如铁合金、废钢、石灰等造渣料在熔体中的溶解及熔渣对耐火材料炉衬的侵蚀等均属于固－液相反应。固－液相反应的速率不仅影响生产率，还会显著地影响到冶炼产品的质量。因此，本节介绍固－液相反应的动力学及其应用。

固体物在熔体中的溶解与熔体的温度及溶解过程的热效应有关。低熔点的物质是经熔化成为液相，而后由扩散或出现对流传质而分散于熔体中，而溶解过程比熔化过程慢得多。熔点高于熔体温度的固体物，其溶解过程中可出现化学作用、组分扩散、熔体向固体物内孔隙渗透等，在毛细压力的作用下，熔体沿固体内晶间或疏松的孔隙分布，从而使固体解体成小块。在多数情况下，加入到金属熔体或熔渣中的固体物料的溶解是按照扩散机理进行的，所以必须加强熔池的搅拌，才能加速固体物的溶解。

2.6.1 固体物在熔体中溶解的动力学方程

在固体物（M_s）溶解于熔体中时，固体物周边形成了其组分（B）在其周围溶解的浓度边界层。其内溶解组分（B）再向熔体内扩散，溶解于其中，成为溶解组分的浓度

$(w(\mathrm{B}))$。与固体物接触的此边界层界面的组分浓度达到了饱和值$(w(\mathrm{B})_{饱})$，而另一接触界面上的组分浓度则与熔体内的相同$(w(\mathrm{B}))$。固体物组分（B）通过形成的边界层不断向熔体中扩散，因此，固体物的溶解速率为：

$$v = -\frac{\mathrm{d}M_s}{\mathrm{d}t} = \beta A\rho_1(w(\mathrm{B})_{饱} - w(\mathrm{B}))$$

而
$$-\mathrm{d}M_s = \beta A\rho_1 \Delta w(\mathrm{B})\mathrm{d}t$$

式中 β——溶解物（B）的传质系数，m/s；

A——固体物与熔体的界面面积，m^2；

ρ_1——熔体的密度，kg/m^3。

固体物溶解过程中组分（B）在各相内浓度的分布及其量，如图 2－27 所示。

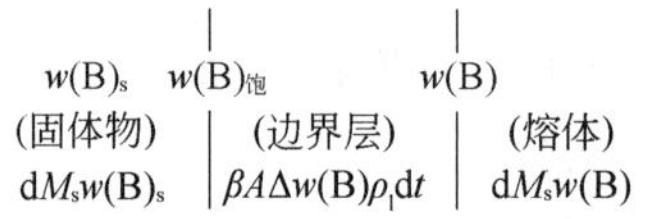

图 2－27 固体物溶解过程中组分（B）在各相内浓度的分布及其量（kg）

在固体物（M_s）溶解过程中，进入熔体中的组分（B）的量$(\mathrm{d}M_s w(\mathrm{B}))$，等于固体物组分(B)的溶解量$(\mathrm{d}M_s w(\mathrm{B})_s)$与形成边界层内组分（B）的量$(\beta A\rho_1(w(\mathrm{B})_{饱} - w(\mathrm{B}))\mathrm{d}t)$之差，即：

$$\mathrm{d}M_s w(\mathrm{B})_s - \beta A\rho_1(w(\mathrm{B})_{饱} - w(\mathrm{B}))\mathrm{d}t = \mathrm{d}M_s w(\mathrm{B})$$

因此，可得出固体物（M_s）的质量溶解速率：

$$-\frac{\mathrm{d}M_s}{\mathrm{d}t} = \frac{\beta A\rho_1(w(\mathrm{B})_{饱} - w(\mathrm{B}))}{w(\mathrm{B})_s - w(\mathrm{B})} \tag{1}$$

固体物在溶解时，其表面不断减小，因而溶解速率也不断下降，但在溶解物的传质系数保持不变的条件下，固体物的溶解线速率则保持不变。当假定 $w(\mathrm{B})_s$ 改变很小时，可按如下导出固体物（M_s）的溶解线速率：

$$-\frac{\mathrm{d}M_s}{\mathrm{d}t} = \frac{\mathrm{d}V_s\rho_s}{\mathrm{d}t} = \frac{\mathrm{d}xA\rho_s}{\mathrm{d}t} \tag{2}$$

它与式（1）的 $-\frac{\mathrm{d}M_s}{\mathrm{d}t}$ 相同，故得：

$$\frac{\mathrm{d}x}{\mathrm{d}t} = \frac{\beta(w(\mathrm{B})_{饱} - w(\mathrm{B}))\rho_1}{(w(\mathrm{B})_s - w(\mathrm{B}))\rho_s}$$

式中 V_s——固体物的体积，m^3；

x——固体物的线性尺寸，对于球形是半径，对于圆柱体是其底圆半径。

在 $t = t \sim 0$ 及 $x = r_0 \sim r$（半径）范围内积分上式，得固体物溶解时间为：

$$t = \frac{(r_0 - r)(w(\mathrm{B})_s - w(\mathrm{B}))\rho_s}{\beta(w(\mathrm{B})_{饱} - w(\mathrm{B}))\rho_1} \tag{2-104}$$

因此，提高溶解组分(B)的扩散系数(β)及减小固体物的尺寸(r)，可增大固体物在熔体中的溶解速率或减少其溶解时间(t)。

2.6.2 石灰在熔渣中溶解的动力学

由石灰石煅烧成的石灰块具有多孔质结构，因此石灰块在熔渣中的溶解具有多孔物质的溶解特性。在多孔物质溶解时，熔剂（熔渣）能渗透进入石灰块孔隙内，并且从内部开始溶解，从而导致石灰块解体，分离成许多个单晶粒，它们在熔渣中分布，并迅速地完全溶解，提高了熔渣的碱性。

在转炉内，当初期渣（$FeO-SiO_2$ 系）形成后，它能通过石灰块表面向内扩散。但渣中（FeO）的扩散比（SiO_2）的扩散快得多，因而前者能迅速溶解到石灰块内，形成铁酸钙。另外，渣中的（SiO_2）则能与石灰块外层的 CaO 作用，形成高熔点的正硅酸钙致密壳层，能阻碍（FeO）向石灰块内扩散，进而阻碍铁酸钙的形成，从而石灰溶解的速率显著下降。因此，在石灰块溶解过程中，应设法阻止或减慢硅酸钙壳层的形成或设法增大它们在渣中的溶解度。渣中（FeO）的存在，特别当其形成快或含量高时能破坏硅酸钙的结构，因为它们能形成低熔点物（详见第 4 章 4.3.3.3 节）。溶解了的 CaO 再经过石灰块外的边界层向熔渣中扩散，它是石灰在渣中溶解速率的限制环节，可利用式（2－104）进行计算。

【例 2－14】 求半径为 5×10^{-5} m 的石灰粒在渣中完全溶解的时间。石灰的 $w(CaO)_s=90\%$，石灰密度 $\rho_s=2.5\times10^3kg/m^3$，石灰块表面渣的 $w(CaO)_{饱}=55\%$，熔渣的 $w(CaO)=35\%$，熔渣密度 $\rho_l=3.5\times10^3kg/m^3$，$\beta_{CaO}=3\times10^{-5}m/s$。

解 将题中给出的相应数值代入式（2－104），可计算出石灰完全溶解的时间：

$$t=\frac{(r_0-r)(w(CaO)_{\%(s)}-w(CaO)_{\%})\rho_s}{\beta_{CaO}(w(CaO)_{\%(饱)}-w(CaO)_{\%})\rho_l}$$
$$=\frac{(5\times10^{-5}-0)\times(90-35)\times2.5\times10^3}{3\times10^{-5}\times(55-35)\times3.5\times10^3}=3.27s$$

为提高石灰在渣中的溶解速率，可提高温度及加强熔池的搅拌强度。在这种条件下，石灰的溶解速率与搅拌速度的 m 次方成正比，而 $m=\frac{1}{3}\sim\frac{4}{5}$。石灰的溶解速率为：

$$v=-\frac{dL}{dt}=A_0u^m$$

式中 u——石灰块－熔渣间的相对速度，$u=\pi nL$，n 为圆柱体石灰块的旋转圆盘测定传质系数实验中的旋转数（r/min），L 为圆柱体石灰块的直径；

A_0，m——常数，可由旋转圆盘实验测定的 v 与 u 的对数值，利用作图法求得。

2.6.3* 废钢块的溶解动力学

在转炉炼钢过程中，常采用加入少量废钢块作原料或添加冷却剂的方法来提高钢的产量。加入到转炉铁水中的废钢块在铁水中的溶解过程可分为四个阶段：

（1）熔体在废钢块表面形成凝固壳层；

（2）凝固壳层熔化；

（3）加热废钢表面层至其液相线温度；

（4）过热到废钢表面，达液相线温度的废钢强烈熔化。其中，前三个阶段构成了第一个加热期，这时加入的废钢块内部吸入的热量超过了铁水供给的热量，因而在废钢块表面上形成了凝固壳层。第四个阶段则构成了第二个加热期，外部的热通量超过了内部的热通量，因而凝固层就被熔化而进入铁水中。

由于废钢的碳含量低于熔体（铁水）的碳含量，废钢的液相线温度就比熔体的温度高，因而在废钢块熔化过程中出现了增碳，即熔体中的碳将向废钢块表面扩散而使其增碳。随着废钢块表面碳含量的不断增加，其熔化温度也不断下降。当废钢块表面层的碳含量达到一定值时，废钢块即开始熔化（扩散熔化），如此继续进行，直至废钢块完全熔化并溶解于熔体中。

因此，废钢块的溶解过程是复杂的传热和传质过程，其溶解速率同时受此两者速率的控制。

根据热平衡和质量平衡，可导出熔体－废钢块界面上液层内废钢扩散溶解的动力学方程。

（1）由热平衡式：

$$\alpha(t_l - t_s)\mathrm{d}t = -\mathrm{d}x\rho_s[q + (t_l - t_s)\bar{c}_{p(l)}]$$

得：

$$-\frac{\mathrm{d}x}{\mathrm{d}t} = \frac{\alpha(t_l - t_s)}{\rho_s[q + (t_l - t_s)\bar{c}_{p(l)}]} \tag{1}$$

（2）由碳平衡式：

$$\beta_C(w[C]_{\%(l)} - w[C]_{\%(s)})\frac{\rho_l}{100}\mathrm{d}t = -\mathrm{d}x(w[C]_{\%(l)} - w[C]_{\%(0)})\frac{\rho_s}{100}$$

得：

$$-\frac{\mathrm{d}x}{\mathrm{d}t} = \frac{\beta_C(w[C]_{\%(l)} - w[C]_{\%(s)})\rho_l}{(w[C]_{\%(l)} - w[C]_{\%(0)})\rho_s} \tag{2}$$

式中　α——传热系数 $\alpha = \lambda/\delta_t$，$W/(m^2 \cdot ℃)$，$\lambda$ 为熔体的导热率，$W/(m \cdot ℃)$，δ_t 为热边界层厚度（m）；

q——废钢熔化潜热，kJ/kg；

$\bar{c}_{p(l)}$——熔体的平均比热容，kJ/(kg·℃)；

t_l，t_s——分别为熔体及废钢的温度，℃；

$w[C]_{\%(l)}$，$w[C]_{\%(s)}$——分别为熔体及熔体－废钢界面的碳含量；

$w[C]_{\%(0)}$——废钢原始碳含量；

ρ_l，ρ_s——分别为熔体及废钢的密度，kg/m^3。

上式推导做了如下假定：dx 层内碳含量从 $w[C]_{\%(s)} \to w[C]_{\%(l)}$，而温度从 $t_s \to t_l$，液相的紊流能保证这种条件的存在；废钢熔化部分的温度和组成与整个熔体相同；具有参数 T_l 及 $w[C]_{\%(s)}$ 的很薄的边界层在不影响碳质量平衡时，不断地向废钢块中心推进。

为了计算出废钢块表面温度（t_s）及碳含量（$w[C]_{\%(s)}$），需要知道 t_s 与 $w[C]_{\%(s)}$ 的关系。可以不利用它们的直线关系，而采用液相线方程：

$$t_s = 1536 - 54w[C]_{\%(s)} - 8.13w[C]^2_{\%(s)} \tag{3}$$

当然也可假定液相线为直线，而利用 t_s 与 $w[C]_{\%(s)}$ 的直线方程来求，但带来的误差则较大。

将式(3)代入式(1)，并使式(1)和式(2)相等，可得一个3次方程式，而后用电子计算机求解出 $w[C]_{\%(s)}$ 及 v_x 的值。但是为简便计算，可利用图解法，如例2－15所示。

【例 2-15】 试利用前述废钢溶解的线速率公式（式（1）及式（2））。用图解法求解废钢溶解的线速率。相关数据如下：$\alpha = 5.28\text{kW}/(\text{m}^2 \cdot \text{K})$，$\beta_c = 2 \times 10^{-4}\text{m/s}$，$t_l = 1673℃$，$w[\text{C}]_{\%(l)} = 3.6$，$w[\text{C}]_{\%(s)} = 0.2$，$\rho_l = 7000\text{kg/m}^3$，$\rho_s = 7800\text{kg/m}^3$，$q = 250\text{kJ/kg}$，$\bar{c}_{p(l)} = 0.84\text{kJ}/(\text{kg} \cdot ℃)$。

解 利用题给数据，分别由式(1)和式(2)计算出不同 t_s 和 $w[\text{C}]_{\%(s)}$ 值的废钢溶解线速率 v_x，如表 2-13 所示。计算中出现的负值无意义，已舍去。

表 2-13 由式(1)及式(2)计算的废钢溶解线速率

$w[\text{C}]_{\%(s)}$(任取)		0	0.8	1.6	2.4	3.2	3.6
t_s(由式(3))/℃		1536	1488	1428	1360	1280	1236
$v_x/\text{mm} \cdot \text{min}^{-1}$	式（1）	-40.69	-20.30	-5.02	5.8	14.8	17.18
	式（2）	11.4	8.9	6.3	3.9	1.3	0

分别以 $w[\text{C}]_{\%(s)}$ 对 $\left(-\dfrac{dx}{dt}\right)$ 作图，得两条曲线（见图 2-28）的交点，即为所求的废钢溶解速率：

$$v_x = 4.4\text{mm/min}$$

$$t_s = 1573℃$$

$$w[\text{C}]_{\%(s)} = 2.24$$

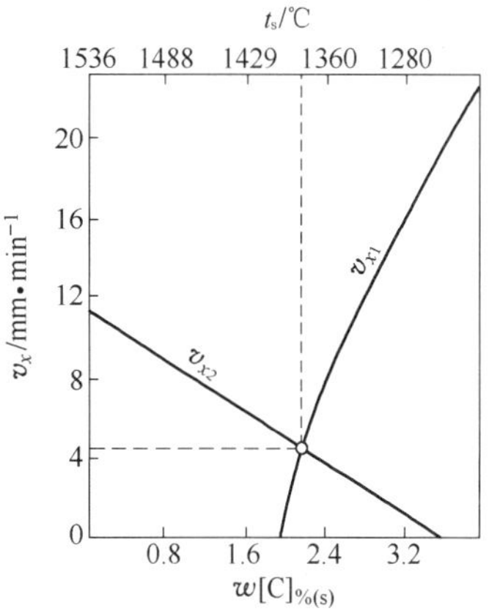

图 2-28 图解法求废钢的溶解速率

因此，由各式可见，提高熔池的沸腾强度，减小废钢的块度，提高导热系数、传质系数和熔池温度，增加 $w[\text{C}]_{\%(l)}$ 等，均能促使废钢块的溶解加快。

但是在实际生产条件下，废钢块的溶解过程是相当复杂的。当废钢块加入熔池后，其表面形成一凝固壳，而且废钢块的形状各异、大小不一，成分也千差万别，上述各方程式的推导中都未能计入这些因素，而且这些因素也难以考虑。在这种情况下，可如下处理。

废钢的溶解速率与其表面积成正比，但又由于物体的体积与其线性长度的 3 次方成正比，而其表面积则与其线性长度的 2 次方成正比，所以废钢块的表面积与其质量的关系为：

$$A = \alpha m^{2/3}$$

式中 α——与废钢块的几何形状及密度有关的常数。

随着废钢块转入熔池中，其表面积减小，从而其溶解速率降低。在每一时刻，废钢的溶解速率正比于废钢块在该时刻未溶解的表面积。假定废钢块最初的质量为 100kg，经过时间 t，溶解的质量为 x(kg)，则残存的废钢为 $100 - x$(kg)，于是废钢溶解速率为：

$$v = k\alpha(100 - x)^{2/3} \qquad (2-105)$$

利用放射性同位素(如放射性钴)能测量熔炼过程中铁液的增加量,由此可确定式(2-105)中的系数。

在炼钢过程中，要求加入的废钢在规定时间内溶解完毕。废钢块溶解的时间则可由式(2-106)确定：

$$t = Rv \tag{2-106}$$

式中　t——最大废钢块完全溶解时间，min；

R——废钢块厚度的一半，m；

v——废钢块溶解的平均线速率，m/min。

因此，为了缩短废钢溶解的时间，必须减小废钢块的断面面积和提高其溶解速率。在转炉内，吹炼强度越大，废钢块的尺寸越小及熔池搅拌强度越大，则废钢的溶解速率越高，而需要的时间就越短。

2.6.4* 熔渣对耐火材料炉衬的侵蚀

熔渣对耐火材料炉衬的侵蚀，不仅会降低冶炼炉的寿命，而且还影响所炼钢的质量，成为钢中外来夹杂物的来源之一。

耐火材料都含有一定数量的微孔，而耐火材料又大多易被熔渣润湿，因而耐火材料被熔渣侵蚀的速率取决于熔渣在其孔隙内的扩散。而熔渣侵入耐火材料内的深度（l）则取决于熔渣在孔隙中运动的两种力：表面张力引起的附加压力，促使熔渣向孔隙内扩散；熔渣在孔隙中进行黏滞流动产生的摩擦阻力，阻碍着熔渣向孔隙中流动。当这两种力达到平衡时，即可导出熔渣进入耐火材料内的速率方程，即熔渣侵入孔隙内的深度与时间的关系式。

（1）表面张力产生的附加压力 F_σ。熔渣侵入耐火材料孔隙内的分布是曲折的，运动的距离不是直线，而是用迷宫系数 ξ 计算的，即 l/ξ（见第 2 章 2.2.1.2 节式（2-23））。因此，由表面张力引起的流动的附加压力 F_σ 为：

$$F_\sigma = \pi r_0^2 \frac{2\sigma}{r_0}\cos\theta = 2\pi r_0 \sigma \cos\theta$$

式中　r_0——孔隙半径，m；

σ——熔渣的表面张力，N/m；

θ——熔渣对耐火材料的润湿角（小于 90°）。

（2）熔渣在耐火材料孔隙中流动的摩擦阻力 F_η。

$$F_\eta = -\eta \cdot 2\pi r_0 \cdot \frac{l}{\xi} \cdot \frac{d\bar{v}}{dr} \tag{1}$$

式中　$\bar{v}$——熔渣在孔隙中黏滞流动的速度；

η——熔渣的动力黏度，Pa·s。

孔隙中，熔渣的流动为黏滞流动，流速服从抛物线分布：$v = b(r^2 - r_0^2)$，b 为比例系数。下面求$\frac{d\bar{v}}{dr}$的值。

熔体的平均速度：$\bar{v} = \frac{1}{r_0}\int_0^{r_0} v dr = \frac{2}{3} b r_0^2$

孔隙中的速度分布：

$$\frac{d\bar{v}}{dr} = -2br_0 \tag{2}$$

将式(2)代入式(1)中，可得出摩擦阻力的平均值：

$$F_\eta = -\eta \cdot 2\pi \cdot \frac{l}{\xi} \cdot \frac{1}{r_0}\int_0^{r_0} \frac{d\bar{v}}{dr} dr = \frac{2\pi}{3} \cdot \eta \cdot \frac{l}{\xi} \cdot b r_0^2 = 2\pi\eta \frac{l}{\xi}\bar{v} = 2\pi\eta \frac{l}{\xi} \cdot \frac{dl}{dt}$$

两力平衡时，$F_\sigma = F_\eta$，得：

$$2\pi r_0\sigma\cos\theta = 2\pi\eta\frac{l}{\xi}\cdot\frac{dl}{dt}$$

分离变量后，积分之，得：

$$\int_0^l l dl = \int_0^t \frac{r_0\sigma\cos\theta\xi}{\eta}dt, l = \sqrt{\frac{r_0\sigma\cos\theta\xi}{\eta}t} \tag{2-107}$$

由上可知，耐火材料的孔隙率高和孔隙过大或晶粒间有易受熔体侵蚀的胶结相，都利于熔渣的侵入。因此，要求耐火材料的体积密度大、纯度高（SiO_2、Fe_2O_3、Al_2O_3 含量低）、化学成分稳定，熔渣对耐火材料的润湿性差，钢液－耐火材料间的接触角大。由氧化物及石墨组成的耐火材料，如 MgO－C、Al_2O_3－C 能有效地抑制熔渣对耐火材料的渗入，因为熔渣对碳的润湿性很差。一般液体金属对耐火氧化物的润湿性也差，所以液体也不能自动侵入耐火材料内。

习　题

2－1　一个 2 级反应的反应物初始浓度为 $0.4\times10^3 mol/m^3$，此反应在 80min 内完成了 30%，试求反应的速率常数和反应完成 80% 所需的时间。

2－2　球团矿的 $w[S]=0.460\%$，在氧化焙烧过程中，其硫含量的变化如表 2－14 所示，试计算脱硫反应$\left(2FeS+\frac{7}{2}O_2 = Fe_2O_3+2SO_2\right)$的级数、活化能及反应速率常数的温度式。

表 2－14　球团矿焙烧过程中硫含量的变化 *w*[S]　　（%）

温度/K ＼ 时间/min	12	20	30	40
1103	0.392	0.370	0.325	0.297
1208	0.325	0.264	0.159	0.119
1283	0.254	0.174	0.130	0.105

2－3　用 H_2 还原钛铁精矿（粒度为 $(19\sim21)\times10^{-3}m$）时，测得不同温度下不同时间的还原率如表 2－15 所示，试求：(1) 还原反应的活化能；(2) 反应速率常数的温度式。还原率是矿石还原过程中失去氧的质量分数，故矿石残存氧量＝1－还原率。

表 2－15　矿石还原时还原率的变化　　（%）

温度/K ＼ 时间/min	10	20	50	70	90
1023	35	64	78	87	90
1123	43	75	78	88	97
1223	55	88	98	99	99

2－4　在用 CO 还原铁矿石的反应中，1173K 的 $k_1=2.978\times10^{-2}s^{-1}$，1273K 的 $k_2=5.623\times10^{-2}s^{-1}$。试

求：（1）反应的活化能；（2）1673K 的 k 值；（3）1673K 时可逆反应的速率常数 $k_+(1+1/K)$。反应：$FeO(s)+CO=Fe(s)+CO_2$，$\Delta_r G_m^\ominus=-22880+24.26T$ （J/mol）。

2-5　用毛细管法测得高炉渣（$w(TiO_2)=2\%$，$w(CaO)=46.11\%$，$w(SiO_2)=35.73\%$，$w(MgO)=4.00\%$，$w(Al_2O_3)=10\%$）内硫的扩散系数如表 2-16 所示，试求硫的扩散活化能及扩散系数与温度的关系式。

表 2-16　低钛渣内硫的扩散系数

温度/K	1623	1673	1723	1773	1823
$D_S/\times10^{-9}m^2\cdot s^{-1}$	1.69	2.42	3.40	4.69	6.35

2-6　试计算 1873K 时铁液中硅原子的扩散系数。铁液动力黏度 $\eta=4.7\times10^{-3}Pa\cdot s$，硅原子半径 $r=1.54\times10^{-10}m$。

2-7　试计算 H_2+H_2O 混合气体在标准态下（273K，100kPa）的互扩散系数 $D_{H_2-H_2O}$。已知 H_2O 及 H_2 的摩尔体积分别为 $12.7\times10^{-6}m^3/mol$ 及 $7.07\times10^{-6}m^3/mol$。

2-8　将碳质量分数为 0.2% 的 20 钢在 1253K 下用 $CO+CO_2$ 混合气体进行渗碳，钢件表面碳的平衡浓度 $w[C]=1.0\%$，求渗碳 5h 后，钢件表面下深度为 $0.5\times10^{-2}m$ 层的碳含量。$D_C=2\times10^{-10}m^2/s$。

2-9　一金属棒的一端与一定碳势的 $CO+CO_2$ 混合气体接触，在保持其末端处的 $w[C]=0.0064mol/cm^3$ 的条件下，从端面起碳不断向金属棒内部扩散，使之渗碳。渗碳量与渗碳距离的关系为：$c[C]=x^2-0.10x+0.0064mol/cm^3$。试求 $c[C]=0.0016mol/cm^3$ 处金属棒断面积上碳的扩散通量。$D_C=1.2\times10^{-4}cm^2/s$。

2-10　矿球被 CO 还原反应的速率位于外扩散范围内，Sh 方程为：$Sh=2+0.16Re^{2/3}$，矿球的直径 $d=2\times10^{-3}m$，气流速度 $u=0.5m/s$，$\nu=2\times10^{-4}m^2/s$，$D=2.1\times10^{-4}m^2/s$。试求 CO 的传质系数及扩散边界层的厚度。

2-11　以速度为 0.5m/s 的还原性气体通入盛有直径为 $2\times10^{-3}m$ 的球团的试验炉内，还原反应的限制环节是球团外气相边界层的外扩散。已知气相的黏度 $\nu=2.0\times10^{-4}m^2/s$，还原气体的 $D=2.0\times10^{-4}m^2/s$。试求传质系数及边界层厚度。

2-12　在 30t 电炉内，钢液中 $w[Mn]=0.30\%$，经 0.5h 吹氧下降到 $w[Mn]=0.06\%$。钢-渣界面上 $w[Mn]=0.03\%$，钢液层深度为 30cm，在氧化期加矿石供氧，钢-渣界面面积等于钢液静止时的 2 倍。$D_{Mn}=1.1\times10^{-9}m^2/s$。试求 [Mn] 在钢液边界层内的传质系数及钢液边界层厚度。

2-13　把石墨棒插入 $w[C]=0.4\%$ 的钢液中，测得石墨棒溶解的线速率 $\frac{dx}{dt}=3.5\times10^{-5}m/s$。试求钢液中碳的传质系数。已知 $\rho_m=7.0\times10^3kg/m^3$，$\rho_石=2.25\times10^{-3}kg/m^3$，石墨棒表面碳的饱和浓度 $w[C]=5.277\%$。

2-14　在电炉炼钢的氧化期内测得各时间锰氧化的百分率如表 2-17 所示，试求钢液中锰的传质系数及边界层的厚度。已知电炉容量为 27t，钢-渣界面面积 $A=15m^2$，$D_{Mn}=10^{-7}m^2/s$，钢液密度 $\rho=7000kg/m^3$。

表 2-17　电炉熔池内各时间锰氧化的百分率

时间/min	0	5	10	15	20	25	30
氧化率/%	0	31.7	53.36	68.14	78.24	85.14	89.85

2-15　试分别导出铁矿石被 CO 气体还原（$FeO(s)+CO=Fe(s)+CO_2$）时，界面化学反应及固相层内 CO 扩散单独成为限制环节的速率方程（微分式及积分式）。

2－16　羰基铁 $Fe(CO)_5$ 在不同温度下的分解速率如表 2－18 所示，试确定此反应在不同温度范围的限制环节。

表 2－18　$Fe(CO)_5$ 的分解速率

温度/K	398	423	448	473	523
分解速率/$g \cdot (cm^2 \cdot h)^{-1}$	1.07	1.25	1.76	12.59	59.0

2－17　将直径为 2×10^{-2}m、密度为 $2.26\times10^3kg/m^3$ 的石墨粒放在 0.1kPa、1145K、$\varphi(O_2)=10\%$ 的静止气流中进行燃烧。燃烧反应为 1 级不可逆性：$C_{(石)}+O_2 == CO_2$，反应的速率常数为 0.20m/s，$D_{O_2}=2.0\times10^{-4}m^2/s$，试计算反应完成的时间（忽略其他气体组分的影响）。

2－18　在坩埚内做钢液脱硫的动力学试验。钢液和熔渣的初始硫浓度分别为 $w[S]=0.8\%$ 及 $w(S)=0.01\%$，坩埚直径 $d=0.04$m。试求脱硫速率及钢液中硫含量从 $w[S]=0.8\%$ 下降到 $w[S]=0.03\%$ 所需的时间。设钢－渣间脱硫反应的速率限制环节是钢液和熔渣内硫的传质。已知 $D_{[S]}=5\times10^{-9}m^2/s$，$D_{(S)}=3\times10^{-11}m^2/s$，$L_S=161$，硫的扩散边界层厚度 $\delta_{[S]}=4\times10^{-5}m/s$，$\delta_{(S)}=4\times10^{-5}m^2/s$。

2－19　试求 1873K 钢液中 $w[Si]=0.3\%$ 及 $w[O]=0.035\%$ 时，反应形成的 SiO_2 新相核的临界半径。已知钢液与 $SiO_2(l)$ 的界面能 $\sigma=0.7J/m^2$，SiO_2 的摩尔体积 $V_{SiO_2}=2.8\times10^{-3}m^3/mol$。$[Si]+2[O] == SiO_2(s)$，$\Delta_rG_m^{\ominus}=-594285+229.76T$（J/mol）。

2－20　纯铁的熔化热（结晶潜热）为 $Q_{fus}=13800J/g$，固－液界面张力 $\sigma=204\times10^{-3}J/m^2$，铁的熔点 $T_{fus}=1810K$。若纯铁的均质形核的最大过冷度 $\Delta T=295K$，试求铁的临界半径 r^* 与 ΔT 的关系。

2－21　熔渣中有乳化的小铁珠存在，其内的［Mn］被（FeO）氧化的速率受传质所控制。试求铁珠中［Mn］的传质系数。铁珠直径为 2×10^{-4}m，$\rho_m=7\times10^3kg/m^3$，铁液中 $D_{[Mn]}=5\times10^{-9}m^2/s$，熔渣中 $D_{(Mn)}=5\times10^{-10}m^2/s$，熔渣的 $\rho_s=3.5\times10^3kg/m^3$，黏度 $\eta_s=0.1Pa\cdot s$。

2－22　试导出一圆柱体金属块（长 l，m；半径 r，m）在另一金属液中溶解速率的积分式。假定溶解速率的限制环节是金属块溶解的界面反应，溶解过程中圆柱体的长度不改变，且其两端面不参加溶解作用（提示：$-dn/dt=kAc, n=\pi r^2 l\rho, r=[n/(\pi l\rho)]^{1/2}$，故 $A=2\pi l[n/(\pi l\rho)]^{1/2}=2(\pi l/\rho)^{1/2}n^{1/2}$，式中 n 为反应物的物质的量（mol））。

2－23　试求铁液的过冷度为 10℃及 100℃时形成的临界晶核的半径。已知铁的密度 $\rho=7300kg/m^3$，熔点 $T_{fus}=1811K$，熔化热 $Q_{fus}=13225J/mol$，表面能 $\sigma_{Fe}=54.3\times10^{-3}J/m^2$（钢液－晶核）。

2－24　试计算固态 Al_2O_3 质点（$d=10^{-5}$m，$\rho_{Al_2O_3}=3970kg/m^3$）及液态 SiO_2 质点（$d=10^{-5}$m，$\rho_{SiO_2}=1550kg/m^3$）在 1600℃钢液中的上浮速度。$\rho_m=7150kg/m^3$，$\eta_m=6\times10^{-1}Pa\cdot s$，$\eta_{SiO_2}=5Pa\cdot s$。

2－25　石墨的碳含量为 $w[C]=95\%$，密度 $\rho_{石}=2200kg/m^3$，铁液中 $w[C]=5.0\%$（石墨与铁液表面的饱和浓度）。石墨溶解过程中铁液的 $w[C]=1.0\%$，$\beta_C=5\times10^{-4}m/s$，$\rho_m=7000kg/m^3$。试计算直径为 0.1×10^{-3}m 的石墨粒子在铁液中的溶解时间。

复习思考题

2－1　化学动力学与化学热力学的区别是什么？冶金动力学与化学动力学的主要区别点是什么？

2－2　什么是化学反应的进度？它和化学反应的速度有何区别？如何测定高温冶金反应的速度？

2－3　化学反应速度常数是计算化学反应速度的基本常数，如何从实验及理论中求得？

2－4　冶金中的传质过程包括哪些内容？简述它们的特点及应用条件。

2－5　什么是扩散？怎样分类？由化学位梯度与由浓度梯度导出的扩散系数有什么应用特点？

2－6　根据菲克第一定律，说明扩散系数的量纲和物理意义，并由传质系数的定义说明传质系数的量纲和物理意义。

2－7 高温冶金反应的动力学特征是什么？如何利用它来建立冶金多相串联反应的速率方程？

2－8 什么是吸附？试说明朗格谬尔吸附方程在冶金中的应用。试导出有吸附参加的化学反应的限制环节的速率方程，并讨论吸附的影响。

2－9 分子扩散的扩散系数 D_B 及对流扩散的传质系数 β 是传质方程中的主要参数，试写出不同体系的表达式及其导出原理。

2－10 说明有效边界层理论的要点，并导出其传质系数方程。

2－11 浸透理论及表面更新理论两模型均是利用流体在相界面上出现的表面更新率的观点来计算传质系数，但在理论上后者更合理，两者计算使用的主要参数是什么？其间存在什么关系？

2－12 何谓多相反应速率的限制环节？如何确定它们的限制环节？

2－13 气－固相反应的未反应核模型适用于哪些化学反应？它有哪些基本假设？它和多孔体积反应模型的主要区别点是什么？

2－14 由气体的外扩散、界面反应及内扩散环节组成的气－固相反应中，根据什么参数判断出现的限制环节？

2－15 液－液相反应的一般动力学特征是什么？如何设计实验来确定其限制性环节？

2－16 试从新相形核的能量关系式，说明热力学能量分析方法的要点。

2－17 根据熵增原理，孤立体系内只有熵增大了，过程才能自发地进行；但新相形核自发进行时却是熵减小的过程，因为体系中的质点是从无序向有序自发转变的，这是否违背了熵增原理？

2－18 试分析冶金过程中生成的产物以新相排出的热力学及动力学条件。

2－19 体系中形成的新相的排出速度，其主要影响因素是什么？为使钢液中沉淀脱氧产物尽快地排出，应采取什么措施？

2－20 为什么异相形核比均相形核易于进行？如何利用异相形核原理获得细化晶粒，以提高金属的性能。

2－21 比较液相析出晶体和产生气泡这两个新相形成及排出过程的热力学及动力学方面的异同。

2－22 试述废钢块在高温铁水中溶解的机理。如何才能加速其溶解？

2－23 试述石灰粒在熔渣中溶解的机理。如何才能加快石灰的造渣过程？

2－24 试述耐火材料炉衬受熔渣侵蚀的机理。如何才能降低冶炼过程中耐火材料炉衬被侵蚀的速度？

3 金属熔体

金属熔体，如铁水和钢液，不仅是冶金过程的最终产品，而且也是冶炼过程中多相反应的直接参加者。许多物理过程和化学反应大都在金属熔体和熔渣之间进行，因而这些熔体的物理化学性质对冶金反应的热力学和动力学有很重要的作用。熔体的性质与其结构有关。利用熔体的结构可以说明熔体性质的变化；相反，通过物性的研究，也可深入了解熔体结构。因此，某些性质，如黏度、表面张力，密度、导电性等可称为结构敏感性质，温度及浓度对这些性质的影响可显示熔体结构的特点。

液体金属的结构是指金属中组成质点的排列状态和运动方式，它取决于原子间交互作用能的特性及数值，也直接影响其物理化学性质。所有关于液体金属结构的理论及模型都在于说明原子的排列与原子间交互作用能之间的关系。有关金属液体结构的直接数据是来自结构分析的衍射法，广泛地应用于液体金属及合金的研究中。

本章讲述金属熔体的结构、热力学性质及物理性质。

3.1 熔铁及其合金的结构

3.1.1 金属晶体的结构

金属原子结合成晶体时，其外层的价电子脱离原来的原子核，为整个晶体所共有，而失去价电子的原子变为离子，因而金属键是金属离子与其间运动着的价电子的结合力。这种共有化了的价电子不再与任何离子结合，所以金属键没有方向性及饱和性；同时，这些金属离子也不彼此排斥，形成单独的离子，因此，一般也可把金属的晶体视为由中性原子所构成。

晶体中原子在空间的排列称为晶格，它使晶体具有一定的形状。晶体中原子的排列具有远程序的特性，是由占有晶体整个体积的、在三维方向上以一定距离呈现周期而重复的、有序排列的原子所构成。如以设想的直线来连接晶格中最邻近原子中心，所构成的体积则称为晶格的单位晶胞。单位晶胞棱的长度称为晶格常数或晶格基矢，而位于某原子周围最邻近、等距离的原子数则称为配位数。

另外，晶格中的每个原子又在一定位置上不断地进行微小振动，而每个原子的这种平衡位置则称为晶格的结点，原子分布在结点上，并在这些平衡位置上做微小振动。

铁原子的半径为 1.28×10^{-10}m。如图 3-1 所示，铁有两种晶形结构：αFe 和 δFe 是体心立方晶格（body-centered cube b. c. c.），配位数为 8；γFe 是面心立方晶格（face-centered cube，f. c. c.），配位数为 12。γFe 的密度比 δFe 的大。纯铁的相变发生在下列温度：

$$\alpha\text{Fe}\xrightarrow{910℃}\gamma\text{Fe}\xrightarrow{1392℃}\delta\text{Fe}\xrightarrow{1537℃}\text{LFe}$$

图3－1为两种晶格的结构参数。它是相变温度910℃时的数值。在b. c. c. 结构中原子的排列比f. c. c. 中的略小，所以δFe的密度比γFe的小（当$w[\mathrm{C}]=0.1\%$时，$\rho_{\delta\mathrm{Fe}}=7890\mathrm{kg/m^3}$，$\rho_{\gamma\mathrm{Fe}}=8260\mathrm{kg/m^3}$），即δFe转变为γFe时体积收缩了约4.7%。

αFe称为铁素体相，γFe称为奥氏体相。铁素体在760℃时发生磁性转变，即在此温度以上失去磁性，但它不是聚集态的相变。因为奥氏体的晶格常数比铁素体的大，在铁中能形成间隙固溶体的元素，如C、H、O、N等在铁中有较大的溶解度。f. c. c. 结构的元素，如Ni、Co能使奥氏体相的稳定温度范围扩大；而b. c. c. 结构的元素，如Si、Cr、V等则能使铁素体的稳定温度范围扩大。铁的这两种晶型的存在有助于钢在实际应用中有很大的作用，使铁能在加入不同的合金元素时获得特殊的力学性能。

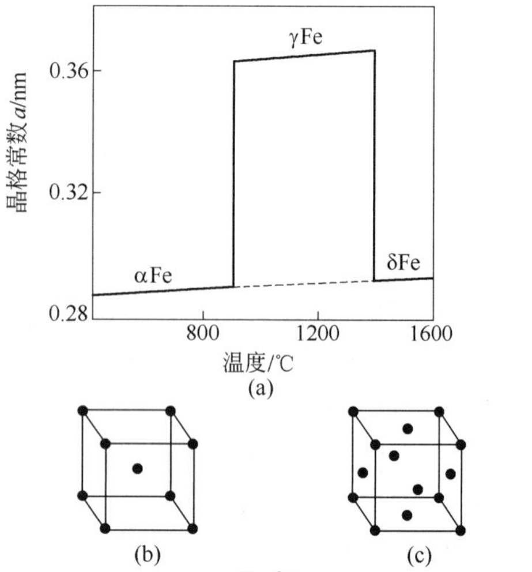

	αFe，δFe	γFe
立方晶格边长d/nm	$d=\frac{a}{\sqrt{2}}=0.2510$	$d=\frac{a\sqrt{3}}{2}=0.2573$
晶格常数a/nm	$a=0.2898$	$a=0.3639$

图3－1 纯铁的晶格结构及相变温度
（a）相变温度；（b）体心立方晶格（b. c. c.）结构；（c）面心立方晶格（f. c. c.）结构

3.1.2 金属熔体的结构

液体金属的结构是指液体金属中原子或离子的排列状态，它取决于原子间的交互作用能（一般假定交互作用只存在于一对原子间，包括斥力和引力的综合作用）。理想气体是完全无序的结构，理想固体（晶体）是完全有序的结构，而液体则是介于固体和气体之间的一种中间状态的结构。温度对物质结构的影响很大，在低温下，接近于固体的结构；而在接近临界点的温度时，则接近于气体的结构。但在一般冶炼温度下的金属熔体则是准晶态的结构。

液体中原子的热运动引起原子在其平衡位置周围做不规则的振动。这种平衡位不是严格固定在晶体中一定的位置，而是随时间不断地改变其坐标。由于液体金属有很大的密度及原子间的交互作用能，暂时不稳定位置四周的原子群的振动频率接近于固体内原子的振动频率，但是原子群从一平衡位跃迁到另一平衡位的频率，则认为是远小于原来的或新平衡位附近的振动频率（t^{-1}），而

$$t=t_0\exp[E/(RT)]$$

式中 t——两次跃迁之间的平均时间，s；

t_0——平衡位附近原子的振动周期，s；

E——原子为克服分离两个可能平衡位的能碍所需的活化能，J/mol。

当$t_0=10^{-13}\sim10^{-12}$s时，t很大，为10^{-11}数量级，与E值有关，即与液体的性质有关。

但是，一般过热度（高出熔点的温度）不高（一般冶炼中，熔铁的过热度约为10%，

即高出其熔点80～100℃）的金属熔体的结构与晶体的结构却比较相近。它们的原子间距差别较小，原子间的交互作用能和热力学性质也相近。可是液体金属内并不形成严格周期性的规则结构，即没有晶体中的那种远程有序性，原子易于移动，因此，最邻近原子并不固定而是彼此交换位置。

可从金属熔化后物性的改变不大来间接证实它们结构的相近性。例如，铁等金属熔化时，体积增加不大于4%，相当于原子间距只增加了1%～2%；热容改变不大，仅减少了11.4%，表明原子仍在其暂时的平衡位附近振动；熔化热改变小（铁的熔化热为14.9kJ/mol，而蒸发热为353kJ/mol，即熔化热小于蒸发热10%以下）；熔化熵为8.2J/(mol·K)，即原子的无序度增加不多。所有这些事实都说明了，过热度不高的金属液体原子热运动的特性及原子间的交互作用能与晶体中的相近。

另外，从X射线、电子或中子衍射图也可直接揭示它们的相似性和液体金属本身的结构。由于金属原子间的距离与X射线的波长在数量级上相同，在照射金属试样时，产生的衍射X射线相互干涉，形成一系列与原子间距和排列方式有关的衍射图。它是衍射强度（J）跟波长（λ）和衍射角（θ）的关系，即$J=f(\sin\theta/\lambda)$函数关系图，故衍射强度可由衍射角测定。经过复杂的数学处理（傅里叶（Fourier）变换），可从衍射图得出液体金属内原子的径向分配曲线。它是液体金属中原子的分布规律——短程结构的曲线。在任一原子周围排列的原子分布从中心原子直到相当于原子半径距离处原子的分布无变化。此后急剧上升，出现了3个峰值。第1个峰值最尖锐，这表明与中心原子邻近的原子群和固体中的一样，在一定范围是有序排列的。而第2及第3个峰值的尖锐度则逐渐减小，显示原子群的有序度降低了。

设液体金属中原子的平均数密度为ρ_0（$\rho_0=N_A/V$，单位体积中平均原子数），距任意指定的中心原子r处数密度为$\rho(r)$，因此，位于半径为r及$r+dr$的球体间，即厚度为dr的球壳内的原子数为$dn(r)=4\pi r^2\rho(r)dr$（见图3-2）。用$4\pi r^2\rho(r)$对r作图，如图3-3（a）所示，此曲线称为原子径向分配函数（radial distribution function）。图中的平滑虚曲线是原子的平均数密度ρ_0曲线，即$4\pi r^2\rho_0$；而垂直虚线是晶体中原子的分配曲线，表示固体内3个球壳内的原子分配函数。

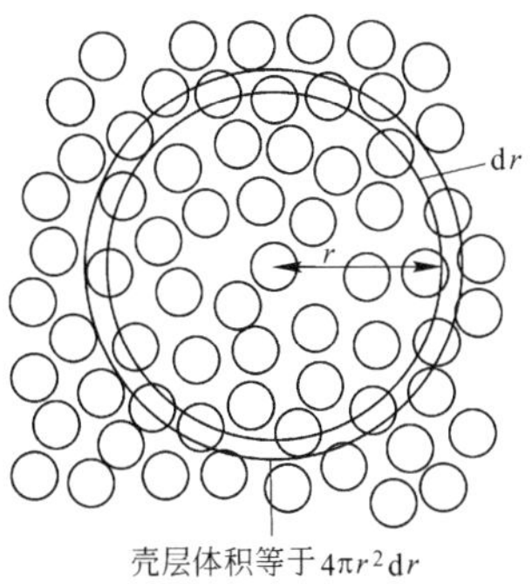

图3-2　液体中距指定中心原子r处球壳原子分布状态

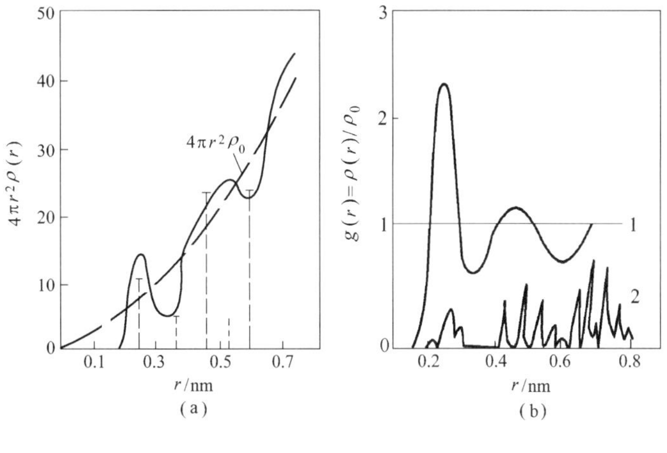

图3-3　液体径向分配曲线

原子的径向分配曲线 $4\pi r^2\rho(r)$ 在 $4\pi r^2\rho_0$ 曲线附近波动，但随 r 的增加，在 $r<1\mathrm{nm}$ 内基本与 $4\pi r^2\rho_0$ 曲线重合。它有两个峰值，第 1 个峰值出现在与晶体中第 1 条原子分配曲线完全相同的 r 处，其后的峰值则略后于相应的固体原子分配曲线所在处。

原子径向分配曲线第 1 个峰值出现处距原点的距离表示液体中最邻近原子的间距，它也是晶体中最邻近原子的间距。而其下的面积可确定原子的配位数。例如，对于液体铁，在 1550℃时，原子间距为 0.252 ~ 0.26nm，配位数为 8.2 ~ 11.7；对于固体铁，相应值为 0.252nm 及 12，相差不大。

图 3 - 3（b）是利用 $g(r)=\rho(r)/\rho_0$，即 $\rho(r)$ 与 ρ_0 的比值代替 $\rho(r)$ 绘出的类似曲线，意味着液体中存在着相距为 r 的原子对的概率，称为对称分配函数。曲线上第 1 个明显的峰值和晶体曲线上的第 1 个峰值相对应，随着 r 增大，曲线上的峰值则依次减小，如此反复，逐渐衰减，并稳定在 $\rho(r)/\rho_0=1$ 附近。即在两图中，当 r 很大时，$\rho(r)\to\rho_0$，而 $g(r)\to 1$。因此，认为液体中仅第 1 个原子间距及配位数接近于固体铁的相应值，但稍远处原子的分配几乎是无序的。

因此，从液体金属物性的测定及 X 射线等衍射图的直接观察证明，过热度不高的液体金属具有和晶体相近的结构，即液体金属中仅每个被指定原子附近的原子团才是有序的排列。和晶体中的相似，但晶体中存在的远程序则消失了。

3.1.3　金属熔体的结构模型

最初曾把液体看做类似气体的压缩体，后来由 X 射线衍射测定，认为在熔点以上不高的温度范围内，原子的排列具有近程序，其结构更接近于固体；而后，在此基础上提出了各种模型理论，能比较形象地描述金属熔体的结构和原子的运动，即原子的分布规律和原子间作用能的特性。几种模型设想的结构如下：

（1）自由体积模型。金属熔体是由每个原子占据一个大小相同的自由体积所组成。它的总自由体积等于金属熔体在过热温度时的体积与熔点时固体金属的体积之差。这个模型对说明熔体迁移现象有利。例如，液体的黏度（η）与自由体积（V）成反比：

$$\eta = a/(V_{(m)} - V_{(s)})$$

式中　a——常数；

$V_{(m)}$，$V_{(s)}$——分别为一单位液体及熔点时固体的体积，其差值表示自由体积。

这可说明温度升高，自由体积增加，液体的黏度减小。

（2）空位模型。加热及熔化时，原子的热振动加强，供给的热量提高了金属的内能和熵值，同时原子间距增大及密度减小。原子间距的增加使原子间的作用力减弱，于是原子或离子离开了结点，形成空位，因而原子排列的有序性就比晶体内的小。在熔化时，空位数可达到 $x=7.0\%\sim8.0\%$。这些空位在原子结点附近形成，而原子又可向空位上跃迁，形成空位的流动。原子仅在每个结点附近才能成为有序排列，保持了近程序。利用这个模型可说明金属熔体的黏度、扩散等传输性质。

（3）群聚团模型（clastic model）。这个模型又称为流动集团模型，是近年来比较流行的模型。金属熔化及其过热度不高时，在一定程度上仍保持着固相中原子间的键。但原子的有序分布不仅局限于直接邻近于该原子的周围，而是扩展到较大体积的原子团内，即在这种原子团内保持着接近于晶体中的结构，这称为金属熔体的有序带或群聚态。有序带的周围则是原子混乱排列的所谓无序带，但它们之间没有明显的分界面，所以不能视为两个相。这种群聚态不断消失又不断产生，而且一个群聚态的原子可向新形成的群聚态内转移。溶解于金属液中的元素在此两带内有不同的溶解度，能大量溶解于固体金属中的元素在有序带内的溶解度就比较高。

金属液中这种群聚态的存在，可认为是处于微观不均匀的非平衡态。它可能是某些物化性质产生“滞后”现象（即加热与冷却时某种性质表现的数值有差别）的原因，主要是组成及使性质均匀化的扩散作用较缓慢。它也可能使金属液的浇注及凝固性能或某些力学性能变坏。因此，获得微观结构均匀或平衡态的液体金属对提高产品性能是有利的。微观群聚态如较长期地保持在较高温度（例如液相线上 800～900℃）下，可出现分裂，转变为完全无序态。此外，长期地搅拌金属液，不仅可使成分、温度达到均一，而且可使群聚态碎散，获得均匀的微观结构，同时也能使某些结构敏感的性质（如表面张力、黏度等）改变。

当金属液中溶解有其他元素，而异类原子间有较强的键存在时，则可形成相当于某种化合物组成的原子(离子)群聚团。这种群聚团或者位于和此种金属特性有关的有序带内，或者其本身就形成了有序带。这种相当于某种化合物的群聚团在固体金属中大都已经存在。金属熔化后，其结构（化合物）是否仍存在或发生了变化，除可由衍射图的径向分配曲线的第一峰是否分裂为双峰来证明外，多利用金属的结构敏感性质随组成变化的特性来推测某些难以用衍射法测定的结构形态。因为当这些物性 - 组成的等温线上出现转折点时，就显示该组成处有某种原子（离子）团形成。如图 3 - 4 所示，Fe - Si 系内，$w[Si]=33\%$ 时，在相当于 FeSi 化合物的原子（离子）团形成处，金属溶液的电动势及表面张力曲线出现了转折点。

此外，利用物理化学分析方法也可推测金属溶液的结构形态。这是根据二元相图的化合物组成点处液相线上最高点的形状，判断液相中相当于化合物的群聚团出现的可能性。尖锐的最高点的出现表明该化合物或原子（离子）团在固相及液相中均存在，如图 3 - 5(a)、图 3 - 4 中的 FeSi 及图 3 - 21 中的 FeS 所示，此种化合物称为同分熔化化合物，平滑的最高点的出现表明该化合物在固相中存在，但在熔点以上温度发生了部分的分解，如图 3 - 5(b) 及图 3 - 22 中的 Fe_2P 所示。在液相上不出现最高点或有隐蔽的最高点的化合物则在液相中完全不存在，因为未达到熔点之前这种化合物就完全分解了，或认为在液相中这种化合物的原子间的键减弱了，所以在高温的液相中不能形成这种原子团，这种化合物称为异分熔化化合物，如图 3 - 5(c) 及图 3 - 22 中的 Fe_3P 所示。

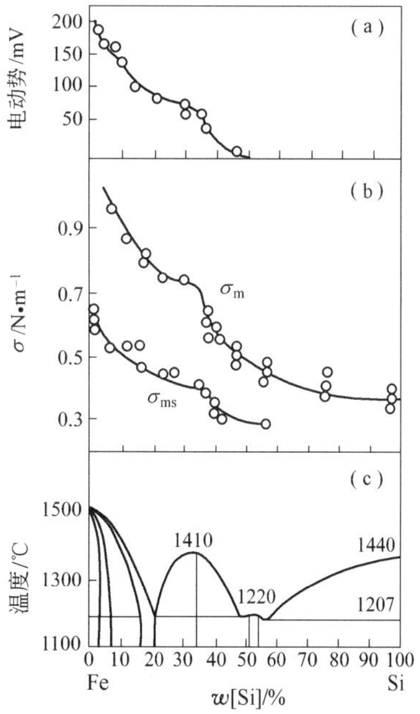

图 3 - 4 Fe - Si 系熔体的性质

(a) 高温熔体的电动势；(b) 熔体的表面张力(σ_m) 及界面张力 (σ_{ms})；(c) Fe - Si 系的相图

可从简单理想溶液的热力学，导出二元相图

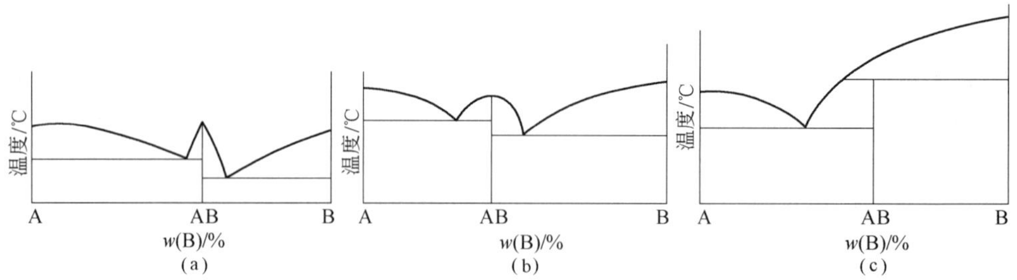

图 3－5　二元系化合物稳定性的相图特征

(a) 在固、液相中均稳定存在；(b) 在固相中存在，在液相高温下部分分解；
(c) 在固相中存在，在液相中完全分解

的化合物组成点处液相线最高点的曲率半径与此化合物在液相内的离解常数之间的下列关系式：

$$\rho = \frac{\Delta H^{\ominus}}{4RT^2}\sqrt{\frac{K_D}{K_D + 1}}$$

式中　ρ——化合物组成点处液相线最高点的曲率半径；

$\Delta H^{\ominus}$——硅酸盐复合化合物的生成焓；

K_D——化合物在液相内的离解常数。

上式表明复合化合物的离解常数越大，则最高点的曲率半径也越大，即最高点变平坦，而复合化合物有较大程度的离解，熔体中自由氧化物浓度增加。相反，不出现离解时，即 $K_D = 0$，则 $\rho = 0$，最高点是尖锐的。

3.1.4* 液体金属结构敏感性质计算的方程

液体金属中原子间的交互作用是由其势能产生的。而势能就是原子对间交互作用能的总和，它是原子中心相距距离 r 的函数，用 $\varphi(r)$ 表示，可根据原子的刚球理论及原子对交互作用理论导出。

把液体看做是由压缩性很小及原子间距很近的刚球所组成。这种刚球对之间的交互作用能的统计加和就是液体的总原子交互作用能。交互作用能包括斥力和引力的总和，可用 Lennard－Jones 能量方程表示出：

$$\varphi(r) = \varphi_0\left[\left(\frac{a}{r}\right)^{12} - 2\left(\frac{a}{r}\right)^{6}\right]$$

式中　φ_0——势能曲线最低点的能量，J/mol；

a——原子（刚球）的有效作用半径，10^{-10}m；

r——原子中心相距距离，10^{-10}m。

上式右侧第一项表示原子间的斥力，随 r 的增加而减小；第二项表示原子间的引力，随 r 的增加而减小（负值）。但交互作用力中起决定性的是斥力，而引力的作用则很小，可以忽略不计。当两原子中心的距离达到原子直径以下时，斥力即由零跃增到无穷大，如

图 3-6 所示。

任意一中心原子和与其相距 r 处、厚度为 $\mathrm{d}r$ 的球壳内的 1 个原子的作用势能为 $\varphi(r)$，则势能为球壳内原子数 $\mathrm{d}n(r)=4\pi r^2\rho(r)\mathrm{d}r$ 与 $\varphi(r)$ 的乘积，即 $\varphi(r)4\pi r^2\rho(r)\mathrm{d}r$。

从 $r=0$ 到 $r=\infty$ 积分，总势能为：

$$\int_0^\infty \varphi(r)4\pi r^2\rho(r)\mathrm{d}r$$

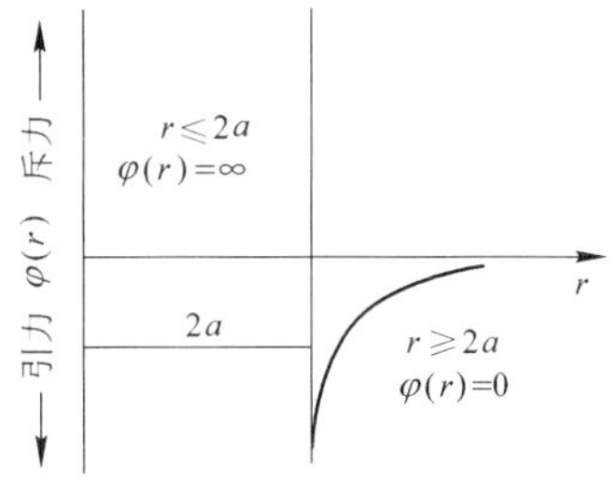

图 3-6　引力和斥力随 r 的变化

代入 $\rho(r)=g(r)\rho_0$，而 $\rho_0=N_A/V$，故

$$\int_0^\infty \varphi(r)4\pi r^2\rho(r)\mathrm{d}r = \frac{N_A}{V}\int_0^\infty \varphi(r)4\pi r^2 g(r)\mathrm{d}r$$

N_A 个中心原子与球壳内原子作用的总势能是将上式乘上$\frac{1}{2}N_A$，$\frac{1}{2}$因素是为了避免将每原子对中的原子数重算一次，故有：

$$\frac{N_A^2}{2V}\int_0^\infty \varphi(r)4\pi r^2 g(r)\mathrm{d}r$$

由于原子处在运动中，每个中心原子的动能是$\frac{3}{2}kT$，故总的动能则是 $N_A\left(\frac{3}{2}kT\right)=\frac{3}{2}RT$，而液体金属的内能（1mol）是两者之和：

$$U=\frac{3}{2}RT+\frac{N_A^2}{2V}\int_0^\infty \varphi(r)4\pi r^2 g(r)\mathrm{d}r$$

式中　N_A——阿伏加德罗常数；

V——液体金属的体积，m^3；

r——距选定的中心原子的半径，10^{-10}m。

从所求的内能就可得出液体金属的某些物性，例如，知道 $g(r)$ 随温度、密度、速度梯度、表面积变化的关系，就能相应地求出液体金属的热导率、扩散系数、黏度、表面张力等。举例如下：

黏度　$$\mu=\frac{2\pi}{15}\left(\frac{m}{RT}\right)^{1/2}\left(\frac{N_A}{V}\right)^2\int_0^\infty g(r)\frac{\mathrm{d}\varphi(r)}{\mathrm{d}r}r^\varphi\mathrm{d}r$$

表面张力　$$\sigma=\frac{r_0}{8}\left(\frac{N_A}{V}\right)^2\int_0^\infty g(r)\frac{\mathrm{d}\varphi(r)}{\mathrm{d}r}r^\varphi\mathrm{d}r$$

但是，为求 $\varphi(r)$ 和 $g(r)$ 函数的具体关系式及计算出位能，需要建立一些基本近似理论和学说，而 $\varphi(r)$ 和 $g(r)$ 之间的关系又是一个多重积分求解的问题。这就发展了积分方程理论（数学处理）和计算机处理法。这两种方法都是在以液体原子作为刚球模型的基础上得出的。另外，在液体金属结构的理论上还提出了赝势理论，它除了在 $\varphi(r)$ 中考虑了原子的交互作用能外，还计入了金属中自由电子之间以及电子和原子之间的交互作用能。

前苏联学者 С. Ф. 维希卡列夫（Вишкарев）、А. В. 霍洛夫（Холов）利用上述理论对 Fe-C 熔体得出的表面张力及黏度的计算值如下❶：

❶ 见参考文献［15］。

	Fe	Fe + 0.2% C	Fe + 1.5% C	Fe + 3.8% C
$\sigma/\mathrm{N\cdot m^{-1}}$	1.790/1.860	1.490/1.810	1.410/1.650	1.300/1.550
$\eta/\times10^3\mathrm{Pa\cdot s}$	3.1/3.4	3.5/3.6	(13.6/4.7)	(20.1/6.2)

上列数值中，分子为计算值，分母为实测值，可见前者偏低。数学模型正处于发展阶段，它的应用尚受到较大的限制。

3.2 铁液中组分活度的相互作用系数

在铁基二元系中，仅考虑了组分和溶剂的相互作用，但当溶解元素多至一种以上时，不仅要考虑组分与溶剂的相互作用，还要考虑各组分之间的相互作用，因此每个组分的活度系数都会因其他组分的存在而改变。例如，由图3-7可见，在Fe-C系内，Si能提高C的活度，而Cr则降低C的活度。当铁液中尚有其他元素，如Mn、P、S等存在时，C的活度将有更复杂的变化。对于多组分溶液内组分的活度系数，瓦格纳（Wagner. C）于1952年提出了$\ln\gamma_B$函数按泰勒级数展开成组分浓度的多项式，代入实验测定的相互作用系数，就可计算出多元系中组分的活度系数，这种方法称为瓦格纳法。

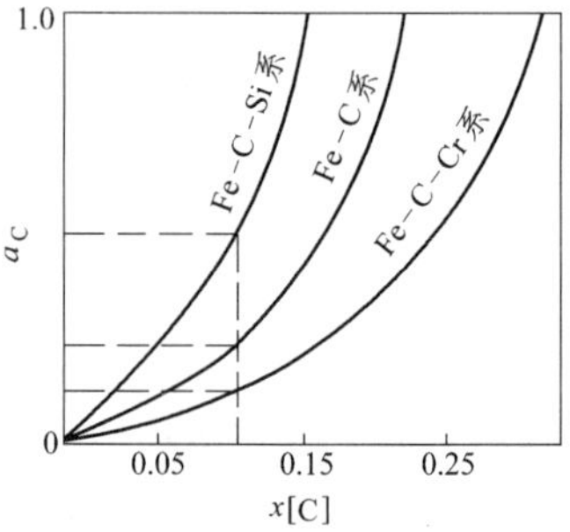

图3-7 Fe-C系内Si、Cr对C活度的影响

3.2.1 相互作用系数

设铁液内除所求活度系数的组分B（称为第2组分，浓度为x_B）外，尚有组分B_2、B_3、…、B_n等（称为第3组分）存在时，它们的浓度分别用x_2、x_3、…、x_n表示，组分B的活度系数在恒温、恒压下是其自身及其他组分浓度的函数，即$\gamma_B=\gamma_B(x_B, x_2, x_3, \cdots, x_n)$。

为求γ_B，可将γ_B的对数函数展开为泰勒级数式。泰勒级数的展开式如下：

$$f(x_0+h, y_0+k, \cdots)=f(x_0, y_0, \cdots)+\left(h\frac{\partial f}{\partial x}+k\frac{\partial f}{\partial y}+\cdots\right)_{x_0,y_0}+\frac{1}{2!}\left(h^2\frac{\partial^2 f}{\partial x^2}+2hk\frac{\partial^2 f}{\partial x\partial y}+k^2\frac{\partial^2 f}{\partial y^2}+\cdots\right)_{x_0,y_0}+\cdots$$

上式是函数f在初始值（x_0，y_0，…）处展开的泰勒级数式，h、k等是x_0、y_0、…的增量，而$x=x_0+h$，$y=y_0+k$。于是，对于$\ln\gamma_B(x_B, x_2, x_3, \cdots, x_n)$函数，有：

$$\ln\gamma_B(x_B, x_2, x_3, \cdots, x_n)=\ln\gamma_B^0+x_B\frac{\partial\ln\gamma_B}{\partial x_B}+x_2\frac{\partial\ln\gamma_B}{\partial x_2}+x_3\frac{\partial\ln\gamma_B}{\partial x_3}+\cdots+\frac{1}{2!}\left(x_B^2\frac{\partial^2\ln\gamma_B}{\partial x_B^2}+2x_2x_3\frac{\partial^2\ln\gamma_B}{\partial x_2^2}+x_3^2\frac{\partial^2\ln\gamma_B}{\partial x_3^2}+\cdots\right)+\cdots \tag{3-1}$$

这便是$\ln\gamma_B$在铁的稀溶液（$x_2\to0$，$x_3\to0$，…，$x_A=x[\mathrm{Fe}]\to1$）内，组分的增量为x_2、x_3、…、x_n的泰勒级数式。式中，$\ln\gamma_B^0=f(x_0, y_0)$是函数$\ln\gamma_B(x_B, x_2, x_3, \cdots, x_n)$的初始值，即稀溶液内活度系数$\ln\gamma_B^0$的对数值。

式(3-1)只保留二阶以下导数，令$K=B_k$（$k=2, 3, \cdots, n$），并定义：

一级相互作用系数 $\varepsilon_B^B=\left(\dfrac{\partial\ln\gamma_B}{\partial x_B}\right)_{x_A\to1}$ $\varepsilon_B^K=\left(\dfrac{\partial\ln\gamma_B}{\partial x_K}\right)_{x_A\to1}$

二级相互作用系数 $\gamma_B^B=\dfrac{1}{2}\left(\dfrac{\partial^2\ln\gamma_B}{\partial x_B^2}\right)_{x_A\to1}$ $\gamma_B^K=\dfrac{1}{2}\left(\dfrac{\partial^2\ln\gamma_B}{\partial x_K^2}\right)_{x_A\to1}$

二级交叉相互作用系数 $\rho_B^B=\left(\dfrac{\partial^2\ln\gamma_B}{\partial x_B\partial x_B}\right)_{x_A\to1}$ $\rho_B^K=\left(\dfrac{\partial^2\ln\gamma_B}{\partial x_B\partial x_K}\right)_{x_A\to1}$

因而式（3－1）可写成：

$$\ln\gamma_B=\ln\gamma_B^0+\varepsilon_B^Bx_B+\sum_{k=2}^{n}\varepsilon_B^Kx_K+\gamma_B^Bx_B^2+\sum_{k=2}^{n}\gamma_B^Kx_K^2+\rho_B^Bx_B^2+\sum_{k=2}^{n-1}\sum_{k=3}^{n}\rho_B^Kx_Bx_K \quad (3-2)$$

式（3－2）是多元系铁液中组分B以纯物质为标准态的活度系数的计算公式。当溶液中各组分的浓度较低时，即位于稀溶液内，二阶偏微商项可以略去，则式（3－2）变为：

$$\ln\gamma_B=\ln\gamma_B^0+x_B\frac{\partial\ln\gamma_B}{\partial x_B}+x_2\frac{\partial\ln\gamma_B}{\partial x_2}+x_3\frac{\partial\ln\gamma_B}{\partial x_3}+\cdots+x_K\frac{\partial\ln\gamma_B}{\partial x_K} \quad (3-3)$$

而 $\dfrac{\partial\ln\gamma_B}{\partial x_B}=\varepsilon_B^B$，$\dfrac{\partial\ln\gamma_B}{\partial x_2}=\varepsilon_B^{B_2}$，$\dfrac{\partial\ln\gamma_B}{\partial x_3}=\varepsilon_B^{B_3}$，$\dfrac{\partial\ln\gamma_B}{\partial x_K}=\varepsilon_B^K$

则 $$\ln\gamma_B=\ln\gamma_B^0+\varepsilon_B^Bx_B+\varepsilon_B^{B_2}x_2+\varepsilon_B^{B_3}x_3+\cdots+\varepsilon_B^Kx_K \quad (3-4)$$

或 $$\ln\gamma_B=\ln\gamma_B^0+\ln\gamma_B^B+\ln\gamma_B^{B_2}+\ln\gamma_B^{B_3}+\cdots+\ln\gamma_B^K \quad (3-5)$$

$$\gamma_B=\gamma_B^0\gamma_B^B\gamma_B^{B_2}\gamma_B^{B_3}\cdots\gamma_B^K \quad (3-6)$$

式中，ε_B^B 为 Fe－B 二元系内组分 B 的 $\ln\gamma_B$ 与其浓度 x_B 有关的相互作用系数，即组分 B 在溶剂中的活度系数的对数值对其浓度的 x_B 偏导数，也称为 B 的自身一级相互作用系数；$\varepsilon_B^{B_2}$ 为 Fe－B－B_2 三元系内，组分 B 的 $\ln\gamma_B$ 与组分 B_2 的浓度 x_2 有关的相互作用系数；$\varepsilon_B^{B_3}$ 为 Fe－B－B_3 三元系内，组分 B 的 $\ln\gamma_B$ 与组分 B_3 的浓度 x_3 有关的相互作用系数；ε_B^K 为 Fe－B－K 三元系内，组分 B 的 $\ln\gamma_B$ 与组分 K 的浓度 x_K 有关的相互作用系数。温度一定时，在稀溶液（$x_A\to1$）内，它们是常数。

如果采用质量分数1%溶液为标准态，即在式(3－3)～式(3－6)中分别用 B 的质量百分数 $w[B]_\%$ 代替 x_B，用 f_B 代替 γ_B，用 e_B^K 代替 ε_B^K，则相应地可得到：

$$\lg f_B=e_B^Bw[B]_\%+e_B^{B_2}w[B_2]_\%+e_B^{B_3}w[B_3]_\%+\cdots+e_B^Kw[K]_\% \quad (3-7)$$

$$\ln f_B=\ln f_B^B+\ln f_B^{B_2}+\ln f_B^{B_3}+\cdots+\ln f_B^K \quad (3-8)$$

$$f_B=f_B^Bf_B^{B_2}f_B^{B_3}\cdots f_B^K \quad (3-9)$$

上面各式中，$\lg f(w[B]_\%,\ w[B_2]_\%,\ w[B_3]_\%,\ \cdots,\ w[B_n]_\%)$ 函数式中的 $\lg f_B^0=\lg1=0$。而 e_B^K 称为组分 K 对 B 的相互作用系数：$e_B^K=\partial\lg f_B/\partial w[K]_{\%,w[A]_\%\to1}$。

在钢铁冶金中，溶剂 Fe 的 $w[Fe]$常在90%以上，基本上能利用上述以一级相互作用系数表示的组分 B 的活度系数计算式来计算。

3.2.2 相互作用系数的特性及其转换关系

相互作用系数 e_B^K（或 ε_B^K）能大于或小于0，取决于存在第3组分 K 的 Fe－B 系中 K、B、Fe 质点间作用力的特性。与 Fe·B 间作用力相比，如作用力 $f_{K\cdot B}>f_{Fe\cdot B}$，则第3元素能降低$f_B$(Fe·B+K⟶K·B+Fe)，并使组分B的溶解度增加，这时$e_B^K<0$，例如，Mn、Cr在铁液中的$e_C^{Mn}<0$，$e_C^{Cr}<0$，使C的溶解度增加；如作用力$f_{Fe\cdot K}>f_{Fe\cdot B}$，则第3元素能提高$f_B$(Fe·B+K⟶Fe·K+B)，并使组分B的溶解度降低，这时$e_B^K>0$，例如，Si、P在铁液中的$e_C^{Si}>0$，$e_C^P>0$，使C的溶解度降低。

相互作用系数之间存在着下列转换关系式：

(1) 同类相互作用系数之间的转换：

$$\varepsilon_B^K=\varepsilon_K^B \tag{3-10}$$

$$e_B^K=\frac{M_B}{M_K}e_K^B+\frac{M_K-M_B}{230M_K}\approx\frac{M_B}{M_K}e_K^B \tag{3-11}$$

(2) 异类相互作用系数之间的转换：

$$\varepsilon_B^K=230\frac{M_K}{M_A}e_B^K+\frac{M_A-M_K}{M_A} \tag{3-12}$$

$$e_B^K=\frac{1}{230}\left[(\varepsilon_B^K-1)\frac{M_A}{M_K}+1\right] \tag{3-13}$$

式中 M_A，M_B，M_K——分别为溶剂A及组分B、K的摩尔质量。

这些转换式的导出是根据$e_B^K(\varepsilon_B^K)$的定义式、活度系数的转换式（$\gamma_B=\gamma_B^0 f_B$）、浓度单位的转换式$\left(x_B=\frac{M_A}{100M_B}\cdot w[B]_{\%}\right)$等，利用偏微分运算得出的❶。

3.2.3 相互作用系数的测定法

从$e_B^K(\varepsilon_B^K)$的定义式$e_B^K=(\partial\lg f_B/\partial w[K]_{\%})_{w[A]_{\%}\to 1}$可以看出，$e_B^K(\varepsilon_B^K)$是Fe-B-K三元系内的独立值，在多元系中其他组分的浓度不影响K对B的作用，因此，多元系内的一级相互作用系数可由三元系的实验方法、测定活度系数f_B的方法得出。

3.2.3.1 化学平衡法

化学平衡法是利用第1章1.4节介绍的方法，即在混合气体与铁液内溶解了一定量的组分B的条件下，加入不同量的第三组分K时，由化学反应的平衡常数求得组分B的f_B。由式（3-7），对三元系Fe-B-K，可得出：

$$\lg f_B=e_B^B w[B]_{\%}+e_B^K w[K]_{\%}$$

再以$\lg f_B$对$w[K]_{\%}$作图，由直线的斜率和截距得出e_B^K及e_B^B。

【例3-1】 在1813K测得铁液中碳的质量分数为1.5%的条件下，加入不同的硅量时，CO_2+CO混合气体与[C]反应达到平衡的p_{CO}^2/p_{CO_2}见表3-1，试求相互作用系数e_C^C及e_C^{Si}。

表3-1 铁液中反应 [C]+CO_2==2CO 平衡时的p_{CO}^2/p_{CO_2}

$w[Si]_{\%}$	0	0.55	1.02	1.55	2.00
p_{CO}^2/p_{CO_2}	1046	1158	1264	1392	1512

❶ 公式的导出见附录1中(4)。

解 由 $\lg f_C = e_C^C w[C]_{\%} + e_C^{Si} w[Si]_{\%}$，以 $\lg f_C - w[Si]_{\%}$ 作图，可得出 e_C^C 及 e_C^{Si}。

反应：$[C] + CO_2 \Longleftrightarrow 2CO, K^{\ominus} = \dfrac{p_{CO}^2}{p_{CO_2}} \cdot \dfrac{1}{f_C w[C]_{\%}}$

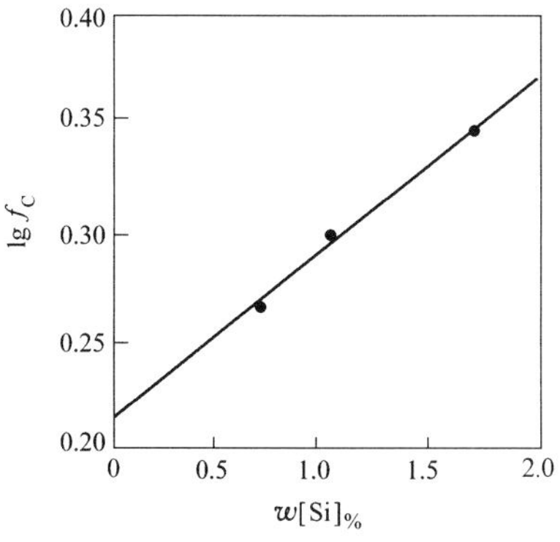

图 3 - 8 e_C^C 及 e_C^{Si} 的求法

故 $$f_C = \frac{p_{CO}^2}{p_{CO_2}} \cdot \frac{1}{K^{\ominus} w[C]_{\%}}$$

对于选定的标准态（质量1%溶液），$K^{\ominus}$ 仅与温度有关。由第1章1.4.3节的[例1-13]求得1813K 的 $K^{\ominus} = 420$，又 $w[C] = 1.5\%$，故 $f_C = \dfrac{p_{CO}^2}{p_{CO_2}} \cdot \dfrac{1}{420 \times 1.5}$。

f_C 及 $\lg f_C$ 的计算值见表3-2。以 $\lg f_C$ 对 $w[Si]_{\%}$ 作图，见图3-8，由图可得直线斜率 $= e_C^{Si} = 0.082$，截距 $= e_C^C w[C]_{\%} = 0.21$，故 $e_C^C = \dfrac{0.21}{1.5} = 0.14$。

表 3-2 Fe-C-Si 系中的 f_C

$w[Si]_{\%}$	0	0.55	1.02	1.55	2.00
p_{CO}^2/p_{CO_2}	1046	1158	1264	1392	1512
f_C	1.66	1.84	2.01	2.21	2.40
$\lg f_C$	0.220	0.265	0.303	0.344	0.380

化学平衡法中，Fe-C-Si 系中的 f_C 均是按 Fe-C 二元系中碳的浓度计算的，所以其又称为同一浓度法。

【例3-2】 在1873K测得Fe-S系中与不同浓度的［S］平衡的 p_{H_2S}/p_{H_2}，如表3-3所示，试求 e_S^S。

表 3-3 反应平衡时的 p_{H_2S}/p_{H_2}

$w[S]_{\%}$	0.45	0.68	0.99	1.23	1.35	2.41	3.25	4.21
$(p_{H_2S}/p_{H_2})/\times 10^{-3}$	1.18	1.73	2.53	2.91	3.30	5.51	7.15	8.50

解 这是从二元系求组分的自身相互作用系数的问题。反应 $H_2 + [S] = H_2S$ 的 $K^{\ominus}$ 为：

$$K^{\ominus} = \frac{p_{H_2S}}{p_{H_2}} \cdot \frac{1}{w[S]_{\%}} \cdot \frac{1}{f_S} = \frac{K'}{f_S}$$

故 $$f_S = K'/K^{\ominus}$$

利用 $\lg K' - w[S]_{\%}$ 关系作图，外推到 $w[S]_{\%} = 0$，可求得 $\lg K^{\ominus}$ 或 $K^{\ominus}$，其计算值见表3-4。由图3-9可见，当 $w[S]_{\%} = 0$ 时，$\lg K' = \lg K^{\ominus} = -2.578$，而 $K^{\ominus} = 2.642 \times 10^{-3}$，故：

$$f_S = K'/(2.642 \times 10^{-3})$$

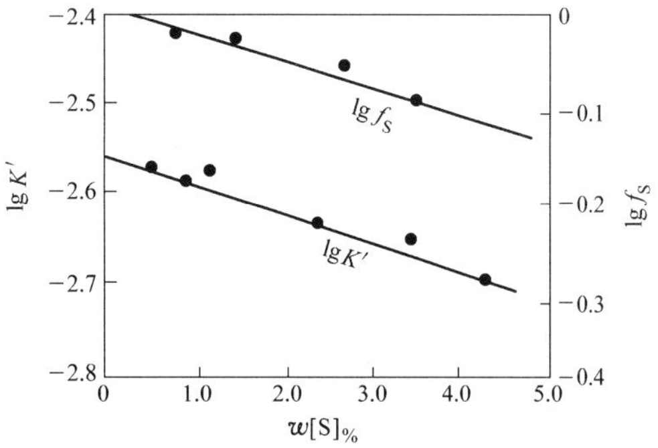

图 3-9 $\lg K' - w[S]_{\%}$、$\lg f_S - w[S]_{\%}$ 的关系

表 3-4　各 $w[S]_{\%}$ 的 $\lg K'$ 及 f_S

$w[S]_{\%}$	0.45	0.68	0.99	1.23	1.35	2.41	3.25	4.21
$(p_{H_2S}/p_{H_2})/\times10^{-3}$	1.18	1.73	2.53	2.91	3.30	5.51	7.15	8.50
$K'/\times10^{-3}$	2.62	2.54	2.56	2.37	2.44	2.29	2.19	2.02
$\lg K'$	-2.58	-2.59	-2.59	-2.63	-2.61	-2.64	-2.66	-2.69
f_S	0.992	0.961	0.969	0.897	0.924	0.867	0.829	0.765
$\lg f_S$	-3.5×10^{-3}	-0.02	-0.02	-0.05	-0.03	-0.06	-0.08	-0.12

各计算值见表 3-4，再以 $\lg f_S - w[S]_{\%}$ 关系作图，由直线斜率得：

$$e_S^S = \frac{\partial \lg f_S}{\partial w[S]_{\%}} = \frac{\Delta \lg f_S}{\Delta w[S]_{\%}} = \frac{-0.11-(-0.025)}{4.0-1.0} = -0.028$$

而
$$\lg f_S = -0.028 w[S]_{\%}$$

3.2.3.2　溶解度法

当元素在溶剂（如铁液）中溶解有限、形成饱和溶液时，加入第 3 组分，其溶解度会改变，但其活度则未变，因为第 3 组分引起它的活度系数发生了变化。因此，$B = [B]_{饱}$，而溶解达到平衡时，$K^{\ominus} = a_{[B]}$。在相同标准态下，两系的 $K^{\ominus}$ 相同，故

$$f_B^B w[B]_{\%,Fe-B} = f_B^B f_B^K w[B]_{\%,Fe-B-K}$$

于是
$$f_B^K = w[B]_{\%,Fe-B} / w[B]_{\%,Fe-B-K}$$

【例 3-3】　在 1873K，Fe-C 系内碳的溶解度 $w[C]=5.5\%$，加入硅后，其溶解度的变化如表 3-5 所示，试求 e_C^{Si}。

表 3-5　铁液中不同 $w[Si]_{\%}$ 的饱和 $w[C]_{\%}$

$w[Si]_{\%}$	0	0.5	1.2	1.8	2.5
$w[C]_{\%}$	5.50	5.23	5.00	4.81	4.57

解　铁液中碳的溶解反应为 $C_{(石)} = [C]_{饱}$，溶解的平衡常数 $K^{\ominus} = a_{[C]}$。标准态相同时，Fe-C 系和 Fe-C-Si 系的平衡常数相同，故

$$f_C^C w[C]_{\%,Fe-C} = f_C^C f_C^{Si} w[C]_{\%,Fe-C-Si}$$

于是
$$f_C^{Si} = w[C]_{\%,Fe-C} / w[C]_{\%,Fe-C-Si}$$

式中　$w[C]_{\%,Fe-C}$，$w[C]_{\%,Fe-C-Si}$——分别为 Fe-C 系及 Fe-C-Si 系内碳的溶解度。

用上式计算的各个硅浓度的 $\lg f_C^{Si}$ 如表 3-6 所示。

表 3-6　不同硅浓度的 $\lg f_C^{Si}$

$w[Si]_{\%}$	0	0.5	1.2	1.8	2.5
$w[C]_{\%}$	5.50	5.23	5.00	4.81	4.57
f_C^{Si}	1.000	1.052	1.100	1.143	1.203
$\lg f_C^{Si}$	0	0.022	0.041	0.058	0.080

以 $\lg f_C^{Si} - w[Si]_{\%}$ 作图，如图 3-10 所示，由直线的斜率得：

$$e_C^{Si} = \frac{\partial \lg f_C^{Si}}{\partial w[Si]_\%} = \frac{\Delta \lg f_C^{Si}}{\Delta w[Si]_\%} = \frac{0.08 - 0.04}{2.5 - 1.0} = 0.026$$

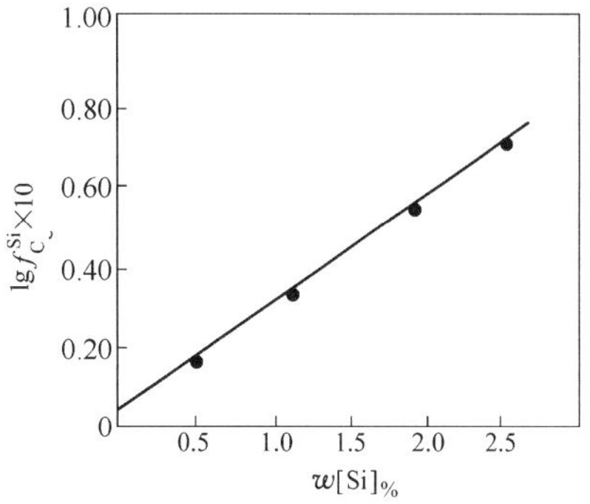

图 3－10　$\lg f_C^{Si} - w[Si]_\%$ 的关系

【例 3－4】 在 1600℃，与 $w[P]=0.95\%$ 及 $w[O]=0.0116\%$ 的铁液平衡的 $p_{H_2O(g)}/p_{H_2}=0.0494$，试求 e_O^P（已知 $e_O^O=-0.20$）。

解 平衡反应为：$H_2 + [O] = H_2O(g)$

$$K^\ominus = \frac{p_{H_2O(g)}}{p_{H_2}} \cdot \frac{1}{f_O w[O]_\%} = \frac{p_{H_2O(g)}}{p_{H_2}} \cdot \frac{1}{f_O^O f_O^P w[O]_\%}$$

$$f_O^P = \frac{p_{H_2O(g)}}{p_{H_2}} \cdot \frac{1}{K^\ominus} \cdot \frac{1}{f_O^O w[O]_\%}$$

$K^\ominus$：$\qquad H_2 + [O] = H_2O(g), \Delta_r G_m^\ominus = -130350 + 58.74T \quad (J/mol)$

$$\lg K^\ominus = \frac{130350}{19.147 \times 1873} - \frac{58.74}{19.147} = 0.567, K^\ominus = 3.69$$

f_O^O：$\qquad \lg f_O^O = e_O^O w[O]_\% = -0.20 \times 0.0116 = -0.0023, f_O^O = 0.995$

$$f_O^P = 0.0494 \times \frac{1}{3.69} \times \frac{1}{0.995 \times 0.0116} = 1.16$$

$$e_O^P = \frac{\partial \lg f_O^P}{\partial w[P]_\%} = \frac{\Delta \lg f_O^P}{\Delta w[P]_\%} = \frac{\lg 1.16 \lg 0}{0.95 - 0} = 0.068$$

溶解度法是根据二元系及三元系中组分 B 的活度相同导出的，所以又称为同一活度法。而三元系中的 f_B 则是按两系中组分的饱和浓度求出的，这样求得的 e_B^K 要比由同一浓度的化学平衡法得来的数值低些。为使它能用于由泰勒级数导出的式(3－4)及式(3－7)中，需加以转换或修正。

由以上的讨论可知，$a_{[C]} = f_C w[C]_\% = K^\ominus = const$，虽然 $a_{[C]}$ 是常数，但由于 $w[C]_\%$ 改变，所以 f_C 也改变了，因而

$$f_C = const / w[C]_\%$$

故有

$$e_C^{Si} = \left(\frac{\partial \lg f_C}{\partial w[Si]_\%}\right)_{a_{[C]}} = -\left(\frac{\partial \lg w[C]_\%}{\partial w[Si]_\%}\right)_{a_{[C]}}$$

所以，e_C^{Si} 实际上是在碳浓度不断改变（碳活度不改变）的条件下求得的，把它另表示为：

$$O_C^{Si} = -\left(\frac{\partial \lg w[C]_\%}{\partial w[Si]_\%}\right)_{a_{[C]}}$$

即组分 B 活度不变的相互作用系数。它与组分 B 浓度不变的相互作用系数 $e_C^{Si} = \left(\frac{\partial \lg f_C}{\partial w[Si]_\%}\right)_{w[C]\%}$ 是不相同的。它们的换算式为[1]：

$$e_C^{Si} = O_C^{Si}(1 + 2.3 w[C]_\% e_C^C) \qquad (3-14)$$

于是，对于【例 3－3】所求得的 $O_C^{Si} = 0.026$（即溶解度法的 e_C^{Si}），可转换为以同一浓度法表示出的相互作用系数：$e_C^{Si} = O_C^{Si}(1 + 2.3 w[C]_\% e_C^C) = 0.026 \times (1 + 2.3 \times 5.5 \times 0.14) = 0.072$。

[1] 公式的导出见附录 1 中(5)。

转换的通式则为：

$$e_{B}^{K}=O_{B}^{K}(1+2.3w[B]_{\%}e_{B}^{B}) \qquad (3-15)$$

仅当 $w[B]_{\%}\to 0$ 或 $e_{B}^{B}\to 0$ 时，$e_{B}^{K}=O_{B}^{K}$，即同一活度法和同一浓度法所得的数值才相同。

氢、氮气体在铁液中的饱和溶解度小，多用溶解度法测定其相互作用系数，并且两种方法测得的数值相近。图 3－11 及图 3－12 分别是铁液内氢及氮的 $\lg f_{B}^{K}-w[K]_{\%}$ 关系图。图 3－13 是铁液内硫的 $\lg f_{S}^{K}-w[K]_{\%}$ 关系图。

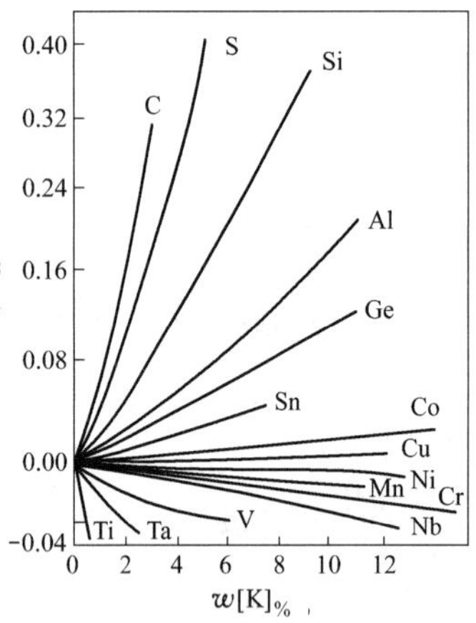

图 3－11　Fe－H－K 系的 $\lg f_{H}^{K}-w[K]_{\%}$

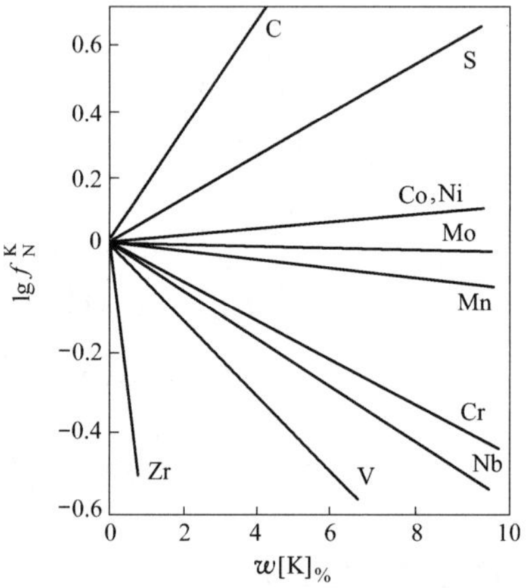

图 3－12　Fe－N－K 系的 $\lg f_{N}^{K}-w[K]_{\%}$

表 3－7 所示为 1873K 下铁液中溶解元素的相互作用系数。它们虽是 1873K 下测定的数值，但可一级近似地用于此温度附近。

利用式（3－7），可由钢（铁）液的化学组成及表 3－7 中的 e_{B}^{K} 值，计算其中溶解元素的活度系数及活度。当元素的浓度高时，可从 $\lg f_{B}^{K}-w[K]_{\%}$ 图中曲线读取 $\lg f_{B}^{K}$ 值，再求其代数和。

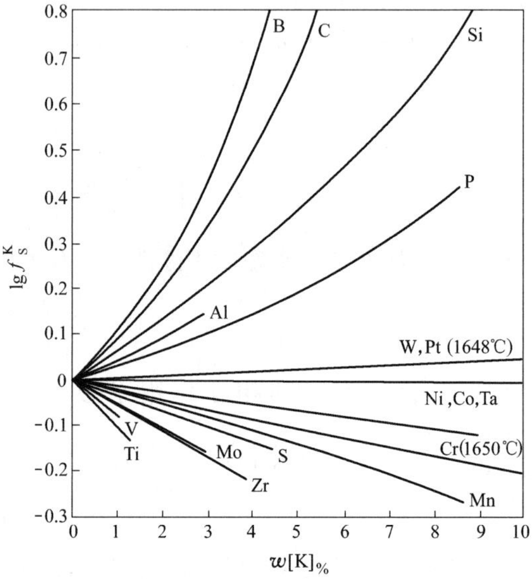

图 3－13　Fe－S－K 系的 $\lg f_{S}^{K}-w[K]_{\%}$

【例 3－5】　试计算成分为 $w[C]=5.0\%$、$w[Mn]=2.0\%$、$w[Si]=1\%$、$w[S]=0.05\%$、$w[P]=0.06\%$ 的生铁中硫的活度，温度为 1873K。

解　利用表 3－7 中的 e_{B}^{K} 值，由式（3－7）计算 f_S，其公式为：

$$\lg f_{S}=e_{S}^{S}w[S]_{\%}+e_{S}^{Si}w[Si]_{\%}+e_{S}^{C}w[C]_{\%}+e_{S}^{Mn}w[Mn]_{\%}+e_{S}^{P}w[P]_{\%}$$
$$=-0.028\times 0.05+0.063\times 1+0.11\times 5-0.026\times 2+0.029\times 0.06=0.561$$

表 3-7 铁液中溶解元素的相互作用系数 e_B^K(1873K)

B \ K	Al	B	C	Cr	Co	Cu	Mn	Mo	Ni	N	Nb	O	H	P	S	Si	Ti	V	W	Zr
Al	0.045		0.091			0.006				-0.053		-6.60	0.24		0.03	0.0056				
B		0.038	0.22				-0.0009			0.074		-1.80	0.49		0.048	0.078				
C	0.043	0.24	0.14	-0.024	0.0076	0.016	-0.012	-0.0083	0.012	0.11	-0.06	-0.34	0.67	0.051	0.046	0.08		-0.077	-0.0056	
Cr			-0.12	-0.0003		0.016		0.0018	0.0002	-0.19		-0.14	-0.33	-0.053	-0.02	-0.0043	0.059			
Co			0.021	-0.022	0.0022		0.0041			0.032		0.018	-0.14	0.0037	0.0011					
Cu			0.066	0.018		-0.023				0.026		-0.065	-0.24	0.044	-0.021	0.027				
Mn		0.022	-0.07		-0.0036					-0.091	0.0035	-0.083	-0.31	-0.0035	-0.048					
Mo			-0.097	-0.0003			0.0046			-0.10		-0.0007	-0.20		-0.0005					
Ni			0.042	-0.0003			-0.008		0.0009	0.028		0.01	-0.25	-0.0035	-0.0037	0.0057				
N	-0.028	0.094	0.13	-0.047	0.011	0.009	-0.021	-0.011	0.01	0	-0.06	0.05		0.045	0.007	0.047	-0.53	-0.093	-0.0015	-0.63
Nb			-0.49	-0.011			0.0028			-0.42		-0.83	-0.61		-0.047					
O	-3.90	-2.6	-0.45	-0.04	0.008	-0.013	-0.021	0.0035	0.006	0.057	-0.14	-0.20	-3.10	0.07	-0.133	-0.131	-0.60	-0.30	-0.0085	0.44
H	0.013	0.058	0.06	-0.0022	0.0018	0.0005	-0.0014	0.0022	0		-0.0023	-0.19		0.011	0.008	0.027	-0.019	-0.0074	0.0048	
P	0.037		0.13	-0.03	0.004	0.024	0.0		0.0002	0.094		0.13	0.21	0.062	0.028	0.12	-0.04			
S	0.035	0.13	0.11	-0.011	0.0026	-0.0084	-0.026	0.0027	0	0.01	-0.013	-0.27	0.12	0.029	-0.028	0.063	-0.072	-0.016	0.011	-0.052
Si	0.058	0.20	0.18	-0.0003		0.014	0.002		0.005	0.090		-0.23	0.64	0.11	0.056	0.11		0.025		
Ti			-0.165	0.055			0.0043			-1.80		-1.80	-1.10	-0.0064	-0.11	0.05	0.013			
V			-0.34							-0.35		-0.97	-0.59	-0.041	-0.028	0.042		0.015		
W			-0.15							-0.072		-0.052	0.088		0.035					
Zr	0.001									-4.10		2.53			-0.16					0.022

$f_S = 3.64$，$a_{[S]} = 3.64 \times 0.05 = 0.182$

此外，也可从图 3－13 直接读取下列数值：

$w[S]_{\%} = 0.05$　　$w[Si]_{\%} = 1$　　$w[C]_{\%} = 5$　　$w[Mn]_{\%} = 2$　　$w[P]_{\%} = 0.06$

$\lg f_S^S = 0.00$　　$\lg f_S^{Si} = 0.07$　　$\lg f_S^C = 0.80$　　$\lg f_S^{Mn} = -0.05$　　$\lg f_S^P = 0.00$

故　$\lg f_S = \lg f_S^S + \lg f_S^{Si} + \lg f_S^C + \lg f_S^{Mn} + \lg f_S^P = 0.00 + 0.07 + 0.80 - 0.05 + 0.00 = 0.82$

$$f_S = 6.61 \qquad a_{[S]} = 6.61 \times 0.05 = 0.330$$

由图 3－13 中曲线计算的 f_S 值比用表 3－7 计算的值高，这是因为未考虑曲线曲率大带来的误差，所以一般在低浓度时采用 e_B^K 表值进行计算。

由于 e_B^K 是在 $w[B]_{\%} \to 0$ 时 $\lg f_B^K$ 随 $w[B]_{\%}$ 的变化率（在 $w[B] \to 0\%$ 时的斜率），所以当组分的浓度较高时，也可如上由相应的 $\lg f_B^K - w[K]_{\%}$ 图读取该浓度的 $\lg f_B^K$ 值，以取代 $e_B^K w[K]_{\%}$ 计算值，提高计算的精确度。

【例 3－6】 试求 $w[C] = 1\%$ 的 Fe－C 熔体在 1600℃ 及 $p_{CO} = 100$kPa 下铁液中的氧浓度，并分析计算时能略去相互作用系数吗？在什么条件下可以不考虑 e_C^O 及 e_O^O 的影响？

解　铁液中［C］与［O］的反应为：

$$[C] + [O] = CO \qquad \Delta_r G_m^{\ominus} = -22364 - 39.63T \quad (J/mol)$$

$$K_C^{\ominus} = \frac{p_{CO}}{a_{[C]} a_{[O]}}$$

$$a_{[C]} a_{[O]} = \frac{1}{K_C p_{CO}} = \frac{1}{493.17 \times 1} = 2.028 \times 10^{-3}$$

式中
$$\lg K_C^{\ominus} = \frac{22364}{19.147 \times 1873} + \frac{39.63}{19.147} = 2.693, K_C^{\ominus} = 493.17$$

对上式取对数得：
$$\lg a_{[C]} + \lg a_{[O]} = -2.693$$

$$\lg f_C + \lg w[C]_{\%} + \lg f_O + \lg w[O]_{\%} = -2.693$$

$$\lg f_C + \lg f_O + \lg w[O]_{\%} = -2.693 \qquad (\lg w[C]_{\%} = \lg 1 = 0)$$

$$(e_C^C w[C]_{\%} + e_C^O w[O]_{\%}) + (e_O^O w[O]_{\%} + e_O^C w[C]_{\%}) + \lg w[O]_{\%} = -2.693$$

代入各相互作用系数，可化简上式为：

$$\lg w[O]_{\%} - 0.54 w[O]_{\%} + 2.693 = 0$$

解上面方程得 $w[O]_{\%} = 4.2 \times 10^{-3}$。

如果不考虑相互作用系数，则 $w[O]_{\%} = 2.02 \times 10^{-3}$。由于 $w[O]_{\%}$ 很低，使得 $e_C^O w[O]_{\%} + e_O^O w[O]_{\%}$ 项的值很小，可以忽略不计。所以当计算的组分的浓度很低时，可视 $e_B^K w[K]_{\%}$ 项≈0，即可以不考虑相互作用系数的影响，其带来的误差并不大。

3.2.4 相互作用系数的温度关系及二级相互作用系数

一般文献公布的 e_B^K 多是温度为 1873K 时的值，如给定温度与 1873K 相差较远，则应采用相应温度的 e_B^K。可利用正规溶液的热力学关系式导出 ε_B^K（或 e_B^K）的温度关系式。

由于
$$\ln\gamma_{B(T)} = [\alpha/(RT)](1 - x_B)^2$$

如已知 1873K 的 $\ln\gamma_{B(1873)}$，则对于一定浓度的 x_B 有：

$$\alpha = R \times 1873 \times \frac{\ln\gamma_{B(1873)}}{(1 - x_B)^2}$$

代入前式中，得：
$$\ln\gamma_{B(T)}=\frac{1873}{T}\times\ln\gamma_{B(1873)} \tag{3-16}$$

再对 x_B 求导
$$\frac{\partial\ln\gamma_{B(T)}}{\partial x_B}=\frac{1873}{T}\times\frac{\partial\ln\gamma_{B(1873)}}{\partial x_B}$$

得：
$$\varepsilon_{B(T)}^{B}=\frac{1873}{T}\times\varepsilon_{B(1873)}^{B} \tag{3-17}$$

同理可得：
$$e_{B(T)}^{K}=\frac{1873}{T}\times e_{B(1873)}^{K} \tag{3-18}$$

如采用准正规溶液模型（见式(1－75)），同样可推得：
$$e_{B(T)}^{K}=\left(\frac{2538}{T}-0.355\right)e_{B(1873)}^{K} \tag{3-19}$$

这表明 $e_{B(T)}^{K}$ 与 $1/T$ 成线性关系：$e_{B(T)}^{K}=A/T+B$。利用不同温度测定的 $e_{B(T)}^{K}$ 对 $1/T$ 作图，可得出常数 A、B 的值，这称为实验式，表3－8所示为铁液中 e_B^K 的温度关系式。

表3－8　铁液中 e_B^K 的温度关系式：$e_B^K=A/T+B$

e_B^K	A	B	e_B^K	A	B
e_O^O	－1750	0.734	e_S^S	233	－0.153
e_O^{Al}	－20600	7.15	e_C^C	155	0.0581
e_N^V	－350	0.094	e_C^{Si}	162	－0.008

【例3－7】 已知1873K的 $e_C^{Si}=0.08$，试求1973K的 $e_{C(T)}^{Si}$。

解 由正规溶液得：$e_C^{Si}=\dfrac{1873}{T}e_{C(1873)}^{Si}=\dfrac{1873}{1973}\times0.08=0.0759$

由准正规溶液得：$e_C^{Si}=\left(\dfrac{2538}{T}-0.355\right)e_{B(1873)}^{K}=\left(\dfrac{2538}{1973}-0.355\right)\times0.08=0.075$

由实验式得：$e_C^{Si}=\dfrac{162}{T}-0.008=\dfrac{162}{1973}-0.008=0.074$

由以上数据可见，理论值和实验值相接近。

在计算高合金钢液的组分活度时，需引入二级相互作用系数。二级相互作用系数 $\gamma_B^K=\dfrac{1}{2}\times\dfrac{\partial^2\ln\gamma_B}{\partial x_K^2}$ 是由 $\dfrac{\partial\ln\gamma_B}{\partial x_K}-\partial x_K$ 曲线的斜率求出。而二级相互交叉作用系数 $\rho_B^K=\dfrac{\partial^2\ln\gamma_B}{\partial x_K\partial x_j}$ 是由 $\dfrac{\partial\ln\gamma_B}{\partial x_K}-\partial x_j$ 曲线的斜率求出，这需在四元系 Fe－B－K－j 参加的平衡实验中求出。但是得出的 γ_B^K 或 ρ_B^K 的数值都较小，因此当钢液中各组元的浓度小时，可以不考虑它们对活度系数的影响。

【例3－8】 测得1600℃时，氮(100kPa)在铁液中的溶解度与铬溶解量的关系如表3－9所示，试求 e_N^{Cr} 及 γ_N^{Cr}。

表3－9　铁液中氮的溶解度

w[Cr]/%	0	2	4	6	8	10	12
w[N]/%	0.045	0.057	0.071	0.087	0.106	0.127	0.150

解　铁液中氮的溶解反应为$\frac{1}{2}N_2 = [N]_{饱}$，溶解的平衡常数$K^{\ominus} = a_{[N]}$。同一标准态下，$f_N w[N]_{\%} = \text{const}$。各$w[Cr]_{\%}$的$\lg w[N]_{\%}$值见表3－10。

表3－10　各$w[Cr]_{\%}$的$\lg w[N]_{\%}$值

$w[Cr]_{\%}$	0	2	4	6	8	10	12
$w[N]_{\%}$	0.045	0.057	0.071	0.087	0.106	0.127	0.150
$\lg w[N]_{\%}$	－1.347	－1.244	－1.149	－1.060	－0.975	－0.896	－0.824

利用表3－10中数据作$\lg w[N]_{\%} - w[Cr]_{\%}$图（见图3－14），由曲线$ab$在$a$点的斜率即可求得$e_N^{Cr}$：

$$e_N^{Cr} = \left.\frac{\partial \lg f_N}{\partial w[Cr]_{\%}}\right|_{w[Cr]_{\%}=0} = -\left.\frac{\partial \lg w[N]_{\%}}{\partial w[Cr]_{\%}}\right|_{w[Cr]_{\%}=0} = -\tan\alpha_1\Big|_{w[Cr]_{\%}=0} = -0.05$$

又取曲线ab上$w[Cr]_{\%}=0$点（a点）切线的斜率及任意点c（如$w[Cr]_{\%}=6$点）切线的斜率的差值，其与距离cd之比即是$\frac{\partial \lg w[N]_{\%}}{\partial w[Cr]_{\%}}$对$w[Cr]_{\%}$的导数，由此可计算出$\gamma_N^{Cr}$。

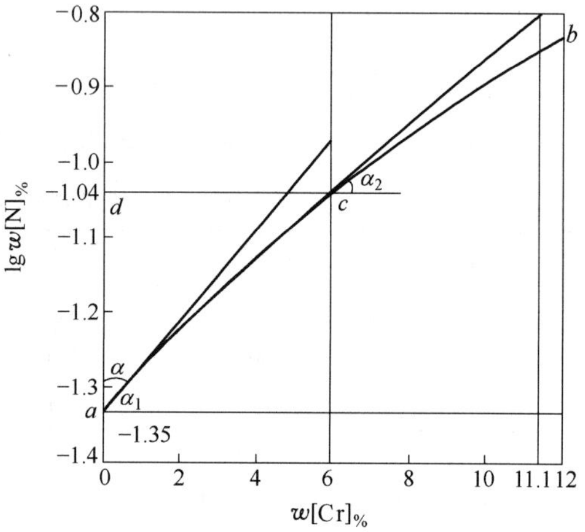

图3－14　$\lg w[N]_{\%} - w[Cr]_{\%}$图

$$\gamma_N^{Cr} = \frac{1}{2}\times\left.\frac{\partial^2 \lg f_N}{\partial w[Cr]_{\%}^2}\right|_{w[Cr]_{\%}=0} = -\frac{1}{2}\times\left.\frac{\partial^2 \lg w[N]_{\%}}{\partial w[Cr]_{\%}^2}\right|_{w[Cr]_{\%}=0}$$

$$= -\frac{1}{2}\times\left.\frac{\partial \tan\alpha}{\partial w[Cr]_{\%}}\right|_{w[Cr]_{\%}=0} = -\frac{1}{2}\times\left.\frac{\Delta \tan\alpha}{\Delta w[Cr]_{\%}}\right|_{w[Cr]_{\%}=0}$$

而

$$\tan\alpha_1 = \left.\frac{\partial \lg w[N]_{\%}}{\partial w[Cr]_{\%}}\right|_{w[Cr]_{\%}=0} = 0.05$$

$$\tan\alpha_2 = -\left.\frac{\partial \lg w[N]_{\%}}{\partial w[Cr]_{\%}}\right|_{w[Cr]_{\%}=0} = 0.047$$

$$\gamma_N^{Cr} = -\frac{1}{2}\times\frac{\Delta \tan\alpha}{\Delta w[Cr]_{\%}} = -\frac{0.047-0.05}{2\times 6} = 2.5\times 10^{-4}$$

3.3　铁液中元素的溶解及存在形式

当元素溶解于铁液中时，熔体的电子密度发生了变化，这反映在原子间键特性的改变。过渡族元素形成阳离子，具有金属键的特性；而电负性比铁原子高的元素（C、O、S、P、Si等）则与铁原子形成准分子化合物的原子团，具有共价键的特性。

（1）过渡族元素（Mn、Ni、Co、Cr、Mo）。这些元素在铁液内可无限溶解，其溶解

焓 $\Delta H(B)\approx 0$，所以可近似将它们与 Fe 形成的溶液作为理想溶液看待。过渡族元素在高温下的晶格与 δFe 的晶格大致相同，而且它们的原子半径与铁原子的半径又相差很小，所以能与铁无限互溶，以阳离子的金属键结构形成置换式溶液。这种溶液的物性可由纯金属的物性加和求得。

（2）碳。碳溶于铁液能形成饱和液，并吸收 23kJ/mol 的热，说明 Fe－C 原子间有一定的键能存在，它在 $x[C]>0.08$（或 $w[C]>2\%$）时对理想溶液形成正偏差，$\lg\gamma_C=-0.21+4.3x[C]$，$\lg\gamma_C^0=\dfrac{694}{T}-0.587$ 或 $\ln a_{C(H)}=\ln\dfrac{x[C]}{x[Fe]}+6.6\dfrac{x[C]}{x[Fe]}(0\leqslant x[C]\leqslant x[C]_{饱})$❶。图 3－15 为 1823K 时 Fe－C 系的 $a_{[C]}-x[C]$ 的关系图。碳原子溶于铁液中放出 4 个电子，成为具有过剩电荷的 C^{4+} 离子，向铁原子的 3d 带（$3p^63d^64s^2$）内转移，与铁原子外层的 4 个电子形成 Fe_xC 型群聚团，但由于碳离子的半径仅为 0.2×10^{-10}m，它和 Fe^{2+} 的半径之比（$r_{C^{4+}}/r_{Fe^{2+}}=0.20/0.75=0.27$）很小，所以 C^{4+} 是位于铁原子形成的八面体或四面体空隙内，形成间隙式溶体。当 $w[C]<3.65\%$ 时，铁液中可能形成 Fe_3C 或 Fe_4C 的群聚团；而在碳浓度很高时，可能形成 FeC 群聚团，其内还可能有微观石墨析出。即随着碳浓度的增加，此种结合碳的分数降低，而碳的活度提高。由于 Fe_xC 群聚团内碳原子的键未完全饱和，与邻近的铁原子等效结合，不断交换铁原子，所以可认为 Fe_xC 群聚团是不稳定的，也不能以分子状析出。

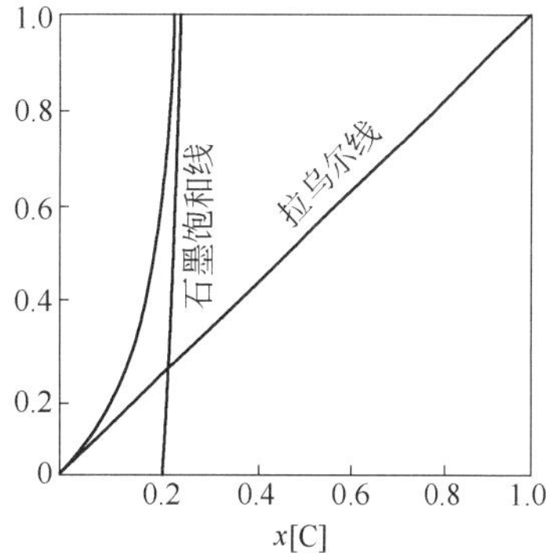

图 3－15 1823K 时 Fe－C 系的 $a_{[C]}-x[C]$ 图

（3）硅。硅在铁液中的溶解焓很大，$\Delta H(Si)=-84$kJ/mol，而与理想溶液形成较大的负偏差，$\lg\gamma_{Si}=5.25x[Si]-2.9$，$\gamma_{Si}^0=0.0013(1873K)$。就其溶解焓来看，硅含量不高的铁溶液具有正规溶液的性质。图 3－16 所示为 Fe－Si 系两种标准态的硅的活度。硅在铁液中与铁原子形成共价键分数很高的 FeSi 群聚团（Fe_3Si、FeSi、$FeSi_2$）。根据 Fe－Si 系相图及溶解焓、黏度、表面张力等物性－组成图的等温线可知，在 $w[Si]=33\%$ 处出现了转折点（见图 3－4），可推断熔体中有 FeSi 群聚团存在。但这种群聚团和 Fe_xC 群聚团一样，其内键未完全饱和，与周围 Fe 原子保持着联系，所以也不会有 FeSi 分子析出。硅还可能与铁液中溶解的其他过渡族元素（V、Cr、Mn、Ni）形成类似的群聚团，所以硅的活度都很小。此外，硅能降低铁液中碳的溶解度，促进 Fe_xC 群聚团的分解，其关系式为：

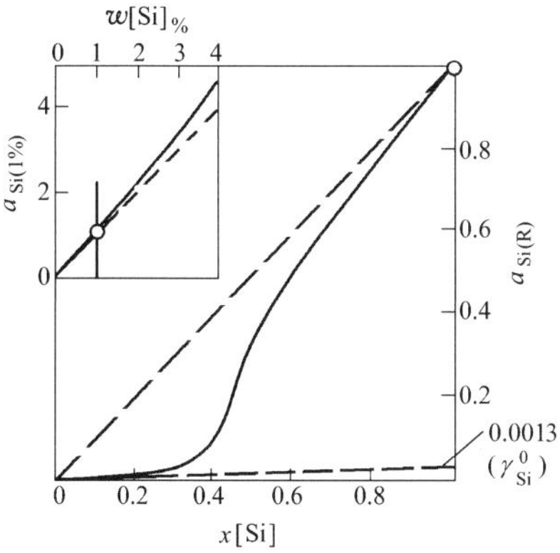

图 3－16 Fe－Si 系的 $a_{Si(R)}$ 及 $a_{Si(1\%)}$（1600℃）

❶ 公式的导出见附录 1 中(6)。

$$w[\mathrm{C}]_{\%(\text{饱})} = 1.34 + 2.54 \times 10^{-3} t(℃) - 0.3 w[\mathrm{Si}]_{\%} \tag{3-20}$$

（4）氢和氮。钢铁中溶解的气体是指氢和氮。它们在铁液中的溶解度很小，远在 $w_B = 0.1\%$ 以下，因此在冶金文献中惯用 $10^{-4}\%$ 表示其质量分数的单位，称为 1ppm❶，它是用百分数表示的百万的倒数 $\left(\frac{1}{10^6} \times 100\%\right)$，此外还采用单位 mL/100g。在标准状态下：

$$1\mathrm{mLH_2} = (10^{-6}/22.4 \times 10^{-3}) \times 2 \times 10^{-3} = 0.089 \times 10^{-6}\mathrm{kg}$$

$$1\mathrm{mLN_2} = (10^{-6}/22.4 \times 10^{-3}) \times 28 \times 10^{-3} = 1.25 \times 10^{-6}\mathrm{kg}$$

故 $$1\mathrm{mLH_2}/100\mathrm{g} = 0.089 \times 10^{-6} \times 10^3/10^2 = 0.89 \times 10^{-4}\%$$

$$1\mathrm{mLN_2}/100\mathrm{g} = 1.25 \times 10^{-6} \times 10^3/10^2 = 1.25 \times 10^{-3}\%$$

1）气体溶解的平方根定律。在一定温度下，气体在金属液中的溶解反应可表示为：

$$\frac{1}{2}\mathrm{X_2(g)} = [\mathrm{X}]$$

式中 $\mathrm{X_2(g)}$——表示 H_2、N_2 气体。

由于 $$K^\ominus = a_{[\mathrm{X}]}/p^{1/2}_{\mathrm{X_2(g)}}$$

又 $$a_{[\mathrm{X}]} = f_\mathrm{X} w[\mathrm{X}]_{\%}$$

故 $$w[\mathrm{X}]_{\%} = \frac{K^\ominus}{f_\mathrm{X}} \cdot p^{1/2}_{\mathrm{X_2(g)}}$$

当溶解的气体原子在铁中形成稀溶液时，$f_\mathrm{X} = 1$，而

$$w[\mathrm{X}]_{\%} = K^\ominus \sqrt{p_{\mathrm{X_2}}} \tag{3-21}$$

即在一定温度下，双原子气体在金属中的溶解度与该气体分压（量纲为 1 的量）的平方根成正比，这称为气体溶解的平方根定律，又称为西华特（Sieverts）定律。$K^\ominus$ 是 $p_{\mathrm{X_2}} = p'_{\mathrm{X_2(g)}}/p^\ominus = 1$ 时气体的溶解度，即在这种条件下，$K^\ominus = w[\mathrm{X}]_{\%}$。

又由气体的溶解反应可见，溶解气体[X]的化学计量数是溶解前双原子气体分子 $\mathrm{X_2(g)}$化学计量数[X]的 2 倍，所以由平方根定律的平衡实验证实，气体在金属中是以单原子存在的。

利用等压方程可得出气体的溶解度与温度的关系式：$\mathrm{d}\ln w[\mathrm{X}]_{\%}/\mathrm{d}T = \Delta H^\ominus(\mathrm{X_2})/(2RT^2)$，故

$$w[\mathrm{X}]_{\%} = c_0 \exp[-\Delta H^\ominus(\mathrm{X_2})/(2RT)] \tag{3-22}$$

式中 $\Delta H^\ominus(\mathrm{X_2})$——气体的溶解焓，J/mol。

气体的溶解焓包括气体分子离解焓及原子的溶解焓，例如，

$$\frac{1}{2}\mathrm{H_2} = [\mathrm{H}] \qquad \Delta H^\ominus(\mathrm{H_2}) = 36480\mathrm{J/mol}$$

$$\frac{1}{2}\mathrm{N_2} = [\mathrm{N}] \qquad \Delta H^\ominus(\mathrm{N_2}) = 3600\mathrm{J/mol}$$

因此，气体溶解度的影响因素可表示为 $w[\mathrm{X}]_{\%} = f(T, p, f_\mathrm{X})$。温度和压力增加，气体的溶

---

❶ 近年来随着钢洁净度的提高，杂质元素的质量分数也多用 ppm 表示，但不可作为“浓度”的概念来理解，因其不是计量单位的符号。

解度增大，其他溶解元素 K 的影响可一级近似地利用相互作用系数表示：

$$\lg f_X = \sum e_X^K w[K]_{\%}$$

2）氢及氮在铁液中溶解的特性。平方根定律证明了氢及氮以单原子溶解。氢溶于铁液中放出电子，形成金属键。因为氢原子只有一个电子，所以在铁液中成正电荷的离子——质子。它的半径很小，约为 0.5×10^{-15}m，在铁原子间形成间隙式溶液。氮溶于铁液中，也参与金属键的形成，以 N^{3+} 或 N^{5+} 离子形式存在，离子半径为 $r_{N^{5+}}=0.25\times10^{-10}$m。氮离子也位于铁原子之间，形成间隙式溶液。氢及氮在铁中的溶解度不仅随温度变化，而且与铁的晶型及状态有关。下列实验关系式❶及图形表示出了它们的关系：

$$\alpha\text{Fe}:\ \lg w[\text{H}]_{\%} = -1418/T - 2.369,\ \lg w[\text{N}]_{\%} = -1520/T - 1.04$$

$$\gamma\text{Fe}:\ \lg w[\text{H}]_{\%} = -1182/T - 2.369,\ \lg w[\text{N}]_{\%} = 450/T - 1.995$$

$$\delta\text{Fe}:\ \lg w[\text{H}]_{\%} = -1418/T - 2.369,\ \lg w[\text{N}]_{\%} = -1520/T - 1.04$$

$$\text{Fe(l)}:\ \lg w[\text{H}]_{\%} = -1909/T - 1.591,\ \lg w[\text{N}]_{\%} = -518/T - 1.063 \tag{3-23}$$

可见，氢和氮在铁液中有较大的溶解度。1873K 时，$w[\text{H}]=2.6\times10^{-3}\%$，$w[\text{N}]=0.044\%$。氮的溶解度比氢的高一个数量级。但在铁的熔点及晶型转变温度处，溶解度有突变，如图 3－17 所示。温度下降时，氢在三种铁的晶型中的溶解度均减小；氮在 δFe 及 αFe 中的溶解度也减小，但在 γFe 中增大，认为是 γFe 中有 Fe_2N、Fe_4N 形成。可是它的稳定性差，温度升高时这种化合物发生分解，所以这种氮化合物形式的溶解度降低。由于 αFe 及 δFe 是相同的体心立方晶型，所以对气体的溶解度随温度的变化有同一线性关系，两者中气体的溶解度可近似连成直线。γFe 是面心立方晶型，较“疏松”，故能溶解较多的气体。

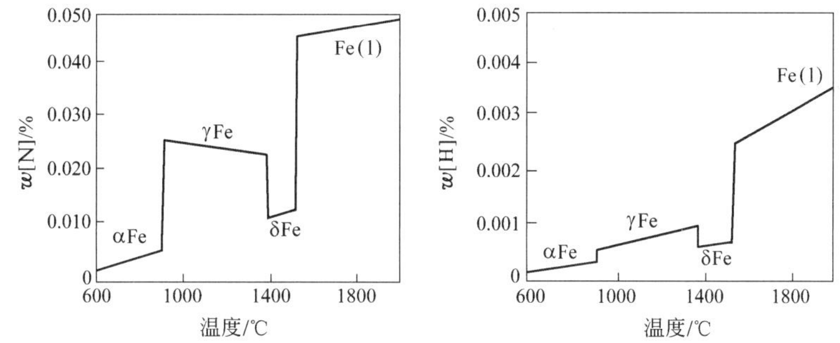

图 3－17　氢和氮在铁中的溶解度与温度的关系

3）元素对铁液中氢及氮溶解度的影响。铁液中存在的元素对氢和氮的溶解度有不同程度的影响，如图 3－18 及图 3－19 所示。也可由这些元素与溶解气体的相互作用系数一级近似估计这种影响。第 3 组元对气体溶解度的影响可分为以下四类：

① 与氢和氮能形成化合物的元素，如 Ti、Nb、V 等，能提高溶解度及降低 f_H、f_N；

② 与 Fe 相比对气体元素有更大亲和力的元素，如 Cr、Mn、Mo 等，其含量在一般钢种中不形成氮化物时，能提高溶解度及降低 f_H、f_N；

③ 能降低溶解度的元素，如 C、P、Si、S、O 等非金属元素或准金属元素，能提高 f_H、f_N；

❶ 日本振兴学会推荐值，1984。

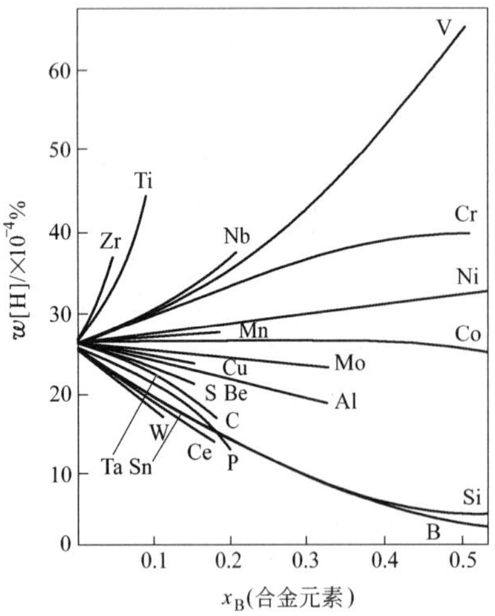

图 3－18　合金元素对氢溶解度的影响（1873K，100kPa）

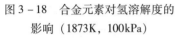

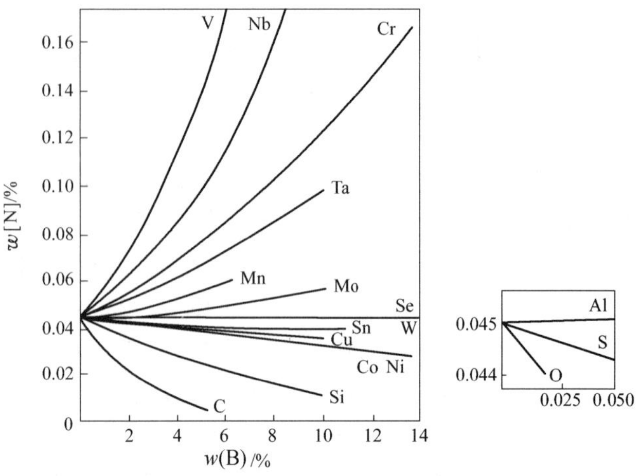

图 3－19　合金元素对氮溶解度的影响（1873K，100kPa）

④ 对溶解度无实际影响的元素，如 Co、Ni、Cu 等，仅能较小幅度地提高 f_H、f_N。

上述第一类元素与氮反应形成氮化物，虽然其稳定性随温度的升高而减小，但它们在铁液中出现时，若温度降低，则能在钢液的凝固过程中沿奥氏体晶界沉淀析出。

能与氢形成氢化物的元素，如 Ti、Zr、La、Mg 等有很强的储氢能力，制成的储氢合金（如 Mg_2Ni、TiFe 等）有较大的储氢量，并能在一定的温度及压力条件下释放出所储的氢以供使用。

【例 3－9】 试计算成分为 $w[C]=0.12\%$、$w[Cr]=2\%$、$w[Ni]=4\%$、$w[Si]=0.5\%$、$w[Mo]=1.0\%$ 的钢液在 1820K 及氮分压为 30kPa 下的氮含量。

解

$$\frac{1}{2}N_2 = [N] \qquad K_N^{\ominus} = a_{[N]}/p_{N_2}^{1/2}$$

故

$$w[N]_{\%} = K_N^{\ominus} p_{N_2}^{1/2}/f_N$$

$K_N^{\ominus}$：

$$\lg K_N^{\ominus} = \lg w[N]_{\%} = -\frac{518}{1820} - 1.063 = -1.348$$

$$K_N^{\ominus} = 0.0449$$

$$\begin{aligned} f_N: \lg f_N &= e_N^N w[N]_{\%} + e_N^C w[C]_{\%} + e_N^{Cr} w[Cr]_{\%} + e_N^{Ni} w[Ni]_{\%} + e_N^{Si} w[Si]_{\%} + e_N^{Mo} w[Mo]_{\%} \\ &= 0 + 0.13 \times 0.12 + (-0.047) \times 2 + 0.01 \times 4 + 0.047 \times 0.5 + (-0.011) \times 1 \\ &= -0.0259 \end{aligned}$$

$$f_N = 0.942$$

$$p_{N_2} = p'_{N_2}/p^{\ominus} = 30/100 = 0.3$$

故

$$w[N]_{\%} = K_N^{\ominus} p_N^{1/2}/f_N = \frac{0.0449 \times (0.3)^{1/2}}{0.942} = 0.026$$

【例 3－10】 含水汽 $80g/m^3$ 的氩气与铁液接触时，铁液中氧的质量分数为 0.003%，试求 1600℃下铁液中氢的质量分数。

解 水汽与铁液接触时将发生下列反应：

$$H_2O(g) = H_2 + [O]$$

$$\frac{1}{2}H_2 = [H]$$

$$K^{\ominus}_{H_2O(g)} = \frac{p_{H_2} w[O]_{\%}}{p_{H_2O(g)}}$$

由于水汽与铁反应后，气相的体积保持不变，即 $p^0_{H_2O(g)} = p_{H_2(平)} + p_{H_2O(平)}$，故

$$K^{\ominus}_{H_2O(g)} = \frac{p_{H_2} w[O]_{\%}}{p^0_{H_2O(g)} - p_{H_2(平)}} \tag{1}$$

又

$$p_{H_2} = (w[H]_{\%}/K^{\ominus}_H)^2 \tag{2}$$

将式（2）代入式（1）得：

$$w[H]_{\%} = K^{\ominus}_H \sqrt{p^0_{H_2O(g)}/(1 + w[O]_{\%}/K^{\ominus}_{H_2O})}$$

$K^{\ominus}_{H_2O(g)}$：

$$H_2O(g) = H_2 + \frac{1}{2}O_2 \qquad \Delta_r G^{\ominus}_m = 247500 - 55.88T \quad (J/mol)$$

$$\frac{1}{2}O_2 = [O] \qquad \Delta G^{\ominus}(O) = -117150 - 2.89T \quad (J/mol)$$

$$H_2O(g) = H_2 + [O] \qquad \Delta_r G^{\ominus}_m = 130350 - 58.77T \quad (J/mol)$$

$$\lg K^{\ominus}_{H_2O(g)} = \frac{-130350}{19.147 \times 1873} + \frac{58.77}{19.147} = -0.565,\ K^{\ominus}_{H_2O(g)} = 0.272$$

$K^{\ominus}_H$：

$$\lg K^{\ominus}_H = -\frac{1909}{1873} - 1.591 = -2.610,\ K^{\ominus}_H = 2.45 \times 10^{-3}$$

$p^0_{H_2O(g)}$：

$$p^0_{H_2O(g)} = \frac{V_{H_2O(g)}}{\sum V} \times 10^5 = \frac{80}{18} \times 0.0224 \times 10^5 = 10^4\text{Pa},\ p^0_{H_2O(g)} = 10^{-1}$$

故

$$w[H]_{\%} = 2.45 \times 10^{-3} \times \sqrt{10^{-1}/(1 + 0.003/0.272)} = 7.7 \times 10^{-4}$$

由于铁结晶时氢及氮的溶解度强烈降低，使钢的性能变坏。氢从铁液中析出，变为 H_2 分子，集中在晶格的缺陷（微孔）处，在塑性加工中微孔尺寸减小，其中的氢气产生很高的压力（100×10^5Pa），形成能引起金属塑性降低的应力，出现“白点”，引起“氢脆”和应力腐蚀。氮虽对少数钢种，特别是耐磨性强的钢是有益元素，但它能降低一般钢种的塑性，提高其硬度及脆性，所以是钢中有害杂质。这是因为当钢中不含能生成氮化物的元素时，αFe 形成后，随着温度下降析出了细分散状的氮化铁（Fe_2N、Fe_4N），位于晶界上，阻止位错移动，使钢的冲击值及断面收缩率降低；同时，提高钢的硬度及强度也使其冷加工性能下降，导致冷弯裂纹；氮降低高温的塑性及韧性，还会使连铸坯易产生热裂。当钢液中有残铝（0.7% ~1.2%）存在时，钢液凝固时可生成 AlN，其有细化晶粒的作用，可获得细晶粒钢。

（5）氧。氧溶于铁液的溶解焓很大，$\Delta H^{\ominus}(O) = -117.14$kJ/mol。说明 Fe－O 原子间的键很强。但它在铁液中的溶解度却很小，属于稀溶液的类型。氧的质量分数在 0.01% ~0.23% 范围内时，$f_O = 0.998 \sim 0.899$，一般取 $f_O \approx 1$。当 $p'_{O_2} < 10^{-3}$Pa 时，氧在铁液中的溶解服从平方根定律，即

$$\frac{1}{2}O_2 = [O] \qquad w[O]_{\%} = K^{\ominus}_O p^{1/2}_{O_2}$$

氧的溶解自由能包括气体分子的离解自由能及离解后的溶解自由能：

$$\frac{1}{2}O_2 = O(g) \qquad \Delta G^{\ominus}(O_2) = 246856 + 58.45T \quad (J/mol)$$

$$O(g) = [O] \qquad \Delta G^{\ominus}(O) = -364006 - 61.34T \quad (J/mol)$$

$$\frac{1}{2}O_2 = [O] \qquad \Delta G^{\ominus}(O_2) = -117150 - 2.89T \quad (J/mol) \tag{3-24}$$

氧分子溶解放出117kJ/mol的热，而氧原子溶解放出的热（364kJ/mol）又远比氧分子离解吸收的热（247kJ/mol）大，所以可以认为，氧与铁原子之间有很强的键。而以单原子溶解的氧在铁液中吸收电子，形成O^{2-}离子，与Fe^{2+}形成$Fe^{2+} \cdot O^{2-}$或FeO群聚团，这种群聚团内离子间的键不是恒定的，而是随着氧浓度的增加而增加并可达到饱和。当这些键完全饱和时，FeO群聚团与周围Fe原子的键减弱，以FeO相自铁液中析出，在铁液面上形成氧化铁膜。此外，又因为每个FeO群聚团内仅有一个氧原子，所以常利用溶解的氧原子［O］表示铁液中的氧。

由于与铁液平衡的氧分压很低，例如，在1873K下为1.013×10^{-3}Pa，因此，溶解的氧不能像H_2和N_2那样在减压（真空）条件下从铁液中除去。而且这样低的氧分压使钢液中氧量的测定很困难，因为氧溶解达饱和时又有氧化铁析出，使钢液中溶解氧的化学测定十分困难。因此，一般采用另两种方法来测定铁液中的氧含量并得出氧溶解度的温度关系式：

1）化学平衡法。利用$H_2 + H_2O(g)$或$CO + CO_2$混合气体与铁液的平衡实验，由测定平衡时气相中p_{H_2O}/p_{H_2}或p_{CO_2}/p_{CO}的值来确定铁中氧的平衡含量：

$$H_2 + [O] = H_2O(g) \qquad w[O]_{\%} = \frac{p_{H_2O}}{p_{H_2}} \cdot \frac{1}{K^{\ominus}_{H_2O}}$$

$$CO + [O] = CO_2 \qquad w[O]_{\%} = \frac{p_{CO_2}}{p_{CO}} \cdot \frac{1}{K^{\ominus}_{CO_2}}$$

2）分配定律法。在坩埚内放置铁液与纯FeO渣做平衡实验，使坩埚以一定转速旋转，熔渣集中在铁液中央，避免与坩埚壁接触而发生侵蚀，以保持氧化铁液的高纯度。平衡反应为：

$$FeO(l) = [O] + [Fe] \qquad K^{\ominus}_O = w[O]_{\%}/a_{FeO}$$

式中，$a_{[O]} = w[O]_{\%}$，$a_{FeO} = 1$，故$w[O]_{\%} = K^{\ominus}_O$，也可表示为$K^{\ominus}_O = L_O$（氧在两相中的分配系数）。

由实验测得：
$$\lg w[O]_{\%} = -6320/T + 2.734 \tag{3-25}$$

而
$$\Delta_r G^{\ominus}_m = 121009 - 52.35T \quad (J/mol) \tag{3-26}$$

注意，上面的$K^{\ominus}_O$、L_O是（FeO）采用纯物质为标准态的数值，即

$$\lg L_{O(R)} = -6320/T + 2.734 \quad (\text{纯 FeO 标准态}) \tag{3-27}$$

如FeO液采用质量1%溶液标准态（纯FeO有$a_{FeO(\%)} = 100$），则

$$\lg L_{O(\%)} = -6320/T + 0.734^{❶} \tag{3-28}$$

❶ 式（3-28）计算的L_O比式（3-27）计算的L_O要小1/100，因为FeO的摩尔百分数比其摩尔分数大100倍。

而在 1873K，$L_{O(\%)}=0.0023$。

现在采用由氧化锆固体电解材料制成的电动势型传感器，它能迅速、准确地测定钢液中氧的活度（浓度）。

合金元素对熔铁中氧的活度系数的影响见图 3-20。由图可知，合金元素与氧的亲和力越大，使氧的活度系数降低得越多，如 Al、Ti 及 C 等元素能降低氧的活度系数。但是根据埃尔-卡塔等的实验，发现碳不是降低而是提高氧的活度系数，其作用类似于碳对硫的作用但稍弱。虽然数据有待进一步验证，但是这个实验是用悬浮液滴法做的，免除了坩埚材料的干扰，所以很受重视。

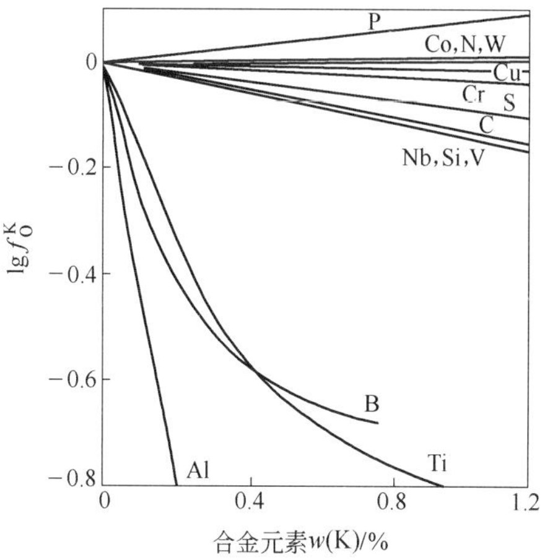

图 3-20 合金元素对熔铁中氧的活度系数的影响（1873K）

氧在 1873K 时的溶解度 $w[O]=0.23\%$，但其在铁凝固时急剧地减小。例如，在 δFe 的凝固点仅为 0.034%，而在室温则接近于零。铁凝固时，FeO 在铁的晶界成液相析出（其熔点为 1669K），破坏了晶粒间的结合，形成了所谓的“热脆”危害性，并降低钢材的韧性和低温冲击值。

【例 3-11】 试求在 1873K 时与纯氧化铁渣平衡的铁液的氧量及气相的氧分压。

解 （1）两相间反应为：

$$[Fe]+[O]=\!=\!=FeO(l) \qquad \Delta_r G_m^\ominus=-121009+52.35T \quad (J/mol)$$

$$K_O^\ominus=\frac{a_{FeO}}{a_{[Fe]}a_{[O]}}=\frac{1}{a_{[O]}},a_{[O]}=1/K_O^\ominus$$

又
$$a_{[O]}=f_O w[O]_\%,w[O]_\%=1/(f_O K_O^\ominus)$$

对上式取对数：$\lg w[O]_\%=-\lg f_O-\lg K_O^\ominus$

$\lg f_O$：
$$\lg f_O=e_O^O w[O]_\%=-0.20w[O]_\%$$

$\lg K_O^\ominus$：
$$\lg K_O^\ominus=\frac{121009}{19.147\times1873}-\frac{52.35}{19.147}=0.64$$

故
$$\lg w[O]_\%-0.20w[O]_\%+0.64=0$$

此为超越函数方程，可由计算机求得数值解：$w[O]=0.25\%$。

（2）$\frac{1}{2}O_2=\!=\!=[O] \qquad \Delta G^\ominus(O)=-117150-2.89T \quad (J/mol)$

$$K_{O_2}^\ominus=a_{[O]}/p_{O_2}^{1/2}$$

故
$$p_{O_2}=(a_{[O]}/K_{O_2}^\ominus)^2$$

$K_{O_2}^\ominus$：
$$\lg K_{O_2}^\ominus=\frac{117150}{19.147\times1873}+\frac{2.89}{19.147}=3.42,K_{O_2}^\ominus=2630$$

$a_{[O]}$：
$$a_{[O]}=f_O w[O]_\%=0.891\times0.25=0.22$$

式中，$\lg f_O=-0.20w[O]_\%=-0.20\times0.25=-0.05$，故 $f_O=0.891$，则

$$p_{O_2}=(a_{[O]}/K_{O_2}^\ominus)^2=(0.22/2630)^2=7.0\times10^{-9}$$

或
$$p'_{O_2}=p_{O_2}\times10^5=7.0\times10^{-4}Pa$$

可见，与铁液中溶解氧平衡的氧分压相当低。

（6）硫和磷。硫在铁液中的溶解焓为 -135kJ/mol，它在铁液中可以无限互溶，呈 S^{2-} 状，与 Fe^{2+} 作用形成相当于 FeS 的群聚团。Fe - S 系相图（见图 3 - 21）中，$w[S]=38.5\%$ 处液相线的尖锐最高点可证明 FeS 群聚团的存在。但这种群聚团内的键比 FeO 群聚团内的键弱些，因为 S^{2-} 的半径比 O^{2-} 的半径大，故 $Fe^{2+}\cdot S^{2-}$ 的作用力比 $Fe^{2+}\cdot O^{2-}$ 的作用力弱，$Fe^{2+}\cdot S^{2-}$ 群聚团与周围 Fe^{2+} 的作用力就比 $Fe^{2+}\cdot O^{2-}$ 群聚团与周围 Fe^{2+} 的作用力强，所以 FeS 不能以分子状析出。

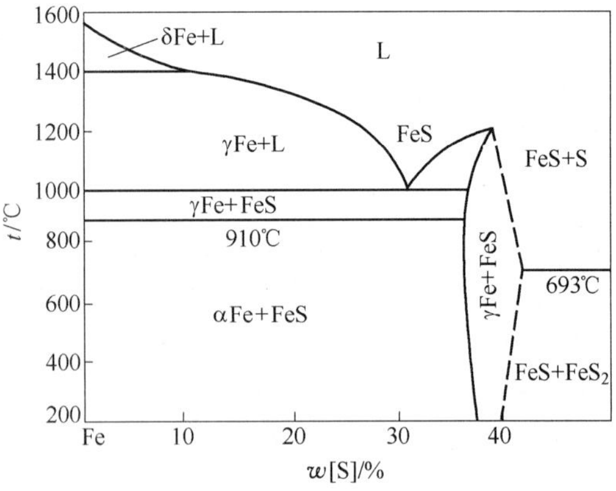

图 3 - 21　Fe - S 系相图

硫在铁液中的活度较小，对亨利定律形成负偏差：

$$\lg f_S = -0.028w[S]_\%, \quad \lg f_S = -1300/T + 1.473$$

由于与铁液中溶解硫平衡的硫蒸气压非常小，所以一般采用与研究氧溶解相同的实验方法，由 $H_2 + H_2S$ 混合气体与铁液的反应 $H_2 + [S] = H_2S$，求得硫在铁液中溶解的热力学式：

$$\frac{1}{2}S_2 = [S] \qquad \Delta G^\ominus(S) = -135060 + 23.43T \quad (J/mol)$$

虽然硫在铁液中可以无限互溶，但在固体铁中的溶解度却很小，例如，硫在 γFe 中的溶解度为 $w[S]=0.05\%$，而在 Fe - FeS 共晶温度（988℃）时仅为 0.013%。因此，高硫钢热加工时出现了"热脆"现象，这是因为低熔点的 Fe - FeS 共晶体在热加工温度下以液态出现于晶界面上，使钢的热加工性能恶化。当有氧出现时，还会形成熔点低的液态硫氧化合物，使钢的热脆性更严重。当钢中有能使 FeS 转变为熔点较高的 MnS 的锰量（$w[Mn]/w[S] \geqslant 3$）存在时，则能抑制钢轧制时的热脆性。

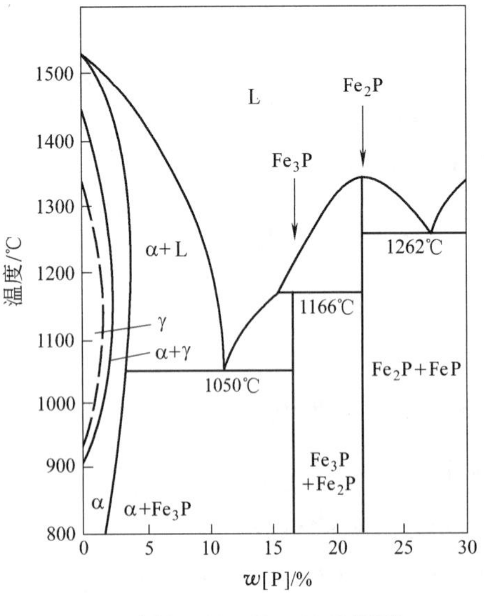

图 3 - 22　Fe - P 系相图

磷在铁液中的溶解焓为 $\Delta H^\ominus(P) = -144kJ/mol$，实际上相当于 Fe_2P 的生成热；另外，在 Fe - P 系相图中，$w[P]=21.5\%$ 处的液相线出现最高点，均可证明磷在铁液中形成相当于 Fe_2P 的群聚团（见图 3 - 22）。因此，磷在铁液中的活度系数也非常小，接近于 0.01。

磷在铁液中的标准溶解吉布斯自由能是由下列反应的 $\Delta_r G_m^\ominus$ 得出的：

$$4CaO \cdot P_2O_5(s) + 5H_2 = 4CaO(s) + P_2 + 5H_2O(g)$$

$$\Delta_r G_m^\ominus = 1030938 - 266.94T \quad (J/mol)$$

$$4CaO(s) + 2[P] + 5H_2O(g) = 4CaO \cdot P_2O_5(s) + 5H_2$$

$$\Delta_r G_m^\ominus = -786174 + 305.00T \quad (J/mol)$$

上两式相加得：

$$2[P] = P_2 \qquad \Delta_r G_m^{\ominus} = 244764 + 38.06T \quad (J/mol)$$

即

$$\frac{1}{2}P_2 = [P] \qquad \Delta G^{\ominus}(P) = -122382 - 19.03T \quad (J/mol)$$

磷在铁液中的溶解度也很大，但在固体铁中的溶解度很小，特别是温度很低时其易在晶界面上析出，出现“冷脆”现象。

（7）碱土金属。Ca、Ba、Mg、Sr 等是以脱氧和脱硫（或磷）的作用加入到钢液中的。但因它们的熔点（低于850℃）及沸点（低于1650℃）较低，在炼钢温度下呈气态。它们在铁液中的溶解度也很低（$w[Ba]=0.013\%$、$w[Ca]=0.032\%$、$w[Mg]=0.056\%$、$w[Sr]=0.076\%$），所以对钢性能的影响较小。C、Si、Ni、Al 等能提高 Ca 的溶解度，因为它们能形成 CaC_2、CaSi 化合物。

（8）有色金属。Cu、Sn、As、Sb 等自矿石还原进入生铁中，在炼钢过程中不能氧化除去，少量铜虽能改善钢的耐腐蚀性，但 $w[Cu]$超过 0.7% 后就会使钢产生热脆和表面龟裂。As 使钢冷脆，不易焊接。因此，应在炼钢原料（生铁、废钢）中限制它们的入炉量。溶于铁中的这些元素与铁相比有较大的挥发性（详见第 8 章表 8 - 1），可用真空处理，加以除去。

（9）钛及钒。钛及钒是冶炼钒钛磁铁矿时进入生铁中的有价元素。它们在铁中的溶解焓较大（$\Delta H(Ti) = -31kJ/mol$，$\Delta H(V) = -21kJ/mol$），对拉乌尔定律成负偏差。

（10）铝。铝与铁原子之间有较强的作用力，对拉乌尔定律成负偏差（见图 3 - 23）。对于 Fe - Al 合金，当 $x[Al] \leq 0.17$ 时，γ_{Al}可用下式表示：

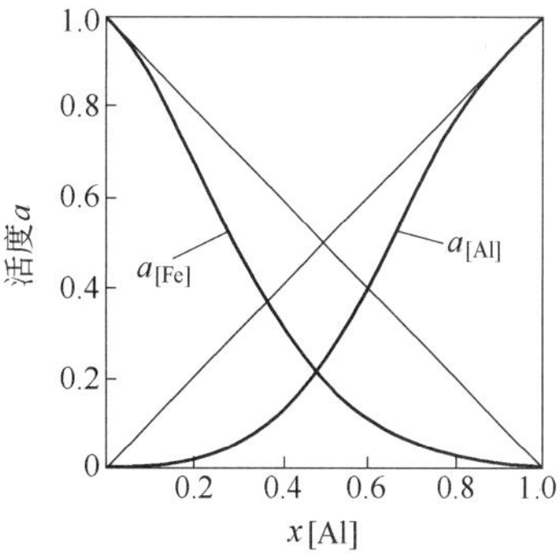

图 3 - 23 Fe - Al 系活度曲线图

$$\lg\gamma_{Al} = \left(-\frac{15060}{T} + 0.50\right)(1 - x[Al])^2 - \frac{3490}{T} + 2.05$$

在 1873K 时，

$$\lg\gamma_{Al} = -1.39(1 - x[Al])^2 + 0.078 \qquad (3-29)$$

综上所述，纯铁液中能溶解大量的金属及非金属元素，表 3 - 11 中简明列出了 1600℃ 时一些元素在铁液中的溶解行为。

表 3 - 11 一些元素在铁液中的溶解行为

全部溶解元素		部分溶解元素			溶解度很小的元素		
形成理想溶液	在稀溶液内服从亨利定律	形成理想溶液	在稀溶液内服从亨利定律		稀溶液	溶解很微	气态元素
Mn	Cu	Cr	V	C	H	Pb	Ca
Co	Al	Mo	Ti	P	N	Bi	Mg
	Si	Nb		O			Na
Ni	RE	W	Zr	S		Ag	Zn

3.4 熔铁及其合金的物理性质

对冶金过程有较大影响的金属熔体的物理性质是熔点、密度、表面张力，传输性质是黏度、导电性及扩散。在一些导出的热力学、动力学的公式中包含上述参数。本节讲述这些性质的理论知识及其影响因素，导出计算这些性质的公式，以便和实验测定值进行比较。

3.4.1 熔点

化学纯铁的熔点为1811K，工业纯铁的熔点为1803K。当有其他元素溶解于其中时，其熔点就有所下降。由于钢及生铁的熔化或凝固是在一个温度段内进行的，一般定义钢的熔点是其开始结晶的温度。熔点是物质对温度的抵抗能力，所以也是研究熔体质点键能的性质之一。钢的熔点则是选择冶炼和浇注温度的重要数据。

利用物理化学中溶液冰点下降原理，可以估计各种元素对铁液凝固点或熔点的影响，并可导出其计算公式：

$$\Delta T = \frac{984}{M_B} \times (1 - L_B) w[B]_{\%} \qquad (3-30)$$

式中 ΔT——纯铁凝固点降低值；

M_B——元素B的摩尔质量；

L_B——铁液凝固或熔化过程中元素B在固相及液相内浓度的分配比，即 $L_B = \frac{w[B]_{\%(s)}}{w[B]_{\%(l)}}$；

$w[B]_{\%}$——铁液中元素B的浓度（质量百分数），%。

利用式（3-30）计算纯铁液凝固点降低值（ΔT），需要知道 L_B 值。如图3-24所示，组成为 $w[B]_{\%}^0$ 的二元合金当温度从 T_1 下降到 T 时，析出的固溶体的成分沿固相线的1—3段变化，其中B的含量比原合金的成分 $w[B]_{\%}^0$ 低；而剩余液相的成分沿液相线的2—4段变化，其中B的含量增高，偏离了原来的平均成分 $w[B]_{\%}^0$。因此，不同温度凝固的固相成分是不一致的，这样就形成了合金元素的偏析。假定凝固出来的固相成分不发生扩散，而剩余液相内的元素发生扩散，能保持均匀的成分，则在温度 T 时组分B在固、液两相间的分配比为 $L_B = w[B]_{\%(s)}/w[B]_{\%(l)}$，而 $1 - L_B = (w[B]_{\%(l)} - w[B]_{\%(s)})/w[B]_{\%(l)}$ 则表示元素的偏析程度，称为偏析系数。L_B 越小，元素的偏析程度就越大，从而由式（3-30）可见，纯铁凝固点的降低值也越大。

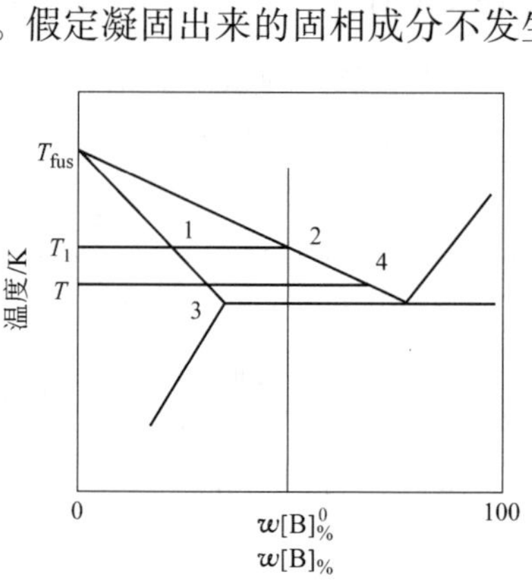

图3-24 铁液凝固过程中元素B在固相及液相中的分配

因此，L_B 值是计算 ΔT 值的重要数据，一般假定其为常数，由实验得出。但是如图3-24所示，仅当相图富铁端的液相线及固相线是直线时 L_B 才是常数，而大多数元素的这种关系成曲线，因此 L_B 不能作为常数看待。另外，式（3-30）又是在假定铁液服从拉乌尔定律的基础上导出的，而实际的合金溶液并非如此，仅有含 Mn、Co、Ni、Cr 的铁液才是近似的理想溶液。因此，式(3－30)仅能用来一级近似地估计合金元素对纯铁凝固点的降低值。表 3－12 所示为各种合金元素 $w(B)=1\%$ 时降低纯铁液凝固点的值（ΔT）。

此外，据文献报告[1]，当溶解元素的浓度小时，相图富铁端的液相线可近似视为一直线，即可认为，元素 B 降低纯铁凝固点的温度是与元素的浓度成正比的，因而可直接由相图富铁端液相线的斜率求出 ΔT 值。表 3－12 列出了这样得到的 ΔT，可资比较。

表 3－12 铁液中元素降低纯铁凝固点的值 ΔT

元 素	Al	B	C	Cr	Co	Cu	H	Mn	Mo	Ni	N	O	P	S	Ti	W	V	Si
ΔT 按式（3－30）计算值	5.1	100	90	1.8	1.7	2.6	—	1.7	1.5	2.9	—	65	28	40	17	<1	1.3	6.2
ΔT 由斜率取值	2.7	102	82	1.5	1.7	4.5	—	3.8	1.7	3.6	—	—	46.1	55.6	13.9	0.5	2.1	13.6

由表 3－12 可见，金属元素（Mn、Cr、Ni、Co、Mo 等）对 ΔT 的影响很小，仅降低 0～3℃；而非金属元素（C、B、S，P）则较大，降低了 30～100℃，其中 C 的影响最大。

钢液的凝固点可利用表 3－12 的 ΔT 数值，由下列公式近似计算：

$$t=1538-\sum\Delta T_B\cdot w[B]_{\%} \tag{3-31}$$

式中 1538——纯铁的熔点，℃；

$w[B]_{\%}$——钢中元素的质量百分数。

【例 3－12】 试计算滚珠轴承钢 GCr15SiMn 的熔点，此钢的化学成分为：$w[C]=1.0\%$、$w[Si]=0.5\%$、$w[Mn]=1.0\%$、$w[Cr]=1.5\%$、$w[P]=0.02\%$、$w[S]=0.01\%$。

解 因钢中气体的含量低，钢种成分中未将其列入，所以一般不用单独计算，而是假定它们的 $\sum\Delta T\approx7$℃，于是钢的熔点为：

$$t=1538-(90\times1.0+6.2\times0.5+1.7\times1.0+1.8\times1.5+28\times0.02+40\times0.01+7)$$
$$=1433℃$$

但由表 3－12 知，这里碳降低铁熔点的作用最显著。因此，在生产上做大略估计时取工业纯铁的熔点为 1530℃，则可用下式近似计算钢的熔点(℃)：

$$t=1530-90\times w[C]_{\%} \tag{3-32}$$

而题中上述钢种的熔点为：$t=1530-90\times1.0=1440$℃。

碳素钢在精炼终了时，钢液中其他元素的含量已很低，其凝固点也就主要取决于碳量。因此，也可根据测定的凝固温度反过来估计其碳量，生产中采用过的“结晶定碳仪”就是利用这个原理制成的。

3.4.2 密度

X 射线衍射图测定金属熔化时，发现其配位数及原子间距有改变。在固态时具有体心和面心立方晶格的密集排列的金属，在熔化时仍保留其原有结构，密度仅减小 1%～7%，这是由于原子有序排列的减小和空位数的增多。但在固态时不形成密集排列的金属，如

[1] 钢铁研究学报. 1992，4（4）：11～18。

Bi、Hg 等，熔化时配位数有所增加，因而密度也增加。组分形成溶液后，体积的改变则是由于原子半径的差别而使原子密集结构改变，以及异类原子键能比同类原子键能增大或减小而致使配位数改变。

纯铁液在 1873K 时的密度为 6900 ~ 7000kg/m³，密度和温度的关系为：

$$\rho_T = 8580 - 0.853T \quad (\text{kg/m}^3) \qquad (3-33)$$

一般来说，密度的测定值差异较大，随温度的升高成直线式减小，但也有成不连续变化或弯曲曲线变化的，这与铁液结构的变化相对应。

铁液的密度除与温度有关外，还与溶解元素的种类及浓度有关。溶于铁液的元素中，W、Mo 能提高铁液的密度，Al、Si、Mn、P、S 则能降低铁液的密度，而过渡金属 Ni、Co、Cr 的作用则很小。但 C 对铁液密度的影响则有较复杂的变化，这是由于铁液的结构随碳量的增加发生了变化，从而影响了密度的变化，如图 3 – 25 所示。

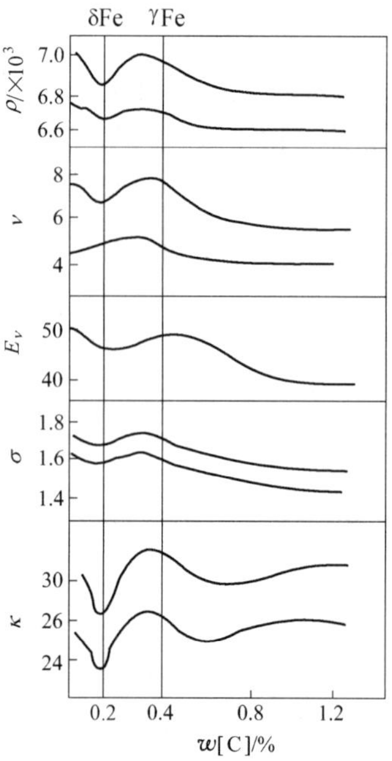

图 3 – 25　铁液的密度(ρ)、黏度(ν)、黏流活化能(E_ν)、表面张力(σ)、电导率(κ)随 w[C]的变化

组分物化性质相近的元素形成的铁溶液，如 Fe – Ni、Fe – Mn 等，其密度具有组分密度的加合性，即 $\rho = \sum x_B \rho_B$；而性质相差较大的元素形成的铁溶液的 ρ 则不具加合性，需用实验方法测定。

钢液的密度可按下列经验式近似计算：

$$\rho_{1600℃} = \rho'_{1600℃} - 0.21w[\text{C}]_\% - 0.164w[\text{Al}]_\% - 0.06w[\text{Si}]_\% - 0.055w[\text{Cr}]_\% - 0.0075w[\text{Mn}]_\% + 0.043w[\text{W}]_\% \qquad (3-34)$$

式中　$\rho'_{1600℃}$——纯铁在 1600℃时的密度，kg/m³。

3.4.3　黏度

3.4.3.1　牛顿黏滞液体流动

黏度和扩散、电导率等是液体的传输性质，不仅是研究熔体结构的基础，也是冶炼最重要的性质。在流动的液体中，各层的定向运动速度并不相等，因而相邻层间发生了相对质量的运动，各层间产生了摩擦力，力图阻止这种运动的延续，液体的流速因而减慢，这就是黏滞现象。它是液体中分子或原子的动量迁移，和能量迁移的传热及质量迁移的扩散同属于液体分子或原子的传输性质，但与它们一同迁移的物理量及相应的驱动力却不相同。

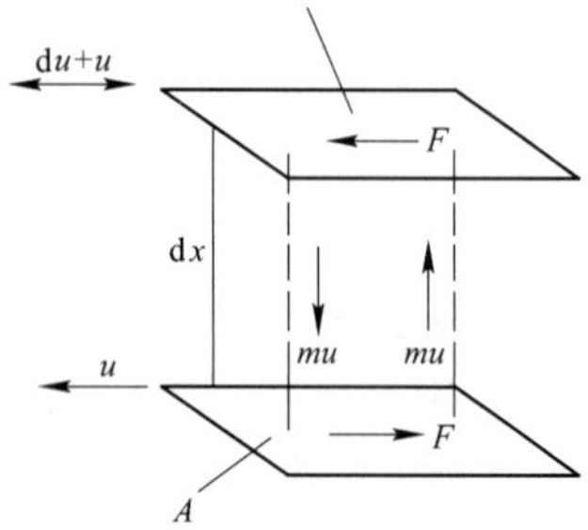

图 3 – 26　液体中黏滞流动
mu—动量

如图 3 – 26 所示，假定沿液体流动方向上相距 dx 的两液层的速度差为 du，则 du/dx 表示沿垂直于流动方向前进单位距离时速度的变化，称为速度梯度。上层每单位面积

上有一平行于运动方向的拖引力拖动它的下层，而下层则以一黏滞阻力阻止其上层的运动。这是因为上层分子在碰撞后经过一平均自由程进入下层，而使其动量增加；下层分子经碰撞后也经过一平均自由程进入上层，而使其动量减小。这两种力大小相等，方向相反，与其作用面平行，是一种切应力。这种力与速度梯度及力分布的该层的面积成正比：

$$F=\eta A\frac{\mathrm{d}u}{\mathrm{d}x},\quad \tau_{xu}=\eta\frac{\mathrm{d}u}{\mathrm{d}x} \tag{1}$$

式中　F——层间的内摩擦力，N；

A——层间的接触面积，m^2；

$\mathrm{d}u/\mathrm{d}x$——速度梯度，s^{-1}；

η——比例系数，称黏滞系数，简称黏度；

τ_{xu}——切应力，u 增加的方向为正切应力，反之为负切应力，应加上负号。

如取 $A=1$，$\mathrm{d}u/\mathrm{d}x=1$，则 $F=\eta$，故黏度是单位速度梯度下作用于平行液层间的单位面积的摩擦力，这种黏度称为动力黏度，用 η 表示，单位为 Pa·s 或 N·s/m^2。黏度的倒数称为流动度：$\varphi=1/\eta$。

又这种层间出现的摩擦力也是相邻层间流体动量交换的结果，它与动量梯度 $\rho(\mathrm{d}u/\mathrm{d}x)$ 成正比，即

$$F=\nu\left(A\rho\frac{\mathrm{d}u}{\mathrm{d}x}\right) \tag{2}$$

式中，ν 为比例系数。而式(1)和式(2)有同等意义，故 $\nu\rho=\eta$，而 $\nu=\eta/\rho$，ν 称为运动黏度。当动力学公式中出现 ρ 和 η 时，可用 ν 代之，它的物理意义是单位质量流体传输的动量脉冲量。

【例 3-13】　两平板的面积是 0.06m^2，相距距离为 0.05mm，两平板间被黏度为 0.2Pa·s 的油所填充。上平板是固定的，下平板移动速度为 20mm/s。试计算稳定态下，从上平板到下平板迁移的动量以及使上平板保持运动的力的大小。

解　在稳定态下，速度的分布是线性的。取上平板处的 $x=0$，则：

$$\frac{\mathrm{d}u}{\mathrm{d}x}=(0-20\times10^{-3})/(0.05\times10^{-3})=-400\mathrm{s}^{-1}$$

$$\text{动量}=\tau_{xu}=-0.2\times(-400)=80\mathrm{Pa}$$

τ_{xu}是上平板的切应力，因此需要保持上平板运动的力为：

$$F=\tau_{xu}\times\text{平板面积}=80\times0.06=4.8\mathrm{N}$$

3.4.3.2　动力黏度和温度的关系式

$$\eta=B_0\exp[E_\eta/(RT)] \tag{3-35}$$

式中　B_0——常数，N·s/m^2；

E_η——黏流活化能，J/mol。

式（3-35）也可表示为对数式：

$$\ln\eta=E_\eta/(RT)+\ln B_0\quad\text{或}\quad\lg\eta=A/T+B \tag{3-36}$$

式中，$A=E_\eta/(2.3R)$，$B=\lg B_0/2.3$。

对于绝大多数的液体金属，在不大的温度范围内，实验数据证实了式（3-36）中的 $\lg\eta-1/T$ 关系是直线关系，由此可求得黏流活化能 E_η 为：

$$E_\eta=2.3R\times 斜率 \quad 或 \quad E_\eta=2.3R\frac{\lg\eta_1-\lg\eta_2}{T_1^{-1}-T_2^{-1}} \tag{3-37}$$

由于黏度是液体分子或原子在垂直于液体流动方向上从一液层跃入另一邻近液层迁移的动量，黏流活化能可视为液体的黏滞流动单元在速度梯度的驱动下用以克服移动中能碍的能量。这种能量可认为是消耗于形成质点移动的空位的能量与质点通过空位移动所需的能量的总和，因为液体中的质点是沿空位移动的。如果黏滞流动单元的结构不改变，那么 E_η 是常数。黏滞流动单元的大小取决于质点间的作用力，而这种单元质点越小，E_η 及黏度就越小。金属液中异类原子群聚团的形成能使熔体的黏度增大，例如，O^{2-}、S^{2-} 和 Fe^{2+} 分别形成群聚团 $Fe^{2+}\cdot O^{2-}$、$Fe^{2+}\cdot S^{2-}$，增大了黏滞流动单元的平均尺寸，这时黏度取决于这种群聚团移动需克服的内摩擦阻力。

温度提高，不仅使原子热运动的能量增加，供给质点移动所需的活化能，使具有 E_η 的质点数增加，而且也有可能使形成群聚团的黏滞流动单元的尺寸减小，从而使熔体的黏度降低。

熔铁在 1873K 时的黏度为（1.70～5.78）$\times10^{-3}$Pa · s。从熔点到 1923K，黏度的温度关系式为：

$$\lg\eta=1951/T-3.327 \tag{3-38}$$

E_η 由 $\lg\eta-1/T$ 的图形关系得出，根据各种文献资料，$E_\eta\approx37800$J/mol。

【例 3－14】 衰减振动黏度计测得铁液在不同温度下的黏度如表 3－13 所示，试求铁液的黏流活化能及黏度的温度关系式。

表 3－13 铁液在不同温度下的黏度

温度/℃	1502	1552	1630	1700
黏度/$\times10^{-3}$Pa · s	5.0	4.5	4.3	3.6

解 由式（3－36）$\lg\eta=E_\eta/(2.3RT)+\lg B_0/2.3$ 现计算各温度下的 $\lg\eta$ 及 $1/T$ 的值，如表3－14 所示，以计算的 $\lg\eta-1/T$ 作图，如图 3－27 所示。

$$E_\eta=2.3R\times\frac{\lg\eta_1-\lg\eta_2}{(T_1^{-1}-T_2^{-1})\times10^{-4}}$$

$$=19.147\times\frac{-2.367-(-2.25)}{(5.25-5.75)\times10^{-4}}=44804\text{J/mol}$$

$$\lg\eta=44804/19.147T+B=2340/T+B$$

将各温度下的 $\lg\eta$ 值代入上式，求 B 并取平均值，$B=-3.62$，故

$$\lg\eta=2340/T-3.62$$

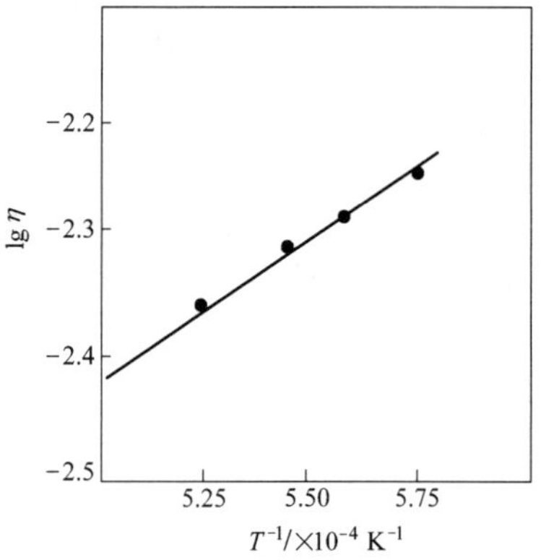

图 3－27 由 $\lg\eta-1/T$ 求 E_η

表 3－14 $\lg\eta$ 及 $1/T$ 的值

温度/℃	1502	1552	1630	1700
温度/K	1775	1825	1903	1973
$T^{-1}/\times10^{-4}$K^{-1}	5.63	5.48	5.25	5.07
$\lg\eta$	－2.301	－2.347	－2.367	－2.444

3.4.3.3 溶解元素对铁液黏度的影响

从图3－28可见，N、O、S可提高铁液的黏度，这种影响常出现在这些元素的浓度很低（万分之几）时，例如，$w[O]=0.05\%$可使黏度提高30%～50%。Ni、Cr、Si、Mn、P、C等则能降低黏度。

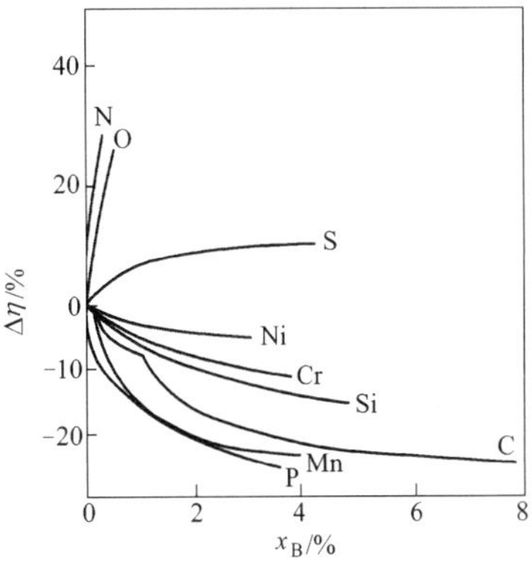

图3－28 元素对铁液黏度的影响（1873K）

一般来说，碳的质量分数在0.5%～1.0%范围内可使铁液黏度降低20%～30%，但如图3－25所示，$w[C]$在0.5%以下时则有较为复杂的变化。虽然Al、Si、Mn、Cr等可降低铁液黏度，但如用于脱氧或含这些元素的钢液受到氧化时，形成的产物Al_2O_3、SiO_2、Cr_2O_3等不能顺利浮出，则能提高黏度。纯金属、共晶成分的合金液和有一定结晶温度的化合物，具有较小的黏度。钢液结晶过程中黏度增大，这是因为不断有固相物出现。

3.4.4 表面张力

3.4.4.1 液体的表面吉布斯自由能及表面张力

液体与其饱和蒸气共存时将有相界面形成。图3－29所示为气－液界面。相界面上的液体分子在液体一侧受到同种相邻分子的引力，其合力为指向液体内部的引力。而液相内部深处的分子则完全被同种分子所包围，各方面受力对称，合力为零。表面分子力场的这种不对称性使得液体表面具有较高的势能，这种表面势能在恒温、恒压下称为表面吉布斯自由能（J/m^2）。另外，从力的观点可认为，沿着液体表面有一种缩小表面的力存在，这就是表面张力，用σ表示，它是垂直作用在液面上任一直线的两侧、平行于液面的拉力（N/m）。表面分子受到内部分子的引力是向下垂直于液面的，而表面张力则平行于液面。前者是分子间的微观力，后者则是众多分子表现的宏观力，是前者存在表现的结果。两者既密切相关，又互有区别。

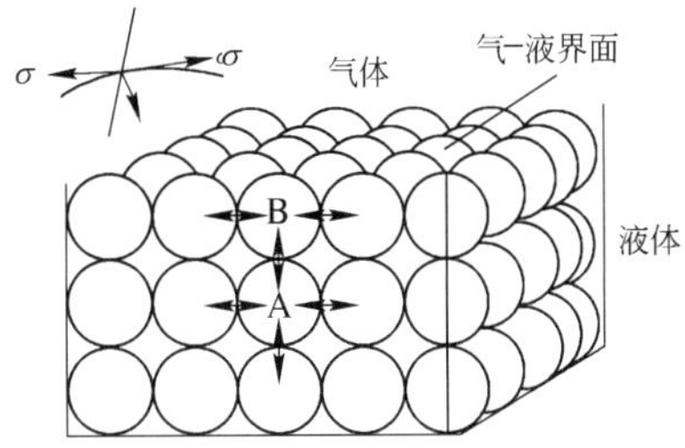

图3－29 气－液界面和液体内原子的力场差异

因此，液体的表面张力和表面吉布斯自由能在数值上相等，它们的量纲相同，但物理意义和单位不同，可以互相代用。

这种由分子间作用力表现的表面张力或表面吉布斯自由能，与其组成原子的键型有关。金属键物质的表面张力最大，一般是1.0～2.0N/m；离子键物质次之，为0.3～0.8N/m；而分子键物质最小，在0.1N/m以下。可见，质点之间键的强度越大，则液体的表面张力就越大。

金属液的表面张力随温度的升高而减小，即$\partial\sigma/\partial T<0$，因为随着温度的升高，原子热运动增加，位于液体内及其表面上原子的相互作用力减弱，所以表面张力成线性减小。

熔铁在 1823K 时的表面张力等于 1.850N/m，它的温度关系式为：

$$\sigma = 1.850 - 0.5 \times 10^{-3}(T - 1823) \quad (\mathrm{N/m}) \tag{3-39}$$

3.4.4.2 合金熔体的表面张力及吸附

溶液的表面张力和纯溶剂（即纯金属液）的表面张力产生的机理不同，前者是由溶质质点在溶液表面吸附引起界面力场的改变，而后者则是液体表面质点与内部质点相比出现的力场的非对称性。

有两种吸附。当溶剂质点间的作用力大于溶剂和溶质质点间的作用力时，溶质质点就会被排挤到溶液表面上去，而溶液表面上出现的作用力或能量比溶剂质点的小，而且表面质点力场的非对称性减小，所以溶剂的表面张力降低。随着溶质浓度的增加，其在液面上的吸附量也增加，最后可达到整个液面都被溶质质点所占据的状态，形成饱和吸附量。这时溶液的表面张力不再改变，近似等于被吸附组分的表面张力。溶解组分在液面上出现的这种过剩浓度（与溶液的内部浓度相比）称为正吸附，它使溶液的表面张力降低，这种组分称为表面活性物。

当溶解组分质点和溶剂质点之间的作用力大于溶剂质点之间的作用力时，溶液内部的溶质质点就会存在于溶液内部，或存在于溶液表面的溶解组分质点就会被吸入溶液内，因而溶液表面上溶质的量就比溶液内的小（即不出现过剩浓度），而位于液面上的则是大量的溶剂质点（其中存在的溶质浓度仅是溶液的平均浓度）。溶解组分在表面不出现过剩浓度时，相对于前者（正吸附）称为负吸附，它能使溶剂的表面张力保持不变或有所提高，这种组分称为非表面活性物。

温度升高，质点的热运动增强，对于正吸附，吸附将减弱，表面张力将增大，因为吸附是放热过程；对于负吸附，则可望吸附增强，表面张力将减小。

溶液组分的吸附量可利用吉布斯方程计算：

$$\Gamma_B = -\frac{c_B}{RT} \cdot \frac{\partial \sigma}{\partial c_B} \tag{3-40}$$

式中 Γ_B——气-液界面上吸附的组分 B 的浓度，它是单位表面积组分 B 的浓度高于内部浓度的过剩浓度，$\mathrm{mol/m^2}$；

c_B——溶液中组分 B 的浓度，$\mathrm{mol/m^3}$；

$\partial\sigma/\partial c_B$——组分 B 的表面活性，它是溶液的表面张力随组分 B 浓度的变化率。

用溶液表面张力的测定值对组分 B 浓度的对数值作图，从曲线上规定浓度点作切线，由其斜率可得出组分 B 的表面活性，如图 3-30 所示，可得：

$$\Gamma_B = -\frac{c_B}{RT} \cdot \frac{\partial \sigma}{\partial c_B} = -\frac{1}{2.3RT} \cdot \frac{\partial \sigma}{\partial \lg c_B} = -\frac{1}{2.3RT} \cdot \frac{LM}{MN} \tag{3-41}$$

$\partial\sigma/\partial c_B < 0$，则 $\Gamma_B > 0$，出现正吸附，组分 B 是表面活性物；$\partial\sigma/\partial c_B > 0$，则 $\Gamma_B < 0$，出现负吸附，组分 B 是非表面活性物。

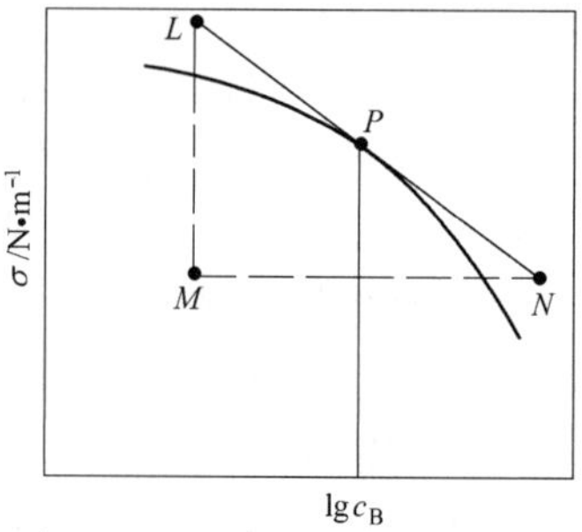

图 3-30 $\sigma - \lg c_B$ 曲线图

式（3-41）是对理想溶液或稀溶液导出的，并认为每个吸附点占有相同的表面积，一个被吸附质点仅占有一个吸附点，被吸附的质点只能与其下面的基本质点作用，而不能与其四邻的其他吸附质点作用，因而吸附是单分子层的二维理想溶液。

对于实际溶液，吸附等温方程也可表示为：

$$\left(\frac{\partial \sigma}{\partial \ln a_{\mathrm{B}}}\right)_{p,T} = -RT\Gamma_{\mathrm{B}} \tag{3-42}$$

式中 a_{B}——组分B的活度。

温度升高，质点的热运动增强，且体积膨胀，质点间距增大，溶液的表面张力有所下降；但与此同时，表面层的吸附减弱（吸附为放热的），又促使表面张力略有增加，因而表面张力与温度有复杂的关系，但一般可视为变化不大。

利用式（3－40）得出的组分的吸附量可计算出溶液表面被吸附物占据的面积，并进而推断吸附层的结构。

【例3－15】 在1873K时测得铁液的表面张力随其中氧的质量分数的变化如表3－15所示，试计算铁液中氧的质量分数为0.035%时氧的最大吸附量，并估计吸附层的结构。

表3－15 铁液中氧的质量分数及其表面张力

$w[\mathrm{O}]$/%	0.005	0.010	0.015	0.020	0.025	0.030	0.035	0.040	0.045
σ/N·m^{-1}	1.71	1.59	1.505	1.444	1.389	1.339	1.296	1.243	1.198

解 利用式（3－41）计算铁液中氧的最大吸附量，需先作出铁液的 $\sigma-\lg w[\mathrm{O}]_{\%}$ 图，作图的数据见表3－16。式（3－41）中，$\partial \lg c_{\mathrm{B}} = \Delta \lg w[\mathrm{O}]_{\%}$。

表3－16 铁液的表面张力与 $\lg w[\mathrm{O}]_{\%}$

$w[\mathrm{O}]_{\%}$	0.005	0.010	0.015	0.020	0.025	0.030	0.035	0.040	0.045
$\lg w[\mathrm{O}]_{\%}$	−2.30	−2.00	−1.82	−1.70	−1.60	−1.52	−1.46	−1.40	−1.35
σ/N·m^{-1}	1.71	1.59	1.505	1.444	1.389	1.339	1.296	1.243	1.198

由表3－16中数据绘出的图3－31可得：

$$\Gamma_{\mathrm{O}} = -\frac{1}{2.3RT}\cdot\frac{LM}{MN} = -\frac{1}{19.147\times1873}\times\frac{1.65-1.2}{-2.0-(-1.27)} = 1.719\times10^{-5}\mathrm{mol/m^2}$$

但1mol氧有 6.02×10^{23} 个氧原子，故氧的吸附量又可表示为：

$$\Gamma_{\mathrm{O}} = 1.719\times10^{-5}\times6.02\times10^{23} = 10.35\times10^{18}\text{个}/\mathrm{m^2}$$

吸附的氧原子占有的面积为：

$$A_{\mathrm{O}} = 1/\Gamma_{\mathrm{O}} = 1/(10.35\times10^{18}) = 9.66\times10^{-20}\mathrm{m^2}$$

1个FeO晶格中(111)面上 $\mathrm{O^{2-}}$ 占有面积为（7.0～8.2）$\times10^{-20}\mathrm{m^2}$，而上面计算的吸附氧占有面积的数量级与此相近，因此可认为，吸附层的结构接近于FeO群聚团的结构。

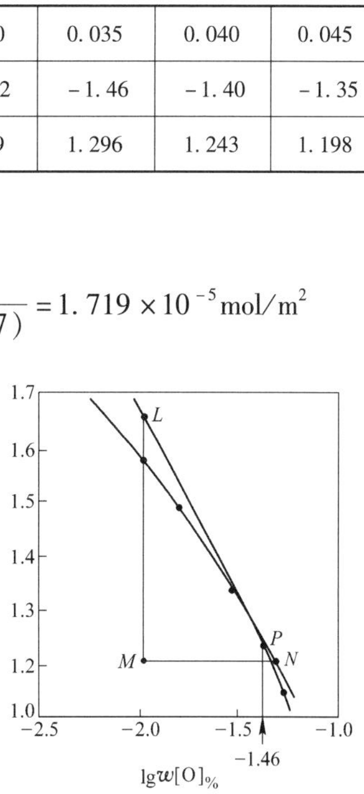

图3－31 $\sigma-\lg w[\mathrm{O}]_{\%}$ 曲线

另外，由吸附量还可计算出溶液组分B的表面浓度，

它是表面层浓度的绝对量，即

$$x_B^\sigma = x_B + A_B \Gamma_B \tag{3-43}$$

式中 x_B^σ，x_B——分别为组分 B 在表面层及溶液内的浓度；

Γ_B——组分 B 的最大吸附量，mol/m^2；

A_B——1mol 组分 B 在表面占有的面积，m^2/mol，可由公式 $A_B = (M_B/\rho_B)^{2/3} N_A^{1/3}$ 得出，其中 M_B/ρ_B 为组分 B 的单位体积，而 $(M_B/\rho_B)^{2/3}$ 则是其摩尔面积（m^2/mol），N_A 为阿伏加德罗常数。

【例 3-16】 $w[Mn] = 10\%$ 的锰铁合金中，按吉布斯方程计算的 Mn 的吸附量为 $\Gamma_{Mn} = 9.3 \times 10^{-10} mol/m^2$，Mn 的密度为 $6150kg/m^3$，试求 Mn 被吸附的表面浓度。

解 根据公式 $x[Mn]^\sigma = x[Mn] + A_{Mn}\Gamma_{Mn}$

由于 Fe 的相对原子质量（55.85×10^{-3}）和 Mn 的相对原子质量（55×10^{-3}）接近，于是摩尔分数约等于其质量分数，故 $x[Mn]^\sigma = 0.10 + \left(\frac{55 \times 10^{-3}}{6150}\right)^{2/3} \times (6.02 \times 10^{23})^{1/3} \times 9.3 \times 10^{-10} = 0.44$。

3.4.4.3 溶解元素对铁液表面张力的影响

图 3-32 所示为主要元素对铁液表面张力的影响。其中，O、S、N 能强烈地降低表面张力，Mn 也有较强的降低作用，Si、Cr、C 及 P 的表面活性不高，而 Ti、V、Mo 是非表面活性元素。虽然某些元素单独存在时不是表面活性元素，但其与某些元素或溶剂能形成化合物或群聚团时，与溶剂质点的作用力减弱，就能被排挤到液面上，而使溶液的表面张力降低。例如，Fe-C-Cr 系中的 CrC，在 1350℃、$x[Cr] = 0.18$ 时，铁液的表面张力下降至 1.650N/m。

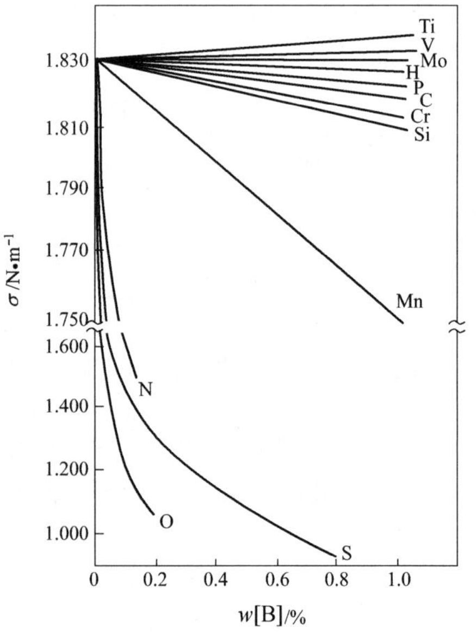

图 3-32 主要元素对铁液表面张力的影响（1873K）

硫和氧是很强的表面活性元素，而氧又强于硫。例如，当它们的 $w[B]$ 提高到 0.2% 时，硫能使铁液的表面张力从 1.86N/m 下降到 1.26N/m，但氧却能使表面张力从 1.86N/m 下降到 0.87～0.9N/m。这是因为 FeO 群聚团中的 Fe·O 键比 FeS 群聚团中的 Fe·S 键强，所以 FeO 群聚团与其四邻 Fe 原子的作用力就小于 FeS 群聚团与其四邻 Fe 原子的作用力，FeO 群聚团就更易排至铁液面上，降低铁液的表面张力。

在这种饱和吸附层中，每个硫原子占据的面积为 $(13.0 \sim 14.4) \times 10^{-20} m^2$，这相当于一个 FeS 晶格的表面积，故吸附层是 FeS 结构。同样，对于氧的吸附，每个氧原子占据的面积为 $(7.0 \sim 8.2) \times 10^{-20} m^2$，吸附层是 FeO 的结构。

磷也被认为是不太强的表面活性元素，当铁液中氧含量很低时，磷能降低铁液的表面张力。$w[P]=0.05\%$ 时，磷的最大吸附量为 $3.8\times10^{-14}mol/m^2$，而一个磷原子占有的面积是 $43.7\times10^{-20}m^2$，吸附层是 Fe_2P 的结构。

$w[C]$ 比较小（小于0.5%）时，与前述的密度、黏度、电导率一样，铁液的表面张力随碳量有复杂的变化，如图3-25所示，这是由于 $w[C]$ 的增加引起铁液结构的改变。$w[C]$ 在0.15%～0.20%范围内时，这些性质出现极小值，而在0.40%左右时有极大值，之后则下降。因为 $w[C]<0.15\%$ 时，铁接近于δFe的近程序结构，随着碳量的增加，碳原子间隙进入Fe原子空隙位的数量增多，δFe结构改变，溶体自由体积增加，因而密度逐渐减小；而在 $w[C]=0.15\%\sim0.20\%$ 时，密度减小，自由体积增加，因而黏度也相应地降低。另外，Fe_xC 群聚团不断形成，初期其量不多，并与周围Fe原子的作用力较弱，所以易于移动，黏度下降；同时又易于排向液面，发生吸附，所以表面张力也相应降低。

$w[C]$ 在0.20%～0.40%之间时，由于铁液能容纳更多的碳原子，密度较小的δFe（C原子周围有4个Fe原子）逐渐转变为密度较大的γFe（C原子周围有6个Fe原子）；而在 $w[C]=0.4\%$ 时，完全转变为γFe结构，所以密度达到最高值。另外，形成的 Fe_xC 群聚团也在不断增多，并与周围Fe原子的作用力增强，成为“大片状”，因此，成为主要的黏滞流动单元的这种群聚团移动缓慢，同时也较难向液面排出，所以黏度及表面张力均增加，达到最大值。$w[C]$ 达0.4%以后，这些性质下降，可能是铁液过热度相对提高及 Fe_xC 群聚团结构进一步改变的结果。

当铁液中有两种以上的表面活性组分存在时，它们均有在表面活性点上吸附的趋势，并争夺活性点。但其表面浓度则与其表面活性的强度及其内部浓度有关，此外，还与它们之间的相互作用力（用 e_B^K 表示）有关。例如，碳能提高硫的活度，故可使硫的表面活性增强，而碳却能减少锰的表面活性。

3.4.4.4　铁溶液表面张力的计算方程

（1）由吸附等温方程导出。由式（3-42）得：

$$\left(\frac{\partial\ln\sigma}{\partial\ln a_B}\right)_{p,T}=-RT\Gamma_B=-RT\Gamma_B^0\theta \tag{1}$$

式中　Γ_B^0——单位表面积的饱和吸附量；

　　θ——被吸附组分B占据的面积分数。

θ 可由朗格缪尔吸附等温式求出：

$$\theta_B=\frac{K_Ba_B}{1+K_Ba_B} \tag{2}$$

将式（2）代入式（1），得：　$\dfrac{d\sigma}{d\ln a_B}=-RT\Gamma_B^0\cdot\dfrac{K_Ba_B}{1+K_Ba_B}$

在 $a_B=0$ 到 $a_B=a_B$ 的界限内积分上式，得：

$$\sigma=\sigma_0-RT\Gamma_B^0\ln(1+K_Ba_B) \tag{3-44}$$

式中　σ_0——纯溶剂的表面张力。

由式（3-43）求得的铁液的表面张力为：

Fe-S系　$\sigma=1.788-0.195\ln(1+185a_{[S]})$　（1550～1600℃）　（3-45）

Fe-O系　$\sigma=1.905-0.291\ln(1+130a_{[O]})$　（1600℃）　（3-46）

（2）由表面相及溶液相的偏摩尔吉布斯自由能导出。根据吸附的组分B在溶液相及表面相内浓度的平衡关系式：

$$x_B^\sigma = x_B + A_B \Gamma_B$$

相应有：

$$G_B^\sigma = G_B + A_B \sigma$$

故可求出：

$$\sigma = (G_B^\sigma - G_B)/A_B \tag{3-47}$$

式中 G_B^σ——组分 B 在表面层的偏摩尔吉布斯自由能；

G_B——组分 B 在溶液相内的偏摩尔吉布斯自由能；

A_B——1mol 组分 B 在溶液表面占有的面积；

σ——溶液的表面张力，N/m。

利用式（3－47）可导出钢液的表面张力计算式：

$$\sigma = 1.860 - 2.000 \lg \sum x_B F_B \text{❶} \tag{3-48}$$

式中 F_B——组分的毛细活度系数，1873K 下各元素 F_B 的值见表 3－17。

表 3－17 1873K 下 F_B 的值

元素	C	Cr	Fe	H	Mn	Mo	N	Ni	O	P	S	Si	Ti	V
F_B	2.0	2.5	1.0	1.0	5.0	0.45	150	0.7	1000	1.5	500	2.2	0.12	0.6

组分 B 的毛细活度系数 F_B 是 1mol 组分 B 从溶液内向表面层的逸出功，组分 B 的表面活性（$\partial\sigma/\partial c_B$）越大，则其向表面迁移时消耗的功越小，毛细活度系数也就越大，从而组分 B 在表面层的吸附量也越大，而溶剂的表面张力就越发降低。这与图 3－32 所示的关系是一致的，即毛细活度系数按下列顺序降低：O、S、N、Mn、Cr、Si、C、P。表 3－17 所示是 1873K 下的值，对于其他温度，$F_{B(T)}$ 可由下式换算：

$$F_{B(T)} = F_{B(1873)}^{1873/T} \tag{3-49}$$

另外，溶解元素的表面浓度也可由组分的毛细活度系数按下式求得：

$$x_B^\sigma = x_B F_B / (\sum x_B F_B) \tag{3-50}$$

【例 3－17】 在盛钢桶中经合成渣处理的钢液成分为 $w[C] = 0.15\%$、$w[Mn] = 1.16\%$、$w[Si] = 0.54\%$、$w[S] = 0.01\%$、$w[Cr] = 17.6\%$、$w[O] = 0.0075\%$、$w[Ni] = 8.87\%$。温度为 1873K 时，试求此钢液的表面张力及元素的表面浓度。

解

$$\sigma = 1.860 - 2.000 \lg \sum x_B F_B$$

先计算金属的 n_B 及 x_B：

组分	C	Mn	Si	S	Cr	O	Ni	Fe
n_B/mol	0.0125	0.021	0.019	0.0003	0.338	0.00047	0.150	1.280
x_B	0.0069	0.012	0.010	0.00016	0.186	0.00026	0.082	0.702

$$\sum n = 1.821\text{mol}$$

$$\begin{aligned}\sigma &= 1.860 - 2.000 \times \lg(x[C]F_C + x[Mn]F_{Mn} + x[Si]F_{Si} + x[S]F_S + x[Cr]F_{Cr} + \\ &\quad x[O]F_O + x[Ni]F_{Ni} + x[Fe]F_{Fe}) \\ &= 1.860 - 2.000 \times \lg(2.0 \times 0.0069 + 5.0 \times 0.012 + 2.2 \times 0.010 + 500 \times 0.00016 +\end{aligned}$$

❶ 公式的导出见附录 1 中(7)。

$$2.5\times0.186+1000\times0.00026+0.7\times0.082+1\times0.702)$$

$$=1.860-2.000\times\lg1.660=1.42\text{N/m}$$

这种钢的表面张力实测值为 1.38N/m。

钢中各元素的表面浓度用式（3－49）计算：

$$x[\text{C}]^{\sigma}=x[\text{C}]F_{\text{C}}/(\sum F_{\text{B}}x[\text{B}])=2.0\times0.0069/1.660=0.0083$$

或 $$w[\text{C}]^{\sigma}_{\%}=x[\text{C}]^{\sigma}M_{\text{C}}\sum n=0.0083\times12\times1.821=0.18$$

$$x[\text{Mn}]^{\sigma}=5.0\times0.012/1.660=0.036$$

或 $$w[\text{Mn}]^{\sigma}_{\%}=x[\text{Mn}]^{\sigma}M_{\text{Mn}}\sum n=0.036\times55\times1.821=3.6$$

$$x[\text{S}]^{\sigma}=500\times0.00016/1.660=0.048$$

或 $$w[\text{S}]^{\sigma}_{\%}=x[\text{S}]^{\sigma}M_{\text{S}}\sum n=0.048\times32\times1.821=2.8$$

以此类推。

3.4.5 扩散

铁液及其合金中各种元素的扩散是与冶金反应动力学有关的物性，而扩散系数又是动力学计算中很重要的数据。

常用毛细管浸没法、扩散偶法、电化学法来测定铁液内元素的扩散系数，但由于高温下测定比较困难，报道的数据有较大的差别。现在有关铁液中合金元素的扩散系数，大多是在碳饱和的铁液内或其内有较高氧量及其他元素存在的条件下测定的，其数量级比较接近 $10^{-9}\text{m}^2/\text{s}$，铁的自扩散系数为 $13.4\times10^{-9}\text{m}^2/\text{s}$（铁的熔点为 1811K，$D_0=3.18\times10^{-4}\text{m}^2/\text{s}$），活化能为 13kJ/mol。

铁液中元素的扩散系数可利用斯托克斯－爱因斯坦公式：$D=kT/(6\pi r\eta)$（见第 2 章式（2－18））近似计算。元素的原子半径越小，其扩散阻力越小，因而扩散系数就越大，但其与邻近原子的键能及第 3 元素对铁液黏度的影响也常使扩散系数改变。例如，铁液中氧的扩散受铁原子键能的影响，因而认为氧不是以氧原子而是以 FeO 群聚团的形式在扩散。又如，Si、Mn 降低铁液的黏度，使 D_{N} 增加，而 V、Nb 则提高铁液的黏度，而使 D_{N} 降低。

铁液中，间隙位元素，如 C、N、B 等的扩散系数比置换位元素的大，因为其内有较大的原子间隙空间。

铁液中元素的扩散系数在 1873K 时接近 $10^{-9}\text{m}^2/\text{s}$ 数量级，但对不同元素，相差却不是很大。表 3－18 所示为铁液中某些元素的扩散系数。

表 3－18 铁液中某些元素的扩散系数（1873K）

元 素	C	Si	Mn	S	O
$D_{\text{B}}/\times10^{-9}\text{m}^2\cdot\text{s}^{-1}$	4～20	2.5～12	3.5～20	4.5～20	2.5～20
元 素	N	Ni	Cr	V	Mo
$D_{\text{B}}/\times10^{-9}\text{m}^2\cdot\text{s}^{-1}$	6～20	4.5～5.6	3～5	4～5	3.8～4.1

3.4.6* 电阻率

纯铁液的电阻率是研究冶炼的电磁输送、电磁搅拌和感应加热的有用数据。从熔点到1660℃的温度范围内，纯铁液的电阻率 $\rho = 1.123 + 0.00154t$（μΩ·m）。它随碳含量的增大而增大（见图3－33），因为C的价电子转移到Fe的 $3d^6$ 电子层，降低了导电子的浓度。此外，Si能增加铁液的电阻率，而Al则能降低其电阻率，见图3－34。

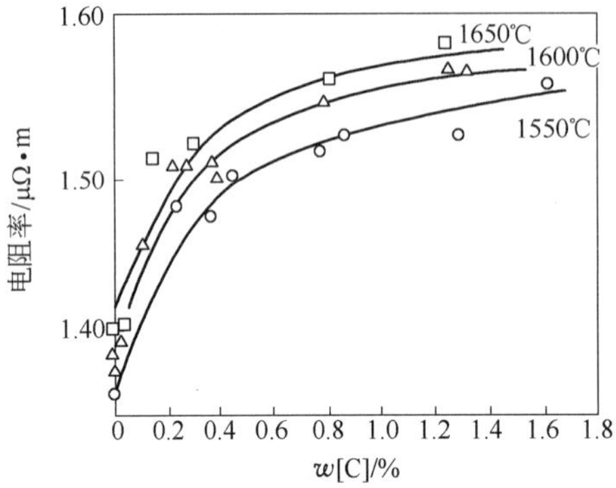

图3－33 铁碳熔体的电阻率与碳浓度的关系

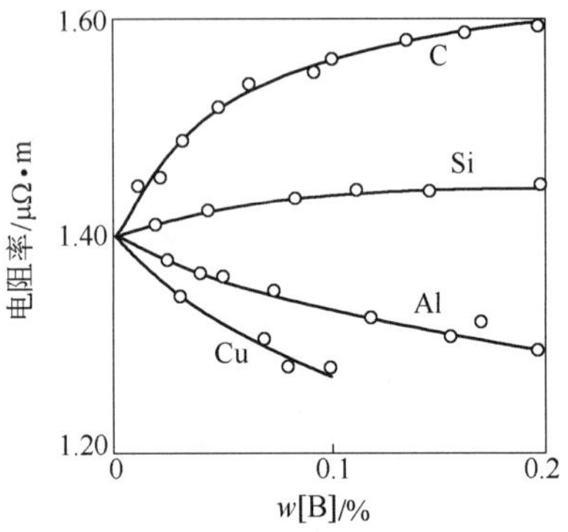

图3－34 加入元素对纯铁液电阻率的影响

3.4.7* 热导率

钢的热导率 λ(W/(m·℃)) 对钢的加热和传热影响很大，而对钢坯或铸件的结构与偏析有直接影响。钢的导热是依靠分子热振动或自由电子的运动而实现的。通常钢中合金元素的影响最大，因为它们破坏晶体点阵结构和其中势能体系的规律，使分子的热振动受到阻碍或使电子的运动受到阻力，从而降低钢的热导率。其中，C、Ni、Cr影响最大，Al、Si、Mn次之。所以铬镍钢的热导率很低，它的加热要做到缓慢升温，并有足够的保温与均热时间。

习 题

3－1 轴承钢的成分为 $w[C]=1.05\%$、$w[Si]=0.6\%$、$w[Mn]=1.0\%$、$w[P]=0.02\%$、$w[S]=0.02\%$、$w[Cr]=1.10\%$，试计算1873K时钢液中硫的活度系数及活度。

3－2 试利用图3－13中的 $\lg f_S^{Si} - w[Si]_{\%}$ 曲线，求 e_S^{Si} 及 γ_S^{Si}（二级相互作用系数）。

3－3 在1873K下测得与Fe－S系内 $w[S]=2.11\%$ 平衡的 $p_{H_2S}/p_{H_2}=4.80\times10^{-3}$，加入 $w[Mn]=0.9\%$ 时，$w[S]$ 变为2.09%，平衡时 $p_{H_2S}/p_{H_2}=4.60\times10^{-3}$，试求 e_S^{Mn}、f_S^{Mn}。

3－4 Ni－Si系在1853K下，$x[Si]=0.022$ 时 $\lg\gamma_{Si}=-3.99$，当 $x[Si]\to0$ 时 $\lg\gamma_{Si}^0=-4.08$，试求 ε_{Si}^{Si} 及 e_{Si}^{Si}。

3－5 在1873K下测得铁液中碳的溶解度为 $w[C]=4.90\%$，当加入硅时碳溶解度的下降值如表3－19所示，试求 e_C^{Si}。

表 3-19　Fe-C 系中加入硅时碳的溶解度

$w[Si]/\%$	0	2	4	6	8
$w[C]/\%$	4.90	4.19	3.62	3.07	2.59

3-6　在 1873K 及 $p'_{N_2}=100kPa$ 下，氮在铁液中的溶解度为 $w[N]=0.043\%$，当加入硅后，其溶解度的变化值如表 3-20 所示，试求 e_N^{Si}。

表 3-20　硅对铁中氮的溶解度的影响

$w[Si]/\%$	0	2	4	6	8
$w[N]/\%$	0.043	0.038	0.031	0.027	0.015

3-7　钒能提高铁液中氢的溶解度。1873K 时，氢在铁液中的溶解度为 $w[H]=2.6\times10^{-3}\%$，加入钒后，其溶解度的提高值如表 3-21 所示，试求 e_H^V。

表 3-21　钒对铁液中氢的溶解度的影响

$w[V]/\%$	0	0.1	0.2	0.3	0.4
$w[H]/\times10^{-4}\%$	26	28	34	38	44

3-8　1600℃下，N_2+Ar 混合气体与 $w[Ti]=0.2\%$ 的铁液平衡时，$p'_{N_2}=3559Pa$，$w[N]=0.011\%$；$p'_{N_2}=100kPa$，$w[N]=0.046\%$。若 $e_N^N=0$，试求 e_N^{Ti} 及 e_{Ti}^N。

3-9　Fe-Si 系中 $e_{Si}^{Si}=0.11$，$\lg\gamma_{Si}^0=-\dfrac{6320}{T}+0.37$。求 1500℃下 $x[Si]=0.3$ 时，硅的超额熵 $S^{ex}(Si)$ 及 $\Delta H(Si)$。

3-10　1600℃下，钢液（$w[C]=0.2\%$）与不同湿度的空气接触时能吸收氢。空气湿度：冬季为 $\varphi(H_2O)=0.3\%$，夏季为 $\varphi(H_2O)=5\%$。试求钢液中增加的氢量。

3-11　试计算成分为 $w[C]=0.05\%$、$w[Cr]=18\%$、$w[Ni]=9\%$、$w[Si]=0.5\%$ 及 $w[Mo]=0.1\%$ 的钢液中形成 ZrN 的 Zr 及 N 的质量分数（温度为 1850K，气相中 $p'_{N_2}=90kPa$，假定 $a_{ZrN}=1$、$f_{Zr}=1$）。

3-12　将氩用于钢液的炉外精炼。钢液成分为 $w[C]=0.10\%$、$w[Cr]=1.50\%$、$w[Mn]=1.0\%$，温度为 1900K。为使成品钢中氮的质量分数不大于 0.005%，试求氩气中允许的氮分压。

3-13　试计算 Cr15Ni25Mo3W3 钢（成分为 $w[Cr]=15\%$、$w[Ni]=25\%$、$w[Mo]=3\%$、$w[W]=3\%$）在 1873K 及 $p'_{N_2}=100kPa$ 下的氮的质量分数。

3-14　试求成分为 $w[C]=1.05\%$、$w[Si]=0.6\%$、$w[Mn]=1.0\%$、$w[P]=0.02\%$、$w[S]=0.02\%$ 的轴承钢，在 1873K 及平衡时水气含量为 $30g/m^3$ 气氛下的氢的质量分数。

3-15　在不同温度下测得与纯氧化铁渣平衡的铁液的 $w[O]$ 如表 3-22 所示，试求铁液中氧的溶解度 $w[O]_{\%}$ 的温度关系式。

表 3-22　铁液中氧的溶解度

温度/℃	1520	1540	1566	1580	1600	1620
$w[O]/\%$	0.149	0.164	0.179	0.195	0.213	0.232

3-16　在 1894K 下测得 H_2+H_2O 混合气体与铁液中氧平衡的 p_{H_2O}/p_{H_2} 如表 3-23 所示，试求 e_O^O。

表 3-23 与 Fe-O 系平衡的 p_{H_2O}/p_{H_2}

$w[O]/\%$	0.05	0.10	0.15	0.20	0.25
p_{H_2O}/p_{H_2}	0.14	0.28	0.41	0.52	0.63

3-17 试导出 $e_B^K = \frac{M_B}{M_K} e_K^B$，$\varepsilon_B^K = \varepsilon_K^B$。

3-18 试用元素降低纯铁凝固点值（ΔT）的公式计算 15Cr4Mo3SiMnVAl 钢（成分为 $w[C]=0.51\%$、$w[Si]=0.95\%$、$w[Mn]=1.02\%$、$w[S]=0.005\%$、$w[P]=0.017\%$、$w[Cr]=4.17\%$、$w[Ni]=0.13\%$、$w[Mo]=2.99\%$、$w[V]=1.02\%$、$w[Al]=0.51\%$）的熔点，并与实测值 1462℃进行比较。

3-19 用衰减振动黏度计测得不同温度下铁液的黏度如表 3-24 所示，试用作图法求铁液黏度与温度的关系式。

表 3-24 铁液的黏度测定值

温度/K	1863	1883	1903	1923	1953
黏度/$\times 10^{-3}$Pa·s	5.25	5.12	4.99	4.88	4.70

3-20 在 1873K 下测得不同硫浓度铁液的表面张力值如表 3-25 所示。试求硫的质量分数为 0.2% 时铁液吸附的饱和硫量及表面浓度（$\rho_S = 2070\text{kg/m}^3$）。

表 3-25 Fe-S 系的表面张力

$w[S]/\%$	0.2	0.4	0.6	0.8
σ/N·m^{-1}	1.05	0.95	0.88	0.80

3-21 试计算 3Cr13 钢液在 1873K 时的表面张力。钢的成分为 $w[C]=0.28\%$、$w[Si]=0.6\%$、$w[Mn]=0.5\%$、$w[P]=0.032\%$、$w[S]=0.030\%$、$w[Cr]=13\%$、$w[Ni]=0.06\%$、$w[Mo]=0.06\%$、$w[O]=0.0089\%$，表面张力测定值为 1.38N/m。

复习思考题

3-1 什么是液体金属的结构？它和固体金属的结构有哪些不同？从哪些方面可以说明过热度不大的钢液具有和固体钢相近的近程序结构？液体金属的群聚团模型是怎样描述液体金属结构的？

3-2 说明铁液内组分活度相互作用系数的意义及求法。$e_B^B = 0$ 是什么意义？

3-3 在计算组分活度的相互作用系数 e_B^K（或 ε_B^K）时，什么是同一浓度法和同一活度法？用它们计算的 e_B^K 是否相同？如果不相同，应采用什么方法使之统一起来，达到相近的数值？

3-4 本章列入了 1600℃时铁液中元素的相互作用系数 e_B^K 的数值表，它适用于铁液中组分浓度比较低的情况，如铁液中组分浓度较高，温度又与 1600℃相差较远，应如何处理？

3-5 文献中对相互作用系数 ε_B^K 有两种表达式：

$$\varepsilon_B^K = \left.\frac{\partial \ln\gamma_B}{\partial x_B}\right|_{x_A=1}, \varepsilon_B^K = \left.\frac{\partial \lg f_B}{\partial x_B}\right|_{x_A=1}$$

试证明此两个表达式是等效的。

3-6 什么是气体在钢液中的溶解度，它与哪些因素有关？

3-7 试举例证实铁液中溶解的 FeO 是以离子键结构的 $Fe^{2+}O^{2-}$ 形式存在的。

3-8 试说明下列元素在铁液中溶解存在的结构形式：Mn、Ni、Cr、C、Si、S、H、N、P。

3-9 说明硫和氧在铁液中形成热脆的原因。

3-10 钢液的性质与其结构有关，而其内存在的元素又常常影响其结构，从而影响其性质。试分析钢中主要元素之一的碳对钢液主要性质，如熔点、黏度、密度和表面张力的影响。

3-11 什么是钢液的熔点？为什么它受钢液中元素在凝固时发生的偏析的影响？为什么钢液的熔点受碳量的影响最大？

3-12 钢液的黏度是什么性质？动力黏度（η）和运动黏度（ν）有什么不同？它们的物理意义是什么？纯铁液和溶解有元素的钢液的表面张力形成机理是否相同？钢液中的碳和氧对它们有什么不同的影响？

3-13 铁液中溶解元素的扩散系数受哪些因素的影响？由于扩散和黏度都是取决于其质点移动的活化能的迁移过程，即 $D_B = D_0 e^{-E_D/(RT)}$，$\eta = B_0 e^{E_\eta/(RT)}$。试导出扩散系数与黏度的关系式，并说明它们的物理意义。

4 冶金炉渣

炉渣是火法冶金中形成的以氧化物为主要成分的多组分熔体，它是金属提炼和精炼过程中除金属熔体以外的另一副产物。根据冶炼过程目的的不同，炉渣可分为下列4类：

（1）以矿石或精矿为原料进行还原熔炼，在得到粗金属的同时，未被还原的氧化物和加入的熔剂形成的炉渣，称为冶炼渣或还原渣。例如，冶炼铁矿石得到的高炉渣。

（2）精炼粗金属，由其中元素氧化形成的氧化物和熔剂组成的炉渣，称为精炼渣或氧化渣。例如，由生铁冶炼成钢产生的炼钢渣。

（3）将原料中的某有用成分富集于炉渣中，以利于下道工序将它回收的炉渣，称为富集渣。例如，钛精矿还原熔炼所得的高钛渣以及吹炼含钒、铌生铁得到的钒渣、铌渣等，它们分别用作提取金属钛和铌的原料。

（4）按炉渣所起的冶金作用，而采用各种造渣材料预先配制的炉渣，称为合成渣。如电渣重熔用渣、浇注钢锭或钢坯的保护渣及炉外二次精炼渣。

因此，可以认为冶炼过程中的炉渣是由还原熔炼中未能还原的氧化物、氧化熔炼中氧化形成的氧化物、为适应冶炼要求而加入的熔剂及被侵蚀的耐火炉衬的氧化物以及少量硫化物及 CaF_2 等卤化物组成的，其中还夹带着少量金属粒。表4－1列出了冶金炉渣的典型成分。

上列各类炉渣在金属的冶炼过程中分别起到分离或吸收杂质、除去粗金属中有害于金属产品性能的杂质、富集有用金属氧化物及精炼金属的作用，并能保护金属不受环境的污染及减少金属的热损失。在电炉冶炼中，炉渣还起着电阻发热的作用。因此，炉渣在保证冶炼操作的顺利进行、冶炼金属熔体的成分和质量、金属的回收率以及冶炼的各项技术经济指标等方面都起了决定性的作用。俗话说“炼钢在于炼渣，好渣之下出好钢”，生动地说明了炉渣在冶炼过程中所起的作用。

炉渣的上述作用都是通过控制炉渣的化学组成、温度及其所具有的物理化学性质来实现的。熔渣的物理化学性质与其结构有关，所以通过熔渣结构的研究，可以明了熔渣物理化学性质变化的规律，从而达到控制冶金反应的目的。

炉渣在冶炼中完成了相应的作用后，多作为废物送到渣场堆放，但由于冶炼中生产的弃渣数量相当大，例如，生产1t生铁要产生0.3～1t高炉渣，它的堆放不仅影响国土的利用，而且若不加以综合利用，也是极大的浪费。并且由于环境保护部门对污染程度的严格要求，使得废弃炉渣的去向也成为冶炼厂投产前必须解决的主要问题之一。因此，应尽可能做到回收炉渣中的有价元素，对炉渣进行综合利用，例如，制成水泥、建筑材料和磷肥工业等的原料。

表 4－1 冶金炉渣的典型成分 $w(B)$

（%）

炉渣类别		SiO_2	Al_2O_3	CaO	MgO	MnO	FeO	Fe_2O_3	P_2O_5	S	其他
冶炼渣	高炉渣（炼钢生铁）	28～39	6～16	27～48	3～17	0.25～3.0	0.2～0.77	—	—	0.4～0.7	
	高炉渣（铸造生铁）	34.5～42	7.1～16.8	26～48	3～17	0.05～0.9	0.17～0.92	—	—	0.5～3.1	
	高炉渣（硅铁）	42.0	17.7	33.1	5.4	0.4	0.1	—	—	1.0	
	矿热炉渣（Si－Mn 合金）	38～42	13～21	20～28	1～4	4～8	—	—	—		
	高炉渣（锰铁）	27.8～30	8.3～9.6	43.5～46	8.0～9.2	6.7～9.0	0.35～0.5	—	—	2.9～3.1	
	铜鼓风炉渣	34～38	5～10	10～16	1～4		31～34			1.0	Cu 0.2～0.4
	炼铜转炉渣	22～24	1～5		1～5		45～50(Fe)			1～2	Cu 1.5～2.5
精炼渣	氧气顶吹转炉渣	18～25	1.5～2.0	36～55	5～7	6～8	9～20	1～3	1.0～6.0		
	顶底复合吹炼渣	18～25	1.5～2.0	36～40	5～7	6～8	7～11	2～4	0.5～1.5		
	碱性电炉炼钢渣（氧化期）	12～20	3～5	40～50	7～12	5～10	8～15				
	碱性电炉炼钢渣（还原期）	15～18	6～7	50～55	0～10	<0.5	<1.0				CaC_2 1～4 CaF_2 8～10
富集渣	钒渣	20～24				3～8	28～42				V_2O_5 9～16 TiO_2 0～12
	高钛渣	0.8～5		1～6	0.4～8		3～8				TiO_2 75～94
合成渣	铸钢用保护渣	33～50	5～20	2～20							Na_2O 0～8 CaF_2 2～20 C 0～24
	电渣重熔渣	0.7～3.0	25～30	4～5							CaF_2 70
	炉外精炼渣		45	55							CaF_2 <10

4.1 钢铁冶金的主要二元渣系相图

钢铁冶金产生的炉渣，一般可认为由 7 个氧化物组成，即 SiO_2、CaO、FeO、Fe_2O_3、MnO、Al_2O_3 和 MgO。它们按照酸性氧化物和碱性氧化物化合的组合原则，可形成种类繁多的复合化合物。通过它们构成的二元系及三元系相图，可了解这些复合化合物的组成、结构及其在凝固过程中析出的特性、相平衡共存的条件等，为研究炉渣的结构及性能提供必要的基础。

因此，本章首先介绍钢铁冶金炉渣涉及的有关相图。

下面列举的几个二元系相图是构成冶金基本渣系（$CaO-SiO_2-Al_2O_3$ 系、$CaO-SiO_2-FeO$ 系等）的三元系相图的基础。

4.1.1 $CaO-SiO_2$ 系相图

$CaO-SiO_2$ 系相图如图 4－1 所示，比较复杂，因为形成了性质不同（稳定或不稳定）的几种硅酸钙，而且还出现了多晶型转变。

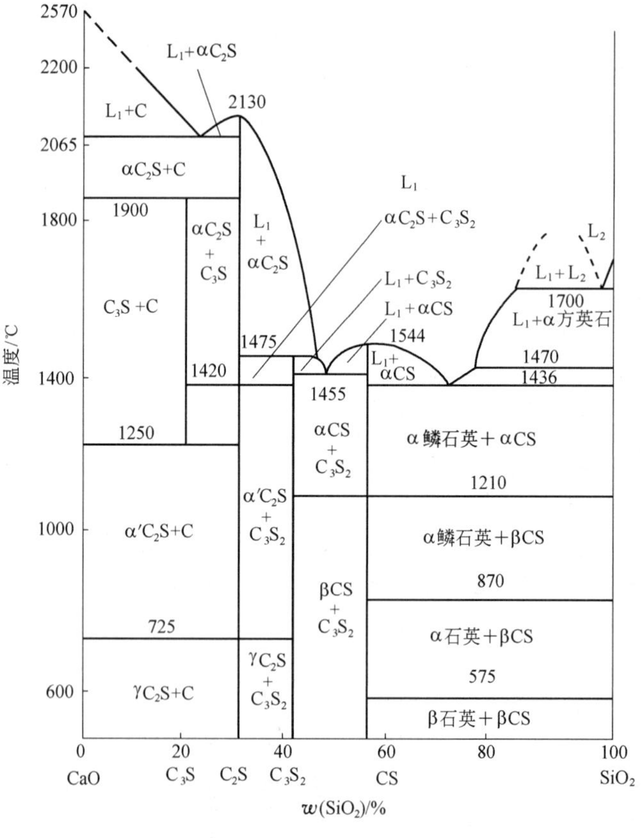

图 4－1　$CaO-SiO_2$ 系相图

这个体系有两个稳定化合物，即偏硅酸钙 $CaO \cdot SiO_2$（用 CS 表示）和正硅酸钙

$2CaO \cdot SiO_2$（用 C_2S 表示）；有两个不稳定化合物，即硅酸三钙 $3CaO \cdot SiO_2$（C_3S）和二硅酸三钙 $3CaO \cdot 2SiO_2$（C_3S_2）。

由于稳定化合物是体系相组成的组分，可从 CS 和 C_2S 的垂直线处，将此相图划分为 $CaO-C_2S$ 系、C_2S-CS 系和 $CS-SiO_2$ 系 3 个分相图来分析。

$CaO-C_2S$ 系为具有一个共晶体的相图，但其内有一个仅在 1250～1900℃范围内（固相内）稳定存在的 C_3S，高于或低于此温度范围，C_3S 均不能存在，将分解为 $CaO+C_2S$。相图内的垂直线代表 C_3S。

C_2S-CS 系为具有一个不稳定化合物（C_3S_2）的相图。温度下降时，C_3S_2 由转熔反应形成：$L+C_2S \rightarrow C_3S_2$；加热时，它在 1475℃发生分解：$C_3S_2 \rightarrow L+C_2S$。

$CS-SiO_2$ 系由于液相时组分的溶解度有限，形成两液相共存的相图。此互为饱和的两液相中，L_1 是 SiO_2 在 CS 相内的饱和熔体，L_2 是 CS 在 SiO_2 相内的饱和熔体，大约在 1700℃以上时，两者平衡共存，它们的平衡成分分别由两条虚线示出，称为分溶曲线。在 1700℃时，相平衡关系为 $L_2 \rightarrow L_1+SiO_2$（偏晶反应）。温度高于 1700℃时，$SiO_2$ 逐渐消失，仅两液相共存，它们的饱和溶解度随温度的升高而不断变化、逐渐接近，最后达到相同（曲线上的此点称为临界点），成为均匀液相。温度低于 1700℃时，L_2 消失，但 L_1 存在，随着温度的下降将不断析出 SiO_2。当 L_1 冷却到 1436℃时，有 $CS-SiO_2$ 共晶体形成。

相图中固相区内的水平线是 SiO_2、CS 及 C_2S 的多晶型转变线。SiO_2 的晶型转变关系如下：

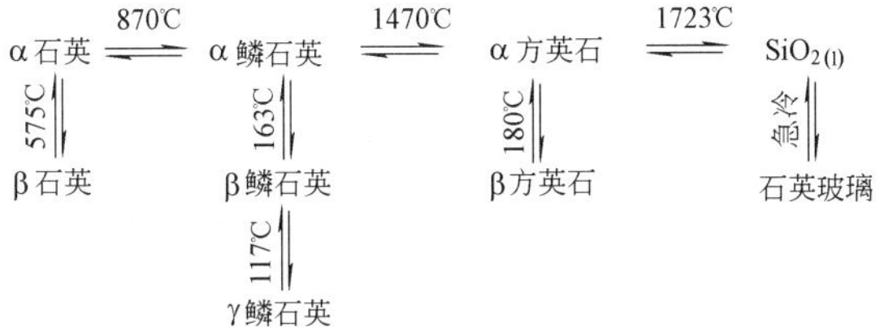

这种变化可分为两大类：第一类（横向）是α石英（六方双锥）⇌α鳞石英（六方晶系板状）⇌α方英石（立方八面体）的转变，它们的晶格中任意两个 SiO_4^{4-} 四面体间结合的方式均不一样，因此彼此间的转变很慢，发生在缓慢加热或冷却的条件下；第二类（纵向）是上述三种晶型的亚种——α、β、γ型的转变，它们的晶型结构相同，当由高温型 SiO_2 向低温型 SiO_2 转变时，只是晶格中原子的位置及四面体间的连接角发生了变化，其变化出现在迅速加热或冷却的条件下。相图是在缓慢加热或冷却的状态下测定的，所以其中不出现 SiO_2 各晶型的亚种变化。

SiO_2 的三类晶型转变中，会发生体积的变化。图 4－2 示出了各类晶型及其亚种加热时体积改变的百分率。硅砖的 SiO_2 含量很高，所以在使用前要在 800℃以下进行缓慢加热、烘烤，以消除体积的突变，从而避免了在使用

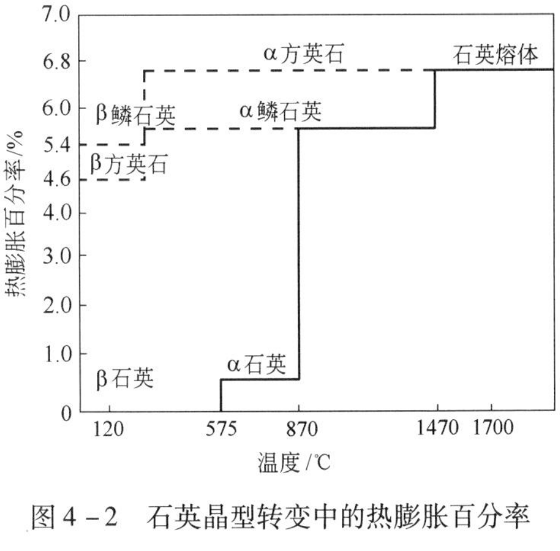

图 4－2　石英晶型转变中的热膨胀百分率

中出现破裂。

CS 有两种晶型，即 αCS（假硅灰石）与 βCS。后者在 1210℃ 时转变成同分熔化化合物的 αCS（熔点为 1544℃）。

C_2S 的晶型转变如下：

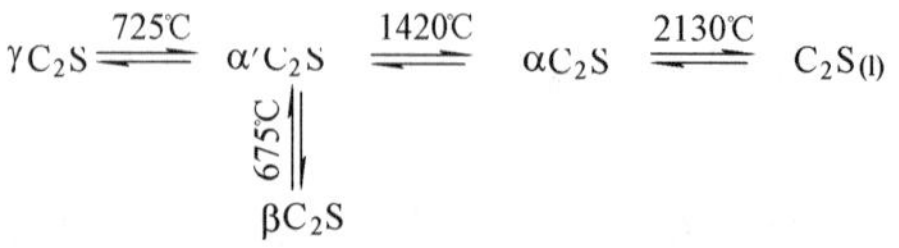

$$\gamma C_2S \underset{725℃}{\overset{}{\rightleftharpoons}} \alpha' C_2S \overset{1420℃}{\rightleftharpoons} \alpha C_2S \overset{2130℃}{\rightleftharpoons} C_{2}S_{(l)}$$

$$\alpha' C_2S \underset{675℃}{\overset{}{\rightleftharpoons}} \beta C_2S$$

C_2S 有 α、α′、β、γ 4 种晶型。其中 α′C_2S 有亚种 βC_2S，它们可在 675℃ 可逆而迅速地转变为 βC_2S。α′C_2S→γC_2S 时，密度由 $3.28 \times 10^3 kg/m^3$ 降低到 $2.97 \times 10^3 kg/m^3$，因此体积增大约 10%。此种转变使得煅烧不好的水泥熔块、碱性硅酸盐渣及制备不善的白云石耐火材料、高碱度烧结矿等产生粉化现象。βC_2S 具有良好的水硬性，是水泥的有益组成物。γC_2S 则几乎无水硬性，所以是水泥的有害成分。因此，当水泥熟料烧成后要采用急冷措施，使之保住 α′ 晶型或转变成 β 型。此外，加入 $w(P_2O_5) \approx 1\%$ 的 P_2O_5（磷酸钙）或 B_2O_3、Cr_2O_3 等，与 SiO_2 形成固溶体，可起到稳定 α′C_2S 晶格的作用，从而将 α→β 型转变温度降低几十度，而且阻止了 β→γ 型的转变。

另外，C_2S 还能与其他正硅酸盐，如 $CaO \cdot MnO \cdot SiO_2$、$CaO \cdot FeO \cdot SiO_2$ 或 $2FeO \cdot SiO_2$ 形成固溶体，使 C_2S 易于溶解。

4.1.2　$Al_2O_3 - SiO_2$ 系相图

图 4-3 所示为 $Al_2O_3 - SiO_2$ 系相图。Al_2O_3 是两性氧化物，能在酸性氧化物存在时显示碱性，故能与强酸性氧化物 SiO_2 生成化合物 $3Al_2O_3 \cdot 2SiO_2$（A_3S_2），称为莫来石。如图所示，文献上刊载了两种不同结构的莫来石相图：一种认为莫来石是异分熔化化合物，这是在非密闭条件下测定的；另一种认为莫来石是同分熔化化合物，其内溶解了微量 Al_2O_3（其 $w(Al_2O_3)$ 从 A_3S_2 的 71.8% 扩大到 78%）的固溶体，具有一定的熔点（1850℃），这是在用高纯度试样并在密闭条件下测定的。但在工业生产和一般实验条件下，将 A_3S_2 视为异分熔化化合物处理似乎更为适宜。

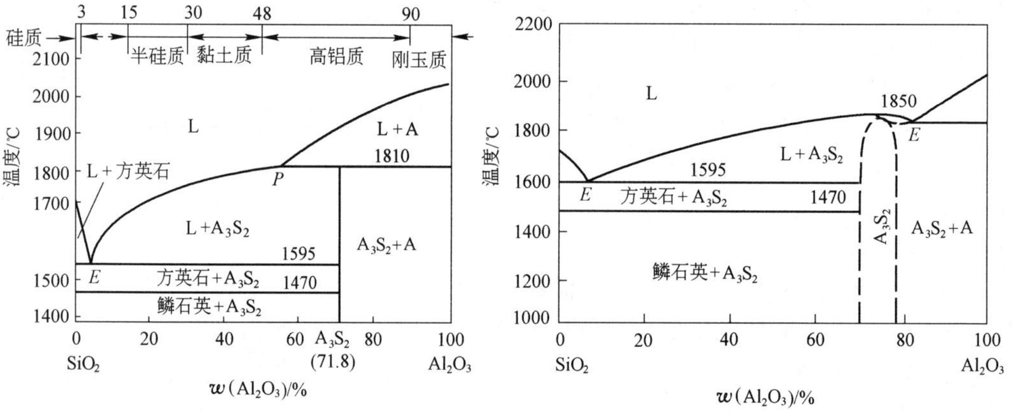

图 4-3　$Al_2O_3 - SiO_2$ 系相图

$Al_2O_3-SiO_2$ 系在耐火材料和熔渣体系中有重要的作用，一般根据 Al_2O_3 含量的不同，可将此系按耐火材料分为刚玉质、高铝质、黏土质、半硅质等，即随着 SiO_2 含量的增加，高铝质的熔点降低，这是由于 A_3S_2 与 SiO_2 形成共晶体。

4.1.3 CaO - Al_2O_3 系相图

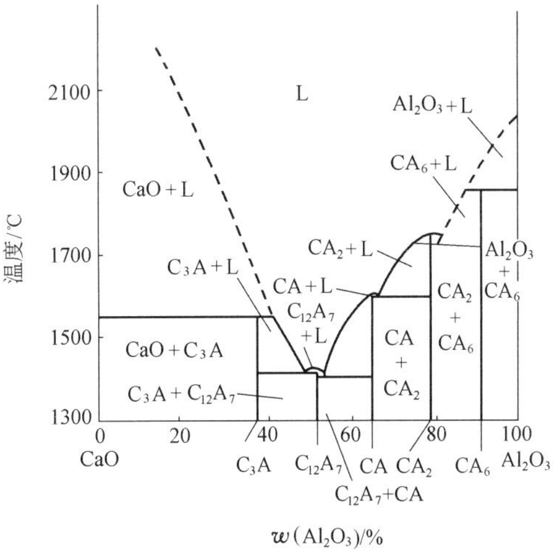

图 4-4 CaO - Al_2O_3 系相图

图 4-4 所示为 CaO - Al_2O_3 系相图。碱性很强的 CaO 能与两性氧化物 Al_2O_3 形成一系列复杂化合物。图中有 5 个这种化合物，CA_6 和 C_3A 是异分熔化化合物，而 $C_{12}A_7$、CA、CA_2 则是同分熔化化合物。除 $C_{12}A_7$ 外，这些化合物都有较高的熔点或分解温度。$C_{12}A_7$ 的熔点为 1455℃，如本体系的成分在 w(CaO) = 45% ~ 52% 范围内，能在 1450 ~ 1550℃温度下出现液相区。所以以本体系配制炉外合成渣时，常选择这个成分范围。

4.1.4 FeO - SiO_2 系相图

图 4-5 所示为 FeO - SiO_2 系相图。图中仅有一个熔点不高（1208℃）的同分熔化化合物 2FeO · SiO_2（F_2S），它的液相线最高点是平滑的，所以熔化后，特别是温度高时，有一定程度的分解（2FeO · SiO_2 ═ FeO · SiO_2 + FeO）。另外，在靠近 SiO_2 含量很高的一端，出现了很宽的液相分层区。

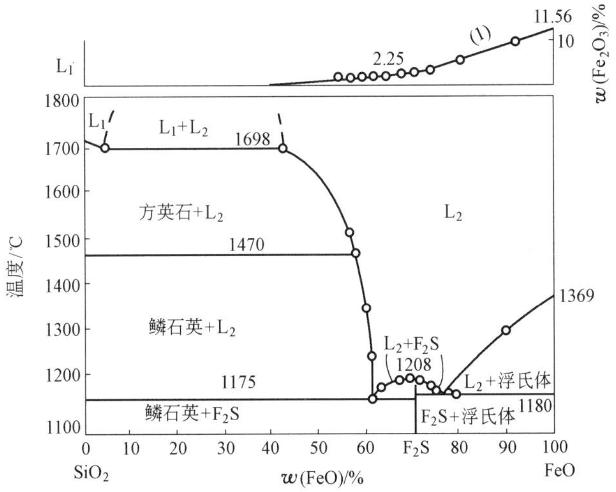

图 4-5 FeO - SiO_2 系相图

需要指出，此二元系中还存在一些高价铁的氧化物，如 Fe_2O_3 或 Fe_3O_4。例如，在 F_2S 组成处 $w(Fe_2O_3)$ = 2.25%，而在纯 FeO 组成处其量达 11.56%，这是由于在实验过程中，试样中的低价铁可能被空气氧化成高价铁,而绘制相图时则把这种高价氧化铁折算成低价铁的氧化物(FeO)。

4.1.5 CaO – FeO 系相图

图 4 – 6 所示为 CaO – FeO 系相图,此体系不是真正的二元系,乃是与金属铁平衡的 FeO – Fe_2O_3 – CaO 系在 FeO – CaO 边的投影相图。其中的 FeO 内溶解有 Fe_2O_3,用 Fe_xO(浮氏体)表示,而其内的 Fe_2O_3 已折算为 FeO($\sum w(FeO) = w(FeO) + 1.35w(Fe_2O_3)$,1.35 为折算系数❶)。相图中有一个异分熔化化合物 $2CaO \cdot Fe_2O_3$(C₂F,分解温度为 1133℃),它在 1125℃下可与 Fe_xO(可看作 Fe_2O_3 在 FeO 中的固溶体)形成共晶体 C_2F – Fe_xO。

4.1.6 CaO – Fe_2O_3 系相图

图 4 – 7 所示为 CaO – Fe_2O_3 系相图。Fe_2O_3 是两性氧化物,在此作为酸性氧化物与强碱性的 CaO 形成两个异分熔化化合物 $CaO \cdot Fe_2O_3$(CF)和 $CaO \cdot 2Fe_2O_3$(CF_2)(后者仅能在 1150 ~ 1240℃的温度范围内稳定存在)以及一个同分熔化化合物 $2CaO \cdot Fe_2O_3$(C_2F)。CF 及 CF_2 的形成温度均不高,在 1440℃以下,故 Fe_2O_3 是石灰的助熔剂。

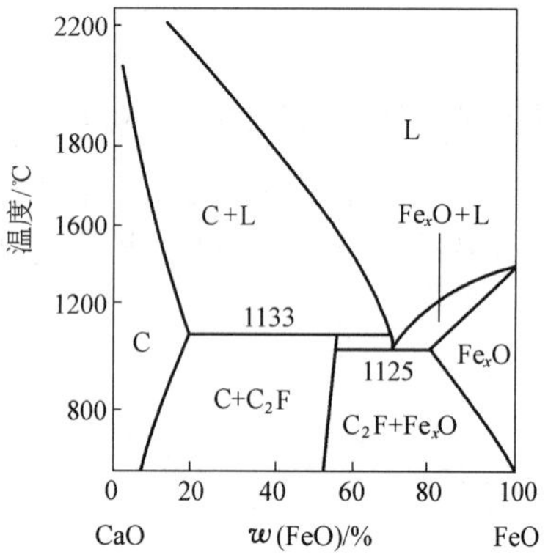

图 4 – 6 CaO – FeO 系相图

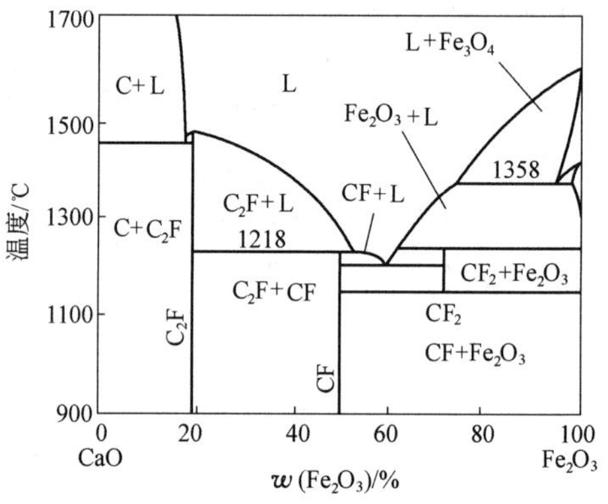

图 4 – 7 CaO – Fe_2O_3 系相图

4.1.7* 其他几个二元渣系相图

FeO – MnO 系形成连续的固溶体及液溶体相图。用锰使钢液脱氧生成的脱氧产物,常是这种液溶体的组成。

CaO – MgO 系在共晶温度线(约 2500℃)两端形成连续固溶体。白云石 $MgCa(CO_3)_2$ 是炼钢炉的主要耐火材料,它在 1700℃左右煅烧,可起到很少受水汽侵蚀的作用。

MgO – SiO_2 系在 $w(SiO_2) < 40\%$ 以上,共晶点为 1850℃。MgO 中即使出现显著数量的 SiO_2,它也是很好的碱性耐火材料。

上述 3 个二元渣系的相图如图 4 – 8 所示。

---

❶ 参见第 4 章 4.8.2 节。

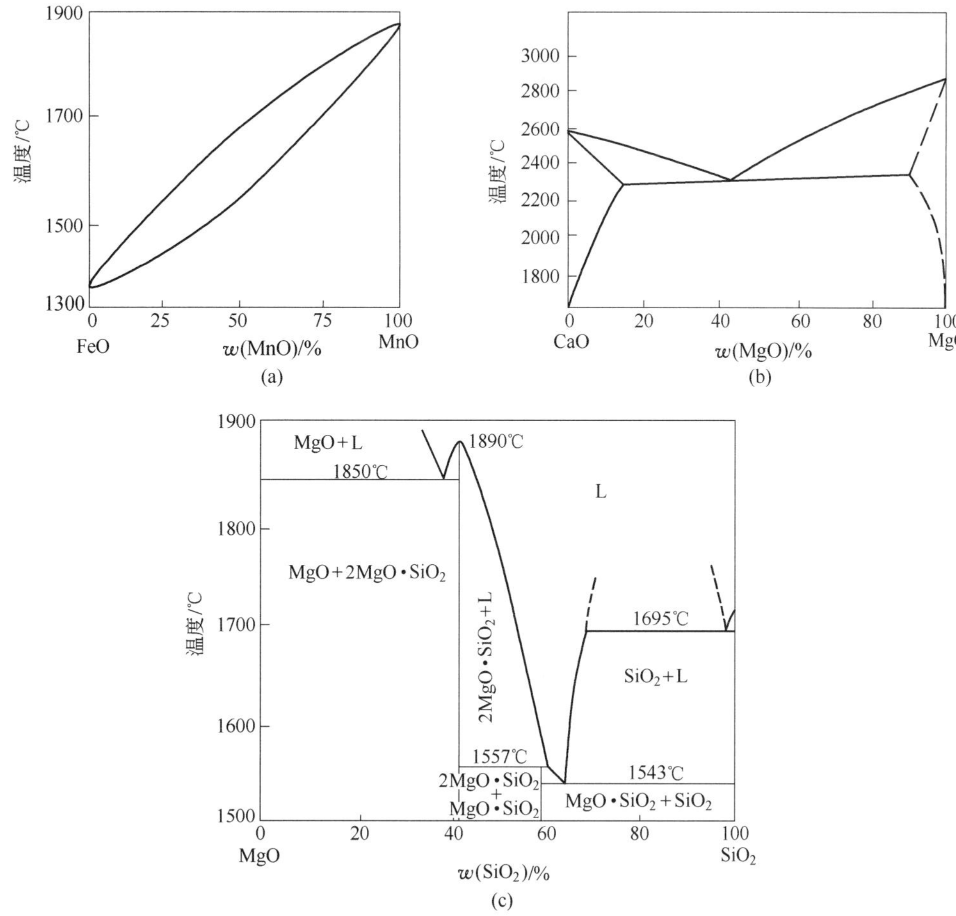

图4-8 FeO-MnO 系、CaO-MgO 系及 MgO-SiO_2 系相图

（a）FeO-MnO 系；（b）CaO-MgO 系；（c）MgO-SiO_2 系

4.2 三元系相图的基本知识及基本类型

三元系相图是由三个组分构成的相平衡图，是研究多元系相平衡的手段之一，它在金属材料、硅酸盐工业、冶金炉渣等方面应用得很广，对科学研究和生产实践具有指导作用。

4.2.1 三元系相图的基本知识

4.2.1.1 三元系立体相图

对于三元凝聚体系，由相律可知，体系的自由度（f）最大为3（独立组分数 $c=3$，相数 φ 最少为1，故 $f=c+1-\varphi=3$），表明体系有3个独立变量，即温度和任意两个组分的浓度。因此，三元系相图要用三维空间图形才能表示。一般以等边三角形表示三个组分浓度的变化，再在此浓度三角形上竖立垂直坐标轴表示温度，构成三棱柱体空间图，如图

4-9所示。

A 浓度三角形——三元系组成的表示法

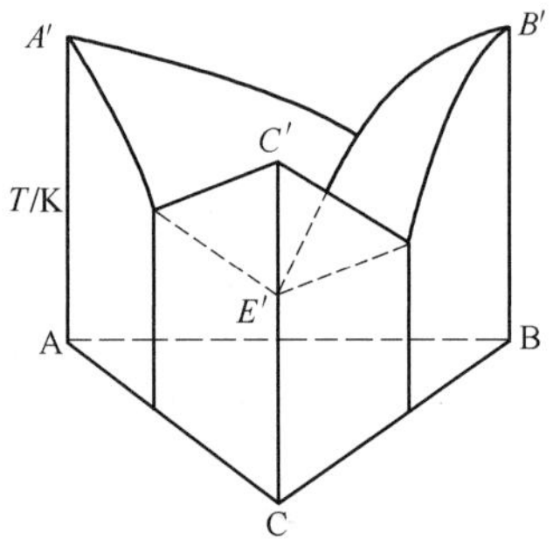

图4-9 共晶体的三元系相图的空间图形

浓度三角形是一个等边三角形。三角形的顶点代表纯组分，每一边是由两顶角代表的组分所构成的二元系的浓度坐标线，三角形内的点则表示由3顶角代表的组分所构成的三元系的浓度值，如图4-10所示。

浓度三角形的组成（浓度）可用质量分数、摩尔分数或摩尔百分数来表示。

可采用两种方法得出浓度三角形内某点的浓度：

（1）垂线长度法。由等边三角形内任意点向三边作垂线，每条垂线之长代表它所指向的该顶角组分的浓度。而3条垂线总和之长等于三角形的高，取为100%。例如，图4-10（a）中O点的组分浓度为$w(A)=a(40\%)$，$w(B)=b(30\%)$，$w(C)=c(30\%)$。

（2）平行线法。通过等边三角形内任意点作3条平行于各边的直线，其在边上从顶角所截线段之长分别代表该平行线所对应顶角组分的浓度，而在三边上所截线段长度之和等于三角形的边长（100%）。例如，图4-10（a）中通过O点分别向三边作了3条平行线aa'、bb'、cc'，它们与其相应边之间截取的线段长为a、b、c，此即组成点O的浓度值，可按逆时针方向或顺时针方向从右顶角或左顶角读起。

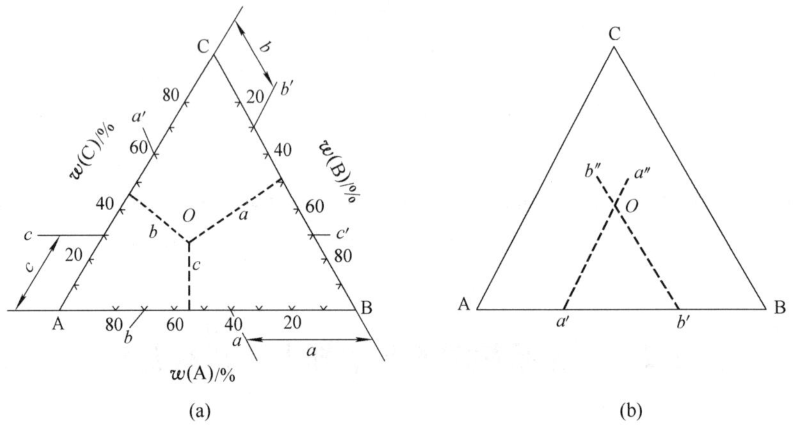

图4-10 浓度三角形的三角坐标及组成点的读法

相反，如已知体系三组分的浓度，要确定其在三角形中的位置，则可如图4-10（b）所示，在三角形底边上从A、B两顶角向相反方向截取$Aa'=b\%$、$Bb'=a\%$，得a'、b'两点，再从此两点分别向其相邻斜边作平行线：$a'a''/\!/AC$、$b'b''/\!/BC$，其交点O即为所求体系的组成点。如图中绘有三角网线，则可沿这些三角网线由组分的浓度很快求得物系组成点的位置。

B 浓度三角形的几何性质

利用等边三角形的几何性质，可为分析三元系相图提供许多方便。

（1）等含量规则。在浓度三角形中，平行于任一边的平行线上的各物系点，所含对应顶角组分的浓度是相同的。例如图 4－11 中，平行于底边 AB 的直线 ab 上各点 O_1、O_2、O_3 等的组分 C 的浓度相同。

（2）等比例规则。在浓度三角形中，从任一顶角向对边引一射线，则射线上各物系点的组成中，其两旁顶角组分的浓度比均相同。例如图 4－12，CO 射线上 O_1、O_2、O_3 各物系点的 A、B 组分浓度之比为：$a_1/b_1 = a_2/b_2 = a_3/b_3 = K$（定值）。这种等比例关系可由相似三角形原理证明。

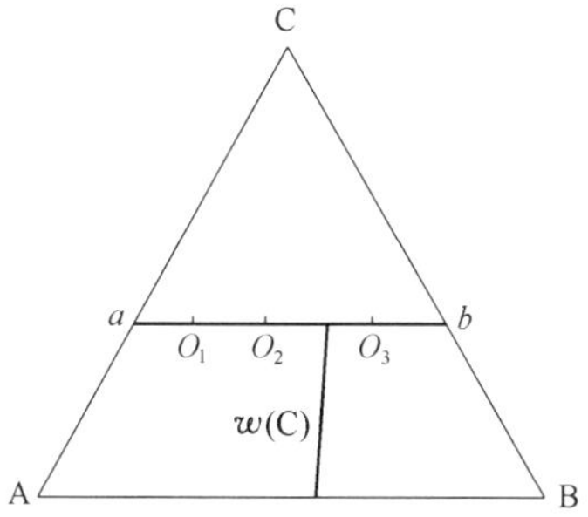

图 4－11　等含量规则

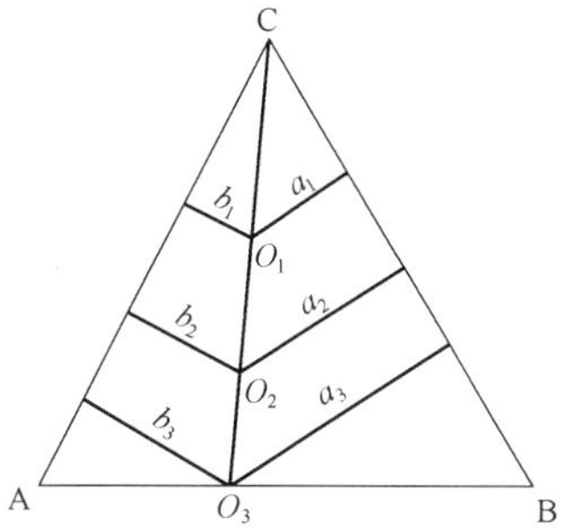

图 4－12　等比例规则

如已知两组分浓度之比（a_3/b_3），欲绘出其等比例线，需确定此两组分所在三角形边上的 O_3 点，可利用解 $w(\mathrm{A})/(100 - w(\mathrm{A})) = K$ 方程得出 AB 边上的 w(A) 或 w(B)，得出 O_3 点的位置。

又当等比例线上物系点的组成点在背离其所在顶角的方向上移动（C→O_1→O_2）时，体系将不断析出组分 C，而其内组分 C 的浓度不断减少，但其他两组分的浓度比则保持不变，这称为背向规则。

（3）直线规则。如图 4－13 所示，当三角形内有两个物系 M 和 N 组成一个新的物系 O 时，那么 O 点必定落在 MN 连线上，而其位置可由 M 及 N 的质量 m_M、m_N 按杠杆原理确定，即：

$$\frac{m_M}{m_N} = \frac{NO}{MO}$$

式中　NO，MO——相应线段的长度❶。

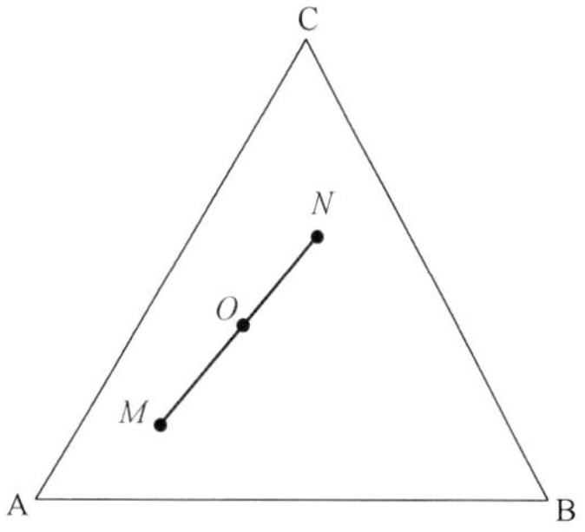

图 4－13　直线规则

相反，当已知的物系 O 分离成两个互相平衡的相或物系 M 及 N 时，M 和 N 的相点必在通过 O 点的直线上，M 和 N 物系的质量由杠杆原理确定，即：

$$m_M = \frac{ON}{MN} \cdot m_O \quad m_N = \frac{OM}{MN} \cdot m_O$$

式中　m_O——物系 O 的质量，$m_O = m_M + m_N$。

连接两个物系点的直线 MN 称为结线。此外，在分析相图时利用直线规则，可由已知

❶　当相图浓度坐标用质量分数时，线段 NO 和 MO 之比等于物系 M 和 N 的质量比；当浓度坐标用摩尔分数表示时，线段 NO 和 MO 之比应等于物系 M 和 N 的摩尔比。

的原物系点（O）和其转变成的一个液相点（M 或 N），求得与之平衡共存的另一固相点的位置（N 或 M），因为三者必定共线。

（4）重心规则。如图 4－14 所示，在浓度三角形中，组成为 M_1、M_2、M_3 的 3 个物系或相点，其质量分别为 m_1、m_2、m_3。当混合形成一质量为 m_O 的新物系点 O 时，此新物系点则位于此 3 个原物系点连成的 $\Delta M_1M_2M_3$ 内的重心位置上（不是三角形的几何中心，而是物理中心）。O 点的位置可用杠杆原理由作图法确定，即由杠杆原理先求出 M_1M_2 线上的 N 点，再利用杠杆原理求出 NM_3 线上的 O 点，即两次利用杠杆原理可求得 O 点。

另外，也可直接通过重心规则来求得一个物系或相点 O 分解为 3 个相点的成分。如图 4－15 所示，O 点犹如$\triangle M_1M_2M_3$ 的重心，而$\triangle M_1M_2M_3$ 则称为结线三角形。连接 M_1O 线再延长，与对边 M_2M_3 交于 b 点。同样作 M_2O、M_3O 线，分别与对边交于 a、c 点。于是，利用杠杆原理，可得出物系 O 分解后的 M_1、M_2、M_3 物系的质量或质量分数为：

$$m_1=\frac{Ob}{M_1b}\cdot m_O \quad m_2=\frac{Oa}{M_2a}\cdot m_O \quad m_3=\frac{Oc}{M_3c}\cdot m_O$$

而

$$m_1+m_2+m_3=m_O \quad \frac{m_1+m_2+m_3}{m_O}=\frac{Ob}{M_1b}+\frac{Oa}{M_2a}+\frac{Oc}{M_3c}=1$$

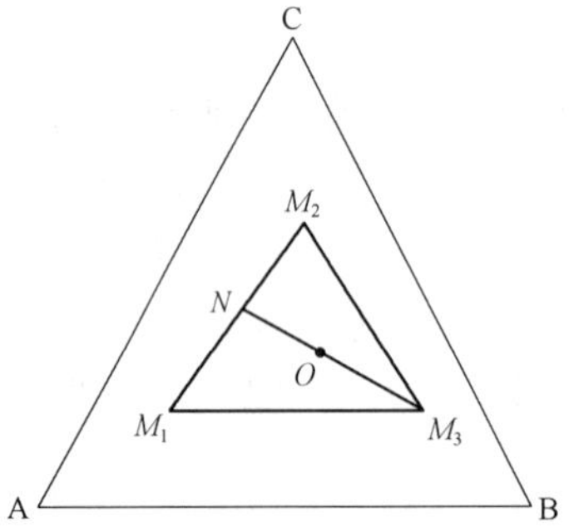

图 4－14　重心规则（一）

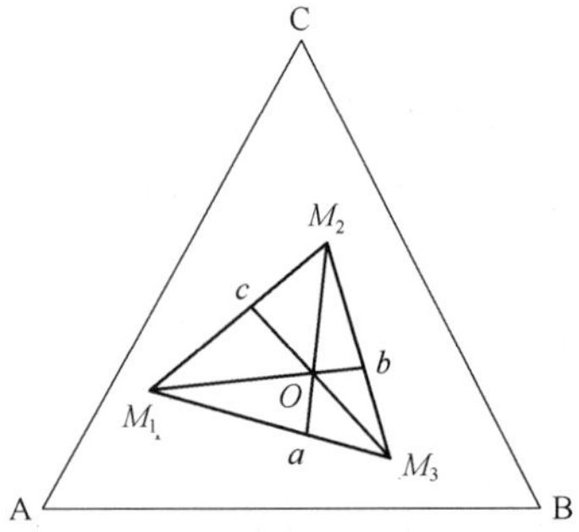

图 4－15　重心规则（二）

直线规则及重心规则的应用例题见本章 4.3.2 节的例题。

（5）交叉位规则。如图 4－16 所示，在浓度三角形中，组成为 M_1、M_2、M_3 的 3 个物系混合，得到一个位于$\triangle M_1M_2M_3$ 之外及 M_3M_1 和 M_3M_2 边延长线间范围内的新物系 P。M_1、M_2、M_3 及 P 四者构成的位置关系称为交叉位或相对位的关系。P 点的位置可通过连接 PM_3 交 M_1M_2 线于 M'，应用杠杆原理求得，由于 $m_1+m_2=m'$及 $m_P+m_3=m'$，故

$$m_P=(m_1+m_2)-m_3$$

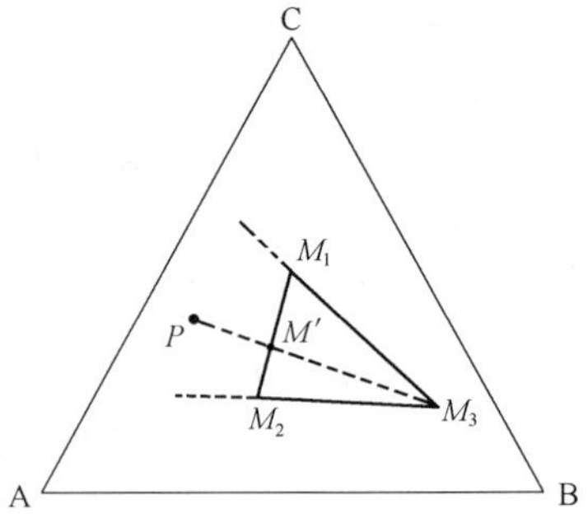

图 4－16　交叉位规则

即为了得到新物系 P，必须从两个原物系 M_1 及 M_2 中取出若干量的 M_3，取出的 M_3 的量越多，则新物系 P 点沿 M_3P 线背离 M_3 点的方向移动得越远。

相反，如要从物系 P 分解出两个新物系 M_1 和 M_2，则应向物系 P 中加入若干量的 M_3，其量的关系为：

$$m_P + m_3 = m_1 + m_2$$

即物系 P 可吸收远离它的相对物系 M_3，转变为另外两个物系 M_1 和 M_2。如 P 是液相，而 M_3、M_1、M_2 是固相，则可表示为：

$$L + S_3 \xlongequal{} S_1 + S_2$$

即液相在固相 S_3 周围与之反应，形成另外两个固相。这是三元包晶反应，又称为三元转熔反应。它与二元包晶反应相似，但不同的是其形成了两个固相。

（6）共轭位规则。P 点位于 $\triangle M_1M_2M_3$ 某顶角的外侧及此角两边的延长线范围内，两次利用杠杆规则则有：

$$m_P = m_3 - (m_1 + m_2) \quad 或 \quad m_P + (m_1 + m_2) = m_3$$

即物系 P 可吸收两物系 M_1 及 M_2，转变为物系 M_3，可表示为：

$$L + (S_1 + S_2) \xlongequal{} S_3$$

P 点的位置称为共轭位，如图 4-17 所示。

4.2.1.2 三元系立体相图的平面投影图

表示凝聚相体系组成和温度的相平衡关系的三元系相图，如前所述，是在浓度三角形上竖立温度坐标轴构成的三棱柱体图。如图 4-18 所示，纯组分的熔点分别为 t_A、t_B、t_C。三棱柱体各个侧面分别是具有共晶点 e_1'、e_2'、e_3' 的二元系相图。当有第 3 组分加入到此二元系构成的熔体中时，可使此二元系的液相线温度降低。这时，两相邻二元系相图的液相线向三角形内扩展为液相面。这样，相图中就构成了由 3 个二元系的液相线连在一起的三个曲面，分别为 A、B、C 三个组分从液相内析出固相的初晶面。它是固、液两相平衡共存的液相面，自由度为 $2(f=3+1-2=2)$。

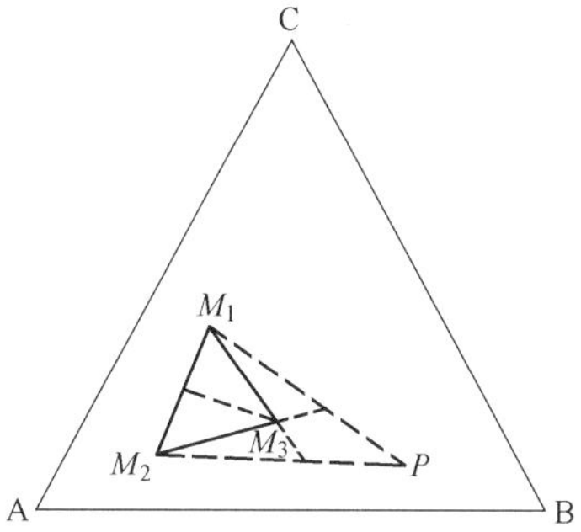

图 4-17 共轭位规则

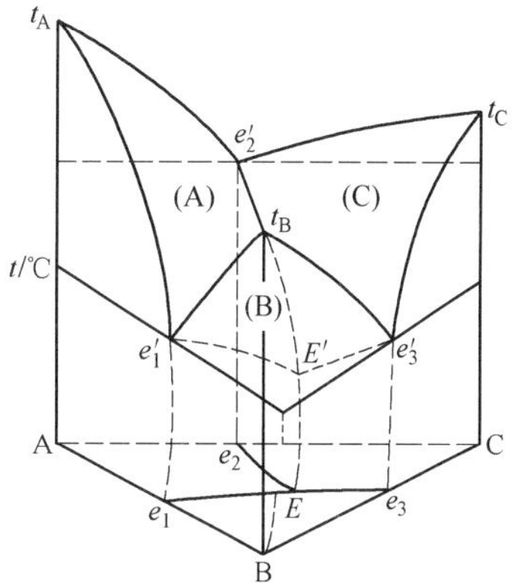

图 4-18 简单共晶体的三元立体相图

这 3 个液相面两两相交的交线，则是两组分同时从液相析出的液相线，称为二元共晶线。它乃是二元系的二元共晶点因第 3 组分加入，其凝固点不断降低的结果。此曲线上液相及两固相平衡共存（$L=S_1+S_2$），自由度为 $1(f=3+1-3=1)$，它是随温度的降低而下降的。这 3 条二元共晶线最后交于 E'点，是 3 组分同时从液相析出的所谓三元共晶点。此点是四相平衡共存（$L=S_1+S_2+S_3$）点，自由度为零（$f=3+1-4=0$），称为无变量点，它是体系的最后凝固点。

上述的空间相图能直观而完整地示出三元系的相平衡关系，但绘制和应用起来均不太方便。所以，多将立体相图中的液相面、二元共晶线、三元共晶点等相图的结构组成单元垂直投影到浓度三角形面上，使空间的相平衡关系转移到平面上来。如图4－19所示。

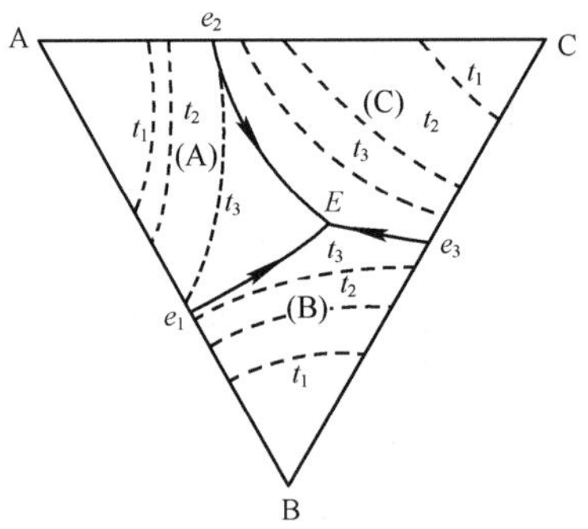

图4－19 上图的平面投影相图

图4－18和图4－19中，Ae_2Ee_1、Be_3Ee_1、Ce_3Ee_2面分别为A、B、C组分的初晶面，即它们的液相面的投影；e_1、e_2、e_3为二元共晶点e_1'、e_2'、e_3'的投影；e_1E、e_2E、e_3E分别为$e_1'E'$、$e_2'E'$、$e_3'E'$二元共晶线的投影；E为三元共晶点E'的投影。投影线上的箭头指示温度下降的方向。

为使空间的温度坐标也能在投影图上表示出来，可用一系列间隔相同、平行于底面的等温平面去截割立体相图，再把这些等温面与立体相图中液相面、共晶线等的交线或交点投影到浓度三角面上来。这种标示有温度的投影曲线称为等温线，用虚线示出。它可说明液相面、二元共晶线等温度变化的状态。这些等温线的位置越靠近顶角，表示的温度就越高；而等温线之间相距越近，则该处液相面的温度下降率（$\partial t/\partial x$）也越大。

由于是垂直投影，只能表示液相面上的有关投影，所以对于液相面以下部分（如固相中的转变关系）就无法示出，这就需作等温线截面和多温截面来加以说明。本章只涉及液相凝固过程中的相平衡关系，故对多温图的应用不作介绍。

连接三元系平面投影图中温度相同的等温线，可绘出相图的等温截面图。如图4－20所示，等温平面t_1与A、B、C组分的液相面相交，分别得到3条等温液相线，它们

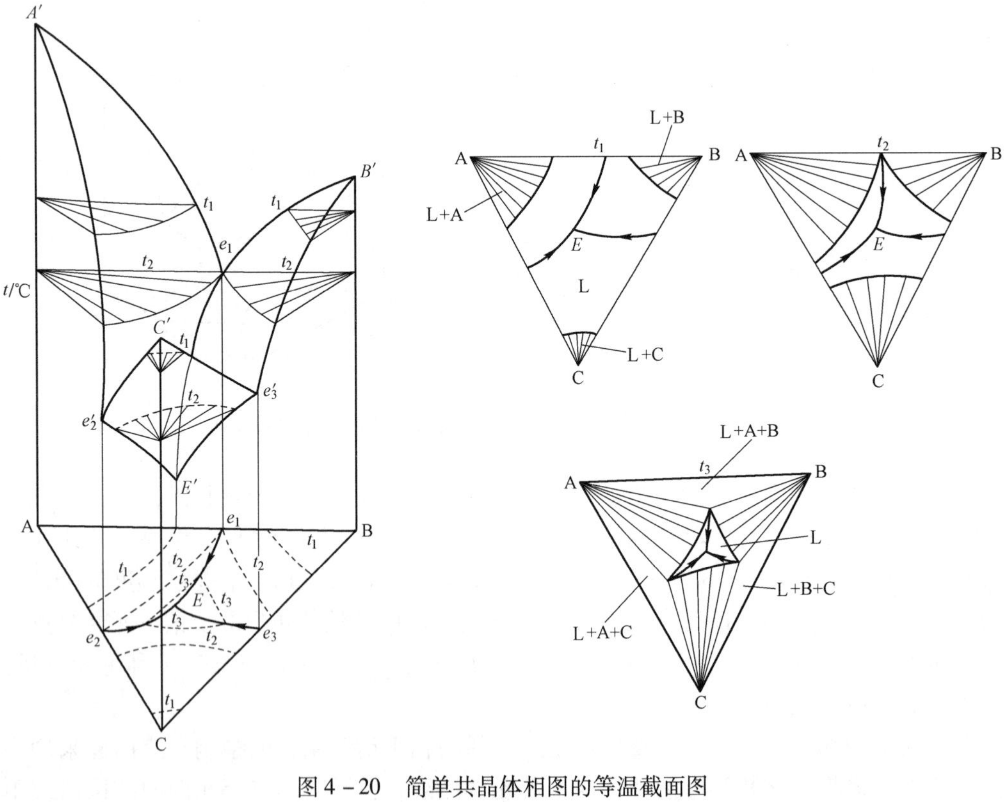

图4－20 简单共晶体相图的等温截面图

与各自析出的固相组分形成3个扇形状的二相平衡区（L+A、L+B、L+C），其中绘有从各顶角发出的射线，表示固相组分与液相平衡共存的结线。3条等温线之间的面区是液相区，其中绘有3条二元共晶线及三元共晶点的投影，表示它们出现在此 t_1 温度之下。

等温面 t_2 低于等温面 t_1，而恰在A－B二元共晶点处，因此，A、B组分液相面的等温线与A－B二元系的共晶点相交。等温面 t_2 与3个液相面相交，同样形成了3个扇形状的两相平衡区，但在此温度下，相图的剩余液相区比 t_1 的液相区有所缩小。

等温面 t_3 又低于等温面 t_2，它不仅与3个液相面相交，而且也与3条二元共晶线相交，交线与相应的顶角构成两相区，用结线示出。等温面与二元共晶线的交点和其两旁相邻的两顶角（固相组分）构成三相区（L+A+C、L+A+B、L+B+C），用三角形表示。等温线围成区则是剩余的液相区，其内有部分二元共晶线及三元共晶点的投影，它们出现在 t_3 温度以下。

因此可以看出，液相区与两相区的接界是曲线，液相区与三相区的接界是点，两相区与三相区的接界是直线。相邻相区的相数相差一个，这是接界规则。

利用由等温线相连作出的等温截面图，可以了解指定温度下，体系所处的相态及组成改变时体系相态的变化，从而可对熔渣的状态及性质进行控制。

4.2.2 三元系相图的基本类型

根据组分间形成的化合物的性质（同分熔化化合物或异分熔化化合物）及组分在液相，特别是固相中溶解情况的不同（完全不互溶、部分及完全互溶等），可将三元系相图分为多种基本类型。这些基本类型的相图相互组合，就构成了实际体系中复杂的三元系相图。下面介绍冶金中常出现的几种基本类型的相图。

4.2.2.1 具有简单三元共晶体的相图

前面已经大略地介绍了此类相图。它是三组分中两两形成二元共晶体构成的三元共晶系相图，因为三组分在液相时完全互溶而在固态时完全不互溶，形成了具有一定熔点及组成的三元共晶体。它的构成单元（面、线、点）的意义已在前面介绍过了，现仅将相图中某些有代表性的物系点的结晶过程加以说明。图4－21所示为此相图中组成为 O_1、O_2、O_3、E 物系点的结晶过程及冷却曲线。

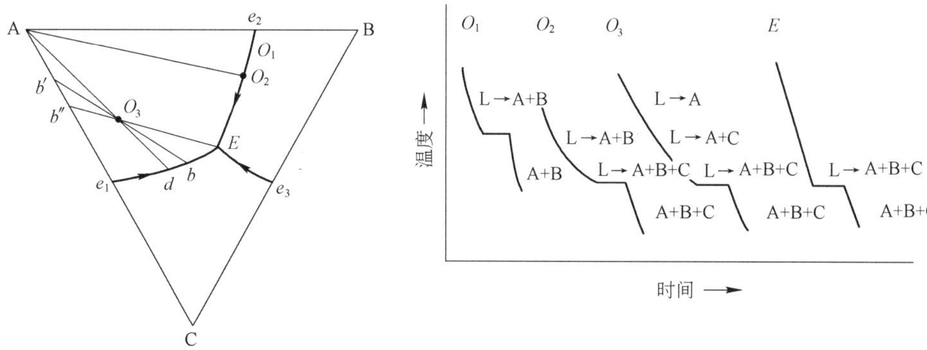

图4－21 共晶体相图的结晶过程及冷却曲线

(1) O_1 点。它位于 A－B 二元共晶点的组成（e_2）处，仅当温度下降到此处时，才开始析出 A－B 共晶体。析晶过程中温度保持不变，所以冷却曲线上出现了水平线段。当析晶结束时，温度才继续下降。

(2) O_2 点。它位于 A－B 二元共晶线上，仅当温度下降到此点所在的等温线所标示的温度时（图中未绘出等温线），才开始析出 A－B 二元共晶体。此时冷却曲线上出现折点。温度不断下降时，A－B 二元共晶体不断析出，液相成分沿 e_2E 线上的 O_2E 方向移动。当温度及相应的液相达到 E 点时，开始析出三元共晶体 A－B－C。冷却曲线上又出现了水平线段，结晶过程在 E 点结束。

(3) O_3 点。此点是组分 A 所在的初晶区内的物系点，其结晶过程比前种情况要复杂些。为便于说清楚，现引用了图 4－22。如图所示，O_3 点的液相冷却到组分 A 液相面上的 a 点时，开始析出晶体 A；温度继续下降，液相将沿 a 点和 A'A 垂线所在平面与此液相面的交线 $A'abc$ 的 abc 段移动，不断析出 A，而 abc 是等比例线，所以当 A 析出时，其他两组分浓度之比在液相中保持不变；达到 $A'abc$ 线与 $e_1'E'$线的交点 c 后，将沿 $e_1'E'$线的 cE' 段移动，不断析出二元共晶体 A－C；最后在 E'点析出三元共晶体 A－B－C。

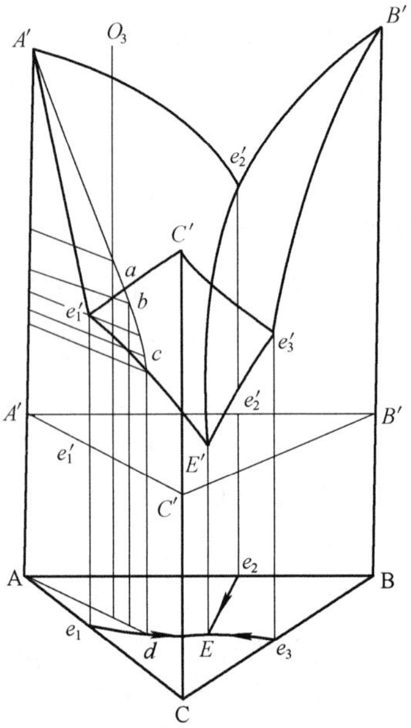

图 4－22 共晶体相图中 O_3 点的结晶过程

现在再从立体相图的投影图来分析 O_3 点的结晶过程。O_3 点位于组分 A 的初晶区（见图 4－21），在温度下降到其所在的等温线所示的温度时，开始析出 A；然后沿 AO_3 连线的延长线移动，不断析出 A（背向规则）；温度下降到此延长线与二元共晶线 e_1E 的交点 d 时，开始析出二元共晶体 A－C；液相再沿 e_1E 线的 dE 段移动，不断析出此二元共晶体 A－C；液相到达 E 点时，析出三元共晶体 A－B－C。

(4) E 点。此点位于三元共晶点，仅当温度下降到固相面的温度时，才开始直接析出三元共晶体，故冷却曲线上仅出现水平线段。

在液相结晶过程中，按照前述的直线规则，原物系点、液相点及析出的固相点共线，因而连接每一瞬间的液相点与原物系点的直线，其与三角形一边的交点即是与液相点平衡的固相点。例如，图 4－21 中 bO_3b'结线、EO_3b''结线，A、b'、b''点分别为与液相点 d、b、E 平衡的固相点，其组成可从 AC 边的分度点读出。液相及其析出的平衡固相的量可由杠杆原理计算，例如，对于 bO_3b'，则有

$$\text{液相量 } m_b = \frac{O_3b'}{bb'} \cdot m, \quad \text{固相量 } m_b' = \frac{O_3b}{bb'} \cdot m$$

式中 m——原物系 O_3 的质量。

在结晶过程中，液相成分变化的途径是 $O_3 \to d \to b \to E$，固相成分变化的途径是 $A \to b' \to b'' \to O_3$。

4.2.2.2 具有一个稳定二元化合物的相图

如图 4－23 所示，三角形 AC 边上形成了一个稳定的二元化合物 A_mC_n，用 D 表示其组

成点。它是体系相组成的组分之一，形成了两个相邻的二元共晶体分相图，即 A－D 系和 C－D 系。向 A－D 系及 C－D 系中加入组分 B，随着其量的增加，液相的凝固点下降，$D'e'_4$ 及 $D'e'_1$ 液相线扩展为液相面 $D'e'_4E'_2e'_3E'_1e'_1$，这就是化合物 A_mC_n 的液相面，其投影面为 $e_4E_2e_3E_1e_1$，是化合物的初晶区。而化合物的组成点 D 在其初晶区内。这是二元稳定化合物在相图中的特点。

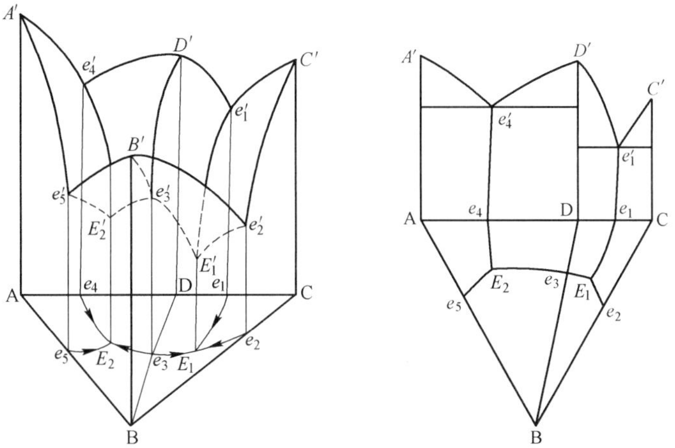

图 4－23 具有一个稳定二元化合物的相图

因此，在投影图中有四个初晶区（A、B、C 及 D 组分的析出区），而两相邻的初晶区相交得到 5 条二元共晶线（e_1E_1、e_2E_1、e_5E_2、e_4E_2、E_2E_1），其中相邻 3 条二元共晶线相交，分别形成了两个三元共晶点（E_1、E_2）。e_3 是 B－D 二元系的二元共晶点，同时又是 B、D 组分点的连线与 B、D 相的平衡分界线 E_1E_2 的交点。在 E_1E_2 线上，e_3 是温度的最高点；而在 De_3B 线上，它却是温度的最低点（可参见该图的立体相图，更易了解），所以 e_3 点称为鞍心点（温度最高规则，即罗策布规则）。

若体系的物系点位于某分三角形内，其结晶过程就在该三角形内进行。

4.2.2.3 具有一个不稳定二元化合物的相图

如图 4－24 所示，三角形 AB 边的 A－B 系内形成了一个不稳定化合物 A_mB_n，其组成点用 D 表示。在 A－B 二元系内，若组成点位于 Ap'_2 段内，液相冷却到液相线 $A'p'_1$ 时，开始析出 A；温度不断下降，液相成分沿$A'p'_1$线达到p'_1时，先析出的 A 在此温度下与组成为p'_1的剩余液相进行转熔反应：$L_{p'_1}+A = A_mB_n$，形成了 A_mB_n。p'_1点称为转熔点。当有第三组分（如 C）加入并且其量不断增加时，此二元转熔点将不断下降，变为二元转熔线 p'_1P'。在此线上两固相与液相平衡共存，自由度为 1。当达到 p'_1P'线与二元共晶线 e'_2E'的交点 P'时，出现转熔反应：$L_{P'}+A = A_mB_n+C$，即组成为 P'的液相与先析出的组分 A 反应，形成固相化合物 A_mB_n 及组分 C，因为 P'点位于△ADC 外的交叉位上，它们的相平衡关系服从交叉位规则。P'称为三元转熔点，是 4 相共存，自由度为零，故是无变量点。p'_1P'线的投影线是 p'_2P，也称二元转熔线。P'的投影则是 P 点，是相图中的三元转熔点。

又由 A－B 二元系相图可见，体系组成点位于 p'_2B 段内的液相冷却后，在液相线 $p'_1e'_3$ 上将直接析出 D（即 A_mB_n），这是因为在此温度下此化合物能稳定存在，故冷却后能直接

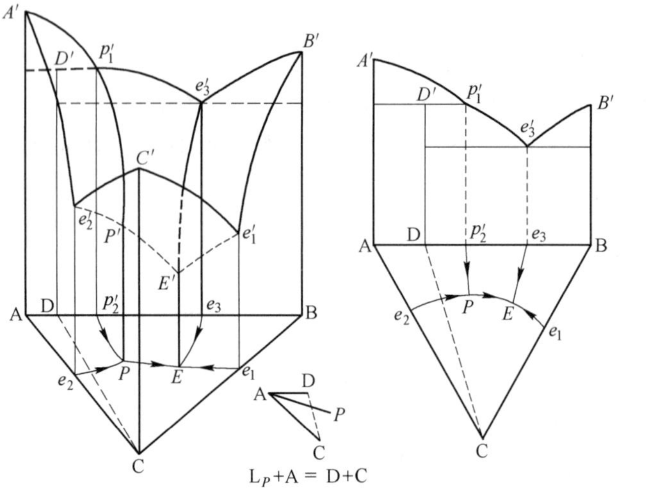

图 4－24　具有一个不稳定二元化合物的相图

从液相中生成并析出。液相线 $B'e_3'$ 将析出 B，而剩余液相在共晶温度下形成二元共晶体 D－B。当有第 3 组分加入时，$p_1'e_3'$ 及 $B'e_3'$ 液相线分别扩展为 D 及 B 组分的液相面 $p_2'PEe_3$ 及 e_3Ee_1B（投影面），而 e_3E 线为二元共晶点 e_3' 扩展的 $e_3'E'$ 二元共晶线的投影线，E 为 E' 的投影点，它的相平衡关系是：$L_E = B + D + C$。

由于此化合物是异分熔化化合物，当加热至未达到其熔点之前就分解了，所以在液相中不能存在，因此不能作为体系相组成的组分。从而规定 D 点与其对应顶角组分不用实线而用虚线连接，以示原三角形不能划分为两个独立的三角形或分相图。因为 D 的液相面（直接析出 D）低于 D 存在的最高温度，所以 D 点位于其初晶区之外。这是不稳定二元化合物存在的相特点。

图 4－24 中 p_1' 点的位置高于 e_3' 点，所以三角形中三元转熔点 P' 就高于三元共晶点 E'，而 PE 线上指示温度下降的箭头应指向 E 点。位于△ADC 内的物系点应在 P 点最后凝固，结晶产物是 A＋D＋C，因为经过转熔反应后液相无剩余。位于△BDC 内的物系点，经过转熔反应后液相有剩余，将经过 D 的初晶区，继续析出 D，最后在 E 点凝固。

下面分析几个有代表性物系点的结晶过程，如图 4－25 所示。

（1）O_1 点。此点位于 A 的初晶区内，但在△ADC 之内。液相冷却后，沿 $O_1O_1^1$ 段析出 A；到达 e_2P 线的 O_1^1 时，开始析出二元共晶体 A－C；而后再沿 O_1^1P 段向 P 点移动，不断析出 A－C；最后在 P 点进行转熔反应：$L_P + A = D + C$，析出 D＋C。而结晶在 P 点结束，最终组成的相为 A＋D＋C。

（2）O_2 点。此点位于 A 的初晶区内，仍在△ADC 内。液相冷却后，沿 $O_2O_2^1$ 线析出 A；到达二元转熔线 $p_2'P$ 的 O_2^1 点时，开始进行转熔反应：$L_{O_2^1} + A = D$，形成及析出 D；然后沿 O_2^1P 线继续进行转熔反应，不断析出 D；最后达到三元转熔点 P，进行转熔反应：$L_P + A = D + C$，析出 D＋C。因为 O_2 点位于△ACD 内，所以 P 点是结晶终点，而最后组成的相是 A＋D＋C。

（3）O_3 点。此点位于 A 的初晶区内，但却在△ADC 右侧的△DCB 内。液相冷却后，

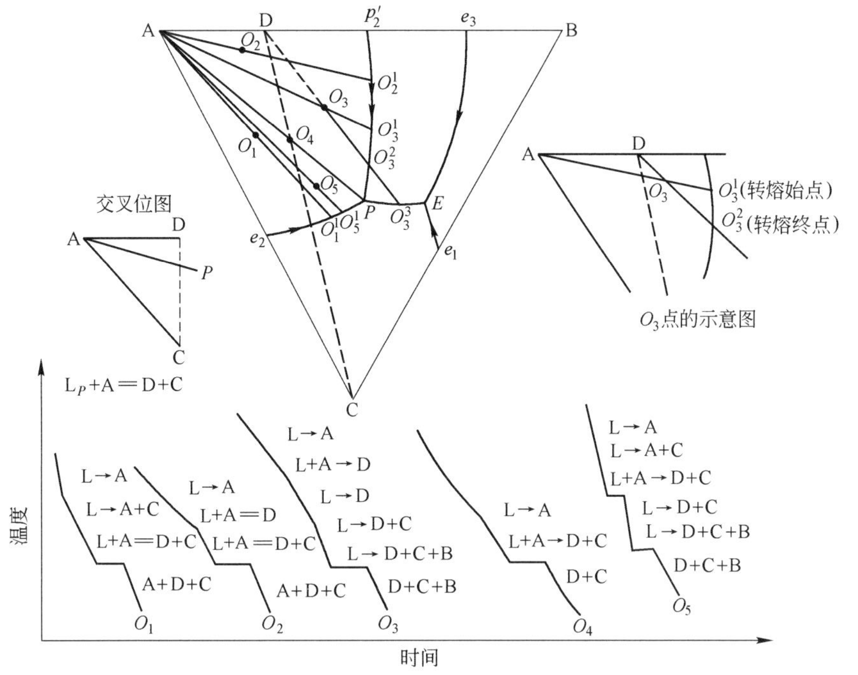

图4－25　具有二元不稳定化合物的相图物系点的结晶过程及其冷却曲线

沿 $O_3O_3^1$ 段析出 A；到达 $p_2'P$ 线上时，进行转熔反应：$L_{O_3^1}+A=D$，析出 D。由于 O_3 点位于△DCB 内，其内的 A、B 浓度比小于 D 内的 A、B 浓度比，所以只能在 $O_3^1O_3^2$ 段内进行转熔，转熔完毕后先析出的 A 被消耗完，而液相却有剩余。此剩余的液相在温度下降时应析出 D，因而液相将沿 DO_3 连线在 D 的初晶区（$p_2'PEe_3$）内的延长线 $O_3^2O_3^3$（由 D 点作的 B、C 的等比例线）移动而析出 D，然后再沿 O_3^3E 段析出二元共晶体 D－C，最后在 E 点析出三元共晶体 D－B－C。因此，$O_3^1O_3^2$ 段是此物系的转熔段，O_3^1 是其始点，它是物系点 O_3 与顶角 A 的连线在 $p_2'P$ 线上的端点；而 O_3^2 是其终点，它是物系点 O_3 与 D 点的连线在 $p_2'P$ 线上的交点。最终组成的相是 D＋C＋B。

（4）O_4 点。此点位于 A 初晶区内的 DC 线上。液相在 O_4P 段析出 A，而在 P 点转熔（$L_P+A=D+C$）后，A 与 L_P 同时消耗完，析出 D＋C，最后的组成相为 D＋C。

（5）O_5 点。此点在 A 的初晶区内的 DC 线右侧。液相冷却后在 $O_5O_5^1$ 段析出 A，在 O_5^1P 段析出二元共晶体 A－C，而在 P 点进行转熔（$L_P+A=D+C$）。转熔后由于液相有剩余，其将沿 PE 段析出二元共晶体 D－C，最后在 E 点析出三元共晶体 D－C－B。最后相的组成是 D＋C＋B。

由以上分析可见，当转熔反应完毕后，如液相有剩余，结晶过程就会在 D 的初晶区内延续进行，而结晶终点在 E 点，这一现象称为穿相区现象。穿过 D 初晶区的液相组成变化的途径是，物系点与 D 点连线在其内的延长线。凡是位于 A 初晶区内的 DP 连线右上侧的物系点，在结晶过程中都会出现这种穿相区现象。

图4－25 中还绘有上列各物系点的冷却曲线，参照它们可以明了各物系点在结晶过程

中的相平衡关系。

图中其他初晶区内物系点的结晶过程与前面的第 1 种类型相同，不再做介绍。

4.2.2.4* 二元化合物稳定性变化的相图

某些物质构成的三元系中的二元化合物，其稳定性可因温度或第 3 组分的出现在一定范围内发生变化，因而相界线的析晶性质与其组分相点的相对位置和相界线的形状有关，进而会使二元化合物的稳定性发生变化：稳定性⇌不稳定性。二元化合物稳定性变化的相图有以下两种类型。

A 具有高温稳定、低温分解的二元化合物的相图

如图 4-26 所示，二元化合物 D 在温度高于 t_F 时稳定存在，而在低于 t_F 时则分解成 A 及 B 相。D 的初晶区位于 AB 线侧，而其组成点则在其初晶区内。当 D 冷却到 t_F 以下时出现分解，形成 A 和 B 的共晶体，而液相的组成则沿 t_FE 线移动，不断析出此二元共晶体，到 E 点形成三元共晶体 A-B-C。因此 t_F 点是 D 在三元系中的分解点，而不是三元共晶点。

B 具有高温分解、低温稳定的二元化合物的相图

如图 4-27 所示，D 在低于 t_F 时才能稳定存在，而在高于 t_F 时则分解为 D 及 C 相，其初晶区 $E_1E_2t_F$ 位于△ABC 内，而其组成点则在其初晶区之外。液相冷却后，析出二元共晶体 B-C。液相组成沿 e_1t_F 线移动。当温度达到 t_F 时，发生转熔反应：L+B═D。由于 D 是异分熔化化合物，位于其旁边的相界线的析晶性质则有较复杂的变化。临近 D 点的一段为转熔线，离 D 点较远的一段为共晶线。其分界点为曲线上的 K 点，可由切线规则（见后述）确定，即可以 D 点向此相界线 E_2t_F 作切线，其交点即为 K（析晶性质划分点）。E_2K 段为共晶线，因此段相界线上各点所作切线交于 BD 段内。Kt_F 段为转熔线，因此段相界线上各点所作切线交于 BD 段之外。t_FE_1 为二元共晶线（L═D+C），E_1 为三元共晶点（A-D-C），E_2 为三元共晶点（A-B-D）。

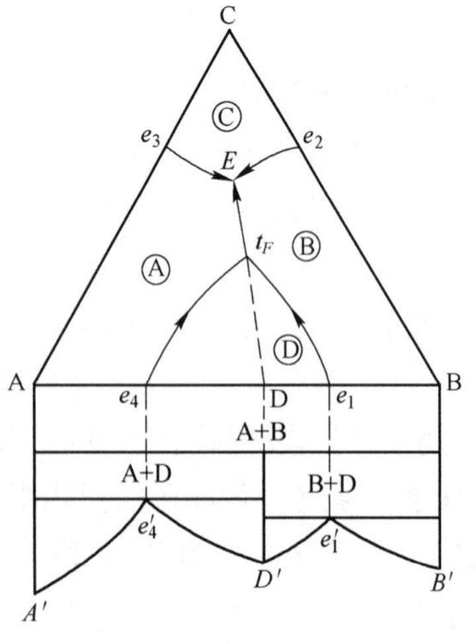

图 4-26 高温稳定、低温分解的二元化合物的相图

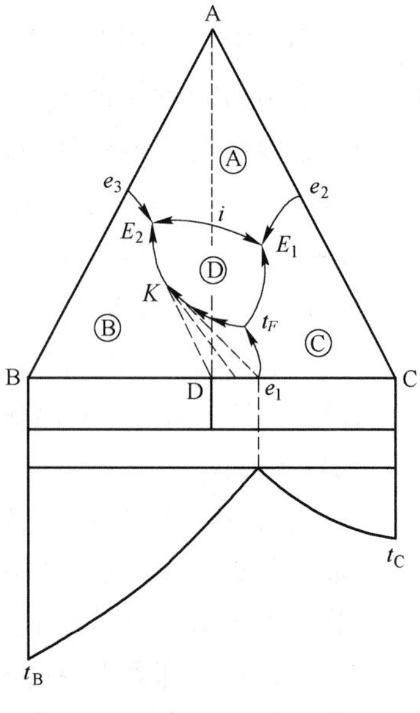

图 4-27 高温分解、低温稳定的二元化合物的相图

4.2.2.5 具有稳定三元化合物的相图

如图4-28形成的稳定三元化合物 $A_mB_nC_p$ 位于三角形内，用D表示其组成点。因为它在任何温度下均稳定存在，所以是此三元系相组成的组分。图中有其初晶区，而此化合物的组成点则位于其内。此化合物组分可和任意两组分分别形成3个三元共晶体，并可和任意一组分形成3个二元共晶体，因此，形成了如图4-28所示的3个具有共晶体的分相图，即A-C-D系、B-C-D系、B-A-D系。E_1、E_2、E_3 分别是它们的三元共晶点，而 e_1、e_2、e_3 等是二元共晶点，曲线为二元共晶线。

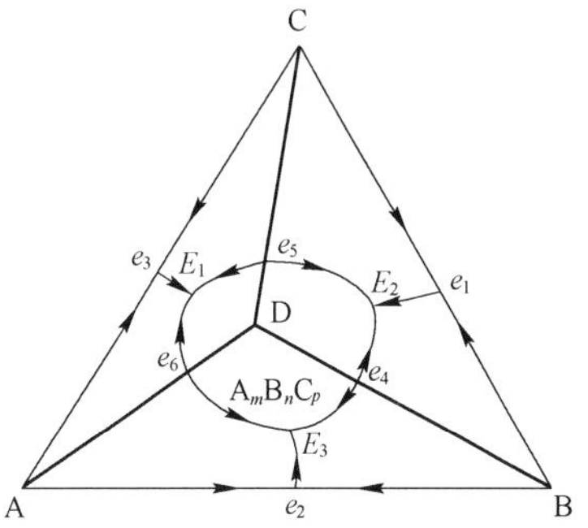

图4-28 具有稳定三元化合物的相图

4.2.2.6* 具有不稳定三元化合物的相图

图4-29所示为这类相图的几种类型。

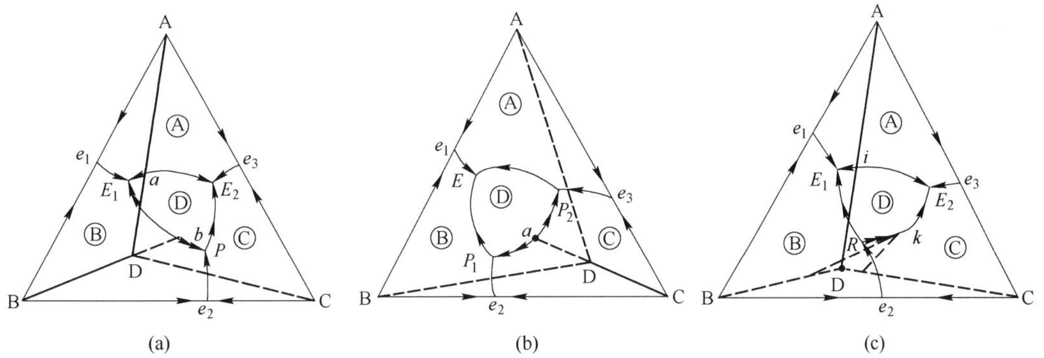

图4-29 具有不稳定三元化合物的相图

图（a）中，三元化合物D的组成点位于其初晶区之外，P 是三元转熔点（L+B ══ D+C），PE_1 是三元转熔线（L+B ══ D）。BD延长线通过 PE_1 段的最高点 b，DA连线同样也通过 E_1E_2，连线的最高点 a，而DC连线不通过最高点。E_1、E_2 分别为△ABD及△ACD内组成点的结晶终点，而△BCD内组成点的结晶终点则是 P。

图（b）中，E 是三元共晶点（A-B-D），P_1 及 P_2 在分三角形△BCD及△ACD之外，是三元转熔点：

$$L_{P_1} + C \Longrightarrow B + D, \quad L_{P_2} + C \Longrightarrow A + D$$

图（c）中，R 与A、D、C点不能构成交叉位，而D在△BRC内是重心位。R 是转熔点（双转熔）：

$$L_R + B + C \Longrightarrow D$$

4.2.2.7* 具有包晶体及固溶体的相图

图4-30为具有包晶体和液、固相均完全互溶的三元相图。其中，B-C为完全互溶的二元系，其在三角面内无相界线绘出。ⓐ是B-C固溶体的初晶面。e_1（L ══ D+α）、e_2（L ══ A+B）都是共晶点。固溶体（α）的组成是随液相的组成而变化的，图中用结线

（aa'、bb'、cc'、PP'）示出（由实验测取）。pP 是转熔线（L＋A ══ D），P 是四相点，发生了包晶反应（L＋D ══ A＋α_P）。当反应结束时，若原物系在 AP'右边，则液相（L_P）消失；若原物系在 AP'左边，则 D 消失。

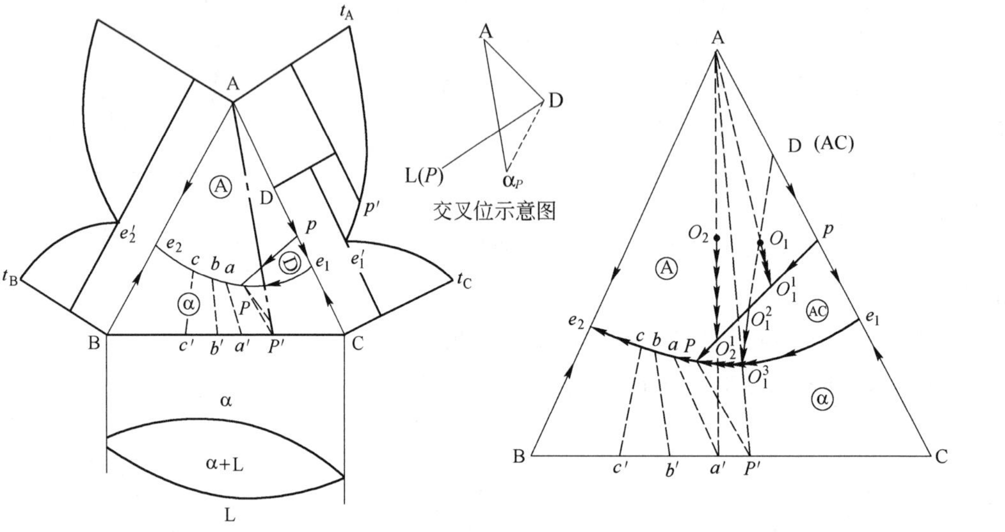

(a) (b)

图 4－30 具有包晶体及固溶体的相图

物系的结晶过程变化如图 4－30（b）所示。

（1）O_1 点。此点位于 A 的初晶区上部，冷却至 O_1 对应温度的初晶面时析出 A，液相组成沿 $O_1 \to O_1^1$ 变化；至 O_1^1 时开始出现包晶反应（L＋A ══ D），液相组成沿 $O_1^1 \to P$ 变化；达到 O_1^2（它是 DO_1 连线的延长线与 pP 连线的交点）时，按等比例规则，将继续沿 DO_1^2 连线在 D 的初晶区内的延长线 $O_1^2O_1^3$ 移动，析出 D；达 O_1^3 点时，发生同时析出 D－α 的共晶反应（L ══ D＋α）；组成再沿 $O_1^3 \to P$ 变化，至 P 点时发生三元包晶反应（L＋D ══ A＋$\alpha_{P'}$）。因为物系点 O_1 在 AP'右侧，所以反应结束时液相消耗完，仅剩下 A、$\alpha_{P'}$及 D 3 相。温度再下降，仅是它们继续冷却下去，无相变出现。

（2）O_2 点。此点位于 A 的初晶区上部，冷却至 O_2 对应温度的初晶面时析出 A，液相组成沿 $O_2 \to O_2^1$ 变化；至 O_2^1 时开始出现包晶反应（L＋A ══ D），液相沿 $O_2^1 \to P$ 变化，直至 A 消耗完（因 O_2 点在 AP'线左面）。残留的液相不断析出晶体（A－α）。液相组成沿$P \to e_2$ 变化，达到 a 点时，与之平衡的 $\alpha_{a'}$与 O_2、A 三点共线，液相已消耗完。温度继续下降，将是 A 及 $\alpha_{a'}$的冷却过程。

4.2.2.8* 有固溶体形成的相图

图 4－31 为完全互溶、形成连续固溶体的三元相图，

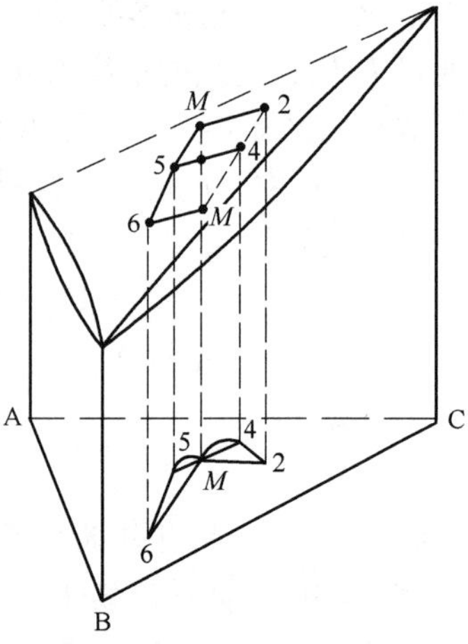

图 4－31 完全互溶、形成连续固溶体的三元相图

它是此类型相图中最简单的一种。其液相面为凸出的形状，固相面为凹下的形状，两曲面之间为固溶体与液溶体平衡共存。冷却时，液相组成和固相组成分别在其面上对应移动，但它们在两曲面上移动的途径并不一定在同一垂直面内，因而两条曲线在三角形面上的投影也是两条与原物系组成点的投影点相连的曲线。一条代表凝固过程中液相组成的变化，如图中曲线 $M-5-6$；另一条代表凝固过程中固相组成的变化，如曲线 $M-4-2$。如冷却过程非常缓慢，使结晶过程的每一瞬间固、液两相都能达到平衡，则完全冷凝后固相成分与 M 点相同。但实际上，由于固相扩散非常缓慢，难以达到平衡。但如果结晶过程的每一瞬间都能达到平衡，则每一瞬间固、液两相的量比服从杠杆原理，即 $w(\mathrm{L})/w(\mathrm{S})=4-M/5-M$。

4.2.2.9* 具有多晶型转变的相图

如图 4－32 所示，组分的多晶型转变用等温线示出，晶型转变就沿着这些等温线进行。当温度降低时，出现了 αC→βC 或 αB→βB→γB 晶型转变。γB 与组分 A 在 e_1E 线上形成二元共晶体。图中的晶型转变是在温度高于共晶点时发生的。如果转变温度低于共晶点，则图中不能反映出这种转变。

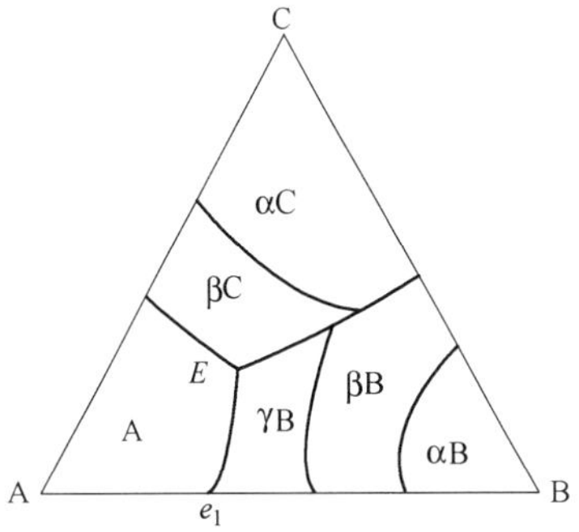

图 4－32 具有多晶型转变的相图

4.2.2.10 具有一个液相分层区的相图

液相的分层现象在三元系中也常出现。如图 4－33 所示，在 A－B 二元系中出现了分溶曲线 $a'k'b'$，当第 3 组分加入时，就在三角形面上形成了一个向内扩展的曲面半圆锥体。这是 A－B－C 三元系在液相时形成两个有限互溶的液相 L_1、L_2 的共存区，其外则是 L_1 或 L_2 的单相区。平行于底面的等温面 k 与锥形曲面的交线在底面的投影线为 akb（弧形区）。温度升高时，两共存液相 L_1、L_2 的饱和溶解度增大而逐渐靠近，出现上临界点 k，而各等温面的弧形区也逐渐缩小。组分 C 的浓度增加时，也有此同样效应，即使 L_1 及 L_2 的饱和

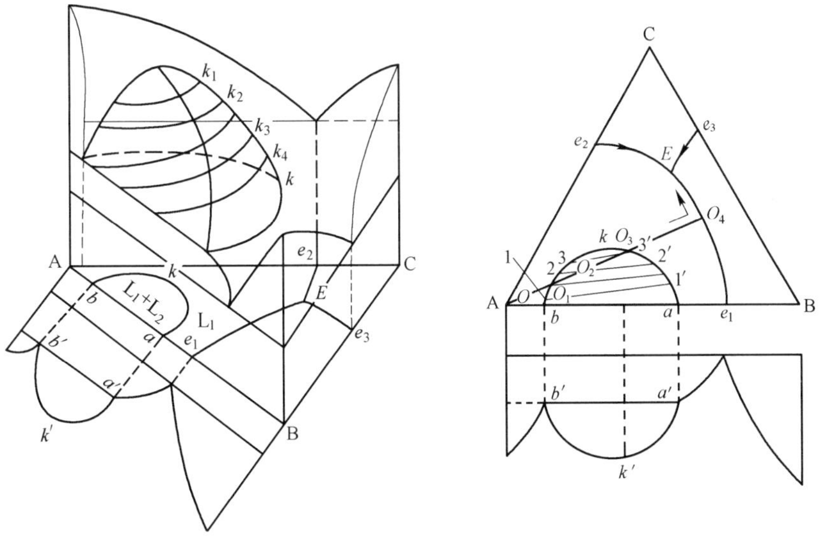

图 4－33 具有一个液相分层区的相图

浓度增大而达到相同值。此两液相共存区内，两液相的组成由一系列实验测定的斜结线示出，如 1－1′、2－2′等。由于组分 C 在两液相中的分配比不一定相同，这些结线不一定和 AB 边平行。

位于单相区（A）内的物系点 O 的液相冷却时，沿 AO 线的延长线背向移动，在 OO_1 段析出 A；达 akb 曲线上的 O_1 点时，发生偏晶反应 $L_{O_1} = L_{O'_1} + A$，使液相分离成 L_{O_1} 及 $L_{O'_1}$ 两个液相，其成分为 1 及 1′点，同时继续析出 A。温度再下降时，不断析出 A，而两液相的成分分别沿 akb 曲线变化，在 O_1 点时由线 1－1′示出，在 O_2 点时由结线 2－2′示出；到达 O_3 点时由结线 3－3′示出，这时 L_{O_3} 消失，体系只剩下 $L_{O'_3}$ 及 A。再继续冷却，在 O_3O_4 段内析出 A，而在 O_4E 段析出二元共晶体 A－B，最后在 E 点析出三元共晶体 A－B－C。

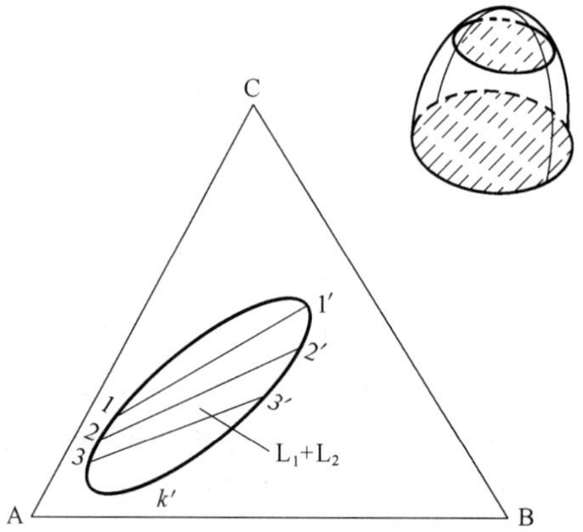

图 4－34　形成两液相平衡共存的环形区的分层相图

图 4－34 为形成两液相平衡共存的环形区的分层相图。在 A－B 系内 C 组分的浓度增加到某值时，分溶曲线的两边就不断靠拢，即两液相的饱和溶解度不断增大，最后达到相同，出现了下临界点 k'。这时分溶曲线就成为环形区，而位于三角形之内。其上绘有一系列结线，表示两液相组成的变化值。

4.2.3　三元系相图中相界线和无变量点的确定法（总结）

三元系相图的构成单元是面（初晶面）、线（二元共晶线及二元转熔线）、点（三元共晶点及三元转熔点）。

初晶面是体系的组分及其化合物初次析出的相区，组分及同分熔化化合物的组成点位于其初晶区内，而异分熔化化合物的组成点则落在其初晶区之外。

线是初晶面的分界线（即相变反应线），或称相界线，在此线上液相和两固相平衡共存，但有两种不同的反应或析晶性质：

共晶线　　$L = S_1 + S_2$

转熔线　　$L + S_1 = S_2$

相界线的析晶性质与其组分相点的相对位置和相界线的形状有关，因而会使二元化合物的稳定性发生变化。例如，稳定的二元化合物越过相界线时，可变为不稳定化合物（见图 4－35（a））；相反，不稳定化合物也可变为稳定化合物（见图 4－35（b）），因而相关的相界线的析晶过程也就发生了改变。为了判断相界线的这种性质，可从相界线上该点作一切线，其与三角形边上该相界线的组分点的连线相交，如此交点位于此两组分点连线的延长线上，则相界线上该点液相的析晶具有转熔的关系：L＋A＝AB（见图（a））；如交点位于此两组分点连线之间，则具有共晶的关系：L＝A＋AB（见图（b））；如交点恰好在两组分点之一处，则相界线上该点为共晶⇌转熔的分界点。因此，为求相界线性质的分界点，可从两组分点之一向相界线作切线，得到切点 K，图（a）中 e_1K 段为共晶线，KP 段为转熔线；图（b）中 e_1K 段为转熔线，KE_1 段为共晶线，这种方法称为切线规则。

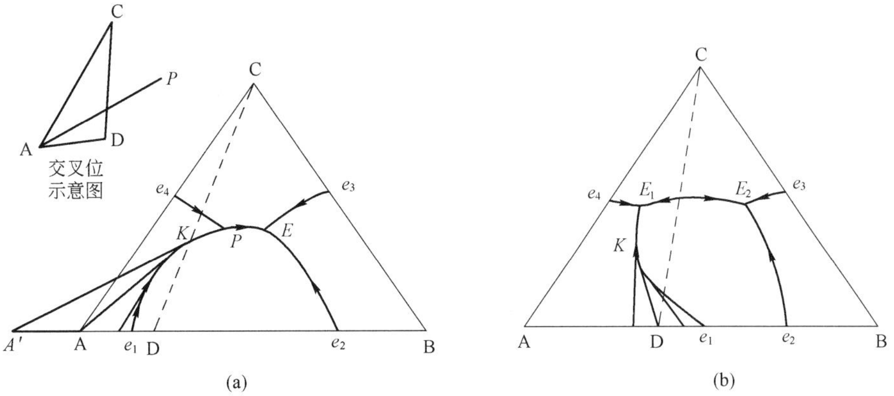

图 4-35 判断相界线性质的切线规则

(a)由稳定的 AB(共晶)转变为不稳定的 AB(转熔);(b)由不稳定的 AB(转熔)转变为稳定的 AB(共晶)

点是无变量点，在此点处液相和 3 个固相平衡共存，但也有两种不同的析晶性质：

共晶点 $L = S_1 + S_2 + S_3$

转熔点 $L + S_1 = S_2 + S_3$

这取决于该无变量点位于各平衡固相点所构成的三角形之内或其外的位置。位于该三角形内重心位的是三元共晶点，3 条相界线上有指示温度下降方向的箭头指向此无变量点，如图 4-35(a)中的 *E* 点。位于该三角形外交叉位的则是三元转熔点，3 条相界线中的两条上有指示温度下降的箭头指向该点，另一条上的箭头则指向离开该点的方向，如图 4-35(a)中的 *P* 点。这种无变量点又称为双升点。

4.3 三元渣系的相图

实际的相图大多由两种以上的上述基本类型相图构成，其内经常包含多个性质不同（同分或异分）的二元或三元化合物，所以比较复杂。但可以根据前述的相图的基本规律及分析方法，总结出分析实际相图的方法，以帮助看图及用图。

4.3.1 实际三元系相图的分析方法

（1）判断化合物的稳定性。根据化合物的组成点是否位于其初晶区内，确定该化合物是稳定的或不稳定的。稳定化合物是体系相组成的组分。

（2）三角形划分法。按照三角形划分的原则和方法，将原三角形划分为多个分三角形。原物系点位于该分三角形内时，其结晶过程在相应的分三角形内完成，而凝固后的相成分由该分三角形 3 个顶角所表示的组分示出。不稳定化合物虽然也是凝固后的相成分，但它不能是体系相组成的独立组分，故其构成的三角形也不算是独立分三角形，而是包含在相图的基本组分构成的分三角形内，这样就可使相图的分析简单化了。三角形划分的原则如下：

1）连接相邻组分（体系的基本组分及形成的化合物）点构成三角形，稳定化合物及基本组分之间用实线连接，它们与不稳定化合物之间则用虚线连接。但不相邻初晶区的这些组成点则不能相连。

2）连线不能互相交叉，否则违背了相律原理。相邻4组成点构成的四边形（即两个相邻三角形）中有两条交叉的对角线，但仅有一条对角线上的两个固相才是平衡共存的，这可由实验方法或热力学原理确定。

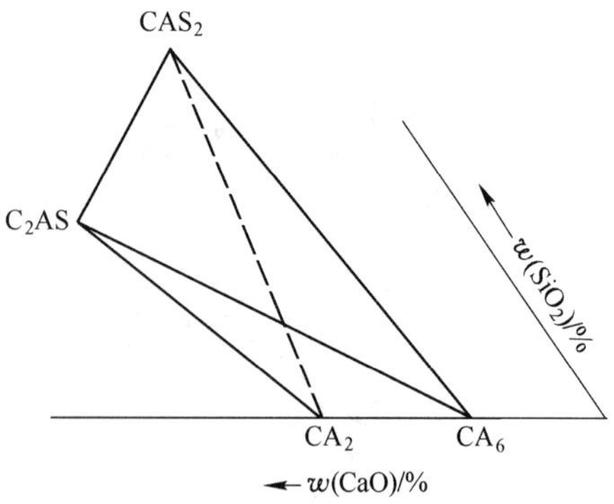

图4－36　四边形对角线不相容法确定正确的连线

【例4－1】 在 $CaO-SiO_2-Al_2O_3$ 渣系的相图内，CAS_2、C_2AS、CA_2 及 CA_6 4个相邻相的组分点可连成两个相邻三角形，构成四边形 $CAS_2-C_2AS-CA_2-CA_6$（见图4－36）。试用热力学原理证明哪条对角线是三角形划分的正确连线。

解 图4－36中，4个物质之间将出现下列化学反应：

$$2C_2AS(s)+1.25CA_6(s)=\!=\!=CAS_2(s)+4.25CA_2(s)$$

4个物质的 $\Delta_rG_m^\ominus$ 温度式为：

$\Delta_rG_m^\ominus(C_2AS,s)=-170000+8.8T$ （J/mol） $\Delta_rG_m^\ominus(CA_6,s)=-16380-37.58T$ （J/mol）

$\Delta_rG_m^\ominus(CAS_2,s)=-139000+17.2T$ （J/mol） $\Delta_rG_m^\ominus(CA_2,s)=-16700-25.52T$ （J/mol）

故

$$\Delta_rG_m^\ominus=[\Delta_rG_m^\ominus(CAS_2,s)+4.25\Delta_rG_m^\ominus(CA_2,s)]-[2\Delta_rG_m^\ominus(C_2AS,s)+1.25\Delta_rG_m^\ominus(CA_6,s)]$$
$$=150500-61.89T\quad (J/mol)$$

在此相图测定的任何温度以下，上述反应的 $\Delta_rG_m^\ominus>0$，即反应均向左进行，而 CAS_2+CA_2 能转变为 C_2AS+CA_6，即 C_2AS、CA_6 两者平衡共存，可连成一直线 C_2AS-CA_6。

3）体系中有 n 个无变量点，就有 n 个分三角形。此无变量点位于该三角形之内时是共晶点，位于其外时是转熔点，但多晶型转变的无变量点不包括在内。

4）划分出的分三角形不一定是等边三角形，但有关浓度三角形的性质仍然适用，只是不同边上的浓度分度线段不再相等了。

（3）利用切线规则确定各相界线的性质是共晶线或转熔线，分别标上温度下降的箭头及双箭头。

（4）核定无变量点的性质是共晶点（E）或转熔点（P）。前者位于其相平衡关系的分三角形内，与三顶角构成重心位的关系：$L_E=S_1+S_2+S_3$，它是结晶的终点。后者位于对应的分三角形之外，与三顶角构成交叉位的关系：$L+S_1=S_2+S_3$，它不一定是结晶的终点，视物系点在此对应分三角形之内或之外的位置而定。

（5）在结晶过程中，利用三点结线规则，即用液相点－物系点－固相点的结线，确定平衡共存相的组成及质量。

4.3.2 $CaO-SiO_2-Al_2O_3$ 渣系相图

此相图是 G. A. Rankin 及 F. E. Wright 早期多年研究测定的结果，于1911年发表后，经 Brown、Greig 做了某些修改，于 1925 年再度发表。本书采用的是 Muan、Osborn 引用关于 Al_2O_3 - CaO 及 Al_2O_3 - SiO_2 系相图的新修改部分后，又对原相图进行了某些修改后的相图（见图 4 - 37）。

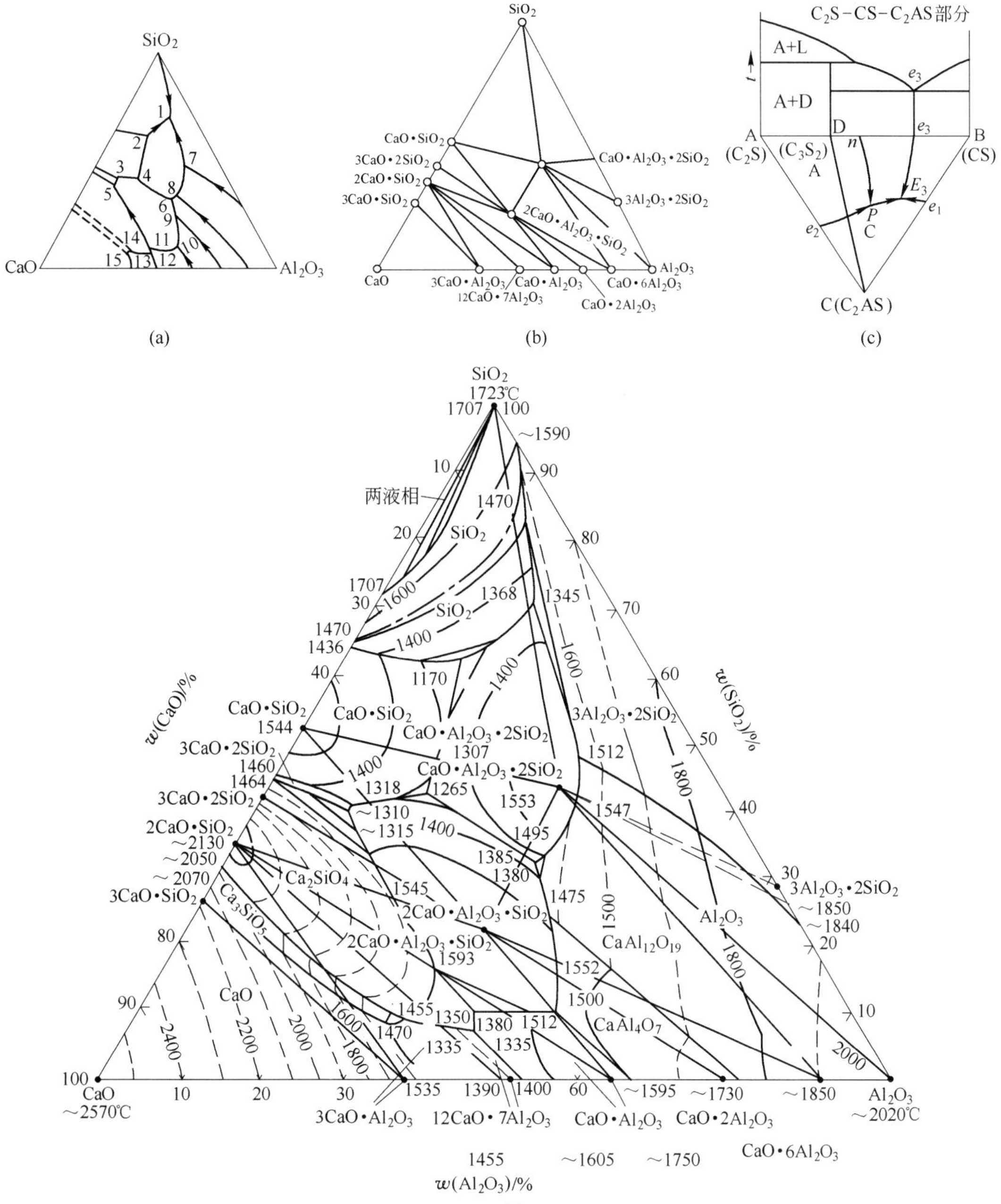

图 4 - 37 CaO - SiO_2 - Al_2O_3 渣系相图

此相图中有 10 个二元化合物（其中 5 个是不稳定的，5 个是稳定的，请见前面相应的二元相图）和 2 个三元稳定化合物（CAS_2 为钙斜长石，C_2AS 为铝方柱石）。将图中 15 个组分点连接起来，可将此相图划分为具有 15 个初晶面的分三角形，对应 15 个无变量点，其中有 8 个三元共晶点（对应 8 个独立三角形）和 7 个三元转熔点。它们与分三角形的对应关系、相平衡关系及零变点的温度见表 4－2。相图中靠近 SiO_2 组成点顶角的 SiO_2-CaO 边，有一个不大的液相分层区，由于 SiO_2-CaO 系中 Al_2O_3 的加入，该区范围大为缩小。当 $w(Al_2O_3)$ 达到约 3% 时，液相分层区即消失。SiO_2 初晶区内用“－·－”表示的曲线是 α 鳞石英⇌方英石的晶型转变线。

表 4－2　$CaO-SiO_2-Al_2O_3$ 系相图中的无变量点、分三角形及相平衡关系等

无变量点编号	对应分三角形	相平衡关系	性质	温度/℃
1	$S-CAS_2-A_3S_2$	$L=CAS_2+A_3S_2+S$	共晶点	1345
2	$S-\alpha CS-CAS_2$	$L=CAS_2+S+\alpha CS$	共晶点	1170
3	$CAS_2-C_2AS-\alpha CS$	$L=CAS_2+C_2AS+\alpha CS$	共晶点	1310
4	$\alpha CS-C_3S_2-C_2AS$	$L=\alpha CS+C_3S_2+C_2AS$	共晶点	1380
5	$C_3S_2-C_2AS-\alpha'C_2S$	$L+\alpha'C_2S=C_3S_2+C_2AS$	转熔点	1315
6	$CAS_2-C_2AS-CA_6$	$L=CAS_2+C_2AS+CA_6$	共晶点	1380
7	$CAS_2-A-A_3S_2$	$L+A=CAS_2+A_3S_2$	转熔点	1512
8	$A-CAS_2-CA_6$	$L+A=CAS_2+CA_6$	转熔点	1495
9	$C_2AS-CA_2-CA_6$	$L+CA_2=C_2AS+CA_6$	转熔点	1475
10	$C_2AS-CA-CA_2$	$L=C_2AS+CA+CA_2$	共晶点	1505
11	$\alpha'C_2S-C_2AS-CA$	$L+C_2AS=CA+\alpha'C_2S$	转熔点	1380
12	$\alpha'C_2S-C_{12}A_7-CA$	$L=\alpha'C_2S+C_{12}A_7+CA$	共晶点	1335
13	$\alpha'C_2S-C_3A-C_{12}A_7$	$L=\alpha'C_2S+C_3A+C_{12}A_7$	共晶点	1335
14	$C_3S-\alpha'C_2S-C_3A$	$L+C_3S=C_3A+\alpha'C_2S$	转熔点	1455
15	C_3S-C-C_3A	$L+C=C_3A+C_3S$	转熔点	1470

利用表 4－2 中的相平衡关系，可分析位于各分三角形内物系点的结晶过程。例如，位于 $C_2S-C_3S-C_3A$ 三角形内物系点 O 的结晶过程如下（见图 4－38）。

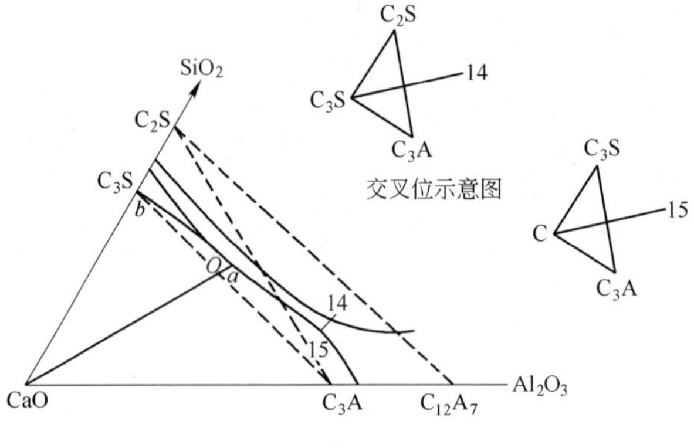

图 4－38　$C_2S-C_3S-C_3A$ 三角形内 O 点的结晶过程

因为 C_3S 和 C_3A 均是异分熔化化合物，所以 C_3S-C_3A 连线旁相界线的性质需由切线规则确定。从 C_3S 点向 C_3S 初晶区的相界线作切线，切点为 a，因此，可知 ba 段为转熔线（这段曲线上切线的交点位于 $CaO-C_3S$ 连线之外），而 $a-15$ 段为共晶线（交点在 $CaO-$

C_3S 连线内)，15 点为转熔点。物系点 O 位于△$C_2S-C_3S-C_3A$ 内，结晶终点为14 点，最终相成分为 C_2S、C_3S、C_3A。当液相冷却到 O 点时，开始析出 CaO，达到转熔线 ba 上时进行转熔反应 $L+CaO = C_3S$，直到 a 点结束。之后，剩余液相沿 $a-15$ 线进行二元共晶反应 $L = CaO + C_3S$，在 15 点又进行转熔反应 $L + CaO = C_3S + C_3A$。此后液相沿 15 - 14 线析出二元共晶（$L = C_3S + C_3A$），而在14 点又发生转熔反应 $L + C_3S = C_2S + C_3A$，此时结束。

此相图在硅酸盐的相变理论及工业上有很重要的地位。图 4 - 39 表明了各种硅酸盐材料在此三元系中的大致组成范围。利用这个相图可以确定各种硅酸盐材料的配制、选择烧制和熔化的温度，以及了解材料在冷却过程中的变化和性能，从而获得具有所需性能的材料。

例如，利用此相图能对耐火水泥成分进行选择。$CaO-SiO_2-Al_2O_3$ 系水泥主要是硅酸盐水泥，它是在 1573 ~ 1723K 温度下烧制而成的。它主要是利用 C_3S 矿相的水硬性，使水泥制品具有低温强度，而自由状态的 CaO 量增多，则使水泥稳定性不良。因此，这种水泥的配料不应选在 $C-C_3A-C_3S$ 分三角形内，而应在 $C_3A-C_2S-C_3S$ 分三角形内。C_2S 的水硬性较弱，且凝固较慢，但其熔点高。C_3A 的水硬性也较弱，但凝固较快。为保证水泥的综合性能，三者要适当配合，通常是：$w(C_3S)>60\%$，$w(C_2S)\approx 20\%$，$w(C_3A)=10\%\sim 15\%$。又如，铝酸盐水泥的成分则选在 $CA-CA_2-C_2AS$、C_2S-C_2AS-CA 或 $CA-C_2S-C_{12}A_7$ 3 个分三角形内。这是因为 CA 有较强的水硬性；CA_2 及 $C_{12}A_7$ 的水硬性则较弱，但有速凝性。因此，三者适当配合，再加上骨料，就能获得既有低温强度又有合理凝固速率的水泥。

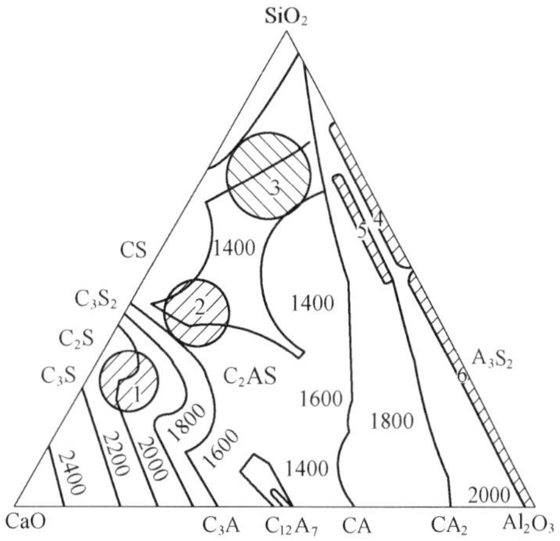

图 4 - 39 $CaO-SiO_2-Al_2O_3$ 系相图中各种硅酸盐材料的组成范围

1—硅酸盐水泥；2—高炉渣；3—玻璃；4—耐火材料；5—陶瓷；6—高铝砖、莫来石、刚玉

在冶金中，高炉渣、某些铁合金冶炼渣、铸钢保护渣、炉外精炼渣等的主要成分可归结为此渣系。

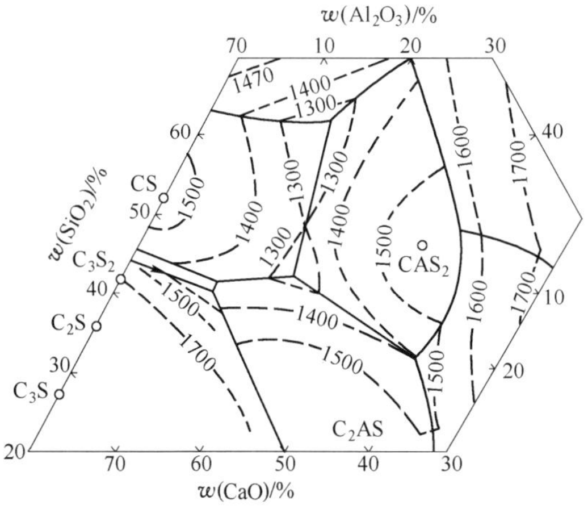

图 4 - 40 高炉渣组成范围内的局部相图

图 4 - 40 为高炉渣组成范围内的局部相图，这个组成范围是根据高炉冶炼条件（碱度、黏度、温度）确定的。由图可见，这部分相图的熔化温度不高，特别是在无变量点 3、4、5 附近。可以利用这个局部相图来调整高炉渣的组成，控制冶炼条件，使熔渣在保证各项技术经济指标下得到适宜的熔化温度，以利于冶炼的顺利进行。显然，实际高炉渣的熔点要比相图中确定的低些，因为高炉渣中还有少量能降

低炉渣熔点的其他氧化物（如 MnO、MgO 等）组分存在。

利用相图可计算某种组成的熔渣凝固后的相成分。

【例 4-2】 试计算成分为 $w(CaO)=40.52\%$、$w(SiO_2)=32.94\%$、$w(Al_2O_3)=17.23\%$、$w(MgO)=2.53\%$ 的高炉渣凝固后的相成分。

解 首先应将 4 组分的高炉渣简化成 3 组分的高炉渣。上列组成的高炉渣组分总量为 93.22%，可将 MgO 并入 CaO 内重新计算，使 3 组分之和为 100%。计算得 $w(CaO)=46.20\%$、$w(SiO_2)=35.33\%$、$w(Al_2O_3)=18.48\%$，这时才能利用三元系相图作计算。由杠杆原理及重心规则分别计算炉渣的相成分。

（1）杠杆原理法。由图 4-41 可见，上列组成的炉渣位于 $\triangle CS-C_3S_2-C_2AS$ 内的 O 点。因此，凝固后的相成分为 CS、C_3S_2、C_2AS。利用杠杆原理时，连接此三角形顶角（CS）b 和 O 点的直线与 $C_3S_2-C_2AS$ 边交于 b' 点。设炉渣质量为 100kg，3 个固相组成的质量分别为 m_{CS}、$m_{C_3S_2}$、m_{C_2AS}。在 bOb' 杠杆上分别取 b' 点和 b 点作支点，求得 m_{CS} 及 b' 点的物系质量 $m_{b'}$ 为：

$$m_{CS}=\frac{b'O}{bb'}\times 100 \quad m_{b'}=\frac{bO}{bb'}\times 100$$

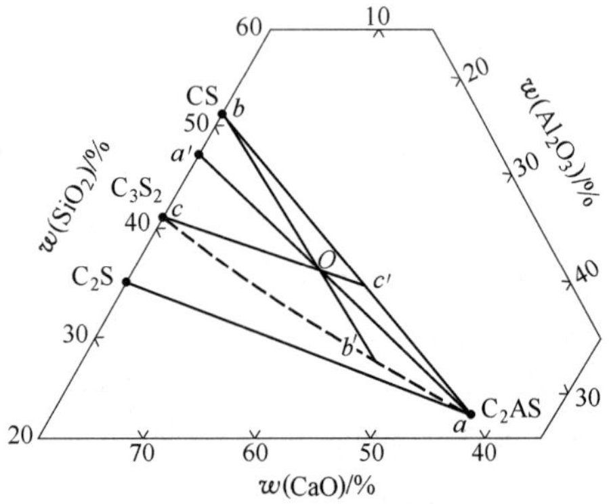

图 4-41　相成分计算图

又在 $cb'a$ 杠杆上分别取 a 点和 c 点作支点，求 $m_{C_3S_2}$、m_{C_2AS}，并代入 $m_{b'}=\frac{bO}{bb'}\times 100$ 得：

$$m_{C_3S_2}=\frac{b'a}{ca}\cdot\frac{bO}{bb'}\times 100 \quad m_{C_2AS}=\frac{cb'}{ca}\cdot\frac{bO}{bb'}\times 100$$

从图上量得 $b'O=7$，$bb'=24$，$bO=17$，$b'a=12$，$ca=34$，$cb'=22$，故得：

硅石灰　　$m_{CS}=\frac{7}{24}\times 100=29.17\text{kg}$　或　$w(CS)=29.17\%$

二硅酸三钙　　$m_{C_3S_2}=\frac{12}{34}\times\frac{17}{24}\times 100=25.00\text{kg}$　或　$w(C_3S_2)=25.00\%$

铝方柱石　　$m_{C_2AS}=\frac{22}{34}\times\frac{17}{24}\times 100=45.83\text{kg}$　或　$w(C_2AS)=45.83\%$

（2）重心规则法。将 O 点分别与分三角形的三顶角连接，并延长与对边相交，得交点 a'、c'、b'。利用重心规则的计算公式及量得的相应线段长度可得：

$$m_{CS}=\frac{Ob'}{bb'}\times 100=\frac{7}{24}\times 100=29.17\text{kg} \quad 或 \quad w(CS)=29.17\%$$

$$m_{C_3S_2}=\frac{Oc'}{cc'}\times 100=\frac{5.5}{22}\times 100=25.00\text{kg} \quad 或 \quad w(C_3S_2)=25.00\%$$

$$m_{C_2AS}=\frac{a'O}{aa'}\times 100=\frac{16}{35}\times 100=45.71\text{kg} \quad 或 \quad w(C_2AS)=45.71\%$$

可见，后一种方法比前一种方法的计算更为简便。

4.3.3 CaO – SiO_2 – FeO 渣系相图

4.3.3.1 相图

此渣系的相图（见图 4 – 42）是在与金属铁液平衡的条件下绘制出来的。虽然这个相图的某些细节还有待修改和完善，但它已是碱性炼钢炉渣的基本相图，同时也是有色冶金（如炼铜、炼锡）炉渣的相图，因此对冶炼有重要的作用。

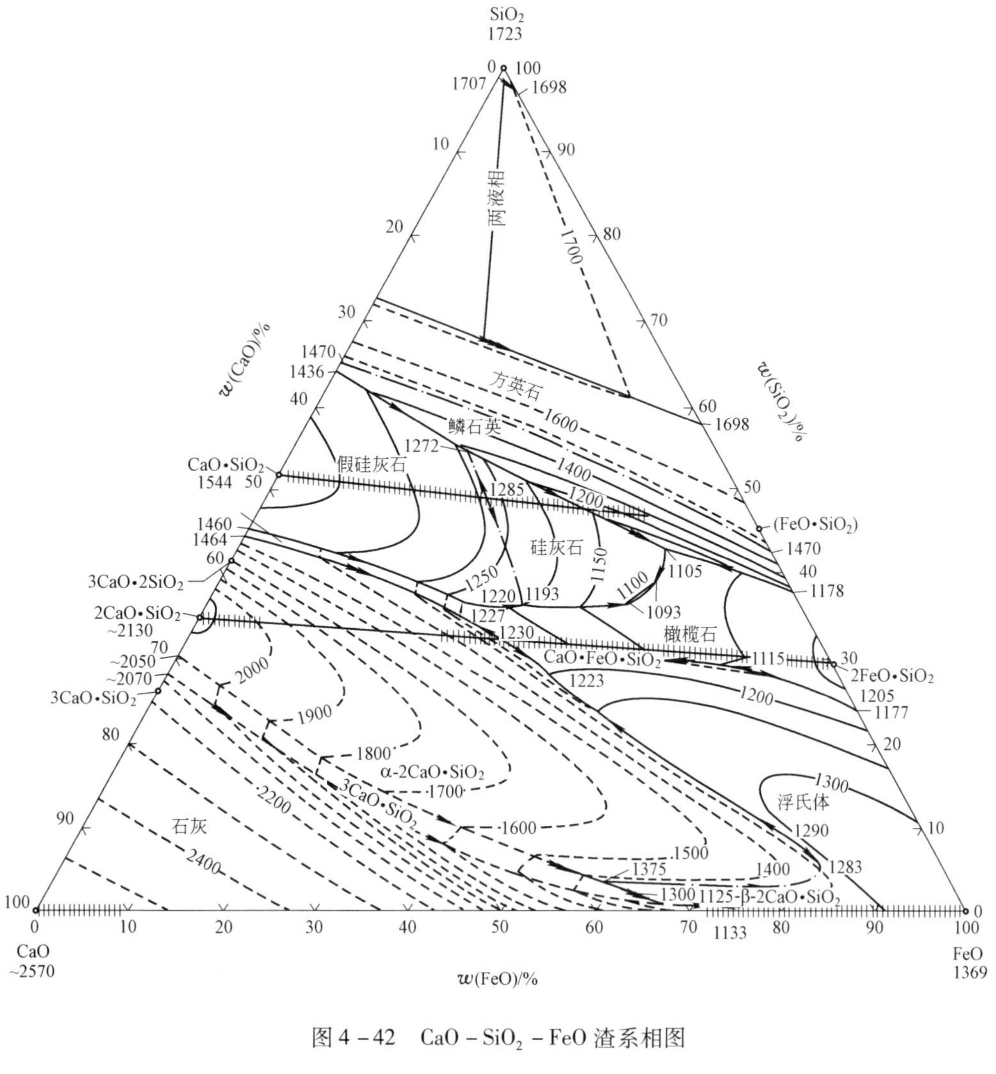

图 4 – 42 CaO – SiO_2 – FeO 渣系相图

此相图仅有一个稳定的三元化合物——铁钙橄榄石 CaO · FeO · SiO_2（CFS，熔点 1213℃），还有 5 个二元化合物，其中有 3 个是稳定化合物（C_2S、F_2S、CS），因此相图中共有 9 个初晶面。另外，图中还有两条晶型转变线（方英石⇌鳞石英、$\alpha C_2S \rightleftharpoons \alpha' C_2S$）及一个液相分层区，因此共有 12 个相区。但由于其中存在某些固溶体（见图 4 – 43），且难以避免少量 Fe_2O_3 或 Fe_3O_4 的生成，此渣系与铁液共存就在于消除铁的高价氧化物：$(Fe_2O_3) + [Fe] = 3(FeO)$，因此各研究者测试的数据不完全一致，绘制的相图也就稍有差异了。

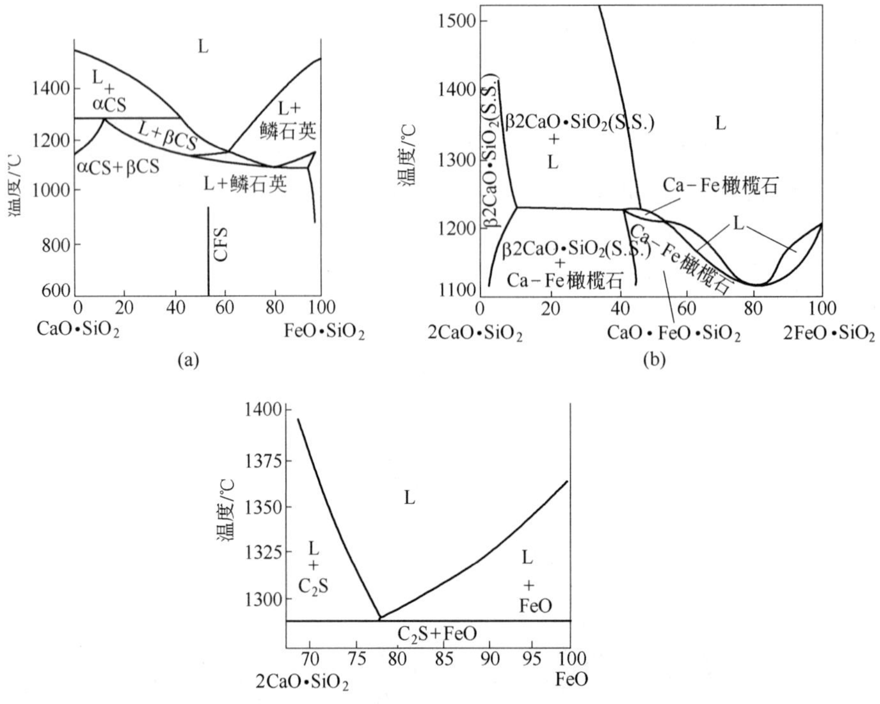

图 4-43　CaO-SiO_2-FeO 系中的伪二元相图

（a）CS-“FS”相图；（b）C_2S-F_2S 相图；（c）F-C_2S 相图

由此相图可见，在靠近 SiO_2 顶角处有较大范围的液相分层区，它是 CaO 及 FeO 分别在 SiO_2 内形成的两个互为饱和的溶液分层区，用两者的混溶曲线的边界线示出。在 CaO 顶角处，有 FeO 在 CaO 内的高熔点的固溶体，用（Ca，Fe）O 表示，其熔点随 FeO 量的增加而降低。

图中 C_3S 组分旁有两条相界线，从 C_3S 点分别向它们作切线，得切点 d 及 e。由切线规则可知，ad 及 eb 线为共晶线，db 及 ce 线为转熔线，见图 4-44。

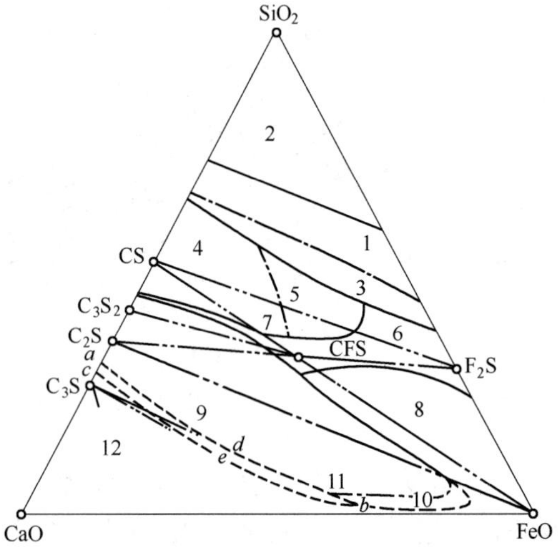

图 4-44　CaO-SiO_2-FeO 系的初晶区及分三角形

1—方英石；2—L_1+L_2；3—鳞石英；4—αCS；5—βCS；6—F_2S；7—C_3S_2；8—FeO；9—αC_2S；10—βC_2S；11—C_3S；12—CaO

图中 CS 及 C_2S 各有一个广阔的液相面。前者是从 CS 点开始，向 F_2S 组分点方向扩展，液相面的温度随着 FeO 含量的增加而下降，最低可达到 1093℃，这是由于 CS 和 F_2S 形成低熔点的固溶体或共晶体。后者是从 C_2S 点开始，液相面的温度也随着 FeO 含量的增加而降低，但仍在 1300℃ 以上，这是由于 C_2S 和 FeO 或 F_2S 形成了在

1300℃以下的共晶体 C_2S-F。C_2S 与 CFS、F_2S 也能形成低熔点的固溶体。因此，FeO 有降低此渣系熔点的作用。在炼钢温度（1537～1637℃）下，此相图有很广阔的液相区。

相图中，符号“ıııııııııııı”表示该线两端点组分之间的固溶区，“－・－”表示晶型转变等温线。

由于 $CaO-SiO_2-FeO$ 渣系是金属氧化熔炼中出现的渣系，利用它的等温截面图可以了解冶炼过程中熔渣组成改变相态的变化，从而调整熔渣组成，使之获得利于冶炼进行的性质。但它不是材料制造过程中的渣系，所以就不用讨论其相图中与结晶过程有关的三角形划分等问题了。

4.3.3.2 等温截面图

为了确定一定温度下相平衡的关系及相的组成，可由相图内该温度的等温线画出等温截面图，图 4－45 为 $CaO-SiO_2-FeO$ 渣系相图 1400℃下的等温截面图。

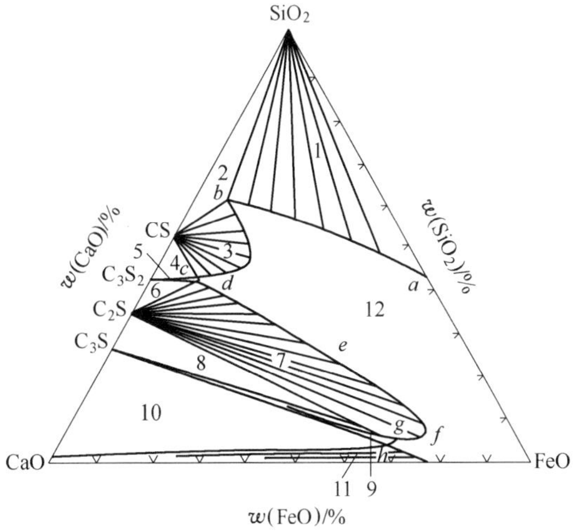

图 4－45 $CaO-SiO_2-FeO$ 渣系相图 1400℃下的等温截面图

液相区：12—液相；

两相区：1—L＋鳞石英；3—L＋αCS；5—L＋C_3S_2；7—L＋C_2S；9—L＋C_3S；11—L＋CaO；三相区：2—L＋αCS＋鳞石英；4—L＋αCS＋C_3S_2；6—L＋C_3S_2＋C_2S；8—L＋C_2S＋C_3S；10—L＋C_3S＋CaO

图中显示了 12 个相区。若等温面仅与某组分的液相面相交，则出现由该组分（固相）与其液相面交线（液相）构成的两相区，而与该组分平衡的液相可由绘制结线确定，如图中 1、3、5、7、9、11 等相区，而两相区与液相区的接界是曲线。若等温面与某两相邻组分的相界线相交，如图中 b(SiO_2-CS 共晶线上点)、c($CS-C_3S_2$ 共晶线上点)、d（C_3S_2 转熔线上点），则此两组分（固相）与交点（液相）构成三角形的三相区，如图中 2、4、6、8、10 相区，而液相面与三相区的接界是点。等温面的温度高于某组分点（如 FeO）的熔点时，则此等温面不能与该组分的液相面相交，但能与高于等温面温度的其他组分的液相面相交，交线与熔点低的组分点构成液相区。两相区与三相区的接界是直线，相邻相区的相数相差一个。

利用此渣系的等温截面图，可以了解在炼钢温度下熔渣处于什么状态以及熔渣组成改变时相态改变的情况和方向，从而对熔渣的状态及性质进行调整。

4.3.3.3 利用相图分析炼钢过程中加入的石灰在熔渣中的溶解过程及氧化铁量对熔渣状态变化的影响

炼钢炉渣虽然是含有 CaO、MnO、MgO、FeO、Fe_2O_3、Al_2O_3、SiO_2、P_2O_5、CaS 等多组分的渣系，但在冶炼过程中，主要组分 $CaO+SiO_2+FeO$ 的总和变化不大，约为 80%。因此，一般把量少的组分，如 Al_2O_3、P_2O_5 并入 SiO_2 项中，MnO、MgO 并入 CaO 项中，作为 $CaO-SiO_2-FeO$ 三元渣系处理。

在氧气顶吹转炉炼钢过程中，吹炼初期铁水中的硅、锰、铁氧化，迅速形成了

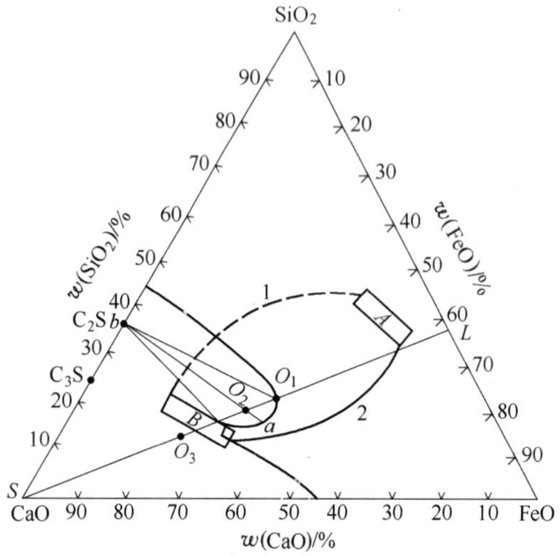

图 4－46　炼钢中石灰的溶解过程及渣成分的变化

$\sum w(FeO)$（表示渣中 $FeO+Fe_2O_3$ 的总含量）很高的炉渣。假设其组成位于图 4－46 中 SiO_2-FeO 边上的 L 点。为了在吹炼过程中除去铁水中的磷和硫，造渣料中加入了石灰。随着温度的上升及渣中 $\sum w(FeO)$ 的增加，石灰将逐渐溶解于此初期渣中。石灰成分用图中 S 点表示。由于石灰不断溶解于渣中，熔渣的成分将沿 LS 连线向 S 点移动。如加入的石灰量使熔渣成分位于 LO_1 段内，则加入的石灰已完全溶解，成为液态渣。如加入的石灰量使熔渣的成分位于 C_2S 初晶区内的 O_2 点，则熔渣中有固相的 C_2S 形成。这时，可从 b 点（C_2S 点）通过 O_2 点作射线，交于液相面曲线上的 a 点，由 bO_2a 杠杆可求出固相 C_2S 及液相渣的相对质量以及液体渣的成分（由 a 点读出）：

$$m_{C_2S}=\frac{aO_2}{ba}\cdot m \quad m_{(L)}=\frac{bO_2}{ba}\cdot m$$

式中　m——物系 O_2 的质量。

当石灰块与初成渣接触后，液渣就会沿石灰块内的毛细裂纹向其内渗透。而渣中的 FeO 及 SiO_2 不断向内部扩散，石灰块内的 CaO 则向其表面扩散（较正确的观点认为是 Fe^{2+}、Fe^{3+} 与 Ca^{2+} 在相对扩散），使得液渣不断往石灰块内迁移，因而液渣的成分沿 LS 线向 S 点移动，石灰块内部的固相则逐渐发生 $CaO \rightarrow C_3S \rightarrow C_2S$ 转变，于是石灰块表面形成致密的高熔点 C_2S 壳层，能阻碍液渣对石灰块的继续溶解。

因此，相图中 $L+C_2S$ 两相区的存在，是导致石灰溶解过程中表面上 C_2S 壳层形成的主要原因。为加速石灰块的溶解或成渣，必须设法破坏或改变 C_2S 壳层的结构。现采用的措施有：

（1）降低液渣的熔点和提高熔池的温度，温度越高，C_2S 两相区就越小，因而 C_2S 在渣中的溶解度就越大；

（2）加入添加剂，如 MgO、MnO、(CaF_2）等，可改变 C_2S 两相区的形状和缩小 C_2S 区；

（3）改变 C_2S 的结构、性质及分布状态，例如，向渣中加入 Al_2O_3 或 Fe_2O_3，可使致密的 C_2S 壳层变疏松，有利于 FeO、SiO_2 向石灰块内扩散。

但是在吹炼过程中，渣中 $\sum w(FeO)$ 的增加是促使石灰块加速造渣的关键所在，由图 4－42 可见，$\sum w(FeO)$ 能显著地降低 C_2S 初晶区液相面的温度，有利于 C_2S 壳层的破坏。如图 4－46 所示，一般转炉吹炼的初期渣位于图中 A 区，而终渣成分要求达到 B 区。但由 A 区变到 B 区，炉渣成分可沿图中所示的 1 和 2 两种途径变化。当炉渣中 $\sum w(FeO)$ 增加得缓慢时，炉渣成分将沿途径 1 到达 B 区，这就要通过 C_2S 两相区，渣中有 C_2S 固相存在，黏度比较大，处于返干状态，不利于磷、硫的去除；当炉渣中 $\sum w(FeO)$ 增加得比较快时，熔渣成分则在液相区内沿途径 2 到达 B 区，熔渣黏度比较小，有利于快速除去磷、硫。可见，熔渣中 $\sum w(FeO)$ 的增加速率直接影响到石灰块的溶解速率以及熔渣的状态和性质。

4.3.4* Cu－Fe－S 系相图

Cu－Fe－S 系相图是用硫化物矿冶炼金属铜过程中形成的硫化铁及硫化铜互溶的产物（称为冰铜（熔锍））熔体的三元相图。通过对 Cu－Fe－S 三元系相图的分析，可对熔锍的性质、理论成分及熔点有所理解。它是具有一个液相分层区的三元系相图的典型例子，可参照 4.2.2.10 节及图 4－33、图 4－34 进行了解。

图 4－47 为 Cu－Fe－S 三元系的相图及与其组成有关的侧面二元系相图，通过后者更

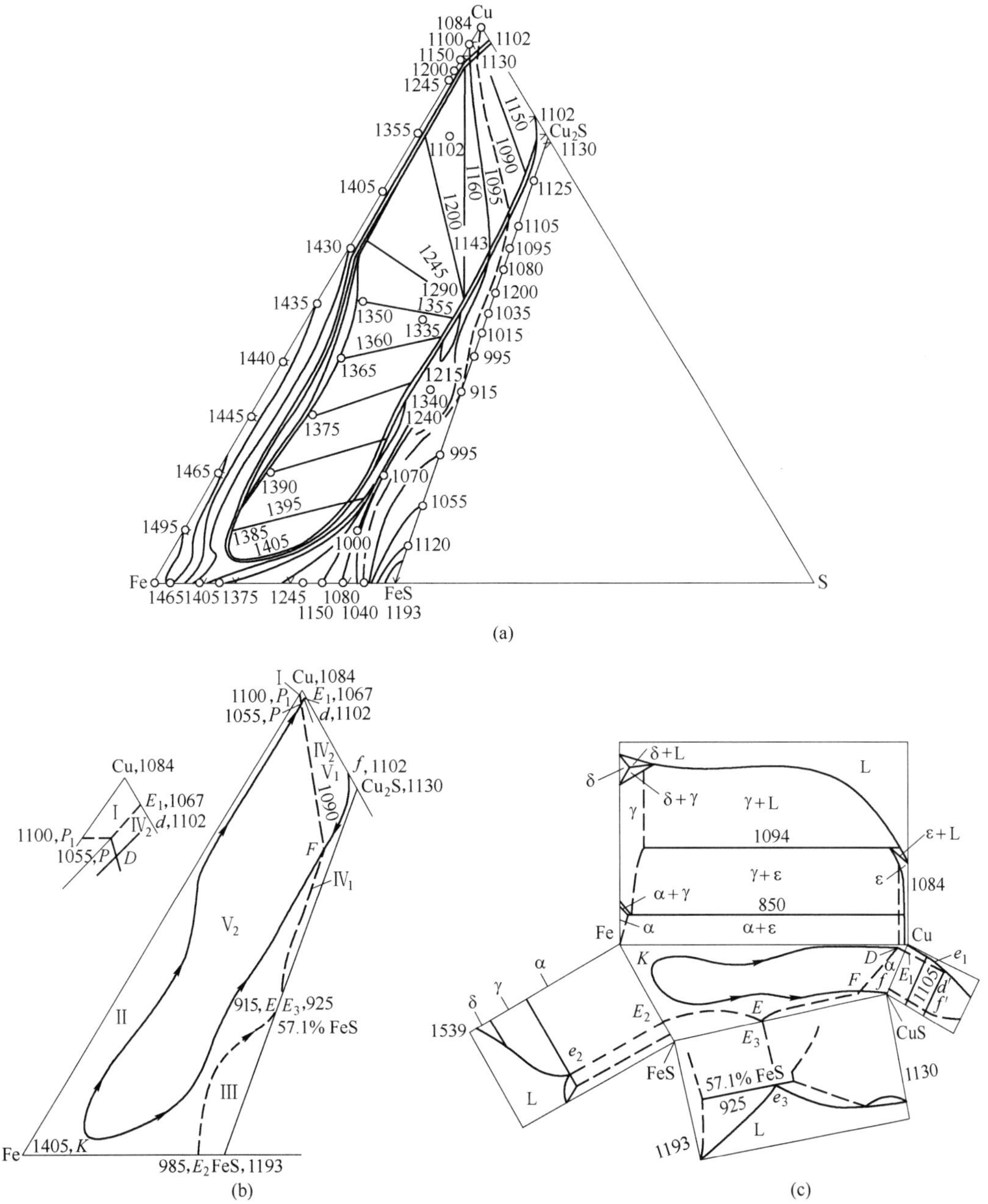

图 4－47 Cu－Fe－S 系相图

易于了解此三元系相图及其相结构。图中出现了两个有限互溶体，这是由于体系中的硫量不能达到 Cu_2S 及 FeS 中化学计量的硫含量时，熔体就出现了分层液相区，如图中的舌形部分。分层区内的两液相，一个为以 Cu_2S - FeS 为溶质的饱和了的 Cu - Fe 合金液相，另一个为以 Cu - Fe 合金为溶质的饱和了的 Cu_2S - FeS 液相。舌形区内则为此两液相的分层共存区。沿 Cu_2S - FeS 直线区范围则是熔体互溶合并出现的具有最低熔点（E）的共晶体（t_m = 915℃）。分层互溶区内的斜结线为实测的分熔体组成和熔化温度。图（b）中，Cu - Cu_2S - FeS - Fe 所组成的梯形部分相图可看作由 4 个二元系相图所构成。图中的几何元素如下。

（1）面。有两种面，即液相面及液相分层面。

1）液相面。液相面有 4 个：Ⅰ面为 Cu - E_1PP_1 区，L ═ Cu(S. S.)。Ⅱ面为 $P_1PDKFEE_2$ 区，L ═ Fe(S. S.)。Ⅲ面为 FeS - E_2EE_3 区，L ═ Fe(S. S.)。Ⅳ = $Ⅳ_1$ + $Ⅳ_2$，$Ⅳ_1$ 面为 $fFEE_3$ - Cu_2S 区，L ═ Cu_2S(S. S.)；$Ⅳ_2$ 面为 E_1PDdE_1 区，L ═ Cu_2S(S. S.)（被液相分层面所截，成为两部分）。

2）液相分层面。液相分层面为 $dDKFf$ 区，由 $Ⅴ_1$ + $Ⅴ_2$ 组成。$Ⅴ_1$ 面为 $dDFf$ 区，L_1 ═ L_2 + Cu_2S(S. S.)，$Ⅴ_2$ 面为 DKF 区，L_1 ═ L_2 + Fe(S. S.)。

（2）线。有两种线，即共晶线和包晶线。

1）共晶线。共晶线有 4 条：E_1P，L ═ Cu(S. S.) + Cu_2S(S. S.)；E_2E，L ═ Fe(S. S.) + FeS(S. S.)；EE_3，L ═ Cu_2S(S. S.) + FeS(S. S.)；FE 及 DP，L ═ Cu_2S(S. S.) + Fe(S. S.)。

2）包晶线。仅有 1 条二元包晶线 P_1P，L + Fe(S. S.) ═ Cu(S. S.)（3 元包晶反应）。

（3）点。有两个四相平衡点：E，L_E ═ Cu_2S(S. S.) + FeS(S. S.) + Fe(S. S.)；P，L_P + Fe(S. S.) ═ Cu(S. S.) + Cu_2S(S. S.)（3 元包晶点）。

图中 E、P 点以及液相分层面（$dDKEf$ 区）是此相图的特殊元素，因为它们说明了相图中的三元共晶反应、三元包晶反应及液相分层区现象的存在。

又相图中 Cu_2S - FeS - S 三角形区的相图未能绘出，做空白处理。因为此组成区不是熔锍的冶炼涉及区，同时也由于 CuS 及 FeS_2 在常压下及其熔化温度下不稳定，能显著地分解出硫蒸气，转变成 Cu_2S 及 FeS，使这部分相图不易通过实验测绘制出。虽然此相图只是近似的，因为不符合严格的平衡条件（平衡时间不够及未测定体系的 p'_{S_2}），但它仍是铜冶炼选择冰铜（熔锍）成分的根据。此节介绍此相图，可用于学习具有液相分层区的相图。

4.4 熔渣的结构理论

化学分析仅能确定炉渣由哪些氧化物或化合物组成，但这些化合物在高温的液态渣中以何种形态存在，将直接影响到它们之间的作用能、熔渣的性质以及熔渣和金属熔体、气体之间化学反应的进行。因此，熔渣结构的研究是很重要的。

研究熔渣结构的目的在于了解熔渣质点的结构、质点间的作用能及质点在熔体中的分布状态。

高温熔体的结构是十分复杂的，由于现在还受着研究方法和实验手段的限制，至今仍难由实验直接确定液态渣的结构。现在有关熔渣的结构理论多是从间接的方法推断的，采用的手段有凝固渣的矿相分析法、物理化学分析法、物性－组成图分析法、热力学模型法等。直接测定法有 X 射线法、中子衍射法、核磁共振谱、拉曼光谱等。由它们能得到某些结构参数，如组成质点的间距及配位数、键强度、键角等等。但是这仅能测定几种熔态氧化物（FeO、SiO_2、B_2O_3、Na_2O）及几种二元系（$CaO-SiO_2$、$FeO-SiO_2$、$MgO-SiO_2$），还难以对实际渣系进行测定。

关于熔渣的结构，从经验和理论方面提出了两种主要的理论，即分子结构假说和离子结构理论。

4.4.1 分子结构假说

分子结构假说是关于熔渣结构的最早理论，它把熔渣看成是各种分子状质点组成的理想溶液。这些分子有的是简单氧化物或化合物，如 CaO、MgO、FeO、MnO、SiO_2、Al_2O_3、FeS 等；有的是由上列碱性氧化物和酸性氧化物结合形成的复杂化合物，如 $2CaO\cdot SiO_2$、$CaO\cdot SiO_2$、$2FeO\cdot SiO_2$、$3CaO\cdot P_2O_5$ 或 $4CaO\cdot P_2O_5$、$RO\cdot R_2O_3$（尖晶石型，如 $FeO\cdot Al_2O_3$ 等）。即每种氧化物有两种分子存在，以简单氧化物存在的称为自由氧化物，以复杂氧化物存在的称为复合氧化物。它们之间存在着离解的平衡关系，例如：

$$(2CaO\cdot SiO_2) = 2(CaO) + (SiO_2)$$

$$(4CaO\cdot 2SiO_2) = (2CaO\cdot 2SiO_2) + 2(CaO)$$

上述反应中物质的平衡浓度由反应的离解平衡常数 $K_D^\ominus$ 确定，它是由该反应的 $\Delta_r G_m^\ominus$，并参照相图上复合化合物的离解度确定的。例如，对于上列第 2 个反应，$K_D^\ominus = 10^{-2}$。

分子结构假说认为，只有自由氧化物才具有化学反应能力，参加化学反应。在假定熔渣是理想溶液时，自由氧化物的浓度等于其活度，用于书写平衡常数。例如，熔渣的氧化能力取决于自由 FeO 的浓度。而在熔渣－金属液界面上，元素氧化的浓度（例如$[Si]+2(FeO)=(SiO_2)+2[Fe]$）及炉气中的氧向金属液中转移的量$(O_2+2(FeO)=(Fe_2O_3)$，$(Fe_2O_3)+[Fe]=3[Fe]+3[O])$，都和渣中自由 FeO 的浓度有关。又如，熔渣从金属液中吸收有害杂质 S 及 P 的能力取决于渣中存在的自由 CaO，而去硫和去磷反应的强度及限度也和自由 CaO 的浓度有关。因此，熔渣和金属液间的化学反应常用物质的分子式示出，它能简明、直观地说明熔渣组成对反应平衡移动的作用，并示出了各反应物反应时化学计量数的关系，所以冶金实践及书中仍采用这种表示法。但是，这种表示法并不意味着熔渣是由各种分子组成的。比较正确的理解应是，这种分子式不表明熔渣中该组分以这种分子形式（结构）存在或参加反应，而仅表明该种组分在熔渣内组成元素间的质量平衡关系。

自由氧化物的浓度（活度）等于由化学分析所测定的氧化物的总浓度与该氧化物的结合浓度之差，即

$$n_{B(自)} = n_{B(总)} - n_{B(结)}$$

而组分 B 的活度为：

$$a_B = n_{B(自)} / \sum n_B$$

式中 $n_{B(自)}$，$n_{B(结)}$，$\sum n_B$——分别为组分 B 的自由氧化物的物质的量、复合氧化物的物质的量、自由氧化物与复合氧化物的物质的量之和。

$n_{B(结)}$则取决于复合化合物分子式的选定，因为这种分子式不能测定，通常是根据经验确定的，如果选择得当，那么计算的活度值与测定值相符合。例如，在计算中为使反应

的平衡常数守常，曾引入了缔合的双分子式，如（$2CaO \cdot SiO_2)_2$、$(4CaO \cdot P_2O_5)_2$ 等，但这些化合物实际上是不能证明其存在的。另外，熔渣中复合化合物的种类多，数量大（例如，硅酸盐及铝酸盐占 70%，$RO \cdot R_2O_3$ 型占 15%，而自由氧化物仅占 5% 左右）。因此，分子理论假说计算组分活度的方法是复杂而不可取的。

【例 4-3】 熔渣成分为 $w(CaO)=27.6\%$、$w(SiO_2)=17.5\%$、$w(FeO)=29.3\%$、$w(Fe_2O_3)=5.2\%$、$w(MgO)=9.8\%$、$w(P_2O_5)=2.7\%$、$w(MnO)=7.9\%$，假定渣中有下列复合化合物：$4CaO \cdot P_2O_5$、$4CaO \cdot 2SiO_2$、$CaO \cdot Fe_2O_3$，所有这些复合化合物不发生离解，MgO、MnO 与 CaO 视为同等性质的碱性氧化物。试求 CaO 及 FeO 的活度。

解 计算熔渣组分活度的公式为：

$$a_{(CaO)} = x(CaO) = n(CaO)_{自} / \sum n_B$$
$$a_{(FeO)} = x(FeO) = n(FeO)_{自} / \sum n_B$$

现分别计算 100g 渣中各种氧化物的物质的量：

$$n(CaO) = \frac{27.6}{56} = 0.493 \qquad n(Fe_2O_3) = \frac{5.2}{160} = 0.0325$$

$$n(SiO_2) = \frac{17.5}{60} = 0.292 \qquad n(MgO) = \frac{9.8}{40} = 0.245$$

$$n(FeO) = \frac{29.3}{72} = 0.407 \qquad n(P_2O_5) = \frac{2.7}{142} = 0.0190$$

$$n(4CaO \cdot 2SiO_2) = \frac{1}{2}n(SiO_2) = \frac{1}{2} \times 0.292 = 0.146 \qquad n(4CaO \cdot P_2O_5) = n(P_2O_5) = 0.0190$$

$$n(CaO \cdot Fe_2O_3) = n(Fe_2O_3) = 0.0325 \qquad n(MnO) = \frac{7.9}{71} = 0.111$$

式中，1mol $4CaO \cdot 2SiO_2$ 含有 2mol SiO_2，故 $n(4CaO \cdot 2SiO_2)/n(SiO_2) = 1/2$，从而 $n(4CaO \cdot 2SiO_2) = \frac{1}{2}n(SiO_2)$。由同样关系可得 $n(4CaO \cdot P_2O_5) = n(P_2O_5)$。

$$\begin{aligned} n(CaO)_{自} &= (n(CaO) + n(MnO) + n(MgO)) - (2n(SiO_2) + n(Fe_2O_3) + 4n(P_2O_5)) \\ &= (0.493 + 0.111 + 0.245) - (2 \times 0.292 + 0.0325 + 4 \times 0.019) = 0.1565 \end{aligned}$$

式中，形成 1mol $4CaO \cdot 2SiO_2$ 消耗的 CaO（包括 MnO、MgO 在内）的物质的量为 SiO_2 的 2 倍，即 $2n(SiO_2)$；形成 1mol $4CaO \cdot P_2O_5$ 消耗的 CaO 的物质的量为 P_2O_5 的 4 倍，即 $4n(P_2O_5)$。

$$\begin{aligned} \sum n_B &= n_{RO(自)} + n_{B(结)} \\ &= 0.1565 + n(4CaO \cdot 2SiO_2) + n(4CaO \cdot P_2O_5) + n(CaO \cdot Fe_2O_3) + n(FeO) \\ &= 0.1565 + 0.146 + 0.0190 + 0.0325 + 0.407 = 0.761 \end{aligned}$$

故

$$a_{(CaO)} = \frac{n(CaO)_{自}}{\sum n_B} = \frac{0.1565}{0.761} = 0.206$$

$$a_{(FeO)} = \frac{n(FeO)_{自}}{\sum n_B} = \frac{0.407}{0.761} = 0.535$$

此例题中未考虑 $4CaO \cdot 2SiO_2$ 的离解，实际上，它在渣中有一定程度的离解（$(4CaO \cdot 2SiO_2) = (2CaO \cdot 2SiO_2) + 2(CaO)$），因此，渣中出现了复合化合物 $2CaO \cdot 2SiO_2$。这时共有 4 个复合化合物，需引入上列离解反应的离解平衡常数 $K_D^{\ominus}$ 进行计算，这就较为复杂。

总之，分子结构假说计算组分活度因渣中复合化合物选择的不同而有所不同，即计算的准确度与选择的复合化合物和实验确定的相近性有关。

【例 4－4】 根据熔渣分子结构假说，计算下列组成熔渣中 CaO 及 FeO 的活度：$w(CaO)=27.6\%$，$w(SiO_2)=17.5\%$，$w(FeO)=29.3\%$，$w(Fe_2O_3)=5.2\%$，$w(MgO)=9.8\%$，$w(P_2O_5)=2.7\%$，$w(MnO)=7.9\%$。假设熔渣中有下列复合化合物：$4CaO\cdot 2SiO_2$，$CaO\cdot Fe_2O_3$，$2CaO\cdot 2SiO_2$，$4CaO\cdot P_2O_5$，并假设 $4CaO\cdot P_2O_5$ 及 $CaO\cdot Fe_2O_3$ 在熔渣中不会离解。对于硅酸盐，则假设有下列离解反应：

$$(4CaO\cdot 2SiO_2) = (2CaO\cdot 2SiO_2) + 2(CaO)_{自}$$

其离解常数 $K_D=10^{-2}$，与温度无关。

解 先计算出 100g 渣中组分的物质的量及摩尔分数：

组分	CaO	SiO_2	FeO	Fe_2O_3	MgO	P_2O_5	MnO	合计
n_B/mol	0.492	0.291	0.408	0.033	0.243	0.019	0.111	$\sum n_B=1.597$
x_B	0.308	0.182	0.255	0.021	0.152	0.012	0.070	$\sum x_B=1$

视 MgO、MnO 与 CaO 同样处理。在渣中有 6 个组成物，即 $CaO_{(自)}$、$4CaO\cdot P_2O_5$、$CaO\cdot Fe_2O_3$、$2CaO\cdot 2SiO_2$、$4CaO\cdot 2SiO_2$ 及 FeO，需要计算出它们的摩尔分数。为此，列出 6 个方程，才能得出这 6 个组分的浓度，其中 1 个可用离解平衡常数 $K_D^{\ominus}$ 示出，其余 5 个由质量平衡方程示出。

取 1mol 熔渣作为计算的基础，按质量平衡关系可得出组分的物质的量。

（1）$CaO\cdot Fe_2O_3$、$4CaO\cdot P_2O_5$ 及 FeO 的物质的量可直接由熔渣的组成得出：

$$n(FeO)=x(FeO)=0.255 \quad (1)$$

$$n(CaO\cdot Fe_2O_3)=x(Fe_2O_3)=0.021 \quad (2)$$

$$n(4CaO\cdot P_2O_5)=x(P_2O_5)=0.012 \quad (3)$$

（2）$CaO_{(自)}$、$4CaO\cdot 2SiO_2$ 及 $2CaO\cdot 2SiO_2$ 的物质的量，可通过建立下列 3 个方程并求解得出。

1）离解反应平衡方程。

$$(4CaO\cdot 2SiO_2) = (2CaO\cdot 2SiO_2) + 2(CaO)_{自}$$

$$K_D^{\ominus}=\frac{n(2CaO\cdot 2SiO_2)\cdot n(CaO)_{自}^2}{n(4CaO\cdot 2SiO_2)\cdot(\sum n_B)^2}=10^{-2}$$

式中，$\sum n_B$ 可按如下求得：

$$\begin{aligned}\sum n_B &= n(CaO)_{自}+n(FeO)+n(2CaO\cdot 2SiO_2)+n(4CaO\cdot 2SiO_2)+\\ &\quad n(CaO\cdot Fe_2O_3)+n(4CaO\cdot P_2O_5)\\ &= n(CaO)_{自}+0.255+0.5\times 0.182+0.021+0.012\\ &= n(CaO)_{自}+0.379\end{aligned}$$

故

$$K_D^{\ominus}=\frac{n(2CaO\cdot SiO_2)\cdot n(CaO)_{自}^2}{n(4CaO\cdot 2SiO_2)\cdot(n(CaO)_{自}+0.379)^2}=10^{-2} \quad (1)$$

为解上列方程中的 $n(CaO)_{自}$，尚需列出下面两个方程。

2）碱性氧化物（CaO + MnO + MgO）浓度平衡方程。

$$n(CaO)+n(MgO)+n(MnO)=n(CaO)_{自}+n(CaO)_{结}$$

式中，$n(CaO)_{结}$ 为复合化合物中 CaO 的物质的量，即：

$$n(CaO)+n(MnO)+n(MgO)=n(CaO)_{自}+2n(2CaO\cdot 2SiO_2)+4n(4CaO\cdot 2SiO_2)+n(CaO\cdot Fe_2O_3)+4n(4CaO\cdot P_2O_5)$$

将上式改写成下式：

$$\begin{aligned}&n(CaO)_{自}+2n(2CaO\cdot 2SiO_2)+4n(4CaO\cdot 2SiO_2)\\&=n(CaO)+n(MgO)+n(MnO)-n(CaO\cdot Fe_2O_3)-4n(4CaO\cdot P_2O_5)\\&=x(CaO)+x(MgO)+x(MnO)-x(Fe_2O_3)-4x(P_2O_5)\\&=0.308+0.152+0.070-0.021-4\times 0.012\\&=0.461\end{aligned}$$

即

$$n(CaO)_{自}+2n(2CaO\cdot 2SiO_2)+4n(4CaO\cdot 2SiO_2)=0.461 \tag{2}$$

3）SiO_2 浓度平衡方程。两个硅酸盐的 SiO_2 的浓度和为：

$$2n(2CaO\cdot 2SiO_2)+2n(4CaO\cdot 2SiO_2)=0.182 \tag{3}$$

联立解方程（1）、（2）、（3），可得：

$$n(CaO)_{自}=0.124$$
$$n(2CaO\cdot 2SiO_2)=0.013$$
$$n(4CaO\cdot 2SiO_2)=0.078$$

而

$$\sum n_B=n(CaO)_{自}+0.379=0.124+0.379=0.503$$

由上式可计算各组分的摩尔分数（即活度）：

$$a_B=x_B=n_B/\sum n_B$$

计算值见表 4－3。

表 4－3 各组分摩尔分数的计算值

熔渣组分	物质的量 n_B	摩尔分数 x_B	熔渣组分	物质的量 n_B	摩尔分数 x_B
$CaO_{(自)}$	0.124	0.247	$CaO\cdot Fe_2O_3$	0.021	0.042
$2CaO\cdot 2SiO_2$	0.013	0.026	FeO	0.255	0.507
$4CaO\cdot 2SiO_2$	0.078	0.155		$\sum n_B=0.503$	$\sum x_B=1.00$
$4CaO\cdot P_2O_5$	0.012	0.024			

因此

$$a_{(FeO)}=x(FeO)=0.507$$
$$a_{(CaO)}=x(CaO)=0.247$$

4.4.2 离子结构理论

离子结构理论是 Herasymenko 在 1938 年首先提出的。其先用于处理酸性平炉渣，但因酸性渣的离子种类很复杂，至今还未能完全了解，故未能获得很好的效果；随后又用于处理碱性平炉渣，得到了较大的发展。离子理论认为，熔渣是由带电质点（原子或原子团），即离子所组成的，但并不否定其内有氧化物或复合化合物的出现，可是它们不是分子，而是带电荷的离子群聚团。

4.4.2.1 熔渣中离子存在的实验根据

可由下列事实证实熔渣是离子结构的熔体：

（1）X 射线衍射结构分析指出，组成炉渣的氧化物及其他化合物的基本组成单元均是离子，即带电的原子或原子团。例如，FeO、MnO、CaO 等是 NaCl 晶格，其中每个金属阳离子 Fe^{2+}、Mn^{2+}、Ca^{2+} 等均被 6 个阴离子 O^{2-} 所包围，而每个 O^{2-} 均被 6 个金属离子所包围，形成八面体结构（配位数为 6）。不同晶型 SiO_2 的单位晶胞，则是在硅离子 Si^{4+} 周围有 4 个氧离子 O^{2-} 的正四面体结构 SiO_4^{4-}（配位数为 4）。这些四面体在共用顶角的氧离子下，形成有序排列的三维空间网状结构，这在图 4－48 中用二维平面表示。复合化合物，如 $2CaO \cdot SiO_2$ 由 Ca^{2+} 与 SiO_4^{4-} 组成，$3CaO \cdot P_2O_5$ 由 Ca^{2+} 及磷氧离子 PO_4^{4-} 组成，而 $FeO \cdot Al_2O_3$ 由 Fe^{2+} 及铝氧离子 AlO_2^- 组成。这些物质熔化形成熔渣后，其内的离子有更高的独立性，但不会形成分子。

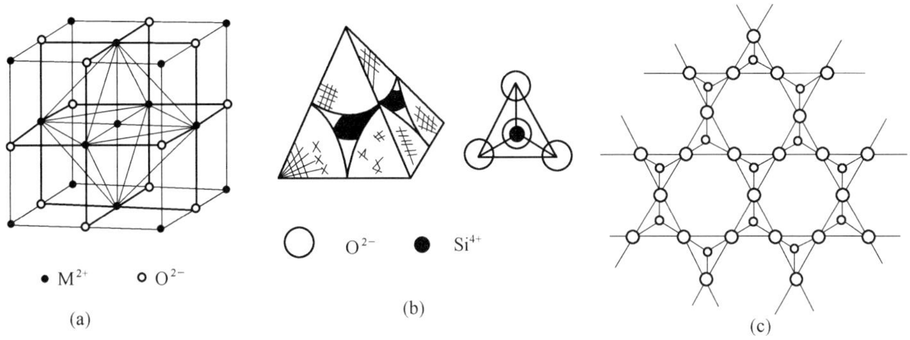

图 4－48 金属氧化物及 SiO_2 晶体的结构

（a）MO 的结构（内八面体为 M^{2+} 或 O^{2-} 的配位数）；（b）SiO_4^{4-} 的四面体结构；（c）SiO_2 的二维网状结构

（2）熔渣是离子导电的，它的电导率虽比液体金属的低，但比分子态物质的高，为 $(0.1 \sim 10) \times 10^2 S/m$。电渣重熔精炼及电弧炼钢是利用熔渣的离子导电性质。

（3）熔渣能被电解，在阴极析出金属。这证明有电子、离子参与的电化学反应过程在进行，如电极反应 $Fe^{2+} + 2e = Fe$。此外，熔渣还作为高温原电池的电解质，已如前述。

（4）SiO_2 浓度高的熔渣有较高的黏度，证实其内有 $Si_xO_y^{z-}$ 离子的存在。熔渣的表面张力（0.3～0.6N/m）比分子态物质的表面张力（小于 0.05N/m）高得多，证明其内没有分子态物质的饱和键存在。另外，向金属液－熔渣界面通入电流时，界面张力也发生变化，证明它们的界面上有离子和电子在两相间转移。

4.4.2.2 熔渣中离子的种类

如上所述，虽然各种固体氧化物是离子晶体结构，但离子之间的键很强，以致在固态时离子的导电性很小，即不会成为单独活动的离子。形成熔渣后，离子间的距离增大，活动性增加，出现了“电离”过程，相当于具有下列化学式的化合物在熔渣中“离解”出现了下列离子：

$$CaO = Ca^{2+} + O^{2-} \qquad 2MnO \cdot SiO_2 = 2Mn^{2+} + SiO_4^{4-}$$

$$MnO = Mn^{2+} + O^{2-} \qquad 3MnO \cdot 2SiO_2 = 3Mn^{2+} + Si_2O_7^{6-}$$

$$FeO = Fe^{2+} + O^{2-} \qquad 3CaO \cdot P_2O_5 = 3Ca^{2+} + 2PO_4^{3-}$$

$$MgO = Mg^{2+} + O^{2-} \qquad FeO \cdot Fe_2O_3 = Fe^{2+} + 2FeO_2^-$$

$$CaS = Ca^{2+} + S^{2-} \qquad 2FeO \cdot Fe_2O_3 = 2Fe^{2+} + Fe_2O_5^{4-}$$

$$CaF_2 = Ca^{2+} + 2F^- \qquad FeO \cdot Al_2O_3 = Fe^{2+} + 2AlO_2^-$$

因此可认为，组成熔渣的基本离子是简单离子，如 Ca^{2+}、Mg^{2+}、Fe^{2+}、Mn^{2+}、O^{2-}、S^{2-}、F^- 等；以及两个以上原子或简单离子结合而成的复合阴离子（或称络离子），如 SiO_4^{4-}、$Si_2O_7^{6-}$、FeO_2^-、PO_4^{3-}、AlO_2^- 等。

4.4.2.3 熔渣中离子的键能

由以上可见，碱性氧化物给出 M^{2+} 及 O^{2-}，但酸性氧化物则吸收 O^{2-}，形成络离子。这是由于阳离子和 O^{2-} 之间的键能不同所致。阳离子与 O^{2-} 之间的静电力，可由两带电质点间力的库仑定律表示：

$$F=\frac{z^+e\cdot z^-e}{(r_1+r_2)^2} \tag{4-1}$$

式中 z^+，z^-——分别为阳离子与氧离子的电荷数；

r_1，r_2——分别为阳离子与氧离子的半径（10^{-10}m），而 r_1+r_2 为两离子的间距（10^{-10}m）；

e——元电荷，10^{-19}C。

当 $z^-=2$，$r_2=1.32\times10^{-10}$m 时，氧离子与阳离子间的静电力 F 除以 $2e^2$，则有：

$$I'=\frac{F}{2e^2}=\frac{z^+}{(r_1+1.32\times10^{-10})^2} \tag{4-2}$$

或为讨论问题简化计，式（4-2）可再简化为 $I=\frac{z}{r}$，表示阳离子的静电场，称为阳离子的静电势。此值越大，则阳离子形成的静电场就越强。

因此，离子的电荷数越大，其半径越小，则离子具有的电场强度就越大。z/r 大的阳离子能产生使其周围 O^{2-} 变形的极化作用，即 O^{2-} 的外层电子和原子核在相反方向上运动，而使 O^{2-} 的外层电子云发生变形，以致它们的阳电荷和阴电荷的中心不重合，形成偶极子。虽然离子相互作用时彼此都能极化，但主要是阴离子受到极化，因为它的外层电子和原子核的结合比较弱，所以 z/r 大的阳离子有较强的极化力，而 z/r 小的阴离子的极化性（被极化的程度）就比较大。

离子间的极化促进共价键的质量分数增加，形成了较稳定的络离子。所以 SiO_2 中的 Si^{4+}、P_2O_5 中的 P^{5+} 及 Al_2O_3 中的 Al^{3+} 能分别与 O^{2-} 形成 SiO_4^{4-}、PO_4^{3-}、AlO_2^- 等络离子。z/r 较小的阳离子对 O^{2-} 的极化力较弱，它们与 O^{2-} 则形成离子键的离子团，如 CaO 形成 $Ca^{2+}\cdot O^{2-}$，FeO 形成 $Fe^{2+}\cdot O^{2-}$。

上述络离子以及其他络离子（如 FeO_2^-、VO^{2-}、TiO_4^{4-}）具有多面体的结构，即以 O^{2-} 为基础形成密集，而阳离子则位于这些 O^{2-} 密集形成的间隙之中。多面体的形式则取决于阳离子的半径（$r_{M^{2+}}$）与氧离子的半径（$r_{O^{2-}}$）之比：

$$\frac{r_{M^{2+}}}{r_{O^{2-}}}=0.225 \qquad \text{（配位数为4，四面体）}$$

$$\frac{r_{M^{2+}}}{r_{O^{2-}}}=0.414 \qquad \text{（配位数为6，八面体）}$$

$$\frac{r_{M^{2+}}}{r_{O^{2-}}}=0.732 \qquad \text{（配位数为8，六面体）}$$

即只有符合这种排列，才是最稳定的结构。

另外，氧化物中阳离子和氧离子的结合是离子键和共价键混合键的结合，即氧化物形成时，金属或准金属原子的价电子并未完全转移给氧原子，而其间有部分电子对共有，形成一定程度的共价键。可利用金属原子的电负性计算出氧化物中离子键的质量分数：

$$离子键的质量分数=1-\exp\left[-\frac{1}{4}(\chi_A-\chi_B)^2\right] \tag{4-3}$$

或

$$离子键的质量分数=16(\chi_A-\chi_B)+3.5(\chi_A-\chi_B)^2 \tag{4-4}$$

式中，χ_A、χ_B 为 AB 化合物中 A 及 B 原子的电负性。它们是 A 原子失去电子及 B 原子获得电子的能力，亦即金属原子形成阳离子与氧原子形成氧离子能量的量度，是以锂原子的电负性作为 1 而得的相对值。电负性相差较大的氧化物，形成离子键的质量分数较高；反之，共价键的质量分数则较高。因此，离子的有效电荷数就小于其价电子数，例如，CaO 中离子的有效电荷是 $Ca^{1.6+}$ 及 $O^{1.6-}$，离子键的质量分数为 60% ~80%。

当氧化物进入熔渣中，离子的电荷又有很大的变化，而与其周围阳离子的种类有关。例如，CaO 的 Ca—O—Ca 键转变为 Ca—O—Si 键及 Si—O—Si 键时，O^{2-} 的电荷由 $-1.6e$ 变为 $-e$，而邻近阳离子的电荷数也会相应变化，这就使熔渣内离子的价数难以确定。但是，熔渣内的离子在金属液－熔渣界面转移时，仍是以等于价电子的整数电子进行交换。所以一般讨论离子反应时，仍以离子的价电子表示离子的价数。

表 4－4 列出了熔渣中常见离子的半径、静电势及其相应氧化物的离子键的质量分数、氧配位数和原子的电负性。

表 4－4 熔渣中常见离子的主要参数

离子	半径/10^{-10}m	静电势 z/r	氧化物的离子键的质量分数/%	氧配位数	原子的电负性
K^+	1.39	0.72	69	6	0.8
Na^+	0.95	1.05	65	6	0.9
Ba^{2+}	1.43	1.40	65	6	0.9
Ca^{2+}	1.06	1.89	62	6	1.0
Mn^{2+}	0.91	2.20	46	6	1.5
Fe^{2+}	0.75	2.67	37	6	1.8（Fe）
Mg^{2+}	0.65	3.08	55	6	1.2
Cr^{3+}	0.64	4.69	43	4	1.6（Cr）
Fe^{3+}	0.60	5.00	37	4	1.8（Fe）
Al^{3+}	0.50	6.00	46	6，4	1.5
Ti^{4+}	0.68	5.88	46	6	1.5（Ti）
Si^{4+}	0.41	9.76	37	4	1.8
P^{5+}	0.34	14.71	32	4	2.1
O^{2-}	1.32	1.52			3.5
S^{2-}	1.74	1.15			2.5
F^-	1.36	0.74			4.0
PO_4^{3-}	2.76	1.09			
SiO_4^{4-}	2.79	1.44			
AlO_2^-					

4.4.2.4 复合阴离子的变化

复合阴离子的结构是很复杂的，用 $Si_xO_y^{z-}$ 、$P_xO_y^{z-}$ 、$Al_xO_y^{z-}$ 表示（x、y 分别为 Si、P 等和氧的原子数，z 为离子团的电荷数）。即可在它们的基本离子团（SiO_4^{4-}、PO_4^{3-} 等）的基础上，聚合成结构更复杂、体积更大的离子团。

其中，硅氧复合阴离子（$Si_xO_y^{z-}$）是硅酸盐渣系中最主要的复合阴离子。它的基本构成单元是 SiO_4^{4-}，一般称之为正硅酸离子，是四面体结构，Si^{4+} 位于由 O^{2-} 密集成的四面体的空隙内。每个 O^{2-} 以一个负电荷中和 Si^{4+} 的一个正电荷，因而硅表现为中性，而每个 O^{2-} 留下一个自由的负电荷，所以硅氧原子团共有 4 个价电子。它具有共价键的结构，硅和氧原子的自旋相反的一对电子所形成的电子云互相渗透，负电荷的密度在原子之间增大，而带正电荷的核被电子杂化轨道所吸引。这种吸力远比同种电荷的斥力大得多，所以形成的共价键有很大的强度（250kJ），在一般的过热冶炼温度下，它在能量上是稳定存在的。在 SiO_2 浓度不高的熔渣中，SiO_4^{4-} 被阳离子分开，其间存在着离子键。

随着熔渣组成的改变，例如，加入酸性氧化物（SiO_2），使 $w(SiO_2)/w(RO)$（RO 代表碱性氧化物）增加或 $n(O)/n(Si)$（原子比）降低，SiO_2 需消耗 O^{2-} 转变成络离子，因而许多个 SiO_4^{4-} 就会聚合起来共用 O^{2-}，形成复杂的络离子，以满足 O^{2-} 的这种关系，这称为硅氧离子的聚合。这时，各个硅氧离子四面体借助于共用一顶角的 O^{2-} 相连接。因为各四面体中 Si^{4+} 的静电势（z/r）很大，相邻 Si^{4+}—Si^{4+} 间有较强的斥力，所以只有通过顶角而不是四面体间的棱或面来连接，才能有最大的间距，使斥力最小，从而达到稳定的聚合。聚合后的复杂硅氧离子的结构、形状及有关参数如图 4－49 及表 4－5 所示。可见，聚合的 SiO_4^{4-} 越多，则其内共用的 O^{2-} 数越多，而硅氧络离子的结构也越复杂，由点、线、面，发展到体，即聚合的四面体数越多，其半径也越大。

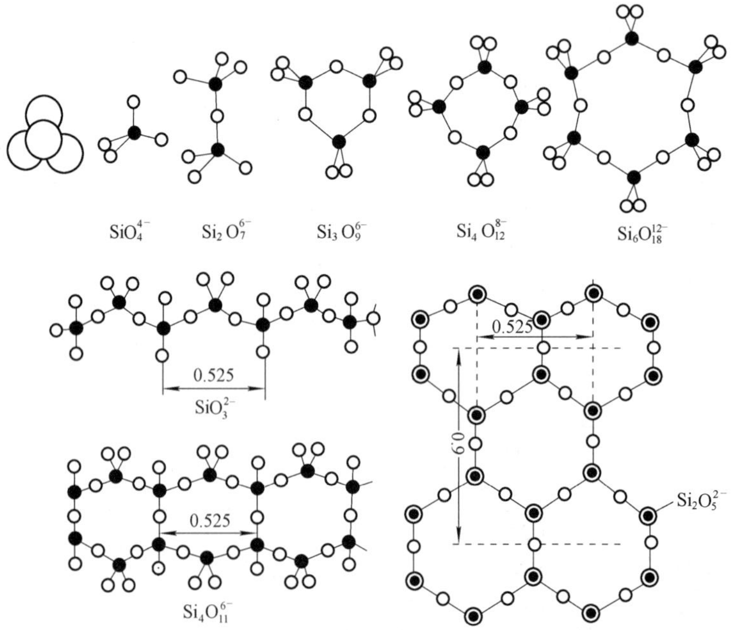

图 4－49 硅氧复合阴离子的结构示意图

（图中数字为复合阴离子的半径，nm）

表 4-5 硅氧复合阴离子的参数、结构形状、化学式及矿物名称

离子类型	$n(O)/n(Si)$	共用 O^{2-} 数	NBO/T	离子结构形状	化学式	矿物名称
SiO_4^{4-}	4.0	0	4	单个四面体	$M_2SiO_4(2MO\cdot SiO_2)$	橄榄石
$Si_2O_7^{6-}$	3.5	1	3	双四面体	$M_3Si_2O_7(3MO\cdot 2SiO_2)$	方柱石
$(SiO_3^{2-})_n$	3.0	$>2n$	2	单链	$MSiO_3(MO\cdot SiO_2)$	辉石
$Si_6O_{18}^{12-}$	3.0	6	2	孤立六方环	$6(MO\cdot SiO_2)$	绿柱石
$Si_4O_{12}^{8-}$	3.0	4	2	孤立四方环	$4(MO\cdot SiO_2)$	硅钡钛石
$Si_3O_9^{6-}$	3.0	3	2	孤立三方环	$3(MO\cdot SiO_2)$	硅灰石
$(Si_4O_{11}^{6-})_n$	2.75	$>6n$	1.5	双链	$M_3Si_4O_{11}(3MO\cdot 4SiO_2)$	闪石
$(Si_2O_5^{2-})_n$	2.50	$>6n$	1	二维平面网	$MSi_2O_5(MO\cdot 2SiO_2)$	云母
$(SiO_2)_n$	2.0	4	0	三维空间网架	SiO_2	石英

相反，$n(O)/n(Si)$增加，即加入碱性氧化物（RO），降低了熔渣中的 $w(SiO_2)/w(RO)$,供给 O^{2-},则可使熔渣中聚合形成的具有复杂结构的硅氧络离子分裂成比较简单的硅氧络离子,这称为硅氧络离子的解体。

上列关系可用下列离子反应举例表示：

$$3SiO_4^{4-} \underset{\text{解体}}{\overset{\text{聚合}}{\rightleftharpoons}} Si_3O_9^{6-} + 3O^{2-}$$

$$3SiO_2 + 3O^{2-} = Si_3O_9^{6-}$$

$$3SiO_2 + 3SiO_4^{4-} = 2Si_3O_9^{6-}$$

即硅氧络离子聚合而供出的 O^{2-} 被 SiO_2 形成络离子所共用。相反,解体则需消耗 O^{2-},使共用的 O^{2-} 数减少。因此,熔渣中可能同时有多种硅氧络离子平衡共存。

SiO_2 中氧离子的负电荷已被中和了,因为其内每个 O^{2-} 均属于由 Si^{4+} 连接的两个四面体,所以,SiO_2 在熔渣中要吸收 O^{2-} 才能转变成各种硅氧络离子,例如,

$$(SiO_2) + 2(O^{2-}) = (SiO_4^{4-})$$

$$2(SiO_2) + 3(O^{2-}) = (Si_2O_7^{6-})$$

因此，熔渣中氧原子有 3 种存在状态：与两个 Si^{4+} 结合的价数已达到饱和的，称为桥氧（BO），用符号 O^0 表示，如 $Si_xO_y^{z-}$ 离子团中与两个 Si^{4+} 结合的 O^{2-}：⋮Si—O—Si⋮；与一个 Si^{4+} 结合的价数未饱和的，称为非桥氧（NBO），用符号 O^- 表示，如 SiO_4^{4-}、$Si_2O_7^{6-}$ 离子团中与一个 Si^{4+} 结合的 O^{2-}：⋮Si—O—；以自由氧离子存在的，称为自由氧，即 O^{2-}。

因此，硅氧的聚合程度与熔体中 $n(O)/n(Si)$ 比有关。而此又取决于熔体中与一个 Si^{4+} 结合的价数未饱和的非桥氧(O^-)数。在处于平衡态的硅酸盐熔体中,桥氧(O^0 或 BO)、非桥氧(O^- 或 NBO)和自由氧(O^{2-})有下列平衡关系存在：

$$2(O^-) = (O^{2-}) + (O^0)$$

其平衡常数为：

$$K^{\ominus} = \frac{a_{(O^0)}a_{(O^{2-})}}{a_{(O^-)}^2}$$

$K^{\ominus}$越大，熔体的聚合程度就越高；反之，则越低。

通常也采用每个 4 次配位 Si^{4+} 所有的非桥氧数来表示熔体的聚合度，其符号为 *NBO/*

T，而其计算式为：

$$NBO/T = \frac{2n(O^{2-}) - 4n(Si^{4+})}{n(Si^{4+})} \qquad (4-5)$$

以 SiO_4^{4-} 为例，其 $n(O^{2-})=4$，$n(Si^{4+})=1$，故其 $NBO/T=(2\times4-4\times1)/1=4$。其余聚合离子的 NBO/T 见表4-5。图4-50所示为 $CaO-SiO_2$ 系聚合离子的分布与 NBO/T 的关系。

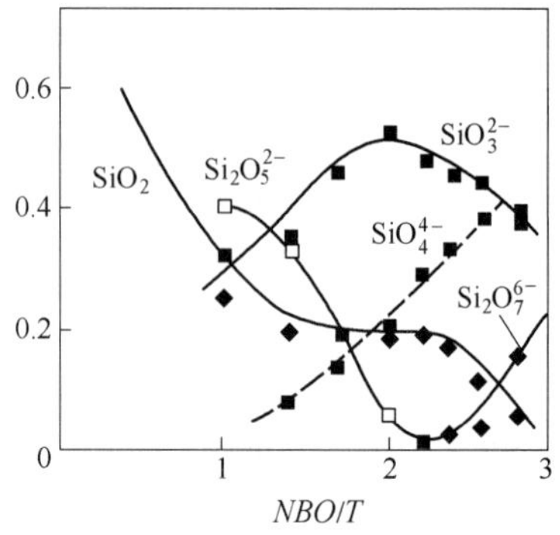

图4-50 $CaO-SiO_2$ 系聚合离子的分布与 NBO/T 的关系

P_2O_5 和 SiO_2 相似，能由其 PO_4^{3-} 聚合形成一系列的 $P_xO_y^{z-}$，但因碱性渣中 P_2O_5 的含量较低，一般均以 PO_4^{3-} 存在，仅在高磷渣中有 $P_2O_7^{6-}$ 出现。PO_4^{3-} 是四面体结构，但由于 P^{5+} 是 +5 价，所以其中必有一个 O^{2-} 与 P^{5+} 成双键结合 O：P $\begin{array}{c}:O:\\:O:\end{array}$。

铝、铁、钒、钛等高价氧化物呈两性，在碱性渣中吸收 O^{2-} 形成络离子，如 AlO_2^-、AlO_3^{3-}、AlO_4^{5-}、FeO_2^-、$Fe_2O_5^{4-}$、VO^{2-} 等；而在酸性渣中能献出 O^{2-}，成为配位数为6的金属离子，如 Al^{3+}、Fe^{3+}、V^{3+} 等。+4 价钛的阳离子在渣中常以 TiO_4^{4-} 或 TiO_3^{2-} 存在。另外，熔渣中存在的少量 S、F 是以 S^{2-}、F^- 离子存在的。

但是需要指出，某些络离子存在的形式通过结构分析、物性的研究已得到证实，而有些络离子的结构还有些揣测性，因而各书中有不同的表示法。例如，铝氧络离子有 AlO_3^{3-}、AlO_2^-，铁氧络离子有 FeO_2^-、$Fe_2O_4^{2-}$、$Fe_2O_5^{4-}$、FeO_3^{2-} 等表示法。

由于酸性氧化物在渣中吸收 O^{2-}，形成网状结构的络离子，故称为网状结构的氧化物；而碱性氧化物在渣中能给出 O^{2-}，切断 $Si_xO_y^{z-}$ 网状结构（络离子解体），故称为破坏网状结构的氧化物。

4.4.2.5 液体渣中离子的分布状态

在由离子化合物形成的离子晶格中或固体渣内，阳离子和阴离子交互位于晶格的结点上，每个离子被电荷符号相反的一定数目的离子所包围，具有一定的配位数。离子间的键都是等价的，离子晶格的强度则取决于离子静电吸力，排斥力却很小。

但是当熔渣形成后，温度升高时离子的活动范围增大，能够自由移动，离子在固态时的等价性消失，显示了各自的静电势，这就使渣中阳离子及阴离子的分布显示微观不均匀性，出现了有序态的离子团。例如，在含有 Fe^{2+}、Ca^{2+}、O^{2-} 及 SiO_4^{4-} 的熔渣（$CaO-FeO-SiO_2$ 渣系）中，Fe^{2+} 的邻近者大半是 O^{2-}，而 Ca^{2+} 则位于 SiO_4^{4-} 的周围，分别形成了离子团 $Fe^{2+}\cdot O^{2-}$ 及 $2Ca^{2+}\cdot SiO_4^{4-}$。这是因为强电场（静电势大）的阳离子和强电场的阴离子分布在一起，形成了强离子对或离子团；而弱电场的阳离子和弱电场的阴离子分布在一起，形成了弱离子对或离子团。另外，在 O^{2-} 数量少的渣中，静电场大的 Fe^{2+} 还能使 $Si_xO_y^{z-}$ 发生极化，离子变形，从中可分裂出 O^{2-} 来，而与 Fe^{2+} 形成离子团 $Fe^{2+}\cdot O^{2-}$，导致原有的复合络离子变为结构更加复杂的络离子，例如 $2SiO_4^{4-} = Si_2O_7^{6-} + O^{2-}$，它们与 Ca^{2+} 形成离子团 $3Ca^{2+}\cdot Si_2O_7^{6-}$。当阳离子的静电势比较大时，这种离子分布的微观不均匀性就会导致熔渣内出现分层现象。

在二元系（$RO - SiO_2$）硅酸盐相图中出现的液相分层区的程度（用分层区的宽度表示），是与阳离子的静电势有关的。静电势越大的阳离子，出现的分层区的宽度就越大，如图 4－51 所示。例如，$MgO - SiO_2$ 系的分层区最宽，其次是 $FeO - SiO_2$、$CaO - SiO_2$、$SrO - SiO_2$ 等系。但 $BaO - SiO_2$、$Li_2O - SiO_2$、$K_2O - SiO_2$、$Na_2O - SiO_2$ 系则不出现分层区。这是由于像 Fe^{2+} 等静电势比较大的阳离子有较大的极化力，使熔体中的 $Si_xO_y^{z-}$ 受到了极化，转变为复杂的结构，致使熔体中有序态强烈地发展，分裂成两相，一相中主要是 $Fe^{2+} \cdot O^{2-}$，另一相中主要是 $Si_xO_y^{z-}$；而静电势小的 Na^+、Li^+ 等阳离子对 O^{2-} 的极化力很弱，于是 O^{2-} 向 $Si_xO_y^{z-}$ 转移，使之变为更简单的络离子。因此，熔体中仅有 $2M^+ - SiO_4^{4-}$、$M^+ - SiO_4^{4-}$ 存在，不出现分层现象。

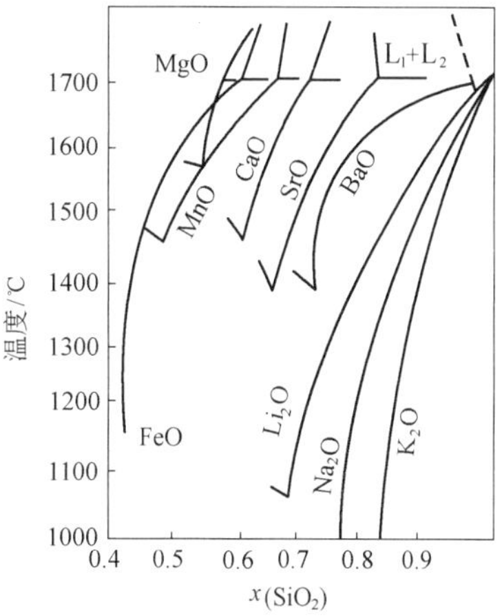

图 4－51　$RO - SiO_2$ 系相图的分层区

（虚线表示各分层区另一边的界线；曲线表示液相线，最低拐点是共晶点）

在三元系（如 $CaO - FeO - P_2O_5$ 系）中，如图 4－52 所示，有一个从 FeO 顶角附近向对边扩展的两液相部分互溶形成分层的环形液面区。环形区外，则是液相完全互溶的单相区。

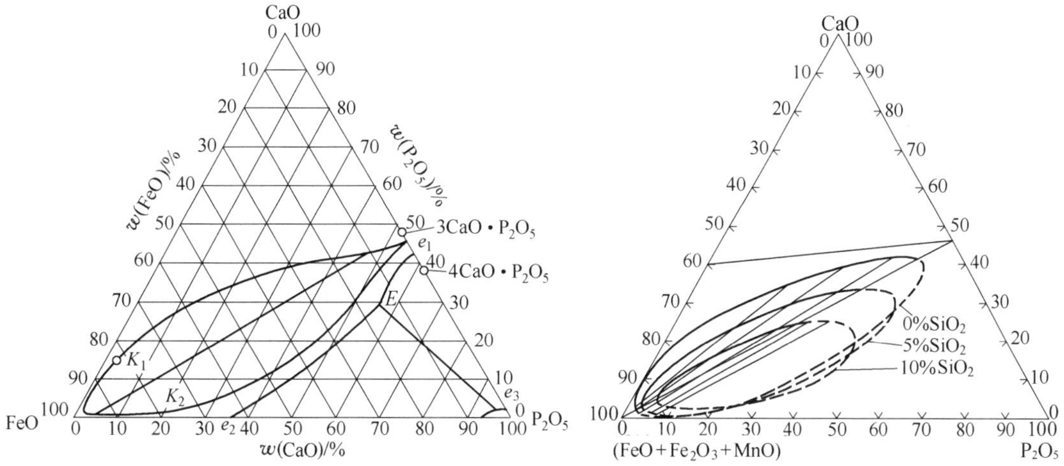

图 4－52　$CaO - FeO - P_2O_5$ 系的液相分层环形区图

在此三元渣系中，在 $CaO - P_2O_5$ 系中形成了 CaO、$4CaO \cdot P_2O_5$、$3CaO \cdot P_2O_5$ 3 个相，而 $4CaO \cdot P_2O_5$ 与 $3CaO \cdot P_2O_5$ 还形成了共晶体（见图中 e_1 点）。当向此二元系中加入 FeO 时，它们的液相线则向三元系中(FeO)增加的方向扩展，成为温度下降的液相面。$4CaO \cdot P_2O_5$ 的液相面在（FeO）量低处形成，而在（FeO）量高处则成为（CaO）的饱和液面。$3CaO \cdot P_2O_5$ 的液相面则从 $3CaO \cdot P_2O_5$ 处向（FeO）量高的方向形成分层液相面，它是由 $3FeO \cdot P_2O_5$ 与 FeO 有限互溶形成的两液相共存的环形区。它们两者有限互溶的饱和浓度曲线在 $FeO - CaO$ 系内，当 P_2O_5 的浓度增加到或减少到一定值时就不断靠拢而达到相同值，此时出现了上下两个临界点 K_1、K_2。在此环形区的左角上，还出现了 $3FeO \cdot P_2O_5$ 的液相（图中未给出）。

因为正磷酸盐熔体的碱性氧化物的阳离子（Ca^{2+}）能自由交换位置，但加入了 FeO 或 MnO 时，此液相就分离成两个溶解度有限的液相：一个是含有 $Ca^{2+}-PO_4^{3-}$ 离子团的熔体，另一个则是含有大量 Fe^{2+}（或 Mn^{2+}）$-O^{2-}$ 离子团的熔体，形成了两种互溶有限的离子团所组成的分层熔体。当体系内出现 O^{2-} 浓度高于所有 P^{3+} 形成 PO_4^{3-} 所需要的 O^{2-} 浓度时，对 O^{2-} 有较大键能的碱性氧化物阳离子 Fe^{2+}（Mn^{2+}）就会优先与过剩的 O^{2-} 结合。在这种情况下，液相分层区就不可能在三元硅酸盐熔体的碱性氧化物区内形成，如 $FeO-CaO-SiO_2$ 系内就不会出现液相分层的环形区。

三元系中 SiO_2 的出现能使此液相分层的环形区缩小，同时 CaO 饱和的液相面向 CaO 顶角处移动。因为 SiO_2 出现时要消耗 O^{2-} 形成 SiO_4^{4-}，而 SiO_4^{4-} 的静电势（1.44）比 PO_4^{3-} 的静电势（1.09）大些，所以 $Ca^{2+}-SiO_4^{4-}$ 离子团就比 $Ca^{2+}-PO_4^{3-}$ 离子团易于形成，从而减小了 $Ca^{2+}-PO_4^{3-}$ 离子团的浓度，而 $Fe^{2+}-O^{2-}$ 离子团的浓度也有所减小，因而由 $Fe^{2+}-O^{2-}$ 及 $Ca^{2+}-PO_4^{3-}$ 离子团组成的液相分层环形区就缩小了。

此外，在过热度很高时，复杂的络离子受到热振动，也可能有碎片状离子出现。

因此，高温熔渣具有微观不均匀性的结构，严重时会出现分层现象，从微观不均匀性扩展到宏观不均匀性。

现在，离子结构理论方面的研究在于确定复合络离子存在的形式（结构）及其浓度的计算法、定量地估计离子结构对熔渣物性的影响以及导出计算熔渣组分活度的公式。为此，建立了各种离子溶液的模型，详见后述。

4.5　金属液与熔渣的电化学反应原理

4.5.1　电化学的离子反应式

众所周知，化学反应是参加反应物质的电子结构发生了变化的结果。有电能和化学能相互转变的体系称为电化学体系。例如，$M = M^{2+} + 2e$ 型的反应式，即使在无外电流存在时也称为电极反应式。

金属液是金属键的结构，而熔渣是离子键的结构（视共价键仅出现于络离子中），当熔渣与金属液接触时，就有带电质点（离子、电子）在此两相间转移，出现了电极反应。例如，

$$(Fe^{2+}) + 2e = [Fe] \qquad (O^{2-}) = [O] + 2e$$
$$(Mn^{2+}) + 2e = [Mn] \qquad (S^{2-}) = [S] + 2e$$

但在上述的带电质点转移时，将破坏两相的电中性。例如，当渣中的 O^{2-} 向金属液中转移时，发生了电极反应：$(O^{2-}) = [O] + 2e$，熔渣内因缺少负离子而带正电，金属液内由于有伴随 O^{2-} 转入的过剩电子而带负电。过剩电荷总是被排挤至表面上，因而在金属－熔渣界面上，金属液表面出现了负电荷层，而熔渣表面出现了正电荷层，这称为双电层。它的出现能引起阻碍 O^{2-} 继续向金属液中转移的电势突跃发生。因此，仅当氧的转移并不伴随双电层电荷密度及电势突跃增加时，O^{2-} 才能变为氧原子 O 而继续进入金属液中。但

当渣中有 Fe^{2+} 同时向金属液中转移时，出现了电极反应：$(Fe^{2+})+2e=[Fe]$，就会在熔渣－金属液界面上形成与前面相似、电性相反的双电层，即熔渣表面上有过剩的负电荷，而金属液表面上有过剩的正电荷。这一电荷符号相反的双电层的出现，就会消除 O^{2-} 转移时双电层中电荷密度或电势突跃的增加，从而使 O^{2-} 伴随 Fe^{2+} 继续向金属液中转移，增加金属液中氧的浓度，如图 4－53 所示。根据 O^{2-} 及 Fe^{2+} 的两电极反应电子数的平衡关系，可写出熔渣中氧进入金属液中的离子反应式为：

$$(O^{2-})=[O]+2e$$
$$(Fe^{2+})+2e=[Fe]$$
$$\overline{(O^{2-})+(Fe^{2+})=[O]+[Fe]}$$

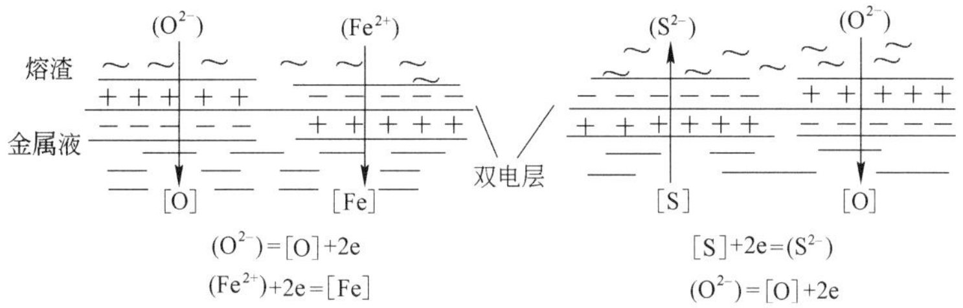

图 4－53　金属液－熔渣间的双电层及电极反应

这是熔渣中两种异类电荷离子向一个方向转移的离子反应式。

又如，脱硫反应是金属液中的［S］以 S^{2-} 向熔渣中转移：$[S]+2e=(S^{2-})$，这时金属液表面有过剩正电荷，而熔渣表面有过剩负电荷。但这种双电层及其间出现的电势突跃可被同时由熔渣向金属液转移的 O^{2-}（$(O^{2-})=[O]+2e$）所形成的双电层所消除，从而使金属液中的[S]能继续向熔渣中转移。其离子反应式为：

$$[S]+2e=(S^{2-})$$
$$(O^{2-})=[O]+2e$$
$$\overline{[S]+(O^{2-})=(S^{2-})+[O]}$$

这是熔渣内两种阴离子同时向相反方向转移的离子反应式。

同样，对于金属液中［Mn］的氧化，其离子反应式为：

$$[Mn]=(Mn^{2+})+2e$$
$$(Fe^{2+})+2e=[Fe]$$
$$\overline{[Mn]+(Fe^{2+})=(Mn^{2+})+[Fe]}$$

这是熔渣内两种阳离子同时向相反方向转移的离子反应式。

对于金属液中［Si］的氧化，其离子反应式为：

$$[Si]=(Si^{4+})+4e$$
$$(Si^{4+})+4(O^{2-})=(SiO_4^{4-})$$
$$2(Fe^{2+})+4e=2[Fe]$$
$$\overline{[Si]+4(O^{2-})+2(Fe^{2+})=(SiO_4^{4-})+2[Fe]}$$

这是［Si］氧化成 Si^{4+}，在熔渣中极化 O^{2-} 而形成共价键的 SiO_4^{4-}，同时有两个 Fe^{2+} 向金属液中转移，以消除［Si］转入渣中形成的双电层的电势突跃。这里 O^{2-} 不参与电子的得失反应，仅起到形成络离子的作用。

相反，当渣中的 SiO_2 或 SiO_4^{4-} 被碳还原时，则是 SiO_4^{4-} 向金属液中转移。首先是 SiO_4^{4-} 中的 Si^{4+} 被还原（硅变为零价）并分离出 O^{2-}，而后 O^{2-} 再参与电子的得失反应：

$$(SiO_4^{4-})+4e=\!=\!=[Si]+4(O^{2-})$$

$$2(O^{2-})=\!=\!=2[O]+4e$$

$$2[O]+2[C]=\!=\!=2CO$$

$$(SiO_4^{4-})+2[C]=\!=\!=[Si]+2(O^{2-})+2CO$$

这里作为还原剂的［C］仅起到结合［O］的作用，以促使熔渣中的 SiO_4^{4-} 还原，释放的 O^{2-} 参与电子得失的反应。

因此，带电质点经过熔渣－金属界面的转移，是由两种质点的电极反应通过电子平衡完成的。阳离子具有负的标准电极电势，所以转移时吸收电子；而阴离子具有正的标准电极电势，转移时放出电子，从而消除了它们转移时形成的双电层中的电势突跃。但是，熔渣的阳离子中，标准电极电势的负值最小，易吸收电子的阳离子发生转移。炼钢熔渣中，首先是 Fe^{2+}，其次是 Mn^{2+} 属于这类阳离子，Ca^{2+}、Mg^{2+} 等不可能向金属液中转移，因为它们的标准电极电势比 Fe^{2+} 的更负，较难吸收电子。按相似理论，阴离子中，O^{2-} 常是参加转移的阴离子。

因此，离子反应式中示出了熔渣中参加反应的物质是离子结构单元，但金属液中的元素则用原子表示，因为这里未考虑金属液中原子转变为离子或与其相反的转移。又熔渣中络离子参加的电极反应中，O^{2-} 常是受高价阳离子极化作用的对象，形成络离子或从络离子中析出 O^{2-}。

4.5.2* 电化学反应的热力学方程

因此，金属液与熔渣间的电化学反应是由两个电极过程组成的。当整个离子反应达到平衡时，两个电极反应的平衡电势相等。由此可导出离子反应的 $\Delta_r G_m^{\ominus}$ 及平衡常数。

例如，对于前述的脱硫反应：$[S]+(O^{2-})=(S^{2-})+[O]$，其中一个电极过程 $[S]+2e=(S^{2-})$（Ⅰ）的平衡电势可由带电质点的电化学势 $\bar{\mu}_i$ 导出：

$$\bar{\mu}_i=\mu_i+n_iFE=\mu_i^{\ominus}+RT\ln a_i+n_iFE$$

式中　n_i——质点的电荷数；

F——法拉第常数；

E——液相的静电势，V。

在恒温恒压下平衡时，电极反应（Ⅰ）的 $\Delta G=0$，即：

$$\Delta G=\mu_{(S^{2-})}-\mu_{[S]}-2\mu_e=0$$

代入电子及 (S^{2-}) 的电化学势，可得：

$$\mu_{(S^{2-})}^{\ominus}+RT\ln a_{(S^{2-})}+2FE_s-\mu_{[S]}^{\ominus}-RT\ln a_{[S]}-2\mu_e^{\ominus}-2FE_m=0$$

或

$$(\mu_{(S^{2-})}^{\ominus}-\mu_{[S]}^{\ominus}-2\mu_e^{\ominus})+2F(E_s-E_m)+RT\ln(a_{(S^{2-})}/a_{[S]})=0$$

式中　E_m，E_s——分别为金属液相及熔渣相的静电势，其差值 $E_m-E_s=E_{平(Ⅰ)}$，称为上述电极过程（Ⅰ）的平衡电势。

于是，从上式可得出：

$$E_{平(\mathrm{I})}=\frac{(\mu^{\ominus}_{(S^{2-})}-\mu^{\ominus}_{[S]}-2\mu^{\ominus}_{e})}{2F}+\frac{RT}{2F}\ln\frac{a_{(S^{2-})}}{a_{[S]}}=E^{\ominus}_{\mathrm{I}}+\frac{RT}{2F}\ln\frac{a_{(S^{2-})}}{a_{[S]}}$$

式中，第一项称为标准电势，可用$E^{\ominus}_{\mathrm{I}}$表示，与电极的性质和温度有关；第二项示出平衡电势（$E_{平}$）与反应物浓度的关系。

同样，对于另一个电极过程$(O^{2-})=[O]+2e(\mathrm{II})$，平衡电势为：

$$E_{平(\mathrm{II})}=E^{\ominus}_{\mathrm{II}}+\frac{RT}{2F}\ln\frac{a_{[O]}}{a_{(O^{2-})}}$$

电池反应的平衡电势$E_{平(\mathrm{I})}+E_{平(\mathrm{II})}=0$，即：

$$E^{\ominus}_{\mathrm{I}}+\frac{RT}{2F}\ln\frac{a_{(S^{2-})}}{a_{[S]}}+E^{\ominus}_{\mathrm{II}}+\frac{RT}{2F}\ln\frac{a_{[O]}}{a_{(O^{2-})}}=0$$

$$E^{\ominus}_{\mathrm{I}}+E^{\ominus}_{\mathrm{II}}=-\frac{RT}{2F}\ln\left(\frac{a_{(S^{2-})}a_{[O]}}{a_{[S]}a_{(O^{2-})}}\right)_{平}$$

故
$$K_S=\frac{a_{(S^{2-})}a_{[O]}}{a_{[S]}a_{(O^{2-})}}=\exp\{-(E^{\ominus}_{\mathrm{I}}+E^{\ominus}_{\mathrm{II}})\cdot[2F/(RT)]\}$$

一般可表示为
$$K=\exp[-nF(E^{\ominus}_{-}+E^{\ominus}_{+})/(RT)] \tag{4-6}$$

式中 $E^{\ominus}_{-}$，$E^{\ominus}_{+}$——分别为阴极和阳极过程的标准电极电势，而$E^{\ominus}_{-}+E^{\ominus}_{+}=E^{\ominus}$，是离子反应产生的标准电势。

离子反应式的$\Delta G^{\ominus}$由以下关系得出：

$$\Delta G^{\ominus}=-RT\ln K=-nFE^{\ominus} \tag{4-7}$$

即离子电化学反应所做的电功（$nFE^{\ominus}$）等于吉布斯自由能减小值。

4.5.3 电化学反应的动力学方程

根据电化学反应的电流密度（i）（电极单位面积的电流，A/m^2）和反应速率（v）成正比的关系，可导出金属-熔渣界面上发生的电化学反应的动力学方程。电流密度可用式（4-8）表示：

$$i=vneN_A=v\cdot nF \tag{4-8}$$

式中，n为反应的电子数；eN_A为1mol电子具有的电荷的电量，等于1F（法拉第常数，96500C/mol），故nF为电化学反应的电量（C）；而反应速率v则与界面浓度和温度有关。

现讨论熔渣中Fe^{2+}和O^{2-}同时向金属液中转移的反应：$(O^{2-})=[O]+2e(\mathrm{I})$，$(Fe^{2+})+2e=[Fe](\mathrm{II})$。此电化学反应的速率为：

$$v=v_{(\mathrm{I})}-v_{(\mathrm{II})}=k_{0(\mathrm{I})}c^*(O^{2-})\exp[-E_{(\mathrm{I})}/(RT)]-k_{0(\mathrm{II})}c^*(Fe^{2+})\exp[-E_{(\mathrm{II})}/(RT)]$$

而
$$i=nFk_{0(\mathrm{I})}c^*(O^{2-})\exp[-E_{(\mathrm{I})}/(RT)]-nFk_{0(\mathrm{II})}c^*(Fe^{2+})\exp[-E_{(\mathrm{II})}/(RT)] \tag{1}$$

式中 $c^*(O^{2-})$，$c^*(Fe^{2+})$——各自边界层中的浓度；

$E_{(\mathrm{I})}$，$E_{(\mathrm{II})}$——反应(Ⅰ)及(Ⅱ)各自的活化能。

由于电极反应伴随有电荷移动，因而反应界面上出现的电势突跃，即静电势（电极电势）E对反应速率就有附加的促进或抑制作用，反映为$E_{(\mathrm{I})}$及$E_{(\mathrm{II})}$有变化。静电势引起的能量变化为nFE。但由于nFE能量产生的电场是有方向性的，如与反应（Ⅰ）的电流密度同向，就必与反应（Ⅱ）的电流密度反向，因此，如E中有αE静电势抑制反应（Ⅰ）的进行，就有$(1-\alpha)E$静电势促进反应（Ⅱ）的进行。由此可得出：

$$E_{(\mathrm{I})}=E^{\ominus}_{(\mathrm{I})}-\alpha nFE \qquad E_{(\mathrm{II})}=E^{\ominus}_{(\mathrm{II})}+(1-\alpha)nFE \tag{2}$$

式中 $E^{\ominus}_{(\mathrm{I})}$，$E^{\ominus}_{(\mathrm{II})}$——无静电势，即一般化学反应时质点迁移的活化能；

α——传递系数。

将式（2）代入式（1），化简得：

$$v=\frac{i}{nF}=k_{(\mathrm{I})}c^{*}(\mathrm{O}^{2-})\exp[-\alpha nFE/(RT)]-k_{(\mathrm{II})}c*(\mathrm{Fe}^{2+})\exp[(1-\alpha)nFE/(RT)] \tag{4-9}$$

式中，$k_{(\mathrm{I})}=k_{0(\mathrm{I})}\exp[-E^{\ominus}_{(\mathrm{I})}/(RT)]$，$k_{(\mathrm{II})}=k_{0(\mathrm{II})}\exp[-E^{\ominus}_{(\mathrm{II})}/(RT)]$，即无电势突跃时反应的速率常数。

平衡时，正、逆反应的速率相等，即 $v=0$，此时界面静电势等于平衡静电势 $E_{平}$，在吸附层的界面浓度等于相内浓度：$c^{*}(\mathrm{O}^{2-})=c(\mathrm{O}^{2-})$，$c^{*}(\mathrm{Fe}^{2+})=c(\mathrm{Fe}^{2+})$，而且在这种情况下得到了交换电流密度，用 i_0 表示。由式（4-9）：

$$\frac{i_0}{nF}=k_{(\mathrm{I})}c(\mathrm{O}^{2-})\exp\frac{-\alpha nFE_{平}}{RT}-k_{(\mathrm{II})}c(\mathrm{Fe}^{2+})\exp\frac{(1-\alpha)nFE_{平}}{RT} \tag{3}$$

又由 $v=0$，即由式（3）可得：

$$E_{平}=\frac{RT}{nF}\ln\frac{k_{(\mathrm{I})}c(\mathrm{O}^{2-})_{平}}{k_{(\mathrm{II})}c(\mathrm{Fe}^{2+})_{平}} \tag{4}$$

将式（4）代入式（4-9），经整理后可得：

$$v=\frac{i_0}{nF}\left(\frac{c(\mathrm{O}^{2-})-c(\mathrm{O}^{2-})_{平}}{c(\mathrm{O}^{2-})_{平}}-\frac{c(\mathrm{Fe}^{2+})-c(\mathrm{Fe}^{2+})_{平}}{c(\mathrm{Fe}^{2+})_{平}}\right)$$

而

$$i_0=(k_{(\mathrm{I})}c(\mathrm{O}^{2-})_{平})^{1-\alpha}(k_{(\mathrm{II})}c(\mathrm{Fe}^{2+})_{平})^{\alpha}$$

式中，i_0 是单位时间、单位电极面积上氧化-还原过程交换的电流密度。交换电流密度表示电荷交换的能力，是动态平衡时电极和电解质之间持续交换的电流密度，可用以衡量界面反应速率常数。

当电流密度不等于零时，电化学反应以一定速率进行，这时 $E\neq E_{平}$，而将 $E-E_{平}=\eta$ 称为超电势或极化率。它表示电流经过电极所引起的不平衡现象使电极受到了极化，成为不可逆电极。电流密度 i 越大，则 η 也越大，亦即极化率越大。从另一方面来讲，极化也可看作是过程的驱动力，因为 η 越大，过程离平衡态就越远。

又以式（3）的第 2 项及第 3 项分别乘和除式（4-9）右端的第 1 项及第 2 项，可得出更普遍的电化学反应的动力学方程：

$$v=\frac{i}{nF}=\frac{i_0}{nF}\left\{\exp\left[\frac{\alpha nF}{RT}(E-E_{平})\right]-\exp\left[-\frac{(1-\alpha)nF}{RT}(E-E_{平})\right]\right\} \tag{4-10}$$

可见，电化学反应的速率和 $E-E_{平}$，即超电势 η 有很大的关系。利用由电化学反应构成的原电池测定的交换电流密度及超电势，就可计算出该反应的速率。

【例 4-5】 应用熔渣中（$\mathrm{SiO_2}$）被铁液饱和碳还原的电化学反应的速率式。在 1600℃ 下测得此电化学反应的超电势 $\eta=0.093\mathrm{V}$，交换电流密度 $i_0=1500\mathrm{A/m^2}$，$\alpha=0.5$，试求此还原反应的速率。

解 还原反应 $(\mathrm{SiO_2})+2[\mathrm{C}]=[\mathrm{Si}]+2\mathrm{CO}$ 由下列两电极反应组成：

正极反应 $$(\mathrm{SiO_4^{4-}})+4\mathrm{e}=[\mathrm{Si}]+4(\mathrm{O}^{2-}) \tag{1}$$

负极反应 $$(O^{2-})+[C]═══CO+2e \quad (2)$$

在一般条件下，电子作为短路电流，从 SiO_4^{4-} 得到电荷转变为［Si］（1）的位置流向（O^{2-}），失去电荷变成［O］的位置，而［O］与［C］结合成 CO。反应的电化学性质不能直接测定，而是将上述反应构成原电池，把电极反应（1）和（2）从空间分隔开来：

$$\text{Mo}\,|\,[\text{Si}]\,|\,\text{熔渣}(\text{SiO}_2\cdots)\,|\,\text{O}^{2-}(\text{空气})\,|\,\text{Pt}$$

电流从 Pt 电极流向 Mo 电极。用恒定电流脉冲法进行测量，这种电子交换反应的速率为：

$$v=\frac{i_0}{nF}\left\{\exp\left[\frac{\alpha nF}{RT}(E-E_{\text{平}})\right]-\exp\left[-\frac{(1-\alpha)nF}{RT}(E-E_{\text{平}})\right]\right\}$$

代入各有关数值得：

$$v=\frac{1500}{4\times96500}\times\left[\exp\left(\frac{0.5\times4\times96500\times0.093}{8.314\times1873}\right)-\exp\left(-\frac{0.5\times4\times96500\times0.093}{8.314\times1873}\right)\right]$$
$$=11\times10^{-3}\text{mol}/(\text{m}^2\cdot\text{s})$$

4.6 熔渣的离子溶液结构模型

为了能利用离子结构理论来定量处理金属液－熔渣（包括气相）间反应的热力学问题，需要能由熔渣的组成来计算组分的活度。为此，在离子结构的理论基础上建立了多种离子溶液模型，导出了计算活度的公式。

熔渣离子溶液模型计算组分的活度是基于 $\Delta G_B=RT\ln a_B$ 公式的，而由组分之间的作用能确定 ΔH_B 及由组分的离子分布得出组态熵 ΔS_B。也有的采用与 ΔG_B 相关组分参与的离子反应平衡常数或平衡商作为计算基础。为此，需要确定离子存在的形式及其浓度的计算法。于是，提出了多种离子溶液模型计算法。

4.6.1 完全离子溶液模型

把熔渣或熔盐看作是完全离子溶液模型的理论是吉门肯（Темкин）在 1946 年提出的。它的主要内容是：

（1）熔渣完全由离子构成，其内不出现电中性质点；

（2）和晶体中的相同，离子最邻近者仅是异号离子，并且所有同号离子不管其大小及电荷是否相同，与周围异号离子的静电作用力都是相等的，因此它们在熔渣中的分布完全是统计无序状态。

由第二个假定，完全离子溶液形成时，其混合焓应为零，即 $\Delta H_m=0$；又离子完全混合时，虽然异号离子不能彼此交换位置，但不同阳离子之间（或阴离子之间）相互混合，出现了不同的组态，而使熔体的熵增加。因此，完全离子溶液可视为由正、负离子分别组成的两个理想溶液的混合溶液。

于是，离子溶液形成时，吉布斯自由能的变化为：

$$\Delta G_m=-T\Delta S_m \qquad \Delta G_B=-T\Delta S_B$$

而 $$\Delta S_B=S_2-S_1=k\ln(\omega_2/\omega_1)$$

式中 S_1，S_2——分别为同号离子原始态及离子溶液平衡态分布的熵；

ω_1，ω_2——分别为原始态及平衡态离子分布的热力学概率，而 $\omega=\omega_+\cdot\omega_-$，即分

别按正（阳）离子和负（阴）离子组态计算的概率的乘积；

k——玻耳兹曼常数。

故
$$\Delta G_{\mathrm{m}}=-Tk\ln(\omega_2/\omega_1)$$
又因
$$\Delta G_{\mathrm{B}}=RT\ln a_{\mathrm{B}}$$
故
$$\Delta G_{\mathrm{B}}=\left(\frac{\partial\Delta G_{\mathrm{m}}}{\partial n_{\mathrm{B}}}\right)_{p,T,n_{\mathrm{k}}}=-Tk\left[\frac{\partial\ln(\omega_2/\omega_1)}{\partial n_{\mathrm{B}}}\right]_{p,T,n_{\mathrm{k}}}$$
于是
$$\ln a_{\mathrm{B}}=-\frac{k}{R}\left[\frac{\partial\ln(\omega_2/\omega_1)}{\partial n_{\mathrm{B}}}\right]_{p,T,n_{\mathrm{k}}}$$

下面由熔渣的离子反应式导出 $\Delta G_{\mathrm{B}}=-T\Delta S_{\mathrm{B}}=RT\ln a_{\mathrm{B}}$ 式中的 ΔS_{B}，得出计算组分活度的公式。

假定熔渣组分之间出现了下列反应或由下列 4 个化合物组成：
$$(\mathrm{CaO})+(\mathrm{FeS})=\!=\!=(\mathrm{CaS})+(\mathrm{FeO})$$
而 CaO、FeS、CaS、FeO 的物质的量分别为 n_1、n_2、n_3、n_4。它们完全离解时，Ca^{2+} 的离子数为$(n_1+n_3)N_{\mathrm{A}}$，Fe^{2+} 的离子数为（n_2+n_4）N_{A}，O^{2-} 的离子数为（n_1+n_4）N_{A}，S^{2+} 的离子数为（n_2+n_3）N_{A}，故
$$\underset{\phantom{(Ca^{2+})}}{\omega_1=}\underset{(\mathrm{Ca}^{2+})}{[(n_1+n_3)N_{\mathrm{A}}!]}\underset{(\mathrm{Fe}^{2+})}{[(n_2+n_4)N_{\mathrm{A}}!]}\underset{(\mathrm{O}^{2-})}{[(n_1+n_4)N_{\mathrm{A}}!]}\underset{(\mathrm{S}^{2-})}{[(n_2+n_3)N_{\mathrm{A}}!]}$$
$$\omega_2=\underset{\text{（所有正离子）}}{[(n_1+n_3+n_2+n_4)N_{\mathrm{A}}!]}\underset{\text{（所有负离子）}}{[(n_1+n_4+n_2+n_3)N_{\mathrm{A}}!]}$$
$$\Delta S_{\mathrm{m}}=k\ln(\omega_2/\omega_1)=k\ln\frac{[(n_1+n_3+n_2+n_4)N_{\mathrm{A}}!][(n_1+n_4+n_2+n_3)N_{\mathrm{A}}!]}{[(n_1+n_3)N_{\mathrm{A}}!][(n_2+n_4)N_{\mathrm{A}}!][(n_1+n_4)N_{\mathrm{A}}!][(n_2+n_3)N_{\mathrm{A}}!]}$$

利用斯特林（Stirling）公式 $\ln x!=x\ln x-x$ 化简上式，得：
$$\begin{aligned}\Delta S_{\mathrm{m}}=&-R\Big[n_1\ln\left(\frac{n_1+n_3}{n_1+n_2+n_3+n_4}\cdot\frac{n_1+n_4}{n_1+n_2+n_3+n_4}\right)+n_2\ln\left(\frac{n_2+n_4}{n_1+n_2+n_3+n_4}\cdot\frac{n_2+n_3}{n_1+n_2+n_3+n_4}\right)+\\&n_3\ln\left(\frac{n_1+n_3}{n_1+n_2+n_3+n_4}\cdot\frac{n_2+n_3}{n_1+n_2+n_3+n_4}\right)+n_4\ln\left(\frac{n_2+n_4}{n_1+n_2+n_3+n_4}\cdot\frac{n_1+n_4}{n_1+n_2+n_3+n_4}\right)\Big]\\=&-R[n_1\ln(x(\mathrm{Ca}^{2+})x(\mathrm{O}^{2-}))+n_2\ln(x(\mathrm{Fe}^{2+})x(\mathrm{S}^{2-}))+n_3\ln(x(\mathrm{Ca}^{2+})x(\mathrm{S}^{2-}))+\\&n_4\ln(x(\mathrm{Fe}^{2+})x(\mathrm{O}^{2-}))]\end{aligned}$$

对于某组分，如 CaO，可得：$\Delta S(\mathrm{CaO})=\dfrac{\partial\Delta S_{\mathrm{m}}}{\partial n(\mathrm{CaO})}=-R\ln(x(\mathrm{Ca}^{2+})x(\mathrm{O}^{2-}))$

又
$$\Delta S(\mathrm{CaO})=-\frac{\Delta G(\mathrm{CaO})}{T}=-\frac{RT\ln a_{(\mathrm{CaO})}}{T}=-R\ln a_{(\mathrm{CaO})}$$
故得：
$$a_{(\mathrm{CaO})}=x(\mathrm{Ca}^{2+})x(\mathrm{O}^{2-})$$
同样可得 $a_{(\mathrm{FeS})}=x(\mathrm{Fe}^{2+})x(\mathrm{S}^{2-})$，$a_{(\mathrm{FeO})}=x(\mathrm{Fe}^{2+})x(\mathrm{O}^{2-})$ 等。

因此，对于可视为完全离子溶液的熔渣，组分的活度等于它们组成离子的摩尔分数的乘积，可用通式表示如下：
$$a_{(\mathrm{MO})}=x(\mathrm{M}^{2+})x(\mathrm{O}^{2-})\qquad(4-11)$$
或
$$a_{(\mathrm{M}_x\mathrm{O}_y)}=x(\mathrm{M}^{(2y/x)+})^x\cdot x(\mathrm{O}^{2-})^y\qquad(4-12)$$

离子摩尔分数则是根据完全离子溶液模型第二个假定计算的，即阳离子能在不破坏电

荷的平衡态下彼此混合，但不能与阴离子混合，所以离子的摩尔分数是按正离子和负离子分别计算的，即：

$$x_{B+}=n_{B+}/\sum n_{B+} \qquad x_{B-}=n_{B-}/\sum n_{B-} \tag{4-13}$$

式中 $\sum n_{B+}$，$\sum n_{B-}$——分别为所有阳离子及所有阴离子物质的量之和。

例如，对上述熔渣，

$$x(Ca^{2+})=n(Ca^{2+})/(n(Ca^{2+})+n(Fe^{2+}))$$

$$x(O^{2-})=n(O^{2-})/(n(O^{2-})+n(S^{2-}))$$

而

$$n(Ca^{2+})=n(O^{2-})=n(CaO)$$

$$n(Fe^{2+})=n(S^{2-})=n(FeS)$$

在这种情况下，是分别按阳离子及阴离子计算的离子摩尔分数，所以全部离子摩尔分数之和是2，而不是像一般熔渣那样等于1。

完全离子溶液模型虽然考虑了熔渣最根本的特性，即质点带有电荷，但忽视了离子电荷符号相同而种类及大小不同时（如 Ca^{2+} 和 Fe^{2+}、O^{2-} 和 S^{2-}）静电势的差别，致使阳离子和阴离子有不均匀性的分布，因而完全离子溶液和实际熔渣的性质就有差别。经实验证明，这种模型仅适用于 $w(SiO_2)$ 小于11%～12%$\left(x(SiO_2)<\frac{1}{3}\right)$的熔渣（其内 SiO_2 呈最简单的 SiO_4^{4-} 络离子）。在处理硫和氧在高碱度熔渣与铁液之间的分配时，应用此模型得到了比较满意的结果。

但在 SiO_2 的浓度较高时（$w(SiO_2)=10\%\sim30\%$），实际溶液已和完全离子溶液有较大的偏差。这时，可引入离子的活度系数做修正，即采用活度代替其浓度。例如，对FeO有

$$a_{(FeO)}=x(Fe^{2+})x(O^{2-})\gamma_{Fe^{2+}}\gamma_{O^{2-}}$$

对上式取对数： $$\lg a_{(FeO)}=\lg(x(Fe^{2+})x(O^{2-}))+\lg(\gamma_{Fe^{2+}}\gamma_{O^{2-}})$$

从上式两边同时减去 $\lg w[O]_{\%}$，可得：

$$\lg\frac{a_{(FeO)}}{w[O]_{\%}}=\lg(x(Fe^{2+})x(O^{2-}))+\lg(\gamma_{Fe^{2+}}\gamma_{O^{2-}})-\lg w[O]_{\%}$$

所以

$$\lg(\gamma_{Fe^{2+}}\gamma_{O^{2-}})=\lg L_O-\lg(x(Fe^{2+})x(O^{2-}))+\lg w[O]_{\%}$$

式中，$\lg L_O=\lg\frac{a_{(FeO)}}{w[O]_{\%}}=\frac{6320}{T}-2.734$，$w[O]_{\%}$ 是与熔渣平衡的铁液中氧的质量百分数。

将 $w[O]_{\%}$、L_O、$x(Fe^{2+})$、$x(O^{2-})$ 等值代入上式计算出 $\lg(\gamma_{Fe^{2+}}\gamma_{O^{2-}})$，再对 $\sum x(SiO_4^{4-})$ 或 $1-x(O^{2-})$ 作图，可得到下列经验式：

$$\lg(\gamma_{Fe^{2+}}\gamma_{O^{2-}})=1.53\sum x(SiO_4^{4-})-0.17 \tag{4-14}$$

式中 $\sum x(SiO_4^{4-})$ ——熔渣中所有络离子的摩尔分数之和。

对于FeS，也有

$$\lg(\gamma_{Fe^{2+}}\gamma_{S^{2-}})=1.53\sum x(SiO_4^{4-})-0.17 \tag{4-15}$$

这是由于FeO和FeS有相同的活度系数。

虽然完全离子溶液模型在应用上受到了一定限制，但它在熔渣理论上起到了犹如理想溶液对实际溶液标准态的作用，可用以衡量某种实际溶液对此标准态的偏差。另外，由它导出的组分活度等于其组成离子摩尔分数乘积的公式，又是其他离子溶液模型计算活度的基本公式。

【例 4-6】 熔渣的成分为 $w(FeO)=12.03\%$、$w(MnO)=8.84\%$、$w(CaO)=42.68\%$、$w(MgO)=14.97\%$、$w(SiO_2)=19.34\%$、$w(P_2O_5)=2.15\%$，试用完全离子溶液模型计算 FeO、CaO、MnO 的活度及活度系数。在 1873K 测得与此渣平衡的钢液中 $w[O]=0.058\%$，试确定此模型计算 FeO 活度的精确度。

解 (1) 计算熔渣组分活度的公式为：$a_{(MO)}=x(M^{2+})x(O^{2-})$

假定熔渣中有 Fe^{2+}、Mn^{2+}、Ca^{2+}、Mg^{2+}、O^{2-}、SiO_4^{4-}、PO_4^{3-} 等离子。先计算各离子的物质的量，以 100g 熔渣作为计算基础：

组分	FeO	MnO	CaO	SiO_2	MgO	P_2O_5	
n_B/mol	0.167	0.125	0.762	0.322	0.374	0.015	$\sum n=1.765$

1mol 碱性氧化物电离形成 1mol 阳离子和 O^{2-}：

$$CaO = Ca^{2+}+O^{2-}\quad FeO = Fe^{2+}+O^{2-}\quad MgO = Mg^{2+}+O^{2-}\quad MnO = Mn^{2+}+O^{2-}$$

故 $n(Ca^{2+})=n(CaO)$，$n(Fe^{2+})=n(FeO)$，$n(Mg^{2+})=n(MgO)$，$n(Mn^{2+})=n(MnO)$。

而
$$\sum n_{B+}=n(CaO)+n(FeO)+n(MgO)+n(MnO)=1.428$$

络离子按下列反应形成：

$$SiO_2+2O^{2-} = SiO_4^{4-}\quad 故\ n(SiO_4^{4-})=n(SiO_2)=0.322$$

$$P_2O_5+3O^{2-} = 2PO_4^{3-}\quad 故\ n(PO_4^{3-})=2n(P_2O_5)=0.030$$

又自由氧离子的物质的量，等于熔渣内碱性氧化物物质的量之和减去酸性氧化物形成络离子消耗的碱性氧化物物质的量之和的差值。而 1mol SiO_2 消耗 2mol 碱性氧化物，即 $n(O^{2-})=2n(SiO_2)$；1mol P_2O_5 消耗 3mol 碱性氧化物，即 $n(O^{2-})=3n(P_2O_5)$，故

$$n(O^{2-})=\sum n_{B+}-2n(SiO_2)-3n(P_2O_5)=1.428-2\times0.322-3\times0.015=0.739$$

而
$$\begin{aligned}\sum n_{B-}&=n(O^{2-})+n(SiO_4^{4-})+n(PO_4^{3-})\\&=n(O^{2-})+n(SiO_2)+2n(P_2O_5)\\&=0.739+0.322+2\times0.015=1.091\end{aligned}$$

阳离子及阴离子的摩尔分数为：

$$x(Fe^{2+})=\frac{n(Fe^{2+})}{\sum n_{B+}}=\frac{0.167}{1.428}=0.117\qquad x(Mg^{2+})=\frac{n(Mg^{2+})}{\sum n_{B+}}=\frac{0.374}{1.428}=0.262$$

$$x(Mn^{2+})=\frac{n(Mn^{2+})}{\sum n_{B+}}=\frac{0.125}{1.428}=0.088\qquad x(O^{2-})=\frac{n(O^{2-})}{\sum n_{B-}}=\frac{0.739}{1.091}=0.677$$

$$x(Ca^{2+})=\frac{n(Ca^{2+})}{\sum n_{B+}}=\frac{0.762}{1.428}=0.534$$

FeO、CaO、MnO 的活度如下：

$$a_{(FeO)}=x(Fe^{2+})\cdot x(O^{2-})=0.117\times0.677=0.079$$

$$a_{(CaO)}=x(Ca^{2+})\cdot x(O^{2-})=0.534\times0.677=0.362$$

$$a_{(MnO)}=x(Mn^{2+})\cdot x(O^{2-})=0.088\times0.677=0.060$$

它们的活度系数按 $\gamma_B=a_B/x_B$ 公式计算，而 $x_B=n_B/\sum n$，式中 $\sum n=1.765$，故

$$\gamma_B=a_B\cdot(\sum n/n_B)=1.765\times a_B/n_B$$ ❶

❶ 三者的活度系数相同，因为这三个氧化物的 $n_{B+}=n_B$，可由活度系数的定义公式证明。

$$\gamma_{FeO} = 1.765 \times 0.079/0.167 = 0.83$$
$$\gamma_{CaO} = 1.765 \times 0.362/0.762 = 0.84$$
$$\gamma_{MnO} = 1.765 \times 0.060/0.125 = 0.85$$

（2）根据与熔渣平衡的钢液中氧的质量分数（0.058%）计算 $a_{(FeO)}$。

$$K_O^{\ominus} = w[O]_{\%}/a_{(FeO)}$$

式中 $$\lg K_O^{\ominus} = -\frac{6320}{T} + 2.734 = -\frac{6320}{1873} + 2.734 = -0.640 \quad K_O^{\ominus} = 0.23$$

$$a_{(FeO)} = w[O]_{\%}/K_O^{\ominus} = 0.058/0.23 = 0.252$$

可见，完全离子溶液模型计算的 $a_{(FeO)}$ 偏低，这是因为熔渣中 SiO_2 的质量分数很高。现再引入离子活度系数对 $a_{(FeO)}$ 进行计算。

由式（4－14）： $$\lg(\gamma_{Fe^{2+}}\gamma_{O^{2-}}) = 1.53\sum x(SiO_4^{4-}) - 0.17$$

$$\lg(\gamma_{Fe^{2+}}\gamma_{O^{2-}}) = 1.53\sum x(SiO_4^{4-}) - 0.17 = 1.53 \times \frac{0.322 + 0.030}{1.091} - 0.17 = 0.324$$

$$\gamma_{Fe^{2+}}\gamma_{O^{2-}} = 2.10$$

故 $$a_{(FeO)} = \gamma_{Fe^{2+}}\gamma_{O^{2-}} x(Fe^{2+}) \cdot x(O^{2-}) = 2.10 \times 0.117 \times 0.677 = 0.166$$

可见，引入离子活度系数后，$a_{(FeO)}$ 的计算值（0.166）与实测值（0.252）的差别减小。

4.6.2 正规离子溶液模型

这是 J. Lumsden 及 B. A. Кожеуров 根据不带电质点组成的正规溶液理论，提出的关于熔渣的正规离子溶液模型。它的主要内容是：

（1）熔渣由简单阳离子（Fe^{2+}、Mn^{2+}、Mg^{2+}、Ca^{2+}、Si^{4+}、P^{5+}）和阴离子 O^{2-} 组成，而阴离子仅考虑 O^{2-} 一种，高价阳离子也不形成络离子；

（2）由于这些阳离子的静电势不相同，故和共同 O^{2-} 混合时就有热效应产生；

（3）各阳离子无序分布于 O^{2-} 之间，和完全离子溶液的状态相同，所以它的混合熵也和完全离子溶液的相同。

因此，这种离子溶液的摩尔吉布斯自由能为 $G_m = \sum x_B G_B^{\ominus}(p, T) + RT\sum x_B \ln x_B + G_m^{ex}$；而超额吉布斯自由能则与此混合能有关，例如，对于由 AO + BO 氧化物形成的正规离子溶液，其混合能参量可表示为 $\alpha = \frac{zN_A}{2}(2u_{A-O-B} - u_{A-O-A} - u_{B-O-B})$。因此，可按非带电质点形成的正规溶液做相同的处理，得到与第 1 章式（1－70）相同的计算组分活度系数的方程：

$$RT\ln\gamma_1 = \sum_{B\neq 1}^{k} \alpha_{B-1} x_B - \sum_{B=1}^{k-1}\sum_{j=B+1}^{k} \alpha_{B-j} x_B x_j \tag{1}$$

式中 B≠1——上式右边第 1 项不包括有组分 1 的浓度 x_1 在内的项；

γ_1——组分 1 的活度系数；

α_{B-1}，α_{B-j}——相应为 B－1 及 B－j 离子对的交互作用能或混合能参量；

x_B，x_j——分别为阳离子 B^{2+} 及 j^{2+} 的离子摩尔分数。

离子摩尔分数可采用类似于完全离子溶液模型计算的方法：$x_{B^+} = \nu_B n_{B^+}/\sum \nu_B n_{B^+}$，$\nu$ 为氧化物分子形成阳离子的原子数。例如，对于 MO（$MO = M^{2+} + O^{2-}$），$n(M^{2+}) = n(MO)$；对于

$M_mO_n(M_mO_n = mM^{(2n/m)+} + nO^{2-})$，$n(M^{(2n/m)+}) = mn(M_mO_n)$，如$P_2O_5$，$n(P^{5+}) = 2n(P_2O_5)$。

现利用式（1）来处理一般的碱性炼钢炉渣。它由FeO、MnO、CaO、MgO、SiO_2、P_2O_5 6个主要组分所组成，分别用x_1、x_2、x_3等表示它们的离子摩尔分数：

组分	FeO	MnO	CaO	MgO	SiO_2	P_2O_5
x_{B+}	x_1	x_2	x_3	x_4	x_5	x_6

将式（1）右边最后项展开成下式：

$$\sum_{B=1}^{k-1}\sum_{j=B+1}^{k}\alpha_{B-j}x_Bx_j = \alpha_{1-2}x_1x_2 + \alpha_{1-3}x_1x_3 + \alpha_{1-4}x_1x_4 + \alpha_{1-5}x_1x_5 + \alpha_{1-6}x_1x_6 + \alpha_{2-3}x_2x_3 + \alpha_{2-4}x_2x_4 + \alpha_{2-5}x_2x_5 + \alpha_{2-6}x_2x_6 + \alpha_{3-4}x_3x_4 + \alpha_{3-5}x_3x_5 + \alpha_{3-6}x_3x_6 + \alpha_{4-5}x_4x_5 + \alpha_{4-6}x_4x_6 + \alpha_{5-6}x_5x_6$$

α可由利用相应二元系（如MO－SiO_2、MO－P_2O_5）相图计算活度的公式$\ln a_B = (\Delta_{fus}H_m/R)(1/T_{fus} - 1/T)$及正规溶液的热力学关系式$RT\ln\gamma_B = \alpha(1-x_B)^2$所导出的以下公式[1]计算：

$$\alpha_{B-j} = \Delta_{fus}H_m(T - T_{fus})/(a_jx_B^2T_{fus}) - RT\ln(x_j/x_B^2) \tag{2}$$

式中 a_j——组分j分子式中的阳离子数；

$\Delta_{fus}H_m$——T_{fus}～T温度段内组分1的平均熔化热；

T_{fus}——组分1的熔点；

T，x_j，x_B——分别为该二元系相图中任意选定点的温度及成分，一般选择共晶点最方便，因为相图中通常标示了共晶点的温度。

详见式（1－117）的导出。

早年科热武洛夫（Кожеуров）利用6种氧化物形成的15种相图，由上述方法估计出上渣系的α_{B-j}，取$\alpha_{2-5} = -41.9\text{kJ}$，$\alpha_{3-6} = -201\text{kJ}$，$\alpha_{3-5} = \alpha_{4-5} = -113\text{kJ}$，其余$\alpha_{B-j} = 0$。于是上式可简化为：

$$\sum_{B=1}^{k-1}\sum_{j=B+1}^{k}\alpha_{B-j}x_Bx_j = \alpha_{2-5}x_2x_5 + \alpha(x_3 + x_4)x_5 + \alpha_{3-6}x_3x_6 \tag{3}$$

式中，$\alpha = \alpha_{3-5} = \alpha_{4-5}$。

将式（3）代入式（1），对组分1（FeO）、组分2（MnO）、组分6（P_2O_5）分别有：

$$RT\ln\gamma_1 = -\alpha_{2-5}x_2x_5 - \alpha(x_3 + x_4)x_5 - \alpha_{3-6}x_3x_6$$

式中，$\sum_{B\neq1}^{k}\alpha_{B-1}x_B = 0$。

$$RT\ln\gamma_2 = \alpha_{2-5}x_5 - \alpha_{2-5}x_2x_5 - \alpha(x_3 + x_4)x_5 - \alpha_{3-6}x_3x_6$$

式中，$\sum_{B\neq1}^{k}\alpha_{B-2}x_B = \alpha_{2-5}x_5$，其余项为零。

$$RT\ln\gamma_6 = \alpha_{3-6}x_3 - \alpha_{2-5}x_2x_5 - \alpha(x_3 + x_4)x_5 - \alpha_{3-6}x_3x_6$$

将各α_{B-j}值代入上面各式中，可得到FeO、MnO、P_2O_5的活度系数的计算公式：

$$\lg\gamma_{Fe^{2+}} = \frac{1000}{T}[2.18(x(Mn^{2+})\cdot x(Si^{4+})) + 5.90(x(Ca^{2+}) +$$

[1] 参见1.7.4.3节式(1－117)。

$$x(Mg^{2+}))x(Si^{4+})+10.50(x(Ca^{2+})\cdot x(P^{5+}))] \quad (4-16)$$

$$\lg\gamma_{Mn^{2+}}=\lg\gamma_{Fe^{2+}}-\frac{2180}{T}x(Si^{4+}) \quad (4-17)$$

$$\lg\gamma_{P^{5+}}=\lg\gamma_{Fe^{2+}}-\frac{10500}{T}x(Ca^{2+}) \quad (4-18)$$

这里只列出了 FeO、MnO 及 P_2O_5 三组分活度系数的计算公式，因为它们是讨论氧化熔炼反应平衡的最主要数据。

氧化物的活度可按完全离子溶液模型活度的公式计算，例如，对于 FeO、P_2O_5，分别有：

$$a_{(FeO)}=\gamma_{Fe^{2+}}\gamma_{O^{2-}}x(Fe^{2+})\cdot x(O^{2-})=\gamma_{Fe^{2+}}x(Fe^{2+})$$

$$a_{(P_2O_5)}=x(P^{5+})^2x(O^{2-})^5\gamma_{P^{5+}}^2\gamma_{O^{2+}}^5=(\gamma_{P^{5+}}x(P^{5+}))^2$$

或

$$a_{(M_mO_n)}=(\gamma_{M^{(2n/m)+}}x(M^{(2n/m)+}))^m \quad (4-19)$$

式中，$x(O^{2-})=\gamma_{O^{2-}}=1$。

正规离子溶液模型比较好地适用于高碱度氧化性渣，处理熔渣中 FeO、MnO 及 P_2O_5 的活度；也可推广到其他类型的渣系，如含有 Al_2O_3、TiO_2、Cr_2O_3 等氧化物的渣系。它的最大优点是不涉及熔渣中 $Si_xO_y^{z-}$ 的结构问题，因为硅氧络离子以及其他络离子的真实结构尚未完全弄清楚，而其计算也十分复杂。

【例 4-7】 试用正规离子溶液模型，计算成分为 $w(FeO)=15\%$、$w(MnO)=10\%$、$w(CaO)=40\%$、$w(MgO)=10\%$、$w(SiO_2)=20\%$、$w(P_2O_5)=5\%$ 的熔渣中 FeO、MnO 及 P_2O_5 的活度，温度为 1600℃。

解 利用相应公式计算活度时需要从熔渣组成计算出各阳离子的摩尔分数，以 100g 熔渣作为计算的基础，先计算出各氧化物的物质的量，再由此计算各阳离子的摩尔分数。

组分	FeO	CaO	SiO_2	MnO	MgO	P_2O_5
n_B/mol	0.208	0.714	0.333	0.141	0.250	0.035

$$\sum\nu_Bn_B=n(FeO)+n(CaO)+n(SiO_2)+n(MnO)+n(MgO)+2n(P_2O_5)=1.717$$

式中，由 $n(P^{5+})=2n(P_2O_5)$，故 $\sum\nu_Bn_B$ 中的 $n(P_2O_5)$ 应乘以 2。

又熔渣内阳离子的摩尔分数（$x_{B^+}=\nu_Bn_{B^+}/\sum\nu_Bn_{B^+}$）为：

$x(Fe^{2+})$	$x(Ca^{2+})$	$x(Mn^{2+})$	$x(Mg^{2+})$	$x(Si^{4+})$	$x(P^{5+})$
0.121	0.416	0.082	0.146	0.194	0.041

故

$$\lg\gamma_{Fe^{2+}}=\frac{1000}{1873}\times[2.18\times0.082\times0.194+5.90\times(0.416+0.146)\times0.194+10.50\times0.416\times0.041]=0.458 \qquad \gamma_{Fe^{2+}}=2.87$$

$$\lg\gamma_{Mn^{2+}}=\lg\gamma_{Fe^{2+}}-\frac{2180}{T}x(Si^{4+})=0.458-\frac{2180}{1873}\times0.194=0.232 \qquad \gamma_{Mn^{2+}}=1.71$$

$$\lg\gamma_{P^{5+}}=\lg\gamma_{Fe^{2+}}-\frac{10500}{T}x(Ca^{2+})=0.458-\frac{10500}{1873}\times0.416=-1.874 \qquad \gamma_{P^{5+}}=1.34\times10^{-2}$$

$$a_{(FeO)}=\gamma_{Fe^{2+}}x(Fe^{2+})=2.87\times0.121=0.347$$

$$a_{(MnO)}=\gamma_{Mn^{2+}}x(Mn^{2+})=1.71\times0.082=0.140$$

$$a_{(P_2O_5)} = (\gamma_{P^{5+}} x(P^{5+}))^2 = (1.34 \times 10^{-2} \times 0.041)^2 = 3.02 \times 10^{-7}$$

4.6.3 离子聚合反应模型——马松模型

大量实验事实证明，硅酸盐的络离子之间存在着一系列聚合反应的化学平衡，这些平衡反应可用不同方式写出，因此也就提出了各种聚合模型。这些模型的共同特点是，利用经典热力学得出的聚合反应的平衡常数来计算络离子的浓度和氧化物的活度。

马松（C. R. Masson）在以硅氧离子聚合反应（$2O^- = O^{2-} + O^0$）为基础的 Toop 模型上建立了二元系硅酸盐熔体的主要模型，所以称为马松模型。它能较准确地计算二元系硅酸盐中氧化物的活度。

这个模型认为熔渣中有 SiO_4^{4-}、$Si_2O_7^{6-}$、$Si_3O_{10}^{8-}$、…、$Si_nO_{3n+1}^{2(n+1)-}$ 络离子存在，这些离子之间发生了一系列的聚合反应：

$$SiO_4^{4-} + SiO_4^{4-} == Si_2O_7^{6-} + O^{2-} \tag{1}$$

$$SiO_4^{4-} + Si_2O_7^{6-} == Si_3O_{10}^{8-} + O^{2-} \tag{2}$$

……

$$SiO_4^{4-} + Si_nO_{3n+1}^{2(n+1)-} == Si_{n+1}O_{3n+4}^{2(n+2)-} + O^{2-} \tag{3}$$

上列反应都伴有两个 O^- 消失及形成一个 O^0 和 O^{2-}，故也可表示为：

$$2O^- == O^{2-} + O^0$$

式中 O^0——桥氧（Si—O—Si）；

O^-——非桥氧（—O—Si）；

O^{2-}——自由氧离子。

假定这些反应的平衡常数都相同，即 $K_1 = K_2 = K_3 = K$，而与离子种类无关。对于 MO - SiO_2 二元系，利用完全离子溶液模型计算组分活度的公式为：$a_{MO} = x(M^{2+})x(O^{2-})$，由于 $x(M^{2+}) = 1$，故 $a_{MO} = x(O^{2-})$，因此，求得此二元系中 O^{2-} 的浓度即可计算出 a_{MO}。

在这个渣系中，阴离子的浓度和 SiO_2 的浓度之间有下列关系式存在：

(1) 根据各聚合反应的平衡常数式，可写出各络离子的摩尔分数为 $x(SiO_4^{4-})$ 的函数式：

$$x(Si_nO_{3n+1}^{2(n+1)-}) = f(x(SiO_4^{4-}))$$

例如，对于反应 (1)，有 $x(Si_2O_7^{6-}) = K\dfrac{x(SiO_4^{4-})^2}{x(O^{2-})}$。

(2) 阴离子摩尔分数的总和为 1，即 $\sum x(Si_nO_{3n+1}^{2(n+1)-}) + x(O^{2-}) = 1$。

(3) 利用 SiO_2 形成各络离子的反应：$nSiO_2 + (n+1)O^{2-} = Si_nO_{3n+1}^{2(n+1)-}$，可得出：

$$x(SiO_2) = f(\sum x(Si_nO_{3n+1}^{2(n+1)-}))$$

联立解以上三类方程，并采用级数求和的计算公式，就能得出❶：

$$x(SiO_2) = 1 \Bigg/ \left[3 - K + \frac{a_{MO}}{1 - a_{MO}} + \frac{K(K-1)}{\dfrac{a_{MO}}{1 - a_{MO}} + K}\right] \tag{4-20}$$

❶ 公式的导出见附录 1 中 (8)。

由式（4－20），可利用 K 计算浓度为 $x(SiO_2)$ 的 $MO-SiO_2$ 系中 MO 的活度。聚合反应的平衡常数 K 一般是将 $MO-SiO_2$ 系测定的 a_{MO} 代入上式后反计算求得的。例如，1873K 时，$CaO-SiO_2$ 系的 $K=0.0016$，$FeO-SiO_2$ 系的 $K=1$，$MnO-SiO_2$ 系的 $K=0.25$，$MgO-SiO_2$ 系的 $K=0.010$。K 的差别主要是由 O^{2-} 的活度系数引起的，即与氧化物的种类有关。K 和阳离子的半径有关，随着 M^{2+} 半径的减小，K 增大，从而 SiO_4^{4-} 的聚合度变大。随着 $x(SiO_2)$ 的增加，K 也有相同的变化，因为熔体的碱性降低了，见图 4－54。

图 4－55 所示为 $CaO-SiO_2$ 系 O^{2-}、络离子摩尔分数随 $x(SiO_2)$ 的变化情况。随着 $x(SiO_2)$ 的增加，各种离子的浓度增加，在不同的 $x(SiO_2)$ 处均出现极大值。但 SiO_4^{4-} 的浓度在 $x(SiO_2)\approx 0.33$ 处有极大值，并且此时熔体中几乎只有 SiO_4^{4-}，其他络离子则很少。达极大值后，各络离子的浓度都减小，但 O^{2-} 的浓度一直是下降的。

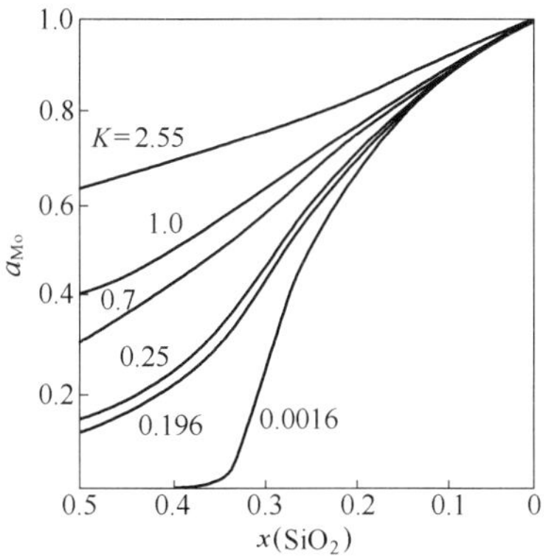

图 4－54 $MO-SiO_2$ 系中 MO 的活度

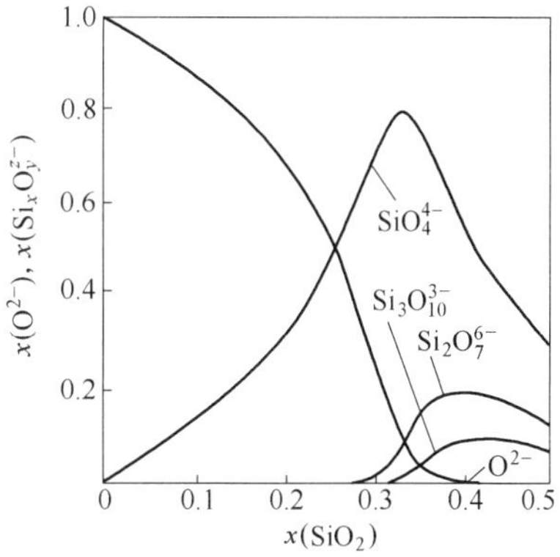

图 4－55 $CaO-SiO_2$ 系 O^{2-}、络离子摩尔分数与 $x(SiO_2)$ 的关系(1873K)

式（4－20）是在假定形成直链型聚合反应的条件下导出的，即 $(SiO_4^{4-})_n$ 络离子中仅有两个 O^{2-} 能与其他单聚体 SiO_4^{4-} 聚合，这些单聚体 SiO_4^{4-} 只在 $(SiO_4^{4-})_n$ 的两端结合成桥氧，无论链如何发展，结合的形式和概率都是相同的，所以聚合反应的平衡常数都相同。但式（4－20）只能很好地应用到 $x(SiO_2)<50\%$ 的 $MO-SiO_2$ 系中。

当 $x(SiO_2)$ 超过 50% 时，将发生支链型聚合反应，即单聚体 SiO_4^{4-} 可在 $(SiO_4^{4-})_n$ 不同处结合，形成 3 个以上的桥氧，链节越大的络离子，单聚体加入的结合处就越多，而概率变化也越大，所以聚合反应的平衡常数就与聚合的 SiO_4^{4-} 数有关，而 $x(SiO_2)$ 与 a_{MO} 关系式的推导也十分复杂，要借助于 Flory 的聚合溶液理论。但得到的结果却较简单，即：

$$x(SiO_2)=1\Big/\left[2+\frac{1}{1-a_{MO}}-\frac{3}{1+a_{MO}(3/K-1)}\right] \qquad (4-21)$$

聚合反应的平衡常数 K 是计算组分活度的唯一参数，这在热力学上就不用分别考虑离子的混合焓和混合熵了。K 是将 $MO-SiO_2$ 系实验测得的 a_{MO} 值代入上式后反计算求得的，并且在计算活度的上式中是来自实验测定的唯一参数，所以组分活度的计算值较一致。

这个模型涉及硅氧络离子形态的变化，并且经过数学公式的处理来推测硅氧络离子的形态及其所占的比例，所以又称为结构相关模型。

虽然马松模型能较好地适用于二元系硅酸盐内 a_{MO} 的计算，与实测值很吻合，但它不能应用到三元系硅酸盐中，因为此时有两种阳离子存在，而 $a_{MO} \neq x(O^{2-})$ 了。另外，对 $x(SiO_2)$ 较高的二元系不太适合。此外，也发现聚合反应平衡常数 K 不恒为常数。

4.6.4* 作为凝聚电子相的熔渣组分活度模型

在前述某些求炉渣组分活度的公式中，必须知道渣中该组分的化学式或络离子的结构形式。但是，对于像氧化物、熔盐、熔渣等这类在固态时虽是绝缘体，而在熔态时却是导电体的相，仅在有限成分范围内其组成才是固定不变的，而在大多数情况下其组成是随着外界气相成分的变化而变化的，因此，它们可认为是组成可变的非化学计量相❶。这就难以确定其组分的化学式或络离子的结构形式，因而也就难以建立体系的能量或化学势与化学组成的确切关系式。

普洛马林科（А. Г. Пономаренко）不考虑组分的具体化学式，而采用周期表中的化学元素作为氧化物或金属相中的组分，用原子分数表示其浓度，并用正规离子溶液的 $a_{BO} = \gamma_B x_B$ 模式，即式（4－19）的模式来计算组分的活度，并进而用相的电子偏摩尔吉布斯自由能——费米能级来讨论体系氧化－还原反应的平衡问题。

炉渣中的氧化物和金属一样，原子中的电子组成量子力学体系。因此，需采用包含有电子化学势（费米能级）的项来表示体系组分 B 的化学势：

$$\mu_B = \mu_B^{\ominus} + RT\ln x_B\psi_B + \mu\nu_B \tag{4-22}$$

式中 μ——电子的化学势或费米能级，是 1mol 电子的逸出功；

ν_B——组分 B 的价电子数；

x_B——原子 B 的摩尔分数；

ψ_B——原子 B 的活度系数。

式（4－22）又可写成：

$$\mu_B = \mu_B^{\ominus} + H_B - TS_B + \mu\nu_B \tag{4-23}$$

式中 H_B——组分 B 的偏摩尔混合焓；

S_B——组分 B 的偏摩尔混合熵。

因此

$$RT\ln x_B\psi_B = RT\ln a'_B = H_B - TS_B$$

式中，$a'_B = x_B\psi_B$，取决于物相的化学成分，而与体系的氧势无关。但在此模型中，把组分 B 的偏摩尔混合焓作为零看待（和完全离子溶液模型相同），而仅考虑活度与组分 B 的组态熵或混合熵 S_B 有关，故有

$$RT\ln a'_B = RT\ln x_B\psi_B = -TS_B \tag{4-24}$$

偏摩尔混合熵 S_B 由两项组成，即原子核（原子）之间位置交换的组态熵及部分电子由价电子层跃迁到导带的电子组态熵。但是在只考虑能量的化学状态下，一般是处理最邻近原子对的作用，并且仅涉及原子核统计和的组态熵，所以原子活度仅是普通活度的一部分值，即 $a_B = a'_B\exp(\mu\nu_B/RT)$。

由体系的配分函数处理法可得出下列关系式❷：

---

❶ 见第 5 章 5.4.1.2 节。

❷ 参见 Пономаренко А Г. Ж. Физ. Химии. 1974，48，7：1668～1674。

$$-TS_{B}=RT\ln\frac{x_{B}}{\sum x_{j}\exp[-\varepsilon_{B-j}/(RT)]}=RT\ln x_{B}\{\sum x_{j}\exp[-\varepsilon_{B-j}/(RT)]\}^{-1}=RT\ln x_{B}\psi_{B} \tag{4-25}$$

式中 ψ_B——原子 B 的活度系数，$\psi_B=\{\sum x_j\exp[-\varepsilon_{B-j}/(RT)]\}^{-1}$；

x_B——原子 B 的摩尔分数。

ψ_B 式中的 ε_{B-j}是体系中相邻原子对 B－j 形成组态熵时的位置交换能。它是偏量，是 B 种原子同任何一种原子交换位置时，按 1 个 B 原子计算的整个体系内 B 原子和任一 j 原子交换位置时能量的变化值。例如，B 原子同相内第 1 种原子交换位置的可能种数为 x_1，而交换能同是 ε_{B-1}；同第 2 种原子交换位置的可能种数为 x_2，而交换能同是 ε_{B-2}；余仿此，则：

$$\psi_B^{-1}=x_1\exp[-\varepsilon_{B-1}/(RT)]+x_2\exp[-\varepsilon_{B-2}/(RT)]+\cdots=\sum x_j\exp[-\varepsilon_{B-j}/(RT)]$$

式中 ε_{B-j}——原子对 B－j 位置交换能，可由原子能量的标量估计。

相中任一原子的能量是其浓度对其能量标量χ 的乘积。当标量用 lgχ 表示时，一原子对 B－j 的摩尔分数 $x_B=\frac{1}{2}$（总物质的量为 2），则体系中原子位置交换能量为：

$$\lg E=\sum x_B\lg\chi_B=\sum\lg\chi_B^{1/2} \qquad 即 \quad E_B=\chi_B^{1/2}$$

相邻原子对 B－j 的位置交换能的组合值根据 Pauling 理论，采用平均计算法为：

$$\sqrt{2\varepsilon_{B-j}}=E_B-E_j=\chi_B^{1/2}-\chi_j^{1/2}$$

故

$$\varepsilon_{B-j}=\frac{1}{2}(\chi_B^{1/2}-\chi_j^{1/2})^2 \tag{4-26}$$

原子能量的标量或参数χ_B 是从热力学数据手册中，由 22 种元素形成化合物的标准生成焓 $\Delta_f H_m^{\ominus}$（B，298K）的实验数据，用计算机精选出来的。表 4－6 所示为常见元素的原子能量的标量。

表 4－6 原子能量的标量 （kJ/mol）

元 素	χ	元 素	χ	元 素	χ
Al	125.52	Fe	334.7	O	1255.2
As	385.0	Nb	280.33	P	205.02
B	196.65	H	447.69	S	790.78
C	29.29	Mn	251.04	Si	171.54
Ca	104.6	Mo	276.14	Ti	133.89
Cr	251.04	Mg	146.44	V	184.10
Co	324.08	N	720.74	W	238.49
Cu	418.4	Ni	464.42	Zr	225.94

利用正规离子溶液模型可得出计算活度的公式。因为氧元素是氧化物形成的共同氧原子，其 $x(O)=1$；又由于氧与其他原子的位置交换能相差很大，致使 $\exp[-\varepsilon_{O-j}/(RT)]\approx 0$，故$a'_{(O)}=1$，而

$$a'_{(MO)}=a'_{(M)}\cdot a'_{(O)}=a'_{(M)}=\psi_M\cdot x(M) \tag{4-27}$$

【例4-8】 试计算下列成分熔渣中 FeO 的活度（温度为1600℃）：$w(FeO)=10\%$，$w(CaO)=43.6\%$，$w(SiO_2)=23.6\%$，$w(MnO)=8.0\%$，$w(MgO)=13.4\%$，$w(P_2O_5)=1.4\%$，并与正规离子溶液模型的计算值进行比较。

解 计算公式为： $a'_{(FeO)}=x(Fe)\cdot\psi_{Fe}$

式中 $x(Fe)$ ——熔渣中 Fe 原子的摩尔分数；

ψ_{Fe}——Fe 原子的活度系数。

（1）元素原子的摩尔分数。先从100g 渣中计算出每种氧化物的物质的量，然后由此计算出元素原子的物质的量（$n_M=xn(M_xO_y)$，$n_O=yn(M_xO_y)$），由原子物质的量之和再计算出炉渣中各原子的摩尔分数[$x(Fe)=n(Fe)/\sum n$]。

渣中氧化物的物质的量：

组分	FeO	CaO	SiO_2	MnO	MgO	P_2O_5
n_B/mol	0.139	0.779	0.393	0.113	0.335	0.0099

渣中原子的物质的量：

$$n(Fe)=n(FeO)=0.139 \qquad n(Mn)=n(MnO)=0.113$$

$$n(Ca)=n(CaO)=0.779 \qquad n(Mg)=n(MgO)=0.335$$

$$n(Si)=n(SiO_2)=0.393 \qquad n(P)=2n(P_2O_5)=0.0198$$

$$n(O)=n(FeO)+n(CaO)+2n(SiO_2)+n(MnO)+n(MgO)+5n(P_2O_5)$$

$$=0.139+0.779+2\times0.393+0.113+0.335+5\times0.0099=2.202$$

渣中原子的物质的量之和$\sum n$：

$$\sum n=n(Fe)+n(Ca)+n(Si)+n(Mg)+n(Mn)+n(P)+n(O)=3.981$$

渣中原子的摩尔分数 $x_B=n_B/\sum n$：

原子	Fe	Ca	Si	O	Mn	Mg	P
x_B	0.035	0.196	0.099	0.553	0.028	0.084	0.005

（2）ε_{Fe-j}及ψ_{Fe}。Fe 原子和系内任何一种原子位置的交换能 ε_{Fe-j}及种数 x_j 如图4-56所示。

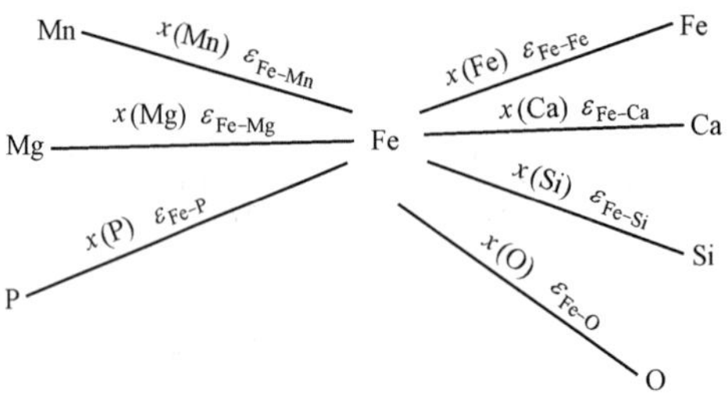

图4-56 ε_{Fe-j}及 x_j

$$\psi_{Fe}^{-1}=\sum x_j\exp[-\varepsilon_{Fe-j}/(RT)] \qquad 而 \ \varepsilon_{Fe-j}=\frac{1}{2}(\chi_{Fe}^{1/2}-\chi_j^{1/2})^2$$

$$\varepsilon_{Fe-Fe}=\frac{1}{2}\times(334.7^{1/2}-334.7^{1/2})^2=0 \qquad \varepsilon_{Fe-Mn}=\frac{1}{2}\times(334.7^{1/2}-251.04^{1/2})^2=2.99$$

$$\varepsilon_{Fe-Ca}=\frac{1}{2}\times(334.7^{1/2}-104.6^{1/2})^2=32.48 \qquad \varepsilon_{Fe-Mg}=\frac{1}{2}\times(334.7^{1/2}-146.44^{1/2})^2=19.15$$

$$\varepsilon_{Fe-Si}=\frac{1}{2}\times(334.7^{1/2}-171.54^{1/2})^2=13.47 \qquad \varepsilon_{Fe-P}=\frac{1}{2}\times(334.7^{1/2}-205.02^{1/2})^2=7.86$$

$$\varepsilon_{Fe-O}=\frac{1}{2}\times(334.7^{1/2}-1255.2^{1/2})^2=146.87$$

$$\psi_{Fe}^{-1}=x(Fe)\exp\left(-\frac{\varepsilon_{Fe-Fe}}{RT}\right)+x(Ca)\exp\left(-\frac{\varepsilon_{Fe-Ca}}{RT}\right)+x(Si)\exp\left(-\frac{\varepsilon_{Fe-Si}}{RT}\right)+x(O)\exp\left(-\frac{\varepsilon_{Fe-O}}{RT}\right)+$$
$$x(Mn)\exp\left(-\frac{\varepsilon_{Fe-Mn}}{RT}\right)+x(Mg)\exp\left(-\frac{\varepsilon_{Fe-Mg}}{RT}\right)+x(P)\exp\left(-\frac{\varepsilon_{Fe-P}}{RT}\right)$$
$$=0.035\times\exp\left(-\frac{0}{0.008314\times1873}\right)+0.196\times\exp\left(-\frac{32.48}{0.008314\times1873}\right)+$$
$$0.099\times\exp\left(-\frac{13.47}{0.008314\times1873}\right)+0.553\times\exp\left(-\frac{146.87}{0.008314\times1873}\right)+$$
$$0.028\times\exp\left(-\frac{2.99}{0.008314\times1873}\right)+0.084\times\exp\left(-\frac{19.15}{0.008314\times1873}\right)+$$
$$0.005\times\exp\left(-\frac{7.86}{0.008314\times1873}\right)$$
$$=0.035\times1+0.196\times0.124+0.099\times0.421+0.553\times8.015\times10^{-5}+0.028\times0.825+$$
$$0.084\times0.292+0.005\times0.604=0.153$$

而 $\psi_{Fe}=6.537 \quad a'_{(FeO)}=x(Fe)\psi_{Fe}=0.035\times6.537=0.229$

由正规离子溶液模型计算的 $a_{(FeO)}=0.235$（计算过程从略）。

作为凝聚电子相的炉渣组分活度计算法计算的精确度，比较接近于（但低于）正规离子溶液模型的计算值，计算所需的基本参数（原子能量的标量）比较齐全，能对任何化学组成的炉渣进行计算，特别适用于金属液–熔渣间元素的分配平衡计算，详见第7章。

4.6.5 离子反应平衡商模型

完全离子溶液模型视熔渣为由正、负离子分别组成的两种理想溶液所形成的混合溶液。两种离子不受异号离子的作用，而以“独立单位”参加反应。但对于不具有理想溶液性质的熔渣，异号离子要受到相互影响。因此，弗路德（Flood）提出了在计算离子分数时，应考虑离子电荷数的影响。因为离子的电价不同，占据的晶格结点数也不相同，所以采用了一个 ν 价离子相当于 ν 个1价离子的“电当量”概念，导出了下列公式来计算熔渣离子的摩尔分数：

$$x'_{B^+}=\frac{\nu_{B^+}n_{B^+}}{\sum\nu_{B^+}n_{B^+}} \qquad x'_{B^-}=\frac{\nu_{B^-}n_{B^-}}{\sum\nu_{B^-}n_{B^-}} \tag{4-28}$$

式中 ν_{B^+}，ν_{B^-}——分别为两种离子的电价数。

【例4-9】 利用电当量分数概念，计算4.6.1节例4-6中熔渣内CaO及FeO的活度。

解 $$a_{(CaO)}=x(Ca^{2+})x(O^{2-}) \qquad a_{(FeO)}=x(Fe^{2+})x(O^{2-})$$

$$x(Ca^{2+})=\frac{2n(Ca^{2+})}{2n(Fe^{2+})+2n(Mn^{2+})+2n(Ca^{2+})+2n(Mg^{2+})}$$

$$=\frac{2\times0.762}{2\times0.167+2\times0.125+2\times0.762+2\times0.374}$$

$$=\frac{2\times0.762}{2\times1.428}=0.534$$

$$x(O^{2-})=\frac{2n(O^{2-})}{2n(O^{2-})+4n(SiO_4^{4-})+3n(PO_4^{3-})}$$

$$=\frac{2\times0.739}{2\times0.739+4\times0.322+3\times0.030}=0.518$$

$$x(Fe^{2+})=\frac{2n(Fe^{2+})}{2n(Fe^{2+})+2n(Mn^{2+})+2n(Ca^{2+})+2n(Mg^{2+})}$$

$$=\frac{2\times0.167}{2\times0.167+2\times0.125+2\times0.762+2\times0.374}$$

$$=\frac{2\times0.167}{2\times1.428}=0.117$$

$$a_{(CaO)}=x(Ca^{2+})x(O^{2-})=0.534\times0.518=0.277$$

$$a_{(FeO)}=x(Fe^{2+})x(O^{2-})=0.117\times0.518=0.061$$

这种模型的计算值比完全离子溶液模型的计算值（$a_{(CaO)}=0.362$，$a_{(FeO)}=0.079$）低些，比较接近于实测值，因为它计入了离子间电荷数不同、占据结点位不同的影响。

弗路德进一步利用上述离子电当量分数概念，建立了离子反应的平衡商模型，以计算某些反应中难以测定的组分的活度系数，如熔渣中氧、硫及 PO_4^{3-} 的活度系数。

此模型的基本公式是用同号离子的电当量分数（x'_{B+}、x'_{B-}）表示的熔渣－金属液间离子反应吉布斯自由能变化或其平衡商（K'_B）的对数加合式：

$$\Delta G=\sum x'_B\Delta G'_B \quad 或 \quad \lg K=\sum x'_B\lg K'_B$$

式中，$\Delta G'_B$ 为纯氧化物（如 FeO、CaO 等）参加的离子反应的吉布斯自由能变化；$\lg K'_B$ 为此反应的平衡商，由参加反应的物质的热力学数据得出。再以 $\lg K$ 对 x'_B 作图，由直线外推到 $x'_B=1$ 即可求得 $\lg K'_B$。

4.6.5.1 熔渣的脱磷反应

对于钢液由含有共同氧离子的氧化物组成的熔渣，进行的脱磷反应为：

$$2[P]+5[O]+3O^{2+}(Fe^{2+},Ca^{2+},Mg^{2+},Mn^{2+})==2(PO_4^{3-})$$ ❶

或

$$2[P]+5[O]+3(O^{2-})==2(PO_4^{3-})$$

即

$$2[P]+5[O]+3(CaO)==(3CaO\cdot P_2O_5) \quad K'_{Ca} \qquad (1)$$

$$2[P]+5[O]+3(FeO)==(3FeO\cdot P_2O_5) \quad K'_{Fe} \qquad (2)$$

$$2[P]+5[O]+3(MnO)==(3MnO\cdot P_2O_5) \quad K'_{Mn} \qquad (3)$$

$$2[P]+5[O]+3(MgO)==(3MgO\cdot P_2O_5) \quad K'_{Mg} \qquad (4)$$

这是阴离子（O^{2-}、PO_4^{3-}）参加的脱磷反应，但与熔渣内所有阳离子（Ca^{2+}、Fe^{2+}、Mn^{2+}、Mg^{2+}），亦即这些离子形成的氧化物（CaO、FeO 等）参与脱磷反应的浓度及其平衡商（K'_B）有关。例如，对于反应（1）的 $\Delta G(Ca)$ 及 K'_{Ca}，可由设想的下列热力学过程得出。

❶ 式左端 O^{2-}（Fe^{2+}，Ca^{2+}，Mg^{2+}，Mn^{2+}）表示 O^{2-} 来自 FeO、MnO 等渣中氧化物。

设熔渣中仅有 Ca^{2+}、Fe^{2+} 两种阳离子，脱磷反应可写为：

$$2[P]+5[O]+O^{2-}(Ca^{2+},Fe^{2+})==(PO_4^{3-})$$

可设想上列反应通过图 4－57 所示的两种途径来完成。

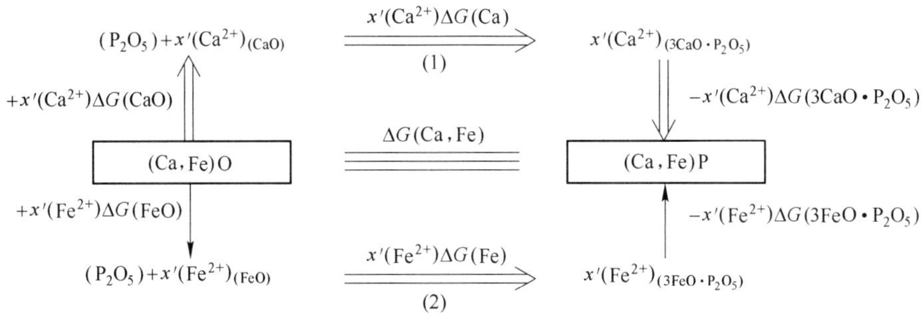

图 4－57 脱磷反应过程 ΔG(Ca，Fe) 的导出

图中，(Ca，Fe)O、(Ca，Fe)P 相应为 Ca、Fe 与 O 及 P 组成的熔体；(CaO)、(FeO) 相应为熔渣中的氧化物 CaO 及 FeO；$(3FeO\cdot P_2O_5)$、$(3CaO\cdot P_2O_5)$ 为熔渣中复合氧化物；ΔG(Ca，Fe) 为反应吉布斯自由能变化。

两种途径分别表示如下：

(1) $x'(Ca^{2+})$的 CaO 从(Fe,Ca)O 熔体中以 CaO 析出，放出 $x'(Ca^{2+})\Delta G(CaO)$，而后再吸收 $x'(Ca^{2+})\Delta G(Ca)$，与 (P_2O_5) 反应转变为 $(3CaO\cdot P_2O_5)$，最后溶解于(Ca,Fe)P 中，放出了 $-x'(Ca^{2+})\Delta G(3CaO\cdot P_2O_5)$，形成(Ca,Fe)P 熔体；

(2) 从(Ca，Fe)O 熔体中析出的 FeO 发生与如上相似的变化，最后形成(Ca，Fe)P 熔体。

反应过程的 ΔG(Ca，Fe) 可由上述两途径 (1) 及 (2) 的吉布斯自由能变化相等求得，即：

$$\begin{aligned}\Delta G(Ca,Fe)=&x'(Ca^{2+})\Delta G(CaO)+x'(Fe^{2+})\Delta G(FeO)+\\&x'(Ca^{2+})(\Delta G(CaO)-\Delta G(3CaO\cdot P_2O_5))+\\&x'(Fe^{2+})(\Delta G(FeO)-\Delta G(3FeO\cdot P_2O_5))\end{aligned}$$

因为具有共同离子的化合物混合液接近理想溶液，上式中两括号内的溶解吉布斯自由能的变化值相同，但符号相反，故上式简化为：

$$\Delta G(Ca,Fe)=x'(Ca^{2+})\Delta G(Ca)+x'(Fe^{2+})\Delta G(Fe)$$

$$\ln K_{Ca,Fe}=x'(Ca^{2}+)\ln K'_{Ca}+x'(Fe^{2+})\ln K'_{Fe}$$

对标准吉布斯自由能变化，则为：

$$\Delta G^{\ominus}(Ca,Fe)=x'(Ca^{2+})\Delta G^{\ominus}(Ca)+x'(Fe^{2+})\Delta G^{\ominus}(Fe)$$

$$\ln K^{\ominus}=x'(Ca^{2+})\ln K^{\ominus}_{Ca}+x'(Fe^{2+})\ln K^{\ominus}_{Fe}$$

而 $$2[P]+5[O]+3O^{2-}(Ca^{2+},Fe^{2+})==2(PO_4^{3-})$$

$$\begin{aligned}K_{Ca,Fe}&=\frac{a^2_{(PO_4^{3-})}}{a^2_{[P]}a^5_{[O]}a^3_{(O^{2-})}}=\left(\frac{x(PO_4^{3-})^2}{x(O^{2-})^3}\cdot\frac{1}{a^2_{[P]}a^5_{[O]}}\right)\frac{\gamma^2_{PO_4^{3-}}}{\gamma^3_{O^{2-}}}\\&=K_{Ca,Fe}\cdot f(\gamma)\end{aligned}$$

式中 $$K_{Ca,Fe}=\frac{x(PO_4^{3-})^2}{x(O^{2-})^3 a_{[P]}^2 a_{[O]}^5}$$ （称为平衡商）

$$f(\gamma)=\frac{\gamma_{PO_4^{3-}}^2}{\gamma_{O^{2-}}^3}$$

推广至多元系，则有： $\lg K=\sum x'_B \ln K'_B$

利用各氧化物的脱磷反应（1）、（2）、（3）等的平衡热力学数据，以 $\lg K'_B$ 对 x'_B 作图，外推到 $x'_B=1$ 处求出 $\lg K'_B$，可得出脱磷反应的平衡商的对数式：

$$\lg K=21x'(Ca^{2+})+12x'(Fe^{2+})+18x'(Mg^{2+})+13x'(Mn^{2+}) \quad (4-29)$$

或 $$\lg K=22x'(Ca^{2+})+12x'(Fe^{2+})+15x'(Mg^{2+})+13x'(Mn^{2+})-2x'(Si^{4-}) \quad (4-30)$$

利用上式可进一步导出计算脱磷熔渣中 $\gamma_{P_2O_5}$ 的公式。对于脱磷反应：

$$2[P]+5[O]+3O^{2-}(Fe^{2+},Ca^{2+},\cdots)═══2(PO_4^{3-})$$

或 $$2[P]+5[O]+3(O^{2-})═══2(PO_4^{3-})$$

可改写为： $$2[P]+5[O]═══(P_2O_5)$$

由于反应达平衡时［P］与［O］的浓度很低，可视为其活度等于浓度。$a_{(P_2O_5)}$ 则用高温下能稳定存在的气态 P_4O_{10}（因为 P_2O_5 是二聚分子 P_4O_{10}，在 631K 升华，压力为 100kPa）作为液态 P_2O_5 的活度标准态，从而得出上列反应的 $\Delta_r G_m^{\ominus}$：

$$\Delta_r G_m^{\ominus}=-705567+556.60T \quad (J/mol)$$

这里，取 $a_{(CaO)}=1, a_{(P_2O_5)}=a_{(4CaO\cdot P_2O_5)}$

$$K^{\ominus}=\frac{\gamma_{P_2O_5}x(P_2O_5)}{w[P]_{\%}^2 w[O]_{\%}^5}=\gamma_{P_2O_5}\cdot\frac{x(P_2O_5)}{w[P]_{\%}^2 w[O]_{\%}^5}$$

式中，命 $K=\frac{x(P_2O_5)}{w[P]_{\%}^2 w[O]_{\%}^5}$ 称为平衡商。对上式取对数，移项得：

$$\lg\gamma_{P_2O_5}=-\lg K+\lg K^{\ominus} \quad (4-31)$$

而 $$\lg K^{\ominus}=\frac{705567}{19.147T}-\frac{556.60}{19.147}=\frac{36850}{T}-29.07$$

以一些实验数据计算的 $\gamma_{P_2O_5}$ 和平衡商 K 的对数式（见式（4-31））作图，如图 4-58 所示，可得到不同温度下熔渣中 $\gamma_{P_2O_5}$ 的经验式：

$$\lg\gamma_{P_2O_5}=-1.12\lg K-\frac{42000}{T}+23.58 \quad (4-32)$$

或 $$\lg\gamma_{P_2O_5}=-1.12\lg K-\frac{44600}{T}+23.80 \quad (4-33)$$

式（4-32）由 E. T. Turkdogan 提出，式（4-33）由 Ward 提出。

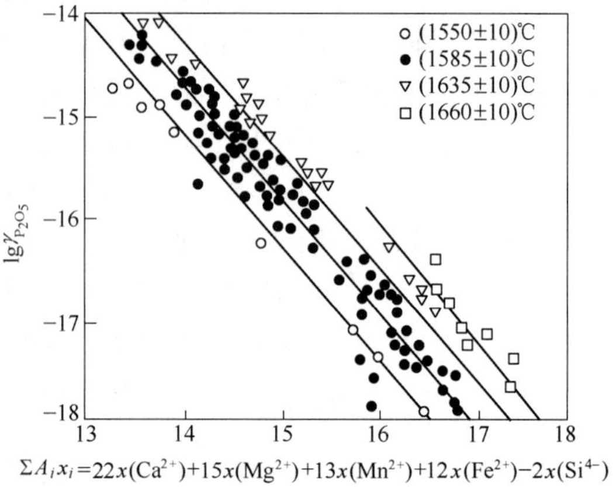

图 4-58 熔渣中 $\gamma_{P_2O_5}$ 和 $\lg K$ 的关系图

上式是计算已知熔渣组成的 $a_{P_2O_5}$ 的

数学式。由式（4－29）可见，CaO 的脱磷能力最强，其次是 MgO，FeO 最小。文献中也曾报道 BaO 脱磷反应的 $\lg K=45$，即它比 CaO 有更高的脱磷能力。

【例4－10】 熔渣成分为：$w(FeO)=15.0\%$，$w(CaO)=40.5\%$，$w(MnO)=6.0\%$，$w(SiO_2)=20.0\%$，$w(MgO)=7.50\%$，$w(P_2O_5)=5.0\%$，温度为1873K。试利用离子反应平衡商模型公式计算熔渣中（P_2O_5）的活度系数，再利用实验数据的修正式（见式(4－32)）计算并做比较。

解 由 $\lg K=21x'(Ca^{2+})+12x'(Fe^{2+})+18x'(Mg^{2+})+13x'(Mn^{2+})$

$$x'_B=\nu_{B+}n_{B+}/\sum\nu_{B+}n_{B+}$$

100g 熔渣组分的物质的量（n_B）为：

组分	CaO	SiO_2	FeO	MnO	MgO	P_2O_5	Σ
$w(B)_{\%}$	40.5	20.0	15.0	6.0	7.50	5.0	
n_B	0.714	0.333	0.208	0.084	0.188	0.035	1.354

$$\sum n_{B+}=n(CaO)+n(FeO)+n(MnO)+n(MgO)=1.194$$

$$\sum\nu_{B+}n_{B+}=2\times1.194$$

$$n(O^{2-})=\sum n_{B+}-2n(SiO_2)-3n(P_2O_5)$$
$$=1.194-2\times0.333-3\times0.035=0.423$$

$$\sum n_{B-}=n(O^{2-})+n(SiO_4^{4-})+n(PO_4^{3-})$$
$$=n(O^{2-})+n(SiO_2)+2n(P_2O_5)$$

$$\sum\nu_{B-}n_{B-}=2n(O^{2-})+4n(SiO_2)+3\times2n(P_2O_5)$$
$$=2\times0.423+4\times0.333+6\times0.035=2.388$$

$$x'(Ca^{2+})=\frac{2\times0.714}{2\times1.194}=0.598\quad x'(Fe^{2+})=\frac{2\times0.208}{2\times1.194}=0.174$$

$$x'(Mn^{2+})=\frac{2\times0.084}{2\times1.194}=0.070\quad x'(Mg^{2+})=\frac{2\times0.188}{2\times1.194}=0.157$$

$$\lg\gamma_{P_2O_5}=-\lg K+\frac{36850}{1873}-29.07$$
$$=-(21\times0.598+12\times0.174+18\times0.517+13\times0.070)+19.67-29.07=-34.262$$

$$\gamma_{P_2O_5}=5.47\times10^{-35}$$

利用实验数据的修正式：

$$\lg\gamma_{P_2O_5}=-1.12\lg K-\frac{42000}{T}+23.58$$

$$\lg\gamma_{P_2O_5}=-1.12\times(21\times0.598+12\times0.174+18\times0.157+13\times0.070)-\frac{42000}{1873}+23.58$$

$$=-19.43$$

$$\gamma_{P_2O_5}=3.7\times10^{-20}$$

由上述计算可知，反应平衡商模型公式的计算值偏低，因为它未考虑组分之间的作用力的影响。而实验数据修正式则计入了后者的影响，所以计算值比较接近实验值。

4.6.5.2 *熔渣的脱硫反应*

对于熔渣的脱硫反应：

$$[S]+O^{2-}(Ca^{2+},Mn^{2+},Fe^{2+})=\!=\!=(S^{2-})+[O]$$

仿前可推得：

$$\lg K=-1.4x'(Ca^{2+})-1.9x'(Fe^{2+})-2.0x'(Mn^{2+})-3.5x'(Mg^{2+}) \qquad (4-34)$$

而上列反应的

$$K^{\ominus}=\frac{a_{[O]}a_{(S^{2-})}}{a_{[S]}a_{(O^{2-})}}=\left(\frac{x(S^{2-})}{x(O^{2-})}\cdot\frac{a_{[O]}}{a_{[S]}}\right)\cdot\frac{\gamma_{S^{2-}}}{\gamma_{O^{2-}}}$$

$$K^{\ominus}=K\cdot\frac{\gamma_{S^{2-}}}{\gamma_{O^{2-}}}\quad 或\quad \frac{\gamma_{S^{2-}}}{\gamma_{O^{2-}}}=\frac{K^{\ominus}}{K}$$

式中，$K=\frac{x(S^{2-})a_{[O]}}{x(O^{2-})a_{[S]}}$，称为脱硫反应的平衡商，可由式（4－34）计算出来，从而可得出熔渣中的$\frac{\gamma_{S^{2-}}}{\gamma_{O^{2-}}}$值。

因此，由上可见，由阴离子参加的离子反应是用渣中所有阳离子的浓度（电当量分数）表示其平衡商的。由它们计算熔渣有关的活度系数的例题见7.5.1节。

4.6.5.3* 锰的氧化反应

$$[Mn]+(Fe^{2+})=\!=\!=(Mn^{2+})+[Fe]$$

则导出：

$$\lg K=3.1x'(SiO_4^{4-})+3.0x'(FeO_4^{5-})+2.5x'(PO_4^{3-})+2x'(O^{2-})+1.5x'(F^-) \qquad (4-35)$$

即由阳离子参加的反应是用渣中阴离子的电当量分数表示其平衡商的。

4.6.6 准化学平衡模型及修正准化学平衡模型

4.6.6.1 准化学平衡模型

由于熔渣内离子的静电势不相同，致使熔渣内出现了作用力不等价的强离子对及弱离子对，因而出现了熔渣的微观不均匀性。因此，应考虑离子能量的不等价性及由此所决定的熔渣有序性对组分活度系数的影响，从而提出了所谓的准化学平衡溶液模型（The Quasichemical equilibrium Solution Model）。此模型实质上是在研究由有共同氧离子的两个氧化物AO及BO组成的溶液中，组分在溶液中呈无序分布，其构型熵将是最小值。而这种熵是通过低能键的优先形成以降低溶液势能而求出的。例如，A－B间的能量$u=\frac{1}{2}(2u_{A-B}-u_{A-A}-u_{B-B})<0$时，将是B周围聚集着A或A周围聚集着B；$u>0$时，则将是A的聚集及B的聚集优先形成。这种聚集团的形成可用化学反应式模拟表示为：

$$(A-A)+(B-B)=\!=\!=2(A-B)$$

或

$$(A-O-A)+(B-O-B)=\!=\!=2(A-O-B)$$

而

$$K=\frac{x_{A-B}^2}{x_{A-A}x_{B-B}}=\exp[-\Delta G^{\ominus}/(RT)]=\exp\{(\Delta S^{\ominus}/R)[-\Delta H^{\ominus}/(RT)]\}$$

标准焓变$\Delta H^{\ominus}$可简化为zN_Au。标准熵变$\Delta S^{\ominus}$由$u=0$及组分在溶液中呈无序分布的统计法得出。对于$\Delta H^{\ominus}=0$，即组分呈完全无序分布时，可求得$\exp(\Delta S^{\ominus}/R)=4$，故平衡常数可表示为原子无序分布常数（$K_1=4$）与有序分布常数($K_2=-zN_Au/(RT)$)之积：

$$K=4\exp[-zN_Au/(RT)]$$

有序常数(K_2)可参照化学反应平衡常数的类似方法由 $zN_A u$ 确定，而 $u=\frac{1}{2}(2u_{A-B}-u_{A-A}-u_{B-B})$，再乘上 zN_A（即 $zN_A u$）是正规溶液的混合能参量或相互作用能，即 $zN_A u=\alpha$，由 $\alpha=RT\ln\gamma_B^0$ 得出。由此可导出❶：

$$\Delta H=\frac{zN_A u(n_A+n_B)x_A x_B}{1+\xi}$$

而

$$\xi=\left[1-4x_A x_B\left(1-\exp\frac{zN_A u}{RT}\right)\right]^{1/2} \quad (4-36)$$

式中　x_A，x_B——组分的摩尔分数；

n_A，n_B——组分的物质的量。

再利用下列关系式：

$$\frac{\Delta G}{T}=\int\Delta H\mathrm{d}\left(\frac{1}{T}\right)+C$$

式中　C——积分常数。

及

$$\Delta G_A=\frac{\partial\Delta G}{\partial n_A}=RT\ln a_A$$

可求得：

$$\gamma_A=\left[\frac{\xi-1+2x_A}{x_A(\xi+1)}\right]^{z/2} \quad (4-37)$$

$$\gamma_B=\left[\frac{\xi-1+2x_B}{x_B(\xi+1)}\right]^{z/2} \quad (4-38)$$

准化学平衡溶液模型除应用于二元渣系外，同样可应用于二元金属熔体求组分的活度系数，这时配位数 $z=10$。

【例 4-11】 用准化学平衡溶液模型计算 1600℃时 $CaO-SiO_2$ 系中 CaO 的活度。已知 $CaO-SiO_2$ 的交互作用能 $\alpha=-113000$J/mol，Ca 原子的配位数 $z=6$。

解　$CaO-SiO_2$ 系的准化学平衡反应为：

$$(Ca-O-Ca)+(Si-O-Si)=\!=\!=2(Ca-O-Si)$$

其平衡常数为：

$$K=\frac{x(Ca-Si)^2}{x(Ca-Ca)x(Si-Si)}$$

组分 CaO 的活度系数为：

$$\gamma_{CaO}=\left[\frac{\xi-1+2x(Ca)}{x(Ca)(\xi+1)}\right]^{z/2}$$

现计算 $CaO-SiO_2$ 系 $x(CaO)=0.9$ 的活度。

$$\xi=\left[1-4x(Ca)x(Si)\left(1-\exp\frac{zN_A u}{RT}\right)\right]^{1/2}$$

$$=\left[1-4\times0.9\times0.1\times\left(1-\exp\frac{-113000}{8.314\times1873}\right)\right]^{1/2}$$

$$=[1-0.36\times(1-0.00071)]^{1/2}=0.80$$

$$\gamma_{CaO}=\left[\frac{0.8-1+2\times0.9}{0.9\times(0.8+1)}\right]^{6/2}=0.95$$

❶ 公式的导出见附录 1 中（9）。

$$a_{(CaO)} = \gamma x(CaO) = 0.95 \times 0.90 = 0.85$$

$CaO - SiO_2$ 系其余组分活度的计算值见表 4 – 7。

表 4 – 7　$CaO - SiO_2$ 系 CaO 的活度值

$x(CaO)$	0.9	0.8	0.7	0.6	0.5
$x(SiO_2)$	0.1	0.2	0.3	0.4	0.5
ξ_{CaO}	0.80	0.60	0.40	0.20	0
γ_{CaO}	0.95	0.82	0.54	0.17	0
$a_{(CaO)}$	0.85	0.65	0.38	0.102	0

4.6.6.2* 修正准化学平衡模型❶

准化学平衡模型反应的平衡常数式中的 $\Delta H = -zN_A u$，是正规溶液的混合能参量，与溶液的组成及温度无关，因而对某些体系，由此计算的组分的活度与实测值不太吻合。为此，又提出了考虑溶液，特别是与某些二元系硅酸盐熔渣的组成及温度有关的所谓修正准化学平衡模型。它不仅考虑了聚合反应的焓变 ω，而且考虑了非构型熵变 η。用 $\omega - \eta T$ 代替准化学平衡模型中的 $\Delta H = -zN_A u$。

由
$$K = 4\exp\frac{-N_A \Delta G}{zRT}$$

$$\Delta G = \omega - \eta T = (2u_{A-B} - u_{A-A} - u_{B-B}) - (2S_{A-B} - S_{A-A} - S_{B-B})T$$

而
$$\omega = \frac{zN_A}{2}(2u_{A-B} - u_{A-A} - u_{B-B})$$

$$\eta = \frac{zN_A}{2}(2S_{A-B} - S_{A-A} - S_{B-B})$$

式中，u 及 S 分别为质点间的键能及键熵。

由上式得：
$$\frac{2\omega}{zN_A} = 2u_{A-B} - u_{A-A} - u_{B-B}$$

$$\frac{2\eta}{zN_A} = 2S_{A-B} - S_{A-A} - S_{B-B}$$

故
$$\Delta G = \frac{2\omega}{zN_A} - \frac{2\eta T}{zN_A} = \frac{2(\omega - \eta T)}{zRT}$$

从而
$$K = \frac{x_{A-B}^2}{x_{A-A} x_{B-B}} = 4\exp\frac{-2(\omega - \eta T)}{zRT} \tag{1}$$

式中，ω 及 η 分别为溶液的焓变及熵变。可根据已知的热力学数据，采用非线性最小二乘法优化出的多项扩展式求得。

利用统计热力学原理，可导出质点对 A – A、B – B 及 A – B 形成溶液的焓变（ΔH）、非构型熵（ΔS_1）及构型熵（ΔS_2）：

$$\Delta H = (b_A x_A + b_B x_B)\frac{x_{A-B}}{2}\omega$$

---

❶ 参见上海金属，1996，18（2）：38 ~ 43；参考文献［45］：130 ~ 135。

$$\Delta S_1 = (b_A x_A + b_B x_B)\frac{x_{A-B}}{2}\eta$$

$$\Delta S_2 = -R(x_A \ln x_A + x_B \ln x_B) - \frac{zR}{2}(b_A x_A + b_B x_B)\cdot\left(x_A \ln\frac{x_{A-A}}{X_A^2} + x_{AB}\ln\frac{x_{B-B}}{X_B^2} + x_A x_B \ln\frac{x_{A-B}}{2X_A X_B}\right)$$

而

$$\Delta G = \Delta H - T(\Delta S_1 + \Delta S_2)$$

因此，为求 ΔG，需得知 x_{A-B}、x_{B-B}、x_{A-A}、X_A、X_B。

式中，x_A、x_B 为溶液组分的摩尔分数；x_{A-A}、x_{B-B}、x_{A-B}为 A－A、B－B 及 A－B 质点对的摩尔分数，$x_{A-A}+x_{B-B}+x_{A-B}=1$；$X_A$、$X_B$ 则称为溶液组分的当量摩尔分数，它们是溶液中出现最大有序排列的组分浓度。由溶液的组分浓度 x_A 及 x_B，按下列关系式得出：

$$X_A = 1 - X_B = \frac{b_A x_A}{b_A x_A + b_B x_B}$$

式中，b_A 及 b_B 为常数。对 $MO-SiO_2$ 系，为使 $x_B(x(SiO_2)) = \frac{1}{3}$时的当量摩尔分数 $X(SiO_2)$ 调整为$\frac{1}{2}$ $\left(当\ x(SiO_2) = \frac{1}{3},\ x(MO) = \frac{2}{3}时, X(SiO_2) = \frac{2x(SiO_2)}{2x(SiO_2) + x(MO)} = 0.5\right)$，以适应修正准化学平衡模型的热力学参数与溶液组分的成分及温度的关系。常数 b_A 及 b_B 由下式确定：

$$b_B = \frac{\ln r + \frac{1-r}{r}\ln(1-r)}{2\ln 2} \qquad b_A = \frac{b_B r}{1-r} \tag{2}$$

式中，$r = \frac{b_A}{b_A + b_B}$，是溶液达到最大有序态的 $x(SiO_2)$。例如，$MO-SiO_2$ 系在 $x(SiO_2) = \frac{1}{3}$ 处达到最大有序态（或 ΔH 为最小值）时，$r = \frac{1}{3}$，而由式（2）得：$b_A = 0.6887$ 及 $b_B = 1.3774$。

再利用质点的聚合平衡反应式中的质量平衡关系可得：

$$2X_A = 2x_{A-A} + x_{A-B} \qquad 2X_B = 2x_{B-B} + x_{A-B} \tag{3}$$

联立求解式（1）及式（3），可得出 x_{A-A}、x_{B-B}及 x_{A-B}。

最后，由$\left(\frac{\partial \Delta G}{\partial X_A}\right) = \Delta G_A = RT\ln a_A$ 可得：

$$RT\ln a_A = RT\ln x_A + zb_A RT\ln\frac{x_{A-A}}{X_A^2} + b_A\frac{x_{A-B}}{2}\cdot X_B\frac{\partial(\omega - \eta T)}{\partial X_B}$$

$$RT\ln a_B = RT\ln x_B + zb_B RT\ln\frac{x_{B-B}}{X_B^2} + b_B\frac{x_{A-B}}{2}\cdot X_A\frac{\partial(\omega - \eta T)}{\partial X_A}$$

应指出，上计算式中均采用组分的当量摩尔分数表示组分浓度，但计算组分活度时，则应采用组分浓度 x_A 或 x_B，即 $G_A = \gamma_A x_A$。

几个二元系的非线性最小二乘法优化的 $\omega - \eta T$ 如下。

$CaO-SiO_2$ 系：$\omega - \eta T = (-185289.78 + 25.02T) - 72570.5X(SiO_2)^3 + (212995.5 - 41.7T)X(SiO_2)^6$ （J/mol）

$FeO-SiO_2$ 系：$\omega - \eta T = -13840 + (-86598.4 + 29.2T)X(SiO_2) + 948299.7X(SiO_2)^5 -$

$$1780368.99X(SiO_2)^6+(1082978-62.55T)X(SiO_2)^7 \quad (J/mol)$$

$Al_2O_3-SiO_2$ 系：$\omega-\eta T=4800+100784X(SiO_2)^3-142068X(SiO_2)^6+7571X(SiO_2)^7 \quad (J/mol)$

$CaO-FeO$ 系：　$\omega-\eta T=-26358.6-18694X(SiO_2) \quad (J/mol)$

$CaO-Al_2O_3$ 系：$\omega-\eta T=(-121164+27.196T)-(35364+115.06T)X(SiO_2)^4 \quad (J/mol)$

修正准化学平衡模型在三元渣系中得到推广。组分 i 的当量摩尔分数可表示为：

$$X_i=\frac{b_ix_i}{b_1x_1+b_2x_2+b_3x_3}$$

而聚合反应的质量平衡方程为：

$$2X_1=2x_{1-1}+x_{1-2}+x_{1-3}$$

$$2X_2=2x_{2-2}+x_{1-2}+x_{2-3}$$

$$2X_3=2x_{3-3}+x_{1-3}+x_{2-3}$$

ΔH、ΔS_1 及 ΔS_2 为：

$$\Delta H=(b_1x_1+b_2x_2+b_3x_3)\frac{x_{1-2}\omega_{1-2}+x_{2-3}\omega_{2-3}+x_{1-3}\omega_{1-3}}{2}$$

$$\Delta S_1=(b_1x_1+b_2x_2+b_3x_3)\frac{x_{1-2}\eta_{1-2}+x_{2-3}\eta_{2-3}+x_{1-3}\eta_{1-3}}{2}$$

$$\Delta S_2=-R(x_1\ln x_1+x_2\ln x_2+x_3\ln x_3)-\frac{zR}{2}(b_1x_1+b_2x_2+b_3x_3)\cdot$$

$$\left(x_{1-1}\ln\frac{x_{1-1}}{X_1^2}+x_{2-2}\ln\frac{x_{2-2}}{X_2^2}+x_{3-3}\ln\frac{x_{3-3}}{X_3^2}+x_{1-2}\ln\frac{x_{1-2}}{2X_1X_2}+x_{2-3}\ln\frac{x_{2-3}}{2X_2X_3}+x_{1-3}\ln\frac{x_{1-3}}{2X_1X_3}\right)$$

3 个这种类型的溶液的最小吉布斯自由能式为：

$$\frac{x_{i-j}}{x_{i-i}x_{j-j}}=4\exp\frac{-2(\omega_{i-j}-\eta_{i-j}T)}{zRT}$$

有两种处理 ω_{i-j} 及 η_{i-j} 的近似法：一种是对称法，组分的当量摩尔分数比 $X_i/X_j=$ const，线上 ω_{i-j} 和 $\eta_{i-j}=$ const；另一种是非对称法，组分的当量摩尔分数 $X_1=$ const，$X_2/X_3=$ const，ω_{2-3} 和 $\eta_{2-3}=$ const。图 4－59 所示（参见第 1 章 1.7.5 节）为由二元系获得三元系的 ω_{i-j} 及 η_{i-j} 的对称法与非对称法。

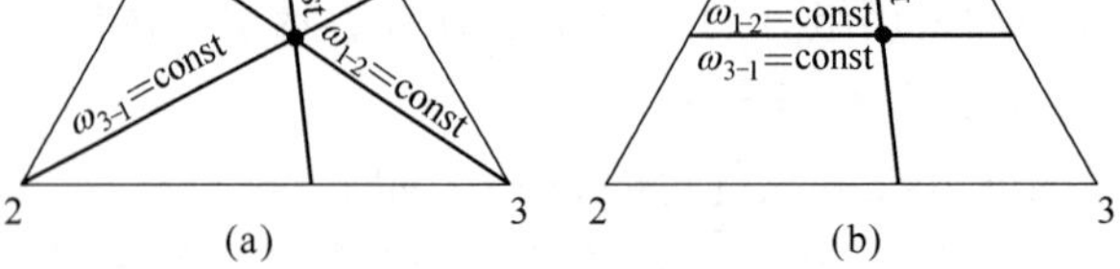

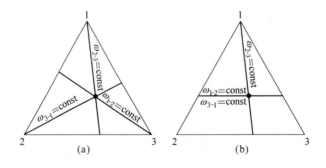

图 4－59　由二元系获得三元系的 ω_{i-j} 及 η_{i-j} 的对称法与非对称法

（a）对称法；（b）非对称法

下面求三元系组分活度的偏摩尔吉布斯自由能变。

（1）对称法。

$$\Delta G_1 = RT\ln a_1 = RT\ln x_1 + \frac{zb_1}{2}RT\ln\frac{x_{1-1}}{X_1^2} - b_1\frac{x_{1-2}}{2}\cdot\frac{X_2}{(X_1+X_2)^2}\cdot\frac{\partial(\omega_{1-2}-\eta_{1-2}T)}{\partial[X_2/(X_1+X_2)]}$$

同样可写出 ΔG_2 及 ΔG_3。

（2）非对称法。

$$\Delta G_1 = RT\ln a_1 = RT\ln x_1 + \frac{zb_1}{2}RT\ln\frac{x_{1-1}}{X_1^2} + \frac{b_1(1-X_1)}{2}\cdot\left[x_{1-2}\frac{\partial(\omega_{1-2}-\eta_{1-2}T)}{\partial X_1} + x_{3-1}\frac{\partial(\omega_{3-1}-\eta_{3-1}T)}{\partial X_1}\right]$$

$$\Delta G_2 = RT\ln a_2 = RT\ln x_2 + \frac{zb_2}{2}RT\ln\frac{x_{1-2}}{X_2^2} - \frac{b_2X_1}{2}\left[x_{1-1}\frac{\partial(\omega_{1-2}-\eta_{1-2}T)}{\partial X_1} + x_{3-1}\frac{\partial(\omega_{3-1}-\eta_{3-1}T)}{\partial X_1}\right] - \frac{b_2x_{2-3}}{2}\cdot\frac{X_3}{(X_2+X_3)^2}\cdot\frac{\partial(\omega_{2-3}-\eta_{2-3}T)}{\partial[X_3/(X_2+X_3)]}$$

同样可写出 ΔG_3。

当三个二元系的 $\omega_{i-j}-\eta_{i-j}T$ 值较小时，两种方法计算的组分的活度系数几乎相同，否则有一定差别。

4.6.7* 离子－分子共存理论模型

此模型认为熔渣是由简单阳离子（M^{2+}、Ca^{2+}、Fe^{2+}、$Mn^{2+}\cdots$）、简单阴离子（O^{2-}、S^{2-}、$F^-\cdots$）以及未离解的共价键占优势的分子状态化合物（SiO_2、$MSiO_3$、M_2SiO_4、$M_3(PO_4)_3\cdots$）所组成。它们的活度可用作用浓度示出。

熔渣中任一化合物离解出现的质点数取决于下式的等参系数 j:

$$j = 1 + \alpha(k-1)$$

式中，k 是离解度为 α 的分子的离子数，当化合物完全离解时，其 $\alpha=1$。例如，$MO = M^{2+} + O^{2-}$，其 $k=2$，而 $j=2$；又如，$CaF_2 \rightleftharpoons Ca^{2+} + 2F^-$，其 $k=3$，而 $j=3$。但对不离解化合物，如酸性氧化物 A_xB_y（P_2O_5、SiO_2、Al_2O_3），其 $\alpha=0$，而 $j=1$。因此，某氧化物（如 MO）的作用浓度用其活度表示为:

$$a_{MO} = \frac{jn(MO)_{自}}{\sum jn(MO)_{自} + jn(CaF_2) + \sum n(A_xO_y)} = \frac{2n(MO)_{自}}{\sum 2n(MO)_{自} + 3n(CaF_2) + \sum n(A_xO_y)} = \frac{n(MO)_{自}}{\sum n(MO)_{自} + 1.5n(CaF_2) + 0.5\sum n(A_xO_y)} = \frac{n(MO)_{自}}{\sum n_B}$$

$$a(A_xO_y) = \frac{n(A_xO_y)}{\sum n_B} \tag{4-39}$$

式中 $n(MO)_{自}$——离子化氧化物（自由状）的物质的量；

$n(A_xO_y)$——未离解化合物的物质的量。

此模型引用了分子结构假设模型计算组分活度的方式，计算的主要参数是等参系数j，缺乏理论和实验论证。张鉴在此分子-离子共存概念的基础上，提出了炉渣结构的共存理论模型。该模型用质量作用定律直接计算有简单离子参与的协同作用下形成复合化合物的反应（如 $(M^{2+}+O^{2-})+(SiO_2)=(MSiO_3)$）平衡常数，以此来计算反应物和生成物的作用浓度（活度）。熔渣中存在的复合化合物是根据熔渣相图确定的。这一共存理论模型不仅能广泛地应用于熔渣、熔盐、熔锍、金属熔体等多元系，而且还能用于水溶液及有机溶液方面。

下面以 $FeO-Fe_2O_3-SiO_2$ 渣系为例，说明此共存理论在计算体系组分活度方面的应用。

本渣系由简单离子 Fe^{2+}、O^{2-} 和 SiO_2 以及复合化合物 Fe_3O_4、Fe_2SiO_4 组成。其中，复合化合物是由 $FeO-SiO_2$ 相图确定的。这些简单离子和分子化合物在协同作用下进行着下列平衡反应，形成复合化合物：

$$2(Fe^{2+}+O^{2-})+SiO_2(s)=\!=\!=(Fe_2SiO_4) \qquad \Delta_rG_m^{\ominus}=27088.6+2.512T \quad (J/mol)$$

$$(Fe^{2+}+O^{2-})+Fe_2O_3(s)=\!=\!=Fe_3O_4(s) \qquad \Delta_rG_m^{\ominus}=45845.6+10.634T \quad (J/mol)$$

这些化学反应服从质量作用定律。它们的 $\Delta_rG_m^{\ominus}$ 是引入实测活度（$a_{(FeO)}$）计算得到的。

为求此渣系中 FeO、SiO_2、Fe_2SiO_4、Fe_3O_4 及 Fe_2O_3 5 个组分的作用浓度，需要建立下列方程组联立求解。

（1）聚合反应平衡方程。

$$2(Fe^{2+}+O^{2-})+SiO_2(s)=\!=\!=(Fe_2SiO_4)$$

$$K_1=\frac{x(Fe_2SiO_4)}{x(FeO)^2x(SiO_2)} \qquad x(Fe_2SiO_4)=K_1x(FeO)^2x(SiO_2) \tag{1}$$

$$(Fe^{2+}+O^{2-})+Fe_2O_3(s)=\!=\!=Fe_3O_4(s)$$

$$K_2=\frac{x(Fe_3O_4)}{x(FeO)x(Fe_2O_3)} \qquad x(Fe_3O_4)=K_2x(FeO)x(Fe_2O_3) \tag{2}$$

（2）组分作用浓度总和方程。

$$x(FeO)+x(SiO_2)+x(Fe_2SiO_4)+x(Fe_3O_4)+x(Fe_2O_3)=1$$

或 $$x(FeO)+x(SiO_2)+x(Fe_2O_3)+K_1x(FeO)^2x(SiO_2)+K_2x(FeO)x(Fe_2O_3)=1 \tag{3}$$

（3）简单氧化物的浓度质量平衡方程。

$$\sum x(FeO)=\sum x(\underset{(FeO)}{0.5x(FeO)}+\underset{(2Fe_2SiO_4)}{2K_1x(FeO)^2x(SiO_2)}+\underset{(Fe_3O_4)}{K_2x(FeO)x(Fe_2O_3)}) \tag{4}$$

$$\sum x(SiO_2)=\sum x(x(SiO_2)+\underset{(2Fe_2SiO_4)}{K_1x(FeO)^2x(SiO_2)}) \tag{5}$$

$$\sum x(Fe_2O_3)=\sum x(x(Fe_2O_3)+\underset{(Fe_3O_4)}{K_2x(FeO)x(Fe_2O_3)}) \tag{6}$$

式中 $\sum x$——平衡时氧化物的量浓度的总和，$\sum x=2x(FeO)+x(SiO_2)+x(Fe_2O_3)+x(Fe_3O_4)+x(Fe_2SiO_4)$；

$\sum x(FeO),\sum x(SiO_2),\sum x(Fe_2O_3)$——渣系的组分浓度；

$x(FeO)$, $x(SiO_2)$, $x(Fe_2O_3)$——渣系的简单氧化物的作用浓度（活度）。

由式（4）及式（5）消去$\sum x$，可得：

$$0.5\sum x(FeO) - x(FeO)x(SiO_2) + (2\sum x(SiO_2) - \sum x(FeO)) \cdot K_1 x(FeO)^2 x(SiO_2) + \sum x(SiO_2) K_2 x(FeO) x(Fe_2O_3) = 0 \quad (7)$$

由式（5）及式（6）消去$\sum x$，可得：

$$0.5\sum x(Fe_2O_3)x(FeO) - \sum x(FeO)x(Fe_2O_3) + (\sum x(Fe_2O_3) - \sum x(SiO_2))K_2 x(FeO)x(Fe_2O_3) + 2\sum x(Fe_2O_3)K_1 x(FeO)^2 x(SiO_2) = 0 \quad (8)$$

联立解式（1）、式（2）、式（3）、式（7）、式（8）可求得本渣系的5个组分的作用浓度。但这些方程组均是非线性高次代数方程组，需要进行线性化处理，即做全微分处理。为此，需要利用计算机和可用的计算程序，详见本书参考文献［37］。

本模型计算的某些渣系组分的活度与实测值及其他模型的计算值相近似。但是，它未能考虑选用的某些复合化合物在高温下出现的离解影响，认为熔渣中有分子状物质存在是与熔渣的实际结构不相符合的，并且计算过程也较复杂。

4.6.8* 林和佩尔顿（Lin and Pelton）模型

该模型与前述马松模型相同的是以硅氧离子聚合反应（$O^{2-} + O^0 = 2O^-$）为基础，但却采用了似晶格模型和统计力学的方法来计算二元硅酸盐渣系由混合焓和混合熵组成的混合吉布斯自由能变化，从而可得出渣系组分的活度。

4.6.8.1 二元系混合吉布斯自由能变化：ΔG_m

$$\Delta G_m = \Delta H_m - T\Delta S_m$$

A 熔体的混合焓：ΔH_m

在MO和SiO_2混合时，MO中的O^{2-}与SiO_2中的O^0要形成非桥氧（O^-），所以可认为反应$O^{2-} + O^0 = 2O^-$的热效应即是熔体形成时的混合焓，即：

$$\Delta H_m = \frac{x(O^-)}{2} \cdot e = (x(MO) - x(O^{2-}))e \quad (1)$$

式中，e是形成1mol O^-时的热效应。它与熔体的组成有关，可引入3个参数来表示，即：

$$e = Ax(MO) + Bx(SiO_2) + Cx(MO)x(SiO_2)$$

它可由实验测定二元熔体在某一成分内的热力学性质（如组分的活度）得出，也可用计算机求出此二元系的上述常数。二元系硅酸盐熔体的A、B、C参数见表4-8。

表4-8 二元系硅酸盐熔体的A、B、C参数 (kJ)

体系	A	B	C
$CaO-SiO_2$	-78.66	-46.69	-133.26
$MgO-SiO_2$	-31.38	23.01	-135.98
$MnO-SiO_2$	-12.55	41.84	-103.55
$FeO-SiO_2$	0.00	54.39	-68.53

B 熔体的混合熵：ΔS_m

把二元系硅酸盐熔体看作由M^{2+}、O^{2-}和SiO_4^{4-}所组成。SiO_4^{4-}中的4个氧是桥氧

（O^0）或非桥氧（O^-），而 O^{2-} 和 Si 原子在似晶格模型的结点上呈无序分布，但其中 Si 保持有 4 个配位氧离子，而 M^{2+} 则任意分布，未加以考虑。

（1）O^{2-} 和 Si 原子的分布概率。1mol 熔体中有 $x(SiO_2)$ 的 Si 原子和 $x(O^{2-})$ 的 O^{2-}，它们占有 $N_A(x(SiO_2)+x(O^{2-}))$ 个结点，其中 SiO_4^{4-} 占 $N_Ax(SiO_2)$ 个，O^{2-} 占 $N_Ax(O^{2-})$ 个，则形成理想熔体的组态熵由热力学概率表示为：

$$\omega_1=\frac{[N_A(x(SiO_2)+x(O^{2-}))]!}{(N_Ax(SiO_2))!\ (N_Ax(O^{2-}))!}$$

（2）O^0 在 Si－Si 对间的分布概率。由于 1 个 Si 原子有 4 个配位氧，形成 Si－Si 对时，其间的 O 原子则被两个 Si 原子所共有。所以 1mol 熔体中可以有相邻的 Si－Si 对位的数目是 $\frac{4x(SiO_2)}{2}$。又因为 O^{2-} 和 Si 原子都位于结点上，Si－Si 对位置的一端被 Si 原子占据，另一端并不可能全部都被 Si 原子占据而形成 Si－Si 对，其中形成 Si－Si 对的数目是：

$$x(Si-Si)=\frac{4x(SiO_2)}{2}\cdot\frac{x(SiO_2)}{x(SiO_2)+x(O^{2-})}$$

Si－Si 对之间就是桥氧（O^0）分布的地方，所以 O^0 在 Si－Si 对间分布的概率为：

$$\omega_2=\frac{(N_Ax(Si-Si))!}{(N_Ax(O^{2-}))!\ (N_Ax(Si-Si)-N_Ax(O^0))!}$$

二元系中，O^{2-}、Si 原子及 O^0 的分布概率则是 O^{2-} 和 Si 原子分布概率与 O^0 在 Si－Si 对间分布概率的乘积：

$$\omega=\omega_1\cdot\omega_2$$

（3）熔体的混合熵由　$\Delta S_m=k\ln\omega$

可得：$\Delta S_m=k\ln(\omega_1\cdot\omega_2)=\frac{R}{N_A}(\ln\omega_1+\ln\omega_2)$

$$=-R\Big[x(SiO_2)\ln\frac{x(SiO_2)}{x(SiO_2)+x(O^{2-})}-x(O^{2-})\ln\frac{x(O^{2-})}{x(SiO_2)+x(O^{2-})}+$$

$$x(O^0)\ln\frac{x(O^0)}{x(Si-Si)}+(x(Si-Si)-x(O^0))\ln\frac{x(Si-Si)-x(O^0)}{x(Si-Si)}\Big]\quad(2)$$

由式（1）及式（2）即可得出：$\Delta G_m=\Delta H_m-T\Delta S_m$

上列各方程式中，$x(O^{2-})$、$x(O^-)$、$x(O^0)$ 是计算所需 3 种状态氧的浓度。以硅氧四面体为基础，每个 Si 原子被 4 个氧原子所连接，因此，由质量平衡关系可得到下列方程：

$$x(O^0)=2x(SiO_2)-\frac{x(O^-)}{2}$$

$$x(O^{2-})=x(MO)-\frac{x(O^-)}{2}$$

4.6.8.2　二元系硅酸盐熔体平衡分配的 a_{MO}

对于 MO－SiO_2 系，利用完全离子溶液模型计算组分活度的 $a_{MO}=x(M^{2+})x(O^{2-})$，由于 $x(M^{2+})=1$，故 $a_{MO}=x(O^{2-})$。平衡时，对一定组成（$x(SiO_2)$ 为一定值）的体系，ΔG_m 应有最小值，即 $\left(\frac{d\Delta G_m}{dx(O^{2-})}\right)_{x(SiO_2)}=0$，由此可求得平衡时的 $x(O^{2-})$。

$$\left(\frac{\mathrm{d}\Delta G_{\mathrm{m}}}{\mathrm{d}x(\mathrm{O}^{2-})}\right)_{x(\mathrm{SiO_2})} = -(Ax(\mathrm{MO})+Bx(\mathrm{SiO_2})+Cx(\mathrm{MO})x(\mathrm{SiO_2}))+ RT\left[\ln\frac{x(\mathrm{O}^{2-})}{x(\mathrm{SiO_2})+x(\mathrm{O}^{2-})}\right]+\ln\left(\frac{x(\mathrm{O}^0)}{x(\mathrm{Si-Si})}\right)- \left(1+\frac{x(\mathrm{Si-Si})}{x(\mathrm{SiO_2})+x(\mathrm{O}^{2-})}\right)\ln\left(\frac{x(\mathrm{Si-Si})-x(\mathrm{O}^0)}{x(\mathrm{Si-Si})}\right)\Bigg] =0 \tag{3}$$

将下列各式代入式（3）中：

$$x(\mathrm{Si-Si})=\frac{2x(\mathrm{SiO_2})^2}{x(\mathrm{SiO_2})+x(\mathrm{O}^{2-})}$$

$$x(\mathrm{O}^0)=2x(\mathrm{SiO_2})-x(\mathrm{MO})+x(\mathrm{O}^{2-})$$

$$x(\mathrm{O}^-)=2(x(\mathrm{MO})-x(\mathrm{O}^{2-}))$$

可简化为以 $x(\mathrm{O}^{2-})$ 为变数的下列方程式：

$$-(Ax(\mathrm{MO})+Bx(\mathrm{SiO_2})+Cx(\mathrm{MO})x(\mathrm{SiO_2}))+RT\left\{\ln\frac{x(\mathrm{O}^{2-})}{x(\mathrm{SiO_2})+x(\mathrm{O}^{2-})}+\ln\left[\frac{(2x(\mathrm{SiO_2})-x(\mathrm{MO})+x(\mathrm{O}^{2-}))(x(\mathrm{SiO_2})+x(\mathrm{O}^{2-}))}{2x(\mathrm{SiO_2})^2}\right]-\left[1+\frac{2x(\mathrm{SiO_2})^2}{(x(\mathrm{SiO_2})+x(\mathrm{O}^{2-}))^2}\right]\ln\left[1-\frac{(2x(\mathrm{SiO_2})-x(\mathrm{MO})+x(\mathrm{O}^{2-}))(x(\mathrm{SiO_2})+x(\mathrm{O}^{2-}))}{2x(\mathrm{SiO_2})^2}\right]\right\}=0 \tag{4-40}$$

上述模型适用于 $\mathrm{MO-SiO_2}$（M = Ca，Mg，Mn，Fe）二元系。它还能扩展到 AO 和 BO 与 SiO_2 有相近混合吉布斯自由能的 $\mathrm{AO-BO-SiO_2}$ 三元系，例如 $\mathrm{MnO-FeO-SiO_2}$ 系、$\mathrm{FeO-MgO-SiO_2}$ 系、$\mathrm{MnO-MgO-SiO_2}$ 系。但目前还未能应用于如 Fe^{2+} 和 Ca^{2+} 与 O^{2-} 间作用能差别较大的 $\mathrm{CaO-FeO-SiO_2}$ 系，因为它们不能达到无序混合而使构型熵有所减小。

【例 4－12】 用林和佩尔顿离子溶液模型计算 $\mathrm{CaO-SiO_2}$ 系内 CaO 的活度，温度为 1600℃。

解 先计算 $x(\mathrm{CaO})=0.9$、$x(\mathrm{SiO_2})=0.1$ 的 $\mathrm{CaO-SiO_2}$ 系的 a_{CaO}，在式（4－40）中代入下列数值：$A=-78.660\mathrm{kJ}$，$B=-46.69\mathrm{kJ}$，$C=-133.26\mathrm{kJ}$，$x(\mathrm{CaO})=0.9$，$x(\mathrm{SiO_2})=0.1$。得出下列方程式：

$$87456.64+15572.12\left\{\ln\frac{x(\mathrm{O}^{2-})}{x(\mathrm{O}^{2-})+0.9}+\ln\frac{(x(\mathrm{O}^{2-})-0.7)(x(\mathrm{O}^{2-})+0.1)}{0.02}-\left(1+\frac{0.02}{(x(\mathrm{O}^{2-})+0.1)^2}\right)\ln\left[1-\frac{(x(\mathrm{O}^{2-})-0.7)(x(\mathrm{O}^{2-})+0.1)}{0.02}\right]\right\}=0$$

用计算机迭代法求解上列方程得 $x(\mathrm{O}^{2-})=0.95$，而

$$x(\mathrm{CaO})=0.90\text{ 时}, a_{\mathrm{CaO}}=x(\mathrm{O}^{2-})=0.95$$

同样，

$$x(\mathrm{CaO})=0.80\text{ 时}, a_{\mathrm{CaO}}=x(\mathrm{O}^{2-})=0.62$$

$$x(\mathrm{CaO})=0.70\text{ 时}, a_{\mathrm{CaO}}=x(\mathrm{O}^{2-})=0.20$$

图4－60所示为用几种离子溶液模型计算的 $CaO-SiO_2$ 系内CaO的活度值，它们有相近的数值。

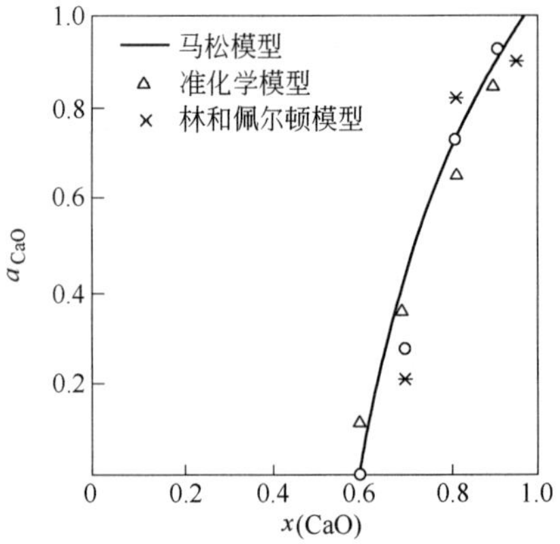

图4－60 用各种离子溶液模型计算的 $CaO-SiO_2$ 系中CaO的活度值

4.6.9 总结

（1）利用组分参加的离子化学反应式中组分的偏摩尔吉布斯自由能变化：$\Delta G_B=\Delta H_B-T\Delta S_B=RT\ln a_B$，可求得组分B的活度或活度系数。式中，$\Delta H_B$ 为该组分与其他组分的作用能，对于完全离子溶液模型，$\Delta H_B=0$；ΔS_B 为由组成离子分布状态的概率，通过统计热力学计算的组态熵，如完全离子溶液模型、作为凝聚电子相的熔渣组分活度模型（$\Delta H_B=0$）。正规离子溶液模型是由组分之间相互作用能：$G_B^{ex}=RT\ln\gamma_A=\alpha x_B^2$ 求得，计算参数仅是组分之间的混合能参量（α_{i-j}）。另一类离子溶液模型则是利用组分参与的离子化学反应、拟化学反应式或硅氧离子聚合反应（$O^{2-}+O^0=2O^-$）的平衡常数或平衡商作为计算组分活度的参数，如马松模型、林和佩尔顿模型、离子反应平衡商模型、准化学平衡溶液模型（反应的平衡常数是由组分之间的作用能参量得出的）、离子－分子共存理论模型等，这些参数的确定均引入了相关的实验数据。

（2）这些模型中需要确立组分离子的结构形式。由于较难准确确定离子存在的形式，有些模型采用了简单离子形式（正规离子溶液模型），并进一步采用了周期表中元素的原子形式（作为凝聚电子相的熔渣组分活度模型）。

（3）好几种模型仅适用于二元渣系（$MO-SiO_2$ 系），而以 $a_{MO}=x(O^{2-})$（$x(M^{2+})=1$）式，通过计算熔渣的 $x(O^{2-})$ 来计算组分的活度（马松模型、林和佩尔顿模型）。

（4）各种模型的应用仍有一定的局限性。如完全离子溶液模型适用于 $x(SiO_2)<\frac{1}{3}$ 的高碱度熔渣；正规离子溶液模型适用于高碱度氧化性熔渣；作为凝聚电子相的熔渣组分活度模型虽然可应用于较多的渣系，但因其推导公式中未考虑离子间作用的偏摩尔混合焓（虽然其值不很大），并且仅涉及原子核的组态熵，致使计算的组分活度偏低。但当应用于处理熔渣与金属液间元素的平衡分配计算时，可消去后一影响因素而获得可实用的分配系数。

4.7 熔渣的活度曲线图

4.6节从熔渣结构模型方面介绍了计算熔渣组分活度的理论方法，它们能用于不同性质的渣系。本节介绍由实验测定的渣系组分活度所绘制的活度－组成曲线图。常用的实验测定方法有化学平衡法、分配定律法、电动势法等（详见第1章），常是测定其中较容易或准确度高的组分的活度，利用G－D方程再计算出其余组分的活度。一般常将所测多元渣系的活度值，在三元系的浓度三角形上绘制成等活度（或活度系数）曲线图。在三元系图中，由于某些化学性质相近的组分在熔渣中显示的作用不完全相同，所以由此类等活度曲线得出的活度也是一种近似值，但在工业生产上还是可用的。

4.7.1 二元硅酸盐渣系组分的活度

图4-61为二元硅酸盐渣系组分的活度图。例如，对于 $FeO-SiO_2$ 系，参照其相图（见图4-5），在 SiO_2(s)+L 共存区内，$a_{(FeO)}$ 在一定温度下是恒定值，用水平线表示，即其值不随熔体组成的变化而改变（自由度为零：$f=2+1-2=1$，温度一定时 $f=1-1=0$）；但在液相区内，$a_{(FeO)}$ 则随 $x(FeO)$ 的增加呈直线式增加，因为其具有理想溶液的性质：$a_{(FeO)}=x(FeO)$。$a_{(SiO_2)}$ 在二相区内仍为恒定值并且等于1，因为从此区内析出的 SiO_2（以纯 SiO_2 为标准态）与熔渣内的（SiO_2）化学势相等：$\mu^*(SiO_2,s)=\mu^*(SiO_2,s)+RT\ln a_{(SiO_2)}$，故 $a_{(SiO_2)}=1$；但在液相区内，$a_{(SiO_2)}$ 则随着 $x(SiO_2)$ 的减小呈曲线式连续下降，对理想溶液形成负偏差。

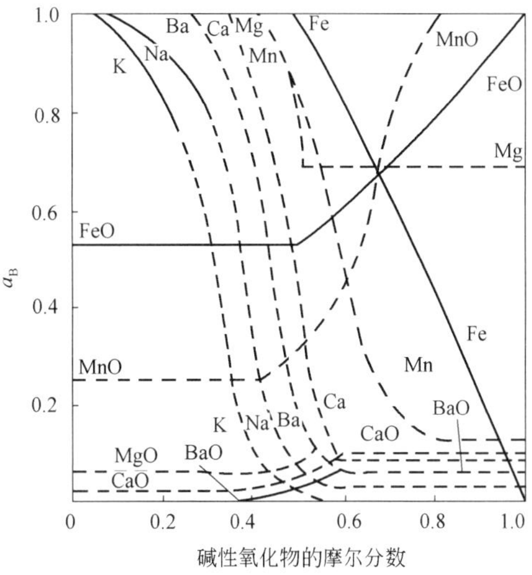

图4-61 二元硅酸盐渣系组分的活度图（1873K）

（标示有 FeO、MnO 等的曲线是该氧化物的活度线，标示有 Fe、Mn 等的曲线是该系 SiO_2 的活度曲线；活度标准态均为该纯固体氧化物）

其余硅酸盐系组分的活度有类似变化，图4-61中用虚线示出。

$CaO-SiO_2$ 系中，CaO 的活度可由渣系与锡液的平衡实验测定。因为被还原的钙在锡液中形成稀溶液，其 $a_{Ca}=x[Ca]$，而反应

$$(CaO)+C_{(石)}=\!=\!=[Ca]_{[Sn]}+CO \qquad K^{\ominus}=\frac{a_{[Ca]}p_{CO}}{a_{(CaO)}}$$

故

$$a_{(CaO)}=\frac{x[Ca]p_{CO}}{K^{\ominus}}$$

由测定的 $x[Ca]$ 可得出 $CaO-SiO_2$ 系 CaO 的活度。

4.7.2 $CaO-SiO_2-Al_2O_3$ 渣系组分的活度

图4-62为 $CaO-SiO_2-Al_2O_3$ 渣系组分的活度曲线图，它是在1873K等温截面的液相区内绘制的。由图可见，$a_{(SiO_2)}$ 受熔渣组成，即碱度 $(x(CaO)/x(SiO_2))$[1]和 Al_2O_3 浓度的影响。$a_{(SiO_2)}$ 随着碱度的增加[$x(CaO)/x(SiO_2)$ 等比例线向 CaO 顶角移动]而减小，当碱度很高时，其值非常小，为 $10^{-4}\sim10^{-3}$ 数量级，因为这时熔渣中的 SiO_2 与 CaO 形成了稳定的硅酸钙。Al_2O_3 的影响则与碱度有关。碱度高时，Al_2O_3 浓度增加，$a_{(SiO_2)}$ 增大，因为这时 Al_2O_3 显示酸性，与渣中 CaO 结合，从而使 $a_{(SiO_2)}$ 增大；碱度低时，Al_2O_3 则显示碱性，与渣中 SiO_2 结合，而 $a_{(SiO_2)}$ 减小。熔渣中出现 MgO 时和 CaO 有相似的影响，但当其

[1] 参见4.8.1.1节。

量很高（$w(\mathrm{MgO})>10\%$）时能形成尖晶石，致使熔渣的液相区缩小，而 $a_{(\mathrm{SiO_2})}$ 也有不同程度的降低。温度对 $a_{(\mathrm{SiO_2})}$ 的影响较小，当温度从 1500℃ 上升到 1700℃ 时，$a_{(\mathrm{SiO_2})}$ 仅有较小的增加。

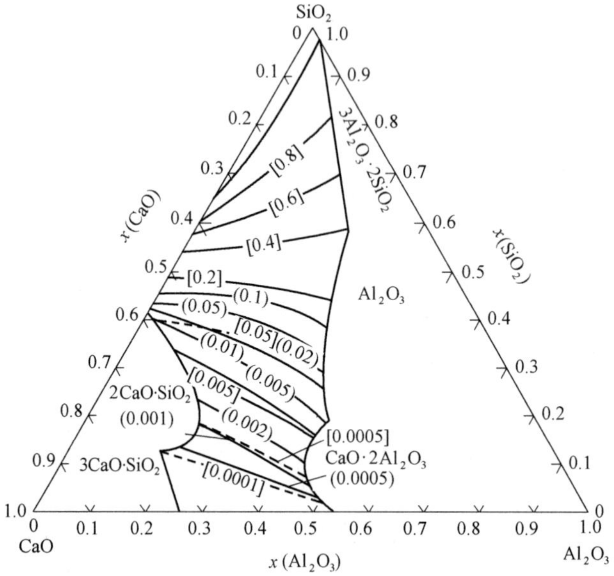

(a)

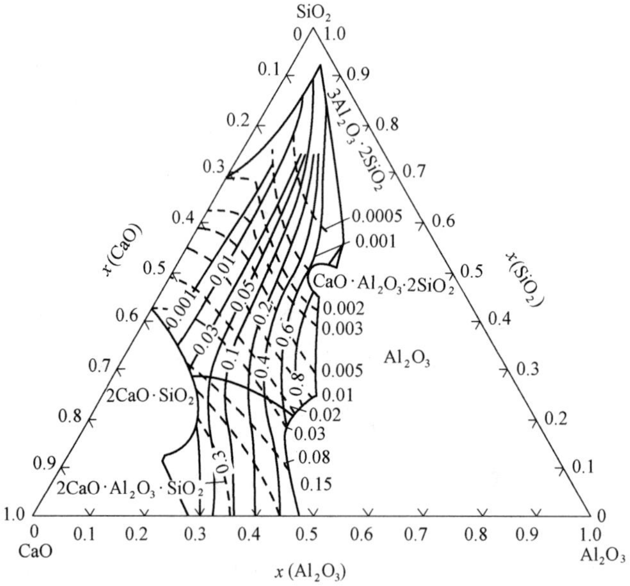

(b)

图 4－62　$\mathrm{CaO-SiO_2-Al_2O_3}$ 渣系组分的活度曲线图（标准态为纯固体，1873K）

（a）$\mathrm{SiO_2}$ 的活度；（b）CaO 的活度（虚线）和 $\mathrm{Al_2O_3}$ 的活度（实线）

这个渣系中 $a_{(\mathrm{SiO_2})}$ 是利用化学平衡法测定的，反应为：

$$(\mathrm{SiO_2})+2\mathrm{C}=\!=\!=[\mathrm{Si}]+2\mathrm{CO}\qquad a_{(\mathrm{SiO_2})}=\frac{1}{K^{\ominus}}\cdot p_{\mathrm{CO}}^{2}\cdot a_{[\mathrm{Si}]}$$

铁液中［Si］的活度可由 Fe－Si－C（石墨饱和）系与银液间［Si］的分配系数求得，因硅在银中的溶解度很小，可作为稀溶液看待（详见第 1 章 1.4.2 节例 1－11）。而 CaO 及 Al_2O_3 的活度可根据测定的 $a_{(SiO_2)}$ 活度曲线，由 G－D 方程计算出或参阅有关文献得出[1]。

4.7.3　CaO－SiO₂－FeO 渣系组分的活度

图 4－63 为 CaO－SiO_2－FeO 渣系 FeO 的活度曲线图。这是 ∑FeO－(CaO＋MgO＋MnO)－(SiO_2＋P_2O_5)的伪三元系。图中把 MgO＋MnO 并入 CaO 组分内，P_2O_5 并入 SiO_2 组分内，而∑FeO 为总氧化铁。渣中的 $w(Fe_2O_3)$ 是按渣－铁界面反应(Fe_2O_3)＋[Fe]══3(FeO)折算成相当的 w(FeO) 量，即 $\sum w(\mathrm{FeO})_{\%} = w(\mathrm{FeO})_{\%} + 0.9w(\mathrm{Fe_2O_3})_{\%}$，式中，0.9 为 Fe_2O_3 与 FeO 的转换系数。

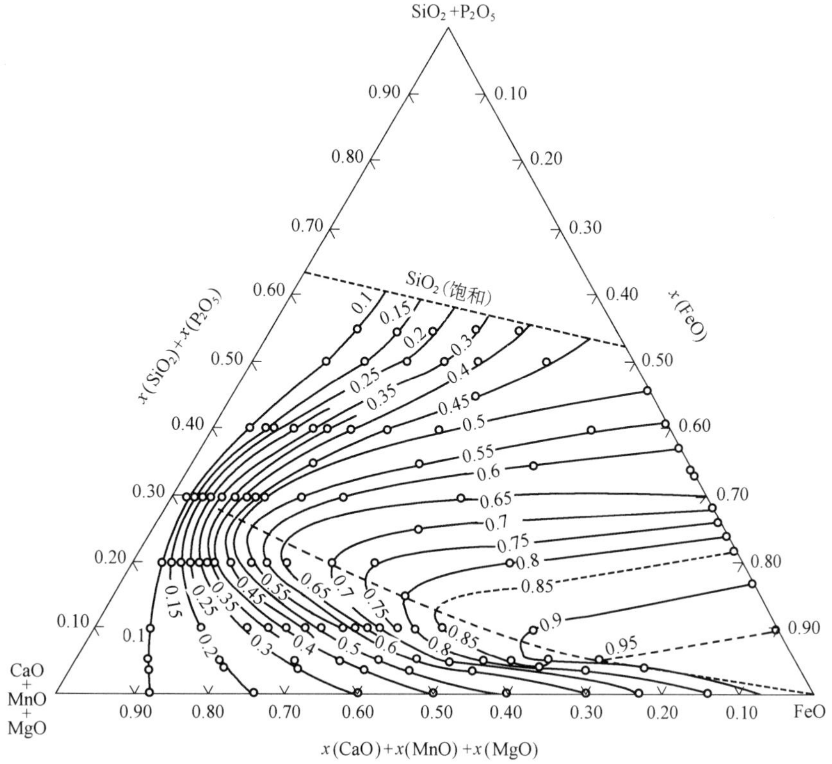

图 4－63　CaO－SiO_2－FeO 渣系 FeO 的活度曲线图

（温度 1873K，标准态为与铁液平衡的纯氧化铁）

图 4－63 是利用 FeO 质量分数不同的此渣系与铁液的平衡实验测定铁液中氧的质量分数，由氧在铁液与熔渣间的分配系数 L_O 计算的 $a_{(FeO)}$ 所绘制的：$a_{(\mathrm{FeO})} = w[\mathrm{O}]_{\%}/L_{\mathrm{O}} = w[\mathrm{O}]_{\%}/0.23$，详见第 1 章 1.4.2 节例 1－12。

图 4－64 为 CaO－SiO_2－FeO 渣系 1873K 时的等温截面图和 $a_{(FeO)}$ 曲线，氧化铁的活度

[1] 参见《金属学报》，1982，18（2）：127～140。

曲线位于 SiO_2 饱和区和 CaO、C_3S、C_2S 饱和区界线内的液相区。

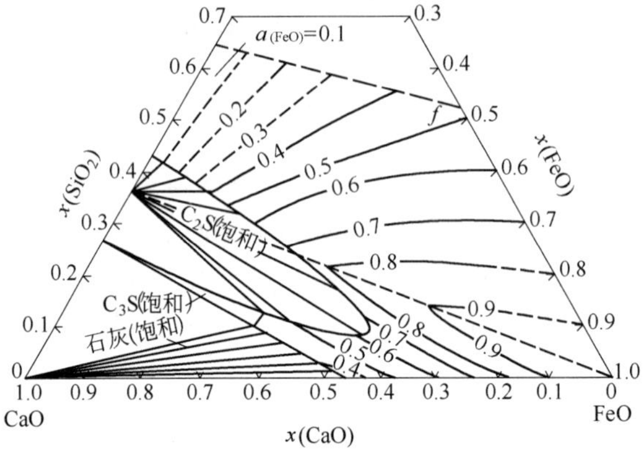

图 4－64　CaO－SiO_2－FeO 渣系 1873K 时的等温截面图和 $a_{(FeO)}$ 曲线

如前所述，在 FeO－SiO_2 系内，$a_{(FeO)} \approx x(FeO)$，$\gamma_{FeO}=0.8\sim0.9$，如图中 FeO－(SiO_2＋P_2O_5) 边上各活度曲线的值。当此系内加入了 CaO 时，由于 CaO 与 FeO 相比有较强的碱性，它与 SiO_2 结合，致使熔渣中自由 FeO 量增多，熔渣对理想溶液形成正偏差，$\gamma_{FeO}>1$。随着碱度的不断提高，带入的 CaO 不断与 SiO_2 形成 CS、C_3S_2、C_2S 等复杂化合物，致使自由 FeO 量增多，$a_{(FeO)}$ 也就不断增大。当碱度约为 2 时，$a_{(FeO)}$ 达到很高值。之后，碱度再增加，$a_{(FeO)}$ 则有所下降。这是因为有铁酸钙 (CaO · Fe_2O_3) 复合化合物形成，使自由 FeO 的量下降，从而使 $a_{(FeO)}$ 减小，如图 4－65 所示。这表现为图 4－63 中每条活度曲线在从 FeO 顶角绘出的 $x(CaO)/x(SiO_2)=2$ 的等比例线附近，$a_{(FeO)}$ 有极大值。此等比例线与 CaO－(SiO_2＋P_2O_5)边的交点是 $x(SiO_2)=0.33$、$x(CaO)=0.66$，即 C_2S 的组成点。

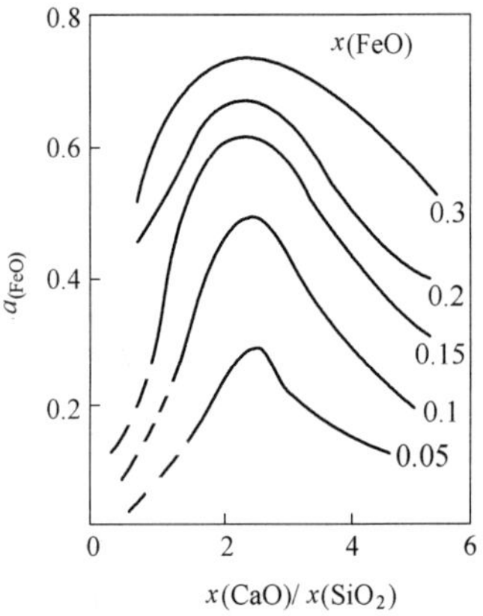

图 4－65　CaO－SiO_2－FeO 渣系中碱度及 x(FeO) 对 $a_{(FeO)}$ 的影响

从离子理论观点来讲，可认为 FeO－SiO_2 内有较复杂的 $Si_xO_y^{z-}$。当碱度提高、O^{2-} 数增加时，一方面使 $Si_xO_y^{z-}$ 解体，成为比较简单的结构；另一方面，与 Fe^{2+} 形成强离子对 $Fe^{2+} \cdot O^{2-}$，而 Ca^{2+} 则存在于解体后形成的比较简单的络离子周围，成为弱离子对，如 $Ca^{2+} \cdot Si_2O_7^{6-}$ 等，因此 $a_{(FeO)}$ 增加。当碱度达 2 时，络离子以最简单的 SiO_4^{4-} 形式存在，这时进入的 O^{2-} 不再被消耗于络离子的解体，因而 $Fe^{2+} \cdot O^{2-}$ 离子浓度达到最大，而 $a_{(FeO)}=x(Fe^{2+}) \cdot x(O^{2-})$ 也达到了最大值。当碱度再提高时，熔渣中有近似于铁酸钙组成的铁氧络离子 FeO_2^- 形成 ($3Fe^{2+}+4O^{2-}=2FeO_2^-+[Fe]$)，因而 Fe^{2+} 和 O^{2-} 浓度下降，从而 $a_{(FeO)}$ 减小，因为高浓度的 O^{2-} 熔渣具有较强的氧化性。

图 4－66 所示为 CaO－SiO_2－FeO 渣系内 CaO 和 SiO_2 的活度系数对数曲线。它是根据三元系的 G－D 方程原理，利用 R. Schuhmann 提出的解法，由 $a_{(FeO)}$ 曲线绘制的。

图 4－67 所示为与此渣系平衡的铁液中氧的浓度曲线，它与图 4－64 中的 $a_{(FeO)}$ 曲线完全相同，仅 $w[O]$ 是 $a_{(FeO)}$ 的 23%。

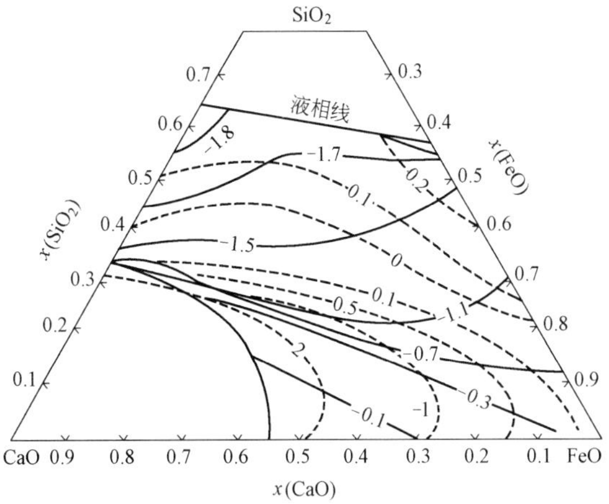

图 4－66　CaO－SiO_2－FeO 渣系内 CaO 和 SiO_2 的 lgγ 曲线

（1873K；标准态分别为纯 CaO 及 SiO_2 固体；lgγ_{CaO}用实线表示，lgγ_{SiO_2}用虚线表示）

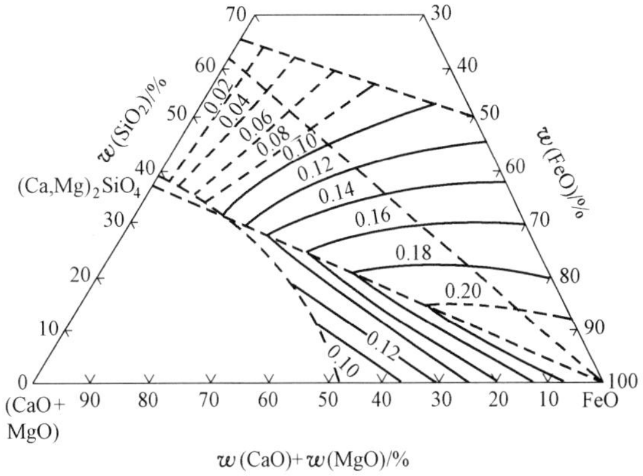

图 4－67　与 CaO－SiO_2－FeO 渣系平衡的铁液中氧的浓度曲线（1873K）

【例 4－13】　利用图 4－63 计算成分为 $w(CaO)=44.5\%$、$w(SiO_2)=14.3\%$、$w(FeO)=12.1\%$、$w(MnO)=16.2\%$、$w(P_2O_5)=6.1\%$、$w(MgO)=6.8\%$ 的熔渣，在 1873K 时 FeO 的活度及与之平衡的钢液中的氧浓度。

解　由于 CaO－SiO_2－FeO 渣系的等活度曲线图中组分的浓度是用摩尔分数（x_B）表示的，因此，需要计算出组分的物质的量及其摩尔分数。

组分	CaO	MnO	MgO	FeO	SiO_2	P_2O_5
n_B/mol	0.795	0.228	0.170	0.168	0.238	0.042
x_B	0.484	0.139	0.104	0.102	0.145	0.025

将上列 6 个组分归并为 3 组：$\sum x(CaO)=x(CaO)+x(MnO)+x(MgO)=0.727$

$$\sum x(SiO_2)=x(SiO_2)+x(P_2O_5)=0.17 \qquad x(FeO)=0.102$$

由图 4－63 得，$a_{(FeO)}=0.25$。

钢液中　$$w[O]_{\%}=a_{(FeO)}\cdot L_O=0.25\times0.23=0.058$$

式中，$\lg L_O=-\dfrac{6320}{1873}+2.734=-0.64$，$L_O=0.23$。

【例 4－14】　利用图 4－63 计算 $x(FeO)=20\%$ 及碱度 $R=x(CaO)/x(SiO_2)=3$ 的熔渣中，FeO 的活度及活度系数。

解　FeO 的活度值为 $x(FeO)=0.20$ 的等含量线与 $R=3$ 的等比例线的交点。等比例线在 CaO－SiO_2 边上的点可按下式求得：

$$x(CaO)/x(SiO_2)=3 \qquad x(CaO)=3x(SiO_2)$$

故 $3x(SiO_2)+x(SiO_2)=1$，得 $x(SiO_2)=0.25$，$x(CaO)=0.75$。

连接 CaO－SiO_2 边上 $x(CaO)=0.75$、$x(SiO_2)=0.25$ 的点和顶角 FeO 射线与 $x(FeO)=0.20$ 等含量线的交点，得出 $a_{(FeO)}=0.65$，而 $\gamma_{FeO}=3.25$。

4.7.4 含 MnO 渣系 MnO 的活度

图 4－68 所示为 MnO－SiO_2－FeO 渣系组分的活度曲线，这是酸性炼钢渣及用硅锰铁使钢液脱氧的产物渣系。图 4－69 所示为 MnO＋FeO 浓度较高的炼钢渣系的 γ_{MnO} 曲线。图 4－70、图 4－71 所示分别为炼锰铁渣系的 $a_{(MnO)}$ 及 γ_{MnO} 曲线。

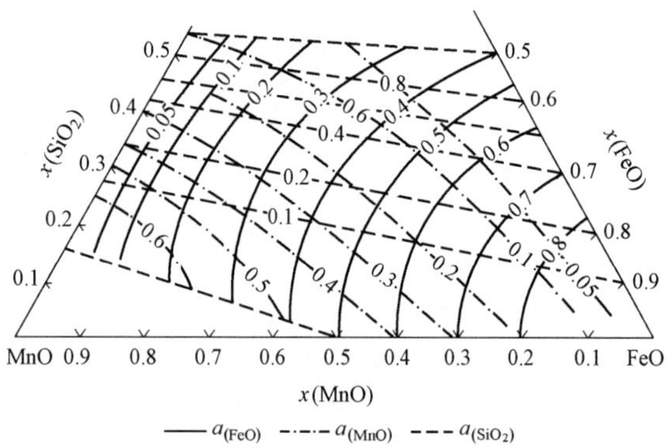

图 4－68 MnO－SiO_2－FeO 渣系组分的活度曲线
（1600℃；标准态：液态 Fe_xO，液态 MnO，纯石英）

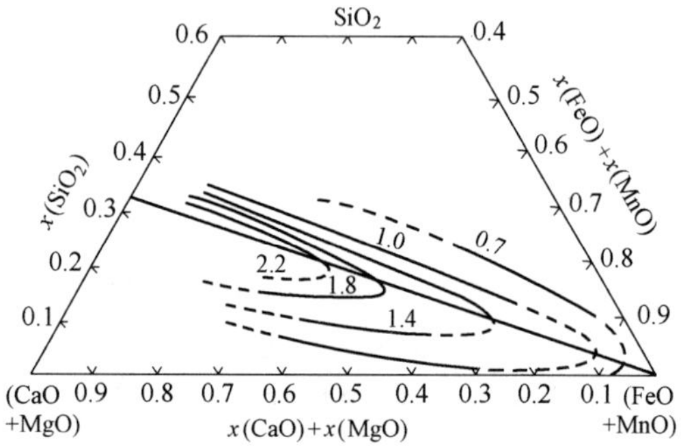

图 4－69 （CaO＋MgO）－（FeO＋MnO）－SiO_2 渣系的 γ_{MnO} 曲线
（1530～1710℃，标准态为纯固体 MnO）

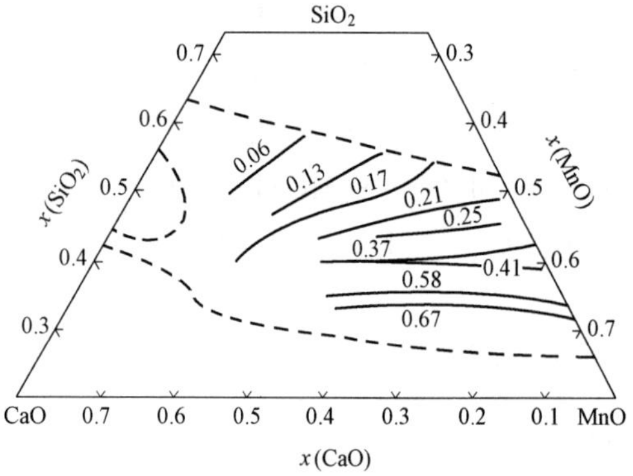

图 4－70 CaO－MnO－SiO_2 渣系的 $a_{(MnO)}$ 曲线
（1500℃，标准态为纯固体 MnO）

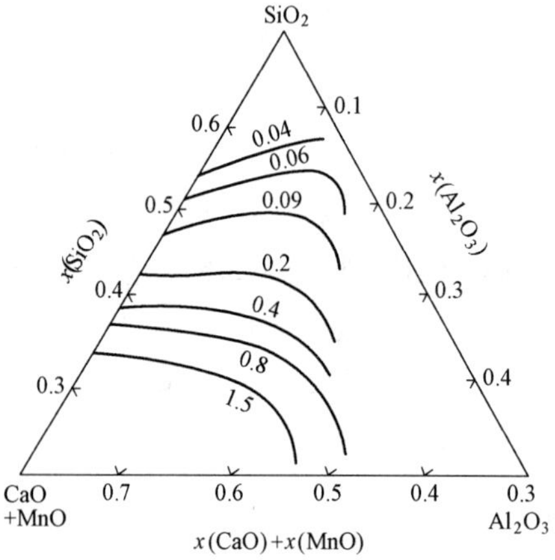

图 4－71 （CaO＋MnO）－Al_2O_3－SiO_2 渣系的 γ_{MnO} 曲线
（1500℃，标准态为纯固体 MnO）

熔渣中（MnO）的活度可在氧化镁旋转坩埚中进行熔渣－铁液间的平衡实验测定。例如，对于 FeO－MnO－SiO_2 渣系，渣－铁间反应为：

$$(FeO)+[Mn]=\!=\!=[Fe]+(MnO)$$

$$\lg K_{Mn}^{\ominus}=\lg\frac{a_{(MnO)}}{a_{(FeO)}a_{[Mn]}}=\lg\frac{a_{(MnO)}}{\gamma_{FeO}\cdot x(FeO)\cdot w[Mn]_{\%}}$$

式中，$a_{[Mn]}=w[Mn]_{\%}$，因为 Fe－Mn 熔体近似于理想溶液。

于是 $$\lg a_{(MnO)}=\lg K_{Mn}^{\ominus}+\lg\gamma_{FeO}+\lg x(FeO)+\lg w[Mn]_{\%}$$

γ_{FeO}可由渣－铁间的下列反应求得：

$$(FeO)=\!=\!=[Fe]+[O]\qquad K_{Fe}^{\ominus}=\frac{w[O]_{\%}}{\gamma_{FeO}x(FeO)}$$

而 $K_{Fe}^{\ominus}=L_O,\gamma_{FeO}=\dfrac{w[O]_{\%}}{L_O x(FeO)}$，而 $\lg L_O=-\dfrac{6320}{T}+2.34$，故

$$\lg a_{(MnO)}=\lg K_{Mn}^{\ominus}-\lg L_O+\lg w[O]_{\%}+\lg w[Mn]_{\%}$$

代入 $$\lg K_{Mn}^{\ominus}=\frac{6440}{T}-2.95,\quad \lg L_O=-\frac{6320}{T}+2.734$$

得： $$\lg a_{(MnO)}=\frac{12760}{T}-5.684+\lg w[Mn]_{\%}+\lg w[O]_{\%}$$

式中，$w[O]_{\%}$、$w[Mn]_{\%}$由渣－铁间分配平衡实验确定。

4.8 熔渣的化学性质

4.8.1 酸－碱性

冶金炉渣主要是由氧化物组成的，因而熔渣的化学性质也就取决于其中占优势的氧化物所显示的化学性质。

按照氧化物对氧离子的行为，把氧化物分为 3 大类。渣中能离解出 O^{2-} 的氧化物是碱性氧化物，如 CaO、FeO、MgO 等。能吸收 O^{2-} 转变为络离子的氧化物是酸性氧化物，如 SiO_2、P_2O_5 等。

$$CaO=\!=\!=Ca^{2+}+O^{2-}\qquad SiO_2+2O^{2-}=\!=\!=SiO_4^{4-}$$

另外，少数氧化物在酸性熔渣中能离解出 O^{2-}，显示碱性；而在碱性熔渣中能吸收 O^{2-}，显示酸性，称为两性氧化物，如 Al_2O_3。

$$Al_2O_3=\!=\!=2Al^{3+}+3O^{2-}\text{（酸性渣中）}$$

$$Al_2O_3+O^{2-}=\!=\!=2AlO_2^{-}\text{（碱性渣中）}$$

按此原则，组成熔渣的氧化物可分为 3 类：

（1）酸性氧化物，如 SiO_2、P_2O_5、V_2O_5、Fe_2O_3；

（2）碱性氧化物，如 CaO、MgO、FeO、MnO、V_2O_3 等；

（3）两性氧化物，如 Al_2O_3、TiO_2、Cr_2O_3。

同一种金属元素的氧化物，在高价时显酸性，在低价时显碱性。如 FeO 是碱性，而 Fe_2O_3 是酸性。

如前所述，阳离子静电势高的氧化物在熔渣中能吸收（极化）O^{2-} 形成络离子，而静电势低的氧化物则能离解出 O^{2-}，所以，可根据氧化物中阳离子静电势的大小来确定氧化物碱性或酸性强弱的顺序：

$$CaO \quad MnO \quad FeO \quad MgO \quad CaF_2 \quad Fe_2O_3 \quad TiO_2 \quad Al_2O_3 \quad SiO_2 \quad P_2O_5$$

↑

碱性增加←中性→酸性增加

这便是表4-4中所列的氧化物顺序，位置越往上者，碱性越强；位置越往下者，则酸性越强。

利用氧化物酸性或碱性的相对大小，可以定性地确定简单氧化物与复合氧化物之间化学反应平衡移动的方向。例如，由于CaO的碱性比FeO的碱性强，所以CaO能从$2FeO \cdot SiO_2$中取代出FeO，提高FeO的活度：

$$(2FeO \cdot SiO_2) + 2(CaO) = (2CaO \cdot SiO_2) + 2(FeO)$$

即强碱性氧化物能从复合化合物中将弱碱性氧化物取代出来，成为自由氧化物。

炉渣的酸-碱性则取决于其中占优势的氧化物是酸性抑或是碱性，一般提出下列几种表示法。

4.8.1.1　碱度

在生产实践中，将炉渣中主要碱性氧化物的质量分数与酸性氧化物的质量分数之比定义为炉渣的碱度，即$w(CaO)_{\%}/w(SiO_2)_{\%}$或$x(CaO)/x(SiO_2)$，用符号$R$表示。但对于不同冶炼的炉渣，也有不同的表示法。

高炉渣：　$R = w(CaO)_{\%}/(w(SiO_2)_{\%} + w(Al_2O_3)_{\%})$

或　$R = (w(CaO)_{\%} + w(MgO)_{\%})/(w(SiO_2)_{\%} + w(Al_2O_3)_{\%})$　　(1)

碱性炼钢渣：　$R = w(CaO)_{\%}/(w(SiO_2)_{\%} + w(P_2O_5)_{\%})$　　(2)

铁合金冶炼渣：$R = (w(CaO)_{\%} + 1.4w(MgO)_{\%})/(w(SiO_2)_{\%} + 0.84w(P_2O_5)_{\%})$　　(3)

在上列各式中，大都将同性质的氧化物视为等效，未做加权处理。这是为了在生产中应用方便，但不尽合理，因为相同质量的不同氧化物对熔渣碱度的作用显然是不一样的。为此，可在各氧化物的$w[B]_{\%}$前引入根据化学计量关系或由实验测得的系数，如式（3）。

因为碱性氧化物趋向于离解出阳离子和氧离子（例如$Ca^{2+} + O^{2-}$），而自由氧离子的浓度随碱度的增加而增多，所以从热力学的观点来讲，氧离子的活度（$a_{O^{2-}}$）可作为碱度的适当测定值，但是还没有可行的实验测定$a_{O^{2-}}$的方法能够得出其值。因此，仍不能用$a_{O^{2-}}$来计算熔渣的碱度。

对高炉渣，碱度大于1的是碱性渣，小于1的是酸性渣。对于炼钢渣，碱度为2~3.5，而酸性渣的$w(SiO_2) = 50\% \sim 60\%$，常被$SiO_2$所饱和。

碱度除用以确定炉渣的脱硫、脱磷能力外，还能控制炉渣中某些氧化物的活度。例如，冶炼锰铁时，为使炉渣中的MnO能大量还原，应造碱度较高的炉渣，以提高MnO的活度；冶炼硅铁时，则应造酸性渣，提高SiO_2的活度，以利于它的还原。

4.8.1.2　过剩碱

从分子结构假说观点来讲，自由氧化物的浓度代表了炉渣中该氧化物的反应能力，因此，提出了用过剩碱来表示渣中碱性氧化物（如CaO）的反应能力。过剩碱常用B表示：

$$B = \sum n(CaO) - 2n(SiO_2) - 4n(P_2O_5) - n(Fe_2O_3) - 3n(Al_2O_3)$$

或

$$B = \sum x(CaO) - 2x(SiO_2) - 4x(P_2O_5) - x(Fe_2O_3) - 3x(Al_2O_3)$$

这是假定炉渣中有$2RO \cdot SiO_2$、$4RO \cdot P_2O_5$、$RO \cdot Fe_2O_3$、$3RO \cdot Al_2O_3$等复合化合物形

成。式中，酸性氧化物前的系数为 1mol（或摩尔分数为 1）的酸性氧化物形成复合化合物时消耗碱性氧化物的物质的量（或摩尔分数）。

过剩碱常作为讨论硫分配比公式中的参量❶，但在计算中人为地假定了复合化合物的分子式，并且在生产实用中也太不方便。

4.8.1.3 光学碱度（optical basicity）

光学碱度是 1971～1975 年间由 J. A. Duffy 和 M. D. Ingram 在研究玻璃等硅酸盐物质时提出的，而被 Sommerville 所倡导，应用于炉渣领域内。

如前所述，炉渣的碱度与其组成氧化物的碱性有关，而此又与其对 O^{2-} 的行为有关。因此从热力学角度来讲，可用这些氧化物或渣中 O^{2-} 的活度来表示熔渣的酸－碱性或碱度。但是，O^{2-} 的浓度不能单独测定，同时也不能得出像水溶液中用 $pH = -\lg a_H$ 表示其酸－碱性那种数值级的关系。于是提出了在氧化物中加入显示剂，用光学方法来测定氧化物“释放电子”的能力，以表示 O^{2-} 的活度，确定其酸－碱性的光学碱度。

A 显示剂的电子云膨胀效应

用于测定氧化物光学碱度的显示剂，常采用含有 $d^{10}s^2$ 电子结构层的 Pb^{2+}（或 Tl^+、Bi^{2+}）的氧化物。这种氧化物中的 Pb^{2+} 受到光的照射后，吸收相当于电子从 6s 轨道跃迁到 6p 轨道的能量 E。此能量 $E = h\nu$，式中，h 为普朗克常数，ν 为吸收的光子的频率。这种电子的跃迁能量可通过紫外线吸收光谱（$^1s_0 \sim {}^3p_1$ 频率）中显示的波峰测出。

由于显示剂的 Pb 原子是多电子结构，其 Pb^{2+} 离子的 6s 轨道上的电子，一方面受到原子核的吸引力，另一方面又受到原子实（价电子以外的电子层）中电子的排斥力。如将此排斥力视为从核处发出的，则它将抵消核对 6s 轨道上电子的部分吸引力，而使核对它们的吸引力减弱，这称为原子核所起的屏蔽作用（见图 4－72）。

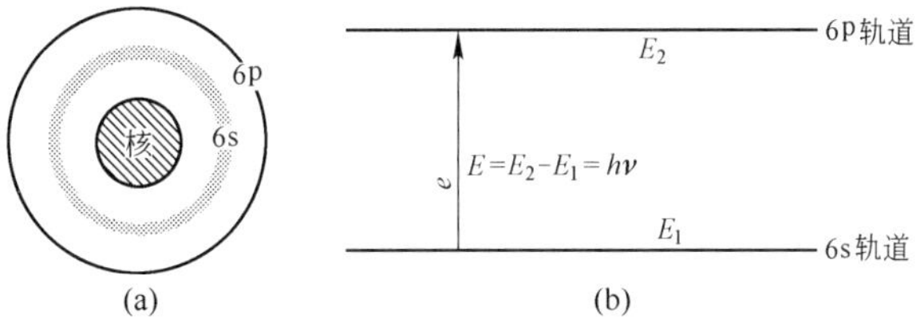

图 4－72 Pb^{2+} 电子层结构及 6p→6s 电子跃迁的 E

（a）Pb^{2+} 电子层结构；（b）电子跃迁图（6p→6s）

当将这种含正电性很强的 $d^{10}s^2$ 电子层结构的 Pb^{2+} 加入到氧化物中去（用量为 $w[Pb] = 1\% \sim 0.04\%$）时，氧化物中 O^{2-} 的外电子易被 Pb^{2+} 所吸引，存在于 Pb^{2+}6s 轨道内侧，成为电子云，对 6s 轨道上的电子起到如上所述的屏蔽作用，即使 6s 轨道上电子所受核的吸引力减弱了，因而 6s 轨道就向 6p 轨道方向膨胀，缩短了两轨道之间的间隔，致使电子跃迁所需能量 E 减小，这称为电子云膨胀效应（nephelauxetic effect）。因此，代表与能量 $E = h\nu$ 有关的频率 ν 显示的波峰，就会出现在较低的光谱频率上。

❶ 参看第 7 章 7.5 节。

B 氧化物的光学碱度

氧化物阳离子的静电势（Z/r）越小，则其内 O^{2-} 的活度就越大，它的电子更易进入 Pb^{2+}6s 轨道内侧，形成了较大的屏蔽作用，致使 6s 轨道有更大的向外膨胀及 6s－6p 轨道的间距缩小，从而使与 6s 轨道上电子向 6p 轨道跃迁所需能量 E 有关的频率降低。

如以 $E_{Pb^{2+}}$ 表示纯 PbO 中 Pb^{2+} 的电子从 6s→6p 跃迁吸收的能量，而以 $E_{M^{2+}}$ 表示 MO 氧化物内加入的 Pb^{2+} 的电子发生同样跃迁吸收的能量，则 $E_{Pb^{2+}}-E_{M^{2+}}$ 为由于 MO 中 O^{2-} 释放电子给 Pb^{2+}，Pb^{2+} 的电子跃迁比其在 PbO 中少吸收的能量，它代表 MO 中 O^{2-} 释放电子的能力。$E_{Ca^{2+}}$ 为 CaO 中加入的 Pb^{2+} 的电子发生同样跃迁吸收的能量，而 $E_{Pb^{2+}}-E_{Ca^{2+}}$ 则为由于 CaO 中 O^{2-} 释放电子给 Pb^{2+}，Pb^{2+} 的电子跃迁比其在 PbO 中少吸收的能量，它代表 CaO 中 O^{2-} 释放电子的能力，如图 4－73 所示。因为 CaO 是炉渣中作为标准的碱性氧化物，从适用角度出发，取它们的相对值更方便，所以规定以 CaO 作为比较标准，而定义光学碱度为某氧化物释放电子的能力与 CaO 释放电子的能力之比，用符号 Λ 表示：

$$\Lambda=\frac{E_{Pb^{2+}}-E_{M^{2+}}}{E_{Pb^{2+}}-E_{Ca^{2+}}}=\frac{h\nu_{Pb^{2+}}-h\nu_{M^{2+}}}{h\nu_{Pb^{2+}}-h\nu_{Ca^{2+}}}=\frac{\nu_{Pb^{2+}}-\nu_{M^{2+}}}{\nu_{Pb^{2+}}-\nu_{Ca^{2+}}}$$

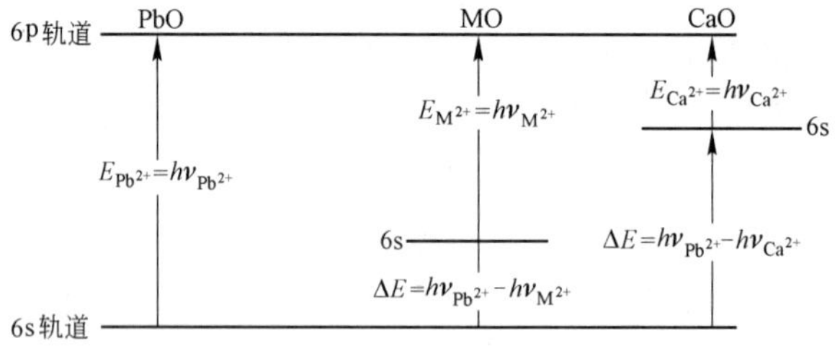

图 4－73 PbO、MO 及 CaO 中 Pb^{2+} 的电子跃迁的能量

实验测得：$\nu_{Pb^{2+}}=60700cm^{-1}$，$\nu_{Ca^{2+}}=29700cm^{-1}$，故任一氧化物的光学碱度为：

$$\Lambda_{MO}=\frac{60700-\nu_{M^{2+}}}{60700-29700}=\frac{60700-\nu_{M^{2+}}}{31000} \qquad (4-41)$$

对于 CaO，由式（4－41）可得出 $\Lambda_{CaO}=1$，故氧化物的光学碱度是以 CaO 的光学碱度为 1 作标准得出的相对值。表 4－9 所示为冶金中氧化物的光学碱度及其有关参数。

表 4－9 冶金中氧化物的光学碱度及其有关参数

氧化物	光学碱度 Λ		电负性 χ	氧化物	光学碱度 Λ		电负性 χ
	测定值	理论值			测定值	理论值	
K_2O	1.40	1.37	0.8	SrO	1.07	1.01	1.0
Na_2O	1.15	1.15	0.9	CaO	1.00	1.00	1.0
BaO	1.15	1.15	0.9	MgO	0.78	0.80	1.2
MnO	0.59	0.60	1.5	Fe_2O_3	0.48	0.48	1.8
Cr_2O_3	0.55	0.55	1.6	SiO_2	0.48	0.48	1.8
FeO	0.51	0.48	1.8	B_2O_3	0.42	0.43	2.0
TiO_2	0.61	0.60	1.5	P_2O_5	0.40	0.40	2.1
Al_2O_3	0.605	0.60	1.5	CaF_2		0.20	4

除用上述光学方法测定外，还可利用氧化物中金属元素的电负性来计算光学碱度，因为电负性是金属原子与电子结合能力的量度。电负性小时，则金属原子易失去电子，而其氧原子形成 $a_{O^{2-}}$ 较大的 O^{2-}，故金属原子的电负性就与 O^{2-}“释放电子”的能力成反比。利用测定的氧化物光学碱度 Λ 的倒数 $1/\Lambda$ 对其电负性作图，可得出下列关系式：

$$\Lambda' = 0.74/(\chi - 0.26) \tag{4-42}$$

式中，χ 为金属原子的电负性。这样计算的光学碱度称为理论光学碱度，用 Λ' 表示。它与前述的测定值很吻合。

但是，上述两种求光学碱度的方法却不适用于过渡族元素的氧化物（FeO、Fe_2O_3、MnO、Cr_2O_3 等），因为这些氧化物原子的外层电子（8 个电子）已被填满，是不透明的；另外，它们又是多价的，而电负性只适用于恒定价数的元素。因此，采用了其他方法，如由复杂渣系的碱性指标，用后述的硫容量作为炉渣碱性指标，导出它和光学碱度的关系来间接推出。但这样得到的 $\Lambda_{FeO} = 1.0$，$\Lambda_{MnO} = 0.98$，$\Lambda_{P_2O_5} = 0.51$，$\Lambda_{CaF_2} = 0.43$，与表 4-9 中的值有些不同。一些研究者认为，在脱硫、硫磷反应方面，采用这些数据较为合理。

现在又提出了利用氧化物 $M^{2+} \cdot O^{2-}$ 离子间的平均电子密度 D 取代原子电负性，并用光声率谱法测量得出修正的光学碱度：

$$\Lambda' = 1/[1.34(D + 0.6)] \tag{4-43}$$

$$D = \alpha \frac{Z}{r^3}$$

式中 Z——阳离子价数；

α——各种阴离子固有参数，对氧化物，$\alpha = 1$；

r——阳、阴离子间距。

C 炉渣的光学碱度

由多种氧化物或其他化合物组成的炉渣，其碱度则和渣中的 $a_{O^{2-}}$ 有关，所以用 $B = \lg a_{O^{2-}}$ 表示碱度（类似于过剩碱表达式）。在这种情况下，应由渣中各组成化合物释放电子能力的总和来表示炉渣的光学碱度，即可用下式来计算炉渣的光学碱度：

$$\Lambda = \sum_{B=1}^{n} x_B \Lambda_B \tag{4-44}$$

式中 Λ_B——氧化物的光学碱度；

x_B——氧化物中阳离子的摩尔分数，它是每个阳离子的电荷中和负电荷的分数，即氧化物在渣中的氧原子的摩尔分数：

$$x_B = n(O)x'_B / \sum n(O)x'_B \tag{4-45}$$

式中 x'_B——氧化物的摩尔分数；

$n(O)$——氧化物分子中的氧原子数。

例如 $CaO - SiO_2$ 系（1∶1）：

$$x(SiO_2) = \frac{2x'(SiO_2)}{x'(CaO) + 2x'(SiO_2)} = \frac{2}{3} \qquad x(CaO) = \frac{x'(CaO)}{x'(CaO) + 2x'(SiO_2)} = \frac{1}{3}$$

$CaO - P_2O_5$ 系（1∶1）：

$$x(CaO) = \frac{x'(CaO)}{x'(CaO) + 5x'(P_2O_5)} = \frac{1}{6} \qquad x(P_2O_5) = \frac{5x'(P_2O_5)}{x'(CaO) + 5x'(P_2O_5)} = \frac{5}{6}$$

对于氟化物，如 CaF_2，2 个 F^- 与 1 个 O^{2-} 的电荷数相同，故 1 个氟原子数则取 1/2。

【例 4－15】 试计算成分为 $w(CaO)=44.05\%$、$w(SiO_2)=48.95\%$、$w(MgO)=2.0\%$、$w(Al_2O_3)=4.6\%$ 的炉渣的光学碱度。

解 按式（4－44）计算炉渣的光学碱度，需要先计算出氧化物组分的摩尔分数：

组分	CaO	SiO_2	MgO	Al_2O_3
n_B/mol	0.79	0.82	0.05	0.04
x'_B	0.46	0.48	0.03	0.02

$\sum n = 1.70\text{mol}$　　$\sum n(O)x'_B = 1\times0.46+2\times0.48+1\times0.03+3\times0.02=1.51$

各氧化物的光学碱度查表 4－9 为：$\Lambda_{CaO}=1$，$\Lambda_{SiO_2}=0.48$，$\Lambda_{MgO}=0.78$，$\Lambda_{Al_2O_3}=0.605$，而炉渣的光学碱度为：

$$\Lambda=\sum x_B\Lambda_B=\frac{1\times0.46}{1.51}\times1+\frac{2\times0.48}{1.51}\times0.48+\frac{1\times0.03}{1.51}\times0.78+\frac{3\times0.02}{1.51}\times0.605=0.65$$

由前面的讲述可知，以分子结构假说为基础计算炉渣碱度或过剩碱时，需要先弄清有关氧化物的酸－碱性，才能确定它们在碱度计算分式中的位置或过剩碱计算式中的正、负符号。虽然对一些常见氧化物是比较清楚其化学性质的，但对某些氧化物（如 TiO_2，特别是在高温下）或一些不含氧的中性化合物（如二次精炼渣中的 CaF_2、$CaCl_2$ 等卤化物），很难考虑它们对炉渣碱度的影响。而采用从离子理论观点导出的光学碱度就能将这些影响因素考虑进去，比较科学和全面。

利用实验可得出某些热力学参数与熔渣光学碱度的关系式或图示，由此可得出与熔渣有关的热力学函数或性质。例如，某些能在熔渣中溶解的物质的渣容量（如硫容量、磷容量等）、元素在熔渣－金属液间的分配系数、熔渣组分的活度系数（如 $\gamma_{P_2O_5}$）和物性（如黏度）等，这在以后的相关章节分别加以介绍[1]。

4.8.2 氧化－还原性

熔渣中仅 Fe^{2+} 的标准电极电势的负值最小，所以它能伴随 O^{2-} 向金属液中转移，出现下列离子反应过程：

$$(FeO)=\!=\!=(Fe^{2+})+(O^{2-})\xrightleftharpoons[\text{还原}]{\text{氧化}}[Fe]+[O]$$

因此，能向与之接触的金属液供给［O］，而使其内溶解元素发生氧化的熔渣，称为氧化渣。相反，能使金属液中溶解氧量减小，以氧化铁或 $Fe^{2+}\cdot O^{2-}$ 离子团进入其内的熔渣，则称为还原渣。

所以，用熔渣中（FeO）的活度表示熔渣的氧化性，即氧化能力。按氧在熔渣－钢液间的分配系数

$$(FeO)=\!=\!=[Fe]+[O] \qquad L_O=w[O]_\%/a_{(FeO)}$$

可得：
$$\lg a_{(FeO)}=-\lg L_O+\lg w[O]_\%=\frac{6320}{T}-2.734+\lg w[O]_\% \tag{4-46}$$

[1] 见参考文献［2］。

而式中 $\lg w[\mathrm{O}]_{\%}$ 可由熔渣光学碱度计算：

$$\lg w[\mathrm{O}]_{\%} = -1.907\Lambda - \frac{6005}{T} + 3.57 \text{❶} \qquad (4-47)$$

因此，代表熔渣氧化能力的 $a_{(\mathrm{FeO})}$ 增大时，与之接触的金属液中氧浓度也增大，而金属液中被氧化元素的浓度则降低。

【例 4-16】 在 1600℃时，与 $w[\mathrm{O}]=0.1\%$ 的钢液接触的熔渣组成为：$w(\mathrm{CaO})=40\%$，$w(\mathrm{SiO_2})=20\%$，$w(\mathrm{FeO})=20\%$，$w(\mathrm{MnO})=10\%$，$w(\mathrm{MgO})=10\%$。试问此渣能否使钢液氧含量增加？

解 当钢液与熔渣接触时，如 $w[\mathrm{O}]_{\%} > a_{(\mathrm{FeO})}L_{\mathrm{O}}$，则钢液中氧量将降低。在 1600℃时，$L_{\mathrm{O}}=0.23$，而 $a_{(\mathrm{FeO})}$ 可如下求得。

100g 熔渣组分的物质的量及摩尔分数为：

组分	CaO	SiO_2	FeO	MnO	MgO	合计
n_B/mol	0.714	0.333	0.278	0.141	0.250	$\sum n_B = 1.716$
x_B	0.416	0.194	0.162	0.082	0.146	$\sum x_B = 1$

$$\sum x(\mathrm{CaO}) = 0.416 + 0.082 + 0.146 = 0.644$$

$$x(\mathrm{SiO_2}) = 0.194,\ x(\mathrm{FeO}) = 0.162$$

由 $CaO-SiO_2-FeO$ 渣系 FeO 的活度曲线图得，$a_{(\mathrm{FeO})}=0.25$，故：

$$w[\mathrm{O}] = 0.25 \times 0.23 = 0.0575\%$$

由于与此渣平衡的钢液的 $w[\mathrm{O}] > 0.0575\%$，此渣不能使钢液中氧含量增加，即对钢液无氧化作用。相反，这种熔渣对钢液却有降低氧量的扩散脱氧作用。

熔渣中的氧化铁是 $Fe^{2+}\cdot Fe^{3+}\cdot O^{2-}$ 离子聚集团，其中 Fe^{3+} 与 Fe^{2+} 浓度之比是变动的，因为它们之间不断交换电子（$Fe^{3+}+e = Fe^{2+}$），并且随渣中 CaO 的增加而增大。例如，对于 $FeO-CaO-Fe_2O_3$ 渣系，$w(\mathrm{CaO})=10\%\sim15\%$，在 1200～1600℃温度范围内，测得下列关系式：

$$\lg\frac{x(\mathrm{Fe^{3+}})}{x(\mathrm{Fe^{2+}})} = 0.17\lg p_{\mathrm{O_2}} + 0.018x(\mathrm{CaO}) + \frac{5500}{T} - 2.52$$

这种离子团相当于复合化合物 $n\mathrm{FeO}\cdot\mathrm{Fe_2O_3}$ 化学式。因此，应利用熔渣的总氧化铁量 $\sum w(\mathrm{FeO})_{\%}$ 来计算 $a_{(\mathrm{FeO})}$。为此，常将 $w(\mathrm{Fe_2O_3})_{\%}$ 折合为 $w(\mathrm{FeO})_{\%}$，而用 $\sum w(\mathrm{FeO})_{\%}$ 来计算 $a_{(\mathrm{FeO})}$，有两种折算法：

全氧法 $\sum w(\mathrm{FeO})_{\%} = w(\mathrm{FeO})_{\%} + 1.35w(\mathrm{Fe_2O_3})_{\%}$

全铁法 $\sum w(\mathrm{FeO})_{\%} = w(\mathrm{FeO})_{\%} + 0.9w(\mathrm{Fe_2O_3})_{\%}$

前者是按反应 $Fe_2O_3 + Fe = 3FeO$ 计算的，1kg Fe_2O_3 形成 FeO $3\times72/160=1.35$kg；后者则是按反应 $Fe_2O_3 = 2FeO + \frac{1}{2}O_2$ 计算的，1kg Fe_2O_3 形成 FeO $2\times72/160=0.9$kg。全铁法比较合理，因为炉渣在取试样及冷却时部分 FeO 可被氧化成 Fe_2O_3 或 Fe_3O_4，致使全氧法的计算值偏高。

熔渣中的高价氧化铁主要是 Fe_2O_3，除了能提高 $a_{(\mathrm{FeO})}$、增大熔渣的氧化能力外，也能使

❶ 见参考文献[2]。

熔渣从炉气中吸收氧，并能向金属液中传递氧。

如图4－74所示，炉气中的氧能使气－渣界面上的（FeO）氧化成（Fe_2O_3）。在化学势的驱动下，（Fe_2O_3）在渣层中向渣－钢液界面扩散，在此处被［Fe］还原成（FeO）。后者按分配定律分别进入钢液中成为［FeO］，即成为溶解在其内的［O］；而进入熔渣中的（FeO）又迁移到气－渣界面上，再被炉气中的氧所氧化，这样就保证了熔渣的氧化作用。因此，Fe_2O_3 在决定熔渣的氧化能力上有很重要的作用，其量越大或 Fe^{3+} 与 Fe^{2+} 浓度之比越高，熔渣的氧化性就越强。

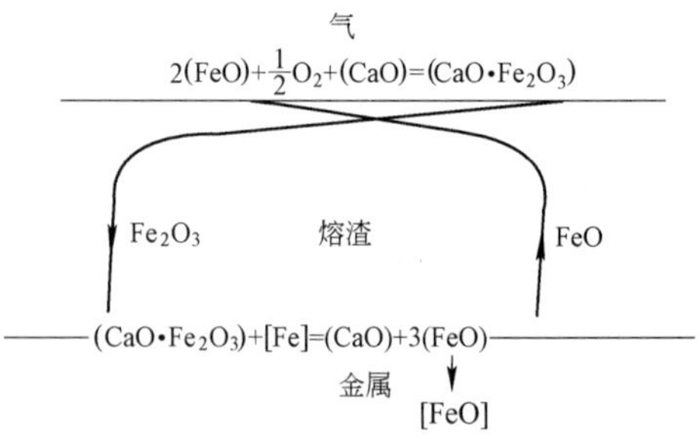

图4－74　炉气中氧通过熔渣层向钢液传递的过程

但是，Fe_2O_3 在1873～1973K的分解压为（2.5～66.5）$\times 10^5$Pa，比炼钢炉内的氧分压（10^{-3}Pa）大，所以仅当反应生成的 Fe_2O_3 与渣中CaO结合成铁酸钙（$CaO \cdot Fe_2O_3$）或 FeO_2^- 络离子时才能稳定存在，起到传递氧的作用，其反应为：

$$2(FeO) + \frac{1}{2}O_2 + (CaO) = (CaO \cdot Fe_2O_3)$$

或
$$2(Fe^{2+}) + \frac{1}{2}O_2 + 3(O^{2-}) = 2(FeO_2^-)$$

因此，熔渣有较高的碱度时就能使之具有较高的氧化性。这与前面提到的熔渣碱度达2时FeO有最大活度的观点是一致的。

形成的铁酸钙或 FeO_2^- 络离子在熔渣－钢液面上能被金属铁所还原，致使钢液中氧的浓度增加，其反应为：

$$(CaO \cdot Fe_2O_3) + [Fe] = 3[O] + 3[Fe] + (CaO)$$

或
$$4(FeO_2^-) + [Fe] = [O] + 5(Fe^{2+}) + 7(O^{2-})$$

因此一般规律是，与钢液平衡共存的熔渣中，绝大部分是2价铁离子（Fe^{2+}）；而与氧或空气平衡共存时，熔渣中大部分则是3价铁氧络离子，如 FeO_2^-。

与熔渣的氧化性相反，如熔渣能自与之接触的钢液中移去氧，即使钢液脱氧，则这种熔渣具有还原性。这是因为按分配定律，出现了 $w[O]_{\%} > a_{(FeO)}L_O$ 的关系。因此，钢液中的［O］经过钢液－熔渣界面向熔渣中扩散，其量不断降低，直到出现 $w[O]_{\%} = a_{(FeO)}L_O$ 的平衡状态。

一般可根据熔渣内的 $w(FeO)_{\%}$ 来判断熔渣的氧化－还原性，如具有还原性的高炉渣，其内的 $w(FeO) < 1\%$；而氧化性较强的炼钢渣，其内的 $w(FeO) = 10\% \sim 25\%$；作为钢液炉外处理的合成渣、电炉冶炼的还原渣、铸钢保护浇注用的酸性保护渣，其 $w(FeO)$ 均在0.5%以下，碱度控制在1以下。生产中为充分发挥熔渣的还原作用，除控制 $\sum w(FeO)_{\%}$ 和碱度外，还要在渣中配加适量的还原剂（C、Si或Al），以充分发挥还原渣的作用。

4.8.3　熔渣吸收有害物质的能力（渣容量）

冶金生产中对钢铁性能有害的物质，如硫（S_2）、磷（P_2）、氮（N_2）、氢（H_2）或水汽（$H_2O(g)$）等，均能在熔渣中溶解并保留于其中。把熔渣具有容纳或溶解这些物质的能力称为炉渣的渣容量（capacity）性。

由于这些气体是中性分子，而熔渣是离子态的熔体，因此，这些气体要吸收电子才能转变为阴离子（简单离子或络离子），而且渣中有 O^{2-} 参加反应，所以，溶解反应式是有 O^{2-} 参与的碱性渣中的离子反应式。

4.8.3.1 硫容量

硫在熔渣内存在的形式与体系的氧分压有关。如图 4-75 所示，当 $p'_{O_2} \ll 0.1\text{Pa}$ 时，硫呈 S^{2-} 状；当 $p'_{O_2} \gg 10\text{Pa}$ 时，硫呈 SO_4^{2-} 状，它们的生成反应为：

$$\frac{1}{2}S_2 + (O^{2-}) = \frac{1}{2}O_2 + (S^{2-}) \quad (p'_{O_2} \ll 0.1\text{Pa})$$

$$\frac{1}{2}S_2 + \frac{3}{2}O_2 + (O^{2-}) = (SO_4^{2-}) \quad (p'_{O_2} \gg 10\text{Pa})$$

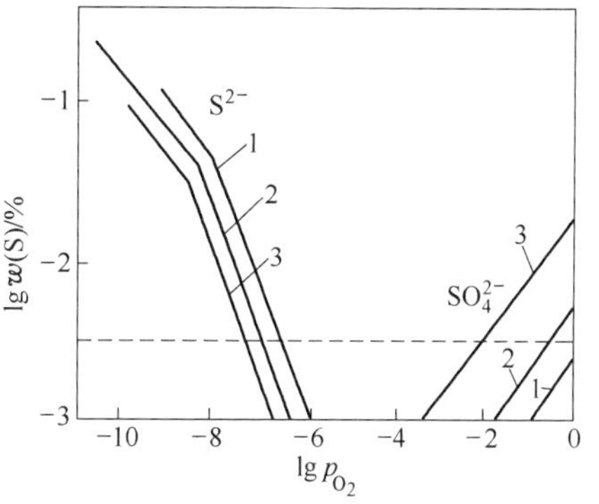

图 4-75 渣中硫的溶解度及其存在形式与 p_{O_2} 的关系（渣系为 $CaO-Al_2O_3-SiO_2$ 系）

1—1823K；2—1773K；3—1698K

钢铁冶金中实际氧分压较低（10^{-3}Pa），熔渣中可考虑硫以 S^{2-} 状存在。

气体硫在熔渣内溶解的反应为：

$$\frac{1}{2}S_2 + (CaO) = (CaS) + \frac{1}{2}O_2 \qquad \Delta_r G_m^{\ominus} = 97111 - 5.61T \quad (\text{J/mol})$$

或 $$\frac{1}{2}S_2 + (O^{2-}) = \frac{1}{2}O_2 + (S^{2-}) \qquad K' = \frac{a_{(S^{2-})}}{a_{(O^{2-})}} \cdot \left(\frac{p_{O_2}}{p_{S_2}}\right)^{1/2}$$

$$K^{\ominus} = w(S)_{\%} \cdot \frac{\gamma_{S^{2-}}}{a_{(O^{2-})}} \cdot \left(\frac{p_{O_2}}{p_{S_2}}\right)^{1/2}$$

式中，$a_{(S^{2-})} = \gamma_{S^{2-}} x(S^{2-}) = \gamma_{S^{2-}} w(S)_{\%}/(32\sum n_B)$；$K^{\ominus} = 32\sum n_B \cdot K'$。

对于一定的温度及熔渣组成，将上式中的可测量项 $w(S)_{\%}$、p_{O_2} 及 p_{S_2} 集中在等式的一边，则得：

$$C_S = w(S)_{\%} \cdot \left(\frac{p_{O_2}}{p_{S_2}}\right)^{1/2} = K^{\ominus} \cdot \left(\frac{a_{(O^{2-})}}{\gamma_{S^{2-}}}\right) \tag{4-48}$$

令式（4-48）第二项及第三项等于 C_S，称为熔渣的硫容量（sulfide capacity）。它是熔渣中 $w(S)_{\%}$ 与脱硫反应中氧分压和硫分压平衡的关系式，能表示出熔渣容纳或吸收硫的能力。又从式（4-48）可见，在一定温度下，硫容量随熔渣 $a_{(O^{2-})}$（即碱度）的增加及 $\gamma_{S^{2-}}$ 的减小或硫在渣中浓度的增大而增大，即与熔渣组成，特别是与碱度有很大的关系。

对于铁液的脱硫反应：

$$[S] + (O^{2-}) = (S^{2-}) + [O] \qquad C'_S = w(S)_{\%} \cdot \frac{a_{[O]}}{a_{[S]}} = K^{\ominus} \cdot \frac{a_{(O^{2-})}}{\gamma_{S^{2-}}} \tag{4-49}$$

式中，C'_S 是铁液中的硫在熔渣中溶解的硫容量，利用下面几个反应的热力学数据，可证明 C'_S 与前面导出的 S_2 在熔渣中溶解的硫容量 C_S 有下列关系：

$$C_S = \frac{K^{\ominus}_{[S]}}{K^{\ominus}_{[O]}} \cdot C'_S = (K^{\ominus}_{OS})^{-1} C'_S \tag{4-50}$$

或 $$\lg C'_S = \lg C_S - \frac{936}{T} + 1.375 \tag{4-51}$$

式中，$K^{\ominus}_{[O]}$和$K^{\ominus}_{[S]}$分别为氧气及气体硫在铁液中溶解的平衡常数：

$$\frac{1}{2}O_2 = [O] \qquad \lg K^{\ominus}_{[O]} = \frac{6118}{T} + 0.151$$

$$\frac{1}{2}S_2 = [S] \qquad \lg K^{\ominus}_{[S]} = \frac{7054}{T} - 1.224$$

或

$$[S] + \frac{1}{2}O_2 = [O] + \frac{1}{2}S_2 \qquad \lg K^{\ominus}_{OS} = -\frac{936}{T} + 1.375$$

可采用下列方法求出熔渣的硫容量：

（1）可通过测定与金属液平衡的熔渣中的$w(S)_{\%}$及气相中的p_{O_2}及p_{S_2}或金属液内的$a_{[S]}$及$a_{[O]}$；也可通过氧或硫的标准溶解吉布斯自由能$\Delta G^{\ominus}(O_2)$及$\Delta G^{\ominus}(S_2)$，由金属液的$w[O]_{\%}$及$w[S]_{\%}$分别得出p_{S_2}及p_{O_2}，然后由式（4－48）及式（4－49）计算出C_S和C'_S。

（2）利用熔渣碱度求硫容量。实验曾测过一些二元渣系的C_S与其碱性氧化物摩尔分数的关系，如图4－76所示，它们的C_S多随其内碱性氧化物摩尔分数的增加而提高，但$BaO-BaF_2$渣系有最高的C_S值。

图4－77(a)所示为高炉渣系的C_S，它也是随着碱度的提高而增大的。用Al_2O_3代替SiO_2也能使C_S提高，因为Al_2O_3的酸性比SiO_2的弱。图4－77(b)所示为实验测得的C_S

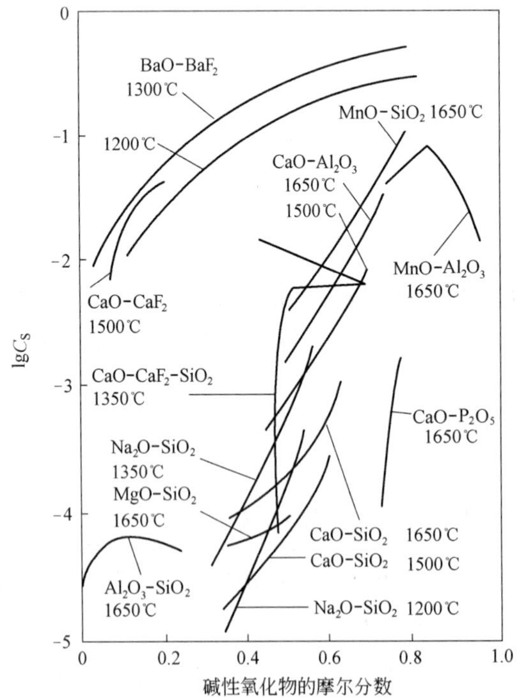

图4－76 二元渣系的C_S

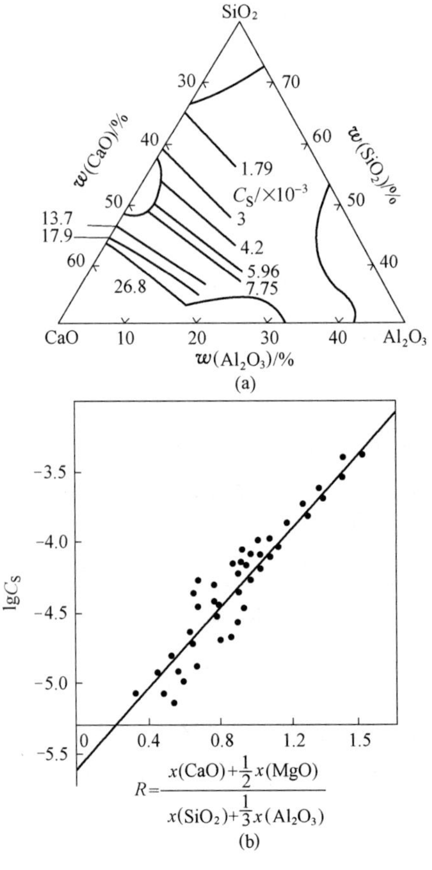

图4－77 高炉渣系的C_S

与碱度的关系，它们的关系可整理成数学式：

$$\lg C_S = -5.57 + 1.39R \tag{4-52}$$

式中，$R = (x(CaO) + \frac{1}{2}x(MgO))/(x(SiO_2) + \frac{1}{3}x(Al_2O_3))$，这里考虑了 MgO 对 CaO 的碱当量、$Al_2O_3$ 对 SiO_2 的酸当量。

若将式（4-52）中氧化物的摩尔分数转换成质量分数，并由几个温度下的 $\lg C_S - 1/T$ 关系作图，则可得出计入了温度影响的下式：

$$\lg C_S = 1.35 \times \frac{1.79w(CaO)_{\%} + 1.24w(MgO)_{\%}}{1.66w(SiO_2)_{\%} + 0.33w(Al_2O_3)_{\%}} - \frac{6911}{T} - 1.649 \tag{4-53}$$

由此计算出 C_S 的数量级为 $10^{-5} \sim 10^{-4}$。

对含氧化铁的炼钢熔渣，实验测得 1573～1953K 范围内硫容量与渣组分的关系式为：

$$\lg C_S = -4.210 + 3.645(BI) \tag{4-54}$$

式中，$(BI) = x(CaO) + x(FeO) + 0.5x(MgO) + 0.5x(P_2O_5)$❶。

（3）利用光学碱度求硫容量。利用测定的熔渣的 $\lg C_S$ 与其光学碱度作图，可得出下列关系：

$$\lg C_S = 12.0\Lambda - 11.9 \tag{4-55}$$

式中，Λ 为熔渣的光学碱度。式（4-55）是在1500℃时得出的，考虑温度的影响时可采用下式：

$$\lg C_S = \frac{22690 - 54640\Lambda}{T} + 43.6\Lambda - 25.2 \tag{4-56}$$

图 4-78 所示为某些炉外处理钢液的熔渣硫容量与光学碱度（Λ）的关系。

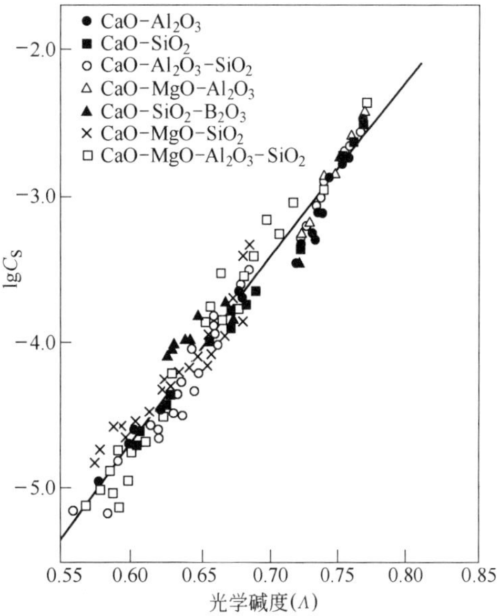

图 4-78 炉渣的硫容量与光学碱度的关系（$t = 1500$℃）

此外，利用式（4-56），也可由熔渣的 C_S 得出过渡族元素氧化物（如 FeO、MnO、Cr_2O_3 等）的光学碱度。式（4-56）较适用于 $NBO/T = 4$ 结构的熔渣，其 $\Lambda = 0.8$。

【例 4-17】 试利用炉渣的光学碱度，计算成分为 $w(SiO_2) = 37.5\%$、$w(CaO) = 42.5\%$、$w(Al_2O_3) = 10.0\%$ 及 $w(MgO) = 10.0\%$ 的熔渣的硫容量 C_S，温度为 1773K。

解 计算公式为：

$$\lg C_S = 12.0\Lambda - 11.9$$

而

$$\Lambda = \sum x_B \Lambda_B \qquad x_B = n(O)x'_B / \sum n(O)x'_B$$

先由炉渣组成计算出氧化物组分的摩尔分数 x'_B：

---

❶ 上式较适用于 MnO 含量低的高碱度（被 CaO（MgO）饱和）熔渣。参见《鉄と鋼》，1990，76（2）：183。

组分	SiO_2	CaO	Al_2O_3	MgO
n_B/mol	0.625	0.759	0.098	0.25
x'_B	0.361	0.438	0.057	0.144

而
$$\sum n(O)x'_B = 2x'(SiO_2) + 1x'(CaO) + 3x'(Al_2O_3) + 1x'(MgO)$$
$$= 2\times0.361 + 1\times0.438 + 3\times0.057 + 1\times0.144 = 1.475$$

故 $\Lambda = \sum x_B\Lambda_B = \frac{2\times0.361}{1.475}\times0.48 + \frac{1\times0.438}{1.475}\times1 + \frac{3\times0.057}{1.475}\times0.605 + \frac{1\times0.144}{1.475}\times0.78$

$= 0.678$

所以 $\lg C_S = 12.0\Lambda - 11.9 = 12.0\times0.678 - 11.9 = -3.764 \qquad C_S = 1.72\times10^{-4}$

如按式（4－53），由碱度计算 C_S，则：

$$R = \left(x(CaO) + \frac{1}{2}x(MgO)\right)\Big/\left(x(SiO_2) + \frac{1}{3}x(Al_2O_3)\right)$$
$$= \left(0.438 + \frac{1}{2}\times0.144\right)\Big/\left(0.361 + \frac{1}{3}\times0.057\right) = 1.34$$
$$\lg C_S = -5.57 + 1.39R = -5.57 + 1.39\times1.34 = -3.707$$

所以
$$C_S = 1.96\times10^{-4}$$

虽然这两种方法计算的 C_S 很相近，但是不能认为它们有相同的功效，因为这个渣系内没有过渡族元素的氧化物或不含氟的化合物存在。对于后种渣系，就应采用第二种方法，即利用光学碱度进行计算，方为合理。

硫容量表示了熔渣的脱硫能力，用它不仅可以估计熔渣组成，特别是碱度对脱硫的影响外，还能代替脱硫反应中难以测定的离子活度，直接计算熔渣－金属液间硫的分配比。

对于脱硫反应：
$$[S] + (O^{2-}) = (S^{2-}) + [O]$$

由反应的平衡常数
$$K' = \frac{a_{(S^{2-})}a_{[O]}}{a_{(O^{2-})}a_{[S]}} = \frac{\gamma_{S^{2-}}x(S^{2-})w[O]_{\%}}{f_S w[S]_{\%}a_{(O^{2-})}}$$

得硫的分配比为：
$$\frac{w(S)_{\%}}{w[S]_{\%}} = K\cdot\frac{a_{(O^{2-})}}{w[O]_{\%}}\cdot\frac{f_S}{\gamma_{S^{2-}}} \tag{4-57}$$

式中 $w(S)_{\%}$，$w[S]_{\%}$——分别为熔渣及金属液内硫的质量百分数。

硫的分配比越大，其进入熔渣内的硫浓度就越大，亦即熔渣对硫的溶解度越大，这和硫容量有相等的意义。但是，它和金属熔体有关，而且由于 $a_{(O^{2-})}$、$\gamma_{S^{2-}}$ 难以测定，也就难以准确计算。

但从另一方面，却可由硫容量导出硫的分配比。

由式（4－48）
$$C_S = w(S)_{\%}\cdot\left(\frac{p_{O_2}}{p_{S_2}}\right)^{1/2} \tag{1}$$

又
$$\frac{1}{2}S_2 = [S]$$

故
$$p_{S_2}^{1/2} = f_S w[S]_{\%}/K^{\ominus}_{[S]} \tag{2}$$

式（2）代入式（1），取对数，化简后可得：
$$\lg\frac{w(S)_{\%}}{w[S]_{\%}} = \lg C_S - \frac{1}{2}\lg p_{O_2} + \lg f_S - \lg K^{\ominus}_{[S]} \tag{4-58}$$

式中，$\lg K_{[S]}^{\ominus}=\frac{7054}{T}-1.224\left(\frac{1}{2}S_2 = [S]\right)$。

利用式（4－56）C_S 的光学碱度式，可将式（4－58）改写成：

$$\lg\frac{w(S)_{\%}}{a_{[S]}}=\frac{21754-54640\Lambda}{T}+43.6\Lambda-23.83-\lg a_{[O]} \quad (4-59)$$

在式（4－59）中，由于用 $a_{[S]}$ 代替了 $w[S]_{\%}$，可适用于 f_S 较宽范围的铁水及钢种。

【例 4－18】 试计算被碳饱和的铁液（$w(Mn)=1\%$、$w(Si)=1\%$、$w(C)=4.96\%$）与成分为 $w(SiO_2)=37.5\%$、$w(CaO)=42.5\%$、$w(Al_2O_3)=10.0\%$、$w(MgO)=10.0\%$ 的高炉渣间硫的分配比，温度为 1800K，炉缸 $p'_{CO}=1.5\times10^5$ Pa。

解 由式（4－58）

$$\lg\frac{w(S)_{\%}}{w[S]_{\%}}=\lg C_S-\frac{1}{2}\lg p_{O_2}+\lg f_S-\lg K_{[S]}^{\ominus}$$

式中，炉渣的硫容量 C_S 由下式计算：

$$\lg C_S=1.35\times\frac{1.79w(CaO)_{\%}+1.24w(MgO)_{\%}}{1.66w(SiO_2)_{\%}+0.33w(Al_2O_3)_{\%}}-\frac{6911}{T}-1.649$$

p_{O_2} 表示体系氧分压，由 $[C]+\frac{1}{2}O_2 = CO$ 的 $\Delta_r G_m^{\ominus}$ 计算。

现分别计算上式中的 C_S、p_{O_2}、f_S 及 $K_{[S]}^{\ominus}$ 的对数值。

$\lg C_S$：$\lg C_S=1.35\times\frac{1.79\times42.5+1.24\times10.0}{1.66\times37.5+0.33\times10.0}-\frac{6911}{1800}-1.649=-3.666$

$\lg p_{O_2}$：$[C]_{饱}+\frac{1}{2}O_2 = CO \qquad \Delta_r G_m^{\ominus}=-114400-85.77T \quad (J/mol)$

饱和碳以石墨为标准态时，$a_{[C]}=1$，又 $p_{CO}=1.5$，$K_{[C]}^{\ominus}=p_{CO}/p_{O_2}^{1/2}$，$p_{O_2}^{1/2}=p_{CO}/K_{[C]}^{\ominus}=1.5/K_C^{\ominus}$，则：

$$\frac{1}{2}\lg p_{O_2}=\lg 1.5-\lg K_{[C]}^{\ominus}=0.176-\left(\frac{114400}{1800\times19.147}+\frac{85.77}{19.147}\right)=-7.62$$

$\lg f_S$：

$$\lg f_S=\sum e_B^K w[K]_{\%}$$

$$\lg f_S=e_S^S w[S]_{\%}+e_S^{Si}w[Si]_{\%}+e_S^{Mn}w[Mn]_{\%}+e_S^C w[C]_{\%}$$

$$=0.063\times1-0.026\times1+0.11\times4.96=0.6$$

式中，$e_S^S w[S]_{\%}=-0.028w[S]_{\%}$，由于 $w[S]_{\%}\ll1$，故第 1 项略去。

$\lg K_{[S]}^{\ominus}$：

$$\lg K_{[S]}^{\ominus}=\frac{7054}{1800}-1.224=2.695$$

故 $\lg\frac{w(S)_{\%}}{w[S]_{\%}}=-3.666+7.62+0.6-2.695=1.859 \qquad w(S)_{\%}/w[S]_{\%}=72.28$

4.8.3.2 磷容量

磷在炉渣中存在的形式也与体系的氧分压有关，如图 4－79 所示，氧分压很低时（$p'_{O_2}<10^{-13}$ Pa）形成 P^{3-}，高时（$p'_{O_2}>10^{-12}$ Pa）形成 PO_4^{3-}，其反应分别为：

$$\frac{1}{2}P_2(g)+\frac{3}{2}(O^{2-}) = (P^{3-})+\frac{3}{4}O_2 \quad (1)$$

$$\frac{1}{2}P_2(g)+\frac{3}{2}(O^{2-})+\frac{5}{4}O_2 = (PO_4^{3-}) \quad (2)$$

由图4－79及式（1）、式（2）可见，熔渣中磷含量与氧势（$RT\ln p_{O_2}$）的关系为$-\frac{3}{4}$时，增大碱度及降低氧势有利于反应（1）的进行，P_2以P^{3-}形式进入熔渣中，称为还原脱磷；当磷含量与氧势的关系为$\frac{5}{4}$时，增大碱度及氧势则有利于反应（2）的进行，所以P_2以PO_4^{3-}形式进入熔渣中，称为氧化脱磷。

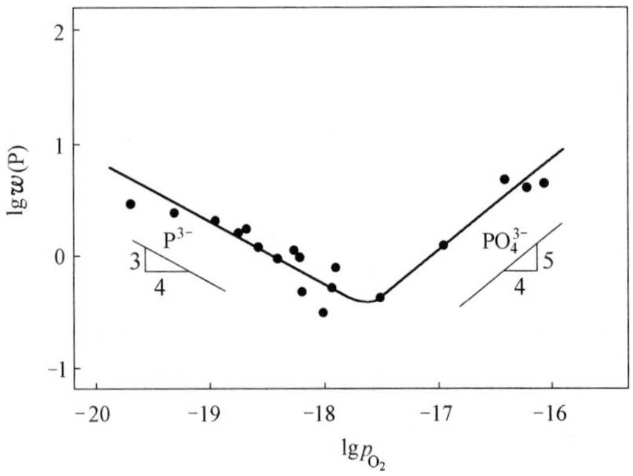

图4－79　渣中磷的溶解度及存在形式与p_{O_2}（量纲一的量）的关系

（熔渣成分为$w(CaO)=41\%$、$w(Al_2O_3)=59\%$，$p_{P_2}=2.46\times10^{-3}$，$t=1550℃$）

在炼钢的氧化过程中，渣中的磷一般是以PO_4^{3-}状态存在的。磷在氧化性渣中的溶解度可利用磷容量或磷酸盐容量来表示。

气体磷在碱性氧化渣中的溶解反应为：

$$\frac{1}{2}P_2(g)+\frac{5}{4}O_2+\frac{3}{2}(O^{2-})═══(PO_4^{3-})$$

即P_2需先氧化到P^{5+}，再与O^{2-}形成PO_4^{3-}络离子。反应的平衡常数为：

$$K'_P=\frac{a_{(PO_4^{3-})}}{p_{P_2}^{1/2}p_{O_2}^{5/4}a_{(O^{2-})}^{3/2}}=\frac{\gamma_{PO_4^{3-}}x(PO_4^{3-})}{p_{P_2}^{1/2}p_{O_2}^{5/4}a_{(O^{2-})}^{3/2}}\quad 或\quad K_P^{\ominus}=w(PO_4^{3-})_{\%}\cdot\frac{\gamma_{PO_4^{3-}}}{a_{(O^{2-})}^{3/2}}\cdot\frac{1}{p_{P_2}^{1/2}p_{O_2}^{5/4}}$$

式中，$a_{(PO_4^{3-})}=\gamma_{PO_4^{3-}}x(PO_4^{3-})=\gamma_{PO_4^{3-}}\frac{w(PO_4^{3-})_{\%}}{M_{PO_4^{3-}}\sum n_B}$；$K_P^{\ominus}=K'_P\cdot(M_{PO_4^{3-}}\sum n_B)$；$M_{PO_4^{3-}}$为$PO_4^{3-}$的摩尔质量，kg/mol。

对于一定温度及熔渣组成，上式又可写成：

$$C_{PO_4^{3-}}=w(PO_4^{3-})_{\%}\cdot\frac{1}{p_{P_2}^{1/2}p_{O_2}^{5/4}}=K_P^{\ominus}\cdot\frac{a_{(O^{2-})}^{3/2}}{\gamma_{PO_4^{3-}}}\tag{4－60}$$

令式（4－60）右边第2项及第3项等于$C_{PO_4^{3-}}$，称为炉渣的磷容量或磷酸盐容量（phosphate capacity），它可由第2项中测定的$w(PO_4^{3-})_{\%}$及p_{P_2}、p_{O_2}计算出。它和硫容量一样，表示熔渣吸收或溶解磷氧化物的能力。$C_{PO_4^{3-}}$与温度及$a_{(O^{2-})}$（即碱度）有关，提高碱度，则$a_{(O^{2-})}$增加及$\gamma_{PO_4^{3-}}$降低，从而$C_{PO_4^{3-}}$增加。因此，为了获得较高的$C_{PO_4^{3-}}$，渣中需要加入碱性强的氧化物；而且阳离子$\frac{z}{r}$越小的氧化物，其$C_{PO_4^{3-}}$也越大，所以，含有Na_2O、BaO的渣系有较高的$C_{PO_4^{3-}}$。

对于钢液的脱磷反应：$[P]+\frac{5}{2}[O]+\frac{3}{2}(O^{2-})═══(PO_4^{3-})$　　（3）

$$C'_{PO_4^{3-}}=w(PO_4^{3-})_{\%}\cdot\frac{1}{f_P w[P]_{\%}a_{[O]}^{5/2}}=K_P\frac{a_{(O^{2-})}^{3/2}}{\gamma_{PO_4^{3-}}}\tag{4－61}$$

此即铁液中磷在熔渣中溶解的磷容量。

利用　　$\frac{1}{2}O_2═══[O]$　　$\lg K_{[O]}^{\ominus}=\frac{6118}{T}+0.151$

$$\frac{1}{2}P_2 = [P] \qquad \lg K^{\ominus}_{[P]} = \frac{6381}{T} + 1.01$$

的关系，可由式（4－60）得：

$$C_{PO_4^{3-}} = w(PO_4^{3-})_{\%} \cdot \frac{K^{\ominus}_{[P]} K^{5/2}_{[O]}}{f_P w[P]_{\%} a^{5/2}_{[O]}} = K^{\ominus}_{[P]} \frac{a^{3/2}_{(O^{2-})}}{\gamma_{PO_4^{3-}}} \qquad (4-62)$$

故
$$C_{PO_4^{3-}} = K^{5/2}_{[O]} K^{\ominus}_{[P]} C'_{PO_4^{3-}}$$

或
$$\lg C_{PO_4^{3-}} = \lg C'_{PO_4^{3-}} + \frac{21676}{T} + 1.3875 \qquad (4-63)$$

图4－80所示为某些渣系的磷容量与碱性氧化物浓度的关系。由图可知，BaO渣系有很高的磷容量。

可从实验得出由熔渣的光学碱度计算磷容量的关系式❶：

$$\lg C'_{PO_4^{3-}} = \frac{29990}{T} - 23.74 + 17.55\Lambda \qquad (4-64)$$

式（4－64）只能适用于渣成分变化较小的范围内，因为在导出该式时忽略了渣成分对 $\gamma_{PO_4^{3-}}$ 的影响，所以仅能近似应用。

利用 $C_{PO_4^{3-}}$ 可计算熔渣－金属液间磷的分配比。由于

$$w(PO_4^{3-})_{\%} = w(P)_{\%} \cdot \frac{M_{PO_4^{3-}}}{M_P}$$

式中 $M_{PO_4^{3-}}$，M_P——分别为 PO_4^{3-} 及P的摩尔质量，kg/mol。

将上式代入式（4－61），得：

$$C'_{PO_4^{3-}} = \frac{w(P)_{\%}}{f_P w[P]_{\%} a^{5/2}_{[O]}} \cdot \frac{M_{PO_4^{3-}}}{M_P} \qquad (4-65)$$

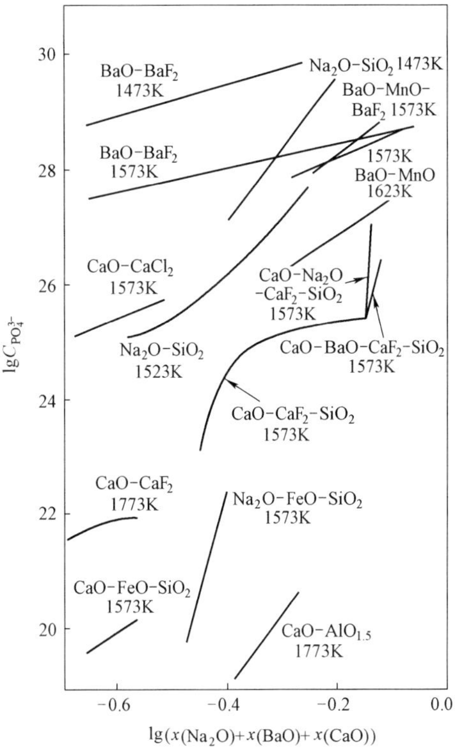

图4－80 渣系的磷容量与碱性氧化物浓度的关系

故
$$\frac{w(P)_{\%}}{w[P]_{\%}} = C'_{PO_4^{3-}} \cdot f_P \cdot \frac{M_P}{M_{PO_4^{3-}}} \cdot a^{5/2}_{[O]} \qquad (4-66)$$

或
$$\lg \frac{w(P)_{\%}}{w[P]_{\%}} = \lg C'_{PO_4^{3-}} + \lg f_P + \frac{5}{4}\lg p_{O_2} - \frac{6381}{T} - 1.01 \qquad (4-67)$$

4.8.3.3* 氮容量

氮在碱性渣及酸性渣中均能溶解，但有不同的机理：

❶ 文献[2]推荐的计算式为：$\lg C'_{PO_4^{3-}} = 17.55\Lambda + 5.72$，适用温度为1600℃。

$$\frac{1}{2}N_2+\frac{3}{2}(O^{2-})═══(N^{3-})+\frac{3}{4}O_2 \qquad (碱性渣中) \qquad (1)$$

$$\frac{1}{2}N_2+(\vdots Si—O—Si\vdots)═══(\vdots Si—N—Si\vdots)+\frac{1}{2}O_2 \qquad (酸性渣中) \qquad (2)$$

即在碱性渣中，氮呈 N^{3-} 而溶解；而在酸性渣中，N 进入硅氧络离子内，转换桥氧（O^0）成为网结构。因此，氮的溶解度与 $a_{(O^{2-})}$ 或碱度有关，如图 4－81 所示，在酸性渣中，随着 CaO 量的增加，氮的溶解度降低，到达最小值后，又随着 $a_{(O^{2-})}$ 的增加而增大，所以表明氮具有两性。当渣中含有与氮有较强亲和力的元素的氧化物（如 B_2O_3 或 Ti_2O_3）时，氮有较大的溶解度。

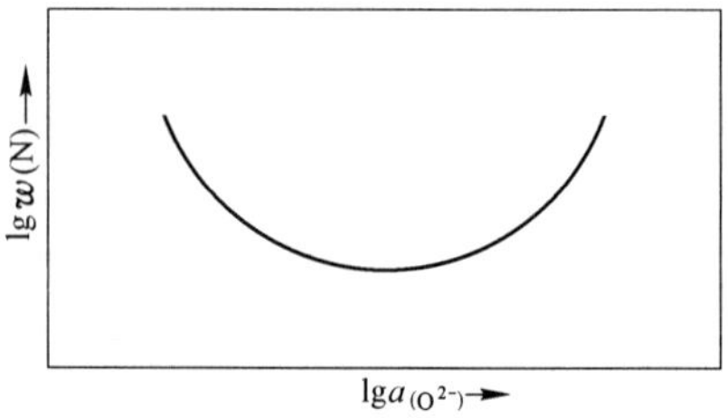

图 4－81　CaO－SiO_2－CaF_2 渣系内氮的溶解度和 $a_{(O^{2-})}$（CaO 量）的关系

由反应（1）可得出熔渣的氮容量（nitride capacity）：

$$C_N=w(N)_\%\cdot\frac{p_{O_2}^{3/4}}{p_{N_2}^{1/2}}=K_N^\ominus\cdot\frac{a_{(O^{2-})}^{3/2}}{\gamma_{N^{3-}}} \qquad (4-68)$$

$$L_N=\frac{w(N)_\%}{w[N]_\%}=C_N p_{O_2}^{-3/4}f_N K_N^{-1} \qquad (4-69)$$

当有碳存在时，氮在渣中以 CN^- 状溶解，其反应为：

$$\frac{1}{2}N_2+C+\frac{1}{2}O^{2-}═══(CN^-)+\frac{1}{4}O_2$$

而氰容量（cyanide capacity）为：

$$C_{CN}=w(CN)_\%\cdot\frac{p_{O_2}^{1/4}}{p_{N_2}^{1/2}}=K_{CN}^\ominus\cdot\frac{a_{(O^{2-})}^{1/2}}{\gamma_{CN^-}} \qquad (4-70)$$

对于熔渣－钢液间，其反应为：

$$[N]+\frac{3}{2}(O^{2-})═══(N^{3-})+\frac{3}{2}[O] \qquad (3)$$

$$C_N=w(N)_\%\cdot\frac{a_{[O]}^{3/2}}{a_{[N]}^{1/2}}=K_N\cdot\frac{a_{(O^{2-})}^{3/2}}{\gamma_{(N^{3-})}}$$

$$L_N=\frac{w(N)_\%}{w[N]_\%}=\frac{C_N f_N}{p_{O_2}^{1/2}K_N^\ominus} \qquad (4-71)$$

$$\lg C_N=-24.12\Lambda+25.77\Lambda-3827.10/T+2.67$$

而氮在碱性渣中有较大的溶解度。此外，氮的溶解度还与渣的氧化－还原性有关。在氧化性渣中，氮的溶解度不高，为 200～400cm^3/100g，因此，氧化渣能很好地隔断炉气中氮对金属液的作用。在还原渣内，氮有较大的溶解度，例如，高炉渣中 $w[N]=0.03\%$；特别是在含有 CaC_2（$w(CaC_2)=0.5\%$）的电炉渣内，$w[N]=0.05\%\sim0.075\%$，并随着

CaC_2 量的增加，$w[N]$可高达0.1%～0.5%；含硅高的铸造生铁也有较高的$w[N]$(0.08%～0.1%)。

图4-82所示为某些渣系的氮容量与其组成及温度的关系。它们的关系较复杂，但都是随温度的升高氮容量变大。含 BaO 和 TiO_2 的熔渣有很高的氮容量，被认为是理想的脱氮剂。

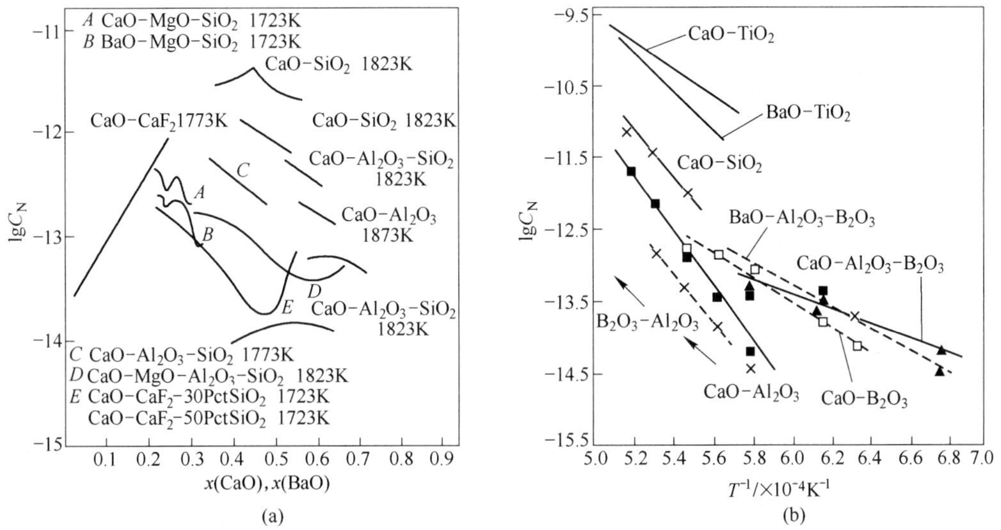

图4-82 某些渣系的氮容量与其组成及温度的关系

(a) 某些渣系氮容量与其组成的关系；(b) 某些渣系氮容量与温度的关系

4.8.3.4* 氢容量

水蒸气在熔渣中的溶解类似于氮，可用下列反应式表示：

$$\frac{1}{2}H_2O(g)+\frac{1}{2}(O^{2-})==(OH^-) \qquad (碱性渣中)$$

$$H_2O(g)+(\vdots Si—O—Si\vdots)==2(\vdots Si—OH) \qquad (酸性渣中)$$

即在碱性渣中，$H_2O(g)$ 以 OH^-状溶解；而在酸性渣中，$H_2O(g)$ 进入 $Si_xO_y^{z-}$ 离子中形成 OH^-，代替桥氧（O^0），而使硅氧络离子解体。故它的溶解度也与碱度（$a_{(O^{2-})}$）有关，但随碱度的增加出现极小值，如图4-83所示。

根据前述的 $H_2O(g)$ 在碱性渣中的溶解反应，可导出氢氧基（羟基）容量（hydroxyl capacity）：

$$C_{OH}=w(OH)_{\%}/p_{H_2O}^{1/2}=K_{OH}^{\ominus}\cdot a_{(O^{2-})}^{1/2}/\gamma_{OH^-}$$

$$\lg C_{OH}=12.04-32.63\Lambda+32.7\Lambda^2-6.02\Lambda^3$$

（渣系为 $Na_2O-MgO-MnO-FeO-P_2O_5$，温度为1600℃）

$CaO-Al_2O_3-SiO_2$ 系、$CaO-FeO-SiO_2$ 系的 C_{OH}分别见图4-84和图4-85。

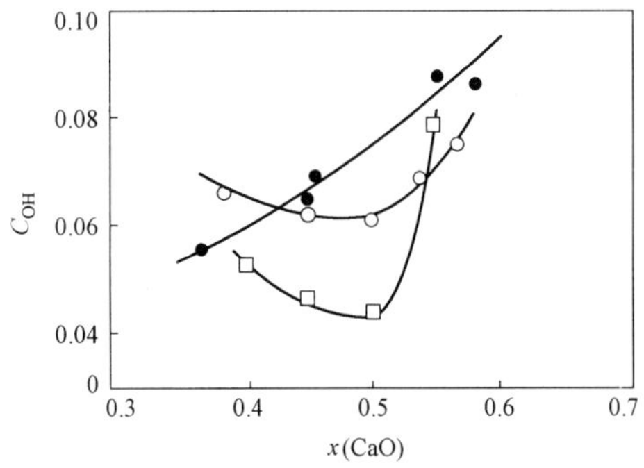

图4-83 $CaO-SiO_2$ 系中 C_{OH}随 x(CaO) 的变化（1873K）

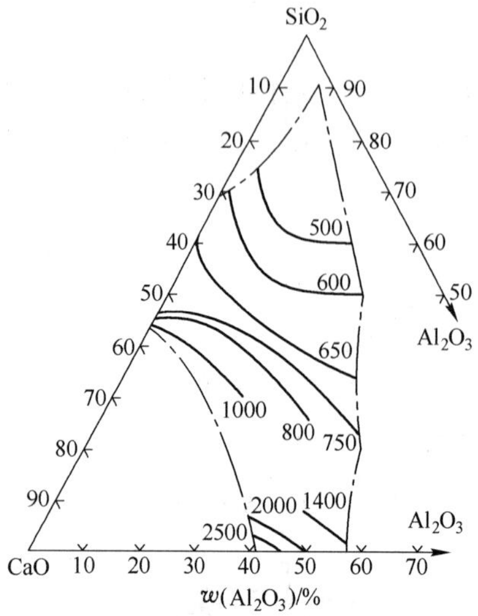

图4-84 $CaO-Al_2O_3-SiO_2$ 系的 C_{OH}（1500℃）

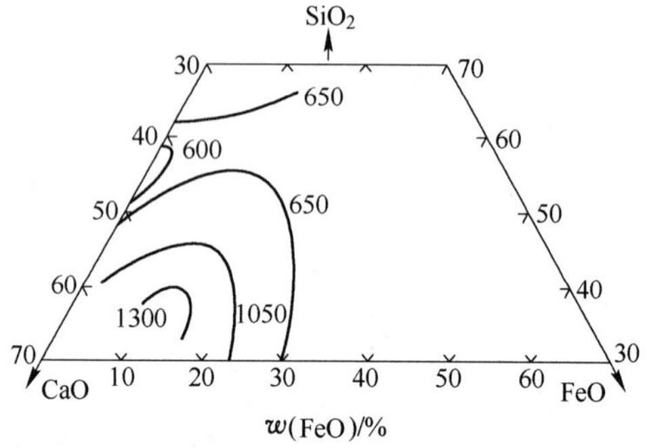

图4-85 $CaO-FeO-SiO_2$ 系的 C_{OH}（1550℃）

又
$$L_H = \frac{w(H)_{\%}}{w[H]_{\%}} = \frac{1}{17} C_{OH} K_{H_2O}^{1/2} p_{H_2O}^{1/2} f_H \tag{4-72}$$

溶解于熔渣中的 OH^- 通过下列反应进入金属液中，而使氢量增加：

$$2(OH^-) + [Fe] = 2[H] + 2(O^{2-}) + (Fe^{2+})$$

4.8.3.5* 碳酸盐容量及碳化物容量

碳在炉渣中以 C_2^{2-} 或 CO_3^{2-} 状溶解：

$$2C + O^{2-} = (C_2^{2-}) + \frac{1}{2}O_2$$

碳化物容量（carbide capacity）为：

$$C_{C_2^{2-}} = w(C_2^{2-})_{\%} \cdot p_{O_2}^{1/2} = K_{C_2^{2-}}^{\ominus} \cdot a_{(O^{2-})} / \gamma_{C_2^{2-}} \tag{4-73}$$

$$CO_2 + (O^{2-}) = (CO_3^{2-})$$

碳酸盐容量（carbonate capacity）为

$$C_{CO_3^{2-}} = w(CO_3^{2-})_{\%} / p_{CO_2} = K_{CO_3^{2-}}^{\ominus} \cdot a_{O^{2-}} / \gamma_{CO_3^{2-}} \tag{4-74}$$

如果假定 $\gamma_{CO_3^{2-}}$ 与炉渣组成无关，则可利用 CO_2 在渣中的溶解度来测定炉渣的碱度（或 $a_{O^{2-}}$），因为这时

$$a_{O^{2-}} = w(CO_3^{2-})_{\%} / (p_{CO_2} \cdot K_{CO_3^{2-}}^{\ominus}) \tag{4-75}$$

这是1975年Wagner提出的熔渣中 $a_{O^{2-}}$ 或碱度的测定方法。有待继续探讨。

4.8.3.6 总结

S_2、P_2、N_2、H_2O 等气体能直接或以溶解态（[S]、[P] 等）与熔渣（O^{2-}）作用，转变为离子结构（S^{2-}、PO_4^{3-}、N^{3+}、OH^-）而存在于熔渣中。根据它们的离子反应的平

衡常数式，可得出它们在熔渣中的容量及其在熔渣－铁液间的分配系数式：

$$C_B = w(B)_{\%} p_{O_2}^{x} p_{B(g)}^{x'} = K_{B(g)}^{\ominus} a_{(O^{2-})}^{x} \gamma_B^{-1} \tag{4-76}$$

$$C'_B = w(B)_{\%} a_{[O]}^{x} a_{[B]}^{x'} = K_B^{\ominus} a_{(O^{2-})}^{x} \gamma_B^{-1} \tag{4-77}$$

$$L_B = \frac{w(B)_{\%}}{w[B]_{\%}} = C_B p_{O_2}^{x} f_B (K_B^{\ominus})^{-x} = C'_B a_{[O]}^{x'} f_B$$

式中　f_B——铁液中组分 B 的活度系数；

p_{O_2}，$a_{[O]}$——分别为 O_2 的分压及铁液中氧的活度，上标 x、x'为反应中它们的化学计量数；

$K_B^{\ominus}$——O_2、S_2、P_2、N_2 等在铁液中溶解反应的平衡常数。

又 C_B 为气体 B 在熔渣中的容量，而 C'_B 则为气体溶解于铁液中的组分在熔渣中的容量，它们之间的关系可利用该气体在铁液中的标准溶解吉布斯自由能 $\Delta G_B^{\ominus}$ 得出。例如，

$$C_S = C'_S \cdot \frac{K_{[S]}^{\ominus}}{K_{[O]}^{\ominus}} \qquad C_{PO_4^{3-}} = C'_{PO_4^{3-}} \cdot K_{[P]}^{\ominus} (K_{[O]}^{\ominus})^{5/2}$$

而

$$\frac{1}{2}O_2 = [O] \quad \lg K_{[O]}^{\ominus} = \frac{6118}{T} + 0.151$$

$$\frac{1}{2}S_2 = [S] \quad \lg K_{[S]}^{\ominus} = \frac{7054}{T} - 1.224$$

$$\frac{1}{2}P_2 = [P] \quad \lg K_{[P]}^{\ominus} = \frac{6381}{T} + 1.01$$

C_B 或 C'_B 称为气体 B 或［B］在熔渣中的容量，表示熔渣溶解或容纳气体 B 的能力。它根据气体 B 在熔渣内溶解的离子反应的平衡常数式书写成两种表达式：一种是由体系中可测的 p_{O_2}、$p_{B(g)}$ 或铁液中氧及组分 B 的活度组成，由此可通过实验测定 C_B 或 C'_B；另一种则是由反应的平衡常数与熔渣内（O^{2-}）的活度及组分 B 的活度系数组成，它表示组分 B 的容量与熔渣的碱度（$a_{(O^{2-})}$）有直接关系，即碱度越大，则组分 B 的容量就越大。因此，可由实验测出组分的容量与碱度的关系式，由碱度就可算出组分的容量，从而计算出此组分在熔渣－铁液间的分配系数或铁液中组分的平衡浓度。

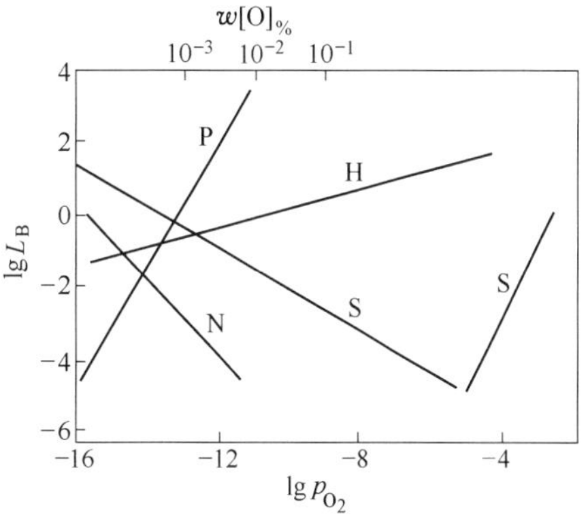

图 4－86　CaO－Al_2O_3 渣系的 $\lg L_B - \lg p_{O_2}$ 关系图

熔渣中组分的容量，从而由其计算的组分的分配系数是受体系氧势（p_{O_2}或 $a_{[O]}$）影响的。作为例子，图 4－86 示出了 CaO－Al_2O_3 渣系（$w(CaO) = w(Al_2O_3) = 50\%$）内各组分的 $\lg L_B - \lg p_{O_2}$关系。由图可见，直线斜率为正的组分（P、H）氧化后进入渣中，氧势越高，则 L_B 就越大；斜率为负的组分（N、S）还原后进入渣中，氧势越高，则 L_B 就越低。因此，在氧化熔炼

过程中，在一定的氧势条件下选择适当的熔渣组成，使组分的分配系数尽可能大，就有利于除去金属液中的杂质组分。

4.9　熔渣的物理性质

4.9.1　熔点

冶炼不仅是在均匀的液态渣下进行，而且为了使熔渣具有适合的物理化学性质，如黏度、活度、导电性等，就要求熔渣具有高过其熔点的过热温度，因此，确定炉渣的熔点是很重要的。

炉渣的熔化或凝固发生在一定的温度范围内，而其熔点或熔化温度定义为，加热时固态渣完全转变为均匀液相或冷却时液态渣开始析出固相的温度。一定组成的炉渣的熔点，可从相图上该组成点所在的液相线温度或等温线温度确定。但是，实际炉渣的熔点要比由相图确定的值低，因为未计入渣中少量其他组分对熔点降低的影响。最好是用实验方法测定熔点。比较准确的测定法是淬火法，它是用淬火急冷高温渣样，由显微镜观察确定固相完全转变为均匀液相的温度。对于铸钢用的合成渣则常用半球点法，即将加热一定尺寸的固体渣样到其高度下降一半时所测定的温度规定为熔点。

氧化物及硅酸盐是离子晶体结构。其熔点和晶体对温度作用的抵抗力有关，因而它取决于晶体中与离子间库仑引力有关的晶格能，其值很大，熔点就很高。当一种物质溶解于另一种物质中，两种或多种氧化物形成复合化合物或多元共晶体时，均可使它们构成的渣系的熔点降低。加入后能使炉渣熔点降低的物质称为助熔剂。可根据相图来选择对冶炼工艺无害的助熔剂，获得熔点较低的熔渣。例如，$CaO-SiO_2$ 系内配入适当的组分，如 FeO、Na_2O、CaF_2 等，均可在一定的组成范围内获得低熔点的渣系，因为它们能与硅酸钙形成熔点低的复合化合物或共晶体，使这些复合化合物的液相区向低温方向扩大，如图 4－87 和图 4－88 所示。

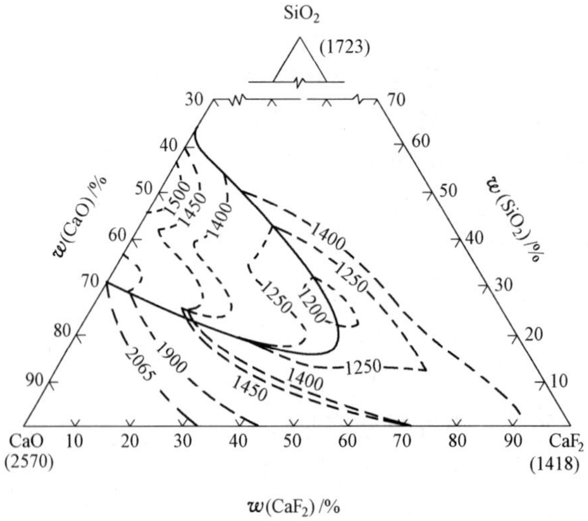

图 4－87　$CaO-SiO_2-CaF_2$ 系

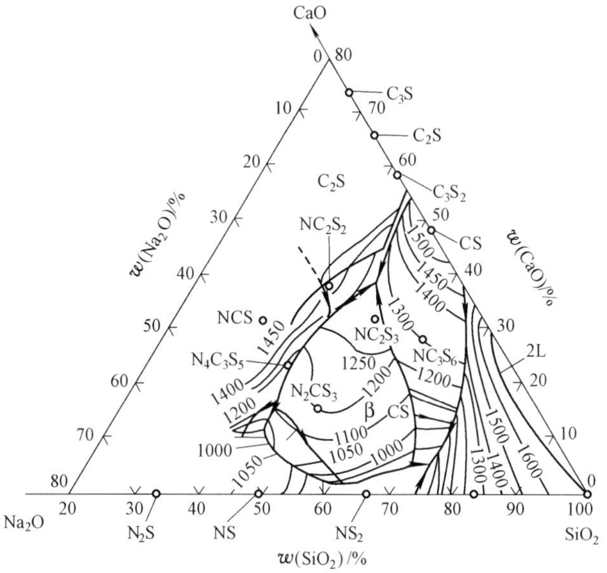

图 4－88　$CaO-SiO_2-Na_2O$ 系

此外，CaF_2 还能分别与 CaO、MgO、Al_2O_3 等高熔点的氧化物形成低熔点的共晶体，从而降低了它们的熔化温度，如图 4－89 所示。所以，CaF_2 常作为由这些氧化物配制的渣系的助熔剂。但是，一种助熔剂的作用不及多种助熔剂的作用大，因为当它的用量较多时就会改变基本渣系的成分及性质。因此，选用两种以上的助熔剂来造渣是合理的。

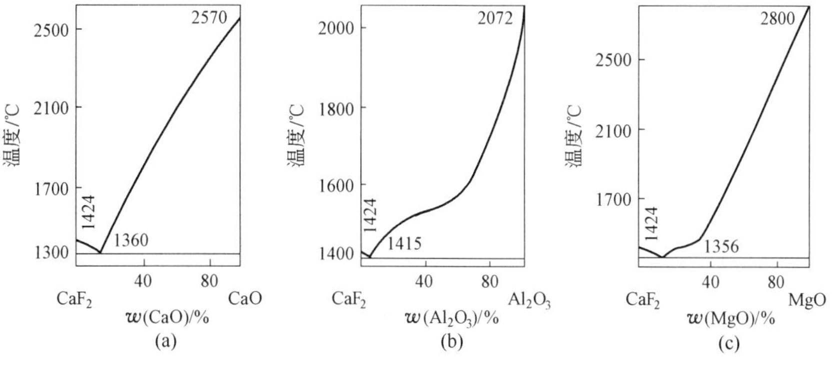

图 4－89　CaF_2-CaO、$CaF_2-Al_2O_3$、CaF_2-MgO 系相图

（a）CaF_2-CaO 系；（b）$CaF_2-Al_2O_3$ 系；（c）CaF_2-MgO 系

4.9.2　密度

熔渣的密度为 $(2.8\sim3.2)\times10^3kg/m^3$。密度的温度系数为 $7kg/(m^3\cdot100℃)$，渣系的密度与温度及氧化物的种类有关。FeO、MnO、Fe_2O_3 等密度大（$(5.24\sim5.7)\times10^3kg/m^3$）的组分含量高，则熔渣的密度大；$SiO_2$、CaO、$Al_2O_3$ 等密度小（$(2.65\sim3.50)\times10^3kg/m^3$）的组分含量低，则熔渣的密度小些。但熔渣的密度不服从组分密度的加和规

律，因为组分之间可能有引起熔体内某些有序态改变的化学键出现，从而改变了熔渣的密度。例如，在硅酸盐渣系中，阳离子的静电势大，则渣的膨胀率小，而渣的密度大；反之，如 K^+、Na^+ 等静电势小，则渣的密度小。

对于碱性及半酸性渣，可推荐由熔渣比容（密度的倒数 $V=1/\rho$）的经验公式来计算其密度：

$$V=0.45w(SiO_2)_{\%}+0.285w(CaO)_{\%}+0.204w(FeO)_{\%}+0.35w(Fe_2O_3)_{\%}+0.237w(MnO)_{\%}+0.367w(MgO)_{\%}+0.48w(P_2O_5)_{\%}+0.402w(Al_2O_3)_{\%} \quad (4-78)$$

熔渣比容的单位为 $cm^3/100g$（$=10^{-5}m^3/kg$），这是1400℃的 V 值。

对于其他温度的密度，可用下式得出：

$$\rho_t=\rho_{1400}+0.07(1400-t) \quad (kg/m^3) \quad (4-79)$$

也可采用下式来大略计算含（FeO）渣系的密度：

$$\rho=2.46+0.018(w(FeO)_{\%}+w(MnO)_{\%}) \quad (g/cm^3) \quad (4-80)$$

图4-90及图4-91分别为 $CaO-SiO_2-Al_2O_3$ 渣系及 $CaO-SiO_2-FeO$ 渣系的密度图。

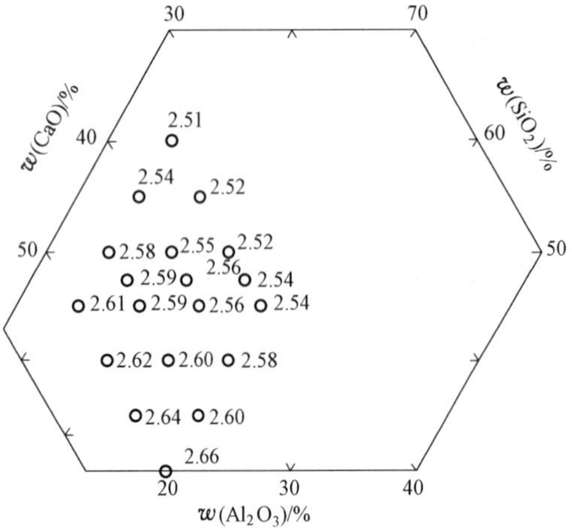

图4-90 $CaO-SiO_2-Al_2O_3$ 渣系的密度图

（$\rho/\times10^3kg\cdot m^{-3}$，1550℃）

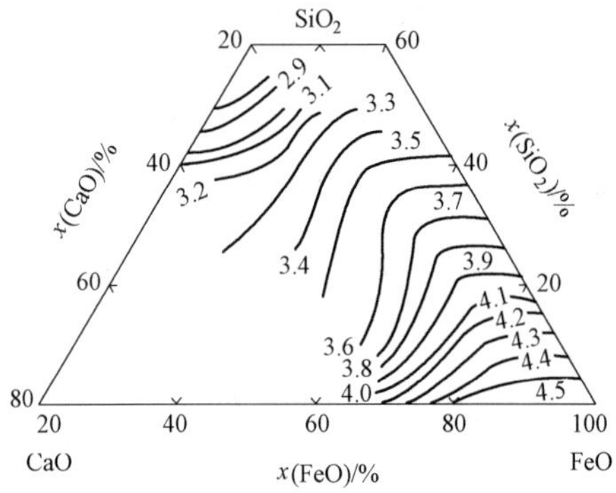

图4-91 $CaO-SiO_2-FeO$ 渣系的密度图

（$\rho/\times10^3kg\cdot m^{-3}$，1400℃）

4.9.3 黏度

任何冶炼过程中都要求熔渣有适宜的黏度，这不仅关系到冶炼过程能否顺利进行，而且影响到过程中的传热、传质，从而对反应的速率以及熔池中杂质的排出、金属在熔渣中的损失、炉衬的寿命等都有影响。另外，通过熔渣黏度和组成关系的研究，有助于了解熔渣的结构。

4.9.3.1 熔渣黏度的特性

熔渣的黏度为0.1~10Pa·s，比液体金属的黏度高两个数量级。而均匀性熔渣与非均匀性熔渣的黏度有很大的不同。

对于均匀性的熔渣，它的黏度服从牛顿黏滞液体的规律。黏度取决于移动质点的活化能 $\eta=B_0\exp[E_\eta/(RT)]$，式中，$E_\eta$ 为黏流活化能。在硅酸盐渣系中，硅氧络离子的尺寸远比阳离子的尺寸大，移动时需要的黏流活化能也最大，因此，$Si_xO_y^{z-}$ 成为熔渣中主要的黏滞流动单元。当熔渣的组成改变引起 $Si_xO_y^{z-}$ 解体或聚合，从而结构改变时，熔渣的黏度就会相应地降低或提高。

在调整低碱度熔渣的黏度时，CaO、MgO、Na_2O、FeO 等碱性氧化物均有较大的作用，其中 2 价金属氧化物比 1 价金属氧化物的作用较大，因为在离子物质的量相同的基础上，1 价金属（如 K^+、Na^+）带入的 O^{2-} 比 2 价金属（如 Ca^{2+}）带入的 O^{2-} 的作用（离子数少 1/2）较小。

CaF_2 在调整黏度上有显著的作用，因为它引入的 F^- 和 O^{2-} 同样能起到使硅氧络离子解体的作用。其反应如下：

$$(\vdots Si—O—Si\vdots) + 2F^- \!=\!=\!= (\vdots Si—O—F) + (\vdots Si—F)$$

或

$$(\vdots Si—O—Ca—O—Si\vdots) + CaF_2 \!=\!=\!= 2(\vdots Si—O—Ca—F)$$

实践证明，CaF_2 调整低碱度熔渣黏度的作用比 CaO、Na_2O 等碱性氧化物的作用强。这一方面是因为 CaF_2 比 CaO 能引入静电势较小$\left(\left(\frac{z}{r}\right)_{O^{2-}}=1.52,\ \left(\frac{z}{r}\right)_{F^-}=0.74\right)$而数量较多的使 $Si_xO_y^{z-}$ 解体的 F^- 离子；另一方面，CaF_2 又能与高熔点氧化物 CaO、Al_2O_3、MgO 形成低熔点共晶体（见图 4－89）。提高熔渣的过热度及均匀性，也使黏度得以降低。

因此，熔渣的黏度与其组成及温度有关，下式为实验测定的由光学碱度表示熔渣黏度的一般计算式，可用以估计熔渣的黏度（Pa·s）值：

$$\ln\eta = \frac{1}{0.15 - 0.44\Lambda} - \frac{1.77 + 2.88\Lambda}{T} \tag{4-81}$$

熔渣出现不均匀性时，常是由于其内出现了不溶解的组分质点；或是在温度下降时高熔点组分的溶解度减小，成为难溶的细分散状的固相质点而析出。这时熔渣变为不均匀性多相渣，其黏度要比均匀性渣的黏度大得多，不服从牛顿黏滞定律，这种熔渣的黏度称为"表观黏度"，可用下式表示：

$$\eta = \eta_0(1 + \alpha\phi) \tag{4-82}$$

式中 η_0——熔渣的牛顿黏度，Pa·s；

α——常数，当 $\phi < 0.1$ 时，$\alpha = 2.5$；

ϕ——渣中细分散状固体粒子的体积分数，$\phi = 0 \sim 1.0$。

一般只能由实验测定熔渣的牛顿黏度，而表观黏度的测定及计算则是困难的。

当熔渣内加入了能使难溶组分溶解度增大的其他物质时，熔渣的黏度就会下降，温度的提高也有这种作用。

此外，温度对黏度也有较大影响。温度虽不能改变黏流活化能，但温度提高可使具有黏流活化能的质点数增多；同时，质点的热振动加强或质点的键分裂，络离子可能解体，成为尺寸较小的流动单元，因而黏度下降。这时，黏流活化能会发生改变，不能用 $\eta = B_0\exp[E_\eta/(RT)]$ 表示，或可采用半经验公式 $\lg\eta = B + b/T^2$（B、b 为常数）表示黏度与温度的关系。

温度对黏度的影响还与炉渣的化学性质有很大的关系。如图 4－92 所示，在足够高的过热度下，碱性渣的黏度比酸性渣的黏度小，因为前者具有较小尺寸的络离子。当温度下降时，酸性渣的黏度曲线变化平缓（$E_\eta = 100\text{kJ/mol}$），但冷却到液相面时，由于其内的络离子移动缓慢，来不及在晶格结点上排列，以致凝固时形成了过冷状的玻璃体，而黏度曲线上没有明显的转折点。这种渣冷却时能拉成长丝，断面是玻璃状。其又因凝固过程的温度范围较宽，所以称为长渣或稳定性渣，如图中的曲线 1 所示。

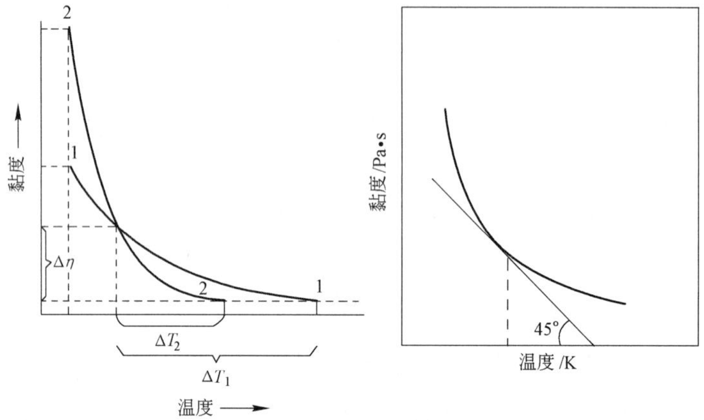

图 4－92　温度对熔渣黏度的影响

1—酸性渣；2—碱性渣

碱性渣（$x(SiO_2) \leqslant 1/3$）的黏度随温度的变化率则较大，因其内络离子的尺寸较小，移动得快些。但当其冷却到液相面时，由于渣的结晶能力强，不断析出晶体，很快地变为非均匀态而失去流动性，故黏度曲线上有明显的转折点。其又因凝固过程的温度范围较窄，所以称为短渣或不稳定性渣。这种渣不能拉成丝，断面是石头状。

炉渣的熔化温度（熔点）是炉渣中固相完全消失的温度，但此时熔渣的黏度是比较高的，甚至在相当广阔的温度范围内还处于半流体状态。为了使高炉冶炼顺行，应使炉渣熔化后的温度能保证炉渣达到自由的流动。这个最低温度称为熔化性温度，其与熔渣的黏度有关。黏度较低，此熔化性温度也就比较低。因此，可在如图 4－92 所示的黏度－温度曲线图内作 45°的斜线，将其与曲线相切点的温度定为炉渣的熔化性温度（相当于高炉渣的黏度，2～2.5Pa·s）。

短渣型的炉渣，其熔化性温度要比长渣型（熔化性温度为 1380～1450℃）的高 50～100℃，这是因为其内有熔点高而结晶性强的矿物组成存在。

4.9.3.2　熔渣的稳定性

所谓熔渣的稳定性，是指当温度及成分发生波动时熔渣的熔化性温度和黏度能保持稳定、少变化的能力。例如，当高炉渣的温度在正常范围内波动时，黏度不会进入黏度－温度曲线的转折区或保持熔化性温度无明显变化，就可称其为稳定性良好的熔渣。而能在渣的化学成分波动时保持上述性能，则称为化学稳定性。熔渣等黏度曲线（见图 4－93）之间的间隔越稀疏，即黏度随成分变化的梯度越小，其化学稳定性就越好；反之，则越差。MgO 对高炉渣稳定性的作用很大。

稳定性好的高炉渣，抵抗原料性能变化和温度波动的能力强，能减少或避免高炉内发生炉料难行、悬料、崩料、结瘤等炉况的失常。

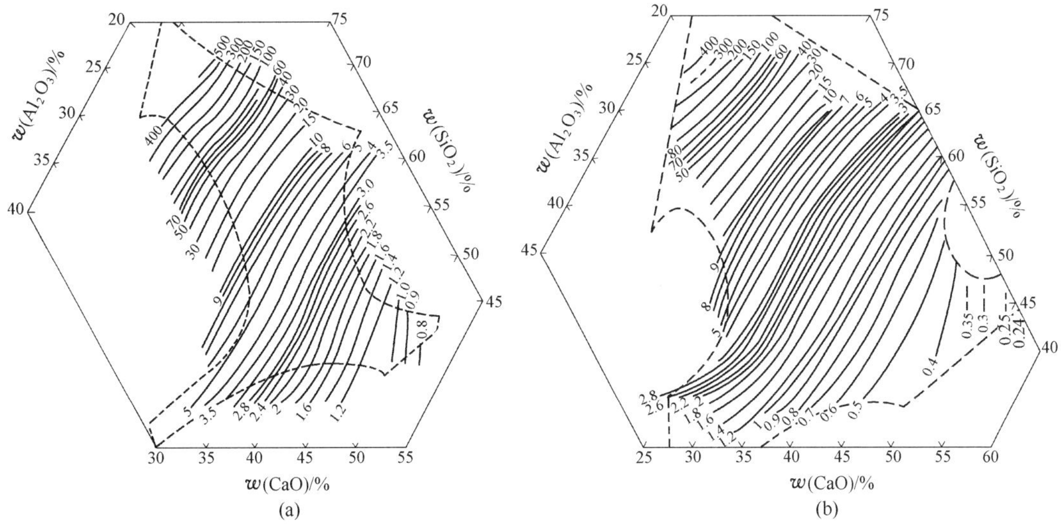

图 4 – 93　$CaO-SiO_2-Al_2O_3$ 渣系的黏度曲线图（单位：Pa·s）
（a）1400℃；（b）1500℃

4.9.3.3　$CaO-SiO_2-Al_2O_3$ 渣系的黏度

图 4 – 93 为 $CaO-SiO_2-Al_2O_3$ 渣系的黏度曲线图。在 1400 ~ 1500℃及 $w(CaO)=40\%\sim55\%$、$w(Al_2O_3)=5\%\sim20\%$ 的成分（$R=0.9\sim1.1$）范围内，黏度有较小值（小于 2Pa·s）。当 CaO 浓度降低时，黏度增大，这是由于硅氧络离子变得巨大；当 CaO 浓度增加时，黏度也变大，这是由于形成的硅酸钙熔点高，熔渣进入了非均相区。因此，这种渣的黏度受碱度的影响显著，碱度一般只能在 0.9 ~ 1.2 范围内。

由于 Al_2O_3 是两性氧化物，在 Al_2O_3 浓度不高的碱性区内，黏度曲线差不多与 $SiO_2-Al_2O_3$ 边平行，这表明 Al_2O_3 与 SiO_2 对黏度的影响是等值的，因此保持 $w(CaO)$ 不变时用 Al_2O_3 取代 SiO_2，黏度的变化很小，显示 Al_2O_3 呈酸性；但在 Al_2O_3 浓度较高的酸性区内，当保持 $w(CaO)$ 不变时用 Al_2O_3 取代 SiO_2，则黏度下降，显示 Al_2O_3 呈碱性，对 $Si_xO_y^{z-}$ 有一定的解体作用。

此渣系在不同冶炼条件下还含有 MgO、MnO、BaO、TiO_2、Na_2O、CaF_2 等组分，它们对此基本渣系的黏度有不同程度的影响。

（1）MgO。当 MgO 浓度较高时，此渣系可作为 $CaO-SiO_2-Al_2O_3-MgO$ 系处理，虽然许多时候仍将 MgO 看作并入 CaO 组分内，但 MgO 对熔渣的性质显示出有一定影响。例如，碱度在 1.1 左右、$w(Al_2O_3)=6\%$ 时，$w(MgO)$ 从 3% 增加到 12%，炉渣的熔点显著提高，而黏度降低幅度很小；但如 $w(Al_2O_3)$ 提高到 13% 以上，MgO 能强烈地降低黏度。在酸性渣（碱度约为 0.7）内，MgO 能使熔渣的熔点及黏度显著降低，因为它能使硅氧络离子解体，并能与 SiO_2、Al_2O_3、硅酸盐（如 $2CaO\cdot SiO_2$）形成一系列低熔点的复合化合物，如黄长石 $(Ca,Mg)_3\cdot(Si,Al)_2O_7$、镁蔷薇辉石 $Ca_3MgSi_2O_8$、钙镁橄榄石 $CaMgSiO_4$ 等。这些物质的熔点都在 1400℃以下，所以随着碱度不断地提高，MgO 的存在能使黏度不会升高很快。但渣中 $w(MgO)$ 不能太高，一般为 6% ~ 10%，否则由（$w(CaO)$ +

$w(MgO))/w(SiO_2)$公式计算的碱度过高，形成了高熔点的方镁石，在熔渣中就难以溶解。

（2）MnO。MnO 的影响主要在于降低炉渣的熔化温度，提高过热度，使熔渣在很宽的温度范围内保持均匀液态，因为渣内有低熔点的锰橄榄石形成。

（3）TiO_2。利用钒钛磁铁矿在高炉内或电炉内冶炼生铁时，炉渣中 $w(TiO_2)$ 可达到 25% ~30%，这可作为 $CaO-SiO_2-Al_2O_3-TiO_2(-MgO)$ 渣系处理。

TiO_2 和 Al_2O_3 中阳离子的静电势近似相同（见表 4 –4），故 TiO_2 可作为两性氧化物看待。又根据文献报道中含钛炉渣对 $a_{(CaO)}$ 的影响及脱硫能力方面的研究，认为在高炉渣内 TiO_2 呈酸性，其酸当量（对 SiO_2）系数为 0.7 ~0.8。在熔渣中，TiO_2 以 $TiSiO_3^{2-}$（Ti^{4+} 取代 $Si_xO_y^{z-}$ 中部分 Si^{4+}）或 TiO_3^{2-} 状出现，但不形成巨大的网状络离子，所以它的黏度位于一般高炉渣的范围内，如图 4 –94 所示。

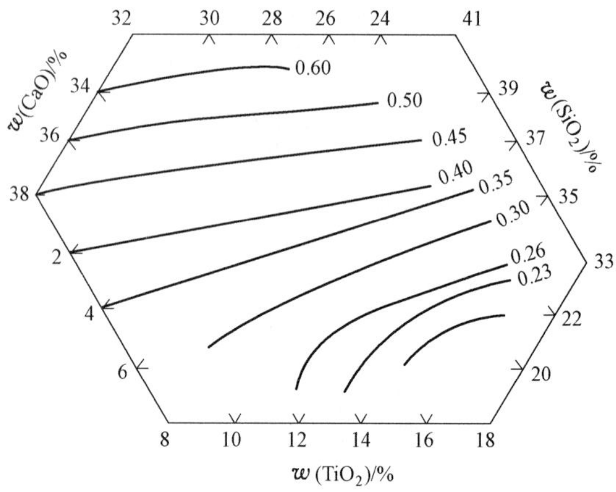

图 4 –94 $CaO-SiO_2-Al_2O_3-TiO_2$ 渣系的黏度曲线图
（单位：Pa·s；渣成分：$w(Al_2O_3)=15\%$，$w(MgO)=12\%$，$w(CaO)+w(SiO_2)+w(TiO_2)=73\%$；1400℃）

这种渣是短渣，液态时能在 20 ~30℃温度变化范围内凝固，因为其内有高熔点、结晶性强的矿物，如钙钛矿（$CaO\cdot TiO_2$）存在。

但是，在高炉内冶炼钒钛磁铁矿时，在炉内高温的还原条件下，如炉渣内 $w(TiO_2)$ 又很高（在 20% 以上），这种渣就有很高的黏度。这是由于在这种条件下，当熔渣与焦炭及含碳饱和的铁液接触时，其内的 TiO_2 能被还原，形成高熔点的 TiC（熔点为 3140℃）、TiN（熔点为 2930℃）及 Ti(CN)（表示 TiC 和 TiN 形成的固溶体）。它们是胶体态的高度弥散的固相物，与熔渣间有很好的润湿性，因此熔渣的黏度很大，并且随着还原时间的增加，熔渣的黏度急剧加大，以致失去流动性。

因此，为降低钛渣的黏度，防止钛渣变稠而影响渣、铁畅流，应在高炉冶炼中控制炉渣的组成和温度，以抑制渣中 TiO_2 的大量还原，减少 Ti(CN) 等高熔点物的形成。关于炉渣中 TiO_2 的还原，在第 6 章 6.6.4 节内介绍。

此外，向炉缸内吹入压缩空气或氧化剂，可使渣中已形成的 TiC、TiN 等被氧化，转变成 TiO_2：

$$2TiN+2O_2 = 2TiO_2+N_2$$

$$TiC+2O_2 = TiO_2+CO_2$$

这可在出铁前进行，有利于渣、铁畅流。

（4）BaO。因为 Ba^{2+} 的静电势（1.40）比 Ca^{2+} 的静电势（1.89）小，所以在碱度为 0.9 以下时用 BaO 代替 CaO，可使熔渣的熔点和黏度不断降低；但在碱度为 0.9 以上时，BaO 的增加会使黏度不断升高，因为炉渣的熔点升高了，和 CaO 所起的作用相同。

（5）$Na_2O(K_2O)$。当碱度不高（小于 1）时，Na_2O+K_2O 进入 $CaO-SiO_2$ 系内，能与 SiO_2 及 CaO 形成一系列低熔点的复杂化合物（见图 4 –88），因而能降低炉渣的熔点和黏度。所以在配制以此渣系为基础的铸钢用保护渣及炉外精炼渣时，多用含有这些组分的物质（如苏打）作助熔剂。

（6）CaF_2。前面已提到，CaF_2 能降低炉渣的熔点和黏度。有一种 CaF_2 质量分数为15% ~40% 的所谓的高炉高氟渣系，具有较低的熔点（低于 1300 ~ 1500℃）和黏度（小于 0.3 ~0.5Pa·s)，因此这种渣的碱度可高达 4，有很高的脱硫能力。

4.9.3.4 $CaO - SiO_2 - FeO$ 渣系的黏度

图 4 −95 为 $CaO - SiO_2 - FeO$ 渣系的黏度曲线图。由图可见，碱性炼钢渣在均相态时黏度都比较小，为 0.05 ~0.40Pa·s，并随 FeO 质量分数的增加而降低。因为炉渣的碱度（大于 2）及 FeO 的质量分数（大于 10%）均较高，其内的硅氧络离子多以最小结构单元 SiO_4^{4-} 存在，而且这种渣的熔点也比较低。但是，在炼钢过程中这种渣多是不均匀的，因为不断有熔剂石灰和被侵蚀的耐火材料进入其中，这些物质往往要延续到熔炼后期才能被熔渣所同化。

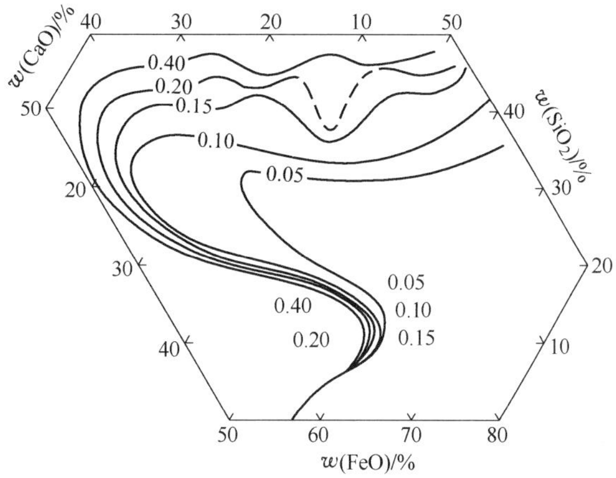

图 4 −95 $CaO - SiO_2 - FeO$ 渣系的黏度曲线图
（单位：Pa·s，1673K）

能使炼钢渣黏度显著增大的组分是 MgO 及 Cr_2O_3，当它们的质量分数超过在熔渣中的溶解度（$w(MgO) > 10\% \sim 20\%$，$w(Cr_2O_3) > 5\% \sim 6\%$）时，渣中就有难溶解的固相，如方镁石、铬铁矿、尖晶石（$FeO \cdot Cr_2O_3$，$MgO \cdot Cr_2O_3$）出现。如加入的石灰块过量，例如 CaO 的质量分数高达 40% ~45% 以上时，就有石灰粒子存于熔渣中，使熔渣的黏度变大。

提高温度、加入助熔剂（如 Al_2O_3（$w(Al_2O_3) = 5\% \sim 7\%$）、$CaF_2$（$w(CaF_2) = 2\% \sim 5\%$）、$SiO_2$（黏土块）、$Fe_2O_3$（轧钢屑或铁矿石）等），能降低这种渣的黏度。渣中氧化铁量的增加是促进渣内石灰块迅速溶解，转变为均匀性渣的最好措施（见图 4 −42），因此在氧化熔炼过程中，熔渣应保持有足够、适量的氧化铁。

4.9.3.5* 连铸保护渣的黏度

$$\eta = AT\exp\left(\frac{B}{T}\right) \quad 或 \quad \ln\eta = \ln A + \ln T + \frac{B}{T} \tag{4-83}$$

对于组成为 $w(SiO_2) = 33\% \sim 56\%$、$w(CaO) = 12\% \sim 45\%$、$w(Al_2O_3) = 0 \sim 11\%$、$w(Na_2O) = 0 \sim 20\%$ 的渣系，式中，$\ln A$ 及 B 是组成的函数：

$$\ln A = -17.51 - 35.7x(Al_2O_3) + 1.73x(CaO) + 5.82x(CaF_2) + 7.02x(Na_2O)$$

$$B = 31140 + 68833x(Al_2O_3) - 23896x(CaO) - 46351x(CaF_2) - 79519x(Na_2O)$$

4.9.4 电导率（比电导）

在用电冶炼时，熔渣的导电性直接影响到电炉的供电制度和电能的消耗。此外，通过熔渣导电性的研究，有助于确定熔渣内离子结构的形式和性能。

冶金熔渣的导电性也服从欧姆定律，由此可得出测定电导率的公式：

$$\kappa = C/R$$

式中 κ——电导率，S/m；

C——电导池常数，由已知电导率的熔盐得出；

R——两极间测定的熔渣的电阻值，Ω。

冶金熔渣的电导率位于 $10 \sim 10^3$S/m（1873K）之间，呈现与熔盐 KCl 典型的离子导体数量级相同的值。

熔渣的导电性是其中离子在外电场作用下向一定方向输送电量的性质。但过渡金属的某些低价氧化物（如 FeO、MnO 及 FeS）及高价氧化物（如 TiO_2 等非化学计量化合物），则具有较大的电子导电作用，所以含有这些化合物的熔渣则是电子－离子共同导电的混合导体。温度升高，电子导电的作用减小，而离子导电的作用则加强。

在硅酸盐渣系中，参加导电的仅是结构简单的阳离子和阴离子，而且往往仅是一种符号的离子参加导电。而 $Si_xO_y^{z-}$ 络离子则不参加导电，因其尺寸大，移动得很缓慢。离子的电导率是与参加导电离子的迁移速率成正比的，而后者又与外电子源形成的电势梯度（$\partial E/\partial x$）成正比，即：

$$\kappa \propto (u_0^+ + u_0^-) = (B_0^+ + B_0^-)\partial E/\partial x$$

式中 u_0^+，u_0^-——分别为阳离子和阴离子的迁移速率；

B_0^+，B_0^-——比例系数，它们是电势梯度 $\partial E/\partial x = 1$ 时的离子迁移速率（m/s），称为淌度。

阳离子的淌度和质点扩散定律中的扩散系数（D）相似，有相同的影响因素和特性，因为两者都是质点的传输性质。离子的淌度越大，则其传送的电量就越大。静电势小的阳离子有较大的淌度，因而有较大的迁移速率。又第 2 章曾提到，淌度是单位力产生的速度（$B = u/F$），而带电质点迁移时受到的阻力，则来自带电质点在“空位”移动需克服与“能碍”相当的阻力及介质的黏滞阻力。因此，可按阿累尼乌斯关系导出电导率的温度关系式：

$$\kappa = \kappa_0 \exp[-E_\kappa/(RT)] \qquad (4-84)$$

式中 κ——电导率，S/m；

κ_0——指数前系数；

E_κ——电导活化能，J/mol。

黏度的温度关系式为 $\eta = B_0 \exp[E_\eta/(RT)]$，由于 $E_\eta > E_\kappa$，如命 $n = E_\eta/E_\kappa$，即 $E_\eta = nE_\kappa$，则对式（4－84）两边取 n 次方，即 $\kappa^n = \kappa_0^n \exp[-nE_\kappa/(RT)]$，再与黏度的方程式 $\eta = B_0 \exp[E_\eta/(RT)]$ 相乘，可得：

$$\kappa^n \eta = \kappa_0^n \exp[-nE_\kappa/(RT)] \cdot B_0 \exp[E_\eta/(RT)]$$

$$= \kappa_0^n B_0 \exp[-(nE_\kappa - E_\eta)/(RT)] = \kappa_0^n B_0 = K$$

故对于一定组成的熔渣，电导率与黏度的关系为：

$$\kappa^n \eta = K \qquad (4-85)$$

式中，$n = E_\eta/E_\kappa$；K 为常数。

式（4－85）是熔渣电导率的方程。可见，电导率与黏度成反比。但电导率的增加率却小于黏度的下降率，这是因为电导率取决于尺寸小而迁移快的简单离子，而黏度则取决于尺寸大而移动慢的络离子，所以 $n>1$。

熔渣的电导率随 FeO、MnO、碱度的增加而增大，其内主要是阳离子 Fe^{2+}、Mn^{2+}、Ca^{2+} 等参加导电（$E_\kappa=20\sim40$kJ/mol）。酸性氧化物浓度增加,则电导率下降(硅酸盐、铝酸盐的 $E_\eta=40\sim200$kJ/mol)。加入 CaF_2 能提高熔渣的电导率（$E_\kappa=20\sim40$kJ/mol），因为 F^- 的静电势小而淌度大。当 $w(CaO)_\%/w(Al_2O_3)_\%$ 比一定时，随着 $w(CaF_2)_\%$ 的增加，电导率增大，这里主要是氟离子参加导电。图 4－96 所示为 $CaO-Al_2O_3-CaF_2$ 渣系的电导率。

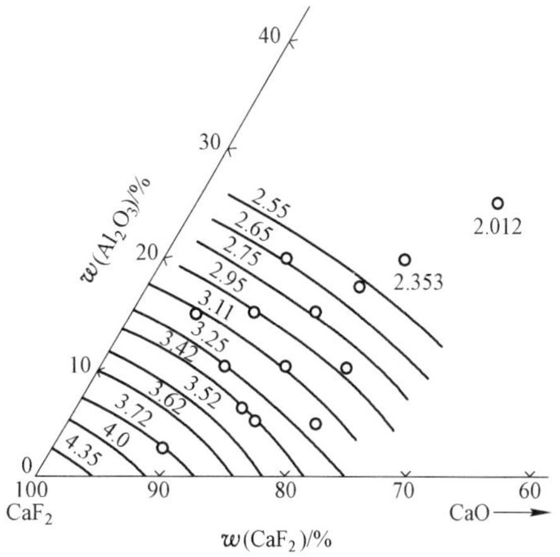

图 4－96　$CaO-Al_2O_3-CaF_2$ 渣系的电导率

（单位：$\times10^{-2}$S/m，1500℃）

碱性氧化渣的电导率可由实验测定的下述公式得出：

$$\lg\kappa=-0.032-0.054w(Al_2O_3)_\%-0.0569w(SiO_2)_\%-0.062w(P_2O_5)_\%+0.015w(S)_\%+0.763w(MnO)_\%+0.34w(FeO)_\%-0.35w(Fe_2O_3)_\%-0.13w(MgO)_\%-0.145w(CaO)_\%\quad(S/cm)\qquad(4-86)$$

上述计算式所适用的渣成分范围是：$w(Al_2O_3)=5\%\sim11\%$，$w(SiO_2)=18\%\sim25\%$，$w(P_2O_5)=1\%\sim3\%$，$w(S)=0.1\%\sim0.3\%$，$w(MnO)=9\%\sim16\%$，$w(FeO)=7\%\sim14\%$，$w(Fe_2O_3)=0.6\%\sim3.5\%$，$w(MgO)=8\%\sim13\%$，$w(CaO)=24\%\sim40\%$。

4.9.5 表面性质

熔渣的表面张力和熔渣－金属液间的界面张力，对气体－熔渣－金属液的界面反应有很重要的作用。它们不仅影响到界面反应的进行，而且影响到熔渣与金属的分离、钢液中夹杂物的排出、反应中新相核的形成、熔渣的起泡、渣－金属的乳化、熔渣对耐火材料的侵蚀等。此外，它们对反应机理的探讨（传质是通过界面进行的）及相界面结构的研究也有重要的作用。

4.9.5.1 表面张力

纯氧化物的表面张力位于 0.3～0.6N/m（熔点附近温度）范围内，主要与离子间的键能有关。氧化物的表面主要被 O^{2-} 所占据，因为 O^{2-} 的半径比阳离子的半径大，所以在形成熔体时，氧化物表面张力的变化主要取决于表面 O^{2-} 与邻近阳离子的作用力，而表面上富集的乃是力场较弱的组分。因此，形成氧化物的阳离子静电势（Z/r）大而离子键分数又高的氧化物有较高的表面张力，图 4－97 表明了这种关系。

如图 4－97 所示，K^+、Na^+ 离子的静电势较小，虽然它们的离子键分数较高，但表面张力却比较低；Ba^{2+}、Li^{2+} 的静电势较高，但离子键分数略低，所以表面张力也略高；Ca^{2+}、Mn^{2+}、Fe^{2+} 等的静电势依次略有增加，但它们的离子键分数则依次有所减小，所以

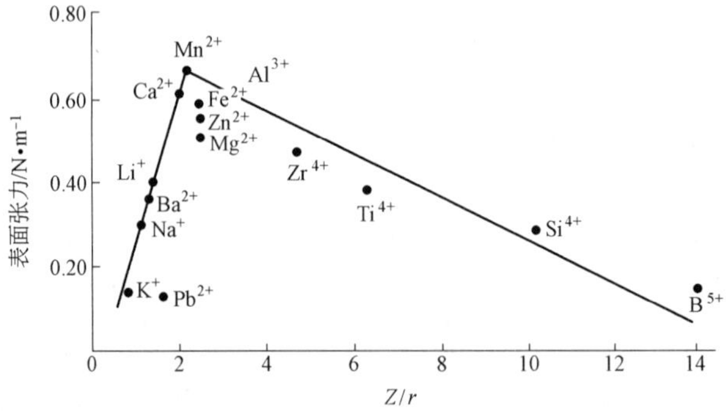

图 4－97　氧化物表面张力与阳离子 Z/r 的关系（1673K）

综合表现为它们的表面张力值相近似；Mg^{2+}、Al^{3+} 反映的表面张力值也是这两项性能的结果；Si^{4+}、Ti^{4+}、B^{5+} 等虽然静电势很高，但它们的离子键分数低（小于 50%），形成了共价键大、静电势小的络离子，所以它们的表面张力随 Z/r 的增加而降低颇大。

当这些氧化物共熔形成熔体时，熔体的表面张力将随着表面张力低的组分的加入而不断降低。图 4－98 所示为二元硅酸盐熔体的表面张力随 $x(SiO_2)$ 增加而降低的线性关系。它们随着氧化物表面张力的降低而有较低的值。图 4－99 所示为各种氧化物对 FeO 表面张力的影响。用表面张力相近的氧化物彼此取代时，熔体的表面张力变化不大，如 MnO 及 CaO。但能形成络离子及阳离子静电势较小的氧化物，前者如 TiO_2、SiO_2、P_2O_5，后者如 Na_2O，则能使 FeO 的表面张力降低很大。因此，静电势小及能形成络离子的阳离子的氧化物，能显著地降低熔体的表面张力，因为这些离子的静电势比 O^{2-} 的小，和阳离子间的键能弱，能被排至表面层发生吸附，从而降低了熔体的表面张力。这类能使熔体表面张力降低的物质称为熔渣的表面活性物质，如前述的 SiO_2、TiO_2、CaF_2、P_2O_5、Fe_2O_3、Na_2O 等。在简单阴离子中，O^{2-} 比 F^-、S^{2-} 有较大的静电势（大约要大 45%），所以 F^-、S^{2-} 能从表面排走 O^{2-}，因而它们也是表面活性物，如 CaF_2、FeS 的组分。

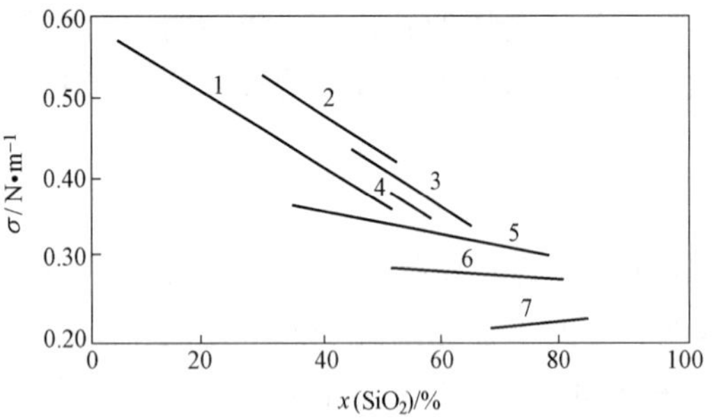

图 4－98　二元硅酸盐系 SiO_2 含量与熔体表面张力的关系（1673K）

1—FeO－SiO_2 系；2—MnO－SiO_2 系；3—CaO－SiO_2 系；4—MgO－SiO_2 系；5—Li_2O－SiO_2 系；6—Na_2O－SiO_2 系；7—K_2O－SiO_2 系

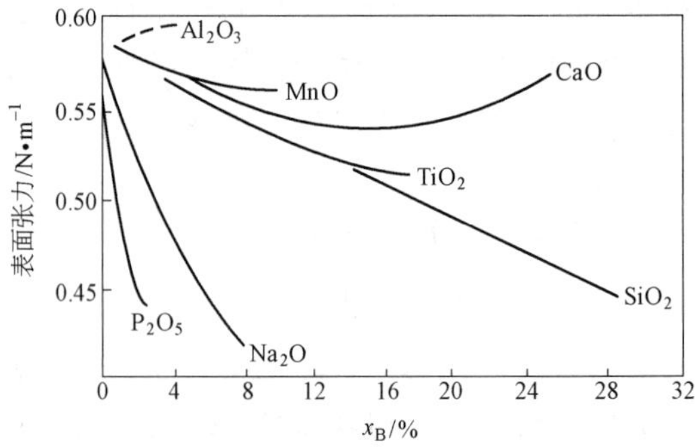

图 4－99　各种氧化物对 FeO 表面张力的影响（1693K）

温度升高，质点的热运动和质点的间距增加，作用力减弱，熔体的表面张力有所降低；但是，温度升高使质点的动能增加，促进了吸附在熔体表面的络离子脱附，其离开表面而进入熔体中，从而熔体的表面张力又有所提高。因此，总的来说，温度对熔渣表面张力的影响不大(0.04～0.12N/(m·K))。

实际渣系的表面张力常采用气泡最大压力法测定。对表4－10中组分形成的硅酸盐系，可由各组分的表面张力因子与其浓度乘积的加和公式得出：

$$\sigma = \sum x_B \sigma_B \quad (4-87)$$

式中 x_B——组分B的摩尔分数；

σ_B——组分B的表面张力因子，N/m。

σ_B 是由 $RO-SiO_2$ 二元系测定的表面张力值外推到 $x(RO)=1$ 得出的，其值见表4－10。

表4－10 熔渣组分的表面张力因子（1673K） （N/m）

渣系	CaO	MgO	FeO	MnO	SiO_2	Al_2O_3
玻璃	0.51	0.52	0.48	0.39	0.29	0.58
熔渣	0.52	0.53	0.59	0.59	0.40	0.72

一般表面张力的测定值多是在1673～1723K条件下得出的，可适用于较高温度，因为仅由吸附引起的表面张力变化受温度的影响较小。用式（4－87）算出的一般熔渣的表面张力比实测值要高8%～10%，因为少数组分的影响未计入。

此外，也可同样利用第3章3.4.4节讲述的钢液表面张力计算公式（见式（3－47）），由组分B从熔渣体积内部向其表面的逸出功所得出的毛细活度系数来计算熔渣的表面张力，其类似的公式如下：

$$\sigma = 0.670 - 1.000\lg\sum_{B=1}^{k} x_B F_B \quad (N/m) \quad (4-88)$$

式中 x_B——组分B的摩尔分数，但对 M_mO_n 型氧化物（SiO_2、Al_2O_3、Fe_2O_3、P_2O_5）需用 x'_B 代替 x_B，而 $x'_B = \frac{n}{m}x_B \Big/ \sum_{B=1}^{k}\frac{n}{m}x_B$，因为这些氧化物形成了络离子，占有较大的面积；

F_B——组分B的毛细活度系数，由实验测定。

各氧化物的 F_B 值如表4－11所示。

表4－11 组分的毛细活度系数（1873K）

氧化物	FeO	MnO	CaO	MgO	SiO_2	Fe_2O_3	P_2O_5	FeS
F_B	1.00	1.05	1.15	1.1	2.4	3.5	4.4	10

【例4－19】 试求成分为 $w(CaO)=40\%$、$w(MnO)=10\%$、$w(SiO_2)=50\%$ 的炉渣的表面张力，温度为1773K，氩气下静滴测定值为0.421N/m。

解 利用式（4－88）计算炉渣的表面张力，需先计算出组分的摩尔分数，其中 SiO_2 形成的络离子占有较大的表面积，需按 $x'(SiO_2)=2x(SiO_2)\Big/\sum\frac{n}{m}x_B$ 方式计算。

组分	CaO	MnO	SiO_2
n_B/mol	0.714	0.139	0.833
x_B	0.423	0.082	0.494

$\sum \frac{n}{m} x_B = 0.423 + 0.082 + 2 \times 0.494 = 1.493$　　$x'(SiO_2) = 2 \times 0.494/1.493 = 0.662$

$x(CaO) = 0.423$　　$x(MnO) = 0.082$

$$\sigma = 0.670 - 1.000 \lg \sum x_B F_B$$
$$= 0.670 - 1.000 \times \lg(0.423 \times 1.15 + 0.082 \times 1.05 + 0.662 \times 2.4) = 0.335 \text{N/m}$$

图 4 - 100 所示为 $CaO - SiO_2 - Al_2O_3$ 渣系的表面张力曲线，图 4 - 101 所示为 $CaO - SiO_2 - FeO$ 渣系的表面张力曲线。它们都是随着炉渣碱度的提高而增大的，Al_2O_3 及 FeO 的影响则较小些。

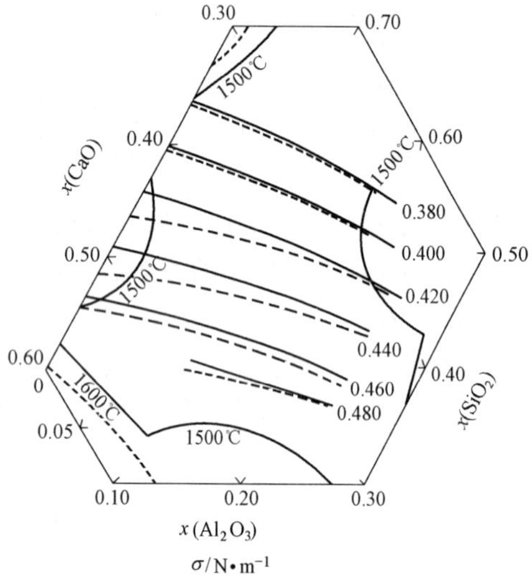

图 4 - 100　$CaO - SiO_2 - Al_2O_3$ 渣系的表面张力曲线
——1550℃；- - - 1600℃

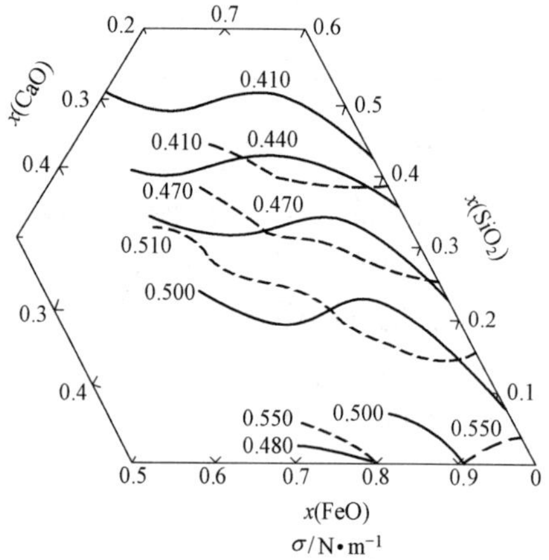

图 4 - 101　$CaO - SiO_2 - FeO$ 渣系的表面张力曲线
—— Kowai；- - - Kazakevitch

4.9.5.2　熔渣的起泡性

进入熔渣内的不溶解气体（金属 - 熔渣间反应产生的气体或外界吹入的气体）被分散在其中形成无数小气泡时，熔渣的体积膨胀，形成被液膜分隔的密集排列的气孔状结构，称为泡沫渣。泡沫虽能增大气 - 渣 - 金属液间反应的界面及速率，但它的导热性差，在某些条件下恶化了熔渣对金属的传热。在高炉内形成的泡沫渣能使下部炉料的透气性恶化，压差提高，出铁前后风压的波动大，难以接收风量；而且下料不畅，破坏了冶炼行程的稳定及限制了冶炼的强化；泡沫渣进入渣罐，也使渣罐的利用率低及收集困难。在转炉冶炼中，泡沫渣能引起炉内渣、钢喷溅及从炉口溢出，并发生黏附氧枪头等问题。但在电弧炉冶炼中采用泡沫渣埋弧加热处理，不仅能提高炉衬寿命，而且还能提高电炉的加热效率，减少电弧对钢液的增氮量。

泡沫渣的形成与熔渣的起泡能力及泡沫的稳定性有关。

当进入熔渣内的高能量气体被分散后，形成许多小气泡，体系有很大的气－液界面，如熔渣的表面张力又较高，则体系的表面吉布斯自由能（$\sigma\Delta A$）增高，处于热力学的不稳定状态，能自动聚合而缩小相界面，变为大气泡而被排除。但是，如果熔渣中有许多表面活性物质，如 SiO_2、P_2O_5、CaF_2 等存在，使熔渣具有较小的表面张力，则体系处于能量较低的较稳定状态下，渣中的气泡就有暂时存在的可能，形成了泡沫渣。所以，泡沫渣多出现于碱度低的熔渣内。

熔渣内各气泡之间有分隔膜存在，它的结构和性质决定了气泡的稳定性（或其存在的寿命）。这种分隔膜是熔渣和气体之间的表面相。它是不同于气相和渣相的一个界限不很分明的薄层，只有两三个分子厚，由吸附的离子（特别是络离子）及分子组成。这些带电的离子能使相邻液膜间出现排斥力，在气泡内压的作用下液膜被拉长，单位面积上吸附的活性物质的浓度降低，表面张力瞬时增加，使表面积收缩。于是熔渣向此处流动，阻碍了气泡之间熔渣的排出（称为排液），从而妨碍了气泡之间的合并，而使气泡的寿命增长，这称为楔压效应。

此外，熔渣中出现的细分散状固体粒子，如冶炼钒钛矿时还原生成的 TiN、TiC 等，也能在气泡表面层吸附，增加了液膜的稳定性。同时，这些吸附物质也使液膜有较大的表观黏度，不仅使液膜的黏弹性增强、稳定性提高，而且能阻碍气泡的运动及排液，使气泡在渣内的排除速度减慢。

因此，熔渣的 σ/η 值降低是形成泡沫渣的必要条件。σ 小意味着生成气泡的能耗小，气泡易于形成；而 η 大，则意味着气泡的稳定性高。例如，对于易形成泡沫渣的含钛高炉渣，$\sigma/\eta=461\times10^{-3}/1.5=0.31$；而对于普通高炉渣，$\sigma/\eta=485\times10^{-3}/0.5=0.97$，显而易见，前者易于形成泡沫渣。

由以上讨论可认为，泡沫渣的形成取决于高能量气体的存在和气泡本身的起泡性及稳定性。如果供给的能量和气体充分，则即使起泡性能弱些（表面张力较高）的液体也会形成泡沫；相反，如熔渣的表面活性物多，特别是碱度低，形成了高浓度吸附层的液膜，当渣内又有固相悬浮物存在时，由于熔渣的表观黏度高及气泡间的楔压效应，即 σ/η 值低，则可使气泡趋于稳定，那么即使供给的能量及气体不多也可能产生大量的泡沫。

上列影响泡沫渣形成的各因素，能利用实验得出的半经验式中的泡沫稳定性指数（Σ）表示：

$$\Sigma=115\eta^{1.2}/(\sigma^{0.2}\rho d) \tag{4-89}$$

式中　d——泡沫的直径，m；

η，σ，ρ——分别为熔渣的黏度、表面张力及密度。

此泡沫稳定性指数的单位为秒（s），其物理意义是泡沫渣内气体的平均移动时间，亦即气体在渣内的滞留时间。利用它可分别求出泡沫渣的体积（V）及高度（H）：

$$V=\Sigma Q$$

$$H=\Sigma u$$

式中　Q——气体逸出速度，m/s；

u——熔渣表面气流速度，m/s。

4.9.5.3　熔渣－金属液间的界面张力

当两凝聚相（液－固、液－液）接触时，相界面上两相质点间出现的张力称为界面张力。熔渣－金属液间的界面张力在0.2～1.0N/m范围内，与两相的组成及温度有关。

图4－102及图4－103所示为三相（气、两液、固）平衡时接触点三个张力的平衡关系。接触角θ或α是在液滴位于另一相的接触点，对另一液相表面所作切线（即σ_2表面张力线）与界面张力线σ_{12}之间的夹角。它表征一液相沿另一相铺展或润湿的程度。θ值（或α）越小，则铺展或润湿的程度越大，而其间的界面张力就越小。

三个张力在接触点平衡时，力的向量方程是：

$$\vec{\sigma}_1+\vec{\sigma}_2+\vec{\sigma}_{12}=0$$

这称为Neumann三角形原理，即以三个向量作为三边构成了一个三角形，其中一个张力必须小于其他两个张力之和，否则三个张力不能同时共存。因此，由图4－102、图4－103中三力的平衡关系，可得出计算界面张力的公式：

$$\sigma_{12}=\sigma_1-\sigma_2\cos\theta \quad （见图4-102） \tag{4-90}$$

$$\sigma_{12}=\sqrt{\sigma_1^2+\sigma_2^2-2\sigma_1\sigma_2\cos\alpha} \quad （见图4-103） \tag{4-91}$$

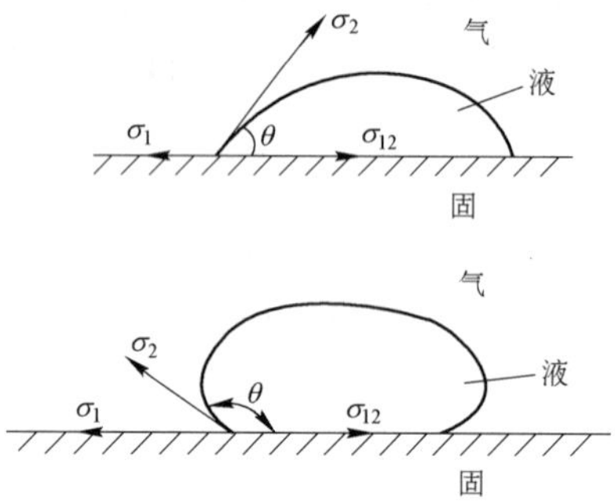

图4－102　气－液－固三相张力的平衡关系

σ_1，σ_2—分别为固相及液相的表面张力；

σ_{12}—固－液相界面张力

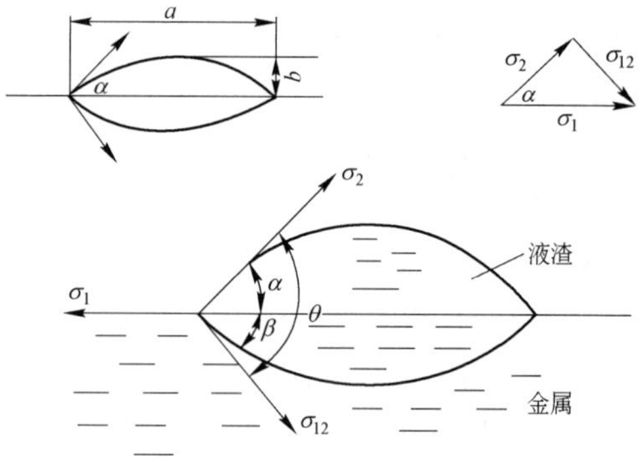

图4－103　气－液－液三相张力的平衡关系

σ_1—液相1的表面张力；σ_2—液相2的表面张力；

σ_{12}—两液相的界面张力

图4－103的附图为计算界面张力的余弦定理图及用以下公式计算接触角α的液滴有关尺寸：

$$\cos\alpha=(a^2-b^2)/(a^2+b^2) \tag{4-92}$$

这些尺寸或$\theta(\alpha)$可由照相摄取液滴的形状得出。

仅当两相完全润湿（即$\theta=0$）时，才有$\sigma_{12}=\sigma_1-\sigma_2$的关系存在，这时可由两相的表面张力来计算界面张力。$\theta>90°$时，液相部分发生润湿，而界面张力增大。$\theta=180°$时，液相完全不发生润湿，而界面张力达到最大值，等于两相表面张力之和。温度提高能使接触角减小，润湿度增加。

冶炼过程中，熔体之间出现的界面张力常影响熔体之间的分离。如两者之间的界面张力小，则金属易分散于熔渣中，造成金属的损失。仅当两相之间的界面张力足够大时，分散于熔渣中的金属微粒才易于聚集下沉，与熔渣分离开来。

上面讲到的界面张力 σ_{12} 是属于热力学平衡条件下的。当两相间有化学反应发生或组分在此两相间转移时，σ_{12} 就会减小，这称为动态或非平衡界面张力。界面张力的下降值与两相发生化学反应的化学势有关，因为反应的生成物会使两相间的润湿性改变。

界面张力取决于两相的化学成分和结构。两接触相的性质越相近，界面张力就越小。当异类组分间的作用力大于其自身分子间的作用力时，两相在相界面就有相当大的互溶性，而使界面张力减小。虽然表面活性组分对金属液及熔渣表面张力的影响都很大，但是，因为金属液的表面张力比熔渣的表面张力要大得多，所以从 $\sigma_{12}=\sigma_1-\sigma_2\cos\theta$（式中，$\sigma_1$ 及 σ_2 分别为金属及熔渣的表面张力）可知，同一表面活性物在金属液中存在时，也要比在熔渣中存在时对界面张力的影响大得多。

影响界面张力的熔渣组分可分为两类：

（1）不溶解或极微小溶解于金属液中的熔渣组分，如 SiO_2、CaO、Al_2O_3 等，不会引起 σ_{12} 明显变化。

（2）能分配在熔渣与金属液间的组分，如 FeO、FeS、MnO、CaC_2 等，对 σ_{12} 的降低作用很大，因为这些组分中的非金属元素能进入金属液中，使金属液和熔渣的界面结构趋于相近，降低了表面质点力场的不对称性。特别是进入金属液中的氧，对 σ_{12} 的降低起着决定性的作用。

影响界面张力的金属液的元素则可分为 3 类：

（1）不转入渣相中的元素，如 C、W、Mo、Ni 等，对 σ_{12} 基本无影响。

（2）能以氧化物形式转入渣中的元素，如 Si、P、Cr(Mn)，能降低 σ_{12}，因为它们能形成络离子，成为渣中的表面活性成分。

（3）表面活性很强的元素，如 O、S，其降低 σ_{12} 的作用就很强烈。虽然它们的浓度很低，但其所起的作用却很大，远超过酸性氧化物带来的作用。

4.9.5.4 相间的润湿性

相间的润湿性不仅与相的表面张力有关，而且也和它们之间发生的化学反应有关。当金属液与氧化物接触时，可能发生下列反应：

$$M + M'O = M' + MO$$

而反应进行的限度取决于相应金属与氧的亲和力。如润湿金属（M）与氧的亲和力比氧化物（M′O）中金属（M′）与氧的亲和力小，则化学反应进行的程度小，金属与氧化物之间的润湿就差，而 $\theta>90°$。例如，铁与氧的亲和力小于镁、铝、钙与氧的亲和力，故铁液在 MgO、Al_2O_3、CaO 上形成 $\theta=140°\sim145°$。而在 SiO_2 上，$\theta=126°$，因为 Si 与氧的亲和力比前者的小。铁液中的溶解元素也影响润湿角，与氧亲和力大的元素（Si、Ti、Al）也有显著减小润湿角的作用，因为它们能与氧化物作用。

石墨能很好地被铁-碳液所润湿，$\theta=32°\sim35°$，$CaO-SiO_2-Al_2O_3$ 渣系对石墨的润湿角 $\theta=125°$。长期接触时，渣中可能生成 CaC_2，使润湿角减小到 100°。CaC_2(s) 能被铁液润湿。

4.9.5.5 熔渣的乳化性能

熔渣能以液珠状分散在铁液中，形成乳化液，这称为熔渣的乳化性。它也主要与熔渣、金属液的表面张力及界面张力有关。

同种质点的聚合称为内聚，与质点的内聚功（$W_{内}$）有关。使截面积为 $1m^2$ 的熔体分离成 $1m^2$ 新表面的两液相所做的功为：

$$W_{内}=2\sigma_s \tag{4-93}$$

式中　σ_s——熔渣的表面张力，N/m。

另外，将接触面积为 $1m^2$ 的两接触液相（金属或熔渣）分离成各具有 $1m^2$ 的两个液相，此时所做的功称为黏附功（$W_{黏}$）。如图 4－104 所示，由于消失的界面能为 σ_{ms}（kJ/m^2），增加的界面能为 $\sigma_m+\sigma_s$（kJ/m^2），故黏附功为：

$$W_{黏}=\sigma_m+\sigma_s-\sigma_{ms} \tag{4-94}$$

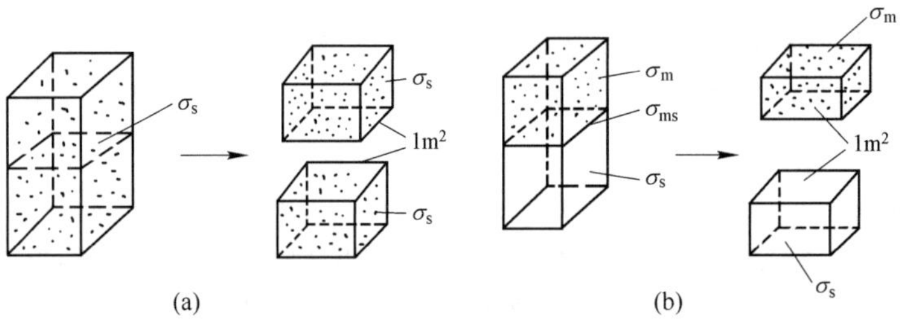

图 4－104　内聚功及黏附功的计算示意图

(a) $W_{内}=2\sigma_s$；(b) $W_{黏}=\sigma_m+\sigma_s-\sigma_{ms}$

黏附功越大，界面张力就越小，两相的附着力也越大，则熔渣与金属液越难分离；相反，黏附功越小，界面张力就越大，则两相越易分离。$W_{黏}=0$ 时，两者能完全分离成独立的两相。

熔渣－金属液的黏附功也同界面张力一样，受金属液中活性组分（如氧、硫）的影响很大。氟化物渣系的黏附功远比氧化物渣系的大。能使界面张力降低的渣中的 FeO(MnO)，则能提高黏附功。

熔渣在金属液中的乳化，与熔渣内质点间作用的强度对熔渣、金属液质点间作用的强度之比（即 $W_{内(渣)}/W_{黏}$）有关。$W_{黏}$ 越大，而 $W_{内(渣)}$ 越小，则熔渣越易卷入钢液中。故乳化的趋势或两相的铺展性可用与此有关的乳化系数 S 表示：

$$S=W_{黏}-W_{内(渣)}=\sigma_m-\sigma_s-\sigma_{ms} \tag{4-95}$$

式中　σ_m，σ_s——分别为金属液及熔渣的表面张力；

　　　σ_{ms}——金属－熔渣的界面张力。

因此，影响熔渣乳化的主要因素是熔渣的表面张力及界面张力，两者的数值越小，则 $S(S>0)$ 越大，熔渣就越易于在金属液中乳化；相反，为使进入金属液中的渣滴分离，$S(S<0)$ 就应尽可能地小。

出钢时，钢液流入盛钢桶内的渣层中进行炉外精炼处理，可能有 40%～50% 的熔渣被乳化，渣滴的大小为 $10^{-4}\sim10^{-2}$m，处理后，这种乳化了的渣又可聚合及浮出。

【例 4－20】　测得还原渣和两种电炉钢的表面张力分别为：GCr15，$\sigma_m=1.630$N/m；3Cr13，$\sigma_m=1.660$N/m；熔渣，$\sigma_s=0.466$N/m。界面张力为：GCr15－渣，$\sigma_{ms}=1.290$N/m；3Cr13－渣，$\sigma_{ms}=1.00$N/m。温度为 1873K。试计算此种渣在两种钢液中能否发生乳化。

解　由式（4－95）得出的乳化系数，可确定此渣在钢液中乳化的可能性。

GCr15 钢：$S=\sigma_m-\sigma_s-\sigma_{ms}=1.630-0.466-1.290=-0.126$，$S<0$，故此种渣难以在此钢液中乳化。

3Cr13 钢：$S=\sigma_m-\sigma_s-\sigma_{ms}=1.660-0.466-1.00=0.194$，$S>0$，故此种渣能在此钢液中出现乳化。

4.9.5.6* 电毛细现象

如前所述，当金属液与熔渣接触时，有带电质点在两相间转移，形成了双电层。同号电荷的质点在相界面上相互排斥，使得液体界面有扩大的趋势。金属液面的电荷密度（q）越大，则这种趋势越大，从而界面张力（σ）减小的程度也越大。当使金属液的静电势（E）改变时，金属液表面的电荷将发生变化，从而引起界面张力变化。σ 和 E 有关的现象称为电毛细现象，而测定的这种关系曲线称为电毛细曲线，如图 4－105 所示。

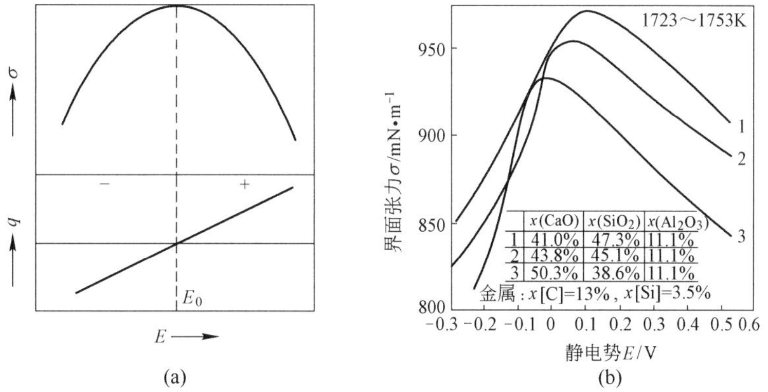

图 4－105 电毛细曲线

当金属液（假定其表面有过剩的负电荷存在）与外电源的正极相连时，金属原来带的负电荷部分被中和，过剩负电荷逐渐减少，σ 因之增加。电势越正，则负电荷被中和的量越多，而 σ 增加得就越大。当所有的负电荷都被中和时，金属液表面不再带有电荷，而此时 σ 达到了最大值。之后，金属液表面在外电源作用下则有正电荷出现，随着它的增加，σ 又下降。因此，电毛细曲线上出现 σ 极大值的电势称为零电势（E_0）。由图可见，当电势离开 E_0 值时、金属液表面的正电荷或负电荷增加时（熔渣的表面则带有相反符号的电荷），σ 均减小。

因为双电层的形成是熔渣离子在金属表面的吸附，所以电毛细曲线的斜率（$\partial\sigma/\partial E$）表示熔渣组分在金属液表面的吸附量。斜率的数值及符号可决定金属液表面上电荷的大小及正负，而电毛细曲线斜率的变化率（$\partial^2\sigma/\partial E^2$）则表示双电层的电容（$C$）。因此，电毛细曲线方程可按吉布斯吸附方程导出：

$$-\mathrm{d}\sigma=q\mathrm{d}E \quad 或 \quad -\mathrm{d}\sigma/\mathrm{d}E=q \qquad (4-96)$$

式（4－96）是电毛细曲线方程，称为李普曼（Lippmann）方程。由电毛细曲线的斜率可确定 q，而由式（4－96）的二阶导数图解法可确定双电层的电容 C（见图 4－105）：

$$-\frac{\partial^2\sigma}{\partial E^2}=\frac{\mathrm{d}q}{\mathrm{d}E}=C$$

对于熔渣－金属液的体系，$q=0.1\sim1\mathrm{C/m^2}$，而 C 为 $10^{-1}\mathrm{F/m^2}$ 数量级。

在最简单的情况下，即双电层的电容保持恒定（与 E 无关）时，从 E_0—E 及 $\sigma_{\max}$—σ 界限内两次积分上式，可得：

$$\sigma = \sigma_{\max} - \frac{1}{2}C(E - E_0)^2 \tag{4-97}$$

利用电毛细运动的理论可以提出改善精炼金属的有效方法。例如，在用合成渣精炼金属时，应使金属液在渣中分散成细滴，增大金-渣的接触面积及使金属液在渣中停留的时间增长，才能促进反应充分进行。这时通入电流产生的电场方向，如果是水平的，则能减小金属液滴从细管流出的尺寸，因此在金属液滴界面增大的同时，其在渣中停留的时间增长；但如果是垂直的，则可使液滴的下沉减慢，因为液滴表面出现的流体的对流速度可被电毛细运动所提高，从而抵消了液滴下降的重力。由实验得知，利用电毛细运动可较完全地对金属脱硫，使钢中夹杂物净化的程度提高。

另外，在有色冶金及铁合金冶炼的熔渣中，金属粒子的下沉往往很慢。如向熔渣中通入直流电以加快金属液滴电毛细运动的速度，则可加速金属粒的下沉，降低其在熔渣中混卷的损失。

4.9.6 扩散

熔渣内组分的扩散系数比在金属液内的低一个数量级，为 $10^{-11} \sim 10^{-10}\,m^2/s$。因此，高温冶金反应过程的限制环节大都在熔渣内。

由斯托克斯-爱因斯公式（见式（2-18））知，质点的扩散系数 D_B 是与其半径和熔渣的黏度有关的，半径小，则扩散易。但这里未考虑质点带有电荷，实际上质点要受到周围异类电荷离子的作用，从而使其扩散减慢。因此，可认为静电势小的离子有较大的扩散系数，而形成络离子的扩散最慢。

由于扩散也是取决于其质点移动的活化能的迁移过程（$D_B = D_0\exp[-E_D/(RT)]$），可仿前导出式（4-85）的方法，得到扩散系数与黏度的关系式：

$$D_B^n \eta = K \tag{4-98}$$

式中，$n = E_\eta / E_D$；K 为常数。

必须指出，在强烈搅拌的熔池中，对流传质能加快质点的扩散，使熔渣中各组分的传质速率差不多相同，而与组分的性质关系不大。因此，各组分的扩散系数可取相同的数量级。

4.9.7* 熔渣的比热容和导热性

熔渣的比热容与其组成的关系不大，而与温度的关系较大。图4-106所示为炼钢渣和高炉渣从0℃到1500℃的比热容。也可用文献上推荐的下列公式计算熔渣的比热容：

$$\bar{c}_p = 0.276(T-273) + 0.569 \times 10^{-3}(T-273)^2 \tag{4-99}$$

$$c_p = 0.276 + 1.138 \times 10^{-3}(T-273) \tag{4-100}$$

式中 $\bar{c}_p$——平均比热容，kJ/(kg·K)；

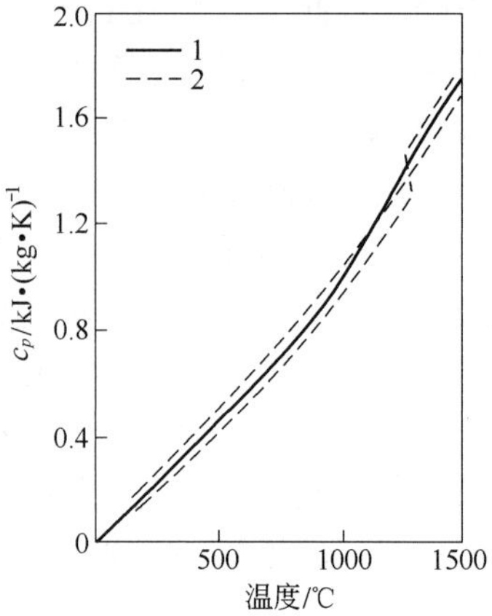

图4-106 熔渣的比热容（0~1500℃）
1—高炉渣；2—碱性平炉渣

c_p——真比热容，J/(mol·K)。

某温度的真比热容可由曲线上某温度作切线求出。

关于熔渣导热性的报道不多，而且测定的数据也有较大的分歧。这是因为要保持测定单元在高温下有稳定的几何形状和消除对流、辐射传热的影响，都有很大困难。

图 4－107 所示为高炉渣和炼钢渣的导热系数与温度的关系。高炉渣的导热系数在 1000℃以下时，随着温度的升高而增大；但在 1000℃以上时，又随着温度的升高而减小，特别是在 1200℃以上时急剧地减小。炼钢渣的导热系数在 900℃以下几乎与温度无关，保持在 2W/(m·K)左右；在 900℃以上时则连续下降，在 1100℃时，其导热系数接近于高炉渣的导热系数。

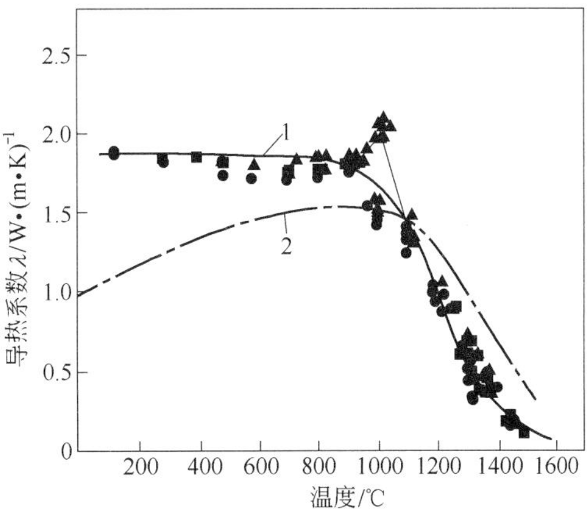

图 4－107　高炉渣和炼钢渣的导热系数与温度的关系
1—炼钢渣：$w(CaO)=48\%$，$w(SiO_2)=24\%$，$w(Fe_2O_3)=28\%$；2—高炉渣：$w(CaO)=40\%$，$w(SiO_2)=40\%$，$w(Al_2O_3)=20\%$

在冶炼炉中，传热主要是由对流方式完成的，而在极大程度上和熔渣的搅拌强度有关。例如，沸腾熔渣的导热性要比静止熔渣层的导热性高 20～40 倍。可是，熔渣的导热性又比金属液低得多，因而熔渣层（火焰炉内）表面的温度往往比钢液的高 40～80℃。

习　题

4－1　从 CaO－SiO_2 系相图中说明 $w(SiO_2)$为 25%、35%及 90%的熔渣在冷却过程中相成分的变化。

4－2　试绘出图 4－108 中物系点 a、b、c、d、e、P 的结晶过程及冷却曲线。

4－3　图 4－109 为有两个不稳定二元化合物（D_1、D_2）的三元系相图。请标出：（1）各晶区的析出相名称；（2）P_1、P_2、E_1、E_2 点的性质；（3）P_1P、P_2P 线的相平衡关系；（4）$\triangle AD_1D_2$ 及 $\triangle CD_1D_2$ 内任一物系点的结晶终点，并绘出其内任一点的结晶过程。

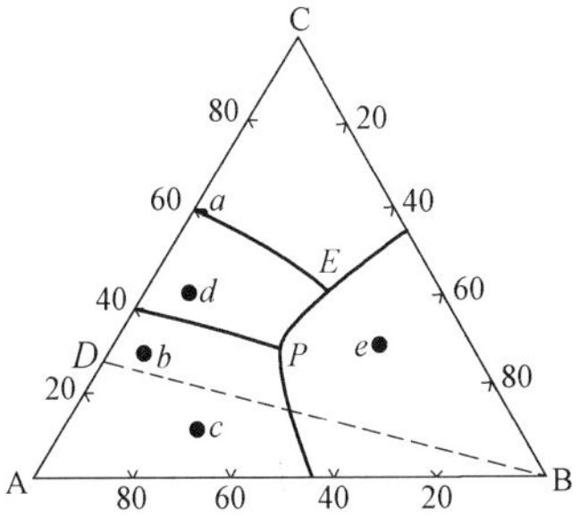

图 4－108　二元不稳定化合物相图中的指定物系点

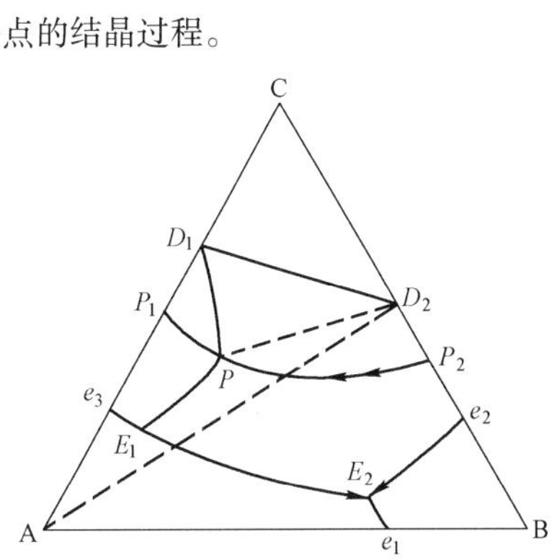

图 4－109　有两个不稳定二元化合物的三元系相图

4－4　图 4－110 为二元不稳定化合物的相图，图 4－111 为三元不稳定化合物的相图。试利用切线规则分析及绘出图中物系点 O 的结晶过程。

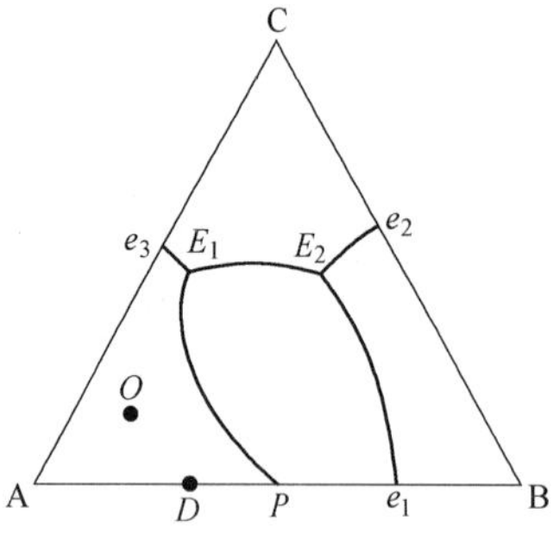

图 4－110　二元不稳定化合物的相图

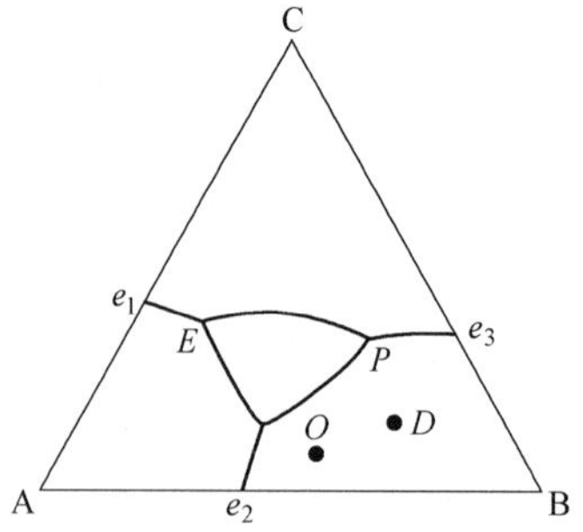

图 4－111　三元不稳定化合物的相图

4－5　请用几何方法证明三元系的等比例规则，并绘出 $CaO-SiO_2-Al_2O_3$ 系中 $w(CaO)/w(SiO_2)=2.3$ 的等比例线。

4－6　试从 $CaO-SiO_2-Al_2O_3$ 渣系相图中绘出或说明成分为 $w(CaO)=40.53\%$、$w(SiO_2)=32.94\%$、$w(Al_2O_3)=17.23\%$ 及 $w(MgO)=2.55\%$ 的熔渣在冷却过程中液相及固相成分的变化，并用重心规则计算熔渣凝固后的相成分。

4－7　请绘出 $CaO-SiO_2-FeO$ 渣系相图 1773K 时的等温截面图，标出各相区的相平衡关系。成分为 $w(CaO)=55\%$、$w(SiO_2)=25\%$ 及 $w(FeO)=20\%$ 的熔渣在此温度下，析出什么相？试求出与此析出相平衡的液相成分，用杠杆原理计算此平衡两相的质量。怎样才能使此熔渣中的固相减少或消失？

4－8　在 $CaO-SiO_2-Al_2O_3$ 渣系相图中，CS、C_3S_2、C_2AS 及 CAS_2 四个化合物构成一四边形，试用四边形对角线不相容原理，从热力学上证明其中 CS－C_2AS 连线是划分三角形的正确连线。

4－9　用分子结构假说理论计算与下列熔渣平衡的铁液中氧的浓度。熔渣成分为：$w(CaO)=21.63\%$，$w(MgO)=5.12\%$，$w(SiO_2)=7.88\%$，$w(FeO)=46.56\%$，$w(Fe_2O_3)=11.88\%$，$w(Cr_2O_3)=6.92\%$。在 1893K，与纯氧化铁渣平衡的铁液 $w[O]=0.249\%$。假定熔渣中有 FeO、$(2CaO\cdot SiO_2)_2$、$CaO\cdot Fe_2O_3$、$FeO\cdot Cr_2O_3$ 复杂化合物分子存在，将 MnO、MgO 与 CaO 同等看待。

4－10　利用熔渣离子理论观点，书写下列反应的离子反应式：

$$2[P]+5(FeO)+4(CaO)=\!=\!=(4CaO\cdot P_2O_5)+5[Fe]$$

$$4(FeO)+O_2=\!=\!=2(Fe_2O_3)$$

$$2(Fe_2O_3)+2[Fe]=\!=\!=5(FeO)+[FeO]$$

$$(FeO)=\!=\!=[FeO]$$

$$[C]+(FeO)=\!=\!=[Fe]+CO$$

$$[FeS]+(CaO)=\!=\!=(CaS)+[FeO]$$

$$2(MnO)+[Si]=\!=\!=2[Mn]+(SiO_2)$$

4－11　试用完全离子溶液模型，计算成分为 $w(CaF_2)=80\%$、$w(CaO)=20\%$ 的电渣重熔渣内 CaO 及 CaF_2 的活度。

4－12　试用完全离子溶液模型及 $CaO-SiO_2-FeO$ 系活度曲线图，分别计算成分为 $w(CaO)=45\%$、$w(SiO_2)=15\%$、$w(FeO)=18\%$、$w(MgO)=16.8\%$、$w(P_2O_5)=1.2\%$、$w(MnO)=4.0\%$ 的熔渣在 1873K 时 FeO 的活度。

4-13　利用正规离子溶液模型，计算成分为 $w(FeO)=13.3\%$、$w(MnO)=5.1\%$、$w(CaO)=38.2\%$、$w(MgO)=14.7\%$、$w(SiO_2)=28.1\%$、$w(P_2O_5)=0.6\%$ 的熔渣在1873K时FeO、MnO及 P_2O_5 的活度。

4-14　利用作为凝聚电子相的熔渣组分活度计算法，计算成分为 $w(CaO)=36.11\%$、$w(SiO_2)=33.04\%$、$w(FeO)=6.41\%$、$w(Fe_2O_3)=1.26\%$、$w(MgO)=14.9\%$、$w(P_2O_5)=1.95\%$、$w(MnO)=6.33\%$ 的熔渣中FeO、P_2O_5、SiO_2、MnO的活度，温度为1873K。

4-15　利用 $CaO-SiO_2-Al_2O_3$ 活度曲线图，求碱度为1、$x(SiO_2)=0.3\sim0.6$ 的炉渣的 $a_{(SiO_2)}$，并作出 $a_{(SiO_2)}-x(SiO_2)$ 关系图。

4-16　利用 $CaO-SiO_2-FeO$ 渣系活度曲线图，求 $x(FeO)=20\%$、$R=0.6\sim5$ 的FeO活度，并绘出 $a_{(FeO)}-R$ 关系图。

4-17　利用图4-66，求与成分为 $w(CaO)=39.69\%$、$w(SiO_2)=33\%$、$w(FeO)=8.41\%$、$w(Fe_2O_3)=2.26\%$、$w(MgO)=12.9\%$、$w(P_2O_5)=2.37\%$、$w(MnO)=1.37\%$ 的熔渣在1873K时平衡的铁液中氧浓度，并与由图4-63中FeO活度曲线得出的 $a_{(FeO)}$ 按氧分配系数计算出的氧浓度进行比较。

4-18　利用马松模型计算 $CaO-SiO_2$ 系CaO的活度，并作出 $a_{(CaO)}-x(SiO_2)$ 关系图，聚合反应常数 $K=0.0016$（1873K）。

4-19　试计算成分为 $w(CaO)=47\%$、$w(MgO)=14\%$、$w(SiO_2)=18\%$、$w(Al_2O_3)=5\%$、$w(CaF_2)=14\%$、$w(MnO)=0.2\%$、$w(FeO)=1.8\%$ 的炉渣的光学碱度及硫容量，温度为1873K。

4-20　试计算成分为 $w(CaO)=43.46\%$、$w(SiO_2)=35.32\%$、$w(Al_2O_3)=18.48\%$、$w(MgO)=2.76\%$ 的高炉渣在1673K时的硫容量，可用碱度及光学碱度进行计算。

4-21　试计算成分为 $w(CaO)=45\%$、$w(SiO_2)=20\%$、$w(FeO)=16\%$、$w(MnO)=7\%$、$w(MgO)=7\%$、$w(Al_2O_3)=3\%$、$w(P_2O_5)=2\%$ 的炉渣的磷容量。而与此渣平衡的钢液成分为 $w[C]=0.20\%$、$w[Cr]=0.04\%$、$w[Ni]=2\%$、$w[P]=0.04\%$，温度为1600℃。

4-22　利用 $CaO-SiO_2-Al_2O_3$ 渣系的黏度曲线，求1400℃时成分为 $w(CaO)=38.00\%$、$w(SiO_2)=38.39\%$、$w(Al_2O_3)=16.11\%$、$w(MgO)=2.83\%$ 的高炉渣的黏度。如温度提高到1500℃，其黏度降低到何值？

4-23　试计算成分为 $w(CaO)=35\%$、$w(SiO_2)=50\%$ 及 $w(Al_2O_3)=15\%$ 的高炉渣的表面张力（用式(4-87)），并与由图4-100中表面张力曲线所得的值进行比较。

4-24　试用式（4-87）计算成分为 $w(CaO)=30\%$、$w(SiO_2)=20\%$ 及 $w(FeO)=50\%$ 的炉渣的表面张力，并与由图4-101中表面张力所得的值进行比较。

4-25　成分为 $w(CaO)=28\%$、$w(Al_2O_3)=12\%$、$w(SiO_2)=40\%$、$w(MgO)=20\%$ 的熔渣的黏度如表4-12所示，试计算黏度的温度关系式（$\lg\eta=A/T+B$）及黏流活化能。

表4-12　$CaO-SiO_2-Al_2O_3$ 渣系的黏度

温度/K	1573	1623	1673	1725	1973
η/Pa·s	1.21	0.83	0.63	0.59	0.45

4-26　成分为 $w(CaF_2)=80\%$、$w(CaO)=10\%$、$w(Al_2O_3)=10\%$ 的电渣重熔渣，在不同温度下测得的电导率如表4-13所示，试求电导率的温度关系式及电导活化能。

表4-13　电渣重熔渣的电导率

温度/K	1773	1823	1873	1923	1973	2023
电导率/$\times10^2$S·m^{-1}	3.155	3.508	3.873	4.256	4.656	5.070

4-27 测得还原渣及 GCr15 钢的表面张力分别为 0.45N/m 及 1.63N/m，两者的接触角 $\alpha=35°$，求钢-渣的界面张力，并确定此种还原渣能否在钢液中乳化。

复习思考题

4-1 如何简化复杂二元渣系相图的分析？说明 $CaO-SiO_2$ 系相图中几个水平线段的析晶性质（晶型转变及相变反应线）。

4-2 说明三元渣系相图中点、线、面的意义。

4-3 试绘出 $CaO-SiO_2-FeO$ 系中碱度 $R=w(CaO)_{\%}/w(SiO_2)_{\%}=2.5$、$w(FeO)=20\%$ 的物系点。

4-4 三元渣系相图中物系冷却时，结晶过程中的析晶分析应用了浓度三角形的哪些基本规则？

4-5 如何分析实际的复杂三元渣系相图？写出其分析步骤。

4-6 如何绘制三元渣系的等温截面图？它在金属冶炼中有什么作用？

4-7 简述炉渣分子结构理论的要点。如何计算组分的活度？其计算准确度与什么有关？

4-8 试述熔渣离子结构理论的要点。

4-9 如何书写熔渣-金属液间的电化学反应式？怎样求得其 $\Delta_r G_m^{\ominus}$？它和用反应物的基本热力学函数计算的值是否相同？如何得出它们的动力学方程？用这种方程式计算反应的速率需要有哪些参数？

4-10 熔渣离子溶液结构模型用于计算熔渣组分的活度时，采用的基本热力学公式是什么？需要得出哪些基本热力学函数？为此需要从熔渣结构方面提出哪些基本假定？试由完全离子溶液结构模型来概括说明。

4-11 试分别写出计算熔渣组分活度的各种离子溶液结构模型的理论基础、组分的结构形式、计算采用的热力学参数、组分活度的计算公式或方法以及适用的渣系。

4-12 在对熔渣-金属液（或气相）之间反应的平衡计算中，常要用到熔渣中 SiO_2、FeO、CaO、P_2O_5 等的活度，而在熔渣的等活度曲线图中也是如此，由此可认为熔渣中有 SiO_2、FeO 等分子存在，从而得出热力学计算是以分子结构理论假说为基础进行的论断，这种说法是否正确？同一反应以分子式及离子式书写时，其 $\Delta_r G_m^{\ominus}$ 是否相同？在熔渣-金属液间反应的平衡计算中都写成分子式的反应，而不用离子反应式，为什么？

4-13 什么是氧化物及由其组成的炉渣的酸碱性？用什么指标表示炉渣的碱性？在熔渣的两种结构理论中，分别用什么来表示炉渣的碱性？

4-14 什么是炉渣的光学碱度？为什么它能比较科学地反映炉渣的碱性？在什么条件下才能采用光学碱度？

4-15 什么是熔渣的氧化性及还原性？为什么用渣中（FeO）的活度而不用氧离子的活度来表征熔渣的氧化能力？碱度对熔渣的氧化能力有怎样的影响？

4-16 硫在熔渣中有两种存在形式，即（S^{2-}）及（SO_4^{2-}）；而磷在熔渣中也有两种存在形式，即（PO_4^{3-}）及（P^{3+}），这一般取决于体系的氧势。试用热力学计算确定它们存在的氧势值。

4-17 气体物质 S_2、P_2、N_2、H_2O（g）及铁液中的［S］、［P］、［H］等在一定条件下均能与渣中（O^{2-}）反应，转变成离子结构的单元而存在于熔渣中，其浓度称为该组分的渣容量，这种渣容量如何表示？怎样能得出其数值，并应用于计算该元素在熔渣-金属液间的分配比及在金属液中的平衡浓度？

4-18 什么是炉渣的熔化温度（熔点）？它与炉渣的熔化性温度有何区别？

4-19 试从熔渣结构及温度改变方面说明黏度变化的特性。什么是熔渣的稳定性？

4-20 试述熔渣组成及温度对熔渣表面张力及熔渣-钢液界面张力的影响。

4-21 试述熔渣导电性受哪些因素的影响。

4－22　试述泡沫渣形成的机理、条件及其影响因素。

4－23　什么是熔渣的润湿性及乳化性？说明其形成过程。欲使熔渣在钢液中出现乳化状态，需要有什么条件？

4－24　熔渣－金属液间的电毛细现象是怎样发生的？对金属液的精炼有什么有益作用？

4－25　金属液和熔渣内组分的扩散是否有相同的性质？为什么在炼钢反应的动力学计算中，对熔渣内各组分的扩散系数 D_B 常采用相同的数值？

4－26　试用熔渣离子结构理论，综合说明温度及碱度两项主要热力学性质对熔渣的主要性质，如活度、黏度、扩散、氧化能力、表面张力等的影响。

5 化合物的形成-分解及碳、氢的燃烧反应

冶金过程中使用的矿石和熔剂，如氧化物、硫化物、碳酸盐、卤化物等，都是由各种化合物组成的。这些化合物加热到一定温度时都可分解为元素或低价化合物及气体，这称为化合物的分解或离解；相反，元素或低价化合物和气体反应形成化合物或高价化合物，则称为化合物的形成，而此正、逆反应则称为形成-分解反应。

化合物的形成-分解反应不仅是冶金反应的过程之一（如碳酸盐、硫化物的焙烧），而且可由各种化合物的分解条件，在相同条件下对比各种化合物的稳定性，确定有元素和化合物参加的冶金中最主要的氧化-还原反应的热力学数据及进行条件。

这里讨论的化合物的形成-分解反应，都是气体和纯凝聚相之间的气-固相体系。以纯物质为标准态时，它们的活度为1。因此，仅需用温度及气相的组成（分压）作为反应的热力学参数，构成反应的热力学参数状态图，确定体系中凝聚相产物形成或稳定存在的热力学条件。这就能代替等温方程，从抽象的能量概念转变成具体的热力学条件，来分析反应的热力学。

利用第2章讲述的未反应核模型，可分析这些反应的动力学，导出反应的速率式，确定反应速率的限制环节及速率的影响因素。

碳、氢的燃烧反应也是冶金中的重要反应，它们能提供热源及还原剂。

5.1 化合物形成-分解反应的热力学原理

5.1.1 分解压及其热力学方程

对于化合物，如碳酸盐、硫化物及氧化物的加热分解反应，可分别由下列反应式表示：

$$MCO_3(s) = MO(s) + CO_2$$

$$2MS(s) = 2M(s) + S_2$$

$$\frac{2}{y}M_xO_y(s) = \frac{2x}{y}M(s) + O_2$$

后一反应中，化学计量数使 M_xO_y 放出的氧为1mol。它们的特点是仅有一种气体物生成，其余的都是纯凝聚固相物。为讨论问题一般化，可用通式表示：

$$AB(s) = A(s) + B(g)$$

式中，AB(s)、A(s) 为纯凝聚物，以纯物质为标准态时，它们的活度为1。从而反应的平衡常数为：

$$K^{\ominus} = p_B \tag{5-1}$$

即这种分解反应的平衡常数等于分解出的气体B的平衡分压（$p_B = p'_B/p^{\ominus}$），规定用 $p_{B(AB)}$

表示，称为此化合物 AB 的分解压。

由于 $\Delta_r G_m^\ominus = -RT\ln K^\ominus = -RT\ln p_{B(AB)}$ 或 $-\Delta_r G_m^\ominus = RT\ln p_{B(AB)}$，而 $-\Delta_r G_m^\ominus$ 可衡量标准态下分解反应自发进行的趋势或 A 与 B 形成化合物时亲和力的大小，所以分解压也可作为这种趋势或该化合物稳定性的量度。即分解压越大，则 $-\Delta_r G_m^\ominus$ 越大，化合物就越易分解，其稳定性也就越小。两者成反比的关系。

许多化合物的分解压都较低，特别是在低温下，有时甚至失去了压力的意义。压力是表征气体分子对容器壁碰撞时转移的动量统计平均值，如体系中气体的分子数很小，则压力就失去了统计的意义。但我们更重视的是它代表的化合物的热力学意义。

由于化合物的分解反应是其形成反应的逆反应，故可利用化合物的标准生成吉布斯自由能得出分解压的温度关系式。由于

$$\Delta_r G_{m(分)}^\ominus = -RT\ln p_{B(AB)} \text{ 及 } \Delta_r G_{m(分)}^\ominus = -\Delta_f G_m^\ominus(AB,s)$$

故
$$RT\ln p_{B(AB)} = \Delta_f G_m^\ominus(AB,s)$$

又
$$\Delta_f G_m^\ominus(AB,s) = A' + B'T \quad (J/mol)$$

故
$$\lg p_{B(AB)} = A'/(19.147T) + B'/19.147$$

或
$$\lg p_{B(AB)} = A/T + B \tag{5-2}$$

式中 $\Delta_r G_{m(分)}^\ominus$——AB(s)分解反应的标准吉布斯自由能变化，J/mol；

$\Delta_f G_m^\ominus(AB,s)$——A(s)与 1mol B(g) 结合成 AB(s) 化合物的标准生成吉布斯自由能变化，J/mol；

A，B——常数，$A = A'/19.147$，$B = B'/19.147$。

如能由实验测定不同温度下分解压的 $\lg p_{B(AB)}$ 并对 $1/T$ 作图，由图中直线的参数则可得出分解压的温度关系式（详见第 1 章 1.1.4 节例 1－3）。

某些化合物的分解压比较大（如碳酸盐），可以直接由实验测定，常用的方法有静态法、动态法、隙流法等。

5.1.2 分解反应的热力学参数状态图

处于一定温度及气相组成下的化合物能否分解或稳定存在，一般由等温方程式计算的 $\Delta_r G_m$ 确定。对 AB（s）化合物的分解，有：

$$\Delta_r G_m = -RT\ln K^\ominus + RT\ln p_B$$

由于 $K^\ominus = p_{B(AB)}$，p_B 即为 AB(s) 周围气相中 B 的分压（量纲一的压力，$p_B = p'_B/p^\ominus$），故：

$$\Delta_r G_m = RT\ln p_B - RT\ln p_{B(AB)} \tag{5-3}$$

按照化学平衡观点，反应总是趋向于建立平衡，因而在上述情况下，此体系将趋向于改变环境气相 B 的初始分压，使之达到平衡值。因此，可能出现 3 种变化：

（1）当 $p_B < p_{B(AB)}$ 时，$\Delta_r G_m < 0$，AB(s) 发生分解，p_B 增加，直到 $p_B = p_{B(AB)}$ 时达到平衡，或当 AB(s) 的量有限时可完全分解；

（2）当 $p_B > p_{B(AB)}$ 时，$\Delta_r G_m > 0$，分解反应逆向进行，即 AB(s) 形成，而 p_B 不断降低，直到 $p_B = p_{B(AB)}$ 时达到平衡，其结果是气相 B 不断被消耗，或一直到 A(s) 全部转化为 AB(s)；

(3) 当 $p_B = p_{B(AB)}$ 时，$\Delta_r G_m = 0$，A(s)、AB(s) 与 B(g) 处于平衡，即这时 AB(s) 分解和其生成的速率达到了相等。

利用 AB(s) 分解压和温度关系式：$p_{B(AB)} = K^{\ominus} = f(T)$ 或式（5－2）：$\lg p_{B(AB)} = f(1/T)$，可绘出式（5－3）中影响分解压因素（p_B、T）的关系图，如图 5－1 所示。图（a）是直接采用反应的参数（p_B、T）作坐标；图（b）则是用参数 T 的特定函数（$1/T$）作坐标，以使图的曲线变为直线，便于直观判断体系的平衡态。

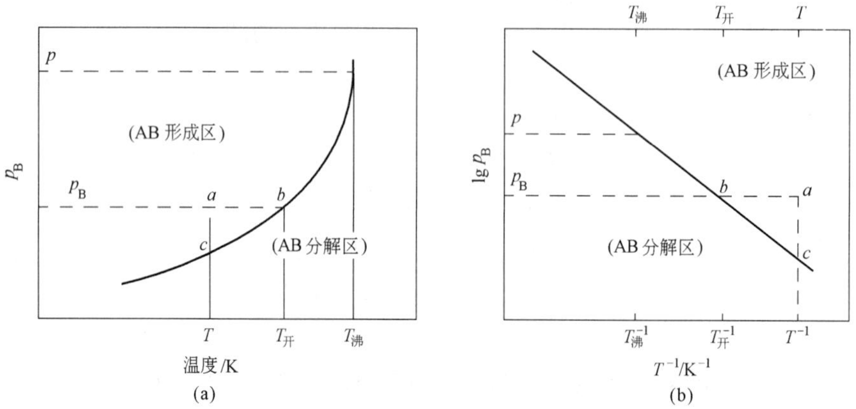

图 5－1 化合物 AB 形成－分解反应的热力学参数状态图

图 5－1 中的曲线（直线）为 AB(s) 分解及形成的平衡线，表明 B(g) 的平衡分压与温度的关系。曲线（直线）以上区域，为 AB(s) 稳定存在区或 A(s) 形成 AB(s) 的 p_B、T 变动范围，因为 $p_B > p_{B(AB)}$，所以 $\Delta_r G_m > 0$。曲线（直线）以下区域，则是 AB(s) 的分解区或 A(s) 稳定存在的 p_B、T 变动范围，因为 $p_B < p_{B(AB)}$，所以 $\Delta_r G_m < 0$。曲线（直线）上的点，其 $p_B = p_{B(AB)}$，因而是 AB(s)、A(s) 及 B(g) 三者平衡共存。这种以气－固相反应中气相组分的分压及温度为坐标绘制的平衡图，能表示出凝聚相稳定存在的热力学条件范围，在冶金中称为优势区图（predominance area diagram），是冶金过程的热力学参数状态图。它能直观、简捷地反映等温方程确定的结果。图中曲线（直）线以上为反应物 AB(s) 稳定存在的热力学参数范围，以下为生成物 A(s) 稳定存在的热力学参数范围。这是从抽象的能量（G）概念迁移到具体条件的热力学分析方法，在气－固相反应中得到广泛的应用。

由图 5－1 可见，欲使位于一定状态（p_B、T）的化合物 AB(s)分解，有两种方法：

(1) 降低气相 B 的分压，使 $p_B \leqslant p_{B(AB)}$，则 $\Delta_r G_m \leqslant 0$，AB(s)开始分解，如图中的 a 点变到 c 点。这是采用真空使 AB(s)发生分解的原理。

(2) 提高体系的温度，使 $p_{B(AB)}$ 增加，当 $p_{B(AB)} \geqslant p_B$ 时，$\Delta_r G_m \leqslant 0$，于是 AB(s)开始分解，如图中的 a 点变到 b 点。因此，加热到 $p_{B(AB)} = p_B$ 的温度，就是 AB(s)在 B(g)分压 p'_B（$p'_B = p_B \cdot p^{\ominus}$，Pa）一定的状态下开始并继续分解的温度，称为化合物分解的开始温度，用 $T_开$ 表示。因为当温度超过 $T_开$ 时，AB(s)已进入其分解区或 A(s)的稳定区。

在式（5－2）中用气相的 p_B 代替 $p_{B(AB)}$，可求得 AB(s)分解的开始温度，即：

$$T_开 = A/(\lg p_B - B) \tag{5-4}$$

这是气相 B 的分压为 p_B 状态下的平衡温度。

当化合物继续被加热，其分解压达到体系的总压（p）时，化合物将剧烈地分解，犹如把水加热到其蒸气压等于外压时发生沸腾一样，这时，化合物的分解温度称为沸腾温度，用 $T_{沸}$ 表示。在这种条件下，用 p（量纲一的量）代替式（5－2）中的 $p_{B(AB)}$，可求得 $T_{沸}$：

$$T_{沸}=A/(\lg p-B) \tag{5-5}$$

当 $p'=100\text{kPa}$ 时，$p=p'/p^{\ominus}=1$，而 $T_{沸}=-A/B$。

实际上，为使化合物实现分解，常需把它加热到沸腾温度。所以，一般实际的分解温度均指沸腾温度，即分解压达到 100kPa 的温度。

【例 5－1】 试计算氧化亚铜（Cu_2O）在 1273K 的分解压。已知：

$$2Cu(s)+\frac{1}{2}O_2 = Cu_2O(s) \quad \Delta_f G_m^{\ominus}(Cu_2O,s)=-169100+73.33T \quad (J/mol)$$

解 由于 $\Delta_r G_{m(分)}^{\ominus}=-\Delta_f G_m^{\ominus}$（AB，s），故分解反应为：

$$2Cu_2O(s) = 4Cu(s)+O_2 \quad \Delta_r G_m^{\ominus}(Cu_2O,s)=338200-146.66T \quad (J/mol)$$

分解反应中，气体物质氧均取 1mol 的量，这是为了便于比较各种氧化物的稳定性以及在元素与化合物参加氧化－还原反应时正好将 O_2 消除。

$$\lg K^{\ominus}=-\frac{338200}{19.147T}+\frac{146.66}{19.147}=-\frac{17663}{T}+7.66$$

由于 $K^{\ominus}=p_{O_2(Cu_2O)}$，故

$$\lg p_{O_2(Cu_2O)}=-\frac{17663}{T}+7.66$$

1273K 时， $\lg p_{O_2(Cu_2O)}=-\frac{17663}{1273}+7.66=-6.125 \quad p_{O_2(Cu_2O)}=6.0947\times10^{-7}$

而 $p'_{O_2(Cu_2O)}=p_{O_2(Cu_2O)}\cdot p^{\ominus}=6.095\times10^{-2}\text{Pa}$

5.1.3 分解压的影响因素

化合物的分解压除受温度及压力的影响外，还受下列因素的影响。

5.1.3.1 固相物的相变

固体物质被加热发生相变（熔化、沸腾、升华）时要吸收热能（$\Delta_{trs}H_m^{\ominus}(B)>0$），而液相或气相的焓相应地要比固相或液相的焓高出 $\Delta_{trs}H_m^{\ominus}(B)$（J/mol），同样，它们的熵值也要比以前增加 $\Delta_{trs}S_m^{\ominus}(B)$[$\Delta_{trs}S_m^{\ominus}(B)=\Delta_{trs}H_m^{\ominus}(B)/T_{trs(B)}$]。因此，在固相反应物或固相生成物发生相变时，分解反应的 $p_{B(AB)}=f(T)$ 曲线将出现转折点。假定温度提高到产物 A(s) 的熔点（$T_{fus(A)}$）时，A(s) 的摩尔焓突跃地增加了 $\Delta_{fus}H_m^{\ominus}(A)$，而分解反应的总焓也突跃地增加了，即：

$T<T_{fus(A)}$ $AB(s) = A(s)+B(g) \quad \Delta_r H_m^{\ominus}=H_m^{\ominus}(A,s)+H_m^{\ominus}(B,g)-H_m^{\ominus}(AB,s)$

$T>T_{fus(A)}$ $AB(s) = A(l)+B(g) \quad \Delta_r H_m^{\ominus}=(H_m^{\ominus}(A,s)+H_m^{\ominus}(B,g)-H_m^{\ominus}(AB,s))+\Delta_{fus}H_m^{\ominus}(A,s)$

由等压方程及 $K^{\ominus}=p_{B(AB)}$，得：

$$\left(\frac{d\ln p_{B(AB)}}{dT}\right)_{T>T_{fus(A)}}-\left(\frac{d\ln p_{B(AB)}}{dT}\right)_{T<T_{fus(A)}}=\frac{\Delta_{fus}H_m^{\ominus}(A,s)}{RT^2}$$

故经过 A(s) 的熔点（$T_{fus(A)}$）后的 $\ln p_{B(AB)}$ 的温度变化率增加，而在曲线上出现折点，如图 5－2 所示。

当 AB(s) 发生相变，如在其熔点 $T_{fus(AB)}$ 熔化时，其熔化焓为 $\Delta_{fus}H_m^{\ominus}(AB, s)$，则：

$$T > T_{fus(AB)} \quad AB(l) = A(s) + B(g)$$

$$\Delta_r H_m^{\ominus} = (H_m^{\ominus}(A,s) + H_m^{\ominus}(B,g) - H_m^{\ominus}(AB,s)) - \Delta_{fus}H_m^{\ominus}(AB,s)$$

$$\left(\frac{d\ln p_{B(AB)}}{dT}\right)_{T>T_{fus(AB)}} - \left(\frac{d\ln p_{B(AB)}}{dT}\right)_{T<T_{fus(AB)}} = -\frac{\Delta_{fus}H_m^{\ominus}(AB,s)}{RT^2}$$

故经过 AB(s) 熔点后的 $\ln p_{B(AB)}$ 的温度变化率减小，而在曲线上出现折点，如图 5－2 所示。

因此，产物 A(s) 发生相变，分解压增大；而反应物 AB(s) 发生相变，则分解压减小。

另外，如果产物 A(s) 在其沸点 $T_{b(A)}$ 变成气态，分解反应可表示为：

$$2AB(s) = 2A(g) + B_2(g)$$

则由上列反应的平衡常数可得：

$$p_{B_2(AB)} = K^{\ominus}/p_{A(g)}^2$$

又由于 $$p_{A(g)} = 2p_{B_2(AB)}$$

故 $$p_{B_2(AB)} = K^{\ominus}/(4p_{B_2(AB)}^2)$$

从而 $$p_{B_2(AB)} = (K^{\ominus}/4)^{1/3} \quad p_{A(g)} = 2(K^{\ominus}/4)^{1/3}$$

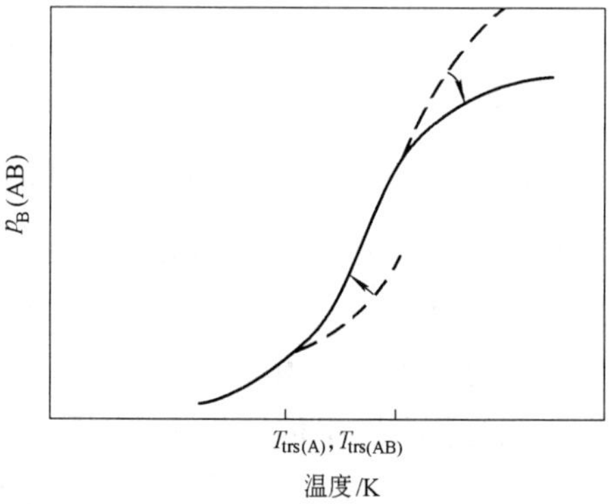

图 5－2 固相物相变对分解压的影响

因此，AB(s) 的分解压在 A 的沸点后随着 A 蒸气压的降低而增加。在这种情况下，利用真空降低体系的总压，从而降低 $p_{A(g)}$，就能使化合物的稳定性降低。

【例 5－2】 将 MgO(s) 在真空度为 133Pa 的真空室内加热到 1750K。试求 MgO(s) 的分解压及镁蒸气的分压，镁的沸点 $T_{b(Mg)} = 1363K$。

解 MgO(s) 的加热温度已高过镁的沸点，故分解出的镁呈气态，而 MgO(s) 的分解反应为：

$$2MgO(s) = 2Mg(g) + O_2$$

反应的平衡常数为： $$K^{\ominus} = p_{Mg(g)}^2 \cdot p_{O_2(MgO)}$$

故 MgO(s) 的分解压为： $$p_{O_2(MgO)} = K^{\ominus}/p_{Mg(g)}^2$$

又 $$\Delta_f G_m^{\ominus}(MgO, s) = -732702 + 205.99T \quad (J/mol)$$

故 $$2MgO(s) = 2Mg(g) + O_2 \quad \Delta_r G_m^{\ominus} = 1465404 - 411.98T \quad (J/mol)$$

$$\lg K^{\ominus} = -\frac{1465404}{1750 \times 19.147} + \frac{411.98}{19.147} = -22.217 \quad K^{\ominus} = 6.07 \times 10^{-23}$$

真空室内的总压 $p' = p'_{Mg(g)} + p'_{MgO(g)} + p'_{O_2(MgO)}$，由于加热的温度高于镁的沸点，而 $p'_{O_2(MgO)}$ 及 $p'_{MgO(g)}$ 值很小，可以忽略，故取 $p' = p'_{Mg(g)}$。又

$$p_{Mg(g)} = p'_{Mg(g)}/p^{\ominus} = 133/10^5 = 1.33 \times 10^{-3}$$

故 $$p_{O_2(MgO)} = K^{\ominus}/p_{Mg(g)}^2 = 6.07 \times 10^{-23}/(1.33 \times 10^{-3})^2 = 3.43 \times 10^{-17}$$

或 $$p'_{O_2(MgO)} = 3.43 \times 10^{-12}Pa$$

5.1.3.2 固相物的分散度

固相物的分解度增加，其表面积增加，化学势增大，因而分解压发生变化。当考虑到固体物质 B 的分散度时，它的化学势可如下导出。

对于由 k 个组分组成的体系，其吉布斯自由能为：

$$G = \sum_{B=1}^{k} (\mu_{B(V)} n_B + \sigma A_B) \tag{1}$$

式中 $\mu_{B(V)}$——组分 B 的相内化学势，$\mu_{B(V)} = \mu_B^{\ominus} + RT\ln p_{B(s)}^{*}$，J/mol；

n_B——组分 B 的物质的量，mol；

σ——组分 B 的表面能，J/m^2；

A_B——组分 B 的表面积，m^2。

而

$$\mu_B = \frac{\partial G}{\partial n_B} = \mu_{B(V)} + \sigma \frac{\partial A_B}{\partial n_B} \tag{2}$$

如组分 B 的偏摩尔体积为 V_B，则 $\partial V = V_B \partial n_B$，而 $\partial n_B = \partial V / V_B$，代入式（2）得：

$$\mu_B = \mu_{B(V)} + \sigma \frac{\partial A_B}{\partial V} \cdot V_B \tag{3}$$

如固相物 B 是半径为 r 的球粒，则：

$$\frac{\partial A}{\partial V} = \frac{\partial (4\pi r^2)}{\partial \left(\frac{4}{3}\pi r^3\right)} = \frac{2}{r} \tag{4}$$

将式（4）代入式（3），得出粒度为 r(m) 的固相物 B 的化学势为：

$$\mu_B = \mu_{B(V)} + 2\sigma V_B / r \tag{5-6}$$

故固体物的分散度越大（即 r 越小），则其化学势越大，而固相物的反应能力就越强。

对于分解反应 AB(s)══A(s) + B(g)，平衡时其吉布斯自由能变量为：

$$\Delta_r G_m = \mu_{A(s)} + \mu_{B(g)} - \mu_{AB(s)} = 0 \tag{5}$$

又

$$\mu_{B(g)} = \mu_{B(g)}^{\ominus} + RT\ln p_{B(AB)}^{\sigma} \tag{6}$$

利用式（5－6）的关系写出 $\mu_{A(s)}$ 及 $\mu_{AB(s)}$ 的关系式，并将式（6）代入式（5），化简得：

$$RT\ln p_{B(AB)}^{\sigma} = RT\ln p_{B(AB)}^{V} + \left(\frac{2\sigma_{AB} V_{AB}}{r_{AB}} - \frac{2\sigma_A V_A}{r_A}\right) \tag{5-7}$$

式中 $p_{B(AB)}^{\sigma}$——计入了固相物分散度（r_{AB}、r_A）的 AB(s) 的分解压；

$p_{B(AB)}^{V}$——未考虑固相物分散度或表面能的 AB(s) 的分解压；

V_{AB}，V_A——分别为 AB 及 A 的偏摩尔体积，m^3/mol；

r_{AB}，r_A——分别为 AB 及 A 粒子的半径，m；

σ_{AB}，σ_A——分别为 AB 及 A 固相物的表面能，J/m^2。

式（5－7）是固相物的分散度对分解压的影响关系式。但经常是通过控制反应物（AB）的分散度来选定需要的分解压。当分散度很大的化合物分解为分散度较小的产物（即 $r_{AB} \ll r_A$ 或不考虑产物分散度的影响）时，式（5－7）可变为：

$$RT\ln p_{B(AB)}^{\sigma} = RT\ln p_{B(AB)}^{V} + 2\sigma_{AB} V_{AB} / r_{AB} \tag{5-8}$$

而分散度为：
$$r_{AB}=\frac{2\sigma_{AB}V_{AB}}{RT\ln(p^{\sigma}_{B(AB)}/p^{V}_{B(AB)})} \tag{5-9}$$

【例 5－3】 碳酸钙在 1000K 时的表面能 $\sigma=0.5\mathrm{J/m^2}$，而其偏摩尔体积 $V_{CaCO_3}=3.4\times10^{-5}\mathrm{m^3/mol}$。试求使碳酸钙的分解压增加 1% 所需的粒度。

解 碳酸钙的分解压增加 1% 时，$p^{\sigma}_{B(AB)}/p^{V}_{B(AB)}=1.01$，由式（5－9）得：
$$r_{CaCO_3}=\frac{2\sigma_{CaCO_3}V_{CaCO_3}}{RT\ln(p^{\sigma}_{CO_2(CaCO_3)}/p^{V}_{CO_2(CaCO_3)})}=\frac{2\times0.5\times3.4\times10^{-5}}{19.147\times1000\times\lg1.01}=4.1\times10^{-7}\mathrm{m}$$

这是很高的分散度，一般破碎设备难以达到这种粒度。因此，粒度对分解过程热力学的影响，仅对超微粉末才加以考虑。

5.1.3.3　固相物的溶解

当固体物在反应中出现互溶或溶解于第三物质（溶剂）中时，分解反应可表示为：
$$(AB)\!=\!=\!=[A]+B(g)\quad K^{\ominus}=\frac{a_{[A]}p_{B(AB)}}{a_{(AB)}}$$

故
$$p_{B(AB)}=K^{\ominus}\cdot\frac{a_{(AB)}}{a_{[A]}}=p^{\ominus}_{B(AB)}\cdot\frac{a_{(AB)}}{a_{[A]}} \tag{5-10}$$

式中，$K^{\ominus}=p^{\ominus}_{B(AB)}$，即为 $a_{(AB)}=a_{[A]}=1$ 的分解压。

或
$$RT\ln p_{B(AB)}=-\Delta_r G^{\ominus}_m(AB)+RT\ln a_{(AB)}-RT\ln a_{[A]} \tag{5-10'}$$

因此，分解压不仅与温度，而且与固相物在溶液中的活度有关。提高 $a_{(AB)}$ 及降低 $a_{[A]}$ 可使分解压增大；反之，则分解压减小。

如 AB(s) 与分解出的 A(s) 发生互溶，则在未形成饱和浓度的组成范围内，分解压与溶体的组成有关；而在形成互为饱和的两相区内，分解压则与熔体的组成无关，保持定值，因为这时 $a_{(AB)}=a_{[A]}=1$。此外，当 AB 及 A 溶于溶剂（如前者溶于熔渣中，后者溶于金属液中）或与其他物质形成复杂化合物时，也使它们的活度改变，从而改变分解压。实际上，复杂化合物的分解比简单化合物的分解要吸收较多的热量，而其分解温度也要高得多。

5.2　碳酸盐的分解反应

某些碳酸盐焙烧后的产物是制造耐火材料的原料，如菱镁矿（$MgCO_3$）、白云石（$CaCO_3\cdot MgCO_3$）等。石灰石煅烧后的石灰（CaO）是冶炼的主要碱性熔剂，而菱铁矿又是炼铁的矿石之一。因此，了解这些物质分解的热力学及动力学，对选择焙烧的参数及改进生产操作有很大的作用。

5.2.1　碳酸盐分解的热力学

碳酸盐的分解温度不高，常可用热分析法及差热分析法测定它们的分解温度，并用平衡实验测定它们的分解压。将实验测定的分解压的对数对 $1/T$ 作图，可得出它们的热力学关系式。

（1）碳酸钙。碳酸钙有两种同质异晶型，即方解石和文石，分解反应为：

$$CaCO_3(s) \xlongequal{} CaO(s) + CO_2 \quad \Delta_r G_m^\ominus = 170577 - 144.19T \quad (J/mol)$$

而
$$\lg p_{CO_2(CaCO_3)} = -8908/T + 7.53 \tag{5-11}$$

由式（5-11）计算的石灰石，在高炉内（炉身中段）分解的开始温度和沸腾温度分别为800℃及910℃，而在一般煅烧窑内的煅烧温度是950~1100℃。提高煅烧温度和延长煅烧时间，可使CaO的晶粒长大，晶格缺陷减少，成为形状规则的晶粒结构，产物的防潮性提高，但反应能力（活性）则有所降低。

（2）碳酸镁。它比碳酸钙的分解温度低，分解压达到100kPa的温度是640~660℃。由于它的分解温度低，分解时矿内原有水分未能完全排出，能与分解产物MgO形成$Mg(OH)_2$，致使它的分解温度降低。碳酸镁的分解温度式为：

$$\lg p_{CO_2(MgCO_3)} = -6210/T + 6.80 \tag{5-12}$$

（3）白云石。它是二重碳酸盐（$CaCO_3 \cdot MgCO_3$），由于白云石中$MgCO_3$和$CaCO_3$结合成复杂化合物，降低了彼此的活度，所以白云石中$MgCO_3$的分解温度要比单独存在的$MgCO_3$的分解温度高。又因为$CaCO_3$比$MgCO_3$稳定，所以加热时是其中的$MgCO_3$先分解。故白云石的分解分为两个阶段：

$$CaCO_3 \cdot MgCO_3(s) \xlongequal{} CaCO_3(s) + MgO(s) + CO_2 \quad \Delta_r H_m^\ominus = 121370 J/mol$$

$$CaCO_3(s) \xlongequal{} CaO(s) + CO_2$$

第一个分解温度（$t_{沸}$）为720~780℃（但$MgCO_3$的$t_{沸} = 640℃$）；第二个分解温度是900℃，也是$CaCO_3$的分解温度。

（4）碳酸铁。它的分解反应为：

$$FeCO_3(s) \xlongequal{} FeO(s) + CO_2 \quad \Delta_r H_m^\ominus = 10400 J/mol$$

$$\lg p_{CO_2(FeCO_3)} = -5470/T + 1.75\lg T + 3.2 \tag{5-13}$$

但由于它的分解产物FeO(s)能与CO_2继续反应，形成$Fe_3O_4(s)$：

$$3FeO(s) + CO_2 \xlongequal{} Fe_3O_4(s) + CO \quad \Delta_r H_m^\ominus = -22384 J/mol$$

使$FeCO_3(s)$的分解压有所降低（产物形成复杂化合物），故$FeCO_3(s)$的分解反应又可表示为：

$$3FeCO_3(s) \xlongequal{} Fe_3O_4(s) + 2CO_2 + CO \quad \Delta_r H_m^\ominus = 289407 J/mol$$

此外，如体系中有空气存在，分解出的FeO(s)也可转变为$Fe_3O_4(s)$，这发生在抽风烧结过程中。

【例5-4】 试计算高炉炉身内$\varphi(CO_2) = 16\%$的区域中，当总压为1.25×10^5Pa时石灰石的开始分解温度和沸腾温度。

解 由式（5-4）及式（5-5）计算$T_{开}$及$T_{沸}$时，先计算出有关的量纲一的压力：

$$p_{CO_2} = \frac{16}{100} \times \frac{1.25 \times 10^5}{10^5} = 0.2 \quad p = 1.25 \times 10^5 / p^\ominus = 1.25$$

由
$$\lg p_{CO_2(CaCO_3)} = -8908/T + 7.53$$

得
$$T = \frac{-8908}{\lg p_{CO_2(CaCO_3)} - 7.53}$$

故
$$T_{开} = \frac{-8908}{\lg 0.2 - 7.53} = 1083K(810℃)$$

$$T_{沸} = \frac{-8908}{\lg 1.25 - 7.53} = 1198K(925℃)$$

5.2.2 碳酸盐分解的机理及动力学

5.2.2.1 碳酸盐分解的机理及组成环节

碳酸盐的分解具有结晶化学转变的特点。由金属离子 M^{2+} 和碳酸离子 CO_3^{2-} 组成的碳酸盐（MCO_3）受热分解（$CO_3^{2-} = O^{2-} + CO_2$），形成的 CO_2 在反应相界面上吸附，再经脱附排去。O^{2-} 则和 M^{2+} 形成 $M^{2+} \cdot O^{2-}$ 团，它们在旧相中的溶解度很小，易形成过饱和状态，以氧化物 MO 的新相核经过形核及长大出现。这种旧相破坏且有新相晶格重建的化学变化，称为结晶化学变化。反应速率随时间的变化，服从第 2 章所述的未反应核模型的速率变化曲线（参见图 2－14）。

分解过程由下述环节组成：

（1）分解从碳酸盐矿粒表面上的某些活性点开始，而后沿着矿内反应界面进行。分解形成的 CO_2 在相界面上吸附，经脱附逸去，而形成的氧化物在原相中形成过饱和固溶体：

$$MCO_3 \xlongequal{} (M^{2+} \cdot O^{2-})_{MCO_3} \cdot CO_{2(吸)} \xlongequal{} (M^{2+} \cdot O^{2-}) + CO_2$$

（2）氧化物新相核的形成及长大。由第 2 章新相形核原理可知，分解形成的氧化物在旧相中的过饱和度越大及新－旧相的界面张力越小，则氧化物新相核的形成速率越快。碳酸盐的分解压越大，而气相的 CO_2 分压越小，则氧化物在旧相中的过饱和度越大。当过饱和度很大（特别是高温）时，新相形核的诱导期就显著缩短，以致反应一开始就达到了最高的速率。界面张力则与两相的晶型结构有关。碳酸盐与分解出的氧化物有不同的晶型，前者为菱形晶系，后者为立方晶系，所以界面张力就较大。但当一种晶格内产生了不同型的另一种晶格时，常使相界面发生畸变，致使离子重排产生新的晶格更加有利，同时，相界面的出现及扩大又能使反应速率加快。

（3）CO_2 由脱附离开反应相界，在其外的产物层（MO）内扩散，并通过产物层外边界层外扩散。当气流速度较大时，往往是内扩散成为速率的限制者。此外，碳酸盐的分解有较大的吸热量，例如 $CaCO_3$ 的分解，$\Delta_r H_m^{\ominus}(CaCO_3, s) = 170kJ/mol$。因此，如产物的导热性差或未能及时保证向反应区供热，也能影响分解反应的速率，传热能成为反应的限制环节。

5.2.2.2 碳酸盐分解的速率式

由上所述，碳酸盐的分解过程由界面化学反应、氧化物层的内扩散及矿粒外边界层的外扩散三个环节组成。在一般条件下，矿块外边界层的外扩散要比分解产物层的内扩散快得多，不会成为分解速率的限制者，因此，可认为分解过程由界面反应和内扩散两个环节组成，从而导出其速率式。

两个环节的速率为：

（1）界面化学反应。

$$v = 4\pi r^2 (k_+ a_{MCO_3} - k_- a_{MO} p_{CO_2}) = 4\pi r^2 k_+ (1 - p_{CO_2}/K^{\ominus}) \tag{1}$$

式中 r——矿粒在时间 t 时未反应部分的半径；

a_{MCO_3}，a_{MO}——纯物质的活度，其值为 1；

p_{CO_2}——反应界面 CO_2 的分压（量纲一的量）；

$K^{\ominus}$——反应的平衡常数，$K^{\ominus} = k_+/k_-$。

（2）CO_2 在产物层的内扩散。

由式（2－62）得：

$$J=\frac{4\pi D_e}{RT}\cdot\frac{r_0 r}{r_0-r}\cdot(p_{CO_2}-p^0_{CO_2}) \tag{2}$$

式中 D_e——产物层（MO）内 CO_2 的有效扩散系数；

r_0——矿球原始半径；

$p^0_{CO_2}$——气相中 CO_2 的分压，当外扩散不成为限制环节时，矿球表面 $p_{CO_2}=p^0_{CO_2}$，这里已将式（2－62）中的 c 转换为 p，$c_{(CO_2)}=p_{CO_2}/(RT)$。

按第2章讲述的稳定态原理，可由两环节速率相等（$v=J$）消去未知的界面浓度 p_{CO_2}，得出以分解的反应度 R' 表示的速率微分式，导出的过程如下。

由 $v=J$，得出未知界面浓度 p_{CO_2}：

$$p_{CO_2}=\frac{rk_+ +\frac{D_e}{RT}\cdot\frac{r_0}{r_0-r}\cdot p^0_{CO_2}}{\frac{D_e}{RT}\cdot\frac{r_0}{r_0-r}+\frac{rk_+}{K^{\ominus}}} \tag{3}$$

将式（3）代入式（1），化简得到反应速率的微分式：

$$v=-\frac{dn}{dt}=\frac{4\pi r^2 r_0(1-p^0_{CO_2}/K^{\ominus})}{\frac{r_0}{k_+}+\frac{RT}{K^{\ominus}D_e}\cdot(rr_0-r^2)} \tag{5-14}$$

为利用式（5－14）求速率的积分式，需从式（5－14）的3个参数（n、r、t）中消去 n。为此，引入以固相反应物（MCO_3）的物质的量变化率所表示的速率式：

$$v=-\frac{dn}{dt}=-\frac{dn}{dr}\cdot\frac{dr}{dt}=-\frac{d}{dr}\left(\frac{4}{3}\pi r^3\rho\right)\frac{dr}{dt}=-4\pi r^2\rho\frac{dr}{dt} \tag{4}$$

式中 ρ——反应物 MCO_3 的量浓度，mol/m^3。

对于 MCO_3 的分解反应（$MCO_3 = MO+CO_2$），有 $-dn(MCO_3)/dt=dn(CO_2)/dt$，故式（5－14）与式（4）的右端相等，简化后得：

$$\frac{(1-p^0_{CO_2}/K^{\ominus})r_0}{\rho}dt=-\left[\frac{r_0}{k_+}+\frac{RT}{K^{\ominus}D_e}\cdot(rr_0-r^2)\right]dr$$

将上式在 $0\sim t$ 及 $r_0\sim r$ 界限内积分，得：

$$\frac{k_+D_e r_0(1-p^0_{CO_2}/K^{\ominus})}{\rho}t=\frac{k_+RT}{6K^{\ominus}}(r_0^3+2r^3-3r^2r_0)-D_e rr_0+D_e r_0^2 \tag{5}$$

代入反应界面半径与反应度 R' 的关系式 $r=r_0(1-R')^{1/3}$（参见第2章式（2－71）），则式（5）化简后得：

$$\frac{k_+D_e(1-p^0_{CO_2}/K^{\ominus})}{r_0^2\rho RT}t=\frac{k_+}{6K^{\ominus}}[3-2R'-3(1-R')^{2/3}]+\frac{D_e}{r_0}[1-(1-R')^{1/3}] \tag{5-15}$$

式（5－15）和第2章的式（2－74）有相同的形式，仅是因为它们的界面化学反应速率式（与反应式有关）不完全相同，所以方程式各项的系数有所不同。

按照不同的反应条件、k_+ 和 D_e 的相对大小，可确定反应的限制环节：

（1）当 $k_+ \ll D_e$ 时，式（5－15）变为：

$$\frac{k_+(1-p^0_{CO_2}/K^{\ominus})}{r_0\rho RT}t=1-(1-R')^{1/3} \qquad (5-16)$$

这是界面反应成为限制环节的速率式，$R'=1$（即矿粒完全分解）的时间为：

$$t'=r_0\rho RT/[k_+(1-p^0_{CO_2}/K^{\ominus})]$$

可见，矿粒完全分解的时间与矿粒原始半径 r_0 的一次方成正比。这是界面反应成为限制环节的判据。在这种情况下，随着温度的升高、粒度（r_0）的减小和气相 $p^0_{CO_2}$ 的降低，分解时间缩短。

（2）当 $k_+ \gg D_e$ 时，式（5－15）变为：

$$\frac{2D_e(K^{\ominus}-p^0_{CO_2})}{r_0^2\rho RT}t=1-\frac{2}{3}R'-(1-R')^{2/3} \qquad (5-17)$$

这是内扩散成为限制环节的速率式。$R'=1$（即矿粒完全分解）的时间为：

$$t'=r_0^2\rho RT/[6D_e(K^{\ominus}-p^0_{CO_2})]$$

可见，矿球完全分解时间与矿粒原始半径 r_0 的二次方成正比。这是内扩散成为限制环节的判据。但是碳酸盐的分解伴随着固相体积的减小（约 2/3，例如，$\rho_{CaCO_3}=2900\text{kg/m}^3$，$\rho_{CaO}=3400\text{kg/m}^3$），因此常形成有一定孔隙的结构，这对 CO_2 的内扩散有利，因为扩散环节的阻力较小。仅在反应的后一阶段，特别是当矿粒比较大时，内扩散才可能成为限制环节。因此，提高温度、降低气相 $p^0_{CO_2}$，特别是减小矿块的粒度，可提高分解的速率。

在高炉内，装入的石灰石熔剂是在温度、压力不断增高和 CO_2 分压不断下降的条件下进行分解的，这是十分有利于其分解的。但当石灰石进入高温区内分解时，分解出的 CO_2 能与料层中的焦炭反应，使高炉冶炼的焦比增大，特别是当石灰石的粒度大时，分解往往会延至高温区，这种作用就会更加强烈。因此，要控制入炉石灰石的粒度。石灰石要经过适当破碎及分级，其粒度应随其致密度的增加而减小。现代高炉多使用熔剂性或自熔性人造富矿，高炉内可以不直接装入石灰石，只备少量作临时调剂之用，这就可减少上述石灰石在高炉内分解的不利作用。

【例 5－5】 怎样计算石灰石在窑内煅烧成生石灰的温度？如何才能在煅烧过程中获得炼钢造渣用的活性大的石灰？

解 石灰石在窑内的分解反应为：

$$CaCO_3(s)═══CaO(s)+CO_2 \quad \Delta_rG^{\ominus}_m=170577-144.19T \quad (\text{J/mol})$$

一般为使石灰石顺利分解，应将它加热到其沸腾温度 T_b，即达到窑内总压下的分解温度，取 $p'=1.2\times10^5\text{Pa}$，即 $p=1.2$。因此：

$$\Delta_rG_m=170577-144.19T+19.147T\lg p_{CO_2}$$

$$T_b=\frac{170577}{144.19-19.147\times\lg1.2}=1196\text{K}(923℃)$$

即窑内石灰石的分解温度达到 923℃以上。

活性石灰是孔隙率高（大于 50%）、密度小（1500～1700kg/m^3）而比表面积大的煅烧石灰块，它具有较强的反应能力。

煅烧温度和煅烧时间对石灰的活性有很大的影响。选取的煅烧温度较高时，虽然石灰石的分解速率加快，但石灰的活性度则变差。因为煅烧温度较低时，烧成的 CaO 的密度小、晶粒细（再结晶长大的程度较小）、孔隙率大，晶粒存在的缺陷未完全消除，因而化学反应能力较强。所以要获得活性大的石灰，应选择适合的煅烧温度和缩短窑内高温期的停留时间。在根据理论计算的煅烧温度的基础上，可采取下列措施来获得活性大的石灰：

（1）选择适宜的较小的石灰石粒度，要求1~10mm的粒级大于90%。

（2）使用添加剂，掺入CaO晶格中，引起石灰物性和晶格结构发生变化，破坏其稳定性。例如，以食盐作添加剂时，产生的NaCl蒸气可使CaO、MgO晶格呈现疏松多孔状，提高了CaO的孔隙率和表面积，从而增大了石灰的活性度。

（3）降低煅烧窑内p_{CO_2}，使分解出的CO_2在CaO层内扩散加快，以提高分解速率，缩短高温下煅烧的停留时间。

5.3 氧化物的形成-分解反应

金属或准金属元素在大气中能形成氧化物，其稳定性取决于其存在条件下氧化物的分解压。因此，绝大多数的金属都是以氧化物的形式存在于矿石中（少数是硫化物）。为了从矿石中提取金属及从粗金属中除去某些元素，需要研究氧化物的形成-分解反应的物理化学原理。

5.3.1 氧势：$\pi_O = RT\ln p_{O_2}$

5.3.1.1 含氧气体的氧势

在温度为T、氧分压为p'_{O_2}的气相中，氧的化学势可表示为：

$$\mu_{O_2} = \mu_{O_2}^{\ominus} + RT\ln\left(\frac{p'_{O_2}}{p^{\ominus}}\right) = \mu_{O_2}^{\ominus} + RT\ln p_{O_2} \qquad (5-18)$$

式中，$p_{O_2} = p'_{O_2}/p^{\ominus}$是量纲一的氧分压；$\mu_{O_2}^{\ominus}$是$p'_{O_2} = p^{\ominus}$时（即标准态）的化学势，称为标准化学势。$\mu_{O_2}$与$\mu_{O_2}^{\ominus}$之差是氧的相对化学势，常称为氧势（oxygen potential），以符号π_O表示，即：

$$\pi_{O(O_2)} = \mu_{O_2} - \mu_{O_2}^{\ominus} = RT\ln p_{O_2} \quad (\text{J/mol}) \qquad (5-19)$$

其值相当于1mol O_2从标准态（$p'_{O_2} = 100$kPa）等温转变到氧分压为p'_{O_2}时的吉布斯自由能变化，如果以$RT\ln p_{O_2}$为纵坐标、温度T为横坐标作图，可绘出一系列p_{O_2}值（1，10^{-1}，10^{-2}，…）的$RT\ln p_{O_2}-T$直线，称之为气体的氧势线（或等氧分压线），如图5-3所示。

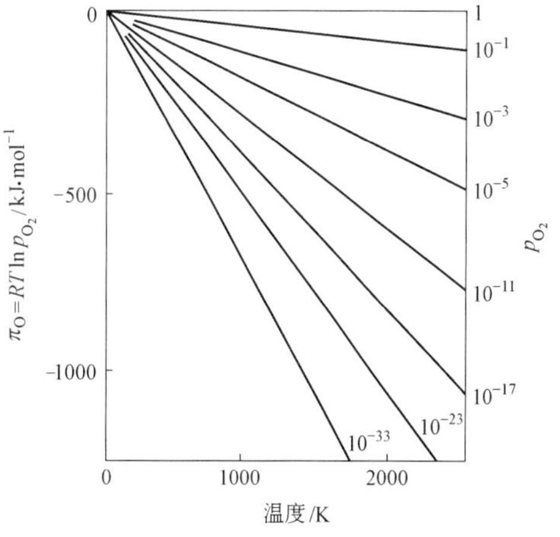

图5-3 含氧气体（p_{O_2}）的氧势线

5.3.1.2 $CO + CO_2$、$H_2 + H_2O$混合气体的氧势

对于$CO + CO_2$混合气体，有下列反应发生：

$$2CO + O_2 \xlongequal{\quad} 2CO_2 \quad \Delta_r G_m^{\ominus} = -565390 + 175.17T \quad (J/mol)$$

反应的平衡常数为：
$$K^{\ominus} = \frac{p_{CO_2}^2}{p_{CO}^2 p_{O_2}}$$

$$\Delta_r G_m^{\ominus} = -2RT\ln(p_{CO_2}/p_{CO}) + RT\ln p_{O_2} \quad 或 \quad RT\ln p_{O_2} = \Delta_r G_m^{\ominus} - 2RT\ln(p_{CO}/p_{CO_2})$$

$$\pi_{O(CO+CO_2)} = RT\ln p_{O_2} = -565390 + 175.17T - 38.30T\lg(p_{CO}/p_{CO_2}) \quad (5-20)$$

$$= -565390 + [175.17 - 38.30 \times \lg(p_{CO}/p_{CO_2})]T \quad (J/mol)$$

利用式（5-20）可作出一定p_{CO}/p_{CO_2}值（1，10^2，10^4，…）的 CO + CO_2 混合气体的一系列氧势线，其截距为$RT\ln p_{O_2} - T$坐标图中$T = 0K$轴上的“C”点（即$RT\ln p_{O_2} = -565kJ/mol$），斜率为$175.17 - 38.30\lg(p_{CO}/p_{CO_2})$，如图5-4（a）所示。图中绘有不同$p_{CO}/p_{CO_2}$值的一系列氧势线，它们均通过$T = 0K$轴上的“C”点，但有不同的斜率，取决于其$p_{CO}/p_{CO_2}$值。$p_{CO}/p_{CO_2} = 1$的氧势线是$RT\ln p_{O_2} = \Delta_r G_m^{\ominus}$（即反应处于标准态）的氧势线，而其余$p_{CO}/p_{CO_2} \neq 1$的氧势线是$RT\ln p_{O_2} = \Delta_r G_m$（即反应处于非标准态）的氧势线。

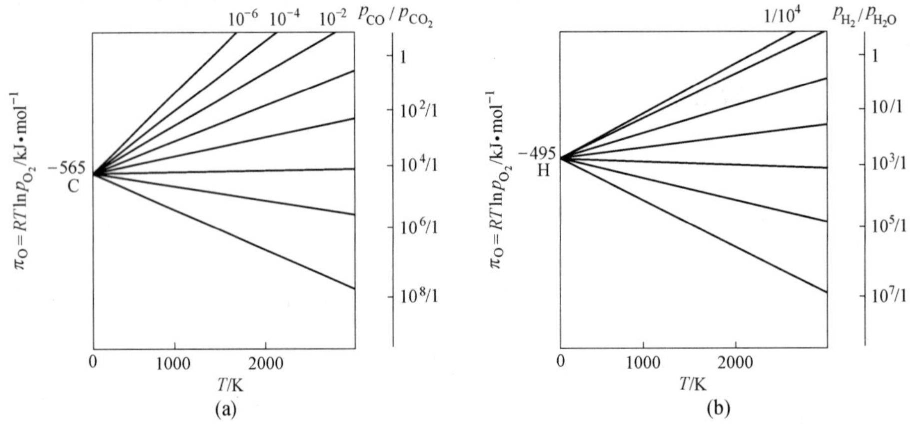

图5-4 混合气体的氧势图

（a）CO + CO_2 气体；（b）H_2 + H_2O 气体

又对于 H_2 + H_2O 混合气体：

$$2H_2 + O_2 \xlongequal{\quad} 2H_2O(g) \quad \Delta_r G_m^{\ominus} = -495000 + 111.76T \quad (J/mol)$$

$$\pi_{O(H_2+H_2O)} = RT\ln p_{O_2} = -495000 + [111.76 - 38.30 \times \lg(p_{H_2}/p_{H_2O})]T \quad (J/mol) \quad (5-21)$$

由式（5-21）可绘出不同p_{H_2}/p_{H_2O}值（1，10^2，10^4，…）的一系列氧势线，它们均通过$T = 0K$轴上的“H”点（即$RT\ln p_{O_2} = -495kJ/mol$）。

5.3.1.3 氧化物（M_xO_y）的氧势

金属元素氧化形成氧化物的反应为：

$$\frac{2x}{y}M(s) + O_2 \xlongequal{\quad} \frac{2}{y}M_xO_x(s)$$

式中，M(s) 及 M_xO_y(s) 的化学计量数是为了使 O_2 的化学计量数为 1 而设定的。

$$K^{\ominus} = a_{M_xO_y}^{2/y} / (a_M^{2x/y} p_{O_2})$$

由于 $a_M = a_{M_xO_y} = 1$，故 $K^{\ominus} = 1/p_{O_2}$，从而

$$\Delta_r G_m^{\ominus} = -RT\ln K^{\ominus} = RT\ln p_{O_2} \quad (J/mol)$$

式中，p_{O_2}是氧化物形成反应的平衡氧分压，而 $RT\ln p_{O_2}$则称为氧化物的氧势：$\pi_{O(M_xO_y)} = RT\ln p_{O_2}$。在一定温度下，$p_{O_2}$越低，则 $\Delta_r G_m^{\ominus}$ 值越负，而氧化物的氧势就越小，氧化物的稳定性越大。

需要指出，各氧化物形成反应中氧的量均为1mol。这是为了便于比较不同氧化物的稳定性，即以1mol O_2 形成氧化物的 $\Delta_r G_m^{\ominus}$ （J/mol）作为判断氧化物相对稳定性的标准；同时，也是为了消去两个氧化物参加的氧化-还原反应式中出现的自由氧分子，因为在这种耦合反应中，总是一个氧化物放出的氧被形成另一个氧化物所吸收。

将氧化物的 $\Delta_f G_m^{\ominus}$(J/mol) 转换为其形成反应的 $\Delta_r G_m^{\ominus}$(J/mol)，可得：

$$\pi_{O(M_xO_y)} = \Delta_r G_m^{\ominus} = RT\ln p_{O_2}$$

而

$$\Delta_r G_m^{\ominus} = \Delta_r H_m^{\ominus} - T\Delta_r S_m^{\ominus}$$

故

$$\pi_{O(M_xO_y)} = RT\ln p_{O_2} = \Delta_r H_m^{\ominus} - T\Delta_r S_m^{\ominus} \quad (J/mol)$$

式中，$\Delta_r H_m^{\ominus}$ 及 $\Delta_r S_m^{\ominus}$ 是 $\Delta_r G_m^{\ominus}$ 适用温度范围内的焓变和熵变的平均值。这里把 $\Delta_r H_m^{\ominus}$ 及 $\Delta_r S_m^{\ominus}$ 视为与温度无关的常数，因为温度升高所带来的变化不是很大。例如，估计升高温度100℃，$\Delta_r H_m^{\ominus}$ 大约变化5%，$\Delta_r S_m^{\ominus}$ 大约变化1%；但在很高的温度下，$\Delta_r G_m^{\ominus}$ 的误差却要比低温度下的略大（见氧势图中的准确度符号）。并且 $\Delta_r H_m^{\ominus}$ 和 $\Delta_r S_m^{\ominus}$ 变化带来的结果是大致相互抵消了的。所以在要求的准确度内，在物质不发生相变的温度范围内，由上式绘出的氧化物生成的氧势线是直线，如图5-5所示。

某些氧势线在凝聚态物质的相变温度处出现了转折点，即直线的斜率发生了变化。这表明氧化物的稳定性（即 $-\Delta_r G_m^{\ominus}$）有突变。由于相变要吸热（$\Delta_{trs} H_m^{\ominus}(B)$），物质被加热到相变温度时，它的熵值比以前增大了 $\Delta_{trs} S_m^{\ominus}(B)$（$\Delta_{trs} S_m^{\ominus}(B) = \Delta_{trs} H_m^{\ominus}(B)/T_{trs(B)}$，J/mol），而 $(\partial \Delta_r G_m^{\ominus}/\partial T)_p = -\Delta_r S_m^{\ominus}$，因而直线的斜率在相变温度后改变，直线上出现了折点。通过折点后，直线的斜率则取决于反应的 $\Delta_r S_m^{\ominus}$ 的数值及符号。

例如，对于反应 $M(s) + O_2 = MO_2(s)$

$$(\partial \Delta_r G_m^{\ominus}/\partial T)_p = -\Delta_r S_m^{\ominus} = -(S_m^{\ominus}(MO_2,s) - S_m^{\ominus}(M,s) - S_m^{\ominus}(O_2))$$

$$= S_m^{\ominus}(M,s) + S_m^{\ominus}(O_2) - S_m^{\ominus}(MO_2,s)$$

当 $MO_2(s)$ 发生相变（$MO_2(s)$ 熔化）时，

$$(\partial \Delta_r G_m^{\ominus}/\partial T)_p = S_m^{\ominus}(M,s) + S_m^{\ominus}(O_2) - (S_m^{\ominus}(MO_2,s) + \Delta_{fus} S_m^{\ominus}(MO_2,s))$$

因而 $\Delta_r S_m^{\ominus}$ 减小或成负值，直线斜率在相变温度后变小或反向。

当 $M(s)$发生相变（$M(s)$熔化）时，

$$(\partial \Delta_r G_m^{\ominus}/\partial T)_p = (S_m^{\ominus}(M,s) + \Delta_{fus} S_m^{\ominus}(M,s)) + S_m^{\ominus}(O_2) - S_m^{\ominus}(MO_2,s)$$

因而 $\Delta_r S_m^{\ominus}$ 增加，直线的斜率在相变温度后变大，如图 5－6 所示。

可是，物质的气化热远大于其熔化热，所以氧势线的斜率在沸点后有更大的变化，例如图 5－5（氧势图）中钙和镁生成氧化物的氧势线。因此，物质的相变，特别是产生气态能显著地改变氧化物的稳定性。

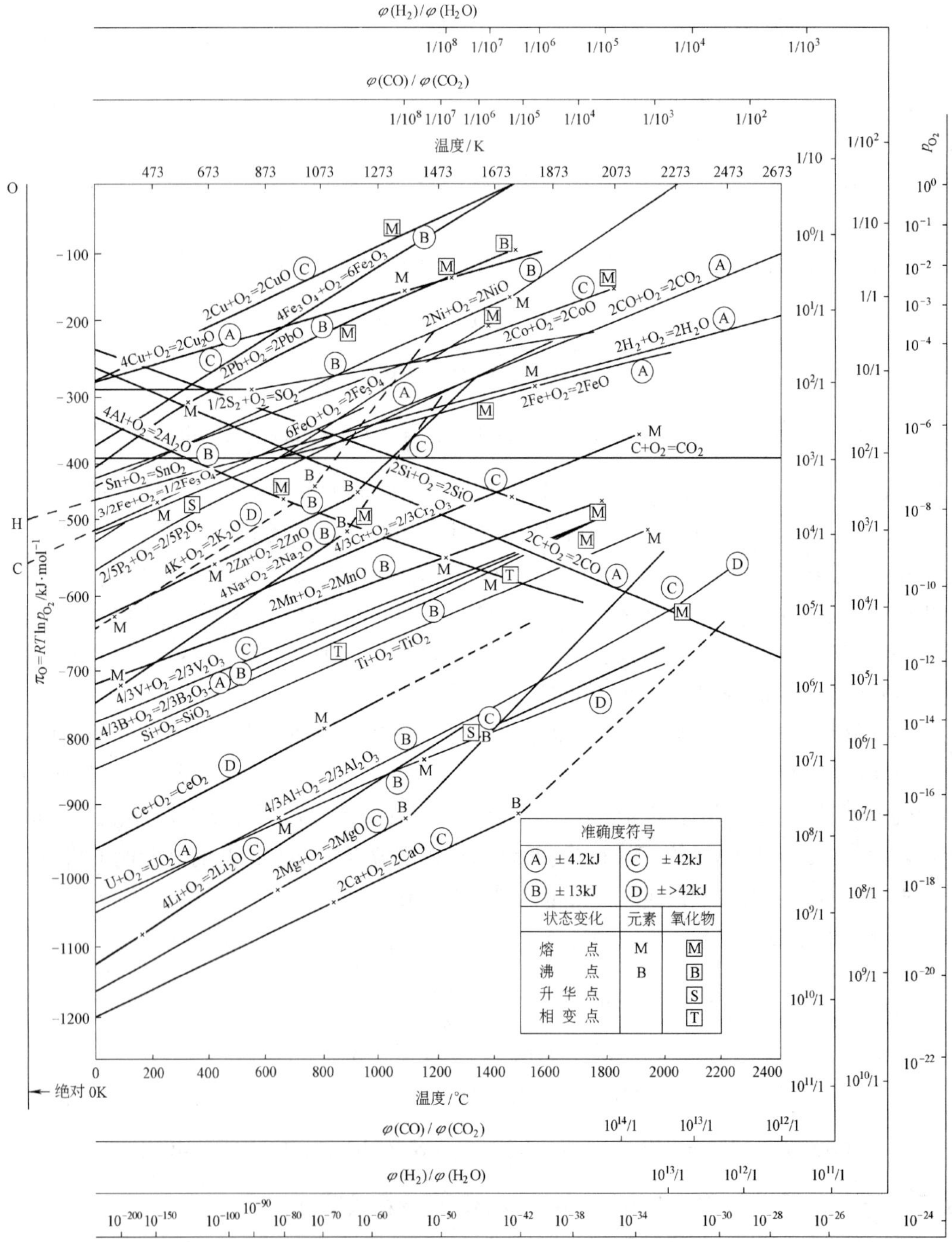

图 5－5　氧化物的氧势图

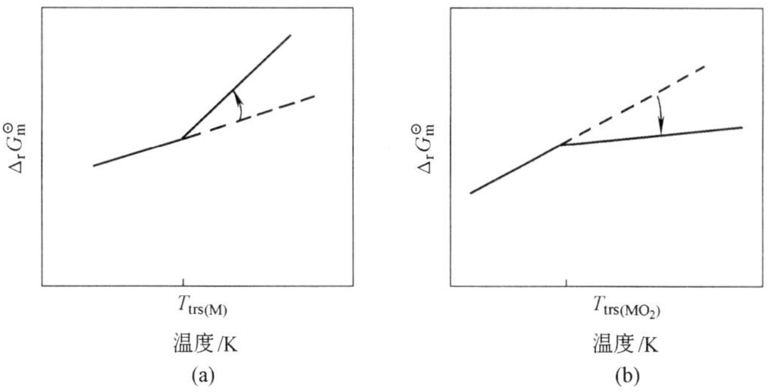

图 5－6 相变对氧化物氧势线的影响

（a）金属（M）发生相变；（b）氧化物（MO_2）发生相变

5.3.2 氧势图

将上列 3 类物质的氧势线绘成 $RT\ln p_{O_2}-T$ 坐标图，称为氧化物形成的氧势图。这种图首先由 Ellingham（H. J. 埃林汉）提出，所以称为 Ellingham diagram。后来 Richardson（F. D. 里恰桑）等人在此图上增绘 p_{O_2}、$\varphi(CO)/\varphi(CO_2)$、$\varphi(H_2)/\varphi(H_2O)$ 标尺，扩大了氧势图的内容。

氧势图中仅绘出了凝聚态氧化物（M_xO_y）、$p_{CO}/p_{CO_2}=1$ 的 $CO+CO_2$ 混合气体及 $p_{H_2}/p_{H_2O}=1$ 的 H_2+H_2O 混合气体的氧势线。但未直接绘出 $p_{O_2}\neq1$、$p_{CO}/p_{CO_2}\neq1$ 及 $p_{H_2}/p_{H_2O}\neq1$ 的相应气体的氧势线，仅在图中右上方、右边及下方的相应 p_{O_2}、$\varphi(CO)/\varphi(CO_2)$、$\varphi(H_2)/\varphi(H_2O)$ 标尺上标出这些氧势线的终端坐标点（对数等分点），它们的始点分别为 0K 轴上的“O”、“C”及“H”点。因此，为得出某氧分压（p_{O_2}）的氧势线，用一直尺将“O”点与 p_{O_2} 标尺上的 p_{O_2} 值点连接起来即可。为求某 p_{CO}/p_{CO_2} 值的氧势线，用一直尺将“C”点与 $\varphi(CO)/\varphi(CO_2)$ 标尺上的 p_{CO}/p_{CO_2} 值点连接起来即可。同样，将“H”点与 $\varphi(H_2)/\varphi(H_2O)$ 标尺上的 p_{H_2}/p_{H_2O} 值点连接，即可得某 p_{H_2}/p_{H_2O} 值的氧势线。

又图中所有形成凝聚态氧化物的氧势与其 $\Delta_r G_m^{\ominus}$（kJ/mol）相等，即 $\Delta_r G_m^{\ominus}=RT\ln p_{O_2}$。但对于像 $C_{(石)}+O_2=CO_2$、$2C_{(石)}+O_2=2CO$ 一类形成气态氧化物的氧势，则分别为 $RT\ln p_{O_2}=\Delta_r G_m^{\ominus}(CO_2)+RT\ln p_{CO_2}$、$RT\ln p_{O_2}=\Delta_r G_m^{\ominus}(CO)+2RT\ln p_{CO}$。由于高温下气相中氧的平衡分压（$p_{O_2}$）很低，可认为 $p=p_{O_2}+p_{CO_2}\approx p_{CO_2}$，$p=p_{O_2}+p_{CO}\approx p_{CO}$。当 $p=1$（量纲一的量）时，$p_{CO_2}=1$，$p_{CO}=1$，故两反应的 $RT\ln p_{O_2}=\Delta_r G_m^{\ominus}$，即反应的氧势与其各自的 $\Delta_r G_m^{\ominus}$ 相等。所以，图中有此两个反应的氧势线。

由于图中加有 $\varphi(CO)/\varphi(CO_2)$、$\varphi(H_2)/\varphi(H_2O)$ 标尺，而这些反应的 $RT\ln p_{O_2}=\Delta_r G_m^{\ominus}$，所以氧势图的纵坐标用 $RT\ln p_{O_2}$（kJ/mol）表示要更全面些。

图中氧势线的走向或斜率表示温度对氧化物氧势的影响。由于 $(\partial\Delta_r G_m^{\ominus}/\partial T)_p=-\Delta_r S_m^{\ominus}$，即氧势线的走向及斜率取决于生成反应的熵变（$-\Delta_r S_m^{\ominus}$）。又由于 $\left(\frac{\partial S}{\partial V}\right)_T=\left(\frac{\partial p}{\partial T}\right)_V>0$，故熵变与反应的 ΔV 同符号，而 ΔV 又与反应前后气体物质的化学计量数的 $\Delta\nu_B$ 同符

号。因此，$\Delta_r S_m^\ominus$ 与 $\Delta\nu_B$ 同符号，由 $\Delta\nu_B$ 即可判断反应氧势线的走向。图中氧势线的走向有3类：

（1）$\Delta_r S_m^\ominus<0$，从而$(\partial\Delta_r G_m^\ominus/\partial T)_p=-\Delta_r S_m^\ominus>0$，即直线的斜率为正，表明氧化物的氧势随温度的升高而升高，如 M（s）$+O_2=MO_2$（s）型反应。图中绝大多数凝聚态氧化物均有此特性。

（2）$\Delta_r S_m^\ominus>0$，从而$(\partial\Delta_r G_m^\ominus/\partial T)_p=-\Delta_r S_m^\ominus<0$，直线的斜率为负，即形成气体氧化物的氧势随温度的升高而降低，如 $2C_{(石)}+O_2=2CO$ 型反应，属于此类的还有 SiO(g)、Al_2O(g) 等气态氧化物。

（3）$\Delta_r S_m^\ominus\approx0$，而$(\partial\Delta_r G_m^\ominus/\partial T)_p\approx0$，氧势线是水平的，即氧化物的氧势不随温度的变化而改变，如反应 $C_{(石)}+O_2=CO_2$。

5.3.3 氧势图的应用

5.3.3.1 氧化物形成反应的标准热力学函数

利用氧势线的截距和斜率可求得氧化物形成反应的 $\Delta_r H_m^\ominus$ 和 $\Delta_r S_m^\ominus$。

$$\Delta_r H_m^\ominus(\mathrm{MO})=0\mathrm{K}\text{ 轴上氧势线的截距}$$

例如，$\Delta_r H_m^\ominus(Cr_2O_3)=-730\mathrm{kJ/mol}$。

$$\Delta_r S_m^\ominus(\mathrm{MO})=\text{氧势线的斜率}$$

例如,除上述氧势线外推到0K轴上的截距点外,再由此氧势线上另一点(1273K，-530kJ/mol)求得斜率为：

$$\Delta_r S_m^\ominus(\mathrm{MO})=[-530\times10^{-3}-(-730\times10^{-3})]/1273=157.0\mathrm{J/(mol\cdot K)}$$

而 Cr_2O_3(s) 氧势线的反应为：

$$\frac{4}{3}\mathrm{Cr(s)}+O_2=\!=\!=\frac{2}{3}Cr_2O_3\mathrm{(s)}$$

故

$$\pi_{O(Cr_2O_3)}=-730000+157.0T\quad(\mathrm{J/mol})$$

而 Cr_2O_3(s) 的生成反应为：

$$2\mathrm{Cr(s)}+\frac{3}{2}O_2=\!=\!=Cr_2O_3\mathrm{(s)}$$

$$\Delta_f G_m^\ominus(Cr_2O_3)=1.5\Delta_r G_m^\ominus=1.5\times(-730000+157.0T)$$

$$=-1095000+235.5T\quad(\mathrm{J/mol})$$

5.3.3.2 氧化物的稳定性

由图中氧化物氧势线上的温度点，可得出用以衡量该氧化物稳定性的 $-\Delta_r G_m^\ominus$（T）或 $RT\ln p_{O_2}$。图中一定温度下该氧化物氧势线的位置越低，则其氧势越小，而氧化物就越稳定。又比较同温度下气相氧的氧势与氧化物的氧势，可确定该氧化物在此气相中能否稳定存在或发生分解。

【例5－6】 试确定 MnO(s) 在 1473K 的空气中能否稳定存在。

解 当气相的氧势不小于 MnO(s) 的氧势时，MnO(s) 能稳定存在，即 MnO(s) 能稳定存在的条件为：

$$\pi_{O(O_2)} \geqslant \pi_{O(MnO)}$$

空气中 $p_{O_2}=0.21\times10^5/p^\ominus=0.21$，在氧势图中"O"点与 p_{O_2} 标尺上 $10^{-0.21}$ 点的连线上，1473K 温度点的 $RT\ln p_{O_2}=-19\text{kJ/mol}$，即 $\pi_{O(O_2)}=RT\ln p_{O_2}=-19\text{kJ/mol}$。

在 MnO(s) 氧势线上 1473K 温度点得出：

$$\pi_{O(MnO)}=RT\ln p_{O_2}=-570\text{kJ/mol}$$

则 $\pi_{O(O_2)}\gg\pi_{O_2(MnO)}$，故 MnO(s) 在空气中能稳定存在。

5.3.3.3　氧化物的分解压

由本章 5.1.1 节可知，氧化物的分解压等于其平衡氧分压，即 $p_{O_2}=p_{O_2(MO)}$。氧势图中，氧化物（MO）的氧势线在某温度与氧气的氧势线相交，则在交点处两者的氧势相等：$RT\ln p_{O_2(O_2)}=RT\ln p_{O_2(MO)}$，从而 $p_{O_2(MO)}=p_{O_2(O_2)}$，即此氧气（$p_{O_2(O_2)}$）氧势线所在的 p_{O_2} 为该温度（交点）下氧化物的分解压或平衡氧分压。

因此，为求氧化物（MO）在某温度的分解压，可将氧势图中的"O"点与氧化物氧势线上的该温度点连接起来，并将直线外延到与 p_{O_2} 标尺相交，由交点坐标求得 $p_{O_2(MO)}$。

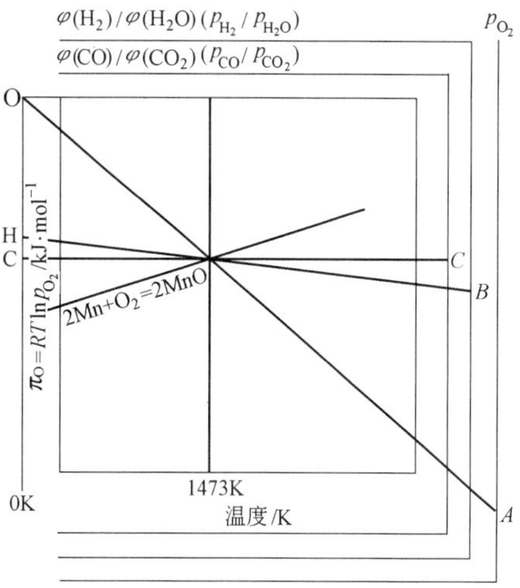

图 5－7　氧势图中 p_{O_2}、$\varphi(CO)/\varphi(CO_2)$、$\varphi(H_2)/\varphi(H_2O)$ 标尺应用的图示法

【例5－7】 试从氧势图求 MnO(s) 在 1473K 的分解压。

解 在氧势图中作"O"点与 MnO(s) 氧势线上 1473K 温度点的连线，外延至交 p_{O_2} 标尺上 $10^{-18}\sim10^{-20}$ 点间的坐标点 $10^{-19.8}$，见图 5－7（A 点）、图 5－5。由数学运算得 $10^{-19.8}=1.6\times10^{-20}$，故：

$$p_{O_2(MnO)}=1.6\times10^{-20}\quad \text{或}\quad p'_{O_2(MnO)}=1.6\times10^{-20}\times10^5=1.6\times10^{-15}\text{Pa}$$

又从热力学数据进行计算：

$$Mn(s)+\frac{1}{2}O_2 = MnO(s)\qquad \Delta_r G_m^\ominus=-385360+73.75T\quad (\text{J/mol})$$

$$2Mn(s)+O_2 = 2MnO(s)\qquad \Delta_r G_m^\ominus=-770720+147.5T\quad (\text{J/mol})$$

$$\lg p_{O_2}=-\frac{770720}{19.147\times1473}+\frac{147.5}{19.147}=-19.62$$

故　$$p_{O_2(MnO)}=2.40\times10^{-20}\quad \text{或}\quad p'_{O_2(MnO)}=2.40\times10^{-15}\text{Pa}$$

可见，两者得到的数值很相近，但前一方法比较方便。

但是，图解法仅适用于反应的 $K^{\ominus}=1/p_{O_2(平)}$ 的氧化物，而不适用于 $2CO+O_2 = 2CO_2$ 反应类型的氧化物，因为这种氧化物的 $p_{O_2(平)}$ 不仅与 $\Delta_r G_m^{\ominus}$ 有关，还与反应的（p_{CO_2}/p_{CO}）$_平$ 有关。这时可从"C"点作 p_{CO}/p_{CO_2} 值一定的反应的氧势线，再作"O"点与此氧势线上温度的连线，它在 p_{O_2} 标尺上的交点即为此反应的 $p_{O_2(平)}$。因在两线的交点处 $RT\ln p_{O_2(平)}=RT\ln p_{O_2(CO_2)}$，故 $p_{O_2(平)}=p_{O_2(CO_2)}$，如图 5－8 所示。

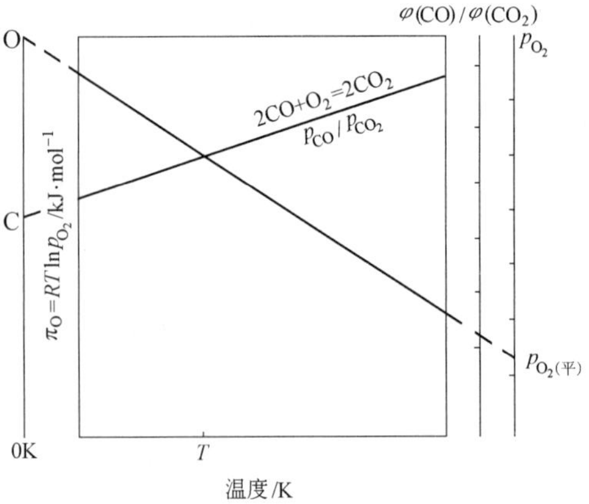

图 5－8　求 p_{CO}/p_{CO_2} 值一定的 $2CO+O_2 = 2CO_2$ 反应的 $p_{O_2(平)}$ 图解法

5.3.3.4　氧化物的相对稳定性及氧化－还原反应的平衡温度

当体系中有下列两个氧化物的形成－分解反应同时发生时，

$$2A(s)+O_2 = 2AO(s) \qquad \Delta_r G_m^{\ominus}(AO,s) \tag{1}$$

$$2B(s)+O_2 = 2BO(s) \qquad \Delta_r G_m^{\ominus}(BO,s) \tag{2}$$

并且在这两个反应中有共同物质 O_2 出现，如 $\pi_{O(AO)}>\pi_{O(BO)}$，则 AO(s) 分解出的 O_2 就会被 B(s) 所消耗而形成 BO(s)，即发生下列反应：

$$AO(s)+B(s) = BO(s)+A(s) \qquad \Delta_r G_m^{\ominus}$$

$$\Delta_r G_m^{\ominus}=\Delta_r G_m^{\ominus}(BO,s)-\Delta_r G_m^{\ominus}(AO,s)=RT\ln p_{O_2(BO)}-RT\ln p_{O_2(AO)}=\pi_{O(BO)}-\pi_{O(AO)}$$

如 $\pi_{O(AO)}>\pi_{O(BO)}$，则 $\Delta_r G_m^{\ominus}<0$，反应正向进行，B(s)作为还原剂去还原氧化物 AO(s)，这时，AO(s) 的氧势线位于 BO(s) 的氧势线上方；反之，如 $\pi_{O(AO)}<\pi_{O(BO)}$，则 $\Delta_r G_m^{\ominus}>0$，反应逆向进行，A(s) 作为还原剂去还原氧化物 BO(s)，这时 AO(s) 的氧势线位于 BO(s) 的氧势线下方。如 $\pi_{O(AO)}=\pi_{O(BO)}$，则 $\Delta_r G_m^{\ominus}=0$，反应达到平衡，这时两条氧势线相交（如图 5－9 所示）。因此，氧势线越低的氧化物稳定性越大，它们中的元素能还原氧势线高的氧化物。

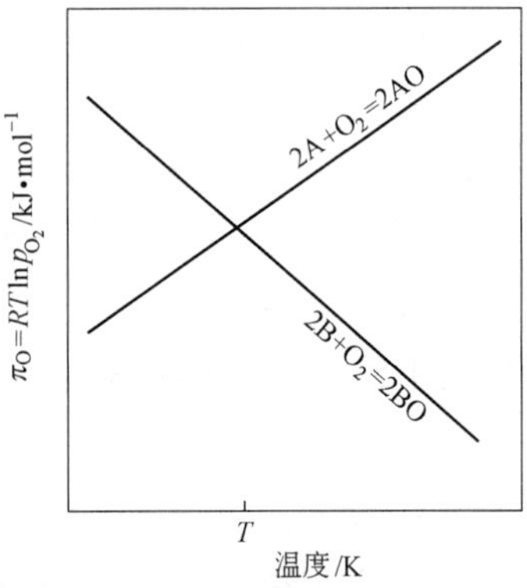

图 5－9　AO(s) 及 BO(s) 氧势线的关系

两条氧势线相交的温度是反应在标准态下的平衡温度，称为氧化－还原反应的转化温度。在温度低于此转化温度的条件下，A(s) 能还原 BO(s)，因为 $\pi_{O(BO)}>\pi_{O(AO)}$；而在温度高于此转化温度的条件下，B(s) 则能还原 AO(s)，因为 $\pi_{O(BO)}<\pi_{O(AO)}$，这是由于两条氧势线的斜率随温度的升高有不同的变化。如两氧势线在图中不出现交点，则氧势低的氧化物中元素一直能作为氧势高的氧化物的还原剂，而使反应正向进行。因此，欲使还原反应正向进行，必须使温度保持在转化温度之上。

例如，氧势图（见图 5－5）中 CO 的氧势线与 Cr_2O_3(s) 的氧势线在 1210℃ 相交。在此温度以上，如1400℃时，$\pi_{O(Cr_2O_3)}(-450kJ/mol) > \pi_{O(CO)}(-520kJ/mol)$，故反应：

$$Cr_2O_3(s) + 3C_{(石)} \longrightarrow 2Cr(s) + 3CO$$

的 $\Delta_r G_m^{\ominus} = 3\Delta_r G_m^{\ominus}(CO) - \Delta_r G_m^{\ominus}(Cr_2O_3, s) = -70kJ/mol$，C 能还原 $Cr_2O_3(s)$。但此温度以下，由于 $\Delta_r G_m^{\ominus} > 0$，C 则不能还原 $Cr_2O_3(s)$ 或 Cr(s) 将被 CO 所氧化，而使反应逆向进行。

图中氧势线以下为该元素的稳定区，而其上则为该氧化物的稳定区。各氧化物的氧势线均位于 $p'_{O_2} = 100kPa$ 的氧势线之下，所以这些氧化物均能在图中的条件下稳定存在。而位于 $CO_2(2CO + O_2 = 2CO_2)$ 及 H_2O 氧势线以上的氧化物，均可被 CO 及 H_2 所还原；而位于 $CO(2C_{(石)} + O_2 = 2CO)$ 氧势线下方的氧化物，在交点温度以上则能被 C 所还原。

这是反应（1）和（2）形成了耦合反应的结果。即由于反应 $2B(s) + O_2 = 2BO(s)$（$\Delta_r G_m^{\ominus} < 0$，$K^{\ominus} > 1$）的出现促进了反应 $2AO(s) = 2A(s) + O_2$（$\Delta_r G_m^{\ominus} > 0$，$K^{\ominus} < 1$）的进行，$2AO(s) + B(s) = 2A(s) + BO(s)$（$\Delta_r G_m^{\ominus} < 0$，$K^{\ominus} > 1$）从而 B(s) 作为还原剂，使 AO(s) 被还原获得 A(s)。

5.3.3.5 CO 及 H_2 还原氧化物反应的平衡常数及还原开始温度

这是 $\varphi(CO)/\varphi(CO_2)$、$\varphi(H_2)/\varphi(H_2O)$ 标尺的应用。

当体系中同时有下列反应进行时：

$$2M(s) + O_2 \longrightarrow 2MO(s)$$

$$2CO + O_2 \longrightarrow 2CO_2$$

将出现耦合反应：

$$MO(s) + CO \longrightarrow M(s) + CO_2 \quad (1)$$

$$\Delta_r G_{m(1)}^{\ominus} = \Delta_r G_m^{\ominus}(CO_2) - \Delta_r G_m^{\ominus}(MO, s) = \pi_{O(CO_2)} - \pi_{O(MO)}$$ [1]

$$K_1^{\ominus} = \frac{p_{CO_2}}{p_{CO}} \cdot \frac{a_M}{a_{MO}} = \frac{p_{CO_2}}{p_{CO}} = \left(\frac{\varphi(CO_2)_{\%}}{\varphi(CO)_{\%}}\right)_{平}$$

同时，对 H_2 作为还原剂时，有：

$$MO(s) + H_2 \longrightarrow M(s) + H_2O(g) \quad (2)$$

$$\Delta_r G_{m(2)}^{\ominus} = \Delta_r G_m^{\ominus}(H_2O, g) - \Delta_r G_m^{\ominus}(MO, s) = \pi_{O(H_2O)} - \pi_{O(MO)}$$

$$K_2^{\ominus} = \frac{p_{H_2O}}{p_{H_2}} \cdot \frac{a_M}{a_{MO}} = \frac{p_{H_2O}}{p_{H_2}} = \left(\frac{\varphi(H_2O)_{\%}}{\varphi(H_2)_{\%}}\right)_{平}$$

式中，$a_M = a_{MO} = 1$；$p_{H_2O} = \dfrac{\varphi(H_2O)_{\%} p}{100}$，$p_{H_2} = \dfrac{\varphi(H_2)_{\%} p}{100}$；对于 p_{CO}、p_{CO_2}，有相同的转换关系；$\varphi(H_2)_{\%}$ 等为气体的体积百分数。

当 $\pi_{O(CO_2)} = \pi_{O(MO)}$ 时，CO_2 及 MO(s) 的氧势线相交，反应的 $\Delta_r G_{m(1)}^{\ominus} = 0$，反应达到平衡。因而 CO_2 氧势线的 p_{CO}/p_{CO_2} 值，即是该交点温度下还原反应的 $(p_{CO}/p_{CO_2})_{平}$ 或 $(\varphi(CO)_{\%}/\varphi(CO_2)_{\%})_{平}$。

因此，为求某温度下还原反应的 $K_1^{\ominus} = (p_{CO_2}/p_{CO})_{平}$，可将“C”点与 MO(s) 氧势线上的温度点连成一直线，外延到与 $\varphi(CO)/\varphi(CO_2)$ 标尺相交，交点给出的坐标值 $\varphi(CO)/\varphi(CO_2)$ 的倒数即为反应的 $K_1^{\ominus}$ 或 $(\varphi(CO_2)_{\%}/\varphi(CO)_{\%})_{平}$。

---

[1] 式中，$\pi_{O(CO_2)}$ 或 $\Delta_r G_m^{\ominus}(CO_2)$ 是指反应 $2CO + O_2 = 2CO_2$（而不是反应 $C + O_2 = CO_2$）的氧势。

同样，对 H_2 作为还原剂的还原反应（2），可换用图中“H”点及相应 $\varphi(H_2)/\varphi(H_2O)$ 标尺做同样处理，得到 $K_2^{\ominus}$ 或 $(\varphi(H_2O)_{\%}/\varphi(H_2)_{\%})_{平}$。

此外，为求氧化物在还原性混合气体一定的 $\varphi(CO)/\varphi(CO_2)$ 或 $\varphi(H_2)/\varphi(H_2O)$ 值下的还原开始温度，可将“C”或“H”点与 $\varphi(CO)/\varphi(CO_2)$ 或 $\varphi(H_2)/\varphi(H_2O)$ 标尺上气相的 $\varphi(CO)/\varphi(CO_2)$ 或 $\varphi(H_2)/\varphi(H_2O)$ 值点连成直线，其与 MO(s) 氧势线交点的读数分别为相应的还原开始温度。这即是利用等温方程：

$$\Delta_r G_m = \Delta_r G_m^{\ominus} + RT\ln(\varphi(CO_2)_{\%}/\varphi(CO)_{\%}) = A + [B + R\ln(\varphi(CO_2)_{\%}/\varphi(CO)_{\%})]T = 0$$

求反应在此状态（$\varphi(CO)/\varphi(CO_2)$ 值）下的平衡温度的图解法。

【例 5-8】 试求 $\varphi(H_2)/\varphi(H_2O) = 1.0\times10^5$ 的气体还原剂还原 $Cr_2O_3(s)$ 的开始温度及 1400℃时反应的 $\Delta_r G_m$。

解 （1）还原开始温度。从氧势图上的“H”点作 $\varphi(H_2)/\varphi(H_2O) = 1.0\times10^5$ 的氧势线，与 $Cr_2O_3(s)$ 的氧势线相交，交点温度为 973K，此即 $Cr_2O_3(s)$ 的开始还原温度。

（2）$\Delta_r G_m$。还原反应为：

$$2H_2 + \frac{2}{3}Cr_2O_3(s) = \frac{4}{3}Cr(s) + 2H_2O(g)$$

由于上列反应是 $2H_2 + O_2 = 2H_2O(g)$（$\Delta_r G_m^{\ominus}(H_2O,g)$）反应及 $\frac{4}{3}Cr(s) + O_2 = \frac{2}{3}Cr_2O_3(s)$（$\Delta_r G_m^{\ominus}(Cr_2O_3,s)$）反应的组合，所以其 $\Delta_r G_m$ 为：

$$\begin{aligned}\Delta_r G_m &= \Delta_r G_m^{\ominus} + 2RT\ln\frac{\varphi(H_2O)_{\%}}{\varphi(H_2)_{\%}}\\ &= (\Delta_r G_m^{\ominus}(H_2O,g) - \Delta_r G_m^{\ominus}(Cr_2O_3,s)) - 38.30T\lg\frac{\varphi(H_2)_{\%}}{\varphi(H_2O)_{\%}}\\ &= \left(\Delta_r G_m^{\ominus}(H_2O,g) - 38.30T\lg\frac{\varphi(H_2)_{\%}}{\varphi(H_2O)_{\%}}\right) - \Delta_r G_m^{\ominus}(Cr_2O_3,s)\end{aligned}$$

由本节式（5-21）知，上式右边括号内的项是 $\varphi(H_2)/\varphi(H_2O) = 1.0\times10^5$ 的氧势线，于是在连接“H”点与 $\varphi(H_2)/\varphi(H_2O)$ 标尺上 1.0×10^5 点的氧势线上，1400℃温度点的 $RT\ln p_{O_2} = -648\text{kJ/mol}$，又由图上 1400℃的 $\Delta_r G_m^{\ominus}(Cr_2O_3,s) = RT\ln p_{O_2(Cr_2O_3)} = -460\text{kJ/mol}$，得：

$$\Delta_r G_m = -648 - (-460) = -188\text{kJ/mol}$$

【例 5-9】 试用氧势图求 1473K 时，CO 及 H_2 分别还原 MnO(s) 的气相组分平衡分压比及 MnO(s) 的平衡氧分压，并说明 CO 或 H_2 在此温度下还原 MnO(s) 的实际可能性。

解 如图 5-7 所示，从氧势图中 MnO(s) 氧势线上温度为 1473K 的点分别作与“C”、“H”及“O”点连接的直线，其延长线分别与 $\varphi(CO)/\varphi(CO_2)$、$\varphi(H_2)/\varphi(H_2O)$ 及 p_{O_2} 标尺相交，由交点坐标得出：

$$(p_{CO}/p_{CO_2})_{平} = 10^{4.3} = 2.0\times10^4 \text{（图中 } C \text{ 点）}$$

$$(p_{H_2}/p_{H_2O})_{平} = 10^{3.9} = 8\times10^3 \text{（图中 } B \text{ 点）}$$

$$p_{O_2(平)} = 10^{-19.6} = 2.5\times10^{-20} \text{（图中 } A \text{ 点）}$$

MnO(s) 的平衡氧分压很低，即其氧势或分解压很小，所以 MnO(s) 很稳定，因而 MnO(s) 还原反应的气相组分平衡分压比（p_{CO}/p_{CO_2}）就相当高。因此，为使 MnO(s) 在此温度下能被 CO 或 H_2 还原，必须保持气相的 $p_{CO}/p_{CO_2} \geqslant 2 \times 10^4$ 或 $p_{H_2}/p_{H_2O} \geqslant 8 \times 10^3$。这实际上是难以实现的。

5.3.3.6 应用的特点

氧势图是在标准态（$p'_{O_2} = 100kPa$）下作出的，参加反应的凝聚物都是纯态，所以仅适用于标准态下的气－固相反应，如高炉上部的还原反应、固相氧化物的形成－分解反应、金属热还原反应、碳和氢的燃烧反应等。

如参加反应的氧的 $p'_{O_2} \neq 100kPa$，则需用等温方程进行分析，即：

$$\Delta_r G_m = \Delta_r G_m^\ominus - RT\ln p_{O_2}$$

当 $p_{O_2} < 1$ 时，$\Delta_r G_m > \Delta_r G_m^\ominus$，氧势线位置将上移；反之，当 $p_{O_2} > 1$ 时，$\Delta_r G_m > \Delta_r G_m^\ominus$，氧势线位置则将下移。

此外，如参加反应的凝聚态物质发生相变或处于溶解态，则需用下列反应式及氧势的方程来讨论：

$$\frac{2x}{y}[M] + O_2 \xlongequal{\quad} \frac{2}{y}(M_xO_y)$$

$$RT\ln p_{O_2(M_xO_y)} = \Delta_r G_m^\ominus(M_xO_y, s) - \frac{2x}{y}RT\ln a_{[M]} + \frac{2}{y}RT\ln a_{(M_xO_y)} \pm \Delta_{trs} G_m^\ominus(M_xO_y, s) \qquad (5-22)$$

式中，右边第 1 项为凝聚物反应的 $\Delta_r G_m^\ominus$，即一般氧势图中的 $\Delta_r G_m^\ominus$。第 2 项及第 3 项分别为 M 及氧化物形成溶液的影响，这表现在它们的活度小于 1，$a_{(M_xO_y)}$ 降低，氧势减小，氧化物变得更加稳定；$a_{[M]}$ 减小，氧势增大，氧化物稳定性变差。第 4 项为凝聚物分别发生相变的影响，M 发生相变，氧势增大，氧化物的稳定性变差；氧化物发生相变，氧势降低，稳定性增加。

第 7 章将介绍铁液中溶解元素的氧势图。

5.3.3.7 总结

氧势图是由 O_2、M_xO_y、CO_2 及 H_2O（g）4 类物质的氧势线构成的热力学参数状态图，由此可得出冶金中元素氧化－还原的热力学规律。

氧势图的应用原理为：图中任两类氧势线相交时，交点处该两类氧势线所代表的氧势相等，即 $\pi_{O(1)} = \pi_{O(2)}$；在此交点温度，由此两类氧势线组分构成的反应达到平衡，因此交点的温度即为此反应的平衡温度，而两氧势线的组分或其比值即是反应的平衡成分或平衡分压比，此交点温度又称为此反应的转向温度。因为在交点温度以下和以上，反应的 $\pi_{O(1)}$ 和 $\pi_{O(2)}$ 大小相反，所以交点以后反应反向。图 5－10 说明了氧势图的应用。

另外，对于硫化物、氯化物等有相应的硫势图及氯势图，可以与氧势图一样地进行讨论，详见后述。

5.3.4 氧化物形成－分解的热力学原理

金属，特别是过渡金属元素，有几种价态即相应地有几种氧化物存在。例如，铁可形成 3 种氧化物，即 FeO、Fe_3O_4 及 Fe_2O_3。在氧的作用下，金属氧化形成氧化物的顺序则是遵循逐级转变原则的，即从低价依次突跃地经过所有中间价数的氧化物，变为最高价氧化

(1) 1线与2线相交：$\pi_{O(1)}=\pi_{O(2)}$
　　AO(s)+B(s)===A(s)+BO(s)
　交点以下：$\pi_{O(1)}<\pi_{O(2)}$，反应正向进行
　交点以上：$\pi_{O(1)}>\pi_{O(2)}$，反应反向进行
　　在交点：$\pi_{O(1)}=\pi_{O(2)}$，反应达平衡
(2) 1线和3线不相交：$\pi_{O(1)}\neq\pi_{O(3)}$
　　两者无交点，反应只能向右进行

(a)

$\pi_{O(O_2)}=\pi_{O(MO_2)}$
$MO_2(s)=M(s)+O_2$
$p_{O_2(MO_2)}=p_{O_2}$

(b)

$\pi_{O(MO)}=\pi_{O(H_2+H_2O)}$
$MO(s)+H_2=M(s)+H_2O(s)$
$\dfrac{\varphi(H_2)_\%}{\varphi(H_2O)_\%}=\dfrac{1}{K^\ominus}$，而 $K^\ominus=1/\dfrac{\varphi(H_2)_\%}{\varphi(H_2O)_\%}$

(c)

$\pi_{O(MO)}=\pi_{O(CO+CO_2)}$
$MO(s)+CO=M(s)+CO_2$
$\dfrac{\varphi(CO)_\%}{\varphi(CO_2)_\%}=\dfrac{1}{K^\ominus}$，$K^\ominus=1/\dfrac{\varphi(CO)_\%}{\varphi(CO_2)_\%}$

(d)

$\pi_{O(O_2)}=\pi_{O(H_2+H_2O)}$
$2H_2+O_2===2H_2O(g)$
$p_{O_2}=\left(\dfrac{\varphi(H_2O)_\%}{\varphi(H_2)_\%}\right)^2\cdot\dfrac{1}{K^\ominus}$
由 $\dfrac{\varphi(H_2)_\%}{\varphi(H_2O)_\%}$ 求 p_{O_2}

(e)

$\pi_{O(O_2)}=\pi_{O(CO+CO_2)}$
$2CO+O_2===2CO_2$
$p_{O_2}=\left(\dfrac{\varphi(CO_2)_\%}{\varphi(CO)_\%}\right)^2\cdot\dfrac{1}{K^\ominus}$
由 $\dfrac{\varphi(CO)_\%}{\varphi(CO_2)_\%}$ 求 p_{O_2}

(f)

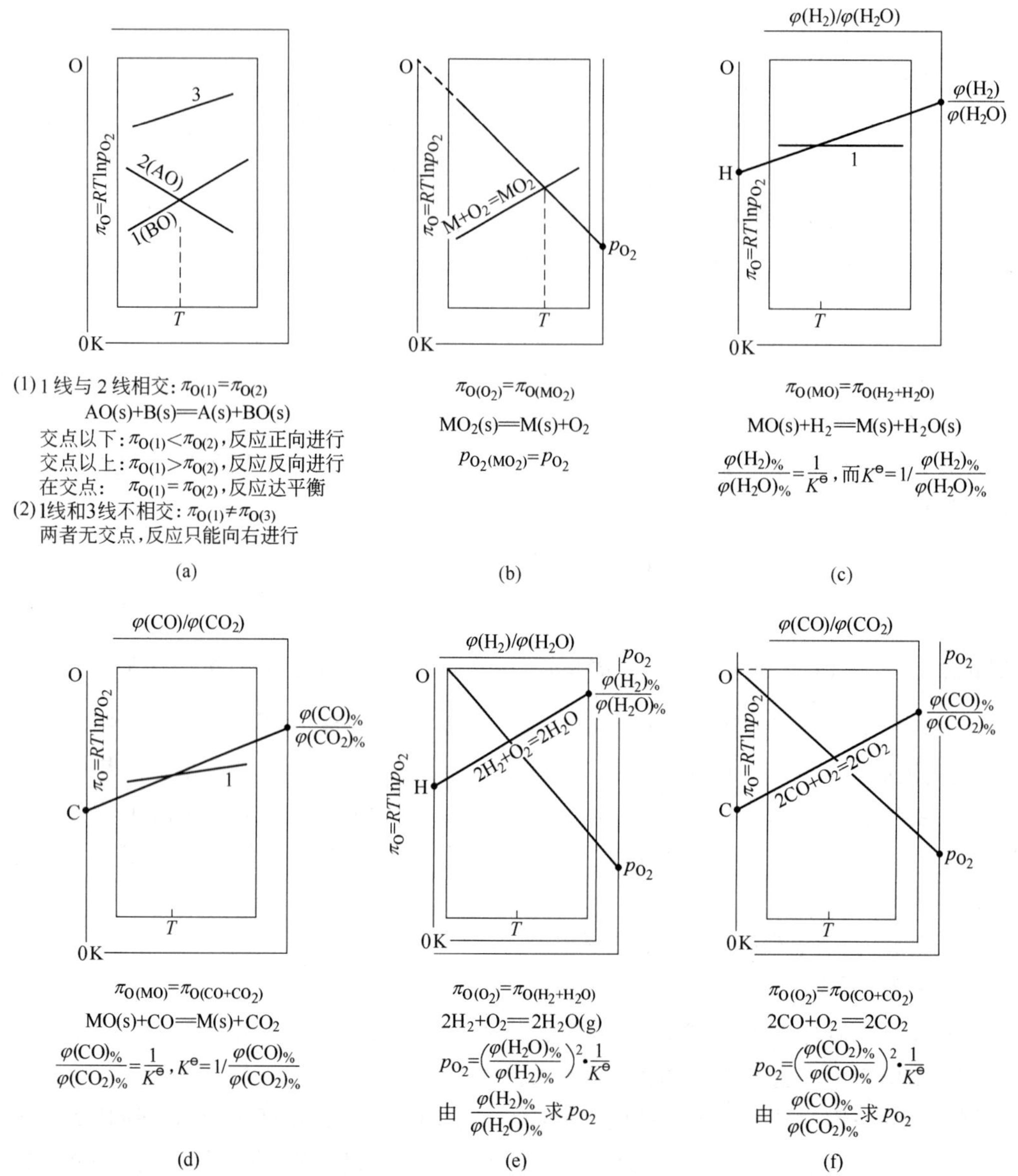

图 5-10　氧势图应用图解法

物。故两相邻氧化物间的转变反应可表示为：

$$xM_aO_b + O_2 === yM_mO_n$$

如金属元素被氧化，则 $a=1$，$b=0$。式中化学计量系数 x、y 是使参加反应的 O_2 为 1mol，而氧化物中氧原子数与金属元素原子数之比有下列关系：

$$\left(\frac{n(O)}{n(M)}\right)_{M_aO_b} < \left(\frac{n(O)}{n(M)}\right)_{M_mO_n}$$

两化学计量数可按反应两边原子数的平衡关系得出：

$$x=2m/(an-bm) \qquad y=2a/(an-bm)$$

因此，按以上原则，Fe-O 系内氧化铁的形成反应为 $Fe \to FeO \to Fe_3O_4 \to Fe_2O_3$，即：

$$2Fe(s)+O_2 = 2FeO(s)$$

$$6FeO(s)+O_2 = 2Fe_3O_4(s)$$

$$4Fe_3O_4(s)+O_2 = 6Fe_2O_3(s)$$

另外，这些氧化物的氧势是随其内金属元素价数的增高而逐渐递增的，服从氧势递增原理。

【例 5-10】 试从热力学原理说明 Fe_2O_3 的氧势大于 Fe_3O_4 的氧势。

解 两氧化物的形成反应为：

$$6FeO(s)+O_2 = 2Fe_3O_4(s) \quad \Delta_r G^{\ominus}_{m(1)} = RT\ln p_{O_2(Fe_3O_4)} \tag{1}$$

$$4Fe_3O_4+O_2 = 6Fe_2O_3(s) \quad \Delta_r G^{\ominus}_{m(2)} = RT\ln p_{O_2(Fe_2O_3)} \tag{2}$$

组合以上两反应，消去相同反应物 O_2，得：

$$FeO(s)+Fe_2O_3(s) = Fe_3O_4(s) \qquad \Delta_r G^{\ominus}_{m} = \Delta_r G^{\ominus}_{m(1)} - \Delta_r G^{\ominus}_{m(2)} = \pi_{O(Fe_3O_4)} - \pi_{O(Fe_2O_3)}$$

又 $\Delta_r G^{\ominus}_{m(1)} = -636130+255.67T \qquad \Delta_r G^{\ominus}_{m(2)} = -586770+340.20T$ (J/mol)

故 $\Delta_r G^{\ominus}_{m} = -636130+255.67T-(-586770+340.20T) = -49360-84.53T$ (J/mol)

在一切温度下，上述反应的 $\Delta_r G^{\ominus}_{m} < 0$，即均向右进行，所以 $\pi_{O(Fe_2O_3)} > \pi_{O(Fe_3O_4)}$，即高价氧化铁比低价氧化铁有更高的氧势。

所以，氧势递增原理说明，高价氧化物的氧势比低价氧化物的氧势高，因此高价氧化物的稳定性比低价氧化物的稳定性差。随着氧势的降低，高价氧化物将逐级分解为低价氧化物，最终得到金属。

另外，高价氧化物在金属元素的作用下，可被还原为氧势较低、价数较低的氧化物。例如，对 Fe-O 系有：

$$4Fe_2O_3(s)+Fe(s) = 3Fe_3O_4(s)$$

$$Fe_3O_4(s)+Fe(s) = 4FeO(s)$$

由以上反应可进一步得出下列两个反应式：

$$3FeO(s) = Fe(s)+Fe_2O_3(s) \quad \Delta_r G^{\ominus}_{m} = -40415+71.79T \quad (J/mol) \tag{1}$$

$$4FeO(s) = Fe(s)+Fe_3O_4(s) \quad \Delta_r G^{\ominus}_{m} = -48525+57.56T \quad (J/mol) \tag{2}$$

将上述两式的 $\Delta_r G^{\ominus}_{m}-T$ 关系用图 5-11 表示出来。由图可见，在一切温度下，反应 (2) 比反应 (1) 有较小的 $\Delta_r G^{\ominus}_{m}$，更易进行。而反应 (2) 的平衡温度为 843K ($\Delta_r G^{\ominus}_{m(2)}=0$，$T=48525/57.56 \approx 843K = 570℃$)，即低价氧化物 FeO(s) 在 843K (570℃) 以下是热力学上的不稳定相，要按反应 $4FeO(s) = Fe_3O_4(s)+Fe(s)$ 进行分解，转变为较高价的其相邻的 $Fe_3O_4(s)$，并析出金属铁。这种低价氧化物能在一定温度发生分解，转变为其相邻的高价氧化物并析出金属的反应，称为歧化反应，而其转化温度则称为歧化温度。

除铁外，元素硅、铬等的低价氧化物也具有这种特性：

$$2SiO(g) = SiO_2(s)+Si(s) \quad (\text{转化温度约为 }1500℃)$$

$$3Cr_3O_4(s) = 4Cr_2O_3(s)+Cr(s) \quad (\text{转化温度约为 }1650℃)$$

……

以上歧化反应中，气体的压力均为 100kPa。氧化物之间的转变服从逐级转变原则，即较高价氧化物与其相邻的低价氧化物平衡共存。不相邻的氧化物则不能平衡共存，不能用平衡常数计算其平衡浓度。

但是，只有各级氧化物及金属均为凝聚态纯物质的形成－分解反应，才遵守逐级转变原则。倘若这些物质中有气相或溶解态时，这些物质的化学势将随其分压或活度的变化而改变，从而导致其稳定性发生变化。

因此，根据氧化物形成－分解的原理，可将氧化物的分解或其形成反应分为两类，在转化温度以上的称为高温转变，而在转化温度以下的称为低温转变。对 Fe－O 系 Fe_2O_3 的分解，高温转变（$t>570$℃）分 3 步进行：

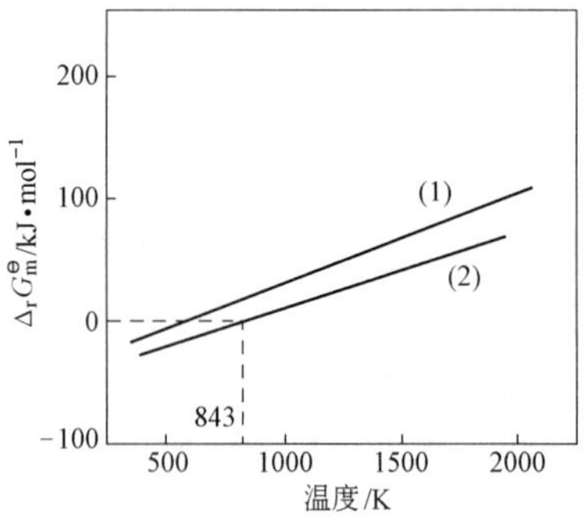

图 5－11　氧化铁分解析出铁的 $\Delta_r G_m^\ominus - T$ 关系图

$$6Fe_2O_3(s) = 4Fe_3O_4(s) + O_2 \qquad \Delta_r G_m^\ominus = 586770 - 340.20T \quad (J/mol) \qquad (1)$$

$$2Fe_3O_4(s) = 6FeO(s) + O_2 \qquad \Delta_r G_m^\ominus = 636130 - 255.67T \quad (J/mol) \qquad (2)$$

$$2FeO(s) = 2Fe(s) + O_2 \qquad \Delta_r G_m^\ominus = 539080 - 140.56T \quad (J/mol) \qquad (3)$$

低温转变（$t<570$℃）分 2 步进行：

$$6Fe_2O_3(s) = 4Fe_3O_4(s) + O_2 \qquad \Delta_r G_m^\ominus = 586770 - 340.20T \quad (J/mol)$$

$$\frac{1}{2}Fe_3O_4(s) = \frac{3}{2}Fe(s) + O_2 \qquad \Delta_r G_m^\ominus = 563340 - 169.34T \quad (J/mol) \qquad (4)$$

而歧化反应为：

$$4FeO(s) = Fe_3O_4(s) + Fe(s) \qquad \Delta_r G_m^\ominus = -48525 + 57.56T \quad (J/mol)$$

因此，由上可知，随着温度的升高，高价氧化物分解放出氧，转变为高温下稳定存在的低价氧化物或金属；温度降低时，低价氧化物在其歧化温度分解放出金属，转变为低温下稳定存在的较高价的相邻氧化物。

但是，由于许多低价氧化物（如 FeO）的转化温度都很低，而分解又是在固相中进行的，所以实际上分解速率很低，而在低温下仍能以亚稳态存在。

5.3.5　氧化铁分解的优势区图

利用前述氧化铁分解的 $\Delta_r G_m^\ominus$ 温度关系式，可绘出 $\lg p_{O_2(\text{氧化铁})} = f(T)$ 及 $\Delta_r G_m^\ominus = f(T)$ 的热力学参数状态图，如图 5－12 及图 5－13 所示。

图中曲线（直线）为各级氧化铁分解的平衡线，曲线（直线）以上为该氧化铁的稳定存在区；以下则为该氧化铁的分解区，亦即其分解产物的稳定存在区。因为 FeO 在 570℃（843K）以下不能稳定存在，所以凡是有 FeO 参加的反应，如反应（2）及反应（3）在此温度以下都不能出现，而仅有反应（1）和反应（4）出现。因此，反应（2）、反应（3）同反应（4）的曲线（直线）在此温度相交（O 点），形成叉形。在交点，Fe、FeO、Fe_3O_4 与 O_2 4 相平衡共存，自由度 $f=0$，是零变量点。这 4 条曲线（直线）把图面划分为 4 个区，分别是 Fe_2O_3、Fe_3O_4、FeO 及 Fe 的稳定存在区。它们的自由度 $f=2$。当任意改变该区内的 p_{O_2} 及 T 两参数时，该区内的氧化铁或铁能够稳定存在。所以，这种区

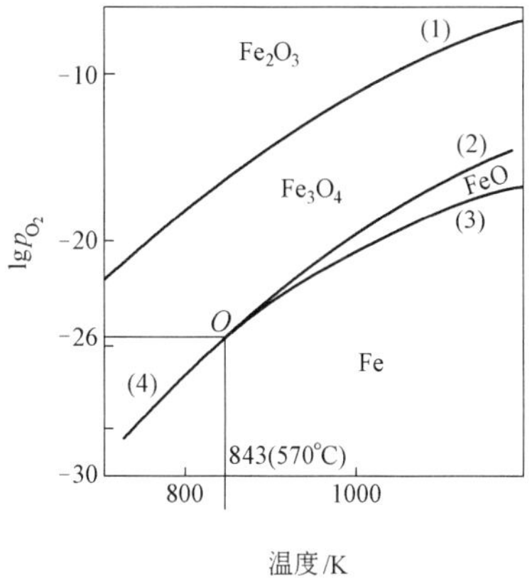

图5-12 Fe-O系氧化铁分解反应的 $\lg p_{O_2(\text{氧化铁})}=f(T)$图

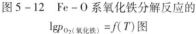

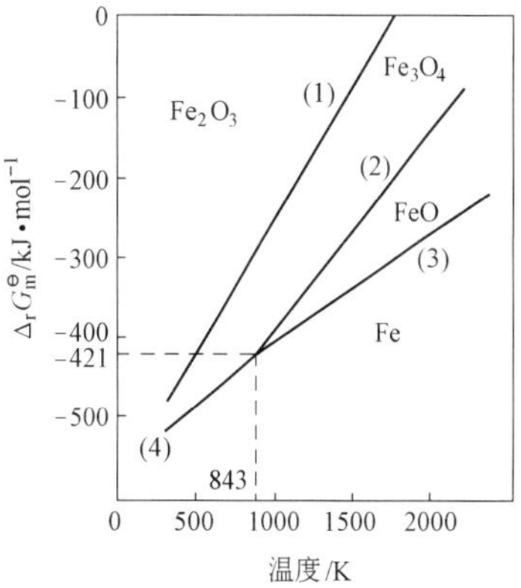

图5-13 Fe-O系氧化铁分解反应的 $\Delta_r G_m^{\ominus}=f(T)$图

域构成的平衡图称为氧化物相或金属存在的优势区图。

利用这种平衡图可以确定各级氧化铁分解或稳定存在的热力学条件。例如，曲线（直线）（1）以上区内，$p_{O_2}>p_{O_2(Fe_2O_3)}>p_{O_2(Fe_3O_4)}>p_{O_2(FeO)}$，所以位于此区内的Fe、FeO、$Fe_3O_4$都将被氧化成$Fe_2O_3$，故此区是$Fe_2O_3$的稳定区。在曲线（直线）（1）及（2）间的区内，$p_{O_2(Fe_2O_3)}>p_{O_2}>p_{O_2(Fe_3O_4)}>p_{O_2(FeO)}$，所以位于此区内的$Fe_2O_3$分解为$Fe_3O_4$，而Fe→FeO→$Fe_3O_4$，此区是$Fe_3O_4$的稳定区。在曲线（直线）（2）和（3）之间的区内，$p_{O_2(Fe_2O_3)}>p_{O_2(Fe_3O_4)}>p_{O_2}>p_{O_2(FeO)}$，所以位于此区内的$Fe_2O_3$→$Fe_3O_4$→FeO，而Fe→FeO，此区是FeO的稳定区。同样，可说明曲线（直线）（3）及（4）以下是Fe的稳定区，曲线（直线）（4）以上是Fe_3O_4的稳定区。

因此，平衡图表明了氧化铁的分解有两种转变：570℃以上，Fe_2O_3→Fe_3O_4→FeO→Fe；570℃以下，Fe_2O_3→Fe_3O_4→Fe；而在570℃时，FeO、Fe_3O_4及Fe三固相平衡共存：$4FeO(s)=Fe_3O_4(s)+Fe(s)$。

5.3.6 Fe-O状态图

上面讨论氧化铁的形成-分解反应中，视各级氧化铁为化学计量结构的化合物。实际上，这些相邻氧化铁在不同条件下（p_{O_2}、T）有些能相互溶解，形成非化学计量结构的氧化铁。例如，氧可在FeO内以Fe_3O_4形式溶解；1100℃以上，氧可在Fe_3O_4中以Fe_2O_3形式溶解，分别形成组成能在一定范围内可变的固溶体Fe_xO（$x=0.87\sim0.95$）及$Fe_{3-x}O_4$，式中，$x<1$。这表明其中Fe与O原子数之比$n(Fe)/n(O)$小于FeO及Fe_3O_4中的$n(Fe)/n(O)$。它们的结构将在本章5.4节介绍。此外，固体铁也能溶解微量的氧。

Fe-O状态图能说明这些具有非化学计量结构的氧化铁形成-分解反应的特点及其热力学条件。

图5-14为Fe-O状态图。它是钢铁冶金中的重要相图之一，这个Fe-O二元系中的凝聚相有Fe（$\alpha\xrightarrow{910℃}\gamma\xrightarrow{1392℃}\delta$晶型）、$Fe_xO$（浮氏体）、$Fe_3O_4$、$Fe_3O_4$(S.S.)、$Fe_2O_3$，液态氧化铁（$L_2$）、溶解氧的铁液（$L_1$），分别标示于各自的相区内。图中各条相平衡线的意义见表5-1。横坐标的氧量（质量分数）最大为30%，相当于Fe_2O_3中的氧量。

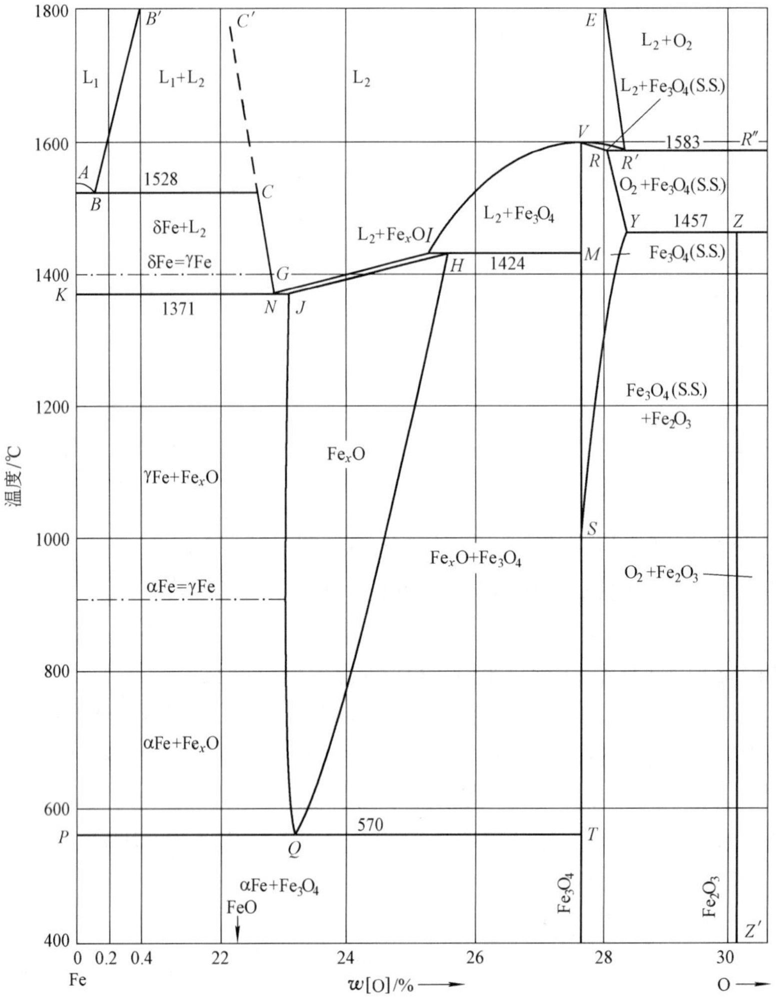

图 5－14 Fe－O 状态图

L_1—溶解氧的铁液；L_2—液态氧化铁；Fe_3O_4(S. S.)－Fe_3O_4 固溶体

表 5－1 Fe－O 状态图中相平衡线的意义

AB	氧在铁液中溶解的液相线	*VR*	氧化铁熔体（L_2）析出 Fe_3O_4（S. S.）的固相线
BB′	与氧化铁熔体（L_2）平衡的铁液（L_1）的氧溶解度线	*RR′R″*	氧化铁熔体 L(*R′*) = Fe_3O_4(S. S.) + O_2
CC′	与铁液（L_1）平衡的氧化铁熔体（L_2）的最低氧含量线	*ER′*	氧化铁（L_2）溶解氧的溶解度上限线
CB	偏晶线：$L_{(C)} + \delta Fe = L_{(B)}$（或 $L_2 + \delta Fe = L_1$）	*RYS*	Fe_3O_4(S. S.) 的氧溶解度线
CGN	氧化铁熔体（L_2）析出 δFe(γFe) 的液相线	*YZ*	$Fe_2O_3 = Fe_3O_4$(S. S.) + O_2
JNK	共晶线：$L_{(N)} = Fe_xO_{(J)} + \gamma Fe$	*VT*	Fe_3O_4 组成线
GI	氧化铁熔体（L_2）析出 Fe_xO 的液相线	*ZZ′*	Fe_2O_3 组成线
JH	氧化铁熔体（L_2）析出 Fe_xO 的固相线	*JQ*	Fe_xO 氧含量下限线
IHM	转熔线：$L_2 + Fe_3O_{4(M)} = Fe_xO_{(H)}$	*HQ*	Fe_xO 氧含量上限线
VR′	氧化铁熔体（L_2）析出 Fe_3O_4(S. S.) 的液相线	*TQP*	$4Fe_xO = \alpha Fe + Fe_3O_4$
IV	氧化铁熔体（L_2）析出 Fe_3O_4 的液相线	*Q*	$4Fe_xO = \alpha Fe + Fe_3O_4$ 反应的平衡点

（1）图中有两个液相区，即溶有氧的铁液（L_1）和液态氧化铁相（L_2），两者之间有一个双液相共存区。纯铁在1536℃（*A*点）熔化，随着氧的溶解，铁的凝固点下降，直到$w[O]$达到0.16%（*B*点），凝固点为1528℃。此时Fe(s)、L_1(*B*点）和L_2(*C*点）平衡共存，出现偏晶反应$L_{2(C)}+\delta F = L_{1(B)}$，温度高于1528℃时，仅$L_1+L_2$平衡共存。随着温度的升高，$L_1$的$w[O]$沿*BB'*线增加（$\lg w[O]_{\%}=-6320/T+2.734$），而$L_2$的$w[O]$则沿*CC'*线减小，这是由于$L_2$中的氧不断传入$L_1$中：$\sum(FeO) = [O]+[Fe]$。两条互溶曲线逐渐靠拢，在2046℃时，$L_1$中氧溶解度$w[O]=0.83\%$，而$L_2$中$w[O]=22.4\%$。温度下降到1528℃以下时，$L_1$消失，$\delta Fe+L_2$平衡共存。在1400℃以下，是$\gamma Fe+L_2$平衡共存。在1371℃，$L_2$凝固，此时出现$L_{2(N)} = \gamma Fe+Fe_xO_{(J)}$共晶反应。

（2）在固相中，*JQ*线左侧区域为$Fe(\gamma,\alpha)+Fe_xO$平衡共存，*JQ*线为Fe_xO氧含量的下限，而*HQ*线为其氧含量的上限。Fe_xO冷却后，可沿*HQ*线析出Fe_3O_4，故认为FeO中溶解的氧是Fe_3O_4形式。温度在570℃（*Q*点）以下时，Fe_xO不能稳定存在，要分解成Fe及Fe_3O_4；而在570℃时，三者平衡共存。

Fe_3O_4在1100℃以上要溶解氧，形成固溶体（*SYRV*区），其溶解氧量在1457℃达最大值。温度下降时，Fe_3O_4固溶体可沿*YS*线析出Fe_2O_3，故认为其中的氧是以Fe_2O_3形式溶解的。

因此，Fe－O状态图充分说明了氧化铁的分解或形成是服从逐级转变原则的。570℃以上，$Fe_2O_3 \rightleftharpoons Fe_3O_4 \rightleftharpoons$氧含量最大的$Fe_xO \rightleftharpoons$氧含量最小的$Fe_xO \rightleftharpoons Fe(\alpha,\gamma)$；570℃以下，$Fe_2O_3 \rightleftharpoons Fe_3O_4 \rightleftharpoons Fe(\alpha)$。

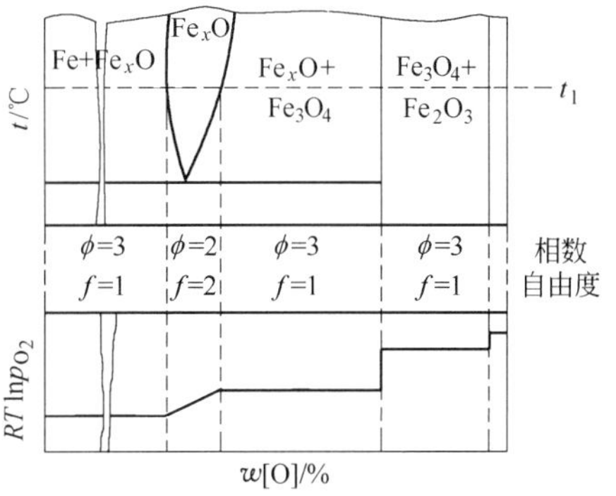

图5－15　Fe－C系的氧势

各转变阶段的氧势或平衡氧分压如图5－15所示，是随着体系中氧浓度的减少而下降的。但在两固相平衡共存区内，分解的平衡氧分压则保持不变，只是两固相的量在变化，高价氧化铁的量减小，而低价氧化铁的量增加。这是因为恒温时，体系是零变量（$f=K+1-4=2+1-3=0$）。在浮氏体的转变中，因为体系内仅有一固相存在，恒温时体系是一变量的（$f=2+1-2=1$），所以，在浮氏体的分解过程中，平衡氧分压是随着体系的氧浓度而变化的。

5.4　金属（铁）氧化的动力学

金属与氧有很大的亲和力，金属能被空气中氧、CO_2、H_2O及其他腐蚀介质所氧化。一般将氧化区分为低温氧化和高温氧化。前者发生在金属构件的常温使用中，称为金属的腐蚀；后者出现于固体金属的热加工成形处理及高温使用中，这都使金属受到了损失。防止金属的氧化是很重要的。

金属氧化形成的氧化物随着温度的升高，其稳定性下降，但在较高温度下，金属氧化形成的氧化层却增厚了。这表明氧化动力学的研究更加重要。此外，金属的氧化是其氧化物分解的可逆反应。因此，研究金属氧化的动力学也可为了解其分解（还原）过程的动力学提供有关的基础知识，因为氧化物的分解压都比较小，直接研究其动力学在实验上尚有较大的困难。

5.4.1 晶体结构的缺陷

金属是金属键的结构，由金属离子在晶格结点上构成立方、六方密集排列。而其氧化物则是由氧离子和阳离子构成立方、六方晶格结构。由于氧离子的半径比金属离子的半径大，在氧化物的晶格中，氧离子构成立方、六方密集排列，而金属离子则占据或填充在这些氧离子密集排列的空隙中。

但是，实际的晶体物质都不是完整的晶格点阵排列，只要温度高于0K，就会有各种缺陷存在。晶体中存在的缺陷分为两大类，即宏观缺陷和微观缺陷。前者包括位错、晶界、堆垛层错、双晶界等，它们常处于不平衡态中，经长期退火可以消除，对晶体热力学性质无影响。后者是原子尺度的缺陷，又称为点缺陷或热缺陷，例如空位、间隙原子、错位原子、外来原子、自由电子等，点缺陷是在平衡状态下存在的，对组成可变相的热力学性质和相平衡存在的条件有影响。虽然热力学并不涉及原子结构，但可把各种缺陷单元作为热力学体系的组分看待，用与化学反应一样的平衡常数来表示它们的浓度和热力学参数间的关系。

晶体中存在的点缺陷对晶体的物理化学性质有很大的影响，它可说明扩散规律，导电性及多相反应机理等。

一般化合物按其晶体结构的缺陷类型，分为化学计量化合物和非化学计量化合物。碱金属的卤化物属于前者，它是价数不变的服从定比例定律的化合物；后者是许多过渡金属的价数可变的氧化物，其化学组成在较小范围内不服从定比例定律。

5.4.1.1 化学计量化合物的缺陷

化学计量化合物的缺陷主要有两大类：

(1) Schottky 型缺陷。AB 型晶体中的 A^+ 及 B^- 两种离子从内部转移到晶体表面上，而在原结点上形成了一对空位，用 $V_{A^+}^-$ 及 $V_{B^-}^+$ 表示，它们带有与该离子符号相反的电荷，因为从结点上取走1个负电荷离子，为保持电中性，就会出现1单位正电荷，而空位 $V_{B^-}^+$ 形成。同样，对于 A^+ 离子，则有空位 $V_{A^+}^-$ 形成，故 $AB = V_{A^+}^- + V_{B^+}^+$。

(2) Frenkel 型缺陷。AB 型晶体的 A^+ 及 B^- 离子从其结点移入到晶体内的结点间隙位，形成两个空位 $V_{A^+}^-$、$V_{B^-}^+$ 及两个间隙位 A_i^+、B_i^-：$AB = V_{A^+}^- + V_{B^-}^+ + A_i^+ + B_i^-$。式中，下标 i 表示该离子的间隙位。

图5－16为这两种缺陷的示意图。

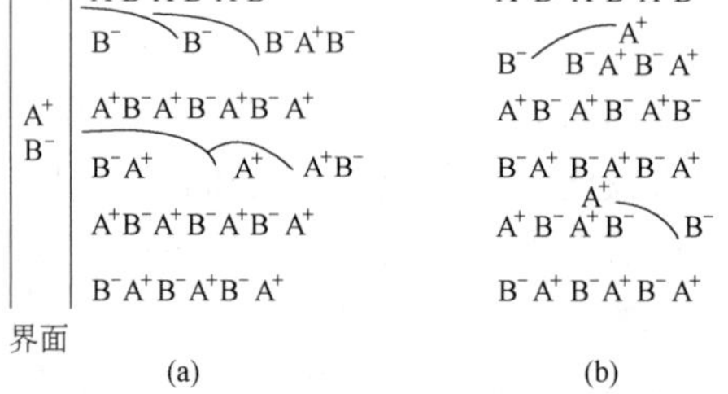

图5－16 Schottky 及 Frenkel 型缺陷
(a) Schottky 型缺陷；(b) Frenkel 型缺陷

由上可见，点缺陷是成对出现的，这是为了保持晶体的电中性，并且当结点上失去一个离子变为空位时，就会形成带相反电荷的空位。离子半径相近时，易产生 Schottky 型缺陷；而离子半径相差较大时，半径小者易产生 Frenkel 型缺陷。

5.4.1.2　非化学计量化合物的缺陷

非化学计量化合物的缺陷是化合物的组成随外界气体（如氧）压力的变化，偏离了定比例定律而产生的缺陷。一般半导体型化合物的电子能级分为导带、禁带及价带 3 个带，电子由价带转入导带或与其相反的转变改变了化合物的性质，从而也就改变了此化合物参加的化学过程的性质。因此，可能出现阳离子晶格内向导带转移电子的缺陷，或在阴离子晶格内从导带吸收电子的缺陷。前者属于 p 型半导体氧化物（positive semiconductive oxide），而后者则是属于 n 型半导体氧化物（normol semiconduction oxide）。

A　p 型半导体氧化物

过渡金属的氧化物属于 p 型半导体氧化物。下面以 FeO 及 Fe_3O_4 来说明它们结构缺陷的形成过程。

FeO 是氯化钠型立方晶格，每个单位晶胞由 $4Fe^{2+} \cdot 4O^{2-}$ 构成。当 $\pi_{O(O_2)} > \pi_{O(FeO)}$ 时，氧将转变为 $O^{2-}\left(\frac{1}{2}O_2 + 2e = O^{2-}\right)$进入晶格，成为表面离子 $O^{2-}_{(\sigma)}$，其所需的电子则来自晶格中 $2Fe^{2+}$ 转变为 $2Fe^{3+}$（$2Fe^{2+} = 2Fe^{3+} + 2e$）放出的电子，于是晶格中出现了 2 单位的净正电荷。为保持晶格的电中性，就另有 1 个 Fe^{2+} 离开结点，向晶体表面移动，与进入的 O^{2-} 形成新的 $Fe^{2+} \cdot O^{2-}$，氧化铁的量增加，同时又形成了带 2 单位负电荷的空位 $V^{2-}_{Fe^{2+}}$。因为出现的 Fe^{3+} 比 Fe^{2+} 的半径小，故在原 Fe^{2+} 周围出现了较大的空间。又因为这种空间是由于电子出现所引起的（此电子已被进入的 O_2 消耗了），且 Fe^{3+} 的出现比原来的 Fe^{2+} 多带 1 单位正电荷，所以这样出现的 Fe^{3+} 称为带 1 单位正电荷的电子空位，用 P 表示。因此，对于 1 个 FeO 晶胞所发生的变化，可用以下反应表示：

$$\underset{(FeO)}{(4Fe^{2+} \cdot 4O^{2-})} + \frac{1}{2}O_2 = \underset{(浮氏体\ Fe_xO)}{(Fe^{2+} \cdot 2Fe^{3+} \cdot V^{2-}_{Fe^{2+}} \cdot 4O^{2-})} + \underset{(FeO\ 晶格)}{(Fe^{2+} \cdot O^{2-})}$$

这种由于氧进入 FeO 内形成的阴离子（O^{2-}）过剩及有阳离子空位（$V^{2-}_{Fe^{2+}}$）形成的离子团，称为浮氏体（Wüstite），其结构如图 5－17 所示。它的离子团结构为 $Fe^{2+} \cdot 2Fe^{3+} \cdot V^{2-}_{Fe^{2+}} \cdot 4O^{2-}$。这是以晶格中 O^{2-} 数保持不变，由于 Fe^{2+} 数减少而表示出 O^{2-} 数相对过剩的形式。

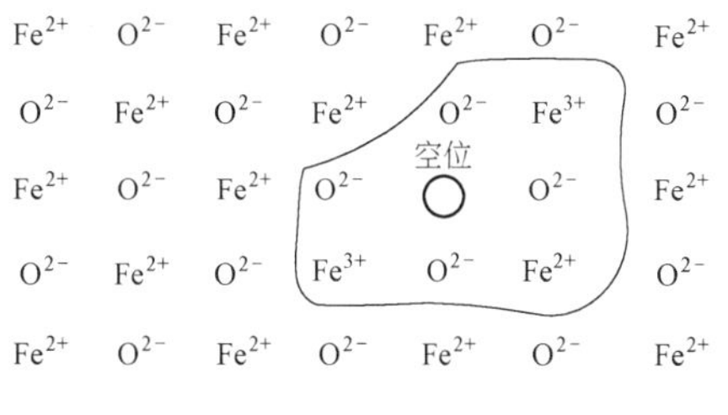

图 5－17　浮氏体晶胞内离子结构示意图

如把这些缺陷（离子空位、电子空位）作为类似于化学物质看待，则可用化学反应质量作用定律写出其缺陷反应式及平衡常数，再进而得出缺陷的浓度。

$$\frac{1}{2}O_2 + 2e = O^{2-}$$

$$Fe^{2+} = 2Fe^{3+} + V^{2-}_{Fe^{2+}} + 2e$$

$$\overline{Fe^{2+} + \frac{1}{2}O_2 = V^{2-}_{Fe^{2+}} + 2Fe^{3+} + O^{2-}}$$

或

$$\frac{1}{2}O_2 = V^{2-}_{Fe^{2+}} + 2P + O^{2-}$$

这是用 O_2 进入 FeO 内形成 O^{2-}，引起晶胞内 Fe^{2+} 结构变化表示的反应式，其中 $x(O^{2-})=1$。

而
$$K=\frac{x(V^{2-}_{Fe^{2+}})\cdot x(P)^2}{p_{O_2}^{1/2}}$$

从反应式知，$x(P)=2x(V^{2-}_{Fe^{2+}})$，故上式简化为 $K=4x(V^{2-}_{Fe^{2+}})^3/p_{O_2}^{1/2}$。

从而空位浓度为：

$$x(V^{2-}_{Fe^{2+}})=(K/4)^{1/3}p_{O_2}^{1/6}\qquad x(P)=(2K)^{1/3}p_{O_2}^{1/6}\tag{5-23}$$

式中，K 由 $\Delta G^{\ominus}=-RT\ln K$ 求得，$\Delta G^{\ominus}$ 为空位形成的吉布斯自由能变化。

式（5－23）表明浮氏体内 Fe^{2+} 空位数和电子空位数（P）均与 p_{O_2} 的 1/6 次方成正比，一般均小于 0.1%。

因此，随着 p_{O_2} 的提高，溶入的氧量增多，而其中 Fe^{2+} 空位和电子空位（Fe^{3+}）数也增加。但由于 Fe^{3+} 的半径比 Fe^{2+} 的半径小，为达到稳定的密集排列，浮氏体的晶格常数有所减小，而密度也减小。

Fe_3O_4 在 1100℃以上也是氧过剩，而出现 Fe^{2+} 空位及电子空位的非化学计量化合物，一般用 $Fe_{3-x}O_4$（$x<1$）表示。它是致密的尖晶石型立方晶格。一个 Fe_3O_4 单位晶胞含有 $8(Fe^{3+}\cdot 2Fe^{2+}\cdot 4O^{2-})$，其中仅有少量的空位。

Fe_2O_3 有两种晶型结构，即 αFe_2O_3 和 γFe_2O_3。γFe_2O_3 与 Fe_3O_4 有相同类型的晶格（尖晶石型立方），但致密度较小，其中有比 Fe_3O_4 内更多的 $V^{2-}_{Fe^{2+}}$，因为当 Fe_3O_4 与氧作用时，Fe_3O_4 晶格中有部分 Fe^{2+} 转变为 Fe^{3+}，为了保持晶格的电中性，同时就出现了 $V^{2-}_{Fe^{2+}}$，其结构可表示为 $Fe_{8/3}V_{1/3}\cdot O_4^{2-}$，V 为阳离子空位。$\gamma Fe_3O_4$ 是准稳态的氧化物，温度升高时易转变为 αFe_2O_3。

这种由于阴离子过剩而导致阳离子空位形成的氧化物的导电性，是由电子空位形成的电子流（被氧原子吸收）和 $V^{2-}_{Fe^{2+}}$ 移动（Fe^{2+} 离开结点不断产生空位和填充空位）造成的。这种由空位产生导电的氧化物称为 p 型半导体氧化物，除上述的 Fe_xO、$Fe_{3-x}O_4$ 等外，还有 $Ni_{1-x}O$、$Cr_{2-x}O_3$ 等。

B　n 型半导体氧化物

当气相的氧分压远小于氧化物的分解压时，如 αFe_2O_3（$4Fe^{3+}\cdot 6O^{2-}$）内的 O^{2-} 就能转变为 O_2 而逸出$\left(O^{2-}=\frac{1}{2}O_2+2e\right)$，于是形成了带 2 单位正电荷的 O^{2-} 空位 $V^{2+}_{O^{2-}}$，生成的电子在晶格中流动。缺陷反应式为：

$$O^{2-}=\frac{1}{2}O_2+V^{2+}_{O^{2-}}+2e$$

$$K=p_{O_2}^{1/2}x(V^{2+}_{O^{2-}})\cdot x(e)^2$$

由于 $x(e)=2x(V^{2+}_{O^{2-}})$，故两种缺陷的浓度为：

$$x(V^{2+}_{O^{2-}})=(K/4)^{1/3}p_{O_2}^{-1/6}\qquad x(e)=(2K)^{1/3}p_{O_2}^{-1/6}\tag{5-24}$$

即 αFe_2O_3 内 O^{2-} 空位数和电子数均与 $p_{O_2}^{1/6}$ 成反比。

又晶体的点缺陷形成时，体系的亥氏自由能（晶体的体积可视为不改变，$\Delta U=\Delta H$）为：

$$\Delta F^{\ominus} = \Delta H^{\ominus} - T\Delta S^{\ominus}$$

式中 $\Delta H^{\ominus}$——晶体中点缺陷产生或消失过程中的能量变化；

$\Delta S^{\ominus}$——晶体中点缺陷产生或消失过程中的熵变，即晶体点缺陷增加的微观状态数（空位在不同结点上的分布数），因而熵值增加。

缺陷形成时，$\Delta H^{\ominus}$和$\Delta S^{\ominus}$都是正值。但$\Delta H^{\ominus}$使$\Delta F^{\ominus}$增加，而$\Delta S^{\ominus}$则使$\Delta F^{\ominus}$下降。达到平衡时，体系的自由能应为最小，即：

$$\left(\frac{\partial \Delta F^{\ominus}}{\partial n}\right)_T = 0 \qquad S^{\ominus} = k\ln\omega$$

式中，n是点缺陷数，而$S^{\ominus}$与点缺陷的微观状态数ω有关。由此计算出熵变。

$\Delta H^{\ominus}$包括O^{2-}的电离能、O原子结合成O_2的结合能、空位形成的蒸发能等。

这种由金属离子过剩（或O^{2-}不足）而导致阴离子空位出现的氧化物的导电性，是由于其中部分氧逸出，放出的电子在晶格中流动及$V_{O^{2-}}^{2+}$移动形成的。所以这种氧化物称为n型半导体氧化物，除αFe_2O_3外，还有ZnO、TiO_2等，可分别用αFe_2O_{3-y}、$Zn_{1+y}O$、TiO_{2-y}表示。

除受氧分压的影响外，外来杂质（氧化物）的加入也能使氧化物产生缺陷。除上述的空位、自由电子外，还有间隙位、错位等缺陷。因此，元素的广义氧化（氧化、硫化、氯化等）的产物都具有电子型晶体的缺陷，所以在研究晶体物质的氧化-还原机理时，应深入到晶体的电子型缺陷中去。

【例5-11】 氧溶于FeO内形成浮氏体Fe_xO。在900℃及$p'_{O_2} = 1.013 \times 10^{-12}$Pa下，测得此浮氏体的密度$\rho = 5.7 \times 10^3 kg/m^3$，其化学式可表示为$Fe_{0.93}O$。试求1单位体积浮氏体内有多少$Fe^{2+}$空位$V_{Fe^{2+}}^{2-}$数?

解 由浮氏体的结构$Fe^{2+} \cdot 2Fe^{3+} \cdot V_{Fe^{2+}}^{2-} \cdot 4O^{2-}$知，其内空位$V_{Fe^{2+}}^{2-}$数等于其内$Fe^{3+}$数的一半，而1个$Fe_{0.93}O$分子中$Fe^{3+}$和$Fe^{2+}$的价数之和应等于2。由此可求出其内$Fe^{3+}$的分数。设$x$为$Fe^{3+}$的分数，则按上述原则有：

$$0.93 \times x \times 3 + 0.93 \times (1 - x) \times 2 = 2$$

$x = 0.151$，此即1mol $Fe_{0.93}O$内Fe^{3+}的分数。

又1单位体积（m^3）$Fe_{0.93}O$的物质的量为：

$$\frac{\rho}{M} = \frac{5.7 \times 10^3}{0.93 \times 56 \times 10^{-3} + 1 \times 16 \times 10^{-3}} = 8.37 \times 10^4 \quad \text{mol}$$

因此，$1m^3 Fe_{0.93}O$内$V_{Fe^{2+}}^{2-}$数为：

$$0.151 \times 8.37 \times 10^4 \times 6.02 \times 10^{23} \times 0.5 = 3.80 \times 10^{27}\text{个}$$

5.4.2 金属氧化过程的组成环节及电化学性质

金属的氧化过程和其氧化物的分解一样，是气-固相间的多相反应，生成的氧化物在金属中的溶解度很小，经过形核及长大，在金属表面上形成了由多层结构组成的氧化物层。由于金属的氧化物是固态离子晶体结构，而组成氧化物层的氧化物具有不同型的半导体性质，所以金属的氧化过程由下述电化学过程组成（见图5－18）：

（1）氧或氧化性气体向金属表面扩散，经吸附、离子化变成 O^{2-} $\left(\frac{1}{2}O_2+2e=O^{2-}\right)$，而金属原子M氧化成 M^{2+} $(M=M^{2+}+2e)$；

（2）O^{2-} 及 M^{2+} 在形成的氧化物层（MO）内成相反方向的扩散；

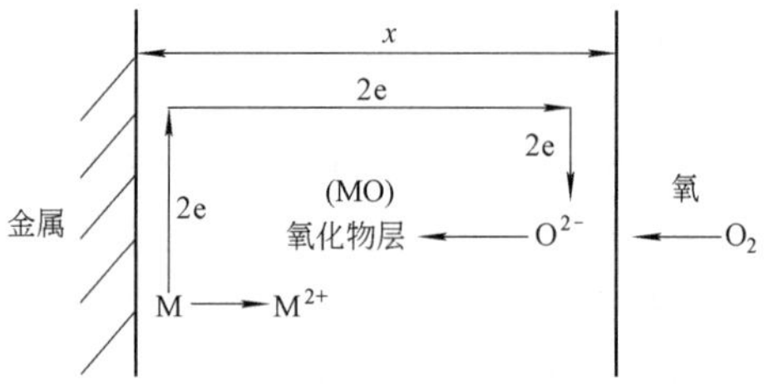

图5－18　金属氧化的电化学过程

（3）M^{2+} 及 O^{2-} 在反应界面上结合成 $MO(M^{2+}+O^{2-}=MO)$，经过形核及长大，在氧化物层外（$MO|O_2$ 界面）及其内（M|MO 界面）形成氧化物，而使氧化膜（层）不断增厚。

因此，可把上述过程视为由氧电极、金属电极以及作为电解质的氧化物层组成的原电池。电极反应为：$M+\frac{1}{2}O_2=M^{2+}+O^{2-}=MO$。氧化物层内有 M^2+ 及 O^{2-} 迁移，而 M^{2+} 伴随电子在同方向扩散，O^{2-} 则伴随电子在相反方向扩散。由它们的浓度梯度引起的扩散流，促使氧化物层的厚度增长，亦即金属的氧化速率增加。

5.4.3　氧化物膜（层）的结构及形成

5.4.3.1　氧化物膜（层）的结构

对于多价态的金属（如金属铁），其氧化形成的氧化物膜及氧化物层是由几种氧化铁组成的，各层的组成和层序与 Fe－O 状态图大致相同，但随温度及气相的种类而有变化。铁与空气或氧作用时，570℃以上为3层：$Fe_2O_3|Fe_3O_4|Fe_xO$；570℃以下为2层：$Fe_2O_3|Fe_3O_4$。但与 CO_2 或 $H_2O(g)$ 作用时，Fe_2O_3 不能形成，因为 $\pi_{O(Fe_2O_3)}>\pi_{O(CO_2)}$ 或 $\pi_{O(Fe_2O_3)}>\pi_{O(H_2O)}$，故570℃以上仅有2层：$Fe_3O_4|Fe_xO$（很高温度下，仅有 Fe_xO 层）；570℃以下仅有1层：Fe_3O_4。而在570℃以上，Fe_xO 子层占的质量分数最大（大于95%）。其次层为 Fe_3O_4（4%）、Fe_2O_3（1%）。外层（Fe_2O_3）与中层（Fe_3O_4）结合得较牢固；内层（Fe_xO）则多孔（空位），易分裂成两子层，和中层及金属结合得不牢固。

此外，铁中某些合金元素，如Al、Cr、Ti等也能和铁一起氧化，使氧化铁的结构变复杂，并能提高 Fe_xO 层稳定存在的温度下限。在氧化铁层内，由于内应力或其他原因出现裂纹时，氧化性气体也可沿这些裂纹扩散，破坏了上述的层状结构，出现混合结构。

5.4.3.2　氧化物的结晶化学变化

在氧化过程中，由于 O^{2-} 进入旧相晶格中，出现了离子团，它们在旧相晶格中的溶解度小，易形成过饱和状态，经过形核、晶格重建，产生了新相。

新相晶格在旧相晶格中是按照对应方位和大小原则重建的，即当两相的晶格常数相差不大（小于10%），晶格方位相同，以致两者晶格内有较大程度的共格离子团存在时，则在旧相晶格改建成新相晶格的过程中，某些离子的移动距离小，这样就可把新相晶格看作是旧相晶格的局部延续。相反，如晶格常数相差较大，不成简单的整数比，而且晶面的方位也不尽相同，没有或仅有较小程度的共格离子团存在时，则新相晶格形成所需的活化能就较大，因而这种新相晶格只能在高温下形成或形成的速率很小。又如两者的对应方位和大小原则性小时，则界面张力大，从而新相晶格的重建也就困难。

在铁形成的几种氧化物中，除 αFe_2O_3 外，Fe 及其余氧化物的晶系都彼此相同，晶面方位也相同，而晶格常数又成简单的整数比。它们的晶格常数、密度、比容的数据及对比如表 5－2 所示。

表 5－2　铁氧化物的晶格常数等数据及对比

相　种　类	αFe	Fe_xO	Fe_3O_4	γFe_2O_3	(αFe_2O_3)
晶格常数/$\times 10^{-10}$m	2.861	4.29	8.38	8.32	(5.42)
晶格常数比 （近似比）	1 1	1.5 $\sqrt{2}$	2.93 $\sqrt{8}$	2.91 $\sqrt{8}$	
密度/kg · m^{-3}	7870	5710	5180	5200	
比容/$\times 10^{-3}m^3 \cdot kg^{-1}$	0.127	0.175	0.193	0.192	

因此，由表 5－2 可见，$\alpha Fe \to \gamma Fe_2O_3$ 有较大的对应方位和大小原则性，晶格的重建不困难。

例如，Fe 氧化到 Fe_xO 时，O^{2-} 进入 αFe 晶格内，把 4 个 αFe 晶胞改建成 1 个 Fe_xO 晶胞（$V_{Fe_xO}/V_{\alpha Fe} = (4.29/2.861)^3 \approx 4$）。如图 5－19 所示，$O^{2-}$ 嵌入 αFe 晶格的对角面 1－6－7－2、2－3－8－7、1－6－5－4、4－3－8－5 四边形横边的中点。为了容纳这些 O^{2-}，αFe 晶格常数应有增长。由于这些对角面横边的长度（4.05×10^{-10}m）与 Fe_xO 的晶格常数（4.29×10^{-10}m）相差不大，O^{2-} 的进入约增长了 6.0%（$[(4.29-4.05)/4.05] \times 100\% \approx 6.0\%$），即 Fe^{2+} 在横向晶面上移动量不大于 10%。但在此对角面的垂直边上，晶格常数却有较大的增加，约 50%（$[(4.29-2.86)/2.86] \times 100\% \approx 50\%$）。但是，总的来说，这种转变还是遵循了一定程度的对应方位和大小原则。

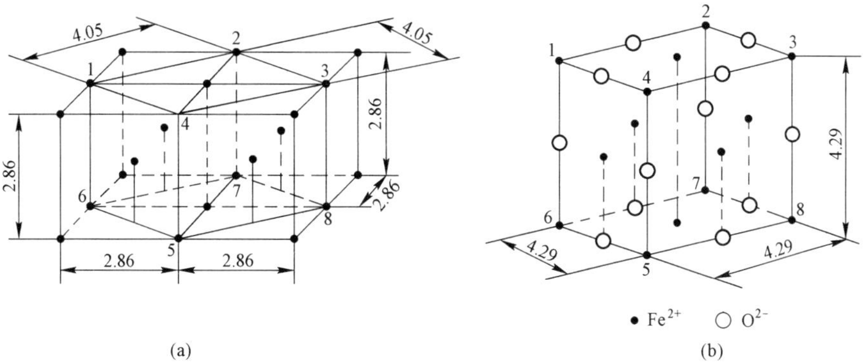

图 5－19　$\alpha Fe \to Fe_xO$ 晶格改建示意图

（a）1 个 αFe 晶胞，晶格常数为 2.86×10^{-10}m；（b）1 个 Fe_xO 晶胞，晶格常数为 4.29×10^{-10}m

1 个 Fe_3O_4 晶胞则由 8 个 Fe_xO 晶胞改建而成（$V_{Fe_3O_4}/V_{Fe_xO} = (8.38/4.290)^3 \approx 8$），两者的 O^{2-} 数相同，均为 32 个。但 1 个 Fe_3O_4 晶胞比 8 个 Fe_xO 晶胞约少 5 个 Fe^{2+}，因而 $Fe_xO \to Fe_3O_4$ 的转变主要是从 Fe_xO 晶胞中除去部分 Fe^{2+}，并改变部分 Fe^{2+} 成 Fe^{3+}。

1 个 γFe_2O_3 和 1 个 Fe_3O_4 晶胞的体积相差甚微，因此，$Fe_3O_4 \rightarrow \gamma Fe_2O_3$ 仅是进一步失去 Fe^{2+}，形成更多的空位和 Fe^{3+}，同时 γFe_2O_3 的晶格常数比 Fe_3O_4 的小些。

但是，γFe_2O_3 或 Fe_3O_4 与 αFe_2O_3 晶胞却有较大的差别，因此，改建成 αFe_2O_3 晶胞时，Fe^{2+}、Fe^{3+} 却有较大的移动。可以说，它们之间的对应方位和大小原则性很小，因而低温氧化只能生成 γFe_2O_3。

从上面的讨论可知，铁的氧化过程是 O^{2-} 不断进入晶格中，O^{2-} 及 Fe^{3+} 数增多，晶格常数及体积增大，但其中 $\gamma Fe_2O_3 \rightarrow \alpha Fe_2O_3$ 则是体积收缩（约 7%）。

5.4.3.3　氧化物膜（层）的形成机理

在氧的作用下，甚至在室温下，铁等金属的表面也能在很短时间（15～20min）内形成很薄的 γFe_2O_3 膜（厚$(2.0 \sim 2.5) \times 10^{-9}$m）。温度提高时，由于离子的移动能力增加，此 γFe_2O_3 膜的外面转变为稳定的 αFe_2O_3。温度继续提高到 300～400℃时，Fe^{2+} 向 γFe_2O_3 膜内扩散，填充其中空位，γFe_2O_3 改建成 Fe_3O_4。当温度达到 570℃时，$Fe_3O_4 | Fe$ 之间就有 Fe_xO 出现。因此，初生膜也具有层状的结构。

氧化剂产生的 O^{2-} 的扩散还与氧化物的摩尔体积有关。假如形成的氧化物膜以致密层覆盖于金属的表面上，则具有保护金属不受氧化的作用。这种膜应在 $V_{MO} = V_M$ 的条件下形成，式中，V_{MO} 及 V_M 分别为氧化物及金属的摩尔体积。对大多数金属来说，是遵循 $V_{MO} = V_M$ 的，但对碱金属及碱土金属，则有 $V_{MO} < V_M$，故它们没有保护金属不受氧化作用的氧化膜形成。V_{MO}/V_M 可按下式计算：

$$\frac{V_{MO}}{V_M} = \frac{M_{MO}\rho_M}{n\,\rho_{MO}M_M}$$

式中　M_{MO}，M_M——分别为 MO 及 M 的摩尔质量，kg/mol；

ρ_{MO}，ρ_M——分别为 MO 及 M 的密度，kg/m^3；

n——氧化物 MO 中 M 的原子数。

但是，当 $V_{MO} \gg V_M$ 时，形成的氧化物膜则不具有保护作用。因为氧化物膜中会有能破坏氧化物膜的较大内应力出现。一般的条件是：$2.5 > V_{MO}/V_M > 1$。例如，铝的氧化物膜（$V_{MO}/V_M = 1.31$），具有良好的保护膜（Al_2O_3）；铬（$V_{MO}/V_M = 2.2$）也能形成保护膜（Cr_2O_3），当 $w[Cr] = 18\%$ 时，这种材料的氧化速率大为降低；而镍（$V_{MO}/V_M = 1.52$）则能提高其抗氧化能力。表 5－3 所示为某些金属的 V_{MO}/V_M 值。

表 5－3　某些金属的 V_{MO}/V_M 比

金　属	氧化物	V_{MO}/V_M	金　属	氧化物	V_{MO}/V_M
Na	Na_2O	0.59	Ni	NiO	1.52
K	K_2O	0.48	Ti	TiO_2	1.76
Mg	MgO	0.79	Zr	ZrO_2	1.60
Cu	Cu_2O	1.67	Mo	MoO_2	2.18
Cu	CuO	1.74	Fe	FeO	1.77
Zn	ZnO	1.58	Fe	Fe_2O_3	2.14
Al	Al_2O_3	1.31			

初生膜的进一步增厚，是依靠 Fe^{2+} 和 O^{2-} 在各层内的相对扩散，达到层间的相界面时，扩散速率降低，形成了过饱和态，把一种晶格改建为另一种晶格，这称为反应扩散。两相晶格的对应方位和大小原则性越大，离子在各相内的扩散活化能越小，则氧化铁层厚度的增加就越快。Fe_3O_4 是空位数较小的致密结构，其中离子扩散缓慢（$D_{Fe^{2+}}=5.2\exp(-27000/T)$，$10^{-4}m^2/s$，温度 $T=1072\sim1260K$），所以 Fe_3O_4 的形成减缓了铁的氧化作用。但离子在 Fe_xO 内却易于扩散（$D_{Fe^{2+}}=0.11\exp(-15000/T)$，$10^{-4}m^2/s$，$T=972\sim1250K$），并且随着其内氧量的增加，$Fe^{2+}$ 空位浓度增加，扩散也加快，所以浮氏体的出现能加速铁的氧化。相反，阻止或减缓浮氏体层的形成或加快 Fe_3O_4 层的形成，则可减慢铁的氧化，即有较好的防止氧化的作用。

此外，在氧化铁层形成的过程中，由于 Fe^{2+} 向氧化铁层 | O_2 界面扩散，而 O^{2-} 向氧化铁层 | Fe 界面扩散，所以氧化铁层既向外也向内生长。

5.4.4 金属氧化的速率

金属氧化的速率除用单位时间、单位面积上形成的氧化物量（mol/(m^2·s)）表示外，还常用单位时间氧化物层的厚度（m）表示。在高温的氧化中，氧化物层内的扩散阻力远比气相边界层内氧的外扩散阻力大，所以一般氧化过程仅考虑由内扩散和界面化学反应两环节组成。又因 Fe^{2+} 的扩散比 O^{2-} 的快，所以为简化数学关系，一般只考虑氧的扩散。两环节的速率式为：

界面反应 $$v=kc \quad (\mathrm{mol/(m^2\cdot s)}) \tag{1}$$

内扩散 $$J=\frac{1}{V}\cdot\frac{\mathrm{d}x}{\mathrm{d}t}=\frac{D}{x}(c^0-c) \quad (\mathrm{mol/(m^2\cdot s)}) \tag{2}$$

式中 k——界面化学速率常数，1 级不可逆反应；

V——氧化物的摩尔体积，m^3/mol；

D——氧化物层内 O^{2-} 的扩散系数，m^2/s；

c^0，c——分别为 MO | O_2 及 M | MO 界面的氧浓度，mol/m^3；

x——氧化物层的厚度，m。

在稳定态下，$v=J$，得： $$c=\frac{Dc^0}{x}\Big/\left(k+\frac{D}{x}\right) \tag{3}$$

将式（3）代入式（2）中，得： $$\frac{\mathrm{d}x}{\mathrm{d}t}=\frac{DVkc^0}{kx+D}$$

在 $t=0\sim t$ 及 $x=0\sim x$ 界限内积分上式，得：

$$\frac{x^2}{2D}+\frac{x}{k}=Vc^0t \tag{5-25}$$

随着外界条件或氧化物层厚度(x)的增加，常有两种速率范围或限制环节：

（1）当 x 很小或 $k\ll D$ 时，式(5-25)中，$x^2/(2D)\ll x/k$，从而 $x=kVc^0t$，即在氧化之初或氧化层多孔（如 Ca、Ba、Mg 的氧化物）时，氧化物层的厚度与时间成线性关系，过程位于动力学范围内。

（2）当 x 很大或 $k\gg D$ 时，$x^2/(2D)\gg x/k$，从而 $x=\sqrt{2DVc^0t}$，即在氧化物层达到一定厚度之后或氧化物层致密(如 Fe、Cu、Ni、Al 等氧化物)时，氧化物层的厚度与时间的平方根成正比，即成抛物线的关系，过程位于内扩散范围内。

因此在高温下，对于生成致密结构的氧化物（如 Fe、Al 等），氧化初期位于动力学范围内的时间短，随着膜的加厚，离子扩散的距离增长，转入扩散范围内，如图 5－20 所示。在低温（低于 200℃）下，虽然膜很薄（$10^{-9}\sim10^{-8}$m），也常在扩散范围（或过渡范围）内，但和抛物线的关系还有些差别，而 $x=f(t)$ 的关系可以是对数或立方关系。这是由于受 M｜MO 界面上离子双电层等的影响，而使扩散过程复杂化。

图 5－21 所示为铁氧化的动力学曲线，它是由前述的（见图 5－20）多个动力学曲线（抛物线型）组成的。这是因为铁氧化形成的氧化铁层较致密，有内应力产生，致使氧化物层破裂，氧进入反应界面，加快氧化的进行，而抛物线上出现折点。当新的氧化物层形成时，氧化速率又降低，因而随着时间的推移，就形成了由多个抛物线段组成的动力学曲线。

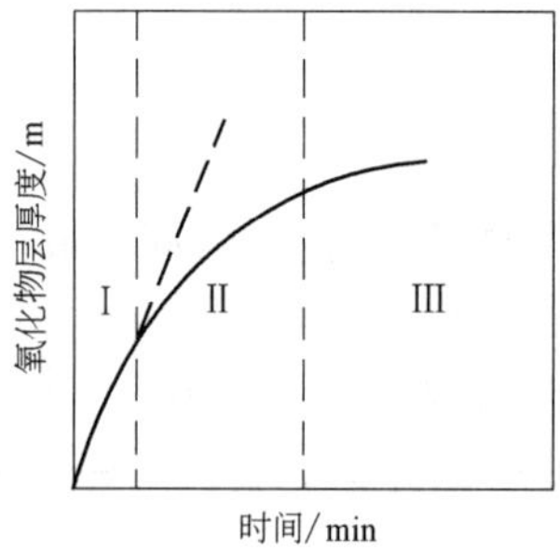

图 5－20 金属氧化的动力学曲线

Ⅰ—动力学范围；Ⅱ—过渡范围；Ⅲ—扩散范围

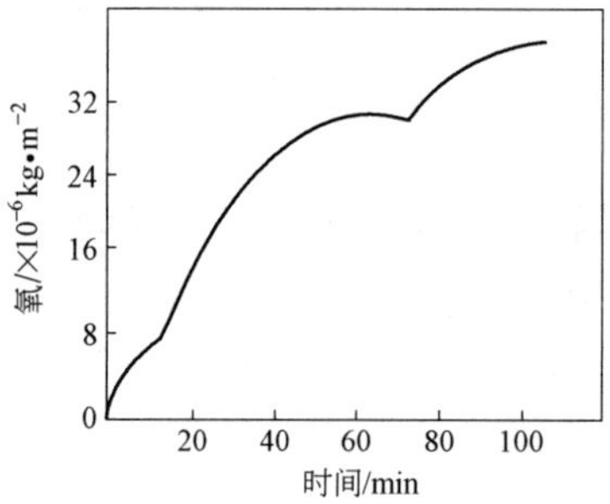

图 5－21 铁氧化的动力学曲线

【例 5－12】 铌在 100kPa 及 200℃下氧化的动力学数据如表 5－4 所示，试导出铌氧化的抛物线方程。

表 5－4 铌氧化生成的氧化铌质量随时间的变化

时间/min	20	60	100	120	180
NbO_2 质量 $m/\times10g\cdot m^{-2}$	26.45	45.82	59.16	65.00	80.00

解 铌氧化形成的氧化铌（NbO_2）是致密的结构层，氧在其内的扩散是铌氧化的限制环节。对于这种氧化过程，所表现的动力学特征是氧化物层的质量随时间的变化率与其生成量成反比，故可用下列方程表示：

$$dm/dt=K/m$$

式中 m——时间 t 时氧化铌的质量，g/m²；

K——比例常数。

积分上式，可得：$m^2=2Kt+I$

因此，利用 m^2 对 t 作图，可求出 K 及常数 I，计算值见表 5－5。

利用 m^2-t 关系作图（见图 5－22），直线斜率 $=\dfrac{570000-160000}{160-40}=3417$。

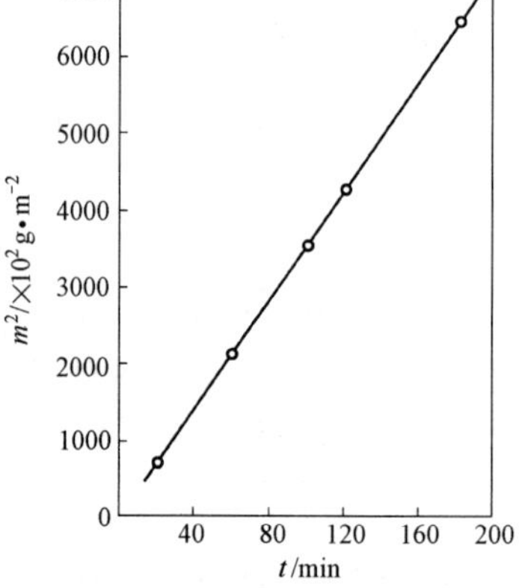

图 5－22 m^2-t 关系图

表 5－5 上述方程有关计算的数据

时间/min	20	60	100	120	180
NbO_2 质量 $m/\times10g\cdot m^{-2}$	26.45	45.82	59.16	65.00	80.00
$m^2/\times10^2$	699	2099	3499	4225	6400

故
$$m^2=3417t+I$$

当 $t=0$ 时，$m=0$，故 $I=0$，得：$m^2=3417t$，$K=1709g^2/(m^4\cdot min)$。

5.5 硫化物的形成－分解反应

许多有色重金属矿物都是以硫化物形式出现于自然界中，并且是多种金属的复合共生矿，具有综合利用的价值。

硫化矿的冶炼多采用高温化学冶金方法，但比氧化物矿的处理复杂得多。在提取金属之前，常需要改变其化合物的形态。一般采取氧化焙烧法。按照下一步处理的方法，其可分为三类：

（1）全部除去硫，转变为氧化物，再进行还原熔炼；

（2）硫化物氧化成易溶于水的硫酸盐，用于湿法提取金属；

（3）部分去硫，使硫化物在造锍熔炼中成为由几种硫化物组成的熔锍，而主金属硫化物富集在此熔锍中，作为杂质的 FeS 氧化成氧化物，变成炉渣而被除去，从而提高了主金属硫化物的品位，起到了化学富集的作用。

本节介绍硫化物的基本热力学性质及焙烧过程的热力学和动力学，为了解与钢铁冶炼有关的有色金属冶炼提供必要的基础知识。

5.5.1 硫化物的硫势与硫化物、硫酸盐的形成

5.5.1.1 硫势图

金属硫化物的形成反应为：

$$2M(s)+S_2 = 2MS(s)$$

参加反应的硫蒸气可以是 S_1、S_2、S_6、S_8 状态的硫分子。在不同温度下，不同硫分子的原子数是不同的，而且温度升高时多原子的硫分子将发生离解。对于一般火法冶金过程，可认为硫蒸气完全是由 S_2 分子组成的。

对于上列反应
$$K^{\ominus}=1/p_{S_2} \qquad (5-26)$$

又
$$\Delta_r G_m^{\ominus}=-RT\ln K^{\ominus}=RT\ln p_{S_2}$$

p_{S_2}是硫化物形成反应的平衡硫分压，而 $\pi_{S(MS)}=RT\ln p_{S_2}$，称为硫势，单位为 J/mol，可用以确定硫化物的稳定性。

图 5－23 为各种硫化物的硫势图，其构成原理和各硫势线的意义与氧势图中的氧势线相同。仅将其特点分述如下：

（1）除 CS_2 外，所有硫化物的硫势都是随温度的上升而增大的，即硫化物的稳定性

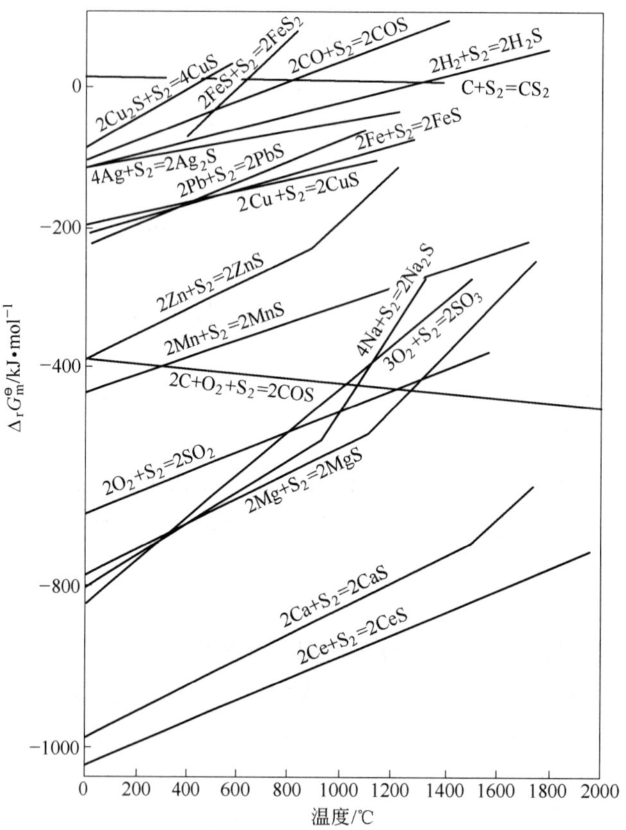

图 5－23 硫化物的硫势图

减小。

（2）碱金属和碱土金属硫化物的硫势比重金属和贵金属硫化物的硫势小，即前者比后者稳定。CS_2 的稳定性最小，因此碳不能还原硫化物。几种气态硫化物的稳定性是按下列顺序增加的：COS、H_2S、SO_3、SO_2。SO_2 和 SO_3 在 800℃有相同的稳定性，但在此温度以下 SO_3 比 SO_2 稳定；800℃以上，则相反。因此，高温下是 SO_2 稳定。对钢铁冶金，MnS、Na_2S、MgS、CaS 有重要意义，它们的稳定性是按下列次序增加的：Fe、Mn、Na、Mg、Ca。因此，利用这些与硫的亲和力很大的元素，能自钢铁中除去有害杂质硫。

（3）某些多价金属的硫化物的分解也是逐级进行的，例如：

$$4CuS = 2Cu_2S + S_2 \qquad 2FeS_2 = 2FeS + S_2$$

（4）图中位置低的硫化物较稳定，因此，下面硫化物形成的金属能还原其上面的硫化物，即当此两硫化物的形成－离解反应同时进行时，出现下列耦合反应：

$$MS + M' = M'S + M$$

而获得金属。因为 $\pi_{S(MS)} > \pi_{S(M'S)}$，由此可选择硫化物的适合还原剂及温度条件。上述反应发生在金属的硫化精炼，即用加硫除去金属中的杂质及硫化矿的置换硫化熔炼中。

比较硫势图和氧势图上同温度下硫化物和氧化物的 $\Delta_r G_m^\ominus$，可以看出除贵金属外，

$|\Delta_r G_m^\ominus(MS)| < |\Delta_r G_m^\ominus(MO)|$，即氧化物经常比硫化物更稳定。这是因为从氧到硫，原子的内层电子云对核的屏蔽作用逐渐增强，以致减小了 S^{2-} 的稳定性，离子键的作用不及共价键的大，更加易于形成二重键。图 5－24 示出了硫化物氧化的 $\Delta_r G_m^\ominus - T$ 关系，这些反应都能自发进行。利用此图可以预测硫化物与氧反应的可能性。

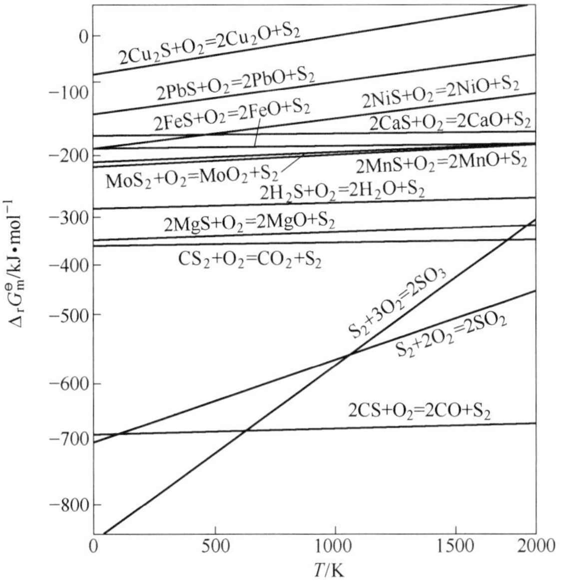

图 5－24 硫化物氧化的 $\Delta_r G_m^\ominus - T$ 图

5.5.1.2 硫酸盐的形成

硫酸盐的形成取决于下述两个同时进行的反应的 p_{SO_3}：

$$MSO_4(s) = MO(s) + SO_3 \tag{1}$$

$$\begin{array}{c} SO_3 = SO_2 + \frac{1}{2}O_2 \\ \hline MSO_4(s) = MO(s) + SO_2 + \frac{1}{2}O_2 \end{array} \tag{2}$$

图 5－25 中曲线 1 和 2 示出了上述两个反应的 p_{SO_3} 与温度的关系。两曲线交点以下的曲线（1）下的面积区为硫酸盐稳定形成区，因为在此区内 $p_{SO_3(MSO_4)} < p_{SO_3(SO_3,SO_2,O_2)}$；交点温度以上，硫化物则氧化形成氧化物。所以，交点温度以下才出现硫酸化焙烧。

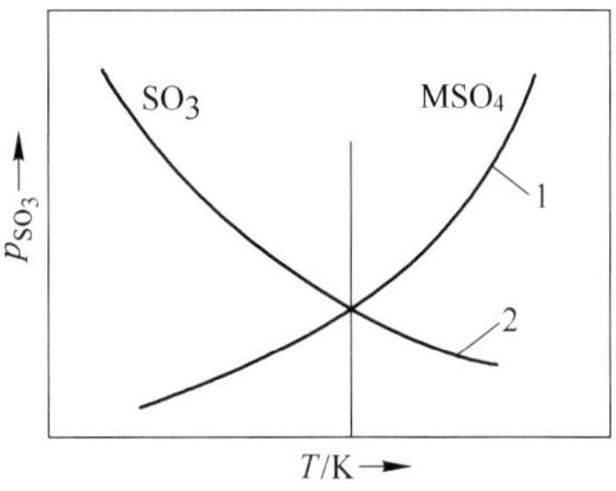

图 5－25 硫酸盐形成的条件

实际上，焙烧时硫酸盐是在较低温度下（500 ~ 600℃）形成的，因为这时 p_{SO_3} 有足够高的值。金属硫酸盐的稳定性按下列顺序增加：Al、Cu、Ni、Co、Zn、Fe、Cd、Mg、Pb、Ca、Ba、Na、K。因此，两性氧化物的硫酸盐的稳定性最小，而碱金属及碱土金属的硫酸盐的稳定性最大。而且硫酸盐的稳定性比硫化物及氧化物的稳定性均小。

5.5.2* 硫化物氧化焙烧的热力学（平衡图）

焙烧硫化物就是空气中的氧与硫化物作用，按照温度和气相成分（p_{SO_2}、p_{O_2}）的不同，可以生成氧化物及硫酸盐或碱性硫酸盐（MO · MSO_4）。前者将 MS 完全氧化成 MO，称为死烧；后者将 MS 部分氧化，形成可溶性硫酸盐，称为硫酸化焙烧。

硫化物氧化焙烧的产物及其相应的热力学条件，可由体系气相平衡成分（p_{SO_2}、p_{O_2}）构成的凝聚相稳定存在的平衡图（优势区图）确定。利用这种图可以确定体系内出现的反应及凝聚相稳定存在的气相成分范围，获得熔锍（硫化物的互溶体）及其处理条件。

【例 5-13】 将 $w(MoS_2)=90\%$ 的钼精矿在 625℃时氧化焙烧。试作出 Mo-S-O 系的凝聚相稳定存在区的平衡图，并说明在此条件下最稳定的凝聚相是什么。

解 体系内可能出现下列反应，利用化合物的 $\Delta_f G_m$（B）计算出各反应的 $\Delta_f G_m^{\ominus}$：

$$Mo(s)+O_2 = MoO_2(s) \qquad \Delta_r G_m^{\ominus} = -578200+166.5T \quad (J/mol) \tag{1}$$

$$MoO_2(s)+\frac{1}{2}O_2 = MoO_3(s) \qquad \Delta_r G_m^{\ominus} = -161950+80.23T \quad (J/mol) \tag{2}$$

$$Mo(s)+2SO_2 = MoS_2(s)+2O_2 \qquad \Delta_r G_m^{\ominus} = 325820+36.64T \quad (J/mol) \tag{3}$$

$$MoS_2(s)+3O_2 = MoO_2(s)+2SO_2 \qquad \Delta_r G_m^{\ominus} = -904020-129.86T \quad (J/mol) \tag{4}$$

$$MoS_2(s)+\frac{7}{2}O_2 = MoO_3(s)+2SO_2 \qquad \Delta_r G_m^{\ominus} = -1065970+210.09T \quad (J/mol) \tag{5}$$

利用上列反应在 898K 时的 $\Delta_r G_m^{\ominus}$ 得出各反应的 $\lg p_{O_2}$ 与 $\lg p_{SO_2}$ 的关系式：

$$\lg K_1 = -\lg p_{O_2} = \frac{578200}{19.147\times 898} - \frac{166.5}{19.147} = 24.93 \qquad \lg p_{O_2} = -24.93$$

$$\lg K_2 = -\frac{1}{2}\lg p_{O_2} = \frac{161950}{19.147\times 898} - \frac{80.23}{19.147} = 5.23 \qquad \lg p_{O_2} = -10.46$$

$$\lg K_3 = \lg\left(\frac{p_{O_2}}{p_{SO_2}}\right)^2 = -\frac{325820}{19.147\times 898} - \frac{36.64}{19.147} = -20.86 \qquad \lg p_{O_2} = -10.43+\lg p_{SO_2}$$

$$\lg K_4 = \lg\frac{p_{SO_2}^2}{p_{O_2}^3} = \frac{904020}{19.147\times 898} + \frac{129.89}{19.147} = 59.36 \qquad \lg p_{O_2} = -19.79+\frac{2}{3}\lg p_{SO_2}$$

$$\lg K_5 = \lg\frac{p_{SO_2}^2}{p_{O_2}^{7/2}} = \frac{1065970}{19.147\times 898} - \frac{210.09}{19.147} = 51.02$$

$$\lg p_{O_2} = -14.58+0.571\lg p_{SO_2}$$

在固定温度及压力下，以上述各方程的 p_{SO_2} 和 p_{O_2} 的对数为坐标，作出上列 5 个反应的平衡图。如图 5-26 所示，图中直线（1）为反应（1）中 Mo、MoO_2 共存的平衡线，直线（2）为反应（2）中 MoO_2、MoO_3 共存的平衡线；这些直线之间，则是 1 个凝聚相稳定存在区，是 2 变量系；三直线的交点则是 3 个凝聚相共存，是零变量点。

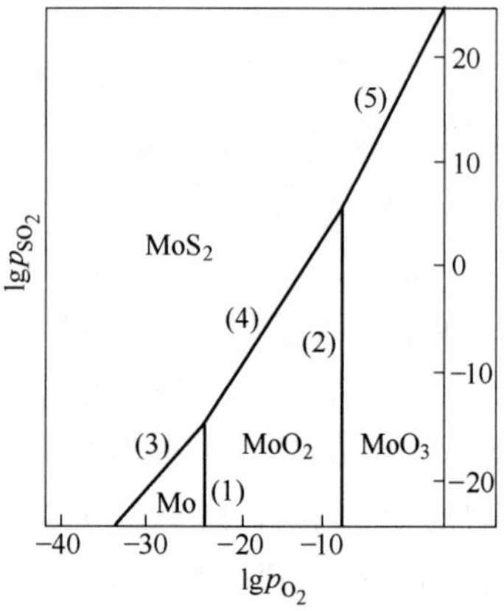

图 5-26 Mo-S-O 系凝聚相稳定存在区

利用此图可确定硫化物焙烧时气相成分和产物的关系。由图可见，当 $p'_{O_2} > 10^{-15}$ Pa 时，稳定存在的固相是

MoO_2。

对于复合硫化物矿的焙烧，则需要在同一坐标图上分别绘出几个金属硫化物的平衡图。因为不同硫化物的平衡线有不同的斜率，并且它们的凝聚相稳定存在区的大小也不尽相同，因而按照这些元素的硫化物、氧化物和硫酸盐稳定性的差别，在同一气相成分下，不同元素的上述形成反应并不同时发生，甚至某些反应不能发生。利用这种差异性，就可能达到分离金属的目的。

图5－27所示为Fe－S－O系（实线）和Cu－S－O系（虚线）的硫化物在700℃时凝聚相的稳定存在区。在焙烧时，由于Fe与O的亲和力大于Cu与O的亲和力，在$p'_{SO_2}=10^{-7}$Pa气相组成条件下，首先是FeS_2分解转变为FeS，随即氧化成Fe_3O_4，而Cu仍以Cu_2S存在。继续提高氧分压，Fe_3O_4将进一步氧化成Fe_2O_3，而Cu_2S则氧化成Cu_2O，并进而变成CuO。当氧分压更高时，CuO可转变成碱性硫酸铜（$CuO\cdot CuSO_4$）和$CuSO_4$。但在这种条件下，Fe_2O_3不能转变为$Fe_2(SO_4)_3$。在下一步用水浸出时，可实现两者的分离。

但是，上述M－S－O系的平衡图不能反映出温度对焙烧的影响，而温度往往又是决定因素之一。为考虑温度的影响，可在几个温度下作出平衡图或$\lg p_{O_2}-\lg p_{SO_2}-T^{-1}$的三元立体平衡图。但这种图形应用起来很不方便。由于现行焙烧过程中SO_2或SO_3分压变化不大，因此，可在固定p_{SO_2}的条件下作出M－S－O系的$\lg p_{O_2}-T^{-1}$或$\lg p_{SO_2}-T^{-1}$的平衡图，如图5－28所示。由图可见，提高温度和p_{O_2}，则M的稳定性增加，对制取M有利。而适当降低温度，则对制取MSO_4有利。

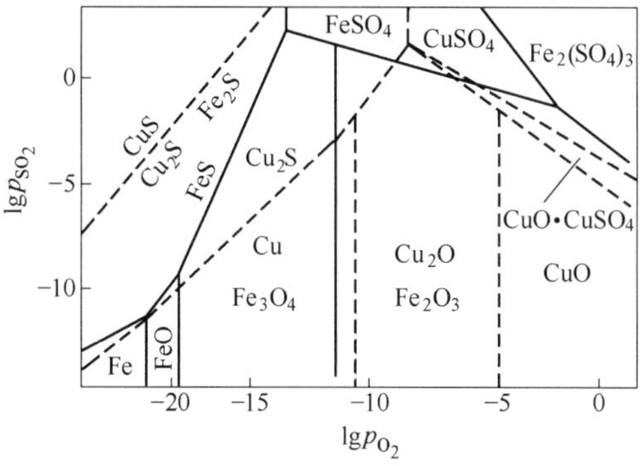

图5－27 复合硫化物矿焙烧时凝聚相的稳定存在区（700℃）

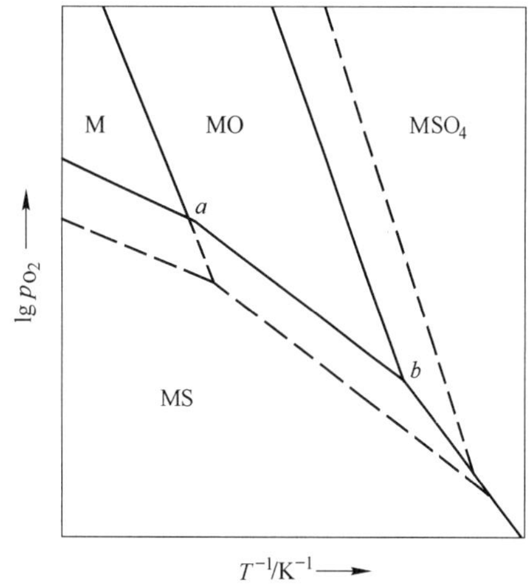

图5－28 M－S－O系的$\lg p_{O_2}-T^{-1}$图

因此，由类似的图5－27及图5－28可知，为获得MO_2或MO_3，应控制p_{SO_2}及p_{O_2}在该氧化物的存在区内，而温度由选定的p_{O_2}，从$p_{O_2}-1/T$图确定。在相同的p_{O_2}下，温度越高，M比MO越易于形成。即在固定的p_{SO_2}下，p_{O_2}及温度越高，M或MO越易于形成。

5.5.3* 硫化物氧化焙烧的动力学

固相硫化物和氧或氧化性气体的作用，是属于下列反应类型的气-固相反应：

$$固体(\mathrm{I}) + 气体(\mathrm{I}) = 固体(\mathrm{II}) + 气体(\mathrm{II})$$

服从第2章讲述的未反应核模型处理法。过程由氧的外扩散、硫化物表面氧的吸附、吸附氧与硫化物的化学反应、形成的 SO_2 经脱附向气相中逸出等环节组成。但当有氧化物层形成时，M^{2+}、S^{2-}、O^{2-} 向矿块内反应界面（MS | MO）的扩散是决定速率的主要限制环节。因此，在一般情况下，焙烧过程由扩散、吸附化学反应及晶格重建三个环节组成。

关于焙烧产物形成机理，按氧化理论认为，最初产物是氧化物，而后在不同条件下与含有 SO_3、SO_2、O_2 的气相作用转变为硫酸盐。按吸附-分解理论则认为，由于 O_2 的化学吸附，形成了过氧化复合物，而后分解、析出氧离子（$S^{2-} + 4O_{(吸)} = SO_4^{2-} = O^{2-} + SO_3$），此氧离子再与硫化物分子作用，形成逐渐饱和的准复合物：$MSO \rightarrow MSO_2 \rightarrow MSO_3 \rightarrow MSO_4$。它们的稳定性与温度及阳离子的静电势（$Z/r$）有关。阳离子的静电势大，则能使 SO_4^{2-} 受到极化，温度的提高也促进 SO_4^{2-} 分裂。因此，在较低温度下，最初产物是硫酸盐；而在较高温度下，则是氧化物。如果金属与氧的亲和力小，也可能形成金属。

但是，由于硫化物和氧化物均属于半导体化合物，在氧等气体的作用下，要产生一些缺陷，所以硫化物和氧的作用机理是十分复杂的。

在内扩散范围内，氧在硫化物外的氧化物层内的扩散速率决定了焙烧反应的速率。过程的速率与氧化物层的厚度（x）成反比。而此厚度也与氧分压、氧在氧化物层中的扩散系数（D_0）及反应界面（A）有关，即：

$$x^2 = 2D_0Ap_{O_2}t\exp[-E_D/(RT)] \tag{5-27}$$

但是在实际情况下，还应考虑一些影响动力学的因素，如氧化物层的物性、硫化物的物性（密度、孔隙率、粒度）、气流特性等，比式(5-27)计算的更复杂。

5.5.4* 造锍熔炼及吹炼

铜矿如黄铜矿($CuFeS_2$)、斑铜矿(Cu_3FeS_3)等焙烧时，分解放出部分硫，形成 Cu_2S 与 FeS 共熔的熔锍($Cu_2S \cdot FeS$)。在熔锍形成中，也有部分 FeS 被氧化形成 FeO，与脉石中的 SiO_2 形成熔渣($2FeO \cdot SiO_2$)，而原矿中的铜完全以 Cu_2S 形态富集于熔锍中。因它们的密度不相同且不互溶，遂达到了有效的分离。镍、钴等矿也能通过上述造锍过程，得到含主要金属硫化物的熔锍这一中间产物。

将熔锍在转炉内用空气吹炼，以除去铁和硫，获得粗金属。一般吹炼过程是在1200~1300℃温度下进行的，分为两个阶段：

（1）熔锍中的 FeS 首先氧化成 FeO 和 SO_2，生成的 FeO 与加入的熔剂 SiO_2 反应，形成 $2FeO \cdot SiO_2$ 炉渣而被除去，但在 FeS 优先氧化时，Cu_2S 也有小部分氧化而成 Cu_2O，因而出现下列反应：

$$Cu_2O(l) + FeS(l) = FeO(l) + Cu_2S(l) \qquad \Delta_r G_m^{\ominus} = -69664 - 42.76T \quad (J/mol)$$

这是造锍熔炼的基本反应，由于 FeO 比 Cu_2O 稳定，能使 Cu_2O 转变为 Cu_2S，形成硫化物共熔体(锍)，并与矿石中的脉石分离。此外，形成的 FeO 与 SiO_2 作用，生成 $2FeO \cdot$

SiO_2，降低了炉渣中 FeO 的活度，也促进了反应更有利地进行。

（2）当熔锍中 FeS 大量除去后继续吹氧，就同时发生下列反应：

$$2Cu_2S(l) + 3O_2 = 2Cu_2O(l) + 2SO_2 \qquad \Delta_r G_m^{\ominus} = -770694 + 243.51T \quad (J/mol)$$

$$2Cu_2O(l) + Cu_2S(l) = 6Cu(l) + SO_2 \qquad \Delta_r G_m^{\ominus} = 35992 - 58.87T \quad (J/mol)$$

后一反应是金属硫化物与其氧化物的交互反应，得到金属。当体系中 Cu_2S 和 Cu_2O 的形成－分解反应同时进行时，两反应中出现的异类物质（S 和 O_2）形成的 SO_2 使体系的熵增加，在吹炼温度下，上列反应的 $\Delta_r G_m^{\ominus} < 0$，能够自发进行。当上述凝聚相是纯相或形成饱和溶体时（$a_{MO} = a_{MS} = a_M = 1$），则 $K^{\ominus} = p_{SO_2}$，从而得出上述反应进行的热力学条件：

$$p_{SO_2(平)} > p_{SO_2(气相)}$$

因此，如体系的 SO_2 不断排出，则在化学计量关系中的反应物可完全消失。

随着反应的不断进行，金属液中将有 Cu_2O 及 Cu_2S 溶解，熔锍中参加反应的组分活度也在改变，这时要考虑活度的影响。但这方面的数据还很缺少。

5.6 氯化物的形成－分解反应

金属的氯化物与其氧化物及硫化物相比，均有较低的熔点、较高的挥发性以及易还原性、易溶水性。因此，金属氯化物的形成和还原，在提取共生复合矿和精炼金属中有重要的作用。

5.6.1 氯化物的氯势及氯势图

对于二价金属氯化物的形成反应：

$$M(s) + Cl_2 = MCl_2(s)$$

有 $$K^{\ominus} = 1/p_{Cl_2(MCl_2)} \qquad \Delta_r G_m^{\ominus} = RT\ln p_{Cl_2(MCl_2)} \quad (J/mol)$$

则 $$\pi_{Cl(MCl_2)} = RT\ln p_{Cl_2(MCl_2)} \qquad (5-28)$$

$p_{Cl_2(MCl_2)}$是形成 $MCl_2(s)$ 的平衡氯分压，而称 $\pi_{Cl(MCl_2)} = RT\ln p_{Cl_2(MCl_2)}$ 为氯化物的氯势，用以衡定氯化物的稳定性。

图 5－29 为氯化物的氯势图。由图可知：

（1）在一般冶炼温度下，大多数氯化物的氯势都比较小，能够稳定存在。以碱金属和碱土金属的氯化物最稳定。一般来说，金属氯化物稳定性的顺序和其氧化物的大致相同。可是氯化物的熔点较低、沸点低、挥发性大，所以图中的氯势直线出现了明显的转折，因此彼此出现交点，这说明它们的稳定性受温度及相变的影响较大。Cu、Ni、Be、Ti、V、Zn、Cr 的氯化物在 400～1000℃内有较高的挥发性，在工业上有重要的意义。另外，某些氯化物有较低的熔点（800～1300℃），有利于熔盐的电解处理。

（2）图中位置低的氯化物形成的金属元素能还原其上位置的氯化物，所以 Mg、Ca、Na 等常作氯化物的还原剂。但 CCl_4 最不稳定，因而 C 不能作为氯化物的还原剂。又 HCl(g) 的稳定性随温度的增加而略有变化，但不是很大，所以 H_2 在高温下可还原其上 $NbCl_3$、$CrCl_3$ 等。

（3）有几种金属能形成一种以上的氯化物，这些高价氯化物具有较大的挥发性和不稳

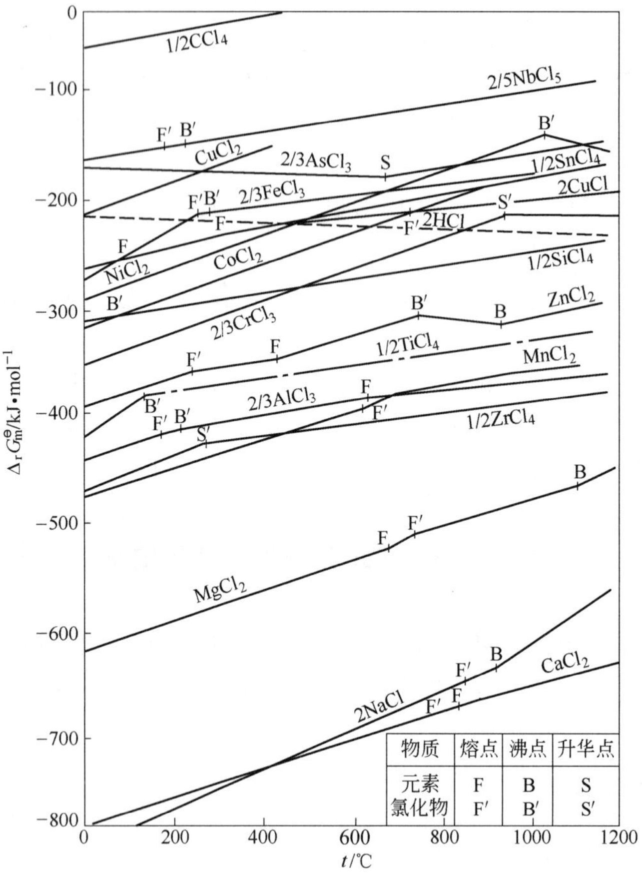

图 5－29　氯化物的氯势图

定性，易被 H_2 还原到低价氯化物。另外，某些金属氯化物在一定温度下可发生分解，有的在分解时可转变为高价气态氯化物，并析出金属（歧化反应）：

$$FeCl_3(g) \xlongequal{400℃} FeCl_2(s) + \frac{1}{2}Cl_2$$

$$5NbCl_3(s) \xlongequal{800℃} 2Nb(s) + 3NbCl_5(g)$$

$$3AlCl(g) \xlongequal{800℃} 2Al(l) + AlCl_3(g)$$

最后一个反应能够用来精炼不纯铝，详见后述。

5.6.2* 氯化焙烧的热力学

氯化焙烧是用氯处理有色金属矿，使之变为氯化物的方法。根据矿料性质和下步处理方法的不同，其可分为中温氯化焙烧和高温氯化焙烧。前者是使提取的金属氯化物在不挥发的温度下，变为可溶性氯化物。后者则是在提取的金属氯化物能挥发的温度下，形成挥发性氯化物，用冷凝法回收。此法用于菱镁矿（$MgCO_3$）和金红石（TiO_2）的氯化，以生产镁和钛；也用于处理黄铁矿烧渣，综合回收 Cu、Pb、Zn、Au、Ag 等。

作为氯化焙烧的氯化剂有氯气、盐酸气（HCl）及固体氯化物（NaCl、$CaCl_2$ 等）。

5.6.2.1 氧化物的氯化

元素与氧和氯的亲和力不同，使得某些氧化物能被氯气所作用，转变为氯化物。根据金属氧化物的氧势图和其氯化物的氯势图，可以绘出如图 5 - 30 所示的金属氧化物与氯反应的 $\Delta_r G_m^{\ominus} - T$ 图。

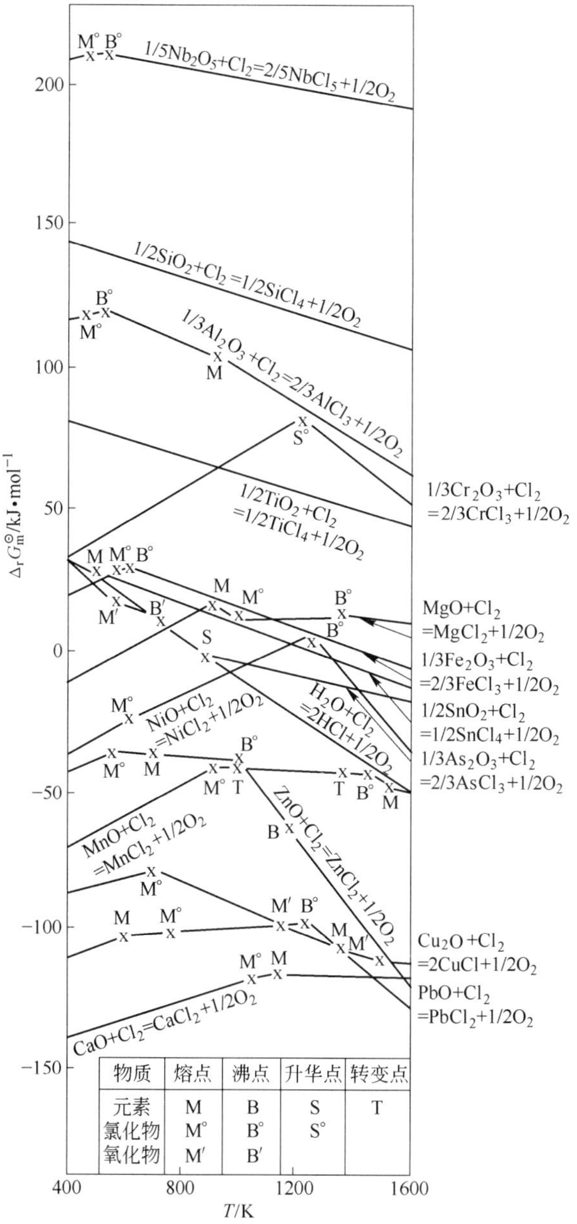

图 5 - 30 氧化物氯化反应的 $\Delta_r G_m^{\ominus} - T$ 图

由图 5 - 30 可见，在标准状态下，许多氧化物不能被氯气所氯化而转变成氯化物。因为其氯化反应的 $\Delta_r G_m^{\ominus} > 0$，如 Nb_2O_5、SiO_2、Al_2O_3、Cr_2O_3、TiO_2、MgO、Fe_2O_3 等。但如有还原剂存在时，由于还原剂能降低氧化物氯化形成的氧分压，但又不与氯发生反应，则可使本来难以氯化的反应（$\Delta_r G_m^{\ominus} > 0$）变为可能（$\Delta_r G_m^{\ominus} < 0$），并且还能显著地提高氯气的利用。一般 C 或 CO 是有效的添加剂。当有 C 存在时，可发生下列氯化反应。例如：

$$\frac{1}{2}TiO_2(s) + Cl_2 = \frac{1}{2}TiCl_4 + \frac{1}{2}O_2 \qquad \Delta_r G_m^{\ominus} = 88500 - 28.06T \quad (J/mol)$$

$$C + \frac{1}{2}O_2 = CO \qquad \Delta_r G_m^{\ominus} = -114400 - 85.77T \quad (J/mol)$$

$$\frac{1}{2}TiO_2(s) + Cl_2 + C = \frac{1}{2}TiCl_4 + CO \qquad \Delta_r G_m^{\ominus} = -25900 - 113.83T \quad (J/mol)$$

由上可见，$TiO_2(s)$ 的氯化在一般焙烧温度（500～1000℃）下是不能发生的（$\Delta_r G_m^{\ominus} > 0$），但在有固体碳存在(作为添加剂)的条件下变得容易氯化了。这是有 C 参加，形成了耦合反应的结果。所以加碳氯化已在有色冶金中得到了应用。

5.6.2.2 硫化物的氯化

金属硫化物比氧化物易于氯化，因为 $\pi_{S(MS)} > \pi_{Cl(MCl_2)}$，所以氯从金属硫化物中取代硫比从氧化物中取代氧容易。例如：

$$MS(s) + Cl_2 = MCl_2(s) + \frac{1}{2}S_2$$

取代出的硫虽也可生成 S_2Cl_2、SCl_2 等，但不稳定，易于分解，最后以元素状硫沉积下来。

5.6.2.3 HCl 及固体氯化剂的氯化

在焙烧中金属氧化物或硫化物能被 HCl（g）所氯化：

$$MO(s) + 2HCl = MCl_2(s) + H_2O(g)$$

上述反应可由具有相同气体(O_2、Cl_2)的 MO 及 H_2O（g）的氯化反应得出：

$$MO(s) + Cl_2 = MCl_2(s) + \frac{1}{2}O_2 \qquad (1)$$

$$H_2O + Cl_2 = 2HCl(g) + \frac{1}{2}O_2 \qquad (2)$$

从图 5－30 可见，反应（2）的 $\Delta_r G_m^{\ominus} - T$ 直线随温度的升高而下降，即 HCl 的稳定性增加，而其氯化能力下降。因此，仅在反应（2）的 $\Delta_r G_m^{\ominus} - T$ 直线以下的氯化物，如 Cu_2O、PbO、NiO 等才能被 HCl（g）所氯化。

作为固体氯化剂的是 $CaCl_2$ 及 NaCl，两者在焙烧条件下必须能分解出 Cl_2，才能进行氯化，其分解反应为：

$$2NaCl(s) + \frac{1}{2}O_2 = Na_2O(s) + Cl_2 \qquad \Delta_r G_m^{\ominus} = 507200 - 126.44T \quad (J/mol)$$

$$CaCl_2(s) + \frac{1}{2}O_2 = CaO(s) + Cl_2 \qquad \Delta_r G_m^{\ominus} = 158450 - 39.57T \quad (J/mol)$$

在一般焙烧温度范围内，上列反应的 $\Delta_r G_m^{\ominus} > 0$，因此放出的氯气分压很低。为使上列反应能在焙烧温度范围内正向进行，应设法降低分解出的氧化物 Na_2O 或 CaO 的活度。常采用的方法是：

（1）加入酸性熔剂，如 SiO_2、Fe_2O_3，使氯化形成的碱性氧化物结合成复杂化合物，如：

$$2NaCl(s) + \frac{1}{2}O_2 + SiO_2(s) = Na_2O \cdot SiO_2(s) + Cl_2$$

$$CaCl_2(s) + \frac{1}{2}O_2 + SiO_2(s) = CaO \cdot SiO_2(s) + Cl_2$$

（2）通过焙烧中出现的 SO_2、O_2 与 Na_2O 及 CaO 形成稳定的硫酸盐，如：

$$2NaCl(s) + SO_2 + O_2 = Na_2SO_4(s) + Cl_2$$

$$CaCl_2(s) + SO_2 + O_2 = CaSO_4(s) + Cl_2$$

因此，在中温氯化焙烧中，炉气中的 SO_2 是促使 NaCl($CaCl_2$) 分解的最有利的成分，所以应要求焙烧原料中有足够量的硫；在高温条件下，NaCl 则可借助于脉石组分 SiO_2、Al_2O_3 的作用来促使其分解，而无需加入硫。

（3）$MgCl_2$ 也可作为固体氯化剂，但在 493℃ 以上标准态下，$MgCl_2$ 遇水蒸气会发生水解，失去氯化的作用。

5.6.3 硫酸渣的氯化焙烧

制硫酸剩下的硫酸渣（或称黄铁矿烧渣）是提取铁和有色金属等的原料，因为其内除含有很高量的 Fe_2O_3 外，还含有以氧化物或硫化物形态存在的一些有色金属，如 Cu、Pb、Zn、As、Bi 及贵金属 Au、Ag 等。一般来说，这些有色金属对钢铁材料是有害的，在炼铁过程中除小部分能挥发外，极大部分进入生铁，而在以后炼钢过程中也难以除去。因此，在使用这些原材料作为炼铁的原料时，应将硫酸渣进行氯化处理。一方面，可使有害于钢铁性能的元素得以除去；另一方面，又可利用这些有价金属达到综合利用资源的目的。

氯化方法有两种，即中温氯化和高温氯化。前者是用 HCl 或食盐（10%）作氯化剂，在 500～600℃用多层焙烧炉焙烧，使其内的有色金属转变为可溶于水或弱酸的氯化物，与 Fe_2O_3 分离，而后从浸出液中回收有色金属。浸出渣经过烧结、造块作为炼铁原料。此法适用于处理有色金属含量较高（如 $w(Cu) \geq 0.7\%$）的矿渣。高温焙烧是用 $CaCl_2$ 作氯化剂，在 1000℃以上进行焙烧，其中有色金属氯化后挥发，但 Fe_2O_3 不能氯化，而与氯化物分离。挥发的氯化物被收集起来，用以回收有色金属和氯化剂；残渣则制成球团或烧结矿，作炼铁原料。用 $CaCl_2$ 作氯化剂的缺点是在含水汽多的条件下，$CaCl_2$ 有水解的可能，从而降低了氯化的作用。

此外，利用高钛渣提取金属钛或金红石时，加炭氯化过程也是钛生产的重要环节之一。

虽然氯化冶金具有对原料适应性强、作业温度较低及分离效率高等优点，特别适用于处理储量大、成分复杂难选的贫矿，但是尚存在一些问题需要继续解决，如提高氯化剂的利用率及回收率、设备的防腐蚀和环境污染等问题。

5.7* 化学迁移反应

5.7.1 化学迁移反应及其热力学分析

在工业上常利用化学迁移反应（chemical transportation reaction）的方法来制取纯金属，或在零件表面镀上一层均匀致密的难熔金属。

它是使在一定条件（压力、温度）下的凝聚相物质与气体反应生成气态或挥发性很强的化合物，迁移到另一温度与压力条件下，自行分解为纯金属及反应的气体物质。可用下列反应表示：

$$xM(s,l)+yB(g)\underset{分解(p_2,t_2)}{\overset{化合(p_1,t_1)}{\rightleftharpoons}}M_xB_y(g)$$

即在 p_1、t_1 条件下生成的 $M_xB_y(g)$ 迁移到 p_2、t_2 条件下，由于物理条件变化，反应逆行，发生了分解。

利用上述反应的 $\Delta_rG_m^\ominus$ 绘出其 $\Delta_rG_m^\ominus-T$ 图，如图 5－31 所示。反应的 $\Delta_rS_m^\ominus$ 减小，$\Delta_rG_m^\ominus-T$ 直线的斜率为正。反应的 $\Delta_rG_m^\ominus$ 随温度的升高而增加。$\Delta_rG_m^\ominus=0$ 的温度为反应的转化温度。温度越低，反应正向进行得越完全。但温度低了，反应速率减慢。又因反应式中 $y>1$，高压能使反应的平衡右移。因此，增大压力及适当提高温度（在转化温度以下）有利于反应的进行。

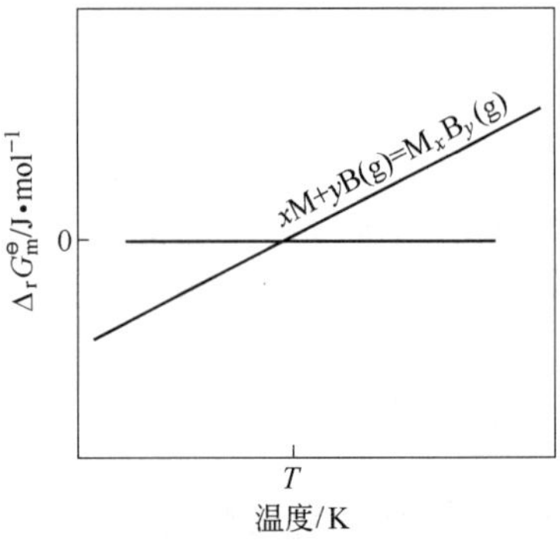

图 5－31　化学迁移反应的 $\Delta_rG_m^\ominus-T$ 图

另外，化合物的分解是化学迁移反应的逆反应，在转化温度以上才能进行得较完全，而高压却使化合物难以分解。因此，可在稍高于常压法所用的温度下进行。高温也能提高反应的速率。

但是，如果转化温度很高，甚至超过了纯金属的熔点，析出液相产物，则会影响其纯度，而且分解温度太高也使分解难以进行。这时，可采用真空操作，降低两种气体的分压，则可降低分解温度。

多数的化学迁移反应是在 $10^3\sim10^4$Pa 的压力下实现的，过程的限制环节是两平衡区之间迁移区内的扩散传质，而化学反应环节仅在压力小于 10^2Pa 下出现。当压力大于 10^4Pa 时，过程的速率取决于对流扩散。

两平衡区内形成的化合物的分压差别越大，则迁移反应的速率就越大。

5.7.2　化学迁移反应的类型

5.7.2.1　羰基法（carbonyl（Mond）process）

CO 能和某些过渡金属形成羰基化合物。如羰基铁 $Fe(CO)_5$、羰基镍 $Ni(CO)_4$，其中金属元素是零价，而配位基（：CO）是中性 CO 分子。在配位基中配位的碳原子将电子对完全给出，使金属具有同一周期中惰性气体的构型。这些物质的熔点（$Fe(CO)_5$，21℃；$Ni(CO)_4$，25℃）及沸点（$Fe(CO)_5$，103℃；$Ni(CO)_4$，43℃）均低。现代工业上通过羰基过程来制造纯铁及纯镍粉等。

它们的热力学数据如下：

$Ni(s)+4CO═Ni(CO)_4(g)$　$\Delta_rG_m^\ominus=-160750+418.1T$　（J/mol）　转化温度 384K(111℃)

$Fe(s)+5CO═Fe(CO)_5(g)$　$\Delta_rG_m^\ominus=-225100+668.3T$　（J/mol）　转化温度 337K(63℃)

它们的 $\Delta_rG_m^\ominus-T$ 图如图 5－32 所示。

CO 通过粗镍，在 50～80℃时形成 $Ni(CO)_4$，生成的 $Ni(CO)_4$ 转移到另一地区，在

180～200℃分解为纯镍及 CO。

$Fe(CO)_5$ 的沸点为 103℃(376K)，图 5－32 中，其 $\Delta_r G_m^\ominus - T$ 直线在此温度处发生折点(T_b)。而此时，反应的 $\Delta_r G_m^\ominus > 0$。因此，在标准状态下，不可能生成气态羰基铁。而在 376K（转化温度）以下生成液态羰基铁。但液态羰基铁难以和含杂质的残余铁分离，因此生成气态羰基铁是唯一的要求。

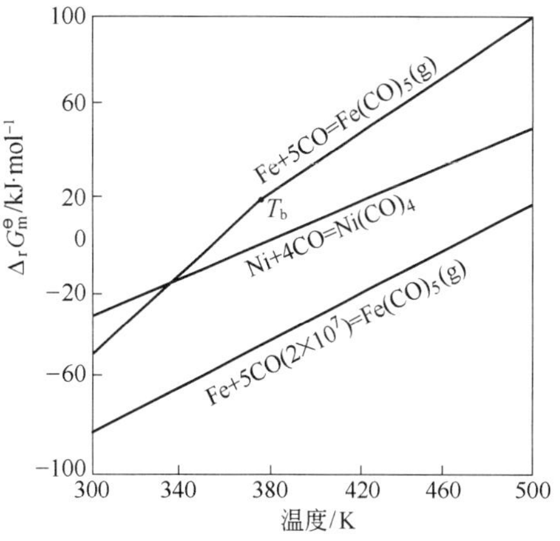

图 5－32 $Fe(CO)_5$、$Ni(CO)_4$ 的 $\Delta_r G_m^\ominus - T$ 图（T_b 为沸点）

由于羰基铁的形成是气体化学计量数显著减少的反应，所以可采用高压操作来推动反应的正向进行。提高压力就能使生成气态羰基铁的 $\Delta_r G_m^\ominus - T$ 直线位置下移。在此直线上出现 $\Delta_r G_m^\ominus = 0$ 的温度以下的温度范围，就是羰基铁在该压力下的生成温度。例如，采用 2×10^7Pa 的高压，则转化温度可达到 477K。因此，在这种条件下温度低于 200℃，可使形成反应顺利进行。至于羰基铁的分解，在常压下即可进行，其温度在标准状态下的转化温度以上即可。

【例 5－14】 采用 2.0×10^7Pa 的 CO 及 2.0×10^6Pa 的 $Fe(CO)_5(g)$ 进行羰基铁的高压操作，试求反应的转化温度。

解 利用反应的等温方程：$\Delta_r G_m = \Delta_r G_m^\ominus + RT\ln(p_{Fe(CO)_5}/p_{CO}^5)$

$$\Delta_r G_m = -225100 + 668.3T + 19.147T\lg(20/200^5) = -225100 + 472.92T \quad (J/mol)$$

当 $\Delta_r G_m = 0$ 时，$T_{转} = 476K$（202℃）。

因此可认为，采用上述高压条件，可使羰基铁在温度低于 200℃下形成。需要指出，上面的计算结果是近似值，因为在此高压下应采用气体的逸度代替分压做热力学计算。

此外，为了加速羰基化学反应的速率，可采有较大活性面积的粗金属，如新还原的金属。为了防止或减弱 CO 在低温下分解析出炭黑，可在分解器中加入硫或 NH_3，并且在最后用 CO_2 或氮气处理所得产品，消除析出的炭黑或其他碳化物（如 Ni_3C、Fe_3C 等）。

5.7.2.2 碘化法

碘化物在高温下易离解析出金属，所以在冶金中用来提纯 Ti、Zr、V 等难熔金属。在高温下，I_2 蒸气能分解为单原子气体，在较低温度下能与 Zr 等金属反应，形成气态四碘化锆，迁移入高温区，可分解为金属与碘蒸气，其反应为：

$$Zr(s) + 4I(g) \xlongequal{} ZrI_4(g) \qquad \Delta_r G_m^\ominus = -789500 + 331.8T \quad (J/mol)$$

转化温度 $T_{转} = 2380K$(2107℃)，$ZrI_4(g)$ 虽能在低温下形成，但其分解温度却太高，已超过了锆的熔点（1853℃），不仅析出的锆是液态，而且也使操作难以进行。

在真空条件下，可使 $ZrI_4(g)$ 的分解温度大为降低。例如，利用 100Pa 的真空度时，I_2 及 $ZrI_4(g)$ 的蒸气压为 10^2Pa，由等温方程得出的转化温度为 1566K(1293℃)。因此，在这种真空条件下，温度低于 1293℃时可形成 $ZrI_4(g)$，工业上采用的温度为 1250℃。而在温度高于 1293℃时，$ZrI_4(g)$ 可分解析出纯锆，工业上的温度为 1300～1500℃。

碘化法只能用于小规模的生产，且耗电量大、成本高，近年来已被电子束熔炼法所取代。

5.7.2.3 歧化分解（disproportion decomposition）

歧化分解是把金属的低价卤化物分解为金属及高价卤化物或其混合物，例如：

$$2TiCl_2(g) = Ti(s) + TiCl_4(g) \qquad 5NbCl_3(g) = 2Nb(s) + 3NbCl_5(g)$$

由于这种反应是可逆的，可用作金属的提纯手段，目前炼铝中是利用 AlCl 的制取来提取纯铝。

低价化合物是低价金属的挥发性化合物，仅当具有最低离子化势的电子参加反应时，才可能形成低价化合物。例如，铝原子的 3 价电子中，两个电子位于 3s 轨道，而 1 个电子位于 3p 轨道（$3s^2 3p$）。3p 电子与原子核的结合较弱，而 3s 电子的结合则较强。因此，在一定条件下能够形成铝的 1 价化合物，如 AlF、AlCl、AlI、Al_2O 等。这些化合物能在真空及惰性气体中相当高的温度下存在。但当温度降低时，它们发生歧化反应，即分解出 Al 及高价化合物。可利用这种反应来清除粗铝中的杂质。

把气态 $AlCl_3(g)$ 在惰性气体（10^2Pa）或真空（1.33Pa）条件下通入到温度约 1500K 的粗铝中，使形成的 AlCl(g) 迁移到 500K 的低温区内，后者分解出 Al 及 $AlCl_3(g)$，其反应为：

$$2Al(l) + AlCl_3(g) = 3AlCl(g) \quad \Delta_r G_m^{\ominus} = 369780 - 242.4T \quad (J/mol) \quad 转化温度 1525K(1252℃)$$

过程的速率随着温度的升高和压力的降低而提高。

也可利用歧化分解反应来清除硅及钛中的杂质，例如：

$$Si(s) + SiCl_4(g) \rightleftharpoons 2SiCl_2(g) \qquad Ti(s) + TiCl_4(g) \rightleftharpoons 2TiCl_2(g)$$

5.8 可燃气体的燃烧反应

C、CO、H_2（包括 CH_4）是冶金中燃料的主要成分。它们在冶炼过程中除燃烧供给热能外，还直接参加体系内的反应，成为反应的组分。例如，在氧化－还原反应中，这些组分就是主要的还原剂，而它们的燃烧产物（CO_2、$H_2O(g)$）在一定条件下又是氧化剂。

所谓燃烧反应，是指燃料中的可燃成分（C、CO、H_2）与氧化合的反应，即：

$$C_{(石)} + O_2 = CO_2$$

$$2C_{(石)} + O_2 = 2CO$$

$$2CO + O_2 = 2CO_2$$

$$2H_2 + O_2 = 2H_2O(g)$$

但是，上例反应的产物 CO_2 和 $H_2O(g)$ 在一定条件下也能和上述可燃组分反应，即 CO_2 及 $H_2O(g)$ 充当了氧化剂的作用，出现了另一批燃烧反应：

$$CO + H_2O(g) = H_2 + CO_2$$

$$C_{(石)} + CO_2 = 2CO$$

$$C_{(石)} + H_2O(g) = CO + H_2$$

$$C_{(石)} + 2H_2O(g) = CO_2 + 2H_2$$

因此，C－H－O 系在不同条件下可能出现上列 8 个燃烧反应。

此外，可燃气体还包括 CH_4、SO_2 等，如：

$$2CH_4 + O_2 \xlongequal{} 2CO + 4H_2$$

$$\frac{1}{2}CH_4 + O_2 \xlongequal{} \frac{1}{2}CO_2 + H_2O(g)$$

$$2SO_2 + O_2 \xlongequal{} 2SO_3$$

它们的燃烧产物除 SO_3 外，也和前面 8 个反应的相同。但是，C 的反应有不同的特点，需要专门研究，所以先讨论上述气相物和氧的作用。

5.8.1 可燃气体物和氧反应的热力学

5.8.1.1 可燃气体和氧的反应

可燃气体 H_2、CO、CH_4、SO_2 和分子氧的反应如下：

$$2H_2 + O_2 \xlongequal{} 2H_2O(g) \qquad \Delta_r G_m^{\ominus} = -495000 + 111.76T \quad (J/mol) \qquad (1)$$

$$2CO + O_2 \xlongequal{} 2CO_2 \qquad \Delta_r G_m^{\ominus} = -565390 + 175.17T \quad (J/mol) \qquad (2)$$

$$2CH_4 + O_2 \xlongequal{} 2CO + 4H_2 \qquad \Delta_r G_m^{\ominus} = -46712 - 392.88T \quad (J/mol) \qquad (3)$$

$$\frac{1}{2}CH_4 + O_2 \xlongequal{} \frac{1}{2}CO_2 + H_2O(g) \qquad \Delta_r G_m^{\ominus} = -399653 + 0.25T \quad (J/mol) \qquad (4)$$

$$2SO_2 + O_2 \xlongequal{} 2SO_3 \qquad \Delta_r G_m^{\ominus} = -192480 + 181.32T \quad (J/mol) \qquad (5)$$

上述各反应的 $\Delta_r G_m^{\ominus}$ 适用于 2500K 以下的温度，即不考虑在此温度以上可能出现的 H_2、O_2、H_2O 的离解（离解成原子或基）以及组分的离子化和等离子体的形成。当温度高于 2500K 及 5000K 时，必须考虑组分的这种变化。

这些反应有很高的热效应（不小于 500kJ/mol），所以 CO 及 H_2、CH_4 是煤气的主要成分。

利用反应的 $\Delta_r G_m^{\ominus}$ 温度关系式，可分别作出反应（1）、（2）及（5）的氧势图（详见图 5－5），如图 5－33 所示，以及反应（3）和（4）的 $\Delta_r G_m^{\ominus} - T$ 关系图，如图 5－34 所示。

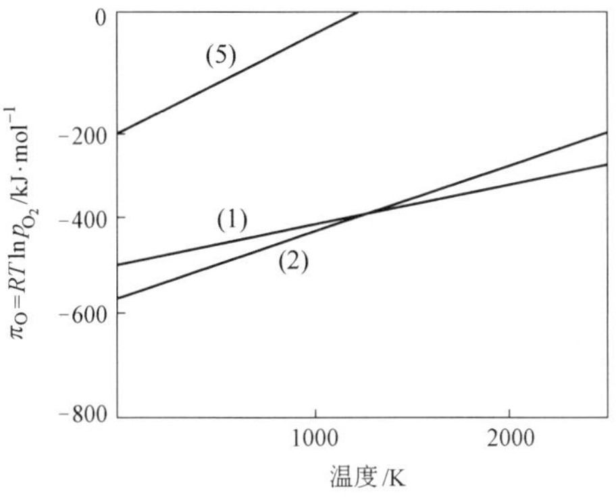

图 5－33 反应（1）、（2）、（5）的氧势图

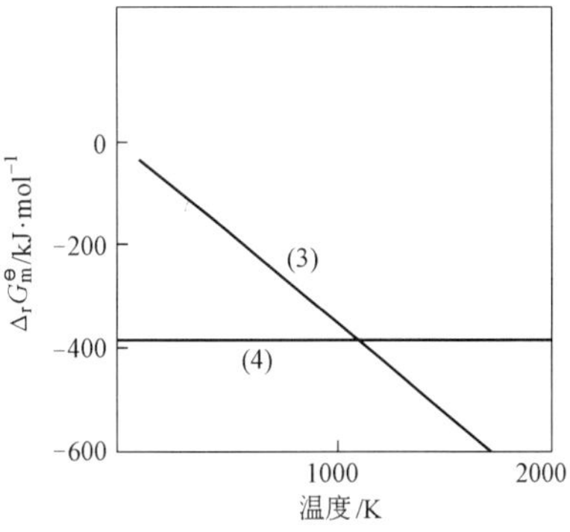

图 5－34 反应（3）、（4）的 $\Delta_r G_m^{\ominus} - T$ 关系图

图中直线的走向取决于气体化学计量数的变化。反应（1）、（2）、（5）的气体化学计量数有所减少，从而反应的 $\Delta_r S_m^{\ominus} < 0$，$CO_2$ 和 $H_2O(g)$ 的氧势随温度的上升而增加，但在 2500K 以下 $\Delta_r G_m^{\ominus}$ 都是负值，反应实际上是不可逆地向右进行。达到平衡时，氧的平衡分

压很低。例如1873K时，反应（1）的 $p'_{O_2}=8.2\times10^{-4}$ Pa，反应（2）的 $p'_{O_2}=2.3\times10^{-2}$ Pa。或可认为高温下，CO_2 及 $H_2O(g)$ 的离解度都很小。

反应（3）和（4）的气体化学计量数增大或保持不变，从而其 $\Delta_r S_m^{\ominus}>0$ 或 $\Delta_r S_m^{\ominus}\approx0$，所以随着温度的升高 $\Delta_r G_m^{\ominus}$ 呈直线下降或保持恒定，两者均进行得比较完全，但反应（3）进行得更完全。

反应（1）和（2）的氧势线在1091K相交，表明在此温度下两者的氧势相等，CO_2 和 H_2O 有相同的稳定性。而在 $T<1091$K 时，CO_2 比 H_2O 稳定；但在 $T>1091$K 时，则 H_2O 比 CO_2 稳定，这在用 H_2 及 CO 作还原剂的还原过程中及用 H_2O 及 CO_2 作氧化剂的氧化过程中，反应（1）及（2）有很大的作用。

【例5－15】 在冶金实验中常利用 $H_2+H_2O(g)$ 混合气体获得氧分压很低的气体，试求混合气体的 $p_{H_2O}/p_{H_2}=0.2$ 及温度为1580℃时气相的平衡氧分压。

解　$2H_2+O_2 == 2H_2O\ (g)$　　$\Delta_r G_m^{\ominus}=-495000+111.76T$　（J/mol）

$$p_{O_2}=\left(\frac{p_{H_2O}}{p_{H_2}}\right)^2/K^{\ominus}\qquad \lg p_{O_2}=2\lg\frac{p_{H_2O}}{p_{H_2}}-\lg K^{\ominus}$$

1853K时，

$$\lg K^{\ominus}=\frac{495000}{19.147\times1853}-\frac{111.76}{19.147}=8.12$$

$$\lg p_{O_2}=2\times\lg0.2-8.12=-9.518\qquad p_{O_2}=3.03\times10^{-10}\text{或}\ p'_{O_2}=3.03\times10^{-5}\text{Pa}$$

另外，在氧势图（见图5－5）中连接"O"点与"H"点和 $\varphi(H_2)/\varphi(H_2O)$ 标尺上 $p_{H_2}/p_{H_2O}=5$ 点的连线上温度为1853K点，此连线在 p_{O_2} 标尺上的交点为 $10^{-9.4}$，可求得 $H_2+H_2O(g)$ 混合气体的平衡氧分压 $p'_{O_2}=4.0\times10^{-5}$ Pa。

可见，增大 p_{H_2O}/p_{H_2} 值可提高 H_2+H_2O 混合气体的平衡氧分压，即提高气相的氧化能力。

5.8.1.2　水煤气（water gas）反应

如前所述，CO_2 和 $H_2O(g)$ 的氧势线在1091K（818℃）相交。在此温度以下，$\pi_{O(CO_2)}<\pi_{O(H_2O)}$，故CO能被 H_2O 所燃烧。而在此温度以上，$\pi_{O(H_2O)}<\pi_{O(CO_2)}$，$H_2$ 能被 CO_2 所燃烧。因此，含有 H_2、CO、O_2 及其反应产物（H_2O 及 CO_2）的气相中，就有下列反应发生：

$$CO_2+H_2 == H_2O(g)+CO\qquad \Delta_r G_m^{\ominus}=36571-33.51T\quad (\text{J/mol})$$

上述反应称为水煤气反应，它可看作是反应（1）和（2）同时进行的耦合结果，由此消去了两反应中相同的物质 O_2。反应的 $\Delta_r G_m^{\ominus}=\frac{1}{2}(\Delta_r G_{m(1)}^{\ominus}-\Delta_r G_{m(2)}^{\ominus})$，可从氧势图中该温度轴上两反应的氧势线之间距离的一半得出（kJ/mol），而

$$\ln K^{\ominus}=-\frac{\Delta_r G_m^{\ominus}}{RT}=-\frac{\Delta_r G_{m(1)}^{\ominus}-\Delta_r G_{m(2)}^{\ominus}}{2RT}$$

在1091K，$\Delta_r G_{m(2)}^{\ominus}=\Delta_r G_{m(1)}^{\ominus}$，$\ln K^{\ominus}=0$，故 $K^{\ominus}=1$，这表明水煤气反应具有较大的可逆性，气相组分的平衡浓度均有较高的数值，易于准确测定。因此，由实验得出的平衡常数的温度关系式为：

$$\ln K^{\ominus}=-1910/T+1.75\qquad (227\sim927℃)\qquad (5-29)$$

$$\ln K^{\ominus} = -1520/T + 1.44 \qquad (1027 \sim 1527℃) \qquad (5-30)$$

因为反应的热效应不高，所以温度对平衡的影响较弱。又反应前后气体组分的化学计量数无变化，所以总压对平衡也无影响。

反应具有可逆性，在1091K以上及其以下有不同的方向，可比较 CO_2 及 $H_2O(g)$ 在此温度上、下的稳定性，确定反应的方向。一般升高温度，反应向着高温稳定的物质生成及吸热的方向进行；反之，则相反。

此反应的平衡氧分压或氧势，可由反应（1）或（2）的平衡氧分压或氧势得出。因为当体系达到平衡时，各组分或局部反应的平衡氧分压是共同的，并且等于总反应的平衡氧分压，即 $\pi_{O(1)} = \pi_{O(2)} = \cdots = \pi_{O(总)}$，故可从任一组合反应计算出总反应的平衡氧分压。计算公式如下（即见前面的式（5－20）或式（5－21））：

$$\pi_{O(CO+CO_2)} = RT\ln p_{O_2} = -565390 + \left(175.17 - 38.30\lg\frac{p_{CO}}{p_{CO_2}}\right)T \quad (\text{J/mol})$$

$$\pi_{O(H_2+H_2O)} = RT\ln p_{O_2} = -495000 + \left(111.76 - 38.30\lg\frac{p_{H_2}}{p_{H_2O}}\right)T \quad (\text{J/mol})$$

式中，p_{CO}、p_{H_2} 等为水煤气反应的平衡分压或平衡成分。虽然反应的平衡常数 $K^{\ominus}$ 示出了各组分分压或浓度之间的关系，但不能单独由它计算出这种3个以上组分的平衡浓度，需要建立组分平衡浓度之间的其他关系式。

【例5－16】 将成分为 $\varphi(CO_2)=11\%$、$\varphi(CO)=32\%$、$\varphi(H_2)=9\%$ 及 $\varphi(N_2)=48\%$ 的混合气体送入热处理炉内，加热到1233K，试求气相的平衡成分及气相的氧势或平衡氧分压，炉内总压为 10^5Pa。

解 （1）气相的平衡成分。这种混合气体进入炉内将按照水煤气反应建立平衡：

$$H_2O(g) + CO = H_2 + CO_2 \qquad \Delta_r G_m^{\ominus} = -36571 + 33.51T \quad (\text{J/mol})$$

因为体系有4个反应组分，需建立4个方程。

在此体系内可建立下列类型方程：

1）气体平衡组分体积分数总和方程。

$$\varphi(H_2) + \varphi(CO_2) + \varphi(H_2O,g) + \varphi(CO) = 52\% \qquad (1)$$

氮不参加反应，其浓度无变化，故反应气体的总和仍为 $\sum\varphi = 52\%$。

2）反应平衡常数方程。

$$p_{H_2}p_{CO_2}/(p_{H_2O}p_{CO}) = K^{\ominus}$$

由于 $p_B = \frac{n_B}{\sum n}p = \frac{\varphi(B)_{\%}p}{100}$，取100mol气相作为计算单位，则 $n_B = \varphi(B)_{\%}$，故：

$$\frac{n(CO_2)\cdot n(H_2)}{n(H_2O,g)\cdot n(CO)} = K^{\ominus} \qquad 或 \qquad \frac{\varphi(CO_2)_{\%}\cdot\varphi(H_2)_{\%}}{\varphi(H_2O,g)_{\%}\cdot\varphi(CO)_{\%}} = K^{\ominus}$$

1233K时 $$\lg K^{\ominus} = \frac{36571}{19.147\times1233} - \frac{33.51}{19.147} = -0.201 \qquad K^{\ominus} = 0.630$$

而 $$\frac{\varphi(CO_2)_{\%}\cdot\varphi(H_2)_{\%}}{\varphi(H_2O,g)_{\%}\cdot\varphi(CO)_{\%}} = 0.630 \qquad (2)$$

3）组分的原子物质的量恒定方程。反应中各元素的物质的量保持不变，与初始态的相同。水煤气反应的组分由3种元素（C、H、O）组成，故可列出这3个原子物质的量恒定方程：

$$n(C)=(n(CO)+n(CO_2))_{平}=n(CO)^0+n(CO_2)^0=32+11=43$$

$$n(CO)+n(CO_2)=43 \quad 或 \quad \varphi(CO)+\varphi(CO_2)=43\% \tag{3}$$

$$n(H)=(2n(H_2)+2n(H_2O))_{平}=2n(H_2)^0+2n(H_2O)^0=18$$

$$n(H_2)+n(H_2O)=9 \quad 或 \quad \varphi(H_2)+\varphi(H_2O)=9\% \tag{4}$$

$$n(O)=(n(CO)+2n(CO_2)+n(H_2O))_{平}=n(CO)^0+2n(CO_2)^0+n(H_2O)^0=54$$

$$n(CO)+2n(CO_2)+n(H_2O)=54 \quad 或 \quad \varphi(CO)+2\varphi(CO_2)+\varphi(H_2O)=54\% \tag{5}$$

式中，$n(CO_2)$ 前乘以 2，是因为 1mol CO_2 分子中含有 2mol O 原子，而 1mol CO 中只含有 1mol O。余仿此。下标“平”表示平衡态，上标“0”表示初始态。

联立解其中任意 4 个方程，如取式（2）、式（3）、式（4）、式（5），得：

$$\varphi(H_2)_{\%}^2+90.59\varphi(H_2)_{\%}-628.5=0$$

解上方程，得：$\varphi(H_2)=6.48\%$

其次，可求得其他组分的体积分数：

$$\varphi(H_2O)=2.52\%,\varphi(CO_2)=8.48\%,\varphi(CO)=34.52\%,\sum\varphi=52\%$$

而气相中氮浓度无变化：$\varphi(N_2)=48\%$

此外，也可根据气相的原始成分，用下列方法计算气相组分的平衡浓度。假定为使气相达到平衡，需要将初始气相中 CO_2 的物质的量减少 m mol。于是按照水煤气反应式，H_2 的物质的量也要减少 m mol，而由反应形成的 $H_2O(g)$ 及 CO 的物质的量将各自增加 m mol。因此，反应物的平衡浓度为：

$$\varphi(CO_2)_{\%}=11-m,\varphi(H_2)_{\%}=9-m,\varphi(CO)_{\%}=32+m,\varphi(H_2O)_{\%}=0+m$$

将上列各物质的浓度代入式（2）中，得：

$$\frac{(9-m)(11-m)}{(0+m)(32+m)}=0.630$$

$$m^2-108.5m+267.6=0$$

解之，得 $m=2.52$，1233K 时气相平衡成分的体积分数为：

$$\varphi(CO_2)=11-2.52=8.48\%$$

$$\varphi(CO)=32+2.52=34.52\%$$

$$\varphi(H_2)=9-2.52=6.48\%$$

$$\varphi(H_2O,g)=0+2.52=2.52\%$$

（2）气相的氧势或平衡氧分压。

$$\begin{aligned}RT\ln p_{O_2}&=-565390+[175.17-38.30\lg(\varphi(CO)_{\%}/\varphi(CO_2)_{\%})]T\\&=-565390+[175.17-38.30\times\lg(34.52/8.48)]\times1233\\&=-378.20\text{kJ/mol}\end{aligned}$$

或

$$\begin{aligned}RT\ln p_{O_2}&=-495000+[111.76-38.30\lg(\varphi(H_2)_{\%}/\varphi(H_2O)_{\%})]T\\&=-495000+[111.76-38.30\times\lg(6.48/2.52)]\times1233=-376.64\text{kJ/mol}\end{aligned}$$

取平均值，水煤气反应的 $RT\ln p_{O_2}=-377$kJ/mol，平衡氧分压为 1.07×10^{-11}Pa。

5.8.1.3　CH_4 的离解及燃烧反应

常见的碳氢化合物中 CH_4 最重要，它不仅是天然气的主要成分，而且也是碳氢化合物中最主要的组成物。

CH_4 按下列反应进行离解：

$$CH_4 = C_{(石)} + 2H_2 \qquad \Delta_r G_m^{\ominus} = 91044 - 110.67T \quad (J/mol)$$

$$\lg K^{\ominus} = \lg \frac{\varphi(H_2)_{\%}^2 p}{100(100 - \varphi(H_2)_{\%})} = -\frac{4755}{T} + 5.78 \tag{5-31}$$

式中 p——总压（量纲一的量）；

$\varphi(H_2)_{\%}$——H_2 的体积百分数。

由式（5－31）可绘出总压为1、0.6、0.4、…下 CH_4 离解的平衡图，如图5－35所示。可见，曲线以上为 CH_4 的形成区，其下为 CH_4 的分解区，提高温度和降低压力均可促进 CH_4 的离解。

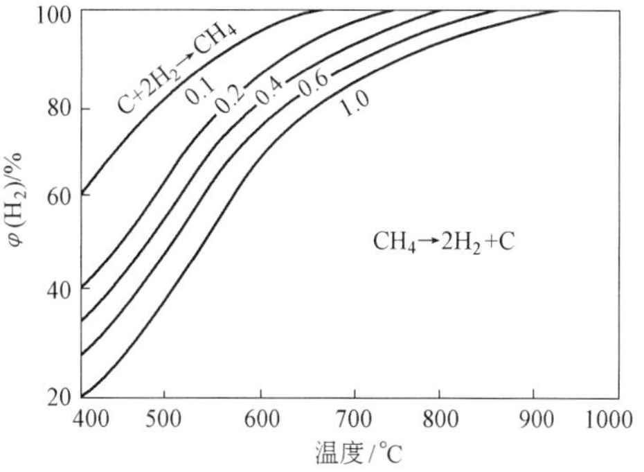

图5－35 CH_4 离解的平衡图

另外，CH_4 被加热，离解析出炭黑，使碳受到损失。因此，在使用 CH_4 作还原剂时，首先要把它转换为简单的可燃气体（$CO+H_2$），这称为天然气的裂化。裂化有下列方法：

（1）部分燃烧法。

$$2CH_4 + O_2 = 2CO + 4H_2 \qquad \Delta_r H_m^{\ominus} = -46712\ J/mol$$

（2）水蒸气裂化法（用Ni作催化剂）。

$$CH_4 + H_2O(g) = CO + 3H_2 \qquad \Delta_r H_m^{\ominus} = 206271\ J/mol$$

（3）用 CO_2 裂化法。

$$CH_4 + CO_2 = 2CO + 2H_2 \qquad \Delta_r H_m^{\ominus} = 164988\ J/mol$$

由裂化产生的煤气是由CO、H_2、H_2O（g）、CO_2、N_2、CH_4（少量）等组成的。它们的成分可根据燃烧反应体系的气相平衡成分计算。

5.8.2 H_2 和CO燃烧反应的机理

H_2 或CO与 O_2 的燃烧反应的机理，属于物理化学中讲到的链反应的类型。它由下列3个基本步骤组成：

（1）链的产生。在热、光、辐射的作用下，H_2 或CO与 O_2 反应，首先生成自由基，如OH、HO_2 及原子（如H、O）。这需要消耗与化学键数量级相同的活化能，以断裂 H_2 或CO、O_2 等分子中的化学键。

（2）链的发展。产生的自由基或原子进一步与 H_2、O_2 或CO分子作用，形成新的 H_2O 或 CO_2 和自由基或原子。如此不断地交替进行，直到反应物耗尽。这种反应所需的活化能一般小于40kJ/mol。

（3）链的终止。当自由基或原子消失时，链反应就终止了，即发生了断链。它是发生在自由基或原子结合成分子或与反应器壁（M^*）碰撞的条件下。因此，改变反应器的形状或选用适合的表面涂料来改变器壁的性质，也可影响链反应的发展或速率。

链反应的发展如图 5－36 所示。

H_2+O_2 混合气体在一定条件下会发生爆炸。有两种爆炸：一种是由一个自由原子反应后，形成了两个自由原子的支链爆炸；另一种是由于反应体系散热条件差，温度剧烈升高，使链反应的速率呈指数规律上升，这又促使热量增加，如此循环，引起链反应速率的更大增加，从而引发了爆炸，称为热爆炸。爆炸反应通常都有一个爆炸区，出现在一定的温度及压力界限内，称为爆炸界限。因此，在使用这些气体时，可在反应器内安装带有化学传感器的报警器，防止发生爆炸事故。

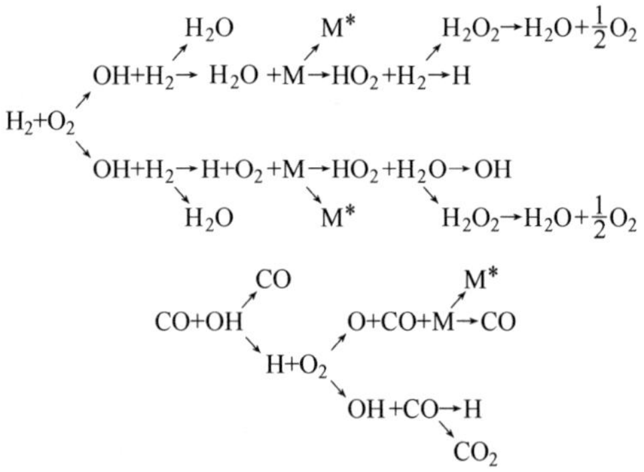

图 5－36　链反应的发展

5.8.3* 超高温气体物质的结构

当温度不断提高时，在 2500K 以下，物质的凝聚态发生变化：固体→液体→气体；而在 2500K 以上，气体物质，如 CO_2、$H_2O(g)$ 可离解为原子；温度更高，达 10000K❶ 时，气体原子可离子化，变为由正离子和电子组成的等离子体。这些不同状态的物质存在的温度范围及每个质点具有的能量（eV/个），如图 5－37 所示。

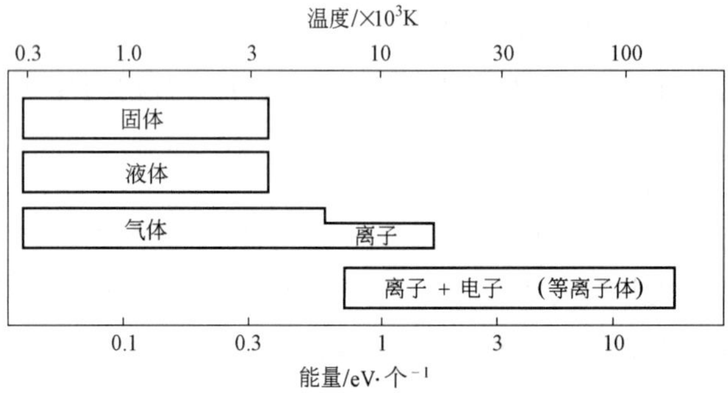

图 5－37　不同状态物质存在的温度范围及每个质点具有的能量

5.8.3.1　气体分子的离解反应

当温度高于 2500K 时，应考虑气相中有显著量的原子质点和基出现。例如，在 H_2+O_2 的气氛中，除了 $H_2O(g)$ 离解为 H_2 和 O_2 分子外，还有 O、H 原子及 OH、OH_2 基的出现。在 2500K 以下，它们可发生燃烧，但在高温下则会进一步发生热离解。

高温下复杂气态化合物的离解可由其离解度（α）估计，它等于已离解的分子数对离解前的分子数之比：

$$\alpha = n_{(离解)}/n^0_{(原始)}$$

---

❶ 这个温度是根据下述原理估计的：要获得完全电离，必须使原子的热运动平均能量 $kT \geqslant$ 电离能 I。对氦，$I=13.959\text{eV}$，故 $T \geqslant I/k = 13.959 \times 1.6 \times 10^{-12}/(1.38 \times 10^{-16}) = 16000\text{K}$。

为了计算高温中气体物质的离解度，需要知道离解反应的平衡常数，它是温度的函数，如图5-38及表5-6所示。

表5-6 O_2、N_2、H_2及其单原子气体的离解平衡常数

T/K	$O_2 \rightleftharpoons 2O$	$N_2 \rightleftharpoons 2N$	$H_2 \rightleftharpoons 2H$	$O \rightleftharpoons O^+ + e$	$N \rightleftharpoons N^+ + e$	$H \rightleftharpoons H^+ + e$
	$\lg K^\ominus$	$\lg K^\ominus$	$\lg K^\ominus$	$\lg K^\ominus$	$\lg K^\ominus$	$\lg K^\ominus$
1000	-19.6128	-43.0658	-17.2924	-67.6214	-71.7086	-67.5167
2000	-6.3553	-18.0972	-5.5816	-32.5742	-34.2668	-32.4972
3000	-1.8984	-9.7200	-1.6074	-20.7030	-21.5967	-20.6346
4000	0.3393	-5.5090	0.4005	-14.6758	-15.1696	-14.6112
5000	1.6846	-2.9664	1.6120	-11.0056	-11.2596	-10.9421
10000	4.4000	2.2814	4.0393	-3.3929	-3.2130	-3.3363
20000	6.1699	5.5245	5.5945	0.7486	0.8927	0.7162

在高温的气相反应中，经常可出现下列离解反应：

$$H_2 = 2H$$

$$O_2 = 2O$$

$$H_2O(g) = OH + \frac{1}{2}H_2$$

$$H_2O(g) = 2H + O$$

$$N_2 + O_2 = 2NO$$

随空气引入的N_2，由于其键能很大，可以不考虑N_2离解为N；但在4000℃以上，可能有NO形成。在4000K以上，CO仍能稳定存在，但CO_2的量却很小，可以忽视。

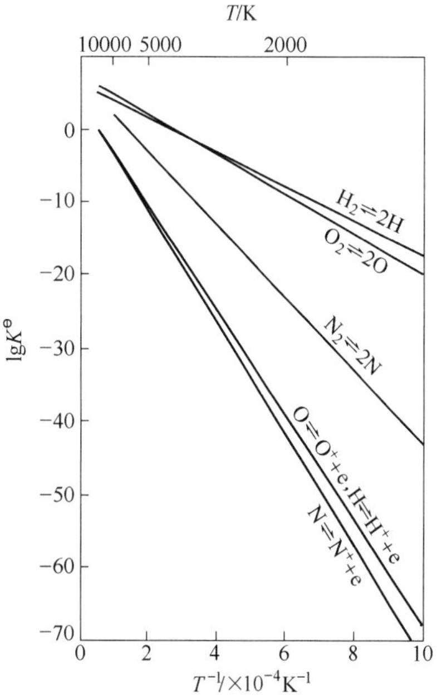

图5-38 气体离解的平衡常数

【例5-17】 试计算氢分子在2000K及100kPa下离解为氢原子的离解度及气相成分。

$$H_2 = 2H \qquad \lg K^\ominus = -\frac{23406}{T} + 6.234$$

解 原始状态H_2的物质的量设为n，加热到高温时可发生离解。其离解度设为α，则将有αn物质的量的H_2发生离解，形成$2\alpha n$的物质的量的H，而剩余的H_2的物质的量为$n-\alpha n$，即：

	H_2	$=$	$2H$
原始态	n		0
平衡态	$n-\alpha n$		$2\alpha n$

混合气体的总物质的量$\sum n = (n-\alpha n) + 2\alpha n = n + \alpha n$。

而各气体的物质的量分数为：

$$x(H_2) = \frac{n-\alpha n}{n+\alpha n} = \frac{1-\alpha}{1+\alpha} \qquad x(H) = \frac{2\alpha n}{n+\alpha n} = \frac{2\alpha}{1+\alpha}$$

$$K^\ominus = \frac{p_H^2}{p_{H_2}} = \frac{x(H)^2}{x(H_2)}p = \frac{4\alpha^2}{(1-\alpha)(1+\alpha)}p = \frac{4\alpha^2}{1-\alpha^2}$$

上式中　$p=1$

解上列方程：　$\alpha=\sqrt{K^{\ominus}/(4p+K^{\ominus})}$

而　$\lg K^{\ominus}=-\dfrac{23406}{2000}+6.234=-5.469\quad K^{\ominus}=3.396\times10^{-6}$

$$\alpha=\sqrt{3.396\times10^{-6}/(4\times1+3.396\times10^{-6})}=9.21\times10^{-4}$$

$$x(H_2)=\frac{1-\alpha}{1+\alpha}=\frac{1-9.21\times10^{-4}}{1+9.21\times10^{-4}}=0.998\quad\varphi(H_2)=99.8\%$$

$$x(H)=\frac{2\alpha}{1+\alpha}=\frac{2\times9.21\times10^{-4}}{1+9.21\times10^{-4}}=0.002\quad\varphi(H)=0.2\%$$

仿上述计算，当 $T=3000K$ 时，可得 $\alpha=0.082$，而 $\varphi(H_2)=85\%$，$\varphi(H)=15.1\%$。可见，氢的离解度随温度的升高而增大，其离解出的氢原子的体积分数也随温度的提高而增大。

5.8.3.2* 低温等离子体的成分及性质

如前所述，物质存在的聚集态与温度有关。当温度高达10000K以上时，气体分子离解的原子出现了部分离子化，变为离子和电子。在20000K，极大部分原子均离子化。而在30000～40000K，原子全部处于离子化状态。这时气氛由正、负电性相等的正离子和电子组成，此混合体称为等离子体（plasma），是物质的第4种聚集态。

气氛等离子体中原子的离子化度与温度及压力有关。在10000K以下，其离子化度小于1%，离子化了的阳离子和电子并不与气相形成有分界面的独立相。而且其内质点的转移及相互作用时，电磁力有很大的作用。强大的电场及磁场作用使质点的运动加快，而一般气体中出现的质点的碰撞则使带电质点的运动速度减慢。因此，等离子体的带电质点的速度，从零到超越不带电质点的平均运动速度的许多倍。它们还能在较大距离的空间内，特别是稀释等离子及真空条件下相互作用。

低温等离子体是由加热或电离化获得的，前者必需的温度取决于物质的离化能，而这种能量很高（10～50eV/个），所以需要的温度很高。冶金中的低温等离子体是由电离化获得的，而以直流电弧发生器最通用。在阴极和阳极间燃烧着电弧，向电极的间隙内吹入等离子形成气体。在气体的作用下，电弧被吹入射流通道内，在此狭窄的空间内被压缩，热量高度集中，可以达到很高的温度（5000～20000℃）。在高频等离子发生器内，在高频电流的电磁场作用下，维持气体的离子化。

当很大的能量作用在原子上时，出现了电子的分离或一次离子化。由质点的非弹性碰撞引起的离子化有三种类型，即电子离子化、离子离子化及分子离子化，如：

$$A+e\longrightarrow A^{+}+2e\qquad B+A^{+}\longrightarrow B^{+}+A^{+}+e\qquad B+A\longrightarrow A+B^{+}+e$$

另外，随着离子化的进行，还出现再化合的逆过程，形成中性原子及由于离子与电子作用而放出的辐射量子（$h\nu$）：

$$A^{+}+2e\longrightarrow A+e\qquad A^{+}+e\longrightarrow A+h\nu$$

也可能出现离子的再化合过程：$A^{+}+B^{-}\longrightarrow A+B\longrightarrow AB+h\nu$。

气体离子化度（α）可根据离子化反应的平衡常数得出。

一般利用惰性气体（Ar）等离子射流熔炼高熔点金属、活泼金属等。用 H_2 或含氢气体作介质，可从氧化物获得金属（Fe、Al、Co、Nb、Ta、Zr）。此外，其还可用于分解羧基镍得到极细的镍粉，从碘化法得到金属或其氧化物（Ti、TiO_2 等）。

5.9 固体碳的燃烧反应

碳在火法冶金体系内普遍存在，并且在许多场合下，对反应体系中相的成分和性质有很大的作用。例如，气相成分中多有含碳的气体，而碳与气相组分之间的多相反应建立的平衡成分，在反应的热力学上有很重要的作用。

5.9.1 固体碳的性质及结构

在高温冶金中，碳存在的状态如图 5-39 所示。由图可见，固体碳的饱和蒸气压从 3850K 的 10^5Pa 增加到 4000K 的 1.067×10^7Pa。液态碳仅在 1.064×10^7Pa 及 4000K 以上存在。气态碳出现于此压力以下及 3850K 以上，在低温等离子体中可以出现。气态碳是多原子气体 C_n($n=1\sim8$ 以上)，但在 2000K 气相中主要是 C_1 及 C_3。石墨的升华热：$C_{(石)}\rightleftharpoons C(g)$，对 C_1，$\Delta_r H_m^{\ominus}(C_1)=714$kJ/mol；对 C_3，$\Delta_r H_m^{\ominus}(C_3)=825$kJ/mol。

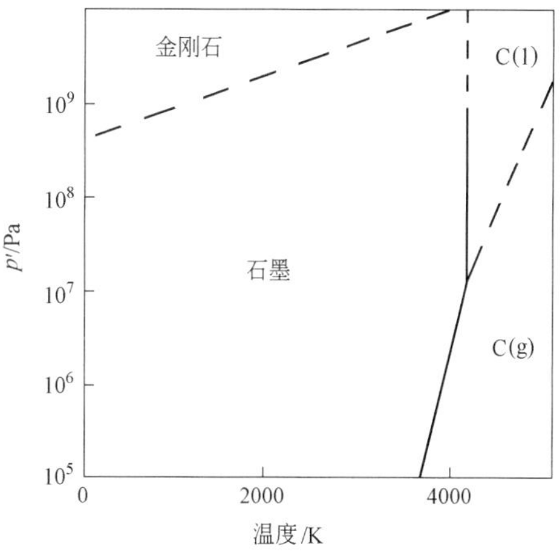

图 5-39 碳的状态图

固体碳的两种同素异形体是金刚石和石墨。从图中可见，由石墨制成金刚石，在 0~3000K 温度下，压力必须要有很高的值（$10^9\sim10^{10}$ Pa）。金刚石是致密的结构（密度为 3530kg/m^3），在晶体中每个碳原子对邻近的碳原子形成 4 个键，而每个碳原子形成的 4 个键具有 AX_4 型的四面体排列。石墨的密度较小（2250kg/m^3），碳原子形成平行于基平面的六角形层，其内每个碳原子和 3 个邻近的碳原子构成 AX_3 型的共价键排列。这些碳原子层彼此重叠，被相对弱的分子间力所联系。因为 C 原子的键不饱和，特别是边际上的 C 原子，所以有很大的吸附性能。

在冶金中石墨晶格的细晶体无定形碳是天然矿物，如无烟煤及在 800~1200℃下煅烧的产物（烟煤焦炭）。它是冶金中的主要固体燃料。提高温度，此种无定形碳能自动转变为石墨，其焓减小。

$$C(无定形) = C_{(石)}(\rho=1860\text{kg/m}^3) \qquad \Delta_{trs}H_m^{\ominus}(C,无定形)=-15250\text{kJ/mol}$$

$$C(无定形) = C_{(石)}(\rho=2070\text{kg/m}^3) \qquad \Delta_{trs}H_m^{\ominus}(C,无定形)=-9510\text{kJ/mol}$$

5.9.2 固体碳燃烧反应的热力学

作为固体碳燃烧的氧化剂，除氧（O_2 及空气）外，还有 CO_2 及 $H_2O(g)$，现分述如下。

5.9.2.1 气体氧

固体碳与氧的反应有两种：

$$C_{(石)} + O_2 = CO_2 \qquad \Delta_r G_m^{\ominus} = -395350 - 0.54T \quad (J/mol) \tag{1}$$

$$2C_{(石)} + O_2 = 2CO \qquad \Delta_r G_m^{\ominus} = -228800 - 171.54T \quad (J/mol) \tag{2}$$

前者称为碳的完全燃烧反应，后者称为碳的不完全燃烧反应。在过剩碳的存在下，两反应表现的特点是气相中氧的平衡分压很低。两反应的 $\Delta_r G_m^{\ominus} - T$ 关系曲线如图 5－40 所示。两反应在 973K 相交，故低温下（973K 以下）C 主要氧化成 CO_2，而在高温下 C 主要氧化成 CO。

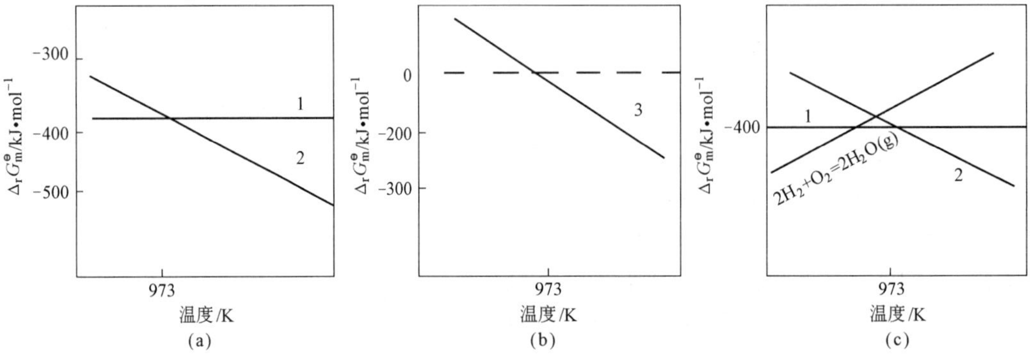

图 5－40　C 与 O_2、CO_2 及 H_2O 反应的 $\Delta_r G_m^{\ominus} - T$ 图

由于反应(2)中 $p_{O_2(平)} \approx 0$，而 $p_{CO} \approx p$，故由 $K_2^{\ominus} = p_{CO}^2 / p_{O_2}$，得 $p_{O_2(平)} \approx p^2 / K_2^{\ominus}$，因此 CO 的氧势为：

$$\pi_{O(CO)} = 2RT\ln p - RT\ln K_2^{\ominus} = \Delta_r G_{m(2)}^{\ominus} + 2RT\ln p$$

故随温度的提高及体系压力的减小，$\pi_{O(CO)}$ 减小。

又由反应(1)，$K_1^{\ominus} = p_{CO_2}/p_{O_2}$ 而 $p_{O_2} \approx 0$，$p_{CO_2} = p$，故 $p_{O_2(平)} = p/K_1^{\ominus}$，$CO_2$ 的氧势为：

$$\pi_{O(CO_2)} = RT\ln p - RT\ln K_1^{\ominus} = \Delta_r G_{m(1)}^{\ominus} + RT\ln p$$

因为反应(1)的气体物质的量无变化，而 $\Delta_r S_m^{\ominus} \approx 0$，故温度及压力对 CO_2 氧势的影响很小。

又在 $T > 3850$K 时可出现反应：$O_2 = 2O(g)$、$C_{(石)} = C(g)$ 及 $C(g) + O(g) = CO$。但由于后一反应的 $\Delta_r S_m^{\ominus} < 0$，所以随温度的升高，此反应的趋势减弱，甚至逆向进行。

5.9.2.2　CO_2

CO_2 作为 C 的氧化剂的反应为：

$$C_{(石)} + CO_2 = 2CO \qquad \Delta_r G_m^{\ominus} = 166550 - 171T \quad (J/mol) \tag{3}$$

此反应称为布都尔反应（Boudouard reaction），又称碳的溶损反应（solution loss reaction），或简称碳的气化反应。它是固体碳作为燃料及还原剂时最主要的反应之一。

此反应是反应(1)及(2)同时进行的耦合结果，由此消去了两反应的相同物质 O_2。反应的 $\Delta_r G_{m(3)}^{\ominus} = \Delta_r G_{m(2)}^{\ominus} - \Delta_r G_{m(1)}^{\ominus}$，在 973K(700℃) 时 $\Delta_r G_{m(2)}^{\ominus} = \Delta_r G_{m(1)}^{\ominus}$，反应(3)的平衡常数 $K_3^{\ominus} = 1$。它的 $\Delta_r G_m^{\ominus} - T$ 关系线如图 5－40(b)所示。在此温度以上，平衡气相中的 CO 比 CO_2 多；反之，在此温度以下，平衡气相中的 CO_2 比 CO 多。由于反应(3)的 $\Delta_r H_m^{\ominus} > 0$，所以温度降低，反应易于逆向进行，CO 发生分解，析出的碳是极细的烟炭。

利用反应的 $\Delta_r G_m^\ominus$ 及 $K^\ominus$可作出反应的平衡图。

$$\Delta_r G_{m(3)}^\ominus = -RT\ln K_3^\ominus = -RT\ln \frac{p_{CO}^2}{p_{CO_2}} \cdot \frac{1}{a_C}$$

由于 $p_{CO} = \frac{\varphi(CO)_\% p}{100}$，$p_{CO_2} = \frac{\varphi(CO_2)_\% p}{100}$，当气相成分（体积分数）仅有 CO 及 CO_2 时，则 $\varphi(CO)_\% + \varphi(CO_2)_\% = 100$，又 $C_{(石)}$以纯石墨为标准态时，$a_C = 1$，因而

$$\lg K_3^\ominus = \lg \frac{\varphi(CO)_\%^2 p}{100(100-\varphi(CO_\%))} = -\frac{\Delta_r G_m^\ominus}{19.147T} = -\frac{8698}{T} + 8.93$$

可得气相平衡成分：
$$\varphi(CO)_\% = 50 \times \frac{K_3^\ominus}{p} \cdot \left(\sqrt{1+\frac{4p}{K_3^\ominus}} - 1\right) \tag{5-32}$$

利用式（5－32）可作出反应（3）的平衡图，如图 5－41 所示。曲线把图面划分为两个区，曲线以上是 CO 的分解区（或固体碳的稳定区），因为体系的 $\varphi(CO)_\% > \varphi(CO)_{\%(平)}$，而 $\varphi(CO_2)_\% < \varphi(CO)_{\%(平)}$，故 $\Delta_r G_m = -RT\ln\left(\frac{\varphi(CO)_\%^2 p}{100\varphi(CO_2)_\%}\right)_平 + RT\ln \frac{\varphi(CO)_\%^2 p}{100\varphi(CO_2)_\%} > 0$。

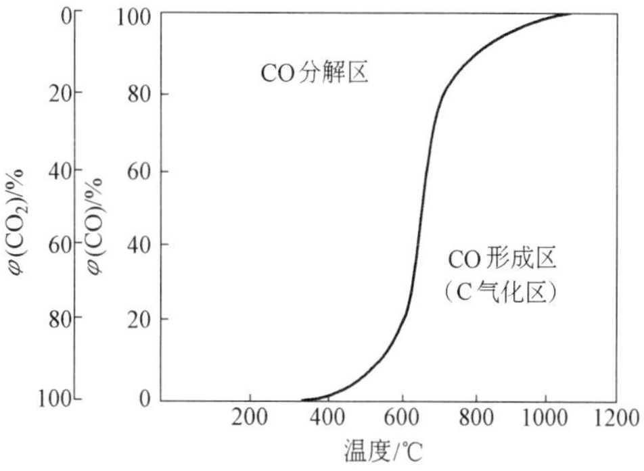

图 5－41　碳气化反应的平衡图（$p=1$）

曲线以下则为碳的气化区，因为体系的 $\varphi(CO)_\% < \varphi(CO)_{\%(平)}$，而 $\varphi(CO_2)_\% > \varphi(CO)_{\%(平)}$，故 $\Delta_r G_m < 0$。因此由平衡图，可确定一定条件（气相成分、温度）下反应的方向和限度。

因为反应中气体物质的化学计量数有改变，所以总压对平衡成分有影响。按吕·查德里原则，压力增加，促使平衡向着 $2CO \rightarrow C_{(石)} + CO_2$，即气体分子数减少的方向移动，而 $\varphi(CO_2)$ 增加。因此，压力增加，平衡曲线的位置向右下方移动，如图 5－42 所示。

【例 5－18】 试计算在 10^5Pa 及 970K 时，分别用空气及 $\varphi(O_2) = 24\%$ 的富氧空气燃烧固体碳的气相组分的体积分数。

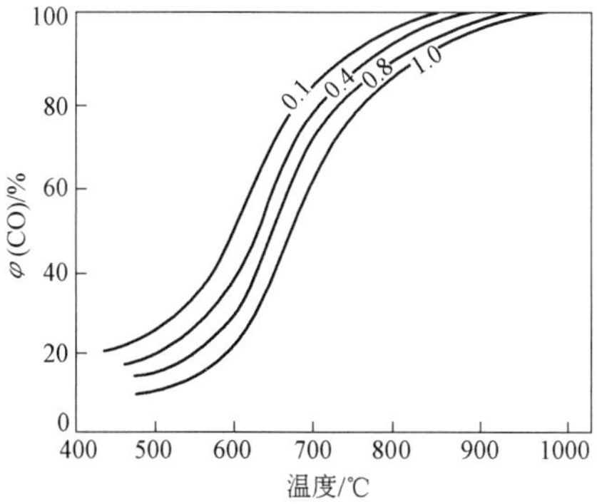

图 5－42　总压对碳气化反应平衡曲线的影响

解　（1）在固体碳过剩的条件下，空气与 C 反应形成 $CO + CO_2 + N_2$ 混合气体。因此，需建立 3 个浓度方程才能求出气相的平衡成分，取空气的物质的量为 100mol。

1）平衡组分的体积分数总和方程：

$$\varphi(CO)_\% + \varphi(CO_2)_\% + \varphi(N_2)_\% = 100 \tag{1}$$

2）平衡常数方程：

$$K_3^\ominus = \frac{p_{CO}^2}{p_{CO_2}} = \frac{\varphi(CO)_\%^2}{100\varphi(CO_2)_\%} = 0.918 \tag{2}$$

970K 时， $\lg K_3^{\ominus} = -\dfrac{166550}{19.147 \times 970} + \dfrac{171}{19.147} = -0.037$ $K_3^{\ominus} = 0.918$

3）原子氧的物质的量恒定方程：

$$n(O) = (n(CO) + 2n(CO_2))_{平} = 2n(O_2)^0 = 2 \times 21 = 42$$

或
$$\varphi(CO) + 2\varphi(CO_2) = 42\% \quad (3)$$

联立解方程式（1）、式（2）及式（3）得：

$$\varphi(CO_2) = 7.73\% \qquad \varphi(CO) = 26.54\% \qquad \varphi(N_2) = 65.73\%$$

（2）在相同温度及压力下，采用富氧空气（$\varphi(O_2) = 24\%$，$\varphi(N_2) = 76\%$）时，则式（3）应为：

$$n(O) = (n(CO) + 2n(CO_2))_{平} = 2n(O_2)^0 = 2 \times 24 = 48$$

$$\varphi(CO) + 2\varphi(CO_2) = 48\% \quad (3')$$

联立解方程式（1）、式（2）、式（3′）得：$\varphi(CO_2) = 9.39\%$，$\varphi(CO) = 29.22\%$，$\varphi(N_2) = 61.39\%$。

5.9.2.3 H_2O

水蒸气作为固体碳燃烧氧化剂的反应有两个：

$$C_{(石)} + H_2O(g) = H_2 + CO \qquad \Delta_r G_m^{\ominus} = 133100 - 141.63T \quad (J/mol) \quad (4)$$

$$C_{(石)} + 2H_2O(g) = 2H_2 + CO_2 \qquad \Delta_r G_m^{\ominus} = 99650 - 112.24T \quad (J/mol) \quad (5)$$

它们是 $H_2O(g)$ 的形成反应，分别与碳的不完全燃烧反应（2）和完全燃烧反应（1）耦合得出。两反应均是吸热的（$\Delta_r H_m^{\ominus} > 0$）。其 $\Delta_r G_m^{\ominus}$ 随温度的升高而减小，但反应（4）比反应（5）的 $\Delta_r G_m^{\ominus}$ 减小得更多。因为在高温下，CO 比 CO_2 稳定，此外，减小压力有利于 H_2O 对 C 的气化，因为两反应正向进行时气体的物质的量均增加。

这类反应常出现在煤气发生炉及高炉等的燃烧带内，水蒸气来自燃料的水分及空气，有时是调湿鼓风操作中引入的。它能使气相中 H_2 及 CO 还原性气体的浓度提高，并能调节炉温，因为它们是强吸热的。

5.9.3 固体碳燃烧的机理及动力学

5.9.3.1 反应的组成环节

固体碳的燃烧属于下列类型的气－固相反应：

$$固体 + 气体(\text{I}) = 气体(\text{II})$$

由此确定了反应过程是由外扩散和界面反应组成的。

（1）气体反应物及其生成物在炭块外周边界层内进行外扩散。

（2）通过边界层的气体反应物，从固体碳外表面向其内孔隙表面扩散，而气体生成物通过边界层向气流中心扩散。但由于焦炭本身是疏松结构，所以气体反应物能向焦炭内部呈体积性扩散，反应呈体积性的发展。气体生成物的排出仅受到外扩散的阻力，因为即使燃烧生成的残余灰分粒附着于炭块的外表，但因它是疏松多孔的，对气体的扩散阻力很小。

（3）反应的气体在固体碳表面（包括外部宏观表面及内部孔隙的微观表面）吸附，或溶解于其内（指 O_2），发生吸附化学反应，形成各种中间状态的所谓表面复合物。其次，是这些表面复合物在不同条件下发生分解，形成吸附于固体碳表面的气体产物，最后经脱附逸入气相中。

因此，整个燃烧反应过程包括气体的扩散、化学吸附及表面复合物的形成和分解，其中吸附和界面反应总是紧密地交织着进行的。

5.9.3.2 固体碳和氧的反应

A 反应机理

固体碳和氧的反应是很复杂的，除了反应（1）和（2）外，还同时出现下列两个副反应：

$$2CO + O_2 = 2CO_2$$

$$CO_2 + C_{(石)} = 2CO$$

因此，长期以来未能确定最初反应物是 CO_2 还是 CO，通过低压下线状石墨与氧的实验研究证实，固体碳与氧反应的机理可简述如下。

氧在石墨表面发生物理吸附（500℃以下），放出了约 920kJ/mol 的热能，温度升高后，转入化学吸附，被吸附的氧分子键伸长、断裂而出现原子氧，进而与石墨表面的 C 原子形成表面复合物。这就必须有使 O_2 具备能密切接近 C 原子及改变电子云结构的足够的前进及振动能量，同时还要能克服出现于质点间的斥力。根据 O_2 的浓度、温度及石墨表面的物理状态和结构的不同，可能形成各种形式和稳定性不同的表面复合物。特别是细分散石墨晶格的不完整性，常难以显示其基平面，甚至某些基平面退化成个别原子，和边际的 C 原子一样有很大的不饱和键及最高的吸附活性。它们有 2 个，有时是 3 个自由价，而基平面内的 C 原子只有 1 个自由价。这些表面复合物的分解可以由另外氧分子的碰撞或自身的热分解所致。

温度在 1300℃以下，氧不仅能吸附在石墨表面，而且还溶解于石墨的基平面间，形成表面复合物——酮基（keto conplex）$C_{(石)} \cdot O_{(吸)}$：

$$2C_{(石)} + O_2 = 2(C_{(石)} \cdot O_{(吸)})$$

即由 O_2 离解形成的两个 O 发生吸附时，在具有一个不饱和键的两个 C 原子上形成酮基。

氧溶解于石墨基平面间，使晶格发生歪扭，并有利于氧质点在表面的吸附。因为这种溶解氧位于表面层 C 原子下，使它们的价键饱和及减弱与基于平面的邻近 C 原子的作用。

酮基由于氧分子的碰撞，发生分解：

$$C_{(石)} \cdot O_{(吸)} + C_{(石)} + O_2 = CO + CO_2$$

经测定反应为 1 级，$E_a = 80 \sim 125$kJ/mol，形成的气体产物中，$\varphi(CO)_{\%}/\varphi(CO_2)_{\%} = 1$。

温度更高，如 1600℃时，氧已不能在石墨中溶解，只能在石墨晶格的顶角及棱边上吸附，而 C 原子和邻近者的键则很小，形成的酮基被高温热分解：

$$C_{(石)} \cdot O_{(吸)} = CO + C_{x-1}$$

式中 C_{x-1}——酮基分解、析出的 C 原子群。

经测定反应为零级，$E_a = 290 \sim 380$kJ/mol，形成的气相产物中，$\varphi(CO)_{\%}/\varphi(CO_2)_{\%} > 1$。

为使酮基向气相放出 CO，必须断裂两个 C 键，这需要能量 264kJ（个键）。因此，利用热分解使酮基的CO脱附，即使在真空中也是很慢的阶段。

在温度的变化过程中，反应具有过渡特征，即从低温机理逐渐转入高温机理，形成的气相产物中，$\varphi(CO)_{\%}/\varphi(CO_2)_{\%}=1\sim2$。

固体碳被O_2燃烧生成的$CO+CO_2$混合气体，可再分别与氧及C作用。在较低温度下，CO与从气流中进入的氧反应，生成$CO_2(2CO+O_2 = 2CO_2)$，而炭块被CO_2所包围。随着温度的升高，生成的$CO+CO_2$混合气体中的CO_2及由O_2燃烧形成的CO_2，可在高温中直接与C反应，转变为$CO(CO_2+C = 2CO)$，再向气流方向扩散，被气流中的氧所燃烧。因此，直接邻近于炭块周围，是$C+CO_2$反应的所谓CO_2的还原区；而在其外，则是$CO+O_2$反应的所谓CO的氧化区。因而C不仅被O_2，也被CO_2所燃烧。因此，提高供氧强度，减小炭块的粒度及增大固体碳与CO_2的反应性（见后），则能加快固体碳的燃烧速率。

B　固体碳燃烧反应的速率式

如前所述，燃烧反应过程由外扩散及界面反应所组成。假定固体碳的燃烧是沿整个表面均匀地进行，反应为一级不可逆的，则：

界面反应速率
$$-\frac{1}{A}\cdot\frac{\mathrm{d}n}{\mathrm{d}t}=k_0\exp[-E_a/(RT)]c \tag{1}$$

扩散速率
$$\frac{1}{A}\cdot\frac{\mathrm{d}n}{\mathrm{d}t}=\beta(c^0-c) \tag{2}$$

式中　β——氧的传质系数，由表面更新理论，$\beta=[2Du_0/(\pi r)]^{1/2}$；

u_0——氧流速度，m/s；

r——球形炭粒的反应半径，m；

D——氧的扩散系数，$D=D_0(T/273)^n$，$n=1.5\sim2$，m^2/s；

c^0——气流中氧的浓度，mol/m^3。

在稳定状态下，式（1）和式（2）的速率相等，由此得出：

$$c=\frac{c^0}{1+k_0\exp[-E_a/(RT)]\cdot\sqrt{\frac{\pi r}{2u_0}}\cdot\frac{1}{\sqrt{D_0(T/273)^2}}} \tag{3}$$

将式（3）代入式（1），得出由单位时间固体碳表面上燃烧单位碳量的氧量（mol）所表示的燃烧速率：

$$v_O=\frac{k_0\exp[-E_a/(RT)]c^0}{1+k_0\exp[-E_a/(RT)]\cdot\sqrt{\frac{\pi r}{2u_0}}\cdot\frac{1}{\sqrt{D_0(T/273)^2}}}$$

如用ϕ表示每单位碳量消耗的氧量（mol），而单位时间固体碳表面燃烧的碳量（mol）的速率为v_C，则$v_C=(1/\phi)v_O$，于是可得：

$$v_C=\frac{1}{\phi}\cdot\frac{k_0\exp[-E_a/(RT)]c^0}{k_0\exp[-E_a/(RT)]\cdot\sqrt{\frac{\pi r}{2u_0}}\cdot\frac{1}{\sqrt{D_0(T/273)^2}}+1} \tag{5-33}$$

式中，$k_0=9.55\times10^{-7}\exp[-1.8\times10^6/(RT)]/(\sqrt{T}p'_{O_2})$，$kg/(m^2\cdot s)$。

式（5-33）表示的固体碳的燃烧速率位于两个速率范围内，在较低温度下，$v_C = (k_0/\phi)\exp[-E_a/(RT)]c^0$，燃烧速率与温度及氧浓度，特别是与温度有关。但在高温度下，

$$v_C = \frac{c^0}{\phi \cdot \sqrt{\frac{\pi r}{2u_0}} \cdot \frac{1}{\sqrt{D_0(T/273)^2}}}$$

燃烧速率则与氧浓度、供氧强度、固体碳的粒度及氧的扩散系数有关，而与温度的关系不很大。

【例5-19】 将直径为2×10^{-2}m、密度为$2.26\times10^3\text{kg/m}^3$的球形石墨粒放在0.1kPa、1145K的$\varphi(O_2)=10\%$的静止气流中进行燃烧。燃烧反应为一级不可逆：$C_{(石)}+O_2 = CO_2$，速率常数为0.20m/s，$D_{O_2}=2.0\times10^{-4}\text{m}^2/\text{s}$，$Sh=2.0+0.6Re^{1/2}Sc^{1/3}$。试计算反应完成的时间（忽略其他气体组分的影响）。

解 在1145K可认为石墨粒子的燃烧反应由外扩散及界面化学反应组成。假定石墨粒子的燃烧是沿着整个表面均匀地进行，反应为一级不可逆的，则：

界面反应速率 $$v_1 = 4\pi r^2 \cdot \frac{k}{V} \cdot c \tag{1}$$

外扩散速率 $$v_2 = 4\pi r^2 \beta(c^0 - c) \tag{2}$$

在稳定态下，上述两环节的速率相等，得：

$$c = \frac{\beta c^0}{\frac{k}{V}+\beta} = \frac{c^0}{1+\frac{k}{V\beta}} \tag{3}$$

将式（3）代入式（1），得：

$$v = 4\pi r^2 \cdot \frac{c^0}{\frac{1}{\beta}+\frac{V}{k}}$$

式中 $$c^0 = \frac{p'}{RT}\times\frac{10}{100} = \frac{0.1\times10^3\times10}{8.314\times1145\times100} = 1.05\times10^{-3}\text{mol/m}^3$$

$$\beta = \frac{D_{O_2}}{L}\cdot Sh = \frac{D_{O_2}}{L}\times(2.0+0) = \frac{2.0\times10^{-4}}{2\times10^{-2}}\times2.0 = 2\times10^{-2}\text{m/s}$$

式中，由于气流是静止的，故$Re=0$，从而$Sh=2.0$。

$$V = \frac{M_C}{\rho} = \frac{12\times10^{-3}}{2.26\times10^3} = 5.3\times10^{-6}\text{m}^3$$

故 $$v = 4\times3.14\times(1\times10^{-2})^2\times\frac{1.05\times10^{-3}}{\frac{1}{2\times10^{-2}}+\frac{5.3\times10^{-6}}{0.2}} = 2.6\times10^{-5}\text{mol/s}$$

即 $$-\frac{dc}{dt} = 2.6\times10^{-5}$$

$$-\int_0^{1.05\times10^{-3}} dc = \int_t^0 2.6\times10^{-5} dt$$

$$-(1.05\times10^{-3}-0) = -2.6\times10^{-5}t$$

$$t = \frac{1.05 \times 10^{-3}}{2.6 \times 10^{-5}} \times \frac{1}{60} = 0.67\text{min}$$

使气相中氧的 $\varphi(O_2)_{\%}$ 下降到零，即与石墨完全反应的时间为 0.67min。

5.9.3.3 固体碳与 CO_2 的反应

A 反应的机理

首先 CO_2 被固体碳表面上活性较大的 C 原子所吸附，随着温度的升高，转入化学吸附。CO_2 分子键伸长，从中分裂出一个氧原子，在具有一个不饱和键的两个 C 原子上形成酮基，而剩下的 $CO_{(吸)}$ 则在具有一个不饱和键的两个 C 原子上形成烯酮基（ketene complex）$C_{(石)} \cdot CO_{(吸)}$：

$$2C_{(石)} + CO_2 = C_{(石)} \cdot O_{(吸)} + C_{(石)} \cdot CO_{(吸)}$$

其中烯酮基的稳定性较差，在 600～700℃开始分解：

$$C_{(石)} \cdot CO_{(吸)} = C_{(石)} + CO$$

因此，在此温度下，$C + CO_2$ 的反应可表示为：

$$C_{(石)} + CO_2 = C_{(石)} \cdot O_{(吸)} + CO \tag{1}$$

反应为一级，形成的 CO 和消耗的 CO_2 的物质的量相等，体系的压力保持不变。

温度继续提高，酮基将发生热分解：

$$C_{(石)} \cdot O_{(吸)} = CO + C_{x-1} \tag{2}$$

反应为零级。C_{x-1} 表示酮基分解、析出的 C 原子群。

但在不同温度及压力下，反应（1）和（2）有不同程度的发展，因此，C 被 CO_2 气化的反应可能显示一级（920℃以下）或零级（1093℃以上）。

B 反应的速率式

利用上述的表面复合物生成及分解组成的过程，可导出总过程的速率式。总反应由基元反应（1）及（2）组成，用 k_1、k_2 分别表示反应（1）的正、逆反应的速率常数，用 k_3、k_4 分别表示反应（2）的正、逆反应的速率常数。k_1、k_2 有相同的数量级，而 $k_3 \gg k_4$，故可略去 k_4。在高温下，反应（2）是总反应的限制者。因此，碳气化反应的速率可表示为：

$$v = v_3 = -\frac{dc}{dt} = k_3 c(C_{(石)} \cdot O_{(吸)}) \tag{2a}$$

而 $c(C_{(石)} \cdot O_{(吸)})$ 是界面浓度，可由反应（1）和（2）趋于稳定态时速率相等及 C 原子的质量平衡关系得出。反应（1）的速率为：

$$v_1 = k_1 c(CO_2) \cdot c(C_{(石)}) - k_2 c(CO) \cdot c(C_{(石)} \cdot O_{(吸)}) \tag{2b}$$

又 C 原子的质量平衡式为：

$$c(C_{(石)}) = c(C) - c(C_{(石)} \cdot O_{(吸)}) \tag{2c}$$

式中 $c(C)$——固体碳表面的 C 原子总数；

$c(C_{(石)})$——固体碳表面的 C 原子活性点数；

$c(C_{(石)} \cdot O_{(吸)})$——形成表面复合物的 C 原子数。

联立解式（2a）～式（2c），得：

$$k_1 c(CO_2)(c(C) - c(C_{(石)} \cdot O_{(吸)})) - k_2 c(CO) \cdot c(C_{(石)} \cdot O_{(吸)}) = k_3 c(C_{(石)} \cdot O_{(吸)})$$

解得：

$$c(C_{(石)}\cdot O_{(吸)})=\frac{k_1c(C)\cdot c(CO_2)}{k_1c(CO_2)+k_2c(CO)+k_3} \tag{2d}$$

将式（2d）代入式（2a）中得：

$$v=v_3=-\frac{dc}{dt}=\frac{k_3k_1c(C)\cdot c(CO_2)}{k_1c(CO_2)+k_2c(CO)+k_3}$$

由实验测定，$k_1c(CO_2)>k_3$，$k_2c(CO)>k_3$，故：

$$v=-\frac{dc}{dt}=\frac{k_3k_1c(C)\cdot c(CO_2)}{k_1c(CO_2)+k_2c(CO)}=\frac{k_3(k_1/k_2)\cdot c(C)}{(k_1/k_2)+(c(CO)/c(CO_2))}$$

式中，$k_1/k_2=K$，即反应（1）的平衡常数。代入关系式 $c(CO)=p_{CO}/(RT)$，$c(CO_2)=p_{CO_2}/(RT)$，上式变为：

$$v=\frac{k_3Kc(C)}{K+(p_{CO}/p_{CO_2})} \tag{5-34}$$

C 碳气化反应速率的影响因素

碳气化反应速率与固体碳的结构（孔隙率、晶格的不完整性、杂质的种类）、温度、气流速度等有关。

固体碳的孔隙率和粒度对反应处于扩散范围内有影响。但像焦炭那种孔隙率很高的燃料，当粒度适当时，扩散不会成为限制环节。特别是在较高的气流速度下，更是如此。

固体碳的晶格不完整，则 C 原子具有不饱和键，吸附化学反应易于进行。

固体碳所含矿物质能侵入石墨基平面间，使晶格歪扭，减弱 C 原子间的键力，促进表面复合物的形成及分解。以阳离子半径最大的氧化物，如 Na、K 等的氧化物的这种作用最显著。

这些因素对固体碳气化速率的影响，可用固体燃料的反应性来综合表示。所谓固体燃料的反应性，是指它和 CO_2 的反应能力。在规定条件（例如，温度为 950℃，粒度为 $(0.9\sim1.9)\times10^{-3}$m，气流速度为 $5\times10^{-5}m^3/min$）下，向固体燃料通入 CO_2，测定生成的 CO 量（m^3），由下式计算的 $\varphi(CO)$ 表示反应性：

$$\varphi(CO)=\frac{\varphi(CO)_{\%}}{\varphi(CO)_{\%}+\varphi(CO_2)_{\%}}\times100\% \tag{5-35}$$

5.9.3.4 固体碳与 H_2O（g）的反应

固体碳和 $H_2O(g)$ 反应的机理与固体碳和 CO_2 反应的机理相似。首先 $H_2O(g)$ 吸附在固体碳表面活性较大的碳原子上，按下列反应释放出 H_2：

$$H_2O(g)=\!=\!=H_2O_{(吸)}$$

$$H_2O_{(吸)}=\!=\!=OH_{(吸)}+H_{(吸)}$$

$$OH_{(吸)}=\!=\!=O_{(吸)}+H_{(吸)}$$

$$2H_{(吸)}=\!=\!=H_2$$

另外，形成的 $O_{(吸)}$ 与碳原子形成酮基：$C_{(石)}\cdot O_{(吸)}$，总反应为：

$$C_{(石)}+H_2O(g)=\!=\!=C_{(石)}\cdot O_{(吸)}+H_2$$

反应为一级，形成的 H_2 和消耗的 $H_2O(g)$ 的物质的量相同，体系的压力保持不变。

温度提高，酮基脱附，转变为 CO：

$$C_{(石)} \cdot O_{(吸)} = CO$$

反应为零级。

5.9.3.5　CO 的分解反应

碳被 CO_2 气化的逆反应是 CO 的分解反应。它有不同于正反应的机理。由固体碳气化反应的热力学条件可知，温度高于 400～600℃（标准态下的转化温度为 700℃）就不利于逆反应（即 CO 的分解）的顺利进行。但 CO 分子的键很牢固（1000kJ/mol），这样的温度不能使其键断裂甚至减弱。因此，必须用催化剂来大力减弱 CO 分子键，降低分解反应的活化能，这样才能保证 CO 在热力学条件下实现分解。

因此，CO 的分解反应是多相的，发生在催化剂的表面。当以 Fe 作为催化剂时，CO 的分解反应可分为 3 个阶段：

$$Fe(s) + CO = Fe \cdot CO_{(吸)} \tag{1}$$

$$Fe \cdot CO_{(吸)}(s) + CO = Fe \cdot C_{(吸)}(s) + CO_2 \tag{2}$$

$$Fe \cdot C_{(吸)}(s) = Fe(s) + C_{(石)} \tag{3}$$

其过程如图 5－43 所示。首先 CO 吸附在作为催化剂的金属铁的表面。由于铁晶格中 Fe－Fe 原子间距（2.50Å）比 CO 分子中原子间距（1.15Å）大 1 倍多，而 Fe 原子和 C 及 O 原子均有较强的作用力，因而被吸附的 CO 分子的键被减弱、松弛，与 Fe 原子形成了表面复合物 $Fe \cdot CO_{(吸)}$。而后在另外的 CO 分子的撞击下，此 $Fe \cdot CO_{(吸)}$ 中的 O 原子被 CO 移去，转变为 CO_2。剩下的 C 原子经过吸附和脱附，以微细的石墨相在铁晶粒表面及微孔中析出。它的体积很大，包围在催化剂粒的表面，但并不会阻碍 CO 在其表面上的继续分解。这种析出的碳称为烟碳或沉积碳。

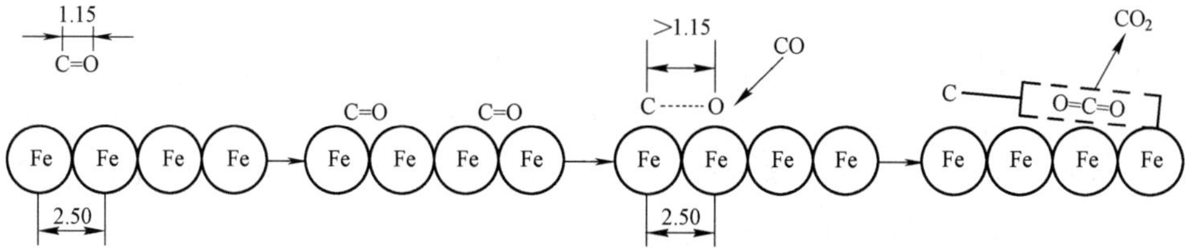

图 5－43　CO 在铁晶格表面分解示意图（单位：Å，1Å＝0.1nm）

经实验测定，组成分解过程的 3 个环节中，反应（2）是限制环节，反应为一级，$E_a = 142kJ/mol(350 \sim 450℃)$，故分解反应速率式为：

$$v = k_0 \exp[-142000/(RT)] p_{CO} \tag{5-36}$$

除 Fe 外，Co、Ni、Cr、Mn 等金属也可作催化剂，其中 Fe，特别是低温下还原出的 Fe，催化作用最强烈。此外，气体中的 H_2、H_2O 有加速 CO 分解的作用。但 NH_3、H_2S 及硫化物则有“毒害”催化剂的作用，减弱或阻碍了 CO 的分解。

当 CO 与含有氧化铁的耐火砖长期接触时，能使其中的氧化铁还原，呈现铁对 CO 分解的催化作用，有利于 CO 的分解，析出的烟碳能使耐火材料破裂。但如在制砖中加入某些能“毒害”催化剂的物质，如 $CuSO_4$ 或 MgS、Al_2S_3 等硫化物，则可阻止 CO 的分解，消除使砖破裂的作用。

5.10 燃烧反应体系气相平衡成分的计算

当燃烧体系中出现了两个以上的燃烧反应，而气相组分又较多时，气相平衡成分的计算则较为复杂。首先，可利用相律确定其自由度，而后计算其平衡成分。相律的一般计算式是：

$$f = k + 2 - \phi$$

$$k = S - R - R'$$

式中 k——独立组分数，它等于物种数（S）减去独立化学反应数（R）及浓度的其他限制条件数（R'），对于复杂体系，$R'=0$。

在这多元多相的平衡体系中，常是两个以上的化学反应同时达到平衡，各相之间也达到了平衡。一个组分可能同时存在于几个相中，参加几个化学反应，但各物质的平衡浓度（活度、分压）只有一个，它是符合各自反应平衡常数的关系式的，这称为同时平衡原理。

对于这种复杂体系的热力学计算，首先要确定体系中的独立反应数，并选择能包括体系中物种在内的独立反应式。

所谓独立反应，就是不能用线性组合方法从体系中其他独立反应式导出的反应式。为求体系中独立反应式的数目，可先写出体系内每个化合物由单质形成的反应式，而后两两地进行线性组合，以消去两反应中出现的同类物，所得的反应式便是独立的反应式。

根据上述原则，也可得出计算体系独立反应数的简单方程：

$$独立反应数 = 物种数 - 元素数 \tag{5-37}$$

【例 5-20】 试求由 C、CO_2、CO、Fe_3O_4、Fe 5 个物种构成的体系内独立反应数。

解 体系中有 3 个化合物，可写出由其单质形成这 3 个化合物的反应式：

$$C_{(石)} + O_2 = CO_2 \tag{1}$$

$$2C_{(石)} + O_2 = 2CO \tag{2}$$

$$3Fe(s) + 2O_2 = Fe_3O_4(s) \tag{3}$$

将上述 3 个反应式两两组合，消去 O_2，可得出下列 3 个反应式：

$$CO_2 + C_{(石)} = 2CO \tag{4}$$

$$2CO_2 + 3Fe(s) = Fe_3O_4(s) + 2C_{(石)} \tag{5}$$

$$4CO + 3Fe(s) = Fe_3O_4(s) + 4C_{(石)} \tag{6}$$

但反应（5）和（6）还可进一步组合成反应（4），因此体系的独立反应式数为2，选反应（4）及（5）或（4）及（6）均可。按式（5-37）也可得出：独立反应数 = 物种数 - 元素数 = 5 - 3 = 2。

又上述体系内，独立组分数 $k = 5 - 2 = 3$，$\phi = 4$(3 个固相 + 1 个气相)，故自由度为：

$$f = k + 2 - \phi = 3 + 2 - 4 = 1$$

即在 T、p、p_{CO}、p_{CO_2}这些变量中，只有 1 个是独立的。例如，T 指定后，其余变量即可确定。

此外，为了计算燃烧体系的气相平衡成分，首先要根据体系反应的初始条件，确定气相平衡组分的种类及数目；然后按照体系内反应进行的条件，建立与气相平衡成分数相同的方程数求解。一般可按下述原则来建立方程：

（1）平衡组分的分压或体积分数总和方程。

$$\sum p_B = p \quad 或 \quad \sum \varphi_B = 100\%$$

式中 p_B——气相组分的分压（量纲一的量）；

φ_B——气相组分的体积分数，%。

（2）平衡常数方程。选用的平衡常数方程的个数，应等于体系内独立反应的数目。

（3）各元素原子的物质的量恒定方程。平衡组分的浓度和体系的初始条件有关，而在反应中各元素原子的物质的量则保持不变。由此可建立原子的物质的量恒定方程。

【例 5－21】 在压力为 10^5Pa 及 927℃时，用空气/水汽＝3（体积比）的混合气体去燃烧固体碳制造煤气，试计算煤气的成分。

解 煤气有 5 个组分，即 CO、CO_2、H_2、$H_2O(g)$、N_2，需要建立 5 个方程：

（1）平衡组分的分压总和方程。

$$p_{CO} + p_{CO_2} + p_{H_2} + p_{H_2O(g)} + p_{N_2} = 1 \tag{1}$$

（2）平衡常数方程。4 个元素（C、H、O、N）组成 6 个物种（C、CO_2、CO、H_2、$H_2O(g)$、N_2），故独立反应数为 6－4＝2，可选取下列反应式：

$$CO_2 + H_2 \xlongequal{} CO + H_2O(g) \qquad K^{\ominus} = \frac{p_{CO}p_{H_2O(g)}}{p_{CO_2}p_{H_2}} = 1.44 \tag{2}$$

$$\lg K^{\ominus} = -\frac{36571}{19.147 \times 1200} + \frac{33.51}{19.147} = 0.158 \qquad K^{\ominus} = 1.44$$

$$C + CO_2 \xlongequal{} 2CO \qquad K^{\ominus} = \frac{p_{CO}^2}{p_{CO_2}} = 48.10 \tag{3}$$

$$\lg K^{\ominus} = -\frac{166550}{19.147 \times 1200} + \frac{171}{19.147} = 1.68 \qquad K^{\ominus} = 48.10$$

（3）各元素原子的物质的量恒定方程。组成体系组分的元素有 C、H、O、N 4 种，可分别写出它们原子的物质的量恒定方程：

$$n(O) = (n(CO) + n(H_2O) + 2n(CO_2))_{平} = (p_{CO} + p_{H_2O} + 2p_{CO_2})_{平} \cdot \frac{\sum n_{B(平)}}{p}$$

$$n(H) = (2n(H_2) + 2n(H_2O))_{平} = (2p_{H_2} + 2p_{H_2O})_{平} \cdot \frac{\sum n_{B(平)}}{p}$$

$$n(C) = (n(CO) + n(CO_2))_{平} = (p_{CO} + p_{CO_2})_{平} \cdot \frac{\sum n_{B(平)}}{p}$$

$$n(N) = 2n(N_2)_{平} = 2p_{N_2(平)} \cdot \frac{\sum n_{B(平)}}{p}$$

式中，$n_B = \frac{p_B}{p} \cdot \sum n_{B(平)}$，$\sum n_{B(平)}$为平衡态时体系内气体组分的物质的量之和，是未知的。为消去未知数，可取任两个元素原子的物质的量比，例如，

$$\left(\frac{n(O)}{n(H)}\right)_{平} = \left(\frac{p_{CO} + p_{H_2O} + 2p_{CO_2}}{2p_{H_2} + 2p_{H_2O}}\right)_{平} \tag{4}$$

$$\left(\frac{n(H)}{n(N)}\right)_{平} = \left(\frac{2p_{H_2} + 2p_{H_2O}}{2p_{N_2}}\right)_{平} \tag{5}$$

还可得出其他元素原子的物质的量之比，如 $n(O)/n(C)$、$n(O)/n(N)$ 等。

由于体系的初始态和平衡态中，同类型原子的物质的量比相等，即

$$\left(\frac{n(\mathrm{O})}{n(\mathrm{H})}\right)_{初}=\left(\frac{n(\mathrm{O})}{n(\mathrm{H})}\right)_{平},\left(\frac{n(\mathrm{H})}{n(\mathrm{N})}\right)_{初}=\left(\frac{n(\mathrm{H})}{n(\mathrm{N})}\right)_{平},\cdots \tag{6}$$

在体系气相的初始态中，$V_{空}:V_{汽}=3:1(\mathrm{m}^3:\mathrm{m}^3)$，则：

$$n(\mathrm{O})=n(\mathrm{O})_{空}+n(\mathrm{O})_{汽}=2\times(3\times0.21)+1\times1=2.26$$

$$n(\mathrm{H})=n(\mathrm{H})_{汽}=2\times1=2 \qquad n(\mathrm{N})=n(\mathrm{N})_{空}=2\times(3\times0.79)=4.74$$

故 $$(n(\mathrm{O})/n(\mathrm{H}))_{初}=2.26/2=1.13 \qquad (n(\mathrm{H})/n(\mathrm{N}))_{初}=2/(6\times0.79)=0.42 \tag{7}$$

利用式(4)~式(7)的关系，可得下式：

$$p_{CO}+2p_{CO_2}-1.26p_{H_2O}-2.26p_{H_2}=0 \tag{8}$$

$$p_{H_2}+p_{H_2O}-0.42p_{N_2}=0 \tag{9}$$

还可仿此得出其他原子的物质的量比方程，如 $n(\mathrm{O})/n(\mathrm{N})$ 等。但本题中，体系的气相平衡成分是 5 个，因此，由式（1）、式（2）、式（3）、式（8）、式（9）联立求解，即可得出体系的气相平衡成分（量纲一的压力）

$$p_{CO}=0.4 \quad p_{H_2}=0.172 \quad p_{CO_2}=0.0033 \quad p_{N_2}=0.428 \quad p_{H_2O}=0.002$$

【例 5-22】 在 10^5Pa 及 850℃条件下，用 $n(CH_4)/n(H_2O)=1/1.4$ 的混合气体，通过 Ni 催化剂制造还原性气体，试求此还原气体的成分。

解 根据初始条件，体系内有 5 个气体物存在，即 CO、CO_2、H_2、$H_2O(g)$、CH_4。由 3 个元素组成，独立反应数为 5 - 3 = 2。选择下列两个独立反应式：

$$CH_4+H_2O=\!=\!=CO+3H_2 \qquad \Delta_rG_m^{\ominus}=224144-252.3T(\mathrm{J/mol}) \qquad 1123\mathrm{K}时,K^{\ominus}=565.86$$

$$H_2O(g)+CO=\!=\!=H_2+CO_2 \qquad \Delta_rG_m^{\ominus}=-36571+33.51T(\mathrm{J/mol}) \qquad 1123\mathrm{K}时,K^{\ominus}=0.89$$

再利用元素原子的物质的量比恒定方程，共可得出下列 5 个方程：

$$p_{CO}+p_{CO_2}+p_{H_2}+p_{H_2O(g)}+p_{CH_4}=1 \tag{1}$$

$$p_{CO}p_{H_2}^3/(p_{CH_4}p_{H_2O})=565.86 \tag{2}$$

$$p_{H_2}p_{CO_2}/(p_{H_2O(g)}p_{CO})=0.89 \tag{3}$$

又 $$\frac{p_{CO}+p_{CO_2}+p_{CH_4}}{p_{CO}+2p_{CO_2}+p_{H_2O}}=\left(\frac{n(\mathrm{C})}{n(\mathrm{O})}\right)_{平}=\left(\frac{n(\mathrm{C})}{n(\mathrm{O})}\right)_{初}=\frac{1}{1.4}$$

所以 $$0.4p_{CO}-0.6p_{CO_2}+1.4p_{CH_4}-p_{H_2O}=0 \tag{4}$$

又 $$\frac{p_{CO}+2p_{CO_2}+p_{H_2O}}{2p_{H_2}+2p_{H_2O}+4p_{CH_4}}=\left(\frac{n(\mathrm{O})}{n(\mathrm{H})}\right)_{平}=\left(\frac{n(\mathrm{O})}{n(\mathrm{H})}\right)_{初}=\frac{0.7}{3.4}$$

式中 $$n(\mathrm{O})_{初}=1.4 \quad n(\mathrm{H})_{初}=4+2\times1.4=6.8$$

所以 $$p_{CO}+2p_{CO_2}-0.41p_{H_2}+0.59p_{H_2O}-0.82p_{CH_4}=0 \tag{5}$$

联立解上述5个方程，得（量纲一的压力）：

$p_{CH_4}=0.00193$　$p_{H_2O}=0.0718$　$p_{CO_2}=0.0196$　$p_{H_2}=0.701$　$p_{CO}=0.207$　$\sum p=1$

由 $\varphi_B=\frac{p_B}{p}\times100\%$，可计算出混合气体组分的体积分数（%）。

习　　题

5－1　试计算 $CaCO_3(s)$ 及 $MgCO_3(s)$ 的分解压分别等于 1.3×10^5 Pa 的分解温度。

5－2　将 $CaCO_3(s)$ 放置于 $\varphi(CO_2)=12\%$ 的气氛中，总压 $p'=10^5$ Pa，试求 $CaCO_3(s)$ 分解的开始温度和沸腾温度。

5－3　把 5×10^{-4} kg 的 $CaCO_3(s)$ 放在体积为 1.5×10^{-3} m^3 的真空容器内，加热到800℃，问有多少千克的 $CaCO_3(s)$ 未能分解而残留下来？

5－4　$MnCO_3$ 在氮气流中加热分解，在410℃测得各时间的分解率如表5－7所示，试确定此分解反应的限制环节。

表5－7　$MnCO_3$ 的分解率

时间/min	2	4	6	8	10	12	14	16	18	20
分解率/%	6	17	27	49	53	61	69	71	78	85

5－5　试判定1500℃时，Al_2O_3、SiO_2、FeS、Fe_3C、FeO 的相对稳定性。

5－6　利用氧势图回答下列问题：

（1）求 $SiO_2(s)$ 生成反应的 $\Delta_f H_m^{\ominus}(SiO_2, s)$ 及 $\Delta_f S_m^{\ominus}(SiO_2, s)$。

（2）说明下列反应在下列温度氧势线斜率改变的原因：

$2Mg(s)+O_2=2MgO(s)$，1100℃；$2Pb(s)+O_2=2PbO(s)$，1470℃；$2Ca(s)+O_2=2CaO(s)$，1480℃。

（3）求 CuO(s) 分解时，分解压 $p_{O_2(CuO)}=100$ kPa 的温度。

（4）在100kPa下向焦炭吹水蒸气，在什么温度条件下可得到水煤气（$CO+H_2$）（反应为 $H_2O(g)+C=H_2+CO$）？

（5）温度为1300K时 NiO(s) 的分解压是多少？

（6）在什么温度下 C 能还原 $SnO_2(s)$、$Cr_2O_3(s)$、$SiO_2(s)$？

（7）H_2 还原 $Fe_3O_4(s)$ 到 FeO(s) 的温度是多少？

（8）求1000℃时 Mg 还原 $Al_2O_3(s)$ 的 $\Delta_r G_m^{\ominus}$。

（9）求 Cr_2O_3（s）的平衡氧分压达 $p'_{O_2}=10^{-19}$ Pa 时的温度。

（10）求 Fe(s) 分别与 10^{-4} Pa、10^{-5} Pa、10^{-10} Pa 的 O_2 在1000℃反应时，形成 FeO(s) 的 $\Delta_r G_m^{\ominus}$ 及 $p_{O_2(平)}$。

5－7　试计算在温度高过 Mg(s) 的沸点（1363K）及真空室内压力为133Pa、13.3Pa、1.33Pa 的条件下，MgO(s) 的氧势和温度（1376～3098K）的关系式。

5－8　在煤气发生炉内用空气不完全燃烧焦炭以生产煤气，从1127℃及100kPa下得到的煤气成分为 $\varphi(CO)=29.22\%$ 和 $\varphi(CO_2)=0.66\%$，其余的是 N_2。试用氧势图求此煤气的氧势。

5－9　为了净化氩气，将氩气通入600℃的盛有铜屑的不锈钢管中，以除去其中残存的氧气。（1）试计算经过上述处理后氩气中氧的浓度；（2）如把炉温提高到800℃，试问氩气中有多少氧存在？

5－10　纯 Ni(s) 在成分为 $\varphi(CO_2)=15\%$、$\varphi(CO)=5\%$ 及 $\varphi(N_2)=80\%$ 的气氛中加热到1000K，试问 Ni(s) 能否被氧化？

5－11　为使金属锰在 $p'=5\times10^4$Pa 及900℃条件下无氧化加热，试问 $CO+CO_2$ 混合气体中 p_{CO}/p_{CO_2} 的值应是多少？用计算法及氧势图法。

5－12　将铬保持在1500K及压力为 10^5Pa 的含水汽的 H_2 中，为不使 Cr(s) 受到氧化，试问气相中 H_2 的最大分压是多少？

5－13　试导出由液态及气态镁在温度为800～1700K及压力为 10^5Pa、10^4Pa、10^3Pa 的条件下，形成 MgO(s) 的 $\Delta_r G_m - T$ 关系式，并绘出相应的图形。

5－14　浮氏体（Fe_xO）的熔点为1650K，熔化热为31338J/mol，试利用 Fe(s) 氧化形成固态浮氏体的 $\Delta_f G_m^{\ominus}(Fe_xO,s)$，求出液态浮氏体的 $\Delta_f G_m^{\ominus}(Fe_xO,l)$。

5－15　浮氏体的标准生成吉布斯自由能为：

$$Fe(l)+\frac{1}{2}O_2 \xlongequal{} Fe_xO(l) \qquad \Delta_f G_m^{\ominus}(Fe_xO,l) = -256060+53.68T \quad (J/mol)$$

试计算温度为1923K，FeO的活度分别为1.0、0.5、0.2、0.05时浮氏体的氧分压。

5－16　粒度为 7.4×10^{-5}m 的镍粒在1040℃被氧所氧化，测得各时间的反应分数如表5－8所示。试证明 Ni(s) 氧化的限制环节是氧化物层内氧的扩散。

表5－8　镍氧化的反应分数

时间/h	1	2.5	5	7.5	10	15	20
反应分数	0.2	0.5	0.65	0.8	0.88	0.92	0.98

5－17　试从图5－23所示的硫势图确定 H_2 对 Cu－Pb 硫化精矿（Cu_2S-PbS）进行选择性还原的条件。

5－18　硫化镍在总压为100kPa、温度为1000K以及气相组成为 $\varphi(O_2)=3\%$、$\varphi(SO_2)=3\%$ 的条件下进行焙烧，所得焙烧产物是什么？已知：$2NiS(s)+3O_2 = 2NiO(s)+2SO_2$，$\Delta_r G_m^{\ominus} = -895500+168.58T$ (J/mol)；$NiO_2(s)+SO_2+\frac{1}{2}O_2 = NiSO_4(s)$，$\Delta_r G_m^{\ominus} = 246710-83.59T$ (J/mol)。

5－19　SnO_2 的氯化反应为 $SnO_2+2Cl_2 = SnCl_4(g)+O_2$，说明氯化时加碳的必要性。已知：$SnO_2(s)+2Cl_2+2C_{(石)} = SnCl_4(s)+2CO$，$\Delta_f G_m^{\ominus}(SnO_2, s) = -574900+198.36T$ (J/mol)，$\Delta_f G_m^{\ominus}(SnCl_4, g) = -512500+150.67T$ (J/mol)。

5－20　试计算使 H_2O-H_2 系的氧分压达到 5×10^{-5}Pa 时，气相中 $\varphi(H_2O)/\varphi(H_2)$ 的值应是多少？温度为1600℃。

5－21　把成分为 $\varphi(CO)=50\%$、$\varphi(CO_2)=25\%$、$\varphi(H_2)=25\%$ 的煤气送入900℃的炉内，试求此温度及 $p'=10^5$Pa 下，混合气体的平衡成分及氧的平衡分压或氧势。

5－22　位于 10^5Pa 及1600℃的 $CO+CO_2+H_2+H_2O(g)$ 的混合气体，其 $p'_{O_2}=10^{-2}$Pa，试求为获得具有这种 p'_{O_2} 的气相的 $\varphi(CO_2)/\varphi(H_2)$ 值。如果混合气体中 $\varphi(CO_2):\varphi(H_2)=3:1$，在同样的压力及温度下，混合气体的平衡氧分压是多少？

5－23　用 $\varphi(O_2)=24\%$ 的富氧空气，在温度为950℃及压力为 0.5×10^5Pa 条件下去燃烧固体碳。试计算：（1）气相的平衡成分；（2）气相的平衡氧分压。

5－24　试计算在100kPa及700℃时，用水蒸气燃烧固体碳来制取混合煤气的成分。

5－25　试计算原始成分为 $\varphi(CO)=50\%$、$\varphi(O_2)=20\%$、$\varphi(CO_2)=30\%$ 的混合气体燃烧后的气相平衡成分。

5－26　利用 CO_2 使 CH_4 进行裂化处理，制取可燃的混合气体。试计算在温度为1000K、总压为100kPa

的条件下，反应物的物质的量比 $n(CH_2)/n(CO_2)=1$ 的混合气体的成分。

5－27 试计算成分为 $\varphi(CO)=31.32\%$、$\varphi(CO_2)=4.58\%$、$\varphi(N_2)=64.10\%$ 的混合气体，从950℃冷却到500℃析出的烟碳量$\left(提示：析出的烟碳量 n(C)=\frac{1}{2}n(CO)=\frac{p'_{CO}V_{CO}}{2RT}\right)$。

复习思考题

5－1 什么是热力学参数状态图？它是怎样绘出的？适用于哪些冶金反应类型？为什么它比用反应的 $\Delta_r G_m^{\ominus}$ 讨论反应的热力学条件更方便？

5－2 分解压、氧势、硫势等热力学参数是怎样导出的？在讨论反应的热力学时，它比用 $\Delta_r G_m^{\ominus}$ 有何方便之处？它受哪些因素的影响？

5－3 试用气－固相反应未反应核模型分析石灰窑内煅烧石灰的动力学过程。如何才能获得炼钢生产适用的活性石灰？

5－4 什么是固体料的分散度？试导出固体物分散度的热力学函数。

5－5 氧势图及硫势图等如何绘制？图中斜线具有哪些热力学性质？利用这些图形可解决冶金反应热力学的哪些问题？请说明其用法。

5－6 哪些因素能改变氧化物的氧势，从而改变氧化－还原反应的热力学条件？

5－7 多价金属氧化物的形成－分解反应服从什么热力学原则？

5－8 能否用线性组合法从氧化铁的分解压得出其分解或形成反应$\frac{2}{3}Fe_2O_3(s)=\frac{4}{3}Fe(s)+O_2$ 的 $\Delta_r G_m^{\ominus}$ 及其平衡常数？

5－9 从 Fe－O 状态图可得出哪些与钢铁冶炼有关的热力学知识？

5－10 试述 FeO、Fe_3O_4、Fe_2O_3 氧化物中晶格缺陷形成的过程及其浓度计算的原理。

5－11 试述金属铁氧化形成氧化物层的机理。它的动力学特征是什么？它们如何影响铁氧化的速率？

5－12 从硫势图中能得出哪些与钢铁冶炼有关的脱硫的基本知识？在硫化物的焙烧过程中，怎样才能获得氧化物或硫酸盐，分别作为还原熔炼及湿法提取金属的原料？

5－13 从氯势图中可看出氯势线有哪些特点？可得出哪些用于氯化焙烧氧化物矿石的热力学？为什么氯化焙烧常需选用添加剂？请从耦合反应的原理加以说明。氯化冶金具有什么优点和缺点？适宜处理哪些类型的矿石或副产物？

5－14 什么是歧化反应？怎样用它来提纯金属？试以提纯金属铝来说明提炼原理。

5－15 试述 H_2、CO 及 $C_{(石)}$ 燃烧反应的热力学及对冶金反应产生的影响。

5－16 物质的第4种聚集态的等离子体是如何产生的？具有哪些性能？在高温冶金中有何作用？

5－17 试述 H_2 及 CO 气体被 O_2 燃烧的机理以及固体碳被 O_2 燃烧的机理的特点。其与 CO 及 $C_{(石)}$ 被结合氧（H_2O 及 CO_2）燃烧的机理又有什么不同？

5－18 如何计算多元多相复杂体系的平衡气相成分？怎样确定及选定体系的独立反应数及建立组分的质量恒定方程？试述它们计算的大致程序。

6　氧化物还原熔炼反应

金属氧化物是火法冶炼矿石中的主要成分，而从此氧化物提取金属的过程中，还原过程又是最重要的一个火法冶炼过程。在氧化物的还原过程中，出现了电子得失（化合价改变）的化学反应，一种物质被氧化，又伴随着另一种物质被还原，因此，严格来说，还原过程是氧化－还原过程。但在这里冶炼的目的是将氧化物还原得到粗金属或合金，所以将其称为还原过程。

按照工业上利用的还原剂种类的不同，可将还原过程分为 3 类：

（1）用可燃气体作还原剂的间接还原法；

（2）用固体碳作还原剂的直接还原法；

（3）用金属（如 Si、Al）作还原剂的金属热还原法。

此外，还有的利用电解水溶液及熔盐进行还原，这时要涉及电子对金属阳离子的电化学反应。

在还原熔炼中，除矿石中的主要金属极大量地还原外，脉石及燃料中灰分的某些氧化物（如 SiO_2、MnO 等）也要部分还原；并且为获得成分合格的粗金属，需要除去一定量的杂质（如硫）；同时，还原的金属还要进行渗碳，所以，本章讨论了这些有关的反应。

6.1　氧化物还原的热力学条件

从第 5 章氧势图的讲述中知，任一氧化物被还原剂（B）还原的一般反应可表示为：

$$\frac{2a}{b}\mathrm{B(s)} + \mathrm{O_2} = \frac{2}{b}\mathrm{B}_a\mathrm{O}_b\mathrm{(s)} \qquad \Delta_r H^{\ominus}_{m(1)} < 0 \qquad \Delta_r G^{\ominus}_{m(1)} = RT\ln p_{\mathrm{O_2(B}_a\mathrm{O}_b)}$$

$$\frac{2x}{y}\mathrm{M(s)} + \mathrm{O_2} = \frac{2}{y}\mathrm{M}_x\mathrm{O}_y\mathrm{(s)} \qquad \Delta_r H^{\ominus}_{m(2)} < 0 \qquad \Delta_r G^{\ominus}_{m(2)} = RT\ln p_{\mathrm{O_2(M}_x\mathrm{O}_y)}$$

$$\frac{2}{y}\mathrm{M}_x\mathrm{O}_y\mathrm{(s)} + \frac{2a}{b}\mathrm{B(s)} = \frac{2x}{y}\mathrm{M(s)} + \frac{2}{b}\mathrm{B}_a\mathrm{O}_b\mathrm{(s)} \qquad \Delta_r G^{\ominus}_m = \Delta_r G^{\ominus}_{m(1)} - \Delta_r G^{\ominus}_{m(2)}$$

为讨论方便计，上式简写成：

$$\mathrm{MO(s)} + \mathrm{B(s)} = \mathrm{M(s)} + \mathrm{BO(s)}$$

$$\Delta_r H^{\ominus}_m = \Delta_f H^{\ominus}_m(\mathrm{BO,s}) - \Delta_f H^{\ominus}_m(\mathrm{MO,s}) \qquad \Delta_r G^{\ominus}_m = \pi_{\mathrm{O(BO)}} - \pi_{\mathrm{O(MO)}}$$

BO(s) 和 MO(s) 的形成－分解反应在体系中同时进行，由于 $\pi_{\mathrm{O(BO)}} < \pi_{\mathrm{O(MO)}}$，促使 MO(s) 中的氧向 B(s) 迁移，形成 BO(s)，直至 $\pi_{\mathrm{O(MO)}} = \pi_{\mathrm{O(BO)}}$ 时反应达到平衡。因此，$\pi_{\mathrm{O(BO)}} < \pi_{\mathrm{O(MO)}}$ 或 $\Delta_r G^{\ominus}_m < 0$ 是 B(s) 能还原氧化物 MO(s) 的热力学条件，这反映在氧势图中，是下面氧化物形成的元素能作为还原剂去还原上面的氧化物。

当 $\Delta_r G^{\ominus}_m = 0$，亦即 $\pi_{\mathrm{O(MO)}} = \pi_{\mathrm{O(BO)}}$ 时，还原反应达到平衡，这时的温度称为还原剂

B(s)还原氧化物 MO(s)的开始温度（$T_{开}$），它即是氧势图中此两个氧化物的氧势线相交的温度，因为当 $T>T_{开}$ 时，开始出现了 $\Delta_r G_m^{\ominus} \leqslant 0$[1]。一定状态下的还原开始温度（$T_{开}$），是该还原反应的具体热力学条件，能用以比较不同氧化物的还原性及不同还原剂的还原能力。因为氧化物越稳定，则越难还原，而其还原开始温度就越高。

还原反应的热效应与两个氧化物 MO(s)和 BO(s)的 $\Delta_r H_m^{\ominus}$ 有关，它决定了温度对还原平衡移动的影响。

在冶金中，除根据上述热力学原理选择还原剂外，还原剂必须是来源普遍或价格便宜的物质。因此，常用的还原剂种类不多，仅有固体碳、CO、H_2 及价廉金属 Si、Al 等，分别称为直接还原、间接还原及金属热还原。后者多用以冶炼难还原的氧化物，获得不含碳的金属或合金。另外，由于开始使用了天然气及发展了无焦冶金，H_2 作为还原剂有更大的意义。

上面仅是从标准状态下的还原反应得出的热力学条件。实际上，还原反应是在非标准态下进行的，被还原的氧化物和还原出来的单质并非纯态，而是位于溶液中或与其他物质形成复杂化合物。在这种情况下，必须利用等温方程来确定还原的温度条件。

$$(MO)+[B]=\!=\!=[M]+(BO) \quad \Delta_r G_m = \Delta_r G_m^{\ominus} + RT\ln[a_{[M]}a_{(BO)}/(a_{(MO)}a_{[B]})]$$

又
$$\Delta_r G_m^{\ominus} = \Delta_r G_m^{\ominus}(BO) - \Delta_r G_m^{\ominus}(MO) = (\Delta_r H_m^{\ominus}(BO) - \Delta_r H_m^{\ominus}(MO)) - (\Delta_r S_m^{\ominus}(BO) - \Delta_r S_m^{\ominus}(MO))T$$

平衡时，$\Delta_r G_m = 0$，可得出实际状态下氧化物 MO 还原的开始温度（$T_{开}$）：

$$T_{开} = \frac{\Delta_r H_m^{\ominus}(BO) - \Delta_r H_m^{\ominus}(MO)}{(\Delta_r S_m^{\ominus}(MO) - \Delta_r S_m^{\ominus}(BO)) + 19.147(\lg a_{(MO)}a_{[B]} - \lg a_{(BO)}a_{[M]})} \text{[2]} \tag{6-1}$$

由式（6-1）可见，提高熔体中反应物 MO、B 的活度及降低产物 M 及 BO 的活度，可使还原的开始温度降低；相反，则会使还原的开始温度提高。如果还原的产物 M 是气态或还原剂形成的氧化物也是气态，而且反应前、后气体物的化学计量数是增加的（$\Delta\nu_{B(g)}>0$），则降低体系的压力（抽真空）有利于还原开始温度的降低。

【例6-1】 在100kPa下用固体碳还原纯 $SiO_2(s)$，获得的铁液中硅的活度为0.1（质量1%溶液标准态），试计算 $SiO_2(s)$ 的还原开始温度。

解 还原反应 $SiO_2(s)+2C_{(石)}=[Si]+2CO$ 由以下两个反应组成：

$$2C_{(石)}+O_2=\!=\!=2CO \qquad \Delta_r G_m^{\ominus}(CO) = -228800-171.54T \quad (J/mol)$$

$$[Si]+O_2=\!=\!=SiO_2(s) \quad \Delta_r G_m^{\ominus}(SiO_2,s) = -814850+215.25T \quad (J/mol)$$

利用式（6-1），$SiO_2(s)$ 的还原开始温度为：

$$T_{开} = \frac{\Delta_r H_m^{\ominus}(CO) - \Delta_r H_m^{\ominus}(SiO_2,s)}{(\Delta_r S_m^{\ominus}(SiO_2,s) - \Delta_r S_m^{\ominus}(CO)) + 19.147(\lg a_{SiO_2}a_C^2 - \lg a_{[Si]}p_{CO}^2)}$$

$$= \frac{-228800+814850}{(215.25+171.54)+19.147\times(\lg 1\times 1 - \lg 0.1\times 1)} = 1444K$$

当 $SiO_2(s)$ 被 C 还原，形成的 Si 溶解于铁液中的活度为 0.1（质量 1% 溶液标准态）

---

[1] 这里 $\Delta_r G_m^{\ominus} = A+BT$，式中，$A>0$、$B<0$ 时，才有 $T_{开}$。如 $A<0$、$B>0$ 时，则有还原反向温度，即为 M 还原 BO 的 $T_{开}$。

[2] 式（6-1）中分母第 1 项已反号，便于直接使用公式 $\Delta_r G_m^{\ominus} = A+BT$ 的数值。

时，其还原开始温度从形成纯硅的 $T_{开}=1515K$ 下降到 1444K，即降低了 71K。

【例 6－2】 在 Mg 的沸点（1363K）以上，碳还原 MgO(s) 的反应为：$MgO(s)+C_{(石)}=Mg(g)+CO$，试求 $p'_{真空压力}=13.3Pa$ 时反应的还原开始温度。

解 由反应式可知，反应前、后气体物质的化学计量数发生了变化，$\Delta\nu_{B(g)}=2$，所以降低 p'_{Mg} 及 p'_{CO} 有利于还原开始温度的降低。还原反应由以下两个反应组成：

$$2C_{(石)}+O_2=2CO \qquad \Delta_r G_m^{\ominus}(CO)=-228800-171.54T \quad (J/mol)$$

$$2Mg(g)+O_2=2MgO(s) \qquad \Delta_r G_m^{\ominus}(MgO,s)=-1465400+411.98T \quad (J/mol)$$

$$p_{Mg(g)}=p_{CO}=\frac{1}{2}\times 13.3\times 10^{-5}$$

利用式（6－1），可求出 MgO(s) 的还原开始温度：

$$T_{开}=\frac{\Delta_r H_m^{\ominus}(CO)-\Delta_r H_m^{\ominus}(MgO,s)}{(\Delta_r S_m^{\ominus}(MgO,s)-\Delta_r S_m^{\ominus}(CO))+19.147(\lg a_{MgO}a_C-\lg p_{Mg(g)}^2 p_{CO}^2)}$$

$$=\frac{-228800+1465400}{(411.98+171.54)+19.147\times(\lg 1\times 1-2\lg 13.3/2\times 13.3/2\times 10^{-10})}=1370K$$

MgO(s) 的开始还原温度由标准状态（$p'_{Mg(g)}=p'_{CO}=100kPa$）的 2119K 下降到 1370K。

6.2 氧化物的间接还原反应

6.2.1 CO 及 H_2 还原氧化物的热力学

CO、H_2 或它们的混合气体是冶金中氧化物的主要还原剂。反应的热力学公式可由 CO（或 H_2）的燃烧反应与氧化物的形成反应组合得出：

$$2CO+O_2=2CO_2 \qquad \Delta_r H_m^{\ominus}(CO_2) \qquad \Delta_r G_m^{\ominus}(CO_2) \tag{1}$$

$$2M(s)+O_2=2MO(s) \qquad \Delta_r H_m^{\ominus}(MO,s) \qquad \Delta_r G_m^{\ominus}(MO,s) \tag{2}$$

$$2MO(s)+2CO=2M(s)+2CO_2 \tag{3}$$

或

$$MO(s)+CO=M(s)+CO_2 \qquad \Delta_r H_m^{\ominus} \qquad \Delta_r G_m^{\ominus} \tag{3'}$$

$$\Delta_r H_m^{\ominus}=\Delta_r H_m^{\ominus}(CO_2)-\Delta_r H_m^{\ominus}(MO,s)=-565390-\Delta_r H_m^{\ominus}(MO,s)$$

$$\Delta_r G_m^{\ominus}=\Delta_r G_m^{\ominus}(CO_2)-\Delta_r G_m^{\ominus}(MO,s) \quad (J/mol)$$

－565390J/mol 是反应（1）的 $\Delta_r H_m^{\ominus}(CO_2)$，而反应（2）的 $\Delta_r H_m^{\ominus}(MO,s)<0$，故还原反应（3）是吸热或放热取决于 $|\Delta_r H_m^{\ominus}(MO,s)|$ 是大于或小于 565390J/mol。

反应（3′）的平衡常数为：$K^{\ominus}=\dfrac{a_M p_{CO_2}}{a_{MO}p_{CO}}=\dfrac{p_{CO_2}}{p_{CO}}=\dfrac{\varphi(CO_2)_{\%}}{\varphi(CO)_{\%}}$

式中，$a_{MO}=1$，$a_M=1$，而 $p_{CO_2}=\dfrac{\varphi(CO_2)_{\%}p}{100}$，$p_{CO}=\dfrac{\varphi(CO)_{\%}p}{100}$，由上式可进一步导出气相平衡成分和温度的关系式：

$$\varphi(CO)_{\%}=\frac{100}{1+K^{\ominus}} \qquad \varphi(CO_2)_{\%}=\frac{K^{\ominus}\times 100}{1+K^{\ominus}} \tag{6-2}$$

利用式（6－2）可绘出上述还原反应的热力学参数平衡图：$\varphi(CO)=f(T)$，如图6－1所示。

图中曲线为还原反应的平衡曲线，即平衡气相成分与温度的关系线。对M、MO来说，线上的气相组成是平衡的，因 $\Delta_r G_m=0$，曲线以上的区域是MO的还原区，因 $\Delta_r G_m<0$，

$$\Delta_r G_m = RT\left(\ln\frac{\varphi(CO_2)_{\%}}{\varphi(CO)_{\%}} - \ln\left(\frac{\varphi(CO_2)_{\%}}{\varphi(CO)_{\%}}\right)_{平}\right)$$

而
$$\frac{\varphi(CO_2)_{\%}}{\varphi(CO)_{\%}} < \left(\frac{\varphi(CO_2)_{\%}}{\varphi(CO)_{\%}}\right)_{平}$$

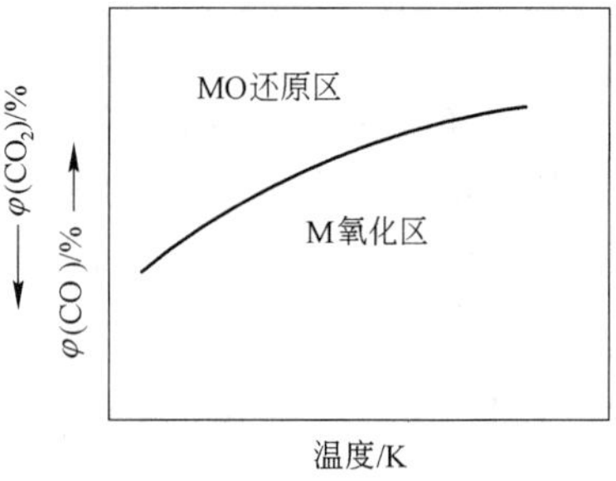

图6－1　CO还原MO的平衡图

曲线以下的区域则是M(s)的氧化区，因 $\Delta_r G_m^{\ominus}>0\left(由于\frac{\varphi(CO_2)_{\%}}{\varphi(CO)_{\%}} > \left(\frac{\varphi(CO_2)_{\%}}{\varphi(CO)_{\%}}\right)_{平}\right)$，反应逆向进行，而被还原的单质受到氧化。

平衡曲线的走向则与反应（3）的 $\Delta_r H_m^{\ominus}$ 的符号有关。由 $d\ln K^{\ominus}/dT=\Delta_r H_m^{\ominus}/(RT^2)$ 及 $\varphi(CO)_{\%(平)}=100/(1+K^{\ominus})$ 知，随温度的升高，吸热反应的 $K^{\ominus}$ 增大，从而 $\varphi(CO)_{\%(平)}$ 降低，所以平衡曲线向右下降；相反，放热反应的 $K^{\ominus}$ 减小，从而 $\varphi(CO)_{\%(平)}$ 增高，平衡曲线向右上升。

平衡曲线在图中的位置则与 $K^{\ominus}$ 值的大小有关，可大致分为3类：

（1）$K^{\ominus}\ll1$，$\varphi(CO)_{平}\approx100\%$，曲线接近图的上横轴，这是难以还原的氧化物，如MnO、SiO_2、TiO_2 等；

（2）$K^{\ominus}\gg1$，$\varphi(CO)_{平}\ll1\%$，曲线接近下横轴，这是易还原的氧化物，如NiO、CuO、Fe_2O_3 等；

（3）$K^{\ominus}\approx1$，$\varphi(CO)_{平}\approx50\%$，曲线位于图的中部，这是还原性介于前两者之间的氧化物，如FeO、Fe_3O_4 等。

总之，氧化物的 $-\Delta_r G_m^{\ominus}$ 越大，其稳定性也越大，则还原反应的 $K^{\ominus}$ 值越小，而其 $\varphi(CO)_{平}$ 就越高，即还原剂的最低消耗量就越高。

需要指出，上面的讨论是在CO不发生分解或无固体碳存在的条件下实现的。

氢对氧化物的还原有相似的热力学规律，详见后述。

6.2.1.1　CO还原氧化铁的平衡图

如前所述，氧化铁的分解遵循逐级转变原则，在570℃以上及其下有不同的转变顺序，因此，氧化铁的还原也是具有逐级性的。

$t>570℃$：$3Fe_2O_3(s)+CO = 2Fe_3O_4(s)+CO_2$　$\Delta_r G_m^{\ominus}=-52131-41.0T$　(J/mol)　(1)

$Fe_3O_4(s)+CO = 3FeO(s)+CO_2$　$\Delta_r G_m^{\ominus}=35380-40.16T$　(J/mol)　(2)

$FeO(s)+CO = Fe(s)+CO_2$　$\Delta_r G_m^{\ominus}=-22800+24.26T$ ❶　(J/mol)　(3)

$t<570℃$：$3Fe_2O_3(s)+CO = 2Fe_3O_4(s)+CO_2$　$\Delta_r G_m^{\ominus}=-52131-41.0T$　(J/mol)

$\frac{1}{4}Fe_3O_4(s)+CO = \frac{3}{4}Fe(s)+CO_2$　$\Delta_r G_m^{\ominus}=-9832+8.58T$　(J/mol)　(4)

❶ 文献中也采用 $-13173+17.23T$、$-17883+21.08T$、$-10170+21.83T$ 等。

上列反应的 $\Delta_r G_m^{\ominus}$ 是由实验测定平衡反应的 $\lg K^{\ominus} = f(1/T)$ 关系得出的。也可利用氧化物的 $\Delta_f G_m^{\ominus}$（B）计算出来。这些反应的平衡常数和气相平衡成分的关系可用下式表示：

$$K^{\ominus} = \varphi(CO_2)_{\%} / \varphi(CO)_{\%} \qquad \varphi(CO)_{\%} = 100/(1 + K^{\ominus}) \qquad (6-3)$$

式中，$K^{\ominus}$为上列各反应的平衡常数。反应（1）的 $K^{\ominus} \gg 1$，而其 $\varphi(CO)_{平} \ll 1\%$；其余反应的 $K^{\ominus} = 0.3 \sim 0.9$，而 $\varphi(CO)_{平}$有相同的数量级。

利用各反应的式(6－3)可绘出 CO 还原氧化铁的平衡图，如图 6－2 所示。反应(1)的 $K^{\ominus} \gg 1$，而 $\varphi(CO)_{平} \approx 0$，曲线接近下横轴，微量 CO 即可使 Fe_2O_3 还原，所以反应（1）是实际不可逆的。反应（2）、（3）、（4）的曲线在 570℃ 相交于 O 点（气相成分为 $\varphi(CO)_{平} = 52.2\%$），形成“叉形”，这与第 5 章图 5－12 所示的 Fe－O 系氧化铁分解的平衡图成相反的对照关系。除反应（2）外，其余反应的 $\Delta_r H_m^{\ominus} < 0$，故曲线的走向向上，而 $\varphi(CO)_{平}$随温度的升高而增加。

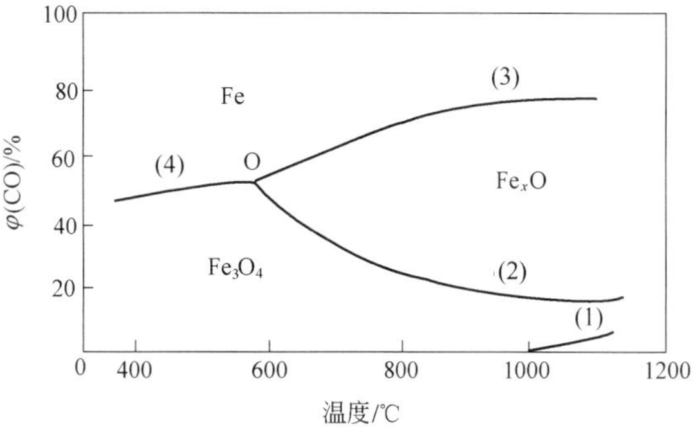

图 6－2　CO 还原氧化铁的平衡图

3 条平衡曲线把图面划分为 Fe_3O_4、FeO 及 Fe 稳定存在区。当气相的组成（$\varphi(CO)$）高于一定温度某曲线的 $\varphi(CO)_{平}$时，该曲线所代表的还原反应能够正向进行。而一定组成的气相在同一温度下对某氧化物显示还原性，则对曲线下的氧化物显示氧化性，换言之，曲线以上区域为该还原反应的产物稳定区，而其下则为其反应物的稳定区。因此，利用平衡图可直观地确定一定温度及气相成分下，任一氧化铁转变的方向及最终的相态，并能得出一定气相组成的氧化铁的还原平衡温度。

【例 6－3】　试用氧势图求出标准态下及气相成分为 $\varphi(CO) = 63\%$、$\varphi(CO_2) = 37\%$ 的混合气体还原 FeO 的还原开始温度及平衡温度。

解　（1）在标准态下：

$$FeO(s) + CO = Fe(s) + CO_2 \quad \Delta_r G_m^{\ominus} = -22800 + 24.26T \quad (J/mol)$$

还原开始温度为：　$T_{开} = 22800/24.26 = 940K$

氧势图中 FeO 与 CO_2 氧势线的相交点温度为 940K，$K^{\ominus} = \dfrac{\varphi(CO_2)_{\%}}{\varphi(CO)_{\%}} = 1$，故 $\varphi(CO)_{\%(平)} = 100/(1 + K^{\ominus}) = 50$，$\varphi(CO)_{平} = 50\%$。$T > 940K$，FeO 氧势线位于 CO_2 氧势线之下，CO 不能还原 FeO。

（2）气相成分为 $\varphi(CO) = 63\%$、$\varphi(CO_2) = 37\%$，则：

$$\varphi(CO)/\varphi(CO_2) = 63/37 = 1.70 = 10^{0.23}$$

$\varphi(CO)/\varphi(CO_2) = 10^{0.23}$的 CO_2 氧势线（即“C”点与 $\varphi(CO)/\varphi(CO_2)$标尺上 $10^{0.23}$点的连线）与 FeO 氧势线的交点约为 880℃，即为此状态下还原 FeO 的平衡温度。利用等温方程计算，其值为 882℃：

$$\Delta_r G_m = -22800 + (24.26 + R\ln 0.58)T,\ \Delta_r G_m = 0,\ T = 1155K(882℃)$$

6.2.1.2 H_2 还原氧化铁的平衡图

H_2 还原氧化铁的反应、热力学函数及其平衡图，可用和前述 CO 还原氧化铁的相同方法得出：

$$3Fe_2O_3(s)+H_2 = 2Fe_3O_4(s)+H_2O(g) \quad \Delta_r G_m^\ominus=-15547-74.40T \quad (J/mol) \quad (1')$$

$$Fe_3O_4(s)+H_2 = 3FeO(s)+H_2O(g) \quad \Delta_r G_m^\ominus=71940-73.62T \quad (J/mol) \quad (2')$$

$$FeO(s)+H_2 = Fe(s)+H_2O(g) \quad \Delta_r G_m^\ominus=23430-16.16T \quad (J/mol) \quad (3')$$

$$\frac{1}{4}Fe_3O_4(s)+H_2 = \frac{3}{4}Fe(s)+H_2O(g) \quad \Delta_r G_m^\ominus=35550-30.40T \quad (J/mol) \quad (4')$$

上述反应的平衡常数和气相平衡成分可用下式表示：

$$K^\ominus=\varphi(H_2O)_{\%}/\varphi(H_2)_{\%} \quad \varphi(H_2)_{\%}=100/(1+K^\ominus) \quad (6-4)$$

利用上述各式可绘出 H_2 还原氧化铁的平衡图，如图 6－3 所示。除反应（1′）（与横坐标轴一致）外，温度升高时，其他反应的平衡曲线是向右下倾斜的，因为它们的 $\Delta_r H_m^\ominus>0$，这表明 $\varphi(H_2)_{平}$ 随着温度的升高而减小，亦即 H_2 还原剂的最低消耗量减小，所以高温下氢有很强的还原能力。

为比较 H_2 和 CO 还原的特性，在图 6－3 中同时绘有 CO 还原氧化铁的平衡线。CO 和 H_2 还原 Fe_3O_4 和 FeO 的两组曲线都在 818℃左右相交。在此温度，$(\varphi(CO_2)_{\%}/\varphi(CO)_{\%})_{平}=(\varphi(H_2O)_{\%}/\varphi(H_2)_{\%})_{平}$，从而 $(\varphi(CO_2)_{\%}\cdot\varphi(H_2)_{\%})/(\varphi(CO)_{\%}\cdot\varphi(H_2O)_{\%})=1$，这是 818℃时水煤气反应的 $K^\ominus$（见前章），即体系内 4 个气相组分分别与 Fe－FeO 或 FeO－Fe_3O_4 固相保持的平衡关系服从水煤气反应的平衡常数关系❶。

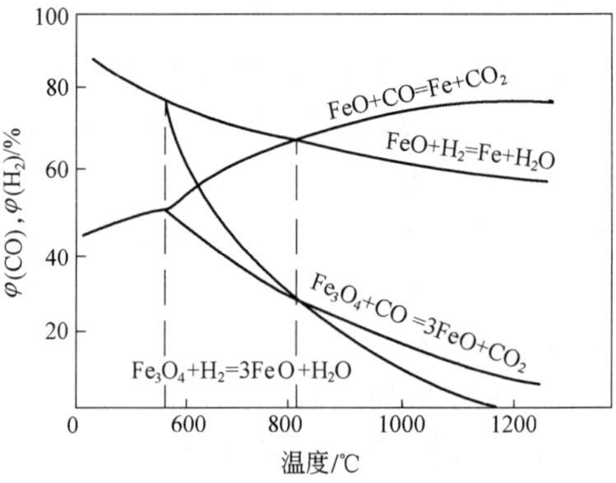

图 6－3 H_2 及 CO 还原氧化铁的平衡图

因此，在 818℃，H_2 和 CO 有相同的还原能力。但在 818℃以下，CO 与氧的亲和力大于 H_2 与氧的亲和力，所以 CO 的还原能力比 H_2 的还原能力大，而 $\varphi(CO)_{\%(平)}<\varphi(H_2)_{\%(平)}$，即前者的消耗量较少。在 818℃以上则相反，$H_2$ 的还原能力比 CO 的还原能力大，而 $\varphi(H_2)_{\%(平)}<\varphi(CO)_{\%(平)}$，这是因为 CO_2 和 H_2O 的氧势线在 818℃以上及以下的位置有相反的变化。

氢还原氧化铁产生的 $H_2O(g)$ 还可被 CO 及 C 作用，重复产生 H_2，供还原使用。在低温区，H_2 还原反应生成的 $H_2O(g)$ 可与 CO 作用（$H_2O(g)+CO=H_2+CO_2$）；而在高温区，还原反应生成的 $H_2O(g)$ 则可与 C 作用（$H_2O(g)+C=H_2+CO$），生成 H_2，使 H_2 参加反应只起着传输媒介作用，而最终消耗的还原剂是 CO 和 C。

在高炉内，CO 用于还原的利用率为 40%～50%，而 H_2 的利用率为 40% 左右。直接

❶ 在其他温度，$K_{水煤气}^\ominus=K_{H_2O}^\ominus/K_{CO}^\ominus$，故 H_2 还原氧化铁（Fe_3O_4、FeO）的 $K^\ominus$，可由前述 CO 还原氧化铁的 $K^\ominus$ 及水煤气反应的 $K^\ominus$ 求得。

参与氧化铁还原的 H_2 为 30% ~ 50%，其余的 H_2 是作为 CO_2 的转化剂（$H_2 + CO_2 = H_2O(g) + CO$），起到转化 CO_2 的作用，提高其利用率。

6.2.1.3 浮氏体的还原

如前章所述，从 Fe – O 状态图中可把浮氏体看作是 Fe_3O_4 在 FeO 中的固溶体，而在 570℃以上方能稳定存在。当 Fe_3O_4 还原形成浮氏体时，浮氏体的还原则分两阶段进行。首先是其内溶解的氧，即（Fe_3O_4）与还原剂反应形成 FeO。当浮氏体内溶解氧达到最小量（Fe – O 状态图中的 *JQ* 线）时，此氧含量最小的浮氏体才进一步还原成铁。这和前述的 FeO 还原相同。

浮氏体还原的总反应可表示为：

$$Fe_{0.947}O(s) + H_2 = 0.947Fe(s) + H_2O(g) \qquad \Delta_r G_m^{\ominus} = 17998 - 9.95T \quad (J/mol)$$

$$Fe_{0.947}O(s) + CO = 0.947Fe(s) + CO_2 \qquad \Delta_r G_m^{\ominus} = -17883 + 21.08T \quad (J/mol)$$

浮氏体中溶解氧（Fe_3O_4）的还原反应为：

$$(Fe_3O_4) + H_2 = 3(FeO) + H_2O(g) \tag{1}$$

或

$$(O)_{FeO} + H_2 = H_2O(g) \tag{2}$$

$$K_1^{\ominus} = \frac{\varphi(H_2O)_{\%} \cdot a_{(FeO)}^3}{\varphi(H_2)_{\%} \cdot a_{(Fe_3O_4)}} \qquad K_2^{\ominus} = \frac{\varphi(H_2O)_{\%}}{\varphi(H_2)_{\%}} \cdot \frac{1}{a_{(O)}}$$

从而

$$\frac{\varphi(H_2)_{\%}}{100 - \varphi(H_2)_{\%}} = \frac{1}{K_1^{\ominus}} \cdot \frac{a_{(FeO)}^3}{a_{(Fe_3O_4)}} \qquad \frac{\varphi(H_2)_{\%}}{100 - \varphi(H_2)_{\%}} = \frac{1}{K_2^{\ominus}} \cdot \frac{1}{a_{(O)}}$$

上式表明，浮氏体还原的 $\varphi(H_2)_{\%(平)}$ 不仅与温度，而且还与浮氏体的成分（氧的质量分数）有关。随着浮氏体中 Fe_3O_4 活度的降低，FeO 活度的提高，亦即浮氏体氧含量的减少，$\varphi(H_2)_{\%(平)}$ 增加，图 6 – 4 所示为浮氏体区内不同氧含量的浮氏体的还原平衡线。曲线（3）相当于氧含量最小的浮氏体，即 FeO 的还原平衡线；而曲线（2）则相当于氧含量最大的浮氏体，即 Fe_3O_4 的还原平衡线。

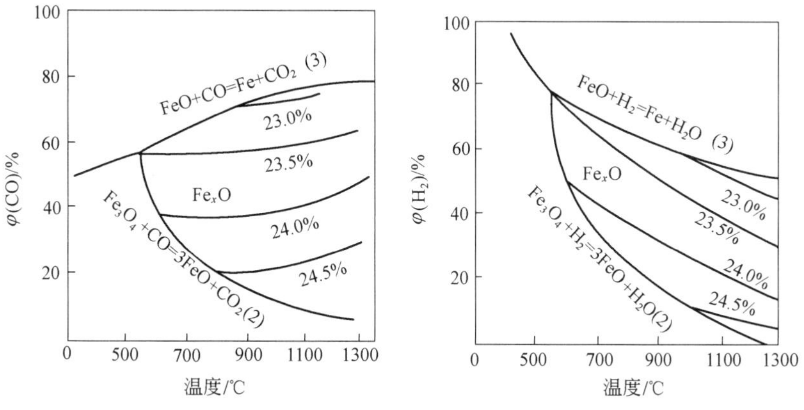

图 6 – 4 浮氏体区内不同氧含量的浮氏体的还原平衡线

6.2.1.4 还原剂的过剩系数及利用率

由上平衡图可见，氧化铁的还原随着其价数的降低，反应的气相平衡成分浓度不断提高，而最低价氧化物 FeO 的 $\varphi(CO)_{平}$ 最高，在 1000℃以上高于 70%，而 $\varphi(H_2)_{平} > 60\%$。

它是决定高炉生产率及耗炭量的关键。

由平衡原理知，欲使 FeO 还原，气相的 $\varphi(CO)_{\%}(\varphi(H_2)_{\%})$必须高于该温度的平衡浓度 $\varphi(CO)_{\%(平)}(\varphi(H_2)_{\%(平)})$。但是实际上，随着反应的进行不断有 $CO_2(H_2O)$ 产生，致使气相中 $\varphi(CO)_{\%}(\varphi(H_2)_{\%})$ 的相对浓度降低，亦即生成的 $CO_2(H_2O)$ 浓度不断提高，使反应逆向的可能性增加。因此，为使反应持久地正向进行，气相中必须有过剩的 $\varphi(CO)_{\%}(\varphi(H_2)_{\%})$ 以维持 $\varphi(CO)_{\%}(\varphi(H_2)_{\%})$ 始终在 $\varphi(CO)_{\%(平)}(\varphi(H_2)_{\%(平)})$ 之上，以及时减弱或抵消产生的 $CO_2(H_2O)$ 对还原反应的反向作用。

对于反应：
$$FeO(s)+CO\longrightarrow Fe(s)+CO_2$$
两边加上 $(n-1)$mol 的 CO，得出实际的反应式：
$$FeO(s)+nCO\longrightarrow Fe(s)+CO_2+(n-1)CO$$
n 称为还原的过剩系数，其值与温度有关，即与不同温度的 $\varphi(CO)_{\%(平)}$有关，故 n 可由反应的 $K^{\ominus}$求得。当反应达平衡时，生成 1mol CO_2，就必有 $(n-1)$mol 的 CO 与之共存，而 $x(CO_2)=1/n$，$x(CO)=(n-1)/n$，故：
$$K^{\ominus}=\frac{x(CO_2)}{x(CO)}=\frac{1/n}{(n-1)/n}=\frac{1}{n-1}\quad 而\quad n=1+1/K^{\ominus}\tag{6-5}$$

又定义还原剂的利用率为：
$$\eta_{CO}=\frac{\varphi(CO_2)_{\%}}{\varphi(CO)_{\%}+\varphi(CO_2)_{\%}}$$
而
$$n=1+1/(\varphi(CO_2)_{\%}/\varphi(CO)_{\%})=\frac{\varphi(CO)_{\%}+\varphi(CO_2)_{\%}}{\varphi(CO_2)_{\%}}$$
故 $\eta_{CO}=1/n$，两者互为倒数关系。

例如，温度为 800℃时，由图 6-2，$K^{\ominus}=\varphi(CO_2)_{\%}/\varphi(CO)_{\%}=35/65=0.54$，从而反应的过剩系数 $n=1+1/0.54=2.85$。又由上述反应知，还原 56kg Fe 最少需要消耗的碳量为 n mol，即 $12n$ 或 $12\times2.85=34.2$kg，或 1kg Fe 需消耗 0.611kg C，才能产生还原所需的最低量的还原剂。而还原剂的利用率 $\eta_{CO}=1/2.85=0.35$ 或 35%。

【例 6-4】 气体还原剂还原铁矿石最低消耗量的计算。用组成为 $\varphi(CO)=33.4\%$、$\varphi(CO_2)=2.5\%$、$\varphi(H_2)=53.2\%$、$\varphi(H_2O)=5.4\%$、$\varphi(CH_4)=1.9\%$、$\varphi(N_2)=3.6\%$ 的还原性气体在直接还原炉中还原铁矿石，温度为 750℃。求此还原气体的最低用量。

解 气体还原剂的主要还原成分是 CO 及 H_2，而还原气体消耗量是按反应 $FeO(s)+CO(H_2)=Fe(s)+CO_2(H_2O(g))$计算的。

当用 CO 还原时：
$$FeO(s)+CO\longrightarrow Fe(s)+CO_2\qquad \Delta_rG_m^{\ominus}=-22800+24.26T\quad (J/mol)\tag{1}$$

原始态	$n^0(CO)$	$n^0(CO_2)$
平衡态	$n^0(CO)-\alpha$	$n^0(CO_2)+\alpha$

即还原气体含有 $n^0(CO)$ 和 $n^0(CO_2)$，反应时，生成了物质的量为 α 的 CO_2，同时消耗了物质的量为 α 的 CO。平衡时，总的物质的量为：
$$\sum n=n^0(CO)-\alpha+n^0(CO_2)+\alpha=n^0(CO)+n^0(CO_2)$$
而
$$x(CO_2)=\frac{n^0(CO_2)+\alpha}{n^0(CO)+n^0(CO_2)}\tag{1'}$$

$$x(CO)=\frac{n^0(CO)-\alpha}{n^0(CO)+n^0(CO_2)}$$

同理，当用 H_2 还原时：

$$FeO(s)+H_2 = Fe(s)+H_2O(g) \qquad \Delta_r G_m^{\ominus}=23430-16.16T \quad (J/mol) \tag{2}$$

$$x(H_2)=\frac{n^0(H_2)-\beta}{n^0(H_2)+n^0(H_2O)}$$

$$x(H_2O)=\frac{n^0(H_2O)+\beta}{n^0(H_2)+n^0(H_2O)} \tag{2'}$$

式中，β 为还原时 H_2O（g）生成的物质的量及 H_2 消耗的物质的量。

α 及 β 分别是还原 FeO 消耗的 CO 及 H_2 的物质的量，故根据 $\alpha+\beta$ 的值，即可求出铁矿石还原剂的理论消耗量。

由式（1′）　　$n^0(CO_2)+\alpha=x(CO_2)(n^0(CO_2)+n^0(CO))$

所以　　$\alpha=x(CO_2)(n^0(CO_2)+n^0(CO))-n^0(CO_2)$

由式（2′）　　$\beta=x(H_2O)(n^0(H_2O)+n^0(H_2))-n^0(H_2O)$

$$\alpha+\beta=x(CO_2)(n^0(CO)+n^0(CO_2))+x(H_2O)(n^0(H_2)+n^0(H_2O))-(n^0(CO_2)+n^0(H_2O))$$

上式是 100mol 还原混合气体在还原过程中消耗的 CO + H_2 的物质的量。而 $n_B=\varphi(B)_{\%}$。因此，消耗 1mol CO + H_2 气体，就需要消耗$\frac{100}{\alpha+\beta}$mol 的还原气体。

又由 FeO 的还原反应可知，还原获得 1t Fe 时 CO + H_2 的用量为

$$\frac{22.4\times10^{-3}}{56\times10^{-3}}=0.4m^3/kg$$

即 $400m^3/t$。故还原 1t Fe 还原气体的理论用量为$\frac{400\times100}{\alpha+\beta}(m^3)$。

为计算出 α 及 β，需要得出 $x(CO_2)$ 及 $x(H_2O)$ 的值：

在 750℃，反应（1）的 $\lg K_1^{\ominus}=\frac{1190}{1023}-1.26=-0.096$，$K_1^{\ominus}=0.800$

反应（2）的 $\lg K_2^{\ominus}=\frac{1224}{1023}+0.84=-0.356$，$K_2^{\ominus}=0.440$

故　　$x(CO_2)=\frac{\varphi(CO_2)_{\%}}{100}=\frac{K_1^{\ominus}}{1+K_1^{\ominus}}=\frac{0.800}{1+0.800}=0.444$

$$x(H_2O)=\frac{\varphi(H_2O)_{\%}}{100}=\frac{K_2^{\ominus}}{1+K_2^{\ominus}}=\frac{0.440}{1+0.440}=0.306$$

故还原铁矿石获得 1t Fe 时，还原气体的用量为：

$$\frac{40000}{(33.4+2.5)\times0.444+(53.2+5.4)\times0.306-(5.4+2.5)}=1540m^3$$

即还原 1t 铁矿石，需利用 $1540m^3$ 的还原气体。上面的计算仅考虑了铁矿石还原消耗的还原气体的量。实际上，还应计入 CH_4 的形成和还原铁矿石渗碳所需的气体量。

6.2.2 间接还原反应的机理

铁矿石或高价氧化铁被气体还原剂 $CO(H_2)$还原的反应在热力学上是逐级进行的，首先是形成较低价氧化物，最后是铁。但在动力学上则往往表现为分层性的特点，即按照未反应核模型进行时，整个矿球从外而内具有和铁氧化时形成的氧化铁层层序相反的结构：$Fe_2O_3 \mid Fe_3O_4 \mid Fe_xO \mid Fe$。

但是，当矿球的孔隙率高，矿粒又比较小时，还原气体能向孔隙内扩散，则还原过程仅具有逐级性，而无明显的分层性。因此，分层性是致密矿球按未反应核模型进行还原的动力学特点。而孔隙率高的矿球则是按多孔体积反应模型进行还原的。

6.2.2.1 还原过程的组成环节

气体还原剂和固体氧化物的反应是复杂的多相反应，由许多个串联及并行环节所组成：

（1）气流中的 $CO(H_2)$ 通过矿球外的气相边界层，向矿球表面扩散；

（2）$CO(H_2)$ 通过还原产物层（金属或低价氧化物）的微孔及裂纹扩散，还原产生的 Fe^{2+}(包括电子）及矿球内的 O^{2-} 在晶格内扩散；

（3）在矿球内部反应界面上进行结晶化学反应，包括气体的吸附、脱附、电子交换、新相核的形成及长大；

（4）还原形成的气体产物 $CO_2(H_2O)$ 通过还原产物层，向外表面及气流中扩散。

因此，整个还原过程归纳为由外扩散、内扩散及界面反应 3 个主要大环节所组成，而过程的速率限制取决于还原条件下最慢环节的速率。

6.2.2.2 氧化铁还原的机理

氧化铁和气体还原剂的化学作用，即还原反应的机理包括还原剂气体在反应界面的吸附催化、固相层内离子和电子的扩散、新相核的形成及长大等。

A 气体还原剂在实际晶体表面的吸附反应

还原剂气体首先在矿球表面上的活性中心点上吸附、变形，形成表面活性复合物，而后转变为气体产物，经脱附而逸出。其反应过程以 H_2 为例，可表示为：

$$FeO(s) + H_2 \xlongequal{\quad} FeO \cdot H_{2(吸)}$$

$$FeO \cdot H_{2(吸)} \xlongequal{\quad} Fe \cdot H_2O_{(吸)}$$

$$Fe \cdot H_2O_{(吸)} \xlongequal{\quad} Fe(s) + H_2O(g)$$

根据朗格缪尔吸附等温度方程，可得出由被吸附的 H_2 占有的面积分数 θ_H 所表示的吸附反应速率式（见第 2 章式（2-49））：

$$v = k\theta_H = \frac{kK_{H_2}p'_{H_2}}{1 + K_{H_2}p_{H_2} + K_{H_2O}p'_{H_2O}} \tag{6-6}$$

这是由于 H_2O 产物能同时在反应界面活性点上吸附，而且它们的分子有较大的极化性，易于变形，故比 H_2 还原气体分子更易被吸附，所以即使还原气体中出现了 $\varphi(H_2O) = 2\% \sim 3\%$ 的 H_2O，也会使还原反应的速率降低。但是，随着还原反应的进行，它们对还原速率不利的影响将逐渐减弱。因为随着还原温度的提高，当它们生成的浓度又很高时，其易于脱附，离开反应界面逸出。这时还原反应速率可表示为：

$$v = k\theta_{\mathrm{H}} = \frac{kK_{\mathrm{H_2}}p'_{\mathrm{H_2}}}{1 + K_{\mathrm{H_2}}p'_{\mathrm{H_2}}} \qquad (6-7)$$

又由于 $p'_{\mathrm{H_2}} \ll 100\mathrm{kPa}$，所以反应为一级。

B 固相物内离子及电子的扩散

当还原剂(如 H_2)吸附在矿球反应界面上的活性点时，发生了电离过程：$H_2 = 2H^+ + 2e$，同时形成了 H^+ 和电子。H^+ 与氧化铁表面的 O^{2-} 结合成 $H_2O(2H^+ + O^{2-} = H_2O_{(吸)})$，吸附于其上，浓度高时经脱附而逸出。放出的电子则与 Fe^{3+} 及 Fe^{2+} 逐级结合，转变为 Fe 原子（$Fe^{3+} + e = Fe^{2+}$，$Fe^{2+} + 2e = Fe$），其变化过程如图 6－5 所示。

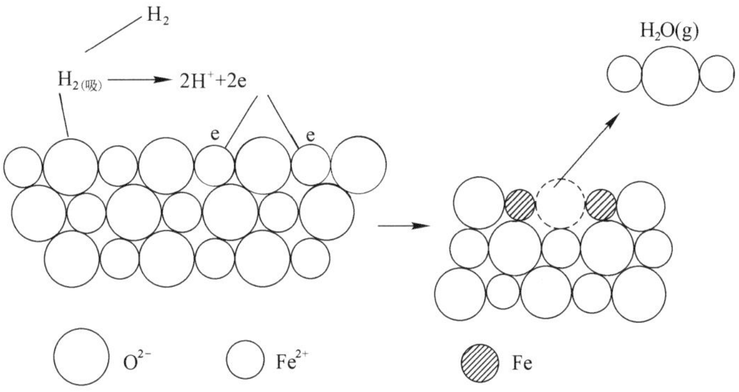

图 6－5 Fe_xO 与 H_2 反应机理示意图

根据上述原则，可写出各级氧化铁被 H_2 还原时的离子反应式：

（1）$Fe_2O_3 \longrightarrow Fe_3O_4$。

$$(2Fe^{3+} \cdot 3O^{2-}) + 3H_2 = (2Fe^{3+} \cdot 3O^{2-}) \cdot (3H_2)_{吸} = (2Fe^{3+} \cdot 3O^{2-}) \cdot (6H^+ \cdot 6e)_{吸}$$
$$= (2Fe^{3+} + 2e) + 4e + 3H_2O(g) = 2(Fe^{2+} + 2e) + 3H_2O(g)$$

形成的 $Fe^{2+} + 2e$ 扩散进入 Fe_2O_3 晶格内，转变后者为 Fe_3O_4：

$$4(2Fe^{3+} \cdot 3O^{2-}) + (Fe^{2+} + 2e) = 3Fe_3O_4$$

（2）$Fe_3O_4 \longrightarrow Fe_xO$。

$$(Fe^{2+} \cdot 2Fe^{3+} \cdot 4O^{2-}) + 4H_2 = (Fe^{2+} \cdot 2Fe^{3+} \cdot 4O^{2-}) \cdot (4H_2)_{吸}$$
$$= (Fe^{2+} \cdot 2Fe^{3+} \cdot 4O^{2-}) \cdot (8H^+ \cdot 8e)_{吸}$$
$$= Fe^{2+} + (2Fe^{3+} + 2e) + 6e + 4H_2O(g)$$
$$= 3(Fe^{2+} + 2e) + 4H_2O(g)$$

形成的 $Fe^{2+} + 2e$ 扩散进入 Fe_3O_4 晶格内，使之转变成 Fe_xO：

$$(Fe^{2+} \cdot 2Fe^{3+} \cdot 4O^{2-}) + (Fe^{2+} + 2e) \longrightarrow 4Fe_xO$$

式中，x 代表 Fe_xO 中 Fe^{2+} 和 Fe^{3+} 的分数之和，其值随体系的氧势而变，故不便写出原子数平衡的离子反应式。

（3）$Fe_xO \longrightarrow Fe$。

$$(xFe^{2+} \cdot O^{2-}) + H_2 = (xFe^{2+} \cdot O^{2-}) \cdot (H_2)_{吸} = (xFe^{2+} \cdot O^{2-}) \cdot (2H^+ \cdot 2e)_{吸}$$
$$= (xFe^{2+} + 2e) + H_2O(g) = xFe + H_2O(g)$$

用CO作还原剂时，被吸附的CO分子稍有变形，这种活化了的CO分子以不同方位转向Fe_xO晶格表面，带走O^{2-}，留下两个电子（$O^{2-}=O+2e$，$CO+O=CO_2$），供$Fe^{3+}\to Fe^{2+}$及Fe^{2+}一起去填充$V_{Fe^{2+}}^{2-}$，得到金属铁。

因此，从$\alpha Fe_2O_3\to\alpha Fe$的还原过程可看作是矿球中$O^{2-}$不断地从晶格内向外扩散，在反应界面被吸附的$H^+$所移去；另一方面，$H_2$被吸附放出的电子被$Fe^{3+}$吸收，转变为$Fe^{2+}$，再不断地和电子一起去填充晶格内的$V_{Fe^{2+}}^{2-}$，得到金属铁。所以氧化铁的还原过程和铁的氧化过程正好相反，前者是晶格内不断移去O^{2-}，产生的$Fe^{2+}+2e$不断去填充$V_{Fe^{2+}}^{2-}$，获得金属铁；后者则是氧不断地以O^{2-}进入铁晶格内，并不断产生Fe^{3+}及$V_{Fe^{2+}}^{2-}$，转变成Fe_xO或高价氧化铁。

6.2.2.3　新相核的形成及晶格重建

形成的$Fe^{2+}+2e$或Fe原子在氧化铁中呈过饱和态，于是有低价氧化铁或铁产物的新相核形成，它具有第2章2.4.3.1节所述的未反应核模型速率的特征。即从矿球表面某些活性中心开始形成新相核之时起，各个相界面就不断扩大。这不仅有利于气体的吸附，而且也有利于反应速率的提高，所以界面反应是随反应界面的扩大而加速的，相界面起了自动催化的作用（详见第2章2.4.3.1节）。因为γFe_3O_4、Fe_3O_4、Fe_xO、αFe之间晶格的对应方位及大小原则性强，所以晶核形成的诱导期短，形核速率高。但在$\alpha Fe_2O_3\to Fe_3O_4$的转变中，虽然两者晶格的对应性差别较大，可是，这种转变在热力学上是不可逆的，微量的还原剂即能使αFe_2O_3还原到Fe_3O_4。所以在实际条件下，αFe_2O_3相内易出现形成Fe_3O_4的$Fe^{3+}\cdot Fe^{2+}\cdot O^{2-}\cdot e$离子团的过饱和度，因而$Fe_3O_4$核也易于形成。另外，$\alpha Fe_2O_3\to Fe_3O_4$转变时比容增大，矿球受到了较大的膨胀应力，易产生裂纹及微孔，所以Fe_2O_3就比Fe_3O_4更易被还原气体所通过，也就更易于还原。

6.2.3　铁矿石还原的数学模型

如前所述，矿球的间接还原过程是多环节组成的多相反应过程，这些环节又因矿球致密程度的不同，可形成不同的数学模型。当矿石的结构比较致密时，反应过程中同时出现了逐级性及分层性，即可能有几个反应界面同时出现。因此，在导出反应过程的动力学方程上建立了几种模型，如在矿球内仅有1个相界面（$Fe_2O_3|Fe$、$Fe_3O_4|Fe$或$Fe_xO|Fe$）的一界面模型和有3个界面（$Fe_2O_3|Fe_3O_4|Fe_xO|Fe$）的三界面模型，而以前者应用较广泛。此外，本节还介绍了应用于孔隙率较大的多孔体积反应数学模型。

6.2.3.1　一界面未反应核模型的数学方程

在恒温、恒压下，Fe_2O_3为H_2（或CO）还原时，如按照一界面未反应核模型进行，可用下反应式表示：

$$\frac{1}{3}Fe_2O_3(s)+H_2=\!=\!=\frac{2}{3}Fe(s)+H_2O(g)$$

或

$$Fe_xO(s)+H_2=\!=\!=xFe(s)+H_2O(g)$$

因为浮氏体还原是还原的最难阶段，所以后一反应式要更切合实际些。

如图6－6所示，半径为 r_0 的矿球，当反应在半径为 r 的界面上进行时，被已还原的Fe包围的未反应的中心部分是 Fe_xO（也可是 Fe_2O_3），反应的界面是 $Fe_xO|Fe$。浓度为 c^0（mol/m^3）的 H_2 以流速 u_0（m^3/min）向着矿球表面流动，通过矿球周围的气相边界层及已还原的铁层，向矿球内部反应界面扩散，在此界面上进行化学反应。H_2 在矿球表面的浓度为 c_1，在反应界面的浓度为 c，反应的平衡浓度为 $c_平$。反应为一级可逆性，不考虑反应中矿球体积的变化。

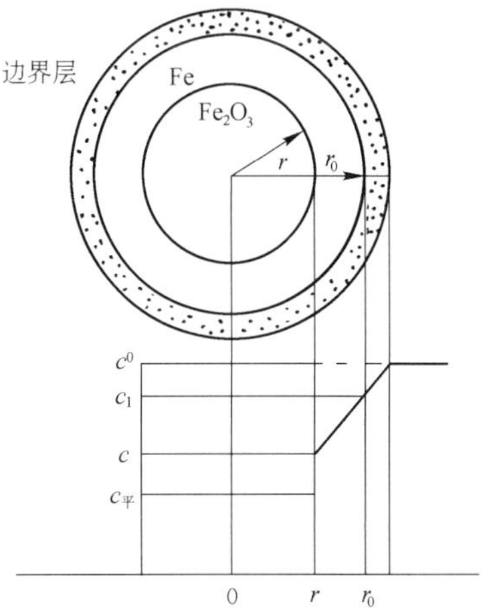

图6－6 一界面未反应核模型矿球还原时 H_2 的浓度分布图

当考虑以 H_2 浓度的变化率 $\frac{dn(H_2)}{dt}$ 作为 Fe_xO 还原的速率时，按 Fe_xO 的还原反应式，Fe_xO 的还原速率为：

$$v=-\frac{dn(O(Fe_xO))}{dt}=-\frac{dn(H_2)}{dt}$$

还原反应过程由 H_2 在气相边界层内的外扩散、还原铁层内的内扩散及界面化学反应3个环节组成时，利用稳定态原理可导出过程的速率式。

3个环节的速率式如下：

气相边界层内的外扩散 $$v_1=4\pi r_0^2\beta(c^0-c_1) \tag{1}$$

还原铁层内的内扩散 $$v_2=4\pi D_e\cdot\frac{r_0r}{r_0-r}\cdot(c_1-c) \tag{2}$$

界面化学反应 $$v_3=4\pi r^2k\left(1+\frac{1}{K}\right)\cdot(c-c_平) \tag{3}$$

式（1）~式（3）的导出请分别见第2章的式（2－26）、式（2－62）及式（2－7），式中各符号的意义同前。

当3个环节以稳定态进行时，则有 $v=v_1=v_2=v_3$，可由此关系消去不能测定的界面浓度 c，得出总反应的速率。由式（1）、式（2）及式（3）得：

$$\frac{v_1}{4\pi r_0^2\beta}=c^0-c_1$$

$$\frac{v_2}{4\pi D_e}\cdot\frac{r_0-r}{r_0r}=c_1-c$$

$$\frac{v_3}{4\pi r^2k}\cdot\frac{K}{1+K}=c-c_平$$

将上述3式相加，整理得：

$$v=\frac{4\pi r_0^2(c^0-c_平)}{\frac{1}{\beta}+\frac{r_0}{D_e}\cdot\frac{r_0-r}{r}+\frac{K}{k(1+K)}\cdot\frac{r_0^2}{r^2}} \tag{6-8}$$

式(6－8)是用未反应核半径 r 表示的速率式。但 r 不易直接由实验测定，应利用减重实验测定矿球的还原率 R 代替之。将式(2－71)：$r=r_0(1-R)^{1/3}$ 代入式(6－8)中，得：

$$v = -\frac{\mathrm{d}n}{\mathrm{d}t} = \frac{4\pi r_0^2(c^0 - c_{平})}{\frac{1}{\beta} + \frac{r_0}{D_e}[(1-R)^{-1/3} - 1] + \frac{K}{k(1+K)} \cdot (1-R)^{-2/3}} \quad (6-9)$$

式中 R——铁矿石的还原率，是矿球失去氧量的质量分数。

为求反应速率的积分式，需从式（6－9）中消去变数 n。当用矿球内氧物质的量的变化率表示还原速率时，

$$-\frac{\mathrm{d}n(\mathrm{O}(\mathrm{Fe}_x\mathrm{O}))}{\mathrm{d}t} = -\frac{\mathrm{d}}{\mathrm{d}t}\left(\frac{4}{3}\pi r^3 \rho_0\right) = -4\pi r^2 \rho_0 \cdot \frac{\mathrm{d}r}{\mathrm{d}t} \quad (1)$$

代入 $r = r_0(1-R)^{1/3}$，则式（1）为：

$$-\frac{\mathrm{d}n(\mathrm{O}(\mathrm{Fe}_x\mathrm{O}))}{\mathrm{d}t} = -4\pi r_0^2(1-R)^{2/3}\rho_0 \cdot \frac{\mathrm{d}}{\mathrm{d}t}[r_0(1-R)^{1/3}] = \frac{4}{3}\pi r_0^3 \rho_0 \cdot \frac{\mathrm{d}R}{\mathrm{d}t} \quad (2)$$

式中 ρ_0——矿球的氧摩尔密度，$\mathrm{mol/m^3}$。

对于反应：$\mathrm{Fe}_x\mathrm{O(s)} + \mathrm{H_2} = x\mathrm{Fe(s)} + \mathrm{H_2O(g)}$，有 $-\frac{\mathrm{d}n(\mathrm{H_2})}{\mathrm{d}t} = -\frac{\mathrm{d}n(\mathrm{O}(\mathrm{Fe}_x\mathrm{O}))}{\mathrm{d}t}$，故式（6－9）和式（2）相等，化简得：

$$\frac{\rho_0 r_0}{3(c^0 - c_{平})} \cdot \frac{\mathrm{d}R}{\mathrm{d}t} = \frac{1}{\frac{1}{\beta} + \frac{r_0}{D_e}[(1-R)^{-1/3} - 1] + \frac{K}{k(1+K)} \cdot (1-R)^{-2/3}}$$

或

$$\frac{\rho_0 r_0}{3(c^0 - c_{平})}\left\{\frac{1}{\beta} + \frac{r_0}{D_e}[(1-R)^{-1/3} - 1] + \frac{K}{k(1+K)} \cdot (1-R)^{-2/3}\right\}\mathrm{d}R = \mathrm{d}t$$

在 $0 \sim t$ 及相应的 $0 \sim R$ 界限内积分上式，可得：

$$t = \frac{\rho_0 r_0}{c^0 - c_{平}}\left\{\frac{R}{3\beta} + \frac{r_0}{6D_e}[1 - 3(1-R)^{2/3} + 2(1-R)] + \frac{K}{k(1+K)} \cdot [1 - (1-R)^{1/3}]\right\} \quad (6-10)$$

或简单表示为：

$$t = \frac{\rho_0 r_0}{c^0 - c_{平}} f(R)$$

式（6－10）是矿球的还原时间与还原率的数学式。式中右端大括号内第 1 项代表气相边界层的扩散阻力，第 2 项代表还原铁层内的扩散阻力，而第 3 项代表界面化学反应阻力。这些阻力的相对大小对还原时间的影响，随着矿球的性状及反应条件的不同而有所变化，而还原过程的限制环节也将发生相应的变化。

根据 β、D_e 及 k 相对大小的差别，可进一步得出仅由上述某一环节起限制作用的速率式。

（1）外扩散限制： $\beta \ll k(D_e)$ 　$t = \frac{\rho_0 r_0}{c^0 - c_{平}} \cdot \frac{R}{3\beta}$ （6－11）

（2）内扩散限制： $D_e \ll k(\beta)$ 　$t = \frac{\rho_0 r_0^2}{6D_e(c^0 - c_{平})} \cdot [1 - 3(1-R)^{2/3} + 2(1-R)]$ （6－12）

（3）界面反应限制： $\beta(D_e) \gg k$ 　$t = \frac{\rho_0 r_0}{c^0 - c_{平}} \cdot \frac{K}{k(1+K)} \cdot [1 - (1-R)^{1/3}]$ （6－13）

（4）混合限制：　　　　　　　$D_e \approx k$（而 $\beta \gg D_e$）

$$t=\frac{\rho_0 r_0}{c^0-c_{平}}\left\{\frac{r_0}{6D_e}[1-3(1-R)^{2/3}+2(1-R)]+\frac{K}{k(1+K)}\cdot[1-(1-R)^{1/3}]\right\} \tag{6-14}$$

用 $1-(1-R)^{1/3}$ 除式（6－14）两边，可简化为：

$$\frac{t}{1-(1-R)^{1/3}}=a[1+(1-R)^{1/3}-2(1-R)^{2/3}]+b \tag{6-15}$$

其中　　　$a=\dfrac{\rho_0 r_0^2}{6D_e(c^0-c_{平})}$　　　$b=\dfrac{\rho_0 r_0 K}{k(1+K)(c^0-c_{平})}$

以 $t/[1-(1-R)^{1/3}]$ 对 $1+(1-R)^{1/3}-2(1-R)^{2/3}$ 作图，为一直线，斜率为 a，截距为 b，由此可分别求出两系数 D_e 及 k。

【例 6－5】 在 1233K 用纯氢气体还原矿球的还原率如表 6－1 所示，试用所给参数计算 D_e 及 k。已知矿球 $r_0=0.575\times10^{-2}$m，$\rho_0=1380$kg/m^3，$K=0.70$。

表 6－1　氢还原氧化铁的还原率

时间/min	7	18	30	45	70
还原率/%	20	40	57	73	88

解　当内扩散和界面反应成为混合限制环节时，可利用式（6－14）及式（6－15）求 D_e 及 k。

由第 2 章式(2－73)，穿透度 $f=1-(1-R)^{1/3}$，故 $(1-R)^{1/3}=1-f$，$(1-R)^{2/3}=(1-f)^2$，将其代入式（6－15）中，得：$t/f=a(3f-2f^2)+b$。为求 a、b，上式可写成：

$$y=ax+b$$

式中，$y=t/f$，$x=3f-2f^2$。

根据以上直线方程，即可由 r_0、ρ_0、K、$c_{平}$ 求出 D_e、k。

由回归分析法得：　　　　　$y=48.90x+91.37$

x、y 值见表 6－2。

表 6－2　还原时间的 y 及 x 值

时间/min	7	18	30	45	70
还原率/%	20	40	57	73	88
y	100	120	125	129	140
x	0.21	0.42	0.62	0.81	1

由式（6－15）得：

$$D_e=\frac{\rho_0 r_0^2}{6a(c^0-c_{平})}$$

$$k=\frac{\rho_0 r_0 K}{b(1+K)(c^0-c_{平})}$$

其中

$$c^0-c_{平}=\frac{p'}{RT}\left(1-1\times\frac{\varphi(H_2)_{\%(平)}}{100}\right)=\frac{10^5}{8.314\times1233}\times\left(1-\frac{100}{1+0.70}\times\frac{1}{100}\right)$$

$$=4.02\text{mol/m}^3$$

$$\rho_0 = \frac{1380}{16 \times 10^{-3}} = 8.625 \times 10^4 \text{mol/m}^3$$

故 $$D_e = \frac{\rho_0 r_0^2}{6a(c^0 - c_{平})} = \frac{8.625 \times 10^4 \times (0.575 \times 10^{-2})^2}{6 \times 48.90 \times 4.02} = 2.42 \times 10^{-3} \text{m}^2/\text{min} = 4 \times 10^{-5} \text{m}^2/\text{s}$$

$$k = \frac{\rho_0 r_0 K}{b(1+K)(c^0 - c_{平})} = \frac{8.625 \times 10^4 \times 0.575 \times 10^{-2} \times 0.70}{91.37 \times (1+0.70) \times 4.02} = 0.56 \text{m/min} = 9.3 \times 10^{-3} \text{m/s}$$

利用式（6－8），可求出 3 个环节的阻力如下：

外扩散阻力 $$f_{外} = \frac{1}{\beta}$$

内扩散阻力 $$f_{内} = \frac{r_0}{D_e} \cdot \frac{r_0 - r}{r} = \frac{r_0}{D_e}[(1-R)^{-1/3} - 1]$$

界面反应阻力 $$f_{反} = \frac{K}{k(1+K)} \cdot \frac{r_0^2}{r^2} = \frac{K}{k(1+K)} \cdot (1-R)^{-2/3}$$

过程的总阻力 $$\Sigma f = f_{外} + f_{内} + f_{反}$$

阻力率 $$f_{外}/\Sigma f \quad f_{内}/\Sigma f \quad f_{反}/\Sigma f$$

利用各环节的阻力率，可以确定还原反应在一定条件下的限制环节，图 6－7 所示为矿球的半径为 1×10^{-2}m，气流速度为 $5 \times 10^{-2}\text{m}^3/\text{s}$，孔隙率为 0.3，温度为 573K、773K、973K、1173K、1473K 时各环节的阻力率。

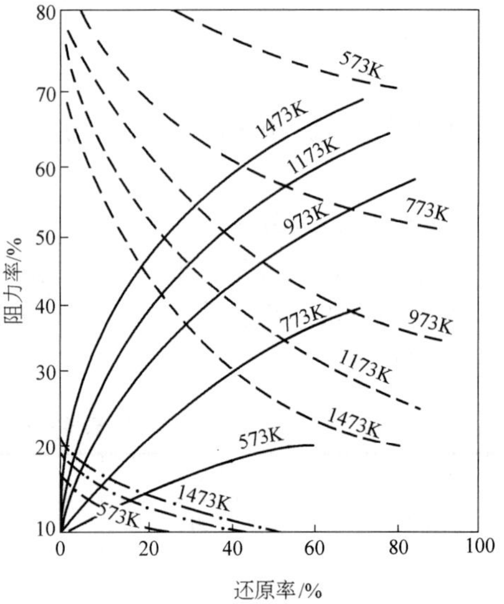

图 6－7 铁矿石球团还原过程中各环节阻力的变化

——内扩散阻力；－－－界面反应阻力；－·－外扩散阻力

从图 6－7 可以了解还原过程中各环节对过程速率的影响。例如，在低温下及反应之初，界面反应的阻力所占比例较大，但随着温度及还原率的提高，此项阻力逐渐降低。当还原层不断增厚，特别是温度高时，还原层的内扩散阻力占优势。边界层的外扩散阻力在还原过程中是比较小的，仅当气流速率较小时才可能呈现阻力。

6.2.3.2* 三界面未反应核模型简介

上述的一界面未反应核模型速率式普遍地适用于高炉及直接还原条件下的动力学分析。但是，它未反映出还原的分层性和各阶段不同的速率，因此提出了三界面的数学模型。它认为还原过程中，矿球内同时出现了 $Fe|Fe_xO$、$Fe_xO|Fe_3O_4$、$Fe_3O_4|Fe_2O_3$ 3 个反应界面，且 Fe_xO 和 Fe_3O_4 是多孔性的，气体能在其内进行扩散。

图 6－8 表明了这种三界面模型。H_2 首先通过边界层、铁层向 $Fe|Fe_xO$ 界面扩散，到达此界面时，一部分 H_2 与 Fe_xO 反应，与其中的氧形成 $H_2O(g)$，$H_2O(g)$ 离开此界面，

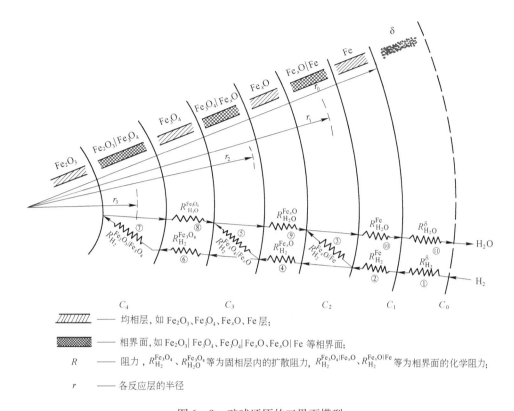

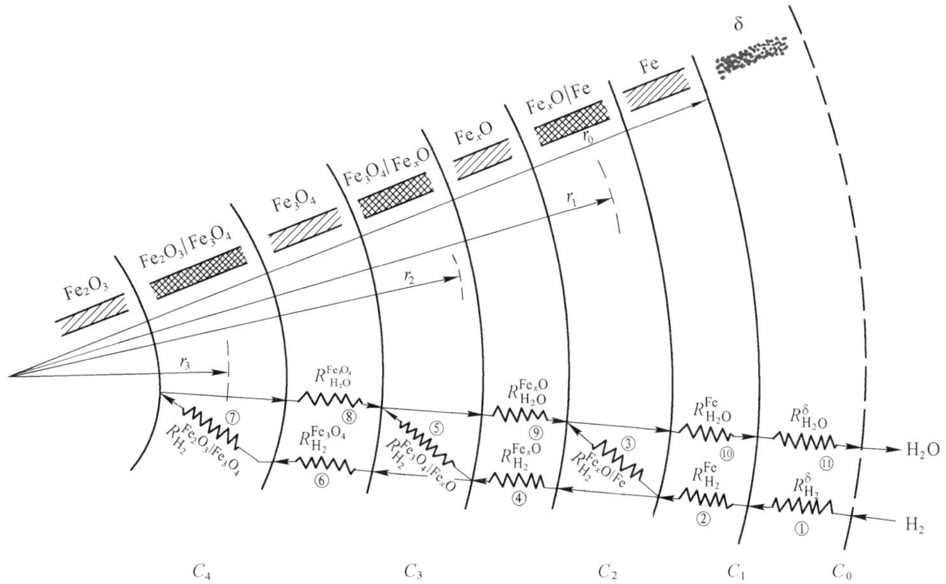

—— 均相层，如 Fe_2O_3、Fe_3O_4、Fe_xO、Fe 层；

—— 相界面，如 $Fe_2O_3|Fe_3O_4$、$Fe_3O_4|Fe_xO$、$Fe_xO|Fe$ 等相界面；

R —— 阻力，$R_{H_2}^{Fe_3O_4}$、$R_{H_2O}^{Fe_3O_4}$ 等为固相层内的扩散阻力，$R_{H_2}^{Fe_3O_4|Fe_xO}$、$R_{H_2}^{Fe_xO|Fe}$ 等为相界面的化学阻力；

r —— 各反应层的半径

图 6－8 矿球还原的三界面模型

通过铁层、边界层向外扩散；其余部分 H_2 仍向内扩散，通过 Fe_xO 层到达 $Fe_xO|Fe_3O_4$ 界面上。部分 H_2 与 Fe_3O_4 反应，形成的 $H_2O(g)$ 如前一样向外扩散；而另一部分 H_2 继续向内扩散，通过 Fe_3O_4 层，到达 $Fe_3O_4|Fe_2O_3$ 界面上，发生还原反应，形成 $H_2O(g)$，仍如前面一样通过 Fe_3O_4 层等向外扩散。即还原反应在各界面上进行，而 H_2 及 $H_2O(g)$ 则通过各层向相反方向扩散。整个还原过程的组成环节共有 11 个，其中扩散环节 8 个，界面反应 3 个。利用这些组成环节的速率，按照这些环节在稳定态下的速率趋于相等（成串联关系时）或成加和关系（成并联关系）进行组合，以消去相界面的未知气相成分浓度，就可得到总过程的速率式及还原各阶段的速率式❶。

这种模型可用于分析具有多孔性的矿球及竖炉的直接还原制取海绵铁的动力学。但是，这种模型的计算需要有较多的假设条件，含有较多待测的参数，求解方程也相当复杂，所以未得到广泛的应用。

6.2.3.3* 多孔体积反应模型的速率式

矿球的孔隙率高时，未反应核模型不能适用，需用多孔体积反应模型。该模型已如第 2 章所述，现应用于处理铁矿石的还原。由于还原剂气体向矿球深处扩散，因而化学反应在各孔隙表面区进行，反应带呈现不均匀的“冲刷”状，并且集中在透气性很大的区域。又固体的反应物和生成物往往又有不同的孔隙率，而反应过程中又不断改变，致使这个模

❶ R. H. Spiter. Trans. Met. Soc. AIME. 1966，236（12）：1715～1724。

型的速率的导出也十分复杂。现仅能在一定的假设条件下（孔隙分布均匀、各向同性、矿球的形状及大小一定）进行。

下面介绍前苏联学者罗斯多夫采夫提出的处理法❶。他提出的假定条件是在反应过程中，固相反应物和生成物的孔隙率不改变，还原剂气体的扩散系数 D 与孔隙的体积成正比，而化学反应速率常数 k 与矿球单位体积的孔隙表面积成正比，反应带内孔隙的比体积和反应界面不随时间而改变。

还原过程两环节的速率为：

（1）还原剂气体的内扩散速度。单位时间经过矿球单位表面积，在反应带内扩散的还原剂气体的扩散通量为：

$$J=\frac{D}{x}(c^0-c) \tag{1}$$

式中，D——还原剂气体的扩散系数，m^2/s；

x——还原层的厚度，m；

c^0，c——分别为矿球外表面及反应界面还原剂气体的浓度，mol/m^3。

（2）界面化学反应速率。反应在所有的反应带内进行（$x=0$ 到 $x=r_0-x$ 范围内），所以，单位时间及单位反应界面消耗的还原剂气体的量即是反应的速率：

$$v=\int_0^{r_0-x}k(c^0-c_{平})\mathrm{d}x \tag{2}$$

如第 2 章式（2－13），还原剂气体在反应带内的扩散伴有化学反应达到稳定态时，

$$D\frac{\partial^2 c}{\partial x^2}-k(c^0-c_{平})=0$$

积分上式，可得出还原剂气体的浓度与其向矿球内穿入深度 x 的关系式：

$$c^0-c_{平}=(c-c_{平})\exp[-\sqrt{k/D}x] \tag{3}$$

将式（3）代入式（2），得：

$$v=\int_0^{r_0-x}k(c^0-c_{平})\mathrm{d}x=(c-c_{平})\sqrt{kD}\{1-\exp[-(r_0-x)\sqrt{k/D}]\} \tag{4}$$

在稳定态中，式（1）和式（4）的速率相等，由此消去未知界面浓度 c，得出达到规定还原率（R）的时间函数式：

$$t=\frac{q}{c^0-c_{平}}\left(\frac{\varepsilon}{k}+\frac{R^2r_0^2}{2D}\right) \tag{6-16}$$

式中 q——还原 1 单位体积氧化铁消耗的还原剂气体量，mol/m^3。

而参数 ε 为：

$$\varepsilon=\ln\frac{1-\exp[-r_0\sqrt{k/D}]}{\exp[(1-R)r_0\sqrt{k/D}]-\exp[-r_0\sqrt{k/D}]} \tag{6-17}$$

---

❶ 见参考文献［15］I：83～84。

还原反应过程所处的速率范围和 k 及 D 的相对大小有关。

1）当 $k \gg D$ 时，由式（3），$c^0 \approx c_{平}$，即在整个氧化铁层内，还原剂气体的浓度已接近于平衡浓度，氧化铁层内的反应在热力学上已不可能再进行了。这时，还原实际上是在氧化铁的表面附近薄层内进行。

2）当 $k \ll D$ 时，由式（3），$c^0 \approx c$，即还原剂气体在氧化铁层内的浓度相同（无浓度梯度），而且高于平衡浓度，因此还原在氧化铁层的整个体积内进行。

$r_0\sqrt{k/D}$ 可称为判断还原速率范围的特征数。当此特征数大于 10 时，反应位于扩散范围内；当小于 0.1 时，位于动力学范围内；而在 0.1 ~ 10 之间时，位于过渡范围内。

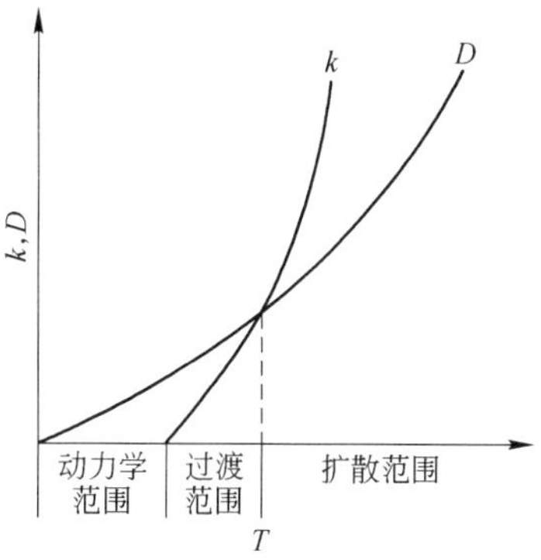

图 6-9　温度对 k、D 的影响

如图 6-9 所示，k 及 D 随温度的变化曲线在某温度 T 有交点。低于此 T，$k < D$，即处于动力学范围内；高于此 T，则处于扩散范围内。但应注意，这里的 k 和 D 都计入了孔隙率的影响，即 $k = Ak'$，$D = \varepsilon D'$。k'、D' 分别为还原反应的速率常数和扩散系数，而 A 为单位体积氧化铁层孔隙的表面积，ε 为矿球的孔隙率。

6.2.3.4　数学模型应用的局限性

上面介绍的矿球还原过程的数学模型是局限于单颗粒矿石的还原过程。它是在假定温度及还原剂气体组成不变的实验室条件下获得的，在还原动力学理论中有指导作用。但当还原由单颗粒转变到由无数多矿粒组成的一定高度的散料层（固定床或移动床）时，不仅其内孔隙的分布不均匀，而且还原过程受到料床中随机变化的温度场和还原剂浓度场的影响。虽然料床可看作矿粒的聚合体，但相邻粒子的还原是互有影响的，还原气体强制性地在料层中流动，但矿粒内气体的运动则是孔隙内的扩散，所以不同料层内的矿粒在同一时间有不同的还原度。因此，单颗粒还原模型的动力学规律不能完全反映到散料床还原中来。

例如，按未反应核模型，还原速率随矿粒的减小而加快，但在散料床中最先接触到还原剂气体的矿粒层还原最快，而使气相中还原剂气体浓度降低，改变了浓度场（如是用 H_2 还原时，吸热还要改变温度场），因而使后续阶段的还原速率有所降低，达不到未反应核模型所预期的数值。

因此，对于实际的还原，要进一步研究散料床矿粒的动力学。它考虑了还原剂气体沿料层高度及时间的变化，引入了料层内固相物及还原剂气体的质量平衡计算，导出了料层完全还原时间及还原剂气体利用率的方程，其导出过程较复杂，此处不做介绍。

6.2.4　影响还原速率的因素

6.2.4.1　粒度及孔隙率

随着矿石粒度的减小，一定重量的矿石的总表面积增加，还原速率加快，过程由扩散转入动力学范围，这时温度的提高对还原有显著的作用。在动力学范围内，还原向矿球内部推进，成体积性发展，而与粒度无关。但对每种矿石均有一极限粒度，在一般条件下为 2～10mm。2mm 以下的粉粒应禁止入炉，以免恶化炉内料层的透气性，而使外扩散阻力增大。

矿石的孔隙率决定了矿石的还原性，因为在许多场合下，气体在矿球内的扩散往往可成为还原的限制环节。但是，铁矿石的孔隙率在还原过程中是不断改变的，一般在 570～770K 改变很小，而在较高温度下则强烈地降低。这是由于矿相组成改变，出现烧结和软化等过程，因而还原速率的温度曲线出现了特殊变化，在 770～830K 以前一直是增加的，而在 870～1070K 又有所降低。

赤铁矿（Fe_2O_3）比磁铁矿（Fe_3O_4）易于还原，因为前者还原时晶格发生畸变，使下一步形成的 Fe_xO 是多孔的。而 Fe_3O_4 还原转变为同晶型的 Fe_xO，缺陷及孔隙则较小，成为致密而较难还原的结构。

矿石中微量杂质的存在也会影响矿石的还原性。例如，碱金属及碱土金属的氧化物(实际上是它们的阳离子）固溶于浮氏体，能使其晶格歪扭，产生微孔，提高还原率。特别是金属离子半径大的，作用更显著。但是它们也有负作用，因其硅酸盐和浮氏体能形成低熔点相，有碍于制成高质量的烧结矿，并在高炉中发生有害于操作的碱金属循环，详见后述。

浮氏体是较难还原的最后阶段的氧化铁，它的性状常影响还原铁层的结构，从而影响到还原气体在其内的扩散。如浮氏体的纯度高，常形成多孔状金属铁；含杂质较多时，则生成致密状金属铁。另外，还原后的金属铁的结构也和还原温度有关。例如，873～973K 出现的金属铁孔隙较小，而较高温度下铁的晶型发生转变，铁原子的间距增加，能使孔隙发生变化。还原时，如产生金属“胡须”（单晶），其体积增大，也使金属变致密，不利于内扩散。

6.2.4.2 温度

从动力学来讲，温度的提高能提高各环节的速率，仅程度上有差异(界面反应的 E_a = 62.8～117.2kJ/mol；内扩散的 E_a = 8.4～21kJ/mol；如按混合限制，E_a = 105～210kJ/mol)。但是如前所述，温度能引起矿球孔隙率的改变，从而也就间接地对还原速率产生了影响。例如，在整个还原过程中，在 770～850K 及 870～1070K 两个温度段，还原速率出现减慢现象。

6.2.4.3 还原剂气体的组成

由于 H_2 的扩散系数及其在氧化铁上的被吸附能力均比 CO 大（$D_{H_2} = 3.74D_{CO}$），所以即使在 818℃以下，它还原氧化铁的速率仍高于 CO（约高 5 倍）（如图 6－10 所示）。由图 6－11 也可见，在用 $CO + H_2$ 混合气体还原氧化铁时，随着 H_2 浓度的增加，还原时间减少。现在高炉可通过喷吹重油、天然气等来提高气体中氢的浓度。另外，使用 $CO + H_2$ 混合气体作还原剂及用 H_2 作主要还原剂的直接还原法中，出现适量的 CO，还原温度在 810℃以下，可使还原形成的 H_2O 转变为 H_2($H_2O + CO = H_2 + CO_2$)，提高 H_2 的浓度；而在 810℃以上，固体碳则能使 $H_2O(g)$ 转变成 H_2($H_2O(g) + C = H_2 + CO$)，均能提高 H_2 的浓度，有利于还原速度的提高。

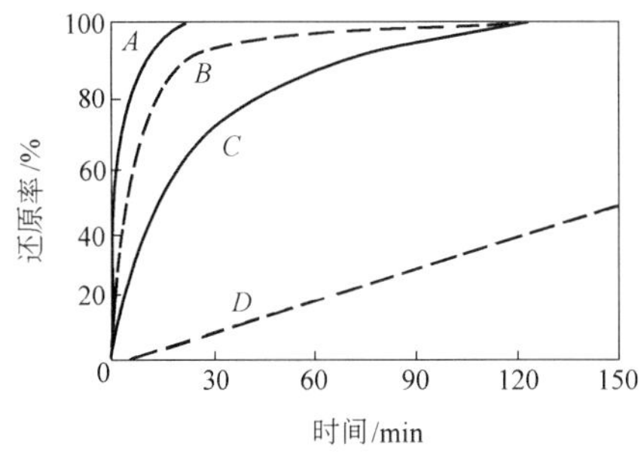

图 6-10 CO 和 H_2 还原氧化铁速率的比较

A—$Fe_2O_3+H_2$；*B*—$Fe_3O_4+H_2$；

C—Fe_2O_3+CO；*D*—Fe_3O_4+CO

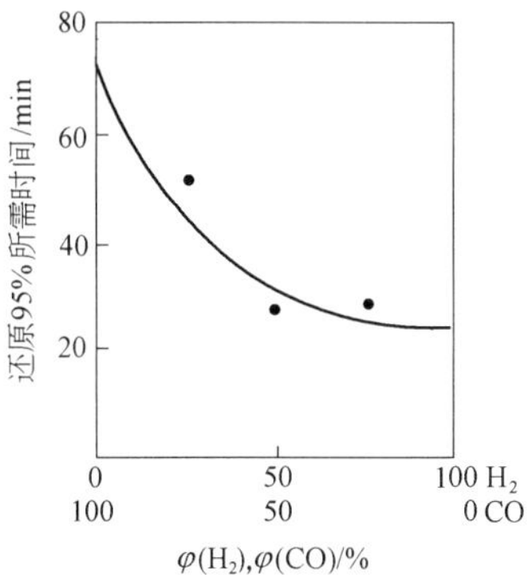

图 6-11 H_2+CO 混合气体还原氧化铁的时间（1000℃）

6.2.4.4 压力

压力主要是通过对还原气体浓度的变化起作用。在界面反应成为限制环节时，气体在矿块内以克努生机理扩散时，提高压力则可使还原加快。但在扩散成为限制环节时，总压对还原速率的影响不大，因为扩散系数 $D\propto 1/p$，但压力可使气体中还原剂气体的浓度增加($c(H_2)=p_{H_2}/(RT)=\varphi(H_2)_{\%}p/(100RT)$)，两者互为消长，使压力显示的作用不大。在混合控制下，压力与还原速率的关系可近似表示为：

$$v\propto p^n \quad (n=0.5)$$

式中 p——还原剂气体的压力（量纲一的量）。

此外，压力的提高能使碳的溶损反应变慢及将 CO_2 消失的温度区由 800℃ 提高到 1000℃左右，有利于中温区内间接还原的发展，并且在压力低时提高压力的效果比压力高时更显著。

当采用高压炉顶操作时，还原气体的压力增大，在一定程度上有利于还原速率的提高。但高压炉顶操作的主要目的是保持高炉冶炼的顺行和强化操作。

6.3 氧化物的直接还原反应

固体碳是冶金中的主要还原剂，许多较难被气体还原剂（CO、H_2）还原的氧化物，如 SiO_2、MnO 等，都能被 C 所还原，仅是氧化物越稳定，其还原的开始温度就越高（见氧势图中，氧化物与 CO 的两条氧势线的交点温度），所以固体碳称为冶金中的“万能还原剂”。

6.3.1 固体碳还原氧化物的热力学原理

氧化物被固体碳还原的反应，一般可用下列反应式表示：

$$MO(s)+C_{(石)}=\!=\!=M(s)+CO \qquad \Delta_rH_m^{\ominus}>0 \tag{1}$$

$$2MO(s)+C_{(石)}=\!=\!=2M(s)+CO_2 \qquad \Delta_rH_m^{\ominus}>0 \tag{2}$$

在有 C 存在的条件下，较高温（900～1000℃）下 CO_2 实际上是极少的，所以反应（2）仅能出现在较低温度下。

直接还原反应的热力学条件可由以下两种方式得出。

（1）碳的不完全燃烧反应与氧化物的生成反应的组合。

$$2C_{(石)} + O_2 = 2CO \qquad \Delta_r H_m^{\ominus}(CO) \qquad \Delta_r G_m^{\ominus}(CO) \qquad (1)$$

$$2M(s) + O_2 = 2MO(s) \qquad \Delta_r H_m^{\ominus}(MO) \qquad \Delta_r G_m^{\ominus}(MO) \qquad (2)$$

$$2MO(s) + 2C_{(石)} = 2M(s) + 2CO$$

而

$$MO(s) + C_{(石)} = M(s) + CO \qquad (3)$$

$$\Delta_r H_m^{\ominus} = \frac{1}{2}(\Delta_r H_m^{\ominus}(CO) - \Delta_r H_m^{\ominus}(MO)) \qquad \Delta_r G_m^{\ominus} = \frac{1}{2}(\Delta_r G_m^{\ominus}(CO) - \Delta_r G_m^{\ominus}(MO))$$

由于 $\Delta_r H_m^{\ominus}(CO) = -228.8kJ/mol$，而 $|\Delta_r H_m^{\ominus}(MO)| > 228.8kJ/mol$，所以直接还原均是强吸热的。又由 $\Delta_r G_m^{\ominus} = 0$ 或氧势图中 CO 和 MO 氧势线的交点，可得出标准状态下还原的开始温度。又

$$MO(s) + C_{(石)} = M(s) + CO$$

$$K^{\ominus} = p_{CO} = \frac{\varphi(CO)_{\%} p}{100} \qquad (6-18)$$

得：

$$\varphi(CO)_{\%(平)} = 100K^{\ominus}/p \qquad (6-19)$$

由以上关系可作出总压（p）一定的条件下直接还原反应的平衡图，如图 6－12 所示。图中平衡曲线将图面划分为有固体碳存在时 M 及 MO 的稳定存在区，仅当气相的 p_{CO} 小于该温度的 $p_{CO(平)}$ 时，MO 才能被 C 所还原（$\Delta_r G_m = RT(\ln p_{CO} - \ln p_{CO(平)}) < 0$），故曲线以下是 MO 能直接还原的条件（$p_{CO}$，$T$）。而 p_{CO} 对应于曲线上的温度点即为此状态下的还原开始温度，如图中的 $T_{开}$。

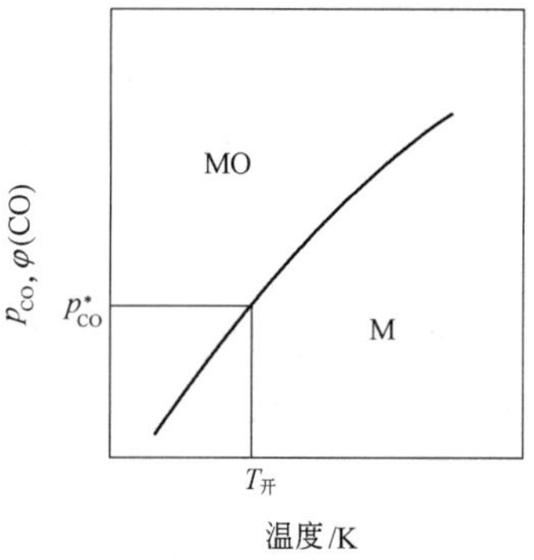

图 6－12　直接还原反应的平衡图

【例 6－6】 试求 C 还原 MnO(s) 的开始温度，压力为 100kPa。

解　首先可从氧势图 MnO 及 CO 氧势线的交点，得出 C 还原 MnO 的开始温度：$T_{开} = 1675K$。

由附录 3 可知，Mn 的熔点为 1517K，即在 C 能还原 MnO 的温度下，Mn 已是液态了，故 MnO（s）的还原反应的 $\Delta_r G_m^{\ominus}$ 可如下求出：

$$2C_{(石)} + O_2 = 2CO \qquad \Delta_r G_m^{\ominus} = -228800 - 171.54T \quad (J/mol)$$

$$2Mn(l) + O_2 = 2MnO(s) \qquad \Delta_r G_m^{\ominus} = -814708 + 176.74T \quad (J/mol)$$

$$2(MnO(s) + C_{(石)} = Mn(l) + CO) \qquad \Delta_r G_m^{\ominus} = 585908 - 348.28T \quad (J/mol)$$

或

$$MnO(s) + C_{(石)} = Mn(l) + CO \qquad \Delta_r G_m^{\ominus} = 292954 - 174.14T \quad (J/mol)$$

当 $\Delta_r G_m^{\ominus} = 0$ 时，$T_{开} = 1682K$。

（2）氧化物的间接还原反应与碳的气化反应的组合。在 C 还原 MO(s) 的体系中，除 C 还原 MO(s) 的反应（$MO(s) + C_{(石)} = M(s) + CO$）外，按体系中反应同时平衡原理，还有下列反应出现：

$$C_{(石)} + CO_2 = 2CO$$

$$MO(s) + CO \Longrightarrow M(s) + CO_2$$

由它们的组合，可得出直接反应（1）：

$$MO(s) + CO \Longrightarrow M(s) + CO_2 \qquad (2)$$

$$CO_2 + C_{(石)} \Longrightarrow 2CO \qquad (3)$$

$$MO(s) + C_{(石)} \Longrightarrow M(s) + CO \qquad (1)$$

这表示用 CO 去还原 MO，生成的 CO_2 与 C 作用，如此形成的 CO 又去还原 MO，周而复始，消耗的不是 CO 而是 C。CO 在这种条件下，仅起了把 MO 的氧迁移给 C 的作用。但是在有 C 存在时，CO 的还原能力比在间接还原中提高了许多倍，抵消了 CO_2 出现带给还原反应的可逆性。因为在高温下，由于反应（3）的发展，体系内 CO_2 的浓度很低，因而反应（2）的 $\Delta_r G_{m(2)}$（$\Delta_r G_{m(2)} = \Delta_r G^{\ominus}_{m(2)} + RT\ln(p_{CO_2}/p_{CO})$）的负值很大，使反应（1）更易向右进行。

因此，$K_1^{\ominus} = K_2^{\ominus} K_3^{\ominus}$，故可通过反应（3）和反应（2）的平衡曲线来讨论反应（1）的平衡条件。为此，可将反应（3）及反应（2）的平衡曲线绘于同一坐标图中，如图 6－13 所示。

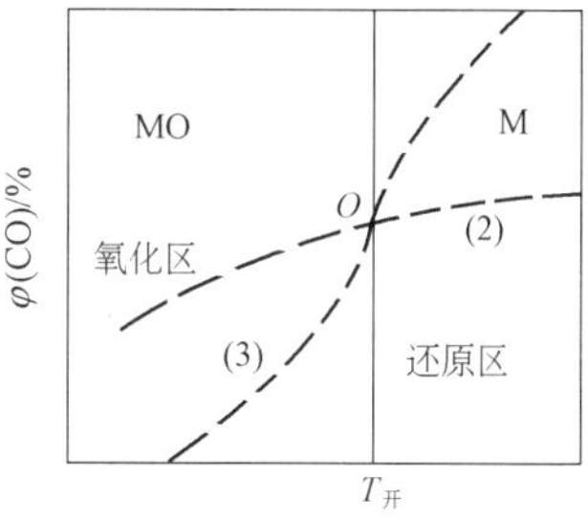

图 6－13 直接还原的平衡图

两曲线在 O 点相交，自由度为零，它是体系的平衡点。在有固体 C 存在时，体系的 CO 浓度由曲线（3）确定。当温度高于 O 点时，体系的 CO 浓度大于反应（2）的 CO 平衡浓度，故 MO(s) 被 CO 还原；相反，当温度低于 O 点时，体系的 CO 浓度小于反应（2）的 CO 平衡浓度，反应逆向进行，即还原的 M 被氧化成 MO（这是通过在此温度下，CO 发生分解形成的 CO_2 的氧化作用；实际上，在此时，反应（2）位于图中 CO 的分解区内）。因此，通过 O 点作一垂线将图面划分为两个区，右面是 MO 的还原区，左面是 M 的氧化区，而 O 点的温度称为 C 直接还原氧化物的开始温度。

这个开始温度和体系的压力及 MO(s) 的稳定性有关。提高压力，曲线（3）的位置右移，MO(s) 的稳定区扩大，因而两者交点的温度（$T_开$）增高。

由于总压（$p = p_{CO} + p_{CO_2}$）决定了 O 点的温度，故可进一步导出它们之间的关系。由前知，$K_1^{\ominus} = K_2^{\ominus} K_3^{\ominus}$，但

$$K_3^{\ominus} = \frac{\varphi(CO)_{\%}^2 \cdot p}{100(100 - \varphi(CO)_{\%})}$$

故
$$p = \frac{100(100 - \varphi(CO)_{\%}) \cdot K_3^{\ominus}}{\varphi(CO)_{\%}^2} \qquad (1)$$

又
$$\varphi(CO)_{\%} = 100/(1 + K_2^{\ominus}) \qquad (2)$$

将式（2）代入式（1），得：

$$p = K_2^{\ominus} K_3^{\ominus}(1 + K_2^{\ominus}) = f(T) \qquad (6-20)$$

由式（6－20）可绘出 $p-T$ 的平衡图，如图 6－14 所示。曲线以上为 MO 稳定区，而其下则为 MO 的还原区，此与图 6－12 相同。因为 $p_{CO} = \varphi(CO)_{\%} p/100 = p/(1 + K_2^{\ominus})$。同样，由图可得出一定总压（$p^*$）的还原

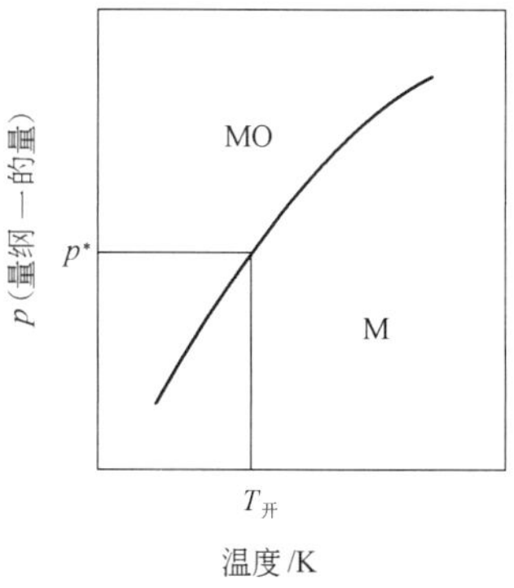

图 6－14 直接还原的 $p-T$ 平衡图

开始温度（$T_{开}$）。降低总压，还原开始温度也降低，所以，利用真空还原法可降低还原开始温度。

上面仅是考虑了纯凝聚相和气相之间的直接还原反应的热力学条件，但在实际条件下，还原过程是在非标准态下进行的，可表示为：

$$(MO) + [C] = [M] + CO$$

而还原的开始温度可用本章式（6－1）的类似方程表示：

$$T_{开} = \frac{\Delta_r H_m^{\ominus}(CO) - \Delta_r H_m^{\ominus}(MO)}{(\Delta_r S_m^{\ominus}(MO) - \Delta_r S_m^{\ominus}(CO)) + 19.147(\lg a_{(MO)} a_{[C]} - \lg p_{CO} a_{[M]})} \quad (6-21)$$

参加反应的物质可出现下列状态：

（1）被还原的氧化物可溶解于炉渣中，也可以复杂化合物的形式存在。

（2）作为还原剂的 C 可溶解于金属液中，如铁液中溶解的碳。

（3）还原的金属可以是气态（当 $T_{开}$ 超过其沸点（T_b）时），也可以与 C 形成碳化物。例如，在电炉中还原的温度比较高，而还原产物是碳化物，如 CaC_2、SiC、Al_4C_3 等或被 C 饱和的金属。这样形成的碳化物也可充当 C 作还原剂。

所有上述物质存在状态的改变均能改变还原反应的 $\Delta_r G_m$ 及平衡温度，获得该种状态下的还原开始温度。

6.3.2 固体碳还原氧化铁的平衡图

利用各级氧化铁的间接还原反应与碳的气化反应的组合，可得出它们的直接还原反应及 $\Delta_r G_m^{\ominus}$。

$$3Fe_2O_3(s) + C_{(石)} = 2Fe_3O_4(s) + CO \qquad \Delta_r G_m^{\ominus} = 120000 - 218.46T \quad (J/mol) \quad (1)$$

$$Fe_3O_4(s) + C_{(石)} = 3FeO(s) + CO \qquad \Delta_r G_m^{\ominus} = 207510 - 217.62T \quad (J/mol) \quad (2)$$

$$FeO(s) + C_{(石)} = Fe(s) + CO \qquad \Delta_r G_m^{\ominus} = 158970 - 160.25T \quad (J/mol) \quad (3)$$

$$\frac{1}{4}Fe_3O_4(s) + C_{(石)} = \frac{3}{4}Fe(s) + CO \qquad \Delta_r G_m^{\ominus} = 171100 - 174.5T \quad (J/mol) \quad (4)$$

因为 Fe_2O_3 在实际上已很易被 C 还原，故仅限于研究反应（2）~反应（4）的平衡。利用前述的方法可绘出它们的平衡图，如图 6－15 所示。

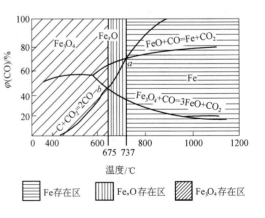

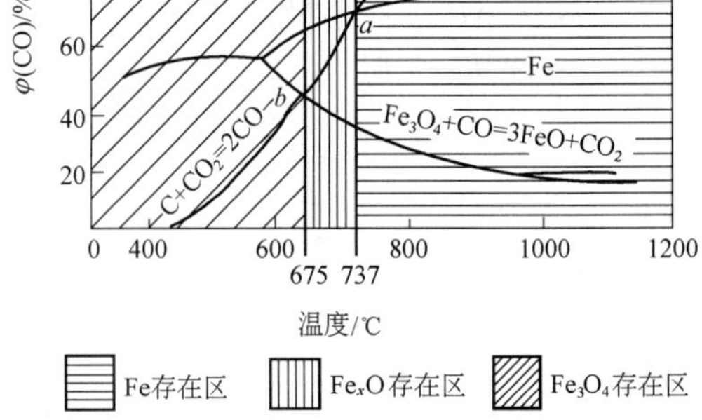

图 6－15 氧化铁直接还原的平衡图

图中碳的气化反应曲线的总压为 100kPa，此曲线分别与两个间接还原反应的曲线交于 a、b 两点。a 点的坐标为 $\varphi(CO) = 62\%$，$T \approx 992 \sim 1010K$，是反应（3）的还原开始温度；b 点的坐标是 $\varphi(CO) = 42\%$，$T \approx 950K$，是反应（2）的还原开始温度。但在 a 点的温度（约 1010K）以上，由于 C 的存在，体系的 CO 浓度永远高于各级氧化铁间接还原的 CO 平衡浓度，将发生 $Fe_2O_3 \rightarrow Fe_3O_4 \rightarrow Fe_xO \rightarrow Fe$ 的转变。在 a、b 点温度之间，由于体系的 CO 浓度仅高于 Fe_3O_4 间接还原反应（2）的 CO 平衡浓度，而低于 Fe_xO 间接还原反应（3）的 CO 平衡浓度，故将发生 $Fe_2O_3 \rightarrow Fe_3O_4 \rightarrow Fe_xO$ 及 $Fe \rightarrow Fe_xO$ 的

转变。在 b 点温度以下，体系的 CO 浓度低于两间接还原反应（3）及（2）的 CO 平衡浓度，将发生 $Fe_2O_3 \rightarrow Fe_3O_4$ 及 $Fe \rightarrow Fe_xO \rightarrow Fe_3O_4$ 的转变。所以当体系达到平衡时，a 点温度以上最终稳定存在的是 Fe，在 a、b 点间的温度范围内是 Fe_xO，而在 b 点温度以下则是 Fe_3O_4。因此，从这两个温度点作垂线，可将图面划分为 Fe_3O_4、Fe_xO 及 Fe 的稳定存在区。

所以碳的气化反应与氧化铁的间接还原反应的曲线，构成了固体碳还原氧化铁的热力学参数状态图。实际上在高炉内，温度低于 700℃，气相的 $\varphi(CO)_{\%}$ 远远大于碳气化反应的 $\varphi(CO)_{\%}$，就有铁还原出来。而在 700～1100℃之间，当冶炼强度低而焦比高时，气相才接近碳气化反应的 $\varphi(CO)_{\%}$；而当冶炼强度高焦比低时，则接近 FeO(s) 还原的 $\varphi(CO)_{\%}$。温度高于 1000℃，由于碳气化反应的速率极快，使气相中 CO_2 不能存在。

压力对氧化铁直接还原的影响表现在和其有关的碳气化反应上。压力降低，碳的气化反应曲线向左移动，因而各级氧化铁还原的开始温度下降，如图 6－16 所示。利用前面式（6－20）的关系，还可得出氧化铁直接还原的 $p-T$ 平衡图，如图 6－17 所示。由图 6－17 和图 6－16 均可直接得出不同压力下直接还原的开始温度（$T_{开}$）。

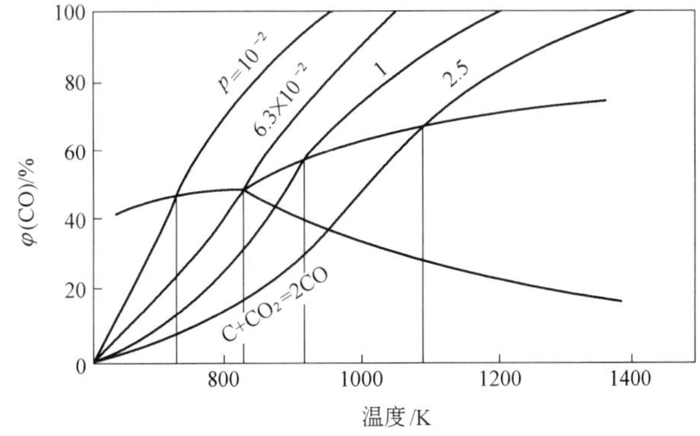

图 6－16　不同压力下氧化铁还原平衡图

【例 6－7】 试导出氧化铁直接还原的压力和温度的关系式。

解　（1）Fe_3O_4 还原到 Fe_xO。由式（6－20）：

$$p = K_2^{\ominus} K_3^{\ominus}(1 + K_2^{\ominus}) \tag{1}$$

式中　$K_2^{\ominus}$——Fe_3O_4 间接还原到 Fe_xO 的平衡常数；

$K_3^{\ominus}$——碳气化反应的平衡常数。

由相应反应的 $\Delta_r G_m^{\ominus}$ 得：

$$\lg K_3^{\ominus} = -\frac{8698}{T} + 8.93$$

$$\lg K_2^{\ominus} = -\frac{1848}{T} + 2.09 \tag{2}$$

对式（1）取对数：

$$\lg p = \lg K_2^{\ominus} + \lg K_3^{\ominus} + \lg(1 + K_2^{\ominus})$$

将 $K_3^{\ominus}$ 及 $K_2^{\ominus}$ 的值代入上式，得：

$$\lg p = -\frac{10546}{T} + 11.02 + \lg(1 + 123.03 \times 10^{-1848/T})$$

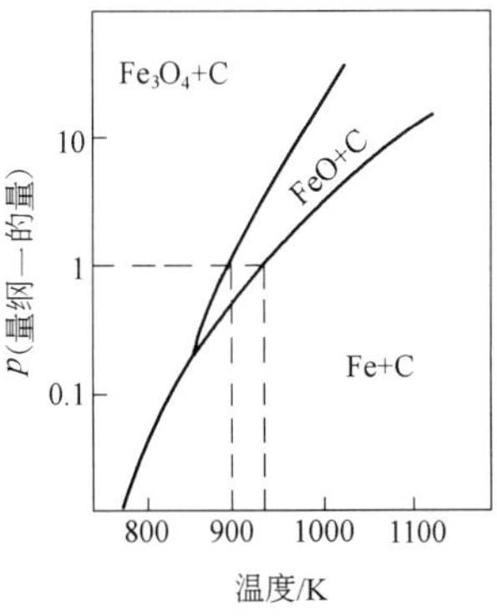

图 6－17　氧化铁直接还原的 $p-T$ 图

（2）Fe_xO 还原到 Fe。

$$p = K_2^{\ominus} K_3^{\ominus}(1 + K_3^{\ominus})$$

式中　$K_2^{\ominus}$——Fe_xO 间接还原到 Fe 的平衡常数。

而
$$\lg K_2^{\ominus} = \frac{1190}{T} - 1.26$$

故
$$\lg p = -\frac{7508}{T} + 7.67 + \lg(1 + 0.054 \times 10^{-1190/T})$$

6.3.3　复杂氧化物的还原

天然矿石及矿石的处理产品，如烧结矿中，有些主要氧化物是以复杂氧化物的形式存在，如 Fe_2SiO_4、Mn_2SiO_4、$3CaO \cdot P_2O_5$、$3FeO \cdot P_2O_5$、$2FeO \cdot TiO_2$、$8H_2O \cdot FeTiO_3$ 等。它们的稳定性比其单独存在时要高，因此只能在高温下被 C 直接还原。它们还原反应的 $\Delta_r G_m^{\ominus}$ 可由简单氧化物的直接还原反应与复杂氧化物的生成反应组合得出。例如，对于硅酸铁的还原反应：

$$Fe_2SiO_4(s) + 2C_{(石)} = 2Fe(s) + 2CO + SiO_2(s)$$

可由以下两个反应组合得出：

$$2FeO(s) + 2C_{(石)} = 2Fe(s) + 2CO \qquad \Delta_r G_m^{\ominus} = 317940 - 320.5T \quad (J/mol)$$

$$2FeO(s) + SiO_2(s) = Fe_2SiO_4(s) \qquad \Delta_r G_m^{\ominus} = -36200 + 21.09T \quad (J/mol)$$

$$Fe_2SiO_4(s) + 2C_{(石)} = 2Fe(s) + SiO_2(s) + 2CO \qquad \Delta_r G_m^{\ominus} = 354140 - 341.59T \quad (J/mol)$$

由计算知，FeO(s) 及 $Fe_2SiO_4(s)$ 的还原开始温度分别为 992K 及 1037K。可见，复杂氧化铁比简单氧化铁难还原。这是因为后者的分解压比前者低。与主要金属氧化物结合的多半是酸性氧化物，如 SiO_2、Al_2O_3、TiO_2 等。它们在主要金属氧化物还原时多进入炉渣中，仅在较高的温度下才能部分还原。例如，冶炼钒钛磁铁矿时，矿石中 $FeTiO_3$ 的氧化铁可全部还原，而 TiO_2 则可部分还原成其低价氧化钛，如 Ti_3O_5、Ti_2O_3、TiO 或 Ti，视炉温而定。

在冶炼中可通过添加剂的作用，促使复杂氧化物分解，提高主要金属氧化物的活度，以降低其还原开始温度。例如，在高炉冶炼中加入石灰石或在铁矿石的烧结中加入碱性熔剂，由于 CaO 能取代 Fe_2SiO_4 中的 FeO，成为自由状的 FeO，所以易于还原。

$$Fe_2SiO_4(s) + 2CaO(s) = 2FeO(s) + Ca_2SiO_4(s) \qquad \Delta_r G_m^{\ominus} = -82593 + 9.79T \quad (J/mol)$$

$$2FeO(s) + 2C_{(石)} = 2Fe(s) + 2CO \qquad \Delta_r G_m^{\ominus} = 317940 - 320.5T \quad (J/mol)$$

$$Fe_2SiO_4(s) + 2CaO(s) + 2C_{(石)} = 2Fe(s) + Ca_2SiO_4(s) + 2CO \qquad \Delta_r G_m^{\ominus} = 235347 - 310.71T \quad (J/mol)$$

由于 CaO 的加入，$Fe_2SiO_4(s)$ 的还原开始温度（1037K）可下降到 757K。

钒钛磁铁矿是磁铁矿（Fe_3O_4）、钛铁晶石（$2FeO \cdot TiO_2$）、镁铝尖晶石（$MgO \cdot Al_2O_3$）、钛铁矿（$FeO \cdot TiO_2$）等构成的复合矿石，而其烧结矿或球团矿中还含有铁板钛矿（$Fe_2O_3 \cdot TiO_2$）。其中，氧化铁的还原仍是遵循逐级转变原则的。但浮氏体是最难还原的阶段，因为它与 TiO_2 结成复杂化合物，如钛铁晶石（$2FeO \cdot TiO_2$）或钛铁矿（$FeO \cdot TiO_2$）的固溶体，因此要求更高的温度和更强的还原势。

6.3.4　铁以外的其他金属氧化物的还原

固体碳除在高炉内作为氧化铁、SiO_2、MnO 的还原剂外，还是冶炼许多铁合金的主要还原剂，特别是不受碳含量限制或能进行去碳处理的铁合金或合金。由于还原的许多元素能与 C 形成碳化物，故还原反应可表示为：

$$\frac{2}{y}M_xO_y+\left(2+\frac{2x}{z}\right)C=\!=\!=\left(\frac{2x}{yz}\right)M_zC_y+2CO$$

形成的碳化物组成很复杂，有时还形成中间化合物 $M_xC_yO_z$。当 C 过剩时，这种化合物可进一步失去氧，变为碳化物或单质金属。

碳化物的形成有利于降低氧化物的还原开始温度，从图 6-18 可见，生成碳化物反应的 $\Delta_rG_m^{\ominus}$ 减小值要比生成纯金属反应的 $\Delta_rG_m^{\ominus}$ 减小得更多。而且两者的 $\Delta_rG_m^{\ominus}$ 差别越大，则越难获得低碳的产物。

因为这些反应都是强吸热的，所以常用电炉加热进行，在高炉内则需用较高的焦比。由于气相产物容易排出，推动反应连续进行，所以生产率很高。

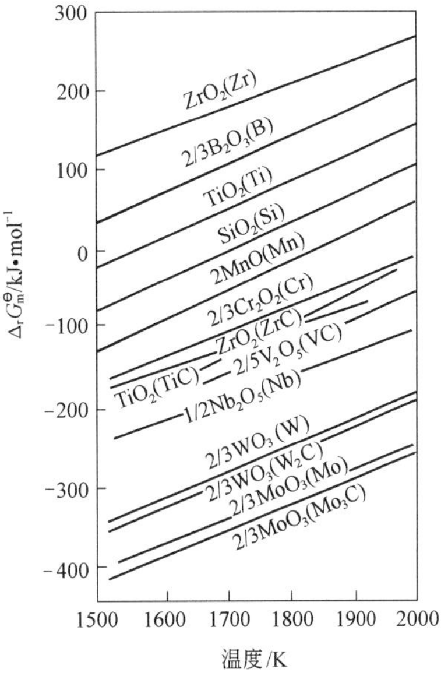

图 6-18 碳还原氧化物的 $\Delta_rG_m^{\ominus}-T$ 图（括号内为还原产物）

铁合金的生产多在加入废铁或有氧化铁存在的条件下进行，使被还原的元素溶解于铁液中或与之结合，降低元素的活度，除使反应更易进行外，还能使产品的熔点降低，冶炼在较低温度下进行或便于产品出炉，如冶炼钨铁、钼铁等。在冶炼硅铁时，Fe 能破坏对冶炼不利的 SiC 的生成（SiC 熔点高，难分解，易造成炉底上涨，恶化炉况），因为会发生下列反应：

$$m\text{Fe}+n\text{SiC}=\!=\!=\text{Fe}_m\text{Si}_n+n\text{C}$$

并能促进还原反应向 Si 生成方向进行。

含钛氧化物在高炉中可部分还原，即从高价还原到低价钛氧化物，最后生成钛的碳化物及氮化物或以溶解钛进入铁液中。在高炉内，TiO_2 的还原过程是：

$$TiO_2\rightarrow Ti_3O_5\rightarrow T_{0.67}O_{0.33}C\rightarrow TiC_xO_y\rightarrow TiC$$

虽然其还原过程也是逐级性的，但在有 C 存在的条件下，不能出现 $Ti_2O_3\rightarrow TiO\rightarrow Ti$ 的阶段，而是形成了 TiC_xO_y 及 TiC，取代了上述阶段的出现：

$$\frac{1}{3}Ti_3O_5(s)+2.01C_{(石)}=\!=\!=TiC_{0.67}O_{0.33}(s)+1.34CO$$

$$TiC_xO_y+xC_{(石)}=\!=\!=TiC(s)+yCO\quad(x+y=1)$$

存在于钒钛磁铁矿中的钒是以钒尖晶石（$FeO\cdot V_2O_3$）进行还原的：

$$FeO\cdot V_2O_3(s)+2C_{(石)}=\!=\!=Fe(s)+2VO(s)+2CO\quad \Delta_rG_m^{\ominus}=426928-318.82T\quad(J/mol)$$

$$FeO\cdot V_2O_3(s)+6C_{(石)}=\!=\!=Fe(s)+2VC(s)+4CO\quad \Delta_rG_m^{\ominus}=840409-624.21T\quad(J/mol)$$

$$VO(s)+C_{(石)}=\!=\!=V(s)+CO\quad \Delta_rG_m^{\ominus}=310493-154.62T\quad(J/mol)$$

上述各反应均可在高炉的冶炼条件下进行，而还原的钒又多溶解于铁液中，更利于钒的还原：

$$VO(s)+C_{(石)}=\!=\!=[V]+CO\quad \Delta_rG_m^{\ominus}=289768-210.64T\quad(J/mol)$$

$$FeO\cdot V_2O_3(s)+4C_{(石)}=\!=\!=Fe(s)+2[V]+4CO\quad \Delta_rG_m^{\ominus}=993276-734.66T\quad(J/mol)$$

硅的氧化物有两种，即 SiO_2、SiO（g），被碳还原的反应如下：

$$SiO_2(s) + 2C_{(石)} = Si(s) + 2CO \qquad \Delta_r G_m^\ominus = 675889 - 363.71T \quad (J/mol)$$

$$SiO_2(s) + C_{(石)} = SiO(g) + CO \qquad \Delta_r G_m^\ominus = 686160 - 341.66T \quad (J/mol)$$

$$SiO(g) + C_{(石)} = Si(s) + CO \qquad \Delta_r G_m^\ominus = -10200 - 3.26T \quad (J/mol)$$

这些反应的还原开始温度都较高，在1650℃以上，已远超过高炉内渣铁的实际温度，并且 SiO_2 还存在于炉渣中，其活度又小于1。但是，由于还原的 Si 可与 Fe 形成稳定的化合物，如 FeSi、Fe_2Si 等，因而降低了还原反应的 $\Delta_r G_m^\ominus$ 及相应的还原开始温度。

另外，在铁合金冶炼中，多价金属氧化物被 C 还原时，不仅形成低价氧化物的中间产物，而且还形成了许多种产物，如金属、碳化物。这些产物也能作为还原剂，和 C 一样继续与原始氧化物或中间低价氧化物进行还原反应，得到金属或中间产物。因此，以高价氧化物及中间价态氧化物作为被还原的氧化物，而以 C、金属、碳化物作为还原剂的多种还原反应同时出现，构成了复杂的体系。例如，SiO_2 + C 的体系内可出现下列反应：

$$\frac{1}{2}SiO_2(l) + C_{(石)} = \frac{1}{2}Si(l) + CO \qquad SiO_2(l) + C_{(石)} = SiO(g) + CO$$

$$\frac{1}{3}SiO_2(l) + C_{(石)} = \frac{1}{3}SiC(s) + \frac{2}{3}CO \qquad SiO_2(l) + Si(l) = 2SiO(g)$$

$$2SiO_2(l) + SiC(s) = 3SiO(g) + CO \qquad SiO(g) + 2C_{(石)} = SiC(s) + CO$$

$$SiO(g) + SiC(s) = 2Si(l) + CO$$

利用上列反应的平衡气相成分和温度的关系曲线，绘制出参加反应的凝聚相稳定存在的优势区图。由此可确定为获得某种产物（如 Si 或 SiC）的热力学条件，如图6－19所示。

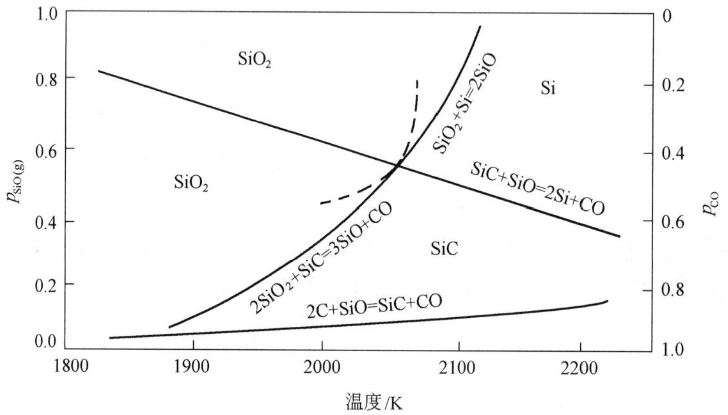

图6－19　Si－C－O 系产物 Si 及 SiC 存在的优势区图（$p_{SiO(g)} + p_{CO} = 1$（量纲一的量））

6.3.5　固体氧化物直接还原反应的动力学

直接还原反应的机理要比间接还原反应的机理复杂得多，因为当反应中有固体碳出现时，可能以 CO_2、O_2 等气体作为中间产物的反应数增多。因此，提出了下列反应机理。

（1）分解机理。当氧化物还原时，氧化物的分解压足够大，则分解出的 O_2 能与固体碳结合而出现下列反应的组合：

$$MO(s) = M(s) + \frac{1}{2}O_2$$

$$\frac{C + \frac{1}{2}O_2 = CO}{MO(s) + C = M(s) + CO}$$

一般来说，当氧化物的分解压大于1Pa时，可能出现这一机理。

（2）氧化物升华机理。如在还原温度时氧化物的升华速率足够高，则由氧化物升华出的蒸气可在固体碳表面上吸附，形成表面复合物，其次，表面复合物分解，实现直接还原：

$$MO(s) = MO(g)$$

$$MO(g) + C = MO_{(吸)}C$$

$$MO_{(吸)}C = M(s) \cdot CO_{(吸)}$$

$$\frac{M(s)CO_{(吸)} = M(s) + CO}{MO(s) + C = M(s) + CO}$$

某些升华性大的氧化物，如 MoO_3、WO_3、Nb_2O_5 在630~870K能按这种机理进行还原。此外，Al_2O_3、MgO、Ta_2O_3、ZrO_2 及 SiO_2 在高温下可以升华成气体（如 AlO_2、SiO等），故它们的还原可用这个机理来说明。这时反应的限制环节是氧化物的升华。

（3）固相物（C+MO(s)）直接反应机理。氧化物和碳的直接反应可出现在两者直接接触的界面上，其间形成了金属或价低氧化物层。金属及氧的离子可通过这个间层向固体碳表面扩散，金属离子进入碳的石墨基平面间，减弱晶格的原子间键；而氧离子则与碳原子结合，形成CO，经吸附及脱附逸去。还原的速率则和这些离子的扩散有关。提高温度可加快扩散，从而加快还原。但温度提高了，其他反应又会有利地进行，使MO(s)+C直接反应的比例减小。在380~500K温度下，Ag_2O、CuO、Fe_2O_3 的还原可按照这种机理进行。

（4）二步理论❶。还原反应由氧化物的间接还原与碳的气化反应组成：

$$MO(s) + CO = M(s) + CO_2 \qquad (Ⅰ)$$

$$CO_2 + C_{(石)} = 2CO \qquad (Ⅱ)$$

$$MO(s) + C_{(石)} = M(s) + CO \qquad (Ⅲ)$$

这是通过中间产物 CO_2 进行直接还原的。固体碳的作用在于把间接还原反应形成的 CO_2 转变为间接还原的还原剂CO。当MO能被CO间接还原及在反应（Ⅱ）能正向进行的温度（700~800℃）以上时，这一还原反应的机理可以实现。一般认为反应（Ⅱ）是限制环节，因为反应（Ⅲ）的 $E_a = 140 \sim 400$kJ/mol，比较接近反应（Ⅱ）的 $E_a = 170 \sim 200$kJ/mol，而远高于反应（Ⅰ）的 $E_a = 60 \sim 80$kJ/mol。其次，气相成分的 CO_2 浓度比较接近于反应（Ⅰ）的平衡气相成分，而高于反应（Ⅱ）的气相平衡成分，但 CO_2 出现的速率却比反应（Ⅱ）CO_2 消失的速率快，因此，反应（Ⅰ）比反应（Ⅱ）进行得快些。此外，提高反应（Ⅱ）的速率就能加快反应（Ⅲ）的速率。例如，提高固体碳的反应能力就能加快反应（Ⅲ）的速率。

当反应（Ⅱ）成为限制环节时，反应的速率可表示为：

$$v = kp_{CO_2}^n \qquad (1)$$

❶ 此部分主要取材于参考文献［15］。

式中　k——反应（Ⅱ）的速率常数，$k=k_0\exp[-E_a/(RT)]$；

p_{CO_2}——气相 CO_2 的平衡分压；

n——反应级数，$n=0.5\sim1$。

p_{CO_2} 可由反应（Ⅰ）的平衡常数 $K_{Ⅰ}^{\ominus}$ 得出，因为反应（Ⅱ）成为限制环节时，反应（Ⅰ）进行得很快，接近于平衡。于是，

$$K_{Ⅰ}^{\ominus}=\frac{p_{CO_2}}{p-p_{CO_2}}\qquad p_{CO_2}=\frac{K_{Ⅰ}^{\ominus}}{1+K_{Ⅰ}^{\ominus}}p \tag{2}$$

式中　p——总压（量纲一的量）。

将式（2）代入式（1），得：

$$v=k\left(\frac{K_{Ⅰ}^{\ominus}}{1+K_{Ⅰ}^{\ominus}}p\right)^n \tag{3}$$

反应（Ⅰ）可视为以下两反应的组合：

$$MO(s)=\!=\!=M(s)+\frac{1}{2}O_2\qquad \Delta_rH_{m(4)}^{\ominus}\qquad K_4^{\ominus}=p_{O_2(MO)}^{1/2} \tag{4}$$

$$CO+\frac{1}{2}O_2=\!=\!=CO_2\qquad \Delta_rH_{m(5)}^{\ominus}\qquad K_5^{\ominus} \tag{5}$$

$$MO(s)+CO=\!=\!=M(s)+CO_2\qquad \Delta_rH_{m(Ⅰ)}^{\ominus}\qquad K_{Ⅰ}^{\ominus} \tag{Ⅰ}$$

$$K_{Ⅰ}^{\ominus}=K_4^{\ominus}K_5^{\ominus}=K_5^{\ominus}p_{O_2(MO)}^{1/2} \tag{6}$$

将式（6）代入式（3），得：

$$v=k\left(\frac{K_5^{\ominus}p_{O_2(MO)}^{1/2}p}{1+K_5^{\ominus}p_{O_2(MO)}^{1/2}}\right)^n \tag{6-22}$$

1）对于稳定性较小的 MO，$p_{O_2(MO)}\gg1$，则：

$$v=kp^n=k_0p^n\exp[-E_a/(RT)] \tag{6-23}$$

又因 $K_{Ⅰ}^{\ominus}\gg1$，故由式（2）得 $p=p_{CO_2}$，而

$$v=k_0p_{CO_2}^n\exp[-E_a/(RT)] \tag{6-24}$$

因此，直接还原反应的 E_a 等于反应（Ⅱ）的 E_a，而反应（Ⅱ）是限制环节。

2）对于稳定性很大的 MO，$p_{O_2(MO)}\ll1$，故：

$$v=k(pK_5^{\ominus}p_{O_2(MO)}^{1/2})^n=k_0\exp[-E_a/(RT)](pK_{Ⅰ}^{\ominus})^n$$

而

$$\ln K_{Ⅰ}^{\ominus}=-\Delta_rH_{m(Ⅰ)}^{\ominus}/(RT)+\Delta_rS_{m(Ⅰ)}^{\ominus}/R$$

或

$$K_{Ⅰ}^{\ominus}=\exp[-\Delta_rH_{m(Ⅰ)}^{\ominus}/(RT)]\exp(\Delta_rS_{m(Ⅰ)}^{\ominus}/R)$$

故

$$\begin{aligned}v&=k_0\exp[-E_a/(RT)]p^n\exp[-n\Delta_rH_{m(Ⅰ)}^{\ominus}/(RT)]\exp(n\Delta_rS_{m(Ⅰ)}^{\ominus}/R)\\&=k_0\exp(n\Delta_rS_{m(Ⅰ)}^{\ominus}/R)p^n\exp[-(n\Delta_rH_{m(Ⅰ)}^{\ominus}+E_a)/(RT)]\end{aligned}$$

或

$$v=A_0p^n\exp[-(n\Delta_rH_{m(Ⅰ)}^{\ominus}+E_a)/(RT)] \tag{6-25}$$

式中，$A_0=k_0\exp(n\Delta_rS_{m(Ⅰ)}^{\ominus}/R)$。

对于稳定性很大的氧化物，$\Delta_rH_m^{\ominus}>0$。比较式（6－23）和式（6－25）可见，稳定性大的氧化物还原的活化能比稳定性小的氧化物还原的活化能大，所以前者的还原速率较低。

6.3.6　高炉中氧化物的还原

从氧势图可分析高炉内氧化物还原的方式或类型。氧化物被焦炭还原称为直接还原，

被 H_2 或 CO 还原称为间接还原。CO_2 氧势线以上的元素，如 Cu、As、Ni、Mo 等的氧化物都是间接还原。在较低温度（1000℃以下）及气相中 CO 和 H_2 分压较高（平衡分压之上）时，FeO(s) 可被 CO 及 H_2 所还原。FeO 在其与 CO 的氧势线的交点温度以上，可被 C 直接还原。熔渣中的氧化物则是直接还原。复合化合物及稳定性高的氧化物均是直接还原。

间接还原反应大都是可逆的，平衡时，气相中的$\frac{\varphi(CO)}{\varphi(CO_2)}$或$\frac{\varphi(H_2)}{\varphi(H_2O)}$有一定比值。仅当气相中上列气体的分压比高于其平衡分压比时，才能在高炉内进行还原。图 6－20 为高炉内部 CO、CO_2、H_2 及温度的分布图。由此可确定间接还原在高炉内进行的区域。

间接还原消耗的碳量与其反应的 CO 的过剩系数有关。未能被间接还原反应还原的 FeO，则将参加焦炭的直接还原。直接还原消耗的碳量则与其平衡时的 C 浓度有关，不用保持 C 的过剩值。在一定温度下，只要降低 CO 的分压或体系的总压，或在一定压力下提高温度，均能促使直接还原反应进行。

在高炉内随着炉料的下降，温度升高，间接还原就不断发展，直到 1100℃以上温度区，碳的气化反应强烈发展，使气相中的 CO_2 消失，间接还原终止。而直接还原则开始，并继续进行，最终在炉缸内结束。如图 6－21 所示，温度低于 800℃的区域为间接还原区，在 800～1100℃范围内的区域为间接还原与直接还原共存区，高于 1100℃的区域几乎全为直接还原区。

因此，可认为间接还原与直接还原区的分布主要取决于碳气化反应开始和终止的区域，该反应开始进行的温度区越低，间接还原的区域就越大；反之，则越小。而提高间接还原的速率，则能减少直接还原的分量。

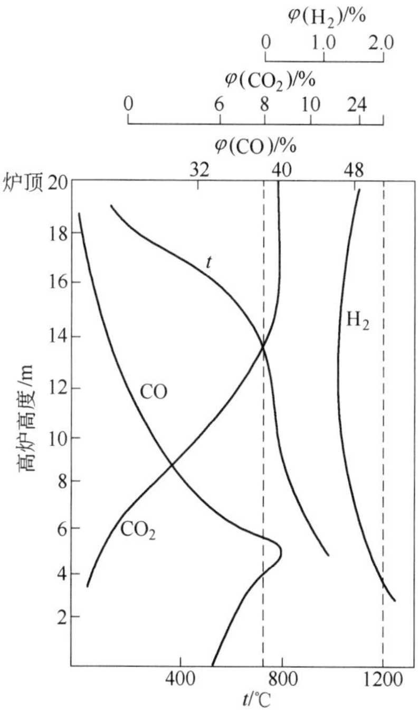

图 6－20 高炉内部 CO、CO_2、H_2 及温度的分布图

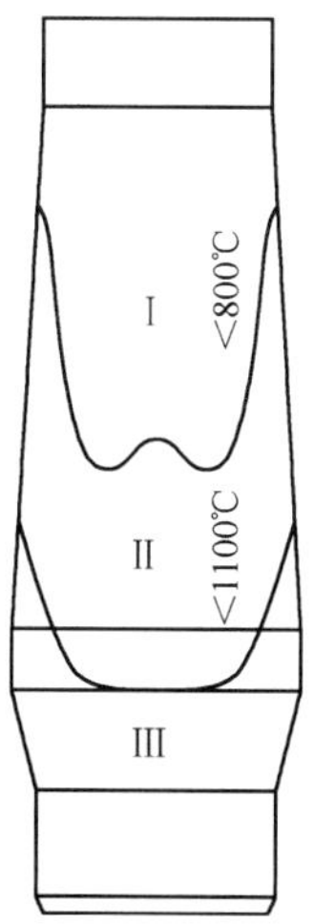

图 6－21 高炉内还原区域分布图

Ⅰ—间接还原区；Ⅱ—共存区；Ⅲ—直接还原区

6.4 金属热还原反应

利用与氧亲和力强的金属去还原与氧亲和力弱的金属的氧化物，制取不含 C 的纯金属或合金，称为金属热还原法（metallothermic process）。目前用硅作还原剂的所谓硅热法，用以生产中、低碳 FeMn 及低碳 FeCr 等。用铝作还原剂的所谓铝热法，用于生产 FeV、FeNb、FeTi、Cr、FeMo、FeB 等。

硅及铝还原氧化物的反应为：

$$\frac{2}{y}M_xO_y(s)+Si(s)=\!=\!=\left(\frac{2x}{y}\right)M(s)+SiO_2(s)$$

$$\frac{1}{y}M_xO_y(s)+\frac{2}{3}Al(s)=\!=\!=\frac{x}{y}M(s)+\frac{1}{3}Al_2O_3(s)$$

图 6－22 及图 6－23 分别为硅及铝还原氧化物的 $\Delta_rG_m^{\ominus}-T$ 图。由图可见，在标准状态下，硅能还原 Cr_2O_3、Nb_2O_5、MoO_3、WO_3、V_2O_5 等，但不能还原 ZrO_2、MnO、TiO_2 等。铝的还原能力比硅大，绝大多数氧化物均能被铝所还原。

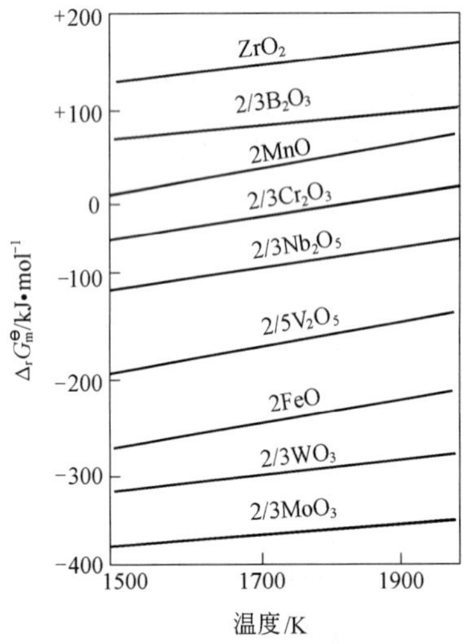

图 6－22 硅还原氧化物的 $\Delta_rG_m^{\ominus}-T$ 图

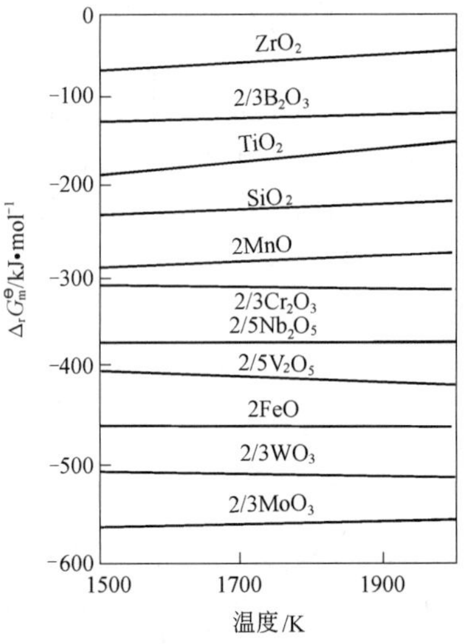

图 6－23 铝还原氧化物的 $\Delta_rG_m^{\ominus}-T$ 图

上列反应的 $\Delta_rG_m^{\ominus}$ 受温度的影响较小，因而金属热还原反应的 $\Delta_rG_m^{\ominus}$ 线差不多彼此是平行的，所以这些还原反应的 $\Delta_rS_m^{\ominus}$ 很小，$\Delta_rS_m^{\ominus}\approx0$（还原产物是气态的例外），因此，反应的 $\Delta_rH_m^{\ominus}$ 有很大的作用。

由于还原反应生成的 SiO_2 和 Al_2O_3 的生成热很大，反应是强放热的，这种热能可使反应的温度及速率有很大的提高。但为使还原的金属与氧化物易分离，应使放出的热能供给产物达到熔化及分离所需的温度。因此，要根据金属热还原反应的 $\Delta_rH_m^{\ominus}$ 做热平衡计算，以确定其 $\Delta_rH_m^{\ominus}$ 是否能达到这一要求。

可利用热还原反应中单位摩尔质量反应物（炉料）放出的热量作为热还原放出热量的特征，这称为单位炉料热效应，即：

$$Q = -\Delta_r H_m^{\ominus}(298K)/\sum M \quad (kJ/kg) \tag{6-26}$$

式中 $\Delta_r H_m^{\ominus}(298K)$——金属热还原反应的标准焓变量，kJ/mol；

$\sum M$——按化学反应计量关系计算的原始炉料的摩尔质量之和，kg/mol。

由经验得知，为使金属热还原在无外界供热情况下顺利进行，单位炉料热效应应超过2300kJ/kg。但对于难还原的氧化物，Q 应更高于此。例如，用铝热法生产金属锰，使用不同价态的氧化锰作原始炉料，其单位炉料的热效应为：

$$3MnO_2(s) + 4Al(s) = 3Mn(s) + 2Al_2O_3(s)$$

$$\Delta_r H_m^{\ominus}(298K) = -1788kJ/mol \quad Q = 4846kJ/kg$$

$Q > 2300kJ/kg$ 时，反应猛烈进行，成爆炸式发展：

$$3Mn_3O_4(s) + 8Al(s) = 9Mn(s) + 4Al_2O_3(s)$$

$$\Delta_r H_m^{\ominus}(298K) = -2542kJ/mol \quad Q = 2851kJ/kg$$

$Q \approx 2300kJ/kg$ 时，反应正常进行：

$$3MnO(s) + 2Al(s) = 3Mn(s) + Al_2O_3(s)$$

$$\Delta_r H_m^{\ominus}(298K) = -520kJ/mol \quad Q = 1948kJ/kg$$

$Q < 2300kJ/kg$ 时，反应放热不够，难以实现。

因此在实践中，应将 $MnO(s)$ 焙烧成 Mn_3O_4，而后用 Mn_3O_4 再还原成 Mn。

当炉料的热效应较小，不能使反应正常进行时，需在炉料中配加易还原的氧化物或使反应在外来热源（如电炉）内进行。但若反应放热过多，炉料过热、挥发，会有大量物质喷溅出来，这时需在炉料中配加不会与还原剂反应的惰性物质作冷却剂，例如重熔炉渣或盐类熔剂。

【例 6-8】 试计算 Al 还原 MnO 的单位炉料热效应，如此单位炉料热效应小于2300kJ/kg，则需在炉料中配加易还原的氧化铁 Fe_3O_4，试计算每100kg 炉料需加入多少千克 Fe_3O_4。

解

$$2MnO(s) + \frac{4}{3}Al(s) = 2Mn(s) + \frac{2}{3}Al_2O_3(s) \tag{1}$$

$$\Delta_r H_m^{\ominus}(298K) = \frac{2}{3} \times (-1675270) - 2 \times (-384930) = -346.99kJ/mol$$

$$\sum M_1 = 2 \times (55 + 16) + \frac{4}{3} \times 27 = 178 \times 10^{-3} kg/mol$$

故

$$Q_1 = -\frac{\Delta_r H_m^{\ominus}(298K)}{\sum M_1} = -\frac{-346.99}{178 \times 10^{-3}} = 1949kJ/kg$$

由于 $Q_1 < 2300kJ/kg$，不能保证反应进行所需热量，因此，需在炉料中配入易还原的 Fe_3O_4。现计算每100kg 炉料需加入的 Fe_3O_4 量。

$$Fe_3O_4(s) + \frac{8}{3}Al(s) = 3Fe(s) + \frac{4}{3}Al_2O_3(s) \tag{2}$$

$$Q_2 = -\Delta_r H_m^{\ominus}(298K)/\sum M = -\left[\frac{4}{3} \times (-1675270) - (-1118380)\right] \Big/ \left(232 + \frac{8}{3} \times 27\right)$$

$$= 3669kJ/kg$$

根据热平衡原理，反应（1）和（2）放出的热量应等于体系（$2MnO(s) + Fe_3O_4(s) + 4Al(s)$）所需的热量，即：

$$Q_1m_1 + Q_2m_2 = 2300(m_1 + m_2)$$

式中 m_1——还原 100kg MnO 的炉料量$\left(2MnO(s) + \frac{4}{3}Al(s)\right)$，即 $m_1 = 100\left(1 + \frac{4/3M_{Al}}{\sum M_1}\right) =$

$100 \times \left(1 + \frac{4/3 \times 27}{178}\right) = 120kg$；

m_2——应加入的 Fe_3O_4 还原反应的炉料量$\left(Fe_3O_4(s) + \frac{8}{3}Al(s)\right)$；

2300——还原反应顺利进行的单位炉料热效应。

故 $1949 \times 120 + 3669m_2 = 2300(120 + m_2)$ $m_2 = \frac{(1949 - 2300) \times 120}{2300 - 3669} = 30.77kg$

炉料中， $m_{Fe_3O_4} = m_2 \cdot \frac{M_{Fe_3O_4}}{\sum M_2} = 30.77 \times \frac{232}{304} = 23.48kg$

Fe_3O_4 完全还原到 Fe 时，还原的 Fe 量为：

$$m_{Fe} = 23.48 \times \frac{3 \times 56}{232} = 17kg$$

在还原过程中发生的物态变化，如熔化、挥发、溶解等，能改变还原剂和被还原金属的活度，它们对热还原反应的关系同样可用本章 6.3.1 节式（6－21）表示。例如，还原的金属呈气态，如 Ca 及 Mg，则可采用真空降低其分压，而使还原的开始温度下降。又加入熔剂，如 CaO，在高温下能与 SiO_2 或 Al_2O_3 结成稳定的复合化合物，不仅能供给部分热量，还能降低 SiO_2 或 Al_2O_3 在熔渣中的活度，从而提高还原剂的还原能力。在硅热法中使用 CaO 熔剂，可使硅顺利地还原许多难以还原的氧化物。

此外，还原剂在被制取的金属中溶解度要小，可降低还原剂的损失及提高产品的纯度；形成的熔渣应有较低的熔点，对制取的金属润湿性要小，才便于分离。一般要求渣量不宜过大，因为即使金属在其内的溶解度不高，也会增加金属的损失。产品虽不可避免地含有少量的还原剂，常需进一步做精炼处理，但应尽可能使金属完全还原。由硅热还原反应的

$$K^{\ominus} = (a_{SiO_2}a_M)/(a_{MO_2}a_{Si})$$

可得：

$$\frac{x[Si]}{x[M]} = \frac{a_{SiO_2}}{a_{MO_2}}\exp\left(\frac{-\Delta_r G_m^{\ominus}}{RT}\right)$$

即产品中 Si 对金属的比值越小，还原就越完全。这就要求还原反应的 $-\Delta_r G_m^{\ominus}$ 最大，即还原剂与氧的亲和力远大于被还原金属与氧的亲和力。

【例 6－9】 MgO 可被 Si 还原，形成气态 Mg(g)，而还原剂 Si 生成的 SiO_2 又能与加入的过剩 MgO 形成硅酸镁（$2MgO \cdot SiO_2$）。试计算在 1500K 为使还原反应进行，需要采用多大的真空度。

解 还原反应为：

$$4MgO(s) + Si(s) = 2Mg(g) + 2MgO \cdot SiO_2(s)$$

注意，以上反应中仅 2mol MgO 参加 Si 作为还原剂的还原，另 2mol MgO 则用于与 Si 生成的 SiO_2 结合成 $2MgO \cdot SiO_2$，而不是还原－氧化反应的直接参加者，故还原反应是下列反应的组合，求 $\Delta_r G_m$：

$$\begin{array}{ll} 2MgO(s)+Si(l)=\!=\!=2Mg(g)+SiO_2(s) & \Delta_r G_m^\ominus=558300-236.25T \quad (J/mol) \\ 2MgO(s)+SiO_2(s)=\!=\!=2MgO\cdot SiO_2(s) & \Delta_r G_m^\ominus=-67200+4.21T \quad (J/mol) \\ \hline 4MgO(s)+Si(l)=\!=\!=2Mg(g)+2MgO\cdot SiO_2(s) & \Delta_r G_m^\ominus=491100-232.04T \quad (J/mol) \end{array}$$

$$\Delta_r G_m=\Delta_r G_m^\ominus+RT\ln p_{Mg(g)}^2 \quad (J/mol)$$

$$\Delta_r G_m=491100-232.04T+38.30T\lg p_{Mg(g)}$$

当 $\Delta_r G_m=0$ 时，$\lg p_{Mg(g)}=\dfrac{-491100+232.04\times1500}{38.30\times1500}=-2.490$

$$p_{Mg(g)}=3.2\times10^{-3} \quad p'_{Mg(g)}=3.2\times10^2Pa$$

又如 MgO 被 Si 还原形成纯 SiO_2 时，

$$2MgO(s)+Si(s)=\!=\!=2Mg(g)+SiO_2(s) \quad \Delta_r G_m=558300-236.25T+38.30T\lg p_{Mg(g)}$$

当 $\Delta_r G_m=0$ 时，$\lg p_{Mg(g)}=\dfrac{-558300+236.25\times1500}{38.30\times1500}=-3.55$

$$p_{Mg(g)}=2.82\times10^{-4} \quad p'_{Mg(g)}=2.82\times10Pa$$

由此可见，在同样的温度条件下，硅热还原法形成 $2MgO\cdot SiO_2$ 比形成纯 SiO_2 时需要的真空度低，亦即复杂化合物的形成能使难还原氧化物更易还原。

6.5 铁的渗碳及碳含量

由 CO 及 CO_2 组成的气相不论有无固体碳存在，不仅具有还原氧化物的能力，而且还能与这些被还原的金属形成含碳的凝聚相。这是因为能溶解 C 或形成碳化物的金属能在析出碳原子的气体中吸收碳，这称为渗碳（carbonization）。不仅还原过程中的金属（如 Fe）能渗碳，得到含碳饱和的铁液或铁合金，而且含碳低的钢件在热处理炉内 900 ~950℃温度下，也可进行渗碳。这时钢件的表层吸收了碳原子，形成硬度很高的表面，而其内部却保持一定的韧性。

6.5.1 碳化物及碳势

碳可溶解于许多金属，如 Fe、Mn、Cr、W 等中，并与它们形成碳化物。其反应为：

$$\frac{x}{y}M(s)+C_{(石)}=\!=\!=\frac{1}{y}M_xC_y(s) \quad \Delta_r G_m^\ominus=-RT\ln K^\ominus=RT\ln a_C \quad (J/mol)$$

式中，a_C 为碳化物形成反应的平衡碳活度，标准态是纯石墨；而 $RT\ln a_C$ 称为碳化物的碳势（carbon potential），用 $\pi_C=RT\ln a_C$ 表示，图 6 –24 称为碳势图。图中绘有各种碳化物的碳势线，并绘有求碳化物的 a_C 的标尺，它是从 0K 轴上“O”点发出的碳化物碳势线的终点坐标点。例如，为求某碳化物在某温度的碳活度，可用直线连接“O”点与该碳化物碳势线上的温度点，其延长线在 a_C 标尺的交点值即为所求碳化物的 a_C。

能分解出 C 的混合气体，如 $CO+CO_2$、CH_4+H_2 的碳势为：

$$2CO=\!=\!=C_{(石)}+CO_2 \qquad K_{CO/CO_2}^\ominus=\frac{p_{CO_2}}{p_{CO}^2}\cdot a_C \qquad a_C=\frac{p_{CO}^2}{p_{CO_2}}\cdot K_{CO/CO_2}^\ominus$$

故

$$\pi_{C(CO)}=RT\ln\frac{p_{CO}^2}{p_{CO_2}}+RT\ln K_{CO/CO_2}^\ominus \quad (J/mol)$$

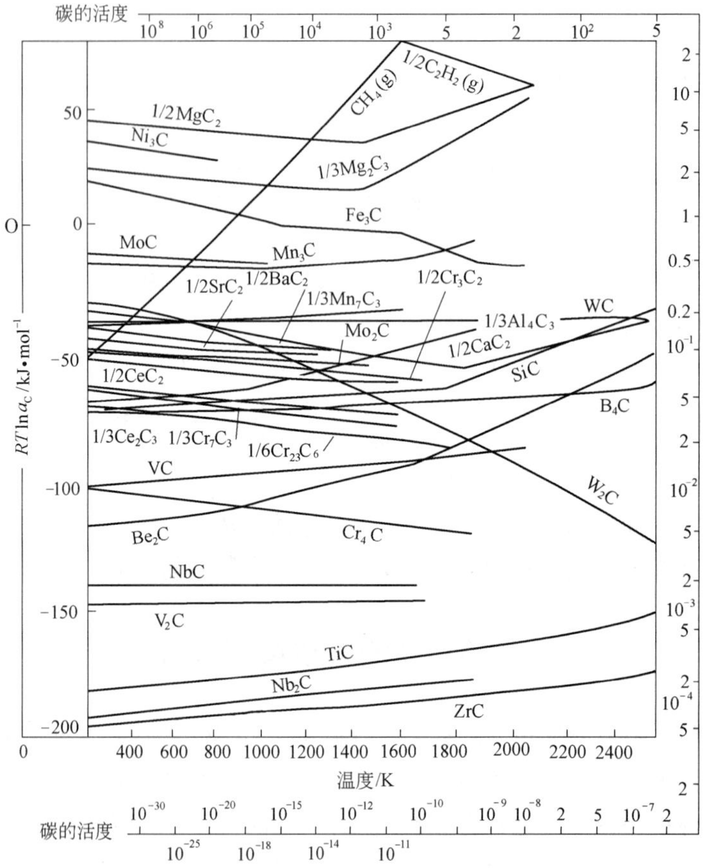

图 6－24 碳化物的碳势图

$$CH_4 = C_{(石)} + 2H_2 \qquad K^{\ominus}_{CH_4/H_2} = \frac{p^2_{H_2}}{p_{CH_4}} \cdot a_C \qquad a_C = \frac{p_{CH_4}}{p^2_{H_2}} \cdot K^{\ominus}_{CH_4/H_2}$$

故

$$\pi_{C(CH_4)} = RT\ln\frac{p_{CH_4}}{p^2_{H_2}} + RT\ln K^{\ominus}_{CH_4/H_2} \quad (J/mol)$$

它们的碳势跟温度及平衡气相成分有关。如果这种混合气体与金属接触时其碳势高于金属的碳势，即 $\pi_{C(气体)} > \pi_{C(M)}$，则可发生渗碳；相反，金属内的碳气化，发生脱碳。

从碳势图上可见，Mn、Ni、Al、Si、Zr、Ti、V、Nb 等元素能形成稳定的碳化物（在 2400K 以下，$\Delta_r G^{\ominus}_m < 0$）。因此这些元素的氧化物被 C 还原时，形成的产物经常是碳化物。碳可与 Fe 形成一系列碳化物 Fe_4C、Fe_3C、Fe_4C_3、Fe_2C、FeC 等，在铁的还原温度下，仅 Fe_3C 才有实际意义。Fe_3C 称为渗碳体，具有正斜方晶型。它能作为结构单元存在于铁的合金中。用 CO 处理 Fe_2O_3（还原）或 Fe（渗碳）时，在 225℃ 以下的温度范围内可获得 Fe_2C，它在 300～400℃ 可转变成 Fe_3C。从碳势图可见，在 $T < 1000$K 时，Fe_3C 在热力学上是不稳定的（$\Delta_r G^{\ominus}_m > 0$），要分解析出石墨（$Fe_3C = 3Fe + C_{(石)}$）。但是，这种低温下的分解速率一般很慢，所以能以准稳态 Fe_3C 存在。

6.5.2 碳在固体 Fe－C 系中的存在状态

利用 Fe－C 状态图（图 6－25）可以了解碳作为组分的 Fe－C 二元系，在不同温度下呈现的相间的平衡关系。平衡图由包晶、共晶、共析三个基本反应组成。C 在固体铁中的溶解度因铁的晶型不同而差别较大，在 αFe、δFe 中的溶解度很小，而在 γFe 中的溶解度较大，1153℃时 $w[C]=2.11\%$，这种固溶体称为奥氏体。奥氏体中溶解的 C 达到饱和时，将以石墨或 Fe_3C 形式的 C 析出。因此，图中奥氏体碳的溶解度曲线有两条。实线表示石墨碳在奥氏体中的溶解度，虚线表示 Fe_3C 在奥氏体中 C 的溶解度，它乃是与 Fe_3C 相平衡的奥氏体中 C 的浓度。后者的 C 浓度高于前者的 C 浓度，因为 Fe_3C 是准稳定相。另外，奥氏体中的碳以 Fe_3C 相析出比以石墨相析出更容易，因为 Fe－石墨的界面能比 Fe－Fe_3C 的界面能高，石墨的形核要比 Fe_3C 的形核困难得多，所以与奥氏体中溶解 C 平衡的多是 Fe_3C 相。铸铁（$w[Si]=1.25\%\sim4\%$）中有大量石墨存在，是由于其中的硅促进了 Fe_3C 分解而石墨化。所以，Fe－C 状态图中的 Fe－Fe_3C 线有重要意义。

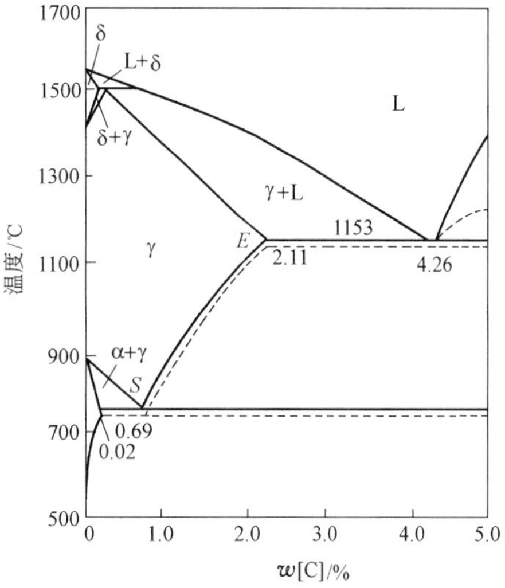

图 6－25 Fe－C 的状态图

6.5.3 CO＋CO_2 气体对铁的渗碳反应

CO 的渗碳反应为：

$$2CO = [C] + CO_2 \quad \Delta_r G_m^{\ominus} = -166550 + 171T \quad (J/mol)$$

式中 [C]——溶解于 Fe 中的碳，标准态为纯石墨。

由

$$K^{\ominus} = \frac{p_{CO_2}}{p_{CO}^2} \cdot a_C = \frac{100(100-\varphi(CO)_{\%})}{\varphi(CO)_{\%}^2 \cdot p} \cdot a_C$$

得：

$$x[C] = \frac{\varphi(CO)_{\%}^2}{100-\varphi(CO)_{\%}} \cdot \frac{K^{\ominus}p}{100} \cdot \frac{1}{\gamma_C} \quad (1)$$

为利用式（1）计算铁中渗碳浓度，需要知道 γ_C。γ_C 可利用由碳在奥氏体中呈间隙式溶解模型的 C 原子组态熵导出的公式得出❶：

$$a_C = \frac{x[C]}{1-5x[C]} \qquad f_C = \frac{1}{1-5x[C]} \quad (2)$$

式中 a_C——以假想纯物质为标准态时碳的活度。

因为以上公式中的 f_C 是假想纯物质标准态的活度系数，代入式（1）中，应先做标准态的换算。

由活度系数换算公式： $\gamma_C = \gamma_C^0 f_C$

❶ 公式的导出见附录 1 中（10）。

当铁中 C 饱和时，$\gamma_{C(饱)}=\gamma_C^0 f_{C(饱)}$，故：

$$\gamma_C/\gamma_{C(饱)}=f_C/f_{C(饱)} \tag{3}$$

从而

$$\gamma_C=\gamma_{C(饱)}\cdot(f_C/f_{C(饱)}) \tag{4}$$

又以石墨作标准态时，$a_{C(饱)}=\gamma_{C(饱)}\cdot x[C]_{饱}=1$，故：

$$\gamma_{C(饱)}=1/x[C]_{饱} \tag{5}$$

将式（2）所得的 f_C、$f_{C(饱)}$ 值及式（5）代入式（4）中，得：

$$\gamma_C=\frac{1-5x[C]_{饱}}{x[C]_{饱}(1-5x[C])} \tag{6}$$

这是 C 以石墨为标准态的活度系数计算式。将式（6）代入式（1）中，可得出计算铁中渗碳量的方程：

$$x[C]=\frac{\varphi(CO)_{\%}^2}{100-\varphi(CO)_{\%}}\cdot\frac{x[C]_{饱}(1-5x[C])}{1-5x[C]_{饱}}\cdot\frac{K^{\ominus}p}{100} \tag{6-27}$$

又当铁中渗碳浓度较低（小于 1%）时，可利用下列浓度单位转换关系：

$$x[C]=\frac{55.85}{100\times12}\times w[C]_{\%}=0.0465w[C]_{\%}$$

则式（6－27）变为：

$$w[C]_{\%}=w[C]_{\%(饱)}\Big/\left[(1-0.23w[C]_{\%(饱)})\cdot\frac{100-\varphi(CO)_{\%}}{\varphi(CO)_{\%}^2}\cdot\frac{100}{K_p^{\ominus}p}+0.23w[C]_{\%(饱)}\right] \tag{6-28}$$

式中，溶解饱和碳浓度可由 Fe－C 状态图中得出。

【例 6－10】 在 900℃及 100kPa 压力下，用 $CO+CO_2$ 混合气体对低碳钢（$w[C]=0.1\%$）渗碳。试求气相平衡成分为 $\varphi(CO)=80\%$ 及 $\varphi(CO_2)=20\%$ 时能达到的渗碳浓度。

解 可利用式（6－28）做计算，为此需先得出 900℃的 $w[C]_{\%(饱)}$ 及 $K^{\ominus}$。

由图 6－25 所示的 Fe－C 状态图查得，$w[C]_{\%(饱)}=1.2$。

$$\lg K^{\ominus}=\frac{166550}{19.147\times1173}-\frac{171}{19.147}=-1.52 \qquad K^{\ominus}=3.0\times10^{-2}$$

$$w[C]_{\%}=\frac{1.2}{\frac{20}{80^2}\times\frac{(1-0.23\times1.2)\times100}{3.0\times10^{-2}\times1}+0.23\times1.2}=0.154$$

$$w[C]=0.154\%$$

可由上面导出的式（6－28）绘制出铁渗碳的平衡图，如图 6－26 所示。铁的渗碳发生在 αFe、γFe、δFe 及 Fe(l) 区内，而 γFe 区是主要的渗碳区，其下界线为 CO 还原 FeO 的平衡线，因为气相的 CO 浓度低于此线时 Fe 不能存在；其上界线则是 CO 分解反应的平衡线，因为在式（6－27）中，当 $x[C]=x[C]_{饱}$ 时式（6－27）变为：

$$\frac{\varphi(CO)_{\%}^2p}{100(100-\varphi(CO)_{\%})}=\frac{1}{K^{\ominus}} \quad 或 \quad K^{\ominus}=\frac{100-\varphi(CO)_{\%}}{\varphi(CO)_{\%}^2}\cdot\frac{100}{p}$$

此即反应 $2CO=C_{(石)}+CO_2$ 的平衡常数。因此，CO 分解反应曲线（1）是 CO 对 Fe 渗碳达到饱和浓度的平衡线。此区内绘有由式（6－28）计算的渗碳浓度的等值线。随着气相中 CO 浓度的增加及温度的降低，γFe 中渗碳的浓度增大。

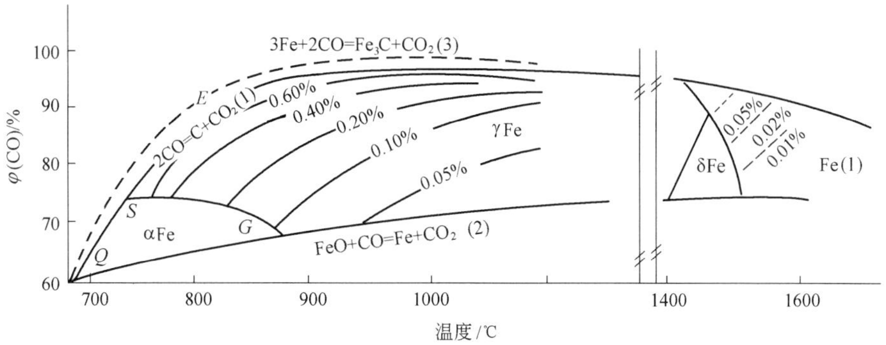

图 6－26　$CO+CO_2$ 对铁渗碳的平衡图

由于奥氏体渗碳浓度达饱和时有 Fe_3C 析出，则渗碳反应可表示为：

$$2CO+3Fe(s)=\!=\!=Fe_3C(s)+CO_2 \quad 或 \quad C_{(石)}+3Fe(s)=\!=\!=Fe_3C(s)$$

而
$$K^{\ominus}_{Fe_3C}=\frac{p_{CO_2}}{p^2_{CO}}\cdot a_{C(Fe_3C)}$$

式中　$a_{C(Fe_3C)}$——Fe_3C 中 C 的活度

当 Fe_3C 与 γFe 中饱和碳平衡时，Fe_3C 的吉布斯自由能可认为是 C 及 Fe 的化学势之和，即：

$$G(Fe_3C)=\mu_{C(Fe_3C)}+3\mu_{Fe(Fe_3C)}$$

又由于 Fe_3C 及与其平衡的 γFe 饱和液中 Fe 的量相等（碳含量很低），故有 $\mu_{Fe(Fe_3C)}=\mu_{Fe}$，从而

$$G(Fe_3C)=\mu_{C(Fe_3C)}+3\mu_{Fe}$$

由于渗碳温度下 Fe_3C 在热力学上不能稳定存在（$\Delta_r G^{\ominus}_m>0$），要分解为石墨及 C 饱和的 γFe：

$$Fe_3C(s)=\!=\!=C_{(石)}+3Fe(s)$$

所以
$$G(Fe_3C)>G^{\ominus}(C)_{石}+3\mu_{Fe}$$
$$\mu_{C(Fe_3C)}>G^{\ominus}(C)_{石}$$

即 Fe_3C 的化学势比石墨的化学势大：

$$\mu^{\ominus}_{Fe_3C}+RT\ln a_{C(Fe_3C)}>\mu^{\ominus}_{C_{(石)}}+RT\ln a_{C_{(石)}}$$

两者的标准态相同时，$\mu^{\ominus}_{Fe_3C}=\mu^{\ominus}_{C_{(石)}}$，故有 $a_{C(Fe_3C)}>a_{C_{(石)}}$。

又
$$2CO=\!=\!=C_{(石)}+CO_2 \quad a_{C_{(石)}}=K^{\ominus}_C\cdot\left(\frac{p^2_{CO}}{p_{CO_2}}\right)_{石}$$

$$2CO+3Fe(s)=\!=\!=Fe_3C(s)+CO_2 \quad a_{C(Fe_3C)}=K^{\ominus}_{Fe_3C}\cdot\left(\frac{p^2_{CO}}{p_{CO_2}}\right)_{Fe_3C}$$

由于 $K^{\ominus}_C=K^{\ominus}_{Fe_3C}$（标准态同为石墨），又 $a_{C(Fe_3C)}>a_{C_{(石)}}$，故：

$$\left(\frac{p^2_{CO}}{p_{CO_2}}\right)_{Fe_3C}>\left(\frac{p^2_{CO}}{p_{CO_2}}\right)_{石}$$

即与 Fe_3C 平衡的气相 CO 浓度高于与石墨平衡的气相 CO 浓度。因此，反应 $2CO+3Fe(s)=\!=$

$Fe_3C(s) + CO_2$ 的平衡线（3）必位于反应 $2CO = C_{(石)} + CO_2(s)$ 的平衡线（1）之上，如图中虚线（3）所示。其最大渗碳量可达到 $w[C] = 2.0\%$。而奥氏体中与 Fe_3C 平衡的 C 浓度则高于与石墨相平衡的 C 浓度。

αFe 区渗碳量最小，仅在738℃有最大渗碳量 $w[C] = 0.032\%$。δFe 及 Fe(l)区的渗碳量较小，虽然气相中 $\varphi(CO)$ 浓度高时溶解 C 的 $w[C]$ 达到 6.67%，即 Fe_3C 的成分，但这已相当于 $\varphi(CO) = 100\%$ 的渗碳量了。

从上面铁渗碳的平衡图，可得出铁渗碳量的影响因素：

（1）提高气相中 CO 的浓度能使 γFe 区内 C 浓度增加；

（2）降低温度具有提高 CO 浓度的作用，因为 CO 渗碳反应是放热的；

（3）提高压力能提高 $CO + CO_2$ 混合气体的碳势，从而增加渗碳量，它能使压力为 10^5Pa 的渗碳平衡曲线向比较低浓度的 CO 方向移动，使 γFe 渗碳区缩小；

（4）气相 CO 浓度低于一定渗碳曲线的 $\varphi(CO)$，可发生脱碳，使铁中 C 量降低。

6.5.4　CH_4 对铁的渗碳反应

CH_4 是有效的渗碳剂，它在加热时分解为 C 及 H_2：

$$CH_4 = C_{(石)} + 2H_2 \quad \Delta_r G_m^{\ominus} = 91044 - 110.67T \quad (J/mol)$$

温度升高及压力降低，气相的碳势增加，因此，这些因素的影响恰与 CO 分解反应的相反。

CH_4 的渗碳反应为：

$$CH_4 = [C] + 2H_2 \qquad \Delta_r H_m^{\ominus} > 0$$

$$CH_4 + 3Fe(s) = Fe_3C(s) + 2H_2 \qquad \Delta_r H_m^{\ominus} > 0$$

仿前，同样可导出渗碳反应的热力学公式：

$$x[C] = \frac{100 - \varphi(H_2)_{\%}}{\varphi(H_2)_{\%}^2} \cdot \frac{K^{\ominus} \times 100}{p\gamma_C} \tag{6-29}$$

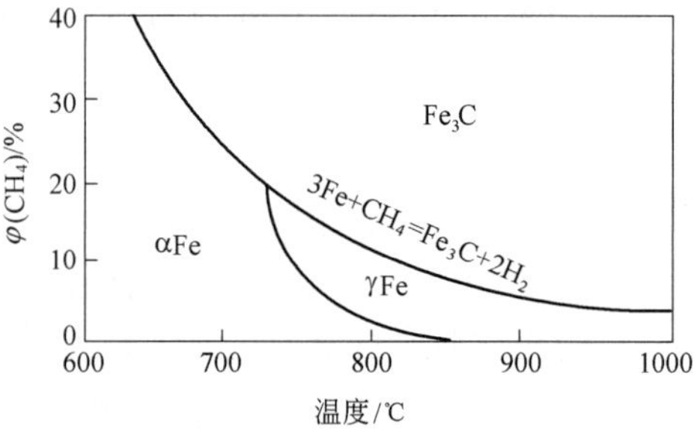

图 6-27　CH_4 对 Fe 渗碳的平衡图

图 6-27 为 $CH_4 + H_2$ 气体对 Fe 渗碳的平衡图，由图可见：

（1）提高气相 CH_4 的浓度和温度以及降低压力，可使渗碳量增加。

（2）γFe 的渗碳区比较小，但 αFe 与 Fe_3C 的存在区则较宽，这表明 CH_4 的渗碳能力很强，气相组成不大的改变就能使 γFe 的渗碳达到很高的浓度。因此，为了获得规定的渗碳量，必须正确控制气相的成分。

（3）气相中 H_2 的浓度高于渗碳反应 H_2 的平衡浓度时，可发生脱碳，但不至于引起铁的氧化，因为气相中不存在氧化性成分。所以用 $H_2 + CH_4$ 作钢件的表面脱碳处理时，是在暗退火条件下进行的，气相成分及温度仅使 C 量降低，而铁的表面保持不氧化（光亮）。

6.5.5　高炉内铁的渗碳过程及生铁的碳含量

在高炉内，金属铁的形成就会为炉气的 CO 进行渗碳，因为还原的铁活性很高，是 CO

分解的有效催化剂，能促进吸附的 CO 发生分解，析出的 C 被铁所吸收。在煤气流和料柱的相对逆流运动中，氧化铁的还原和渗碳是同时进行的，可用以下反应式表示：

$$3FeO(s) + 5CO = Fe_3C(s) + 4CO_2$$

形成的 CO_2 又与焦炭反应，故渗碳反应又可表示为：

$$3Fe(s) + 2CO = Fe_3C(s) + CO_2$$

$$C_{(石)} + CO_2 = 2CO$$

$$3Fe(s) + C_{(石)} = Fe_3C(s)$$

这种反应随着还原的铁不断下行，进入高温及高浓度的 CO 区而加强，铁中碳量也就不断增加。

渗碳后的铁熔点降低，逐渐熔化，流经焦炭表面进一步吸收 C，使其中 C 量增加。在 γFe－石墨的共晶点（1153℃）时，碳的溶解度 $w[C]=4.26\%$；温度上升到 1600℃时，$w[C]$可达 5.5%。在其他温度下，铁中碳的溶解度可用下式计算：

$$\lg x[C] = -\frac{560}{T} - 0.376 \tag{6-30}$$

$$w[C]_{\%} = 1.34 + 2.54 \times 10^{-3} t \tag{6-31}$$

式中　t——温度，℃。

碳的溶解度不仅与温度有关，还与铁中溶解的其他元素有关。图 6－28 及表 6－3 表示了 $w(B)=1\%$ 对铁中碳溶解度的改变值。利用表 6－3 中的值可得出一般生铁碳含量的计算公式：

$$w[C]_{\%} = 1.34 + 2.54 \times 10^{-3} t + 0.04 w[Mn]_{\%} - 0.30 w[Si]_{\%} - 0.35 w[P]_{\%} - 0.40 w[S]_{\%} \tag{6-32}$$

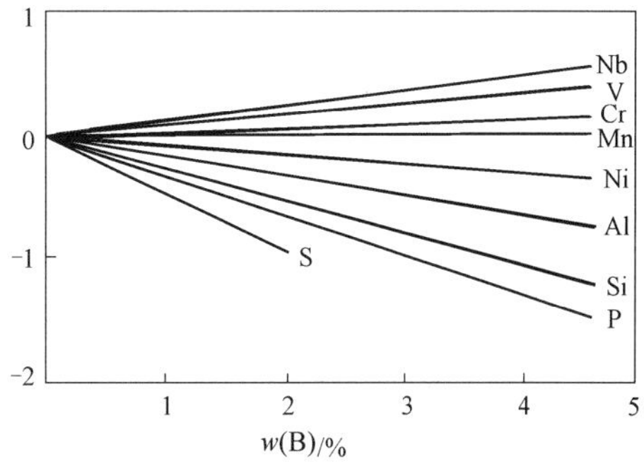

图 6－28　元素对铁中碳溶解度的影响

表 6－3　$w(B)=1\%$对铁中碳溶解度的改变值　（%）

元　素	Al	Cr	Co	Cu	Mn	Ni	Nb	P	Si	S	V	Ti
Δw[C]	−0.25	0.09	−0.03	−0.20	0.04	−0.07	0.12	−0.35	−0.30	−0.40	0.13	0.17
适用浓度	<2	<9	1	<3.8	<2.5	<8	—	<3	<5.5	<0.4	<3.4	—

凡能形成比 Fe_3C 稳定的碳化物的元素，如 Nb、V、Cr、Mn 等，能使铁液的碳含量增加。例如，$w[Mn]=15\%\sim20\%$ 的镜铁，其 $w[C]$ 可达到 5%～5.5%；$w[Mn]=80\%$ 的 FeMn，其 $w[C]$可达 7%；而一般生铁的 $w[C]$ 仅为 4% 左右。凡能与 Fe 形成稳定性比 Fe 与 C 形成稳定性更大的化合物的元素，如 Si、P、S 等非金属元素，则能降低碳的溶解度。例如，铸造生铁的 $w[C]$未超过 3.5%～4.0%，FeSi 的 $w[C]$ 可低到 2%，而高磷生铁的 $w[C]$未超过 3.2%。

铁液中溶解的某些碳化物达到饱和后，多余的碳化物进入熔渣。例如，炼高硅生铁的 SiC、炼钒钛生铁的 TiC 等，它们的熔点均很高，以固相分散状混杂于熔渣中，使熔渣的流动性变差，冶炼出现困难。

6.6　熔渣中氧化物的还原反应

在高炉的还原熔炼中，矿石中的主要金属氧化物通过气－固相间的还原反应成铁后，进入高温区内，吸收其他易还原的元素及碳之后，形成金属熔体。矿石中比较难还原的氧化物（来自脉石及燃料灰分）及未被气－固相反应所还原的小部分主要金属的氧化物（Fe_xO），则在熔剂的作用下形成熔渣。在金属熔体与熔渣接触的过程中，随着温度的升高和熔渣组成的改变，熔渣中比较难还原的氧化物将继续被固体碳或铁液的饱和碳所还原，而进入金属熔体中。

6.6.1　还原反应的分配系数及其影响因素

例如，对于（MO）的还原反应：$(MO)+[C]=[M]+CO$，其 $\Delta_r G_m^{\ominus}$ 可由氧化物直接还原反应的 $\Delta_r G_m^{\ominus}$ 与反应中各物质的标准溶解吉布斯自由能 $\Delta G_B^{\ominus}$ 组合得出。反应的平衡常数为：

$$K_M^{\ominus}=\frac{a_{[M]}p_{CO}}{a_{[C]}a_{(MO)}}=\frac{f_M w[M]_{\%}p_{CO}}{\gamma_{MO}x(MO)a_{[C]}}$$

由于铁水多被碳饱和或是固体碳参加反应，所以 $a_{[C]}=1$。于是，可得出还原元素在金属熔体与熔渣间的分配系数 L_M：

$$L_M=\frac{w[M]_{\%}}{x(MO)}=K_M^{\ominus}\cdot\frac{\gamma_{MO}}{f_M}\cdot\frac{1}{p_{CO}}$$

这种由平衡常数导出的熔渣－金属液间的分配系数，是还原反应的重要热力学公式。但它不同于无化学反应出现的两相的分配系数，不仅元素在两相中存在的结构形式不相同，而且还与这些物质在两相中的活度系数有关。分配系数越大，则由熔渣氧化物还原进入金属熔体中的元素的浓度就越大。因此，可通过由反应平衡常数导出的分配系数来控制熔渣内氧化物的还原。

影响还原反应分配系数的因素是：

（1）温度。反应是强吸热的，提高温度有利于反应正向进行，被还原的金属浓度增加。

（2）γ_{MO}则与熔渣组成有关。对于酸性氧化物的还原，降低碱度，γ_{MO}增大；对于碱性氧化物的还原，提高碱度，γ_{MO}也增大，均有利于 L_M 的提高。由于还原的金属常溶解于金属熔体中或有其他同时还原元素的存在，f_M 有所降低，也有利于 L_M 的提高。

（3）p_{CO} 的降低能提高 L_M，p_{CO} 代表渣－金属液界面的氧势（$\pi_{O(CO)}=\Delta_r G_m^{\ominus}+2RT\ln p_{CO}$）。高炉内金属液滴－熔渣界面上形成的 CO 气泡的 p'_{CO} 约为鼓风压力（$(3\sim4)\times10^5$Pa）的 40%，即 1.5×10^5Pa。此值在炉缸中基本恒定，可作为还原反应平衡计算的数据。

在高炉内除 C 是主要的还原剂外，不可避免还原的 Si 也能成为熔渣中其他氧化物的还原剂，因此，熔渣中氧化物的还原可分为两类：

（1）有 C、CO 恒定组分参加的所谓基本还原反应。如：

$$(SiO_2)+2[C]=[Si]+2CO$$

$$(MnO) + [C] = [Mn] + CO$$

这些反应的平衡分配系数需要较长时间才能达到。例如，由实验确定，在1500℃时，前一反应需要25h以上，后一反应也需要18 ~20h，详见后述。

（2）没有C、CO恒定组分参加的两相间电子交换的耦合反应。如：

$$2(MnO) + [Si] = (SiO_2) + 2[Mn]$$

或 $$2(Mn^{2+}) + [Si] + 4(O^{2-}) = (SiO_4^{4-}) + 2[Mn]$$

这实际上是金属-熔渣间离子、电子交换的电极反应组合的离子反应式（详见第4章4.5.3节），其速度很高，易于达到平衡。

6.6.2 SiO_2 的还原

6.6.2.1 （SiO_2）还原的热力学

高炉渣的温度在1350 ~1400℃，其内的 SiO_2 能按下式还原：

$$(SiO_2) + 2[C] = [Si] + 2CO \quad \Delta_r G_m^\ominus = 586050 - 386.79T \quad (J/mol)$$

而 $$L_{Si} = \frac{w[Si]_{\%}}{x(SiO_2)} = K_{Si}^\ominus \cdot \frac{\gamma_{SiO_2}}{f_{Si}} \cdot \frac{1}{p_{CO}^2} \qquad (6-33)$$

由式（6-33）可得 L_{Si}的影响因素：

（1）温度。还原反应是强吸热的，$K_{Si}^\ominus$ 随温度的升高增加很多，所以温度对 L_{Si}有很大的影响。一般来说，熔渣组成一定时，生铁的硅含量就取决于温度。

（2）熔体组成。生铁的C、P、Ni均能提高 f_{Si}，但C的作用最大，可是C常在生铁中呈饱和浓度，故 f_{Si}变化不大。但熔渣的碱度对 γ_{SiO_2}，从而对 L_{Si}的影响却较大，碱度增加，γ_{SiO_2}降低，因而 L_{Si} 也降低，如图6-29所示。Al_2O_3 浓度增加，在低碱度渣内使 L_{Si}降低，而在高碱度渣内使 L_{Si}增加，因为 Al_2O_3 具有两性性质。

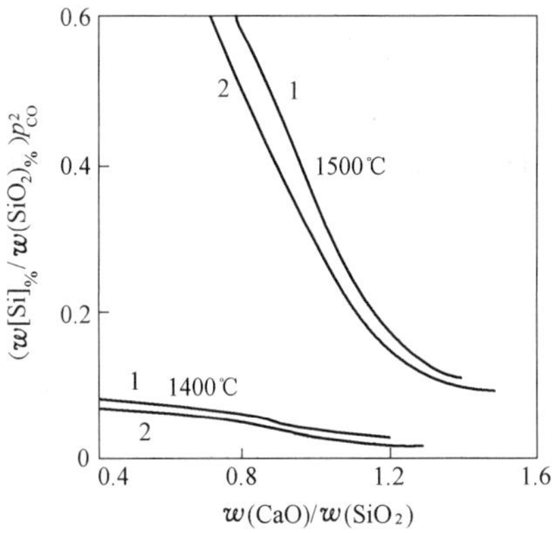

图6-29 CaO-SiO_2-Al_2O_3 系的碱度对 L_{Si}的影响

1—$w(Al_2O_3) = 10\%$；2—$w(Al_2O_3) = 20\%$

（3）压力。式（6-33）中，p_{CO}是二次方，还原反应受压力的影响显著。大型高炉内压力大、顶压强，p_{CO}也大，有利于降低［Si］含量和能耗。而小高炉内则相反，因此，其冶炼高硅生铁就比大高炉更经济。

因此，在高炉内控制生铁硅含量的因素主要是温度和熔渣的碱度。所以在冶炼铸造生铁（$w[Si] = 1.25\% \sim 4.0\%$）或硅铁时，就要采用高温、低碱度的操作；而在冶炼炼钢生铁（$w[Si] < 0.6\%$）时，就应采用较高碱度的操作。

碳饱和铁液内还原的硅量可按实验测定的图6-30确定。如由反应的平衡常数来计算，则需知道硅的活度系数。对于低浓度的硅，可利用相互作用系数 e_{Si}^{Si}进行计算；但当

$x[\mathrm{Si}]>0.2$ 时，就难以考虑 C 的影响了，因为随着 $x[\mathrm{Si}]$ 的增加，碳的饱和浓度下降，甚至在 Fe - Si - C 系中有 SiC 系形成。在这种情况下，只能由图 6 - 30，直接从熔渣组成得出此三元渣系下铁熔体的硅含量。

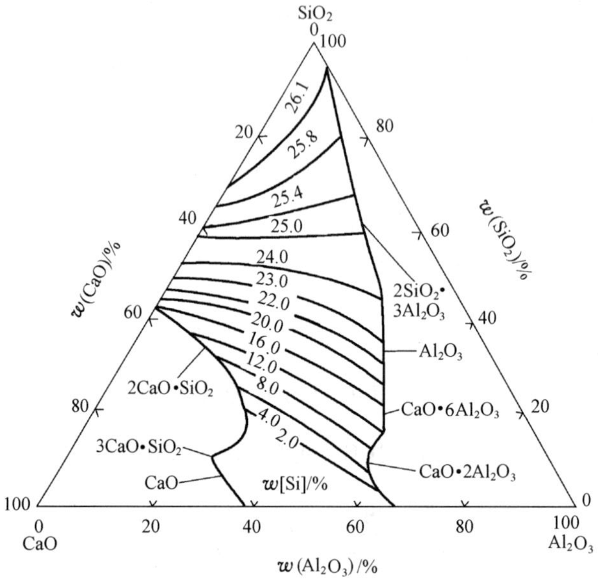

图 6 - 30　$CaO-SiO_2-Al_2O_3$ 系铁液中硅的平衡浓度（1600℃）

【例 6 - 11】　试计算与组成为 $w(SiO_2)=32\%$、$w(CaO)=42\%$、$w(Al_2O_3)=26\%$ 的熔渣平衡的含碳饱和铁液中硅的浓度，体系的 $p'_{CO}=1.3\times10^5\mathrm{Pa}$，温度为 1600℃。

解　$(SiO_2)+2[C]=\!=\!=[Si]+2CO\quad \Delta_r G_m^{\ominus}=586050-386.79T\quad (\mathrm{J/mol})$

$$K_{Si}^{\ominus}=\frac{a_{[Si]}p_{CO}^2}{a_{(SiO_2)}}\qquad a_{[Si]}=\frac{K_{Si}^{\ominus}a_{(SiO_2)}}{p_{CO}^2}$$

$$\lg K_{Si}^{\ominus}=-\frac{586050}{19.147\times1873}+\frac{386.79}{19.147}=3.859\quad K_{Si}^{\ominus}=7235$$

由图 4 - 61 所示的 $CaO-SiO_2-Al_2O_3$ 渣系的 $a_{(SiO_2)}$ 曲线图可得 $a_{(SiO_2)}$。熔渣组分的物质的量及摩尔分数如下：

组分	SiO_2	CaO	Al_2O_3
n_B/mol	0.533	0.75	0.255
x_B	0.347	0.488	0.166

利用上述数值查图 4 - 61，得 $a_{(SiO_2)}=0.01$，故：

$$a_{[Si]}=\frac{K_{Si}^{\ominus}a_{(SiO_2)}}{p_{CO}^2}=\frac{7235\times0.01}{1.3^2}=42.81$$

而 $a_{[Si]}=f_{Si}w[\mathrm{Si}]_{\%}$，为求 $w[\mathrm{Si}]_{\%}$，需利用 e_{Si}^{K} 求出 f_{Si}：

$$\lg f_{Si}=e_{Si}^{Si}w[\mathrm{Si}]_{\%}+e_{Si}^{C}w[\mathrm{C}]_{\%}\tag{1}$$

而　$$w[\mathrm{C}]_{\%}=1.34+0.00254\times1600-0.30w[\mathrm{Si}]_{\%}=5.40-0.30w[\mathrm{Si}]_{\%}\tag{2}$$

$$\lg f_{Si} = e_{Si}^{Si} w[Si]_{\%} + e_{Si}^{C} w[C]_{\%} = 0.11w[Si]_{\%} + 0.18\times(5.40 - 0.30w[Si]_{\%})$$
$$= 0.056w[Si]_{\%} + 0.972$$

又 $\lg a_{[Si]} = \lg f_{Si} + \lg w[Si]_{\%} = 0.056w[Si]_{\%} + 0.972 + \lg w[Si]_{\%}$

代入 $a_{[Si]} = 42.81$，得 $\lg w[Si]_{\%} + 0.056w[Si]_{\%} - 0.66 = 0$。

解以上方程，得： $w[Si] = 3.1\%$

6.6.2.2 SiO(g)的形成及还原

SiO(g)的形成出现在高温（高于1620℃）下 SiO_2 的还原：

$$(SiO_2) + C_{(石)} = SiO(g) + CO \quad \Delta_r G_m^{\ominus} = 687300 - 343.82T \quad (J/mol) \quad (1)$$
$$(SiC) + CO = SiO(g) + 2C \quad \Delta_r G_m^{\ominus} = 82256 - 3.77T \quad (J/mol) \quad (2)$$
$$2(SiO_2) + SiC(s) = 3SiO(g) + CO \quad \Delta_r G_m^{\ominus} = 1456857 - 691.40T \quad (J/mol) \quad (3)$$

仅反应（1）的可能性最大。

对于反应（1）， $p_{SiO(g)} = K_1^{\ominus} \cdot \dfrac{a_{(SiO_2)}}{p_{CO}}$

$p_{SiO(g)}$随温度及 $a_{(SiO_2)}$ 的增大而增加。熔渣中 $a_{(SiO_2)} < 0.01$，而含碳物质（焦炭、煤）的 $a_{(SiO_2)} \approx 1$，因此，认为高炉中的焦炭灰分才能产生 SiO(g)，即参加 SiO(g)的形成。

SiO(g)的还原反应为：

$$SiO(g) + C_{(石)} = [Si] + CO \quad w[Si]_{\%} = K^{\ominus} \cdot \frac{p_{SiO(g)}}{p_{CO} f_{Si}}$$

因此，高温、高的 $p_{SiO(g)}$、低的 p_{CO}（即氧势低），可促进 SiO(g)的还原。所以生铁中的一部分硅是由于焦炭灰分或渣中 SiO_2 通过风口附近高温区（1700℃以上）时，先被还原成 SiO(g)，SiO(g)在上升过程中被 C 还原成 Si 而溶于铁液中。

6.6.2.3 (SiO_2) 还原的动力学

渣中 SiO_2 被还原后进入熔铁中是经历两个途径的：

（1）熔渣中的 SiO_2 被碳还原成气体 SiO，再被熔铁中的碳或气相中的 CO 还原；

$$(SiO_2) + C = SiO(g) + CO \quad (1)$$
$$SiO(g) + [C] = [Si] + CO \quad (2)$$
$$SiO(g) + CO = [Si] + CO_2 \quad (3)$$

对反应（1）的速度，系统研究的不多，但从实验得知，它与温度的关系很大。在高炉内，焦炭灰分中的 SiO_2 是 SiO 的主要来源。在高炉风口附近，焦炭中细小分散的 SiO_2 粒子在数秒内即被气化。

SiO 的进一步还原主要按反应（2）进行，因为反应（3）的速度很小。SiO 被熔铁中饱和碳还原的速度式为：

$$-\frac{dc}{dt} = k_{+} p_{SiO} - k_{-} p_{CO} a_{[Si]}$$

或
$$\frac{1}{100} \cdot \frac{W}{AM_{Si}} \cdot \frac{dw[Si]_{\%}}{dt} = k_{+} p_{SiO} - k_{-} p_{CO} a_{[Si]}$$

式中 W——熔铁的重量，g；

A——气－熔铁的界面面积；

M_{Si}——硅的摩尔质量；

k_+，k_-——分别为反应（2）正、逆反应的速度常数。

正反应的表观活化能为272kJ/mol，逆反应的表观活化能为297kJ/mol。

（2）熔渣与熔铁接触时，渣中的 SiO_2 在两相的界面上还原，而硅进入熔铁中。反应由界面反应和物质（SiO_2 及 Si）的扩散环节组成。总反应可表示为：

$$(SiO_2)+2[C]══[Si]+2CO$$

利用石墨坩埚内熔渣与被碳饱和的铁液的实验确定，反应的速度是与熔渣中 SiO_2 的活度成正比的，即：

$$\frac{dw[Si]_{\%}}{dt}=k_{Si}Aa_{(SiO_2)}$$

式中　A——熔渣－金属的界面面积；

k_{Si}——反应的速度常数。

SiO_2 还原的速度常数不仅与熔渣的组成和 p_{CO} 有关，而且也与熔渣－石墨坩埚的接触面积有关，如图6－31所示。横轴表示熔渣－石墨界面面积对熔渣－金属液界面面积之比，此比值增大，则还原速度增加；但比值达到20以后，这种加速度作用就不明显了。

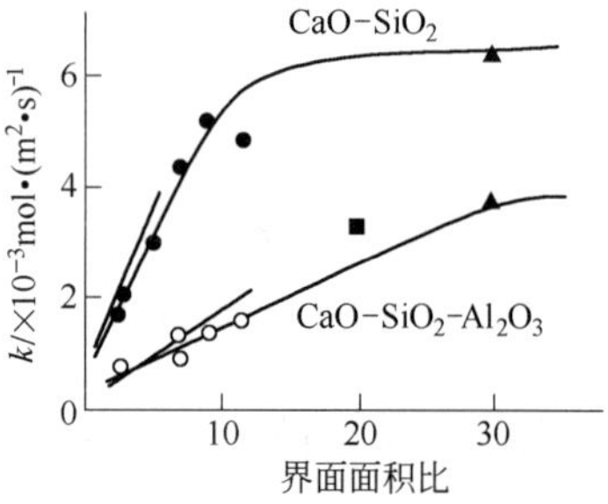

图6－31　界面面积 A 对 SiO_2 还原速度的影响

可用上述反应的离子反应式来说明其动力学的特征：

$$(SiO_4^{4-})+4e══[Si]+4(O^{2-}) \tag{4}$$

$$[C]+(O^{2-})══CO+2e \tag{5}$$

$$C(s)+(O^{2-})══CO+2e \tag{6}$$

因为正极反应（4）仅在熔渣－铁液界面上进行，而负极反应（5）、（6）在熔渣－石墨界面上进行，所以熔渣－铁液界面面积比增加时，反应（5）被加速。因此，在这个有很大加速作用的领域内，限制环节是在正极反应（4）一边，而搅拌（反应（5）、（6）进行时放出CO）所起的作用不明显。当熔渣－石墨界面面积比充分大时，搅拌作用对加速反应有明显的效果。因此，可认为（SiO_4^{4-}）离子的扩散是限制环节。

在高炉熔炼中，渣内（SiO_2）还原反应的速率是位于混合控制范围内，但因熔渣内 SiO_2 的活度值不高（碱度在1.2以下，则小于0.1），而渣内硅氧络离子的尺寸又较大，加之形成的CO气泡形核阻力较大（炉缸内压力较高），所以界面反应和扩散流的速率不高，致使（SiO_2）被［C］还原的反应即使在高温下也进行得较缓慢。

6.6.3　MnO的还原

锰的各种氧化物易被气体还原剂还原成MnO，含MnO的高炉渣熔点都比较低，为1150～1250℃，故锰多是从熔渣中还原出来的：

$$(MnO)+[C]══[Mn]+CO\quad \Delta_r G_m^{\ominus}=249717-191.27T\quad (J/mol)$$

而

$$L_{Mn}=\frac{w[Mn]_{\%}}{x(MnO)}=K_{Mn}^{\ominus}\cdot\frac{\gamma_{MnO}}{f_{Mn}p_{CO}} \tag{6-34}$$

由式（6－34）可得出影响 L_{Mn} 的因素：

（1）温度。K_{Mn} 也随温度的升高而增大，但MnO的还原温度高于FeO而低于 SiO_2。可是温度很高时 Mn 能挥发，在高炉上部氧化成 Mn_3O_4，被炉气带走，降低 Mn 的回收率。

（2）熔体组成。f_{Mn}受铁液中 C 的影响很大，它能降低 f_{Mn}。对于被 C 饱和的生铁，$f_{Mn}=0.65\sim0.80$。由于 MnO 是弱碱性，所以提高碱度能增大 γ_{MnO}，从而提高 L_{Mn}，如图 6－32 所示。Al_2O_3 对 γ_{MnO} 的影响与碱度有关，碱度低时，Al_2O_3 能结合 SiO_2，使 γ_{MnO} 提高；但当碱度高（高于 1）时，随着 Al_2O_3 含量的增加，γ_{MnO} 首先是增加，而后又降低，因为这时 Al_2O_3 呈现酸性，能与部分 CaO 结合。熔渣组成对 γ_{MnO} 的影响，请见第 4 章图 4－70。

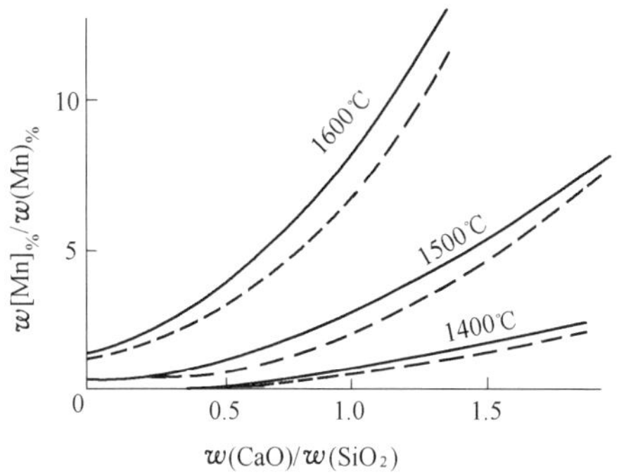

图 6－32 $CaO-SiO_2-Al_2O_3$ 渣系碱度对 L_{Mn} 的影响

由于硅与氧的亲和力比锰与氧的亲和力大，同时，在 MnO 还原时 SiO_2 也优先还原，所以熔渣－铁液间出现了下列耦合反应：

$$2(MnO)+[Si]=2[Mn]+(SiO_2)$$

$$K^{\ominus}_{Mn-Si}=\frac{a_{(SiO_2)}}{f_{Si}w[Si]_{\%}}\cdot\left(\frac{f_{Mn}w[Mn]_{\%}}{a_{(MnO)}}\right)^2=\frac{(K^{\ominus}_{Mn})^2}{K^{\ominus}_{Si}}$$

其中

$$(SiO_2)+2[C]=[Si]+2CO$$

$$\lg K^{\ominus}_{Si}=-\frac{31108}{T}+20.2T$$

$$(MnO)+[C]=[Mn]+CO$$

$$\lg K^{\ominus}_{Mn}=-\frac{13042}{T}+9.99T$$

在熔渣组分的浓度变化不大的范围内，其活度系数不随熔体组成显著变化时，可将这些活度系数视为常数，而合并到 K_{Mn-Si} 中去，则上式变为：

$$K'_{Mn-Si}=\left(\frac{w[Mn]_{\%}}{w(MnO)_{\%}}\right)^2\cdot\frac{w(SiO_2)_{\%}}{w[Si]_{\%}}$$

实验测得：

$$\lg K'_{Mn-Si}=2.8R-1.16 \tag{6-35}$$

式中，$R=(w(CaO)_{\%}+w(MgO)_{\%})/w(SiO_2)_{\%}$。

式（6－35）表明，K'_{Mn-Si}随碱度的提高而增大。由实验得知，上述耦合反应达到平衡的时间比（MnO）和（SiO_2）被 C 还原反应达到平衡的时间短得多，因为它是两相间的电化学反应。可利用 K'_{Mn-Si}由 1 个分配系数求另一个分配系数，并能预测多种元素共存时熔渣的平衡成分。

因此，由以上讨论可知，冶炼含锰高的铁（如 FeMn）时，需采用较高的碱度和炉温，故生产高锰铁的焦比和成本比较高。

【例 6－12】 试计算与成分为 $w(SiO_2)=35\%$、$w(CaO)=44.5\%$、$w(Al_2O_3)=20\%$、$w(MnO)=0.5\%$ 的熔渣平衡的碳饱和铁液的锰含量，炉内 $p'_{CO}=1.5\times10^5$Pa，温度为 1500℃。

解 $$(MnO)+[C]=\!=\!=[Mn]+CO$$

$$K_{Mn}^{\ominus}=\frac{f_{Mn}w[Mn]_{\%}}{a_{(MnO)}a_{[C]}}\cdot p_{CO}\qquad w[Mn]_{\%}=K_{Mn}^{\ominus}\cdot\frac{\gamma_{MnO}x(MnO)}{f_{Mn}p_{CO}}$$

$$\lg K_{Mn}^{\ominus}=-\frac{249717}{19.147\times1773}+\frac{191.27}{19.147}=2.63\qquad K_{Mn}=427$$

$a_{(MnO)}=\gamma_{MnO}x(MnO)$，熔渣组分的物质的量及摩尔分数为：

组分	SiO_2	CaO	Al_2O_3	MnO
n_B/mol	0.583	0.795	0.196	0.007
x_B	0.369	0.503	0.124	0.004

由以上数值查图 4－70 得：$\gamma_{MnO}=0.4$。

$$w[C]_{\%}=1.34+2.54\times10^{-3}\times1500+0.04w[Mn]_{\%}=5.15+0.04w[Mn]_{\%}$$

$$\lg f_{Mn}=e_{Mn}^{Mn}w[Mn]_{\%}+e_{Mn}^{C}w[C]_{\%}=0\times w[Mn]_{\%}+(-0.07)\times(5.15+0.04w[Mn]_{\%})=-0.361$$

$$f_{Mn}=0.436$$ [1]

式中，$w[Mn]_{\%}$项的值很小，则舍去。

故 $$w[Mn]_{\%}=427\times\frac{0.4\times0.004}{0.436\times1.5}=1.04\qquad w[Mn]=1.04\%$$

6.6.4 TiO_2 的还原

TiO_2 和 SiO_2 的稳定性相近，因此 TiO_2 在高炉内的还原行为也与 SiO_2 相似。TiO_2 的还原主要在炉内高温区内熔渣与焦炭和铁液接触的界面进行，其反应为：

$$(TiO_2)+2[C]=\!=\!=[Ti]+2CO\qquad \Delta_r G_m^{\ominus}=732280-478.6T\quad(J/mol)$$

但由于 SiO_2 能同时还原：

$$(SiO_2)+2[C]=\!=\!=[Si]+2CO\qquad \Delta_r G_m^{\ominus}=586050-386.79T\quad(J/mol)$$

于是，利用耦合反应原理，可得：

$$(TiO_2)+[Si]=\!=\!=[Ti]+(SiO_2)\qquad \Delta_r G_m^{\ominus}=146230-91.81T\quad(J/mol)$$

$$K_{Ti-Si}^{\ominus}=\frac{a_{[Ti]}a_{(SiO_2)}}{a_{[Si]}a_{(TiO_2)}}$$

仿前同样处理，可得：

$$L_{Ti}=\frac{w[Ti]_{\%}}{w(TiO_2)_{\%}}=K_{Ti-Si}^{\ominus}\cdot\frac{w[Si]_{\%}}{a_{(SiO_2)}}\quad 或\quad L_{Ti}=K_{Ti-Si}^{\ominus}\cdot L_{Si}\tag{6-36}$$

可见，L_{Ti}与L_{Si}成正比。从生产实践证明，它们还原的影响因素表现相同的行为，即受温度和碱度的作用，当其他条件相同时，还原的 Si 和 Ti 量随温度的升高而急剧地增加，图 6－33 表明了这种关系。两曲线有交点，在交点温度以下，$w[Si]>w[Ti]$；而在交点温度以上，$w[Ti]>w[Si]$，即高温下钛的还原量略高于硅的还原量。生产中常以 $w[Si]$ 或 $w[Ti]+w[Si]$ 量作为炉况"冷热"的判据之一。

熔渣中 TiO_2 的含量提高，钛的还原量也增加。因为这时 TiO_2 的活度提高了。第 4 章

[1] (SiO_2) 也发生还原，但因 $e_{Mn}^{Si}\approx0$，故不用计入其对 f_{Mn} 的影响。

曾提出 TiO_2 是两性氧化物，因此碱度提高，钙钛矿（$CaTiO_3$）生成量增加，从而降低了 TiO_2 的活度，抑制了 TiO_2 的还原。但碱度升高会使炉渣的熔化性温度升高，故不能采用提高碱度的方法来抑制钛的还原。相反，在 $w(TiO_2)$ 含量比较低（低于 25%）时，提高碱度却有利于钛的还原，因为 CaO 与 SiO_2 结合不利于 $CaTiO_3$ 的形成，从而提高了 TiO_2 的活度。所以为抑制钛的还原，碱度以 1 左右为宜，而渣中 $w(SiO_2)/w(TiO_2)$ = 1（高钛渣，$w(TiO_2)>20\%$）~ 3.0（低钛渣，$w(TiO_2)<10\%$）。

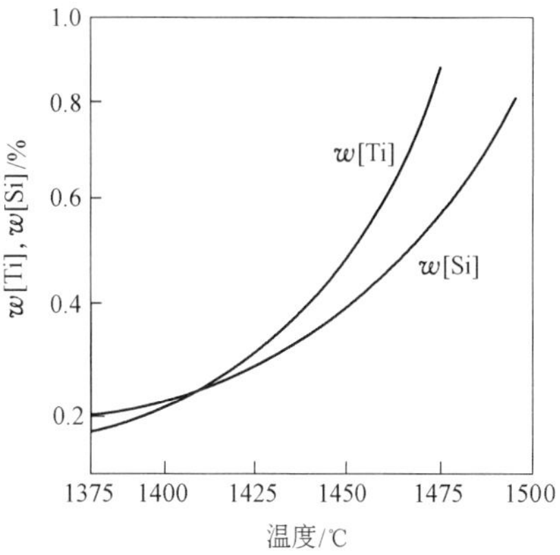

图 6－33　含钛炉渣下生铁内还原的 $w[Si]$、$w[Ti]$ 与温度的关系（$w(TiO_2)=25.53\%$，$w(SiO_2)=24.89\%$）

还原的钛能与碳和氮形成 TiC、TiN 及两者的固溶体（TiCN），也能使 TiO_2 的还原温度降低：

$$(TiO_2)+3C_{(石)} = TiC(s)+2CO \qquad \Delta_r G_m^{\ominus}=463519-307.52T \quad (J/mol)$$

$$(TiO_2)+2C_{(石)}+\frac{1}{2}N_2 = TiN(s)+2CO \qquad \Delta_r G_m^{\ominus}=311974-226.82T \quad (J/mol)$$

这些高熔点的物质在铁液中的溶解度很小，当还原的钛在铁液中与 C、N 的浓度超过一定温度的浓度积 $w[Ti]_{\%}\cdot w[C]_{\%}$、$w[Ti]_{\%}\cdot w[N]_{\%}$ 时，就有 TiC、TiN 固相析出。它们悬浮于熔渣中，使熔渣变稠，甚至导致渣、铁不易分离，造成炉缸堆积，以致最终失去流动性，形成了所谓的“热结”现象，使高炉无法正常生产。另外，它们吸附在渣中气泡的表面，促进泡沫渣的形成，并在渣内铁珠的表面吸附时使铁珠难以聚集，增大了铁损。

因此，为了避免 TiC、TiN 等的大量形成，解决高炉冶炼钒钛磁铁矿的症结和困难，应抑制钛的过量还原。为此，要限制炉渣中 $w(TiO_2)$（< 20% ~ 25%）及采用“低硅钛”操作，即要选择合理的热制度，炉温控制在使 Fe、V 大量还原而 Si、Ti 较少还原的条件下，保证渣、铁畅流，炉况顺行。

冶炼普通矿石的高炉，利用配加少量的含钛矿，使熔渣变稠，可进行炉缸底部的自然结厚，以保护高炉炉缸底被侵蚀部位，延长高炉寿命。

6.6.5　其他氧化物的还原

6.6.5.1　V_2O_3 的还原

钒存在于某种铁矿石（如钒钛磁铁矿）中，但其含量不高（$w(V_2O_3)=0.2\%$ ~ 0.63%）。钒有 4 种氧化物，高价氧化物 V_2O_5 呈酸性，低价氧化物 V_2O_3、VO 呈碱性。在高炉中，前者可被 CO 还原成 V_2O_3、VO，后者可被 C 所还原而进入生铁中。

V_2O_3 和 MnO 有相近的稳定性，并且也和 SiO_2 的还原之间存在着一定的耦合平衡关系。其反应为：

$$(V_2O_3)+3C_{(石)} = 2[V]+3CO \qquad \Delta_r G_m^{\ominus}=962398-311.08T \quad (J/mol)$$

或

$$2(V^{3+})+3(O^{2-})+3C_{(石)} = 2[V]+3CO$$

又

$$2(V_2O_3)+3[Si] = 4[V]+3(SiO_2)$$

可得出 L_V 与 L_{Si}之间的关系式：

$$L_V = \frac{w[V]_{\%}^4}{x(V_2O_3)^2} = K_{V-Si} \cdot \left(\frac{w[Si]_{\%}}{a_{(SiO_2)}}\right)^3 \qquad (6-37)$$

由实验得出：　　$\lg L_V = 0.795R + 4.54 \quad (w(Al_2O_3) = 10\%)$

$\lg L_V = 0.745R + 4.11 \quad (w(Al_2O_3) = 20\%)$

因此，钒的还原随温度和碱度的提高而增加，而温度的作用更大。实际冶炼时，高钛型炉渣钒的回收率低于中、低钛型炉渣钒的回收率，且随渣中 $w(TiO_2)$的提高而降低。一般可达到75% ~80%。

6.6.5.2　CrO 的还原

Cr_2O_3 可被 CO 还原到 CrO，在熔渣中被 C 还原到铬，其反应为：

$$(CrO) + C_{(石)} = [Cr] + CO$$

由 $K_{Cr} = \frac{a_{[Cr]}p_{CO}}{a_{(CrO)}}$可得：　$L_{Cr} = \frac{w[Cr]_{\%}}{x(CrO)} = K'_{Cr} \cdot \frac{\gamma_{CrO}}{f_{Cr}p_{CO}}$

其与硅也能出现下列耦合平衡关系：

$$2(CrO) + [Si] = 2[Cr] + (SiO_2)$$

而由 $K^{\ominus}_{Cr-Si} = \frac{a^2_{[Cr]}a_{(SiO_2)}}{a_{[Si]}a^2_{(CrO)}}$可得：　$\left(\frac{w[Cr]_{\%}}{x(CrO)}\right)^2 = K'_{Cr-Si} \cdot \frac{w[Si]_{\%}}{a_{(SiO_2)}}$　　(6-38)

因此，L_{Cr}与 L_{Si}有关，提高温度及碱度能使 CrO 的还原增加。这是因为 CrO 呈弱碱性，碱度提高，它的活度增加。另外，碱度提高，$a_{(SiO_2)}$下降很快，所以 L_{Cr}增加。

6.6.5.3　P_2O_5 的还原

磷在铁矿石中以磷酸钙（$3CaO \cdot P_2O_5$）、蓝铁矿（$3CaO \cdot P_2O_5 \cdot 8H_2O$）存在。后者可在 950 ~1000℃被 CO 还原，而在此温度以上被 C 还原。磷酸钙可在 1200 ~1500℃被 C 还原。熔渣内存在的 P_2O_5 的还原反应为：

$$(P_2O_5) + 5C_{(石)} = 2[P] + 5CO$$

$$L_P = \frac{w[P]_{\%}^2}{x(P_2O_5)} = K'_P \cdot \frac{\gamma_{P_2O_5}}{f_P^2 p_{CO}^5}$$

在高炉内，由于炉渣内有很高含量的 SiO_2，使磷酸钙不能稳定存在。在高炉渣所选定的碱度（0.9 ~1.2）范围内，$\gamma_{P_2O_5}$有很大的值，约为 1，同时还原的磷在铁液中形成 Fe_2P，使 f_P 值也很小，所以 L_P 实际很大，即磷能从渣中全部还原而进入生铁中。只有在冶炼高磷生铁时，才有 $w[P] = 5\% \sim 15\%$ 进入炉渣。

6.6.5.4　碱金属化合物的还原

对高炉冶炼具有有害影响的碱金属是钠及钾，它们以复杂的硅酸盐、碳酸盐及氧化物存在于矿石及焦煤中，进入高炉渣内可被 CO 及 C 所还原：

$$(K_2SiO_3) + C_{(石)} = 2K(g) + (SiO_2) + CO \quad (还原温度约 1700℃) \qquad (1)$$

$$(K_2CO_3) + CO = 2K(g) + 2CO_2 \qquad (2)$$

$$(K_2O) + CO = 2K(g) + CO_2 \quad (还原温度为 800 \sim 1000℃) \qquad (3)$$

在高炉炉身部分，上列反应能迅速进行，还原的钾蒸气的平衡分压 $p_{K(g)}$ 与温度、p_{CO}/p_{CO_2}值及总压有关。

形成的碱金属蒸气在炉内上部低温处可形成 KCN（g，l）及 K_2CO_3、K_2O：

$$2K(g) + 2C_{(石)} + N_2 = 2KCN(g,l) \qquad (4)$$

$$2K(g) + 2CO_2 = K_2CO_3(s) + CO \qquad (5)$$

$$2K(g) + CO_2 = K_2O(s) + CO \qquad (6)$$

此外，当温度低于 1100℃时，氰化物也能被 CO_2 所氧化，转变为碳酸盐。这样形成的碱金属盐及氧化物被下降的炉料所吸收，进入熔渣内，再被碳及 CO 所还原。

Na 也可以和 K 一样发生上述各种反应，但钠的化合物却比钾的化合物更稳定。

因此，上述两类反应（碱金属化合物的还原及其形成）在炉内不同区内循环进行，造成高炉内碱金属的循环（alkali cycle），如图 6－34 所示。

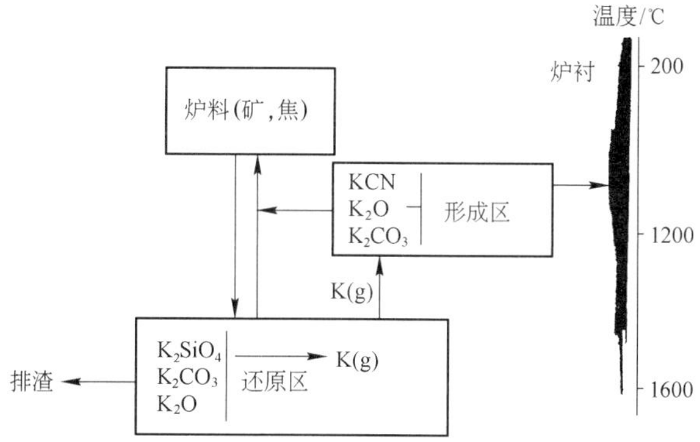

图 6－34　高炉内碱金属的循环图

碱金属的循环使之在炉内某些部位发生富集，给高炉的冶炼带来极大的危害性。例如，能使矿石受到破坏，炉料的透气性变坏，焦炭的强度降低，炉衬受到侵蚀，炉料黏结在炉衬表面形成炉瘤。

上述炉渣中碱金属的形成反应可用离子反应式表示：

$$2(K^+) + (O^{2-}) = 2K(g) + \frac{1}{2}O_2 \qquad K^{\ominus} = \frac{p_{K(g)}^2 p_{O_2}^{1/2}}{a_{(K^+)}^2 a_{(O^{2-})}}$$

上式可写成：$C_K = \dfrac{1}{K^{\ominus} a_{(O^{2-})} \gamma_{K^+}^2} = \dfrac{w(K)_{\%}^2}{p_{K(g)}^2 p_{O_2}^{1/2}}$ (6－39)

而　$w(K)_{\%} = (C_K p_{K(g)}^2 p_{O_2}^{1/2})^{1/2}$

式中，C_K 为熔渣的钾容量（potassium capacity）。它表示出一定氧势及钾分压条件下熔渣溶解钾的能力。从实验的研究知，C_K 随温度及碱度的降低而增大。此外，在一定碱度下，用 MgO 代替渣中的 CaO 能使 C_K 增大，如图 6－35 所示。

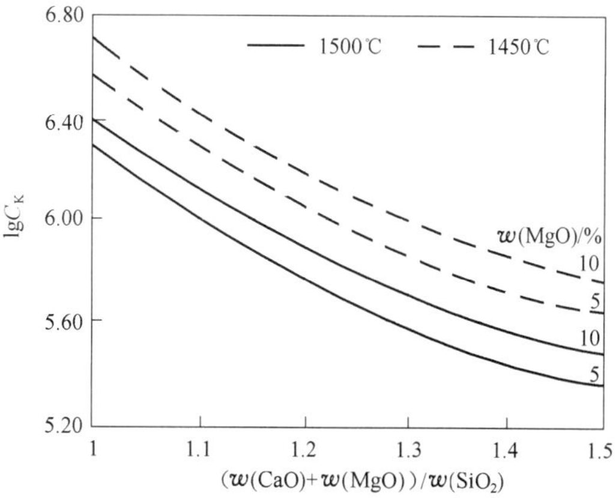

图 6－35　高炉渣的 C_K

因此，为减小高炉中碱金属的循环，从而降低其危害性，除限制炉料中碱金属的含量外，还应提高炉渣的碱金属容量，使还原形成的碱金属（K^+或Na^+）最大量地保持在酸性熔渣内，然后定期随放渣排出。

6.6.5.5* 铅、锌、砷化合物的还原

铅在炉料中以$PbSO_4$、PbS等存在，能被C及Fe或CO所还原。由于Pb的密度大（11340kg/m^3）、熔点低（327 ℃）、沸点不高（1540℃），还原后的Pb能沉积在炉底砖隙中破坏炉底。在高温区Pb能气化进入煤气中，到达低温区又被氧化成PbO，再随炉料下降，因而在高炉内也能造成铅的循环，积累于炉底。由于高炉内不能控制Pb的还原，只能定期通过设置的排出口排除。

锌以ZnS存在，在不低于1000℃时还原成Zn。由于其沸点低（907℃），还原的Zn呈气态，在上升中少量随煤气逸出，大量又氧化成ZnO，被下降炉料吸收，形成循环。沉积在上部炉壁上的ZnO体积膨胀，会破坏炉衬或造成结瘤。

砷以硫化物及氧化物形式存在。在炉料下降过程中，其被还原进入铁水中，形成砷化铁，降低生铁的质量。

对于含Pb、Zn、As的原料，可采用氯化焙烧法处理，将其在入炉前除去，或用配矿法控制它们的入炉量。

6.6.6 结论

在高炉下部渣-铁间，在上部来不及还原的FeO以及不能单独被CO还原的较难还原的氧化物进行反应，它们通过炉渣成分的控制，决定了铁水的成分和元素的回收率。

由于这些直接还原反应中，参加的碳是铁液中的饱和碳，而炉缸中p_{CO}基本不变，所以这些炉渣-金属液间反应进行的程度或其分配系数（L_M），主要取决于铁水中元素和熔渣中有关氧化物的活度以及炉缸的温度。炉缸温度越高，各元素还原进入铁水的量就越多。炉渣的碱度越高，则碱性氧化物（MnO、VO、CrO）还原的量越多，而酸性氧化物（SiO_2、P_2O_5）还原的量就越少。此外，P、Cu、Ni的氧化物则全部还原，不能控制其分配系数，只能限制其入炉的量。

6.7 高炉冶炼的脱硫反应

高炉的脱硫是整个钢铁生产中最重要的脱硫环节，也是冶炼优质生铁的首要问题。高炉炉料中的硫负荷为每吨生铁4～8kg。硫来自矿石、焦炭、熔剂，但以焦炭带入的最多，占入炉总硫量$w(S)_{总}$的60%～80%，而矿料带入的未超过1/3。硫在高炉中出现循环。装入的固体炉料在下行过程中可从上行炉气中吸收硫，还原的铁熔化后进入高温区，可出现部分气化脱硫；熔铁通过熔渣进入炉缸后出现熔渣脱硫，是脱硫的主要过程。此外，铁水出炉后，如硫含量高，还需做炉外脱硫处理。一般来说，熔渣容纳$w(S)$的85%，随炉气逸出炉外的硫量小于10%，而生铁中的$w[S]$小于$w(S)_{总}$的5%。

6.7.1 气-固相的脱硫反应

焦炭中的硫有3种存在形式，即硫化物、硫酸盐、有机硫。有机硫在炉内高温区可挥

发，达到风口前已有5% ~20%的硫被挥发掉。但这种挥发了的硫可被下降的炉料所吸收。无机硫，如FeS、$CaSO_4$ 等能进入还原的熔铁中，此部分硫量可达到0.1%左右。但这种熔铁中的硫却较难以转变为气态硫化物，如 H_2S、CS_2、COS 等。

此外，焦炭中的 SiO_2 与 C、CO 作用，可出现下列反应：

$$\frac{1}{3}SiO_2(s) + C_{(石)} \xlongequal{} \frac{1}{3}SiC(s) + \frac{2}{3}CO$$

$$SiC(s) + CO \xlongequal{} SiO(g) + 2C_{(石)}$$

$$SiO_2(s) + C_{(石)} \xlongequal{} SiO(g) + CO$$

形成的气态 SiO(g) 可与硫化物 CaS、FeS 作用，生成挥发性大的 SiS(g)：

$$CaS(s) + 2SiO_2(s) + 2C_{(石)} \xlongequal{} CaO(s) + SiO(g) + SiS(g) + 2CO$$

$$FeS(s) + SiO(g) + C_{(石)} \xlongequal{} SiS(g) + CO + Fe(s)$$

但 SiS(g) 在上升中被滴落的铁水所吸收。因此总的来说，高炉内气化脱硫的作用不大。

6.7.2 熔渣－铁液间的脱硫反应

熔铁进入炉缸后，$w[S]$在0.1%以下，利用与熔渣间的脱硫反应，通过熔渣组成的控制，可使硫达到规定的限度。

（1）分子脱硫反应。从分子结构理论，脱硫反应可视为下列反应的组合：

$$[FeS] \xlongequal{} (FeS)$$

$$(FeS) + (CaO) \xlongequal{} (CaS) + (FeO)$$

$$(FeO) \xlongequal{} [FeO]$$

$$[FeS] + (CaO) \xlongequal{} (CaS) + [FeO]$$

$$\Delta_r G_m^{\ominus} = 108180 - 25.54T \quad (J/mol)$$

$$K_S^{\ominus} = \frac{w(S)_{\%}\gamma_S a_{[FeO]}}{a_{(CaO)} a_{[S]}}$$

$$L_S = \frac{w(S)_{\%}}{w[S]_{\%}} = K_S^{\ominus} \cdot \frac{f_S}{\gamma_S} \cdot \frac{a_{(CaO)}}{a_{[FeO]}} \tag{6-40}$$

这里取熔渣中和铁液中硫的平衡浓度之比为 L_S，其值越大，熔渣的脱硫能力就越强，这和炉渣的硫容量有相同的概念。

由式（6－40）可见，提高熔渣的碱度（$a_{(CaO)}$）及降低铁液或熔渣的氧势（$a_{[FeO]}$、$a_{(FeO)}$），可使 L_S 增大。因此，脱硫必须在能消除渣中（FeO）或降低铁液氧势的条件下进行。高炉炉缸中存在的碳（C 或［C］）及 SiO_2、MnO 还原生成的 Si 和 Mn，则有降低铁液中氧势的作用。因此，高炉炉缸中的脱硫实际上是按下述反应进行的：

$$[FeS] + (CaO) + C_{(石)} \xlongequal{} (CaS) + CO + [Fe] \tag{1}$$

$$[FeS] + (CaO) + \frac{1}{2}[Si] \xlongequal{} (CaS) + \frac{1}{2}(SiO_2) + [Fe] \tag{2}$$

$$[FeS] + (CaO) + [Mn] \xlongequal{} (CaS) + (MnO) + [Fe] \tag{3}$$

对于反应（1），
$$K_{S(1)}^{\ominus} = \frac{a_{(CaS)} p_{CO}}{f_S w(S)_{\%} a_{(CaO)}}$$

得：$\dfrac{w(S)_{\%}}{w[S]_{\%}}\cdot p_{CO}=L_S\cdot p_{CO}=K'_{S(1)}f_S\cdot\dfrac{\gamma_{CaO}}{\gamma_{CaS}}\cdot w(CaO)_{\%}$ 或 $L_S=K'_{S(1)}f_S\cdot\dfrac{\gamma_{CaO}}{\gamma_{CaS}}\cdot\dfrac{w(CaO)_{\%}}{p_{CO}}$

(6-41)

对于反应（2），$K^{\ominus}_{S-Si}=\left(\dfrac{a_{(SiO_2)}}{a_{[Si]}}\right)^{1/2}\cdot\dfrac{a_{(CaS)}}{a_{[S]}a_{(CaO)}}=K^{\ominus 1/2}_{Si}\cdot K^{\ominus}_{S}$

式中，$K^{\ominus}_{S}$、$K^{\ominus}_{Si}$分别为$[S]+(CaO)=(CaS)+[O]$及$[Si]+2[O]=(SiO_2)$反应的平衡常数。f_S和f_{Si}对于碳饱和铁水是已知的，$f_S=7$，$f_{Si}=15$；而γ_{CaO}及γ_{CaS}对于一定的碱度和$w(Al_2O_3)$也是已知的，因而，可将上式转变为：

$$\lg\frac{w(S)_{\%}}{w[S]_{\%}}\cdot\left(\frac{w(SiO_2)_{\%}}{w[Si]_{\%}}\right)^{1/2}=\frac{9080}{T}-5.832+\lg w(CaO)_{\%}+1.396R \qquad (6-42)$$

对于反应（3），按以上做相同处理，有：

$$\lg\frac{w(S)_{\%}}{w[S]_{\%}}\cdot\frac{w(MnO)_{\%}}{w[Mn]_{\%}}=\frac{9080}{T}-5.203+\lg w(CaO)_{\%} \qquad (6-43)$$

式中，$R=(w(CaO)_{\%}+w(MgO)_{\%})/w(SiO_2)_{\%}$。

由上述各式可见，当渣中$w(CaO)_{\%}$变化不大时，L_S分别与$\sqrt{L_{Si}}$及L_{Mn}成线性关系，随着L_{Si}及L_{Mn}的增加，L_S也增大。因为Si、Mn及C的出现能降低脱硫反应的氧势，因此，炉缸有较好的还原条件是高炉具有很高脱硫能力的主要原因。

由于熔渣中CaS的活度难以测定，因此，人们倾向于从实际生产数据中求得硫分配的经验式。例如：

$$L_S=\frac{w(S)_{\%}}{w[S]_{\%}}=10.9w[Si]_{\%}R+21.7R+1.8w[Si]_{\%}-16.2 \qquad (6-44)$$

式中，$R=w(CaO)_{\%}/w(SiO_2)_{\%}$，它适用于炼钢生铁（$w[Si]=0.5\%\sim1.1\%$，$w[Mn]=1.2\%\sim1.8\%$）的脱硫。

$$L_S=\frac{w(S)_{\%}}{w[S]_{\%}}=36.9w[Si]_{\%}R-23.7w[Si]_{\%}+6.7 \qquad (6-45)$$

式（6-45）适用于铸造生铁（$w[Mn]=0.5\%\sim0.8\%$）的脱硫。

（2）离子脱硫反应。在第4章4.5.1节已经介绍过熔渣-金属液间的离子脱硫反应式的构成，它是两相间离子交换电子的耦合电极反应：

$$[S]+(O^{2-})=(S^{2-})+[O] \qquad K^{\ominus}_{S}=\frac{a_{(S^{2-})}a_{[O]}}{a_{(O^{2-})}a_{[S]}}$$

而

$$L_S=\frac{w(S)_{\%}}{w[S]_{\%}}=K^{\ominus}_{S}\cdot\frac{a_{(O^{2-})}}{\gamma_{S^{2-}}}\cdot\frac{f_S}{w[O]_{\%}} \qquad (6-46)$$

引入硫容量$C'_S=K^{\ominus}\cdot\dfrac{a_{(O^{2-})}}{\gamma_{S^{2-}}}$（见第4章式（4-49）），则式（6-46）变为：

$$L_S=\frac{w(S)_{\%}}{w[S]_{\%}}=C'_S\cdot\frac{f_S}{w[O]_{\%}}$$

因而

$$\lg L_S=\lg C'_S+\lg f_S-\lg w[O]_{\%} \qquad (6-47)$$

$\lg w[O]_{\%}$可由文献（Barin Rist）[1]推荐的下列式子得出：

---

[1] 见参考文献［24］333页。

$$C_{(石)} + [O] \!=\!=\!= CO \qquad \lg w[O]_{\%} = \frac{87}{T} - 4.43 + \lg p_{CO}$$

$$[Si] + 2[O] \!=\!=\!= (SiO_2) \qquad \lg w[O]_{\%} = -\frac{15520}{T} + 6 + \frac{1}{2}\lg \frac{a_{(SiO_2)}}{a_{[Si]}}$$

$$[Mn] + [O] \!=\!=\!= (MnO) \qquad \lg w[O]_{\%} = -\frac{15050}{T} + 6.7 + \lg \frac{a_{(MnO)}}{a_{[Mn]}}$$

$$Fe(l) + [O] \!=\!=\!= (FeO) \qquad \lg w[O]_{\%} = \frac{6320}{T} + 2.7 + \lg a_{(FeO)}$$

式（6－47）和第4章式（4－58）计算的结果完全相同，但这里 $C'_S = C_S \cdot (K_{[O]}/K_{[S]})$（见第4章式（4－50））。而 C_S 可由炉渣碱度（式（4－52））或光学碱度（式（4－55））进行计算。计算例题请见第4章4.8.3节。

可从式（6－40）和式（6－46）得出熔渣脱硫的主要因素：

（1）温度。脱硫反应是吸热的，$\Delta_r H_m^{\ominus} \approx 124\text{kJ/mol}$，温度提高对脱硫有利，特别是能获得碱度高的均匀性熔渣。

（2）炉渣的碱度。碱度能提高炉渣的硫容量，从而提高 L_S，因为它能使 $a_{(O^{2-})}$ 增大及 $\gamma_{S^{2-}}$ 减少，后者是由于引入的 Ca^{2+} 与 S^{2-} 形成了离子团。因此，碱度对脱硫有决定性的作用，高炉渣的碱度首先是根据脱硫要求选定的，一般在0.9～1.2。但过高的碱度会使炉渣的熔化性温度升高，黏度变大，这时为了发挥高碱度渣的脱硫作用，就会带来渣量大和焦比高的问题，在经济和技术上均有不利的影响。

（3）金属熔体的组成。因为铁液内能存在提高硫活度系数的元素，就能促使硫向炉渣中转移（$\mu_S = \mu_S^{\ominus} + RT\ln a_S$），因而 L_S 增大。C、Si、P 能提高 f_S，Mn 则能降低 f_S。生铁中前一类元素的含量较高，所以 f_S 可达到4～6，这也是高炉内有利的脱硫条件之一。

（4）炉缸的氧势。由于铁液中C、Si、Mn的存在，熔渣中 SiO_2、MnO、FeO的氧势很低，因而熔渣中（FeO）的含量或铁液中［O］的含量很低，推动脱硫反应正向进行，从而使 L_S 增高。

在高炉内充分利用上述有利因素，可使 L_S 达到200以上（理论值），进入炉内90%以上的硫可进入熔渣。而且即使熔渣的 $w(S)$ 高达0.7%～1.5%，也可以得到硫含量合格的生铁。

但是，实际生产中测定的 L_S 仅为30～80，这是由于受反应动力学条件的限制，难以达到平衡的 L_S 值。

6.7.3 熔渣脱硫的动力学

可用第2章讲过的液－液相间的双膜理论模型导出熔渣脱硫反应的动力学方程。脱硫反应过程由以下3个环节组成：

（1）铁液中的硫向渣－铁界面扩散：$[S] \longrightarrow [S]^*$；

（2）界面化学反应：$[S] + (O^{2-}) \!=\!=\!= (S^{2-}) + [O]$；

（3）生成的硫化物向渣内扩散：$(S^{2-})^* \longrightarrow (S^{2-})$。

利用式（2－58），即：

$$-\frac{\mathrm{d}c[\mathrm{S}]}{\mathrm{d}t}=\frac{c[\mathrm{S}]-c(\mathrm{S})/K}{\frac{1}{k_{[\mathrm{S}]}}+\frac{1}{k_{(\mathrm{S})}}+\frac{1}{k_{\mathrm{c}}}} \tag{6-48}$$

$$k_{[\mathrm{S}]}=\beta_{[\mathrm{S}]}\cdot\frac{A}{V}\qquad k_{(\mathrm{S})}=\beta_{(\mathrm{S})}K\cdot\frac{A}{V}\qquad k_{\mathrm{c}}=k_{+}\cdot\frac{A}{V}$$

式中 $\beta_{(\mathrm{S})}$，$\beta_{[\mathrm{S}]}$——分别为硫在渣内及铁液内的传质系数；

k_{c}——脱硫反应的容量速率常数；

A/V——单位体积铁液熔渣的界面面积；

K——脱硫反应的平衡常数，在此，$K=L_{\mathrm{S}}$；

k_{+}——脱硫反应的速率常数。

由于 $k_{\mathrm{c}}\gg k_{[\mathrm{S}]}\gg k_{(\mathrm{S})}$，熔渣内硫的扩散是限制环节，因而式（6－48）简化成：

$$v=-\frac{\mathrm{d}c(\mathrm{S})}{\mathrm{d}t}=\beta_{(\mathrm{S})}\cdot\frac{A}{V}\cdot L_{\mathrm{S}}(c[\mathrm{S}]-c(\mathrm{S})/L_{\mathrm{S}}) \tag{6-49}$$

又由于 $L_{\mathrm{S}}\gg c(\mathrm{S})$，故式（6－49）又可再简化为：

$$v=\beta_{(\mathrm{S})}\cdot\frac{A}{V}\cdot L_{\mathrm{S}}\cdot c[\mathrm{S}] \tag{6-50}$$

由式（6－50）可见，影响脱硫速率的因素是 $\beta_{(\mathrm{S})}$、A/V、L_{S}。$\beta_{(\mathrm{S})}=D_{(\mathrm{S})}/\delta$，而 $D_{(\mathrm{S})}\propto 1/\eta$ 及 $D_{(\mathrm{S})}\propto-(E_{\mathrm{D}}/T)$，故提高温度及降低熔渣的黏度，可使熔渣中硫扩散限制环节的速率增加；δ 和 A/V 则与熔池搅拌强度有关，搅拌强度越大，则熔渣的扩散边界层就越薄，而渣－铁的接触面积（A/V）也越大。但在高炉风口以下，脱硫反应是在无强制搅拌状态下的炉缸内进行的，仅在铁水成滴地穿过较厚的熔渣层时，它们之间才有较大的接触面积，要比静止状态下高 30～60 倍。这也是高炉内脱硫的良好动力学条件。另外，高炉熔炼有很高的 L_{S} 也是加大脱硫速率的特有条件。但要注意，不能为了提高 L_{S} 而加大碱度，会引起熔渣黏度增大的反效果。

6.8* 铁浴熔融还原反应

熔融还原是指非高炉炼铁方法中以冶炼液体生铁为主的工艺过程。它和传统的高炉炼铁过程不同的是，直接以矿石作原料，以固体原煤代替焦炭作燃料及还原剂。因此，取消了烧结或球团等造块厂及炼焦厂，大大地节省了建厂投资费，消除了炼焦厂对环境的污染问题。另外，由于还原反应是在强烈搅拌的液相中进行，反应器的生产率远比气－固逆流型高炉的生产率要高得多。

6.8.1 过程概述❶

现采用的铁浴熔融还原法是在转炉型反应器内进行的，如图 6－36 所示。

类似于转炉炼钢的反应器有垂直式和水平式两种，经炉外加热及预还原的矿石和煤加入或喷射送入炉内熔渣带内。矿石在熔渣中溶解成（FeO），而后被渣中的煤粒及含碳饱和的铁珠状液滴中的碳所还原的铁则进入铁浴内。还原生成的 CO 及煤放出的挥发物（主

❶ 本节主要取材于参考文献［24］，Metall. Trans. B. 23，B. 29（1992b）；27B. 717（1996）。

要是 H_2）在熔渣带上空，被喷入的氧或空气二次燃烧，放出的热能用以加热熔池及提供反应所需的热能。

二次燃烧的产物包含 CO、CO_2、H_2、H_2O 等，经清洗后，送入另一反应器内预热及预还原铁矿石。

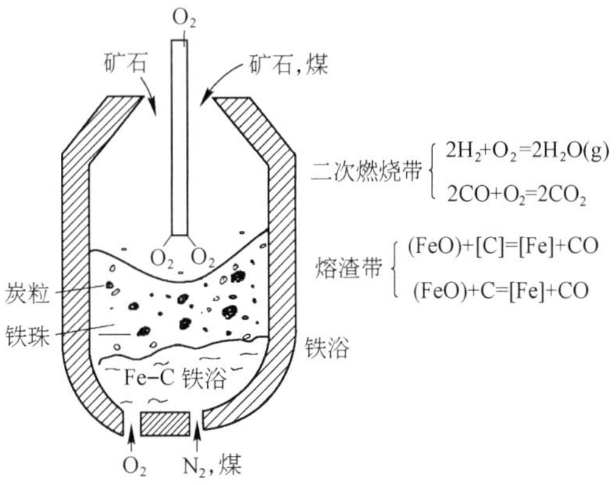

图 6-36 铁浴熔融还原法的反应器及炉内的化学反应过程

6.8.2 还原反应的动力学

熔融还原法的主要反应是氧化铁（Fe_xO）的熔态还原。经部分预还原的矿石溶解于熔渣中，被其内的固体炭粒及碳饱和的铁珠中的碳所还原。这种铁珠是由于炉底喷气进入铁浴内，使含碳饱和的铁液分散成铁珠，进入熔渣内形成的。

两种还原反应的作用大约是相等的，即两者并行，总反应速率为这两个还原反应速率之和。由于炭粒和铁珠与熔渣的接触面积很大，远大于金属液-熔渣间的平面接触，所以总还原反应速率很高，远高于高炉内气-固逆流相间的反应速率，特别是在渣中炭粒和铁珠的量很大时。

6.8.2.1 溶解于熔渣的（FeO）与铁珠内［C］的反应

（1）化学反应速率式。溶解于熔渣中的（FeO）与碳饱和的铁珠之间的反应，属于铁液-熔渣系的界面反应：

$$(FeO) + [C] = [Fe] + CO$$

它们的电化学反应可表示为：

$$(Fe^{2+}) + 2e = [Fe] \qquad (1)$$

$$(O^{2-}) = [O] + 2e \qquad (2)$$

$$[O] + [C] = CO \qquad (3)$$

$$(Fe^{2+}) + (O^{2-}) + [C] = CO + [Fe] \qquad (4)$$

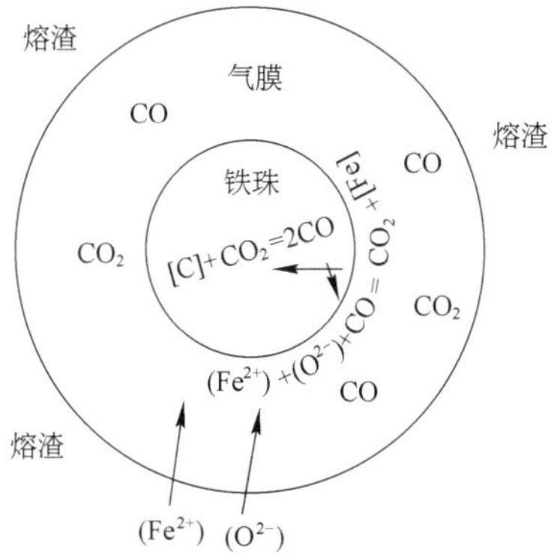

图 6-37 熔渣中（FeO）与铁珠内［C］反应的机理

即熔渣中的 Fe^{2+} 和 O^{2-} 向铁珠表面扩散，在此处出现的电极反应(1)和(2)形成的［O］吸附在铁珠表面，再与其内的［C］发生反应（3）。生成的 CO 在铁珠表面形成气膜（gas halo）（$CO + CO_2$），因而，反应（4）可视为由渣-气界面反应及金属液-气界面反应所组成：

$$(Fe^{2+}) + (O^{2-}) + CO = [Fe] + CO_2 \text{(渣-气反应)} \qquad (5)$$

$$[C] + CO_2 = 2CO \text{(金属液-气反应)} \qquad (6)$$

放出的 CO 对熔体有强烈的搅拌作用，促进界面反应强烈进行，如图 6-37 所示。

但是，铁珠内常含有较高的硫量（一般 $w[S]$ 为 0.15%~0.3%，比高炉铁水（小于 0.1%）高得多）。

而硫和氧一样是较强的表面活性物，能与氧同时在铁珠表面活性点上吸附。如硫占据的表面积分数是 θ_S 则在铁珠表面未被硫占据的面积分数是：

$$1-\theta_S=\frac{1}{1+K_S a_S} \tag{7}$$

式中　K_S——[S]吸附的平衡常数；

a_S——铁珠内[S]的活度。

因此，金属液-气反应的速率为铁珠表面纯铁参与的碳气化反应（6）和有硫吸附在铁珠表面的碳气化反应（6）两者速率之和，即：

$$v=A_m k a_C(p_{CO_2}-p_{CO_2(平)})=A_m[k_1(1-\theta_S)+k_2](p_{CO_2}-p_{CO_2(平)}) \tag{8}$$

式中　A_m——铁珠表面积，m^2；

k_1——铁珠内［C］在纯铁表面（未被［S］吸附的）的反应（6）的速率常数；

k_2——铁珠表面吸附［S］的反应（6）的速率常数；

$p_{CO_2(平)}$——反应（6）的 CO_2 平衡分压，其值接近零。

$a_C=1$，因铁珠内碳是饱和的，即：

$$v=A_m[k_1(1-\theta_S)+k_2]p_{CO_2} \tag{9}$$

又渣-气反应（5）的速率相当快，接近于平衡，于是由 $K_5^\ominus=\dfrac{p_{CO_2}}{a_{(FeO)}p_{CO}}$ 得：

$$p_{CO_2}=K_5^\ominus p_{CO}w(FeO)_\%=K_5^\ominus w(FeO)_\% \tag{10}$$

式中，$p_{CO}\approx1$，因反应（6）的 $p_{CO_2}\approx0$，$a_{(FeO)}\approx w(FeO)_\%$。

式（10）代入式（9），得：

$$v=A_m K_5^\ominus[k_1(1-\theta_S)+k_2]w(FeO)_\% \tag{6-51}$$

由式（6-51）可见，随着铁水中 $w[S]$ 的增加（大于0.021%），式中右边第一项减小（因 θ_S 增大），反应速率逐渐降低，当铁水的 $w[S]$ 较高，如大于0.2%，式（6-51）可表示为：$v=A_m K_5^\ominus\cdot k_2 w(FeO)_\%$，因这时 $\theta_S=1$。

（2）熔渣中（FeO）扩散的传质通量。熔渣中（FeO）的传质通量为：

$$J=\frac{A_s\beta_s\rho_s}{100M_{FeO}}(w(FeO)_\%-w(FeO)_\%^*) \tag{6-52}$$

式中　A_s——铁珠周围的表面积（渣的界面积比铁珠的大，因为铁珠周围有气膜存在）；

β_s——渣内 FeO 的传质系数，m/s；

ρ_s——熔渣的密度，kg/m^3；

$w(FeO)_\%$，$w(FeO)_\%^*$——分别为渣中 FeO 的浓度及渣-气界面 FeO 的浓度，后者接近零值；

M_{FeO}——FeO 的摩尔质量，kg/mol。

在一般情况下，总反应的速率常数处于混合限制，即（FeO）的传质与金属液-气反应的组合中，而

$$v=w(FeO)_\%\bigg/\left(\frac{100M_{FeO}}{A_s\beta_s\rho_s}+\frac{1}{A_m K_5^\ominus k'}\right) \tag{6-53}$$

式中，$k'=k_1(1-\theta_S)+k_2$。

6.8.2.2　熔渣内（FeO）与其内炭粒的反应

由于反应生成的 CO 也在炭粒周围形成气膜（$CO + CO_2$），所以还原反应也是通过渣－气反应（5）发生的，这时反应可表示为：

$$(FeO) + C_{(石)} = [Fe] + CO$$

仿前，仍可认为它是由以下两个中间反应组成的：

$$(FeO) + CO = [Fe] + CO_2 \qquad CO_2 + C_{(石)} = 2CO$$

由于熔渣对炭粒的润湿性比对铁珠的润湿性差，前者的反应速率不及后者的大，而（FeO）的传质是限制环节（式（6－52））。可是，从反应来的 CO 对熔渣有强烈的搅拌作用，能加快其内（FeO）的传质。可以认为，反应产物 CO 的放出有“自动催化”作用，增加传质，从而加快还原速率。这表现的净效果是，还原速率随熔渣中 FeO 浓度的增加而提高。对于铁珠－熔渣的界面反应，虽然搅拌也有这种效果，但是因为速率主要还是受金属液－气反应动力学的限制，所以搅拌的作用就不那么明显了。

6.8.2.3　反应速率的限制范围

如上所述，还原反应过程虽然是由气相传质（铁珠及炭粒周围气膜内 CO、CO_2 的传质）、液相传质（渣中（FeO）及铁珠内［C］的传质）以及铁珠－气的界面反应（包括炭粒－气的界面反应）所组成，但是，速率的限制却是式（6－51）、式（6－52）或式（6－53）表示的速率。

（1）限制环节与铁水的硫含量有关，硫含量低时，（FeO）的扩散是限制环节，由式（6－52）表示；硫含量高时，铁珠－气界面反应（6）是限制环节，由式（6－51）表示。

（2）炉渣中 $w(FeO)$ 及温度的提高能加速还原反应的进行。

（3）增大铁珠的尺寸能增大铁珠－气的界面面积，有利于提高限制环节的速率。当铁水硫含量较高时，可认为反应速率与铁珠的表面积成正比例地提高。

习　题

6－1　利用氧势图（见图 5－5）计算 1200℃时，CO 及 H_2 分别还原 Fe_2O_3、Fe_3O_4 及 FeO 的气相平衡成分。

6－2　利用氧化铁还原的热力学关系式及氧势图，绘制出 Fe－FeO－Fe_3O_4 系内 CO 还原氧化铁的平衡图。

6－3　H_2 还原 WO_3 的还原反应为：$WO_3(s) + 3H_2 = W(s) + 3H_2O(g)$，试计算 1500K 时反应的平衡常数及 H_2 的平衡浓度。

6－4　用 CO 还原 Fe_2O_3 制取金属铁，能否求得 800K 及 1770K 的平衡常数？

6－5　向装有 Fe_xO 球团的反应管内通入成分为 $\varphi(H_2) = 52\%$、$\varphi(CO) = 32\%$、$\varphi(H_2O(g)) = 8\%$ 及 $\varphi(CO_2) = 8\%$ 的还原气体进行还原，温度为 1105K，总压为 100kPa，试求反应管放出的气体的成分。

6－6　试求气相成分为 $\varphi(CO) = 60\%$ 及 $\varphi(CO_2) = 40\%$、总压为 100kPa 时，FeO 的还原开始温度。

6－7　直径为 1.921×10^{-2}m 的钛铁精矿球团在 950℃、气流速度大于临界流速的条件下，用 CO 气体作还原剂，测得矿球的还原率如表 6－4 所示。（1）绘制还原层质量随时间变化的曲线；（2）计算反应速率常数。已知矿球含氧密度 $\rho_0 = 1472\text{kg/m}^3$（或 $9.20 \times 10^4\text{mol/m}^3$），假定还原过程受界面反应限制。

表 6－4 矿球的还原率

时间/min	10	20	30	40	50	60	70
还原率/%	12	23	32	40	46	52	59

6－8 在 600℃温度下，用碳还原 FeO(s) 制取金属铁，求反应体系中允许的最大压力。

6－9 在直径为 7.7×10^{-2}m 的炉管中装有一层直径为 1.2×10^{-2}m 的矿球，在 1000℃下通入成分为 $\varphi(H_2) = 40\%$ 及 $\varphi(N_2) = 60\%$ 的气体进行还原，假定还原反应处于混合限制速率范围内，试求此矿球完全还原的时间。已知：还原气体的流速为 50L/min，矿球的含氧密度为 1472kg/m^3，孔隙率为 0.2，迷宫系数为 0.45，$D_{H_2} = 10.0 \times 10^{-4}\text{m}^2/\text{s}$，$\nu = 2.39 \times 10^{-4}\text{m}^2/\text{s}$，还原反应的平衡常数 $\lg K^{\ominus} = -1224/T + 0.84$，反应速率常数 $k = 3.1 \times 10^{-2}\text{m/s}$。

6－10 试用热力学数据及氧势图，求固体碳在 1200K、100kPa 条件下还原 FeO 的 CO 平衡分压（或平衡常数）。如总压降低到 10kPa 时，还原开始温度是多少？

6－11 试计算总压为 100kPa 及 250kPa 下，固体碳还原 Fe_3O_4 到 Fe 的开始温度。

6－12 试求真空度为 13.3Pa 时，固体碳还原 MgO 的开始温度。

6－13 将 0.3mol Fe_3O_4 和 2.0mol 固体碳放入体积为 $30 \times 10^{-2}\text{m}^3$ 的真空反应器内，抽去空气后，加热到 750℃进行还原反应：$Fe_3O_4 + 4C = 3Fe + 4CO$。在此温度，Fe_3O_4 能还原到铁，试求：（1）反应器内的压力；（2）气相平衡成分；（3）反应器中未能反应残存的碳量。

6－14 试求用碳还原 MnO(s) 生成 Mn_7C_3 的还原开始温度，它比还原生成金属锰的还原开始温度降低多少？

6－15 试求硅酸锰（$2MnO \cdot SiO_2$）被碳还原出 Mn 的开始温度，它比 MnO(s) 的还原开始温度高多少？

6－16 试计算体系的真空度为 100Pa 时，硅还原 CaO 并形成 $2CaO \cdot SiO_2$ 的还原开始温度。

6－17 试计算 Al 在 2000K 还原 V_2O_5 的标准吉布斯自由能变化，并计算反应 $\frac{2}{5}V_2O_5(s) + \frac{4}{3}Al(s) = \frac{4}{5}V(s) + \frac{2}{3}Al_2O_3(s)$ 的单位炉料的热效应。$\Delta_f H_m^{\ominus}(V_2O_5, 298\text{K}) = -1557.70\text{kJ/mol}$，$\Delta_f H_m^{\ominus}(Al_2O_3, 298\text{K}) = -1675.27\text{kJ/mol}$。

6－18 在铝热法中，将铝粉和 Fe_2O_3 粉按化学反应计量数混合（$2Al(l) + Fe_2O_3(s) = Al_2O_3(s) + 2Fe(l)$），为使反应产物的温度达到 2000K，需加入多少铁屑以调剂温度？已知铁的 $H(2000\text{K}) - H(298\text{K}) = 82.68\text{kJ/mol}$，$Al_2O_3$ 的 $H(2000\text{K}) - H(298\text{K}) = 206.69\text{kJ/mol}$。

6－19 试计算在用 Al 还原 TiO_2 制取钛的铝热法中，为使单位炉料的热效应达到 2700kJ/kg 必须加入的 Fe_3O_4 量（计算中假定 55% TiO_2 还原到 Ti，而 45% TiO_2 还原到 TiO，后者进入炉渣中），并计算所得 FeTi 中钛的含量。$\Delta_f H_m^{\ominus}(TiO_2, 298\text{K}) = -944.75\text{kJ/mol}$，$\Delta_f H_m^{\ominus}(TiO, 298\text{K}) = -519.61\text{kJ/mol}$，$\Delta_f H_m^{\ominus}(Fe_3O_4, 298\text{K}) = -1118.38\text{kJ/mol}$。

6－20 用铝热法生产金属铬需要消耗大量铝，现改用碳作还原剂，需要多高的温度才能使反应进行？如采用真空度为 1kPa，在真空下进行还原，碳还原 Cr_2O_3 的温度可降低多少？

6－21 在钒钛磁铁矿的高炉冶炼中，还原的钛溶解于铁中，达到饱和时就以 TiC(s) 形式析出，存在于熔渣－铁液界面上。试求 1400℃时铁水中钛的溶解度。已知铁水中碳饱和溶解度的计算式为：

$$w[C] = 1.34 + 2.54 \times 10^{-3} t(℃)$$

6－22 在 800℃及 100kPa 压力下，用 $CH_4 + H_2$ 混合气体对低碳钢件（$w[C] = 0.12\%$）进行渗碳，试求气相平衡成分为 $\varphi(CH_4) = 8\%$、$\varphi(H_2) = 92\%$ 时钢件的渗碳浓度。

6-23 SiO_2 被碳还原，生成的 Si 溶解于铁液中，其 $w[Si]$ 为 20%，$f_{Si}=0.333$，试求 SiO_2 还原的开始温度。

6-24 试计算压力为 0.12×10^5Pa 时，渣中（CrO）被碳还原的开始温度。渣中 CrO 的活度为 0.15，还原铬的 $a_{Cr}=0.16$。

6-25 试计算成分为 $w(CaO)=40.36\%$、$w(SiO_2)=36.24\%$、$w(Al_2O_3)=16.38\%$、$w(MgO)=7.02\%$ 的高炉渣中，SiO_2 被碳还原时铁液中 Si 的平衡浓度。温度为 1600℃，炉内 CO 分压为 1.73×10^5Pa。

6-26 在高炉内冶炼钒钛磁铁矿时，生铁的成分为 $w[Si]=0.165\%$、$w[Ti]=0.189\%$、$w[V]=0.42\%$、$w[Mn]=0.30\%$、$w[P]=0.155\%$、$w[S]=0.0569\%$、$w[C]=4.24\%$，熔渣成分为 $w(TiO_2)=25.53\%$、$w(SiO_2)=24.89\%$、$w(CaO)=25.98\%$、$w(MgO)=7.60\%$、$w(Al_2O_3)=15.00\%$、$w(V_2O_5)=0.27\%$。试计算熔渣中 TiO_2 被碳还原的开始温度。$\gamma_{TiO_2}=0.6$，炉缸的压力为 2.4×10^5Pa。

6-27 试计算组成为 $w(SiO_2)=37.5\%$、$w(CaO)=42.5\%$、$w(Al_2O_3)=10.0\%$、$w(MgO)=10.0\%$ 的高炉渣，在 1500℃ 及 $p'_{CO}=1.3\times10^5$Pa 时，与铁液（$w[Si]=0.6\%$、$w[C]=4.5\%$、$w[Mn]=0.8\%$）间硫的分配系数。

复习思考题

6-1 什么是氧化物还原的转向或开始温度？从哪些方面可改变氧化物的还原开始温度？

6-2 高炉内氧化物的间接还原与直接还原有什么不同的作用？它们之间存在着什么关系？

6-3 高炉内发生的碳的气化反应对氧化物的还原有什么作用？

6-4 试比较 CO 及 H_2 还原氧化铁的特点。H_2 参与氧化铁的还原对碳的消耗有何影响？

6-5 请用未反应核模型描述高炉内铁矿石还原的动力学特点，并总结出提高还原速率的因素。

6-6 试述氧化物直接还原的机理。为什么碳的气化反应可控制直接还原反应的进行？

6-7 如何分析多价金属氧化物还原反应的平衡态？

6-8 在金属热还原法中，计算反应的单位炉料的热效应时为什么采用反应的 $\Delta_rH_m^\ominus(298K)$ 代替 $\Delta_rH_m(T)$？如果反应的单位炉料的热效应达不到规定值（2300kJ/kg）时，需要采用哪些措施来保证反应顺利进行？

6-9 怎样分析熔渣中氧化物的还原，得出控制反应进行的热力学因素？说明冶炼高硅铸铁（$w[Si]=1.25\%\sim4\%$）及低硅炼钢生铁（$w[Si]=0.5\%\sim1.0\%$）的条件。

6-10 试说明高炉内铁矿石还原的全过程。

6-11 碳化物的碳势图中，根据反应 $\frac{x}{y}M(s)+C_{(石)}=\frac{1}{y}M_xC_y(s)$，$\Delta_rG_m^\ominus=-RT\ln K^\ominus=RT\ln a_C$ 计算出 $a_C=\exp\left(\frac{\Delta_rG_m^\ominus}{RT}\right)$。由于参加反应的各物质均是纯固态（或纯液态），根据相律，其自由度 $f=2+1-3=0$，即 3 个凝聚相只能在无变量点温度（由 $K^\ominus=a_C$，$\Delta_rG_m^\ominus=0$ 求得）才能平衡共存，而在其他温度 3 个相不能平衡共存，必然有凝聚相消失，则上式中的 $K^\ominus$ 及由此求得的 a_C 与平衡无关，而不像氧势图中的 $p_{O_2}=(K^\ominus)^{-1}$ 与平衡有关，那么如此绘出的碳势图中的 a_C 坐标是否有意义？

6-12 高炉内生铁的形成和渗碳是如何进行的？

6-13 试述碱金属在高炉内的循环反应，怎样防止碱害？如何利用炉渣排碱？

6-14 概述硫在高炉冶炼中的行为。高炉炼铁脱硫的有利条件是什么？

6-15 试说明铁浴熔融还原反应的动力学特点。

7 氧化熔炼反应

利用还原剂从矿石中除去氧获得的粗金属，需要进一步在氧化剂的作用下，使粗金属中过多的（即超过产品金属允许含量的）元素及杂质量通过氧化作用分离除去，这称为氧化熔炼。以生铁（包括直接还原的海绵铁、废钢）为主要原料的氧化熔炼中，需要除去的元素和杂质可分为3类：

（1）在高炉中过多还原的元素，如Si、Mn，特别是溶解的C；

（2）有害于产品性能的杂质，如P、S及气体（H、N）；

（3）在氧化过程中，由氧化作用引入的氧及其伴生的夹杂物。

因此，炼钢过程的主要反应是元素（Si、Mn、C、P）的氧化、脱硫、去气体（H、N）、脱氧及调整钢液的成分（合金化），最后把化学成分合格的钢液浇注成钢锭或连铸坯，便于轧制成材。

这些被除去的元素按其排除形态的不同，又可分为两类：一类是能形成凝聚态的化合物，其进入熔渣中，而这种元素以不同的结构形态共存于熔渣－金属液间，可由反应平衡常数导出的分配系数，来讨论反应的热力学条件及计算出反应终了时金属液中元素的残存浓度；另一类是呈气态的氧化产物（如CO），其容易排除，特别是在较低的气压（真空）下，能推动反应的进行。碳的氧化不仅能除去多余的碳量，而且在炼钢中有很大的积极作用，除能提高熔池的温度外，还能促进熔池的传热和传质，加速钢－渣的界面反应，并能排除溶解的气体。

现在盛行的炼钢方法主要有两种，即以高炉铁水或铁浴熔融还原铁水为主要原料的氧气炼钢法和以废钢为主要原料的电弧炉炼钢法。在氧气转炉炼钢法中，按照氧气吹入转炉内方式的不同，分别有顶吹氧气转炉炼钢、底吹转炉炼钢及顶底复合吹炼炼钢。在电弧炉炼钢中，氧化精炼时也大多采用了吹氧法。在这些炼钢方法的工艺中，虽然炼钢的方法和操作在不同程度上有所区别，但是钢－渣间平衡的基本原理却是相同的。而且使用纯氧精炼也不会改变炼钢过程的基本反应和其平衡状态，仅是反应的动力学上有变化。由于熔池内出现了强烈的搅拌，促使气－金属－熔渣体系趋近于平衡状态，这就使热力学的平衡计算在炼钢中有重大的意义。

氧化熔炼反应主要在熔渣－金属液间的界面上进行，可利用液－液相间反应的双膜理论模型来研究这些反应的动力学。但由于这些反应是高温（1550～1650℃）下的电化学反应，其反应速率远大于组分在两相内的传质速率，所以两相内的传质之一往往成为整个反应过程速率的限制环节。因此，应着重讨论传质对反应速率的影响。

7.1 氧化熔炼反应的物理化学原理

7.1.1 熔池中氧化剂的种类及传递、反应的方式

用于氧化熔炼的氧化剂是氧、空气、含氧的气体及铁矿石。例如，平炉内是燃烧燃料

的过剩空气（$\varphi=5\%\sim15\%$）和燃烧产物（CO_2、$H_2O(g)$）以及装入的铁矿石；氧气转炉内是从氧枪或喷嘴吹入的氧气；而电炉是吸入炉内的少量空气、废钢带入的铁锈或装入的铁矿石以及吹入的氧气。

当气体氧与金属液面接触时，将发生下列反应：

$$\frac{2x}{y}[M]+O_2 = \frac{2}{y}(M_xO_y)$$

或简单表示为：
$$2[M]+O_2 = 2(MO) \qquad (1)$$
及
$$2Fe(l)+O_2 = 2(FeO) \qquad (2)$$

这称为直接氧化反应。即使溶解元素［M］与氧有较大的亲和力，但 Fe(l) 的氧化仍占绝对的优势。因为熔池表面铁原子数远比被氧化元素的原子数多，所以在与气体氧接触的铁液面上，瞬时即有氧化铁膜形成，再将易氧化的元素氧化形成的氧化物和熔剂结合成熔渣层。在氧化性气体的作用下，这种渣层内的 FeO 又被氧化，形成 Fe_2O_3，向渣－金属液界面扩散，在此，Fe_2O_3 还原成 FeO❶。这样形成的 FeO，一方面作为氧化剂，去氧化从金属熔池中扩散到渣－金属液界面上的元素：

$$[M]+(FeO) = (MO)+[Fe] \qquad (3)$$

另一方面又按分配定律，以溶解氧原子的形式［O］进入钢液中，去氧化其内的元素：

$$(FeO) = [O]+[Fe] \qquad (4)$$

$$x[M]+y[O] = (M_xO_y) \quad 或 \quad [M]+[O] = (MO) \qquad (5)$$

而反应（3）和（5）称为间接氧化反应。

因此，熔池中作为氧化剂的氧有 3 种形式，即气体氧 O_2、熔渣中的 FeO 及溶解于金属液中的氧［O］，分别有 3 种氧化反应类型（1）、（3）、（5）。反应（3）是反应（4）和（5）的组合。反应（1）是分析氧质量平衡及能量平衡的物量基础，而反应（3）及（5）则是熔池中元素反应热力学的条件及平衡计算的基础，因为金属液中残存元素［M］不是与 O_2，而是与（FeO）或［O］保持平衡的。

与熔渣接触的金属液中溶解的最大氧量，取决于熔渣的氧化能力。按分配定律，可由渣中 FeO 的活度确定：$w[O]_{\%}=L_O a_{(FeO)}$❶。因此，为强化元素的氧化，渣中应保持有足够量的氧化铁，并使其有较高的活度。这可向渣中直接加入铁矿石（电弧炉炼钢法），更有效的方法是直接向熔池吹入氧气。

在氧气转炉中，熔池受到了氧气流的冲击和熔池的强烈沸腾作用，在熔池上空形成了气－渣－金属液的乳化状体系，熔池的铁水以铁珠状弥散分布于其中，极大地增加了渣－金属液间的界面（$0.5\sim1.5m^2/kg$），但其内元素的氧化仍按前述方式进行，只不过传质过程更加剧烈了。

7.1.2 溶解元素氧化反应的 $\Delta_r G_m^{\ominus}$ 及氧势图

利用下列反应及其标准吉布斯自由能的相应组合：

$$\frac{2x}{y}M(s)+O_2 = \frac{2}{y}M_xO_y(s) \qquad \Delta_r G_m^{\ominus}(M_xO_y,s) \qquad (1)$$

❶ 参见第 4 章 4.8.2 节。

$$\frac{2x}{y}M(s)+2(FeO)=\!=\!=\frac{2}{y}M_xO_y(s)+2[Fe] \qquad \Delta_r G_m^{\ominus}(M_xO_y,s)-\Delta_r G_m^{\ominus}(FeO) \qquad (2)$$

$$\frac{2x}{y}M(s)=\!=\!=\frac{2x}{y}[M] \qquad \Delta G^{\ominus}(M) \qquad (3)$$

$$O_2=\!=\!=2[O] \qquad \Delta G^{\ominus}(O) \qquad (4)$$

$$FeO(s)=\!=\!=(FeO) \qquad \Delta G^{\ominus}(FeO) \qquad (5)$$

可得出下列氧化反应的 $\Delta_r G_m^{\ominus}$，而 $\pi_{O(M_xO_y)}=\Delta_r G_m^{\ominus}$：

$$\frac{2x}{y}[M]+2[O]=\!=\!=\frac{2}{y}M_xO_y(s)$$

$$\Delta_r G_{m(1)}^{\ominus}=\Delta_r G_m^{\ominus}(M_xO_y,s)-(\Delta G^{\ominus}(M)+\Delta G^{\ominus}(O)) \qquad (7-1)$$

$$\frac{2x}{y}[M]+O_2=\!=\!=\frac{2}{y}M_xO_y(s)$$

$$\Delta_r G_{m(2)}^{\ominus}=\Delta_r G_m^{\ominus}(M_xO_y,s)-\Delta G^{\ominus}(M) \qquad (7-2)$$

$$\frac{2x}{y}[M]+2(FeO)=\!=\!=\frac{2}{y}M_xO_y(s)+2[Fe]$$

$$\Delta_r G_{m(3)}^{\ominus}=\Delta_r G_m^{\ominus}(M_xO_y,s)-\Delta G^{\ominus}(FeO)-\Delta G^{\ominus}(M) \qquad (7-3)$$

上列诸反应中，［M］及［O］的标准态是质量 1% 溶液，而（M_xO_y）及（FeO）是纯物质。各物质的 $\Delta G_B^{\ominus}$ 为包含物质的化学计量数在内的值。

利用上列关系式可作出铁液中三种氧化反应的氧势图。图 7－1 为铁液中元素间接氧化（见式（7－1））的氧势图或 $\Delta_r G_m^{\ominus}-T$ 图。图中每条直线表示铁液中元素与氧在标准状态下，氧化反应的氧势和温度的关系。利用此图可以确定标准状态下，熔池中元素氧化形成氧化物的稳定性或氧化的顺序。位置越低者越稳定，而该元素越易氧化。又 FeO 是炼钢熔池内的主要氧化剂，所以比较（FeO）和（M_xO_y）氧势线的相对位置，就可确定元素在不同温度下氧化的热力学特性：

（1）在 FeO 氧势线以上的元素基本不能氧化，因为 $\pi_{O(FeO)}<\pi_{O(MO)}$，如 Cu、Ni、Pb、Sn、Mo 等。因此，如它们不是冶炼钢种的合金元素，则应在选配原料中加以剔除；相反，如果它们是所炼钢种的合金元素，则可允许在炉料中存在。

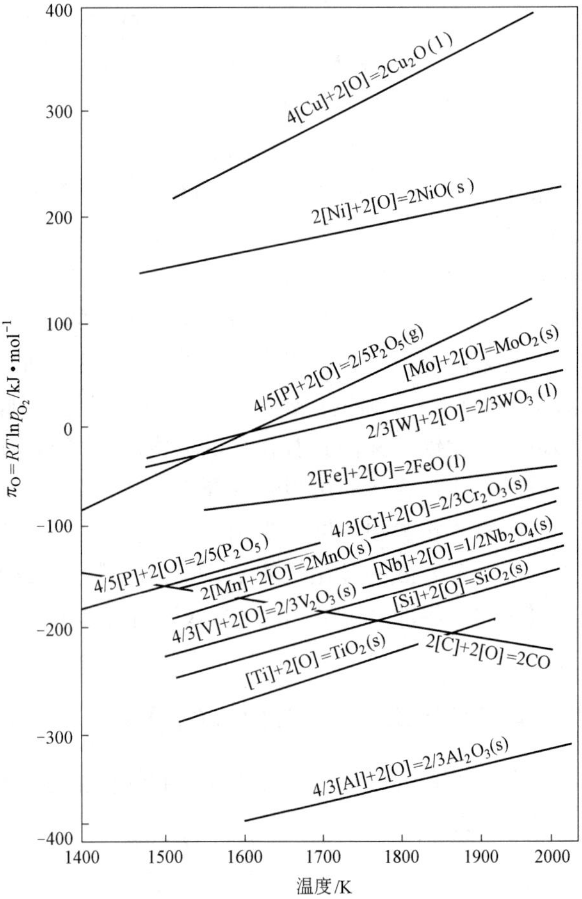

图 7－1 铁液中元素间接氧化的氧势图

（2）在 FeO 氧势线以下的元素均可氧化，因为 $\pi_{O(FeO)} > \pi_{O(MO)}$，但氧化难易的程度有所不同，并随着冶炼条件的不同而有变化。C、P 可大量氧化，Cr、Mn、V 等氧化的程度随冶炼条件而定，Si、Ti、Al 等基本上能完全氧化。因此，后列元素能作为钢液的脱氧剂。

（3）和第 5 章的氧势图（见图 5－5）相同，溶解碳氧化的氧势线和所有其他元素氧化的氧势线有相反的走向，因此两者必有交点。在交点的温度以下，$\pi_{O(CO)} > \pi_{O(MO)}$，C 难以氧化，而其他元素（如 Si、Mn、Cr 等）氧化；在交点的温度以上，$\pi_{O(CO)} < \pi_{O(MO)}$，C 才大量氧化，而其他元素的氧化受到抑制。这个交点温度是标准状态下元素选择性氧化的转化温度，它是某元素与 C 的氧化顺序交换的温度或熔池中 C 开始氧化的温度。

体系中同时出现了 M_xO_y 和 CO 的形成反应，按耦合反应原理可得下列反应：

$$\frac{2}{y}(M_xO_y) + 2[C] = \frac{2x}{y}[M] + 2CO$$

利用以上反应的 $\Delta_r G_m^{\ominus}$ 和 $\Delta_r G_m$（等温方程），可分别得出标准态下它们的转化温度和非标准态下的转化温度。

【例 7－1】 试求标准状态下，铁液中溶解铬与碳选择性氧化的转化温度。

解 铁液中溶解铬和碳氧化的耦合反应为：

$$(Cr_2O_3) + 3[C] = 2[Cr] + 3CO$$

反应的 $\Delta_r G_m^{\ominus}$ 可如下求得：

$$Cr_2O_3(s) + 3C_{(石)} = 2Cr(s) + 3CO \qquad \Delta_r G_m^{\ominus} = 766940 - 504.63T \quad (J/mol)$$

$$3C_{(石)} = 3[C] \qquad \Delta_r G_m^{\ominus} = 67770 - 126.78T \quad (J/mol)$$

$$2Cr(s) = 2[Cr] \qquad \Delta_r G_m^{\ominus} = 38500 - 93.72T \quad (J/mol)$$

$$(Cr_2O_3) + 3[C] = 2[Cr] + 3CO \qquad \Delta_r G_m^{\ominus} = 737670 - 471.57T \quad (J/mol)$$

$\Delta_r G_m^{\ominus} = 0$，转化温度 $T = 737670/471.57 = 1564K$。

又从氧势图（见图 7－1）知，Cr_2O_3 和 CO 两氧势线的交点温度为 1520K，计算值与查图值吻合。因此标准状态下，温度在 1520～1564K 时 C 能抑制 Cr 的氧化，或可认为氧化的铬可被 C 所还原。

【例 7－2】 用氧气吹炼成分为 $w[Si] = 1\%$、$w[C] = 4.5\%$ 的铁水，生成的熔渣成分为 $w(CaO) = 55\%$、$w(SiO_2) = 30\%$、$w(FeO) = 15\%$，与熔池接触的气压为 100kPa。试求碳开始大量氧化的温度。

解 这是在求非标准状态下，即题中所给铁水及熔渣条件下，硅和碳氧化的选择性转化温度。可由硅和碳氧化耦合反应的等温方程计算。

$$(SiO_2) + 2[C] = [Si] + 2CO$$

上列反应的 $\Delta_r G_m^{\ominus}$ 由组合法求得：

$$\Delta_r G_m^{\ominus} = 540870 - 302.27T \quad (J/mol)$$

故

$$\Delta_r G_m = 540870 - 302.27T + 19.147T\lg\frac{a_{[Si]}p_{CO}^2}{a_{(SiO_2)}a_{[C]}^2}$$

现分别求上式中的 $a_{[Si]}$、$a_{(SiO_2)}$ 及 $a_{[C]}$。

$a_{[Si]}$：$\quad a_{[Si]} = f_{Si}w[Si]_{\%} \quad \lg f_{Si} = e_{Si}^{Si}w[Si]_{\%} + e_{Si}^{C}w[C]_{\%} = 0.11 \times 1 + 0.18 \times 4.5 = 0.92$

$f_{Si}=8.32 \quad a_{[Si]}=8.32\times1=8.32$

$a_{[C]}$：　$a_{[C]}=f_C w[C]_{\%} \quad \lg f_C=e_C^C w[C]_{\%}+e_C^{Si} w[Si]_{\%}=0.14\times4.5+0.08\times1=0.71$

$f_C=5.13 \quad a_{[C]}=5.13\times4.5=23.08$

$a_{(SiO_2)}$：　$a_{(SiO_2)}=\gamma_{SiO_2}\cdot x(SiO_2)$

熔渣的成分换算成 $x(SiO_2)=0.31$、$x(CaO)=0.57$、$x(FeO)=0.12$。由第4章图4－66得出：$\lg\gamma_{SiO_2}=-1.12$，故 $\gamma_{SiO_2}=7.5\times10^{-2}$，而 $a_{(SiO_2)}=7.5\times10^{-2}\times0.31=2.3\times10^{-2}$，故：

$$\Delta_r G_m=540870-302.27T+19.147T\lg\frac{8.32\times1}{23.08^2\times2.3\times10^{-2}}$$

$$=540870-305.49T \quad (\text{J/mol})$$

当 $\Delta_r G_m=0$ 时，转化温度 $T=540870/305.49=1770\text{K}$。即温度升高到1770K（1500℃）时，碳开始大量氧化。

（4）3种氧化剂中以直接氧化更易进行，因为它的 $\Delta_r G_m^{\ominus}$ 或氧势最低，所以吹氧时元素氧化的强度最大。图7－2为熔池中［Si］在3种氧化剂作用下的氧势图。

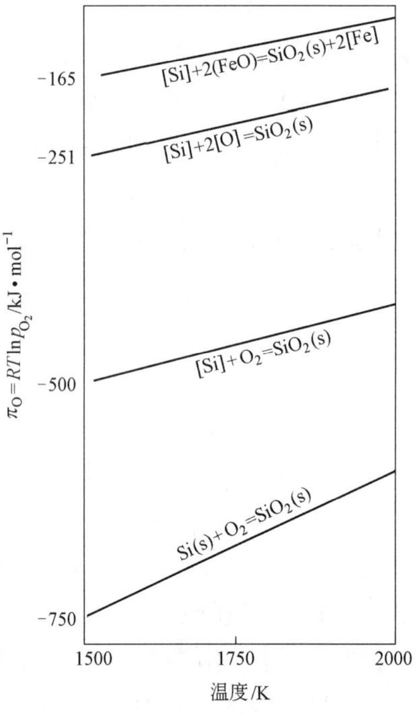

图7－2　熔池中［Si］氧化的氧势图

（5）当熔池中多种元素共存时，一般是形成氧化物（M_xO_y）氧势（或 $\Delta_r G_m^{\ominus}$）最小的元素首先氧化，而其氧化强度随温度的升高而减弱。元素氧化的顺序还将受活度变化的影响。因为

$$p_{O_2(M_xO_y)}=K^{\ominus}(a_{(M_xO_y)}^{2/y}/a_{[M]}^{2x/y})$$

而 $$\pi_{O(M_xO_y)}=RT\ln p_{O_2}=\Delta_r G_m^{\ominus}+\frac{2}{y}RT\ln a_{(M_xO_y)}-\frac{2x}{y}RT\ln a_{[M]}$$

故元素的浓度（活度）相同时，氧势较小的先氧化或强烈氧化；而元素浓度（活度）不相同时，浓度（活度）高的其氧势较小，最先氧化。另外，形成的氧化物呈凝聚相，在熔渣中溶解，其活度降低使其氧势减小，也能利于元素的氧化。如果形成的氧化物是纯固相，在渣中也不溶解而覆盖在熔池表面，则会阻碍元素的氧化。

氧化反应达到平衡时，所有元素氧化物的氧势相等，故有下列关系存在：

$$p_{O_2}^{1/2}=\frac{a_{(M_1O)}}{K_1^{\ominus}a_{[M_1]}}=\frac{a_{(M_2O)}}{K_2^{\ominus}a_{[M_2]}}=\cdots=\frac{a_{(FeO)}}{K_{Fe}^{\ominus}a_{[Fe]}}$$

因此，$K^{\ominus}$ 值大的元素，其分配系数（$a_{(MO)}/a_{[M]}$）也大，而元素氧化达平衡时，在渣中富集的浓度大；相反，则在铁液中富集的浓度大。

7.1.3　元素氧化的分配系数

铁液中元素氧化形成凝聚相的氧化物的反应，是发生在熔渣－铁液界面上的，因此，

以前述的第3类氧化反应表示：

$$x[\mathrm{M}]+y(\mathrm{FeO})=\!=\!=(\mathrm{M}_x\mathrm{O}_y)+y[\mathrm{Fe}]$$

而
$$K^{\ominus}=\frac{a_{(\mathrm{M}_x\mathrm{O}_y)}a_{[\mathrm{Fe}]}^{y}}{a_{(\mathrm{FeO})}^{y}a_{[\mathrm{M}]}^{x}}$$

式中，$a_{[\mathrm{Fe}]}=1$，而上式可进一步写成：$K^{\ominus}=\dfrac{\gamma_{\mathrm{M}_x\mathrm{O}_y}x(\mathrm{M}_x\mathrm{O}_y)}{a_{(\mathrm{FeO})}^{y}f_{\mathrm{M}}^{x}w[\mathrm{M}]_{\%}^{x}}$

元素M在熔渣-金属液间的平衡分配系数为：

$$L_{\mathrm{M}}=\frac{x(\mathrm{M}_x\mathrm{O}_y)}{w[\mathrm{M}]_{\%}^{x}}=K^{\ominus}a_{(\mathrm{FeO})}^{y}\cdot\frac{f_{\mathrm{M}}^{x}}{\gamma_{\mathrm{M}_x\mathrm{O}_y}}\tag{7-4}$$

式中，$\mathrm{M}_x\mathrm{O}_y$ 的 $x=1, 2, 3, \cdots$。在大多数情况下，可取 $x=1$，如 SiO_2、$PO_{2.5}$ 等。而 $\mathrm{M}_x\mathrm{O}_y$ 在下式中则为 MO_y：

$$L_{\mathrm{M}}=\frac{x(\mathrm{MO}_y)}{w[\mathrm{M}]_{\%}}=K^{\ominus}a_{(\mathrm{FeO})}^{y}\frac{f_{\mathrm{M}}}{\gamma_{\mathrm{MO}_y}}\tag{7-5}$$

上面导出的分配系数 L_{M} 是元素氧化时从金属相转入渣相内，电子状态（或存在形式）发生了变化。它除与温度有关外（$K^{\ominus}$随温度升高而减小，因 $\Delta_r H_m^{\ominus}<0$），还与参加反应的物质的活度有关，亦即与熔渣及金属液的组成有关。

分配系数是由出现在熔渣-金属液间元素反应的平衡常数得出的，可由它进一步得出元素反应形成凝聚态化合物时反应的热力学条件及计算反应的平衡浓度。

式（7-5）是从热力学导出的分配系数，其中氧化物的活度能从熔渣的等活度曲线图得出，但它不能表示出渣中相互作用的质点的结构形式。因此，根据熔渣组分活度的计算理论，还提出了下列两种分配系数计算法。

（1）离子结构反应式导出的分配系数。这又可分为元素氧化形成络离子及简单阳离子两种离子反应：

$$[\mathrm{M}]+\frac{y}{x}(\mathrm{Fe}^{2+})+z(\mathrm{O}^{2-})=\!=\!=(\mathrm{MO}_z^{2(z-y/x)-})+\frac{y}{x}[\mathrm{Fe}]\tag{1}$$

$$[\mathrm{M}]+\frac{y}{x}(\mathrm{Fe}^{2+})=\!=\!=(\mathrm{M}^{(2y/x)+})+\frac{y}{x}[\mathrm{Fe}]\tag{2}$$

由上可分别得出它们的 $K^{\ominus}$ 及 L_{M}：

$$K_1^{\ominus}=\frac{a_{(\mathrm{MO}_z^{2(z-y/x)-})}a_{[\mathrm{Fe}]}^{y/x}}{a_{[\mathrm{M}]}a_{(\mathrm{Fe}^{2+})}^{y/x}a_{(\mathrm{O}^{2-})}^{z}}$$

而
$$L_{\mathrm{M}}=\frac{x(\mathrm{MO}_z^{2(z-y/x)-})}{w[\mathrm{M}]_{\%}}=K_1^{\ominus}\gamma_{\mathrm{Fe}^{2+}}^{y/x}x(\mathrm{Fe}^{2+})^{y/x}\gamma_{\mathrm{O}^{2-}}^{z}x(\mathrm{O}^{2-})^{z}\frac{f_{\mathrm{M}}}{\gamma_{\mathrm{MO}_z^{2(z-y/x)-}}}$$

又
$$K_2^{\ominus}=\frac{\gamma_{\mathrm{M}^{2y/x+}}x(\mathrm{M}^{(2y/x)+})}{\gamma_{\mathrm{Fe}^{2+}}^{y/x}x(\mathrm{Fe}^{2+})^{y/x}f_{\mathrm{M}}w[\mathrm{M}]_{\%}}$$

而
$$L_{\mathrm{M}}=\frac{x(\mathrm{M}^{(2y/x)+})}{w[\mathrm{M}]_{\%}}=K_2^{\ominus}(\gamma_{\mathrm{Fe}^{2+}}\cdot x(\mathrm{Fe}^{2+}))^{y/x}\frac{f_{\mathrm{M}}}{\gamma_{\mathrm{M}^{(2y/x)+}}}\tag{7-6}$$

这可利用完全离子溶液模型及正规离子溶液模型，计算离子的活度或浓度。

（2）* 熔渣作为凝聚电子体系相导出的分配系数。当元素在熔渣-金属液相间出现分配时，电子同时形成及消耗的反应可认为是不变的凝聚电子体系。在元素平衡分配时，两相中的化学势相等，即 $\mu_{(M)}=\mu_{[M]}$，从而可导出元素的分配系数。这里渣相中氧化物组分的浓度用原子的摩尔分数表示。

元素在凝聚电子体系相熔渣中的化学势为：

$$\mu_{(M)}=\mu_{(M)}^{\ominus}+RT\ln a'_{(M)}+\nu_M\mu \quad (1)$$

式中 $a'_{(M)}$——未考虑电子体系的一般成分熔渣的活度，$a'_{(M)}=x(M)\psi_M$[1]，而 ψ_M 是普通活度系数 γ_M 的一部分；

ν_M——元素 M 的价电子数；

μ——电子的化学势。

又元素在金属相中的化学势为：

$$\mu_{[M]}=\mu_{[M]}^{\ominus}+RT\ln a_{[M]} \quad (2)$$

由于 $\mu_{(M)}=\mu_{[M]}$，故由式（1）及式（2）得：

$$\mu_{[M]}^{\ominus}-\mu_{(M)}^{\ominus}=RT\ln\frac{a'_{(M)}}{a_{[M]}}+\nu_M\mu \quad 或 \quad \frac{\mu_{[M]}^{\ominus}-\mu_{(M)}^{\ominus}}{RT}=\ln\left[\frac{a'_{(M)}}{a_{[M]}}\exp\left(\frac{\nu_M\mu}{RT}\right)\right] \quad (3)$$

又渣相中氧化物考虑了电子体系的活度，即一般成分的总活度 $a'_{(M)}$ 的化学势为：

$$\mu'_{(M)}=\mu_{(M)}^{\ominus}+RT\ln a'_{(M)} \quad (4)$$

元素 M 在两相中分配达平衡时，式（2）和式（4）相等，即 $\mu_{[M]}=\mu'_{(M)}$，故有：

$$\frac{\mu_{[M]}^{\ominus}-\mu_{(M)}^{\ominus}}{RT}=\ln\frac{a'_{(M)}}{a_{[M]}}=\ln L_M \quad (5)$$

将式（5）代入式（3），得： $$L_M=\frac{a'_{(M)}}{a_{[M]}}\exp\left(\frac{\nu_M\mu}{RT}\right) \quad (7-7)$$

为利用式（7－7）计算 L_M，需知参加反应的熔渣的总电子化学势 $\nu_M\mu$。如果熔渣的电子状态在元素分配时不发生变化，则 $\nu_M\mu$ 可视为等于零。但在一般氧化反应中，$\nu_M\mu\neq0$，而是与熔渣的 $a'_{(O)}$（$a'_{(O)}=x(O)\psi_O$）及体系的 p_{O_2} 有关，其关系式为：$\mu=\mu_O^{\ominus}-RT\ln(a'_{(O)})^{1/2}-RT\ln a_{O_2}^{1/2}$。因此，$\mu$ 是一般化学成分难以控制的因素，而其确定又很困难，所以一般采用消去 μ 法处理。

元素氧化时，[M] 和 [O] 同时参加分配反应，故有：

$$K_M=\frac{a'_{(M)}}{a_{[M]}}\exp\left(\frac{\nu_M\mu}{RT}\right)$$

$$K_O=\frac{a'_{(O)}}{a_{[O]}}\exp\left(\frac{\nu_O\mu}{RT}\right)$$

将上述两式相除以消去 μ，可得：

$$K_{M/O}=\frac{K_M^{1/\nu_M}}{K_O^{1/2}}=\left(\frac{a'_{(M)}}{a_{[M]}}\right)^{1/\nu_M}\left(\frac{a'_{(O)}}{a_{[O]}}\right)^{1/2} \quad (6)$$

式中，氧原子的 $\nu_O=-2$。$K_{M/O}$ 为两相中两元素 M 及 O 分配比方次的乘积，其值等于以下反应的平衡常数：

$$\frac{1}{\nu_M}[M]+\frac{1}{2}[O]=\!=\!=(M_{1/\nu_M}O_{1/2}) \quad (7)$$

---

[1] 详见第 4 章 4.6.4 节式（4－24）。

因为渣中组分设定是以原子状态存在的，所以形成的氧化物（$M_{1/\nu_M}O_{1/2}$）也是由（M）及（O）原子组成的，而其活度 $a'_{(M_{1/\nu_M}O_{1/2})}=(a'_{(M)})^{1/\nu_M}\cdot(a'_{(O)})^{1/2}$，故反应（7）的平衡常数为：

$$K=\frac{(a'_{(M)})^{1/\nu_M}\cdot(a'_{(O)})^{1/2}}{a_{[M]}^{1/\nu_M}a_{[O]}^{1/2}}=\left(\frac{a'_{(M)}}{a_{[M]}}\right)^{1/\nu_M}\left(\frac{a'_{(O)}}{a_{[O]}}\right)^{1/2} \tag{8}$$

式（8）和式（6）相比较，可知 $K_{M/O}=K$，故 $K_{M/O}$是反应（7）的平衡常数。

又式（8）中，$a'_{(O)}=1$，因氧元素是氧化物形成的共同原子（渣中阴离子仅是 O^{2-}），故 $x(O)=1$；又 $a_{[O]}=w[O]_{\%}$，$a_{[M]}=f_M w[M]_{\%}$，$a'_{(M)}=x(M)\cdot\psi_M$，故由式（8）可得：

$$L_M=\frac{x(M)}{w[M]_{\%}}=K^{\nu_M}\frac{w[O]_{\%}^{\nu_M/2}f_M}{\psi_M} \tag{7-8}$$

式中 $x(M)$——渣中 M 原子的摩尔分数❶；

ψ_M——原子 M 的活度系数，$\psi_M=\{\sum x_j\exp[-\varepsilon_{M-j}/(RT)]\}^{-1}$，$\varepsilon_{M-j}=\frac{1}{2}(\chi_M^{1/2}-\chi_j^{1/2})^2$。

这一计算方法的优点是不用知道存在于渣中的具体化合物或络离子的结构式，这就使问题大为简化。

7.1.4 元素氧化反应的动力学

7.1.4.1 反应的组成环节及限制范围

以下列氧化反应：

$$[M]+(FeO)=\!=\!=(MO)+[Fe] \quad 或 \quad [M]+(Fe^{2+})=\!=\!=(M^{2+})+[Fe]$$

作为动力学讨论的基础。这里以二价金属为例，反应的组成环节如图 7-3 所示。

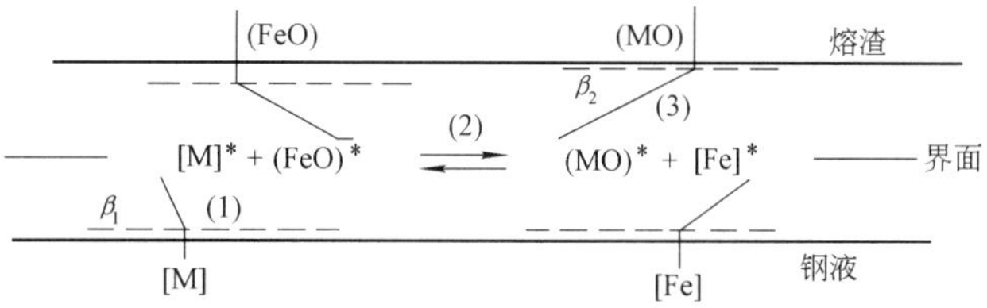

图 7-3 元素 M 氧化过程的组成环节及浓度分布

金属液中，浓度为 $c[M]$ 的［M］和熔渣中浓度为 $c(FeO)$ 的（FeO）分别向渣-钢液界面扩散，达到相界面上时，它们的浓度分别下降到 $c[M]^*$ 及 $c(FeO)^*$，在此发生化学反应，生成浓度为 $c(MO)^*$ 的（MO）及浓度为 $c[Fe]^*$ 的［Fe］。然后，它们再分别向渣相及钢液内扩散，其浓度分别下降到 $c(MO)$ 及 $c[Fe]$。各物质有不同的扩散通量，可表示为：

$$J=-D_B\left(\frac{\partial c}{\partial x}\right)_{x=0}=\pm\beta(c_B-c_B^*)$$

❶ 详见第 4 章 4.6.4 节。

由于高温界面化学反应的速率很高，远大于反应中4个物质扩散的速率，所以炼钢过程位于扩散范围内，渣－钢液界面上物质浓度的关系接近于反应平衡常数的关系，特别是与氧亲和力很大的元素氧化时，$K(K = c(\mathrm{MO})^* \cdot c[\mathrm{Fe}]^* / (c[\mathrm{M}]^* \cdot c(\mathrm{FeO})^*))$值很大，而$c[\mathrm{M}]^* \cdot c(\mathrm{FeO})^* \approx 0$，这时可能出现3种速率限制范围：

（1）如$c[\mathrm{M}]^* \approx 0$，$c(\mathrm{FeO})^* \neq 0$，则$J_{\mathrm{M}} = \beta_{\mathrm{M}}(c[\mathrm{M}] - c[\mathrm{M}]^*) = \beta_{\mathrm{M}} c[\mathrm{M}]$有最大值，而$J_{\mathrm{FeO}} < J_{\mathrm{M}}$，渣中（FeO）的扩散是限制环节。这发生在$c[\mathrm{M}]$高而$c(\mathrm{FeO})$低时。

（2）如$c(\mathrm{FeO})^* \approx 0$，$c[\mathrm{M}]^* \neq 0$，则$J_{\mathrm{FeO}} = \beta_{\mathrm{FeO}}(c(\mathrm{FeO}) - c(\mathrm{FeO})^*) \approx \beta_{\mathrm{FeO}} c(\mathrm{FeO})$有最大值，而$J_{\mathrm{M}} < J_{\mathrm{FeO}}$，钢液中［M］的扩散是限制环节。这发生在$c[\mathrm{M}]$低而$c(\mathrm{FeO})$高时。

（3）如$c[\mathrm{M}]^* \approx 0$，$c(\mathrm{FeO})^* \approx 0$，则$J_{\mathrm{M}}$及$J_{\mathrm{FeO}}$同时出现最大值，［M］及（FeO）的扩散均不限制反应的进行。出现这种限制环节的元素的溶解浓度称为临界浓度，它发生在［M］及（FeO）浓度比为一定值时。

因此，在扩散范围内，元素氧化的速率取决于渣中（FeO）及钢液中［M］两个最大扩散流中的较小者。J_{FeO}取决于$c(\mathrm{FeO})$、β_{FeO}，而与$c[\mathrm{M}]$无关，在一定的供氧条件下，其值为恒量。J_{M}取决于$\beta_{[\mathrm{M}]}$及$c[\mathrm{M}]$，主要与$c[\mathrm{M}]$有关。上列扩散通量J_{M}、J_{FeO}与反应物［M］浓度的关系可用图7－4表示。图中J_{M}和J_{FeO}直线交点的$c[\mathrm{M}]$称为临界浓度$c[\mathrm{M}]_{临}$。在这种浓度时，［M］与（FeO）的扩散速率达到相等。由图可见：$c[\mathrm{M}] < c[\mathrm{M}]_{临}$时，$J_{\mathrm{M}} < J_{\mathrm{FeO}}$，钢液中［M］的扩散是限制环节，氧化速率随$c[\mathrm{M}]$的增加呈线性增长；$c[\mathrm{M}] > c[\mathrm{M}]_{临}$时，$J_{\mathrm{M}} > J_{\mathrm{FeO}}$，渣中（FeO）的扩散是限制环节，因而氧化速率与$c[\mathrm{M}]$无关，而是随着$c(\mathrm{FeO})$的增加，$J_{\mathrm{FeO}}$及$c[\mathrm{M}]_{临}$均增大。

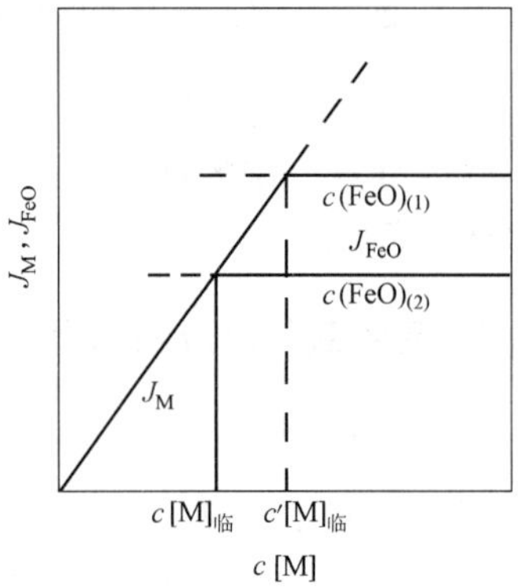

图7－4　J_{M}、J_{FeO}与$c[\mathrm{M}]$的关系

因此，元素的临界浓度乃是氧化过程动力学限制环节出现转变时元素的浓度。一般可认为，元素的浓度不高时，它的扩散是限制环节；而其浓度高时，（FeO）的扩散是限制环节。元素的浓度增高，特别是在熔体搅拌强度增大时，反应界面的浓度接近其相内浓度，而氧化速率取决于界面反应的电化学特性。

7.1.4.2　钢液中元素氧化扩散限制的速率式

现导出渣中（FeO）的浓度较高，不成为限制环节时，钢液中元素氧化过程的速率式。在这种情况下，元素氧化过程由元素及其氧化形成产物的扩散、界面反应组成，其过程的进行如下：

$$[\mathrm{M}] \xrightarrow[\text{(扩散)}]{\beta_{\mathrm{M}}} [\mathrm{M}]^* \xrightarrow[\text{(界面反应)}]{k_{\mathrm{C}}} (\mathrm{MO})^* \xrightarrow[\text{(扩散)}]{\beta_{\mathrm{MO}}} (\mathrm{MO})$$

由于高温界面化学反应的速率很高，远大于两个扩散环节的速率，因此，过程位于由［M］及（MO）的扩散环节构成的扩散范围内。由于$k_{\mathrm{C}} \gg \beta_{\mathrm{M}} + \beta_{\mathrm{MO}}$，利用第2章式（2－58），即：

$$-\frac{\mathrm{d}c[\mathrm{M}]}{\mathrm{d}t} = \frac{c[\mathrm{M}] - c(\mathrm{MO})/K}{1/k_{\mathrm{M}} + 1/(k_{\mathrm{MO}}K) + 1/k_{\mathrm{C}}}$$

$$k_M = \beta_M \cdot \frac{A}{V_m} \qquad k_{MO} = \beta_{MO} \cdot \frac{A}{V_m} \qquad k_C = k_+ \cdot \frac{A}{V_m}$$

式中 β_M，β_{MO}——分别为 M 在钢液内及 MO 在渣内的传质系数；

k_C——元素氧化反应的容量速率常数；

A/V_m——单位体积钢液－熔渣的界面面积；

K——氧化反应的平衡常数，在此，$K = c(MO)^*/c[M]^* = L_M$（分配系数）。

可得出元素氧化反应的速率式：

$$-\frac{dc[M]}{dt} = \frac{c[M] - c(MO)/L_M}{1/k_M + 1/(k_{MO}L_M)} \tag{7-9}$$

将式（7－9）中组分的物质的量浓度转变为质量分数，为此，将相应的下列公式代入式（7－9）中：

$$c[M] = \frac{w[M]_{\%}}{100} \cdot \frac{\rho_m}{M_M}$$

$$c(MO) = \frac{w(MO)_{\%}}{100} \cdot \frac{\rho_s}{M_{MO}}$$

式中 M_M，M_{MO}——分别为元素 M 及氧化物 MO 的摩尔质量，kg/mol；

ρ_m, ρ_s——分别为钢液及熔渣的密度，kg/m^3。

因此，得：

$$v = -\frac{dw[M]_{\%}}{dt} = \frac{k_M L_{M(\%)}}{k_M/k_{MO} + L_{M(\%)}}\left(w[M]_{\%} - \frac{w(MO)_{\%}}{L_{M(\%)}}\right) \tag{7-10}$$

式中

$$k_M = \beta_M \cdot \frac{A}{V_m} \qquad k_{MO} = \beta_{MO} \cdot \frac{1}{M_{MO}/M_M} \cdot \frac{A}{V_m} \cdot \frac{\rho_s}{\rho_m}$$

$$L_{M(\%)} = L_M \cdot \frac{\rho_m}{\rho_s} \cdot \frac{M_{MO}}{M_M}$$

在反应过程中，根据 $L_{M(\%)}$ 和 k_M/k_{MO} 的相对大小，可进一步得出不同限制环节的速率式：

（1）当 $L_{M(\%)} \gg k_M/k_{MO}$ 时，

$$v = k_M\left(w[M]_{\%} - \frac{w(MO)_{\%}}{L_{M(\%)}}\right) \tag{7-11}$$

钢液中［M］的扩散是限制环节。当 $L_{M(\%)}$ 很大时，式（7－11）可进一步简化为：$v = k_M w[M]_{\%}$。

（2）当 $L_{M(\%)} \ll k_M/k_{MO}$ 时，

$$v = k_{MO}L_{M(\%)}\left(w[M]_{\%} - \frac{w(MO)_{\%}}{L_{M(\%)}}\right) \tag{7-12}$$

熔渣中（MO）的扩散是限制环节。

（3）当 $L_{M(\%)} \approx k_M/k_{MO}$ 时，即两者有相差不大的数量级时，反应同时受钢液中［M］及渣中（MO）的扩散所限制，而元素氧化的速率式用式（7－10）表示。

为进一步导出速率式（7－10）的积分式，即浓度与时间的关系式，需从式（7－10）中的 3 个变量 $w(MO)_{\%}$、$w[M]_{\%}$ 及 t 中消去 $w(MO)_{\%}$ 变量。可用元素在氧化过程中的质量平衡方程消去 $w(MO)_{\%}$ 这一变量：

$$w(MO)_{\%} = w(MO)_{\%}^0 + \frac{(w[M]_{\%}^0 - w[M]_{\%}) \cdot (M_{MO}/M_M)}{m_s/m_m} \tag{1}$$

式中 $w(MO)_{\%}^0$——熔渣内原有的或熔剂带入的（MO）的初始质量百分数；

m_s/m_m——熔渣质量（m_s）与钢液质量（m_m）之比，即每单位钢液量的渣量。

将式（1）代入式（7－10），分离变量后，在 $t=0$、$w[\mathrm{M}]_{\%}=w[\mathrm{M}]_{\%}^{0}$（初始浓度）的初始条件下积分后，可得：

$$\ln\frac{w[\mathrm{M}]_{\%}-b/a}{w[\mathrm{M}]_{\%}^{0}-b/a}=-at \tag{7-13}$$

或

$$w[\mathrm{M}]_{\%}=(w[\mathrm{M}]_{\%}^{0}-b/a)\exp(-at)+b/a \tag{7-14}$$

式中

$$a=\frac{k_{\mathrm{M}}\left(L_{\mathrm{M}(\%)}\cdot\frac{m_{\mathrm{s}}}{m_{\mathrm{m}}}+\frac{M_{\mathrm{MO}}}{M_{\mathrm{M}}}\right)}{\left(\frac{k_{\mathrm{M}}}{k_{\mathrm{MO}}}+L_{\mathrm{M}(\%)}\right)\cdot\frac{m_{\mathrm{s}}}{m_{\mathrm{m}}}} \tag{7-15}$$

$$b=\frac{k_{\mathrm{M}}\left(w(\mathrm{MO})_{\%}^{0}\cdot\frac{m_{\mathrm{s}}}{m_{\mathrm{m}}}+w[\mathrm{M}]_{\%}^{0}\cdot\frac{M_{\mathrm{MO}}}{M_{\mathrm{M}}}\right)}{\left(\frac{k_{\mathrm{M}}}{k_{\mathrm{MO}}}+L_{\mathrm{M}(\%)}\right)\cdot\frac{m_{\mathrm{s}}}{m_{\mathrm{m}}}} \tag{7-16}$$

假定 a、b 不随时间而改变，如 $t\to\infty$，即反应达到平衡时，式（7－13）中的 $w[\mathrm{M}]_{\%}=b/a$，而 $w[\mathrm{M}]_{\%}=w[\mathrm{M}]_{\%(平)}=b/a$，故：

$$w[\mathrm{M}]_{\%(平)}=\frac{b}{a}=\frac{w(\mathrm{MO})_{\%}^{0}\cdot\frac{m_{\mathrm{s}}}{m_{\mathrm{m}}}+w[\mathrm{M}]_{\%}^{0}\cdot\frac{M_{\mathrm{MO}}}{M_{\mathrm{M}}}}{L_{\mathrm{M}(\%)}\cdot\frac{m_{\mathrm{s}}}{m_{\mathrm{m}}}+\frac{M_{\mathrm{MO}}}{M_{\mathrm{M}}}}$$

于是，式（7－13）可改写成：

$$\ln\frac{w[\mathrm{M}]_{\%}-w[\mathrm{M}]_{\%(平)}}{w[\mathrm{M}]_{\%}^{0}-w[\mathrm{M}]_{\%(平)}}=-at \tag{7-17}$$

而

$$t=-\frac{2.3}{a}\lg\frac{w[\mathrm{M}]_{\%}-w[\mathrm{M}]_{\%(平)}}{w[\mathrm{M}]_{\%}^{0}-w[\mathrm{M}]_{\%(平)}} \tag{7-18}$$

如 $w[\mathrm{M}]_{\%}^{0}\gg w[\mathrm{M}]_{\%}\gg w[\mathrm{M}]_{\%(平)}$，则式（7－17）可简化为：

$$\lg\frac{w[\mathrm{M}]_{\%}}{w[\mathrm{M}]_{\%}^{0}}=-\frac{a}{2.3}t \tag{7-19}$$

利用式（7－10）～式（7－12）可计算元素 M 在 t 时间氧化的瞬时速率，而利用式（7－18）、式（7－19）可计算元素氧化到一定浓度的时间以及某时间元素的残存浓度。

同样，将式（1）分别代入两限制环节式（7－11）和式（7－12），也可得出它们的积分式。详见后述脱硫反应速率的积分式（7－72）。

由式（7－10）可见，影响钢液中元素氧化速率的因素是很复杂的，有热力学的因素（L_{M}）、熔体动力学的因素（β、A/V_{m}）、熔体的物性因素（η、ρ、D_{B}）、操作因素（T、m_{s}、m_{m}）等。这些因素在冶炼过程中不断有改变，因而元素氧化的动力学计算也就比较难以得到确切的数值，一般只有一级近似值。

7.2　锰、硅、铬、钒、铌、钨的氧化反应

7.2.1　锰

7.2.1.1　锰氧化的热力学

溶解于铁液中的［Mn］可出现下列氧化反应：

$$[Mn]+\frac{1}{2}O_2 =\!=\!=(MnO) \qquad \Delta_r G_m^{\ominus}=-361495+111.63T \quad (J/mol) \tag{1}$$

$$[Mn]+[O]=\!=\!=(MnO) \qquad \Delta_r G_m^{\ominus}=-244316+106.84T \quad (J/mol) \tag{2}$$

$$[Mn]+(FeO)=\!=\!=(MnO)+[Fe] \qquad \Delta_r G_m^{\ominus}=-123307+56.48T \quad (J/mol) \tag{3}$$

反应（1）形成的 MnO 是高熔点凝聚相，在铁液表面上存在，能阻止氧化的继续进行。反应（2）及（3）发生在熔渣与铁液的界面上。因 Fe、Mn 与氧的亲和力相近，由于 Fe 的氧化，Mn 氧化形成的 MnO 能与 FeO 形成共溶体，促进氧化反应的进行。根据反应（2）和（3）的平衡常数，可以写出锰在渣 – 钢液间的平衡分配常数式，得出锰氧化的热力学条件。

（1） $$[Mn]+(FeO)=\!=\!=(MnO)+[Fe]$$

$$K_3^{\ominus}=\frac{a_{(MnO)}a_{[Fe]}}{a_{(FeO)}a_{[Mn]}}=\frac{x(MnO)\gamma_{MnO}}{x(FeO)\gamma_{FeO}f_{Mn}w[Mn]_{\%}}=\frac{w(MnO)_{\%}\gamma_{MnO}}{w(FeO)_{\%}\gamma_{FeO}f_{Mn}w[Mn]_{\%}}$$

式中，$w(MnO)_{\%}/w(FeO)_{\%}=x(MnO)/x(FeO)$，因为 Mn 和 Fe 及 MnO 和 FeO 的摩尔质量相近，故可用质量分数代替摩尔分数；又 $a_{[Fe]}=1$。

在 FeO – MnO 渣系内，$\gamma_{MnO}/\gamma_{FeO}=1$。在酸性渣内，由于 $MnO-SiO_2$ 的作用比 $FeO-SiO_2$ 的作用强，故 $\gamma_{MnO}/\gamma_{FeO}=1/4$。在实际的碱性渣（$w(CaO)_{\%}/w(SiO_2)_{\%}\geqslant 2$）中，$\gamma_{MnO}/\gamma_{FeO}\approx 1$（或小于 1），如图 7 – 5 所示。

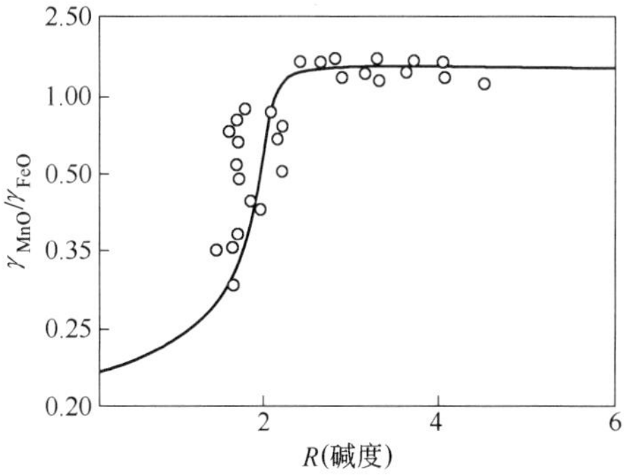

图 7 – 5 熔渣 $\gamma_{MnO}/\gamma_{FeO}-R$ 的关系

由以上可得出：

$$L_{Mn(1)}=\frac{x(MnO)}{w[Mn]_{\%}}=K_3^{\ominus}\frac{x(FeO)\gamma_{FeO}f_{Mn}}{\gamma_{MnO}} \tag{7-20}$$

（2） $$[Mn]+(Fe^{2+})=\!=\!=(Mn^{2+})+[Fe] \tag{4}$$

这是以离子反应式表示锰的氧化。

$$K_4^{\ominus}=\frac{a_{(Mn^{2+})}a_{[Fe]}}{a_{(Fe^{2+})}a_{[Mn]}}=\frac{x(Mn^{2+})}{w[Mn]_{\%}x(Fe^{2+})}\cdot\frac{\gamma_{Mn^{2+}}}{\gamma_{Fe^{2+}}f_{Mn}}$$

而
$$L_{Mn(2)}=\frac{x(Mn^{2+})}{w[Mn]_{\%}}=K_4^{\ominus}\frac{x(Fe^{2+})\gamma_{Fe^{2+}}f_{Mn}}{\gamma_{Mn^{2+}}} \tag{7-21}$$

离子浓度及其活度系数可由正规离子溶液模型得出，而 $\lg K_4^{\ominus}=\frac{6700}{T}-3.12$。

（3）* $$\frac{1}{2}[Mn]+\frac{1}{2}[O]=\!=\!=Mn_{1/2}O_{1/2} \tag{5}$$

这是把熔渣作为凝聚电子体系相的反应式。

$$K_5^{\ominus}=\left(\frac{a'_{(O)}}{a_{[O]}}\right)^{1/2}\left(\frac{a'_{(Mn)}}{a_{[Mn]}}\right)^{1/2}$$

其中，$a_{MnO}=a'_{(Mn)}a'_{(O)}$，而 $a'_{(O)}=1$；又 $a_{[O]}=w[O]_{\%}$，故：

$$L_{Mn(3)}=\frac{x(Mn)}{w[Mn]_{\%}}=(K_5^{\ominus})^2 w[O]_{\%}\cdot\frac{f_{Mn}}{\psi_{Mn}} \tag{7-22}$$

式中　$x(\mathrm{Mn})$——Mn 原子的摩尔分数；

$K_5^{\ominus}$——反应（5）的平衡常数；

ψ_{Mn}——熔渣中组分 MnO 的锰原子活度系数；

$w[\mathrm{O}]_{\%}$——钢液中［O］的平衡浓度，$w[\mathrm{O}]_{\%}=L_0\psi_{\mathrm{Fe}}\cdot x(\mathrm{Fe})$，如下导出。

$$\frac{1}{2}[\mathrm{Fe}]+\frac{1}{2}[\mathrm{O}]=\!=\!=(\mathrm{Fe_{1/2}O_{1/2}})\qquad (K_{\mathrm{Fe/O}}^{\ominus})^2=\left[\left(\frac{a'_{(\mathrm{O})}}{a_{[\mathrm{O}]}}\right)^{1/2}\left(\frac{a'_{(\mathrm{Fe})}}{a_{[\mathrm{Fe}]}}\right)^{1/2}\right]^2=\frac{a'_{(\mathrm{Fe})}}{w[\mathrm{O}]_{\%}}=\frac{\psi_{\mathrm{Fe}}\cdot x(\mathrm{Fe})}{w[\mathrm{O}]_{\%}}$$

$$[\mathrm{Fe}]+[\mathrm{O}]=\!=\!=(\mathrm{FeO})\qquad K_{\mathrm{FeO}}^{\ominus}=\frac{a_{(\mathrm{FeO})}}{w[\mathrm{O}]_{\%}}=1\Big/\frac{w[\mathrm{O}]_{\%}}{a_{(\mathrm{FeO})}}=\frac{1}{L_0}$$

由于 $(K_{\mathrm{Fe/O}}^{\ominus})^2=K_{\mathrm{FeO}}^{\ominus}$，故得：　$w[\mathrm{O}]_{\%}=L_0\psi_{\mathrm{Fe}}\cdot x(\mathrm{Fe})$

式中，$a'_{(\mathrm{O})}=1$，$a_{[\mathrm{Fe}]}=1$，$a_{[\mathrm{O}]}=w[\mathrm{O}]_{\%}$。

由上述各式 L_{Mn} 可见，降低温度（增大 K）、提高熔渣的氧化能力及降低 γ_{MnO}（降低碱度），可促使钢液中锰氧化。

在炼钢过程中，锰仅次于硅，在熔炼之初就大量氧化；但在熔炼后期温度很高时，K 将减小，锰的氧化趋于平衡。同时由于碳的强烈氧化，熔渣中的（FeO）量降低，因而可发生 MnO 的还原，使钢液有一定的“残锰”存在。还原的锰量与温度、渣内 MnO 和 FeO 的浓度有关，可由 L_{Mn} 进行计算。

【例 7－3】　试计算下列成分炉渣中 MnO 的分配系数及钢液中 Mn 的平衡浓度。熔渣成分为 $w(\mathrm{CaO})=36.11\%$、$w(\mathrm{SiO_2})=33.04\%$、$w(\mathrm{FeO})=6.41\%$、$w(\mathrm{Fe_2O_3})=1.26\%$、$w(\mathrm{MgO})=14.97\%$、$w(\mathrm{P_2O_5})=1.37\%$、$w(\mathrm{MnO})=6.33\%$，温度为 1873K。

解　为说明 3 种分配系数式的应用，现以式（7－20）、式（7－21）、式（7－22）进行计算。

（1）
$$[\mathrm{Mn}]+(\mathrm{FeO})=\!=\!=(\mathrm{MnO})+[\mathrm{Fe}]\qquad(1)$$

$$L_{\mathrm{Mn(1)}}=\frac{x(\mathrm{MnO})}{w[\mathrm{Mn}]_{\%}}=K_1^{\ominus}\frac{a_{(\mathrm{FeO})}}{\gamma_{\mathrm{MnO}}}$$

式（7－20）中，f_{Mn} 在此处为 1，因为当［Mn］氧化达到平衡时，其浓度已经很低了。式中 $a_{(\mathrm{FeO})}$ 和 γ_{MnO} 可利用炉渣的等活度（或活度系数）曲线图得出。

炉渣组分的等活度图是用摩尔分数表示的，需要得出渣中每个组分的摩尔分数。渣中有两种氧化铁组分，按等活度图的规定，需用 FeO 的形式表示。可利用全铁法将 $\mathrm{Fe_2O_3}$ 换算成 FeO，而渣中 $\sum w(\mathrm{FeO})_{\%}=w(\mathrm{FeO})_{\%}+0.9w(\mathrm{Fe_2O_3})_{\%}=6.41+0.9\times1.26=7.54$。渣中组分的物质的量及摩尔分数为：

组分	CaO	$\mathrm{SiO_2}$	FeO	MgO	$\mathrm{P_2O_5}$	MnO
n_{B}/mol	0.645	0.551	0.105	0.375	0.0096	0.089
x_{B}	0.363	0.310	0.059	0.211	0.0054	0.050

1）$a_{(\mathrm{FeO})}$。利用下列数值：

$\sum x(\mathrm{CaO})=0.363+0.211+0.050=0.624$　　$\sum x(\mathrm{SiO_2})=0.310+0.0054=0.315$

$\sum x(\mathrm{FeO})=0.059$

查图 4－63 得：　　$a_{(\mathrm{FeO})}=0.3$

2）γ_{MnO}。利用下列数值：

$\sum x(\mathrm{CaO})=0.363+0.211=0.574$　　$\sum x(\mathrm{SiO_2})=0.310+0.0054=0.315$

$\sum x(\mathrm{MnO}) = 0.059 + 0.050 = 0.109$

查图 4-68 得： $\gamma_{\mathrm{MnO}} = 1.8$

3）$K_1^{\ominus}$。 $[\mathrm{Mn}] + (\mathrm{FeO}) = (\mathrm{MnO}) + [\mathrm{Fe}]$

$$\lg K_1^{\ominus} = \frac{123307}{19.147 \times 1873} - \frac{56.48}{19.147} = 0.4885 \quad K_1^{\ominus} = 3.07$$

故 $L_{\mathrm{Mn(1)}} = 3.07 \times \dfrac{0.3}{1.8} = 0.512 \qquad w[\mathrm{Mn}]_{\%} = \dfrac{x(\mathrm{MnO})}{L_{\mathrm{Mn(1)}}} = \dfrac{0.050}{0.512} \approx 0.1$

（2） $$[\mathrm{Mn}] + (\mathrm{Fe}^{2+}) = (\mathrm{Mn}^{2+}) + [\mathrm{Fe}] \tag{2}$$

$$L_{\mathrm{Mn(2)}} = \frac{x(\mathrm{Mn}^{2+})}{w[\mathrm{Mn}]_{\%}} = K_2^{\ominus} \frac{\gamma_{\mathrm{Fe}^{2+}} \cdot x(\mathrm{Fe}^{2+})}{\gamma_{\mathrm{Mn}^{2+}}}$$

式中，离子浓度及其活度系数利用正规离子溶液模型计算，而 $K_2^{\ominus}$ 由实验式 $\lg K_2^{\ominus} = 6700/T - 3.12$ 得出。

渣中阳离子的物质的量及摩尔分数（$x_{\mathrm{B}^+} = \nu_{\mathrm{B}} n_{\mathrm{B}^+} / (\sum \nu_{\mathrm{B}} n_{\mathrm{B}^+})$）为：

组分	CaO	SiO_2	FeO	MgO	P_2O_5	MnO
n_{B^+}/mol	0.645	0.551	0.105	0.375	2×0.0096	0.089
x_{B^+}	0.361	0.309	0.059	0.210	0.011	0.050

$$\sum \nu_{\mathrm{B}} n_{\mathrm{B}^+} = 0.645 + 0.551 + 0.105 + 0.375 + 2 \times 0.0096 + 0.089 = 1.785$$

$$\lg \gamma_{\mathrm{Fe}^{2+}} = \frac{1000}{T}[2.18 x(\mathrm{Mn}^{2+}) \cdot x(\mathrm{Si}^{4+}) + 5.90(x(\mathrm{Ca}^{2+}) + x(\mathrm{Mg}^{2+})) \cdot x(\mathrm{Si}^{4+}) +$$

$$10.50 x(\mathrm{Ca}^{2+}) \cdot x(\mathrm{P}^{5+})] = \frac{1000}{1873} \times [2.18 \times 0.050 \times 0.309 + 5.90 \times$$

$$(0.361 + 0.210) \times 0.309 + 10.50 \times 0.361 \times 0.011] = 0.596 \qquad \gamma_{\mathrm{Fe}^{2+}} = 3.94$$

$$\lg \gamma_{\mathrm{Mn}^{2+}} = \lg \gamma_{\mathrm{Fe}^{2+}} - \frac{2180}{T} x(\mathrm{Si}^{4+}) = 0.596 - \frac{2180}{1873} \times 0.309 = 0.236 \qquad \gamma_{\mathrm{Mn}^{2+}} = 1.72$$

$$\lg K_2^{\ominus} = \frac{6700}{1873} - 3.12 = 0.457 \qquad \text{而} \quad K_2^{\ominus} = 2.865$$

故 $L_{\mathrm{Mn(2)}} = \dfrac{x(\mathrm{Mn}^{2+})}{w[\mathrm{Mn}]_{\%}} = 2.865 \times \dfrac{3.94 \times 0.059}{1.72} = 0.387 \qquad w[\mathrm{Mn}]_{\%} = \dfrac{x(\mathrm{Mn}^{2+})}{L_{\mathrm{Mn(2)}}} = \dfrac{0.050}{0.387} = 0.129$

（3）* $$\frac{1}{2}[\mathrm{Mn}] + \frac{1}{2}[\mathrm{O}] = (\mathrm{Mn}_{1/2}\mathrm{O}_{1/2}) \tag{3}$$

$$L_{\mathrm{Mn(3)}} = \frac{x(\mathrm{Mn})}{w[\mathrm{Mn}]_{\%}} = (K_3^{\ominus})^2 \cdot \frac{w[\mathrm{O}]_{\%}}{\psi_{\mathrm{Mn}}}$$

式中，ψ_{Mn} 为熔渣作为凝聚电子体系相的组分 MnO 的 Mn 原子活度系数：

$$\psi_{\mathrm{Mn}} = \{ \sum x_j \exp[-\varepsilon_{\mathrm{Mn}-j}/(RT)] \}^{-1}$$

$$\varepsilon_{\mathrm{Mn}-j} = \frac{1}{2}(\chi_{\mathrm{Mn}}^{1/2} - \chi_j^{1/2})^2$$

$K_3^{\ominus}$ 由 $[\mathrm{Mn}] + [\mathrm{O}] = (\mathrm{MnO})$ 的 $\Delta_r G_m^{\ominus}$ 得出：

$$\lg K_{\mathrm{MnO}}^{\ominus} = \frac{244316}{19.147 \times 1873} - \frac{106.84}{19.147} = 1.23 \qquad K_{\mathrm{MnO}}^{\ominus} = 16.98$$

而 $(K_3^{\ominus})^2 = K_{\mathrm{MnO}}^{\ominus} = 16.98$。

又 $$w[\mathrm{O}]_{\%} = L_{\mathrm{O}} a'_{(\mathrm{FeO})} = L_{\mathrm{O}} \psi_{\mathrm{Fe}} \cdot x(\mathrm{Fe})$$

ψ_{Mn}及ψ_{Fe}如下计算出。

1）渣中氧化物的物质的量：

组分	CaO	SiO_2	FeO	Fe_2O_3	MgO	P_2O_5	MnO
n_B/mol	0.645	0.551	0.089	0.0079	0.375	0.0096	0.089

2）渣中原子的物质的量：

$$n(Ca)=n(CaO)=0.645 \qquad n(P)=2n(P_2O_5)=0.0192$$

$$n(Si)=n(SiO_2)=0.551 \qquad n(Mn)=n(MnO)=0.089$$

$$n(Fe)=n(FeO)+2n(Fe_2O_3)=0.105 \qquad n(Mg)=n(MgO)=0.375$$

$$n(O)=n(CaO)+2n(SiO_2)+n(FeO)+3n(Fe_2O_3)+5n(P_2O_5)+n(MnO)+n(MgO)=2.37$$

$$\sum n=n(Ca)+n(Si)+n(Fe)+n(P)+n(Mn)+n(Mg)+n(O)=4.154$$

3）渣组分的原子摩尔分数 $x_j=n_B/\sum n$：

原子	Ca	Si	Fe	O	P	Mn	Mg
x_j	0.155	0.132	0.025	0.571	0.0046	0.021	0.089

$\varepsilon_{Mn-j}=\frac{1}{2}(\chi_{Mn}^{1/2}-\chi_j^{1/2})^2$ 及 $\varepsilon_{Fe-j}=\frac{1}{2}(\chi_{Fe}^{1/2}-\chi_j^{1/2})^2$ 的计算值如下：

原子	Ca	Si	Fe	P	Mn	Mg	O
χ_j	104.6	171.54	334.7	205.02	251.04	146.44	1255.2
ε_{Mn-j}	15.77	3.77	3.00	1.16	0	7.00	191.8
ε_{Fe-j}	32.54	13.51	0	7.91	3.00	19.18	146.79

$$\begin{aligned}\psi_{Mn}^{-1}=&x(Ca)\exp\left(-\frac{\varepsilon_{Mn-Ca}}{RT}\right)+x(Si)\exp\left(-\frac{\varepsilon_{Mn-Si}}{RT}\right)+x(Fe)\exp\left(-\frac{\varepsilon_{Mn-Fe}}{RT}\right)+\\&x(P)\exp\left(-\frac{\varepsilon_{Mn-P}}{RT}\right)+x(Mn)\exp\left(-\frac{\varepsilon_{Mn-Mn}}{RT}\right)+x(Mg)\exp\left(-\frac{\varepsilon_{Mn-Mg}}{RT}\right)+x(O)\exp\left(-\frac{\varepsilon_{Mn-O}}{RT}\right)\\=&0.155\times\exp\left(-\frac{15.77}{0.0083\times1873}\right)+0.132\times\exp\left(-\frac{3.77}{0.0083\times1873}\right)+\\&0.025\times\exp\left(-\frac{3.00}{0.0083\times1873}\right)+0.0046\times\exp\left(-\frac{1.16}{0.0083\times1873}\right)+\\&0.020\times\exp\left(-\frac{0}{0.0083\times1873}\right)+0.089\times\exp\left(-\frac{7.00}{0.0083\times1873}\right)+\\&0.571\times\exp\left(-\frac{191.8}{0.0083\times1873}\right)\\=&0.155\times0.363+0.132\times0.785+0.025\times0.825+0.0046\times0.928+\\&0.020\times1+0.089\times0.638+0.571\times4.476\times10^{-6}\\=&0.262\end{aligned}$$

而

$$\psi_{Mn}=3.82$$

$$\begin{aligned}\psi_{Fe}^{-1}=&0.155\times\exp\left(-\frac{32.54}{0.0083\times1873}\right)+0.132\times\exp\left(-\frac{13.51}{0.0083\times1873}\right)+\\&0.025\times\exp\left(-\frac{0}{0.0083\times1873}\right)+0.0046\times\exp\left(-\frac{7.91}{0.0083\times1873}\right)+\end{aligned}$$

$$0.020\times\exp\left(-\frac{3.00}{0.0083\times1873}\right)+0.089\times\exp\left(-\frac{19.18}{0.0083\times1873}\right)+$$
$$0.571\times\exp\left(-\frac{146.79}{0.0083\times1873}\right)$$
$$=0.155\times0.124+0.132\times0.420+0.025\times1+0.0046\times0.602+$$
$$0.020\times0.825+0.089\times0.292+0.571\times8.14\times10^{-5}$$
$$=0.145$$

而 $\psi_{Fe}=6.90\quad w[O]_{\%}=L_O a'_{(FeO)}=0.23\times6.90\times0.025=0.040$

式中，$L_O=0.23$，为1873K时氧的分配系数。

故 $$L_{Mn(3)}=K^{\ominus}_{MnO}\cdot\frac{w[O]_{\%}}{\psi_{Mn}}=16.98\times\frac{0.040}{3.82}=0.178$$
$$w[Mn]_{\%}=\frac{x(Mn)}{L_{Mn(3)}}=\frac{0.021}{0.178}=0.118$$

综上，3种反应式得出的 L_{Mn} 计算的 $w[Mn]_{\%}$ 基本相同。

7.2.1.2 锰氧化的动力学

利用前面的式（7-10），可写出锰氧化的速率式：

$$v_{Mn}=-\frac{dw[Mn]_{\%}}{dt}=\frac{k_{Mn}L_{Mn}}{k_{Mn}/k_{MnO}+L_{Mn}}\left(w[Mn]_{\%}-\frac{w(MnO)_{\%}}{L_{Mn}}\right)\tag{7-23}$$

$$\ln\frac{w[Mn]_{\%}-w[Mn]_{\%(平)}}{w[Mn]^0_{\%}-w[Mn]_{\%(平)}}=-at\tag{7-24}$$

式中，k_{Mn}、k_{MnO}、a 可由式（7-10）、式(7-15)对Mn得出，而 L_{Mn} 可由式(7-20)得出。

【例7-4】 试计算100t电弧炉的氧化期内，炉料中［Mn］氧化从 $w[Mn]=0.3\%$ 下降到 $w[Mn]=0.15\%$ 的时间。熔渣的 $w(FeO)=25\%$，$m_s/m_m=0.054$，$\gamma_{FeO}/\gamma_{MnO}=1.3$，$\beta_{Mn}=3.3\times10^{-4}m/s$，$\beta_{MnO}=8.3\times10^{-6}m/s$，$A/V_m=2.1m^{-1}$，$\rho_s=3920kg/m^3$，$\rho_m=7000kg/m^3$。温度为1500℃，$w(MnO)^0=0$。

解 （1）如熔池中［Mn］的氧化同时受金属液［Mn］和熔渣内（FeO）的扩散所限制，则可用式（7-18）进行计算。为此，先计算出式中的有关参数。

$$k_{Mn}=\beta_{Mn}(A/V_m)=3.3\times10^{-4}\times2.1=6.93\times10^{-4}s^{-1}$$

$$k_{MnO}=\beta_{MnO}\cdot\frac{1}{M_{MnO}/M_{Mn}}\cdot\frac{A}{V_m}\cdot\frac{\rho_s}{\rho_m}=8.3\times10^{-6}\times\frac{1}{1.29}\times2.1\times\frac{3920}{7000}=7.56\times10^{-6}s^{-1}$$

$$L_{Mn}=\frac{w(MnO)_{\%}}{w[Mn]_{\%}}=K^{\ominus}_{Mn}\gamma_{FeO}w(FeO)_{\%}/\gamma_{MnO}=4.80\times25\times1.3=156$$

式中，$K^{\ominus}_{Mn}=4.80$。

$$a=\frac{k_{Mn}\left(L_{Mn(\%)}\cdot\frac{m_s}{m_m}+\frac{M_{MnO}}{M_{Mn}}\right)}{\left(\frac{k_{Mn}}{k_{MnO}}+L_{Mn(\%)}\right)\cdot\frac{m_s}{m_m}}=\frac{6.93\times10^{-4}\times(156\times0.054+1.29)}{\left(\frac{6.93\times10^{-4}}{7.56\times10^{-6}}+156\right)\times0.054}=5.03\times10^{-4}$$

$$b=\frac{k_{Mn}w[Mn]^0_{\%}\cdot\frac{M_{MnO}}{M_M}}{\left(\frac{k_{Mn}}{k_{MnO}}+L_{Mn(\%)}\right)\cdot\frac{m_s}{m_m}}=\frac{6.93\times10^{-4}\times0.3\times1.29}{\left(\frac{6.93\times10^{-4}}{7.56\times10^{-6}}+156\right)\times0.054}=0.200\times10^{-4}$$

$$b/a = w[\mathrm{Mn}]_{\%(平)} = 0.200\times10^{-4}/(5.03\times10^{-4}) = 0.040$$

故 $$t = -\frac{2.3}{a}\lg\frac{w[\mathrm{Mn}]_{\%} - w[\mathrm{Mn}]_{\%(平)}}{w[\mathrm{Mn}]_{\%}^{0} - w[\mathrm{Mn}]_{\%(平)}} = -\frac{2.3}{5.03\times10^{-4}}\times\lg\frac{0.15-0.040}{0.30-0.040} = 1710\mathrm{s}(29\mathrm{min})$$

（2）如铁液中［Mn］氧化的限制环节是铁液中［Mn］的扩散，则可利用式（7－11）。由于 L_{Mn}（156）很大，可简化此式为：$v = k_{\mathrm{Mn}}w[\mathrm{Mn}]_{\%}$，即 $v = -\frac{\mathrm{d}w[\mathrm{Mn}]_{\%}}{\mathrm{d}t} = k_{\mathrm{Mn}}w[\mathrm{Mn}]_{\%}$。

解此微分方程，可得： $$\lg\frac{w[\mathrm{Mn}]_{\%}}{w[\mathrm{Mn}]_{\%}^{0}} = -(k_{\mathrm{Mn}}/2.3)t$$

式中 $w[\mathrm{Mn}]_{\%}^{0}$——铁液中［Mn］的初始质量百分数。

$$t = -\lg\frac{w[\mathrm{Mn}]_{\%}}{w[\mathrm{Mn}]_{\%}^{0}}\times\frac{2.3}{k_{\mathrm{Mn}}} = -\lg\frac{0.15}{0.30}\times\frac{2.3}{6.93\times10^{-4}} = 1000\mathrm{s}(16\mathrm{min})$$

熔池的搅拌能提高 k_{Mn}（β、A/V_{m} 增大），从而提高［Mn］的氧化速率。氧气转炉炼钢熔池的 $\beta\cdot(A/V_{\mathrm{m}})$ 值，要比电炉炼钢熔池的值高两个数量级。因此，在氧气转炉炼钢内，［Mn］氧化到平衡浓度的时间很短。提高［Mn］的分配系数，可使［Mn］的氧化位于铁液的扩散范围内。温度的提高能降低 L_{Mn}，但它也能降低熔体的黏度，从而提高 β，抵消温度对锰氧化的不利作用。

7.2.2 硅

7.2.2.1 硅氧化的热力学

铁液中的硅可发生下列氧化反应：

$$[\mathrm{Si}] + \mathrm{O_2} = \mathrm{SiO_2} \qquad \Delta_r G_m^{\ominus} = -824470 + 219.42T \quad (\mathrm{J/mol}) \qquad (1)$$

$$[\mathrm{Si}] + [\mathrm{O}] = \mathrm{SiO(g)} \qquad \Delta_r G_m^{\ominus} = -97267 + 27.95T \quad (\mathrm{J/mol}) \qquad (2)$$

$$[\mathrm{Si}] + 2[\mathrm{O}] = (\mathrm{SiO_2}) \qquad \Delta_r G_m^{\ominus} = -594285 + 229.76T \quad (\mathrm{J/mol}) \qquad (3)$$

$$[\mathrm{Si}] + 2(\mathrm{FeO}) = (\mathrm{SiO_2}) + 2[\mathrm{Fe}] \qquad \Delta_r G_m^{\ominus} = -386769 + 202.3T \quad (\mathrm{J/mol}) \qquad (4)$$

反应（1）能形成覆盖在铁液表面的高熔点 $\mathrm{SiO_2}$ 固体膜，阻碍［Si］氧化的继续进行；反应（2）仅能发生在1700℃高温的铁水液面上；只有反应（3）及（4）才能在铁液与熔渣界面上正常进行。它们的分配系数可由相应的反应提出：

$$[\mathrm{Si}] + 2(\mathrm{FeO}) = (\mathrm{SiO_2}) + 2[\mathrm{Fe}] \qquad K_4^{\ominus} = \frac{a_{(\mathrm{SiO_2})}a_{[\mathrm{Fe}]}^2}{a_{(\mathrm{FeO})}^2 a_{[\mathrm{Si}]}} = \frac{\gamma_{\mathrm{SiO_2}}x(\mathrm{SiO_2})}{w[\mathrm{Si}]_{\%}f_{\mathrm{Si}}a_{(\mathrm{FeO})}^2}$$

$$L_{\mathrm{Si}} = \frac{x(\mathrm{SiO_2})}{w[\mathrm{Si}]_{\%}} = K_4^{\ominus}f_{\mathrm{Si}}\frac{a_{(\mathrm{FeO})}^2}{\gamma_{\mathrm{SiO_2}}} \qquad (7-25)$$

$$[\mathrm{Si}] + 2(\mathrm{Fe^{2+}}) + 4(\mathrm{O^{2-}}) = (\mathrm{SiO_4^{4-}}) + 2[\mathrm{Fe}] \qquad (5)$$

$$K_5^{\ominus} = \frac{a_{(\mathrm{SiO_4^{4-}})}a_{[\mathrm{Fe}]}^2}{a_{(\mathrm{Fe^{2+}})}^2 a_{(\mathrm{O^{2-}})}^4 a_{[\mathrm{Si}]}} = \frac{\gamma_{\mathrm{SiO_4^{4-}}}x(\mathrm{SiO_4^{4-}})}{x(\mathrm{Fe^{2+}})^2\gamma_{\mathrm{Fe^{2+}}}^2 x(\mathrm{O^{2-}})^4\gamma_{\mathrm{O^{2-}}}^4 w[\mathrm{Si}]_{\%}}$$

$$L_{\mathrm{Si}} = \frac{x(\mathrm{SiO_4^{4-}})}{w[\mathrm{Si}]_{\%}} = K_5^{\ominus}x(\mathrm{Fe^{2+}})^2 x(\mathrm{O^{2-}})^4\gamma_{\mathrm{Fe^{2+}}}^2\gamma_{\mathrm{O^{2-}}}^4/\gamma_{\mathrm{SiO_4^{4-}}}$$

式中，$f_{\mathrm{Si}} = 1$。

$$\frac{1}{4}[\mathrm{Si}]+\frac{1}{2}[\mathrm{O}]=\!=\!=(\mathrm{Si}_{1/4}\mathrm{O}_{1/2}) \tag{6}$$

$$K_6^{\ominus}=\left(\frac{a'_{(\mathrm{Si})}}{a_{[\mathrm{Si}]}}\right)^{1/4}\left(\frac{a'_{(\mathrm{O})}}{a_{[\mathrm{O}]}}\right)^{1/2}\approx\frac{x(\mathrm{Si})^{1/4}\psi_{\mathrm{Si}}^{1/4}}{w[\mathrm{Si}]_{\%}^{1/4}\cdot w[\mathrm{O}]_{\%}^{1/2}}$$

$$L_{\mathrm{Si}}=\frac{x(\mathrm{Si})}{w[\mathrm{Si}]_{\%}}=(K_6^{\ominus})^4\frac{w[\mathrm{O}]_{\%}^2}{\psi_{\mathrm{Si}}} \tag{7-26}$$

上列各L_{Si}的计算法同前，硅离子（Si^{4+}）的活度可由正规离子溶液模型导出的下式计算：

$$\lg\gamma_{\mathrm{Si}^{4+}}=\lg\gamma_{\mathrm{Fe}^{2+}}-\frac{5900}{T}(x(\mathrm{Ca}^{2+})+x(\mathrm{Mg}^{2+}))$$

由上面的各L_{Si}式可见，降低温度（增大K）、提高渣中$FeO(Fe^{2+}、O^{2-})$的活度及降低γ_{SiO_2}（提高碱度），可加强［Si］的氧化。

由于硅的氧化是强放热反应（$\Delta_r H_{m(3)}^{\ominus}\approx-600\mathrm{kJ/mol}$、$\Delta_r H_{m(4)}^{\ominus}\approx-350\mathrm{kJ/mol}$），在冶炼之初就大量氧化，使熔池温度上升很快，所以它们是转炉炼钢的发热元素。在碱性渣下，$a_{(SiO_2)}\approx10^{-3}$，$w[\mathrm{Si}]_{平}$ 很小，是痕迹量。熔炼后期温度升高时，$K_3^{\ominus}$ 虽有所减小（1500℃，$K_3^{\ominus}=0.48$；1600℃，$K_3^{\ominus}=0.132$），但γ_{SiO_2}始终很小（SiO_2与CaO形成稳定的化合物），所以渣中SiO_2也难以还原。在酸性渣下，$\gamma_{SiO_2}\approx1(w(SiO_2)=47\%\sim50\%$，饱和态），熔炼后期$K_3^{\ominus}$ 减小许多，$a_{(FeO)}$又不是很高（FeO与SiO_2形成硅酸铁），故渣中（SiO_2）可发生还原。钢液中的$w[\mathrm{Si}]$ 可达到0.15%～0.30%，与酸性渣的操作有关。

7.2.2.2 *硅氧化的动力学*

实验指出，当硅量高时，特别是在氧化的初期，硅的氧化速率被渣中（FeO）的扩散所限制；而当$w[\mathrm{Si}]\leqslant0.1\%$时，则被钢液中［Si］的扩散所限制。它们的速率式如下：

（1）钢液中［Si］的扩散成为限制环节。

$$v_{\mathrm{Si}}=-\frac{\mathrm{d}w[\mathrm{Si}]_{\%}}{\mathrm{d}t}=\beta_{\mathrm{Si}}\cdot\frac{A}{V_{\mathrm{m}}}\cdot w[\mathrm{Si}]_{\%} \tag{7-27}$$

由于硅氧化的$K_{Si}^{\ominus}$很大，故$w[\mathrm{Si}]_{\%}^{*}=w[\mathrm{Si}]_{\%(平)}\approx0$，从而式（7－27）中的浓度差$w[\mathrm{Si}]_{\%}-w[\mathrm{Si}]_{\%}^{*}\approx w[\mathrm{Si}]_{\%}$。

（2）熔渣中（FeO）的扩散成为限制环节。

由于 $v_{\mathrm{Si}}=-\frac{\mathrm{d}c[\mathrm{Si}]}{\mathrm{d}t}=-\frac{1}{2}\times\frac{\mathrm{d}c(\mathrm{FeO})}{\mathrm{d}t}$，即 $-\frac{\mathrm{d}}{\mathrm{d}t}\left(\frac{w[\mathrm{Si}]_{\%}}{100}\times\frac{\rho_{\mathrm{m}}}{28}\right)=-\frac{1}{2}\times\frac{\mathrm{d}}{\mathrm{d}t}\left(\frac{w(\mathrm{FeO})_{\%}}{100}\times\frac{\rho_{\mathrm{s}}}{72}\right)$

故
$$-\frac{\mathrm{d}w[\mathrm{Si}]_{\%}}{\mathrm{d}t}=-\frac{28}{144}\times\frac{\rho_{\mathrm{s}}}{\rho_{\mathrm{m}}}\cdot\frac{\mathrm{d}w(\mathrm{FeO})_{\%}}{\mathrm{d}t}=\beta_{\mathrm{FeO}}\times\frac{28}{144}\times\frac{\rho_{\mathrm{s}}}{\rho_{\mathrm{m}}}\cdot\frac{A}{V_{\mathrm{m}}}\cdot w(\mathrm{FeO})_{\%} \tag{7-28}$$

由于$K_{Si}^{\ominus}$很大，$w(\mathrm{FeO})_{\%}^{*}=w(\mathrm{FeO})_{\%(平)}\approx0$，从而上式中的浓度差$w(\mathrm{FeO})_{\%}-w(\mathrm{FeO})_{\%}^{*}\approx w(\mathrm{FeO})_{\%}$。

影响硅氧化速率的因素和前述［Mn］的氧化相同，是$\beta\cdot(A/V_m)$、L_{Si}及T，其作用也和前述的相同。

7.2.3 铬

铬和锰相似，在炼钢过程中，铬能够氧化及还原，与熔体的组成及温度有关。

7.2.3.1　铬的氧化

铬氧化形成的氧化铬的组成主要与铬含量有关。

（1）$w[Cr]=0\sim3\%$ 时，为 $FeCr_2O_4$：

$$[Fe]+4[O]+2[Cr]=FeCr_2O_4 \quad \Delta_rG_m^{\ominus}=-981475+419.13T \quad (J/mol)$$

$$2[Cr]+3[O]+(FeO)=FeCr_2O_4 \quad \Delta_rG_m^{\ominus}=-1039682+448.81T \quad (J/mol)$$

（2）$w[Cr]=3\%\sim9\%$ 时，为 $Fe_{0.67}Cr_{2.33}O_4$：

$$0.67[Fe]+2.33[Cr]+4[O]=Fe_{0.67}Cr_{2.33}O_4 \quad \Delta_rG_m^{\ominus}=-984156+415T \quad (J/mol)$$

（3）$w[Cr]\geqslant9\%$ 时，为 Cr_3O_4、Cr_2O_3：

$$3[Cr]+4[O]=Cr_3O_4 \quad \Delta_rG_m^{\ominus}=-1037767+464.51T \quad (J/mol)$$

$$2[Cr]+3[O]=Cr_2O_3 \quad \Delta_rG_m^{\ominus}=-887081+329.70T \quad (J/mol)$$

在炼钢过程中，铁液铬的氧化还与熔池的氧化性及熔渣的碱度有关。在酸性渣下，[Cr] 氧化成 CrO，而在碱性渣下 [Cr] 氧化成 Cr_2O_3：

$$[Cr]+(FeO)=(CrO)+[Fe] \quad (1)$$

$$2[Cr]+3(FeO)=(Cr_2O_3)+3[Fe] \quad (2)$$

1600℃由实验测得熔渣中，以氧化铁及氧化铬浓度表示的两种渣下的 $K'_{Cr(1)}$ 及 $K'_{Cr(2)}$ 与碱度的关系，如图 7－6 所示。[Cr] 在酸性渣下氧化得比较完全，在碱度大于 2 的碱性渣下，$K'_{Cr(2)}$ 很低，这相当于 Cr_2O_3 大量从渣中还原进入钢液中。Cr 氧化的热效应大，$\Delta_rH_m^{\ominus}\approx-165kJ/mol$，故提高温度不利于铬的氧化。

进入熔渣内的氧化铬，当其质量分数高达 5%～6% 以上时，熔渣能被 Cr_2O_3 饱和，析出固相 Cr_2O_3 和尖晶石 $CrO\cdot Cr_2O_3$，使熔渣变稠，不利于冶炼的进行。因此，冶炼一般钢种的 $w[Cr]$ 最好不超过 1%。

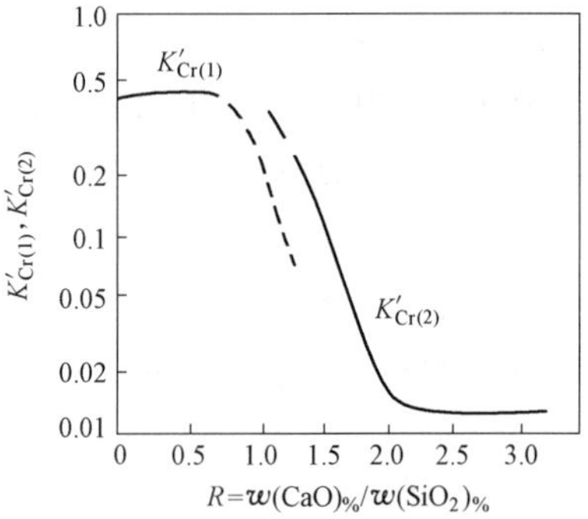

图 7－6　碱度对铬氧化表观平衡常数的影响（1600℃）

7.2.3.2　铬的还原

炉料的铬在低温度下能大量氧化进入渣中，但在高温下又能被钢液中的 [C] 所还原而进入钢液中。实际上铬和碳是同时氧化的，只是它们的氧化程度随温度的升高有相反的变化。因此，[Cr] 与 [C] 就出现了选择性氧化的特点。如图 7－1 所示的氧势图，它们在各自氧势线交点温度以下，[Cr] 可先于 [C] 氧化；而在交点温度以上，[C] 可先于 [Cr] 氧化，即抑制了 [Cr] 的氧化。

因此，利用 [Cr] 及 [C] 氧化的这种选择性，可在用含铬废钢作炉料冶炼时，获得铬回收率高而碳的质量分数很低（小于 0.02%）的不锈钢或耐热钢。这就需要探讨“去碳保铬”操作的热力学条件。

根据实验资料，碳还原氧化铬的反应为：

$w[Cr]<9\%$ 时，

$$4[C]+(FeCr_2O_4)=2[Cr]+4CO+[Fe] \quad \Delta_rG_m^{\ominus}=829448-540.72T \quad (J/mol) \quad (3)$$

$$K^{\ominus}=\frac{a_{[Cr]}^2p_{CO}^4}{a_{[C]}^4} \qquad a_{[C]}=a_{[Cr]}^{1/2}p_{CO}/(K^{\ominus})^{1/4} \quad (7-29)$$

$w[\mathrm{Cr}]>9\%$时，

$$4[\mathrm{C}]+(\mathrm{Cr_3O_4})=\!=\!=3[\mathrm{Cr}]+4\mathrm{CO} \qquad \Delta_r G_m^{\ominus}=934706-617.22T \quad (\mathrm{J/mol}) \tag{4}$$

$$K^{\ominus}=\frac{a_{[\mathrm{Cr}]}^{3}p_{\mathrm{CO}}^{4}}{a_{[\mathrm{C}]}^{4}} \qquad a_{[\mathrm{C}]}=a_{[\mathrm{Cr}]}^{3/4}p_{\mathrm{CO}}/(K^{\ominus})^{1/4} \tag{7-30}$$

或

$$\lg a_{[\mathrm{C}]}=0.75\lg a_{[\mathrm{Cr}]}-0.25\lg K^{\ominus}+\lg p_{\mathrm{CO}} \tag{7-30'}$$

式中，$a_{(\mathrm{Cr_2O_3})}=1$，$a_{(\mathrm{Cr_3O_4})}=1$，因渣中（$\mathrm{Cr_2O_3}$）、（$\mathrm{Cr_3O_4}$）趋于饱和。

利用式（7－29）或式（7－30），并代入［Cr］和［C］的活度系数，可绘出不同温度及p'_{CO}时钢液中$w[\mathrm{C}]-w[\mathrm{Cr}]$的平衡图，如图7－7所示。图中曲线为温度及$p'_{\mathrm{CO}}$一定时，钢液中$w[\mathrm{C}]-w[\mathrm{Cr}]$平衡值的关系，随着$w[\mathrm{Cr}]$的增高，$w[\mathrm{C}]$也相应提高。

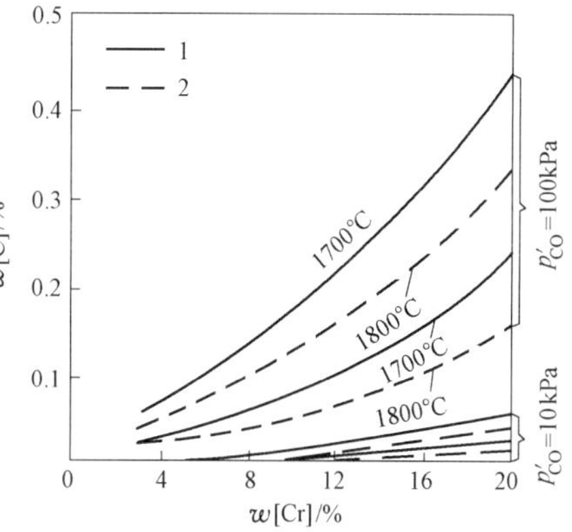

图7－7　$w[\mathrm{C}]-w[\mathrm{Cr}]$ 平衡图及 t、p'_{CO}、$w[\mathrm{Ni}]$ 的影响

1—无Ni；2—$w[\mathrm{Ni}]=10\%$

于是，由上可得出“去碳保铬”的热力学条件为：

（1）“去碳保铬”的最低温度是钢液中［Cr］与［C］氧化的转化温度，可由反应（3）或（4）的等温方程得出。提高熔池温度，$K^{\ominus}$值增大（$\Delta_r H_m^{\ominus}>0$），从而$w[\mathrm{C}]$降低。向熔池吹氧，能迅速提高炉温。但用矿石氧化，则不能达到提温的目的。因为矿石脱碳是吸热反应，它每氧化$w[\mathrm{Cr}]=0.1\%$，只能提高钢水温度8℃，不能抵消它氧化$w[\mathrm{C}]=0.1\%$所降低的值（20℃），因而熔池温度难以提高到［C］氧化所需的温度。

（2）降低p'_{CO}，可在$w[\mathrm{Cr}]$不变时降低$w[\mathrm{C}]$。采用真空冶炼或吹入氩－氧混合气体的减压操作，不仅可降低p'_{CO}，而且可使CO气泡易形成，以加强脱碳。

在吹入氩－氧混合气体时，碳氧反应生成的CO分压取决于吹入的混合气体中的氧氩比：$\dfrac{\varphi(\mathrm{O_2})_{\%}}{\varphi(\mathrm{Ar})_{\%}}=\dfrac{n(\mathrm{O_2})}{n(\mathrm{Ar})}=\dfrac{0.5n(\mathrm{CO})}{n(\mathrm{Ar})}=\dfrac{0.5p_{\mathrm{CO}}}{1-p_{\mathrm{Ar}}}$，而

$$p_{\mathrm{CO}}=\frac{\varphi(\mathrm{O_2})_{\%}/\varphi(\mathrm{Ar})_{\%}}{\varphi(\mathrm{O_2})_{\%}/\varphi(\mathrm{Ar})_{\%}+0.5}$$

由上式可得出使钢液中$w[\mathrm{C}]$降低到一定值所需吹入的氩－氧混合气体中的$\varphi(\mathrm{O_2})/\varphi(\mathrm{Ar})$值。例如，脱碳到$w[\mathrm{C}]=0.05\%$的平衡$p_{\mathrm{CO}}=0.186$，则由上式可得：$\varphi(\mathrm{O_2})/\varphi(\mathrm{Ar})=0.114\approx1/9$。

（3）提高［C］的活度系数也能降低$w[\mathrm{C}]$。［Ni］的存在能提高碳的活度系数（$e_{\mathrm{C}}^{\mathrm{Ni}}=0.012$），同样$w[\mathrm{Cr}]$的量可获得较低的$w[\mathrm{C}]$。

（4）由于钢液的铬含量越高，对应的平衡$w[\mathrm{C}]$也越高。因此，为使铬含量高的钢液有较低的$w[\mathrm{C}]$，需要采用更高的真空度或吹入$\mathrm{Ar+O_2}$混合气体以及适当高的温度，因为仅依靠过高的温度会对炉衬损害大。

由于“去碳保铬”的操作中采用了吹氧或吹$\mathrm{Ar+O_2}$混合气体，熔池得到强烈的搅拌，加强了钢液内［C］及［Cr］的扩散，使反应更接近于平衡态。

【例7-5】　在电炉内用成分为$w[Cr]=12\%$、$w[Ni]=9\%$及$w[C]=0.35\%$的炉料返回冶炼不锈钢时：（1）试求“去碳保铬”冶炼的最低温度；（2）如采用吹氧法使$w[C]$下降到0.05%，而钢液的温度提高到1800℃，试求钢液的$w[Cr]_{\%}$；（3）如果欲达到前述的碳含量（$w[C]=0.05\%$），而要求温度不高于1650℃，采用了真空操作，试求所需的真空度；（4）如改用$\varphi(O_2)_{\%}/\varphi(Ar)_{\%}=1:8$的氩-氧混合气体进行吹炼，在降低同样碳量（$w[C]=0.05\%$）时，吹炼温度比100kPa下的单独吹氧可降低多少？

解　（1）“去碳保铬”的最低温度。由反应（4）：

$$4[C]+(Cr_3O_4)=\!=\!=3[Cr]+4CO\quad \Delta_r G_m^{\ominus}=934706-617.22T\quad (J/mol)$$

故
$$\Delta_r G_m=934706-617.22T+19.147T\lg\frac{a_{[Cr]}^3 p_{CO}^4}{a_{[C]}^4}$$

$a_{[Cr]}$：
$$\lg f_{Cr}=e_{Cr}^{Cr}w[Cr]_{\%}+e_{Cr}^{Cr}w[C]_{\%}+e_{Cr}^{Ni}w[Ni]_{\%}$$
$$=-0.0003\times12+(-0.12)\times0.35+0.0002\times9=-0.044$$
$$f_{Cr}=0.904\qquad a_{[Cr]}=0.904\times12=10.85$$

$a_{[C]}$：
$$\lg f_C=e_C^C w[C]_{\%}+e_C^{Cr}w[Cr]_{\%}+e_C^{Ni}w[Ni]_{\%}$$
$$=0.14\times0.35+(-0.024)\times12+0.012\times9=-0.131$$
$$f_C=0.740\qquad a_{[C]}=0.740\times0.35=0.259$$

故
$$\Delta_r G_m=934706-617.22T+19.147T\lg\frac{10.85^3}{0.259^4}=934706-512.81T$$

当$\Delta_r G_m=0$时，$T=934706/512.81=1823K(1550℃)$。

（2）吹氧终了的$w[Cr]_{\%}$。当吹氧使熔池温度达到1800℃，而$w[C]$下降到0.05%时，与此$w[C]_{\%}$平衡的$w[Cr]_{\%}$可由反应的平衡常数求出：

$$\lg K^{\ominus}=\lg\frac{a_{[Cr]}^3}{a_{[C]}^4}=-\frac{\Delta_r G_m^{\ominus}}{19.147T}=-\frac{48817}{T}+32.24$$

$$\lg\frac{(f_{Cr}\cdot w[Cr]_{\%})^3}{(f_C\cdot w[C]_{\%})^4}=-\frac{48817}{2073}+32.24=8.69$$

展开上式得：
$$3\lg f_{Cr}+3\lg w[Cr]_{\%}-4\lg f_C-4\lg w[C]_{\%}=8.69$$

式中　$\lg f_{Cr}=-0.0003w[Cr]_{\%}+(-0.12)\times0.05+0.0002\times9=-0.0042-0.0003w[Cr]_{\%}$

$\lg f_C=0.14\times0.05+(-0.024)w[Cr]_{\%}+0.012\times9=-0.024w[Cr]_{\%}+0.115$

将这些值代入上式，得：　$\lg w[Cr]_{\%}+0.032w[Cr]_{\%}-1.32=0$

解上列方程，得1800℃时与$w[C]=0.05\%$平衡的$w[Cr]=10.0\%$，与图7-7所得数值大致相同。

（3）脱碳的真空度。真空度是$w[C]$下降到规定值所相当的p'_{CO}，即$p=p_{CO}$，而$T=1923K$，由

$$\lg K=\lg\frac{a_{[Cr]}^3 p_{CO}^4}{a_{[C]}^4}=-\frac{48817}{1923}+32.24=6.85$$

$$\frac{a_{[Cr]}^3 p_{CO}^4}{a_{[C]}^4}=7.08\times10^6\qquad p_{CO}=\sqrt[4]{7.08\times10^6 a_{[C]}^4/a_{[Cr]}^3}$$

$a_{[Cr]}$：$a_{[Cr]}=f_{Cr}w[Cr]_{\%}$　　$\lg f_{Cr}=-0.0003\times10.0+(-0.12)\times0.05+0.0002\times9=-7.2\times10^{-3}$

$$f_{Cr}=1\qquad a_{[Cr]}=1.0\times10=10$$

$a_{[C]}$：

$$\lg f_C = 0.14\times 0.05 + (-0.024)\times 10 + 0.012\times 9 = -0.125$$

$$f_C = 0.750 \qquad a_{[C]} = 0.750\times 0.05 = 0.0375$$

故 $p_{CO} = \sqrt[4]{7.08\times 10^6\times (0.0375)^4/10^3} = 0.345$，真空度 $p' = 0.345\times 10^5 = 3.45\times 10^4\text{Pa}$。

（4）采用氩－氧混合气体的吹炼温度。

$a_{[Cr]}$：

$$\lg f_{Cr} = -0.0042 - 0.0003\times 12 = -0.0078$$

$$f_{Cr} = 0.982 \qquad a_{[Cr]} = 0.982\times 12 = 11.786$$

$a_{[C]}$：

$$\lg f_C = -0.024\times 12 + 0.115 = -0.173$$

$$f_C = 0.671 \qquad a_{[C]} = 0.671\times 0.05 = 0.0336$$

在 100kPa 下，单独吹氧冶炼温度如下求得：

$$\Delta_r G_m = 934706 - 617.22T + 19.147T\lg\frac{(11.786)^3\times 1}{(0.0336)^4}$$

$$= 934706 - 617.22T + 174.44T$$

$$= 934706 - 442.78T$$

$$\Delta_r G_m = 0 \qquad T = 934706/442.78 = 2111\text{K}$$

用氩－氧混合气体吹炼温度如下求得：

$$\frac{\varphi(O_2)_{\%}}{\varphi(Ar)_{\%}} = \frac{n(O_2)}{n(Ar)} = \frac{0.5p_{CO}}{n(Ar)} = \frac{0.5p_{CO}}{1-p_{CO}} = \frac{1}{8}$$

故 $p_{CO} = 0.2$ 或 $p'_{CO} = 0.2\times 10^{-5} = 2\times 10^4\text{Pa}$

$$\Delta_r G_m = 934706 - 617.22T + 19.147T\lg\frac{(11.786)^3\times (0.2)^4}{(0.0336)^4}$$

$$= 934706 - 617.22T + 120.80T$$

$$= 934706 - 496.42T$$

$$\Delta_r G_m = 0 \qquad T = 934706/496.42 = 1883\text{K}$$

即用此氩－氧混合气体吹炼，可使“去碳保铬”的最低温度下降到 1883K（1610℃），即比纯氧吹炼时下降了 228℃。

从生产实践知，当反应的 CO 分压小于 100kPa 时，“去碳保铬”反应的转化温度可以降低，p'_{CO}越低，此转化温度也就越低。例如，当 $p'_{CO} = 10\text{kPa}$ 时，$w[Cr] = 18\%$，$w[C] = 0.05\%$，转化温度为 1601℃，这在生产上是可行的。为了吹炼生产超低碳不锈钢（$w[C] = 0.02\%$），当 $p'_{CO} = 5066\text{Pa}$ 时，转化温度为 1630℃，并可将炉料中铬量一次配足，而铬在吹炼中很少氧化。因此，采用真空（VOD 法）或氩－氧混合气体的减压法（AOD 法）吹炼，就能保证脱碳达到规定值，同时又不致使铬氧化或少氧化，从而就减少了吹炼后补加昂贵的低碳铬铁的用量。

当钢液脱碳到规定值，通常是 $w[C] < 0.05\%$ 时，钢液中有 $w[Cr] \approx 3\%$ 的铬被氧化。铬可由加硅自熔渣中还原其氧化物并回收（$2(CrO) + [Si] = 2[Cr] + (SiO_2)$）。熔渣的碱度及钢液中［Si］量越高，则铬在熔渣与钢液间的分配系数就越低，即铬从熔渣内的回收量就越大。

吹氩－氧混合气体冶炼不锈钢时反应的速率式，请见式（7－47）。

7.2.4 钒

含钒矿石在高炉内冶炼时，钒可还原 75%～80%，得到 $w[V] = 0.04\% \sim 0.6\%$ 的含钒生铁。在炼钢过程中，钒易在初期氧化，形成 V_2O_3 而转入渣中（$w(V_2O_3)=10\%\sim30\%$，氧化后的钒以 V_2O_3 存在于渣中，形成钒尖晶石）。将含钒的炉渣用苏打焙烧，变为钒酸钠，再用水浸出，加酸分解可得到 V_2O_5 的沉淀物。最后，再以石灰作熔剂，以硅铁作还原剂，可炼得钒铁。

钒有 5 种氧化物，即 V_2O、VO、V_2O_3、V_2O_4、V_2O_5。从它们的 $\Delta_rG_m^\ominus-T$ 图及炉渣的岩相分析证实，用氧吹炼含钒生铁，进入炉渣的氧化物是 V_2O_3，因此，[V]的氧化反应为：

$$2[V]+3(FeO)=(V_2O_3)+3[Fe]\qquad \Delta_rG_m^\ominus=-905420+275.1T\quad (J/mol)$$

而

$$L_V=\frac{a_{(V_2O_3)}}{w[V]_\%^2}=K^\ominus a_{(FeO)}^3 f_V^2$$

熔池温度低及供氧强度大，可加强钒的氧化。因为提高了 FeO 的活度及降低了 $\gamma_{V_2O_3}$（V_2O_3 与 FeO 形成了 $FeO\cdot V_2O_3$）。此外，加入少量 CaO 也能降低 $\gamma_{V_2O_3}$。但钒酸钙的形成却不利于下步从钒渣中提取 V_2O_5，因为它的水溶性很小。

在用含钒铁水提钒时，为了获得钒含量高的钒渣及 $w[C]=2\%\sim3\%$ 的所谓半钢液，应探讨“去钒保碳”的热力学条件。由于钒与碳也存在着选择性氧化的问题，它们可组成如下耦合反应：

$$\frac{2}{3}[V]+CO=\frac{1}{3}(V_2O_3)+[C]\qquad \Delta_rG_m^\ominus=-218013+135.22T\quad (J/mol)$$

所以为使［V］大量氧化，就存在着一个保证钒优先于碳氧化的“去钒保碳”的温度上限，可由下列等温方程求出：

$$\Delta_rG_m=-218013+\left(135.22+19.147\lg\frac{a_{(V_2O_3)}^{1/3}a_{[C]}}{a_{[V]}^{2/3}p_{CO}}\right)T$$

由于 V_2O_3 在渣中与 FeO 结合成钒尖晶石（$FeO\cdot V_2O_3$），所以 $\gamma_{V_2O_3}$ 很低，从生产实际数据反算，估计为 $10^{-7}\sim10^{-5}$。为达到“去钒保碳”，一般需要严格控制好熔池温度。

为提高钒的回收率，现多采用出炉铁水的单独提钒法，有雾化法、转炉法、槽式炉法等。除获得钒含量高的钒渣外，余下的碳质量分数为 2% ~3% 的半钢，可在氧气转炉内吹炼成钢。

7.2.5　铌

我国某地矿石（铌铁矿、烧绿石等）含有稀土元素及铌。高炉冶炼这种矿石时，稀土元素的化合物进入炉渣中，而铌则还原进入生铁中，可获得铌的质量分数为 0.05% ~0.12% 的生铁，铌的回收率为 80%。在炼钢过程中铌将被氧化，进入初期渣中。可将这种初期渣扒出，再经一系列富集过程，将铌含量较高的炉渣在电炉内用碳还原，制成铌铁。

铌有 3 种氧化物，即 NbO、Nb_2O_4 及 Nb_2O_5。在炼钢温度下，铌的氧化产物是 Nb_2O_4。

$$[Nb]+O_2=\frac{1}{2}Nb_2O_4(s)\qquad \Delta_rG_m^\ominus=-80240+220.83T\quad (J/mol)$$

铌和钒一样，和［C］的氧化之间存在着选择性的氧化问题。可根据反应

$$[Nb]+2CO=\frac{1}{2}(Nb_2O_4)+2[C]\qquad \Delta_rG_m^\ominus=-525092+305T\quad (J/mol)$$

由等温方程得出“去铌保碳”的温度上限，一般不超过 1400℃。$\gamma_{Nb_2O_4}\approx10^{-10}\sim$

10^{-9}，因为 Nb_2O_4 与 FeO、MnO 等结合成稳定的复杂化合物。

为提高铌的回收率，现采用连续提铌法，即雾化法。富氧量高的空气从喷雾器射出，将铁水粉碎成细滴，以增大铁水和氧的接触面积，创造出反应良好的动力学条件。铌的氧化率可达到80% ~90%。

7.2.6 钨

钨氧化成 WO_2 或 WO_3，其反应为：

$$[W]+3(FeO)\!=\!=\!=(WO_3)+3[Fe]$$

而

$$L_W=\frac{x(WO_3)}{w[W]_{\%}}=K^{\ominus}a^3_{(FeO)}\cdot\frac{f_W}{\gamma_{WO_3}}$$

WO_3 是不稳定的化合物，易被铁所还原。炼含钨的钢时，在酸性渣下，渣中 WO_3 的浓度很低时，氧化反应易于达到平衡。但在碱性渣下，WO_3 与 CaO 形成钨酸钙，而 γ_{WO_3} 很小，因而 L_W 增大。因此，钨的氧化与炉渣的碱度和 FeO 的活度有关。

7.3 脱碳反应

在现代氧气转炉炼钢中，主要的冶炼反应是去除铁水中的碳（及磷），作为基本炉料的生铁中需要除去的碳量很多，同时还有提高熔池温度的作用。因此，冶炼时间和炉子的生产率主要与碳氧化的速率有关。另外，碳的氧化在炼钢过程中还起了积极的有利作用，因为它能促进熔池内其他物理化学过程的发展。这主要是由于碳氧化形成了大量的 CO 气泡，它的体积远超过金属熔体体积的许多倍。例如，氧化 $w[C]=0.1\%$ 的碳，放出的 CO 体积比金属熔体的体积大 100 多倍（1550℃）。这样大量的 CO 气泡的放出，经过熔池时能使熔池受到强烈的搅拌，加强了整个熔池内的对流传质及传热，从而提高了反应的速率及熔池的温度。熔池中上浮的 CO 气泡能从钢液中富集溶解的［H］、［N］，并从熔池中带走。此外，由上浮气泡引起的强烈搅拌，也促进了钢液温度及成分的均匀，并促使其中非金属夹杂物排出。

［C］的氧化反应能与其他元素的氧化反应同时进行（也能在一定条件（温度）下单独进行），能抑制其他氧化反应的进行。它们之间存在着选择性氧化的特点，已如前节所述。

7.3.1 碳氧化反应的热力学

7.3.1.1 碳氧化反应的种类

溶解于铁液中的［C］在氧的作用下可发生下列反应：

$$[C]+\frac{1}{2}O_2\!=\!=\!=CO \qquad \Delta_rG^{\ominus}_m=-136900-43.51T\quad(J/mol) \qquad (1)$$

$$[C]+O_2\!=\!=\!=CO_2 \qquad \Delta_rG^{\ominus}_m=-418936+43.85T\quad(J/mol) \qquad (2)$$

$$CO+[O]\!=\!=\!=CO_2 \qquad \Delta_rG^{\ominus}_m=-162366+87.88T\quad(J/mol) \qquad (3)$$

$$[C]+CO_2\!=\!=\!=2CO \qquad \Delta_rG^{\ominus}_m=140156-126.18T\quad(J/mol) \qquad (4)$$

$$[C]+[O]\!=\!=\!=CO \qquad \Delta_rG^{\ominus}_m=-22364-39.63T\quad(J/mol) \qquad (5)$$

$$[C]+2[O] = CO_2 \qquad \Delta_r G_m^{\ominus} = -184118+48.06T \quad (J/mol) \qquad (6)$$

$$[C]+(FeO) = CO+[Fe] \qquad \Delta_r G_m^{\ominus} = 98799-90.76T \quad (J/mol) \qquad (7)$$

反应（1）、(2）发生在气体氧的脱碳过程中，反应（5）、(6）发生在铁液与炉底耐火材料的接触面上及铁液中现成气泡的表面上，反应（7）发生在熔渣－铁液的界面间。但由于反应（4）的强烈进行，反应产生的 CO_2 浓度很低，一般 $p_{CO_2}/p_{CO}=0.05\sim0.20$。仅当 $w[C]<0.1\%$ 时，由于反应（4）的发展很弱，气相中才有较高量的 p_{CO_2}，即有反应（2）及（3）存在。因此，在炼钢的脱碳反应中，仅需研究反应（1）、(5)、(7)，而又以反应（5）研究得最多，因它能确定熔炼末期钢液的平衡氧浓度。

7.3.1.2　碳氧积

在钢液中进行下列反应时，

$$[C]+[O] = CO \qquad \Delta_r G_m^{\ominus} = -22364-39.63T \quad (J/mol)$$

$$K^{\ominus}=\frac{p_{CO}}{a_{[C]}a_{[O]}}=\frac{p_{CO}}{w[C]_{\%}\cdot w[O]_{\%}}\cdot\frac{1}{f_C f_O} \qquad (7-31)$$

反应的产物 CO 以气泡状自钢液中放出，平衡时气泡所受的外压等于气泡内 CO 的 p'_{CO}（或 $p_{CO}+p_{CO_2}$，当 $w[C]<0.1\%$ 时）。仅当反应形成的 p'_{CO} 大于外压时，脱碳反应才能进行。

又式（7－31）可改写成：　$$\lg\frac{w[C]_{\%}\cdot w[O]_{\%}}{p_{CO}}=-\lg K^{\ominus}-\lg f_C f_O \qquad (1)$$

由于

$$\lg f_C = e_C^C w[C]_{\%}+e_C^O w[O]_{\%}\approx e_C^C w[C]_{\%}$$

$$\lg f_O = e_O^O w[O]_{\%}+e_O^C w[C]_{\%}\approx e_O^C w[C]_{\%}$$

因式中 $w[O]_{\%}$ 远比 $w[C]_{\%}$ 小，可不考虑［O］对［C］及［O］相互作用系数的影响。又随着 $w[C]_{\%}$ 的增加，f_C 增大，因为［C］对亨利定律成正偏差，而 f_O 却减小，因为［O］对［C］的作用增强，即两者成相反方向的变化，因而 $f_C f_O$ 乘积的变化很小，接近于1❶，如图 7－8 所示。于是，式（1）可写成：

$$m=\frac{1}{K^{\ominus}}=\frac{w[C]_{\%}\cdot w[O]_{\%}}{p_{CO}} \qquad (7-32)$$

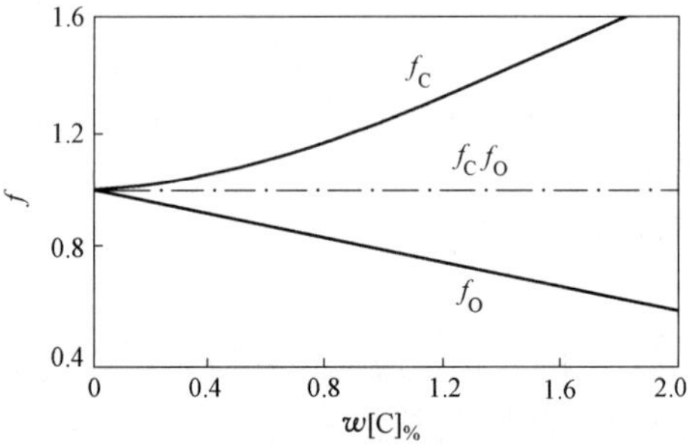

图 7－8　f_C、f_O 及 $f_C f_O$ 乘积与 $w[C]_{\%}$ 的关系

各研究者测定的 1600℃ 的 $K^{\ominus}=318.4\sim497$。由此得出的 $p'_{CO}=100$kPa 的 $m=w[C]_{\%}\cdot w[O]_{\%}$ 位于 0.002～0.003，一般多取 $m=0.0025$，此称为碳氧积。在 $w[C]<1\%$ 时，m 与 $w[C]_{\%}$ 的关系很小，而波动在 0.002 附近。图 7－9 所示为某些研究者实测的结果。

由于 $K^{\ominus}$ 值随温度的变化不大（反应的 $\Delta_r H_m^{\ominus}=-22$kJ/mol），$m=0.0025$ 适用于炼钢

❶ 长期以来人们都采用［C］降低 f_O 的观点，即 $e_O^C<0$。近年来用悬浮铁液法测得相反的结果，$e_O^C>0$（约 0.10）。由此，m 值在 $w[C]\geqslant1\%$ 时应做修正。但冶炼钢种的 $w[C]$ 多低于 0.2%，特别是氧气转炉钢，所以上面的 m 值仍可采用，而仍认为 $f_C f_O\approx1$。

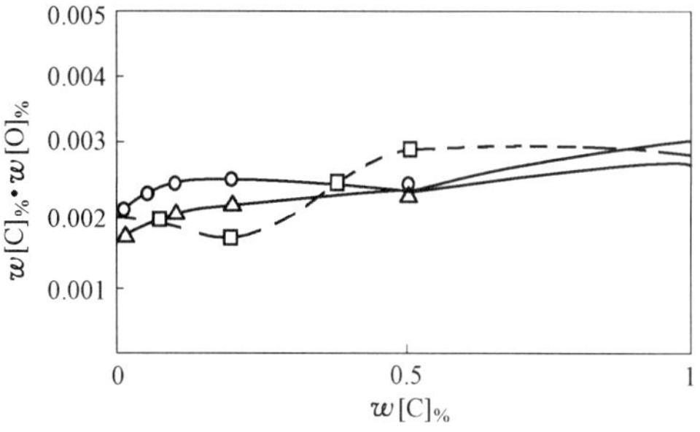

图7-9 $w[\mathrm{C}]_{\%}\cdot w[\mathrm{O}]_{\%}$与$w[\mathrm{C}]_{\%}$的关系（1600℃）

温度（1550～1620℃）范围内。但 m 的值却受 CO 分压的影响。由式（7-32）得，$w[\mathrm{C}]_{\%}\cdot w[\mathrm{O}]_{\%}=mp_{\mathrm{CO}}$，碳氧积随 p_{CO} 的降低而减小，所以在真空下，钢液的碳及氧浓度可进一步降低，详见第8章。

7.3.1.3 脱碳过程中钢液的碳氧积

上面得出了钢液脱碳产物的 $p'_{\mathrm{CO}}=100\mathrm{kPa}$ 的碳氧积。但在炼钢过程中，发生在熔池不同地方的脱碳反应有不同的碳氧积，这是因为它们的 p'_{CO} 不相同。

（1）熔池内部。在脱碳反应进行时，仅当形成的 CO 气泡的 p'_{CO} 大于或等于其所受的外压时，气泡才能形成。在不计入脱碳过程中进入气泡内的 H_2 和 N_2 的分压时，气泡内的 p'_{CO} 为：

$$p'_{\mathrm{CO}}\geqslant p'_{\mathrm{g}}+(\delta_{\mathrm{m}}\rho_{\mathrm{m}}+\delta_{\mathrm{s}}\rho_{\mathrm{s}})g+2\sigma/r \tag{7-33}$$

式中 p'_{CO}——气泡内的压力或与之平衡的外压，Pa；

p'_{g}——炉气的压力，100kPa；

$\rho_{\mathrm{m}},\rho_{\mathrm{s}}$——分别为钢液及熔渣的密度，$\mathrm{kg/m^3}$；

δ_{m}，δ_{s}——分别为钢液层及熔渣层的厚度，m；

g——重力加速度，$9.81\mathrm{m/s^2}$；

σ——钢液的表面张力，N/m；

r——气泡的半径，m。

当气泡的半径 $r\geqslant10^{-3}\mathrm{m}$，而 $2\sigma/r=2600\mathrm{Pa}$ 时，$\delta_{\mathrm{s}}<0.15\mathrm{m}$，$\delta_{\mathrm{s}}\rho_{\mathrm{s}}g<4500\mathrm{Pa}$，此两项远小于 p'_{g}，故式(7-33) 可简化为：$p_{\mathrm{CO}}=1+\delta_{\mathrm{m}}\rho_{\mathrm{m}}g\times10^{-5}$，因而

$$w[\mathrm{C}]_{\%}\cdot w[\mathrm{O}]_{\%}=mp_{\mathrm{CO}}=0.0025(1+\delta_{\mathrm{m}}\rho_{\mathrm{m}}g\times10^{-5})$$

或

$$w[\mathrm{O}]_{\%(\text{平})}=\frac{mp_{\mathrm{CO}}}{w[\mathrm{C}]_{\%}}=\frac{0.0025(1+\delta_{\mathrm{m}}\rho_{\mathrm{m}}g\times10^{-5})}{w[\mathrm{C}]_{\%}} \tag{7-34}$$

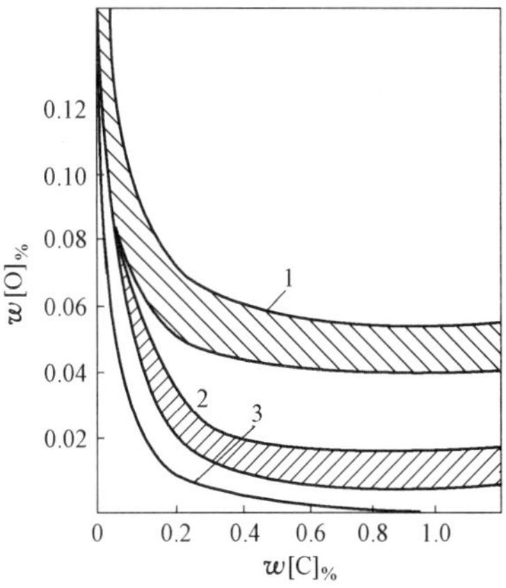

图7-10 脱碳过程中 $w[\mathrm{C}]_{\%}-w[\mathrm{O}]_{\%}$ 的关系
1—与熔渣接触的钢液的氧浓度；
2—熔池实际的氧浓度；
3—$p'_{\mathrm{CO}}=100\mathrm{kPa}$ 时的氧浓度
（$m=w[\mathrm{C}]_{\%}\cdot w[\mathrm{O}]_{\%}=0.0025$）

因此,碳氧积或 $w[\mathrm{O}]_{\%(\text{平})}$ 及 $w[\mathrm{C}]_{\%}$ 与气泡所受的外压有关,外压越大,则 $w[\mathrm{O}]_{\%(\text{平})}$ 也越大。炉底处的 δ_{m}(深度)最大,所以此处钢液的平衡氧浓度也最大。熔池内部发生的脱碳反应的碳氧积或 $w[\mathrm{O}]_{\%(\text{平})}$,则随着熔池深度的减小而降低。在与熔渣接触的钢液表面上,$w[\mathrm{O}]_{\%(\text{平})}$ 最低,接近由 $m=0.0025$ 所计算的值。图7-10所示为钢液脱碳过程中 $w[\mathrm{C}]_{\%}-w[\mathrm{O}]_{\%}$ 的关系。

(2)钢液表面。CO 在钢液表面形成的气泡表面是平的,其半径 $r\to\infty$,从而 $2\sigma/r\to0$,$\delta_{\mathrm{m}}=0$,而 $\delta_{\mathrm{s}}\rho_{\mathrm{s}}g$ 值又

较小，故有 $p'_{CO} \geqslant p'_g$。在这种情况下，外压降低越大，则 $w[O]_{\%(平)}$ 就越低，这种表面脱碳的比例也越大。故保持钢液有较小的深度，有利于降低 $w[O]_{\%(平)}$。

(3)悬浮的金属液滴。当金属从熔池中以液滴或铁珠的形式进入熔渣及炉气中时，由于铁珠位于 CO 气泡内，其曲率半径为负值，故 $2\sigma/r$ 也为负值，则 $p'_{CO} \geqslant p'_g - 2\sigma/r$。这时，液滴表面 CO 气泡形成时所受的外压减小，脱碳反应易于达到平衡，而且还可超过平衡。但在液滴内部产生的 CO 气泡的 $p'_{CO} \geqslant p'_g + 2\sigma/r$，CO 气泡在液滴内膨胀，而气相的压力及液滴的表面张力则使之收缩。随着脱碳的进行，内压(p'_{CO})大于外压时液滴爆炸，分裂成许多小液滴而使脱碳加快，有利于降低 $w[O]_{\%(平)}$。

因此，提高温度、采用真空（降低 p'_{CO}）、增大钢－气接触界面（形成铁珠）、减小钢液层深度及钢液面无渣或渣少，均可加强脱碳反应的进行。

【例 7－6】 试计算 $x(FeO) = 20\%$ 的熔渣下钢液的平衡碳浓度，条件为 1600℃、100kPa。

解 可由两种反应式进行计算：

(1)　$[C] + (FeO) = CO + [Fe]$　　$w[C]_{\%} = \dfrac{p_{CO}}{K^{\ominus} f_C a_{(FeO)}}$

$$\lg K^{\ominus} = -\frac{5160}{1873} + 4.74 = 1.985 \qquad K^{\ominus} = 96.61$$

故
$$w[C]_{\%} = \frac{1}{96.61 \times 0.20} = 0.052 \qquad w[C] = 0.052\%$$

式中
$$f_C = 1 \qquad a_{(FeO)} = x(FeO) = 0.2 \qquad p_{CO} = 1$$

(2)　$[C] + [O] = CO$　　$w[C]_{\%} = \dfrac{p_{CO}}{K^{\ominus} f_C f_O w[O]_{\%}}$

$$\lg K^{\ominus} = \frac{1168}{1873} + 2.07 = 2.694 \qquad K^{\ominus} = 493.9$$

$w[O]_{\%}$ 与熔渣的组成有关，由 $[O] + [Fe] = (FeO)$ 得出，而

$$\lg K_O^{\ominus} = \lg \frac{a_{(FeO)}}{w[O]_{\%}} = \frac{6320}{1873} - 2.734 = 0.640 \quad K_O^{\ominus} = 4.36$$

$$w[O]_{\%} = \frac{a_{(FeO)}}{K_O^{\ominus}} = \frac{0.2}{4.36} = 0.046$$

故
$$w[C]_{\%} = \frac{1}{493.9 \times 0.046} = 0.044 \qquad w[C] = 0.044\%$$

式中，$f_C f_O = 1$，本题视熔渣及 Fe－C 熔体为理想溶液。

【例 7－7】 试计算 1873K、100kPa 下，12Cr2Ni4A 钢种的氧浓度。钢液的成分为 $w[C] = 0.18\%$、$w[Cr] = 2\%$、$w[Ni] = 4\%$。

解 这是在计算钢液中与 [C] 平衡的 $w[O]$，而反应 $[C] + [O] = CO$ 是钢液中 $w[O]_{\%}$ 的决定者。

$$[C] + [O] = CO \qquad \lg K^{\ominus} = \frac{1168}{T} + 2.07 \qquad w[O]_{\%} = \frac{1}{K^{\ominus} w[C]_{\%} f_C f_O}$$

$$\lg K^{\ominus} = \frac{1168}{1873} + 2.07 = 2.694 \qquad K^{\ominus} = 493.9$$

$$\lg f_C = e_C^C w[C]_\% + e_C^{Cr} w[Cr]_\% + e_C^{Ni} w[Ni]_\% + e_C^O w[O]_\%$$
$$= 0.14 \times 0.18 + (-0.024) \times 2 + 0.012 \times 4 = 0.0252 \qquad f_C = 1.059$$
$$\lg f_O = e_O^O w[O]_\% + e_O^C w[C]_\% + e_O^{Cr} w[Cr]_\% + e_O^{Ni} w[Ni]_\%$$
$$= (-0.45) \times 0.18 + (-0.04) \times 2 + 0.006 \times 4 = -0.137 \qquad f_O = 0.729$$

式中，由于 $w[O]_\%$ 很低，含有 $w[O]_\%$ 的项略去，故

$$w[O]_\% = \frac{1}{493.9 \times 0.18 \times 1.059 \times 0.729} = 0.015 \qquad w[O] = 0.015\%$$

7.3.1.4 钢液的实际氧浓度

因为脱碳反应 CO 气泡的生成要经过异相形核阶段（见后述），所以碳的氧化是在钢液－炉底耐火材料界面上发源的。由熔渣向钢液供给的氧要经过钢液层，向炉底方面扩散，与熔渣平衡的钢液层的氧浓度最高，炉底上碳氧反应区氧的浓度接近于平衡值。因此，整个金属熔池内有高过平衡氧浓度的过剩氧量 $\Delta w[O]_\%$。而金属熔池的氧浓度为：

$$w[O]_\% = w[O]_{\%(平)} + \Delta w[O]_\% = \frac{0.0025(1 + \delta_m \rho_m g \times 10^{-5})}{w[C]_\%} + \Delta w[O]_\% \qquad (7-35)$$

式中　$w[O]_{\%(平)}$——金属熔池中与［C］平衡的氧浓度。

虽然 $w[O]_{\%(平)}$ 随着 δ_m 的减小而降低，但 $w[O]_\%$ 始终高于 $w[O]_{\%(平)}$，因为熔池中有促使氧扩散的浓度差存在，故 $\Delta w[O]_\% = w[O]_\% - w[O]_{\%(平)} > 0$。$\Delta w[O]_\%$ 称为钢液的过氧化度或过剩氧，其值与脱碳反应的动力学有关。脱碳反应速率越大，反应则越接近平衡，而 $\Delta w[O]_\%$ 就越小。$\Delta w[O]_\%$ 也与 $w[C]_\%$ 有关，$w[C]_\%$ 越低，则 $\Delta w[O]_\%$ 也越大。此外，$\Delta w[O]_\%$ 随 p_{CO} 而变化，当 $p_{CO} < 1$ 时，$\Delta w[O]_\%$ 成为负值，如底吹转炉及底吹惰性气体搅拌熔池炼钢。加快脱碳速率，降低 $\Delta w[O]_\%$，可改善钢液的脱氧条件。这就能减少脱氧剂的用量及脱氧时形成的夹杂物量，从而提高钢的质量。

7.3.2 脱碳反应过程的机理

7.3.2.1 过程的组成环节

脱碳过程的组成环节是很复杂的，与冶炼工艺和供氧方式有关。但是，无论向熔池吹氧还是由氧化性熔渣（包括加入铁矿石或铁锈在渣中的溶解）供氧，脱碳反应过程都大致有相似的组成环节。

（1）氧从炉气向钢液中转移。

1）O_2、CO_2、$H_2O(g)$ 等氧化性气体向熔渣表面扩散；

2）氧在熔渣表面吸附，发生化学反应，形成 FeO_2^- 离子：

$$\frac{1}{2}O_2 + 2(Fe^{2+}) + 3(O^{2-}) = 2FeO_2^-$$

3）FeO_2^- 离子向渣－钢液界面扩散；

4）FeO_2^- 在渣－钢液界面被 Fe 还原，形成 FeO：

$$4(FeO_2^-) + [Fe] = 5(Fe^{2+}) + 7(O^{2-}) + [O]$$

（2）氧从熔渣转入钢液中：

$$(FeO) = [O] + [Fe]$$

1）［O］向钢液中扩散；

2）[O] 及 [C] 向钢液－炉底耐火材料界面或钢液中气泡的表面扩散及吸附。

(3) 吸附的 [O]+[C] 发生化学反应，形成 CO。

(4) CO 气泡形成及长大，经过熔池排入炉气中。

向熔池吹氧时，有如上的相似组成环节及中间阶段，但是它们的速率却显著提高，因为各相受到了强烈的搅拌及动能高的氧区接近钢液。向熔池喷入高速氧射流时，冲击钢液产生凹面，在氧射流表面形成 Fe_2O_3，迅速被 Fe 还原成 FeO，呈液滴状飞散到钢液面上的熔渣－钢液乳化系中，而氧是从熔渣本身及吹炼区形成的渣滴进入钢液中的。此外，采用铁矿石或铁锈作氧化剂时，仅是环节（1）的中间阶段不相同，这时是由矿石的加热、熔化（溶解）及 Fe_2O_3 还原到 FeO 所组成。

7.3.2.2　主要环节的分析

如上所述，脱碳过程的组成环节较多，但其中起限制作用的却是氧（(FeO)、[O]）和碳（[C]）的扩散以及 CO 气泡的形成、长大及排出。

A　CO 气泡的形成、长大及排出

根据第 2 章新相核形成的原理知，当钢液中碳氧化形成的 CO 气泡核大于其临界核时，才能稳定形成、长大及排出。对于表面张力一定的钢液，临界核的半径与钢液的 $w[C]_\%$、$w[O]_\%$ 过饱和度有关（见式（2－82））。过饱和度越大，则临界半径越小，新相核就越易形成。一般认为，钢液的这种过饱和度并不高，仅比其平衡值高 1～2 倍（$\Delta w[O]=0.005\%\sim0.05\%$），由此形成的临界气泡核的半径却比较大，为 $2\times10^{-5}\sim1\times10^{-3}$ m。为了能形成如此大的临界气泡，据计算，就需要在临界气泡内瞬时积累由碳氧化形成的 CO 分子数 $10^7\sim10^{11}$ 个。这样大数目的分子是难以靠局部浓度的起伏完成的。因此，钢液内部是难以形成 CO 气泡核的。

另外，由式（7－33）知，只有在碳氧化形成的 CO 气泡核内，CO 的析出压力高于其所受的外压时，CO 气泡核才能形成、长大及排出。外压中，钢液表面张力对气泡产生的毛细管压力在气泡很小时有很大的值，因而这种气泡难以形成。但这种毛细管压力却是随着气泡半径的增大而减小的，从而气泡形核所受的外压也相应降低。与钢液接触的耐火材料炉底常不易被钢液所润湿，其表面有气体填充的微孔，当它们的尺寸远大于与钢液过饱和度相当的临界气泡核（r^*）时，就能成为气泡的现成核，而使脱碳反应在这些地方易于进行。

如图 7－11 所示，当钢液不能润湿耐火材料时（$\theta>90°$），微孔内钢液的弯月面是向下坠的，位于其中的气体压力为：

$$p'_{CO}\geqslant p'_0-2\sigma/R$$

或　$p'_{CO}\geqslant p'_0+2\sigma\cos\theta/r$　（$\theta>90°$，$\cos\theta<0$）

式中，p'_0 为钢液面上的静压力；R 为微孔内钢液弯月面或气泡的半径。因为气泡的曲率为负，故钢液表面张力对气泡的附加压力（$2\sigma/R$）为负值。因为微孔内气体所受的外压因 r 的减小而降低，$\left(\dfrac{2\sigma\cos\theta}{r}<0\right)$所以在此

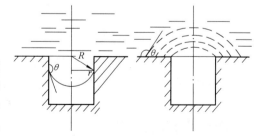

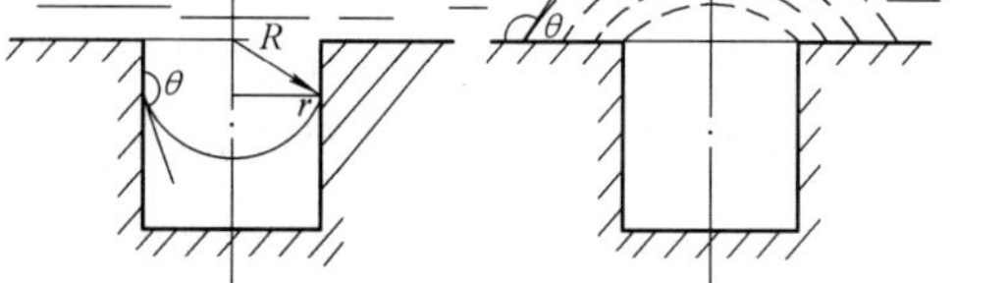

图 7－11　炉底表面微孔内气泡的形成及长大

r—微孔半径；R—微孔内钢液弯月面半径（$-r=R\cos\theta$）

种微孔内的气体可成为气泡的现成临界核，碳氧化形成的 CO 进入其内，使核气泡长大、脱离微孔而上浮；残余在微孔内的气体，则成为下次气泡形成的核源，如图 7-12 所示。

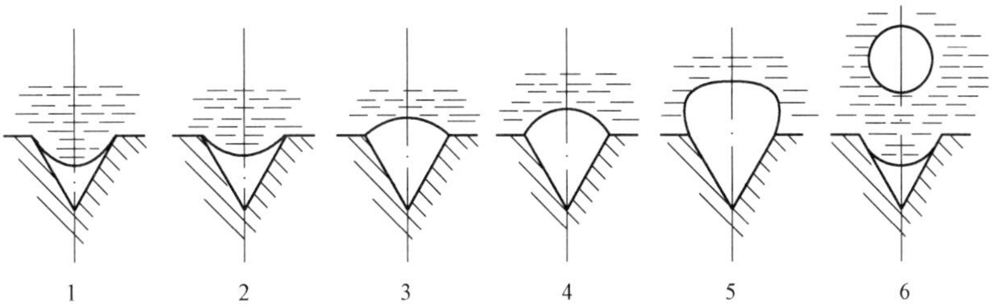

图 7-12 炉底表面微孔气泡形成过程

1—微孔内现成气泡；2—微孔内有 CO 进入，气泡不断长大；3—气泡达到微孔顶端；4—气泡呈球冠形；5—上浮气泡形成；6—气泡脱离了炉底，进入钢液中

虽然被钢液润湿性差的固体表面的微孔都可成为气泡的形核，但如其半径过大，则将被钢液所充满，失去形核的作用。由图 7-11 可见，如微孔内钢液弯月面的半径为 R，微孔的半径为 r，微孔顶端液面所受到的静压力为 $p_0' = \rho gh$，而此静压力被液面表面张力形成的附加压力 $\left(\dfrac{2\sigma}{R}\right)$ 所平衡 $\left(即\ p_0' = \dfrac{2\sigma}{R}\right)$，则钢液就不能充满此微孔内。又因 $R\cos(180° - \theta) = r$，即 $-R\cos\theta = r$，所以，由前述关系式可导出不能被钢液所润湿的炉衬耐火材料表面上，能成为气泡形核的微孔的最大半径为：

$$r = -\frac{2\sigma\cos\theta}{\rho gh}$$

上式的导出过程见例 7-8。

但是，耐火材料表面的微孔，亦即其粗糙性能会改变钢液对它的润湿性，因而当其粗糙度大时，就能降低气泡形核所需的过饱和度，从而加速脱碳反应的进行。但在炼钢过程中，耐火材料炉衬会不断被熔渣所侵蚀，使其粗糙度减小，而钢液对它的润湿性则增大，从而可降低脱碳的速率。

在炉底上形成的 CO 气泡在钢液层内上浮的过程中，它的表面也能出现碳的氧化。生成的 CO 进入其内，使气泡的体积不断增大，其所受的静压减小，上浮速度加快，并出现分裂。于是熔池出现了强烈的沸腾，其中气泡的体积可达到熔池体积的 2% ~3%。因此，虽然 CO 气泡仅能在炉底上萌芽，但脱碳反应主要是在整个钢液层内进行的，而且在上层内更为强烈。

吹氧时，熔池受到强烈的搅拌，相表面不断更新，氧气与裸露的铁液表面重复接触，在[C]部分被 O_2 直接氧化的同时，铁继续受到氧化，生成的 FeO 部分转入渣中，其余部分则在铁液中乳化。乳化了的 FeO 成为 CO 生成反应的氧源，而且有很大接触面积的气-渣-钢液的乳化系，成为高温下 CO 析出的最有利条件。

【例 7-8】 试计算炼钢熔池脱碳过程中，能作为 CO 气泡形核的炉底耐火材料表面上不会被钢水浸入的孔隙半径。钢液的表面张力 $\sigma = 1.450\text{N/m}$，熔池深度为 0.6m，钢水对耐火材料表面的润湿角 $\theta = 120°$。

解 由平液面与曲液面所受的压力差产生的附加压力，与曲率半径有关。如图 7-13

(a) 所示，位于液面下、半径为 r 的气泡的压力为 $p^{\ominus}+p'$，而处于平衡状态下。如使气泡的半径 r 增加 dr，则气泡的体积和表面积相应地增加 dV 和 dA，从而气泡的表面自由能相应地增加了 $\sigma \mathrm{d}A$，其需要的功等于外界对气泡所做功($(p^{\ominus}+p')\mathrm{d}V$) 与气泡膨胀时对外所做功之差，即 $p'\mathrm{d}V$，故 $\sigma \mathrm{d}A=p'\mathrm{d}V$，而

$$p'=\sigma\frac{\mathrm{d}A}{\mathrm{d}V}=\sigma\frac{8\pi r\mathrm{d}r}{4\pi r^2\mathrm{d}r}=\frac{2\sigma}{r}$$

当钢水浸入耐火材料表面微孔中，形成一个曲率半径为 r 的向下凸的弯月面时（见图7－13（b）)，曲面所受的附加压力指向上方，这时气泡所受的附加压力 p'等于其上面钢水的静压力ρgh。由于 $r=R\cos(180°-\theta)=-R\cos\theta$，而

$$p'=\frac{2\sigma}{R}=-\frac{2\sigma\cos\theta}{r}，\text{而 } r=-\frac{2\sigma\cos\theta}{\rho gh}$$

故不被钢水浸入的孔隙半径为：

$$r_{\max}=-\frac{2\sigma\cos\theta}{\rho gh}=-\frac{2\times1.450\times(-0.5)}{7\times10^3\times9.81\times0.6}$$
$$=3.52\times10^{-5}\mathrm{m}$$

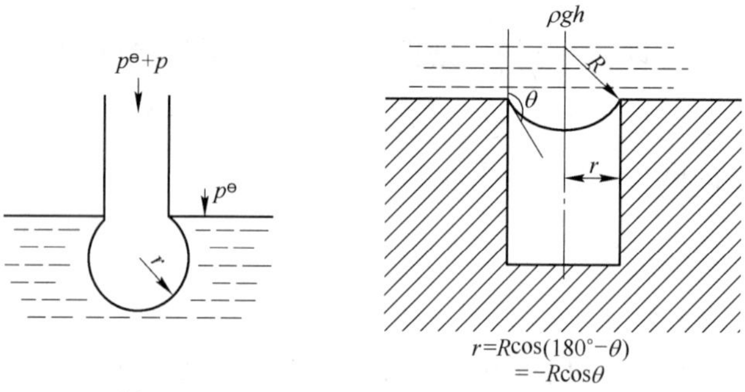

图7－13　钢水与固相孔隙的润湿情况

B　钢液中碳和氧的扩散

如前所述，当炉底上 CO 气泡的形核不成为限制环节时，钢液的脱碳过程是：其内的[C]和[O] 向气－钢液界面（CO 气泡表面）扩散，在相界面上生成 CO，而 CO 再向气相中扩散。除了向钢液表面吹入惰性气体以外，CO 在气相中的传质（气相边界层的外扩散）往往不会是限制环节。因此，钢液中[C]和[O]的传质是脱碳反应速率的限制环节。

由于钢液中[C]和[O]有相近数量级的传质系数，它们向反应相界面的扩散通量取决于其浓度梯度。在高、中碳浓度范围内，碳的浓度梯度远大于氧的浓度梯度，即碳的传质比氧的传质快，因而[O]的传质是限制环节。随着脱碳反应的进行，w[C] 降低，传质减慢，而在 w[C] 下降到一定值后，[C]的传质则成了限制环节。限制环节出现转变的碳浓度称为临界碳量。当越过临界碳量时，脱碳速率急剧地成直线下降。因此，碳量高时，钢液中[O]的传质是限制环节；碳量低时，钢液中[C]的传质是限制环节。

利用两限制环节的脱碳速率相等的原理，可计算出一定条件下的临界碳量 $w[\mathrm{C}]_{临}$。$w[\mathrm{C}]_{临}$则与决定[C]扩散的传质系数及供氧强度有关。电炉炼钢的 $w[\mathrm{C}]_{临}=0.05\%$ ～

0.15%，氧气转炉炼钢的 $w[C]_{临}=0.1\%\sim0.4\%$。

在 $w[C]_{临}$ 以上的脱碳速度与 $w[C]$ 无关，仅取决于熔池的供氧强度，而保持在恒定值，并且提高供氧强度，脱碳速率增大。但在 $w[C]_{临}$ 以下，脱碳速率则随碳量成直线降低，在这种受[C]扩散限制的情况下，过程强化的可能性降低，因此，提高脱碳速率的有效措施是降低 $w[C]_{临}$。从后面导出的式（7-36）可见，增大[C]的传质系数可达到这一目的。因此，提高温度，吹入惰性气体搅拌熔池，能使低碳熔池的脱碳速率提高。这就是现在转炉上采用复吹达到深度脱碳的根据。

【例 7-9】 试计算 10t 氧气转炉炼钢的供氧强度为 $3.10\text{m}^3/(\text{min}\cdot\text{t})$ 时，钢液脱碳的临界碳量。已知：$\beta_C=4.0\times10^{-4}\text{m/s}$，钢-渣界面面积 $A=28.5\text{m}^2$。

解 钢液中［C］及［O］的传质分别出现在其限制环节的脱碳速率达到相等时，可求出 $w[C]_{临}$。

在 $w[C]_{临}$ 以上，脱碳的限制环节是［O］的传质，即脱碳速率等于一定供氧强度下的供氧速率。由反应 $[C]+\frac{1}{2}O_2=CO$ 知，$-\frac{dc(C)}{dt}=-2\frac{dc(O_2)}{dt}$。

利用 $c(C)=\frac{w[C]_\%}{100}\cdot\frac{\rho_m}{M_C}$，将物质的量浓度转换为质量分数，即：

$$-V_m\left(\frac{dw[C]_\%}{dt}\cdot\frac{\rho_m}{100M_C}\right)=-2\frac{dc(O_2)}{dt}=2V_{O_2}$$

式中 V_{O_2}——供氧强度，mol/s $\left(V_{O_2}=-\frac{dc(O_2)}{dt}\right)$；

M_C——碳的摩尔质量，kg/mol；

ρ_m，V_m——分别为钢液的密度（kg/m^3）及体积（m^3）。

故得：

$$-\frac{dw[C]_\%}{dt}=\frac{2V_{O_2}\times12\times10^{-1}}{m_m}\tag{1}$$

式中 m_m——钢液的质量，t，$m_m=V_m\rho_m$。

在 $w[C]_{临}$ 以下，脱碳反应的限制环节是［C］的传质，即脱碳速率等于［C］的扩散量：

$$-\frac{dw[C]_\%}{dt}=\beta_C\cdot\frac{A}{V_m}\cdot(w[C]_\%-w[C]_\%^*)=\frac{\beta_C A\rho_m w[C]_\%}{m_m}\tag{2}$$

式中，$w[C]_\%^*\approx w[C]_{\%(平)}\approx0$。

由式(1)与式(2)相等得：

$$w[C]_{\%(临)}=\frac{24\times10^{-1}V_{O_2}}{\beta_C A\rho_m}\tag{7-36}$$

又
$$V_{O_2}=3.10\times10\text{m}^3/\text{min}=\frac{31.0}{22.4\times10^{-3}\times(1873/273)\times60}=3.36\text{mol/s}$$

故
$$w[C]_{\%(临)}=\frac{24\times10^{-1}V_{O_2}}{\beta_C A\rho_m}=\frac{24\times10^{-1}\times3.36}{4.0\times10^{-4}\times28.5\times7\times10^3}=0.10\quad w[C]_{临}=0.10\%$$

此外，也可由式(1)及式(2)的计算值作图，两直线的交点即为所求的 $w[C]_{临}$，如图 7-14 所示。

7.3.3 脱碳反应的速率

7.3.3.1 临界碳量以上的脱碳速率

临界碳量以上的脱碳速率受渣中（FeO）或钢液中［O］的传质所限制，下列事实可证明：

（1）钢液的温度对脱碳速率影响不大；

（2）脱碳过程的活化能未超过 120～170kJ/mol；

（3）当 $w[C]>0.2\%\sim0.3\%$ 时，脱碳速率与 $w[C]$ 无关；

（4）脱碳速率随供氧强度的增加而提高；

（5）搅拌强度增加，表观活化能下降。

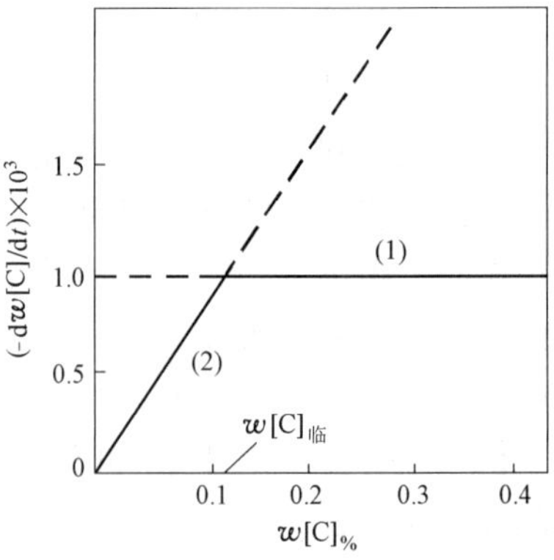

图 7－14 用作图法求 $w[C]_{临}$

直线(1)——$-dw[C]_{\%}/dt=0.81\times10^{-3}$；

直线(2)——$-dw[C]_{\%}/dt=\beta_C A\rho_m w[C]_{\%}/m_m$

因此，可利用钢液中［O］的扩散速率式表示脱碳反应的速率式，即 $v_C=v_O$。由于

$$v_C=-\frac{dn[C]}{dt}=-V_m\frac{dc[C]}{dt}=-V_m\frac{d}{dt}\left(\frac{w[C]_{\%}}{100}\cdot\frac{\rho_m}{12}\right)$$

$$v_O=-\frac{dn[O]}{dt}=-V_m\frac{dc[O]}{dt}=-V_m\frac{d}{dt}\left(\frac{w[O]_{\%}}{100}\cdot\frac{\rho_m}{16}\right)$$

故
$$v_C=-\frac{dw[C]_{\%}}{dt}=-\frac{12}{16}\times\frac{dw[O]_{\%}}{dt} \tag{7-37}$$

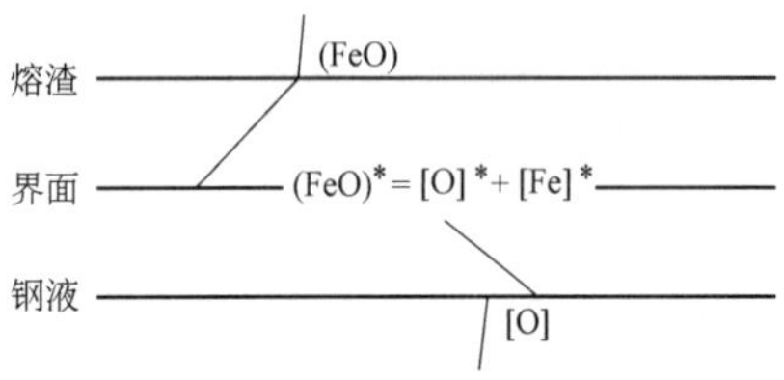

图 7－15 ［O］传质的组成环节

但氧的传质过程是由（FeO）的扩散、界面反应（FeO）═［O］+［Fe］及［O］的扩散 3 个环节所组成，如图 7－15 所示。

其中界面反应的速率最高，所以传氧过程的限制环节是（FeO）及［O］扩散组成的混合限制环节。按照与式（7－10）相似的处理方法，可得：

$$v_O=-\frac{dw[O]_{\%}}{dt}=\frac{k_m L_{O(\%)}\gamma_{FeO}}{1+(k_m/k_s)L_{O(\%)}\gamma_{FeO}}\cdot\left(w(FeO)_{\%}-\frac{w[O]_{\%}}{L_{O(\%)}\gamma_{FeO}}\right) \tag{7-38}$$

式中，$k_m=\beta_O\cdot\frac{A}{V_m}$；$k_s=\beta_{FeO}\cdot\frac{A}{V_m}\cdot\frac{\rho_s}{\rho_m}\cdot\frac{M_O}{M_{FeO}}$；$L_{O(\%)}=L_O\cdot\frac{\rho_s}{\rho_m}\cdot\frac{M_O}{M_{FeO}}$，由 $\lg L_{O(\%)}=-\frac{6320}{T}+0.734$ 求得。

将式（7－38）代入式（7－37），得：

$$v_C=-\frac{dw[C]_{\%}}{dt}=\frac{12}{16}\times\frac{k_m L_{O(\%)}\gamma_{FeO}}{1+(k_m/k_s)L_{O(\%)}\gamma_{FeO}}\cdot\left(w(FeO)_{\%}-\frac{w[O]_{\%}}{L_{O(\%)}\gamma_{FeO}}\right) \tag{7-39}$$

由式（7－39）可进一步确定脱碳过程的限制环节：

（1）当 $(k_m/k_s)L_{O(\%)}\gamma_{FeO}\ll1$ 时，

$$v_C=\frac{12}{16}\times k_m\cdot(w(FeO)_{\%}L_{O(\%)}\gamma_{FeO}-w[O]_{\%}) \tag{7-40}$$

这是钢液中［O］的扩散成为限制环节的速率式。

（2）当 $(k_m/k_s)L_{O(\%)}\gamma_{FeO} \gg 1$ 时，

$$v_C = \frac{12}{16} \times k_s \cdot [w(FeO)_{\%} - w[O]_{\%}/(L_{O(\%)}\gamma_{FeO})] \tag{7-41}$$

这是渣中（FeO）的扩散成为限制环节的速率式。

但式（7-40）中的 $w(FeO)_{\%}L_{O(\%)}\gamma_{FeO} = w[O]_{\%(平)}$，故又可表示为：

$$v_C = \frac{12}{16} \times k_m \cdot (w[O]_{\%(平)} - w[O]_{\%}) \tag{7-42}$$

或

$$v_C = k'_m \cdot (w[O]_{\%(平)} - w[O]_{\%}) \tag{7-43}$$

式中，$k'_m = \frac{12}{16} \times \beta_O \cdot \frac{A}{V_m}$。

由式（7-43）还可进一步用分离变量积分法得出脱碳速率的积分式：

$$\lg \frac{w[O]_{\%} - w[O]_{\%(平)}}{w[O]_{\%}^0 - w[O]_{\%(平)}} = -\frac{k'_m}{2.3}t \tag{7-44}$$

式中 $w[O]_{\%}^0$——钢液中氧的初始质量百分数。

因此，脱碳速率在碳浓度较高时与供氧强度（渣中 FeO 的活度）及熔池的搅拌强度（$\beta \cdot A/V_m$）有关，而与 $w[C]$ 无关，并保持在一定值，但它是随着供氧强度的提高而增大的。不同炼钢方法有不同的供氧方式，因而也就有不同的脱碳速率。在电炉内，脱碳速率为 (0.002 ~ 0.010)%/min，吹氧时可成百倍地提高。在氧气顶吹转炉内，脱碳速率为 (0.2 ~ 0.4)%/min。这是因为熔池形成了气-渣-钢液的乳化系，$\beta \cdot A/V_m$ 的值很高。向熔池加入铁矿石可提高供氧强度。因为熔态矿石中氧的化学势比炉气中的氧及纯氧气高 1 ~ 3 个数量级（1600℃，Fe_2O_3 的分解压为 2.5×10^5Pa），故在接近熔渣-钢液界面上，O_2 的化学势很高，能显著地加速氧进入金属熔池内。但是，加入的铁矿石对熔池的冷却作用（矿石脱碳消耗的热量为 17.9×10^3kJ/kg，而吹氧可放出热量 11.6×10^3kJ/kg）却显著地限制了脱碳反应的强化。例如，加入 $w = 1\%$ 的铁矿石可使熔池温度大约下降 30℃。因此，铁矿石使用的效果是受熔池供热制度所限制的。

【例 7-10】 试计算熔渣中 $w(FeO) = 25\%$、钢液中 $w[O] = 0.0125\%$ 时，钢液中 [O] 的扩散成为限制环节的脱碳速率。已知：$\beta_O = 4.0 \times 10^{-4}$m/s，$A/V_m = 2$m^{-1}，温度为 1600℃。为使钢液中碳的质量分数从 0.3% 下降到 0.1%，需要多少时间？

解 （1）碳氧化时，钢液中 [O] 的扩散成为限制环节的脱碳速率，由式（7-40）计算：

$$v_C = -\frac{dw[C]_{\%}}{dt} = \frac{12}{16} \times \beta_O \cdot \frac{A}{V_m} \cdot (w(FeO)_{\%}L_{O(\%)}\gamma_{FeO} - w[O]_{\%})$$

$$\lg L_{O(\%)} = -\frac{6320}{1873} + 0.734 = -2.64 \qquad L_{O(\%)} = 0.0023$$

故

$$v_C = \frac{12}{16} \times 4.0 \times 10^{-4} \times 2 \times (25 \times 0.0023 - 0.0125) = 0.27 \times 10^{-4}\%/s$$

（2）根据碳氧积估计，$w[C] = 0.3\%$ 时，$w[O] = 0.0083\%$；$w[C] = 0.1\%$ 时，$w[O] =$

0.025%。而

$$w[\mathrm{O}]_{\%(平)} = w(\mathrm{FeO})_{\%} L_{\mathrm{O}(\%)} \gamma_{\mathrm{FeO}} = 25 \times 0.0023 = 0.0575$$

由式（7－44），$w[\mathrm{C}]$ 从0.3%下降到0.1%所需的时间为：

$$t = -2.3 \times \frac{1}{4.0 \times 10^{-4} \times 2} \times \lg \frac{0.025 - 0.0575}{0.0083 - 0.0575} = 518\mathrm{s}(8.6\mathrm{min})$$

【例7－11】*　向炼钢熔池吹氧脱碳，可显著地提高钢水的温度；而向熔池加铁矿（Fe_2O_3）脱碳，则有降低钢水温度的作用。请用热力学计算加以说明。

解　下面以氧化钢水中1%（质量分数）的碳时钢水温度的变化来说明。

（1）吹氧氧化钢水中1%的碳时钢水温度的变化。设脱碳反应在1800K进行，钢水中［C］氧化放出的热量用以加热钢水及炉气CO。

脱碳反应的热效应 $\Delta_r H_m$（1800K）可如下求出：

$$\begin{array}{ccc}
[\mathrm{C}](1800\mathrm{K}) + \frac{1}{2}\mathrm{O}_2(298\mathrm{K}) & \xrightarrow{\Delta_r H_m^{\ominus}} & \mathrm{CO}(1800\mathrm{K}) \\
\downarrow \Delta H_1^{\ominus} & & \\
\mathrm{C}_{(石)}(1800\mathrm{K}) & & \uparrow \Delta H_4^{\ominus} \\
\downarrow \Delta H_2^{\ominus} & & \\
\mathrm{C}_{(石)}(298\mathrm{K}) + \frac{1}{2}\mathrm{O}_2(298\mathrm{K}) & \xrightarrow{\Delta_r H_3^{\ominus}(298\mathrm{K})} & \mathrm{CO}(298\mathrm{K})
\end{array}$$

$$\Delta_r H_m^{\ominus}(1800\mathrm{K}) = \Delta H_1^{\ominus} + \Delta H_2^{\ominus} + \Delta_r H_3^{\ominus}(298\mathrm{K}) + \Delta H_4^{\ominus}$$

由热力学数据手册查得：

$$\Delta H_1^{\ominus} = -22.59\mathrm{kJ/mol}\quad（碳从钢水中析出的标准焓变量）$$

$$\Delta H_2^{\ominus} = H^{\ominus}(1800\mathrm{K}) - H^{\ominus}(298\mathrm{K}) = -30.42\mathrm{kJ/mol}$$

$$\Delta_r H_3^{\ominus}(298\mathrm{K}) = -114.40\mathrm{kJ/mol}$$

$$\Delta H_4^{\ominus} = H^{\ominus}(1800\mathrm{K}) - H^{\ominus}(298\mathrm{K}) = 35.78\mathrm{kJ/mol}$$

$$\Delta_r H_m^{\ominus} = -22.59 - 30.42 - 114.40 + 35.78 = -131.63\mathrm{kJ/mol}$$

碳氧化的产物为钢水及CO。12×10^{-3}kg、$w[\mathrm{C}] = 1\%$ 的钢水的Fe量为 $12 \times 10^{-3} \times 99/(55.85 \times 10^{-3}) = 21.27$mol，故钢水由1mol C＋21.27mol Fe组成，形成的气体产物为1mol CO。产物的热量为 $\Delta t(n(\mathrm{Fe}) \cdot c_{p,m}(\mathrm{Fe},\ 1800\mathrm{K}) + n(\mathrm{CO}) \cdot c_{p,m}(\mathrm{CO},\ 1800\mathrm{K}))$。［C］氧化放出的热量被产物（钢水＋CO）所吸收。但吹入的 O_2 由298K上升到1800K时，尚需吸热 $\Delta H^{\ominus}(\mathrm{O}_2) = H^{\ominus}(1800\mathrm{K}) - H^{\ominus}(298\mathrm{K}) = -51760\mathrm{J/mol}$，此应从［C］氧化的 $\Delta_r H_m^{\ominus}$（放热）中扣除。由热量平衡方程：

$$\Delta t(n(\mathrm{Fe}) \cdot c_{p,m}(\mathrm{Fe},1800\mathrm{K}) + n(\mathrm{CO}) \cdot c_{p,m}(\mathrm{CO},1800\mathrm{K})) = 131630 - \frac{1}{2} \times 51760$$

$$\Delta t(21.27 \times 42.55 + 1 \times 35.78) = 105450$$

$$\Delta t = 112℃$$

式中，$c_{p,m}(\mathrm{Fe},\ 1800\mathrm{K}) = 42.55\mathrm{J/(mol \cdot K)}$；$c_{p,m}(\mathrm{CO},\ 1800\mathrm{K}) = 35.78\mathrm{J/(mol \cdot K)}$。

即直接吹氧氧化脱除钢水中0.1%的碳，可使钢水升温约11℃。

（2）加铁矿石（Fe_2O_3）氧化钢水中1%的碳时钢水温度的变化。

$$
\begin{array}{ccccc}
\frac{1}{3}Fe_2O_3(s,298K) + [C](1800K) & \xrightarrow{\Delta_r H_m^{\ominus}} & \frac{2}{3}[Fe](1800K) & + & CO(1800K) \\
\Big\downarrow \Delta H_1^{\ominus} \quad \Big\downarrow \Delta H_2^{\ominus} & & & & \\
\quad C_{(石)}(1800K) & & \Big\uparrow \Delta H_4^{\ominus} & & \Big\uparrow \Delta H_5^{\ominus} \\
\quad \Big\downarrow \Delta H_3^{\ominus} & & & & \\
\frac{1}{3}Fe_2O_3(s,298K) + C_{(石)}(298K) & \xrightarrow{\Delta_r H_m^{\ominus}(298K)} & \frac{2}{3}[Fe](298K) & + & CO(298K)
\end{array}
$$

$$\Delta_r H_m^{\ominus} = \Delta H_1^{\ominus} + \Delta H_2^{\ominus} + \Delta H_3^{\ominus} + \Delta_r H_m^{\ominus}(298K) + \Delta H_4^{\ominus} + \Delta H_5^{\ominus}$$

由热力学数据手册查得：

$$\Delta H_1^{\ominus} = 0$$

$$\Delta H_2^{\ominus} = -22.59\text{kJ/mol}$$

$$\Delta H_3^{\ominus} = H^{\ominus}(1800K) - H^{\ominus}(298K) = -30.42\text{kJ/mol}$$

$$\Delta_r H_m^{\ominus}(298K) = 157.27\text{kJ/mol}$$

$$\Delta H_4^{\ominus} = H^{\ominus}(1800K) - H^{\ominus}(298K) = \frac{2}{3}\times 58.73 = 39.15\text{kJ/mol}$$

$$\Delta H_5^{\ominus} = 35.78\text{kJ/mol}$$

$$\Delta_r H_m^{\ominus}(1800K) = -22.59 - 30.42 + 157.27 + 39.15 + 35.98 = 179.19\text{kJ/mol}$$

脱碳反应的产物为钢水及 CO。12×10^{-3}kg、$w[C]=1\%$ 的钢水的 Fe 量为 $12\times10^{-3}\times 99/(55.85\times10^{-3}) = 21.27$mol。加上 Fe_2O_3 还原增加的 Fe 量，即 $\frac{1}{3}\times\frac{2\times56}{100} = 0.23$mol，总 Fe 量为 $21.27+0.23=21.50$mol。生成的 CO 为 1mol。又加入的 Fe_2O_3(298K) 吸热升温到 1800K 时，所耗热量为 $\Delta H^{\ominus} = H^{\ominus}(1800K) - H^{\ominus}(298K) = 217.07$kJ/mol，它来自碳氧化反应的 $\Delta_r H_m^{\ominus}(1800K)$。脱碳反应的热平衡方程为：

$$\Delta t(21.50\times42.55 + 1\times35.78) = -179190 - \frac{1}{3}\times217070$$

$$\Delta t = -264.6℃$$

即用铁矿石脱碳，氧化 $w[C]=0.1\%$ 时，可使钢水降温约 26.5℃。

7.3.3.2 临界碳量以下的脱碳速率

临界碳量以下由于碳量低，[O] 向反应界面的扩散量远大于 [C] 的扩散量，进入熔池内的氧除部分氧化碳外，主要是使熔渣和钢液中氧的浓度增加。

临界碳量以下的脱碳速度由 [C] 的扩散量表示：

$$v_C = \beta_C \cdot \frac{A}{V_m} \cdot \left(w[C]_{\%} - \frac{p_{CO}}{K^{\ominus} w[O]_{\%}} \right) \tag{7-45}$$

式中，$p_{CO}/(K^{\ominus} w[O]_{\%}) = w[C]_{\%(平)}$。

故随着 $w[C]_{\%}$ 的降低，碳向反应界面传质的驱动力减小，这就会进一步降低脱碳的速率。CO 的析出量减小 $\left(J_{CO} = -\frac{\beta_{CO}}{RT}(p_{CO}^{*} - p_{CO}) \right)$，引起 CO 的排出速率减慢及熔池的搅拌强度降低，而浓度边界层的厚度增加，从而碳的扩散将再度减小，脱碳速率就会变得十分缓慢。同时铁的氧化又加大，进一步脱碳就更困难了。所以，采用一般炼钢方法冶炼超低碳钢（$w[C]\leqslant 0.02\%$）是难以实现的。这时，需采用真空操作或吹入氩气等以降低 p_{CO}，来提高低碳量下的脱碳速率，详见第 8 章。

7.3.3.3* 熔池上空气－渣－铁系内铁珠的脱碳速率

在转炉吹炼过程中，由于氧射流对熔池的强烈冲击及脱碳时钢液中 CO 气体的排出，形成了熔池的强烈搅拌作用，使部分铁液被击碎，分散于熔渣及炉气中，形成铁珠状，大大增加了两相间的界面积，而熔渣中钢－渣界面面积估计为 100～200m^2/t。其在渣中残存的时间为 1～2min。这种铁珠内的脱碳速率为（0.3～0.6）%/min，在整个体系内占有较大的比例。例如，通过铁珠内碳的氧化，可使钢液中 $w[C]=20\%\sim30\%$ 的碳被氧化掉。在接近脱碳反应末期，炉渣内这种乳化现象消失，许多铁珠返回到钢液中。过剩的泡沫渣在脱碳速率很大时会溢出炉外。

当铁珠内含有较高的碳量（如 $w[C]\geqslant 0.3\%$）时，铁珠－气相边界层内氧的扩散是脱碳反应速率的限制环节。因此，利用氧的质量平衡关系可导出铁珠内碳的脱去速率式。由铁珠界面氧的扩散通量转成的脱碳速率（$v_{C(J_{O_2})}$）$=\frac{12}{16}v_{C(J_{O_2})}$，应等于铁珠的脱碳速率（$v_{C(珠)}$）与钢液的脱碳速率（$v_{C(钢)}$）之和。因而由下列关系可得出铁珠脱碳的速率方程式：

$$v_{C(珠)}=v_{C(J_{O_2})}-v_{C(钢)} \tag{1}$$

（1）$v_{C(J_{O_2})}$。

$$\begin{aligned} v_{C(J_{O_2})} &= -\frac{12}{16}\times J_{O_2} = -\frac{12}{16}\times\beta_{O_2}\cdot\frac{A}{V}\cdot\left(a_{(FeO)}L_O-\frac{mp_{CO}}{w[C]_{\%}}\right) \\ &= -0.75\beta_{O_2}\times\frac{6}{d}\cdot\left(a_{(FeO)}L_O-\frac{mp_{CO}}{w[C]_{\%}}\right) \end{aligned} \tag{2}$$

式中，$\frac{A}{V}=\frac{\pi d^2}{\pi d^3/6}=\frac{6}{d}$；$d$ 为铁珠的直径，一般 $d=0.1\sim3.0$mm。

（2）$v_{C(钢)}$。钢液中 $w[O]_{\%}=w[O]_{\%(平)}+\Delta w[O]_{\%}$，其变化值为：

$$dw[O]_{\%}=d\left(\frac{mp_{CO}}{w[C]_{\%}}+\Delta w[O]_{\%}\right)=-\frac{mp_{CO}}{w[C]_{\%}^2}dw[C]_{\%} \tag{3}$$

式中，$d(\Delta w[O]_{\%})$ 可略去，因为 $\Delta w[O]_{\%}$ 比 v_{O_2} 小得多。故：

$$v_{C(钢)}=-\frac{12}{16}\times\frac{dw[O]_{\%}}{dt}=-\frac{0.75mp_{CO}}{w[C]_{\%}^2}\cdot\frac{dw[C]_{\%}}{dt} \tag{4}$$

（3）$v_{C(珠)}$。将式（2）及式（4）代入式（1）：

$$v_{C(珠)}=-\frac{dw[C]_{\%}}{dt}$$

$$-\frac{dw[C]_{\%}}{dt}=-0.75\beta_{O_2}\times\frac{6}{d}\cdot\left(a_{(FeO)}L_O-\frac{mp_{CO}}{w[C]_{\%}}\right)+\frac{0.75mp_{CO}}{w[C]_{\%}^2}\cdot\frac{dw[C]_{\%}}{dt}$$

即

$$v_{C(珠)}=-\frac{dw[C]_{\%}}{dt}=\frac{0.75\beta_{O_2}\left(a_{(FeO)}L_O-\frac{mp_{CO}}{w[C]_{\%}}\right)\times\frac{6}{d}}{1+\frac{0.75mp_{CO}}{w[C]_{\%}^2}} \tag{7-46}$$

【例7-12】 试计算转炉内渣-气-铁系内 $w[C]=0.4\%$ 的铁珠的脱碳速率。渣中 $x(FeO)=0.1$，$\gamma_{FeO}=2.5$，$\beta_{O_2}=4\times10^{-4}$m/s，铁珠直径 $d=5\times10^{-4}$m。

解 $a_{(FeO)}=0.1\times2.5=0.25, L_O=0.23, mp_{CO}=0.002$

$$v_C=-\frac{dw[C]_\%}{dt}=\frac{0.75\times4\times10^{-4}\times\left(0.25\times0.23-\frac{0.002}{0.4}\right)\times6}{\left(1+\frac{0.75\times0.002}{(0.4)^2}\right)\times5\times10^{-4}}=0.19\%/s$$

7.3.3.4 氧气顶吹转炉炼钢的脱碳速率

氧气顶吹转炉炼钢脱碳速率的变化情况如图7-16所示，可分为3个阶段。吹炼初期较小，中期达到极大并保持恒定值，末期则降低。整个脱碳过程中，脱碳速率变化呈台阶形曲线。各阶段速率有下列特点：

（1）吹炼初期。$v_C=-\frac{dw[C]_\%}{dt}=k_1t$，$v_C$ 与 t 成正比，k_1 为常数，取决于铁水的碳含量、铁水温度及吹炼条件。

（2）吹炼中期。$v_C=-\frac{dw[C]_\%}{dt}=k_2V_{O_2}$，$v_C$ 与供氧强度 V_{O_2}(mol/s) 成正比。

（3）吹炼末期。$v_C=-\frac{dw[C]_\%}{dt}=k_3w[C]_\%$，$v_C$ 受钢液中［C］的传质控制，并随钢液碳含量的减少而降低。

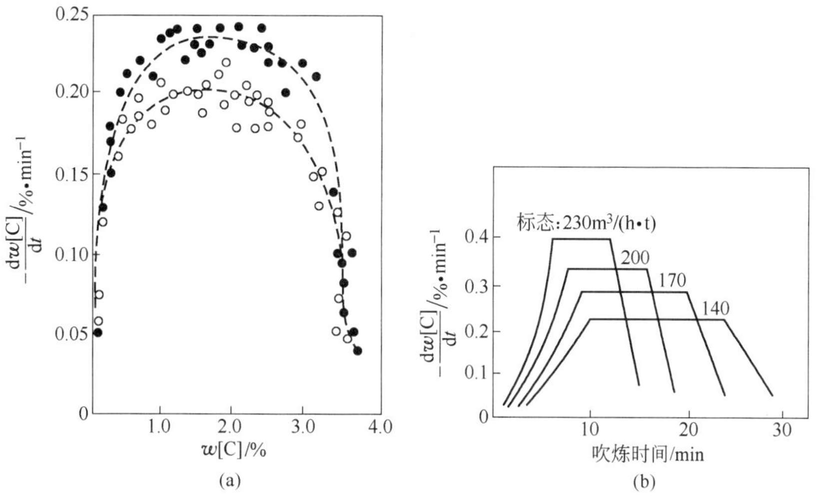

图7-16 氧气顶吹转炉炼钢的脱碳速率曲线

（a）1600℃的脱碳曲线；（b）供氧强度不同的脱碳曲线

7.3.3.5* 用氩-氧混合气体吹炼不锈钢的脱碳速率

如前所述，采用氩-氧混合气体可在转炉内冶炼不锈钢，可在较低温度（1610℃）下获得低碳不锈钢。脱碳反应的速率为：

$$\frac{dw[C]_\%}{dt}=-\beta_C\cdot\frac{A}{V_m}\cdot(w[C]_\%-w[C]_{\%(平)}) \quad (1)$$

由熔池中［Cr］及［C］的选择性氧化反应：

$$\frac{1}{3}(Cr_2O_3)+[C]══\frac{2}{3}[Cr]+CO$$

可得：
$$w[C]_{\%(平)}=(f_{Cr}^{2/3}w[Cr]_{\%}^{2/3}p_{CO})/(f_CK_C^{\ominus})\tag{2}$$

又吹氩－氧混合气体脱碳形成的氩气泡中 CO 的分压为：

$$p_{CO}=\frac{Q_{CO}}{Q_{CO}+Q_{Ar}}p=\frac{p}{1+Q_{Ar}/Q_{CO}}$$

式中　Q_{Ar}，Q_{CO}——分别为 Ar 及 CO 的流量（标态），m^3/s；

p——总压，100kPa。

由熔池中［C］氧化反应：$[C]+\frac{1}{2}O_2═CO$，可求得：

$$Q_{CO}=-\frac{dw[C]_{\%}}{dt}\cdot\frac{V_m\rho_m}{M_C}\times\frac{22.4}{100}\tag{3}$$

式中　V_m,ρ_m——分别为钢液的体积及密度；

M_C——碳的摩尔质量。

于是
$$p_{CO}=\frac{1}{1+Q_{Ar}/p_{CO}}=\frac{p}{1-\dfrac{Q_{Ar}\times12\times100}{22.4V_m\rho_m dw[C]_{\%}/dt}}$$

将式（3）、式（2）代入式（1）：

$$\frac{dw[C]_{\%}}{dt}=-\beta_C\cdot\frac{A}{V_m}\cdot\left[w[C]_{\%}-\frac{(f_{Cr}w[Cr]_{\%})^{2/3}p}{f_CK_C^{\ominus}\left(1-\dfrac{Q_{Ar}\times12\times100}{22.4V_m\rho_m dw[C]_{\%}/dt}\right)}\right]$$

为简化上式，可将上式等号两边乘上下式：

$$1-Q_{Ar}\times12\times100/(22.4V_m\rho_m dw[C]_{\%}/dt)$$

得：
$$\frac{dw[C]_{\%}}{dt}\left(1-\frac{Q_{Ar}\times12\times100}{22.4V_m\rho_m dw[C]_{\%}/dt}\right)=-\beta_C\cdot\frac{A}{V_m}\cdot\left[w[C]_{\%}\times\left(1-\frac{Q_{Ar}\times12\times100}{22.4V_m\rho_m dw[C]_{\%}/dt}\right)-\frac{(f_{Cr}w[Cr]_{\%})^{2/3}p}{f_CK_C^{\ominus}}\right]$$

将上式乘上 $dw[C]_{\%}/dt$，变成 $dw[C]_{\%}/dt$ 的二次方程式：

$$\left(\frac{dw[C]_{\%}}{dt}\right)^2+\left\{-\frac{Q_{Ar}\times12\times100}{22.4V_m\rho_m}+\beta_C\cdot\frac{A}{V_m}\cdot\left[w[C]_{\%}-\frac{(f_{Cr}w[Cr]_{\%})^{2/3}p}{f_CK_C^{\ominus}}\right]\right\}\cdot\frac{dw[C]_{\%}}{dt}-\frac{\beta_C(A/V_m)\cdot Q_{Ar}\times12\times100\times w[C]_{\%}}{22.4V_m\rho_m}=0$$

上列二次方程的解为：

$$\frac{dw[C]_{\%}}{dt}=-\frac{1}{2}\left|\left\{1-\frac{Q_{Ar}\times12\times100}{22.4V_m\rho_m}-\beta_C\cdot\frac{A}{V_m}\cdot\left[w[C]_{\%}-\frac{(f_{Cr}w[Cr]_{\%})^{2/3}p}{f_CK_C^{\ominus}}\right]\right\}-\left\{\left[-\frac{Q_{Ar}\times12\times100}{22.4V_m\rho_m}+\beta_C\cdot\frac{A}{V_m}\cdot\left(w[C]_{\%}-\frac{f_{Cr}^{2/3}w[Cr]_{\%}^{2/3}p}{f_CK_C^{\ominus}}\right)\right]^2+\frac{\beta_C(A/V_m)Q_{Ar}\times48\times100w[C]_{\%}}{22.4V_m\rho_m}\right\}^{1/2}\right|\tag{7-47}$$

式（7－47）即为用氩－氧混合气体冶炼不锈钢时熔池的脱碳速率式。由上式可以看出，平方根项前是负号，所以提高 Q_{Ar}（即提高氩气流量），能使脱碳速率增加。

7.4 脱磷反应

磷是一般钢种中的有害元素之一。钢中最大允许的 $w[P]=0.02\% \sim 0.05\%$，而对某些钢种则要求在 0.008%～0.015% 范围内。

高炉冶炼是不能脱磷的，铁矿石的磷几乎全部进入生铁中，致使生铁的 $w[P]$ 有时高达 0.1%～1.0%。生铁中的磷主要是在炼钢时氧化作用下除去的。但在还原条件下，也可采用还原剂（如 CaC_2）进行还原脱磷法。氧化脱磷法是主要的，它能处理任何磷含量的炉料，得到磷浓度很低的钢。

氧化法是利用氧化剂使铁液中［P］氧化成 P_2O_5，再与加入的能降低其活度系数的脱磷剂结合成稳定的复合化合物，而存于熔渣中。在电弧炉炼钢中，磷氧化的同时，金属熔体中易氧化的有价元素也会受到氧化而损失，因此，在处理这类金属熔体时，存在着去磷及保护合金元素不氧化的问题。

7.4.1 脱磷反应的热力学

7.4.1.1 钢液中［P］的氧化及脱磷原理

铁液中的［P］可按下列反应进行氧化：

$$4[P]+5[O_2]=\!=\!=P_4O_{10}(g) \qquad \Delta_r G_m^{\ominus}=-2651859+890.34T \quad (J/mol) \qquad (1)$$

$$2[P]+5[O]=\!=\!=P_2O_5(g) \qquad \Delta_r G_m^{\ominus}=-742032+532.71T \quad (J/mol) \qquad (2)$$

$$2[P]+8(FeO)=\!=\!=(3FeO\cdot P_2O_5)+5[Fe] \qquad \Delta_r G_m^{\ominus}=-413575+245.46T \quad (J/mol) \qquad (3)$$

$$2[P]+8[O]+3[Fe]=\!=\!=(3FeO\cdot P_2O_5) \qquad \Delta_r G_m^{\ominus}=-1612177+595.47T \quad (J/mol) \qquad (4)$$

反应（1）和（2）形成的 P_4O_{10} 及 P_2O_5 是气态，在炼钢温度下，气相磷化物的平衡分压极低（$10^{-25} \sim 10^{-12}$Pa），从氧势图（见图 7－1）也可见，其氧势接近于零，因此它们在炼钢温度下不能形成。由于［P］与［Fe］同时氧化，故脱磷多按反应（3）或（4）进行，形成 $3FeO\cdot P_2O_5$ 产物。但是 $3FeO\cdot P_2O_5$ 的稳定性（$\Delta_r H_m^{\ominus}=-231$kJ/mol）较差，随着炼钢熔池温度的上升，在 1500℃ 以上难以稳定存在。必须使它与其他强碱性氧化物（如 CaO 等）形成在高温下稳定存在的复杂化合物，降低其在熔渣中的 $\gamma_{P_2O_5}$（$10^{-18} \sim 10^{-14}$）。表 7－1 所示为几种磷酸盐的 $\Delta_r H_m^{\ominus}(2[P]+5[O]+3(MO)=(3MO\cdot P_2O_5))$，可用以大致估计它们的稳定性。

表 7－1 磷酸盐的 $\Delta_r H_m^{\ominus}$(298K) （kJ/mol）

磷酸盐	$\Delta_r H_m^{\ominus}$(298K)	磷酸盐	$\Delta_r H_m^{\ominus}$(298K)	磷酸盐	$\Delta_r H_m^{\ominus}$(298K)
$3FeO\cdot P_2O_5$	－315～－460	$3MgO\cdot P_2O_5$	－481	$3SrO\cdot P_2O_5$	－828
$3MnO\cdot P_2O_5$	－324	$3CaO\cdot P_2O_5$	－678	$3BaO\cdot P_2O_5$	－975

所以，脱磷需要氧化剂和脱磷剂，把［P］氧化成 P_2O_5，再与渣中的脱磷剂结合成稳定的化合物而溶解于渣中。常用的脱磷剂是 CaO，最有效的是 BaO。

7.4.1.2 炼钢中脱磷反应的热力学分析

按照炉渣结构理论,脱磷生成的磷酸盐有不同的表达形式,而将脱磷反应用3种形式表示。

(1) 分子理论的脱磷。脱磷反应是界面反应,由下列反应环节组成:

$$5(FeO) = 5[O] + 5[Fe]$$

$$2[P] + 5[O] = (P_2O_5)$$

$$(P_2O_5) + 4(CaO) = (4CaO \cdot P_2O_5)$$

$$2[P] + 5(FeO) + 4(CaO) = (4CaO \cdot P_2O_5) + 5[Fe]$$

生成的产物可以是 $4CaO \cdot P_2O_5$(同分熔化化合物,$t_{fus} = 1810℃$),也可以是 $3CaO \cdot P_2O_5$(异分熔化化合物,在1710℃分解)。液态渣中多是 $3CaO \cdot P_2O_5$,固态渣中有 $4CaO \cdot P_2O_5$ 存在,它们的稳定性($\Delta_r H_m^{\ominus}$)相近。

$$\lg K^{\ominus} = \lg \frac{a_{(4CaO \cdot P_2O_5)}}{w[P]_{\%}^2 a_{(FeO)}^5 a_{(CaO)}^4} = \frac{40067}{T} - 15.06$$

由于渣中 $4CaO \cdot P_2O_5$ 的浓度很低,故可以代之以 $x(P_2O_5)$($4CaO \cdot P_2O_5$ 与 P_2O_5 的摩尔分数相同)。在假定熔渣中有 $4CaO \cdot 2SiO_2$、$2CaO \cdot 2SiO_2$、$CaO_{(自)}$、$4CaO \cdot P_2O_5$、FeO、$CaO \cdot Fe_2O_3$ 等分子存在的条件下,计算出 $a_{(CaO)}$、$a_{(FeO)}$;也可利用渣系的等活度曲线图求出。$\lg K^{\ominus}$的温度关系是实验测定值。而磷的分配常数可按下式计算:

$$L_P = \frac{x(P_2O_5)}{w[P]_{\%}^2} = K^{\ominus} a_{(FeO)}^5 a_{(CaO)}^4 \qquad (7-48)$$

图7-17所示为由式(7-48)计算的 L_P,其中 $x(P_2O_5)$ 换算成 $w(P_2O_5)_{\%}$。

图7-18所示为实测的渣中 P_2O_5 浓度及钢液中磷浓度表示的分配常数($w(P_2O_5)_{\%}/w[P]_{\%}$)与脱磷的主要影响因素 CaO 及 FeO 的关系。这里采用 $w[P]_{\%}$ 而不用 $w[P]_{\%}^2$,相当于磷在渣中以($PO_{2.5}$)的形式存在。

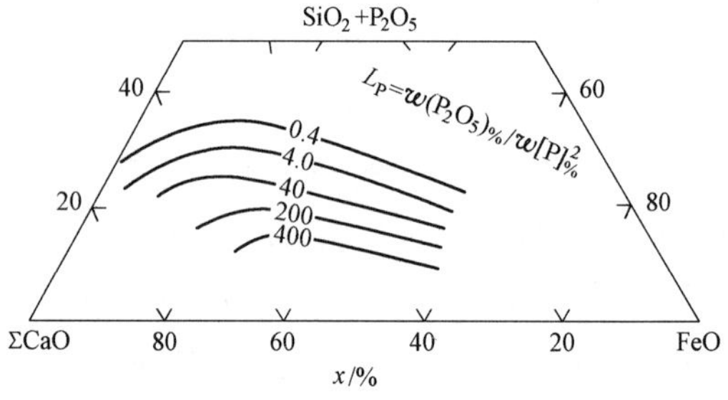

图7-17 $L_P = w(P_2O_5)_{\%}/w[P]_{\%}^2$ 与熔渣组成的关系

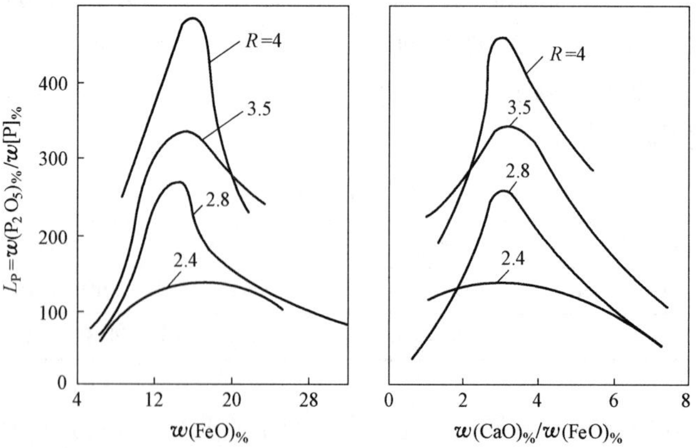

图7-18 L_P 与 $w(FeO)_{\%}$ 及 $w(CaO)_{\%}/w(FeO)_{\%}$ 的关系

（2）离子理论的脱磷。磷在熔渣中以磷氧络离子 PO_4^{3-}❶存在，而 PO_4^{3-} 是通过［P］被氧化成 P^{5+}，在熔渣界面极化 O^{2-} 形成的：

$$2[P]+8(O^{2-})═══2(PO_4^{3-})+10e$$
$$5(Fe^{2+})+10e═══5[Fe]$$
$$\overline{2[P]+5(Fe^{2+})+8(O^{2-})═══2(PO_4^{3-})+5[Fe]}$$

$$K^{\ominus}=\frac{a^2_{(PO_4^{3-})}}{a^2_{[P]}a^5_{(Fe^{2+})}a^8_{(O^{2-})}}=\frac{x(PO_4^{3-})^2}{f_P^2w[P]^2_{\%}x(Fe^{2+})^5x(O^{2-})^8}\cdot\frac{\gamma^2_{PO_4^{3-}}}{\gamma^5_{Fe^{2+}}\gamma^8_{O^{2-}}}$$

$$L_P=\frac{x(PO_4^{3-})}{w[P]_{\%}}=K^{\ominus}\cdot\frac{x(Fe^{2+})^{2.5}x(O^{2-})^4\gamma^{2.5}_{Fe^{2+}}\gamma^4_{O^{2-}}f_P}{\gamma_{PO_4^{3-}}} \tag{7-49}$$

而 $$\lg K^{\ominus}=\lg\frac{x(PO_4^{3-})}{w[P]_{\%}\cdot x(Fe^{2+})^{2.5}\cdot x(O^{2-})^4}=\frac{14660}{T}-7.44+7x(Ca^{2+}) \tag{7-50}$$

可利用两种方法来计算 L_P：

1）利用正规离子溶液模型求出 Fe^{2+} 及 P^{5+} 的活度系数，这时可用下列简单反应

$$2[P]+5(FeO)═══(P_2O_5)+5[Fe]$$

来简化磷氧络离子活度的计算：$a_{(P_2O_5)}=\gamma^2_{P^{5+}}\cdot x(P^{5+})^2$，而 $a_{(FeO)}=\gamma_{Fe^{2+}}\cdot x(Fe^{2+})$，故：

$$K^{\ominus}=\frac{\gamma^2_{P^{5+}}x(P^{5+})^2}{w[P]^2_{\%}\cdot\gamma^5_{Fe^{2+}}\cdot x(Fe^{2+})^5}$$

$$L_P=\frac{x(P^{5+})}{w[P]_{\%}}=K^{1/2}\cdot\frac{x(Fe^{2+})^{2.5}\cdot\gamma^{2.5}_{Fe^{2+}}}{\gamma_{P^{5+}}} \tag{7-51}$$

式中，$K^{\ominus}=2.34\times10^{-2}$，由实验得出，与温度的关系不大。

2）利用熔渣的磷容量进行计算。由第4章式（4－66），磷的分配系数为：

$$L_P=\frac{w(P)_{\%}}{w[P]_{\%}}=C'_{PO_4^{3-}}\cdot\frac{M_P}{M_{PO_4^{3-}}}\cdot a^{5/2}_{[O]}\cdot f_P \tag{7-52}$$

式中，$C'_{PO_4^{3-}}$ 为磷容量；$a^{2.5}_{[O]}=(L_Oa_{(FeO)})^{2.5}$。

$C'_{PO_4^{3-}}$ 可利用式（4－64），由炉渣的光学碱度计算出来。文献❷中也提出下列计算式：

$$\lg C'_{PO_4^{3-}}=-18.184+35.84\Lambda-23.35\Lambda^2+\frac{22930\Lambda}{T}-0.06257w(FeO)_{\%}-0.04256w(MnO)_{\%}+0.359w(P_2O_5)^{0.3}_{\%} \tag{7-53}$$

$$\lg C'_{PO_4^{3-}}=21.30\Lambda+\frac{32912}{T}-22.35\Lambda^2 \tag{7-54}$$

$$\lg C'_{PO_4^{3-}}=\frac{21740}{T}-9.87+0.071BO \tag{7-55}$$

式中，$BO=w(CaO)_{\%}+w(CaF_2)_{\%}+0.3w(MgO)_{\%}$，此用于 $FeO-MgO-P_2O_5$ 渣系，0.3 为 MgO 对 CaO 的当量数，CaF_2 对 CaO 的当量为1。

---

❶ PO_4^{3-} 称为单聚体磷氧络离子，当渣中 $w[P]$ 高及碱度低时，可能出现 $P_2O_7^{4-}$ 的二聚体络离子：$2PO_4^{3-}=P_2O_7^{4-}+O^{2-}$。

❷ Young R W, Duffy J A, Hassall G J, et al. Use of Optical Basicity Concept for Determining Phosphorus and Sulphur Slag-Metal Partitions[J]. Ironmaking and Steelmaking, 1992, 19 (3): 201～219.

文献中还报道了不少以离子理论为基础，结合实验数据的磷的分配常数式。它们大多是以反应 $2[P]+5[O]=(P_2O_5)$ 为基础，用实验数据来确定熔渣组成的改变对物质活度的影响而得出的。常用的还有：

$$w(CaO)<30\%,\quad \lg L_P=\lg\frac{w(P)_\%}{w[P]_\%}=\frac{22350}{T}-16+0.08w(CaO)_\%+2.5\lg\sum w(Fe)_\% \qquad (7-56)$$

$$w(CaO)>30\%,\quad \lg L_P=\frac{w(P)_\%}{w[P]_\%}=\frac{22350}{T}-24+7\lg w(CaO)_\%+2.5\lg w(Fe)_\% \qquad (7-57)$$

$$\lg[w(P_2O_5)_\%/(w[P]^2_\% w(FeO)^5_\%)]$$
$$=\frac{21460}{T}-27.02+8.22\lg(w(CaO)_\%+w(CaF_2)_\%+0.3w(MgO)_\%-0.05w(FeO)_\%) \qquad (7-58)$$

（3）* 熔渣作为凝聚电子体系相的脱磷。

$$\frac{1}{5}[P]+\frac{1}{2}[O]=\!=\!=(P_{1/5}O_{1/2})$$

$$K=\left(\frac{a'_{(P)}}{a_{[P]}}\right)^{1/5}\cdot\left(\frac{a'_{(O)}}{a_{[O]}}\right)^{1/2}$$

故

$$L_P=\frac{x(P)}{w[P]_\%}=K^5\frac{w[O]^{2.5}_\% f_P}{\psi_P} \qquad (7-59)$$

式中 $x(P)$——熔渣中磷原子的摩尔分数；

ψ_P——磷原子的活度系数；

K——$\frac{1}{5}[P]+\frac{1}{2}[O]=(P_{1/5}O_{1/2})$ 反应的平衡常数。

7.4.1.3 脱磷反应的影响因素

根据前面导出的 L_P 式，可得出提高脱磷反应强度的因素。

（1）高氧化铁、高碱度（即磷容量大）的熔渣及时形成，是加强脱磷的必要条件。它能使［P］强烈氧化，形成稳定的磷酸盐。随着渣中 $FeO(Fe^{2+}\cdot O^{2-})$ 活度的增加及 $\gamma_{PO_4^{3-}}$ 的降低，L_P 增大。由于 Fe^{2+} 的极化力（$Z/r=2.67$）比 Ca^{2+} 的极化力(1.89)强，它趋向于 PO_4^{3-} 周围，则能使之极化、变形、破坏，所以纯氧化铁渣内 PO_4^{3-} 难以稳定存在，特别是在高温下。加入 CaO 及提高碱度时，引入的 Ca^{2+} 能与 PO_4^{3-} 形成弱离子对，提高 PO_4^{3-} 的稳定性，降低其活度系数；而 O^{2-} 则与 Fe^{2+} 形成 $Fe^{2+}\cdot O^{2-}$ 对，提高 $FeO(Fe^{2+}\cdot O^{2-})$ 的活度及供给 O^{2-}，促进 PO_4^{3-} 的形成。

可是 Fe^{2+} 对脱磷有双重作用：一方面，伴随 O^{2-} 参加脱磷的电化学反应（吸收 PO_4^{3-} 形成时放出的电子），形成 PO_4^{3-}；另一方面，又趋向于 PO_4^{3-} 周围，降低 PO_4^{3-} 的稳定性，即提高 $\gamma_{PO_4^{3-}}$。但当用 Ca^{2+} 去代替部分 Fe^{2+} 时，则可消除这种作用。因此，渣中 $w(CaO)_\%/w(FeO)_\%$ 的值应有适宜值，才能有较高的 L_P，如图 7－18 所示。一般炼钢炉渣的 $w(FeO)$ 为 14%～18%，碱度为 2.5～3.0。当 $w(CaO)_\%/w(FeO)_\%$ 的值很大时，$a_{(FeO)}$ 会降低，不仅［P］的氧化困难，而且石灰也难以溶解，不能及时形成脱磷渣；反之，$a_{(CaO)}$ 又会降低，不利于稳定磷酸盐的形成。

图 4－52 为此脱磷渣的相图。适宜于脱磷渣的成分位于相图中液相分层的环形区内，并随渣中 $w(SiO_2)_\%$ 的减小而扩大，说明适宜的高碱度有利于渣的脱磷。并且由于 3CaO·

P_2O_5 的熔化温度比渣中 $2CaO \cdot SiO_2$ 的熔点低，这样就容易形成对脱磷有利的氧化钙饱和渣。

（2）由于脱磷反应是强放热的（$\Delta_r H_m^\ominus = -384kJ/mol$），升高温度，$K^\ominus$ 值减小（$C'_{PO_4^{3-}}$ 也减小），因此低温有利于脱磷。但在低温下，难以及时形成脱磷渣。所以，应在有利于及时形成脱磷渣的温度下，利用其他有利于脱磷的因素（如提高 $C'_{PO_4^{3-}}$）来补偿高温对脱磷反应不利的影响。

（3）金属熔池中某些元素，如 C、O、Si、Mn 和 S 等能使 f_P 增加，增加 Cr 则使 f_P 减小，但 Mn 及 Ni 的影响不大。这只出现在炼钢的初期。但它们的氧化产物，如 SiO_2 过高，会影响到不利于脱磷渣的碱度；MnO 的存在则利于化渣，促进脱磷。

（4）渣量（W_s）与 $w[P]_\%$ 的关系式为：$w[P]_\% = \dfrac{w[P]_\%^0}{1 + L_P W_s \times 10^{-3}}$。因此，增加渣量可在 L_P 一定时降低 $w[P]_\%$，这意味着渣中（P_2O_5）浓度稀释，从而使 $w(3CaO \cdot P_2O_5)_\%$ 相应减小。所以，采用多次换渣操作以增大渣量，对降低 $w[P]_\%$ 有利。但这会导致铁损及热损失大，一般不宜采用。

【例 7-13】 试计算下列成分的熔渣-钢液间磷的分配系数及钢液的磷含量。炉渣成分为 $w(CaO) = 41.7\%$、$w(SiO_2) = 20\%$、$w(MgO) = 11.6\%$、$w(MnO) = 5.0\%$、$w(FeO) = 15.2\%$、$w(Fe_2O_3) = 3.0\%$、$w(P_2O_5) = 3.5\%$，温度为 1600℃。

解 （1）用正规离子溶液模型计算。

由式（7-51）：
$$L_P = \frac{x(P^{5+})}{w[P]_\%} = K^{1/2} \cdot \frac{x(Fe^{2+})^{2.5} \cdot \gamma_{Fe^{2+}}^{2.5}}{\gamma_{P^{5+}}}$$

渣中组分的物质的量为：

组分 B	CaO	SiO_2	MgO	MnO	FeO❶	P_2O_5
n_B/mol	0.745	0.333	0.290	0.070	0.249	0.025

渣中阳离子的摩尔分数为：$x_{B^+} = v_{B^+} n_{B^+} / (\sum v_{B^+} n_{B^+})$

$$\sum v_B n_{B^+} = 0.745 + 0.333 + 0.29 + 0.070 + 0.249 + 2 \times 0.025 = 1.737$$

阳离子	Ca^{2+}	Si^{4+}	Mg^{2+}	Mn^{2+}	Fe^{2+}	P^{5+}
x_{B^+}	0.429	0.192	0.167	0.040	0.143	0.029

$$\lg\gamma_{Fe^{2+}} = \frac{1000}{T}[2.18x(Mn^{2+}) \cdot x(Si^{4+}) + 5.90(x(Ca^{2+}) + x(Mg^{2+}))x(Si^{4+}) + 10.5x(Ca^{2+}) \cdot x(P^{5+})] = \frac{1000}{1873} \times [2.18 \times 0.040 \times 0.192 + 5.90 \times (0.429 + 0.167) \times 0.192 + 10.5 \times 0.429 \times 0.029] = 0.439$$

$$\gamma_{Fe^{2+}} = 2.75$$

$$\lg\gamma_{P^{5+}} = \lg\gamma_{Fe^{2+}} - \frac{10500}{T}x(Ca^{2+}) = 0.439 - \frac{10500}{1873} \times 0.429 = -1.966 \quad \gamma_{P^{5+}} = 1.08 \times 10^{-2}$$

又
$$K^\ominus = 2.34 \times 10^{-2}$$

故
$$L_P = \frac{x(P^{5+})}{w[P]_\%} = K^{1/2} \cdot \frac{x(Fe^{2+})^{2.5} \cdot \gamma_{Fe^{2+}}^{2.5}}{\gamma_{P^{5+}}}$$

---

❶ $\sum w(FeO) = w(FeO) + 0.9w(Fe_2O_3) = 17.9\%$。

$$= (2.34\times10^{-2})^{1/2}\times\frac{(2.75\times0.143)^{2.5}}{1.08\times10^{-2}} = 1.37$$

$$w[\mathrm{P}]_{\%} = 0.029/1.37 = 0.021 \quad w[\mathrm{P}] = 0.021\%$$

（2）用实验式（7－56）计算。

$$\lg L_{\mathrm{P}} = \frac{w(\mathrm{P})_{\%}}{w[\mathrm{P}]_{\%}} = \frac{22350}{T} - 16 + 0.08w(\mathrm{CaO})_{\%} + 2.5\lg\sum w(\mathrm{Fe})_{\%}$$

$$\sum w(\mathrm{Fe})_{\%} = \frac{56}{72}w(\mathrm{FeO})_{\%} + \frac{112}{160}w(\mathrm{Fe_2O_3})_{\%} = \frac{56}{72}\times15.2 + \frac{112}{160}\times3 = 13.92$$

$$\lg L_{\mathrm{P}} = \frac{w(\mathrm{P})_{\%}}{w[\mathrm{P}]_{\%}} = \frac{22350}{1873} - 16 + 0.08\times41.7 + 2.5\times\lg13.92 = 2.13 \qquad L_{\mathrm{P}} = 134.9$$

又
$$w(\mathrm{P})_{\%} = \frac{62}{142}\times w(\mathrm{P_2O_5})_{\%} = \frac{62}{142}\times3.5 = 1.528$$

故
$$w[\mathrm{P}]_{\%} = 1.528/134.9 = 0.011 \qquad w[\mathrm{P}] = 0.011\%$$

（3）利用磷容量（由光学碱度得出）计算。

由式（7－52）：
$$L_{\mathrm{P}} = \frac{w(\mathrm{P})_{\%}}{w[\mathrm{P}]_{\%}} = C'_{\mathrm{PO_4^{3-}}}\cdot\frac{M_{\mathrm{P}}}{M_{\mathrm{PO_4^{3-}}}}\cdot a_{[\mathrm{O}]}^{5/2}\cdot f_{\mathrm{P}}$$

式中，$f_{\mathrm{P}} = 1$。

由式（4－64）计算 $C'_{\mathrm{PO_4^{3-}}}$，需按第4章式（4－44）、式（4－45）先计算出熔渣的光学碱度。而

$$\Lambda = \sum x_{\mathrm{B}}\Lambda_{\mathrm{B}} \qquad x_{\mathrm{B}} = n_{\mathrm{O}}x'_{\mathrm{B}}/(\sum n_{\mathrm{O}}x'_{\mathrm{B}})$$

式中 x'_{B}——氧化物的摩尔分数；

n_{O}——氧化物分子中的氧原子数。

渣中组分的摩尔分数为：

氧化物	CaO	SiO_2	MgO	MnO	FeO	Fe_2O_3	P_2O_5
x'_{B}	0.440	0.197	0.171	0.041	0.125	0.011	0.015

$$\sum n_{\mathrm{O}}x'_{\mathrm{B}} = 1\times0.440 + 2\times0.197 + 1\times0.171 + 1\times0.041 + 1\times0.125 + 3\times0.011 + 5\times0.015 = 1.279$$

$$\Lambda = \sum x_{\mathrm{B}}\Lambda_{\mathrm{B}} = \frac{1\times0.440}{1.279}\times1 + \frac{2\times0.197}{1.279}\times0.48 + \frac{1\times0.171}{1.279}\times0.78 + \frac{1\times0.041}{1.279}\times0.59 + \frac{1\times0.125}{1.279}\times0.51 + \frac{3\times0.011}{1.279}\times0.48 + \frac{5\times0.015}{1.279}\times0.40 = 0.701$$

$$\lg C'_{\mathrm{PO_4^{3-}}} = \frac{29990}{1873} - 23.74 + 17.55\times0.701 = 4.574 \qquad C'_{\mathrm{PO_4^{3-}}} = 37522.85 \qquad a_{[\mathrm{O}]} = L_{\mathrm{O}}a_{(\mathrm{FeO})}$$

$a_{(\mathrm{FeO})}$ 由 CaO－SiO_2－FeO 渣系的等活度曲线得出。渣中氧化物组分的摩尔分数为：

氧化物	CaO	SiO_2	MgO	MnO	FeO	P_2O_5
x_{B}	0.435	0.195	0.169	0.041	0.145	0.0146

$$\sum x(\mathrm{CaO}) = 0.435 + 0.169 + 0.041 = 0.645 \quad \sum x(\mathrm{SiO_2}) = 0.195 + 0.0146 = 0.21$$

$$x(\mathrm{FeO}) = 0.145$$

查图4－63得：$a_{(\mathrm{FeO})} = 0.5$，$a_{[\mathrm{O}]} = 0.23\times0.5$，则：

$$L_P=\frac{w(P)_{\%}}{w[P]_{\%}}=C'_{PO_4^{3-}}\cdot\frac{M_P}{M_{PO_4^{3-}}}\cdot a_{[O]}^{5/2}=37522.85\times\frac{31}{95}\times(0.23\times0.5)^{2.5}=54.91$$

$$w[P]_{\%}=w(P)_{\%}/54.91=1.53/54.91=0.028\quad w[P]=0.028\%$$

(4)* 利用离子反应平衡商模型计算。

脱磷反应为：
$$2[P]+5[O]=\!=\!=(P_2O_5)$$
$$\Delta_rG_m^{\ominus}=-705567+556.60T\quad (J/mol)$$
$$K^{\ominus}=\frac{\gamma_{P_2O_5}x(P_2O_5)}{w[P]_{\%}^2w[O]_{\%}^5}=\gamma_{P_2O_5}\cdot\frac{x(P_2O_5)}{w[P]_{\%}^2w[O]_{\%}^5}$$

式中，$a_{[P]}=w[P]_{\%}$，$a_{[O]}=w[O]_{\%}$，因为平衡时其量很低。

$$L_P=\frac{x(P_2O_5)}{w[P]_{\%}^2}=K^{\ominus}w[O]_{\%}^5\cdot\frac{1}{\gamma_{P_2O_5}}$$

$K^{\ominus}$：
$$\lg K^{\ominus}=\frac{705567}{19.147\times1873}-\frac{556.60}{19.147}=-9.396$$
$$K^{\ominus}=4.02\times10^{-10}$$

$w[O]_{\%}$：
$$w[O]_{\%}=a_{[O]}=0.23a_{(FeO)}$$

由 FeO 的等活度曲线图求 $a_{(FeO)}$：
$$\sum x(CaO)=0.440+0.171+0.041=0.625$$
$$\sum x(SiO_2)=0.197+0.011+0.015=0.223$$
$$x(FeO)=0.125$$

查图 4-63 得：$a_{(FeO)}=0.25$，故：
$$w[O]_{\%}=0.23\times0.25=0.0575$$

$\gamma_{P_2O_5}$：由式（4-32）
$$\lg\gamma_{P_2O_5}=-1.12\lg K-\frac{42000}{T}+23.58$$

而
$$\lg K=22x'(Ca^{2+})+12x'(Fe^{2+})+15x'(Mg^{2+})+13x'(Mn^{2+})-2x'(Si^{4-})$$
$$x'_{B^+}=\nu_{B^+}n_{B^+}/(\sum\nu_{B^+}n_{B^+})$$
$$x'_{B^-}=\nu_{B^-}n_{B^-}/(\sum\nu_{B^-}n_{B^-})$$
$$\sum\nu_{B^+}n_{B^+}=2\times0.745+2\times0.249+2\times0.290+2\times0.070=2\times1.354$$
$$\begin{aligned}\sum n_{B^-}&=n(O^{2-})+n(SiO_4^{4-})+n(PO_4^{3-})\\&=(\sum n_{B^+}-2n(SiO_2)-3n(P_2O_5))+n(SiO_2)+2n(P_2O_5)\\&=\sum n_{B^+}-n(SiO_2)-n(P_2O_5)\end{aligned}$$
$$\begin{aligned}\sum\nu_{B^-}n_{B^-}&=2n(O^{2-})+4n(SiO_4^{4-})+3n(PO_4^{3-})\\&=2(\sum n_{B^+}-2n(SiO_2)-3n(P_2O_5))+4n(SiO_2)+2n(P_2O_5)\\&=2\times(1.354-2\times0.333-3\times0.025)+4\times0.333+2\times0.025\\&=2.608\end{aligned}$$

故
$$x'(Ca^{2+})=\frac{2\times0.745}{2\times1.354}=0.550\qquad x'(Fe^{2+})=\frac{2\times0.249}{2\times1.354}=0.184$$
$$x'(Mg^{2+})=\frac{2\times0.290}{2\times1.354}=0.214\qquad x'(Mn^{2+})=\frac{2\times0.070}{2\times1.354}=0.052$$

$$x'(Si^{4-})=\frac{4\times0.333}{2.608}=0.511$$

$$\lg K=22\times0.550+12\times0.184+15\times0.214+13\times0.052-2\times0.511=17.172$$

$$\lg\gamma_{P_2O_5}=-1.12\times17.172-\frac{42000}{1873}+23.58=-18.08$$

$$\gamma_{P_2O_5}=8.38\times10^{-19}$$

$$L_P=\frac{x(P_2O_5)}{w[P]_{\%}^2}=K^{\ominus}w[O]_{\%}^5\cdot\frac{1}{\gamma_{P_2O_5}}$$

$$=4.02\times10^{-10}\times(0.0575)^5\times\frac{1}{8.38\times10^{-19}}$$

$$=3.02\times10^2$$

$$w[P]_{\%}=\left(\frac{x(P_2O_5)}{L_P}\right)^{1/2}=\left(\frac{0.015}{3.02\times10^2}\right)^{1/2}=0.007\quad w[P]=0.007\%$$

(5)*用炉渣作为凝聚电子体系法计算。

由式（7－59）：

$$L_P=\frac{x(P)}{w[P]_{\%}}=K^5\frac{w[O]_{\%}^{2.5}f_P}{\psi_P}$$

而

$$w[O]_{\%}=L_O\cdot x(Fe)\psi_{Fe}$$

式中　$x(P)$，$x(Fe)$——分别为磷原子及铁原子的摩尔分数；

ψ_P，ψ_{Fe}——分别为磷及铁原子的活度系数。

又

$$\psi_P^{-1}=\sum x_j\exp[-\varepsilon_{P-j}/(RT)]\qquad\psi_{Fe}^{-1}=\sum x_j\exp[-\varepsilon_{Fe-j}/(RT)]$$

$$\varepsilon_{P-j}=\frac{1}{2}(\chi_P^{1/2}-\chi_j^{1/2})^2\qquad\varepsilon_{Fe-j}=\frac{1}{2}(\chi_{Fe}^{1/2}-\chi_j^{1/2})^2$$

$$f_P=1$$

各参数的计算值见表7－2。

表7－2　各参数的计算值

原子 j	Ca	Si	Mg	Mn	Fe	P	O
χ_j	104.6	171.54	146.44	251.04	334.7	205.02	1255.2
n_B(分子)	0.745	0.333	0.290	0.070	0.211(FeO) 0.019(Fe_2O_3)	0.025	
n_j(原子)	0.745	0.333	0.290	0.070	0.249	0.05	2.164
x_j(原子)	0.191	0.085	0.074	0.018	0.064	0.013	0.555
ε_{P-j}	8.36	0.747	2.461	1.162	7.90	0	222.63
$\exp[-\varepsilon_{P-j}/(RT)]$($T$=1873K)	0.585	0.951	0.854	0.928	0.602	1	6.18×10^{-7}
ε_{Fe-j}	32.54	13.51	19.18	3.00	0	7.91	146.79
$\exp[-\varepsilon_{Fe-j}/(RT)]$($T$=1873K)	0.124	0.420	0.292	0.825	1	0.602	8.14×10^{-5}

$$\psi_P^{-1}=0.191\times0.585+0.085\times0.951+0.074\times0.854+0.018\times0.928+0.064\times0.602+0.013\times1+0.555\times6.18\times10^{-7}$$

$$=0.324\qquad\psi_P=3.08$$

$$\psi_{Fe}^{-1}=0.191\times0.124+0.085\times0.420+0.074\times0.292+0.018\times0.825+0.064\times1+0.013\times0.602+0.555\times8.14\times10^{-5}=0.168\qquad \psi_{Fe}=5.95$$

K 等于以下反应的平衡常数：

$$\frac{1}{5}[P]+\frac{1}{2}[O]=\!=\!=(P_{1/5}O_{1/2})$$

又 $[P]+2.5[O]=(PO_{2.5})$，$2[P]+5[O]=(P_2O_5)$，故 $K^5=K^{\ominus}_{PO_{2.5}}=\sqrt{K^{\ominus}_{P_2O_5}}$；但因 P_2O_5 是二聚合分子，在 631K 升华，不能溶于渣中，故难以用以求出 K^5。但可由其他方法，如由（1）中的 L_P 推算，为 $K^5\approx833$，故：

$$L_P=\frac{x(P)}{w[P]_{\%}}=K^5\frac{(L_O\cdot x(Fe)\psi_{Fe})^{2.5}}{\psi_P}=833\times\frac{(0.23\times0.064\times5.95)^{2.5}}{3.08}=0.614$$

$$w[P]_{\%}=\frac{x(P)}{L_P}=\frac{0.013}{0.614}=0.021\qquad w[P]=0.021\%$$

7.4.2 磷和碳、铬的选择性氧化

7.4.2.1 磷和碳的选择性氧化

由氧势图（见图 7－1）可见，磷与碳在不同的温度条件下出现选择性氧化，其反应为：

$$2[P]+5CO=\!=\!=5[C]+(P_2O_5)\qquad \Delta_rG_m^{\ominus}=-642832+735.89T\quad (J/mol)$$

而

$$\frac{w[P]_{\%}^2}{w[C]_{\%}^5}=K^{\ominus}\cdot\frac{a_{(P_2O_5)}}{p_{CO}^5}$$

在标准状态下，转化温度约为 1500K。在此温度以下（即低温下），［P］先于［C］氧化；而高于此温度时，则［P］的氧化受到抑制，而［C］大量氧化。在温度及 p_{CO} 一定的条件下，使［P］优先于［C］氧化的条件如上式可见，则是降低 $a_{(P_2O_5)}$。因此，在炼钢过程中及时造好能使 $a_{(P_2O_5)}$ 值低的高碱度、高氧化铁的熔渣，是［P］先于［C］或同时氧化的条件。

在不同的炼钢方法中，成渣的早晚有所不同，这就出现了［P］在冶炼前期、中期或后期进行氧化，即可在［C］开始大量氧化之前、脱［C］完成之后或与［C］同时氧化。例如，在碱性平炉、电弧炉氧化期，温度较低时，炉底加入的造渣料在吹氧助熔条件下能形成去磷渣，［P］与［C］一起氧化。在氧气顶吹转炉中，［P］可与［C］同时氧化，因为喷枪氧气流股冲击铁水面，铁氧化形成的 FeO 化渣很快。在底吹及复吹转炉内，脱磷则是在碳焰下降后的较高温度下进行的，因为炉底喷嘴吹入的氧生成的 FeO 被脱碳所消耗，致使成渣缓慢。如果采用从炉底喷嘴用氧喷吹石灰粉，则化渣快，［P］和［C］也可以同时氧化。此外，在炉外铁水脱磷时，由于温度低，铁水碳含量高（能提高 $a_{[P]}$），主要是磷氧化。

因此，［P］虽在较低温度下易于氧化，但要有适合于去磷的高碱度、高氧化渣及时形成。当这种渣及时形成时，磷可与碳同时氧化或比碳先氧化，否则碳先于磷氧化。

7.4.2.2 磷和铬（包括碳）的选择性氧化

从氧势图（见图 7－1）可见，磷和铬氧化物的氧势线相距很近，它们可以同时氧化。

在用含铬废钢冶炼不锈钢时，要求做到“去磷保铬”以提高铬的回收率。为了磷的氧化，需要有足够的氧势；而从保铬来说，氧势则不能过高，但当［P］、［Cr］与［C］同时氧化形成耦合反应时，则是达到“去磷保铬”的先决条件。

因为磷和铬与碳都能出现选择性氧化，所以含铬炉料的氧化脱磷实际上是三元素之间的选择性氧化问题。因此脱磷过程出现下列 3 个反应：

$$[P]+\frac{5}{4}O_2 = \frac{1}{2}(P_2O_5) \qquad \Delta_r G_m^{\ominus} = -663891+259.13T \quad (J/mol) \qquad (1)$$

$$[Cr]+\frac{3}{4}O_2 = \frac{1}{2}(Cr_2O_3) \qquad \Delta_r G_m^{\ominus} = -574320+170.52T \quad (J/mol) \qquad (2)$$

$$[C]+\frac{1}{2}O_2 = CO \qquad \Delta_r G_m^{\ominus} = -136990+43.51T \quad (J/mol) \qquad (3)$$

上述反应可形成下列两个耦合反应：

$$3[C]+(Cr_2O_3) = 2[Cr]+3CO \qquad \Delta_r G_m^{\ominus} = 737670-471.57T \quad (J/mol) \qquad (4)$$

$$2[P]+5CO = (P_2O_5)+5[C] \qquad \Delta_r G_m^{\ominus} = -642832+735.89T \quad (J/mol) \qquad (5)$$

由此可见，［P］及［Cr］的氧化都和［C］的氧化有关，而在不同的碳量下出现了不同的选择性氧化。为了达到“去磷保铬”，应使反应（4）和反应（5）同时向右进行。

由反应（4）和（5）分别可写出：

$$w[Cr]_{\%} = \sqrt{K_4^{\ominus} \cdot \frac{a_{[C]}^3}{p_{CO}^3 f_{Cr}^2} \cdot a_{(Cr_2O_3)}} \qquad w[P]_{\%} = \sqrt{\frac{a_{(P_2O_5)} a_{[C]}^5}{K_5^{\ominus} p_{CO}^5 f_P^2}} \qquad (7-60)$$

由此可见，提高 $a_{(Cr_2O_3)}$ 及 f_P、降低 $a_{(P_2O_5)}$ 及 f_{Cr} 能达到“去磷保铬”的目的。为此，应在钢液中碳量较高的条件下（能提高 f_P 及降低 f_{Cr}），造 $a_{(Cr_2O_3)}$ 高及 $a_{(P_2O_5)}$ 低的熔渣进行去磷。而在大量的磷除去后，再在高温或真空下脱碳。提高温度有利于“保铬”，但不利于“去磷”，所以一般选择的温度为 1450 ~ 1500℃。

7.4.3 熔渣中磷酸盐的还原

在熔炼、脱氧、合金化及浇注过程中，能形成酸性氧化物的元素大量进入钢液中及炉渣碱度降低，均能使渣中的磷酸盐破坏，（P_2O_5）发生还原，钢液中磷量增加，这称为回磷，其反应为：

$$2(3CaO \cdot P_2O_5)+3(SiO_2) = 3(2CaO \cdot SiO_2)+2(P_2O_5)$$

$$2(3CaO \cdot P_2O_5)+5[Si] = 4[P]+5(SiO_2)+6(CaO)$$

此外，熔渣（FeO）含量的降低能发生回磷。脱氧时，钢液中 $w[O]$ 的降低，相应地能使与钢液接触的熔渣内 $w(FeO)$ 降低，也会发生回磷。

根据盛钢桶内回磷熔渣的成分，可计算出钢液中因回磷增加的磷量。

为了防止回磷，应尽可能不在炉内大量加硅铁脱氧，同时也不要使大量炉渣进入盛钢桶内，而且还应使进入盛钢桶内用以保温的少量熔渣变稠，减弱它对桶衬的侵蚀，使 SiO_2 不要进入熔渣内。

7.4.4 还原脱磷

钢液中的［P］除在氧化条件下能形成溶解于碱性渣中的磷酸盐外，也能在高度还原条件下还原形成溶解于渣中的磷化物，它们的反应如下：

$$Ca(l)+\frac{2}{3}[P]+\frac{4}{3}O_2 = \frac{1}{3}(3CaO \cdot P_2O_5) \qquad \Delta_r G_m^{\ominus} = -1307960+299.4T \quad (J/mol) \quad (1)$$

或

$$\frac{1}{2}P_2(g)+\frac{5}{4}O_2+\frac{3}{2}(O^{2-}) = (PO_4^{3-})$$

$$Ca(l)+\frac{2}{3}[P] = \frac{1}{3}(Ca_3P_2) \qquad \Delta_r G_m^{\ominus} = -99148+34.96T \quad (J/mol) \quad (2)$$

或

$$\frac{1}{2}P_2(g)+\frac{3}{2}(O^{2-}) = (P^{3-})+\frac{3}{4}O_2$$

由反应（1）及反应（2）的组合可得：

$$(Ca_3P_2)+4O_2 = (3CaO \cdot P_2O_5) \qquad \Delta_r G_m^{\ominus} = -3626436+793.32T \quad (J/mol) \quad (3)$$

由于缺乏磷酸根及磷化物活度的数据，现取 $a_{(Ca_3P_2)}=1$，$a_{(3CaO \cdot P_2O_5)}=1$，则反应（3）的平衡氧分压为：

$$\lg p_{O_2} = -\frac{47350}{T}+10.36$$

在 1673K，$p_{O_2}=1.15\times10^{-18}$或$p'_{O_2}=1.2\times10^{-13}$Pa。

由反应（3）的平衡氧分压计算的氧势（$\pi_O = RT\ln p_{O_2}$）称为临界氧势。它与温度及渣系有关。当体系的氧势低于临界氧势时，反应（3）向左进行；而当高于临界氧势时，反应（3）向右进行。所以，还原脱磷只能在体系的氧势低于反应（3）的临界氧势以下时才能进行。

常用的还原脱磷剂主要是 Ca，作为钙合金的常是 CaC_2、CaSi，虽然也曾用 Mg、Ba、RE（稀土）等元素做过试验。

CaC_2 的脱磷反应为：

$$CaC_2(s)+\frac{2}{3}[P] = \frac{1}{3}(Ca_3P_2)+2[C] \qquad \Delta_r G_m^{\ominus} = 590837-107.82T \quad (J/mol)$$

产生的［C］能影响 CaC_2 的分解速率。$w[C]$ 低（低于 0.5%）时，CaC_2 的分解很快，Ca 的挥发损失比例大；但 $w[C]$ 高（高于 1.0%）时，CaC_2 的分解又较慢。分解出的碳对金属也有增碳的作用，对不锈钢的冶炼也有些不利。

CaSi 的脱磷反应为：

$$3CaSi(s)+2[P] = (Ca_3P_2)+3[Si] \qquad \Delta_r G_m^{\ominus} = -39172-10.13T \quad (J/mol)$$

分解出的［Si］达到最高值后基于保持不变，它能提高 $a_{[P]}$，所以有利于提高还原脱磷。但分解出的 Ca 也可与［C］结合，消耗用于脱磷的 Ca。

脱磷剂内均加入 CaF_2，它起着重要的脱磷作用。它能溶解 Ca 及 CaC_2，降低钙的蒸气压，减少钙的损失；能降低 $a_{(Ca_3P_2)}$，使反应更易于向右进行；还能促进 CaC_2 的分解。

目前，还原脱磷在生产上尚未得到推广，主要是工艺上还存在着不少问题，而炉渣的处理也是一项复杂的技术。因为炉渣中的 Ca_3P_2 与空气中的水汽作用后，能放出有剧毒的 PH_3 气体：

$$(Ca_3P_2)+3H_2O(g) = 3(CaO)+2PH_3(g)$$

严重污染环境，因而还原脱磷不能实现工业性发展。

7.4.5 脱磷反应的动力学

仿式（7－10）可得出磷氧化的速率式：

$$v_{\mathrm{P}} = -\frac{\mathrm{d}w[\mathrm{P}]_{\%}}{\mathrm{d}t} = \frac{k_{\mathrm{m}}L_{\mathrm{P}}}{k_{\mathrm{m}}/k_{\mathrm{s}}+L_{\mathrm{P}}}\left(w[\mathrm{P}]_{\%} - \frac{w(\mathrm{P_2O_5})_{\%}}{L_{\mathrm{P}}}\right) \tag{7-61}$$

式中 L_{P}——用质量分数表示的分配系数。

并可相应得出：

（1）铁液［P］扩散限制环节的速率式：

$$v_{\mathrm{P}} = k_{\mathrm{m}}w[\mathrm{P}]_{\%} \qquad w[\mathrm{P}]_{\%} = w[\mathrm{P}]_{\%}^{0}\exp(-k_{\mathrm{m}}t) \tag{7-62}$$

（2）熔渣（P_2O_5）扩散限制环节的速率式：

$$v_{\mathrm{P}} = k_{\mathrm{s}}(w[\mathrm{P}]_{\%}L_{\mathrm{P}} - w(\mathrm{P_2O_5})_{\%}) \tag{7-63}$$

因此，为了提高脱磷的速率，首先，需要在炉内迅速造成 $w(\mathrm{FeO})_{\%}/w(\mathrm{CaO})_{\%}$ 值适当的熔渣，以提高 L_{P}；其次，要使熔池具有较大的搅拌强度，增加 $\beta\cdot A/V$。氧气顶吹转炉炼钢时形成的气－渣－钢液的乳化运动，能使上述因素有很大的发展，促进了强烈的脱磷。

7.5 脱硫反应

钢液的脱硫也是生产优质钢和高级优质钢的主要条件之一。一般钢种允许的 $w[\mathrm{S}]$ 为 0.015%～0.045%，优质钢的 $w[\mathrm{S}]$ 小于 0.02% 或更低（易切削钢种除外）。但炼钢选用的生铁中硫的质量分数为 0.05%～0.08%，已远高于钢种允许的含量，并且在用燃料的炉内，金属还可自炉气中吸收硫，因此，炼钢时还有脱硫的任务。

前章讲述的发生在高炉炉缸内渣－铁液界面的脱硫反应：$[\mathrm{S}]+(\mathrm{O}^{2-})=(\mathrm{S}^{2-})+[\mathrm{O}]$，同样发生在氧化熔炼过程中。但是前者是中碱度（0.9～1.3）的还原渣（$w(\mathrm{FeO})<1\%$），而后者是高碱度（大于2）的氧化渣（$w(\mathrm{FeO})=6\%\sim20\%$），因而两种渣的脱硫能力在程度上就有一定的差别。由同一形式表示的硫的分配系数不仅数值有较大差别（相差一个数量级），而且处理方法也不尽相同，这主要是受渣中氧化铁含量的影响。

7.5.1 炼钢脱硫反应的热力学

7.5.1.1 离子理论的脱硫反应

$$[\mathrm{S}]+[\mathrm{Fe}] = (\mathrm{S}^{2-})+(\mathrm{Fe}^{2+}) \tag{1}$$

$$[\mathrm{S}]+(\mathrm{O}^{2-}) = (\mathrm{S}^{2-})+[\mathrm{O}] \tag{2}$$

$$L_{\mathrm{S(1)}} = \frac{x(\mathrm{S}^{2-})}{w[\mathrm{S}]_{\%}} = K_1^{\ominus}\frac{f_{\mathrm{S}}}{\gamma_{\mathrm{Fe}^{2+}}\gamma_{\mathrm{S}^{2-}}x(\mathrm{Fe}^{2+})} \tag{7-64}$$

$$L_{\mathrm{S(2)}} = \frac{x(\mathrm{S}^{2-})}{w[\mathrm{S}]_{\%}} = K_2^{\ominus}\frac{x(\mathrm{O}^{2-})\gamma_{\mathrm{O}^{2-}}f_{\mathrm{S}}}{w[\mathrm{O}]_{\%}f_{\mathrm{O}}\gamma_{\mathrm{S}^{2-}}} \tag{7-65}$$

可利用以下几种方法来处理上述两式。

（1）完全离子溶液模型法。高碱度熔渣中，S^{2-} 和 O^{2-} 与阳离子的作用键能没有很大差别，可认为它们是完全离子溶液，而用完全离子溶液模型来计算离子的活度。

$$[Fe]+[S]=(Fe^{2+})+(S^{2-}) \qquad K_1^{\ominus} \qquad (1)$$

$$(Fe^{2+})+(O^{2-})=[Fe]+[O] \qquad K_2^{\ominus} \qquad (2)$$

$$[S]+(O^{2-})=(S^{2-})+[O] \qquad K_3 \qquad (3)$$

由式（3）得：
$$L_S=\frac{x(S^{2-})}{w[S]_{\%}}=K_1^{\ominus}K_2^{\ominus}\cdot\frac{x(O^{2-})}{w[O]_{\%}}\cdot\frac{\gamma_{O^{2-}}f_S}{\gamma_{S^{2-}}} \qquad (4)$$

式中，$f_O=1$。

又由式（2）得：
$$K_2^{\ominus}=\frac{w[O]_{\%}}{x(Fe^{2+})\cdot x(O^{2-})}\cdot\frac{1}{\gamma_{Fe^{2+}}\gamma_{O^{2-}}} \qquad (5)$$

将式（5）代入式（4），得：
$$L_S=\frac{x(S^{2-})}{w[S]_{\%}}=K_1^{\ominus}\cdot\frac{f_S}{\gamma_{Fe^{2+}}x(Fe^{2+})\gamma_{S^{2-}}} \qquad (6)$$

又按完全离子溶液模型：
$$x(S^{2-})=\frac{n(S^{2-})}{\sum n_{B^-}}=\frac{w(S)_{\%}}{32\sum n_{B^-}} \qquad x(Fe^{2+})=\frac{n(Fe^{2+})}{\sum n_{B^+}}=\frac{n(FeO)}{\sum n_{B^+}} \qquad (7)$$

式中 $\sum n_{B^+}$，$\sum n_{B^-}$——分别为正离子及负离子的物质的量总和。

将 $x(S^{2-})$ 及 $x(Fe^{2+})$ 代入式（6），整理得：
$$L_S=\frac{w(S)_{\%}}{w[S]_{\%}}=\frac{32K_1^{\ominus}\sum n_{B^+}\sum n_{B^-}f_S}{n(FeO)\gamma_{Fe^{2+}}\gamma_{S^{2-}}} \qquad (7-66)$$

式中
$$\lg K_1^{\ominus}=-\frac{3160}{T}+0.46$$

$$\lg\gamma_{Fe^{2+}}\gamma_{S^{2-}}=1.53\sum x(SiO_4^{4-})-0.17 \quad (详见式(4-15))$$

一般$\sum x(SiO_4^{4-})=0.11\sim1.0$。当$\sum x(SiO_4^{4-})=0.11$时，$\gamma_{Fe^{2+}}\gamma_{S^{2-}}=1$，熔渣是完全离子溶液。当$\sum x(SiO_4^{4-})>1$时，炉渣变为酸性渣，式（7-66）则不能适用。

（2）用硫容量计算法。将式（7）代入式（7-65）中得：
$$L_S=\frac{w(S)_{\%}}{w[S]_{\%}}=K_2^{\ominus}\frac{a_{(O^{2-})}}{\gamma_{S^{2-}}}\cdot\frac{f_S}{w[O]_{\%}}\cdot32\sum n_{B^-}$$

式中，$f_O=1$。

引入硫容量：
$$C_S'=K_2^{\ominus}\cdot\frac{a_{(O^{2-})}}{\gamma_{S^{2-}}}$$

则上式变为：
$$L_S=\frac{w(S)_{\%}}{w[S]_{\%}}=C_S'\cdot\frac{f_S}{w[O]_{\%}}\cdot32\sum n_{B^-} \qquad (7-67)$$

对于碱度较高的炼钢渣，C_S' 可用下述的实际渣系多元二次回归处理得出的式子，由炉渣的光学碱度计算[1]：

$$\lg C_S'=-13.913+42.84\Lambda-23.82\Lambda^2-(11710/T)-0.02223w(SiO_2)_{\%}-0.02275w(Al_2O_3)_{\%} \quad (\Lambda<0.8) \qquad (7-68)$$

$$\lg C_S'=-0.6261+0.4808\Lambda+0.7197\Lambda^2-(1697/T)+(2587\Lambda/T)-0.0005144w(FeO)_{\%} \quad (\Lambda\geqslant0.8) \qquad (7-69)$$

式中 Λ——熔渣的光学碱度。

[1] Young R W, Duffy J A, Hassall G J, et al. Use of Optical Basicity Concept for Determining Phosphorus and Sulphur Slag-Metal Partitions [J]. Ironmaking and Steelmaking, 1992, 19 (3): 201~219.

(3)* 由熔渣作为凝聚电子相体系模型计算法。脱硫反应：

$$\frac{1}{2}S_2+(O^{2-})═══\frac{1}{2}O_2+(S^{2-})\qquad \Delta_r G_m^{\ominus}=97111-5.61T\quad (J/mol)$$

根据 S_2 及 O_2 同时参加分配的反应写出的分配系数，按 7.1.3 节式（6）有：

$$K_{S/O}=\frac{K_S^{-1/2}}{K_O^{-1/2}}=\left(\frac{a'_{(S)}}{a_{S_2}}\right)^{-1/2}\left(\frac{a_{O_2}}{a'_{(O)}}\right)^{-1/2}$$

气相中组分活度用分压表示，$a_{S_2}=p_{S_2}^{1/2}$，$a_{O_2}=p_{O_2}^{1/2}$；渣中组分活度 $a'_{(O)}=x(O)\psi_O, a'_{(S)}=x(S)\psi_S=\frac{w(S)_{\%}\psi_S}{32\sum n_B}$。故：

$$K_{S/O}^{-2}=\frac{K_S}{K_O}=\frac{x(S)\psi_S}{x(O)\psi_O}\cdot\left(\frac{p_{O_2}}{p_{S_2}}\right)^{1/2}$$

$$=\frac{w(S)_{\%}}{32\sum n_B}\cdot\left(\frac{p_{O_2}}{p_{S_2}}\right)^{1/2}\cdot\frac{\psi_S}{x(O)\psi_O}$$

$$=\frac{1}{32\sum n_B}\cdot C_S\cdot\frac{\psi_S}{x(O)\psi_O}\tag{1}$$

式中，$C_S=w(S)_{\%}\cdot\left(\frac{p_{O_2}}{p_{S_2}}\right)^{1/2}$，故：

$$C_S=K_{S/O}^{-2}\cdot 32\sum n_B\cdot\frac{x(O)\psi_O}{\psi_S}\tag{2}$$

而

$$L_S=\lg C_S-\frac{1}{2}\lg p_{O_2}-\lg f_S-\frac{7054}{T}+1.224$$

又反应

$$\frac{1}{2}S_2+(O^{2-})═══\frac{1}{2}O_2+(S^{2-})\qquad K_S$$

$$K_S=\left(\frac{p_{O_2}}{p_{S_2}}\right)^{1/2}\cdot\frac{a_{(S^{2-})}}{a_{(O^{2-})}}$$

当 $a_{(O^{2-})}=x(O)\psi_O$、$a_{(S^{2-})}=x(S)\psi_S$ 时，则由式（1）中第 2 个等号右侧项可得：

$$K_{S/O}^{-2}=K_S$$

而

$$C_S=K_S\cdot 32\sum n_B\cdot\frac{x(O)\psi_O}{\psi_S}$$

又式中 $a'_{(O)}=x(O)\psi_O=1$，因氧元素是氧化物形成的共同原子（渣中阴离子主要是 O^{2-}，而 S^{2-} 很少），故：

$$C_S=32K_S\sum n_B\psi_S^{-1}$$

【例 7-14】 利用所给炼钢炉渣的成分，计算渣-钢液间硫的分配系数及钢液中硫的质量分数。炉渣成分为 $w(CaO)=50.80\%$、$w(SiO_2)=16.70\%$、$w(\sum FeO)=18.32\%$、$w(MgO)=8.70\%$、$w(MnO)=0.61\%$、$w(P_2O_5)=0.729\%$、$w(Al_2O_3)=0.83\%$、$w(S)=0.204\%$，钢液成分为 $w[C]=0.22\%$、$w[Si]=0.01\%$、$w[Mn]=0.07\%$、$w[P]=0.009\%$，温度为 1873K。

解 （1）用完全离子溶液模型计算。由式（7-66）计算 L_S 时，假定炉渣中有下列离子：Ca^{2+}，Mg^{2+}，Mn^{2+}，Fe^{2+}，SiO_4^{4-}，AlO_2^-，PO_4^{3-}，O^{2-}，S^{2-}。先分别计算式（7-

66）中各参数。

渣中各组分的物质的量为：

组分	CaO	MnO	SiO_2	MgO	FeO	P_2O_5	Al_2O_3	S
n_B/mol	0.907	0.009	0.278	0.218	0.254	0.005	0.0081	0.006

$$\sum n_{B+} = n(CaO) + n(MgO) + n(MnO) + n(FeO) = 1.388$$

$$\begin{aligned}\sum n_{B-} &= n(O^{2-}) + n(SiO_4^{4-}) + n(PO_4^{3-}) + n(AlO_2^-) + n(S^{2-}) \\ &= (\sum n_{B+} - 2n(SiO_2) - 3n(P_2O_5) - n(Al_2O_3)) + \\ &\quad n(SiO_2) + 2n(P_2O_5) + 2n(Al_2O_3) + n(S) \\ &= 1.388 - n(SiO_2) - n(P_2O_5) + n(Al_2O_3) + n(S) = 1.119\end{aligned}$$

$\gamma_{Fe^{2+}}\gamma_{S^{2-}}$： $\sum x(SiO_4^{4-}) = \dfrac{n(SiO_2) + 2n(P_2O_5) + 2n(Al_2O_3)}{\sum n_{B-}} = \dfrac{0.304}{1.119} = 0.272$

故 $\lg\gamma_{Fe^{2+}}\gamma_{S^{2-}} = 1.53\sum x(SiO_4^{4-}) - 0.17 = 1.53 \times 0.272 - 0.17 = 0.246 \quad \gamma_{Fe^{2+}}\gamma_{S^{2-}} = 1.762$

$K_1^{\ominus}$： $\lg K_1^{\ominus} = -\dfrac{3160}{1873} + 0.46 = -1.227 \qquad K_1^{\ominus} = 0.06$

$$\begin{aligned}f_S:\ \lg f_S &= e_S^S w[S]_\% + e_S^C w[C]_\% + e_S^{Mn} w[Mn]_\% + e_S^{Si} w[Si]_\% + e_S^P w[P]_\% \\ &= (-0.028)w[S]_\% + 0.11 \times 0.22 + (-0.026) \times 0.07 + 0.063 \times 0.01 + 0.029 \times 0.009 \\ &= 0.023\end{aligned}$$

$$f_S = 1.06$$

式中，右边第1项很小，舍去。

$$L_S = \frac{w(S)_\%}{w[S]_\%} = \frac{32K_1^{\ominus}\sum n_{B+}\sum n_{B-}f_S}{n(FeO)\gamma_{Fe^{2+}}\gamma_{S^{2-}}} = \frac{32 \times 0.06 \times 1.388 \times 1.119 \times 1.06}{0.254 \times 1.762} = 7.06$$

$$w[S]_\% = w(S)_\%/L_S = 0.204/7.06 = 0.029 \qquad w[S] = 0.029\%$$

（2）用硫容量计算法。利用式（7－67）计算 L_S，需要先由式（7－68）或式（7－69）计算出硫容量（C'_S）。

熔渣组分的摩尔分数为：

氧化物	CaO	SiO_2	MgO	FeO	MnO	P_2O_5	Al_2O_3
x'_B	0.540	0.166	0.130	0.151	0.005	0.003	0.005

$$\begin{aligned}\sum n_O x'_B &= 1 \times 0.540 + 2 \times 0.166 + 1 \times 0.130 + 1 \times 0.151 + 1 \times 0.005 + \\ &\quad 5 \times 0.003 + 3 \times 0.005 = 1.1884\end{aligned}$$

$$\begin{aligned}\Lambda = \sum x'_B\Lambda_B &= \frac{1 \times 0.540}{1.1884} \times 1 + \frac{2 \times 0.166}{1.1884} \times 0.48 + \frac{1 \times 0.130}{1.1884} \times 0.78 + \frac{1 \times 0.151}{1.1884} \times 1.0 + \\ &\quad \frac{1 \times 0.005}{1.1884} \times 0.98 + \frac{5 \times 0.003}{1.1884} \times 0.40 + \frac{3 \times 0.005}{1.1884} \times 0.605 \\ &= 0.818\end{aligned}$$

由于 $\Lambda > 0.8$，由式（7－69）得：$C'_S = 0.0167$。

$w[O]_\%$： $a_{[O]} = w[O]_\% = L_O a_{(FeO)}$

由前得： $\sum x(CaO) = 0.540 + 0.130 + 0.0050 = 0.675$

$$\sum x(SiO_2) = 0.166 + 0.005 + 0.003 = 0.174$$

$$x(FeO) = 0.151$$

查图 4－63，得 $a_{(FeO)}=0.45$。

又 $$32\sum n_{B^-}=32\times1.119=35.81$$

故 $$L_S=\frac{w(S)_\%}{w[S]_\%}=C_S'\cdot\frac{f_S}{w[O]_\%}\cdot32\sum n_{B^-}=0.0167\times\frac{1.06}{0.23\times0.45}\times35.81=6.124$$

$$w[S]_\%=w(S)_\%/L_S=0.204/6.124=0.033\quad w[S]=0.033\%$$

（3）利用离子反应平衡商模型计算法。

$$[S]+(O^{2-})=\!=\!=(S^{2-})+[O]\qquad \Delta_rG_m^\ominus=108181-25.54T\quad(J/mol)$$

$$K^\ominus=\frac{x(S^{2-})w[O]_\%f_O}{x(O^{2-})w[S]_\%f_S}\cdot\frac{\gamma_{S^{2-}}}{\gamma_{O^{2-}}}=K\cdot\frac{\gamma_{S^{2-}}}{\gamma_{O^{2-}}}$$

$$L_S=\frac{x(S^{2-})}{w[S]_\%}=K^\ominus\cdot\frac{x(O^{2-})f_S}{w[O]_\%f_O}\cdot\frac{\gamma_{O^{2-}}}{\gamma_{S^{2-}}}$$

又因 $$K^\ominus=K\cdot\frac{\gamma_{S^{2-}}}{\gamma_{O^{2-}}},\qquad\frac{\gamma_{O^{2-}}}{\gamma_{S^{2-}}}=\frac{K}{K^\ominus}$$

式中，K 为反应的平衡商，其值为（见式（4－34））：

$$\lg K=-1.4x'(Ca^{2+})-1.9x'(Fe^{2+})-2.0x'(Mn^{2+})-3.5x'(Mg^{2+})$$

故 $$L_S=\frac{x(S^{2-})}{w[S]_\%}=K\cdot\frac{x(O^{2-})f_S}{w[O]_\%f_O}$$

K： $$x_B'=\nu_{B^+}n_{B^+}/\sum\nu_{B^+}n_{B^+}$$

$$\sum\nu_{B^+}n_{B^+}=2\times0.907+2\times0.254+2\times0.09+2\times0.218$$
$$=2\times1.388$$

$$x'(Ca^{2+})=\frac{2\times0.907}{2\times1.388}=0.653\quad x'(Fe^{2+})=\frac{2\times0.254}{2\times1.388}=0.183$$

$$x'(Mn^{2+})=\frac{2\times0.009}{2\times1.388}=0.006\quad x'(Mg^{2+})=\frac{2\times0.218}{2\times1.388}=0.157$$

$$\lg K=-1.4\times0.653-1.9\times0.183-2.0\times0.006-3.5\times0.157$$
$$=-1.827\quad K=0.0149$$

$x(O^{2-})$： $$x(O^{2-})=n(O^{2-})/\sum n_{B^-}$$

$$n(O^{2-})=\sum n(O^{2-})-2n(SiO_2)-3n(P_2O_5)-n(Al_2O_3)$$
$$=n(CaO)+n(MgO)+n(MnO)+n(FeO)-$$
$$2n(SiO_2)-3n(P_2O_5)-n(Al_2O_3)$$
$$=0.907+0.218+0.009+0.254-2\times0.278-$$
$$3\times0.005-0.0081=0.809$$

又由前知 $\sum n_{B^-}=1.119$，故 $x(O^{2-})=\dfrac{0.809}{1.119}=0.723$

$w[O]_\%$： $$w[O]_\%=L_Oa_{(FeO)}=0.23\times0.45=0.1035$$

f_S： $$f_S=1.06$$

f_O： $$\lg f_O=e_O^Ow[O]_\%+e_O^Cw[C]_\%+e_O^{Si}w[Si]_\%+e_O^{Mn}w[Mn]_\%+e_O^Pw[P]_\%$$
$$=(-0.20)\times0.1035+(-0.45)\times0.22+$$
$$(-0.1311)\times0.01+(-0.021)\times0.61+0.07\times0.009$$

$$= -0.1331$$

$$f_O = 0.735$$

$$L_S = \frac{x(S^{2-})}{w[S]_\%} = 0.0149 \times \frac{0.723}{0.1035} \times \frac{1.06}{0.735} = 0.150$$

又
$$x(S^{2-}) = \frac{n(S^{2-})}{\sum n_{B^-}} = \frac{0.006}{1.119} = 0.00536$$

故
$$w[S]_\% = \frac{x(S^{2-})}{L_S} = \frac{0.00536}{0.150} = 0.036 \quad w[S] = 0.036\%$$

7.5.1.2 脱硫反应的影响因素

根据前面导出的 L_S 关系式，可得出以下影响脱硫反应的因素。

（1）炉渣的组成。低氧化铁、碱性渣有利于脱硫。碱度提高，可使 $a_{(O^{2-})}$ 增大及 $\gamma_{S^{2-}}$ 降低，从而提高 L_S，虽然所有的碱性氧化物都能提供脱硫反应所需的 O^{2-}，但 Ca^{2+} 带入的 O^{2-} 的作用最大。又因 S^{2-} 的半径比 O^{2-} 的半径大，所以 Ca^{2+} 主要集中在 S^{2-} 的周围，形成弱离子对，降低 $\gamma_{S^{2-}}$。另外，碱度提高，$\sum n_{B^+}$、$\sum n_{B^-}$ 增大，而 $\sum x(SiO_4^{4-})$ 变小，使 $\gamma_{Fe^{2+}}\gamma_{S^{2-}}$ 值降低，也使 L_S 提高。

FeO 带入 Fe^{2+} 及 O^{2-}，但它们对脱硫反应有相反的作用。O^{2-} 浓度增加，使 L_S 增大；但 Fe^{2+} 浓度增加，则使 L_S 降低。因为渣中 Fe^{2+} 的增多使钢液的 $w[O]$ 增加（$(Fe^{2+}) + (O^{2-}) = [Fe] + [O]$），因此（FeO）的浓度低时，$L_S$ 才有较高的值。

图 7－19 所示为各种冶炼方法的 L_S 与（FeO）浓度及碱度（用过剩碱表示）的关系。由图可见，碱度高时，各种冶炼方法均有较高的 L_S 值。但随着（FeO）浓度的增加，L_S 降低显著。

由式（7－64）及式（7－65）可得：

$$L_S = \frac{x(S^{2-})}{w[S]_\%} = K_1^\ominus \frac{f_S}{\gamma_{Fe^{2+}}\gamma_{S^{2-}}x(Fe^{2+})}$$

$$= K_2^\ominus \frac{x(O^{2-})\gamma_{O^{2-}}f_S}{w[O]_\%\gamma_{S^{2-}}f_O}$$

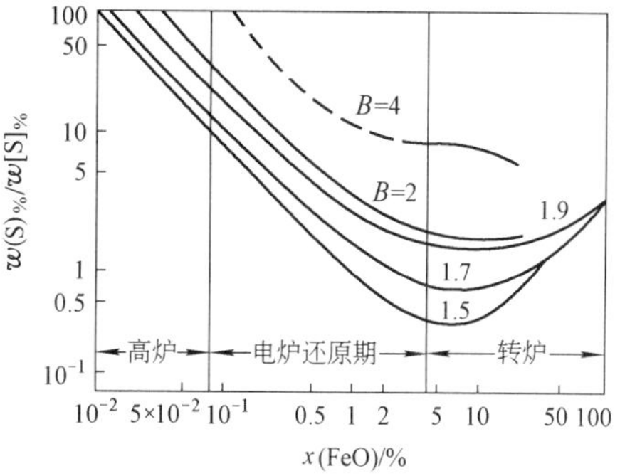

图 7－19 硫的分配系数与（FeO）及碱度的关系
（$B = \sum n(CaO) - 2n(SiO_2) - 4n(P_2O_5) - 3n(Al_2O_3) - n(Fe_2O_3)$）

可见，Fe^{2+} 浓度降低，从而 $w[O]_\%$ 降低，L_S 提高。当 $x(FeO)$ 很低（$10^{-2}\% \sim 1\%$）时，O^{2-} 浓度改变不大（因为渣内 O^{2-} 的浓度在高碱度时本来就很高），但 Fe^{2+} 却有很低的浓度（高炉渣），从而 L_S 有很高的值。但当 $x(FeO)$ 较高（大于 1%）时，O^{2-}、Fe^{2+} 和［O］的浓度均较高，Fe^{2+} 则使 L_S 下降，而 O^{2-} 却使 L_S 上升，两者对 L_S 互为消长，故 L_S 变化不大。当 $x(FeO)$ 继续再增加（大于 2%～10%）时，由于 O^{2-} 浓度比［O］浓度对 L_S 的影响大些，所以 L_S 又提高，但终究不能达到如高炉及电炉还原期的 L_S 值。采用还原期的电弧炉炼钢渣也有较高的 L_S，是因为在氧化末期扒去氧化渣后，加入石灰及萤石造“白渣”，渣中加入了碳及硅铁，$w(FeO)$ 的量很低（小于 1%）。

另外，在氧化熔炼中，（FeO）在形成高碱度渣方面也是不可缺少的条件，它能促进碱度的提高，补偿（FeO）在脱硫作用上带来的部分负作用。

（2）金属液的组成。金属液中的 Si、C 等元素能提高 f_S，使 [S] 易向渣－金属液面转移。但在钢液的脱硫过程中，这些元素的浓度远低于高炉炉缸内铁水的值，生铁液的 f_S（4～6）比钢液的 f_S（1～1.5）大，所以生铁液的硫比钢液的硫易于除去。

（3）温度。脱硫是吸热反应，提高温度对脱硫有利。而且高温能加快石灰的溶解和提高熔渣的流动性，获得高碱度的熔渣，并对脱硫的动力学条件有利。

7.5.2 炼钢的气化脱硫

溶解于铁液的硫，在强烈的氧化性气体的作用下，可被氧化成 SO_2：

$$[S]+2[O]=\!=\!=SO_2 \qquad \Delta_r G_m^{\ominus}=7700+55.03T \quad (J/mol)$$

$$[S]+O_2=\!=\!=SO_2 \qquad \Delta_r G_m^{\ominus}=-226600+49.5T \quad (J/mol)$$

显然，铁水的硫只有直接氧化才可能变为 SO_2。

炉渣形成后，可能发生下列气化脱硫反应：

$$(S^{2-})+\frac{3}{2}O_2=\!=\!=SO_2+(O^{2-})$$

$$(S^{2-})+6(Fe^{3+})+2(O^{2-})=\!=\!=6(Fe^{2+})+SO_2$$

后一反应中是 Fe^{3+} 充作氧传递的媒介：

$$6(Fe^{2+})+\frac{3}{2}O_2=\!=\!=6(Fe^{3+})+3(O^{2-})$$

上列反应的进行取决于熔渣内 $a_{(S^{2-})}$ 和气相的氧势。$\gamma_{S^{2-}}$ 主要与碱度有关，提高碱度则 $\gamma_{S^{2-}}$ 降低，对气化脱硫不利，但是对熔渣－钢液间的脱硫却十分有利，所以两者有一定的矛盾。

当氧气顶吹转炉的氧枪喷出的氧流股冲击钢液区时，由于温度很高，钢液中 [S] 也可能以 S、S_2、CS_2、COS 等形态挥发。

但是炼钢过程中，炉气的氧势不高，就氧气顶吹转炉而言，炉气的成分范围为 $\varphi(CO_2)=8\%\sim18\%$、$\varphi(CO)=81\%\sim91\%$、$\varphi(H_2O)=1.5\%\sim5\%$。这种混合气体的氧势比较低，实际上不能使钢液的硫氧化。因此，在氧气顶吹转炉内，仅在吹炼初期氧枪的最初反应区内才出现气化脱硫，而除去的硫未超过 10%～20%。

7.5.3 脱硫反应的动力学

7.5.3.1 脱硫反应的机理

根据带电质点在两相间转移的电化学原理，金属液中的硫向熔渣内的转移有两种离子反应式：

$$[S]+[Fe]=\!=\!=(S^{2-})+(Fe^{2+}) \qquad (1)$$

$$[S]+(O^{2-})=\!=\!=(S^{2-})+[O] \qquad (2)$$

根据前人的测定认为，前一反应出现于酸性（碱度不大于 0.32）渣中，后一反应则出现于碱性渣及中性渣中，即硫由铁液向熔渣转移时必伴随 Fe^{2+} 一起转移或 O^{2-} 向相反方向的转移。这可由下列事实来证实：渣中硫浓度的增长和铁浓度的增长相同；后一情况下，当铁液中有其他元素（如 Si、C、Al）存在时，它们都能伴随硫转移而进入渣中（碳逸入气相中）：

$$[Si] = (Si^{4+}) + 4e \qquad [Fe] = (Fe^{2+}) + 2e$$

$$[C] + (O^{2-}) = CO + 2e \qquad [Al] = (Al^{3+}) + 3e$$

因为为了保持体系的电中性，硫从金属向熔渣内转移（$[S] + 2e = (S^{2-})$）消耗的电子数应等于这些元素转移释放的电子数的总和：

$$2n(S) = 2n(Fe) + 4n(Si) + 3n(Al) + 2n(CO)$$

图 7－20 表示硫的转移伴随有 Fe、Si 氧化和 CO 放出时当量数的关系：$n(S) = n(Fe) + 2n(Si) + n(CO)$。这时，脱硫反应可表示为：

$$[S] + [C] + (O^{2-}) = (S^{2-}) + CO$$

$$[S] + [Fe] = (S^{2-}) + (Fe^{2+})$$

$$2[S] + [Si] + 4(O^{2-}) = 2(S^{2-}) + (SiO_4^{4-})$$

因此，如金属液中 Mn、Si、C、Al 等的浓度高于渣－金属液的平衡值，则硫转移的速率将增加。由于反应开始时，硫向渣中转移的速率很快，碳氧化的速率不足以供给它所需的电子，铁和硅就会先氧化，参与电子的供给。但在最后阶段，硫转移的速率降低，由碳氧化供给的电子足以满足它的需要，这时，铁及硅就会向相反方向转移（进入金属液中）而趋于平衡，即：

$$(Fe^{2+}) + (O^{2-}) + [C] = CO + [Fe] \tag{3}$$

$$(SiO_4^{4-}) + 2[C] = 2CO + [Si] + 2(O^{2-}) \tag{4}$$

这就是图 7－20 中 Fe、Si 曲线达到最高点以后又降低的原因。但是，由于反应（3）的速率比反应（1）的速率小，在碳饱和的铁液中，铁和硫一起进入熔渣而存在。

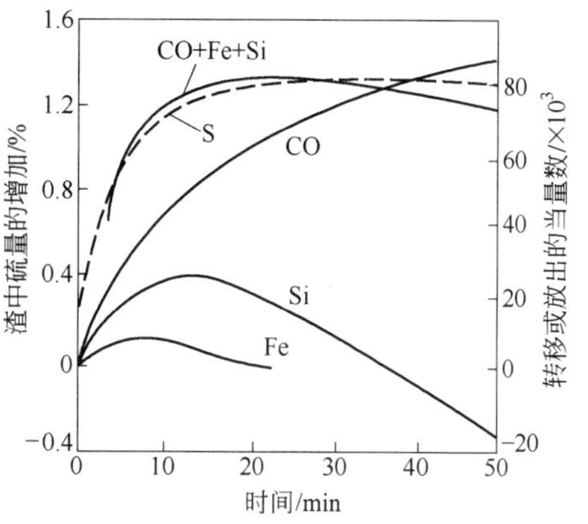

图 7－20 硫、铁、碳、硅从金属液向熔渣中转移的当量数
（1550℃，$CaO - SiO_2 - Al_2O_3$ 渣系）

7.5.3.2 脱硫反应的速率式

脱硫速率的限制环节是熔渣内硫离子的扩散。因此，可根据式（7－12）写出脱硫反应的速率式：

$$v_S = -\frac{dw[S]_{\%}}{dt} = k_S(w[S]_{\%} L_S - w(S)_{\%}) \tag{7-70}$$

利用硫的质量平衡关系式：

$$w(S)_{\%} = w(S)_{\%}^0 + \frac{w[S]_{\%}^0 - w[S]_{\%}}{m_s/m_m}$$

式中 $w[S]_{\%}^0$，$w(S)_{\%}^0$——分别为铁水及熔渣中硫的初始质量百分数。

将上式代入式（7－70）内，消去 $w(S)_{\%}$ 变量，得：

$$v_S = -\frac{dw[S]_{\%}}{dt} = k_S\left[\left(L_S + \frac{m_m}{m_s}\right)\cdot w[S]_{\%} - \left(w(S)_{\%}^0 + w[S]_{\%}^0 \cdot \frac{m_m}{m_s}\right)\right] \tag{7-71}$$

式中，$k_S = \beta_S \cdot \frac{A}{V_m} \cdot \frac{\rho_s}{\rho_m}$；$\beta_S$ 为（S）的传质系数。

积分式（7－71），得：

$$\ln\frac{w[S]_{\%} - w[S]_{\%(平)}}{w[S]_{\%}^0 - w[S]_{\%(平)}} = -at$$

而 $$w[S]_{\%}=(w[S]_{\%}^{0}-w[S]_{\%(平)})\exp(-at)+w[S]_{\%(平)} \qquad (7-72)$$

式中
$$a=\beta_S\cdot\frac{A}{V_m}\cdot\frac{\rho_s}{\rho_m}\cdot\left(L_S+\frac{m_m}{m_s}\right)$$
$$b=\beta_S\cdot\frac{A}{V_m}\cdot\frac{\rho_s}{\rho_m}\cdot\left(w(S)_{\%}^{0}+w[S]_{\%}^{0}\cdot\frac{m_m}{m_s}\right)$$
$$w[S]_{\%(平)}=\frac{b}{a}=\frac{w(S)_{\%}^{0}+w[S]_{\%}^{0}\cdot\frac{m_m}{m_s}}{L_S+m_m/m_s}$$

式中，将 β_S、A/V_m 及 L_S 等视为常数。如考虑它们随时间而改变，虽然此方程可解，但却十分复杂。

从上述脱硫速率的分析可知，它影响的因素可用下述函数式表示：
$$v_S=f\left(L_S,\frac{dR}{dt},R,T,\frac{A}{V_m},\frac{1}{\eta}\right)$$

其中，熔渣的碱度（R）及碱度提高速率（dR/dt）有很大的作用，它们之间差不多是线性关系。一般来说，迅速造好流动性良好的高碱度渣及熔池的强烈搅拌，可提高 L_S、β_S、A/V_m。在氧气顶吹转炉内，$\beta_S\cdot A/V_m$ 的值很高，其脱硫速率也比较高，在最初 5min 内，$v_S=0.002\%/\text{min}$。

【例 7－15】 利用下列数据，计算炼钢炉内 1h 脱硫后，钢水中硫的质量分数及脱硫速率。已知：$\beta_S=3\times10^{-5}\text{m/s}$，$L_S=6$，$w[S]_{\%}^{0}=0.05$，$w(S)_{\%}^{0}=0.05$，$A/V_m=1.2\text{m}^{-1}$，$\rho_s/\rho_m=0.5$，$m_m/m_s=10$。

解 （1）1h 脱硫后钢水中硫的质量分数，由式（7－72）计算：
$$w[S]_{\%}=(w[S]_{\%}^{0}-w[S]_{\%(平)})\exp(-at)+w[S]_{\%(平)}$$

式中 $$a=\beta_S\cdot\frac{A}{V_m}\cdot\frac{\rho_s}{\rho_m}\cdot\left(L_S+\frac{m_m}{m_s}\right)=3\times10^{-5}\times1.2\times0.5\times(6+10)=2.88\times10^{-4}$$
$$b=\beta_S\cdot\frac{A}{V_m}\cdot\frac{\rho_s}{\rho_m}\cdot\left(w(S)_{\%}^{0}+w[S]_{\%}^{0}\cdot\frac{m_m}{m_s}\right)$$
$$=3\times10^{-5}\times1.2\times0.5\times(0.05+0.05\times10)=0.99\times10^{-5}$$
$$w[S]_{\%(平)}=b/a=0.99\times10^{-5}/2.88\times10^{-4}=0.034$$

故 $$w[S]_{\%}=(0.05-0.034)\times\exp(-2.88\times10^{-4}\times3600)+0.034=0.040$$
$$w[S]=0.040\%$$

（2）脱硫速率由式（7－71）计算：
$$v_S=3\times10^{-5}\times1.2\times0.5\times[(6+10)\times0.040-(0.05+0.05\times10)]=0.162\times10^{-5}\%/\text{s}$$

7.6 吸气及脱气反应

在炼钢过程中，炉气中的氮、水汽及炉料带入的水分在高温下会溶解于钢液中，使[H]、[N] 含量增加。但在强烈的脱碳过程中，溶解的气体又可随着 CO 气泡的排出而减少，向熔池吹氩也有脱气的作用。

7.6.1 钢液的吸收气体

关于气体（H、N）在铁液溶解的有关热力学已在第 3 章中介绍了，此处仅讲述气体在钢液中溶解或吸收的动力学。

钢液吸收气体的反应可表示为：$X_2 = 2[X]$。反应过程由以下3个环节组成：

（1）气体向钢液表面扩散。

$$X_2 = X_2^*$$

$$v_1 = \frac{\beta}{RT} \cdot \frac{A}{V_m} \cdot (p_{X_2} - p_{X_2}^*) \tag{1}$$

式中 p_{X_2}，$p_{X_2}^*$——分别为气体分子在气相中及钢液表面的分压。

（2）吸附化学反应。

$$X_2^* = 2X^*(g)_{吸} = 2[X]^*$$

$$v_2 = \frac{dw[X]_\%}{dt} = k_+ p_{X_2}^2 - k_- w[X]_\%^2 \tag{2}$$

（3）气体原子在钢液中扩散。

$$[X]^* \longrightarrow [X]$$

$$v_3 = \frac{dw[X]_\%}{dt} = -\beta \cdot \frac{A}{V_m} \cdot (w[X]_\% - w[X]_\%^*) \tag{3}$$

3个环节同时出现混合限制的速率式的导出较为复杂，因为其中环节（2），即吸附化学反应的速率是浓度的二次方程。下面仅介绍单个环节成为限制环节的速率积分式。

（1）气体分子向钢液表面扩散限制环节。

由平方根定律 $w[X]_{\%(平)} = K_X^{\ominus} \cdot p_{X_2}^{1/2}, w[X]_\% = K_X^{\ominus}(p_{X_2}^*)^{1/2}$，将其代入式（1），得：

$$\frac{dw[X]_\%}{dt} = -\frac{\beta}{K_X^2} \cdot \frac{1}{RT} \cdot \frac{A}{V_m} \cdot (w[X]_\%^2 - w[X]_{\%(平)}^2)$$

利用积分公式 $\int \frac{1}{a^2 - x^2}dx = \frac{1}{2a}\ln\frac{a+x}{a-x}$，在 $0 \sim t$ 及相应的 $w[X]_\%^0 - w[X]_\%$ 界限内积分上式，得：

$$\ln\frac{w[X]_{\%(平)} + w[X]_\%}{w[X]_{\%(平)} - w[X]_\%} + \ln\frac{w[X]_{\%(平)} - w[X]_\%^0}{w[X]_{\%(平)} + w[X]_\%^0} = \beta' \cdot \frac{A}{V_m} \cdot w[X]_{\%(平)} \cdot t \tag{7-73}$$

式中，$\beta' = 2\beta/(K_X^2 RT)$。

（2）吸附化学反应限制环节。

$$\frac{dw[X]_\%}{dt} = k_+ p_{X_2}^2 - k_- w[X]_\%^2$$

平衡时，$k_+ p_{X_2}^2 = k_- w[X]_{\%(平)}^2$，故 $p_{X_2}^2 = (k_-/k_+) w[X]_{\%(平)}^2 = w[X]_{\%(平)}^2/K$，式中，$K = k_+/k_-$（平衡常数）。

于是
$$\frac{dw[X]_\%}{dt} = \frac{k_+}{K}(w[X]_{\%(平)}^2 - w[X]_\%^2)$$

在 $t=0$ 时，$w[X]_\% = w[X]_\%^0$，在 $w[X]_\%^0 \sim w[X]_\%$ 界限内积分上式，得：

$$\ln\frac{w[X]_{\%(平)} + w[X]_\%}{w[X]_{\%(平)} - w[X]_\%} + \ln\frac{w[X]_{\%(平)} - w[X]_\%^0}{w[X]_{\%(平)} + w[X]_\%^0} = 2\frac{k_+}{K} \cdot w[X]_{\%(平)} \cdot t \tag{7-74}$$

（3）气体原子在钢液中扩散限制环节。

在 $t=0$ 时，$w[X]_\% = w[X]_\%^0$，在 $w[X]_\%^0 \sim w[X]_\%$ 界限内积分式（3），得：

$$\ln\frac{w[X]_{\%}^{0}-w[X]_{\%(平)}}{w[X]_{\%}-w[X]_{\%(平)}}=\beta\cdot\frac{A}{V_{m}}\cdot t \tag{7-75}$$

现有实验研究认为，钢液吸收气体时，气相中组分的扩散并不显著地影响它在钢液中的溶解速率，而溶解过程受吸附化学反应或吸附化学反应和钢液内的传质所限制。

由第2章式（2-55）知，N_2 在钢液表面的吸附是 N_2 在钢液中溶解的限制环节时，氮的溶解速率为：

$$v=k_N\theta_N=k'_N p_{N_2}^{1/2}(1-\theta_N)$$

式中 k_N——氮在钢液表面的吸附反应速率常数，即式（2）中的 k_+；

$1-\theta_N$——钢液表面未被吸附物占据的面积分数。

钢液中溶解的［O］和［S］是表面活性元素，它们能和N原子在钢液表面争夺活性点，优先吸附，致使 $1-\theta_N$ 值减小。这时，

$$1-\theta_N=\frac{1}{1+k_S a_S+k_O a_O}$$

而
$$k_S=\frac{5874}{T}-0.95\quad k_O=\frac{11370}{T}-3.645$$

在1600℃，氧及硫的吸附平衡常数为：

$$k_O=\frac{1.7\times10^{-5}}{1+220\,a_O}$$

$$k_S=\frac{1.7\times10^{-5}}{1+130\,a_S}\quad(\mathrm{mol/(cm^2\cdot s)})$$

因此，钢液中 $w[O]_{\%}$ 及 $w[S]_{\%}$ 高时，能降低氮在钢液中的溶解速率。仅当它们的浓度低时，钢液内［N］的扩散才是限制环节。

但是，钢液中 $w[O]_{\%}$ 及 $w[S]_{\%}$ 对钢液吸氮及脱氮反应的影响是随温度的升高而减小的。因为反应界面被［O］及［S］原子占据的分数（θ）是随温度的升高而减小的，特别是在超高温度（如2600℃）下，θ_O、θ_S 可视为零。此外，炼钢炉内，碳氧化反应区的温度远高于熔池的平均温度，［O］、［S］原子在界面上的吸附对钢液脱氮的阻碍作用减弱甚至消失，所以在这种条件下，即使脱碳过程中钢液内有较多的［S］及［O］存在，也能通过CO气泡除去氮。

因为 $H_2+[O]=H_2O(g)$ 及 $H_2+[S]=H_2S$ 反应的进行能降低钢液界面上［O］及［S］的吸附，所以［H］的溶解不受它们吸附的影响，故［H］的溶解速率受钢液中扩散的限制。

当钢液脱氧时引入了Al、Si等元素后，吸气的速率增加，因为它们降低了 $w[O]_{\%}$，同时提高了 D_H 及 D_N。

现代炼钢流程为了均匀熔池成分和温度，也采用氮、氩转换方式，前期吹氮，后期吹氩，以减少出钢氮含量。此外，还应加强出钢后对钢液的保护，防止钢液直接与大气接触。

7.6.2 钢液中溶解气体的排出

在炼钢过程中，当气相中气体的分压小于钢液中气体的平衡分压时，溶解气体可自钢液中排出，对于气体 X_2，$\frac{1}{2}X_2=[X]$，有

$$\Delta_r G_m = RT\left(\ln\frac{w[X]_{\%}}{p_{X_2}^{1/2}} - \ln\frac{w[X]_{\%(平)}}{p_{X_{2(平)}}^{1/2}}\right)$$

当 $p_{X_2} < p_{X_{2(平)}}$ 时，$\Delta_r G_m > 0$，钢液能出现脱气。

气体从钢液的排出过程和其吸收过程有大致相同的组成环节，但它们进行的方向则相反。因此，两者动力学的方程类似。但在脱附环节上则有差别，因为吸气是一气体分子在钢液表面一个活性点上的吸附，但在向钢液中脱附时，则是每个吸附点上的原子进行脱附，它们的速率式为：

$$v = k_+ p_{X_2}(1-\theta) - k_-\theta$$

钢液排气时，溶解的气体原子则是一个原子，在钢液表面一个活性点上吸附，然后两个活性点吸附的原子脱附，结合成分子，排向气相中，速率式为：

$$v = k'_+ w[X]_{\%}(1-\theta) - k'_-\theta^2$$

7.6.3 钢液脱碳过程中溶解气体的排出

在脱碳过程中，有大量 CO 气泡放出和钢液接触，由于气泡中氢和氮的分压很低，$p_{X_2} \approx 0$，对钢液中溶解的气体，它就相当于起到小真空室的作用。这样，钢液中［H］、［N］的原子就能自发地进入气泡内，形成 H_2、N_2 分子，随 CO 气泡从钢液中排出。

在脱碳过程中，溶解气体的排出速率，可根据从钢液中进入 CO 气泡内气体物质的质量平衡关系导出。

设 CO 气泡中气体（X_2）的分压 p_{X_2} 与钢液中溶解气体的量 $w[X]_{\%}$ 处于平衡，而析出的一个 CO 气泡的体积为 dV_{CO}（m^3），那么由此气泡带走的溶解气体的物质的量为：

$$dn(X_2) = \frac{p_{X_2} dV_{CO}}{RT} = \frac{p_{X_2}(T/273)dV_{CO}^{\ominus}}{RT} = \frac{p_{X_2} dV_{CO}^{\ominus}}{273R} \quad 或 \quad M_{X_2} dn(X_2) = \frac{p_{X_2} dV_{CO}^{\ominus}}{273R} \cdot M_{X_2} \quad (kg)$$

式中 $V_{CO}^{\ominus}$——标准状态下 CO 气体的体积，m^3；

M_{X_2}——气体 X_2 的摩尔质量，kg/mol。

相应地，钢液中溶解气体减少的量为：

$$m \cdot \frac{dw[X]_{\%}}{100} \times 10^3 \quad (kg)$$

式中 m——钢液的质量，t。

由气体质量的平衡关系可得：$\dfrac{p_{X_2} dV_{CO}^{\ominus}}{273R} \cdot M_{X_2} = -\dfrac{m \times 10^3}{100} dw[X]_{\%}$ （1）

又如 CO 气泡中 CO 的分压为 p_{CO}，而放出的 CO 气泡引起钢液的 $w[C]_{\%}$ 下降，则利用碳的质量平衡关系可得：$\dfrac{p_{CO} dV_{CO}^{\ominus}}{273R} \times 12 = -\dfrac{m \times 10^3}{100} dw[C]_{\%}$ （2）

由式（1）和式（2）得：$\dfrac{dw[X]_{\%}}{dw[C]_{\%}} = \dfrac{p_{X_2}}{p_{CO}} \cdot \dfrac{M_{X_2}}{12}$ （3）

由平方根定律 $w[X]_{\%} = K_X^{\ominus} \cdot p_{X_2}^{1/2}, p_{X_2} = w[X]_{\%}^2 / K_X^2$，将前式代入式（3）得：

$$dw[X]_{\%} = \frac{M_{X_2} w[X]_{\%}^2}{12 K_X^2 p_{CO}} \cdot dw[C]_{\%} \quad (4)$$

用 dt 除上式两端，得：$\frac{\mathrm{d}w[\mathrm{X}]_{\%}}{\mathrm{d}t}=\frac{M_{\mathrm{X}_2}w[\mathrm{X}]_{\%}^2}{12K_{\mathrm{X}}^2p_{\mathrm{CO}}}\cdot\frac{\mathrm{d}w[\mathrm{C}]_{\%}}{\mathrm{d}t}$　或　$v_{\mathrm{X}}=\frac{M_{\mathrm{X}_2}w[\mathrm{X}]_{\%}^2}{12K_{\mathrm{X}}^2p_{\mathrm{CO}}}\cdot v_{\mathrm{C}}$

由上式可分别得出氢和氮的排出速率与脱碳速率的关系式：

$$v_{\mathrm{H}_2}=\frac{w[\mathrm{H}]_{\%}^2}{6K_{\mathrm{H}}^2p_{\mathrm{CO}}}v_{\mathrm{C}}\quad v_{\mathrm{N}_2}=\frac{7}{3}\times\frac{w[\mathrm{N}]_{\%}^2}{K_{\mathrm{N}}^2p_{\mathrm{CO}}}\cdot v_{\mathrm{C}}\tag{7-75}$$

由上式可分别得出：

（1）脱去一定量气体所需时间。将式（4）改写成：

$$\frac{\mathrm{d}w[\mathrm{X}]_{\%}}{\mathrm{d}t}=\frac{M_{\mathrm{X}_2}w[\mathrm{X}]_{\%}^2}{12K_{\mathrm{X}}^2p_{\mathrm{CO}}}\cdot v_{\mathrm{C}}$$

$$\int_{w[\mathrm{X}]_{\%}}^{w[\mathrm{X}]_{\%}^0}\frac{\mathrm{d}w[\mathrm{X}]_{\%}}{w[\mathrm{X}]_{\%}^2}=\int_0^t\frac{M_{\mathrm{X}_2}v_{\mathrm{C}}}{12K_{\mathrm{X}}^2p_{\mathrm{CO}}}\cdot\mathrm{d}t$$

$$\frac{1}{w[\mathrm{X}]_{\%}}-\frac{1}{w[\mathrm{X}]_{\%}^0}=\frac{M_{\mathrm{X}_2}v_{\mathrm{C}}}{12K_{\mathrm{X}}^2p_{\mathrm{CO}}}\cdot t$$

故

$$t=\left(\frac{1}{w[\mathrm{X}]_{\%}}-\frac{1}{w[\mathrm{X}]_{\%}^0}\right)\Bigg/\left(\frac{M_{\mathrm{X}_2}v_{\mathrm{C}}}{12K_{\mathrm{X}}^2p_{\mathrm{CO}}}\right)\tag{7-77}$$

式（7－77）为在一定脱碳速率（v_{C}）下，脱去钢液中 $\Delta w[\mathrm{X}]_{\%}=w[\mathrm{X}]_{\%}^0-w[\mathrm{X}]_{\%}$ 所需的时间。

（2）脱气过程中 $\Delta w[\mathrm{C}]_{\%}$ 与 $w[\mathrm{X}]_{\%}$ 的关系。又将式（4）改写成：

$$\frac{\mathrm{d}w[\mathrm{X}]_{\%}}{w[\mathrm{X}]_{\%}^2}=\frac{M_{\mathrm{X}_2}}{12K_{\mathrm{X}}^2p_{\mathrm{CO}}}\cdot\mathrm{d}w[\mathrm{C}]_{\%}$$

在 $w[\mathrm{X}]_{\%}$ 及 $w[\mathrm{C}]_{\%}$ 相应界限内积分上式，得：

$$w[\mathrm{C}]_{\%}^0-w[\mathrm{C}]_{\%}=\frac{12K_{\mathrm{X}}^2p_{\mathrm{CO}}}{M_{\mathrm{X}_2}}\left(\frac{1}{w[\mathrm{X}]_{\%}}-\frac{1}{w[\mathrm{X}]_{\%}^0}\right)\tag{7-78}$$

这是脱去一定碳量时钢液中溶解气体量的变化。

因此，脱气和脱碳密切相关。脱碳产生的 CO 量是影响脱气的关键，因为它提供了反应界面及减少 p_{X_2}。在真空中或吹氩时，由于气泡中 p_{CO} 的降低，也能使脱气速率显著提高。此外，钢液中表面活性物（O、S）的浓度高时，能使脱氮速率降低。所以在冶炼末期，$w[\mathrm{O}]$ 很高，减缓了脱氮的速率；而在脱氧和出钢、浇注过程中，因为钢液的 $w[\mathrm{O}]$ 减小及与大气接触，气体的溶解速率又增加。

【例 7－16】 钢液中氢的质量分数为 $2\times10^{-3}\%$，碳的质量分数为 1.0%。试求 $w[\mathrm{C}]$ 下降到 0.2% 时钢液的 $w[\mathrm{H}]$。如脱碳速率为 0.01%/min，试求氢被除去的最大速率及所需的时间。

解　（1）由式（7－78）计算 $w[\mathrm{C}]$ 下降到 0.2% 的氢含量：

$$w[\mathrm{C}]_{\%}^0-w[\mathrm{C}]_{\%}=\frac{12K_{\mathrm{H}}^2p_{\mathrm{CO}}}{2}\left(\frac{1}{w[\mathrm{H}]_{\%}}-\frac{1}{2\times10^{-3}}\right)$$

$$\lg K_{\mathrm{H}}^{\ominus}=-\frac{1909}{1873}-1.591=-2.61 \qquad K_{\mathrm{H}}^{\ominus}=2.45\times10^{-3}$$

故
$$0.8=6\times(2.45\times10^{-3})^{2}\left(\frac{1}{w[\mathrm{H}]_{\%}}-\frac{1}{2\times10^{-3}}\right)$$

解以上方程得：$w[\mathrm{H}]_{\%}=0.04\times10^{-3}$　$w[\mathrm{H}]=0.04\times10^{-3}\%$

（2）$w[\mathrm{H}]$ 由 $2\times10^{-3}\%$ 下降到 $0.04\times10^{-3}\%$ 所需的时间可通过式（7－77）计算：

$$t=\left(\frac{1}{w[\mathrm{H}]_{\%}}-\frac{1}{w[\mathrm{H}]_{\%}^{0}}\right)\Big/\left(\frac{M_{\mathrm{H}_2}v_{\mathrm{C}}}{12K_{\mathrm{H}}^{2}p_{\mathrm{CO}}}\right)$$

$$=\left(\frac{1}{0.04\times10^{-3}}-\frac{1}{2\times10^{-3}}\right)\Big/\left(\frac{2\times0.01}{12\times(2.45\times10^{-3})^{2}}\right)=8.82\mathrm{min}$$

7.7* 氧气转炉炼钢过程的反应

氧气转炉炼钢法是在转炉（Converter）内，以铁水及部分废钢（占5%～25%）为原料，用氧气作氧化剂，使铁水中元素氧化，提高熔池温度及除去杂质元素，获得化学成分合格的钢水。吹炼时间一般为12～18min，冶炼周期为30～40min。它是近代大规模生产钢的主要方法。因为它的生产率高，对铁水成分的适应性强，废钢利用率高，能冶炼出杂质元素含量低及品种齐全的钢产品。

7.7.1 氧气转炉炼钢法的类型

按照氧气吹入转炉内的方式，氧气转炉炼钢法主要可分为3类：

（1）顶吹转炉炼钢法（LD、BOP法）。如图7－21(a)所示，氧枪从转炉炉口垂直伸入炉内熔池上空吹入氧气。可由控制氧枪枪位的高低来控制炉内的吹炼过程。氧枪位高，则脱碳速率低，而熔渣中（FeO）的量增多，化渣快；氧枪位低，则脱碳速率高，熔渣中（FeO）量低，化渣慢，炉底熔池部分搅拌作用则较弱。这称为LD（Linz－Donawitz）法或BOP（Basic Oxygen Process）法。

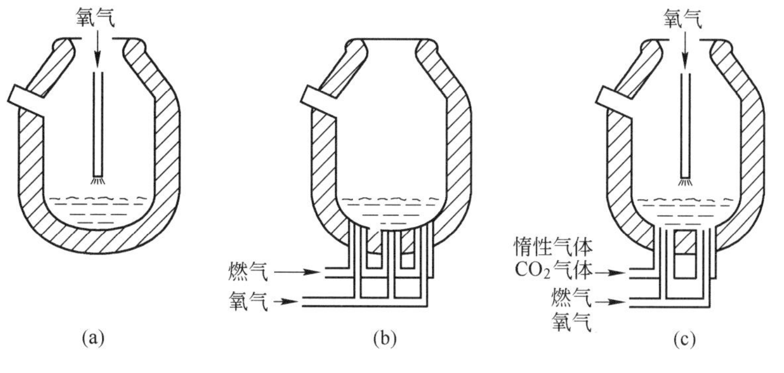

图7－21　3种氧气转炉炼钢法
（a）顶吹法（LD法）；（b）底吹法（Q－BOP法）；（c）顶底复吹法（K－BOP法）

（2）底吹转炉炼钢法（Q－BOP）。如图7－21(b)所示，炉底由同心双层套管组组成，内层为铜质或不锈钢管，通入氧气；外层为无缝钢套管，通入碳氢化合物气体作冷却剂。由碳氢化合物吸热离解，以冷却保护内部氧气喷嘴。由于氧气从炉底喷嘴分散并直接吹入熔池，可改善顶吹转炉炉底熔池部分的搅拌，从而使氧流与钢液接触面积大，化学反应速率快且均匀；熔渣中（FeO）量降低，脱碳反应终期更接近平衡值。也可由炉底喷吹氧和石灰粉，以加速造渣过程。这称为Q－BOP（Quiet－BOP）法。

（3）顶底复吹转炉炼钢法（K－BOP法）。顶吹转炉能调节氧枪枪位，易于快速控制造渣过程；但其炉底附近区域熔池的搅拌强度差，使熔池成分及温度不均匀，特别是大型转炉。底吹氧气转炉则能克服这个缺点，加强底部熔池的搅拌强度，从而使吹炼过程均匀、平稳、少喷溅；但其工艺复杂。因此，提出了由顶、底同时吹氧的复吹法。即利用底吹氧流（约占总吹氧量的40%）来克服顶吹氧气对熔池底部搅拌强度不足的缺点，同时又利用了顶吹转炉易于控制造渣过程的优点。这称为K－BOP法（Kaldo－BOP），如图7－21(c)所示。它有多种类型，如顶吹氧、底吹惰性气体（Ar、N_2），顶、底复合吹氧，以改善炉内动力学条件，也可出现直接氧化反应；底吹氧加石灰粉，以加强熔池搅拌和造渣过程，适用于吹炼高磷铁水；喷吹燃料，即顶吹氧加煤粉、燃油等，也可由底部喷吹燃料，使废钢用料比提高。

7.7.2　转炉吹炼过程熔渣成分的变化

转炉吹炼过程熔渣成分的变化影响着钢水成分氧化反应的规律性。同时，元素的氧化和脱除又会影响熔渣成分的变化。图7－22所示为上述3种转炉炼钢过程中钢水及熔渣成分的变化。

吹炼初期，Fe、Si、Mn大量氧化，渣中$w(SiO_2)$可高达20%～30%。又因为石灰逐

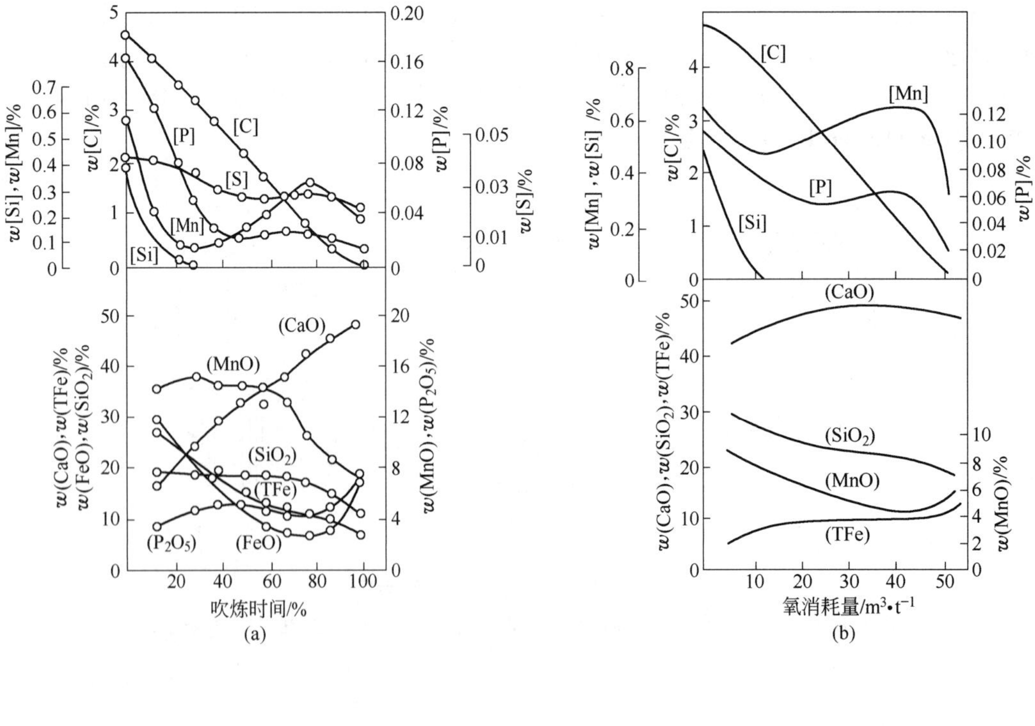

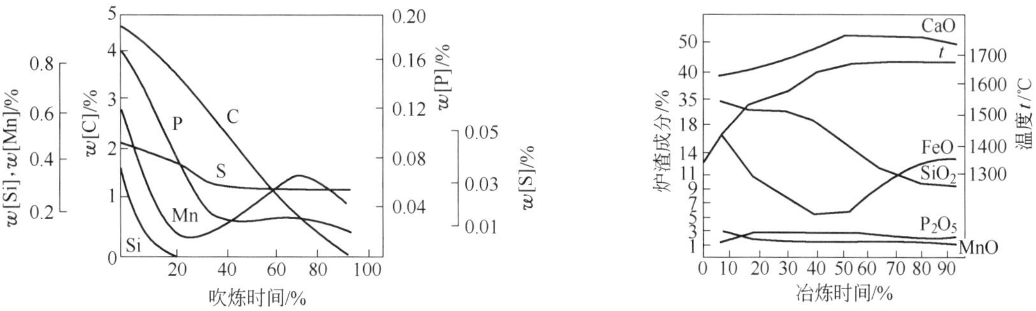

(c)

图 7－22　3 种氧气转炉炼钢过程中熔渣及钢水成分的变化

（a）LD 法；（b）Q－BOP 法；（c）K－BOP 法

渐溶解，渣中 w(CaO) 不断增加，而 $w(SiO_2)$ 相对下降，因而熔渣的碱度不断提高，在吹炼末期达到最高，约为 3 左右。渣中 w(FeO) 在开吹后可达到 20%～30%，随着脱碳速率的提高，w(FeO) 会逐渐降低，但在吹炼末期又有所升高，使 w(FeO) 或 w(Fe) 随 w[C] 或吹炼时间的变化呈下垂的凹形曲线。在吹炼之初熔渣的酸性高时，对炉衬有侵蚀作用，渣中 w(MgO) 有所增加。使用白云石造渣，可减轻对炉衬的侵蚀，但渣中 w(MgO) 有所增加。

7.7.3　吹炼过程中钢水成分的变化

［Si］、［Mn］、［P］氧化反应在 1450℃ 下的 $\Delta_r G_m^{\ominus}$ 值较低，所以开吹时就能氧化，使熔池温度上升。而［C］氧化反应的 $\Delta_r G_m^{\ominus}$ 值则随温度的上升而下降，所以熔池温度升高后［C］才大量氧化。［C］氧化的速率随 w[C] 的降低成台阶形变化（见图 7－23）。即吹炼初期，［Si］、［Mn］大量氧化，消耗了（FeO），脱碳速率上升较慢。随着［Si］、［Mn］的氧化减弱和温度的上升，脱碳速率加大，达到最高并保持恒定值，与供氧强度有关。这时期［C］激烈氧化，产生的大量 CO 气泡使熔渣和钢液乳化，形成高度弥散状体系，促进了其他反应，特别是脱磷、脱硫反应的进行。当脱碳速率下降到临界碳量以下时，才呈直线式下降。产生的 CO 气泡量则减少了，熔池的搅拌强度因此减弱了，而熔渣的总铁量 w(TFe)，亦即 w(FeO) 及钢液中 w[O] 则增加了。

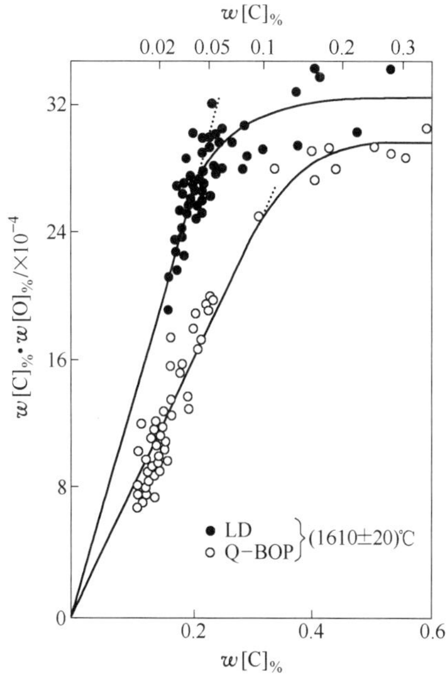

图 7－23　转炉不同吹炼法的碳氧积与 $w[C]_{\%}$ 的关系

但对于不同的转炉，由于吹氧方式不同，［C］的氧化状态也略有不同。Q－BOP 法熔池的搅拌作用比 LD 法的大，大量的［FeO］

被［C］所还原，因此，其 w(FeO) 低于 LD 法的 w(FeO)。达吹炼终点时，碳氧积 $w[C]_{\%}\cdot w[O]_{\%}$ 接近平衡值。Q－BOP 法的脱碳速率高且比较均匀，渣中 w(FeO) 始终不高，而其碳氧积也低于 LD 法的值，比较接近于 K－BOP 法，如图 7－24 所示。

［Si］在 3 种吹炼法中，于开吹之初就大量氧化，一般在 3～4min 内就可完全氧化，并放出大量热能，使熔池温度升高较快。

［Mn］在 LD 法中仅次于［Si］，能迅速氧化，后期 w(FeO) 减小时发生还原反应 ((MnO)＋[C]═[Mn]＋CO)，钢液中残锰量升高。在 Q－BOP 法中，［Mn］的氧化较快，吹炼之初可达到平衡；但在后期，还原的残锰量比 LD 法的高。而在 K－BOP 法中，由于 w(FeO) 低，在吹炼之初仅有 30%～40% 的［Mn］氧化；待温度升高，在吹炼中期出现（MnO）的还原，残锰量增加，比 LD 法的高得多，但略低于 Q－BOP 法。吹炼过程中 $w[Mn]_{\%}$ 随 $w[C]_{\%}$ 的变化见图 7－25。

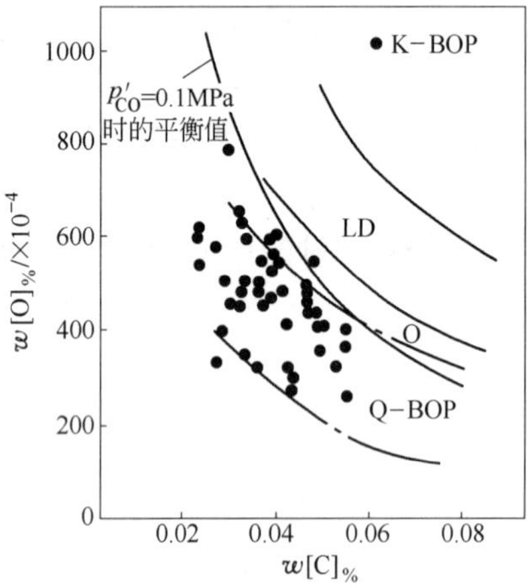

图 7－24　转炉不同吹炼方法终点 $w[C]_{\%}$ 与 $w[O]_{\%}$ 的关系

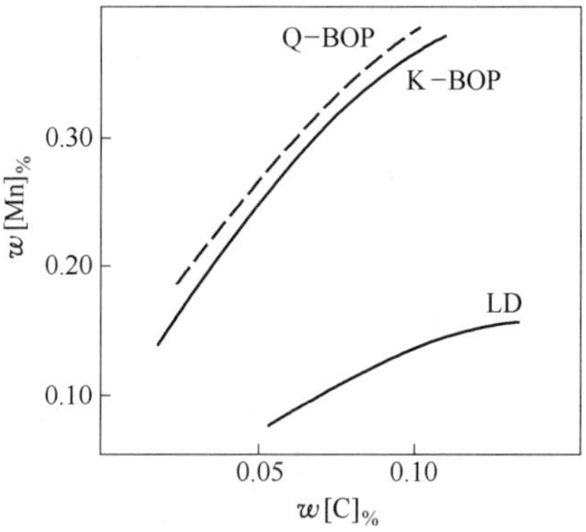

图 7－25　吹炼过程中 $w[Mn]_{\%}$ 随 $w[C]_{\%}$ 的变化

脱磷主要在吹炼中期才能进行。这时大量［C］氧化，熔池搅拌强烈及氧化性的高碱度渣形成。后期脱磷则较差，温度过高时还有少量的回磷发生。图 7－26 所示为吹炼过程中不同吹炼法的 L_P 随 $w[C]_{\%}$ 的变化。碳量低时，Q－BOP 法的脱磷比 LD 法更强。

［S］是在 w(FeO) 较低的高碱度渣及熔池搅拌强烈的条件下除去的。3 种吹炼法都有一定的脱硫作用，但 L_S 不是很高，说明脱硫作用有限。Q－BOP 法及 K－BOP 法的脱硫在同样碱度下比 LD 法的强，因为前两者熔渣中 w(FeO)较低，而且熔池搅拌强度又较大，如图 7－27 所示。

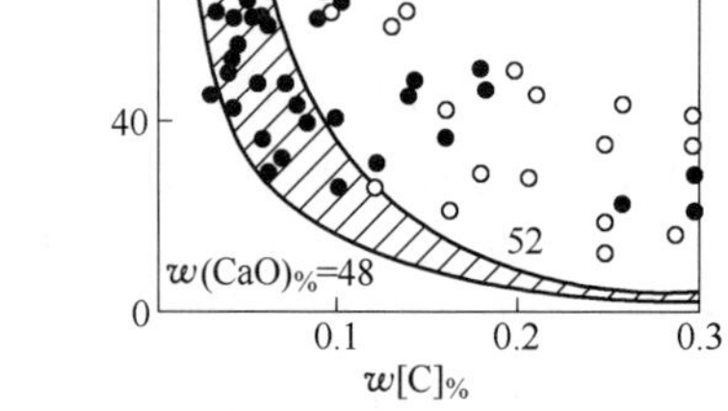

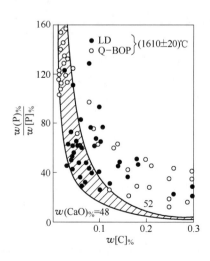

图 7－26　吹炼过程中 L_P 与 $w[C]_{\%}$ 的关系

LD 法钢水的氮含量及氢含量比较低。Q－BOP 法因采用碳氢化合物作喷氧管的冷却剂，其分解出的氢易被钢水所吸收，所以 $w[H]$ 较高。但其 $w[N]$ 则比 LD 法的低。K－BOP 法的钢水中，气体含量与使用的气体种类有关。用 N_2 时，则 $w[N]$ 高；后期可换用氩气，则可降低 $w[N]$。

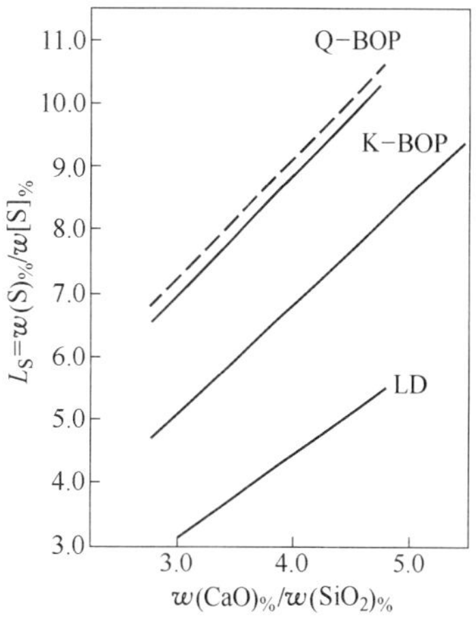

图 7－27　吹炼过程中 L_S 与碱度的关系

7.7.4　吹氧炼钢过程反应的热力学特性

在 LD 法及 Q－BOP 法中，出钢时，渣－钢水间的反应可出现平衡态和非平衡态，而出钢碳量有决定性的影响。由于吹炼的高度动力学特性及吹氧过程是在 25min（LD 法）或少于 18min（Q－BOP）内出钢完成的，所以吹炼高碳钢出钢时，钢－渣间的反应就是不平衡态。而在 Q－BOP 法中，吹炼低碳钢出钢时，则钢－渣间反应接近平衡态。但是，在 LD 法中，脱磷、脱硫反应则未达到平衡态。在 Q－BOP 中，底吹氧和石灰粉，则可使渣－钢间反应比 LD 法的更接近平衡态。

发生在用废钢作为主要原料的吹氧电弧炉炼钢熔池中的熔渣－钢液间反应的平衡态，出钢碳量在 $w[C]=0.05\%$ 以上时，与 BOF 及 Q－BOP 法的相近，分配系数 L_{Mn} 及 L_{Cr} 接近平衡值，而硫和磷的反应未达到平衡值，渣中 $w(FeO)$ 高于出钢碳量时渣－钢间的平衡值。另外，钢液中的碳氧积近似于 CO 气泡压力为 $(1.3\pm0.2)\times100$kPa 的值。

7.7.5　总结

利用 LD 的顶吹氧法能迅速成渣，形成高碱度的氧化性渣，有利于脱磷及脱硫。但转炉底部熔池搅拌强度则不够充分，使 $w(FeO)$ 高，而残锰量低，特别是大型顶吹转炉。如加上底部复合吹氧，则能克服上述缺点，即能加强炉底部熔池的搅拌强度，使脱碳反应加强，脱磷能力（底部再吹石灰粉）增大，残锰量提高，渣－钢间反应也能接近平衡态；渣中 $w(FeO)$ 及钢水中 $w[O]$ 均较低；而且吹炼过程平稳，喷溅少。因此，顶底复吹炼钢工艺不仅能提高钢水质量，降低物料消耗和吨钢成本，而且更适合供给连铸的优质钢水。

7.8　脱 氧 反 应

当钢液中大量元素，特别是碳被氧化到较低浓度时，钢液内就存在着较高量的氧（$w[O]=0.02\%\sim0.08\%$）。这种饱含氧的钢液在冷却凝固时，不仅在晶界上析出 FeO 及 FeO－FeS，使钢的塑性降低及发生热脆，而且其中的［C］及［O］将继续反应，甚至强烈反应。因为其内的氧在冷却的钢液中溶解度减小，出现偏析时，毗连于凝固层的母体钢液的氧含量增高，超过了 $w[C]_{\%}\cdot w[O]_{\%}$ 平衡值，于是 CO 气泡形成，使钢锭饱含气泡、组织疏松、质量下降。因此，只有在控制沸腾（沸腾钢）或不出现沸腾（镇静钢）时，才可能获得成分及组织合格的优质钢锭或钢坯。为此，对于沸腾钢，$w[O]$ 应降低到 $0.025\%\sim0.030\%$；对于镇静钢，$w[O]$ 应小于 0.005%。因此，在炼钢过程终了时，应把钢液中的氧含量降低到规定水平，以保证凝固钢有正常表面和不同的结构类型，并且还有利于提高加入的合金元素收得率，保证得到化学成分合格的合金钢。

向钢液中加入与氧亲和力比铁大的元素，使溶解于钢液中的氧转变为不溶解的氧化物，自钢液中排出，这称为脱氧（deoxidization）。按氧除去方式的不同，有 3 种脱氧方法。第 1 种称为沉淀脱氧法，也是应用最广的方法。它是向钢液中加入能与氧形成稳定氧化物的元素（称为脱氧剂），而形成的氧化物（脱氧产物）能借助自身的浮力或钢液的对流运动排出。第 2 种方法称为扩散脱氧法，是利用氧化铁含量很低的熔渣处理钢液，使钢液中氧经扩散进入熔渣中而不断降低。第 3 种方法称为真空脱氧法，利用真空的作用降低与钢液平衡的 p'_{CO}，从而降低了钢液的 $w[O]$ 及 $w[C]$。3 种脱氧方法的特点如图 7－28 所示。

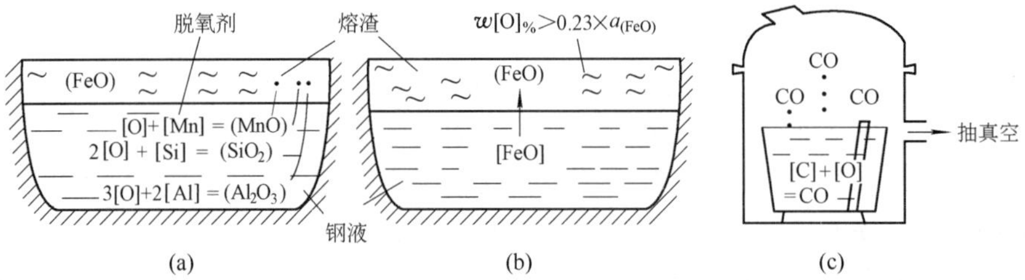

图 7－28　3 种脱氧方法的特点

（a）沉淀脱氧；（b）扩散脱氧；（c）真空脱氧

7.8.1　脱氧反应的热力学原理

元素的脱氧反应可表示为：$\frac{x}{y}[M]+[O]=\!=\!=\frac{1}{y}(M_xO_y)$

$$K^{\ominus}=\frac{a^{1/y}_{(M_xO_y)}}{a_{[O]}a^{x/y}_{[M]}}=\frac{a^{1/y}_{(M_xO_y)}}{w[O]_{\%}w[M]^{x/y}_{\%}}\cdot\frac{1}{f_O f^{x/y}_M} \tag{1}$$

在形成纯氧化物时，$a^{1/y}_{(M_xO_y)}=1, K'=1/K^{\ominus}=a_{[O]}a^{x/y}_{[M]}\approx w[O]_{\%}w[M]^{x/y}_{\%}$，$K'$称为脱氧常数，它是脱氧反应平衡常数的倒数，等于脱氧反应达平衡时，脱氧元素浓度的指数方与氧浓度的乘积。其值越小，则与一定量的该脱氧元素平衡的氧浓度越小，而该元素的脱氧能力就越强。另外，由 $\Delta_rG^{\ominus}_m=-RT\ln K^{\ominus}=RT\ln K'$ 知，元素与氧的亲和力越强，$\Delta_rG^{\ominus}_m$ 也越小，脱氧反应就进行得越完全。故 K'能用以衡量元素的脱氧能力。

元素的脱氧常数可由下述两种方法得出：

（1）直接取样测定脱氧反应达到平衡时，钢液中脱氧元素与氧的浓度；

（2）用 $H_2+H_2O(g)$ 混合气体与钢液中脱氧元素的平衡实验测定，即可由下列反应的 $\Delta_rG^{\ominus}_m$ 组合求得：

$$\frac{x}{y}[M]+H_2O(g)=\!=\!=\frac{1}{y}(M_xO_y)+H_2 \qquad \Delta_rG^{\ominus}_m=-RT\ln K_1 \quad (J/mol)$$

$$H_2+[O]=\!=\!=H_2O(g) \qquad \Delta_rG^{\ominus}_m=-130282+59.24T \quad (J/mol)$$

$$\frac{x}{y}[M]+[O]=\!=\!=\frac{1}{y}(M_xO_y) \qquad \Delta_rG^{\ominus}_m=-130282+59.24T-RT\ln K_1 \quad (J/mol)$$

为了比较各元素的脱氧能力，可由上述脱氧反应的平衡常数作出脱氧反应的平衡图。

式（1）中的$f_O = f_O^O f_O^M \approx f_O^M$，$f_M = f_M^M f_M^O \approx f_M^M$，因为$w[O]_\%$很低，故$f_O^O \approx 1$，$f_M^O \approx 1$。而式（1）可写成：

$$K' = w[O]_\% w[M]_\%^{x/y} f_O^M (f_M^M)^{x/y}$$

而
$$w[O]_\% = K' / [f_O^M (f_M^M)^{x/y} w[M]_\%^{x/y}] \tag{7-79}$$

或
$$\lg w[O]_\% = \lg K' - e_O^M w[M]_\% - \frac{x}{y} e_M^M w[M]_\% - \frac{x}{y} \lg w[M]_\% \tag{7-80}$$

由式（7－80）可绘出一定温度下脱氧元素的脱氧平衡曲线，如图7－29所示。由图可见，各脱氧元素的平衡$w[O]_\%$随着其平衡$w[M]_\%$的增加而减少，并在某一$w[M]_\%$时$w[O]_\%$出现了极小值。这可由以下的数学处理来说明。

将式（7－80）对$w[M]_\%$求导，并命之等于零，可得出$w[M]_\%$及$w[O]_\%$的极值：

$$\frac{d\lg w[O]_\%}{dw[M]_\%} = -\frac{x}{2.3y} \cdot \frac{1}{w[M]_\%} - e_O^M - \frac{x}{y} e_M^M = 0$$

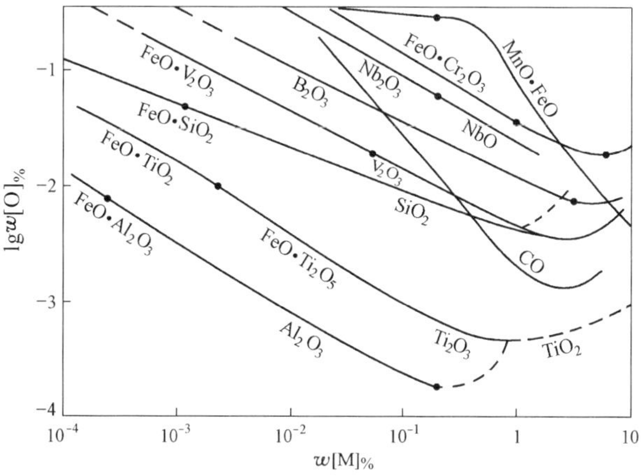

图7－29 铁液中元素的脱氧平衡曲线（1600℃）

故
$$w[M]_{\%(\min)} = -\frac{x}{2.3y\left(e_O^M + \frac{x}{y} e_M^M\right)} \tag{7-81}$$

又
$$\frac{\partial^2 \lg w[O]_\%}{\partial w[M]_\%^2} = \frac{x}{2.3y w[M]_\%^2} > 0$$

即$\lg w[O]_\% = f(w[M]_\%)$曲线在$w[M]_{\%(\min)}$的值处有极小值，如$|e_M^M| < |e_O^M|$，则：

$$w[M]_{\%(\min)} = -\frac{x}{2.3y e_O^M} \tag{7-82}$$

再将$w[M]_{\%(\min)}$代入式（7－80）可求得其相应的$w[O]_\%$。$w[M]_{\%(\min)}$称为脱氧元素加入的最适量。

$w[M]_{\%(\min)}$能用以比较各脱氧元素的脱氧能力，因为脱氧能力最强的元素，其$w[M]_\%$也最低。但它不是钢液脱氧的实际要求值。因为钢液脱氧时加入脱氧元素的量是受钢成分规格限制的，另外，由于某些脱氧元素也是钢的合金元素，还应满足这方面的要求。

【例 7 − 17】 试绘出钒脱氧的平衡曲线，并求出其最小的平衡氧量，温度为 1600℃。$w[V]<0.1\%$ 时，脱氧反应为：$2[V]+4[O]+[Fe]=FeO\cdot V_2O_3(s)$，$\Delta_r G_m^{\ominus}=-858743+317.84T$ （J/mol）；$w[V]>0.1\%$ 时，脱氧反应为：$2[V]+3[O]=V_2O_3(s)$，$\Delta_r G_m^{\ominus}=-857652+336.22T$ （J/mol）。

解 （1）钢液用钒脱氧的脱氧产物与 $w[V]_{\%}$ 有关。当 $w[V]<0.1\%$ 时，脱氧产物为 $FeO\cdot V_2O_3$，其反应为：

$$2[V]+4[O]+[Fe]=FeO\cdot V_2O_3(s) \quad \Delta_r G_m^{\ominus}=-858743+317.84T \quad (J/mol)$$

$$K_1^{\ominus}=1/(w[V]_{\%}^2\cdot w[O]_{\%}^4 f_V^2 f_O^4)$$

即

$$\lg K_1^{\ominus}=-2\lg w[V]_{\%}-4\lg w[O]_{\%}-2\lg f_V-4\lg f_O$$

$$\lg w[O]_{\%}=-\frac{1}{4}\lg K^{\ominus}-\frac{1}{2}\lg w[V]_{\%}-\frac{1}{2}\lg f_V-\lg f_O$$

$$\lg K_1^{\ominus}=\frac{858743}{19.147\times 1873}-\frac{317.84}{19.147}=7.346$$

$$\lg w[O]_{\%}=-1.837-\frac{1}{2}\lg w[V]_{\%}-\frac{1}{2}e_V^V w[V]_{\%}-e_O^V w[V]_{\%}$$

式中，因为 $w[O]_{\%}$ 值很低，故 $e_V^O w[O]_{\%}$ 项略去了。代入 e_V^V、e_O^V，得：

$$\lg w[O]_{\%}=-1.837-\frac{1}{2}\lg w[V]_{\%}+0.3075w[V]_{\%} \tag{1}$$

由式（1）可计算出各 $w[V]_{\%}$ 的平衡 $w[O]_{\%}$，如表 7 − 3 所示。

表 7 − 3 形成 $FeO\cdot V_2O_3$ 的各 $w[V]_{\%}$ 的平衡 $w[O]_{\%}$

$w[V]_{\%}$	10^{-4}	10^{-3}	10^{-2}	10^{-1}
$\lg w[O]_{\%}$	0.163	−0.34	−0.83	−1.31

（2）当 $w[V]>0.1\%$ 时，钒脱氧产物为 V_2O_3，其反应为：

$$2[V]+3[O]=V_2O_3(s) \quad \Delta_r G_m^{\ominus}=-857652+336.22T \quad (J/mol)$$

$$K_2^{\ominus}=1/(w[V]_{\%}^2 w[O]_{\%}^3 f_V^2 f_O^3)$$

即

$$\lg K_2^{\ominus}=-2\lg w[V]_{\%}-3\lg w[O]_{\%}-2\lg f_V-3\lg f_O$$

而

$$\lg K_2^{\ominus}=\frac{857672}{19.147\times 1873}-\frac{336.22}{19.147}=6.355$$

$$\lg w[O]_{\%}=-\frac{1}{3}\lg K_2^{\ominus}-\frac{2}{3}\lg w[V]_{\%}-\frac{2}{3}\lg f_V-\lg f_O=-2.118-\frac{2}{3}\lg w[V]_{\%}+0.31w[V]_{\%} \tag{2}$$

由式（2）可计算出各 $w[V]_{\%}$ 的平衡 $w[O]_{\%}$，如表 7 − 4 所示。

表 7 − 4 形成 V_2O_3 的各 $w[V]_{\%}$ 的平衡 $w[O]_{\%}$

$w[V]_{\%}$	0.1	0.5	1.0	1.5	2.0	2.5
$\lg w[O]_{\%}$	−1.427	−1.765	−1.808	−1.769	−1.694	−1.600

用表 7 − 3 及表 7 − 4 的数值可作出钒脱氧的平衡曲线，如图 7 − 30 所示。

最小平衡氧量出现的 $w[\mathrm{V}]_{\%} = -\dfrac{x}{2.3ye_{\mathrm{O}}^{\mathrm{V}}} = -\dfrac{2}{2.3\times3\times(-0.30)} = 0.966$

将 $w[\mathrm{V}]_{\%} = 0.966$ 代入式（2），可求得最小平衡氧浓度

$\lg w[\mathrm{O}]_{\%} = -1.81 \quad w[\mathrm{O}] = 0.015\%$

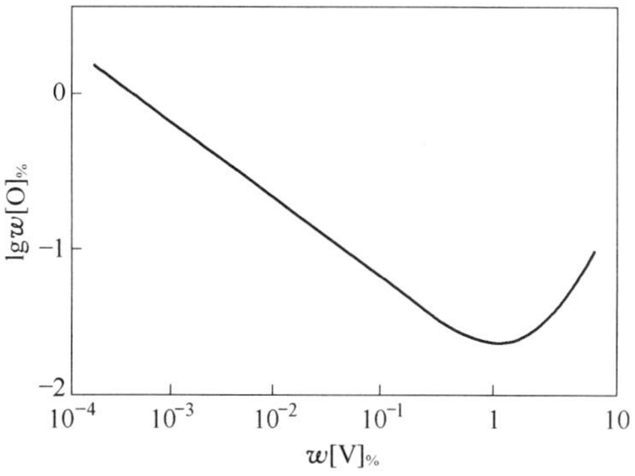

图 7－30　钒脱氧的平衡曲线

对同一脱氧元素，随着它的平衡浓度不同，可能有不同的脱氧产物生成。浓度低时，脱氧产物是含有 FeO 的复杂化合物或固溶体及液溶体。不能形成溶体的脱氧产物，其活度为 1，不会影响脱氧曲线的形状及斜率，但形成溶体的产物则使曲线的形状变复杂。

例如，对于铝的脱氧，随着 $w[\mathrm{Al}]_{\%}$ 的不同，可生成 $\mathrm{FeO\cdot Al_2O_3}$（铁铝尖晶石）及 $\mathrm{Al_2O_3}$，其反应如下：

$$2[\mathrm{Al}] + 4[\mathrm{O}] + [\mathrm{Fe}] = \mathrm{FeO\cdot Al_2O_3(s)} \quad \Delta_r G_m^{\ominus} = -1373063 + 445.01T \quad (\mathrm{J/mol})$$

$$\lg K_1^{\ominus} = -\lg a_{[\mathrm{Al}]}^2 a_{[\mathrm{O}]}^4 = \frac{71712}{T} - 23.24 \text{ 或 } \lg a_{[\mathrm{Al}]}^2 a_{[\mathrm{O}]}^4 = -\frac{71712}{T} + 23.24 \qquad (1)$$

这是由于加入的铝量低，钢液中有较高量的［O］，能以 FeO 形式和生成的 $\mathrm{Al_2O_3}$ 结合成 $\mathrm{FeO\cdot Al_2O_3(s)}$。

又

$$2[\mathrm{Al}] + 3[\mathrm{O}] = \mathrm{Al_2O_3(s)} \quad \Delta_r G_m^{\ominus} = -1218799 + 394.13T \quad (\mathrm{J/mol})$$

$$\lg a_{[\mathrm{Al}]}^2 a_{[\mathrm{O}]}^3 = -\frac{63655}{T} + 20.58 \qquad (2)$$

由式（1）及式（2）可分别作出脱氧的平衡直线[1]。温度为 1873K，由式（1）：

$$\lg a_{[\mathrm{Al}]}^2 a_{[\mathrm{O}]}^4 = -\frac{71712}{1873} + 23.34 = -15.05$$

$$2\lg a_{[\mathrm{Al}]} + 4\lg a_{[\mathrm{O}]} = -15.05$$

或

$$\lg a_{[\mathrm{Al}]} + 2\lg a_{[\mathrm{O}]} = -7.525 \qquad (1')$$

由式（2）：

$$\lg a_{[\mathrm{Al}]}^2 a_{[\mathrm{O}]}^3 = -\frac{63655}{1873} + 20.58 = -13.41$$

$$2\lg a_{[\mathrm{Al}]} + 3\lg a_{[\mathrm{O}]} = -13.41 \qquad (2')$$

或

$$\lg a_{[\mathrm{Al}]} + 1.5\lg a_{[\mathrm{O}]} = -6.61$$

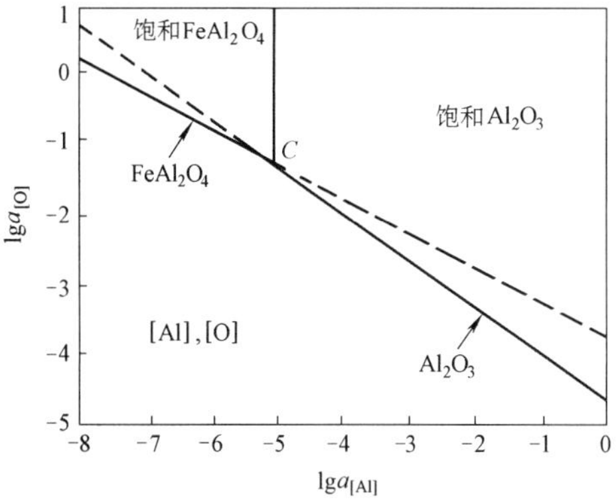

图 7－31　1600℃时 Fe－Al－O 系的平衡曲线

利用以上两式作图，如图 7－31 所示。这是以活度值表示，但能等价于以浓度表示的图。由图可见，交点的坐标为 $a_{[\mathrm{O}]} = 0.03$，$a_{[\mathrm{Al}]} = w[\mathrm{Al}]_{\%}(0.9\times10^{-5})$。图中的平衡线将图形分为 3 个区，分别为 $\mathrm{FeO\cdot Al_2O_3}$、$\mathrm{Al_2O_3}$ 及钢液中［O］、［Al］存在区。即在 1600℃时，$a_{[\mathrm{Al}]} < w[\mathrm{Al}]_{\%}(0.9\times10^{-5})$（3 条平衡线的交点），脱氧产物为 $\mathrm{FeO\cdot Al_2O_3}$（s）；而 $a_{[\mathrm{Al}]} > w[\mathrm{Al}]_{\%}(0.9\times10^{-5})$，则脱氧产物为 $\mathrm{Al_2O_3}$。

[1] 由活度作出的脱氧平衡曲线是直线。

C 点的 $a_{[O]}$ 也可由下列热力学计算得出：

$$\mathrm{Fe(l)} + [\mathrm{O}] + \mathrm{Al_2O_3(s)} = \mathrm{FeO \cdot Al_2O_3} \quad \Delta_r G_m^{\ominus} = -150800 + 55.94T \quad (\mathrm{J/mol})$$

$$\lg K^{\ominus} = -\lg a_{[O]} = \frac{150800}{19.147 \times 1873} - \frac{55.94}{19.147} = 1.283$$

而

$$a_{[O]} = 0.052$$

与由图中两直线交点得到的 $a_{[O]} = 0.03$ 相近似。

同样可得出其他脱氧元素的平衡值及其相应的平衡曲线。例如，对于钒的脱氧，$w[\mathrm{V}] < 0.1\%$ 时，形成 $\mathrm{FeO \cdot V_2O_3}$；$w[\mathrm{V}] > 0.2\%$ 时，形成 $\mathrm{V_2O_3(s)}$。对于钛的脱氧，$w[\mathrm{Ti}] < 0.2\%$ 时，形成 $\mathrm{Ti_3O_5}$；$w[\mathrm{Ti}] > 0.2\%$ 时，形成 $\mathrm{Ti_2O_3}$、$\mathrm{TiO_2}$。

因此，从图 7－29 可得出脱氧反应的热力学条件：

（1）图中曲线位置越低的元素，脱氧产物越稳定，而该元素的脱氧能力越强，与相同量的各元素平衡的氧浓度就越低；或为了达到同样的氧浓度，强脱氧元素的平衡浓度就越低。各元素脱氧能力的大小顺序是：Al > Ti > Si > Cr > Mn。但生产中则多采用比较便宜的 Mn、Si、Al 作脱氧剂。前两者是以其铁合金的形式使用的。

（2）脱氧产物的组成与温度及脱氧元素的平衡浓度有关。$w[\mathrm{M}]_{\%}$ 低及 $w[\mathrm{O}]_{\%}$ 高时，形成 $\mathrm{FeM}_x\mathrm{O}_y$ 复杂化合物；$w[\mathrm{M}]_{\%}$ 高及 $w[\mathrm{O}]_{\%}$ 低时，则生成纯氧化物 $\mathrm{M}_x\mathrm{O}_y$，如其熔点高过钢液的温度，则呈固相存在。仅位于曲线以上区域内的钢液才能发生脱氧反应，曲线上的黑点为脱氧产物的转变点。

（3）脱氧反应是强放热的，随着温度的降低，脱氧元素的脱氧能力增强，所以在钢液冷却及凝固过程中就不断有脱氧反应继续进行。此外，脱氧元素形成的偏析及富集也促使脱氧反应再度发生。这样形成的脱氧产物是难以排出的，在钢中成为夹杂物。因此，应在需要完全脱氧时加入足够量的强脱氧剂，降低钢液中的残氧量，以减少脱氧反应再次发生。例如，镇静钢的生产。

7.8.2 脱氧反应的动力学

脱氧剂加入到钢液中后，直到脱氧反应达到平衡时，$w[\mathrm{O}]$ 迅速下降，而脱氧产物形成的量则迅速上升，达到最大值，熔池中总氧量这时仍保持恒定。但随着脱氧产物的不断排出，从而总氧量也迅速下降，最后达到稳定值。

脱氧过程由脱氧剂的溶解、脱氧反应，脱氧产物的形核、长大及聚合，脱氧产物的排出及被熔渣所吸收等环节组成。

（1）脱氧剂的溶解及均匀分布。脱氧剂在钢中溶解，主要与加入物（如铁合金）的熔化温度、钢液的温度及溶解过程的热效应有关。低熔点的脱氧剂，如 Al、Si、Mn 等是由熔化转入钢液中；而高熔点的合金物，如钨、钼、硼的铁合金则以溶解方式转入钢液中，而溶解过程比熔化过程慢得多。它们的溶解时间范围较宽，在不利条件下是 20～40min；若强烈地搅拌熔池，如吹 Ar，可大为缩短溶解时间，约 2～3min。脱氧元素一旦溶解，即与钢液中氧瞬时发生反应。

（2）脱氧产物的形核、长大及聚合。由第 2 章式（2－82）可知，脱氧产物的形核取决于 $w[\mathrm{M}]$ 及 $w[\mathrm{O}]$ 的过饱和度及晶核与钢液的界面张力。仅当过饱和度（$\alpha = c/c_{平}$）为 $10^2 \sim 10^8$ 时，方能均相形核。强脱氧剂（Al、Ti）的脱氧常数较小，虽能达到这种程度的过饱和度（10^6），但其形成的氧化物与钢液的界面张力则较大（1.5N/m），难以发生均相形核；而较弱的脱氧剂，如Mn、Si等，则更不可能发生均相形核。但是由于铁合金中常含有还原过程的夹杂物，而铝表面有难熔的Al_2O_3，它们在钢液中能提供异相形核的现成界面，所以钢液中脱氧产物能在过饱和度不高的条件下异相形核。

核在形成的过程中不断长大，其周围的［O］及［M］的浓度很快贫化，而核表面呈现平衡浓度，这种浓度差就促进了［O］及［M］向核的表面扩散，而使核进一步长大。据测定，核生长过程的时间是$10^0 \sim 10^1$s数量级。

成长的核在相互碰撞中合并而发生聚集，使粒子变大。聚合的驱动力是体系界面能的降低。由于钢液-产物质点间的界面张力远大于产物粒子间的界面张力，即钢液对产物质点的润湿性较差，因而产物质点易于聚合。液体质点比固体质点更易聚合，能达到很大的尺寸（30~100μm）。因为液体质点多呈球形，碰撞上浮时阻力较小，而且聚合后体系的界面能降低较多。固体质点，特别是像Al_2O_3，尺寸小（3~8μm），形状又极不规则，不易聚合，只能凝结（烧结），而且凝结速率较慢，还可被熔体的运动出现再分裂。但是，当这种固相微粒和钢液的界面张力很大时不易被钢液所润湿，则可借助钢液的强大对流运动而排出。

（3）脱氧产物的排出及被熔渣所吸收。聚合后的脱氧产物质点达到一定尺寸（100~200μm）后，能借助自身的浮力从钢液中迅速排出。其上浮速度可由下述的斯托克斯公式估算，详见第2章式（2-89）。

$$v = \frac{2}{9} g r^2 \frac{\Delta\rho}{\eta} \tag{7-83}$$

式中 g——重力加速度，9.81m/s^2；
r——脱氧产物球形质点的半径，m；
$\Delta\rho$——钢液与脱氧产物的密度之差，kg/m^3；
η——钢液的动力黏度，Pa·s。

斯托克斯公式严格说来仅适用于尺寸小于0.1mm的固体质点，对于液体质点，可用考虑了液体质点黏度影响的公式：

$$v = \frac{2}{3} g r^2 \frac{\Delta\rho}{\eta} \cdot \frac{\eta + \eta_{(1)}}{2\eta + 3\eta_{(1)}} \tag{7-84}$$

式中 $\eta_{(1)}$——脱氧产物的黏度，Pa·s。

由式（7-84）可见，脱氧产物上浮速度与其形成颗粒半径的二次方成正比。因此，可认为在其他因素（η、ρ）不会有很大变化的条件下，增大脱氧产物颗粒半径就能有效地排出钢液中生成的脱氧产物。采用复合脱氧剂，使之形成黏度较小的液态脱氧产物及创造其碰撞的凝聚条件，就能获得较大的颗粒和较快的上浮速度。

此外，熔池中出现的对流运动不仅能提高质点的聚合速率，也能使质点排至表面的概率增加。一般认为，尺寸大于10μm的质点主要依靠上浮力排出，而较小的质点则需依靠对流运动排出，如Al_2O_3质点的排出。

熔体内产生的或吹入的惰性气体形成的气泡，不仅对熔体产生强烈的搅拌运动，而且也可使某些脱氧产物的质点（质点的表面张力较小时）黏附在气泡上，经浮选作用而被带出。

从钢液浮出的脱氧产物易于向钢液面上的熔渣内转移。图7-32所示为脱氧产物进入熔渣并被其所吸收、溶解的过程。由于脱氧产物颗粒外有金属膜存在，在进入钢-渣界面时，只有此金属膜破坏后，脱氧产物颗粒才能被渣所吸收。只要钢液-脱氧产物的界面张力大于脱氧产物-熔渣的界面张力，此金属膜就能消失，无阻碍地与渣接触而被吸收。它们转移时单位面积的吉布斯自由能变化为：

$$\left(\frac{\partial G}{\partial A}\right)_{p,T}=\sigma_{s-产物}-\sigma_{m-产物} \qquad (7-85)$$

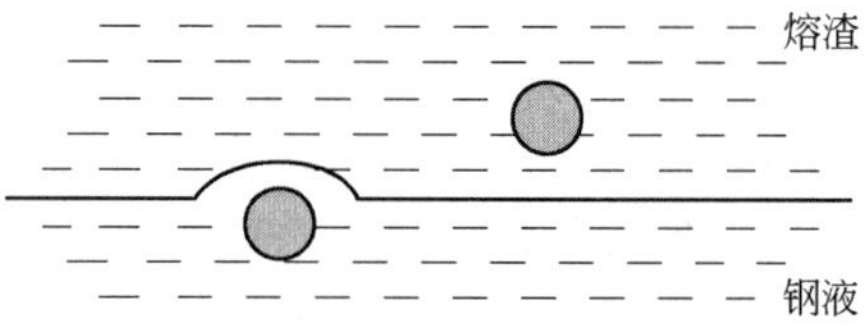

图 7-32　脱氧产物进入熔渣的过程

式中　$\sigma_{s-产物}$，$\sigma_{m-产物}$——分别为脱氧产物与熔渣及钢液的界面能，J/m^2；

A——相界面面积，m^2。

大多数氧化物和硫化物与熔渣间的界面张力均比与钢液间的界面张力小得多，所以 $(\partial G/\partial A)_{p,T}<0$，即脱氧产物能自发地进入熔渣内而被其所同化。而且 $4\pi r^2(\partial G/\partial A)_{p,T}<0$，即脱氧产物的尺寸越大，其进入熔渣的自发趋势也越大。

此外，脱氧产物如能与炉衬耐火材料发生反应，形成低熔点的化合物，则也能被炉衬所吸收。但是某些脱氧能力很强的脱氧剂也能使炉衬中的氧化物脱氧，形成新的脱氧产物，从而使钢液中夹杂物增多，这是不希望的。

关于脱氧过程的动力学限制环节还研究得不多，有的认为，脱氧剂转入钢液达到均匀分配是最慢的环节。但是人们最关心的是脱氧产物尽快地排出，使其在钢液中残存成为夹杂物的量最少这一环节。

因此，首先应根据钢种对脱氧程度的要求（沸腾钢及半镇静钢仅需部分脱氧，而镇静钢则需全脱氧）选择脱氧强度适宜的脱氧剂。其次，要求良好地组织脱氧，尽可能使脱氧产物从钢液中排出，降低钢液中残存的夹杂物量，为此，要求能形成熔点低而易聚合的液相脱氧产物，使脱氧产物与钢液有较大的界面张力或不易被钢液所润湿，并提高钢液的搅拌强度。

【例 7-18】　对含有 $w[Si]=0.15\%$ 及 $w[O]=0.03\%$ 的钢液加入硅铁脱氧，脱氧产物是纯 $SiO_2(s)$，生成的临界核数为 10^{12} 个/ m^3。试求脱氧产物 $SiO_2(s)$ 质点的半径及其上浮速度。温度为 1600℃，SiO_2 的摩尔体积为 $25\times10^{-6}m^3/mol$，钢液密度 $\rho_m=7.16\times10^3$，$SiO_2(s)$ 的密度 $\rho_{SiO_2}=2.2\times10^3kg/m^3$，钢液黏度 $\eta=6\times10^{-3}Pa\cdot s$。

解　当脱氧反应达到平衡时，脱氧前钢液的氧质量 $m[O]^0$ 应等于脱氧后钢液的氧质量 $m[O]$ 与脱氧产物 $SiO_2(s)$形成的氧质量 $m[O]_{SiO_2}$之和。即 $m[O]^0=m[O]+m[O]_{SiO_2}$，由此可求出脱氧产物 SiO_2 的临界核质点的体积及其半径，因为脱氧产物 $SiO_2(s)$的总氧量为：

$$m[O]_{SiO_2}=临界核数\times V\cdot m'[O]_{SiO_2}$$

式中　V——每个临界核的体积，$V=\frac{4}{3}\pi r^3$；

$m'[O]_{SiO_2}$——$1m^3SiO_2(s)$的氧量。

（1）$m[O]^0$（脱氧前钢液中氧量）。

$$m[O]^0=\rho_m m[O]=7162\times0.03\times10^{-2}=2.15kg$$

（2）$m[O]_{SiO_2}$（脱氧产物 $SiO_2(s)$ 的氧量）。

$1molSiO_2(s)$ 的体积为 $25\times10^{-6}m^3$，则 $1m^3SiO_2(s)$ 含有 $\frac{1}{25\times10^{-6}}mol\ SiO_2$ 或

$\frac{2\times16}{25\times10^{-6}}=1.28\times10^{6}$kg 的氧，而脱氧产物的临界核数是 10^{12} 个/m^3，每个核的体积为 Vm^3，故

$$m[O]_{SiO_2}=10^{12}\times V\times1.28\times10^{6}=1.28\times10^{18}V\quad(kg)$$

（3）$m[O]$（脱氧后钢液中氧量）。

$$[Si]+2[O]=\!=\!=SiO_2(s)$$

$$m[Si]m[O]^2=\frac{1}{K_{Si}}$$

而 $$\lg K_{Si}=\frac{31038}{T}-12.0=\frac{31038}{1873}-12.0=4.57\qquad K_{Si}=3.7\times10^{4}$$

故 $$m[Si]m[O]^2=\frac{1}{3.7\times10^{4}}=2.7\times10^{-5}$$

设脱氧时形成 SiO_2 的硅量为 x，由此除去的氧量为 $\frac{2\times16}{28}x=1.143x$，在 1600℃平衡时钢液内的硅氧积为：

$$(0.15-x)(0.03-1.143x)^2=2.7\times10^{-5}$$

解上列方程得：$x=0.014$，即 $m[O]_{\%}=0.014$。

而 $$m[O]=\rho_m m[O]_{\%}=7162\times0.014\times10^{-2}=1.00\text{kg}$$

又由 $m[O]_{SiO_2}=m[O]^0-m[O]$，代入各相应数值，可得：

$$10^{12}\times V\times1.28\times10^{6}=2.15-1.00=1.15$$

而 $$V=\frac{1.15}{1.28\times10^{18}}=0.898\times10^{-18}\text{m}^3$$

脱氧产物 SiO_2 质点的半径由 $V=\frac{4}{3}\pi r^3$ 求得：

$$r=\left(\frac{3V}{4\pi}\right)^{1/3}=\left(\frac{3\times0.898\times10^{-18}}{4\times3.14}\right)^{1/3}=6.0\times10^{-7}\text{m}$$

脱氧产物 SiO_2 质点的上浮速度为：

$$v=\frac{2}{9}gr^2\frac{\Delta\rho}{\eta}=\frac{2}{9}\times9.18\times(6.0\times10^{-7})^2\times\frac{7160-2200}{6\times10^{-3}}=6.07\times10^{-7}\text{m/s}$$

7.8.3 锰、硅、铝等的脱氧反应

7.8.3.1 锰的脱氧反应

由图 7-29 可见，锰是脱氧能力比较弱的脱氧剂。而它的脱氧产物是由 MnO + FeO 组成的液溶体或固溶体，与温度及［Mn］的平衡浓度有关。$w[Mn]_{\%}$ 增加，脱氧产物中的 $w(MnO)_{\%}/w(FeO)_{\%}$ 值增加，其熔点提高，倾向于形成固溶体。

锰的脱氧反应为： $[Mn]+[O]=\!=\!=(MnO)$

$$\lg K^{\ominus}_{Mn}=\lg\frac{a_{(MnO)}}{w[Mn]_{\%}\cdot w[O]_{\%}}=\frac{12760}{T}-5.58\text{❶}\qquad(7-86)$$

❶ 文献上尚有 $\frac{14450}{T}-6.43$（Turkdogan E T）、$\frac{15065}{T}-6.25$ 等，计算的数值有一定的分歧。一般实验研究是由 $[Mn]+(FeO)=(MnO)+[Fe]$ 及 $[Fe]+[O]=(FeO)$ 的组合得出式（7-86）的 $\Delta_r G^{\ominus}_m$。

它的脱氧产物是由 MnO + FeO 所组成的，近似于理想溶液，$\gamma_{MnO}=\gamma_{FeO}=1$。$a_{(FeO)}=w(FeO)_{\%}$，而 $a_{(MnO)}=w(MnO)_{\%}=100-w(FeO)_{\%}$。又 Fe－Mn 系也是理想溶液，$f_{Mn}=1$，$f_O=1$。而钢液中的［O］在钢液和脱氧产物中出现再分配：$w[O]_{\%}/w(FeO)_{\%}=L_O$。

将上列关系式代入锰脱氧反应的平衡常数中，可得出锰脱氧的氧平衡浓度计算式：

$$w[O]_{\%}=\frac{100L_O}{1+K_{Mn}^{\ominus}L_O w[Mn]_{\%}} \tag{7-87}$$

式中，$\lg L_O=-6320/T+0.734$。

式（7－87）仅适用于形成液溶体的脱氧产物。当 $w[Mn]_{\%}$ 很高或温度低时，可形成固溶体的脱氧产物，需在式（7－87）中计入反应中 FeO、MnO 凝固的吉布斯自由能变化。

因此，随着 $w[Mn]_{\%}$ 的提高及温度的降低（$K_{Mn}^{\ominus}$ 增大），平衡氧浓度减小，即锰的脱氧能力增强，而脱氧产物的熔点也相应提高，因为其内 MnO 的含量增加。图 7－33 为锰脱氧的平衡图。

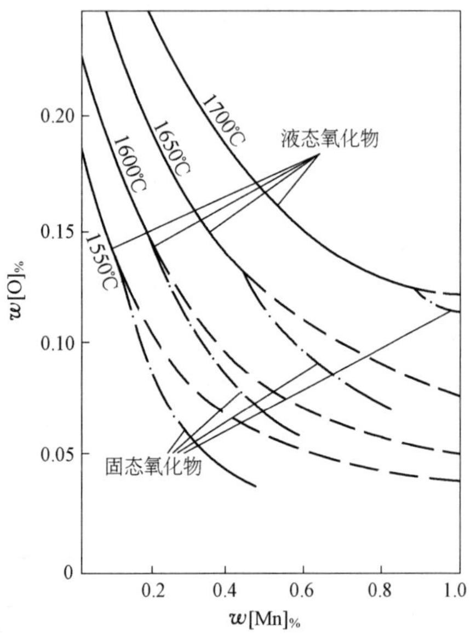

图 7－33 锰脱氧的平衡图

因为锰的脱氧能力在温度下降时增强，所以当钢液冷却到结晶温度附近时，锰能有较强的脱氧能力，在生产沸腾钢锭时，它就能控制钢锭模内钢液的沸腾强度。因为在低温下，［Mn］与［O］的亲和力大于［C］与［O］的亲和力，减弱［C］在后期的氧化，而使钢液的沸腾减弱或停止。此外，在生产镇静钢（全脱氧钢）时，锰和其他强脱氧剂同时加入进行脱氧，可形成含有 MnO 的液体产物，并能提高其他强脱氧剂的脱氧能力。

7.8.3.2 硅的脱氧反应

硅是比锰强的脱氧剂，常用于生产镇静钢。仅当 $w[Si]$ 在 0.002%～0.007% 范围内及 $w[O]$ 在 0.018%～0.13% 范围内时，脱氧产物才是液相硅酸铁（$2FeO\cdot SiO_2$）；而在一般钢种的硅含量（$w[Si]=0.17\%\sim0.32\%$）范围内，脱氧产物是 SiO_2。硅的脱氧反应为：

$$[Si]+2[O]=\!=\!=(SiO_2)$$

$$\lg K_{Si}^{\ominus}=\lg\frac{1}{w[Si]_{\%}\cdot w[O]_{\%}^2}=\frac{31038}{T}-12.0 \tag{7-88}$$

式中，$a_{(SiO_2)}=1$，而 $f_{Si}f_O^2=1$，故有 $w[Si]_{\%}\cdot w[O]_{\%}^2=1/K_{Si}^{\ominus}=K'_{Si}$。

这是因为随着 $w[Si]$ 的增加，f_{Si} 也增加，但 f_O 却减小，互为补偿，使 $f_{Si}f_O^2\approx1$。因此，可用式（7－88）来估计与一定的 $w[Si]_{\%}$ 平衡的 $w[O]_{\%}$。

一般钢种的硅含量可较大地降低钢液中的 $w[O]_{\%}$，但由图 7－29 可见，当钢液中 $w[C]_{\%}$ 由于选分结晶发生偏析时，其浓度增高，若其和硅的脱氧能力相近或高于此时，则［C］和［O］将再度强烈反应，析出 CO 气泡。因此，仅用硅脱氧不能抑制低温下发生的碳脱氧的反应，不能使钢液完全镇静，也就不能获得优质的镇静钢锭或钢坯。为此，需加入比硅脱氧能力更强的脱氧剂，如 Al。图 7－34 为硅脱氧的平衡图。

7.8.3.3 铝的脱氧反应

铝是很强的脱氧剂，主要用于生产镇静钢，它的脱氧能力比锰大两个数量级，比硅及碳大一个数量级。加入的铝量不大时，也能使钢液中碳的氧化停止，并能减少凝固钢中再次脱氧生成的夹杂物。

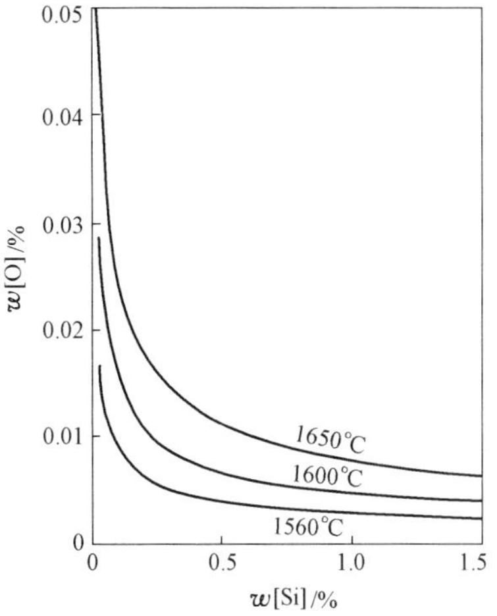

图 7－34 硅脱氧的平衡图

仅当铝浓度很低（$w[\mathrm{Al}]<0.001\%$）时，才能形成熔点高达 1800 ~ 1810℃ 的铁铝尖晶石（$\mathrm{FeO}\cdot\mathrm{Al_2O_3}$），一般是形成纯 $\mathrm{Al_2O_3}$，其脱氧反应为：

$$2[\mathrm{Al}]+3[\mathrm{O}]=\!=\!=\mathrm{Al_2O_3(s)}$$

$$\lg K_{\mathrm{Al}}^{\ominus}=\lg\frac{1}{w[\mathrm{Al}]_{\%}^{2}\cdot w[\mathrm{O}]_{\%}^{3}}=\frac{63655}{T}-20.58 \tag{7-89}$$

式中，$a_{\mathrm{Al_2O_3}}=1$，而 $f_{\mathrm{Al}}^{2}f_{\mathrm{O}}^{3}\approx1$，故有 $w[\mathrm{Al}]_{\%}^{2}\cdot w[\mathrm{O}]_{\%}^{3}=1/K_{\mathrm{Al}}^{\ominus}=K'_{\mathrm{Al}}$。

由式（7－89）可计算得到 1600℃时，$K'_{\mathrm{Al}}=4.0\times10^{-14}$，因此，当 $w[\mathrm{Al}]=0.01\%$ 时，$w[\mathrm{O}]=0.0007\%$。在这样低的 $w[\mathrm{O}]_{\%}$ 下，钢液中的［C］不可能再发生脱氧反应了，所以，用铝脱氧才能使钢液完全达到镇静。

铝脱氧生成的 $\mathrm{Al_2O_3}$ 是熔点很高的具有细小不规则形状的质点，难以聚合成大质点，但它能在钢液强大的对流作用下排出一些，因为钢液对 $\mathrm{Al_2O_3}$ 的黏附功小，不易被钢液所润湿。

除上述 3 种常用脱氧剂外，在特殊情况下还应用了一些特殊脱氧剂，它们不仅有较强的脱氧作用，还有合金化或脱硫的作用。它们的脱氧反应及其脱氧常数的温度关系式如表 7－5 所示。

表 7－5 特殊脱氧元素的脱氧反应及其脱氧常数的温度关系式

脱氧反应	$\lg K^{\ominus}=f(1/T)$	1600℃的 K'
$2[\mathrm{Ce}]+3[\mathrm{O}]=\mathrm{Ce_2O_3(s)}$	$-81090/T+20.19$	8.0×10^{-24}
$[\mathrm{Zr}]+2[\mathrm{O}]=\mathrm{ZrO_2(s)}$	$-44160/T+13.9$	2.0×10^{-10}
$[\mathrm{Ti}]+2[\mathrm{O}]=\mathrm{TiO_2(s)}$	$-36600/T+13.32$	6.0×10^{-7}
$2[\mathrm{B}]+3[\mathrm{O}]=\mathrm{B_2O_3(s)}$	$-46510/T+16.38$	3.5×10^{-9}
$2[\mathrm{V}]+3[\mathrm{O}]=\mathrm{V_2O_3(s)}$	$-42810/T+17.1$	1.8×10^{-6}
$2[\mathrm{Cr}]+3[\mathrm{O}]=\mathrm{Cr_2O_3(s)}$	$-78930/T+39.21$	1.2×10^{-3}

7.8.4 复合脱氧反应

7.8.4.1 脱氧的原理及特点

利用两种或两种以上的脱氧元素组成的脱氧剂使钢液脱氧，称为复合脱氧（complex

deoxidization)。例如，用 SiMn 合金脱氧时，将同时发生下列脱氧反应：

$$[Mn]+[O]=(MnO) \qquad w[O]_{\%}=\frac{w(MnO)_{\%}\gamma_{MnO}}{f_{Mn}w[Mn]_{\%}K_{Mn}^{\ominus}} \tag{1}$$

$$[Si]+2[O]=(SiO_2) \qquad w[O]_{\%}=\left(\frac{w(SiO_2)_{\%}\gamma_{SiO_2}}{f_{Si}w[Si]_{\%}K_{Si}^{\ominus}}\right)^{1/2} \tag{2}$$

同时钢液中还出现下列耦合反应：

$$[Si]+2(MnO)=(SiO_2)+2[Mn] \tag{3}$$

及

$$2(MnO)+(SiO_2)=(2MnO\cdot SiO_2) \tag{4}$$

即两种脱氧元素同时参加脱氧，耦合形成的产物则结合成复杂的化合物 $2MnO\cdot SiO_2$ 或 $MnO\cdot SiO_2$（见图7-35），与脱氧元素的平衡浓度有关，因而能使它们分别脱氧形成的产物的活度降低，从而使平衡的 $w[O]$ 降低。另外，它们的脱氧产物形成了低熔点的复杂化合物，又使脱氧产物易于聚合及排出。因为 Si 的脱氧能力比 Mn 的脱氧能力强，故强脱氧元素又能从弱脱氧元素形成的脱氧产物中夺取氧而使之分解，出现了反应（3）。与钢液中 $w[O]_{\%}$ 平衡的弱脱氧元素的 $w[Mn]_{\%}$，要比与此 $w[O]_{\%}$ 平衡的强脱氧元素的 $w[Si]_{\%}$ 高得多。故 $w[Mn]_{\%}$ 仅能控制反应（1）的 $w[O]_{\%}$，而 $w[Si]_{\%}$ 则控制了整个钢液的氧浓度，它比硅单独脱氧时的低（由于 $a_{(SiO_2)}$ 降低了），所以弱脱氧剂能提高强脱氧剂的脱氧能力。

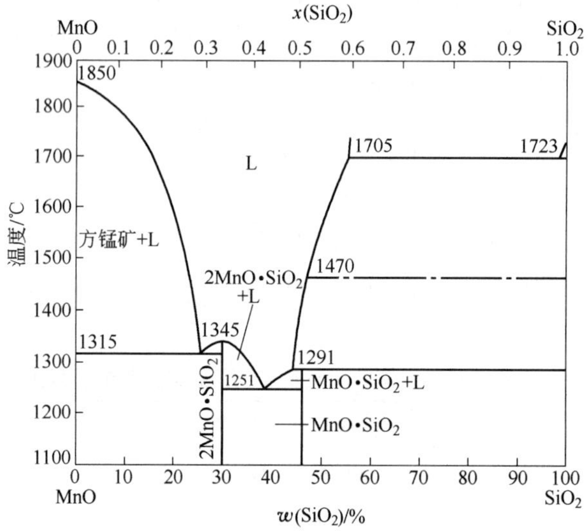

图7-35 $MnO-SiO_2$ 系状态图

脱氧时，钢液的平衡 $w[O]_{\%}$ 可由反应（1）得出。因为脱氧达到平衡时，反应（1）、（2）、（3）同时达到平衡，而各反应的平衡 $w[O]_{\%}$ 是相同的。这可由反应（1）来计算复合脱氧时钢液的平衡 $w[O]_{\%}$，即：

$$w[O]_{\%}=\frac{w(MnO)_{\%}\gamma_{MnO}}{f_{Mn}w[Mn]_{\%}K_{Mn}^{\ominus}}$$

式中，γ_{MnO} 和脱氧产物渣系的组成或性质有关。

（1）当形成的脱氧产物是被 SiO_2 饱和的酸性渣系（$FeO-MnO-SiO_{2(饱)}$）时，由实验得出：

$$\lg\gamma_{MnO}=810/T-1.06 \qquad (7-90)$$

脱氧产物的状态（固态或液态）与脱氧后钢液中 $w[Mn]_{\%}/w[Si]_{\%}$ 的值有关。保持 $w[Mn]_{\%}/w[Si]_{\%}\geqslant 4$ 时，可获得液态的产物，参见图 7－36。

（2）当 Si－Mn 脱氧生成的产物不被 SiO_2 饱和（碱性渣）时，则可利用下列方法求 $a_{(MnO)}$。

$$[Si]+2(MnO)=\!=\!=2[Mn]+(SiO_2) \qquad \Delta_r G_m^{\ominus}=-28912-24.32T \quad (J/mol)$$

$$\lg K_{Si-Mn}^{\ominus}=\lg\frac{f_{Mn}^2 w[Mn]_{\%}^2 a_{(SiO_2)}}{f_{Si}w[Si]_{\%}a_{(MnO)}^2}=\frac{1510}{T}+1.27 \qquad (7-91)$$

而

$$\frac{a_{(SiO_2)}}{a_{(MnO)}^2}=K_{Si-Mn}^{\ominus}\cdot\frac{w[Si]_{\%}f_{Si}}{w[Mn]_{\%}^2 f_{Mn}^2} \qquad (7-92)$$

由于 $a_{(SiO_2)}/a_{(MnO)}^2$ 与 $a_{(MnO)}$ 有线性关系，可利用图 7－37 的数据作出图 7－38，即 $a_{(MnO)}$ 对 $a_{(SiO_2)}/a_{(MnO)}^2$ 的关系图，由此则可求出 $a_{(MnO)}$。

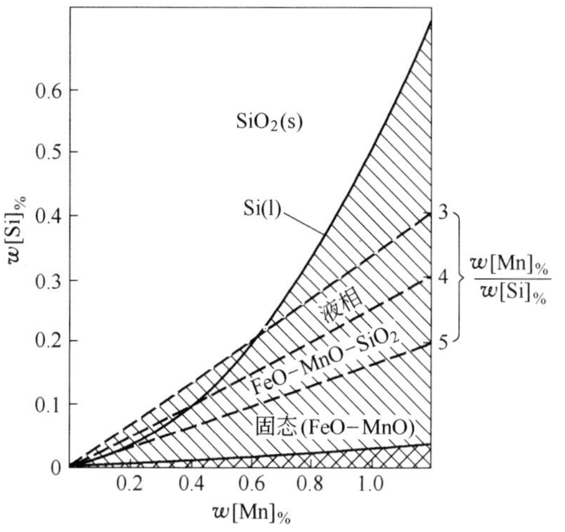

图 7－36 $w[Mn]_{\%}/w[Si]_{\%}$ 值对脱氧产物状态的影响

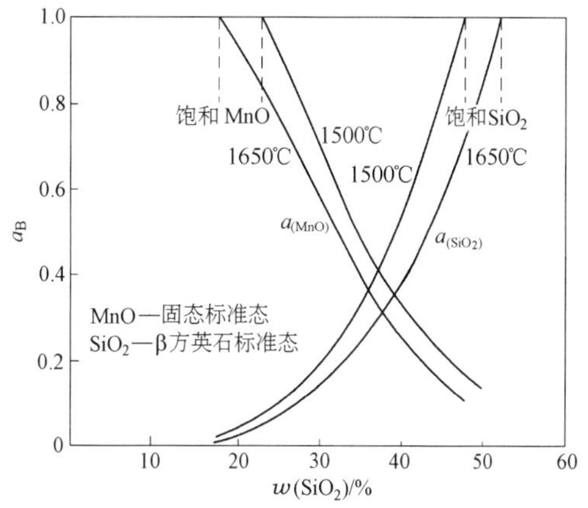

图 7－37 MnO－SiO_2 系组分的活度

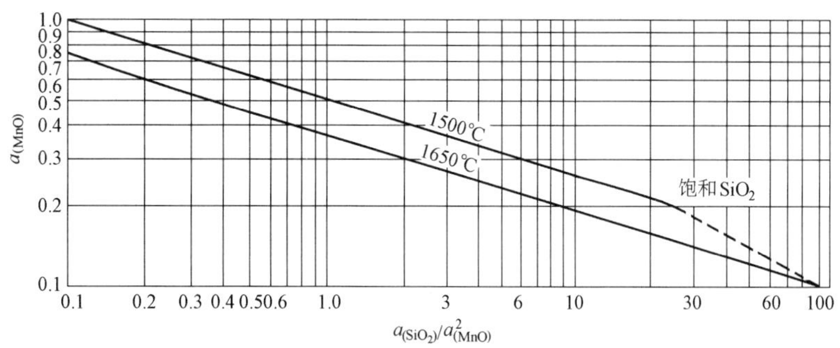

图 7－38 MnO－SiO_2 系 $a_{(MnO)}$ 与 $a_{(SiO_2)}/a_{(MnO)}^2$ 关系图

【例 7－19】 用硅锰复合脱氧剂使钢液脱氧时，钢液的平衡 $w[Mn]=0.9\%$，$w[Si]=$

0.3%。假定脱氧产物是 MnO 与 SiO_2 形成的具有理想溶液性质的熔体，钢液也作为理想溶液看待。试求 1620℃时钢液脱氧的平衡氧量，并与硅单独脱氧的平衡氧浓度进行比较。

解 复合脱氧反应为：

$$[Mn]+[O]=\!=\!=(MnO) \qquad K_{Mn}^{\ominus}=\frac{x(MnO)}{w[Mn]_{\%}\cdot w[O]_{\%}} \tag{1}$$

$$[Si]+2[O]=\!=\!=(SiO_2) \qquad K_{Si}^{\ominus}=\frac{x(SiO_2)}{w[Si]_{\%}\cdot w[O]_{\%}^2} \tag{2}$$

脱氧产物的组成为： $x(MnO)+x(SiO_2)=1$ (3)

因为钢液和脱氧产物熔体视为理想溶液，故用其浓度代替活度。由于反应（1）及（2）同时达到平衡时，它们的平衡 $w[O]_{\%}$ 是相同的，可将以上 3 个方程联立求解，消去未知的 $x(MnO)$ 及 $x(SiO_2)$，得：

$$K_{Mn}^{\ominus}w[Mn]_{\%}\cdot w[O]_{\%}+K_{Si}^{\ominus}w[Si]_{\%}\cdot w[O]_{\%}^2=1$$

或

$$w[O]_{\%}^2+\frac{K_{Mn}^{\ominus}w[Mn]_{\%}}{K_{Si}^{\ominus}w[Si]_{\%}}\cdot w[O]_{\%}-\frac{1}{K_{Si}^{\ominus}w[Si]_{\%}}=0$$

又

$$\lg K_{Mn}^{\ominus}=\frac{12760}{1893}-5.58=1.16 \qquad K_{Mn}^{\ominus}=14.45$$

$$\lg K_{Si}^{\ominus}=\frac{31038}{1893}-12.0=4.40 \qquad K_{Si}^{\ominus}=24900$$

将 $K_{Mn}^{\ominus}$、$K_{Si}^{\ominus}$、$w[Mn]_{\%}$、$w[Si]_{\%}$ 各数值代入上式中，得：

$$w[O]_{\%}^2+1.741\times10^{-3}w[O]_{\%}-1.339\times10^{-4}=0$$

解以上方程，得： $w[O]_{\%}=0.0107$

单独用硅脱氧时， $w[O]_{\%}=\sqrt{\dfrac{1}{K_{Si}^{\ominus}w[Si]_{\%}}}=\dfrac{1}{\sqrt{24900\times0.3}}=0.0116$

即单独用硅脱氧的平衡 $w[O]_{\%}$ 比硅锰复合脱氧的平衡 $w[O]_{\%}$ 高 8.70×10^{-4}，因为前一反应中的 $x(SiO_2)=1$。

【例 7-20】 用 SiMn 复合脱氧剂脱氧时，1600℃钢液的平衡 $w[Mn]=0.76\%$，$w[Si]=0.19\%$，$w[C]=0.33\%$，试计算钢液的平衡氧浓度。

解 由于脱氧后钢液中 $w[Mn]_{\%}/w[Si]_{\%}=4$，脱氧产物是不被 SiO_2 饱和的硅酸盐熔体。

$$[Mn]+[O]=\!=\!=(MnO) \qquad \lg K_{Mn}^{\ominus}=\frac{14450}{T}-6.43$$

$$K_{Mn}^{\ominus}=\frac{a_{(MnO)}}{f_{Mn}w[Mn]_{\%}\cdot w[O]_{\%}} \qquad w[O]_{\%}=\frac{a_{(MnO)}}{f_{Mn}w[Mn]_{\%}K_{Mn}^{\ominus}}$$

$$K_{Mn}^{\ominus}: \qquad \lg K_{Mn}^{\ominus}=\frac{14450}{1873}-6.43=1.285 \qquad K_{Mn}^{\ominus}=19.27$$

$a_{(MnO)}$：由 $[Si]+2(MnO)=2[Mn]+(SiO_2)$ 及式(7-91)、图 7-38，可求出 $a_{(MnO)}$。

$$K_{Si-Mn}^{\ominus}=\frac{f_{Mn}^2w[Mn]_{\%}^2a_{(SiO_2)}}{f_{Si}w[Si]_{\%}a_{(MnO)}^2} \qquad \frac{a_{(SiO_2)}}{a_{(MnO)}^2}=\frac{K_{Si-Mn}^{\ominus}f_{Si}w[Si]_{\%}}{f_{Mn}^2w[Mn]_{\%}^2}$$

又 $$\lg f_{Mn}=e_{Mn}^{Mn}w[Mn]_{\%}+e_{Mn}^{C}w[C]_{\%}+e_{Mn}^{Si}w[Si]_{\%}$$
$$=0\times0.76+(-0.07)\times0.33+0\times0.19=-0.0231 \qquad f_{Mn}=0.948$$
$$\lg f_{Si}=e_{Si}^{Si}w[Si]_{\%}+e_{Si}^{C}w[C]_{\%}+e_{Si}^{Mn}w[Mn]_{\%}$$
$$=0.11\times0.19+0.18\times0.33+0.002\times0.76=0.082 \qquad f_{Si}=1.21$$
$$\lg K_{Si-Mn}^{\ominus}=\frac{1510}{1873}+1.27=2.08 \qquad K_{Si-Mn}^{\ominus}=119.18$$

故 $$\frac{a_{(SiO_2)}}{a_{(MnO)}^2}=\frac{119.18\times1.21\times0.19}{0.948^2\times0.76^2}=52.79$$

从图 7－38 查得：$a_{(MnO)}=0.12$。故：

$$w[O]_{\%}=\frac{a_{(MnO)}}{f_{Mn}w[Mn]_{\%}K_{Mn}^{\ominus}}=\frac{0.12}{0.948\times0.76\times19.27}=0.0086 \qquad w[O]=0.0086\%$$

7.8.4.2* 复合脱氧剂的种类

除上述的 SiMn 复合脱氧剂外，尚有下列种类。

（1）ASM 合金。它是 Si－Mn－Al 的复合脱氧剂，成分为 $w[Al]\approx5\%$、$w[Si]\approx5\%$、$w[Mn]\approx10\%$，其余为 Fe。它的脱氧产物为液体硅铝酸盐，如 $3MnO\cdot Al_2O_3\cdot 3SiO_2$。

（2）SiCa 合金。其成分为 $w[Si]=55\%\sim65\%$、$w[Ca]=24\%\sim31\%$、$w[C]=0.8\%$，它是 $CaSi_2$、FeSi 及自由 Si 的共熔物，熔点为 970～1000℃，密度为 2500～2800kg/m^3。它的脱氧产物是硅酸钙（$2CaO\cdot SiO_2$），但常在 Al 脱氧后加入，能生成液态的铝酸钙（$C_{12}A_7$）、提高 Al 的脱氧能力及改变 Al_2O_3 夹杂物的形态。

脱氧反应可表示为：$[Si]+2[Ca]+4[O]═══(2CaO\cdot SiO_2)$

$$\lg K^{\ominus}=\lg\frac{1}{w[Si]_{\%}f_{Si}p_{Ca}^2w[O]_{\%}^4}=\frac{34680}{T}-10.035$$

p_{Ca}和温度有关： $$\lg p'_{Ca}=11.204-\frac{8.819}{T}-1.0216\lg T \quad (Pa)$$

硅不仅能提高钙的脱氧能力，还能降低钙的蒸气压，减小钙的挥发损失。

（3）SiAl 合金。它的脱氧产物是 $FeO-SiO_2-Al_2O_3$ 系，在此三元相图中出现了两个熔化温度分别为 1205℃及 1083℃的共晶体，而在靠近此相图中 FeO 组成角的大部分组成则是低于钢液温度的氧化物熔体。当 $w(Al_2O_3)<55\%$ 时，产物是玻璃态；而高于此，则主要是 Al_2O_3（刚玉），这是由于加入了较多 SiAl 合金造成的，会使钢液的流动性变坏，也易使连铸水口堵塞。

（4）CaAl 合金（或 Al＋CaO）。它是 $CaAl_2$、CaAl、$CaAl_3$ 组成的熔体，脱氧时能形成液态球形产物 $C_{12}A_7(12CaO\cdot 7Al_2O_3)$，改变残存脱氧产物的形态，并降低其含量。

（5）其他。以 Si、Ca 元素为基加入碱土类元素（Ba、Mg、Sr）及 Al、B、Mn、W、RE 等元素的三、四硅系复合合金，以及以 Ba 为主要元素的含钡复合合金，是近年来开发的新脱氧剂。例如，硅铝钡铁合金（$w[Si]=18\%\sim22\%$、$w[Al]=38\%\sim42\%$、$w[Ba]=7\%\sim8\%$、Fe 余量）能用以代替硅铝合金，节约铝的用量，改善夹杂物的形态及降低其含量。

图 7－39 为 SiMn 合金及 ASM 合金脱氧的平衡图。由于 Al 的加入，使脱氧产物 $MnO-SiO_2$ 的 $a_{(SiO_2)}$降低（0.12～0.27）。图 7－40 为 Al 及 CaAl 合金脱氧的平衡图。由于 Ca 的

加入，使脱氧产物 Al_2O_3-CaO 的 $a_{(Al_2O_3)}$降低（0.064）。从而两者均使脱氧反应的平衡氧浓度降低。

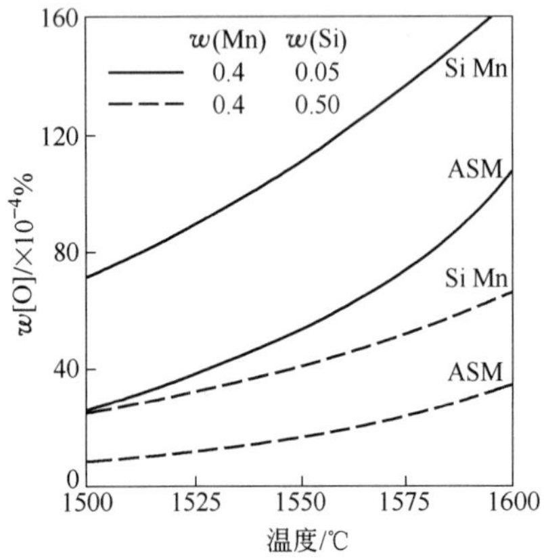

图 7－39 SiMn 合金及 ASM 合金脱氧的平衡图

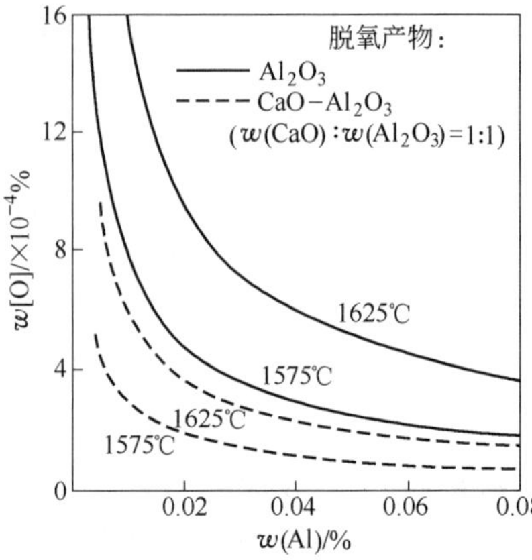

图 7－40 Al 及 CaAl 合金脱氧的平衡图

7.8.5 脱氧剂用量的计算

脱氧时脱氧剂元素 M 的加入量是使钢液中的初始 $w[O]_{\%}^{0}$ 降低到规定 $w[O]_{\%}$ 的量，及与钢液中规定 $w[O]_{\%}$ 平衡的 $w[M]_{\%}$ 或满足于钢种规定 $w[M]_{\%}$ 所需的量之和，即：

$$\frac{xM_{M}}{y}\cdot\frac{w[O]_{\%}^{0}-w[O]_{\%}}{16}+w[M]_{\%} \tag{7-93}$$

式中 $\frac{xM_{M}}{y}$——与 1mol[O]（16kg）形成氧化物 M_xO_y 的脱氧元素（M）的摩尔质量，即 100kg 钢液所需的 $w[M]_{\%}$（M_M 为 M 的摩尔质量），由脱氧反应式的化学计量关系计算；

$w[O]_{\%}^{0}$，$w[O]_{\%}$——分别为钢液中初始氧及规定的最后氧或与 $w[M]_{\%}$ 平衡的氧的质量百分数，$(w[\%]_{\%}^{0}-w[O]_{\%})/16$ 为 100kg 钢液中被元素 M 脱除的 [O] 的物质的量，mol；

$w[M]_{\%}$——钢种要求的脱氧元素 M 的质量百分数或与钢液中规定的 [O] 平衡的 $w[M]_{\%}$，由脱氧常数及钢液最后规定的氧的质量百分数计算。

脱氧元素在加入过程中还要烧损，因而脱氧元素或其脱氧剂的实际加入量应计入烧损值。

【例 7－21】 钢液的温度为 1600℃，其中 $w[Mn]=0.1\%$，$w[O]=0.04\%$。现需加入锰铁（$w(Mn)=60\%$）脱氧，使其氧含量下降到 $w[O]=0.02\%$，问需加入多少锰铁（kg/t）？

解 加入的锰铁除使钢液的氧含量从 0.04% 下降到 0.02% 外，还要供给与钢液脱氧达到的氧量（$w[O]=0.02\%$）平衡共存的锰量。

（1）脱去钢液中 $w[O]=0.04\%-0.02\%=0.02\%$ 所需锰量。

$$[Mn]+[O]=\!=\!=(MnO) \qquad \lg K_{Mn}^{\ominus}=\frac{12760}{T}-5.58$$

$$xM_{Mn}\left(\frac{w[O]_{\%}^{0}-w[O]_{\%}}{16}\right)=\frac{1\times55\times0.02}{16}=0.0688$$

即脱去钢液中 $w[O]=0.02\%$ 所需锰量为 0.0688%。

（2）与钢液中残存氧（$w[O]=0.02\%$）平衡共存的锰量。由上列反应的

$$K_{Mn}^{\ominus}=\frac{a_{(MnO)}}{w[Mn]_{\%}w[O]_{\%}}=\frac{x(MnO)}{w[Mn]_{\%}w[O]_{\%}}$$

得：

$$w[Mn]_{\%}=\frac{x(MnO)}{K_{Mn}^{\ominus}}\cdot\frac{1}{w[O]_{\%}}$$

$$\lg K_{Mn}^{\ominus}=\frac{12760}{1873}-5.58=1.233 \qquad K_{Mn}^{\ominus}=17.084$$

故

$$w[Mn]_{\%}=\frac{x(MnO)}{17.084\times0.02}=\frac{x(MnO)}{0.342} \tag{1}$$

即此锰量与其脱氧形成的脱氧产物中的 $x(MnO)$ 有关（形成的脱氧产物是固态或液态的理想溶体 FeO－MnO，故 $a_{(MnO)}=x_{(MnO)}$）。

为求 $x(MnO)$，可引用锰脱氧的另一种表达式：

$$[Mn]+(FeO)=\!=\!=(MnO)+[Fe] \qquad \Delta_r G_m^{\ominus}=-123307+56.48T \quad (J/mol)$$

$$K_{Mn-Fe}^{\ominus}=\frac{x(MnO)}{x(FeO)}\cdot\frac{1}{w[Mn]_{\%}}$$

又 $x(MnO)+x(FeO)=1$，由以上两式可得：$\dfrac{1-x(MnO)}{x(MnO)}=\dfrac{1}{K_{Mn-Fe}^{\ominus}w[Mn]_{\%}}$

又

$$\lg K_{Mn-Fe}^{\ominus}=\frac{123307}{19.147\times1873}-\frac{56.48}{19.147}=0.48 \qquad K_{Mn-Fe}=3.08$$

而由式（1）得：$x(MnO)=0.342w[Mn]_{\%}$

故

$$\frac{1-0.342w[Mn]_{\%}}{0.342w[Mn]_{\%}}=\frac{1}{3.08\times w[Mn]_{\%}}$$

解上式得： $w[Mn]_{\%}=2.60 \qquad w[Mn]=2.60\%$

综上，应加入的锰量 $=0.0688\%+2.60\%=2.669\%$。

加入的锰铁量 $=\dfrac{2.669}{100}\times10^{3}\times\dfrac{1}{0.60}=44.5kg/t$

由此可见，用锰单独脱氧所需锰量太多，因其脱氧能力较弱。

【例7－22】 为使用 FeSi 脱氧的钢液氧的质量分数从 0.01% 下降到 0.0001%，需加入多少铝（温度为1600℃）？当此用 Al 脱氧的钢液冷却到1500℃时，能析出多少 Al_2O_3 夹杂物？

解 （1）加入的铝量。脱氧加入的铝量是使钢液中 $w[O]_{\%}$ 降到规定值的铝量，及与钢液中残存氧平衡的 $w[Al]_{\%}$ 所需的铝量之和。

1）除去钢液中 $w[O]=0.01\%-0.0001\%=0.0099\%$ 所需铝量，按铝脱氧反应的化学计量关系计算：

$$2[Al]+3[O]=\!=\!=(Al_2O_3)(s)$$

$$xM_{Al}\left(\frac{w[O]_{\%}^{0}-w[O]_{\%}}{16y}\right)=\frac{2\times27\times0.0099}{3\times16}=0.011$$

即除去钢液中 $w[O]=0.0099\%$ 所需铝量为 0.011%。

2）与残存 $w[O]=0.0001\%$ 平衡的铝量：

$$K'_{Al}=w[Al]_{\%}^{2}w[O]_{\%}^{3} \qquad w[Al]_{\%}=\sqrt{K'_{Al}/w[O]_{\%}^{3}}$$

$$\lg K_{Al}^{\ominus}=\frac{63655}{1873}-20.58=13.41 \qquad K'_{Al}=1/K_{Al}^{\ominus}=3.89\times10^{-14}$$

故 $$w[Al]_{\%}=\sqrt{3.89\times10^{-14}/0.0001^{3}}=0.197 \qquad w[Al]=0.197\%$$

综上，应加入的铝量 $=0.011\%+0.197\%=2.08\%$。

（2）钢液温度从1600℃下降到1500℃析出的 Al_2O_3 量。设 x 为脱氧生成 Al_2O_3 的铝量（%），则钢中由此铝量除去的氧量为 $\frac{3\times16}{2\times27}x=0.889x$。在1500℃平衡时，钢内的铝氧积为：

$$K'_{Al}=(0.197-x)^{2}(0.0001-0.889x)^{3}$$

$$\lg K_{Al}^{\ominus}=\frac{63655}{1773}-20.58=15.32 \qquad K'_{Al}=1/K_{Al}^{\ominus}=4.76\times10^{-16}$$

故 $$(0.197-x)^{2}(0.0001-0.889x)^{3}=4.76\times10^{-16}$$

用计算机求解得：$x=8.66\times10^{-5}\%$

冷却过程中，因 K'_{Al} 减少，钢中溶解氧再度脱氧形成的 Al_2O_3 量为：

$$w(Al_2O_3)=8.66\times10^{-5}\%\times\frac{102}{2\times27}=1.64\times10^{-4}\%$$

【例7－23】 试计算为使1600℃时钢液的 $w[O]$ 从0.05%下降到0.012%，而脱氧终了时钢液的 $w[Mn]=0.6\%$、$w[Si]=0.12\%$，需加入的锰铁（$w[Mn]=75\%$）及硅铁（$w[Si]=65\%$）量。

解 脱氧产物由 $MnO-SiO_2$ 组成，为使脱氧产物是液态硅酸盐，选取 $w[Mn]/w[Si]=4.2$，于是用于脱氧的Mn及Si的浓度之间存在着下列关系：

$$w[Mn]_{\%}=4.2w[Si]_{\%}$$

钢液的总脱氧量是Si及Mn两者脱氧量的总和，即：

总脱氧量＝Si的脱氧量＋Mn的脱氧量

$$\frac{32}{28}\times w[Si]_{\%}+\frac{16}{55}\times w[Mn]_{\%}=0.05-0.012=0.038$$

代入 $w[Mn]_{\%}=4.2w[Si]_{\%}$ 得：$1.14w[Si]_{\%}+0.29\times4.2w[Si]_{\%}=0.038$

解上方程得： $w[Si]=0.016\%$

$w[Mn]=0.067\%$

将上述值分别加上脱氧后各自的平衡浓度，即为脱氧元素的浓度：

应加入的硅的质量分数 $=0.12\%+0.016\%=0.136\%$

应加入的锰的质量分数 $=0.6\%+0.067\%=0.667\%$

相应地，应加入硅铁（$w(Si)=65\%$）量 $=\frac{0.136}{100}\times10^{3}\times\frac{1}{0.65}=2.1\text{kg/t}$

$$应加入锰铁（w(Mn)=75\%）量=\frac{0.667}{100}\times 10^3\times\frac{1}{0.75}=8.9\text{kg/t}$$

7.8.6 扩散脱氧

扩散脱氧是利用熔渣使钢液脱氧，脱氧反应发生在钢液－熔渣界面上。

如向熔渣内加入强脱氧剂（如硅铁粉、炭粉、电石粉或铝粉、CaC_2 等），使渣中保持很低的（FeO）浓度，而钢液中的 $w[O]_\%$ 高于与熔渣平衡的 $w[O]_\%$，即 $w[O]_\% > a_{(FeO)}L_O$ 时，钢液的［O］经过钢－渣界面向熔渣内扩散，而使 $w[O]_\%$ 不断降低，直到 $w[O]_\% = a_{(FeO)}L_O$ 的平衡状态。

扩散脱氧可在能形成还原气氛的电炉内进行，这样渣中的（FeO）才易于保持在很低的值。由于脱氧剂加在渣层内，脱氧反应在渣－钢液界面进行，脱氧产物不进入钢液中，就不会污染钢液，因而从原则上来说是冶炼优质钢较好的脱氧方法。同时，在利用高碱度及（FeO）量很低的炉渣时，还能深度脱硫。

但是，在一般电炉内进行扩散脱氧有某些重大缺点。由于钢液－熔渣的比表面小及熔池的搅拌作用弱，钢液中氧的扩散缓慢，脱氧过程的速率很低，而且炉衬受到高温炉渣的侵蚀严重。由于这些原因，扩散脱氧仅在盛钢桶内用 $w(FeO)$ 很低的合成渣处理钢液时才有较大的效果。关于真空脱氧将在第 8 章介绍。

7.8.7* 钢液的合金化

在炼钢过程中加入到钢液中的某些脱氧剂，一部分用于钢液的脱氧，转化为脱氧产物，自钢液中排出；另一部分则被钢液所吸收，起到合金化的作用。因此，一般脱氧兼有合金化的作用，如锰、硅的脱氧。但在冶炼高合金钢时，还需要另外在脱氧之后添加合金剂，达到使钢合金化的目的。

现在为了更大地提高钢的质量，要求钢的化学成分波动范围更加狭窄，除了在出钢前后进行合金化操作外，也在炉外精炼的真空或吹氩条件下，在钢包中进行合金成分微调操作，并对钢液吸收合金元素的规律加以研究。

因为钢液临界层的传热能力比合金添加剂的高，所以合金添加剂一进入钢液中就在其表面形成了钢壳层，而随后才熔化。但钢壳的出现则削弱了热交换，阻碍了合金添加剂的迅速溶解。而添加剂的粒度及密度对此有很大的影响。粒度小而熔点较低的添加剂，如 FeMn、MnSi、Al 等，在钢壳重新熔化并允许钢壳内合金添加剂溶解于钢液以前，就能在钢液中溶解；而当添加剂粒度较大、导热能力低，钢液的过热度又高时，钢壳的熔化就要先于添加剂的溶解。添加剂与钢液密度之差所产生的浮力效应，则将影响添加剂在钢液面下的最大渗透深度及其在钢液中的停留时间。停留时间短，可能使添加剂在完全溶解前便上浮到钢液面，甚至汽化，与熔渣及大气接触，烧损极大，难以准确控制钢液的狭窄范围成分。合金添加剂的密度一般都比钢液的小。密度值接近钢液的添加剂则是最佳密度的添加剂。密度过大的添加剂则会沉入钢包底，导致损失，如铌铁。

为保证获得最佳的合金化过程，用量大的合金添加剂应以块状形式加入，在出钢过程中加入到钢包中的合金添加剂应进行粒化。为避免粉剂与空气或熔渣接触而增大烧损，应利用惰性气体作载气，将合金添加剂直接喷射到钢液深处；或将合金添加剂制成包芯线，直接喂入钢包内等。

合金添加剂的种类繁多，有纯金属（Ni、Cu、Al）、铁合金、合金元素的化合物（CaC_2 等）。用氧化物对钢液进行直接合金化处理时可利用各类型的物料，如矿石、炉渣、废料等，它们能降低冶炼成本及节约能耗。

7.9 钢液凝固过程的反应

钢液由液相转变成固相发生的凝固过程，不仅是物质聚集态的变化过程，而且也是一复杂的物理变化过程。在伴随物态转变的同时，有铸坯组织结构的形成、化学成分的偏析、二次脱氧产物的形成与排出、气体的放出与气孔的形成、夹杂物的形成与排出、凝固收缩等一系列变化。因此，钢液的凝固不仅决定了钢坯的结构、组织和性能，而且还影响着以后的塑性加工和热处理，即直接影响到钢质量和生产成本。

7.9.1 钢坯的结构

关于钢液结晶过程中核的形成和长大、晶粒生长的热力学和动力学条件，已在第 2 章中讲述了，此处仅对结晶形成钢坯的结构加以介绍。

金属在正常的凝固过程中，一般以树枝状结晶的形式生长成骨架，而后液体金属填补于树枝之间。树枝状晶体可分为初级、次级及三级，如图 7－41 所示。初级枝晶的晶轴平行于晶粒生长方向，即沿柱晶方向，次级（及三级）枝晶则垂直于柱晶方向。

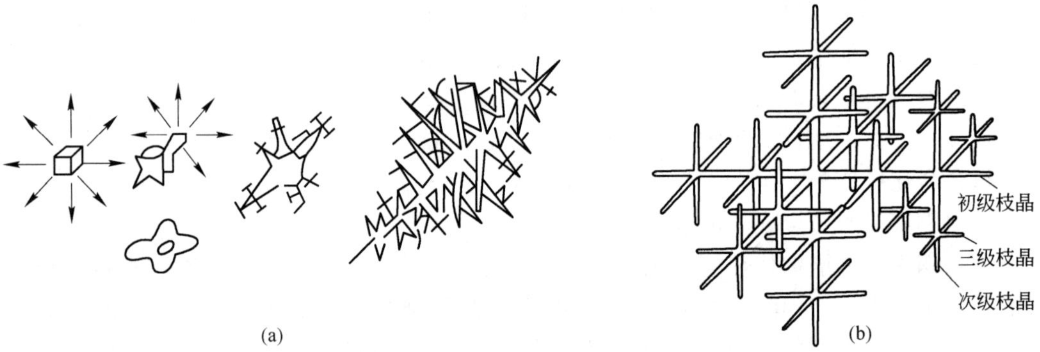

图 7－41 树枝状晶体形成过程示意图

在凝固过程无大量气体析出的条件下（如镇静钢），钢坯或钢锭本身的结构是由细等轴晶层（也称急冷外壳）、柱状体晶区和粗大等轴区组成的，如图 7－42 所示。图 7－43 为其横断面图。

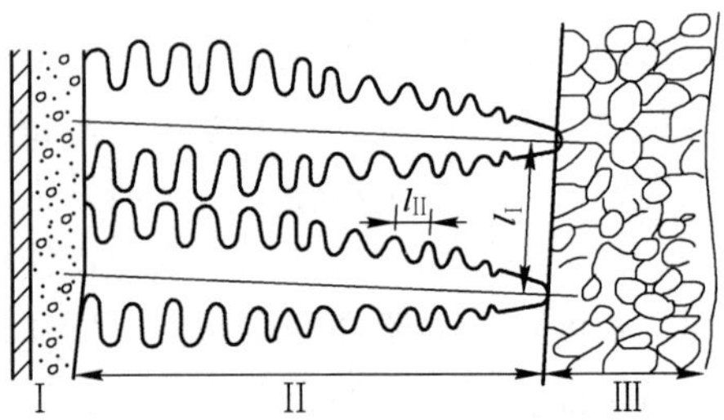

图 7－42 钢坯组成的 3 个结晶区

I—细等轴晶层；II—柱状体晶区；III—粗大等轴晶区

当钢液注入模内后，与模壁接触的一层钢液受到模壁的急冷而形成大量晶核，最后发展成为细小的等轴晶层。而后此层旁的钢液由于模壁缓慢传热，晶体便沿着平行于热流方向，

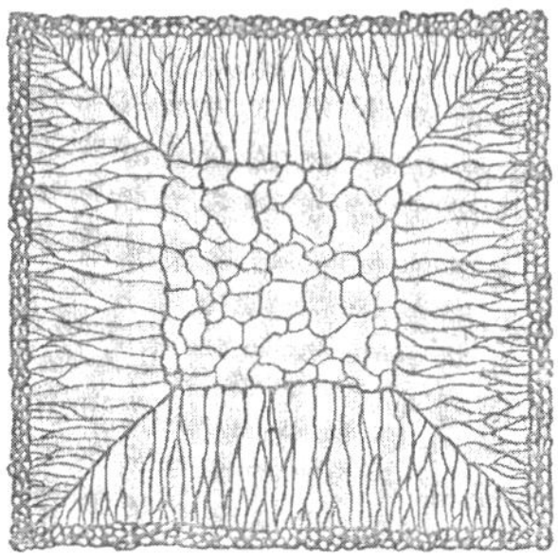

图7-43 钢坯横断面图

朝着与热流方向相反的方向生长，成为垂直于模壁、向中心方向生长的柱状晶层。随后，随着柱状晶不断发展，散热强度逐渐减小，结晶速率缓慢，生核率又低，于是产生了孤立的等轴晶，并向各方向发展，形成了无方向的粗大等轴晶区。

连铸坯的凝固则相当于高宽比特别大的钢锭的凝固。由于强制冷却的作用，连铸坯在凝固时的温度梯度和凝固速率都比钢锭的大。与钢锭的结构相比，其低倍组织并无本质差别。但其中的柱状晶层则较大发展，树枝晶较细。柱状晶体也不完全垂直于铸坯表面，向上倾斜一定的角度（约10°）。这是由于结晶器的液相穴内，在凝固前沿着向上的钢液流动所致。

7.9.2 钢液凝固的偏析

在冶炼中不仅要获得化学成分合格的钢液，而且还要求在凝固过程中化学成分的偏差不要大于成品钢的规格上限。否则大板浇注的钢锭或钢坯会因化学成分差异较大，而使产品的性能不合格。例如，为使钢中晶界上 $w[P]$ 低于 $5.0\times10^{-3}\%$，钢的平均 $w[P]$ 或许应低于 $1.5\times10^{-3}\%$。但在钢液凝固过程中，由于选分结晶，许多溶解元素，特别是非金属元素（P、S、O、C、H等）不断在钢液的凝固前沿的母液中富集，形成不均匀的分布，称为偏析（segregation）。

偏析大概分为两类，即微观偏析（microsegregation）和宏观偏析（macrosegregation）。前者是发生在几个晶粒范围（μm）内，即树枝晶的空间内，凝固时的选分结晶使一些杂质元素在树枝晶内富集；后者则由于凝固时钢液的流动，把富集的杂质元素推向树枝晶间更大的未凝区内，形成大范围内以致整个钢锭或钢坯内部杂质呈不均匀分布，如图7-44所示。宏观偏析不仅影响最后产品的质量，而且难以使浇注前加入到钢液中的脱氧或合金化元素有确切的成分。

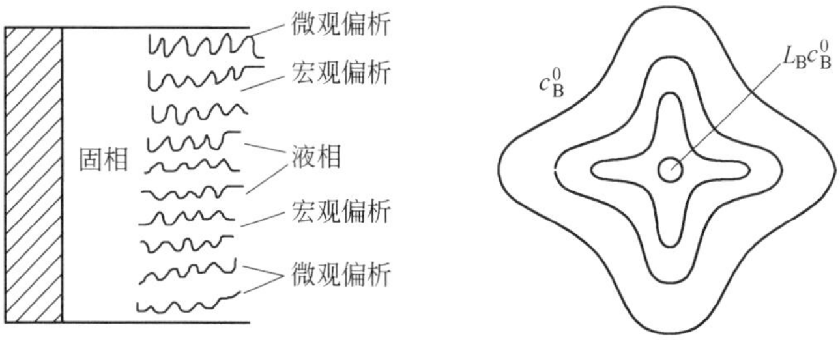

图7-44 微观及宏观偏析示意图

7.9.2.1 微观偏析

A Scheil 方程

微观偏析包括树枝晶偏析、晶界偏析。而在正常凝固过程中，一般以树枝状结晶形式先生成枝状骨架，而后液体金属填补于树枝之间。发生在枝晶偏析的过程可用二元合金的相图来说明，如图7－45所示。成分为 c_B^0 的二元合金液，当温度下降到 T_1 时开始凝固，析出成分为 $c_{B(s)}$ 的固体，而相应的溶剂的成分为 c_B^0，随着温度的不断下降，此共存的固、液相的成分分别沿固相线及液相线变化。即由于选分结晶的结果，两者内组分B的浓度均增高。但固相内组分B的浓度比平均浓度 c_B^0 低，而液相内组分B的浓度则比 c_B^0 高，因此，不同温度下凝固出来的固相成分是不一致的，这就发生组分B的偏析。

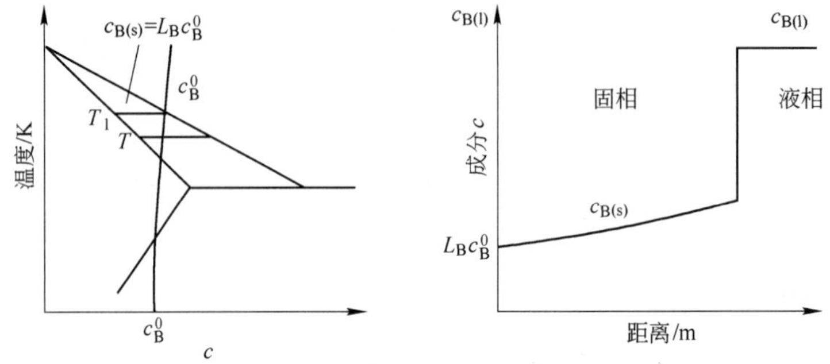

图7－45　二元合金相图及微观偏析的形成

为简便计，先假定凝固的固相内无溶质的扩散，而剩余的母液相内扩散完全，保持浓度均匀，则溶质B在固、液两相内的分配系数，即 $L_B=c_{B(s)}/c_{B(l)}$ 为常数。其值位于 10^{-4} ~ 10范围内，能大于1或小于1。如元素降低主要金属的熔点，则 $L_B<1$，如铁液中各元素的溶解。可由下列公式得出 L_B：

（1）理想溶液：
$$\ln L_B=\ln\frac{x_{B(s)}}{x_{B(l)}}=\frac{\Delta_{fus}H_B^{\ominus}}{R}\left(\frac{1}{T}-\frac{1}{T_{fus(B)}}\right)$$

式中　$\Delta_{fus}H_B^{\ominus}$——组分B的熔化焓，kJ/mol；

$T_{fus(B)}$——组分B的熔点，K。

（2）稀溶液：
$$\ln L_B=(\Delta_{fus}H_B^{\ominus}-\Delta H_B^{\ominus})/(RT)-\frac{\Delta_{fus}H_B^{\ominus}}{RT_{fus}}$$

式中　$\Delta H_B^{\ominus}$——偏摩尔混合焓，假定与 T 无关。

（3）正规溶液：
$$\ln L_B=\Delta_{fus}H_B^{\ominus}+(\Delta H_{B(l)}^{\ominus}-\Delta H_{B(s)}^{\ominus})/(RT)-\Delta S^{\ominus}/R$$

$$\Delta H_{(l)}^{\ominus}=(1-c_{(l)})^2\alpha_{(l)}\qquad \Delta H_{(s)}^{\ominus}=(1-c_{(s)})^2\alpha_{(s)}$$

式中　$\alpha_{(l)}$，$\alpha_{(s)}$——分别为与 T 无关的液相及固相内质点间的作用能，称为交互作用能；

$\Delta S^{\ominus}$——结晶熵，J/(mol·K)。

但是由二元相图计算的 L_B 值精确度不高，因为高浓度范围内的相图精确度不高。在稀溶液浓度范围内，固相线及液相线近似于直线，而 $L_B=c_{B(s)}/c_{B(l)}$ 为常数；但在较高浓度范围内，固相线和液相线则是曲线，L_B 与浓度有关而不是常数了。这时为近似估计 L_B，可从相图的纯组分的熔点向固相线及液相线作切线，由其与温度水平线的交点坐标得出 $L_B=c_{B(s)}/c_{B(l)}$。表7－6所示为铁液中某些元素的分配系数 L_B。

表 7-6 铁液中某些元素的分配系数 L_B

元素		Al	B	C	Co	Cr	Cu	H	Mn	Mo
L_B	δFe	0.92	0.95	0.17	0.90	0.95	0.60	0.27	0.68	0.80
	γFe	—	0.96	0.34	0.95	0.85	0.70	0.45	0.78	0.57
元素		Ni	O	P	Si	S	Ti	W	V	Zr
L_B	δFe	0.75	0.02	0.13	0.65	0.05	0.40	0.95	0.96	0.50
	γFe	0.85	0.03	0.06	0.54	0.05	0.30	0.50	—	

由于溶质 B 在固相内的溶解度低于液相内的溶解度，所以钢液凝固时，残留在固相内的溶质 B 的浓度比原来钢液中的要低，而这多余的溶质 B 就被排入到剩余的母液中去。图 7-46 为钢液凝固过程中固、液相内溶质 B 浓度的分布图。设未凝固前钢液为长度 1m、截面积 1cm^2 的液柱，在凝固某时刻，未凝固的液相体积分数为 f_l，而已凝固的固相体积分数为 f_s，而 $f_s+f_l=1$。在凝固过程中，每形成一微元体 Δf_s 的固相时，其内组分 B 的浓度增加 $\Delta c_{B(s)}$，而固相内组分 B 的总浓度为 $c_{B(s)}+\Delta c_{B(s)}$。相应地，残余液相增加一微元体 Δf_l 时，其内组分 B 的浓度增加 $\Delta c_{B(l)}$，因而残余液相内组分 B 的总浓度为 $c_{B(l)}+\Delta c_{B(l)}$，组分 B 的总量为 $(c_{B(l)}+\Delta c_{B(l)})\cdot(f_l+\Delta f_l)$。液相中组分 B 的总量为 $f_l c_{B(l)}$，因此进入凝固相内的组分 B 的量是 $-\Delta f_l c_{B(s)}$，它等于液相排出的量（负值），故：

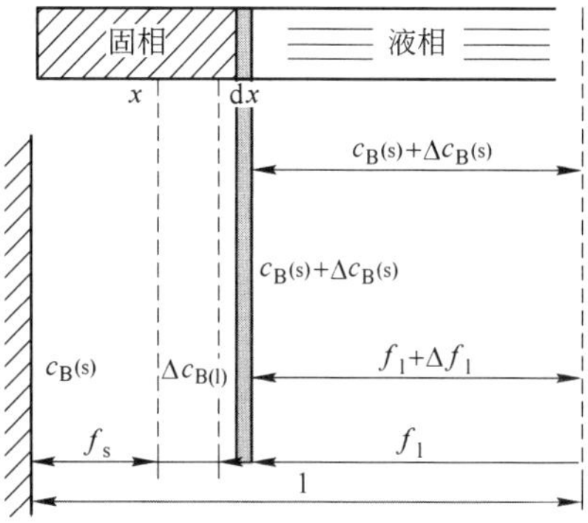

图 7-46 钢液凝固过程中固、液相内溶质 B 浓度的分布图

$$f_l c_{B(l)}-(f_l+\Delta f_l)(c_{B(l)}+\Delta c_{B(l)})=-\Delta f_l c_{B(s)}$$

化简上式，并用 $dc_{B(l)}$ 及 df_l 分别代替 $\Delta c_{B(l)}$ 及 Δf_l，得：

$$-\frac{df_l}{f_l}=-\frac{dc_{B(l)}}{c_{B(l)}-c_{B(s)}}$$

由于 $L_B=c_{B(s)}/c_{B(l)}$，能由相图得出 L_B 值。于是将 $c_{B(s)}=L_B c_{B(l)}$ 代入上式，可得：

$$(L_B-1)\frac{df_l}{f_l}=\frac{dc_{B(l)}}{c_{B(l)}} \tag{1}$$

在 $1\sim f_l$ 及 $c_B^0\sim c_{B(l)}$ 界限内积分上式，得：

$$\frac{c_{B(l)}}{c_B^0}=f_l^{L_B-1}$$

或 $$c_{B(l)}=c_B^0 f_l^{L_B-1} \qquad c_{B(s)}=c_B^0 L_B f_l^{L_B-1} \tag{7-94}$$

式（7-94）称为 Scheil 方程，它表示钢液凝固过程中液相及固相内组分的浓度分布，它们受分配系数 L_B 及残存液相体积分数 f_l 的影响。当 $L_B=1$ 时，无偏析发生；当 $L_B=0.1$ 时，组分 B 主要存在于最后批凝固的母液中。

但是，由 Scheil 方程计算的浓度值与实测值有较大偏差，这是因为没有考虑凝固相内组分的扩散。为此，Droby 和 Fleming 提出了考虑凝固相内存在着扩散的溶质分配方程。

B* Droby 和 Fleming 方程

上述 Scheil 方程中未考虑固相内溶质的扩散，因此计算出的偏析与实测浓度分布就有差别。为此，Droby 和 Fleming 提出了考虑固相中存在组分扩散的分配模型。

设凝固过程中凝固相中增加的溶质量为 dm_s，而液相中减少的溶质量为 dm_l，则：

$$dm_s = d(Vf_s c_{B(s)}) = Vc_{B(s)}df_s + Vf_s dc_{B(s)}$$

$$dm_l = d(Vf_l c_{B(l)}) = Vc_{B(l)}df_l + Vf_l dc_{B(l)}$$

可见，凝固相中溶质的增量等于凝固体积分率增加引起的溶质增量，与 f_s 在一定条件下溶质通过界面由液相向凝固相内扩散所引起的溶质增量之和。按菲克定律：$J = -D\dfrac{\partial c}{\partial x}$，则有：

$$Vf_s dc_{B(s)} = JAdt = -AD\left(\frac{\partial c_{B(s)}}{\partial x}\right)dt$$

从而有：

$$dm_s = Vc_{B(s)}df_s - AD\left(\frac{\partial c_{B(s)}}{\partial x}\right)dt$$

按物质平衡计算，凝固相内增加的溶质量应等于母液内减少的溶质量，即 $dm_s = dm_l$，故：

$$c_{B(s)}df_s - \frac{1}{V}AD\left(\frac{\partial c_{B(s)}}{\partial x}\right)dt - (c_{B(l)}df_l + f_l dc_{B(l)}) = 0$$

但因

$$f_s + f_l = 1, A = V/x = 1/x$$

故得：

$$(1 - f_s)dc_{B(l)} + \frac{D}{x}\left(\frac{\partial c_{B(s)}}{\partial x}\right)dt = (c_{B(l)} - c_{B(s)})df_s$$

假定凝固相内的扩散不会显著改变界面处的$\dfrac{\partial c_B}{\partial x}$，而且凝固面的推进速度是线性的，$\dfrac{dx}{dt}$ = 常数，则：

$$(c_{B(l)} - c_{B(s)})df_s = (1 - f_s)dc_{B(l)} + \frac{D}{x}\cdot\frac{dt}{dx}dc_{B(s)}$$

当 $x = 0$ 时，时间为 t，到达液相线开始凝固；当 $x = x$ 时，时间为 $t + \Delta t_f$，到达固相线凝固结束。因而$\dfrac{x}{\Delta t_f} = \dfrac{dx}{dt}$ = 常数，由此得出：

$$(1 - L_B)c_{B(s)}df_s = \frac{(1 - f_s)x^2 + L_B D\Delta t_f}{x^2}dc_{B(s)}$$

$f_s = 0$ 时，$c_{B(s)} = L_B c_{B(l)} = L_B c_B^0$

积分上式，经整理得出：

$$c_{B(s)} = L_B c_B^0\left(1 - \frac{f_s}{1 + \dfrac{L_B D\Delta t_f}{x^2}}\right)^{L_B - 1}$$

令 $\omega = \dfrac{D\Delta t_f}{x^2}$，则可得：

$$c_{B(s)} = L_B c_B^0\left(1 - \frac{f_s}{1 + \omega L_B}\right)^{L_B - 1} \tag{7-95}$$

这即是考虑了凝固相溶质扩散的浓度的分配方程。固相中溶质扩散的程度决定了溶质的最后分布状态，而 ωL_B 值则决定了凝固相中溶质扩散程度。

$\omega L_B \ll 1$ 时，固相内溶质接近于 $c_{B(s)} = c_B^0 L_B$；$\omega L_B \gg 1$ 时，固相内溶质扩散完全，组成均匀。因此对钢液来说，微观偏析的严重性不仅取决于树枝体晶距（x）或区域凝固时间 Δt_f，而且取决于两者之比 $\Delta t_f / x^2$。ω 值越小，偏析就越严重。

C　Burton 方程*

这是从固相内组分扩散在凝固前沿形成的浓度边界层或传质系数，来计算分配系数（L_B）的方程。

如图 7－47 所示，凝固过程中，凝固相内有组分扩散（组分浓度的变化如虚线所示），而在凝固前沿的液相内又有组分富集，因而固－液界面上组分 B 的浓度就高于残余母液相内的浓度。于是，在此界面右侧就出现了扩散边界层（厚度为 δ，用虚线表示）。它成为母液继续凝固过程传质的限制环节。

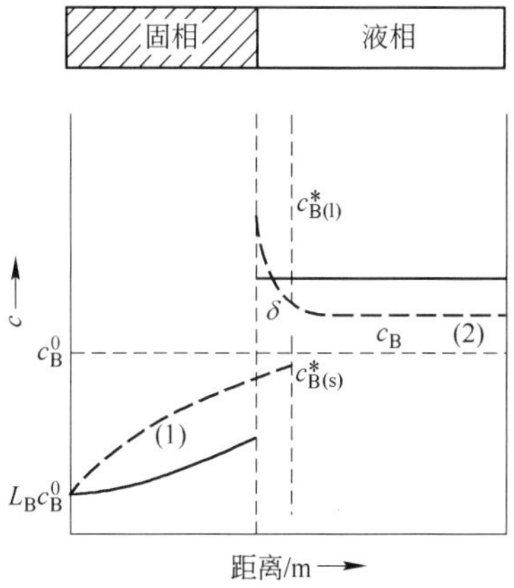

图 7－47　凝固前沿外侧扩散边界层的浓度分布

如凝固前沿以速率 $v_x = \mathrm{d}x/\mathrm{d}t$ 向右移动，则相对于固体层，液体以速率 v_x 向左移动。因而组分 B 的传质通量为：

$$J_1 = -D\frac{\mathrm{d}c_B}{\mathrm{d}x} - c_{B(l)} v_x$$

而凝固层内组分 B 的传质通量为：$J_2 = -c_{B(s)} v_x$，在 $x=0$ 处，$J_1 = J_2$，故有：

$$-D\frac{\mathrm{d}c_B}{\mathrm{d}x} = (c_{B(l)} - c_{B(s)}) v_x$$

因为边界层内无组分消耗（稳定态），所以组分 B 的扩散通量及凝固前沿速率 v_x 与时间有关，但与距离 x 无关，上列微分方程的解为：

$$c_B = A\exp\left(-\frac{v_x x}{D}\right) + B$$

式中　A，B——积分常数，由边界条件 $c_B = c_B$ 及 $x=\delta$ 可得：

$$\frac{c_B - c_{B(s)}}{c_{B(l)} - c_{B(s)}} = \exp\left(-\frac{v_x \delta}{D}\right) = \exp\left(-\frac{v_x}{\beta}\right) \qquad (7-96)$$

式中　β——传质系数，$\beta = D/\delta$，m/s，强烈搅拌时 $\delta = 10^{-5}$m，自然对流时 $\delta = 10^{-3}$m；

　　c_B——体积浓度。

如 $\beta \ll v_x$，则 $c_{B(s)} \approx c_B$；如 $\beta \gg v_x$，则 $c^*_{B(l)}$（界面浓度）$= c_B$。

又由图 7－47 可见，由于浓度边界层的存在，使界面处液相组分浓度 $c^*_{B(l)}$ 升高，而固相浓度 $c^*_{B(s)}$ 也相应升高，而且也就使残余母液组分 B 的浓度 c_B 降低（见图中虚线（2））。组分浓度分布的这种改变致使平衡分配系数也随之改变。这种分配系数不同于 L_B，而称之为有效分配系数，用 L_E 表示，两者的差别为：

$$L_B = c_{B(s)}/c_{B(l)} \qquad L_E = c_{B(s)}/c_B$$

式中　$c_{B(l)}$——残余母液的界面浓度；

c_B——残余母液组分 B 的浓度。

于是，由上可得：

$$L_E=\frac{L_B}{c_B/c_{B(l)}} \tag{1}$$

由式（7－96）可得出：

$$\frac{c_B}{c_{B(l)}}=L_B+(1-L_B)\exp\left(-\frac{v_x}{\beta}\right) \tag{2}$$

将式（2）代入式（1）可得：

$$L_E=\frac{L_B}{L_B+(1-L_B)\exp(-v_x/\beta)} \tag{7-97}$$

式（7－97）称为 Burton－Prim－Slichter 方程，或简称 Burton 方程，它表明了有效分配系数 L_E 和 v/β 的关系。图 7－48 绘出了 $L_B=0.01$、0.1、0.5、1.0、10 的 L_E-v_x/β 的函数关系。可由元素的分配系数 L_B 及 v_x/β 估计出有效分配系数。

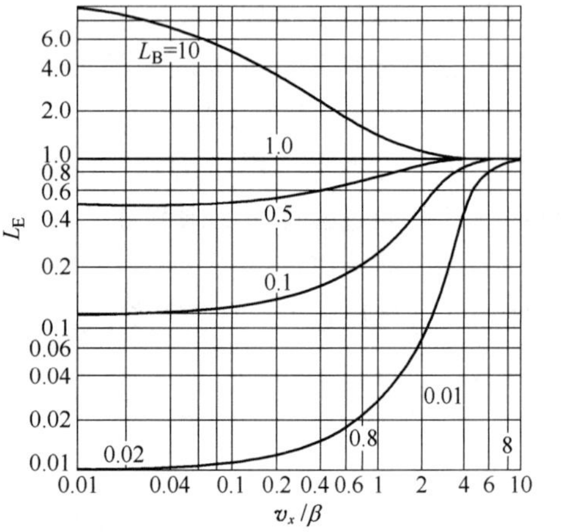

图 7－48　元素的有效分配系数和 v_x/β 的关系

由图 7－48 可见：$v_x/\beta\gg1$ 时，$L_E=1$，而 $c_B=L_Bc_{B(l)}$，即钢液内无对流的有限扩散，传质作用弱；$v_x/\beta\ll1$ 时，$L_E=L_B$，而 $c_B=c_{B(l)}$，式（7－97）即为 Scheil 公式，这时钢液内有充足的扩散，达到完全混合，完成了传质作用。

如果 v_x/β 与 f_l（未凝固钢液体积分数）无关，将 $L_E=c_{B(s)}/c_B$ 代入式（1）中进行积分，可得到：

$$c_{B(l)}=c_B^0f_l^{L_E-1} \tag{7-98}$$

计算凝固过程两相溶质浓度（$c_{B(s)}$，$c_{B(l)}$）的方程中，后两个方程（式（7－95）、式（7－98））从不同角度均考虑了凝固相内组分的扩散。前者是从凝固过程中两相溶质的质量平衡关系来考虑，后者则从固相侧的浓度边界层的存在来考虑。它们的主要参数则是扩散系数（D）、凝固面移动速率（v_x）以及凝固面移动的厚度（x）或浓度边界层的厚度（δ）。即两种方程式有基本相同的参数，但有不同的出发点及形式。

【例 7－24】　钢液的成分为 $w[C]=0.20\%$、$w[Si]=0.15\%$、$w[Mn]=0.60\%$，试计算 1500℃时钢液凝固率为 50% 的钢液的成分。分配系数为 $L_C=0.3$、$L_{Mn}=L_{Si}=0.666$。凝固速率 $v_x=1.5\times10^{-4}$m/s。浓度边界层厚度 $\delta=10^{-5}$m，扩散系数为 $D_{Si}=0.5\times10^{-9}$m²/s、$D_C=7.2\times10^{-9}$m²/s、$D_{Mn}=0.67\times10^{-9}$m²/s。试计算它们的微观偏析。

解　（1）利用 Scheil 方程，即 L_B 进行计算。

$$c_{B(l)}=c_B^0f_l^{L_B-1}$$

式中　f_l——在凝固过程中钢液的体积分数，$f_l=1-f_s=1-0.5=0.5$。

则

$$w[C]_\%=0.2\times(0.5)^{0.3-1}=0.33$$

$$w[Mn]_\%=0.6\times(0.5)^{0.666-1}=0.76$$

$$w[Si]_\%=0.15\times(0.5)^{0.666-1}=0.19$$

在 50% 钢液中，氧也在富集，但此富集的氧会被富集的残存脱氧元素消耗一部分，以脱氧产物析出。这种［O］量可由上列元素，如与［C］或［Mn］平衡的 $w[\mathrm{O}]_{\%}$ 得出。如由

$$[\mathrm{C}]+[\mathrm{O}]=\!=\!=\mathrm{CO}\qquad \lg K_{\mathrm{C}}=\frac{1168}{1873}+2.07=2.694\qquad K_{\mathrm{C}}=494.3$$

$$w[\mathrm{O}]_{\%}=\frac{1}{K_{\mathrm{C}}f_{\mathrm{C}}w[\mathrm{C}]_{\%}}$$

而

$$\lg f_{\mathrm{C}}=e_{\mathrm{C}}^{\mathrm{C}}w[\mathrm{C}]_{\%}+e_{\mathrm{C}}^{\mathrm{Mn}}w[\mathrm{Mn}]_{\%}+e_{\mathrm{C}}^{\mathrm{Si}}w[\mathrm{Si}]_{\%}$$
$$=0.14\times0.33+(-0.012)\times0.76+0.08\times0.19=0.052$$
$$f_{\mathrm{C}}=1.13$$

故

$$w[\mathrm{O}]_{\%}=\frac{1}{494.3\times1.13\times0.33}=0.0054$$

（2）利用 Burton 方程，即 L_{E} 进行计算。

$$c_{\mathrm{B(l)}}=c_{\mathrm{B}}/\left[L_{\mathrm{E}}+(1-L_{\mathrm{B}})\exp\left(-\frac{v_x}{\beta}\right)\right]$$

而

$$L_{\mathrm{E}}=\frac{L_{\mathrm{B}}}{L_{\mathrm{B}}+(1-L_{\mathrm{B}})\exp(-v_x/\beta)}$$

$w[\mathrm{C}]_{\%}$：

$$v_x/\beta=\frac{v_x\delta}{D_{\mathrm{C}}}=\frac{1.5\times10^{-4}\times10^{-5}}{7.2\times10^{-9}}=0.21$$

$$L_{\mathrm{E}}=\frac{0.3}{0.3+(1-0.3)\times\exp(-0.21)}=0.345$$

$$c_{\mathrm{B(l)}}=c_{\mathrm{B}}^{0}f_{\mathrm{l}}^{L_{\mathrm{E}}-1}=0.2\times(0.5)^{0.345-1}=0.393$$

$w[\mathrm{Mn}]_{\%}$：

$$L_{\mathrm{E}}=\frac{0.666}{0.666+(1-0.666)\times\exp(-0.21)}=0.936$$

$$c_{\mathrm{B(l)}}=c_{\mathrm{B}}^{0}f^{L_{\mathrm{E}}-1}=0.6\times(0.5)^{0.936-1}=0.574$$

$w[\mathrm{Si}]_{\%}$：

$$L_{\mathrm{E}}=0.936$$

$$c_{\mathrm{B(l)}}=0.15\times(0.5)^{0.936-1}=0.143$$

上列各式中计算的 L_{E} 与由图 7－48 所得的值相近似。

7.9.2.2 宏观偏析

出现在树枝体晶间的偏析是宏观偏析，它是由钢液的宏观流动造成的。由于凝固过程中发生的选分结晶作用，使树枝晶间富集的组分在钢液的流动下被带到更远的未凝固区，形成了更大范围内组分的不均匀分布区。浇注产生的动能、凝固时体积的收缩以及钢液内存在着的温度梯度、浓度梯度、热对流和凝固时放出的气体（CO、H_2）等，是造成钢液流动的原因。Fleming 在考虑这些因素的基础上，根据凝固任一时刻微体积元内溶质质量的守恒原则，对树枝体流场导出如下宏观偏析方程❶：

$$\frac{\partial f_{\mathrm{l}}}{\partial c_{\mathrm{B(l)}}}=-\frac{1-\gamma}{1-L_{\mathrm{B}}}\left(1-\frac{\bar{v}_x}{\mathrm{d}x/\mathrm{d}t}\right)\frac{f_{\mathrm{l}}}{c_{\mathrm{B(l)}}}\qquad(7-99)$$

式中 $\mathrm{d}x/\mathrm{d}t$——凝固前沿在 x 方向的凝固速率；

$\bar{v}_x$——树枝晶间 x 方向上钢液对固相的流动速度；

❶ 公式的导出见附录 1 中（11）。

γ——钢液凝固收缩率，$\gamma=(\rho_s-\rho_l)/\rho_l$，而 $1-\gamma=\rho_l/\rho_s$。

由于 $T=T(x,t)$，

$$\mathrm{d}T=\left(\frac{\partial T}{\partial x}\right)_t\mathrm{d}x+\left(\frac{\partial T}{\partial t}\right)_x\mathrm{d}t$$

在凝固前沿的温度是常数，即 $\mathrm{d}T=0$，故：

$$\frac{\mathrm{d}x}{\mathrm{d}t}=-\frac{\partial T}{\partial t}\Bigg/\frac{\partial T}{\partial x}$$

从而

$$\frac{\partial f_l}{\partial c_{B(l)}}=-\frac{1-\gamma}{1-L_B}\left[1+\frac{\bar{v}_x(\partial T/\partial x)}{\partial T/\partial t}\right]\frac{f_l}{c_{B(l)}}$$

或

$$\frac{\partial f_l}{f_l}=-\frac{1-\gamma}{1-L_B}\left[1+\frac{\bar{v}_x(\partial T/\partial x)}{\partial T/\partial t}\right]\frac{\partial c_{B(l)}}{c_{B(l)}}$$

解上列微分方程，可得出：

$$L_{B(l)}=c_B^0 f_l^{-1/a} \tag{7-100}$$

式中

$$a=-\frac{1-\gamma}{1-L_B}\left[1+\frac{\bar{v}_x(\partial T/\partial x)}{\partial T/\partial t}\right]$$

当 $\bar{v}_x=0$ 及两相密度差别很小时，上方程则简化为 Scheil 方程，即这时不产生区域宏观偏析。宏观偏析流动的性质则取决于钢液流动的方向。当钢液流动的方向与等温面移动的方向相同，即从冷区向热区流动，增加区域平均成分，则产生正偏析，如钢锭中心部的 A 形偏析；相反，当钢液的流动与等温面移动的方向相反，即从热区流向冷区，降低区域平均成分，则产生负偏析，如钢锭中下部的锥形区。

通过控制液相对固相的流动可减少或消除宏观偏析，而最重要可行的方法是利用外力，引进小量的适量压下量（soft reduction），进一步减小不需要的流动场。

虽然偏析使钢的性能变坏，但在金属的提纯中也可利用偏析原理来提高产品的纯度，区域熔炼法就是利用这一原理的。它是利用金属的局部加热使其锭条出现一个狭窄的熔区，而后将此熔区缓慢向右移动。利用杂质在固、液两相中溶解度的差异而使杂质向右富集，得到纯度高的金属，如图 7－49 所示。利用这种方法也可以精确控制炉料中的杂质含量（区域致均）和生长出结构完整的晶体（晶核生长）。此外，在有色金属冶炼中，也用它来精炼提纯金属，如从 Pb 中除去 Cu，从 Sn 中除去 Fe（熔析精炼）。

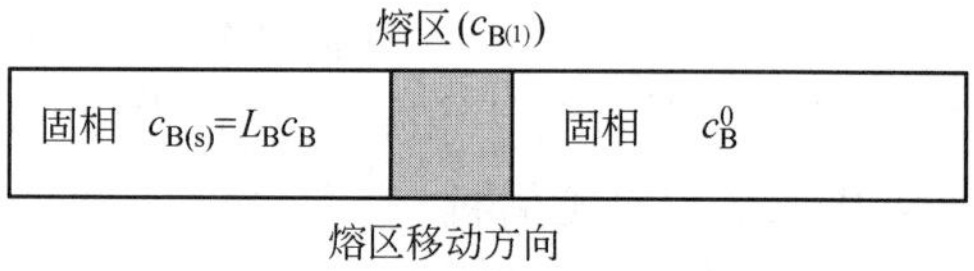

图 7－49　区域熔炼法原理

7.9.3* 钢液凝固过程中的凝固收缩

钢水冷却凝固时将伴随有体积的收缩，从而使密度增加，并在凝固的钢中出现裂纹及缩孔和疏松。

钢液凝固的体积变化，来源于凝固前液态体积因温度下降引起的收缩、凝固过程中固态原子形成紧密排列的体积收缩及凝固后铁原子相变（δFe 转变为 γFe，体积可收缩约 4.7%）产生的收缩。并且钢的碳含量很高时，其密度更低。

钢的凝固收缩性及其高温性能（强度、塑性），对高温下钢产生裂纹的敏感性影响很大。而凝固时发生的收缩又是连铸坯产生裂纹的主要原因之一。因为当冷却速率和温度的差异使结晶器内形成的凝固壳层产生的热应力高过钢的高温强度时，此凝固壳层就会出现裂纹。同时，由于凝固壳层的收缩在其与结晶器壁间出现空隙层，致使此凝固的薄壳层受到内面钢流的热应力及静压力，因而在此凝固薄壳层面上的薄弱处出现了纵向裂纹，降低了连铸坯的表面质量。由于连铸坯已完全凝固，这种收缩就不会出现像模铸中那种缩孔及疏松。

7.9.4* 凝固过程的气体

在钢液凝固过程中，其内溶解的气体（H 及 N）因溶解度降低及［C］与［O］形成的 CO 均能析出，在钢坯中形成气孔或显微气孔，破坏了钢的致密性。镇静钢中，溶解的气体析出后，在钢坯中形成的显微气孔还是较致密的结构。沸腾钢中，由 C－O 反应形成的 CO 气孔则存在于钢坯中，但它们能补偿钢凝固收缩的体积。并且在轧制过程中，这种封闭的气孔可以焊合，对钢性能危害不大。

溶解在钢中的［H］和［N］在钢液凝固温度突然下降时，以分子气体状在钢的树枝晶间或固－液界面上析出，少量残存于钢坯中成为显微气孔。

这种显微气孔的形成是经过富集、析出及形成 3 个阶段的。

在钢液凝固过程中，由于气体溶解度降低，使得［H］、［N］在树枝晶间母液中富集，其浓度可用下列方程得出：$c_N = c_N^0/(1-0.62f_s)$，$c_H = c_H^0/(1-0.73f_s)$，式中，f_s 为钢液凝固质量百分数。当富集于液相中的气体浓度达到很高时，则以气泡形式从液相中析出。这些气泡可向大气中排出，也能残存在树枝晶间形成显微气孔，视其析出分压能否胜过其所受外压$\left(p' + \rho g H + \dfrac{2\sigma}{r}\right)$而定。但决定气体析出并形成气泡的主要因素则是钢的凝固收缩、结晶速率和两相尺寸（两相区宽度）。如气泡被树枝晶捕集，则在钢坯中形成气孔。由于钢液出现凝固收缩，往往导致树枝晶间形成显微疏松或中心疏松。而且由于凝固时气体的析出，会在树枝晶间形成显微气孔。这则与钢液的性质及气体的溶解度有关，但它们也是相互关联的。

在固、液两相内树枝晶生长过程中出现的气泡，如其上浮速度大于树枝晶生长的速度，则气泡可以完全逸出；反之，则树枝晶互相连接起来，其间的通道则被富集于树枝晶间的钢液填充，成为钢坯偏析的来源之一。但是，在被生长的树枝晶包围的钢液区内，气泡所承受的逸出阻力却很大，往往被封闭在树枝晶群体的区域内成为气孔，如图 7－50 所示。

另外，前述树枝晶间的显微疏松也是与气体析出程度有关的。当钢液中气体含量高时，则形成大量的细小显微气孔；反之，则形成少量的大气孔。

凝固过程中出现的元素偏析，也会引起气体在钢中形成不均匀分布。例如，镇静钢坯中心氢含量比表面的高，钢坯上部和下部也会出现氢含量高的部分。钢中氢的分布与显微疏松、结晶速率、冷却速率和钢的结构有关。当钢中存在 Al、Ti、V、Zr 等时，能形成稳定的氮化物夹杂，使氮不能成为气泡放出。在镇静钢坯中，其下部出现氢的负偏析，而其中心及上部则出现正偏析。

CO 是钢液凝固过程中［C］和［O］反应的产物。这种反应能否在凝固前沿进行，则取决于与加入的脱氧元素数量有关的［O］量。用 Al 脱氧，可把氧量降低到不致使钢中

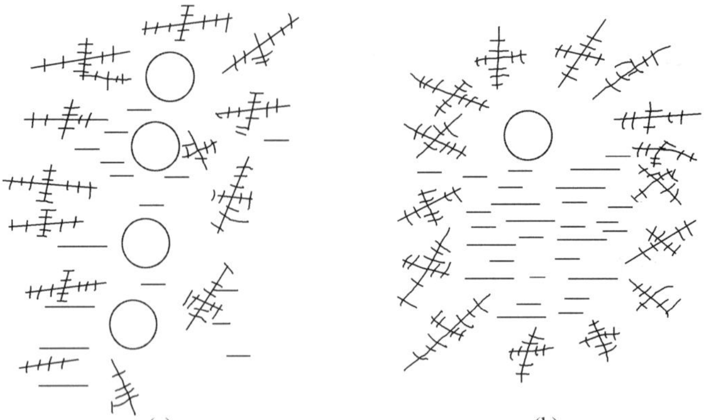

图 7－50　钢液凝固过程中树枝晶间出现的气泡

（a）两相区气泡的逸出；（b）封闭区内的气泡

［C］和［O］再发生反应形成 CO，而镇静钢中就无二次脱氧反应发生。但在沸腾钢中，必须把［C］、［Si］成分控制在碳－硅临界曲线以下，才能保证有良好的沸腾。这样形成的 CO 能大部分排出，仅少量被封闭在钢坯里，形成不同的气泡分布带。沸腾钢中气孔的分布取决于与钢液氧化性有关的沸腾强度和时间。封闭在钢坯中的气孔量则取决于结晶速率与 CO 气泡形成的速率。仅当 CO 气泡生长速率小于结晶速率时，气泡才全被封闭在钢坯中。

7.9.5* 凝固过程的夹杂物

钢液凝固时，由于合金元素和非合金元素，如氧、硫、氮等出现富集，当其浓度超过平衡浓度时，就会在生长的树枝晶间发生化学反应，形成氧化物、硫化物、硅酸盐等，被包在树枝晶间不能上浮析出，残留在凝固的钢中，成为对钢性能有害的夹杂物。

在连铸坯中，夹杂物的分布与钢流进入结晶器内夹杂物的数量、液相穴内钢液的运动状态和连铸机的类型有关。在弧形连铸机中，夹杂物沿铸坯厚度方向从内弧到外弧的分布是不对称的，聚集在距内弧表面 40～60mm 处，即约为铸坯厚度的 1/4 处，与浸入式水口形状无关。夹杂物在内弧侧聚集，是弧形连铸机的一个主要缺点。夹杂物的聚集程度还取决于连铸机的弧形半径，随弧形半径的增加，大于 50μm 的夹杂物向内弧面聚集的概率减少。而大于 20μm 的夹杂物则与弧形半径无关。

夹杂物沿铸坯宽度方向的分布，主要取决于液相穴内钢液流动的状态及使用的浸入式水口的形状。沿铸坯长度方向夹杂物的分布在浇注初期和后期较多，而中期则较少。在稳定的生产条件下，夹杂物沿铸坯长度方向的分布变化不大。

习　题

7－1　试计算反应 $2[P]+5[O]+3(CaO)=3CaO\cdot P_2O_5(s)$ 的 $\lg K^{\ominus}=1/T$ 关系式。已知：

$$P_2(g)+\frac{5}{2}O_2+3CaO(s)=3CaO\cdot P_2O_5(s) \qquad \Delta_r G_m^{\ominus}=-2315200+602.50T \quad (J/mol)$$

$$CaO(s) \xlongequal{} CaO(l) \qquad \Delta_{fus}G_m^{\ominus}(CaO) = 79500 - 24.69T \quad (J/mol)$$

7-2　溶解于钢液中的［Cr］的选择性氧化反应为：$2[Cr] + 3CO = (Cr_2O_3) + 3[C]$。试求钢液成分为 $w[Cr] = 18\%$、$w[Ni] = 9\%$、$w[C] = 0.1\%$ 及 $p'_{CO} = 100kPa$ 时，［Cr］和［C］氧化的转化温度。

7-3　用压力为 200kPa 的氧气吹炼成分为 $w[C] = 4.5\%$、$w[Si] = 0.8\%$、$w[Mn] = 0.2\%$ 的铁水时，生成的熔渣成分为 $w(CaO) = 55\%$、$w(SiO_2) = 32\%$、$w(FeO) = 13\%$。试求硅与碳氧化的转化温度。

7-4　试导出金属液中元素扩散成为氧化速率限制环节的速率式及其积分式。

7-5　试计算与成分为 $w(CaO) = 42.68\%$、$w(SiO_2) = 19.34\%$、$w(FeO) = 12.09\%$、$w(MnO) = 8.84\%$、$w(MgO) = 14.97\%$、$w(P_2O_5) = 2.15\%$ 的熔渣平衡的钢液中锰和氧的质量分数，温度为 1600℃。

7-6　试计算成分为 $w(FeO) = 23\%$、$w(MnO) = 25\%$，被 SiO_2 饱和的酸性渣（$w(SiO_2) = 50\%$）下钢液中的 $w[Mn]$。$\lg(\gamma_{MnO}/\gamma_{FeO}) = -368/T - 0.427$，温度为 1580℃。

7-7　试计算电弧炉炼钢氧化期内锰氧化 90% 所需时间。锰氧化的限制环节是钢液中［Mn］的扩散。已知：渣-钢渣界面积为 $1.5 \times 10m^2$，$D_{Mn} = 10^{-7}m^2/s$，$\delta = 3 \times 10^{-4}m$，钢液密度 $\rho_m = 7000kg/m^3$，电炉容量为 27t。

7-8　试计算成分为 $x(CaO) + x(MgO) + x(MnO) = 50\%$、$x(SiO_2) = 21\%$、$x(P_2O_5) = 4\%$、$x(FeO) = 25\%$ 的熔渣下，钢液中硅氧化的残存浓度，温度为 1600℃。

7-9　试计算 1580℃与 SiO_2 饱和的酸性渣下，钢液的 $w[Si]$。炉渣为 SiO_2-FeO-MnO 系，其成分为 $w(MnO) = 15\%$、$w(FeO) = 20\%$。实验测定 $\lg K = \lg(w[Si]_{\%} \cdot w(FeO)_{\%}^2) = -18200/T + 10.64$。

7-10　试计算被 SiO_2 饱和的成分为 $w(FeO) = 11\%$ 和 $w(Cr) = 4\%$ 的酸性渣下，铁液的 $w[Cr]_{\%}$。同样计算 $w(CaO)_{\%}/w(SiO_2)_{\%} = 2.5$ 的碱性渣下，铁液的 $w(Cr)_{\%}$，温度为 1600℃。

7-11　在电弧炉内，用不锈钢返回料吹氧冶炼不锈钢时，熔池的 $w[Ni] = 9\%$。如吹氧终点碳规定为 $w(C) = 0.03\%$，而铬保持在 $w(Cr) = 10\%$，试问：（1）吹炼应达到多高的温度？（2）采用 $\varphi(O_2)/\varphi(Ar) = 1/25$ 的 $O_2 + Ar$ 混合气体进行吹炼时，吹炼温度可降低多少？

7-12　用不锈钢返回料吹氧熔炼不锈钢时，采用氧压为 10^4Pa 的真空度，钢液成分为 $w[Cr] = 10\%$ 及 $w[Ni] = 9\%$，试求吹炼温度为 1973K 的 $w[C]_{\%}$。

7-13　含钒生铁的成分为 $w[C] = 4.0\%$、$w[V] = 0.4\%$、$w[Si] = 0.25\%$、$w[P] = 0.03\%$、$w[S] = 0.08\%$，利用雾化提钒处理提取钒渣及半钢，试求"去钒保碳"的温度条件。钒渣的 $\gamma_{V_2O_3} = 10^{-7}$，$x(V_2O_3) = 0.112$。

7-14　试计算与成分为 $w[C] = 0.1\%$、$w[Ni] = 2\%$ 及 $w[Mo] = 3\%$ 的钢液平衡的熔渣中，FeO 的活度。体系的压力为 0.7×10^5Pa，温度为 1620℃。

7-15　试求 1600℃下，与 $x(FeO) = 15\%$ 的熔渣平衡的铁-碳熔体中的 $w[C]_{\%}$。

7-16　试求 1600℃和 $p'_{CO} = 0.1kPa$ 下，与 $w[C] = 0.3\%$ 的铁-碳熔体平衡的炉渣中 FeO 的活度。

7-17　在临界碳量以下，钢液中［C］的扩散是限制环节。已知：$\beta_C = 4.0 \times 10^{-4}m/s$，$A/V_m = 3m^{-1}$，温度为 1580℃，求钢液中碳的质量分数为 0.05% 的脱碳速率。为使 $w[C]$ 从 0.20% 下降到 0.06%，需要多少时间？

7-18　利用下列成分的熔渣，计算与此渣平衡的钢液中磷的浓度：$w(CaO) = 42.68\%$、$w(SiO_2) = 19.34\%$、$w(FeO) = 12.02\%$、$w(MnO) = 8.84\%$、$w(MgO) = 14.97\%$、$w(P_2O_5) = 2.15\%$，温度为 1600℃。可采用正规离子溶液模型及磷容量进行计算。

7-19　1600℃时，钢液中 $w(P) = 0.02\%$，$w(O) = 0.05\%$，熔渣中 $x(P_2O_5) = 0.01$（大约相当于 $w(P_2O_5) = 2.0\%$）。试求此状态下脱磷反应能够进行所必需的熔渣条件。脱磷反应为：$2[P] + 5[O] = (P_2O_5)$，$\Delta_rG_m^{\ominus} = -747850 + 558.4T \quad (J/mol)$。（提示：关键在于由反应的 $K^{\ominus}$ 得出 $\gamma_{P_2O_5}$ 值，造 $\gamma_{P_2O_5}$ 小于此计算值的熔渣，即有脱磷的作用）。

7－20 试求1600K时，下列成分的熔渣和钢液之间磷的分配系数及钢液中磷的质量分数。熔渣成分为 $w(CaO)=45\%$、$w(SiO_2)=20\%$、$w(FeO)=16\%$、$w(MnO)=7\%$、$w(MgO)=7\%$、$w(Al_2O_3)=3\%$、$w(P_2O_5)=2.05\%$（利用式（7－56）进行计算）。

7－21 在300t纯氧顶吹转炉内兑入高磷铁水进行吹炼，脱磷的过程受渣中（P_2O_5）的扩散所限制。试计算钢水磷的质量分数为0.1%时脱磷的速率，并求出 $w(P)$ 从0.1%下降到0.05%所需的时间。已知：$\beta_{P_2O_5}=5\times10^{-4}m/s$，$L_P=50$，$A/V_m=2m^{-1}$，$\rho_s/\rho_m=0.43$，渣中 $w(P_2O_5)^0=0$，温度为1500℃。

7－22 利用所给转炉渣及钢液的成分计算硫在熔渣－钢液间的分配系数。熔渣成分（渣中物质的量（mol））为 $n(CaO)=1.142$、$n(SiO_2)=0.392$、$n(MgO)=0.065$、$n(FeO)=0.085$、$n(Fe_2O_3)=0.012$、$n(P_2O_5)=0.006$、$n(MnO)=0.016$、$n(S)=0.004$，钢液成分为 $w(C)=0.6\%$、$w(Si)=0.01\%$、$w(Mn)=0.07\%$、$w(P)=0.009\%$、$w(S)=0.016\%$。利用完全离子溶液模型及硫容量进行计算，温度为1873K。

7－23 在电弧炉冶炼的还原期内，测得钢液硫的质量分数从0.035%下降到0.030%，在1580℃需要60min，在1600℃需要50min，试计算脱硫反应的活化能及在1630℃时减少同样硫量所需的时间。

7－24 在100t电弧炉内，脱碳速率 $dw[C]/dt=0.017\%/min$，钢液中氢的质量分数 $w(H)^0=1.0\times10^{-3}\%$，试求碳被氧化到 $\Delta w[C]=0.5\%$ 时，钢液中氢的质量分数、氢排出的速率及所需的时间。

7－25 试求出铬使钢液脱氧时的最小平衡氧浓度，并绘出1600℃时Fe－Cr－O系的平衡图。$w[Cr]<3.89\%$ 时，$Fe(l)+2[Cr]+4[O]=FeO\cdot Cr_2O_3$，$\Delta_rG_m^\ominus=-1007140+436.27T$ (J/mol)；$w[Cr]>3.89\%$ 时，$2[Cr]+3[O]=Cr_2O_3(s)$，$\Delta_rG_m^\ominus=-829090+372.73T$ (J/mol)。

7－26 用混合气体 $H_2+H_2O(g)$ 与钢液中［V］做平衡实验，测定钒的脱氧常数。在不同温度下，测得与钢液中［V］平衡的 $(p_{H_2O}/p_{H_2})_{平}$ 值如表7－7所示，试求钒脱氧常数的温度关系式。

$$H_2+[O]═══H_2O(g) \qquad \Delta_rG_m^\ominus=-130350+58.74T \quad (J/mol)$$

表7－7 与钢液中［V］平衡的 $(p_{H_2O}/p_{H_2})_{平}$ 值

t/℃ \ w[V]/%	0.1	0.15	0.20	0.30	0.40	0.50	0.60	1.00
1535	0.36	0.30	0.26	0.18	0.14	0.13	0.10	0.05
1595	0.41	0.35	0.30	0.26	0.17	0.14	0.12	0.07
1695	0.56	0.48	0.40	0.31	0.24	0.17	0.15	0.08

7－27 试计算温度为1550℃、1600℃及1650℃时，钢液 $w[Mn]=0.6\%$ 的平衡氧的质量分数。

7－28 锰的脱氧反应也可表示为：

$$(FeO)+[Mn]═══(MnO)+[Fe] \qquad \Delta_rG_m^\ominus=-123307+56.48T \quad (J/mol)$$

其脱氧产物是MnO与FeO形成的近似理想溶液FeO－MnO（l）。但当锰量很高或温度低时，则可形成固溶体FeO－MnO(s）产物。试求这种脱氧产物生成时的 $K^\ominus$ 及 $\Delta_rG_m^\ominus$。

7－29 在1600℃同时加入FeMn及FeSi使钢液进行复合脱氧。平衡时钢液中的残存 $w[O]=0.01\%$，而 $w[Si]=0.1\%$。试求脱氧产物的成分及钢液中残存锰量。

7－30 在1600℃用铝使钢液脱氧。钢液中 $w[Mn]=1\%$，$w[C]=0.1\%$。钢液最后的氧为 $w[O]=0.001\%$。试计算钢液中的残铝量。

7－31 利用石英玻璃粒与其细粉制成的浸入式水口浇注锰钢（16Mn钢，成分为 $w[Mn]=1.5\%$、$w[Si]$

$=0.3\%$、$w[C]=1.0\%$）。浇注生成的（MnO）可能在熔融石英水口表面形成被 SiO_2 饱和的 $2MnO \cdot SiO_2$ 熔体，1550℃时，其内 $a_{MnO}=0.13$，$x_{(MnO)}=0.45$。试确定浇注这种钢时能否采用石英水口？

7-32 利用 SiMn 复合脱氧剂使钢液脱氧，试求与钢液中 $w[Si]=0.3\%$ 及 $w[Mn]=0.9\%$ 平衡的$w[O]_{\%}$，温度为 1650℃，并与单独用硅脱氧时的平衡 $w[O]$进行比较。

7-33 试计算用硅脱氧生成 SiO_2 的脱氧常数的温度关系式。某炉钢液的终点碳为 $w[C]=0.1\%$，出钢温度为 1600℃，现用硅铁（$w[Si]=70\%$）脱氧，使成品钢液的 $w[Si]$为 0.22%，问需加入多少千克硅铁（$w[Si]=70\%$）？

7-34 在 1600℃，使钢液中 $w[O]$从 0.1% 降低到 0.0122%，而最终平衡的$w[Mn]=0.8\%$，$w[Si]=0.25\%$，试求需加入的硅铁（$w[Si]=70\%$）及锰铁（$w[Mn]=75\%$）量，脱氧产物的 $w[Mn]/w[Si]=4$。

7-35 在 1600℃用硅铁脱氧，试计算半径为 5μm 及 50μm 的脱氧产物 SiO_2 粒子，通过深度为 10×10^{-2}m 及 2×10^{-2}m 熔池浮出的时间。$\rho_m=7160kg/m^3$，$\rho_{SiO_2}=2200kg/m^3$，钢液黏度 $\eta=6.1\times10^{-3}Pa\cdot s$。

7-36 向氧的质量分数为 0.04% 的钢液中加入 2kg/t 的硅脱氧，试计算脱氧过程中温度为 1600℃、1520℃（钢凝固）时析出的 SiO_2 夹杂量。

7-37 试计算用硅锰铁脱氧生成的液态硅酸锰质点的上浮速度，质点半径 $r=10\mu m$，$\rho_m=7100kg/m^3$，$\rho_{产}=3000kg/m^3$，$\eta_m=6\times10^{-3}Pa\cdot s$，$\eta_{产}=0.7Pa\cdot s$。

复习思考题

7-1 试述炼钢熔池中元素氧化的热力学及动力学原理。

7-2 何谓钢液中溶解元素的选择性氧化？如何控制？试以冶炼不锈钢的“去碳保铬”及吹炼含钒生铁的“去钒保碳”为例，加以说明它的作用。

7-3 试述分配定律在冶炼中的作用及应用特点。

7-4 熔渣-金属间反应的平衡常数（$K^{\ominus}$）、分配系数（L_B）及渣容量（C_B）之间有什么关系存在？引出渣容量有什么好处？如何得出？

7-5 在碱性炼钢渣下，为什么熔池中硅能氧化到痕迹量，而锰则出现“余锰”？其浓度受哪些因素的影响？“余锰”有何作用？

7-6 在炼钢过程中，碳是需除去的主要元素，但它在氧化过程中带来哪些有益的作用？什么是“碳氧积”？一般理论数值是多少？它有何作用？碳氧化反应速率的特征是什么？什么是临界碳量？如何确定？

7-7 炼钢过程脱磷的基本条件是什么？脱磷反应的热力学计算中为什么要引用“磷容量”？它是如何导出的？怎样用熔渣组成来计算磷容量，从而得出能计算钢液中脱磷的平衡浓度？除此之外，一般还可利用什么方法得出计算脱磷反应磷的平衡浓度所需的渣中 $\gamma_{P_2O_5}$？

7-8 试述氧化脱磷和还原脱磷进行的原理和条件以及适用的范围。

7-9 一般熔渣的脱磷离子反应式为：$2[P]+5[O]+3(O^{2-})=2(PO_4^{3-})$，为什么在脱磷反应的平衡计算中却多以反应：$2[P]+5[O]=(P_2O_5)$ 为基础，用实验测定数据来确定熔渣组成改变对组分活度的影响，从而得出钢液中磷的平衡浓度？

7-10 转炉炼钢的脱硫反应与高炉炼铁中熔渣-金属间的脱硫反应是相同的：$[S]+(O^{2-})=(S^{2-})+[O]$。但由它导出的两种熔炼方法中硫的分配系数却有较大差别（至少差一个数量级），试分析其原因。

7-11 从钢液中［C］与［Cr］共同氧化得出的“去碳保铬”的转变温度，是随着［C］量的降低而提高的。例如，当碳量降低到 $w[C]=0.05\%$ 时，转变温度必须在 1945℃以上。如此高的温度对炉衬有熔损作用，而且［Cr］也要受到氧化损失，致使铬还不能配足到钢种规格，如 $w[Cr]=18\%$。因此，应采用什么措施来降低过高的转变温度及使铬的配料一次配足到所炼钢种规格？

7-12 炼钢过程钢液中的氢和氮是怎样排出的？氢和氮的排出有什么差别？

7-13 气体（H_2O（g）、N_2 等）是经过什么环节进入钢液中的？其主要限制环节是什么？

7-14 试述 3 种脱氧方法的原理及应用。

7-15 试述沉淀脱氧过程中脱氧产物排出的组成环节及其控制因素。如何才能使脱氧产物形成的夹杂物数量最少？

7-16 什么是复合脱氧？试述其脱氧原理，其与单一脱氧元素脱氧相比有何优点？

7-17 试述钢液凝固过程形成的结晶结构。连铸坯的凝固结构有什么特点？

7-18 什么是钢液凝固的偏析？试分析微观偏析及宏观偏析的形成过程。

7-19 计算钢液凝固偏析成分的 3 个方程的差别是什么？它们各代表什么观点？

8 铁水及钢液的炉外处理反应

传统的转炉炼钢生产流程：高炉—转炉—连铸，已被高炉—铁水预处理—转炉—炉外二次精炼—连铸的新工艺流程所代替。其中，铁水预处理环节是对转炉入炉铁水进行脱硅、脱磷及脱硫的所谓铁水“三脱”处理。它不仅减轻了高炉脱硫的负担，而且使转炉炼钢石灰造渣量减少，达到高产、低耗、优质。而钢液的二次精炼则是把常规炼钢炉（转炉及电炉）冶炼的钢水移入具有特殊去除杂质元素功能（类似于盛钢桶）的设备内，进行杂质元素（[O]、[P]、[S]、[H]、[N]等）及其形成的非金属夹杂物的深度脱除，达到钢水洁净、均匀与稳定的状态。这就能使在传统炼钢炉内由氧化熔炼条件单独难以实现或无法完成的深度去除杂质元素的任务，即所谓洁净钢种的冶炼任务得以进一步完成，并能协调炼钢炉与连铸的生产节奏，保证连铸工艺顺行。这就把一步炼钢法转变成二步炼钢法，即初炼加精炼。这种新工艺的发展能满足对钢质量要求越来越高的所谓洁净钢的生产。

炉外二次精炼又称二次冶金（secondary metallurgy）。它是在配有加热设备的类似盛钢桶型的反应器内进行的。它比传统的初炼钢炉具有更利于深度精炼的功能，例如：

（1）能控制气氛，如抽真空、使用惰性气体（Ar）或还原气体；

（2）加热钢液，如电弧加热、埋弧加热、电阻加热、燃料燃烧、感应加热、等离子体加热、用氧深吹 Al 或 Si 进入熔体深处氧化的化学加热等；

（3）搅拌钢液，如电磁感应、吹氩、机械搅拌等；

（4）喷粉、喂线、合成渣洗等。

它不仅利于杂质元素含量的深度降低，达到洁净钢成分的要求，而且能使许多在传统初炼炉内可以完成的精炼任务都能部分或全部转移到炉外盛钢桶型炉内进行。例如，可使传统电弧炉炼钢简化成只进行快速熔化废钢料或脱磷的工序，这就能发挥超高功率的作用了。而转炉仅限于起到脱碳和钢水提温的作用。这就能使初炼炉的操作简化，吹炼时间缩短，生产率提高。

现在二次精炼的领域也在不断扩大，新工艺不断出现，种类繁多，除主要以盛钢桶型设备（IF 炉）冶金外，还包括中间包冶金或连铸结晶器中的冶炼手段。为适应不同的精炼目的，常将上述几种精炼手段（真空、渣洗、搅拌、加热、喷吹等）组成多种名目繁多的二次精炼设备及工艺。但按其处理钢水的手段及其达到的目的，则可分为下列几类：

（1）真空处理：脱气（H、N），脱碳或脱氧，除去有害挥发成分；

（2）吹氩处理：脱气（H、N），排出夹杂物，脱氧（碳）；

（3）合成渣洗：脱硫，脱氧，排出夹杂物；

（4）喷粉及喂线：脱硫、磷、氧，降低夹杂物数量，夹杂物的变形处理。

现有资料表明，二次精炼可大幅度降低钢液中有害于其性能、形成夹杂物的杂质元素量，例如，可达到 $w[H]+w[N]+w[O]+w[P]+w[S]\approx(50\sim100)\times10^{-4}\%$ 的所谓洁净钢（clean steel）的水平。初炼炉的钢水经二次精炼后，钢中 $w[H] \leqslant 0.7 \times 10^{-4}\%$，$w[C] \leqslant 20 \times 10^{-4}\%$，$w[N] \leqslant 15 \times 10^{-4}\%$，$w[O] \leqslant 10 \times 10^{-4}\%$，$w[P] \leqslant 15 \times 10^{-4}\%$，$w[S] \leqslant 5 \times 10^{-4}\%$。钢中由杂质元素（P、S、O、N）形成的夹杂物总量降低到 0.01% 以下，夹杂物的尺寸一般小于 10μm，符合洁净钢的水平。此外，二次精炼除提高钢的质量外，经济效益也显著提高，能缩短初炼炉的冶炼时间，提高生产率 20% ~50%，降低生产成本 10% ~50%。

8.1　铁水的预处理

作为炼钢原料的高炉铁水在进入炼钢炉之前，需要进行脱硅、脱磷和脱硫的预处理才能有效地提高铁水的质量，以减轻炼钢炉的负担，为优化炼钢工艺及提高钢材质量创造良好条件。此外，对于含有价元素的特殊铁水，通过铁水预处理则能有效地回收有价元素（钒、铌等），达到综合利用的目的。

采用铁水“三脱”处理能给转炉炼钢带来一系列优点，如减少转炉炼钢吹炼过程中除去硅、磷所需的石灰造渣料，减少渣量，减少熔渣外溢及喷溅等，熔渣对炉衬的侵蚀也因之减轻，炉龄显著提高。同时又缩短了转炉的吹炼时间，提高了转炉的生产率，降低了铁损，钢水质量也得到提高。这是转炉采用少渣量操作带来的优点。

铁水预处理是将高炉铁水在炉外设备内，于不外加热源的条件下加入处理剂，分别与铁水中的硅、磷、硫反应，形成稳定的渣相，从铁水中分离除去。脱硅、脱磷以氧化剂为主，辅之以熔剂及活化剂。氧化剂有固体氧化剂及气体氧。熔剂的作用是形成碱性及黏度适宜的熔渣，以调整熔渣的分离性能，使其易于排除。活化剂用来激化脱硅、脱磷反应，如 CaF_2、MgF_2、$CaCl_2$ 等，也起助熔的作用。脱硫剂则主要是与铁水中硫直接反应的金属镁、碳化钙、苏打、石灰或由它们组成的复合物。

预处理时，加入的处理剂多是固状物（或气体氧），属于气 - 液 - 固的多相反应类型。边界层内物质的扩散是速率的限制环节。应通过增大试剂与铁水的接触面积$\left(\frac{A}{V}\right)$及反应物的传质系数（β）来提高处理的速率，如采用表面积大的粉剂、加强搅拌（喷吹）及提高温度等措施。工艺上采用的方式有铁水的连续处理法、机械搅拌法、摇包法、回转炉法、喷雾法、铁水罐喷吹法、专用转炉（脱磷）法等。

8.1.1　铁水的预脱硅处理

铁水脱硅是为了减少转炉炼钢造渣料的用量及吹炼过程中形成的渣量，并为铁水的预脱磷创造良好条件，即减少脱磷剂的用量及提高脱磷效率。由于硅氧化的氧势比磷氧化的氧势低得多，在铁水中加入氧化剂后硅就比磷先氧化，当形成的 SiO_2 量多时，就会很大程度地降低适宜于脱磷渣的碱度，不利于脱磷。因此，脱磷之前先要进行铁水的预脱硅处理。

对于含钒和铌的铁水，预脱硅也可为富集 V_2O_3 及 Nb_2O_5 等创造条件。

虽然铁水中的硅是转炉炼钢的供热元素及成渣元素，但其量应远低于一般高炉铁水的硅含量（0.30% ~0.80%）。一般来说，进入转炉铁水中硅含量以控制在 $w[Si] = 0.1\%$ ~

0.15%为宜。

作为铁水脱硅的氧化剂有固体氧化剂（氧化铁皮（铁鳞）、烧结矿粉、精矿粉、氧化铁烟尘或锰矿粉）及气体氧化剂（氧气）。它们的预处理反应如下：

$$[Si]+O_2 = (SiO_2) \qquad \Delta_r G_m^{\ominus} = -811290+174.21T \quad (J/mol)$$

$$[Si]+2FeO(s) = (SiO_2)+2[Fe] \qquad \Delta_r G_m^{\ominus} = -287800+60.38T \quad (J/mol)$$

$$[Si]+\frac{2}{3}Fe_2O_3(s) = (SiO_2)+\frac{1}{3}[Fe] \qquad \Delta_r G_m^{\ominus} = -287800+60.38T \quad (J/mol)$$

$$[Si]+\frac{1}{2}Fe_3O_4(s) = (SiO_2)+\frac{3}{2}[Fe] \qquad \Delta_r G_m^{\ominus} = -275800+156.44T \quad (J/mol)$$

$$[Si]+2[O]+2(CaO) = (2CaO \cdot SiO_2) \qquad \Delta_r G_m^{\ominus} = -699350+209.73T \quad (J/mol)$$

虽然上述脱硅反应是放热的，但从生产中的热平衡计算知，因为固体氧化剂在铁中熔化吸热，所以铁水的温度下降（约±20℃）。而采用氧气时，则能使铁水的温度升高（120～150℃）。因此，应通过调节氧气与固体氧化铁加入量的比例，使铁水脱硅时有适宜的温度。

脱硅形成的熔渣是 $FeO-SiO_2$ 系。但为了使脱硅过程中降低 $a_{(SiO_2)}$，提高脱硅反应的强度，降低脱硅渣的黏度，减少泡沫渣的形成及便于其排出，还需要加入熔剂，主要是石灰（也可采用转炉渣、脱磷预处理渣代替），以调整熔渣的碱度及性能。其中，碱度保持在0.8～1.2。

由硅的氧化反应可导出熔渣吸收硅的硅容量，并可由此计算熔渣与铁水间硅的分配系数：

$$[Si]+2[O]+2(O^{2-}) = (SiO_4^{4-}) \qquad \Delta_r G_m^{\ominus} = -699350+209.73T \quad (J/mol)$$

$$C'_{Si} = w[Si]_{\%} \cdot \frac{1}{a_{[Si]}a_{[O]}^2} = \frac{28K_{Si}^{\ominus}\sum n_B a_{(O^{2-})}^2}{\gamma_{SiO_4^{4-}}}$$

$$L_{Si} = \frac{w(Si)_{\%}}{w[Si]_{\%}} = \frac{28K_{Si}^{\ominus}\sum n_B f_{Si} a_{[O]}^2 a_{(O^{2-})}^2}{\gamma_{SiO_4^{4-}}} = C'_{Si} f_{Si} a_{[O]}^2$$

式中，C'_{Si} 为熔渣的硅容量，它表示熔渣吸收（SiO_2）的能力。它与渣中 γ_{SiO_2} 成反比，即 SiO_2 的活度越小，其被渣吸收的能力就越强。图8－1为 $FeO-CaO-SiO_2-CaF_2$ 渣系的实测硅容量图。

因此，在一定温度和铁水成分条件下，脱硅量取决于熔渣的硅容量和供氧强度。

铁水脱硅反应的速率式与炼钢过程中硅氧化反应的速率式相同（见7.2.2.2节）。当硅浓度高，即氧化初期时，硅氧化速率受渣中（FeO）的扩散所限制；而在硅浓度低，即 $w[Si]<0.1\%$ 时，则被铁水中[Si]的扩散所限制，而其影响因素则是 $\beta \cdot \left(\frac{A}{V}\right)$、$L_{Si}$ 及 T。

在铁水脱硅过程中，随着 $w[Si]$ 的降低，熔渣会出现严重的起泡现象，影响脱硅处理的正常进

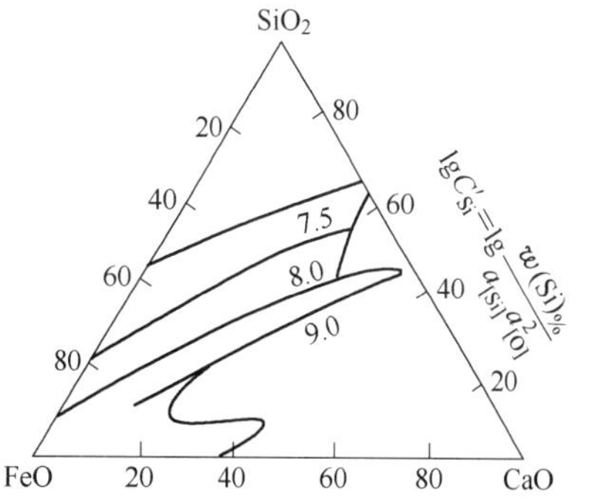

图8－1 $FeO-CaO-SiO_2-CaF_2$ 渣系的实测硅容量图

行，给操作及管理带来困难，并能降低混铁车及铁水包的装入量。泡沫渣主要是由于脱硅过程中温度升高时，铁水中［Si］与［C］出现了选择性氧化反应：

$$(SiO_2)+2[C]=\!=\!=[Si]+2CO \qquad \Delta_r G_m^{\ominus}=586050+386.79T \quad (J/mol)$$

形成的 CO 进入渣内形成了泡沫渣。因此，为了减弱或消灭泡沫渣，首先应增大脱硅剂中固体氧化剂的配比及采用较低的铁水出炉温度（在 1210℃以下），以降低 CO 的形成率；其次，脱硅渣要有较低量的(FeO)(w(FeO)<30%）及一定的碱度（0.9~1.2），使熔渣有较高的表面张力及较低的黏度，即使脱硅渣的$\frac{\sigma}{\eta}$值较高，这样就不利于泡沫渣的形成，使其生存的寿命缩短并易于排出。此外，也可采用加入泡沫渣的抑制剂，如 $Al-Al_2O_3-SiO_2$ 系物质，利用其内的 Al 还原渣中过剩的（FeO），以抑制 CO 的发生。还可吹入炭粉，使之在渣内运动而不与渣黏合，这就能促进渣内小气泡的合并、长大并使其易于排出。

8.1.2 铁水的预脱磷处理

磷不仅是铁水中需要大量除去的有害元素，而且为了实现少渣量吹炼，也要求铁水的 w[P] 不大于 0.015%。因此，必须在铁水脱硅之后进行预脱磷处理。

铁水预脱磷的原理和前章所述炼钢炉内的氧化脱磷的原理相同，是利用氧化剂（仍是气体氧和固体氧化铁的配合）使铁水中的［P］氧化成（P_2O_5），再使之与加入的碱性氧化物造渣剂结合，成为在渣中稳定存在的磷酸盐。

由于［C］和［P］能出现选择性氧化及为使脱磷后的铁水利于炼钢正常地进行，要求脱磷时尽量减少碳的氧化。由于［C］-［O］反应是弱的放热反应，而［P］-［O］反应则是强的放热反应，其平衡常数受温度的影响比前一反应大，所以应选择适宜的吹氧制度（例如，调节固体氧化剂与氧气的配比或采用氧、氮混合气体以控制温度）。另外，要保持铁水具有足够的使［P］氧化的氧势。例如，采用往熔池深处适度吹氧的方法，既能抑制 CO 的生成，以延缓［C］的氧化，又能使铁水局部区有过量氧，致使［P］优先或与［C］一起氧化。从熔渣的脱磷反应：

$$2[P]+3(CaO)+5[O]=\!=\!=(3CaO\cdot P_2O_5)$$

可得：

$$L_P=\frac{w(P_2O_5)_\%}{w[P]_\%^2}=K_P\frac{f_P^2 a_{(CaO)}^3 a_{[O]}^5}{\gamma_{3CaO\cdot P_2O_5}}$$

由上式可见，除了低温（K_P）、高氧化性（a_{CO}）外，提高熔渣的碱度（$a_{(CaO)}$）是很重要的。因此，要选择强碱性氧化渣，使脱磷渣有较高的碱度。目前，采用的脱磷剂主要有苏打（Na_2CO_3）及石灰系。苏打分解后的 Na_2O 及加入的 CaO 分别作为磷氧化形成的在高温下不能稳定存在的 P_2O_5 的稳定结合剂。它们的反应如下：

$$\frac{4}{5}[P]+\frac{6}{5}CaO(s)+O_2=\!=\!=\frac{2}{5}(3CaO\cdot P_2O_5) \quad \Delta_r G_m^{\ominus}=-808942+244.90T \quad (J/mol)$$

$$\frac{4}{5}[P]+\frac{8}{5}CaO(s)+O_2=\!=\!=\frac{2}{5}(4CaO\cdot P_2O_5) \quad \Delta_r G_m^{\ominus}=-846190+256.58T \quad (J/mol)$$

$$\frac{4}{5}[P]+\frac{6}{5}Na_2O(s)=\!=\!=\frac{2}{5}(3Na_2O\cdot P_2O_5) \quad \Delta_r G_m^{\ominus}=-1017734+257.1T \quad (J/mol)$$

由于 $\Delta_r G_m^{\ominus}(3Na_2O\cdot P_2O_5)<\Delta_r G_m^{\ominus}(3CaO\cdot P_2O_5)$，$Na_2O$ 的脱磷能力比 CaO 的脱磷能

力大得多。由实验得知，用苏打脱磷的分配系数 $L_P=1600\sim1880$，而用石灰的 $L_P=300\sim500$。因此，苏打是很好的脱磷剂，而且在脱磷过程中［Mn］、［C］也不会受到氧化。但是，Na_2O 在高温铁水中分解形成钠蒸气，损失大，对环境污染也很大。因此，应尽可能降低铁水处理前的温度，并采用铁水深吹技术，以降低氧化钠脱磷带来的危害性。

铁水中初始硅浓度，对于石灰渣系，应控制在 $w[Si]=0.1\%\sim0.15\%$，以保证脱磷剂用量少、脱磷效率高。因为硅是主要的成渣元素，若要保持脱磷渣的熔点低和具有良好的流动性，还是需要有一定量的 SiO_2 存在。但是，硅浓度升高，则供氧量增多，生成的 SiO_2 能使脱磷渣需要的碱度降低。适宜于脱磷渣的碱度应保持在 3 以上。但过高的碱度（如大于 4.5）也不适宜，它会使渣中出现未熔石灰，妨碍熔渣与铁水的混合，导致降低脱磷效果。图 8－2 所示为磷的分配系数与熔渣碱度的关系。碱度也要和氧化剂配合恰当。随碱度的提高，氧化剂的供氧作用有所减弱。这和炼钢的脱磷反应相同（详见图 7－18）。

图 8－3 所示为铁水脱磷过程中铁水成分的变化。

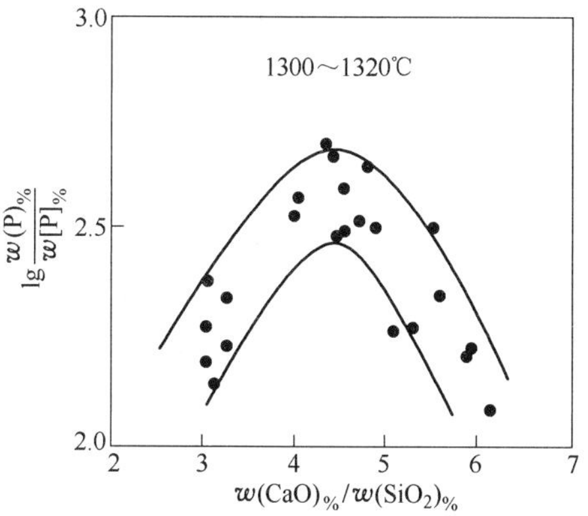

图 8－2　磷的分配系数和熔渣碱度的关系

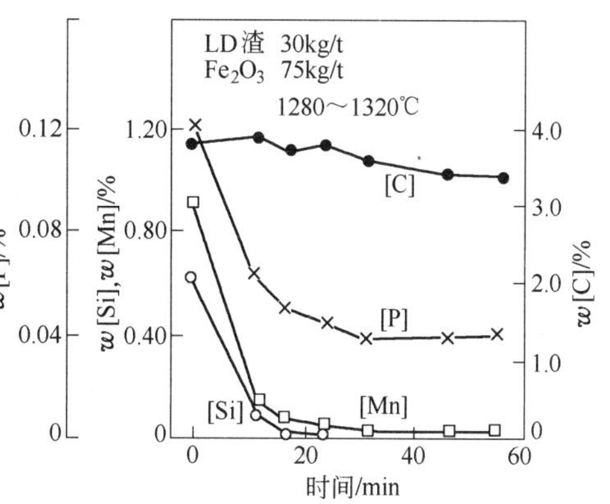

图 8－3　脱磷过程中铁水成分的变化

由于脱磷是放热反应，温度不宜过高，应保持在 1380～1480℃。从脱磷反应的热力学条件来看，低温更有利。但温度过低却不利于脱磷剂及氧化剂的熔化及成渣，并且还保持不了下步炼钢对铁水温度的要求。此外，温度过高对苏打脱磷是不利的，其汽化损失大，使脱磷剂的用量增大。脱磷的铁水温度可由加入的固体氧化剂与气体氧的配量比来控制。固体氧化剂脱磷的效果最好，底吹 O_2 次之，顶吹 O_2 最差。

铁水预脱磷的处理设备有铁水包和鱼雷罐、专用转炉和底吹转炉。

8.1.3　铁水的预脱硫处理

当高炉用的焦炭硫含量较高，出炉铁水的硫含量不符合炼钢要求；或高炉采用了酸性渣的操作，减少渣量，以降低焦比及增加产量；或需要排放碱金属时，则炉内不能充分脱硫，出炉铁水的硫含量高，这就需要采用铁水的炉外单一脱硫法，以进一步降低铁水的硫含量。另外，随着连续铸钢技术的发展和低硫钢、超低硫钢需要量的增加，要求进一步降低转炉入炉铁水的硫含量，以减少石灰造渣料的用量，实现少渣操作，并使铁的收得率提高。因此，也需要进行铁水常规的炉外脱硫处理。

炉外脱硫的优越条件是铁水含有较高量的碳、硅、磷等元素，能使铁水中硫的活度系数提高（这是单一炉外脱硫的优越条件之一），氧势低，利于脱硫反应的进行。现在，已由单一脱硫发展成脱硅、脱磷及脱硫的所谓“三脱”处理工艺，其已逐渐成为现代钢铁冶金流程的组成环节之一。

常用的脱硫剂有下面几种：

（1）苏打。它是最早使用的炉外脱硫剂。苏打的分解反应为：

$$Na_2CO_3(s) = Na_2O(l) + CO_2 \qquad \Delta_r G_m^{\ominus} = 36350 - 130.83T \quad (J/mol)$$

分解温度约为2100℃。但加入到铁水中时，由于[C]的作用，其能在较低温度（1542℃）实现分解：

$$Na_2CO_3(l) + [C] = Na_2O(l) + 2CO \qquad \Delta_r G_m^{\ominus} = 10966 - 62.04T \quad (J/mol)$$

分解出的 $Na_2O(l)$ 参与脱硫反应：

$$Na_2O(l) + [S] = Na_2S(l) + [O] \qquad \Delta_r G_m^{\ominus} = -12435 - 28.85T \quad (J/mol)$$

形成的［O］能与铁水中的［C］反应。脱硫反应可表示为：

$$Na_2O(l) + [S] + [C] = Na_2S(l) + CO \qquad \Delta_r G_m^{\ominus} = -34836 - 68.54T \quad (J/mol)$$

或 $$\frac{3}{2}Na_2O(l) + [S] + \frac{1}{2}[Si] = Na_2S(l) + \frac{1}{2}Na_2SiO_3(l) \qquad \Delta_r G_m^{\ominus} = -399804 + 64.01T \quad (J/mol)$$

形成的 $Na_2S(l)$ 部分可被空气氧化，形成 $Na_2O(l)$ 可被还原成气体钠，与放出的CO在空中燃烧，产生大量烟雾，污染环境，对人体有害。苏打的脱硫率为60%～70%。此外，渣中的 $Na_2O(l)$ 还能侵蚀铁水包衬。又由于脱硫渣的流动性好，机械扒渣困难。因此，虽然苏打有较好的脱硫效果（反应的平衡 $w[S] = 4.8 \times 10^{-7}\%$），但现在已很少单独使用其脱硫了。

（2）碳化钙（CaC_2）。它的脱硫反应为：

$$CaC_2(s) + [S] = CaS(s) + 2[C] \qquad \Delta_r G_m^{\ominus} = -359245 + 109.45T \quad (J/mol)$$

式中，［S］及［C］的标准态分别是质量1%溶液及纯石墨。在 $CaC_2(s)$ 表面形成的CaS可溶解于 $CaC_2(s)$ 中，形成互溶体，而（S^{2-}）可在其内扩散，不会阻碍脱硫反应的进行。反应速率的限制环节是硫在铁水边界层内的扩散。通过减小 CaC_2 的粒度、加强搅拌和提高温度等手段，可增大脱硫速率。CaC_2 有很强的脱硫能力（1350℃时平衡 $w[S] = 10^{-7}\%$），耗量较低（约为石灰的一半左右），对减少脱硫渣量和铁损有利。但是，CaC_2 的价格昂贵，又易吸水汽生成 $C_2H_2(g)$，能发生爆炸。因此，储运中需密封保护是其缺点。它可和其他脱硫剂，如CaO、Mg等配合使用。

（3）石灰。石灰是使用最广泛且用量最大的价廉脱硫剂。它的脱硫反应为：

$$CaO(s) + [S] + [C] = CaS(s) + CO \qquad \Delta_r G_m^{\ominus} = 86545 - 68.80T \quad (J/mol)$$

$$2CaO(s) + [S] + \frac{1}{2}[Si] = CaS(s) + \frac{1}{2}Ca_2SiO_4(s) \qquad \Delta_r G_m^{\ominus} = 60213 - 19.92T \quad (J/mol)$$

前一反应发生在硅含量很低的铁水中。实际上，铁水中的 $w[Si]$ 在0.05%以上时就有硅参加脱硫反应。由于反应产物中含有硅酸钙，难以确定反应的平衡硫浓度，故一般是利用前一反应确定的硫的平衡浓度（1350℃时 $w[S] = 3.7 \times 10^{-3}\%$）。

石灰脱硫时，在固体石灰粒表面生成的CaS是多孔质的，利于（S^{2-}）向其内的CaO表面扩散。但在有［Si］存在时，能在石灰块表面生成致密的硅酸钙壳层，代替了多孔质的 CaS 层，阻碍了（S^{2-}）的扩散（脱硫速率的限制环节），从而降低了脱硫速率。为防止此种作用，可在石灰料中配加萤石粉，它能破坏硅酸钙壳层。

现有用碳酸钙部分取代石灰粉脱硫的。喷入的碳酸钙在铁水中受热分解，放出的 CaO 粒子有很高的活性，脱硫能力很强，并且逸出的 CO_2 除起到加强铁水的搅拌作用外，还能与铁水中［C］反应，形成的 CO 逸出，在铁水表面燃烧，补偿了该反应（$CO_2+[C]=2CO$）的耗热量。碳酸钙及石灰来源广、价格便宜，而且脱硫能力不低，在 1350℃时可达到 $w[S]=10^{-3}\%$ 的水平，能满足一般炼钢铁水脱硫的要求，所以是有前途的炉外脱硫剂。

（4）镁。镁是十分活跃的轻金属。其脱硫能力很强，仅次于金属钙。镁的熔点为 647℃，沸点为 1090℃，远低于铁水处理温度。其蒸气压的温度关系式为：$\lg p'_{Mg}=-\dfrac{6818}{T}+6.990(100kPa)$。在铁水温度范围（1300 ~ 1450℃）内，$p'_{Mg}=(4.73\sim 11.2)\times 10^5Pa$。气化镁在铁水中的溶解度也很小，仅为 $w[Mg]=0.0064\%\sim 0.033\%$（$\lg w[Mg]_{\%}=-\dfrac{12973}{T}+6.033$）。

当用镁脱硫时，加入到铁水中的金属镁立即熔化及气化，生成镁蒸气，除与［S］反应外，还迅速溶解于铁水中发生脱硫反应。因此，出现了异相及同相两类脱硫反应：

$$Mg(g)+[S]=\!=\!=MgS(s) \qquad \Delta_r G_m^{\ominus}=-522080+242.06T \quad (J/mol)$$

$$[Mg]+[S]=\!=\!=MgS(s) \qquad \Delta_r G_m^{\ominus}=-639480+273.46T \quad (J/mol)$$

即在气态镁脱硫的同时，镁也溶解于铁水中，虽然它的溶解度很小，但溶解镁的脱硫反应比气态镁的脱硫反应在热力学（$\Delta_r G_m^{\ominus}$ 较小）及动力学（紊流扩散下的均相反应）方面都更为有利，而大多数的［S］是通过溶解镁除去的。所以，镁的脱硫效率主要取决于其在铁水中的溶解速率。镁在铁水中的溶解度随铁水温度的升高而降低，并随镁气压的增大而增加。因此，要采用外包惰性物质的方法或复合镁脱硫剂来减缓镁的气化速率，以控制镁蒸气压的大小。

常用的复合型脱硫剂有 CaO + Mg（例如，$w[Mg]=50\%+w[CaO]=50\%$）、CaC_2 + Mg、包盐镁粒（$w[Mg]=88\%\sim 92\%$，$w[NaCl]=8\%\sim 12\%$）等。这些钝化剂能降低镁的消耗率，使铁水处理后能达到较低的硫浓度及减少镁的损耗。

【例 8-1】 铁水成分为 $w[C]=4.0\%$、$w[Si]=0.6\%$、$w[Mn]=0.5\%$、$w[P]=0.2\%$ 及 $w[S]=0.04\%$，温度为 1350℃。试求用镁作脱硫剂时铁水的硫浓度。

解 镁以气态及溶解态参加脱硫反应：

$$Mg(g)+[S]=\!=\!=MgS(s) \qquad \Delta_r G_m^{\ominus}=-522080+242.06T \quad (J/mol)$$

$$K_{Mg(g)}=\frac{1}{f_S w[S]_{\%}} \qquad w[S]_{\%}=\frac{1}{K_{Mg(g)}f_S}$$

式中，$p_{Mg(g)}=1$。

$$K_{Mg(g)}=\frac{522080}{19.147\times 1623}-\frac{242.06}{19.147}=4.158 \qquad K_{Mg(g)}=1.44\times 10^4$$

f_S：

$$\lg f_S=(e_S^S w[S]_{\%}+e_S^C w[C]_{\%}+e_S^{Si} w[Si]_{\%}+e_S^{Mn} w[Mn]_{\%}+e_S^P w[P]_{\%})\times\frac{1873}{1623}$$

$$=(-0.028w[S]_{\%}+0.110\times 4.0+0.063\times 0.6+(-0.026)\times 0.5+$$

$$0.029 \times 0.20) \times \frac{1873}{1623}$$

$$=0.471 \times 1.154 = 0.544 \qquad f_S = 3.496$$

上式等号右边第1项的值很小，舍去。这里取1873K的e_S^K，再乘上$\frac{1873}{1627}$，转换为1623K的e_S^K值。于是

$$w[S]_\% = \frac{1}{3.496 \times 1.44 \times 10^4} = 1.986 \times 10^{-5} \qquad w[S] = 1.986 \times 10^{-5}\%$$

$$[Mg] + [S] = MgS(s) \qquad \Delta_r G_m^\ominus = -639480 - 273.46T \quad (J/mol)$$

$$K_{[Mg]} = \frac{1}{a_{[Mg]}a_{[S]}} = \frac{1}{a_{[Mg]}f_S w[S]_\%}$$

$$w[S]_\% = \frac{1}{a_{[Mg]}f_S K_{[Mg]}} = \frac{1}{w[Mg]_\% f_S K_{[Mg]}}$$

$K_{[Mg]}$：

$$\lg K_{[Mg]} = \frac{639480}{19.147 \times 1263} - \frac{273.46}{19.147} = 6.30$$

$$K_{[Mg]} = 1.97 \times 10^6$$

$w[Mg]_\%$：

$$\lg w[Mg]_\% = -\frac{12933}{1623} + 6.033 = -1.936$$

$$w[Mg]_\% = 0.0116$$

由于$w[Mg]_\%$很小，$a_{[Mg]} = w[Mg]_\%$，则：

$$w[S]_\% = \frac{1}{0.0116 \times 3.496 \times 1.97 \times 10^6} = 1.25 \times 10^{-5}$$

$$w[S] = 1.25 \times 10^{-5}\%$$

一般镁粉脱硫时，铁液的硫含量可达到0.005%～0.015%（平衡$w[S]_\% = 10^{-5}\%$）。

应采用对镁是中性的气体作载气喷吹镁粒。N_2能与Mg形成Mg_3N_2，降低镁的利用率，故不宜用作载气。利用天然气作喷射载气，可造成一系列有利于铁水吸收镁的条件。天然气的主要成分是CH_4，可在1000℃以上分解为H_2及炭黑，使铁水面上空充满H_2，这能降低熔渣的氧化性，利于脱硫反应的进行。此外，H_2在铁水表面燃烧、放热，还可减少铁水温度的损失。

要实现镁的高度脱硫能力，必须在铁水包底深处完成镁的受热、熔化和气化、溶解过程，而MgS(s)的形核、长大和排出对强化镁的脱硫速率也是很重要的环节。

镁不仅脱硫能力很强，而且脱硫过程中铁水温度降低小，用量及渣量少，铁损低，对环境污染也小，因而综合成本低。所以它是目前具有较高效率而适用性能强的脱硫剂，适用于处理大量铁水，得到了广泛的应用。

铁水预脱硫的处理方法，按照脱硫剂加入方式和铁水搅拌方法的不同，有铺散法、摇包法、机械搅拌法、喷吹法、喂线法等。其中，喷吹法具有操作灵活、处理铁水量大、费用低、效果好等一系列优点，得到了广泛的采用。

8.1.4 铁水的同时脱磷、脱硫

在氧化条件下，脱磷反应是阳极电化学反应（$[P]=P^{3+}+5e$ 或 $[P]+4(O^{2-})=(PO_4^{3-})+5e$），并随着氧化电位的升高而加快；相反，脱硫反应则是阴极电化学反应（$[S]+2e=(S^{2-})$），并随着电位的升高而减慢。因此，当这两个电化学反应同时发生在金属－熔渣界面上时，按电中性原理，它们必定是同时进行的。即负极反应放出的电子被正极反应所吸收，从而促使金属液中的［P］及［S］同时向熔渣中转移，分别形成（P^{5+}）或（PO_4^{3-}）及（S^{2-}）。因此，从电化学原理来讲，同时进行脱磷和脱硫是可能的。但是，参与两反应的电子（e）则与熔渣内（O^{2-}）的电极反应：$(O^{2-})=[O]+2e$ 有关，因而脱磷和脱硫的反应不仅与熔渣的碱度（O^{2-}）有关，还与氧势（［O］）有关，即：

$$[P]+\frac{5}{2}[O]+\frac{3}{2}(O^{2-})=(PO_4^{3-})$$

$$[S]+(O^{2-})=(S^{2-})+[O]$$

由上式可得出它们的分配系数：

$$L_P=\lg C_{PO_4^{3-}}+\lg f_P+\frac{5}{2}\lg a_{[O]}\quad\left(\text{或}\frac{5}{4}\lg p_{O_2}\right)$$

$$L_S=\lg C_S+\lg f_S-\frac{1}{2}\lg a_{[O]}\quad\left(\text{或}\frac{1}{2}\lg p_{O_2}\right)$$

又由 $C_S=K_S\cdot\frac{a_{(O^{2-})}}{\gamma_{S^{2-}}}$ 及 $C_{PO_4^{3-}}=K_P\cdot\frac{a_{(O^{2-})}^{3/2}}{\gamma_{PO_4^{3-}}}$ 可得出：

$$\lg C_{PO_4^{3-}}=\frac{3}{2}\lg C_S+\lg\frac{\gamma_{S^{2-}}^{3/2}}{\gamma_{PO_4^{3-}}}+f(T) \tag{8-1}$$

式中，$f(T)$ 表示 K_P 与 K_S 的温度关系式。

在同样渣系（如 Na_2O-SiO_2）中 $\gamma_{S^{2-}}^{3/2}/\gamma_{PO_4^{3-}}$ 可认为是常数，因此，$\lg C_{PO_4^{3-}}$ 与 $\lg C_S$ 之间具有斜率为 $\frac{3}{2}$ 的直线关系，即对于同一渣系，其磷容量要大于其硫容量，熔渣的脱磷能力要比其脱硫能力大。

$C_{PO_4^{3-}}$ 与 C_S 均与熔渣的碱度有关。选择较大的 $C_{PO_4^{3-}}$ 及 C_S 的渣系，则能得到较大的脱磷率及脱硫率。但是，氧势则对 L_P 及 L_S 有相反的影响。提高氧势有利于脱磷（增大 L_P），但却不利于脱硫（减小 L_S）；反之亦然。因此，只有根据铁水对脱磷和脱硫程度的要求控制适合的氧势，才能有效地实现铁水同时脱磷和脱硫。在同一反应器内，如不同区域有不同的氧势，则可在氧势高的区域内进行脱磷，而在氧势低的区域内进行脱硫，以实现同时脱磷和脱硫。

例如，在铁水包内喷吹粉剂时，在喷吹口附近由于氧势较高，利于脱磷反应的进行；而在渣－铁界面及铁水包衬附近氧势较低，则利于脱硫反应的进行。而且只有控制好不同区域的氧势，才能达到同时脱磷、脱硫的要求。

用于同时脱磷、脱硫的渣系主要是苏打系和石灰系。它们的反应为：

$$Na_2CO_3(l)+\frac{2}{3}[P]=\frac{1}{3}(3Na_2O\cdot P_2O_5)+\frac{1}{3}CO+\frac{2}{3}C_{(石)}$$

$$\Delta_r G_m^{\ominus} = -170179 - 58.50T \quad (\mathrm{J/mol})$$

$$Na_2CO_3(l) + [S] + 2[C] = Na_2S(l) + 3C_{(石)}$$

$$\Delta_r G_m^{\ominus} = 394313 - 292.04T \quad (\mathrm{J/mol})$$

$$Na_2CO_3(l) + [S] + [Si] = Na_2S(l) + CO + SiO_2(l)$$

$$\Delta_r G_m^{\ominus} = -158595 + 17.36T \quad (\mathrm{J/mol})$$

经苏打系处理后，铁水中磷和硫的分配系数可达到下列范围：

$$L_P = \frac{w(P_2O_5)_{\%}}{w[P]_{\%}^2} = 100 \sim 2000$$

$$L_S = \frac{w(S)_{\%}}{w[S]_{\%}} = 100 \sim 1000$$

石灰参加的脱磷和脱硫反应则和前述的相同。

苏打渣系在经预处理脱硅至 $w[Si] = 0.2\%$ 以后，脱除磷及硫的效果较好，但其价格昂贵，而且严重污染环境。石灰渣系虽然价格便宜、环境污染小，但脱磷、脱硫效果差。为了提高其使用效果，可配加各种添加剂，如 Fe_2O_3、CaF_2、$CaCl_2$、$BaCl_2$、Na_2O 等。加 Fe_2O_3 既可助熔，也可起到氧化剂脱磷的作用。Na_2O 能大幅度提高脱硫的能力。

在钢铁冶炼中，首先应大力推广炉外脱硫处理，解放高炉和转炉的生产力；其次，有条件的厂家应采用铁水的“三脱”处理。高炉首先要采用低硅铁水冶炼，其次在炉外铁水沟或铁水罐进行喷吹脱硅处理，把硅量降低到 $w[Si] < 0.15\%$，扒渣后再进行喷射脱磷剂脱磷以及脱硫处理。或采用同时脱磷、脱硫处理，将铁水的磷量和硫量降低到“双零”水平，以提高后续炼钢的经济效益及生产出低磷、低硫量的优质洁净钢。

8.2　钢液的真空处理

在炼钢温度下，如钢液中溶解元素具有显著的蒸气压，或某些溶解元素能通过化学反应转变为不溶于钢液中的气态物质，则在真空熔炼或真空处理时，降低体系内这些挥发物或逸出的气体物质的分压，可使这些在大气压下已达到平衡的精炼过程得以再度进行。这是因为气态物质比凝聚态物质有更大的熵值，因而，反应的 $\Delta G = \Delta H - (S_2 - S_1)T$ 的负值变大（$S_2 > S_1$），又因为 $\left(\frac{\partial G}{\partial p}\right)_T = V = \frac{nRT}{p}$，在恒温下降低 p，则 V 增大，从而 S 也增大（$\Delta S \propto \Delta V$），所以 ΔG 得以降低。

钢液进行真空处理时，能除去溶解的挥发性大的组分、脱气、脱碳（氧）、脱硫及除去夹杂物。另外，钢液和容器、耐火材料也可能发生反应。

8.2.1　挥发性杂质的去除

钢液中某些元素，特别是有色金属，如 Pb、Cu、As、Sn、Bi 等的存在能恶化钢及合金的性质。但这些元素在钢液的真空熔炼或处理时可通过挥发而部分去除。它们的挥发量是由其蒸气压和活度决定的。

但在真空中，有害杂质挥发的同时基体金属铁也可能挥发，致使合金成分的控制复杂化。

8.2.1.1 元素的挥发系数

利用溶体中溶质和溶剂的相对挥发速率导出的元素挥发系数，可确定合金中某种元素能否挥发去除及在真空条件下合金成分的变化。

元素在高真空中的挥发速率（kg/(m^2·s)）可由朗格缪尔公式[1]计算：

$$v_B = cp'_B\sqrt{\frac{M_B}{2\pi RT}} \tag{8-2}$$

式中 c——朗格缪尔系数；

p'_B——挥发组分的蒸气压，Pa；

M_B——挥发组分的摩尔质量，kg/mol。

对于铁基二元合金，如 Fe 的最初量为 $a$kg 时，合金组分 B 的最初量为 $b$kg，经过真空处理到时间 t 时，Fe 挥发了 $x$kg，合金组分 B 挥发了 $y$kg，则两者的挥发速率分别为：

$$\frac{dx}{dt} = c\gamma_{Fe}x[Fe]p^*_{Fe}\sqrt{\frac{M_{Fe}}{2\pi RT}} \qquad \frac{dy}{dt} = c\gamma_B x_B p^*_B\sqrt{\frac{M_B}{2\pi RT}}$$

从而

$$\frac{dy}{dx} = \sqrt{\frac{M_B}{M_{Fe}}}\cdot\frac{\gamma_B x_B p^*_B}{\gamma_{Fe}x[Fe]p^*_{Fe}} = \sqrt{\frac{M_{Fe}}{M_B}}\cdot\frac{\gamma_B p^*_B}{\gamma_{Fe}p^*_{Fe}}\cdot\frac{b-y}{a-x} = \alpha\frac{b-y}{a-x}$$

式中 x_B，$x[Fe]$——分别换算成质量分数，即：

$$x_B = \frac{M_{Fe}}{100M_B}\cdot\frac{b-y}{a+b-x-y}\times100\%, \quad x[Fe] = \frac{M_{Fe}}{100M_{Fe}}\cdot\frac{a-x}{a+b-x-y}\times100\%;$$

M_B，M_{Fe}——分别为组分 B 及 Fe 的摩尔质量，kg/mol；

γ_B，γ_{Fe}——分别为合金组分 B 及 Fe 的活度系数；

p^*_B，p^*_{Fe}——分别为纯合金组分及 Fe 的蒸气压，Pa。

上式改写成：

$$\frac{dy}{b-y} = \alpha\frac{dx}{a-x}$$

在 0 ~ y 及 0 ~ x 界限内积分上式，得：

$$\frac{y}{b} = 1-\left(1-\frac{x}{a}\right)^{\alpha} \approx \alpha\frac{x}{a} \tag{8-3}$$

式中 x/a，y/b——分别为 Fe 及组分 B 在时间 t 内挥发了的质量分数。

$$\alpha = \sqrt{\frac{M_{Fe}}{M_B}}\cdot\frac{\gamma_B p^*_B}{\gamma_{Fe}p^*_{Fe}}\text{(称为挥发系数)} \tag{8-4}$$

式（8-4）是用组分的活度系数和蒸气压计算 α 值，适用于高真空中元素挥发过程成为限制的情况，即动力学限制。当元素挥发受熔体中扩散限制时，可导出下列计算 α 的公式：

$$\frac{y}{b}\times100 = 100-100\left(1-\frac{x}{a}\right)^{\alpha}$$

并令 $w[B] = \frac{y}{b}\times100\%$（组分 B 的相对挥发量），$w[A] = \frac{x}{a}\times100\%$（Fe 的相对挥发量）。

---

[1] 高真空是指压力降低到气体分子的平均自由程明显超过容器的几何尺寸，气体分子间的碰撞可以忽略不计的情况。绝对压力为（10^{-7} ~ 10^{-3}）×133.3Pa。

则可得：

$$\alpha=\frac{\ln(1-w[\mathrm{B}]_{\%}/100)}{\ln(1-w[\mathrm{A}]_{\%}/100)} \tag{8-5}$$

而它们的相对挥发量（%）可由下式得出：

$$-\frac{\mathrm{d}w[\mathrm{B}]_{\%}}{\mathrm{d}t}=\beta_{\mathrm{B}}\cdot\frac{A}{V}\cdot w[\mathrm{B}]_{\%}\qquad \ln\frac{w[\mathrm{B}]_{\%}^{0}}{w[\mathrm{B}]_{\%}}=\beta_{\mathrm{B}}\cdot\frac{A}{V}\cdot t \tag{8-6}$$

$$-\frac{\mathrm{d}w[\mathrm{Fe}]_{\%}}{\mathrm{d}t}=\beta_{\mathrm{Fe}}\cdot\frac{A}{V}\cdot w[\mathrm{Fe}]_{\%}\qquad \ln\frac{w[\mathrm{Fe}]_{\%}^{0}}{w[\mathrm{Fe}]_{\%}}=\beta_{\mathrm{Fe}}\cdot\frac{A}{V}\cdot t \tag{8-7}$$

式中　β_{B}，β_{Fe}——分别为熔体中 B 及 Fe 的传质系数，m/s，其数量级为 $10^{-5}\sim10^{-4}$m/s。可由实验测定的 $\ln(w[\mathrm{B}]_{\%}^{0}/w[\mathrm{B}]_{\%})-t$ 的数据，在坐标图上回归成直线求出。

【例 8－2】　试计算在真空感应炉中熔炼［Mn］的质量分数为 4% 的铁基合金时，锰的挥发系数。炉子容量为 100kg，坩埚直径为 0.51m；合金密度为 7000kg/m^3；$\beta_{\mathrm{Mn}}=1.2\times10^{-4}$m/s，$\beta_{\mathrm{Fe}}=2.0\times10^{-5}$m/s；抽真空时间为 600s；温度为 1873K；$p_{\mathrm{Mn}}^{*}=5395$Pa，$p_{\mathrm{Fe}}^{*}=5.9$Pa；$\gamma_{\mathrm{Mn}}^{0}=1.3$。

解　（1）由式(8－4)进行计算。

$$\alpha=\frac{\gamma_{\mathrm{B}}p_{\mathrm{B}}^{*}}{\gamma_{\mathrm{Fe}}p_{\mathrm{Fe}}^{*}}\cdot\sqrt{\frac{M_{\mathrm{Fe}}}{M_{\mathrm{B}}}}=\frac{1.3\times5395}{1\times5.9}\times\sqrt{\frac{55.85}{55}}=1200$$

（2）利用式(8－5)进行计算。为此先由式(8－6)及式(8－7)计算出 Mn 及 Fe 在抽真空 600s 时的终浓度及其相应的相对挥发量。

$$\ln\frac{w[\mathrm{Mn}]_{\%}^{0}}{w[\mathrm{Mn}]_{\%}}=\beta_{\mathrm{Mn}}\cdot\frac{A}{V}\cdot t$$

式中

$$A/V=\pi r^2/V=3.14\times0.255^2/(100/7000)=14.29\mathrm{m}^{-1}$$

$$\ln\frac{4}{w[\mathrm{Mn}]_{\%}}=1.2\times10^{-4}\times14.29\times600=1.030$$

$$\frac{4}{w[\mathrm{Mn}]_{\%}}=2.80\qquad w[\mathrm{Mn}]_{\%}=4/2.80=1.428$$

Mn 的相对挥发量：$w[\mathrm{Mn}]=\dfrac{4-1.428}{4}\times100\%=64.4\%$

又

$$\ln\frac{w[\mathrm{Fe}]_{\%}^{0}}{w[\mathrm{Fe}]_{\%}}=\beta_{\mathrm{Fe}}\cdot\frac{A}{V}\cdot t=2.0\times10^{-5}\times14.29\times600=0.171$$

$$\frac{96}{w[\mathrm{Fe}]_{\%}}=1.19\qquad w[\mathrm{Fe}]_{\%}=96/1.19=80.67$$

Fe 的相对挥发量：$w[\mathrm{Fe}]=\dfrac{96-80.67}{96}\times100\%=16\%$

故

$$\alpha=\frac{\ln(1-64.4/100)}{\ln(1-16/100)}=6.0$$

表 8－1 所示为铁基二元合金中，某些元素的挥发系数（动力学限制）及其有关热力学数据。

表 8-1 铁基二元合金中元素的挥发系数①

合金元素 B	相对原子质量	p_B^*(1600℃)/Pa	γ_B^0(1600℃)	α
Al	26.98	223	0.029	1.58
As	74.92	(4.5×10^8)	—	(3)
Cr	52.01	23	1	4.03
Co	58.94	4.68	1.07	0.83
Cu	63.54	107.1	8.6	146.6
Fe	55.85	5.89	1	1
Mn	54.94	5395	1.3	1200
Ni	58.71	3.5	0.66	0.38
P	30.97	7.8×10^7	—	—
Pb	207.21	4.5×10^4	1400	(5.5×10^7)
Si	28.09	0.78	0.0013	2.4×10^{-4}
Sn	118.70	120	2.8	13.98

① 铁中元素的蒸气压由参考文献[27]的公式计算出。

由 α 可推断高真空条件下，合金元素能否通过优先挥发除去（或损失）。一般 $\alpha>10$ 的元素可经挥发除去。

另外，还可利用式(8-3)计算出将杂质元素除去一定百分数时，基体金属的挥发损失。如图 8-4 所示，当 $\alpha=1$ 时，$y/b=x/a$，在挥发过程中合金组成不改变；当 $\alpha>1$ 时，$y/b>x/a$，杂质元素的浓度降低；当 $\alpha<1$ 时，$y/b<x/a$，Fe 挥发，杂质元素的浓度增大。

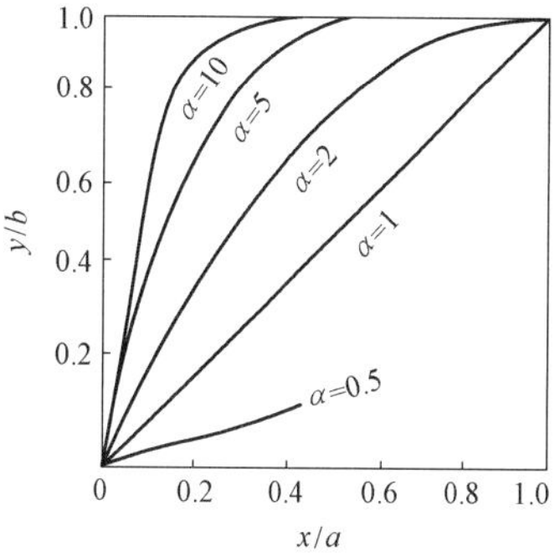

图 8-4 真空中 Fe 及合金元素挥发的比例

从 α 值可见，Mn、Cu、Sn 比较易挥发，Ni、Co 在铁液中反而富集。元素活度的相互作用系数对挥发元素的挥发也有一定影响，铁液中如有能提高挥发元素的活度系数的其他元素存在，则能促进该元素的挥发；相反，则抑制该元素的挥发。例如，As 的 e_B^K 为负值，所以虽然 p_{As}^* 很高，但其 α 只有 3。因此，钢液的 As 难以用真空除去。

8.2.1.2 元素挥发的残存浓度

在一般熔炼温度下，若某元素的蒸气压低于 1Pa 或低于合金基体金属（如铁）的蒸气压，则该元素在熔炼过程中不会因挥发而受到损失，如铁基合金中的 Ti、Mo、Zr 等。若某元素在合金内，由于形成稳定化合物而使其活度值很低，则无论该元素在纯组分状态下的蒸气压有多么大，都不可能因挥发而损失。例如，镍基合金中的 Al 可形成挥发能力很弱的 Ni_3Al、NiAl。

元素从铁基合金中挥发出的可能性取决于该元素的蒸气压与铁的蒸气压之比。如铁的蒸气压大于该元素的蒸气压，则该元素不能实现挥发。用真空法得到的残存合金元素浓度的最低值，则取决于铁和该元素纯态的蒸气压之比及它们在合金中的活度比。因此，利用它们两者实际的蒸气压相等,可得出铁液中该元素的残存最低浓度。

【例8-3】 试用真空挥发法求Fe-Cu合金中Cu的最低浓度。温度为1600℃,元素的蒸气压 $p_{Fe}^*=5.89Pa$,$p_{Cu}^*=107.1Pa$,铜的 $\gamma_{Cu}^0=8.6$。

解 当抽真空达到平衡时,$p_{Cu}=p_{Fe}$,即:

$$p_{Cu}^*\gamma_{Cu}x[Cu]=p_{Fe}^*\gamma_{Fe}x[Fe]$$

合金中Cu的最低浓度为:$x[Cu]=\dfrac{p_{Fe}^*\gamma_{Fe}x[Fe]}{p_{Cu}^*\gamma_{Cu}}$

当抽真空达到平衡时，合金进入稀溶液的范围，这时 $x[Cu]\to0$，而 $\gamma_{Cu}=\gamma_{Cu}^0=8.6$，而 $a_{Fe}=\gamma_{Fe}x[Fe]=1$。

$$x[Cu]=\frac{p_{Fe}^*}{p_{Cu}^*\gamma_{Cu}^0}=\frac{5.89}{107.1\times8.6}=6.39\times10^{-3}$$

$$w[Cu]_{\%}=\frac{100M_{Cu}}{M_{Fe}}x[Cu]=\frac{100\times63.53}{55.85}\times6.39\times10^{-3}$$

$$=0.725 \qquad w[Cu]=0.725\%$$

8.2.1.3 挥发元素除去的动力学

在真空下，钢液中元素的挥发由下列环节所组成。

(1) 钢液中溶解元素原子向钢液-气相界面扩散:

$$v_1=k_1\cdot(c_B-c_B^*)$$

(2) 元素原子在钢液表面吸附时经脱附而挥发:

$$v_2=k_2c_B^*=(\gamma_Bp_B^*/\rho)\sqrt{M_{Fe}^2/(2\pi RTM_B)}\cdot c_B^*$$

(3) 挥发元素通过钢液表面的浓度边界层向气相扩散:

$$v_3=k_3(c_B^*-c_{B(g)})$$

一般来说，挥发性较小的元素，如Fe、Ni、Co等挥发的限制环节是（1）；挥发性较大的元素，如Mn、Sn等则是（2）；而元素浓度低及真空度比较低（大于100Pa）时，则是（3）。

8.2.2 真空脱气

氢和氮在钢液中的溶解服从平方根定律，因此，降低体系的压力，从而使气体的分压降低，就能减小钢液中溶解的气体量。

氢和氮在钢液中的浓度很小时，它们形成气泡的析出压力远小于其所受的外压，所以这些溶解气体就不能依靠形成气泡的形式排出，只能通过向钢液表面吸附转变为气体分子，再向气相中排出：$[H]=H_{(吸)}$，$2H_{(吸)}=H_2$。从热力学角度来讲，气相中氢和氮的分压为100~200Pa时，就能将钢液中气体含量降低到较低水平。在通常操作的条件下，当抽真空到13.3~66.5Pa以下时，钢液的氢含量可达到 $1\times10^{-4}\%$ 以下。

真空中钢液的脱气过程由以下3个环节组成:

(1) 钢液中溶解气体原子向钢液-气相界面扩散;

(2) 这些气体原子在界面上吸附，结合成气体分子，再从界面脱附;

(3) 脱附的气体分子在真空的作用下向气相中扩散。

据研究，环节（1）是高温脱气过程的限制环节：

$$v=\frac{\mathrm{d}w[\mathrm{X}]_{\%}}{\mathrm{d}t}=-\beta_{\mathrm{X}}\cdot\frac{A}{V}\cdot(w[\mathrm{X}]_{\%}^{*}-w[\mathrm{X}]_{\%})\qquad \lg\frac{w[\mathrm{X}]_{\%}-w[\mathrm{X}]_{\%(平)}}{w[\mathrm{X}]_{\%}^{0}-w[\mathrm{X}]_{\%(平)}}=-\frac{1}{2.3}\cdot\beta_{\mathrm{X}}\cdot\frac{A}{V}\cdot t$$

式中 $w[\mathrm{X}]_{\%}^{0}$——钢液气体的初始质量百分数；

$w[\mathrm{X}]_{\%(平)}$——溶解气体的平衡值，可由气体溶解的平方根定律得出。

但是在真空条件下，$w[\mathrm{X}]_{\%(平)}<w[\mathrm{X}]_{\%}<w[\mathrm{X}]_{\%}^{0}$，故上式可简化为：

$$\lg\frac{w[\mathrm{X}]_{\%}}{w[\mathrm{X}]_{\%}^{0}}=-\frac{1}{2.3}\times\beta_{\mathrm{X}}\cdot\frac{A}{V}\cdot t \tag{8-8}$$

β_{X} 或 $\beta_{\mathrm{X}}\cdot\frac{A}{V}$ 的值，可在脱气过程中每间隔一定时间取样分析 $w[\mathrm{X}]$，再以 $\lg(w[\mathrm{X}]_{\%}/w[\mathrm{X}]_{\%}^{0})-t$ 图形的直线斜率得出。也可用表面更新理论得出：$\beta=2(D/\pi t_{\mathrm{e}})^{1/2}$，而 $t_{\mathrm{e}}=0.01\sim0.1\mathrm{s}$，$D_{\mathrm{H}}=3.51\times10^{-6}\mathrm{m}^2/\mathrm{s}$，$D_{\mathrm{N}}=5.5\times10^{-9}\mathrm{m}^2/\mathrm{s}$。

为了提高 $\beta_{\mathrm{X}}\cdot\frac{A}{V}$ 的值，工业上采用了钢包吹氩真空法、钢液滴流脱气法、真空提升脱气法（DH 法）、真空循环脱气法（RH 法）等。这些方法的 $\beta_{\mathrm{X}}\cdot\frac{A}{V}$ 不相同，主要是由于它们的工艺参数影响了气-钢液反应的界面面积。这又与各种设备的容量大小、所处理的钢种、预脱氧的程度及所能达到的真空度等条件有关。因此，出现了种类繁多的处理方法，如图 8-5 所示。而在 DH 法及 RH 法中，钢包与真空室之间钢液循环的速率，则取决于真空室下上升管的直径与吹入上升管内氩气的速率（标态，$\mathrm{m}^3/(\mathrm{min}\cdot\mathrm{t})$）。喷吹强度越大，而上升管的直径越大，则钢液循环速率越大，脱气程度也就越大。

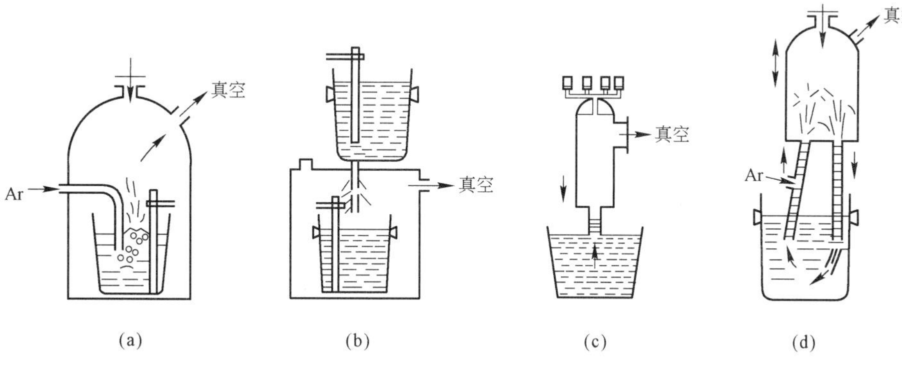

图 8-5 各种真空脱气法

（a）钢包吹氩真空法；（b）钢液滴流脱气法；（c）真空提升脱气法；（d）真空循环脱气法

真空脱气除氮的效果较差，一般只能除去 $w[\mathrm{N}]=10\%\sim35\%$。这是由于受氧及硫在相界面发生吸附的阻滞影响。仅当脱气处理前钢液有很好的深度脱硫及脱氧时，才能获得很低的氮量。为了获得低氮钢（$w[\mathrm{N}]<0.002\%$），应在冶炼及浇注过程尽量阻止吸收氮。

【例 8-4】 与大气平衡的铁液的 $w[\mathrm{C}]=2\%$、$w[\mathrm{Ti}]=2\%$ 及 $w[\mathrm{H}]=1.0\times10^{-3}\%$。欲使其 $w[\mathrm{H}]$ 下降到 $0.1\times10^{-3}\%$，试问需要采用多大的真空度？钢液温度为 1600℃。

解 根据真空处理前后气体分压与体系的总压成正比，则有：

$$\frac{p_{H_2(后)}}{p_{H_2(前)}} = \frac{p_{(后)}}{p_{(前)}}$$

式中 $p_{(后)}$——真空处理过程中体系的总压，亦即真空度；

$p_{(前)}$——真空处理前体系的总压，10^5Pa。

故 $$真空度 = p_{(前)} \cdot \frac{p_{H_2(后)}}{p_{H_2(前)}}$$

利用气体的平方根定律，可求出与铁液中溶解氢量平衡的 p_{H_2}。

p_{H_2}： $p_{H_2}^{1/2} = f_H w[H]_\% / K_H^\ominus$ $\quad \lg p_{H_2} = 2\lg f_H + 2\lg w[H]_\% - 2\lg K_H^\ominus$

$K_H^\ominus$： $\lg K_H^\ominus = -\frac{1909}{1873} - 1.591 = -2.610$

f_H：$\lg f_H = e_H^H w[H]_\% + e_H^{Ti} w[Ti]_\% + e_H^C w[C]_\% = 0 \times w[H]_\% + (-0.019) \times 2 + 0.06 \times 2$
$= 0.082$

故 $w[H] = 1.0 \times 10^{-3}\%$ $\quad \lg p_{H_2} = 2 \times 0.082 + 2 \times \lg(1.0 \times 10^{-3}) - 2 \times (-2.610) = -0.616$ $\quad p_{H_2} = 0.242$

$w[H] = 0.1 \times 10^{-3}\%$ $\quad \lg p_{H_2} = 2 \times 0.082 + 2 \times \lg(0.1 \times 10^{-3}) - 2 \times (-2.610) = -2.62$
$p_{H_2} = 2.40 \times 10^{-3}$

因此，为使铁液的 $w[H]$ 从 $1.0 \times 10^{-3}\%$ 下降到 $0.1 \times 10^{-3}\%$，真空室内 $p'_{H_2} \leqslant 2.40 \times 10^2$Pa，而需要的真空度为 $p' = (2.40 \times 10^{-3}/0.242) \times 10^5 = 992$Pa。

一般来说，仅需在熔池上空保持几百个帕的压力（真空度），就能使钢液中溶解的氢或氮量降低到相当低的水平。一般真空脱气的极限真空度是67Pa以下。

【例8-5】 将50t钢水包放到真空室内，加上真空密封罩进行脱氢处理，为使钢液中 $w[H]$ 从 $0.45 \times 10^{-3}\%$ 下降到 $0.17 \times 10^{-3}\%$，需要处理多少时间？钢包内钢液深度 $h = 0.8$m，氢的传质系数 $\beta_H = 9.1 \times 10^{-4}$m/s，温度为1580℃。

解 由式（8-8）得： $t = -2.3\lg \frac{w[X]_\%}{w[X]_\%^0} \Big/ \left(\beta_X \cdot \frac{A}{V}\right)$

式中，$A/V = 1/h$。

$$t = -2.3 \times \lg \frac{0.17}{0.45} / (9.1 \times 10^{-4}/0.8) = 855\text{s}(14.3\text{min})$$

【例8-6】 当钢液中氢和氮的浓度较高时，也可视为在真空下形成气泡而排出。试求真空条件下钢液中气体的最低浓度及相应的真空压力。已知：钢液的 $\sigma_m = 1.6\text{J/m}^2$，氢析出反应的平衡常数 $K^\ominus = 2.45 \times 10^{-3}$，氮析出反应的 $K^\ominus = 0.0458$。

解 钢液中的［H］或［N］与其形成的气泡处于平衡时，气泡所受外压等于气泡内与钢液中平衡的［H］或［N］的 p'_{H_2} 或 p'_{N_2}。当气泡位于钢液表面时，气泡内气体（X_2）的分压为：

$$p'_{X_2} = \rho g r + \frac{2\sigma}{r} \tag{1}$$

而 $p'_{X_2} = p'$（真空压力），即液面上真空压力。

将式（1）对气泡的半径 r 求导，并使之等于零，即可求出此真空压力下气泡的半径：

$$\frac{\mathrm{d}p'}{\mathrm{d}r}=\rho g-\frac{2\sigma}{r^2}=0 \quad r=\sqrt{\frac{2\sigma}{\rho g}} \tag{2}$$

将式（2）代入式（1）可求出气泡所受的外压力，即真空压力：

$$p'=\frac{\rho g\sqrt{2\sigma}}{\sqrt{\rho g}}+\frac{2\sigma\sqrt{\rho g}}{\sqrt{2\sigma}}=2\sqrt{2\sigma\rho g}$$

$$=2\times\sqrt{2\times1.6\times7\times10^3\times9.81}=937.5\mathrm{Pa}$$

而 $$p=0.01$$

由气体溶解的平方根定律，可求出此真空压力下钢液中气体的溶解度。

（1）对于 H_2 的溶解：

$$w[\mathrm{H}]_{\%}=K^{\ominus}p_{\mathrm{H_2}}^{1/2}=2.45\times10^{-3}\times(0.01)^{1/2}=2.4\times10^{-4} \quad w[\mathrm{H}]=2.4\times10^{-4}\%$$

（2）对于 N_2 的溶解：

$$w[\mathrm{N}]_{\%}=K^{\ominus}p_{\mathrm{N_2}}^{1/2}=0.0458\times(0.01)^{1/2}=4.6\times10^{-3} \quad w[\mathrm{N}]=4.6\times10^{-3}\%$$

【例 8-7】 利用真空循环脱气法（RH 法），使成分为 $w[\mathrm{C}]=0.05\%$、$w[\mathrm{Cr}]=5\%$、$w[\mathrm{Ti}]=0.5\%$、$w[\mathrm{Ni}]=2\%$ 的钢液的氢含量，在 15min 内从 $w[\mathrm{H}]=4\times10^{-4}\%$ 下降到 $1.5\times10^{-4}\%$。处理温度为 1850K，钢包内钢液量为 50t，真空室内气体压力为 0.1×10^{-8}Pa。试求钢液在真空室内循环流动的速率（t/min）。

解 氢从钢液中析出的速率（g/min）等于氢进入真空室内的速率（g/min），即：

$$-m_{\mathrm{m}}\frac{\mathrm{d}w[\mathrm{H}]_{\%}}{\mathrm{d}t}=m_{\mathrm{R}}(w[\mathrm{H}]_{\%}-w[\mathrm{H}]_{\%(平)})$$

式中 m_{m}——钢液的质量，t；

m_{R}——钢液通过真空室的循环量，t/min；

$w[\mathrm{H}]_{\%(平)}$——与真空室内氢分压（$p_{\mathrm{H_2}}$）平衡的钢液中氢的质量百分数。

将上式改写成下式：

$$\frac{\mathrm{d}w[\mathrm{H}]_{\%}}{w[\mathrm{H}]_{\%}-w[\mathrm{H}]_{\%(平)}}=-\frac{m_{\mathrm{R}}}{m_{\mathrm{m}}}\mathrm{d}t$$

$$\int_{w[\mathrm{H}]_{\%(平)}}^{w[\mathrm{H}]\%}\frac{\mathrm{d}w[\mathrm{H}]_{\%}}{w[\mathrm{H}]_{\%}-w[\mathrm{H}]_{\%(平)}}=\int_t^0-\frac{m_{\mathrm{R}}}{m_{\mathrm{m}}}\mathrm{d}t$$

即
$$\ln\frac{w[\mathrm{H}]_{\%}^0-w[\mathrm{H}]_{\%(平)}}{w[\mathrm{H}]_{\%}-w[\mathrm{H}]_{\%(平)}}=\frac{m_{\mathrm{R}}}{m_{\mathrm{m}}}\cdot t$$

而
$$m_{\mathrm{R}}=\frac{m_{\mathrm{m}}}{t}\ln\frac{w[\mathrm{H}]_{\%}^0-w[\mathrm{H}]_{\%(平)}}{w[\mathrm{H}]_{\%}-w[\mathrm{H}]_{\%(平)}}$$

因为处理的钢种属于镇静钢（$w[\mathrm{C}]=0.05\%$），在处理过程中不会因脱氧而产生 CO 气体，故可假定真空室内有纯氢存在，而其 $p_{\mathrm{H_2}}=0.1\times10^{-3}$（或 0.1×10^{-8}Pa）。与此氢压平衡的钢液中的 $w[\mathrm{H}]_{\%(平)}$ 如下求得：

$$\frac{1}{2}\mathrm{H_2}=\!=\!=[\mathrm{H}] \qquad a_{[\mathrm{H}]}=K_{\mathrm{H}}^{\ominus}p_{\mathrm{H_2}}^{1/2}$$

$$w[\mathrm{H}]_{\%(平)}=\frac{K_{\mathrm{H}}^{\ominus}p_{\mathrm{H_2}}^{1/2}}{f_{\mathrm{H}}}$$

$$\lg K_{\mathrm{H}}^{\ominus} = -\frac{1909}{1850} - 1.591 = -2.623$$

$$K_{\mathrm{H}}^{\ominus} = 2.38 \times 10^{-3}$$

$$p_{\mathrm{H_2}} = 0.1 \times 10^{-3}$$

f_{H}：

$$\lg f_{\mathrm{H}} = e_{\mathrm{H}}^{\mathrm{H}} w[\mathrm{H}]_{\%} + e_{\mathrm{H}}^{\mathrm{C}} w[\mathrm{C}]_{\%} + e_{\mathrm{H}}^{\mathrm{Cr}} w[\mathrm{Cr}]_{\%} + e_{\mathrm{H}}^{\mathrm{Ti}} w[\mathrm{Ti}]_{\%} + e_{\mathrm{H}}^{\mathrm{Ni}} w[\mathrm{Ni}]_{\%}$$

$$= 0 + 0.06 \times 0.05 + (-0.0022) \times 5 + (-0.019) \times 0.5 + 0$$

$$= -0.0175$$

$$f_{\mathrm{H}} = 0.960$$

故

$$w[\mathrm{H}]_{\%(平)} = \frac{2.38 \times 10^{-3} \times (0.1 \times 10^{-3})^{1/2}}{0.960} = 0.248 \times 10^{-4}$$

$$m_{\mathrm{R}} = \frac{50}{15} \times \ln \frac{4 \times 10^{-4} - 0.248 \times 10^{-4}}{1.5 \times 10^{-4} - 0.248 \times 10^{-4}} = 3.66\mathrm{t/min}$$

即在 RH 脱气法中，使钢液的氢量下降 $w[\mathrm{H}] = (4 - 1.5) \times 10^{-4}\% = 2.5 \times 10^{-4}\%$，通过真空室内的钢液量为 3.66t/min。

8.2.3　真空脱碳（氧）

钢液中碳的氧化反应形成了不溶于钢液的 CO 气泡，在真空中降低 p'_{CO}，可使在大气压力下已经达平衡的脱碳反应再度进行，而碳氧积 $w[\mathrm{C}]_{\%} \cdot w[\mathrm{O}]_{\%} = mp_{\mathrm{CO}}$ 也可达到更低的值。例如，p'_{CO} 为 100kPa、10kPa、1kPa 时，$w[\mathrm{C}]_{\%} \cdot w[\mathrm{O}]_{\%}$ 分别为 2.5×10^{-3}、2.5×10^{-4}、2.5×10^{-5}。即平衡的 $w[\mathrm{C}]_{\%}$ 和 $w[\mathrm{O}]_{\%}$ 都有大幅度的降低。

因此，利用真空可使钢液深度脱碳，生产超低碳钢（$w[\mathrm{C}] < 0.02\%$）及使钢液深度脱氧，获得不含夹杂物的钢，因为脱氧产物 CO 是易于排出的气体物。

8.2.3.1　真空脱碳

如第 7 章脱碳反应的动力学所述，钢液的碳量在临界量以下的脱碳速率降低较大，因此，在传统的初炼炉内是难以冶炼超低碳（$w[\mathrm{C}] \leqslant 0.02\%$）钢种的。为补救，可将碳的质量分数为 0.1% ~0.45% 的钢液倒入盛钢桶内进行真空（600 ~700Pa）处理，并且还可从盛钢桶底部吹入氩气进行搅拌，这称为 VOD 法。如倒入盛钢桶内的钢液碳含量较高，也可在真空下吹氧以加强脱碳。例如，进行“去碳保铬”的不锈钢返回料的电弧炉冶炼，就必须采用吹氧的 VOD 法来降碳。利用真空就可使“去碳保铬”所需的较高温度（约 1800℃）得以降低，这对耐火材料炉衬的使用更有利。

真空脱碳过程的限制环节，在进入真空室内钢液的碳量高时，是［O］的扩散；而在碳量低时，则是［C］的扩散，这和临界碳量以下的情况相同。

8.2.3.2　真空脱氧(VOD 法)

在钢液的碳含量比规格碳量稍高时结束精炼，在真空室内，钢液中过剩的碳可与氧作用发生碳－氧反应，而使钢液的氧变成 CO 排除。这时碳在真空下成为脱氧剂。它的脱氧能力随真空度的提高而增强。例如，对于 $w[\mathrm{B}] = 0.1\%$ 的脱氧元素，$p'_{\mathrm{CO}} = 10\mathrm{kPa}$ 时，碳的脱氧能力高于硅；而在 $p'_{\mathrm{CO}} = 0.1\mathrm{kPa}$ 时，碳的脱氧能力则比铝高。一般来说，真空脱氧后，钢液中 $w[\mathrm{O}]$ 降低的幅度是 50% ~80%。

但是在实践中，脱氧后，残余 $w[\mathrm{O}]$ 总是比热力学计算的值（钢液中 CO 气泡表面的

$w[O]$）高，因为在真空处理的有限时间内，［C］、［O］向气泡表面的扩散缓慢，而未达到平衡值。此外，真空度的提高对于$w[O]$的降低存在着极限值。在脱碳过程中，如第7章脱碳反应的式（7-33）所示，钢液中CO气泡的p'_{CO}必须满足下述条件：

$$p'_{CO} \geqslant p'_g + (\delta_m \rho_m + \delta_s \rho_s) g + \frac{2\sigma}{r}$$

脱碳反应才能进行。但对一定的p'_{CO}（与$w[O]_\% \cdot w[C]_\%$有关），上式右边后3项之和越小，则脱碳反应越易进行。在真空下，只能使p'_g减小，而当p'_g减小到一定值后，$p'_g \leqslant (\delta_m \rho_m + \delta_s \rho_s) g + 2\sigma/r$，则$p'_g$已不能再影响$p'_{CO}$了。这时真空度的进一步提高也不能再提高碳的脱氧能力。所以，一般真空脱氧仅需采用10~20kPa的压力即可。

真空脱氧过程速率的限制环节是钢液中［C］、［O］的扩散，如$w[C]$较高时，［O］的扩散是限制环节：

$$\frac{dw[O]_\%}{dt} = -\beta_O \cdot \frac{A}{V} \cdot (w[O]_\% - w[O]^*_\%) \quad 及 \quad t = -2.3\lg \frac{w[O]_\%}{w[O]^0_\%} \bigg/ \left(\beta_O \cdot \frac{A}{V}\right) \qquad (8-9)$$

【例8-8】 真空脱氧的盛钢桶的内径为1.6m，高1.5m，$D_O/\delta = 3 \times 10^{-4}$m/s，如使钢液的脱氧率达到90%，需要处理多少时间？当采用真空滴流法时，进入真空室的钢液炸裂成直径为6×10^{-3}m的液滴，而$\beta_O = 5.5 \times 10^{-4}$m/s，试求达到同样脱氧率的时间。

解 （1）钢液在平静的真空室内的脱氧，由式（8-9）得：

$$t = -2.3\lg \frac{w[O]_\%}{w[O]^0_\%} \bigg/ \left(\beta_O \cdot \frac{A}{V}\right) = -2.3 \times \lg \frac{10}{100} \bigg/ \left(3 \times 10^{-4} \times \frac{3.14 \times 0.8^2}{3.14 \times 0.8^2 \times 1.5}\right)$$

$$= 1.15 \times 10^4 \text{s} (192\text{min})$$

（2）钢液在滴流状态下脱氧时，式（8-9）中的

$$\frac{A}{V} = 4\pi r^2 \bigg/ \left(\frac{4}{3}\pi r^3\right) = \frac{3}{r} = \frac{3}{3 \times 10^{-3}} = 1 \times 10^3 \text{m}^{-1} \quad t = -2.3 \times \lg \frac{10}{100} \bigg/ (5.5 \times 10^{-4} \times 1 \times 10^3) = 4.1\text{s}$$

由以上计算可见，真空滴流法的脱氧时间很短，瞬间即能完成脱氧过程，而且钢液爆裂的液滴越小，脱氧的作用就越大。但上述计算是假定$w[O]_平 = 0$，即真空室内$p'_{CO} = 0$Pa的条件下得出的。实际上，$w[O]_平 \neq 0$，而$p'_{CO} \neq 0$Pa，必须进行修正。

8.2.4 真空处理时钢液和耐火材料的反应

在钢液的真空处理中，钢液和真空炉及容器的耐火材料接触时，其中的氧化物能被钢液的碳所还原，例如，发生下列反应：

$$MgO(s) + [C] = Mg(g) + CO$$

$$SiO_2(s) + 2[C] = [Si] + 2CO$$

$$Al_2O_3(s) + 3[C] = 2[Al] + 3CO$$

反应的条件是$\Delta_r G_m < 0$，即p'_{CO}大于真空压力，而真空度的提高促进气相产物CO或Mg(g)的排走，耐火材料受到的损坏更大。因此，在真空熔炼或处理中，应选用不含易被碳还原或其还原后溶解于钢液中的元素、对钢性能无害的氧化物耐火材料，如MgO、CaO、白云石、Al_2O_3、ZrO_2、SiO_2等作炉衬。

【例8-9】 在1600℃真空下，用氧化镁坩埚熔炼含铬（$w[Cr] = 18\%$）的不锈钢，其碳含量由$w[C] = 0.1\%$下降到0.02%，真空室内压力为1Pa。试问钢液对氧化镁炉衬有

无侵蚀作用？

解　钢液真空处理中，钢液和耐火炉衬接触时，在一定条件下，其中的氧化物可能被钢液中的碳所还原：

$$MgO(s)+[C]═══Mg(g)+CO \qquad \Delta_r G_m^{\ominus}=595712-249.5T \quad (J/mol)$$

在1600℃及真空压力为1Pa条件下，如上列反应的 $p'_{Mg(g)}+p'_{CO}>1Pa$ 或 $\Delta_r G_m<0$ 时，则上列反应向右进行，即 MgO(s) 炉衬能被［C］所还原，而 MgO 炉衬受到侵蚀。

反应中，Mg(g) 及 CO 的化学计量数相同，故 $p_{Mg(g)}=p_{CO}$，从而

$$K^{\ominus}=\frac{p_{CO}p_{Mg(g)}}{a_{[C]}}=\frac{p_{Mg(g)}^2}{a_{[C]}}$$

而

$$p_{Mg(g)}=p_{CO}=(K^{\ominus}a_{[C]})^{1/2}$$

$K^{\ominus}$：

$$\lg K^{\ominus}=-\frac{595712}{19.147\times1873}+\frac{249.5}{19.147}=-3.58$$

$$K^{\ominus}=2.6\times10^{-4}$$

$a_{[C]}$：

$$a_{[C]}=f_C w[C]_{\%}$$

$$\lg f_C=e_C^C w[C]_{\%}+e_C^{Cr}w[Cr]_{\%}=0.14\times0.02+(-0.024)\times18=-0.492 \qquad f_C=0.372$$

$$p_{Mg(g)}=p_{CO}=\sqrt{2.6\times10^{-4}\times0.372\times0.02}=1.39\times10^{-3}$$

或

$$p'_{Mg(g)}=p'_{CO}=1.39\times10^{-3}\times10^5=1.39\times10^2Pa$$

由于反应放出的气体物质的分压（1.39×10^2Pa）大于炉内的真空度（1Pa），MgO 炉衬受到侵蚀。

又由于

$$p_{CO}=p_{Mg(g)}=\frac{1}{2}\times1\times10^{-5}$$

$$\begin{aligned}\Delta_r G_m&=\Delta_r G_m^{\ominus}+RT\ln p_{Mg(g)}p_{CO}=595712-249.5T+19.147T\lg p_{CO}p_{Mg(g)}\\&=595712-249.5\times1873+19.147\times1873\times\lg(0.5\times10^{-5})^2\\&=-251816J/mol\end{aligned}$$

$\Delta_r G_m<0$，MgO 受到侵蚀。

8.3　吹氩处理

向钢液中吹入惰性气体，如氩（或 N_2），可起到前述真空处理的作用，排除钢液中的气体（H、N）及夹杂物，而且还有强化脱碳的作用（AOD 法）。

8.3.1　吹氩脱气

向盛钢桶的钢液内吹入氩气，产生无数的氩气泡，它具有“小真空室”的作用，钢液中的溶解气体（H、N）将不断传入其内，随之排出。

在脱气过程中，钢液内的［H］向氩气泡扩散的通量等于氩气泡内增加的氢量：

$$-m\frac{dw[H]_{\%}}{100M_H}=\frac{2dn(Ar)p_{H_2}}{p_{Ar}}$$ [1]

[1] 由于 $n(H)=2n(H_2)$，而 $n(H_2)/n(Ar)=p_{H_2}/p_{Ar}$，而 $p=p_{Ar}+p_{H_2}\approx p_{Ar}$。

式中 m——钢液质量，kg；

M_H——氢的摩尔质量，kg/mol；

$n(Ar)$——氩气量，mol；

p_{H_2}——氩气泡内氢的分压，$p_{H_2}=w[H]_{\%}^2/K_H^2$；

p_{Ar}——氩气的压力，在大气中，$p_{Ar}=p$。

$$-\frac{dw[H]_{\%}}{w[H]_{\%}^2}=\frac{200dn(Ar)M_H}{mpK_H^2}$$

将上式在 $w[H]_{\%}^0 \sim w[H]_{\%}$ 及 $0\sim n(Ar)$ 界限内积分，得：

$$\frac{1}{w[H]_{\%}}-\frac{1}{w[H]_{\%}^0}=\frac{200n(Ar)}{mpK_H^2} \qquad (8-10)$$

这是吹入氩 $n(Ar)(mol)$，使钢液的［H］量从 $w[H]_{\%}^0$ 下降到 $w[H]_{\%}$ 的方程。

又由式（8－10）可计算出降低一定的 $w[H]_{\%}$ 需要吹入的氩气量（m^3/t），由式（8－10）得：

$$n(Ar)=\frac{mpK_H^2}{200}\left[\frac{1}{w[H]_{\%}}-\frac{1}{w[H]_{\%}^0}\right] \quad (mol/kg)$$

上式两边乘以 22.4×10^3，取 $m=1t$，而 $n(Ar)\times22.4\times10^3=V_{Ar}^0$ （m^3/t），故：

$$V_{Ar}^0=112K_H^2p\cdot\left(\frac{1}{w[H]_{\%}}-\frac{1}{w[H]_{\%}^0}\right) \quad (m^3/t) \qquad (8-11)$$

同样，可导出吹氩脱氮的方程：

$$V_{Ar}^0=8K_N^2p\cdot\left(\frac{1}{w[N]_{\%}}-\frac{1}{w[N]_{\%}^0}\right) \quad (m^3/t) \qquad (8-11')$$

由上式计算的氩气耗量是最小值，因为它未计入吹氩时钢液表面的吸气、氩气带入的水汽、对不脱氧钢液出现的脱氧等的影响。因此，需引入去气效率 $1/f(f<1)$，即 $V_{Ar(实)}^0=V_{Ar(理)}^0\cdot\frac{1}{f}$，一般 $f=0.44\sim0.75$。对未脱氧的钢，$f\approx0.8$，而氩气的实际耗量为 $1\sim3m^3/t$。

【例 8－10】 向 50t 钢包的钢液中吹氩，使钢液中氢的质量分数从 $0.8\times10^{-3}\%$ 下降到 $0.3\times10^{-3}\%$，问需吹入多少氩气（m^3/t）？

解 由式（8－11）：$V_{Ar}^0=112K_H^2p\cdot\left(\frac{1}{w[H]_{\%}}-\frac{1}{w[H]_{\%}^0}\right)$

$$\lg K_H^{\ominus}=-\frac{1909}{1873}-1.591=-2.610 \qquad K_H^{\ominus}=2.45\times10^{-3} \qquad p=10^5Pa/10^5Pa=1$$

$$V_{Ar}^0=112\times(2.45\times10^{-3})^2\times\left(\frac{1}{0.3\times10^{-3}}-\frac{1}{0.8\times10^{-3}}\right)=1.40m^3/t$$

去气效率取 $f=0.8$，则实际需吹入的氩气量为：$V_{Ar}^0=1.40/0.8=1.75m^3/t$

式（8－10）及式（8－11），对于氢来说，计算值比较接近于实验值，表明反应已达到平衡；但对于氮，由于其扩散较慢，难以达到平衡，使计算值偏高。特别当钢液中氧和硫的含量高时，因为它们能在钢液－气泡界面上吸附，阻碍了反应的进行。为加速除氢，也可喷吹 $Ar+O_2$ 混合气体。因为去氢反应 $2[H]+\frac{1}{2}O_2 = H_2O(g)$ 比反应 $2[H]+[O]=$

$H_2O(g)$进行得更快。

向钢液中引入 Ar 的方法有从钢液顶部用喷嘴、利用盛钢桶底的多孔塞及旋转桨等方式。气泡的大小主要由气流速度及喷嘴或喷塞的几何形状确定。

向钢液吹氩还能达到钢液的成分及温度均匀，它比抽真空过程简化、便宜。对于不含 Cr、Ti、V 等能形成氮化物元素的钢液，则可用 N_2 代替 Ar 进行脱气处理。

吹氩发生的钢液搅拌，能增大钢液中夹杂物粒子碰撞的概率，促进其聚合、长大，增大夹杂物的上浮速度，使夹杂物依附于氩气泡表面，起到浮选除去夹杂物的作用。

为降低吹入的氩气量，可与真空相结合，因为临界吹氩量与总压成正比，在真空条件下，总压下降，从而使吹入的氩气量显著减少。例如，在 0.5kPa 下，吹氩量可减少一半；而真空度达到 10kPa 时，则用 1/10 的氩气就能达到 100kPa 的脱氢效果。例如，只要用 $0.1 \sim 0.3m^3/t$ 的氩气就可使 $6 \times 10^{-4}\%$ 的 $w[H]$ 下降到 $(2 \sim 3) \times 10^{-4}\%$。此外，真空在氩的搅拌作用下更能发挥去气的作用，如 RH 法。

8.3.2 吹氩脱氧

向钢液内吹入氩气，可加速钢液的深度脱氧。因为钢液中形成的氩气泡可作为［C］氧化产物 CO 的核，并能降低氩气泡中的 p'_{CO}。

8.3.2.1 吹氩脱氧的动力学方程

吹氩脱氧的限制环节是钢液中［C］向氩气泡扩散，可用钢液中［C］的扩散方程导出：

$$-\frac{dn[C]_\%}{dt}=\beta_C A(c-c^*) \qquad -\frac{dn[C]_\%}{dt}=\frac{\beta_C A}{M_C}\cdot\frac{\rho_m}{100}\cdot\left(w[C]_\%-\frac{p_{CO}}{K_C^\ominus w[O]_\%}\right)$$

$$-\frac{d(p_{CO}V_{Ar})}{dt}\cdot\frac{1}{RT}=\frac{\beta_C A\rho_m}{100M_C}\cdot\left(w[C]_\%-\frac{p_{CO}}{K_C^\ominus w[O]_\%}\right)$$

$$-\frac{dp_{CO}}{dt}=\frac{\beta_C A\rho_m RT}{100M_C V_{Ar}}\cdot\left(w[C]_\%-\frac{p_{CO}}{K_C^\ominus w[O]_\%}\right)$$

在 $p_{CO}=0 \sim p_{CO}$界限内积分上式，得：

$$\ln\frac{w[C]_\%}{w[C]_\%-p_{CO}/(K_C^\ominus w[O]_\%)}=\frac{\beta_C A\rho_m RT}{100M_C V_{Ar}K_C^\ominus w[O]_\%}\cdot t$$

或

$$\ln\frac{1}{1-p_{CO}/(K_C^\ominus w[C]_\%\cdot w[O]_\%)}=\frac{\beta_C A\rho_m RT}{100M_C V_{Ar}K_C^\ominus w[O]_\%}\cdot t \qquad (8-12)$$

式中，$K_C^\ominus w[C]_\%\cdot w[O]_\%=p_{CO(平)}$，$p_{CO}$为氩气泡内 CO 的分压。

又吹氩脱氧的效率为：

$$\eta=\frac{p_{CO}}{p_{CO(平)}}=\frac{p_{CO}}{K_C^\ominus w[C]_\%\cdot w[O]_\%} \qquad (8-13)$$

它又称为脱氧的不平衡参数。当 $\eta=1$，即 $p_{CO}=p_{CO(平)}$时，表明脱氧反应达到了平衡；当 $\eta<1$ 时，则表明脱氧的效率低。因此，可用 η 来判断吹氩脱氧的效果，于是式（8－12）可写成：

$$\ln\frac{1}{1-\eta}=\frac{\beta_C A\rho_m RT}{100M_C V_{Ar}K_C^\ominus w[O]_\%}\cdot t \qquad (8-14)$$

或

$$\ln\frac{1}{1-\eta}=\frac{\beta_C A\rho_m RT}{133M_C V_{Ar}K_C^\ominus w[C]_\%}\cdot t \qquad (8-14')$$

式中 $w[O]_{\%}$，$w[C]_{\%}$——分别为吹氩后钢液的氧或碳的质量百分数；

t——氩气泡通过钢液的时间，s；

A/V_{Ar}——每个氩气泡与钢液的接触面积，$A/V_{Ar}=4\pi r^2\bigg/\left(\frac{4}{3}\pi r^3\right)=\frac{3}{r}$，$m^{-1}$。

利用式（8－14）可得出脱氧效率与氩气泡上浮时间、气泡大小、钢液氧含量或碳含量的关系。氩气泡的半径越小，其上浮速度也越小（$u=2\sqrt{gr/3}$，g 为重力加速度），气泡在钢液中停留的时间就越长，而 A/V_{Ar} 值也越大。这种气泡有很高的去气及脱氧的效率。

但是，由以上的 $A/V_{Ar}=3/r$ 只能近似估计气泡大小的影响，因为它没有考虑到不同大小气泡的分配率、气泡上升中压力减小及气泡出现聚合与分裂等的影响。如根据气体定律，当气泡在钢液中上升时，气泡的体积随压力的减小而增大。如气体的流量是 Q_{Ar}（m^3/s），气泡在钢液中停留的时间是 t，而每秒钟产生的气泡数为 $n=Q_{Ar}/(4\pi r^3/3)$，则气泡与钢液的接触面积为：

$$A=n(4\pi r^2)t=3Q_{Ar}t/r \text{ 或 } 3Q_{Ar}h/ru \quad (m^2) \tag{8-15}$$

式中 h——Ar 吹入点上面的钢液层高度，m；

u——气泡上升速率，$u=h/t$，m/s。

由式（8－15）即可计算出较为准确的钢液与气泡的接触面积。

仿前也可导出吹氩脱氢的动力学方程：

$$\ln\frac{1}{1-\eta}=\frac{\beta_H A\rho_m RT}{100M_H V_{Ar}K_H^{\ominus}w[H]_{\%}}\cdot t \tag{8-16}$$

式中

$$\eta=\frac{p_{H_2}^{1/2}}{K_H^{\ominus}w[H]_{\%}}$$

8.3.2.2 吹氩脱氧的氩气耗量

利用钢液中［C］以 CO 形式进入氩气泡中的质量平衡关系式，可导出脱氧过程消耗的氩气量。

根据碳氧化反应的化学计量关系及气体的状态方程，氩气泡内进入的氧或 CO 物质的量为：

$$-dn[O]=dn(CO)=\frac{p_{CO}dV}{RT}=\frac{p_{CO}dV_{Ar}^0\cdot(T/273)}{RT}=\frac{p_{CO}dV_{Ar}^0}{22.4\times10^{-3}} \tag{1}$$

钢液中除去的氧的物质的量为：

$$-dw[O]_{\%}=-\frac{16\times10^{-3}dn[O]}{m\times10^3}\times100 \quad \text{即} \quad -dn[O]=-\frac{m\times10^3}{16\times10^{-3}\times100}dw[O]_{\%} \tag{2}$$

式中 V_{Ar}^0——标准状态下氩气的体积，m^3；

m——钢液质量，t；

R——摩尔气体常数，$R=82.07\times10^{-6}m^3\cdot100kPa/(K\cdot mol)$。

式（1）和式（2）相等，即：$-\frac{m\times10^3}{16\times10^{-3}\times100}dw[O]_{\%}=\frac{p_{CO}dV_{Ar}^0}{22.4\times10^{-3}}$

故
$$dV_{Ar}^0 = -\frac{22.4\times m\times 10^3 dw[O]_{\%}}{16\times 100 p_{CO}} = -1.4\times 10\times \frac{m}{p_{CO}}dw[O]_{\%} \tag{3}$$

又将式（8－13）：$p_{CO}=\eta K_C^{\ominus}w[C]_{\%}\cdot w[O]_{\%}$ 代入式（3）得：

$$dV_{Ar}^0 = -1.4\times 10\times \frac{m}{\eta K_C^{\ominus}w[C]_{\%}\cdot w[O]_{\%}}dw[O]_{\%} \tag{4}$$

又从反应式的化学计量关系有：

$$w[C]_{\%} = w[C]_{\%}^0 - \frac{12}{16}(w[O]_{\%}^0 - w[O]_{\%}) \tag{5}$$

式中　$w[O]_{\%}^0$，$w[C]_{\%}^0$——分别为钢液的氧及碳的初始质量百分数。

将式（5）代入式（4），积分后得：

$$V_{Ar}^0 = \frac{3.22\times 10}{\eta K_C}\cdot\frac{1}{0.75w[O]_{\%}^0 - w[C]_{\%}^0}\cdot\lg\frac{w[C]_{\%}^0\cdot w[O]_{\%}}{(w[C]_{\%}^0 - 0.75w[O]_{\%}^0 + 0.75w[O]_{\%})w[O]_{\%}^0}\ (m^3/t) \tag{8-17}$$

式中，$m=1t$。

而
$$\ln\frac{1}{1-\eta} = 0.58\times 10^4\times\frac{\beta_C ART}{V_{Ar}K_C^{\ominus}}\cdot\frac{1}{w[O]_{\%}}\cdot t \tag{8-18}$$

或
$$\eta = 1-\exp[-0.58\times 10^4\times\beta_C ARTt/(K_C V_{Ar}w[O]_{\%})] \tag{8-19}$$

式（8－14）中，取 $\rho_m=7000kg/m^3$，$M_C=12\times 10^{-3}kg/mol$。

【例8－11】 对氧的质量分数为0.11%及碳的质量分数为0.03%的转炉钢水进行吹氩脱氧处理，试求吹氩的脱氧效率及 $w[O]$ 降低到0.071%时氩气的用量。已知：$D_C=5\times 10^{-9}m^2/s$，氩气泡半径 $r=1\times 10^{-3}m$，气泡上浮路程为0.5m，温度为1650℃。

解　（1）脱氧效率（η）。由式（8－19）：

$$\eta = 1-\exp[-0.58\times 10^4\times\beta_C ARTt/(K_C^{\ominus}V_{Ar}w[O]_{\%})]$$

β_C：由表面更新模型：

$$\beta_C = 2\sqrt{\frac{Du}{2\pi r}}$$

$$u = 2\sqrt{gr/3} = 2\sqrt{(9.81\times 1\times 10^{-3})/3} = 0.11m/s$$

则
$$\beta_C = 2\times\sqrt{\frac{5\times 10^{-9}\times 0.11}{2\times 3.14\times 1\times 10^{-3}}} = 5.9\times 10^{-4}m/s$$

t：
$$t = l/u = 0.5/0.11 = 4.5s$$

$K_C^{\ominus}$：
$$\lg K_C^{\ominus} = \frac{1168}{1923}+2.07 = 2.70\qquad K_C^{\ominus}=494\qquad A/V_{Ar}=3/r=3\times 10^3m^{-1}$$

故
$$\eta = 1-\exp\left(-\frac{0.58\times 10^4\times 5.9\times 10^{-4}\times 3\times 10^3\times 8.314\times 1923\times 4.5}{494\times 0.071}\right) = 1$$

（2）氩气用量。由式（8－17）：

$$V_{Ar}^0 = \frac{3.22\times 10}{1\times 494}\times\frac{1}{0.75\times 0.11-0.03}\times\lg\frac{0.071\times 0.03}{(0.03-0.75\times 0.11+0.75\times 0.071)\times 0.11}$$
$$=1.8m^3/t$$

8.3.3　氩－氧混合气体脱碳（AOD法）

用 $Ar+O_2$ 混合气体冶炼超低碳不锈钢时，末期吹氩降碳的限制环节和前述的吹氩脱氧一样，是钢液中［C］的扩散。因此，利用相同方法可导出它的脱碳效率和计算氩气用量的方程：

$$\lg \frac{1}{1-\eta} = 0.19 \times 10^4 \times \frac{\beta_C ARTt}{V_{Ar} K_C^{\ominus} w[C]_{\%}} \qquad (8-20)$$

$$V_{Ar}^0 = \frac{4.3 \times 10}{\eta K_C^{\ominus}} \cdot \frac{1}{1.33w[C]_{\%}^0 - w[O]_{\%}^0} \cdot \lg \frac{w[O]_{\%}^0 \cdot w[C]_{\%}}{(w[O]_{\%}^0 - 1.33w[C]_{\%}^0 + 1.33w[C]_{\%})w[C]_{\%}^0} \quad (m^3/t) \qquad (8-21)$$

式中，1.33 = 16/12，为 C－O 反应中［O］与［C］的转换系数；4.3 = 1.4 × 2.3 × 1.33；0.19 = 0.58/(2.3 × 1.33)。

【例 8－12】 利用 $Ar + O_2$ 混合气体吹炼不锈钢返回料以脱碳。炉料成分为 $w[Cr] = 12\%$、$w[Ni] = 9\%$ 及 $w[C] = 0.35\%$，试求降碳到 $w[C] = 0.05\%$ 需吹入的氩气量。已知：$\beta_C = 5.9 \times 10^{-4}$ m/s，氩气泡半径 $r = 1 \times 10^{-3}$ m，吹炼温度为 1650℃，气泡上浮时间为 4.5s。

解 由式（8－20）及式（8－21）计算氩气吹入量：

$$\eta = 1 - \exp[-0.19 \times 10^4 \times 5.9 \times 10^{-4} \times 3 \times 10^3 \times 1923 \times 8.314 \times 4.5/(0.05 \times 494)]$$
$$= 1$$

根据脱碳反应［C］+［O］══CO 的化学计量关系，用以氧化炉料中［C］（$w[C] = 0.35\% - 0.05\% = 0.30\%$）所需的氧量为 $w[O]^0 = 0.40\%$，又 1650℃，$K_C^{\ominus} = 494$，故：

$$V_{Ar}^0 = \frac{4.3 \times 10}{1 \times 494} \times \frac{1}{1.33 \times 0.35 - 0.40} \times \lg \frac{0.40 \times 0.05}{(0.40 - 1.33 \times 0.35 + 1.33 \times 0.05) \times 0.35} = 2.4 m^3/t$$

8.4 合成渣处理

将具有较高程度脱硫、脱氧的液体合成渣盛于盛钢桶内，出钢过程钢液动能产生的冲击功能使桶内的合成渣在钢液中碎散为细滴。它们之间的接触面积增大（100 ~ 300m²/m³），再加上熔体的强烈搅拌作用，加速了钢液中的硫、氧等杂质向熔渣滴扩散，发生化学反应而被除去。能获得硫、氧含量很低的钢液，同时还有除去夹杂物的作用。

8.4.1 钢液－渣间反应的动力学

在用合成渣处理钢液时，钢液中［S］、［O］向渣滴扩散是动力学的限制环节：

$$v = -\frac{dw[B]_{\%}}{dt} = \beta_B \cdot \frac{A}{V_m} \cdot (w[B]_{\%} - w[B]_{\%}^*) \qquad (8-22)$$

式中 A/V_m——渣滴－钢液的接触面积对钢液总体积之比，与熔渣在钢液中乳化的渣滴的半径有关。

对于 1 个半径为 r(m) 的球形渣滴，其

$$A_i/V_i = 4\pi r^2 / \left(\frac{4}{3}\pi r^3\right) = 3/r$$

而所有渣滴总表面积为：$A = A_i N = \frac{3V_i N}{r} = \frac{3V_\Sigma}{r} = 3m/(r\rho)$

式中 N，m，ρ——分别为渣滴总数、总质量及密度。

故乳化的渣滴的半径越小，则 A/V_m 越大，渣－钢渣间的反应速率就越大。

钢液下落的冲击功转化为分散后的渣滴的表面能为：

$$c_1 \rho_m gh = c_2 \frac{2\sigma_{ms}}{r}$$

$$r = \frac{c_2}{c_1} \cdot \frac{2\sigma_{ms}}{\rho_m gh} = c\frac{2\sigma_{ms}}{\rho_m gh} \tag{8-23}$$

式中 c_1，c_2——比例常数，对碱性渣可取 $c=5$；

h——钢流下落至桶底高度，m；

ρ_m——钢液密度，kg/m^3；

σ_{ms}——钢液－渣滴的界面能，J/m^2。

故 σ_{ms} 越小（渣的乳化系数越大），而钢液下落的高度越大，则碎散后的渣滴半径越小，而 A/V_m 值就越大。

在处理钢水的镇静过程中，这些分散了的渣滴不断碰撞、合并、长大而上浮排出，其排出速度大致服从斯托克斯公式（见式（7－83）），即聚合后的渣滴质点越大，上浮越快，排出越净。为此，要求渣滴的乳化系数要小，即熔渣有较高的内聚功，或 σ_s、σ_{m-s}❶要大。这对选用的合成渣，在表面性质上前后有相反的要求，仅能选择适宜的折中值来满足此要求。但是在处理过程中，大量的表面活性组分（O、S）由钢液进入了熔渣内，钢液－渣间反应达到平衡时 σ_{m-s} 提高，可促进渣滴的聚合及浮出。

8.4.2 合成渣系及其性能

适用于脱硫、脱氧的合成渣系是高碱度（$R>2$）的还原渣系（$w(FeO) \leqslant 0.4\% \sim 0.8\%$），基本是 $CaO-Al_2O_3$ 系（$w(CaO)=53\% \sim 55\%$、$w(Al_2O_3)=43\% \sim 45\%$）。除此之外，还采用了石灰－高岭土渣、石灰－火砖块渣及石灰－硅酸盐渣。

选用的合成渣系要求其熔点低于被渣洗的钢液的熔点。配加熔剂，如 CaF_2、Na_3AlF_6、Na_2O 等有降低熔点的作用（用量为 5～10kg/t）。其黏度应小于 0.2Pa·s，σ_{m-s} 要小。FeO、Fe_2O_3、MnO、Na_2O、CaC_2 等能强烈降低合成渣的界面张力，这对渣的乳化及渣滴的排出都有很大的作用。合成渣还应具有还原性。

8.4.3 合成渣脱氧

因为熔渣中的 $w(FeO)_{\%}$ 远低于与钢液中 $w[O]_{\%}$ 平衡的数值，即 $w[O]_{\%} > a_{(FeO)}L_O$，所以钢液中的［O］经过钢－渣界面向熔渣滴内扩散而不断降低，直到 $w[O]_{\%} = a_{(FeO)}L_O$ 的平衡状态。钢液中 $w[O]$ 可降低到 0.002%。

利用氧在钢液－熔渣间的质量平衡关系，可计算出脱氧所需的合成渣量。

【例 8－13】 用成分为 $w(Al_2O_3)=42\%$、$w(CaO)=56\%$、$w(FeO)=0.5\%$ 的合成渣使钢液脱氧，其氧的质量分数由 0.02% 下降到 0.005%，温度为 1600℃，$\gamma_{FeO}=0.9$，试求合成渣的用量。

---

❶ 参见第 4 章 4.8 节式（4－93）、式（4－95）。

解 钢液中排出的氧量 = 进入熔渣内的氧量

$$100(w[\mathrm{O}]_{\%}^{0}-w[\mathrm{O}]_{\%})=(w(\mathrm{FeO})_{\%}-w(\mathrm{FeO})_{\%}^{0})\times\frac{16}{72}\times m \tag{8-24}$$

式中 $w[\mathrm{O}]_{\%}^{0}$，$w(\mathrm{FeO})_{\%}^{0}$——分别为钢液中氧及熔渣中 FeO 的初始质量百分数；

m——渣量（占钢液质量的百分数）。

$$w(\mathrm{FeO})_{\%}=w(\mathrm{O})_{\%}/(\gamma_{\mathrm{FeO}}L_{\mathrm{O}})$$

解上方程，得：

$$m=\frac{(w[\mathrm{O}]_{\%}^{0}-w[\mathrm{O}]_{\%})\times 7200\times\gamma_{\mathrm{FeO}}\cdot L_{\mathrm{O}}}{16(w[\mathrm{O}]_{\%}-\gamma_{\mathrm{FeO}}w(\mathrm{FeO})_{\%}^{0}L_{\mathrm{O}})} \tag{8-25}$$

$$\lg L_{\mathrm{O}}=-\frac{6320}{1873}+0.734=-2.640\qquad L_{\mathrm{O}}=0.0023$$

代入相应数值得：

$$m=\frac{(0.02-0.005)\times 7200\times 0.9\times 0.0023}{16\times(0.005-0.9\times 0.5\times 0.0023)}=3.5$$

即需加入占钢液质量 3.5% 的合成渣。

合成渣脱氧过程速率的限制环节是钢液中［O］的扩散：

$$-\frac{\mathrm{d}w[\mathrm{O}]_{\%}}{\mathrm{d}t}=\beta_{\mathrm{O}}\cdot\frac{A}{V_{\mathrm{m}}}\cdot(w[\mathrm{O}]_{\%}-a_{(\mathrm{FeO})}L_{\mathrm{O}}) \tag{8-26}$$

为解上微分方程，可将其中第 3 变量 $a_{(\mathrm{FeO})}$ 用 $w[\mathrm{O}]_{\%}$ 的函数式表示：

$$a_{(\mathrm{FeO})}=\left[w(\mathrm{FeO})_{\%}^{0}+(w[\mathrm{O}]_{\%}^{0}-w[\mathrm{O}]_{\%})\times\frac{7200}{16m}\right]\gamma_{\mathrm{FeO}} \tag{8-27}$$

将上式代入式（8－26），分离变量后积分得：

$$\lg\frac{w[\mathrm{O}]_{\%}^{0}-b/a}{w[\mathrm{O}]_{\%}-b/a}=\frac{at}{2.3} \tag{8-28}$$

式中 $a=\beta_{\mathrm{O}}\cdot\frac{A}{V_{\mathrm{m}}}\cdot\left(1+\frac{7200\gamma_{\mathrm{FeO}}L_{\mathrm{O}}}{16m}\right)$ $\quad b=\beta_{\mathrm{O}}\cdot\frac{A}{V_{\mathrm{m}}}\cdot\gamma_{\mathrm{FeO}}L_{\mathrm{O}}\cdot\left(w(\mathrm{FeO})_{\%}^{0}+\frac{7200}{16m}w[\mathrm{O}]_{\%}^{0}\right)$

因此，降低熔渣的 $a_{(\mathrm{FeO})}$ 及增大渣量，可提高合成渣的脱氧率。

【例 8－14】 试计算例 8－13 条件下的合成渣脱氧所需时间。已知：$\beta_{\mathrm{O}}=4\times10^{-4}\mathrm{m/s}$，$A/V_{\mathrm{m}}=100\mathrm{m}^{-1}$。

解 由式（8－28）计算脱氧时间，需先计算出下列数据：

$$a=\beta_{\mathrm{O}}\cdot\frac{A}{V_{\mathrm{m}}}\cdot\left(1+\frac{7200\gamma_{\mathrm{FeO}}L_{\mathrm{O}}}{16m}\right)=4\times10^{-4}\times100\times\left(1+\frac{7200\times0.9\times0.0023}{16\times3.5}\right)=0.0506$$

$$b=\beta_{\mathrm{O}}\cdot\frac{A}{V_{\mathrm{m}}}\cdot\gamma_{\mathrm{FeO}}L_{\mathrm{O}}\times\left(w(\mathrm{FeO})_{\%}^{0}+\frac{7200}{16m}w[\mathrm{O}]_{\%}^{0}\right)$$

$$=4\times10^{-4}\times100\times0.9\times0.0023\times\left(0.5+\frac{7200\times0.02}{16\times3.5}\right)=2.5\times10^{-4}$$

$$b/a=2.5\times10^{-4}/0.0506=4.9\times10^{-3}$$

$$t=\frac{2.3}{a}\lg\frac{w[\mathrm{O}]_{\%}^{0}-b/a}{w[\mathrm{O}]_{\%}-b/a}=\frac{2.3}{0.0506}\times\lg\frac{0.02-4.9\times10^{-3}}{0.005-4.9\times10^{-3}}=98.9\mathrm{s}$$

8.4.4 合成渣脱硫

采用以铝酸钙为基的熔渣及向钢液中加铝作合成渣脱硫时，其反应为：

$$\frac{2}{3}[Al]+[S]+(O^{2-})=\!=\!=(S^{2-})+\frac{1}{3}(Al_2O_3)$$

熔渣的硫容量为：$C_S=w(S)_\%\cdot\dfrac{w(Al)_\%^{-2/3}}{w[S]_\%}=K_S'\cdot\dfrac{a_{(O^{2-})}}{a_{(Al_2O_3)}^{1/3}}$

降低温度及提高熔渣中 $w(CaO)_\%/w(Al_2O_3)_\%$ 值，可使熔渣的硫容量增大。图 8－6 所示为几种合成渣的硫容量与其内 CaO 的摩尔分数的关系。

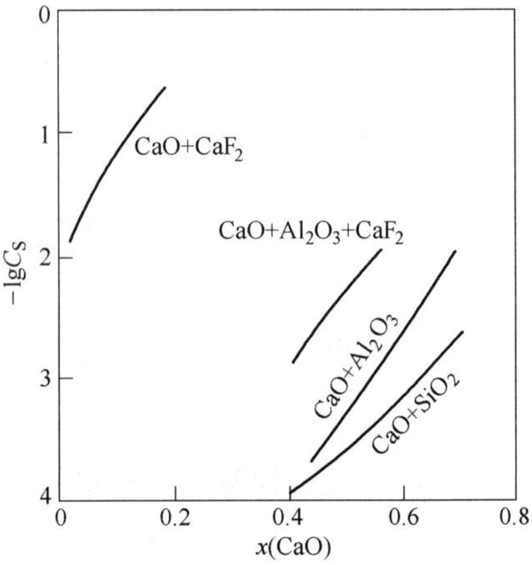

图 8－6　炉渣的 C_S（1873K）

反应形成的 CaS 在此种渣中的溶解度为 $w(CaS)=4.77\%\equiv2.12\%\,w(S)$（1600℃）。增大渣量，可降低（CaS）的饱和溶解度，从而可提高硫容量。

此外，文献中也提出具有统计性的计算此类渣系硫容量的公式：

$$\lg C_S=3.44(x(CaO)+0.1x(MgO)-0.8x(Al_2O_3)-x(SiO_2))-\frac{9894}{T}+2.05 \quad (8-29)$$

为了达到深度的脱硫程度，高的 L_S 是需要的，这不仅需要有很高的 C_S（即 C_S'），钢液中还需有很低的 $a_{[O]}$，即钢液要深度脱氧。因此，可导出 L_S 和用 Al 脱氧的有关参数的热力学关系式。

由 4.8.3 节式（4－49）：$\lg C_S'=\lg C_S-\dfrac{936}{T}+1.375$

又

$$L_S=\frac{w(S)_\%}{w[S]_\%}=\frac{C_S'f_S}{a_{[O]}}$$

$$\lg L_S=\lg C_S'+\lg f_S-\lg a_{[O]}=\lg C_S-\frac{936}{T}+1.375-\lg a_{[O]}+\lg f_S \quad (1)$$

又

$$(Al_2O_3)=\!=\!=2[Al]+3[O]$$

$$K_{Al}=\frac{a_{[Al]}^2a_{[O]}^3}{a_{(Al_2O_3)}}\qquad \lg K_{Al}=-\frac{63655}{T}+20.58$$

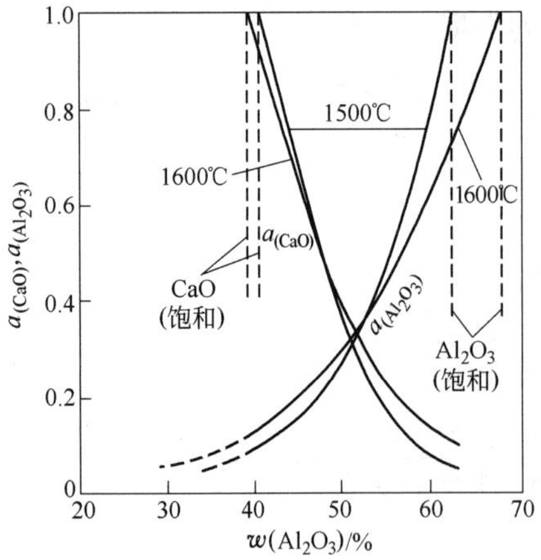

图 8－7　CaO－Al_2O_3 系 CaO 及 Al_2O_3 的活度

由于 $w[Al]_\%$ 很小，取 $a_{[Al]}=w[Al]_\%$，故：

$$\lg a_{[O]}=\frac{1}{3}\left(-\frac{63655}{T}+20.58+2\lg w[Al]_\%+\lg a_{(Al_2O_3)}\right)$$

将上式代入式（1），可得：

$$\lg L_S=\lg C_S-\frac{1}{3}\lg a_{(Al_2O_3)}+\frac{2}{3}\lg w[Al]_\%+\frac{20282}{T}-5.485+\lg f_S \quad (8-30)$$

式中，Al_2O_3 的活度 $a_{(Al_2O_3)}$ 可由图 8－7 得出。

利用钢液中排出的硫量等于进入熔渣中的硫量（最初熔渣的 $w(S)_\%=0$），则可得出熔渣的脱硫率。

由 $$\eta_S=1-\frac{w[S]_\%}{w[S]_\%^0}=\frac{w[S]_\%^0-w[S]_\%}{w[S]_\%^0} \quad (1)$$

又 $$100(w[S]^0_{\%}-w[S]_{\%})=w(S)_{\%}\cdot m=mL_Sw[S]_{\%}$$

而 $$w[S]^0_{\%}=w[S]_{\%}+\frac{mL_Sw[S]_{\%}}{100} \qquad (2)$$

将式（2）代入式（1）得：

$$\eta_S=\frac{mL_S}{100}\bigg/\left(1+\frac{mL_S}{100}\right) \qquad (8-31)$$

式中 m——渣量，即100kg钢水对应的渣量，kg/(100kg)。

这种合成渣可使钢液的硫量从 $w[S]=0.015\%\sim0.033\%$ 下降到 $w[S]=0.005\%\sim0.012\%$，而 $L_S=27\%\sim70\%$。

此外，采用 $CaO-Al_2O_3-CaF_2$ 渣系作合成渣能提高 L_S，并能使CaO饱和的 $CaO-Al_2O_3$ 渣系的黏度降低，加速成渣，提高CaO的活度。

脱硫时合成渣的用量及时间的计算式和前述脱氧的相同，下面以例题来说明其应用。

【例8-15】 合成渣成分为 $w(CaO)=50\%$、$w(Al_2O_3)=50\%$，处理钢液时，使其 $w[S]$ 从0.015%下降到0.005%。如钢液最终Al的质量分数为0.010%，试求合成渣的用量及 L_S。钢液温度为1923K。

解 钢液中排出的硫量＝进入渣中的硫量

$$100(w[S]^0_{\%}-w[S]_{\%})=(w(S)_{\%}-w(S)^0_{\%})\cdot m$$

故 $$m=\frac{(w[S]^0_{\%}-w[S]_{\%})\times100}{w(S)_{\%}-w(S)^0_{\%}}$$

式中 $w(S)_{\%}$——熔渣内硫的质量百分数，可由熔渣的硫容量求出：$w(S)_{\%}=C_S(p_{S_2}/p_{O_2})^{1/2}$；

$w(S)^0_{\%}$——合成渣硫的初始质量百分数，本题为零。

故 $$m=\frac{(w[S]^0_{\%}-w[S]_{\%})\times100}{C_S(p_{S_2}/p_{O_2})^{1/2}}$$

现依次求出上式中的有关参数。

C_S：由图4-76求 C_S，二元渣系的 $x(CaO)=0.644$，$x(Al_2O_3)=0.354$，查图得：

$$\lg C_S=-2.3 \qquad C_S=5.0\times10^{-3}$$

$p_{S_2}^{1/2}$： $$\frac{1}{2}S_2 = [S] \qquad p_{S_2}^{1/2}=\frac{f_Sw[S]_{\%}}{K_S^{\ominus}}$$

$$\lg K_S^{\ominus}=\frac{7054}{1923}-1.224=2.44 \qquad K_S^{\ominus}=278.07$$

$$\lg f_S=e_S^Sw[S]_{\%}+e_S^{Al}w[Al]_{\%}=-0.028\times0.005+0.035\times0.01=2.1\times10^{-4} \qquad f_S=1$$

所以 $$p_{S_2}^{1/2}=\frac{0.005\times1}{278.07}=1.80\times10^{-5}$$

p_{O_2}： $$2[Al]+\frac{3}{2}O_2 = Al_2O_3 \qquad \Delta_rG_m^{\ominus}=-1556587+379.06T \quad (J/mol)$$

$$\lg K_{Al}^{\ominus}=\lg\frac{1}{a_{[Al]}^2p_{O_2}^{3/2}}=\frac{1556587}{19.147\times1923}-\frac{379.06}{19.147}=22.46 \qquad K_{Al}^{\ominus}=2.86\times10^{22}$$

$$\lg f_{Al}=e_{Al}^{Al}w[Al]_{\%}+e_{Al}^Sw[S]_{\%}=0.045\times0.01+0.03\times0.005=6\times10^{-4} \qquad f_{Al}=1$$

$$p_{O_2}^{1/2}=\left(\frac{1}{K_{Al}a_{[Al]}^2}\right)^{1/3}=\left(\frac{1}{2.86\times10^{22}\times(0.01)^2}\right)^{1/3}=0.7\times10^{-6}$$

于是
$$m=\frac{(0.015-0.005)\times100}{5.0\times10^{-3}\times[1.80\times10^{-5}/(0.7\times10^{-6})]}=7.8$$

即合成渣的用量为7.8%。

由式（8-30）：

$$\lg L_S=\lg C_S-\frac{1}{3}\lg a_{(Al_2O_3)}+\frac{2}{3}\lg w[Al]_{\%}+\frac{20282}{T}-5.485+\lg f_S$$

$$=-2.3-\frac{1}{3}\times\lg0.35+\frac{2}{3}\lg0.01+\frac{20282}{1923}-5.485+0$$

$$=1.661$$

$$L_S=45.84$$

式中，由图8-7得：$w(Al_2O_3)=50\%$的$a_{(Al_2O_3)}=0.35$。

8.5　喷吹粉料处理

喷吹粉料是向钢液或铁水中加入固体料方式的变革，它大大提高了精炼的效果。首先，由于固体料直接加入到钢液的反应区内，加速了物料的熔化或溶解，与钢液中要除去的杂质元素有很大的接触面积；同时喷入粉料的载气流速很高，造成了钢液的强烈搅拌，加快了传质，促进了反应速率大为提高。其次，避免了加入物与钢液面上方空气、熔渣的接触，防止了烧损及易挥发元素加入物（Ca、Mg）的挥发损失，用量能准确控制，从而使加入物的收得率提高。此外，工艺操作易于控制，提高了反应器的生产率。

用于喷吹的粉剂有高碱度的渣料、石灰粉（用于脱S、P）、金属（Ca、Mg、RE用于脱S、P、O及夹杂物的变形处理）、合金料（CaSi、CaC_2用于脱S、O及夹杂物的变形处理）、Fe_2O_3粉（用于铁水的脱Si、P）。使用的载气有氧化性气体（O_2、空气）、还原性气体（天然气、H_2）及惰性气体（Ar、N_2）。

此外，具有与喷吹粉料相同作用的固体料加入法还有喂线法（WF）。它是将固体料用铁皮包覆后，做成不同断面的包芯线卷，用喂线机根据工艺需要，将包芯线以一定的速度送入到钢包底部附近的钢液中。由于高温的作用，包芯线的铁皮迅速被熔化，线内粉料裸露，与钢液直接作用，再通过氩气的搅拌作用迅速达到脱氧、脱硫、去除夹杂物和改变夹杂物的形态及准确达到合金化的目的。喂线工艺的设备轻便，操作简单，效果突出，成本低廉，见图8-8。

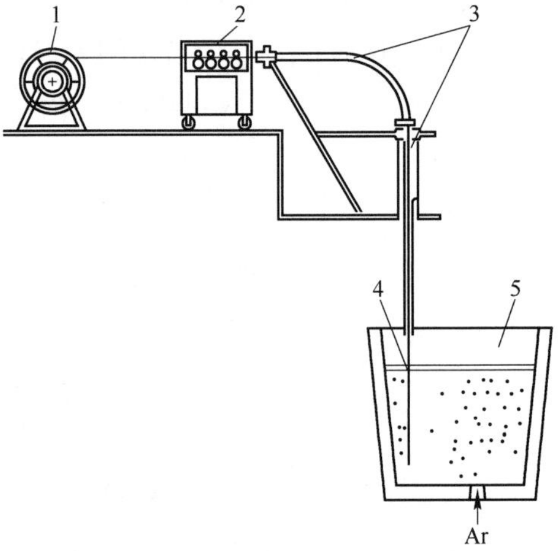

图8-8　喂线设备布置示意图

1—线卷装载机；2—辊式喂线机；3—导管系统；4—包芯线；5—钢水包

8.5.1　喷吹粉料过程的组成环节

（1）以一定的速度向钢液喷吹粉料，由于粉气两相流中的粉粒必须具有足够的动能才能进入钢液中，因此随气流喷入的粉粒应具有一定的临界速度。在不计入粉粒进入钢液中的浮力及黏滞阻力时，此动能将等于粉粒的界面能，即：

$$\rho V v^2/2 = 4\pi r^2 \sigma_{ms}$$

故

$$v = \sqrt{6\sigma_{ms}/(\rho r)} \tag{8-32}$$

式中　v——粉粒喷出的速度，m/s；

σ_{ms}——粉粒－钢液的界面能，J/m^2；

ρ——粉粒的密度，kg/m^3；

r——粉粒的半径，m；

V——粉粒的体积，m^3。

即粉粒喷出的临界速度与其半径及密度乘积的平方根成反比。轻质的小粉粒需要有较高的临界速度，而能被钢液润湿的粉粒就能脱离气泡进入钢液中。不易被钢液润湿或粒度小于10μm的粒子则留于气泡中，随气泡排出而损失，除非它有较高的动能，才能穿越气泡界面进入钢液中。在喷粉中，减小粉剂粒度能增加反应界面，对动力学有利，但粒度过小的颗粒将被气泡带走而损失，因此，应结合粉剂的表面张力及密度综合考虑，选取合适的粒度。

（2）溶解于钢液中的杂质元素向这些粉粒的表面扩散。

（3）杂质元素在粉粒内扩散。

（4）在粉粒内部的相界面上发生化学反应。

此外，喷吹粉料的体系内常出现两个反应区：一个是如前所述，在钢液内，上浮的粉粒与钢液发生所谓的瞬时接触反应，能加速喷粉过程的速率；另一个是在顶渣与钢液界面，发生所谓的持久接触反应，它决定整个反应过程的平衡。但它与一般的渣－钢液界面反应不同，其渣量因钢液内上浮的已反应过的粉粒的进入而不断增多。但也有返回钢液内的可能性，所以顶渣量不是常数，如图8－9所示。

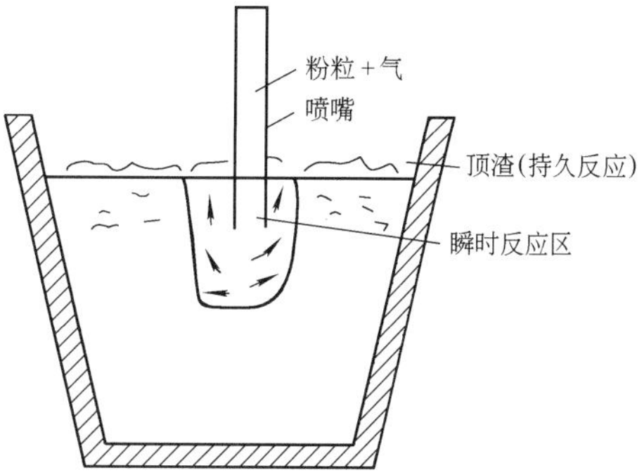

图8－9　钢液中喷粉时的两个反应区

8.5.2* 　喷吹反应的动力学方程

（1）持久接触反应。由杂质元素的质量平衡关系：

$$-100\frac{dw[B]_{\%}}{dt} = m(w(B)_{\%} - w(B)^0_{\%}) = mL_B w[B]_{\%} \tag{1}$$

式中　m——渣量，即每100kg钢液喷吹粉料速率；

t——开吹粉料的时间，s。

$$w(\mathrm{B})_{\%}^{0}=0,w(\mathrm{B})_{\%}=L_{\mathrm{B}}w[\mathrm{B}]_{\%}$$

故

$$-\frac{\mathrm{d}w[\mathrm{B}]_{\%}}{\mathrm{d}t}=\frac{mL_{\mathrm{B}}}{100}w[\mathrm{B}]_{\%} \tag{2}$$

在 $t=0\sim t$ 及 $w[\mathrm{B}]=w[\mathrm{B}]_{\%}^{0}\sim w[\mathrm{B}]_{\%}$ 之间积分上式，得：

$$\frac{w[\mathrm{B}]_{\%}}{w[\mathrm{B}]_{\%}^{0}}=\exp\left[-\frac{mL_{\mathrm{S}}t}{100}\right] \tag{8-33}$$

（2）瞬时接触反应。当吹入的粉料被钢液润湿后，发生反应，形成熔渣滴。由杂质元素在两相间的质量平衡关系：

$$100w[\mathrm{B}]_{\%}^{0}+mw(\mathrm{B})_{\%}^{0}=100w[\mathrm{B}]_{\%}+mw(\mathrm{B})_{\%} \tag{3}$$

假定熔渣－钢液间反应达到平衡，而初始渣的 $w(\mathrm{B})_{\%}^{0}=0$，及 $L_{\mathrm{B}}=w(\mathrm{B})_{\%}/w[\mathrm{B}]_{\%}$，则由式（3）可得：

$$\frac{w[\mathrm{B}]_{\%}}{w[\mathrm{B}]_{\%}^{0}}=\frac{1}{1+mL_{\mathrm{B}}/100} \tag{4}$$

由式（4）可见，为了较高效地去除杂质元素，需有较高的 L_{B} 值。

反应的动力学为：

$$-\frac{\mathrm{d}w[\mathrm{B}]_{\%}}{\mathrm{d}t}=k\left(w[\mathrm{B}]_{\%}-\frac{w(\mathrm{B})_{\%}}{L_{\mathrm{B}}}\right)$$

将由式（3）得出的 $w(\mathrm{B})_{\%}=\dfrac{w[\mathrm{B}]_{\%}^{0}-w[\mathrm{B}]_{\%}}{m/100}$ 代入上式，可得：

$$-\frac{\mathrm{d}w[\mathrm{B}]_{\%}}{\mathrm{d}t}=k\left[w[\mathrm{B}]_{\%}\left(1+\frac{1}{mL_{\mathrm{B}}/100}\right)-\frac{w[\mathrm{B}]_{\%}^{0}}{mL_{\mathrm{B}}/100}\right]$$

在 $0\sim t$，$w[\mathrm{B}]_{\%}^{0}\sim w[\mathrm{B}]_{\%}$ 界限内积分上式，得：

$$\frac{w[\mathrm{B}]_{\%}^{0}-w[\mathrm{B}]_{\%}}{w[\mathrm{B}]_{\%}^{0}}=\left[1-\exp\left(-kt-\frac{kt}{mL_{\mathrm{B}}/100}\right)\right]\Big/\left(1+\frac{1}{mL_{\mathrm{B}}/100}\right) \tag{8-34}$$

式中，$k=\beta\cdot\dfrac{A}{V}$，按求传质系数的公式：$\beta=2\left(\dfrac{D_{\mathrm{B}}}{\pi t_{\mathrm{e}}}\right)^{1/2}$，$t_{\mathrm{e}}=\dfrac{r}{u}=\dfrac{r}{mt/A}$，其中 r 是钢包的内半径，而 u 是钢液的运动速率，它等于 mt/A，即每单位熔渣－钢液界面面积的渣量，故 $\beta=\dfrac{2}{\sqrt{\pi}}\left[\dfrac{D_{\mathrm{B}}\cdot(mt/A)}{r}\right]^{1/2}\approx\left(\dfrac{D_{\mathrm{B}}mt}{rA}\right)^{1/2}$，而 $k=\left(\dfrac{D_{\mathrm{B}}mt}{rA}\right)^{1/2}\cdot\dfrac{A}{V}$。对于球形质点，$\dfrac{A}{V}=\dfrac{6}{d}$，$A$ 为渣滴的表面积。

比较式（8－33）和式（8－34），可见杂质除去的两种接触方式的残余率（$w[\mathrm{B}]_{\%}/w[\mathrm{B}]_{\%}^{0}$）随喷粉速率（m）及 L_{B} 的增大而降低。但瞬时接触方式与持久接触方式相比，其杂质的残余率减小的速度要快些。

因此，在喷粉条件下，反应过程的速率是瞬间接触反应和持久接触反应速率之和。但是瞬间反应的效率仅为20%～50%。主要是因为进入气泡内的粉粒并未完全进入钢液中，并且还受“卷渣”的干扰；加之粉粒在强烈运动的钢液中滞留时间极短，仅为1～2s，就被环流钢液迅速带出液面。虽然如此，瞬间反应仍是加速反应的一主要手段。

8.5.3 钢液内杂质排出的总速率式

8.5.3.1 固相或液相粉粒内的扩散动力学

粉粒喷入钢液中，钢液内的杂质被粉粒所吸附及与之发生化学反应时，粉粒内将出现浓度差，而整个过程的速率由其内的传质所限制，特别是未熔化的粉粒。整个喷粒过程钢液中杂质排出后其中杂质元素的浓度，可由其传质限制的速率得出。

因为喷入钢液中的粉粒位于高速度喷射的气相中，属于不稳定态的传质，要用菲克第二定律来计算传质，即限制环节的速率。

对于球形粉粒，菲克第二定律为： $\dfrac{\partial c}{\partial t}=D\left(\dfrac{\partial^2 c}{\partial r^2}+\dfrac{2\partial c}{r\partial t}\right)$

在表面浓度不随时间变化的一定初始浓度 c^0 的条件下，上列方程的解为：

$$\frac{\bar{c}-c^*}{c^0-c^*}=\frac{6}{\pi^2}\left[\exp\left(-\pi^2\frac{Dt}{r^2}\right)+\frac{1}{4}\exp\left(-4\pi^2\frac{Dt}{r^2}\right)+\frac{1}{9}\exp\left(-9\pi^2\frac{Dt}{r^2}\right)+\cdots\right] \quad (8-35)$$

上式可写成：

$$\frac{\bar{c}-c^*}{c^0-c^*}=f\left(\frac{Dt}{r^2}\right) \quad (8-36)$$

式中，Dt/r^2 由类似于传热原理的傅里叶数（Fourier Number）at/r^2 表示，即：

$$Fo=Dt/r^2 \quad (8-37)$$

从而有

$$\frac{\bar{c}-c^*}{c^0-c^*}=f(Fo) \quad (8-38)$$

式中 D——杂质在粉粒中的扩散系数，m^2/s；

a——导温系数，m^2/s；

r——粉粒的半径，m；

t——粉粒与钢液的作用时间，s，它包括钢液中气体流股穿入及其内粉粒上浮的时间；

c^0，c^*，$\bar{c}$——分别为杂质元素在粉粒内的最初浓度、表面浓度及时间 t 的平均浓度。

由于杂质元素在粉粒内的扩散很慢（固体粉粒内的扩散系数及其相应的传质系数，要比液相粉粒内的低 1 ~ 2 个数量级），而在钢液中的扩散很快，故可认为，在粉粒近旁的钢液中，任何杂质的浓度和钢液内的相同，粉粒表面层和其接触的钢液保持着热力学的平衡，故粉粒的表面浓度可由分配定律：$c^*=L[c]$ 求得。

将式（8 - 38）改写成：$1-\dfrac{\bar{c}-c^*}{c^0-c^*}=1-f(Fo)$ 或 $\dfrac{\bar{c}-c^0}{c^*-c^0}=1-f(Fo)$

或

$$\theta=1-f(Fo) \quad (8-39)$$

式中，$\theta=\dfrac{\bar{c}-c^0}{c^*-c^0}$，称为粉粒内杂质扩散的完成度。

（1）当 $t=0$ 时，$\bar{c}=c^0$，而 $\theta=\dfrac{\bar{c}-c^0}{c^*-c^0}=0$，粉粒内杂质扩散的完成度为零，表示这时尚未有杂质进入粉粒内；

（2）当 $t=t$ 时，$\bar{c}>c^0$，而 $\theta>0$，杂质已向粉粒内扩散；

（3）当$\bar{c}=c^*$时，则$\theta=\dfrac{\bar{c}-c^0}{c^*-c^0}=1$，扩散完成度为1，表示杂质在整个粉粒内的扩散已经完成，而其内杂质的平均浓度等于其表面浓度。

因此，利用不同时间t测得的粉粒的平均浓度得出θ值，并对其相应的Fo值作图，可得出如图8－10所示的图形。

欲求θ，需先求出Fo，为此需要知道每一阶段粉粒与钢液作用的时间。第一阶段是粉粒浸入钢液内的时间，可根据气体流股进入钢液的深度及流股的速度确定。第二阶段是粉粒与钢液相互作用的时间，等于粉粒上浮的时间，它取决于喷嘴的插入深度、粉粒穿透钢液的深度及粉粒上浮的速度。

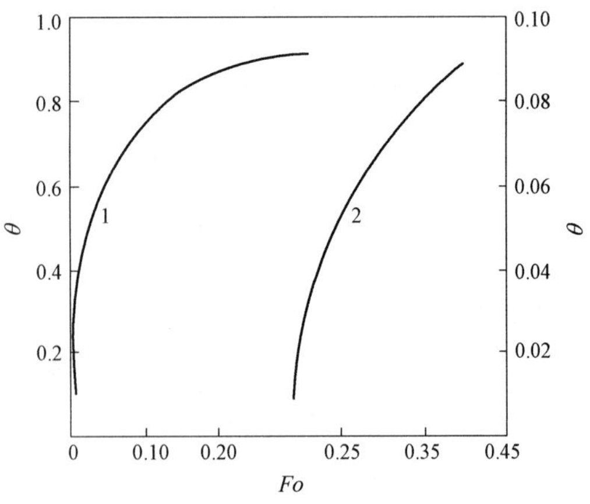

图8－10　球形粉粒内扩散的完成度（θ）与Fo的关系

1—Fo小的值；2—Fo大的值

计算Fo时，一般粉粒的粒度不大于1.3×10^{-4}m，与未经搅和的扩散边界层的厚度δ相当，即1.2×10^{-4}m，而扩散系数$D\approx10^{-11}\text{m}^2/\text{s}$（固体粉粒内）。

为使粉粒内的扩散完成，所需的时间远远超过了其在钢液中停留的时间（包括气体流股的穿入及粉粒的上浮时间）。而粉粒在钢液内的停留时间却很短，或许未超过2s。即使粉粒在钢液内多次循环运动，也能被运动的钢流和气泡带入顶渣中。

8.5.3.2　钢液中杂质除去的速率式

利用钢液中杂质降低的量等于杂质进入粉粒内的量这一质量平衡关系，可导出杂质除去的速率式。

由$\theta=\dfrac{\bar{c}-c^0}{c^*-c^0}$可得出时间$t$进入粉粒内杂质的平均浓度$\bar{c}=\theta(c^*-c^0)+c^0$，而粉粒内时间$t$杂质增加的浓度为$\Delta c=\bar{c}-c^0=\theta(c^*-c^0)$。

如喷入的粉料量为m（占钢液质量的百分数），并将上式中杂质的浓度转换为质量百分数，则粉粒内杂质增加的量为：

$$\Delta w(\text{B})_{\%}=\theta(w(\text{B})_{\%}^{*}-w(\text{B})_{\%}^{0})\times0.01m$$

由于粉粒内杂质增加的量等于钢液内杂质减少的量，故有：

$$-\Delta w[\text{B}]_{\%}=\theta(w(\text{B})_{\%}^{*}-w(\text{B})_{\%}^{0})\times0.01m$$

将上式写成对时间的导数，并代入前述的$w(\text{B})_{\%}^{*}=L_{\text{B}}w[\text{B}]_{\%}$关系式，可得出钢液中杂质除去的速率式：

$$-\frac{\mathrm{d}w[\text{B}]_{\%}}{\mathrm{d}t}=\frac{\mathrm{d}}{\mathrm{d}t}[\theta(w(\text{B})_{\%}^{*}-w(\text{B})_{\%}^{0})\times0.01m]=0.01\frac{\mathrm{d}m}{\mathrm{d}t}\cdot\theta\cdot(L_{\text{B}}w[\text{B}]_{\%}-w(\text{B})_{\%}^{0})\tag{8-40}$$

式中　$\mathrm{d}m/\mathrm{d}t$——喷粉强度，%/s。

由式（8－40）可见，由喷粉加快钢液中杂质除去速率的影响因素是：

（1）提高喷粉强度；

(2) 提高杂质的分配系数；

(3) 提高 θ 或增大 Fo 准数。

为此，需要提高杂质在粉粒内的扩散系数、增长粉粒的停留时间以及减小粉粒的粒度。

当采用一定的喷粉强度时，令 $\mathrm{d}m/\mathrm{d}t = Q$，则 $m = Qt$，于是由式（8－40）可得：

$$-\frac{\mathrm{d}w[\mathrm{B}]_{\%}}{\mathrm{d}t} = 0.01QL_{\mathrm{B}}\theta(w[\mathrm{B}]_{\%} - w(\mathrm{B})_{\%}^{0}/L_{\mathrm{B}})$$

分离变量后积分上式，引入初始条件（$t = 0, w[\mathrm{B}]_{\%} = w[\mathrm{B}]_{\%}^{0}$），得：

$$\ln\frac{w[\mathrm{B}]_{\%} - w(\mathrm{B})_{\%}^{0}/L_{\mathrm{B}}}{w[\mathrm{B}]_{\%}^{0} - w(\mathrm{B})_{\%}^{0}/L_{\mathrm{B}}} = -0.01QL_{\mathrm{B}}\theta t \qquad (8-41)$$

而

$$t = -\frac{1}{0.01QL_{\mathrm{B}}\theta}\ln\frac{w[\mathrm{B}]_{\%} - w(\mathrm{B})_{\%}^{0}/L_{\mathrm{B}}}{w[\mathrm{B}]_{\%}^{0} - w(\mathrm{B})_{\%}^{0}/L_{\mathrm{B}}} \qquad (8-42)$$

$$w[\mathrm{B}]_{\%} = (w[\mathrm{B}]_{\%}^{0} - w(\mathrm{B})_{\%}^{0}/L_{\mathrm{B}})\exp(-0.01\theta mL_{\mathrm{B}}) + w(\mathrm{B})_{\%}^{0}/L_{\mathrm{B}} \qquad (8-43)$$

式（8－43）表示钢液中喷粉时间 t 后杂质的残存浓度。

【例 8－16】 试计算向脱氧后的钢液中喷入 2.0% 的 $\mathrm{CaO + CaF_2}$ 粉状脱硫剂时，钢液中最低的硫的质量分数。已知：粉粒半径 $r = 3.0\times10^{-5}\,\mathrm{m}$，$D = 2\times10^{-11}\,\mathrm{m^2/s}$，钢液的 $w[\mathrm{S}]_{\%}^{0} = 0.05$，$w[\mathrm{O}]_{\%} = 0.001$，粉粒的 $w(\mathrm{S})_{\%}^{0} = 0$，温度为 1600℃。

解 由式（8－43）求钢液中硫的残存浓度时，需要计算出 L_{S} 及 θ 值。

L_{S}：在用石灰粉粒脱硫时，反应为：

$$\mathrm{CaO(s) + [S] = (CaS) + [O]} \qquad \Delta_{\mathrm{r}}G_{\mathrm{m}}^{\ominus} = 108400 - 31.56T \quad (\mathrm{J/mol})$$

$$K_{\mathrm{S}}^{\ominus} = \frac{a_{(\mathrm{CaS})}}{a_{(\mathrm{CaO})}}\cdot\frac{w[\mathrm{O}]_{\%}}{w[\mathrm{S}]_{\%}}\cdot\frac{f_{\mathrm{O}}}{f_{\mathrm{S}}} = \frac{a_{(\mathrm{CaS})}}{w[\mathrm{S}]_{\%}}\cdot\frac{w[\mathrm{O}]_{\%}}{a_{(\mathrm{CaO})}}\cdot\frac{f_{\mathrm{O}}}{f_{\mathrm{S}}} \qquad \frac{a_{(\mathrm{CaS})}}{w[\mathrm{S}]_{\%}} = \frac{a_{(\mathrm{CaO})}}{w[\mathrm{O}]_{\%}}\cdot\frac{f_{\mathrm{S}}}{f_{\mathrm{O}}}\cdot K_{\mathrm{S}}^{\ominus}$$

由于 $a_{(\mathrm{CaO})} = 1$，$f_{\mathrm{S}} = f_{\mathrm{O}} = 1$（钢液中 $w[\mathrm{S}]_{\%}$、$w[\mathrm{O}]_{\%}$ 很低），而 $K_{\mathrm{S}}^{\ominus}$ 为：

$$\lg K_{\mathrm{S}}^{\ominus} = -\frac{108400}{19.147\times1873} + \frac{31.56}{19.147} = -1.374 \qquad K_{\mathrm{S}}^{\ominus} = 0.042$$

故上式可简化成：

$$\frac{a_{(\mathrm{CaS})}}{w[\mathrm{S}]_{\%}} = \frac{1}{0.001}\times0.042 = 42$$

为了从上式求 L_{S}，需要得出 $a_{(\mathrm{CaS})}$ 中的 $w(\mathrm{S})_{\%}$。CaS 能溶解于 CaO 中，形成 CaS－CaO 固溶体。在炼钢温度下，其溶解度 $w(\mathrm{CaS}) = 1.8\%$。以纯 CaS 作标准态，求得饱和的CaS－CaO 固溶体的 $a_{(\mathrm{CaS})饱} = 0.63$。但在不饱和固溶体中可近似假定，$a_{(\mathrm{CaS})}$ 与饱和固溶体中 $a_{(\mathrm{CaS})}$ 之比同它们的溶解度成正比，即：

$$\frac{a_{(\mathrm{CaS})}}{a_{(\mathrm{CaS})饱}} = \frac{w(\mathrm{CaS})_{\%}}{w(\mathrm{CaS})_{\%(饱)}}$$

故

$$a_{(\mathrm{CaS})} = a_{(\mathrm{CaS})饱}\cdot\frac{w(\mathrm{CaS})_{\%}}{w(\mathrm{CaS})_{\%(饱)}} = 0.63\times\frac{w(\mathrm{CaS})_{\%}}{1.8} = 0.63\times\frac{72}{32}\times\frac{w(\mathrm{S})_{\%}}{1.8} = 0.7875w(\mathrm{S})_{\%}$$

又

$$\frac{a_{(\mathrm{CaS})}}{w[\mathrm{S}]_{\%}} = \frac{0.7875w(\mathrm{S})_{\%}}{w[\mathrm{S}]_{\%}} = 42$$

故

$$L_S = \frac{w(S)_{\%}}{w[S]_{\%}} = \frac{42}{0.7875} = 53.3$$

θ:

$$Fo = \frac{Dt}{r^2} = \frac{2 \times 10^{-11} \times 2}{(3.0 \times 10^{-5})^2} = 0.044$$

由图 8－10 得 $\theta = 0.5$。上式中，时间 $t = 2$s。

由式（8－43）计算喷粉后钢液中硫的质量百分数为：

$$w[S]_{\%} = (w[S]^0_{\%} - w(S)^0_{\%}/L_S)\exp(-0.01\theta m L_S) + w(S)^0_{\%}/L_S$$
$$= 0.05 \times \exp(-0.01 \times 0.5 \times 2 \times 53.3) = 0.029$$
$$w[S] = 0.029\%$$

$$脱硫率 = \frac{w[S]^0_{\%} - w[S]_{\%}}{w[S]^0_{\%}} \times 100\% = \frac{0.05 - 0.029}{0.05} \times 100\% = 42\%$$

8.6　钢中夹杂物的变形处理

8.6.1　夹杂物的性能及其对钢性能的影响

夹杂物是钢中非金属元素（O、S、P、N、C）的化合物，其中以 O 及 S 的化合物最主要，对钢性能的影响也最大。它们是非金属特性的组成物。按其来源可分为两类：内生夹杂物（脱氧和二次氧化过程产生的氧化物夹杂）和外来夹杂物（卷渣及耐火材料侵蚀造成的夹杂物）。前者是脱氧过程的自然产物，可以设法降低其含量，但难以完全除去。后者的产生和冶炼过程有关，可通过合适的工艺将其完全去除。在冶炼过程中残留于钢液中的夹杂物，在随后的热、冷加工过程中发生形态的变化，对钢材的性能有较大的不良影响，与钢材的种类有关。

夹杂物与基体金属铁的物性及力学性能，如弹性、塑性及热膨胀系数均有较大差别，在受力过程中，夹杂物不能随金属相应变形，变形大的铁就会在变形小的夹杂物周围产生塑性流动。它们的连接处应力分布不均匀，出现了应力集中并急剧地升高，导致微裂纹的发生，为材料的破坏提供了受力的薄弱区，加速了塑性破裂的过程，因而钢的范性、韧性及疲劳强度降低，方向性加强及加工性能变坏等。

在经过变形加工的金属中，夹杂物的形状及其分布状态则受其本身特性所控制。表 8－2 表明了不同种类、性能的夹杂物在加工前及加工后的形态变化。沿压延方向的呈条带状、串状、点链状的分布，使材料的力学性能的方向性增强，即其横向塑性低于纵向塑性。

表 8－2　夹杂物加工前后的形态①

夹杂物的类型及性能	铸　　态	轧　　态
（1）球形（点状）夹杂： 玻璃体、硅酸盐、硅酸铝、硅酸钙		
（2）范性夹杂： 溶解有 MnO、FeO、Al_2O_3 的硅酸盐、硫化物		

续表 8-2

夹杂物的类型及性能	铸　　态	轧　　态
（3）脆性夹杂： Al_2O_3、Cr_2O_3、尖晶石、氧化物、氮化物		
（4）分散在软夹杂中的硬夹杂： Al_2O_3、尖晶石类硬性氧化物分布在硅酸盐玻璃（范性）中		
（5）球形铝酸钙夹杂（外有硫化物环）	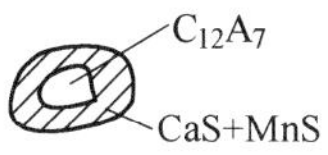	

① 取自参考文献［20］。

夹杂的上述特性，对大型夹杂尤为显著。所以提出夹杂的临界粒度，把夹杂区分为宏观夹杂及微观夹杂。而宏观夹杂的上述危害性大，应加以消除。微观夹杂在一定条件下则是允许的，因为它对钢材的性能不一定出现较大的有害作用，甚至是有益的，如能限制晶粒的长大、增加屈服强度及硬度等，成为硫化物、氮化物沉积的核。临界夹杂的粒度不是固定的，与钢材的服役性能有关，广泛地说，是在 5～500μm 范围内，随着屈服应力的增加而减小。在高强度钢中，这个粒度是很小的。

因此，炼钢工作者应首先力求降低夹杂物的含量，利用复合脱氧剂使脱氧过程中生成的夹杂物尽可能地浮出，并设法降低凝固过程中出现的二次脱氧产物的形成量。对不可能排除而残留在钢中的宏观夹杂可采用变形处理，控制其粒度及形状，改变其存在状态，以减小其对钢性能的危害性。

8.6.2 硫化物夹杂的变形处理

硫在钢中以 FeS 或 MnS 形式存在。但 FeS 的熔点比较低（Fe－FeS 共晶点为 1261K），在热加工的温度下，存在于晶界上的 Fe－FeS 共晶体发生熔化，削弱晶界，产生“热脆”。当钢中 $w[Mn]/w[S] \geqslant 2$ 时，FeS 转变成 MnS。虽然它的熔点比较高（1828K），能避免“热脆”的发生，但是 MnS 具有范性，在钢经受加工变形处理时能沿着流变方向延伸成条带状，严重地降低了钢的横向力学性能，因而钢的塑性、韧性及疲劳强度显著降低。因此，应加入变形剂，控制 MnS 的形态，使之转变为高熔点的球形（或点状）的不变形夹杂物。

凡能使硫化物生成熔点高、塑性小、硬度大的化合物的元素，均可作为硫化物的变形剂，如 Ca、Ti、Zr、Mg、Be、RE 等，但是，稀土元素（RE）常是用作硫化物夹杂变形处理的最有效的变形剂。

稀土元素（RE）包括镧系和钪、钇在内，共计 17 个元素，位于周期表中ⅢB 族。钢中经常加入的是铈(Ce)、镧(La)、钕(Nd)、镨(Pr)。它们占稀土元素总量的 75%，通常只分析 Ce，而规定 RE 总量为 $w(RE)=2w(Ce)$。它们的相对原子质量很大（140～170），故形成的化合物的密度很大（5～6），不易从钢液中浮出。它们的熔点较高，沸点也比 Ca 的高，挥发性较小，有很强的脱氧、脱硫能力。

在钢中加入适量的 RE，能使氧化物、硫化物夹杂转变成细小分散的球状夹杂，热加工时也不会变形，从而消除了 MnS 等夹杂的危害性。

由于 RE 与氧的亲和力大于其与硫的亲和力，往钢中加入 RE 时，首先形成稀土的氧化物，而后是含氧、硫的稀土化合物。仅当 $w[\mathrm{Re}]_{\%}/w[\mathrm{S}]_{\%}>3$ 时，才能形成稀土硫化物，而 MnS 完全消失。因此，钢中形成的稀土夹杂物的类型和钢中 $w[\mathrm{O}]_{\%}/w[\mathrm{S}]_{\%}$ 值有关，图 8－11 示出了这种关系。它是 Ce－O－S 系凝聚态化合物稳定存在区的平衡图，能用以确定钢中 $a_{[\mathrm{O}]}/a_{[\mathrm{S}]}$ 比不同值时生成的稀土化合物夹杂物的种类。

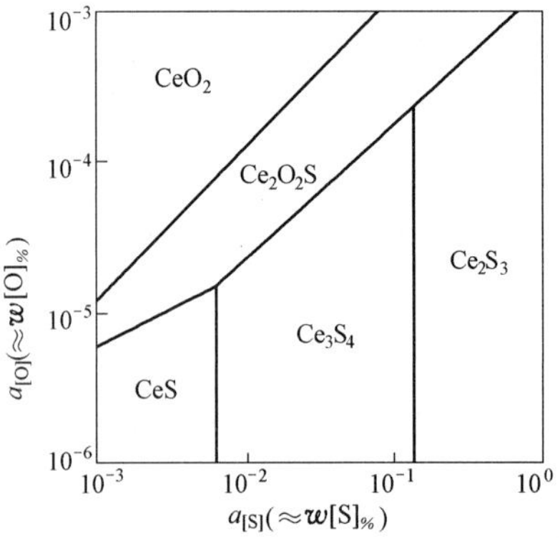

图 8－11　1900K 时 Ce－O－S 系凝聚态化合物稳定存在区的平衡图（$a_{[\mathrm{O}]}/a_{[\mathrm{S}]}$）

表 8－3 所示为 RE 化合物的热力学数据。表中 K' 值为钢液中溶解元素的溶度积。

表 8－3　RE 化合物的热力学数据

反　应	$\Delta_r G_m^{\ominus}$/J·mol^{-1}	K'(1600℃)	熔点/℃	密度/kg·m^{-3}
$[\mathrm{Ce}]+2[\mathrm{O}]=\mathrm{CeO_2(s)}$	$-853600+250T$	2.0×10^{-11}		
$2[\mathrm{Ce}]+3[\mathrm{O}]=\mathrm{Ce_2O_3(s)}$	$-1430200+359T$	7.4×10^{-22}	—	5250
$2[\mathrm{La}]+3[\mathrm{O}]=\mathrm{La_2O_3(s)}$	$-1442900+337T$	2.3×10^{-23}	2320	6560
$[\mathrm{Ce}]+[\mathrm{S}]=\mathrm{CeS(s)}$	$-394428+121T$	2.0×10^{-5}	2500	5940
$2[\mathrm{Ce}]+3[\mathrm{S}]=\mathrm{Ce_2S_3(s)}$	$-1073900+326T$	1.2×10^{-13}	1890	5190
$3[\mathrm{Ce}]+4[\mathrm{S}]=\mathrm{Ce_3S_4(s)}$	$-1494441+439T$	1.8×10^{-19}		
$[\mathrm{La}]+[\mathrm{S}]=\mathrm{LaS(s)}$	$-383900+107T$	7.6×10^{-6}	—	5660
$2[\mathrm{Ce}]+2[\mathrm{O}]+[\mathrm{S}]=\mathrm{Ce_2O_2S(s)}$	$-1352700+331T$	3.6×10^{-21}		5990
$2[\mathrm{La}]+2[\mathrm{O}]+[\mathrm{S}]=\mathrm{Le_2O_2S(s)}$	$-1340300+301T$	2.2×10^{-22}		5730

但是，由于 RE 夹杂物的密度很大（5～6），不易上浮，并且其熔点高，呈固态，易在中间包水口堵塞及在钢锭下部形成偏析，因此 RE 用量要适当。

此外，Te（碲）和 Se（硒）也可作为硫化物夹杂物的变形处理剂。它们能使硫化物球状化，在钢的热加工过程中有很好的变形性。$w[\mathrm{Te}]_{\%}/w[\mathrm{S}]_{\%}<0.1$ 时有较好的效果。

【例 8－17】 向温度为 1600℃ 的钢液喷入铈，改变硫化物夹杂的形态，试求钢液中 [S] 的质量分数下降到 0.021% 时，铈的理论最低浓度。1873K 的 $e_{\mathrm{Ce}}^{\mathrm{Ce}}=0.014$，$e_{\mathrm{S}}^{\mathrm{Ce}}=-9.1$，$e_{\mathrm{Ce}}^{\mathrm{S}}=-10.34$。

解　加入铈形成 CeS 的反应为：$[\mathrm{Ce}]+[\mathrm{S}]=\mathrm{CeS(s)}$，由表 8－3 得：

$$\lg K^{\ominus}=\lg\frac{1}{a_{[Ce]}a_{[S]}}=\frac{394428}{19.147\times1873}-\frac{121}{19.147}=4.67$$

$$-\lg(w[Ce]_{\%}\cdot w[S]_{\%})=4.67+\lg f_{Ce}f_{S}\quad 或\quad \lg w[Ce]_{\%}=-4.67-\lg f_{Ce}f_{S}-\lg w[S]_{\%}$$

又

$$\lg f_{Ce}=e_{Ce}^{Ce}w[Ce]_{\%}+e_{Ce}^{S}w[S]_{\%}=0.014w[Ce]_{\%}-10.34w[S]_{\%}$$

$$\lg f_{S}=e_{S}^{S}w[S]_{\%}+e_{S}^{Ce}w[Ce]_{\%}=-0.028w[S]_{\%}-9.1w[Ce]_{\%}$$

$$\lg f_{Ce}f_{S}=-9.086w[Ce]_{\%}-10.368w[S]_{\%}$$

故

$$\lg w[Ce]_{\%}=-4.67+9.086w[Ce]_{\%}+10.368w[S]_{\%}-\lg w[S]_{\%}=-2.76+9.086w[Ce]_{\%}$$

$$\lg w[Ce]_{\%}-9.086w[Ce]_{\%}+2.76=0$$

解上列方程得：$w[Ce]_{\%}=0.235$，$w[Ce]=0.235\%$。

即应使向钢液中喷入的铈量达到 0.235%（临界量），才能使钢中硫化物转变成 CeS 夹杂物。

8.6.3　Al_2O_3 夹杂物的变形处理

用大量铝脱氧的镇静钢中，生成的脱氧产物 Al_2O_3 是高熔点的固相，除大部分上浮外，其余部分残留在钢液中，易在中间包水口处堵塞或结瘤。在轧制时，枝晶将会破裂，形成伸长的串状夹杂物，增加钢材的异向性。

向钢液中喷入 CaO + Al 或钙合金脱氧，不仅使氧的质量分数降低很多（0.0001%），而且能生成熔点低（1415℃）的球形液态铝酸钙（$12CaO\cdot7Al_2O_3$ 或 $C_{12}A_7$），这种产物易于上浮排出，不仅可消除水口的堵塞，而且残留在钢中的少量 $C_{12}A_7$ 夹杂物也不会变形，不像 Al_2O_3 呈串状分布，因而消除了钢材的异向性。

但是，$C_{12}A_7$ 夹杂物和基体铁的线膨胀系数相差较大，冷却时，$C_{12}A_7$ 的收缩比基体铁的要小得多，形成张力，在 $C_{12}A_7$ 夹杂物周围产生空腔，减弱钢的强度。但当有线膨胀系数较大且范性较好的硫化物存在时，$C_{12}A_7$ 就能被此硫化物包围，形成共生夹杂物，如表 8－2 中（5）所示。它能改善 $C_{12}A_7$ 和基体铁的联结性，消除空腔及减小 $C_{12}A_7$ 在其周围基体产生的应力，从而使 $C_{12}A_7$ 出现的缺点消失。

此外，向用大量铝脱氧的钢液中喷入钙合金，也可消除钢中存在的 Al_2O_3 夹杂物，因为钙可还原 Al_2O_3（$12Ca(g)+11Al_2O_3(s)=12CaO\cdot7Al_2O_3(l)+8[Al]$）。所以，钙不仅能脱氧、脱硫，而且还能改变夹杂物的组成及形态。

钙和 RE 的加入要采用喷吹法或喂线法送入钢液深处，以提高其应用效果。

钙是钢液的净化剂，除能用以脱硫、脱氧外，还能脱除钢液中其他杂质，如 N、P、As、Sb、Bi、Sn、Pb 及 Cu 等。因为它能与这些元素形成不溶于钢液中的化合物，而且从钢液中排出。但是，钙的挥发性很大，在 1600℃时为 1.86×10^5Pa；在铁液中的溶解度又很小（$w[Ca]=0.03\%$），但可随 Si、Ni、Al、C 量的增加而有所增加，而在被 CaC_2 饱和的熔体中，Ca 的溶解度则随碳量的增加而有所降低。因此，为避免在使用钙时出现大量挥发，应采用高压氩气将其吹入到熔池深处，利用铁水的静压力阻止钙蒸气的形成，或制成铁皮包芯线使用，也可制成钙蒸气较低的钙合金形式（如 CaC_2、CaSi 等）来使用，以提高其使用效果。

8.7 总　　结

铁水及钢液在炉外的二次冶炼反应，由铁水的“三脱”（脱硅、脱磷及脱硫）处理及钢液的炉外处理两者组成。它们的主要功能是将其中的［H］、［N］、［O］（包括形成的夹杂物）、［P］、［S］及具有较小挥发性的元素（Cu、Ni、Sn、Zn、Sb、As）减少到规定的临界值（符合洁净钢的规格）。这些杂质元素主要来源于铁水（P、S）、废钢（P、S、其他元素）、环境空气（H、N、O）及耐火材料（O）。它们对成品钢的性能有决定性的不利影响，并使冶炼受到极大的干扰。因此，在炼钢生产过程中需要将它们除至规定值以下。

图 8－12 为包含铁水处理及钢液炉外处理的钢铁生产流程图。其中，LF（Ladle Furnace）法是利用钢包底部吹氩、上部电弧加热（及电磁搅拌），在减压或常压下进行。对于用 Al 脱氧的钢液，使用的顶渣是（CaO）活度很高的 $CaO-Al_2O_3$ 渣系。这种渣系的氧势很低，而硫容量很高，溶解氧化物夹杂物的能力很强。与 LF 法类似的还有 CAS、CAS－OB 法等。

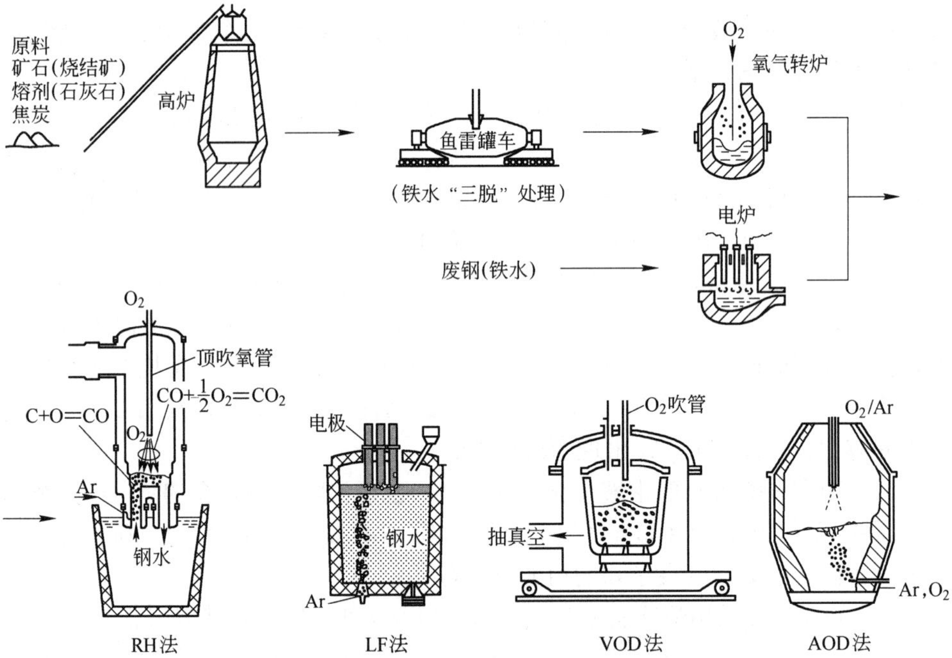

图 8－12　钢铁生产流程图

RH（Ruhrstahl Heraeus）法则是利用上部真空室，使钢包中钢液向真空室内上升及下降流动，发生循环脱气。它的最大功能是降低钢液中［H］、［C］、［O］及氧化物夹杂物的量。也可通过顶吹氧加喷粉加快［C］、［O］、［S］的去除。

VOD（Vacuum Oxygen Decarburization）法是向真空室内的钢包中的不锈钢水进行顶吹氧和底吹氩，搅拌精炼达到去碳保铬的目的。

AOD（Argon Oxygen Decarburization）法则是从转炉炉底侧面向熔池吹入不同比例的 $Ar + O_2$ 混合气体，来降低熔池内产生的 CO 气泡的 p'_{CO}，促使［C］氧化，而［Cr］不氧化。这是在常压下进行不锈钢冶炼的脱碳保铬法，而不是像 VOD 法那样在真空下进行。

习　　题

8-1　将石灰粉喷吹到温度为 1500℃，组成为 $w[C]=5.1\%$（饱和）、$w[S]=0.08\%$、$w[Si]=0.5\%$、$w[Mn]=0.5\%$、$w[P]=0.1\%$ 的铁水中进行炉外脱硫处理。试求铁水最后的硫的质量分数。脱硫反应为：$(CaO)+[S]+[C]=(CaS)+CO$。

8-2　锰含量较高的高炉铁水出炉后，温度下降时，其中的［Mn］和［S］能形成（MnS）自铁水中排出，从而使铁水的硫含量降低。试求成分为 $w[Mn]=1\%$ 及 $w[S]=0.07\%$ 的铁水，温度下降到 1200℃时硫的浓度。已知：$\lg(w[Mn]_{\%}\cdot w[S]_{\%}) = -9260/T+4.91$。

8-3　将 Cu 的质量分数为 0.1% 的钢液在 1600℃下送入真空室内，抽真空到 1.3×10^2Pa，试问钢液中的 Cu 能否发生挥发？$\gamma^0_{Cu}=8.6$，$p^*_{Cu}=107$Pa。

8-4　试求在高真空下静置的铁液中，氮或其他元素可能的最低溶解度。温度为 1873K，铁的蒸气压 $p^*_{Fe}=5.89$Pa。

8-5　Fe-Mn 溶液内 $w[Mn]=1.0\%$，试问在真空度 $p'=13.3$Pa 及 1700℃条件下，其中的锰能否挥发？锰的沸点 $T_b=2333$K，挥发焓 $\Delta_{vap}H^{\ominus}_m=220.5$kJ/mol。

8-6　在真空（压力为 1Pa）下，能否将钢液中溶解的［H］、［N］、［O］、［S］和［P］以气态 H_2、N_2、O_2、S_2 和 P_2 形式抽走？请根据这些组分的标准溶解吉布斯自由能进行讨论。

8-7　将氢的质量分数为 $0.8\times10^{-3}\%$ 的 30CrMnSiA（$w[C]=0.3\%$、$w[Cr]=1\%$、$w[Mn]=1\%$、$w[Si]=1\%$）钢，在 1kPa 的真空度下处理，钢液中最后的氢量是多少？温度为 1600℃。

8-8　利用真空提升法对钢液进行真空脱氧处理，真空室的真空度为 0.1kPa。钢液上升进入真空室内炸裂成直径为 5×10^{-3}m 的液滴。液滴在真空室内的降落时间为 1s，钢液的 $\beta_0=5\times10^{-4}$m/s，试求脱氧率。

8-9　将成分为 $w[C]=0.15\%$ 及 $w[O]=0.016\%$ 的钢液送入真空室内进行真空处理，真空度为 1kPa，温度为 1873K。试计算钢液最终的平衡［C］和［O］的质量分数。

8-10　向钢包内钢液吹氩脱气，1600℃时熔池放出的气泡成分是 $\varphi(CO)=10\%$、$\varphi(N_2)=5\%$、$\varphi(H_2)=5\%$，其余是 Ar 气。试计算钢液中氢、氮及氧的浓度。钢液中 $w[C]=1\%$，$w[Mn]=2.0\%$，$w[Si]=0.5\%$，气泡总压为 100kPa。

8-11　钢液的初始 $w[C]^0=0.05\%$，$w[O]^0=0.11\%$。试求吹入氩气 $2m^3/t$ 后钢液的氧含量。计算中，不平衡参数 $\eta=1$。脱碳反应的平衡常数 $K^{\ominus}=476$。

8-12　中、高碳钢中 $w[C]>0.2\%$，而 $w[O]_{\%}<w[C]_{\%}$ 时，不平衡参数 $\eta=0.5$。试计算钢液中 $w[O]^0$ 从 0.005% 下降到 0.002% 时需吹入的氩气量。钢液的 $w[C]=0.5\%$，温度为 1650℃。

8-13　在真空度为 1.3Pa 下，镁质坩埚内熔炼 08Cr18Ni10（$w[C]=0.03\%$、$w[Cr]=18\%$、$w[Ni]=10\%$）钢，试估计熔炼过程中镁质坩埚能否被钢中铬还原？温度为 1873K。

$$3MgO(s)+2[Cr]=Cr_2O_3(s)+3Mg(g)\qquad \Delta_rG^{\ominus}_m=1049466-276.9T\quad (J/mol)$$

8-14　向 20t 钢液内吹入氩气进行脱氢处理，为使其氢的质量分数从 $0.4\times10^{-3}\%$ 下降到 $0.2\times10^{-3}\%$，问需吹入多少氩气？温度为 1600℃。

8-15　从钢包底部的多孔塞砖向 50t 的 GCr15 钢液（$w[C]=0.8\%$、$w[Cr]=1.5\%$）内吹入氩气脱氢，钢液中氢的质量分数为 $0.5\times10^{-3}\%$，吹氩时间为 15min，氩气用量为 $1.75m^3/t$，试求钢液的氢量，温度为 1600℃。

8－16 将水汽量为 $\varphi(H_2O)=0.01\%$ 的氩气吹入钢液脱氢。氩气泡中的压力为 100kPa，钢液中氧的质量分数为 0.0015%，试求钢液中最后氢的质量分数，温度为 1600℃。

8－17 在真空炉内使 30MnSiA 钢（$w[C]=0.3\%$、$w[Cr]=1\%$、$w[Mn]=1\%$、$w[Si]=1\%$）进行真空脱氢。设［H］从深度为 $h=0.5$m 的熔池内以气泡的形式析出。试计算钢液在处理后氢的质量分数。已知：钢液密度 $\rho_m=7.0\times10^3$kg/m^3，表面张力 $\sigma=1.68$J/m^2，气泡最初半径 $r=5\times10^{-4}$m，真空压力 $p'=4\times10^2$Pa，温度为 1873K。

8－18 电炉出钢的熔渣成分为 $w(SiO_2)=17.9\%$、$w(CaO)=67.9\%$、$w(MgO)=7.2\%$、$w(Al_2O_3)=5.5\%$、$w(MnO)=0.03\%$、$w(FeO)=0.5\%$，而钢液中 $w(O)=0.005\%$。采用混渣出钢，钢包温度为 1550℃，试问这种混冲出钢能否使钢液中氧含量降低？

8－19 $w(S)=0.052\%$ 的钢液混冲进入钢包的还原渣层内，被碎散成直径为 $d=1\times10^{-3}$m 的渣滴，使钢液脱硫。钢液穿过渣层的平均时间 $t=10$s。试求钢液最后的硫含量及脱硫率。已知：$L_S=50$，$D_S=1.15\times10^{-8}$m^2/s，渣中 $w(S)=0.1\%$。

8－20 用 $CaO-Al_2O_3$ 渣系（$x(CaO)=0.63$、$x(Al_2O_3)=0.35$）对钢液进行渣洗处理。在喷吹 $CaO(s)+Al_2O_3(s)$ 粉剂后，发生了脱氧和脱硫反应。试计算钢液中残铝量为 $w(Al)=0.06\%$ 时，钢液中氧和硫的量（$a_{(CaS)}=1$）。渣中 CaO 及 Al_2O_3 的活度由图 8－7 得出。

8－21 利用成分为 $w(CaO)=50\%$、$w(SiO_2)=15\%$、$w(Al_2O_3)=35\%$ 的合成渣，对变压器钢（成分为 $w(C)=0.03\%$、$w(Si)=3\%$、$w(S)=0.015\%$、$w(Al)=0.011\%$、$w(O)=0.0034\%$）做炉外脱硫处理。(1) 试求合成渣的用量。(2) 混冲高度为 1.2m，渣－钢间的界面能 $\sigma_{ms}=1.0$J/m^2，钢液密度 $\rho_m=7000$kg/m^3，熔渣密度 $\rho_s=3200$kg/m^3，$\beta_{[S]}=3\times10^{-5}$m/s，温度为 1873K，试求钢液硫的质量分数下降到 0.0036% 所需的时间。

8－22 向成分为 $w(C)=0.1\%$、$w(Si)=0.3\%$、$w(Mn)=0.4\%$、$w(S)=0.01\%$ 的钢液喷吹 CaC_2 做脱硫处理。试求钢液的平衡硫量及 CaC_2 的理论最低消耗量（kg/t）。温度为 1873K。（提示：先由 $CaC_2(s)=Ca(g)+2[C]$ 求出钢液中平衡 $w[C]$，再由反应 $CaC_2(s)+[S]=CaS(s)+2[C]$ 求出平衡 $w[S]$）。

$$Ca(l)=Ca(g):\Delta_r G_m^{\ominus}=157800-87.11T\ (J/mol)$$

8－23 向温度为 1600℃、$w[S]=0.05\%$ 的钢液中喷入铈，进行硫化物夹杂物的变形处理，试求钢液中［S］的质量分数下降到 0.019% 时，需加入的铈的最低理论用量。假定形成 Ce_2S_3。

复习思考题

8－1 什么是洁净钢？为什么利用传统的炼钢方法难以生产出洁净钢？

8－2 炉外处理冶炼法在钢铁生产中有什么地位？有哪些作用？有哪些精炼手段？可达到哪些冶金目的？

8－3 什么是铁水的预处理？简述铁水预处理时“三脱”进行的特点。它对整个钢铁冶金生产流程有哪些有利的作用？

8－4 以热力学分析铁水脱硫与钢水脱硫哪一方面更有利？

8－5 试从热力学原理说明真空对钢液炉外精炼的作用？

8－6 工业上采用了多种真空脱氧设备，它们的主要差别点是什么？

8－7 试比较 VOD 法和 AOD 法之间的异同。

8－8 在真空脱气处理中，如何确定真空度？

8－9 吹氩脱气和真空脱气有什么差别？如何确定吹入的氩气量？

8－10 什么是钢液的合成渣洗？作为钢液渣洗用渣需具备哪些性质，达到哪些功能？如何计算选用的渣量？

8－11 什么是喷射冶金？它的动力学特点是什么？

8－12 什么是夹杂物的变形处理？哪类夹杂物需要做变形处理？为什么钙可称为钢液的净化剂？它在钢液的精炼中可除去哪些有害于钢液性能的元素。

附　　录

附录1　本书中某些公式的导出

（1）回归分析法的计算机计算程序图

回归分析法的计算机计算程序图，见附图1。

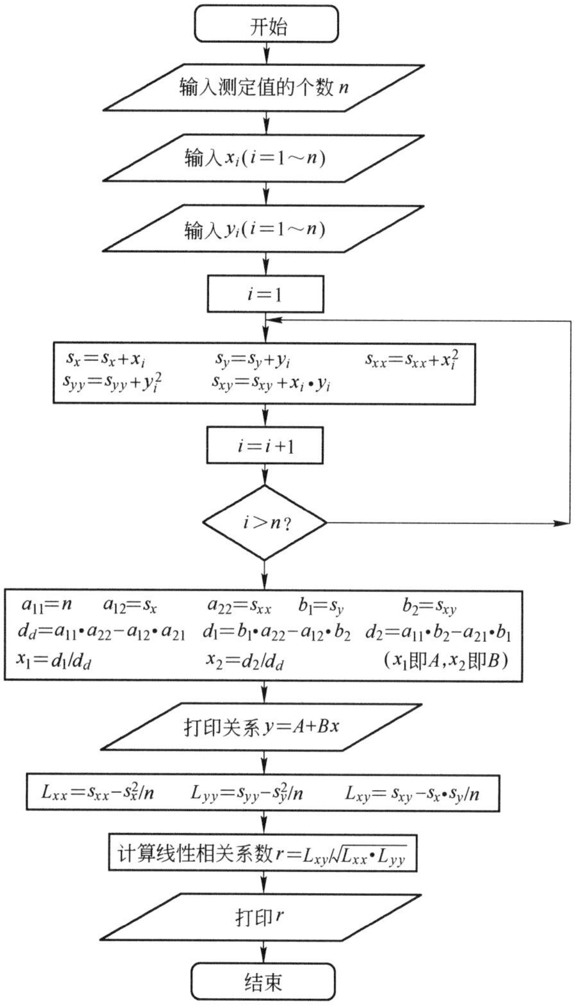

附图1　回归分析法的计算机计算程序图

（2）正规溶液的焓变化：$\Delta H_m = \alpha x_A x_B$

设 A－B 二元系（溶液物质的量为 n_A+n_B）中 A－A、B－B、A－B 原子对的键能分别为 u_{A-A}、u_{B-B}、u_{A-B}。溶液中原子总数为 $(n_A+n_B)N_A$，每个原子邻近有 z 个原子（配位数），因而总的邻近原子数共有 $\frac{1}{2}N_A z(n_A+n_B)$。乘上 $\frac{1}{2}$，是为了避免将一对位置重算一次。这些邻近位置中，一部分是 A－A 原子对，一部分是 B－B 原子对，其余被 A－B 原子对占有。这里只考虑邻近位置，因为原子间相互作用力是近程力，随距离的增加而显著降低。

对于任何两个邻近位置①①，原子 A 出现在位置①的概率是 $n_A/(n_A+n_B)$，出现在另一个位置①的概率是 $n_A/(n_A+n_B)$，则出现在①①位置的概率乃是两者概率的乘积 $n_A^2/(n_A+n_B)^2$。因此，A－A 原子对的数为：

$$P_{A-A}=\frac{1}{2}zN_A(n_A+n_B)\cdot\frac{n_A^2}{(n_A+n_B)^2}=\frac{zN_A}{2}\cdot\frac{n_A^2}{n_A+n_B}$$

同理，B－B 原子对的数为：$P_{B-B}=\frac{1}{2}zN_A(n_A+n_B)\cdot\frac{n_B^2}{(n_A+n_B)^2}=\frac{zN_A}{2}\cdot\frac{n_B^2}{n_A+n_B}$

A－B 原子对的数则为 $\frac{1}{2}zN_A(n_A+n_B)-P_{A-A}-P_{B-B}$，即：

$$P_{A-B}=\frac{1}{2}zN_A(n_A+n_B)-\frac{zN_A}{2}\cdot\frac{n_A^2}{n_A+n_B}-\frac{zN_A}{2}\cdot\frac{n_B^2}{n_A+n_B}=zN_A\cdot\frac{n_An_B}{n_A+n_B}$$

溶液形成前的能量为：$H_0=\frac{zN_A}{2}n_Au_{A-A}+\frac{zN_A}{2}n_Bu_{B-B}=\frac{zN_A}{2}(n_Au_{A-A}+n_Bu_{B-B})$

溶液形成后的能量为：$H=\frac{zN_A}{2}\cdot\frac{n_A^2}{n_A+n_B}u_{A-A}+\frac{zN_A}{2}\cdot\frac{n_B^2}{n_A+n_B}u_{B-B}+zN_A\cdot\frac{n_An_B}{n_A+n_B}u_{A-B}$

$$=\frac{zN_A}{2}(2u_{A-B}n_An_B+u_{A-A}n_A^2+u_{B-B}n_B^2)/(n_A+n_B)$$

故
$$\Delta H_m=H-H_0=\frac{zN_A}{2}(2u_{A-B}-u_{A-A}-u_{B-B})\cdot\frac{n_An_B}{n_A+n_B}$$

命 $\alpha=\frac{zN_A}{2}(2u_{A-B}-u_{A-A}-u_{B-B})$，则：$\Delta H_m=\alpha\frac{n_An_B}{n_A+n_B}$

对于 1mol 溶液，
$$\Delta H_m=\frac{\alpha n_An_B}{n_A+n_B}\Big/(n_A+n_B)=\alpha x_Ax_B$$

而
$$\Delta H_A=\frac{\partial\Delta H_m}{\partial n_A}=\alpha\frac{n_B^2}{(n_A+n_B)^2}=\alpha x_B^2\quad \Delta H_B=\frac{\partial\Delta H_m}{\partial n_B}=\alpha\frac{n_A^2}{(n_A+n_B)^2}=\alpha x_A^2$$

（3）菲克第二定律微分方程的解：$\frac{c-c^0}{c^*-c^0}=1-\mathrm{erf}\frac{x}{2\sqrt{Dt}}$

菲克第二定律的偏微分方程为：
$$\frac{\partial c}{\partial t}=D\frac{\partial^2 c}{\partial x^2}\tag{1}$$

解以上微分方程的边界条件是：$t=0$，$0<x<\infty$，$c=c^0$（初始浓度），即扩散开始前，体系内浓度完全均匀，而为 c；$0<t<\infty$，$x=0$，$c=c^*$（界面浓度），即扩散开始后，界面浓度立即为 c^*，并且在扩散过程中保持不变。

先将此二阶偏微分方程化为一阶。根据 c 与 (x,t) 函数关系的经验规律（扩散层的厚度与时间的平方根成正比或与时间成抛物线关系），可假定 $c=f(x/\sqrt{t})$。

若令 $y=x/\sqrt{t}$，$\partial c/\partial y=P$，求出$\dfrac{\partial c}{\partial t}$及$\dfrac{\partial^2 c}{\partial x^2}$的值：

$$\left(\frac{\partial c}{\partial t}\right)_x=\left(\frac{\partial c}{\partial y}\right)_x\left(\frac{\partial y}{\partial t}\right)_x=\left(\frac{\partial c}{\partial y}\right)_x\frac{\partial}{\partial t}\left(\frac{x}{\sqrt{t}}\right)_x=-\frac{y}{2t}\left(\frac{\partial c}{\partial y}\right)_x$$

$$\left(\frac{\partial c}{\partial x}\right)_t=\left(\frac{\partial c}{\partial y}\right)_t\left(\frac{\partial y}{\partial x}\right)_t=\left(\frac{\partial c}{\partial y}\right)_t\frac{1}{\sqrt{t}}\qquad\left(\frac{\partial^2 c}{\partial x^2}\right)_t=\left(\frac{\partial^2 c}{\partial y^2}\right)_t\left(\frac{\partial^2 y}{\partial x^2}\right)_t=\left(\frac{\partial^2 c}{\partial y^2}\right)_t\frac{1}{t}$$

将上列各式代入式（1）中，得：$-\dfrac{y}{2t}\left(\dfrac{\partial c}{\partial y}\right)_x=D\dfrac{1}{t}\left(\dfrac{\partial^2 c}{\partial y^2}\right)_t$

又将$\dfrac{\partial^2 c}{\partial y^2}=\dfrac{\partial P}{\partial y}$代入上式，化简后得：$-\dfrac{Py}{2}=D\dfrac{\partial P}{\partial y}$

积分后 $-\dfrac{y^2}{4}=D\ln P+I$，令积分常数 $I=-D\ln A$，则前式可简化为：

$$\ln\frac{P}{A}=-\frac{y^2}{4D}$$

$$P=\frac{\partial c}{\partial y}=A\exp\left(-\frac{y^2}{4D}\right)\quad\text{或}\quad \mathrm{d}c=A\exp\left(-\frac{y^2}{4D}\right)\mathrm{d}y \tag{2}$$

令 $z^2=y^2/4D$ 或 $z=y/(2\sqrt{D})=x/(2\sqrt{Dt})$，又 $\mathrm{d}y=2\sqrt{D}\mathrm{d}z$，在下述边界条件下：

$$t=t\quad x=0\quad c=c^*\quad z=0$$

$$t=t\quad x=x\quad c=c\quad z=x/(2\sqrt{Dt})$$

积分式（2）：$\int_{c^*}^{c}\mathrm{d}c=\int_0^z 2A\sqrt{D}\exp(-z^2)\mathrm{d}z$ 或 $c-c^*=2A\sqrt{D}\int_0^z\exp(-z^2)\mathrm{d}z$　　（3）

再考虑下述边界条件：$t=t\quad x=0\quad c=c^*\quad z=0$

$t=0\quad x=x\quad c=c^0\quad z\to\infty$

于是

$$c^0-c^*=2A\sqrt{D}\int_0^\infty\exp(-z^2)\mathrm{d}z=A\sqrt{\pi D}$$

式中，$\int_0^\infty\exp(-z^2)\mathrm{d}z=\sqrt{\pi}/2$，故积分常数 $A=(c^0-c^*)/\sqrt{\pi D}$，于是，式(3) 变为：

$$c-c^*=2\frac{c^0-c^*}{\sqrt{\pi D}}\cdot\sqrt{D}\int_0^z\exp(-z^2)\mathrm{d}z$$

或写成：

$$\frac{c-c^*}{c^0-c^*}=\frac{2}{\sqrt{\pi}}\int_0^z\exp(-z^2)\mathrm{d}z \tag{4}$$

这是一种超越函数，常称为高斯误差函数，一般表示为：

$$\mathrm{erf}\,z=\frac{2}{\sqrt{\pi}}\int_0^z\exp(-z^2)\mathrm{d}z$$

故式（4）又可写成：$\dfrac{c-c^*}{c^0-c^*}=\mathrm{erf}\dfrac{x}{2\sqrt{Dt}}$　或　$\dfrac{c-c^0}{c^*-c^0}=1-\mathrm{erf}\dfrac{x}{2\sqrt{Dt}}$

（4）$\boldsymbol{\varepsilon_B^K=230\dfrac{M_K}{M_A}e_B^K+\dfrac{M_A-M_K}{M_A}}$

组分 B 的偏摩尔吉布斯自由能可表示在两种不同的标准态中：

$$G_B = G^{\ominus}_{(R)} + RT\ln(\gamma_B x_B) = G^{\ominus}_{(\%)} + RT\ln(f_B w[B]_{\%})$$

由上式对 x_K 求导，得：$\dfrac{\partial\ln\gamma_B}{\partial x_K} = \dfrac{\partial\ln f_B}{\partial w[K]_{\%}} \cdot \dfrac{\partial w[K]_{\%}}{\partial x_K} + \dfrac{\partial\ln(w[B]_{\%}/x_B)}{\partial x_K}$

当浓度很低时，　$\partial\ln\gamma_B/\partial x_K = \varepsilon_B^K$　　$\partial\ln f_B/\partial w[K]_{\%} = 2.3e_B^K$

又因　$x_K = \dfrac{M_A}{100M_K}w[K]_{\%}$　即　$\dfrac{\partial w[K]_{\%}}{\partial x_K} = \dfrac{100M_K}{M_A}$

故上式变为：
$$\varepsilon_B^K = 230\frac{M_K}{M_A}e_B^K + \partial\ln(w[B]_{\%}/x_B)/\partial x_K \tag{1}$$

上式等号右边第 2 项可如下求得：

由
$$x_B = \frac{w[B]_{\%}/M_B}{\dfrac{w[B]_{\%}}{M_B} + \dfrac{w[K]_{\%}}{M_K} + \dfrac{100 - w[B]_{\%} - w[K]_{\%}}{M_A}}$$

命
$$Q = \frac{w[B]_{\%}}{M_B} + \frac{w[K]_{\%}}{M_K} + \frac{100 - w[B]_{\%} - w[K]_{\%}}{M_A}, \text{则} \frac{w[B]_{\%}}{x_B} = QM_B。 \tag{2}$$

对上式两边取对数，再对 x_K 求偏导数：
$$\partial\ln\frac{w[B]_{\%}}{x_B}\Big/\partial x_K = \frac{\partial\ln Q}{\partial x_K} = \frac{1}{Q}\cdot\frac{\partial Q}{\partial x_K} \tag{3}$$

在式（2）中，Q 对 x_K 求偏导数时，$w[B]_{\%}$ 是不变值：
$$\partial Q = \frac{\partial w[K]_{\%}}{M_K} - \frac{\partial w[K]_{\%}}{M_A} = \left(\frac{1}{M_K} - \frac{1}{M_A}\right)\partial w[K]_{\%} \tag{4}$$

在 $x_A \to 1$，而 $w[B]_{\%}$ 及 $w[K]_{\%}$ 又很小时，$Q = \dfrac{100}{M_A}$。

又
$$x_K = \frac{M_A}{100M_K}w[K]_{\%} \tag{5}$$

而
$$\partial x_K = \frac{M_A}{100M_K}\partial w[K]_{\%} \tag{6}$$

将式（4）、式（5）、式（6）代入式（3），得：
$$\partial\ln\frac{w[B]_{\%}}{x_B}\Big/\partial x_K = M_K\left(\frac{1}{M_K} - \frac{1}{M_A}\right) = \frac{M_A - M_K}{M_A} \tag{7}$$

将式（7）代入式（1），得：　$\varepsilon_B^K = 230\dfrac{M_K}{M_A}e_B^K + \dfrac{M_A - M_K}{M_A}$

（5）$e_B^K = O_B^K(1 + 2.30w[B]_{\%}e_B^K)$

设 $\lg f_B$ 是 $\lg w[B]_{\%}$ 及 $w[K]_{\%}$ 的函数，即 $\lg f_B = f(\lg w[B]_{\%}, w[K]_{\%})$。

取全微分：
$$\mathrm{d}\lg f_B = \left(\frac{\partial\lg f_B}{\partial\lg w[B]_{\%}}\right)_{w[K]_{\%}}\mathrm{d}\lg w[B]_{\%} + \left(\frac{\partial\lg f_B}{\partial w[K]_{\%}}\right)_{w[B]_{\%}}\mathrm{d}w[K]_{\%}$$

上式各项在 a_B 值恒定下除以 $\mathrm{d}w[K]_{\%}$，得：
$$\left(\frac{\partial\lg f_B}{\partial w[K]_{\%}}\right)_{a_B} = \left(\frac{\partial\lg f_B}{\partial\lg w[B]_{\%}}\right)_{w[K]_{\%}}\left(\frac{\partial\lg w[B]_{\%}}{\partial w[K]_{\%}}\right)_{a_B} + \left(\frac{\partial\lg f_B}{\partial w[K]_{\%}}\right)_{w[B]_{\%}} \tag{1}$$

又由于 $\mathrm{d}\lg w[B]_{\%} = \mathrm{d}w[B]_{\%}/(2.30w[B]_{\%})$，$a_B = f_B w[B]_{\%} = \text{const}$，故 $\partial\lg f_B = -\partial\lg w[B]_{\%}$。又由以上关系，可设 O_B^K 为：

$$O_B^K = \left(\frac{\partial\lg f_B}{\partial w[K]_{\%}}\right)_{a_B} = -\left(\frac{\partial\lg w[B]_{\%}}{\partial w[K]_{\%}}\right)_{a_B}$$

故由式（1）可得：
$$O_B^K = -\left(\frac{\partial \lg f_B}{\partial \lg w[B]_\%}\right)_{w[K]_\%} O_B^K + e_B^K$$
或
$$O_B^K = -[\partial \lg f_B/(\partial w[B]_\%/2.30w[B]_\%)]_{w[K]_\%} O_B^K + e_B^K$$
故
$$O_B^K = -2.30e_B^B w[B]_\% O_B^K + e_B^K$$
即
$$e_B^K = O_B^K(1 + 2.30w[B]_\% e_B^B)$$

（6）铁－碳系碳的活度：$\ln a_{C(H)} = \ln \frac{x[C]}{x[Fe]} + 6.6\frac{x[C]}{x[Fe]}$

反应 $2CO = [C] + CO_2$ 的 K 为：
$$K = \frac{p_{CO_2}}{p_{CO}^2} \cdot a_{C(H)}$$
式中　$a_{C(H)}$——［C］以假想纯物质为标准态的活度。

将上式右边乘上$\frac{x[C]}{x[Fe]} \cdot \frac{x[Fe]}{x[C]}$，两边再取对数，并分开成两项，得到下式：
$$\lg K = \lg\left(\frac{p_{CO_2}}{p_{CO}^2} \cdot \frac{x[C]}{x[Fe]}\right) + \lg\left(\frac{x[Fe]}{x[C]} \cdot a_{C(H)}\right)$$
或
$$\lg\left(\frac{p_{CO}^2}{p_{CO_2}} \cdot \frac{x[Fe]}{x[C]}\right) = \lg\left(\frac{x[Fe]}{x[C]} \cdot a_{C(H)}\right) - \lg K \quad (1)$$

以上式中测定的 $\lg\left(\frac{p_{CO}^2}{p_{CO_2}} \cdot \frac{x[Fe]}{x[C]}\right)$对$\frac{x[C]}{x[Fe]}$作图（见附图2），可由直线的斜率和截距得出下式：
$$\lg\left(\frac{p_{CO}^2}{p_{CO_2}} \cdot \frac{x[Fe]}{x[C]}\right) = 3.3\frac{x[C]}{x[Fe]} + 3.05 \quad (2)$$
式（1）和式（2）的右边相等，故得出：
$$3.3\frac{x[C]}{x[Fe]} + 3.05 = \lg\left(\frac{x[Fe]}{x[C]} a_{C(H)}\right) - \lg K$$
或
$$\lg a_{C(H)} - \lg \frac{x[C]}{x[Fe]} - 3.3\frac{x[C]}{x[Fe]} - 3.05 = \lg K \quad (3)$$
当 $x[C] \to 0$ 时，$a_{C(H)} \to x[C]$，从而 $\lg K = -3.05$。于是式（3）变为：
$$\lg a_{C(H)} = \lg \frac{x[C]}{x[Fe]} + 3.3\frac{x[C]}{x[Fe]}$$

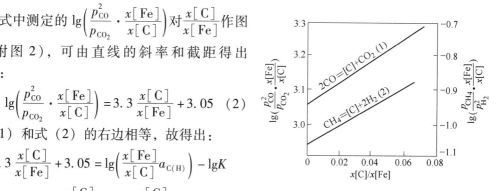

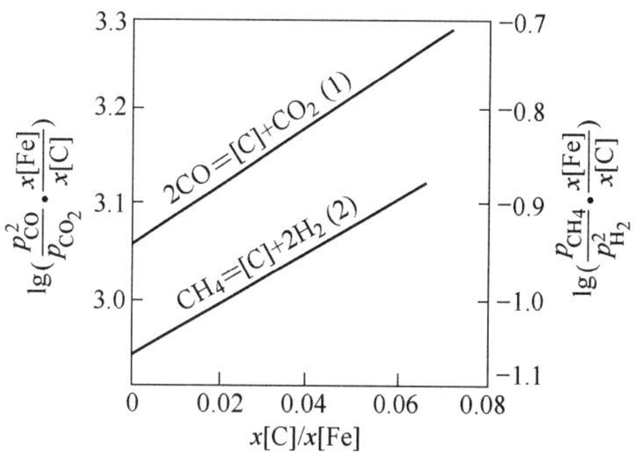

附图2　$\lg\frac{p_{CO}^2}{p_{CO_2}} \cdot \frac{x[Fe]}{x[C]}$和$\lg\frac{p_{CH_4}}{p_{H_2}^2} \cdot \frac{x[Fe]}{x[C]}$与$\frac{x[C]}{x[Fe]}$的关系

或
$$\ln a_{C(H)} = \ln \frac{x[C]}{x[Fe]} + 7.6\frac{x[C]}{x[Fe]}$$

同样，利用 $H_2 + CH_4$ 混合气体作实验，可得：
$$\ln a_{C(H)} = \ln \frac{x[C]}{x[Fe]} + 5.8\frac{x[C]}{x[Fe]}$$

取平均值，得一般性方程：　$\ln a_{C(H)} = \ln \frac{x[C]}{x[Fe]} + 6.6 \frac{x[C]}{x[Fe]}$

(7) 铁液表面张力计算公式：$\sigma = 1.86 - 2.00\lg \sum_{B=1}^{k} x_B F_B$

在研究稀溶液的表面张力时，可把溶液区分为体积溶液和表面溶液两部分，它们的组分的偏摩尔吉布斯自由能不相同。平衡时，有下列关系存在：

$$G_B + \sigma A_B = G_B^\sigma \quad (1)$$

式中　G_B，G_B^σ——分别为组分 B 在溶液内及其表面层的偏摩尔吉布斯自由能；

A_B——1mol 组分 B 在溶液表面层占有的面积；

σ——溶液的表面能或表面张力；

σA_B——1mol 组分 B 的溶液的表面能。

因此，组分 B 的表面吉布斯自由能 G_B^σ 等于组分 B 的体积吉布斯自由能和其表面能之和，而 σA_B 是组分 B 高于其体积吉布斯自由能 G_B 的超额能量。

由式（1）可得：$\sigma = (G_B^\sigma - G_B)/A_B = (G_B^{\sigma\ominus} + RT\ln x_B^\sigma - G_B^\ominus - RT\ln x_B)/A_B$

$$= [(G_B^{\sigma\ominus} - G_B^\ominus) + RT\ln(x_B^\sigma/x_B)]/A_B = [\sigma_A A_B + RT\ln(x_B^\sigma/x_B)]/A_B \quad (2)$$

式中　x_B^σ，x_B——分别为组分 B 的表面层浓度和相内浓度；

σ_A——$x_B^\sigma = x_B = 1$ 时，$(G_B^{\sigma\ominus} - G_B^\ominus)/A_B = \sigma$，故 σ 是纯溶剂的表面能或表面张力，即 σ_A。

由于　$x_B/V = \exp[\Delta B/(RT)]$　　$x_B^\sigma/V^\sigma = \exp[\sigma A_B/(RT)]$

式中　V，V^σ——分别为平衡时溶液内部及表面层的摩尔体积。

ΔB——1mol 组分 B 从溶液深处向表面层逸出的功，其值一级近似为：

$$\Delta B = \sigma_B^* A_B^* - \alpha_B RT\ln\gamma_B$$

式中　$\alpha_B RT\ln\gamma_B$——$\alpha_B RT\ln\gamma_B = G_B^{ex}$，即组分 B 从体积内迁移到表面时的吉布斯自由能；

σ_B^*，A_B^*——分别为纯组分 B 的表面能及摩尔表面积，其乘积为纯组分 B 的摩尔表面能；

α_B——质点 B 在表面比其在溶液体积内所减少的键分数，称为结构分数，对于 Fe、Mn、Cr、V、Ti，$\alpha_B = 0.25$，对于 Si、C、P、H，$\alpha_B = 0.17$。

故
$$\frac{x_B^\sigma/V^\sigma}{x_B/V} = \exp[\sigma A_B/(RT)]/\exp[\Delta B/(RT)] \quad (3)$$

或
$$x_B^\sigma = x_B \frac{V^\sigma}{V}\exp[(\sigma A_B - \Delta B)/(RT)] \quad (4)$$

或
$$\sum x_B^\sigma = \sum x_B \frac{V^\sigma}{V}\exp[(\sigma A_B - \Delta B)/(RT)]$$

因为 $\sum x_B^\sigma = 1$，故上式变为：$\sum x_B \exp[(\sigma A_B - \Delta B)/(RT)] = \sum x_B F_B = V/V^\sigma$　(5)

$$V = \sum_{B=1}^{k} x_B V_B \qquad V^\sigma = \sum_{B=1}^{k} x_B^\sigma V_B^\sigma \qquad V_B = M_B/\rho_B$$

式中　V_B——组分 B 的偏摩尔体积；

M_B——组分 B 的摩尔质量；

ρ_B——组分 B 的密度；

F_B——毛细活度系数，$F_B = \exp[(\sigma A_B - \Delta B)/(RT)]$。

又由式（4）：
$$x_B^\sigma = x_B \frac{V^\sigma}{V}\exp[(\sigma A_B - \Delta B)/(RT)] = x_B F_B \frac{V^\sigma}{V} \tag{6}$$

由式（5）：
$$V/V^\sigma = \sum x_B F_B \tag{7}$$

将式（6）、式（7）代入式（2）中，得：

$$\sigma = \{\sigma_A A_B + RT\ln[(x_B F_B/\sum x_B F_B)/x_B]\}/A_B = \sigma_A + \frac{RT}{A_B}\ln F_B - \frac{RT}{A_B}\ln \sum x_B F_B$$

对于溶剂 Fe，$F_B = 1$，故：

$$\sigma = \sigma_A - \frac{RT}{A_B}\ln \sum x_B F_B \tag{8}$$

对于接近理想溶液的铁溶液，组分 B 的偏摩尔表面积 A_B 等于溶液的摩尔表面积：

$$A_B = f_B N_A^{1/3} V_B^{2/3}$$

式中　f_B——系数；

N_A——阿伏加德罗常数；

V_B——组分 B 的偏摩尔体积。

1600℃时，$\sigma_{Fe} = 1.86\text{N/m}$，$A_B$ 取各组分的平均值，得：

$$\sigma = 1.86 - 2.00\lg \sum_{B=1}^{k} x_B F_B \qquad x_B^\sigma = x_B F_B/(\sum x_B F_B)$$

（8） $\boldsymbol{x(SiO_2) = 1\Big/\left[3 - K + \frac{a_{MO}}{1 - a_{MO}} + \frac{K(K-1)}{a_{MO}/(1 - a_{MO}) + K}\right]}$

离子的聚合反应式为：

$$SiO_4^{4-} + SiO_4^{4-} = Si_2O_7^{6-} + O^{2-}$$
$$SiO_4^{4-} + Si_2O_7^{6-} = Si_3O_{10}^{8-} + O^{2-}$$
$$SiO_4^{4-} + Si_nO_{3n+1}^{-2(n+1)} = Si_{n+1}O_{3n+4}^{-2(n+2)} + O^{2-}$$

由上列反应的平衡常数可得出各个复合硅氧离子的浓度式：

$$x(Si_2O_7^{6-}) = K \cdot \frac{x(SiO_4^{4-})}{x(O^{2-})} \cdot x(SiO_4^{4-}) \tag{1}$$

$$x(Si_3O_{10}^{8-}) = K \cdot \frac{x(SiO_4^{4-})}{x(O^{2-})} \cdot x(Si_2O_7^{6-}) = \left(K \cdot \frac{x(SiO_4^{4-})}{x(O^{2-})}\right)^2 x(SiO_4^{4-}) \tag{2}$$

……

而所有阴离子分数之和为：
$$x(O^{2-}) + \sum x(Si_nO_{3n+1}^{-(2n+2)}) = 1 \tag{3}$$

命　$K \cdot \frac{x(SiO_4^{4-})}{x(O^{2-})} = b$，则 $1 - x(O^{2-}) = \sum x(Si_nO_{3n+1}^{-(2n+2)}) = x(SiO_4^{4-})(1 + b + b^2 + \cdots)$　（4）

利用级数求和公式：
$$1 + b + b^2 + \cdots = 1/(1 - b) \tag{5}$$

联立解式（3）、式（4）及式（5），得：

$$x(SiO_4^{4-}) = \frac{x(O^{2-}) \cdot (1 - x(O^{2-}))}{x(O^{2-}) + K(1 - x(O^{2-}))} \tag{6}$$

熔渣中 $x(SiO_4^{4-})$ 与 $x(SiO_2)$ 有关，因为 $x(SiO_2) = \frac{n(SiO_2)}{n(MO) + n(MO)_{结} + n(SiO_2)}$　（7）

由于 $SiO_2 + 2O^{2-} = SiO_4^{4-}$　　$2SiO_2 + 3O^{2-} = Si_2O_7^{6-}$　　$3SiO_2 + 4O^{2-} = Si_3O_{10}^{8-}$

……

故
$$n(SiO_2) = n(SiO_4^{4-}) + 2n(Si_2O_7^{6-}) + 3n(Si_3O_{10}^{8-}) + \cdots \tag{8}$$

$$n(MO) = n(O^{2-}) \tag{9}$$

$$n(MO)_{结} = 2n(SiO_4^{4-}) + 3n(Si_2O_7^{6-}) + 4n(Si_3O_{10}^{8-}) + \cdots \tag{10}$$

将式（8）、式（9）、式（10）代入式（7）中，并用 x 代 n，得：

$$x(SiO_2) = \frac{x(SiO_4^{4-}) + 2x(Si_2O_7^{6-}) + 3x(Si_3O_{10}^{8-}) + \cdots}{x(O^{2-}) + 3x(SiO_4^{4-}) + 5x(Si_2O_7^{6-}) + 7x(Si_3O_{10}^{8-}) + \cdots} \tag{11}$$

再将式（1）、式（2）、…的关系代入式（11）中，并命 $b = K(x(SiO_4^{4-})/x(O^{2-}))$，得：

$$x(SiO_2) = \frac{x(SiO_4^{4-}) \cdot (1 + 2b + 3b^2 + \cdots)}{x(O^{2-}) + x(SiO_4^{4-}) \cdot (3 + 5b + 7b^2 + \cdots)} \tag{12}$$

利用级数求和公式：

$$1 + 2b + 3b^2 + \cdots = 1/(1-b)^2 \quad 及 \quad 3 + 5b + 7b^2 + 9b^3 + \cdots = (3-b)/(1-b)^2$$

并利用式（6）化简式（12），得：

$$x(SiO_2) = 1\Bigg/\left[3 - K + \frac{x(O^{2-})}{1 - x(O^{2-})} + \frac{K(K-1)}{x(O^{2-})/(1 - x(O^{2-})) + K}\right]$$

或
$$x(SiO_2) = 1\Bigg/\left[3 - K + \frac{a_{MO}}{1 - a_{MO}} + \frac{K(K-1)}{a_{MO}/(1 - a_{MO}) + K}\right]$$

（9）准化学平衡溶液模型计算式：

$$\boldsymbol{\gamma_A = \left[\frac{\xi - 1 + 2x_A}{x_A(\xi + 1)}\right]^{z/2}, \gamma_B = \left[\frac{\xi - 1 + 2x_B}{x_B(\xi + 1)}\right]^{z/2}, \quad \xi = \left[1 - 4x_Ax_B\left(1 - \exp\frac{zN_Au}{RT}\right)\right]^{1/2}}$$

准化学平衡溶液模型的化学模拟反应式为：

$$(A-A) + (B-B) = 2(A-B)$$

$$K = \exp\left(-\frac{\Delta G^{\ominus}}{RT}\right) = \exp\left[\frac{\Delta S^{\ominus}}{R} \cdot \left(-\frac{\Delta H^{\ominus}}{RT}\right)\right]$$

即
$$K = K_1 \cdot K_2 \tag{1}$$

而
$$K_1 = \exp\frac{\Delta S^{\ominus}}{R} \quad K_2 = \exp\left(-\frac{\Delta H^{\ominus}}{RT}\right)$$

K_1 是 $\Delta H^{\ominus} = 0$，即质点呈完全无序状态时的无序分布常数；K_2 则是质点的有序分布常数，即 $\Delta H^{\ominus} = zN_Au$ 求得的值。两者的乘积构成了准化学平衡反应的平衡常数。

在由物质的量为 $n_A + n_B$ 的溶液中，任何两邻近位①①，原子 A 出现在位置①的概率是$\frac{n_A}{n_A + n_B}$，则出现在另一位置①的概率是$\frac{n_A}{n_A + n_B}$，则出现在①①位置的概率是两者概率的乘积：$\frac{n_A^2}{(n_A + n_B)^2}$。因此，A－A 原子对、B－B 原子对及 A－B 原子对的数目分别为：

$$P_{A-A} = \frac{zN_A}{2}(n_A + n_B) \cdot \frac{n_A^2}{(n_A + n_B)^2} = \frac{zN_A}{2} \cdot \frac{n_A^2}{n_A + n_B}$$

$$P_{B-B} = \frac{zN_A}{2}(n_A + n_B) \cdot \frac{n_B^2}{(n_A + n_B)^2} = \frac{zN_A}{2} \cdot \frac{n_B^2}{n_A + n_B}$$

$$P_{A-B} = \frac{zN_A}{2}(n_A + n_B) - P_{A-A} - P_{B-B} = zN_A \cdot \frac{n_An_B}{n_A + n_B}$$

故原子对的摩尔分数为：

$$x_{A-A}=\frac{P_{A-A}}{\sum P_{A-A}}=\frac{n_A^2}{(n_A+n_B)^2}$$

$$x_{B-B}=\frac{P_{B-B}}{\sum P_{A-A}}=\frac{n_B^2}{(n_A+n_B)^2}$$

$$x_{A-B}=\frac{P_{A-B}}{\sum P_{A-A}}=\frac{2n_An_B}{(n_A+n_B)^2}$$

将上列各式代入式（1），并由 $H^{\ominus}=0$，即原子完全无序分布时可得：

$$K=K_1=\exp\frac{\Delta S^{\ominus}}{R}=4 \tag{2}$$

而准化学平衡反应的平衡常数则为：

$$K=K_1K_2=4\exp\left(-\frac{zN_Au}{RT}\right) \tag{3}$$

有序常数（K_2）可参照化学反应平衡常数的类似方法，由 zN_Au 确定。在溶液中，n_A 个 A 原子具有 zn_A 个键，但 n_{A-B}个原子对具有 A－B 键，因此，zn_A-n_{A-B}个 A 原子具有 A－A 键，再乘上$\frac{1}{2}$，以避免将一对位置重算一次，于是：

$$n_{A-A}=\frac{z}{2}\left(n_A-\frac{n_{A-B}}{z}\right)=\frac{z}{2}(n_A-y)$$

$$n_{B-B}=\frac{z}{2}\left(n_B-\frac{n_{A-B}}{z}\right)=\frac{z}{2}(n_B-y)$$

式中，命 $y=\frac{n_{A-B}}{z}$，或 $n_{A-B}=yz$。

将上列各式代入式（3）右边：

$$K=\frac{n_{A-B}^2}{n_{A-A}n_{B-B}}=\frac{y^2z^2}{\frac{z}{2}(n_A-y)\cdot\frac{z}{2}(n_B-y)}=4\exp\left(-\frac{zN_Au}{RT}\right)$$

化简后，得：

$$\frac{y^2}{(n_A-y)(n_B-y)}=\exp\left(-\frac{zN_Au}{RT}\right)$$

解上列 y 的二次方程，取其正根，得：

$$y=\frac{2(n_A+n_B)x_Ax_B}{1+\xi} \tag{4}$$

式中

$$\xi=\left[1-4x_Ax_B\left(1-\exp\frac{zN_A\,u}{RT}\right)\right]^{1/2} \tag{5}$$

而

$$\Delta H^{\ominus}=n_{A-B}u=zuy=\frac{2zu(n_A+n_B)x_Ax_B}{1+\xi} \tag{6}$$

又由于

$$\Delta G_A=\frac{\partial\Delta G}{\partial n_A}=RT\ln a_A$$

而

$$\frac{\Delta G}{T}=\int\Delta H^{\ominus}\mathrm{d}\left(\frac{1}{T}\right)+C \tag{7}$$

故由式（6）的 $\Delta H^{\ominus}$ 及式（5）得出的 $d\left(\frac{1}{T}\right)$，可求得 ΔG，从而求得 ΔG_A 及 γ_A 或 a_A。

为求 $d\left(\frac{1}{T}\right)$，可由式（5）两边平方再微分：

$$2\xi d\xi = 4x_A x_B \exp\frac{zN_A u}{RT}\cdot\frac{zN_A u}{R}d\left(\frac{1}{T}\right)$$

$$=(\xi-1+2x_A)(\xi+1-2x_A)\frac{zN_A u}{R}d\left(\frac{1}{T}\right)$$

故

$$d\left(\frac{1}{T}\right)=\frac{R}{zN_A u}\cdot\frac{\xi d\xi}{(\xi-1+2x_A)(\xi+1-2x_A)}+C \tag{8}$$

将式（6）及式（8）代入式（7）中，得：

$$\frac{\Delta G}{T}=\int zu(n_A+n_B)x_A x_B\frac{2}{\xi+1}\cdot\frac{R}{N_A u}\cdot\frac{\xi d\xi}{(\xi-1+2x_A)(\xi+1-2x_A)}+C$$

$$=(n_A+n_B)x_A x_B\frac{zR}{N_A}\int_1^{\xi}\left[\frac{1}{(\xi-1+2x_A)(\xi+1)}+\frac{1}{(\xi+1-2x_A)(\xi+1)}\right]d\xi+C$$

$$=(n_A+n_B)x_A x_B\frac{zR}{N_A}\left[\frac{1}{2x_B}\ln\frac{\xi-1+2x_A}{x_A(\xi+1)}+\frac{1}{2x_A}\ln\frac{\xi-1+2x_B}{x_B(\xi+1)}\right]+C$$

$$\Delta G=(n_A+n_B)\frac{RT}{N_A}\left[\frac{z}{2}x_A\ln\frac{\xi-1+2x_A}{x_A(\xi+1)}+\frac{z}{2}x_B\ln\frac{\xi-1+2x_B}{x_B(\xi+1)}\right]+CT$$

当 $\xi\to1$ 时，$\Delta G=CT$。$\xi\to1$ 时，是无序分布，而且此时 $\frac{1}{T}\to0$，故可得出积分常数 C：

$$C=\frac{\Delta G}{T}=(n_A+n_B)zux_A x_B\frac{1}{T}+\frac{R}{N_A}(n_A+n_B)\cdot(x_A\ln x_A+x_B\ln x_B)$$

将 C 代回上式，可得：

$$\Delta G=\frac{RT}{N_A}\left[n_A\ln x_A+n_B\ln x_B+\frac{z}{2}x_A\ln\frac{\xi-1+2x_A}{x_A(\xi+1)}+\frac{z}{2}x_B\ln\frac{\xi-1+2x_B}{x_B(\xi+1)}\right]$$

$$\Delta G_A=\frac{\partial\Delta G}{\partial n_A}=\frac{RT}{N_A}\left[\ln x_A+\frac{z}{2}\ln\frac{\xi-1+2x_A}{x_A(\xi+1)}\right]$$

$$=\frac{RT}{N_A}\left[\ln x_A+\ln\left(\frac{\xi-1+2x_A}{x_A(\xi+1)}\right)^{z/2}\right]$$

$$=\frac{RT}{N_A}\ln a_A$$

于是

$$\gamma_A=\left[\frac{\xi-1+2x_A}{x_A(\xi+1)}\right]^{z/2}$$

$$\gamma_B=\left[\frac{\xi-1+2x_B}{x_B(\xi+1)}\right]^{z/2}$$

而

$$\xi=\left[1-4x_A x_B\left(1-\exp\frac{zN_A u}{RT}\right)\right]^{1/2}$$

（10）铁–碳系碳的活度系数：$f_C=1/(1-5x[C])$

碳在 γFe 中形成间隙位固溶体。设 n_1 为铁原子数，n_2 为碳原子数。铁晶格中有 $\frac{1}{4}n_1$

个位可放置 C 原子。于是铁晶格位中放置 C 原子的几率为：

$$\omega = \frac{\left(\frac{1}{4}n_1\right)!}{n_2!\ \left(\frac{1}{4}n_1 - n_2\right)!}$$

因此 Fe－C 系的熵为：　　$S = n_1 S_1^{\ominus} + n_2 S_2^{\ominus} + k\ln\omega$

式中　$S_1^{\ominus}$，$S_2^{\ominus}$——分别为纯组分 1 及 2 的摩尔熵。偏摩尔熵为：

$$\bar{S}_1 = N_A \frac{\partial S}{\partial n_1} = N_A S_1^{\ominus} + R\frac{\partial \ln\omega}{\partial n_1}$$

$$\bar{S}_2 = N_A \frac{\partial S}{\partial n_2} = N_A S_2^{\ominus} + R\frac{\partial \ln\omega}{\partial n_2}$$

式中，$R = N_A k$，由于 $\ln x! = x\ln x - x$，当 $x \gg 1$ 时，则有 $\mathrm{d}\ln x!/\mathrm{d}x \approx \ln x$，故：

$$\begin{aligned}
\bar{S}_1 &= N_A S_1^{\ominus} + R\frac{\partial}{\partial n_1}\left(\ln\frac{\frac{1}{4}n_1!}{n_2!\ \left(\frac{1}{4}n_1 - n_2\right)!}\right) \\
&= N_A S_1^{\ominus} + R\frac{\partial}{\partial n_1}\left[\ln\left(\frac{1}{4}n_1!\right)\right] - R\frac{\partial \ln n_2!}{\partial n_1} - R\frac{\partial}{\partial n_1}\left[\ln\left(\frac{n_1 - 4n_2}{4}\right)!\right] \\
&= N_A S_1^{\ominus} + R\frac{1}{4}\ln\left(\frac{1}{4}n_1\right) - R\frac{1}{4}\ln\left(\frac{n_1 - 4n_2}{4}\right) \\
&= N_A S_1^{\ominus} + R\frac{1}{4}\ln\frac{x_1}{x_1 - 4x_2}
\end{aligned}$$

$$\begin{aligned}
\bar{S}_2 &= N_A S_2^{\ominus} + R\frac{\partial}{\partial n_2}\left(\ln\frac{\frac{1}{4}n_1!}{n_2!\ \left(\frac{n_1 - 4n_2}{4}\right)!}\right) \\
&= N_A S_2^{\ominus} + R\frac{\partial}{\partial n_2}\left[\ln\left(\frac{1}{4}n_1!\right)\right] - R\frac{\partial}{\partial n_2}\ln n_2! - R\frac{\partial}{\partial n_2}\left[\ln\left(\frac{n_1 - 4n_2}{4}\right)!\right] \\
&= N_A S_2^{\ominus} - R\ln n_2 + R\ln\left(\frac{n_1 - 4n_2}{4}\right) \\
&= N_A S_2^{\ominus} + R\ln\frac{\frac{1}{4}x_1 - x_2}{x_2}
\end{aligned}$$

式中，$x_1 = n_1/(n_1 + n_2)$，$x_2 = n_2/(n_1 + n_2)$。

又　　$$\mu_1 = \bar{H}_1 - T\bar{S}_1 = \bar{H}_1 - TN_A S_1^{\ominus} - \frac{1}{4}RT\ln\frac{x_1}{x_1 - 4x_2}$$

$$\mu_1 = \mu_1^{\ominus} + RT\ln a_1 = \bar{H}_1 - TN_A S_1^{\ominus} + RT\ln a_1$$

式中，$\mu_1^{\ominus}$ 是 $x_1 \to 1$ 及 $x_2 \to 0$ 的标准态的化学势：$\mu_1^{\ominus} = \bar{H}_1 - TN_A S_1^{\ominus}$，故：

$$-\frac{1}{4}RT\ln\frac{x_1}{x_1 - 4x_2} = RT\ln a_1$$

即　　$$\left(\frac{x_1}{x_1 - 4x_2}\right)^{-1/4} = a_1$$

或
$$a_1=\left(\frac{x_1-4x_2}{x_1}\right)^{1/4}$$

又
$$\mu_2=\overline{H}_2-T\overline{S}_2=\overline{H}_2-TN_AS_2^{\ominus}-RT\ln\frac{\frac{1}{4}x_1-x_2}{x_2}$$
$$=\overline{H}_2-TN_AS_2^{\ominus}-RT\ln\frac{1}{4}-RT\ln\frac{x_1-4x_2}{x_2}$$
$$=\overline{H}_2-TN_AS_2^{\ominus}-RT\ln\frac{1}{4}+RT\ln\frac{x_2}{x_1-4x_2}$$
$$\mu_2=\mu_2^{\ominus}+RT\ln a_2=\overline{H}_2-TN_AS_2^{\ominus}-RT\ln\frac{1}{4}+RT\ln a_2$$

式中，$\mu_2^{\ominus}$ 是 $x_2\to1$ 及 $x_1\to0$ 的标准态的化学势：$\mu_2^{\ominus}=\overline{H}_2-TN_AS_2^{\ominus}-RT\ln\frac{1}{4}$，故：

$$a_2=\frac{x_2}{x_1-4x_2}=\frac{x_2}{1-5x_2}$$

又 $a_2=f_2x_2$

所以 $f_2=1/(1-5x_2)$

（11）宏观偏析方程：$\frac{\partial f_1}{\partial c_{B(1)}}=-\frac{1-\gamma}{1-L_B}\left(1-\frac{\bar{v}_x}{dx/dt}\right)\frac{f_1}{c_{B(1)}}$

由于钢液流动增加了固、液区的对流传质，可把固、液区视为多孔介质，而利用多孔介质模型来导出宏观偏析溶质的分配方程。

为了定量描述树枝晶间钢液流动时产生的宏观偏析的影响，在两相区内取一单元体，仅含有几个树枝晶，因而可作为微分单元来处理。

1）对某一单元体，单位时间内溶质量的变化$\left(\frac{\partial\bar{\rho}\,\bar{c}_B}{\partial t}\right)$等于流入与流出此单元体的溶质量之差，即：

$$\Delta\bar{\rho}\,\bar{c}_B=m_1(\text{流入})-m_2(\text{流出})$$

对于三维坐标体系，则有：

$$\frac{\partial(\bar{\rho}\,\bar{c}_B)}{\partial t}=-\left(\frac{\partial f_1\rho_1c_{B(1)}\bar{v}_x}{\partial x}+\frac{\partial f_1\rho_1c_{B(1)}\bar{v}_y}{\partial y}+\frac{\partial f_1\rho_1c_{B(1)}\bar{v}_z}{\partial z}\right)$$

将上式右端展开为二项式：

$$\frac{\partial(\bar{\rho}\,\bar{c}_B)}{\partial t}=-c_{B(1)}\nabla(f_1\rho_1\bar{\boldsymbol{v}})-(f_1\rho_1\bar{\boldsymbol{v}})\nabla c_{B(1)} \quad (1)$$

式中 $\bar{\rho}$，$\bar{c}_B$——分别为固、液相内溶质的平均密度及浓度；

$\bar{\boldsymbol{v}}$——枝间液相的平均流速；

∇——哈密顿算子，是含有向量的微分运算。

$\nabla(f_1\rho_1\bar{\boldsymbol{v}})$，即 $\bar{\rho}$ 的时间变化值：

$$\frac{\partial\bar{\rho}}{\partial t}=-\nabla(f_1\rho_1\bar{\boldsymbol{v}})$$

而
$$\frac{\partial\bar{\rho}}{\partial t}=\frac{\partial}{\partial t}(f_1\rho_1+f_s\rho_s)=\rho_1\frac{\partial f_1}{\partial t}+\rho_s\frac{\partial f_s}{\partial t}$$

$$= -\rho_s \frac{\partial f_l}{\partial t} + \rho_l \frac{\partial f_l}{\partial t} = (\rho_l - \rho_s)\frac{\partial f_l}{\partial t}$$

利用$f_s + f_l = 1$，把上式中f_s转换为f_l。故

$$\frac{\partial(\bar{\rho}\,\bar{c}_B)}{\partial t} = -c_{B(l)}(\rho_l - \rho_s)\frac{\partial f_l}{\partial t} - (f_l \rho_l \bar{\boldsymbol{v}})\nabla c_{B(l)}$$

$$= -c_{B(l)}\rho_l \frac{\partial f_l}{\partial t} + c_{B(l)}\rho_s \frac{\partial f_l}{\partial t} - (f_l \rho_l \bar{\boldsymbol{v}})\nabla c_{B(l)} \tag{2}$$

2）又单位时间单位体积内溶质量的变化$\left(\frac{\partial \bar{\rho}\,\bar{c}_B}{\partial t}\right)$应等于液、固相内溶质量变化的总和：

$$\frac{\partial(\bar{\rho}\,\bar{c}_B)}{\partial t} = \frac{\partial}{\partial t}(f_s \rho_s c_{B(s)} + f_l \rho_l c_{B(l)})$$

$$= L_B c_{B(s)}\rho_s \frac{\partial f_l}{\partial t} + \left(f_l \rho_l \frac{\partial c_{B(l)}}{\partial t} + c_{B(l)}\frac{\partial f_l \rho_l}{\partial t}\right)$$

$$= -L_B c_{B(l)}\rho_s \frac{\partial f_l}{\partial t} + f_l \rho_l \frac{\partial c_{B(l)}}{\partial t} + c_{B(l)}\frac{\partial f_l \rho_l}{\partial t} \tag{3}$$

式中，$L_B = c_{B(s)}/c_{B(l)}$，以$c_{B(l)}L_B$代替式中的$c_{B(s)}$。

由式(2)=式(3)，消去$f_l \rho_l \frac{\partial c_{B(l)}}{\partial t}$项，得：

$$-L_B c_{B(l)}\rho_s \frac{\partial f_l}{\partial t} + f_l \rho_l \frac{\partial c_{B(l)}}{\partial t} = c_{B(l)}\rho_l \frac{\partial f_l}{\partial t} - (f_l \rho_l \bar{\boldsymbol{v}})\nabla c_{B(l)}$$

$$-L_B \frac{c_{B(l)}\rho_s}{f_l \rho_l}\frac{\partial f_l}{\partial t} + \frac{\partial c_{B(l)}}{\partial t} = \frac{c_{B(l)}}{f_l \rho_l}\rho_l \frac{\partial f_l}{\partial t} - \bar{\boldsymbol{v}}\nabla c_{B(l)} \tag{4}$$

又命凝固收缩系数：$\gamma = \frac{\rho_s - \rho_l}{\rho_s}$，则$\frac{\rho_s}{\rho_l} = \frac{1}{1-\gamma}$，代入式（4）中，取代$\rho_s$及$\rho_l$，而得：

$$-L_B \frac{c_{B(l)}}{f_l}\cdot\frac{1}{1-\gamma}\cdot\frac{\partial f_l}{\partial t} + \frac{\partial c_{B(l)}}{\partial t} = \frac{c_{B(l)}}{f_l}\cdot\frac{1}{1-\gamma}\cdot\frac{\partial f_l}{\partial t} - \bar{\boldsymbol{v}}\nabla c_{B(l)}$$

$$\frac{\partial c_{B(l)}}{\partial t} = -\frac{1-L_B}{1-\gamma}\cdot\frac{c_{B(l)}}{f_l}\cdot\frac{\partial f_l}{\partial t} - \bar{\boldsymbol{v}}\nabla c_{B(l)} \tag{5}$$

3）$\nabla c_{B(l)}$：钢锭内温度场的温度$T = f\ (x,\ y,\ z,\ t)$，则在$\mathrm{d}t$时等温线移动的向量为：

$$\mathrm{d}\bar{\boldsymbol{a}} = \bar{\boldsymbol{i}}\mathrm{d}x + \bar{\boldsymbol{j}}\mathrm{d}y + \bar{\boldsymbol{k}}\mathrm{d}z$$

则

$$\mathrm{d}T = \mathrm{d}\bar{\boldsymbol{a}}\cdot\nabla T + \frac{\partial T}{\partial t}\mathrm{d}t$$

而式中

$$\nabla T = \bar{\boldsymbol{i}}\frac{\partial T}{\partial x} + \bar{\boldsymbol{j}}\frac{\partial T}{\partial y} + \bar{\boldsymbol{k}}\frac{\partial T}{\partial z}$$

假设单元体内任何时刻的温度都是均匀的，因而$\mathrm{d}T = 0$，故：

$$-\frac{\partial T}{\partial t} = \frac{\mathrm{d}\bar{\boldsymbol{a}}}{\mathrm{d}t}\cdot\nabla T = -\bar{\boldsymbol{v}}_T$$

式中　$\frac{\mathrm{d}\bar{\boldsymbol{a}}}{\mathrm{d}t}$——直角坐标内等温线移动速度；

$\bar{\boldsymbol{v}}_T$——直角坐标内温度变化速率。

在单元体内，$c_{B(l)}=f(x, y, z, t)$，即 $c_{B(l)}$ 也是位置和时间的函数，可得出：

$$\frac{\partial c_{B(l)}}{\partial t}=\frac{d\bar{a}}{dt}\cdot\nabla c_{B(l)}$$

而

$$\frac{d\bar{a}}{dt}=-\frac{\frac{\partial c_{B(l)}}{\partial t}}{\nabla c_{B(l)}}=-\frac{\frac{\partial T}{\partial t}}{\nabla T}=-\frac{\bar{\boldsymbol{v}}_T}{\nabla T}$$

即

$$\nabla c_{B(l)}=\frac{\nabla T}{\bar{\boldsymbol{v}}_T}\cdot\frac{\partial c_{B(l)}}{\partial t}\tag{6}$$

将式（6）代入式（5）中，得：

$$\frac{\partial f_l}{\partial t}=-\frac{1-L_B}{1-\gamma}\cdot\frac{c_{B(l)}}{f_l}\cdot\frac{\partial f_l}{\partial t}-\frac{\bar{\boldsymbol{v}}\nabla T}{\bar{\boldsymbol{v}}_T}\cdot\frac{\partial c_{B(l)}}{\partial t}$$

或

$$\frac{\partial f_l}{\partial c_{B(l)}}=-\frac{1-\gamma}{1-L_B}\left(1+\frac{\bar{\boldsymbol{v}}\nabla T}{\bar{\boldsymbol{v}}_T}\right)\frac{f_l}{c_{B(l)}}\tag{7}$$

这便是描述钢液凝固过程区域溶质的分配方程。对于一维（x 方向），则是：

$$\frac{\partial f_l}{\partial c_{B(l)}}=-\frac{1-\gamma}{1-L_B}\left(1+\frac{\bar{v}_x(\partial T/\partial x)}{\bar{\boldsymbol{v}}_T}\right)\frac{f_l}{c_{B(l)}}$$

式中，$\frac{\bar{v}_x(dT/dx)}{\bar{\boldsymbol{v}}_T}$则是决定单元体内某一位置宏观偏析程度的量，可视为区域溶质的等温线移动速度之比。$\bar{v}_x$ 为 x 方向上钢液流动的速度。令 dx/dt（凝固前沿在 x 方向上的凝固速度）$=-\bar{\boldsymbol{v}}_T\Big/\frac{\partial T}{\partial x}$，则：

$$\frac{\partial f_l}{\partial c_{B(l)}}=-\frac{1-\gamma}{1-L_B}\left(1-\frac{\bar{v}_x}{dx/dt}\right)\frac{f_l}{c_{B(l)}}\tag{8}$$

这便是对树枝体流场导出的宏观偏析方程。

在 $1\sim f_l$ 及 $c_B^\ominus\sim c_{B(l)}$ 界限内积分上式，得：

$$L_{B(l)}=c_B^\ominus f_l^{-1/a}$$

式中

$$a=-\frac{1-\gamma}{1-L_B}\left[1-\frac{\bar{v}_x(\partial T/\partial x)}{\partial T/\partial t}\right]$$

附录 2 化合物的标准生成吉布斯自由能 ($\Delta_f G_m^\ominus(B)=A+BT$, J/mol)

反 应	$-A$/J·mol^{-1}	B/J·(mol·K)$^{-1}$	温度范围/K
$2Al(s)+1.5O_2=Al_2O_3(s)$	1675100	313.20	298 ~ 933(m)
$2Al(l)+1.5O_2=Al_2O_3(s)$	1682927	323.24	933 ~ 2315(m)
$4Al(l)+3C=Al_4C_3(s)$	265000	95.06	933 ~ 2473
$Al(l)+0.5P_2=AlP(s)$	249500	104.25	933 ~ 1900
$3Al_2O_3(s)+2SiO_2(s)=3Al_2O_3\cdot 2SiO_2(s)$	8600	−17.41	298 ~ 2023(m)
$2B(s)+1.5O_2=B_2O_3(l)$	1228800	210.04	723 ~ 2316(b)

续表

反　　应	$-A$/J·mol^{-1}	B/J·(mol·K)$^{-1}$	温度范围/K
$4B(s) + C = B_4C(s)$	41500	5.56	298 ~ 2303
$B(s) + 0.5N_2 = BN(s)$	250600	87.61	298 ~ 2303
$Ba(s) + 0.5O_2 = BaO(s)$	568200	97.07	280 ~ 1002(m)
$Ba(l) + 0.5S_2 = BaS(s)$	543900	123.43	1002 ~ 1895
$BaO(s) + CO_2 = BaCO_3(s)$	250750	147.07	1073 ~ 1333
$2BaO(s) + SiO_2(s) = 2BaO \cdot SiO_2(s)$	259800	−5.86	298 ~ 2033(m)
$BaO(s) + SiO_2(s) = BaO \cdot SiO_2(s)$	149000	−6.28	298 ~ 1878(m)
$C_{(石)} = C_{(金刚石)}$	−1443	4.48	298 ~ 1173
$C_{(石)} + 0.5O_2 = CO$	114400	−85.77	773 ~ 2273
$C_{(石)} + O_2 = CO_2$	395350	−0.54	773 ~ 2273
$2C_{(石)} + 2H_2 = C_2H_4(g)$	40390	80.46	298 ~ 2473
$C_{(石)} + 2H_2 = CH_4(g)$	91044	110.67	773 ~ 2273
$C_{(石)} + 0.5S_2 = CS(g)$	163300	−87.86	298 ~ 2273
$C_{(石)} + S_2 = CS_2(g)$	11400	−6.48	298 ~ 2273
$C_{(石)} + 0.5O_2 + 0.5S_2 = COS(g)$	202800	−9.96	773 ~ 2273
$Ca(l) + 0.5O_2 = CaO(s)$	640150	108.57	1112 ~ 1757(b)
$Ca(l) + 0.5S_2 = CaS(s)$	548100	103.85	1112 ~ 1757
$3Ca(s) + N_2 = Ca_3N_2(s)$	435100	198.7	298 ~ 1112
$Ca(l) + 2C = CaC_2(s)$	60250	−26.28	1112 ~ 1757
$Ca(s) + Si(s) = CaSi(s)$	150600	15.5	298 ~ 1112
$3Ca(s) + P_2 = Ca_3P_2(s)$	648500	216.3	298 ~ 1112
$3Ca(l) + P_2 = Ca_3P_2(s)$	653400	144.01	1273 ~ 1573
$Ca(l) + Cl_2 = CaCl_2(l)$	798600	145.98	1112 ~ 1757
$Ca(l) + F_2 = CaF_2(s)$	1219600	162.3	1112 ~ 1757
$CaO(s) + CO_2 = CaCO_3(s)$	170577	144.19	973 ~ 1473
$3CaO(s) + Al_2O_3(s) = 3CaO \cdot Al_2O_3(s)$	12600	−24.69	773 ~ 1808
$CaO(s) + Al_2O_3(s) = CaO \cdot Al_2O_3(s)$	18000	−18.83	773 ~ 1903
$CaO(s) + 2Al_2O_3(s) = CaO \cdot 2Al_2O_3(s)$	16700	−25.52	773 ~ 2023
$CaO(s) + 6Al_2O_3(s) = CaO \cdot 6Al_2O_3(s)$	16380	−37.58	1373 ~ 1873
$12CaO(s) + 7Al_2O_3(s) = 12CaO \cdot 7Al_2O_3(s)$	73053	−207.53	298 ~ 1773
$2CaO(s) + Fe_2O_3(s) = 2CaO \cdot Fe_2O_3(s)$	53100	−2.51	973 ~ 1723(m)
$CaO(s) + Fe_2O_3(s) = CaO \cdot Fe_2O_3(s)$	29700	−4.81	973 ~ 1489(m)
$3CaO(s) + P_2 + 2.5O_2 = 3CaO \cdot P_2O_5(s)$	2313800	556.5	298 ~ 2003
$2CaO(s) + P_2 + 2.5O_2 = 2CaO \cdot P_2O_5(s)$	2189100	585.80	298 ~ 2003(m)
$3CaO(s) + SiO_2(s) = 3CaO \cdot SiO_2(s)$	118800	−6.7	298 ~ 1773
$2CaO(s) + SiO_2(s) = 2CaO \cdot SiO_2(s)$	118800	−11.3	298 ~ 2403(m)

续表

反　应	$-A$/J·mol^{-1}	B/J·(mol·K)$^{-1}$	温度范围/K
$3CaO(s)+2SiO_2(s)=3CaO\cdot 2SiO_2(s)$	236800	9.6	298 ~ 1773
$CaO(s)+SiO_2(s)=CaO\cdot SiO_2(s)$	92500	2.5	293 ~ 1813(m)
$3CaO(s)+2TiO_2(s)=3CaO\cdot 2TiO_2(s)$	207100	-11.51	298 ~ 1673
$4CaO(s)+3TiO_2(s)=4CaO\cdot 3TiO_2(s)$	292900	-17.57	298 ~ 1673
$CaO(s)+TiO_2(s)=CaO\cdot TiO_2(s)$	79900	-3.35	298 ~ 1673
$3CaO(s)+V_2O_5(s)=3CaO\cdot V_2O_5(s)$	332200	0.0	298 ~ 943
$2CaO(s)+Al_2O_3(s)+SiO_2(s)=2CaO\cdot Al_2O_3\cdot SiO_2(s)$	170000	8.8	298 ~ 1773
$CaO(s)+Al_2O_3(s)+SiO_2(s)=CaO\cdot Al_2O_3\cdot SiO_2(s)$	105855	14.23	298 ~ 1673
$CaO(s)+Al_2O_3(s)+2SiO_2(s)=CaO\cdot Al_2O_3\cdot 2SiO_2(s)$	139000	17.2	298 ~ 1826
$Ce(s)+H_2=CeH_2(s)$	208400	153.68	298 ~ 1071
$2Ce(s)+3C=Ce_2C_3(s)$	188300	-14.64	1071 ~ 1473
$Ce(l)+0.5N_2=CeN(s)$	488300	177.11	2273 ~ 2848
$2Ce(s)+1.5O_2=Ce_2O_3(s)$	1788000	286.6	298 ~ 1071(m)
$Ce(s)+O_2=CeO_2(s)$	1083700	211.84	298 ~ 1071(m)
$Ce(l)+0.5S_2=CeS(s)$	534900	90.96	1071 ~ 2723
$2Ce(l)+O_2+0.5S_2=Ce_2O_2S(s)$	1769800	332.6	1071 ~ 1773
$Co(s)+0.5O_2=CoO(s)$	245600	78.66	298 ~ 1768
$3Co(s)+2O_2=Co_3O_4(s)$	957300	456.93	298 ~ 973
$Cr(s)+1.5O_2=CrO_3(s)$	580500	259.2	298 ~ 460(m)
$Cr(s)+1.5O_2=CrO_3(l)$	546600	185.2	460 ~ 1000
$Cr(s)+O_2=CrO_2(s)$	587900	170.3	298 ~ 1660
$2Cr(s)+1.5O_2=Cr_2O_3(s)$	1110140	247.32	1173 ~ 1923
$3Cr(s)+2O_2=Cr_3O_4(s)$	1355200	264.64	1923 ~ 1963(m)
$Cr(s)+0.5O_2=CrO(l)$	334220	63.81	1938 ~ 2023
$Cr(s)+0.5S_2=CrS(s)$	202500	56.07	1373 ~ 1573
$4Cr(s)+C(s)=Cr_4C(s)$	96200	-11.7	298 ~ 1793(m)
$23Cr(s)+6C(s)=Cr_{23}C_6(s)$	309600	-77.4	298 ~ 1773
$7Cr(s)+3C=Cr_7C_3(s)$	153600	-37.2	298 ~ 2130
$3Cr(s)+2C=Cr_3C_2(s)$	791000	-17.7	298 ~ 2130
$2Cr(s)+0.5N_2=Cr_2N(s)$	99200	46.99	1273 ~ 1673
$Cr(s)+0.5N_2=CrN(s)$	113400	73.2	298 ~ 773
$2Cu(s)+0.5O_2=Cu_2O(s)$	169100	73.33	298 ~ 1356(m)
$Cu(s)+0.5O_2=CuO(s)$	152260	85.35	298 ~ 1356
$Fe(s)+0.5O_2=FeO(s)$	264000	64.59	298 ~ 1650

续表

反　　应	$-A$/J·mol^{-1}	B/J·(mol·K)$^{-1}$	温度范围/K
$Fe(l) + 0.5O_2 = FeO(l)$	256060	53.68	1675~2273
$3Fe(s) + 2O_2 = Fe_3O_4(s)$	1103120	307.38	298~1870(m)
$2Fe(s) + 1.5O_2 = Fe_2O_3(s)$	815023	251.12	298~1735
$4Fe(\gamma) + 0.5N_2 = Fe_4N(s)$	33500	69.79	673~953
$3Fe(\alpha) + C = Fe_3C(s)$	-29040	-28.03	298~1000
$Fe(\gamma) + 0.5S_2 = FeS(s)$	154900	56.86	1179~1261
$Fe(l) + 0.5S_2 = FeS(s)$	164000	61.09	1261~1468(m)
$Fe(l) + 0.5O_2 + Cr_2O_3(s) = FeO \cdot Cr_2O_3(s)$	330500	80.33	1809~1973
$2FeO(s) + SiO_2(s) = 2FeO \cdot SiO_2(s)$	36200	21.09	928~1493(m)
$2FeO(s) + TiO_2(s) = 2FeO \cdot TiO_2(s)$	33900	5.86	298~1573
$Fe(s) + 0.5O_2 + V_2O_3(s) = FeO \cdot V_2O_3(s)$	288700	62.34	1023~1809
$H_2 + 0.5O_2 = H_2O(g)$	247500	55.88	298~2273
$H_2 + 0.5S_2 = H_2S(g)$	91630	50.58	298~2273
$2K(s) + 0.5O_2 = K_2O(s)$	487700	252.35	336~763(m)
$K_2O(s) + SiO_2 = K_2O \cdot SiO_2(s)$	279900	-0.46	298~1249
$2La(s) + 1.5O_2 = La_2O_3(s)$	1786600	278.28	298~1193
$La(l) + 0.5S_2 = LaS(s)$	527200	104.18	1193~1773
$2La(s) + 1.5S_2 = La_2S_3(s)$	1418400	285.77	1193~1773
$Mg(s) + 0.5O_2 = MgO(s)$	601230	107.59	298~922(m)
$Mg(l) + 0.5O_2 = MgO(s)$	609570	116.52	922~1363(b)
$Mg(g) + 0.5O_2 = MgO(s)$	732702	205.99	1363~2000
$Mg(s) + 0.5S_2 = MgS(s)$	409600	94.39	298~922(m)
$Mg(l) + 0.5S_2 = MgS(s)$	408880	97.98	922~1363(b)
$Mg(g) + 0.5S_2 = MgS(s)$	539740	193.05	1363~1973
$MgO(s) + CO_2 = MgCO_3(s)$	116300	173.43	298~675(d)
$2MgO(s) + SiO_2(s) = 2MgO \cdot SiO_2(s)$	67200	4.31	298~2171(m)
$Mn(s) + 0.5O_2 = MnO(s)$	385360	73.75	298~1400
$Mn(l) + 0.5O_2 = MnO(s)$	407354	88.37	1517(m)~2335
$3Mn(s) + 2O_2 = Mn_3O_4(s)$	1381640	334.67	298~1550
$2Mn(s) + 1.5O_2 = Mn_2O_3(s)$	956400	251.71	298~1550
$Mn(s) + O_2 = MnO_2(s)$	519700	180.83	298~1000
$Mn(s) + 0.5S_2 = MnS(s)$	296500	76.74	973~1473
$7Mn(s) + 3C = Mn_7C_3(s)$	127600	21.09	298~1473
$3Mn(s) + C = Mn_3C(s)$	13930	-1.09	298~1310
$2MnO(s) + SiO_2(s) = 2MnO \cdot SiO_2(s)$	53600	24.73	298~1618
$Mo(s) + O_2 = MoO_2(s)$	578200	166.5	298~2273

续表

反 应	$-A$/J·mol^{-1}	B/J·(mol·K)$^{-1}$	温度范围/K
$0.5N_2 + 1.5H_2 = NH_3(g)$	53720	116.52	298 ~ 2273
$0.5N_2 + O_2 = NO_2(g)$	-32300	63.35	298 ~ 2273
$2Na(l) + 0.5O_2 = Na_2O(s)$	421600	141.34	371 ~ 1405(m)
$2Na(g) + 0.5O_2 = Na_2O(l)$	518800	234.7	1405 ~ 2223(m)
$2Na(l) + 0.5S_2 = Na_2S(s)$	439300	143.93	371 ~ 1071(m)
$Na(g) + 0.5F_2 = NaF(l)$	624300	148.24	1269 ~ 2063(b)
$Na(l) + C + 0.5N_2 = NaCN(s)$	90540	31.14	371 ~ 835(m)
$Na_2O(l) + CO_2 = Na_2CO_3(l)$	316350	130.83	1405 ~ 2273
$Na_2O(s) + 2SiO_2(s) = Na_2O \cdot 2SiO_2(s)$	233500	-3.85	298 ~ 1147(m)
$Nb(s) + 0.5O_2 = NbO(s)$	414200	86.6	298 ~ 2210(m)
$2Nb(s) + 2.5O_2 = Nb_2O_5(s)$	1888200	419.7	298 ~ 1785(m)
$2Nb(s) + C(s) = Nb_2C(s)$	193700	11.7	289 ~ 1773
$2Nb(s) + 0.5N_2 = Nb_2N(s)$	251040	83.3	298 ~ 2673(m)
$0.5P_2(g) + 0.5O_2 = PO(g)$	77800	-11.50	298 ~ 1973
$0.5P_2(g) + O_2 = PO_2(g)$	385800	60.25	298 ~ 1973
$2P_2(g) + 5O_2 = P_4O_{10}(g)$	3156000	1010.9	631(s) ~ 1973
$0.5P_2(g) + 1.5H_2 = PH_3(g)$	71500	108.2	298 ~ 1973
$Pb(l) + 0.5O_2 = PbO(s)$	219140	101.15	601 ~ 1158(m)
$0.5S_2 + 0.5O_2 = SO(g)$	57780	-4.98	718 ~ 2273
$0.5S_2 + O_2 = SO_2(g)$	361660	72.68	718 ~ 2273
$0.5S_2 + 1.5O_2 = SO_3(g)$	457900	163.34	718 ~ 2273
$Si(s) + 0.5O_2 = SiO(g)$	104200	-82.51	298 ~ 1685(m)
$Si(s) + O_2 = SiO_2$(s,石)	907100	175.73	298 ~ 1685(m)
$SiO_2(s) = SiO_2(l)$	-9581	-4.80	1996(m)
$Si(s) + O_2 = SiO_2$(s,β,方)	904760	173.38	298 ~ 1685(m)
$Si(l) + O_2 = SiO_2$(s,β,方)	946350	197.64	1685 ~ 1996(m)
$Si(l) + O_2 = SiO_2(l)$	921740	185.91	1996 ~ 3514(b)
$Si(s) + 0.5S_2 = SiS(g)$	956	-81.01	973 ~ 1685(m)
$Si(s) + S_2 = SiS_2(s)$	-326350	-138.95	298 ~ 1363(m)
$Si(s) + 2F_2 = SiF_4(g)$	1615400	144.43	298 ~ 1685
$Si(s) + C = SiC(s,\beta)$	73050	7.66	298 ~ 1685
$Sr(l) + 0.5O_2 = SrO(s)$	597100	102.38	1041 ~ 1650
$Sr(l) + 0.5S_2 = SrS(s)$	518800	96.2	1041 ~ 1650
$SrO(s) + CO_2 = SrCO_3(s)$	214600	141.58	973 ~ 1516(d)
$Ti(s) + 0.5O_2 = TiO(s,\beta)$	514600	74.1	298 ~ 1943
$Ti(s) + O_2 = TiO_2$(s,金)	941000	177.57	298 ~ 1943

续表

反　　应	$-A$/J·mol^{-1}	B/J·(mol·K)$^{-1}$	温度范围/K
$2Ti(s)+1.5O_2=Ti_2O_3(s)$	1502100	258.1	298～1943
$3Ti(s)+2.5O_2=Ti_3O_5(s)$	2435100	420.5	298～1943
$Ti(s)+C=TiC(s)$	184800	12.55	298～1943
$Ti(s)+0.5N_2=TiN(s)$	336300	93.26	298～1943
$V(s)+0.5O_2=VO(s)$	424700	80.04	298～2073
$2V(s)+1.5O_2=V_2O_3(s)$	1202900	237.53	298～2243
$V(s)+O_2=VO_2(s)$	706300	155.31	298～1633(m)
$2V(s)+2.5O_2=V_2O_5(l)$	-1447400	321.58	943～2273
$2V(s)+C(s)=V_2C(s)$	146400	3.35	298～1973
$V(s)+C(s)=VC(s)$	102100	9.58	298～2273
$V(s)+0.5N_2=VN(s)$	214640	82.43	298～2619(d)
$W(s)+1.5O_2=WO_3(s)$	833500	245.43	298～1745(m)
$W(s)+O_2=WO_2(s)$	581200	171.84	298～2273(d)
$2W(s)+C=W_2C(s)$	30540	-2.34	1575～1673
$Zr(s)+O_2=ZrO_2(s)$	1092000	183.7	298～2123
$Zr(s)+0.5S_2=ZrS(g)$	-237200	-78.2	298～2123
$Zr(s)+C=ZrC(s)$	196650	9.2	298～2123
$Zr(s)+0.5N_2=ZrN(s)$	363600	92.0	298～2123
$ZrO_2(s)+SiO_2(s)=ZrO_2\cdot SiO_2(s)$	26800	12.6	298～1980(m)

注：1. 表中温度后(m)为熔点，(b)为沸点，(s)为升华点，(d)为离解温度。

2. 本表主要取自参考文献［18］、［27］。

3. 本书中主要反应的 $\Delta_r G_m^\ominus$ 取自参考文献［12］、［21］、［22］、［23］等。少数反应由上表的 $\Delta_f G_m^\ominus$(B) 或表1-20的 $\Delta G_B^\ominus$（它们中有些是近年来公布的）计算。对于某些反应，两者数值有差异，但并无原则上的差别，符合冶金热力学计算的误差范围。

附录3　一些物质的熔点、熔化焓、沸点、蒸发焓、转变点、转变焓

物质	熔点/℃	熔化焓 /kJ·mol^{-1}	沸点/℃	蒸发焓 /kJ·mol^{-1}	转变点/℃	转变焓 /kJ·mol^{-1}
Al	660.1	10.47	2520	291.4	—	—
Al_2O_3	2030	527.2	(3300)	—	(1000)	(86.19)
Bi	271	10.89	1564	179.2	—	—
C	(5000)	—	—	—	—	—
Ca	839	8.67	1484	167.1	460	1.00
CaO	2587	75.30	(3500)	—	—	—

续表

物质	熔点/℃	熔化焓 /kJ·mol^{-1}	沸点/℃	蒸发焓 /kJ·mol^{-1}	转变点/℃	转变焓 /kJ·mol^{-1}
$CaSiO_3$	1540	(56.07)	—	—	1190	(5.44)
Ca_2SiO_4	2130	—	—	—	675;1420	4.44;3.26
Cd	320.9	6.41	767	99.6	—	—
Cr	1860	(20.9)	2680	342.1	—	—
Cu	1083.4	13.02	2560	304.8	—	—
Fe	1537	15.2	2860	340.4	910;1400	0.92;1.09
FeO	1378	31.0	—	—	—	—
Fe_3O_4	1597	138.2	—	—	593	—
Fe_2O_3	1457	—	分解	—	(680);(780)	0.67
Fe_3C	1227	51.46	分解	—	190	0.67
Fe_2SiO_4	1220	133.9	—	—	—	—
Fe_2TiO_3	1370	11.34	分解	—	—	—
H_2O	0	6.016	100	41.11	—	—
Mg	649	8.71	1090	134.0	—	—
MgO	2642	77.0	2770	—	—	—
Mn	1244	(14.7)	2060	231.1	718;1100;1138	1.93;2.30;1.80
MnO	1785	54.0	—	—	—	—
Mo	2615	35.98	4610	590.3	—	—
N_2	−210.0	0.720	−195.8	5.581	−237.5	0.23
NaCl	800	28.5	1465	170.4	—	—
Na_2SiO_3	1088	52.3	—	—	—	—
Ni	1455	17.71	2915	374.3	—	—
O_2	−218.8	0.445	−183.0	6.8	−249.5; −229.4	0.0938;0.7436
Pb	327.4	4.98	1750	178.8	—	—
Ti	1667	(18.8)	3285	425.8	882	3.48
Si	1412	50.66	3270	384.8	—	—
SiO_2	1723	13.00	—	—	250	1.3
TiO_2	1830	64.9	—	—	—	—
V	1902	209.3	3410	457.2	—	—
W	3400	(46.9)	5555	(737)	—	—
Zn	419.5	7.2	911	115.1	—	—

附录4　某些物质的基本热力学函数

物质	$-\Delta H_m^{\ominus}(298K)$ /kJ · mol^{-1}	$S_m^{\ominus}(298K)$ /J · (mol · K)$^{-1}$	$-\Delta G_m^{\ominus}(298K)$ /kJ · mol^{-1}	$c_{p,m}=a_0+a_1T+a_{-2}T^{-2}$/J · (mol · K)$^{-1}$			
				a_0	$a_1\times10^3$	$a_{-2}\times10^{-5}$	温度范围/K
Al	0.00	28.32	-8.44	31.376	-16.393	-3.607	298 ~ 933
Al_2O_3	1675.27	50.94	-1690.46	114.77	12.80	-35.443	298 ~ 1800
B	0.00	5.04	0	19.81	5.77	-9.21	298 ~ 1700
B_2O_3	1272.77	53.85	1193.62	57.03	73.01	-14.06	298 ~ 723
Ba	0.00	67.78	0.00	22.73	13.18	-0.28	298 ~ 643
BaO	553.54	70.29	523.74	53.30	4.35	-8.30	298 ~ 1270
$C_{(石)}$	0.00	5.74	0.00	17.16	4.27	-8.79	298 ~ 2300
CH_4	74.81	186.30	50.74	12.54	76.69	1.45	298 ~ 2000
CO	110.50	197.60	137.12	28.41	4.10	-0.45	298 ~ 2500
CO_2	393.52	213.70	394.33	44.14	9.04	-8.54	298 ~ 2500
Ca	0.00	41.63	0.00	21.92	14.64	—	298 ~ 737
CaO	634.29	39.75	603.03	49.62	4.52	-6.95	298 ~ 2888
Cr	0.00	23.77	0.00	19.79	12.84	-0.254	298 ~ 2176
Cr_2O_3	1129.68	81.17	1048.05	119.37	9.20	-15.65	298 ~ 1800
Cu	0.00	33.35	0.00	22.64	5.28	—	298 ~ 1357
CuO	155.85	42.59	120.85	43.83	16.77	-5.88	298 ~ 1359
Fe(α)	0.00	27.15	0.00	17.49	24.77	—	273 ~ 1033
Fe(β)	0.00	27.15	0.00	37.06	—	—	1033 ~ 1183
Fe(γ)	0.00	27.15	0.00	7.70	19.50	—	1183 ~ 1673
FeO(s)	264.43	58.71	246.93	48.79	8.37	-2.80	298 ~ 1650
Fe_2O_3	825.50	87.44	743.72	98.28	77.82	-14.85	298 ~ 953
Fe_3O_4	1118.38	146.46	1015.53	86.27	208.90	—	298 ~ 866
H_2	0.00	130.60	0.00	27.28	3.25	0.502	298 ~ 3000
$H_2O(g)$	242.45	188.70	229.24	30.00	10.71	0.33	298 ~ 2500
$H_2S(g)$	20.50	205.70	33.37	29.37	15.40	—	298 ~ 1800
Mg	0.00	32.68	0.00	22.30	10.25	-0.43	298 ~ 947
MgO	601.21	107.3	569.3	48.98	3.14	-11.44	298 ~ 3098
Mn	0.00	32.01	0.00	23.85	14.14	-1.57	298 ~ 990
MnO	384.93	59.83	362.67	46.48	8.12	-3.68	298 ~ 1800
MnO_2	520.07	53.14	465.26	69.45	10.21	-16.23	298 ~ 528
Mo	0.00	28.58	0.00	21.71	6.94	—	298 ~ 2890
MoO_3	745.17	77.82	668.19	75.19	32.64	-8.79	298 ~ 1068

续表

物质	$-\Delta H_m^{\ominus}(298K)$ /kJ·mol^{-1}	$S_m^{\ominus}(298K)$ /J·(mol·K)$^{-1}$	$-\Delta G_m^{\ominus}(298K)$ /kJ·mol^{-1}	$c_{p,m}=a_0+a_1T+a_{-2}T^{-2}$/J·(mol·K)$^{-1}$			
				a_0	$a_1\times10^3$	$a_{-2}\times10^{-5}$	温度范围/K
Ni	0.00	29.88	0.00	29.88	32.64	-1.80	298~630
NiO	248.58	38.07	220.47	50.17	157.23	16.28	298~525
O_2	0.00	205.04	0.00	29.96	4.184	-1.57	298~3000
P_2O_5(s)	1548.08	135.98	1422.26	—	—	—	—
S(g)	-278.99	167.78	-238.50	21.92	-0.46	1.86	298~2000
S_2(g)	-129.03	228.07	-72.40	35.73	1.17	-3.31	298~2000
SO_2	296.90	248.11	298.40	43.43	10.63	-5.94	298~1800
SO_3	395.76	256.6	371.06	57.18	27.35	-12.91	298~2000
Si	0.00	18.82	0.00	22.82	3.86	-3.54	298~1685
SiO(α)	910.36	41.46	856.60	43.92	38.81	-9.68	298~847
SiO_2(β)	875.93	104.71	840.42	58.91	10.04	—	298~1696
SiO(g)	100.42	211.46	127.28	29.82	8.24	-2.06	298~2000
Ti	0.00	30.65	0.00	22.16	10.28	—	298~1155
TiO_2	944.75	50.33	889.51	62.86	11.36	-9.96	298~2143
V	0.00	28.79	0.00	20.50	10.79	0.84	298~2190
V_2O_5	1557.70	130.96	1549.02	194.72	-16.32	-55.31	298~943
Zn	0.00	41.63	0.00	22.38	10.04	—	298~633
ZnO_2	348.11	43.51	318.12	48.90	5.10	-9.12	298~1600

附录5　常用物理化学常数表

常　数	国 际 制	厘米-克-秒制
阿伏加德罗常数(Avogadro),N_A 玻耳兹曼常数(Boltzmann),k	6.02×10^{23} mol^{-1} 1.38×10^{-23} J/K R/N_A	6.02×10^{23} mol^{-1} 3.3×10^{-24} cal/℃ 1.38×10^{-16} erg/℃
法拉第常数(Faraday),F	96500 C/mol① 96487 J/(V·mol)	96487C/mol 23061cal/mol
摩尔气体常数,R	8.314 J/(mol·K)	1.987 cal/(℃·mol),8.314×10^7 erg/(℃·mol), 82.07×10^{-6} m^3·100kPa/(K·mol)
理想气体摩尔体积,V_0	22.4×10^{-3} m^3/mol (273K,100kPa)	22400cm^3(℃,atm) 22.4L(℃,atm)
$RT\ln x$	$19.147T\lg x$ J/mol	$4.575T\lg x$ cal/mol
基本电荷,e	1.602×10^{-19} C	
普朗克常数(Planck),h	6.626×10^{-34} J·s/mol	1.584×10^{-34} cal·s,6.626×10^{-27} erg·s

① 本书计算中采用的近似值。

附录6 物理量的单位及两种单位制的转换关系

物理量	国际制	厘米-克-秒制	转换式
长度(l)	m	cm,Å	$1\text{cm}=10^{-2}\text{m}$,$1\text{Å}=10^{-10}\text{m}$
面积(A)	m^2	cm^2	$1\text{cm}^2=10^{-4}\text{m}^2$
体积(V)	m^3	cm^3(c. c.),L	$1\text{cm}^3=10^{-6}\text{m}^3$,$\text{L}=10^{-3}\text{m}^3$, $1\text{mL}=10^{-6}\text{m}^3=1\text{dm}^3=10^3\text{cm}^3$
时间(t)	s	min	1s = 1/60min
温度(T)	K	(t)℃	1℃ +273 = 1K
质量(m)	kg,mol	g	$1\text{g}=10^{-3}\text{kg}$
物质的量(n)	mol		
浓度(c)	mol/m^3	mol/L	$1\text{mol/L}=10^3\text{mol/m}^3$
摩尔分数(x)	1		
能(E),功(W),热量(Q)	J(N·m)	cal,erg	$1\text{cal}=4.184\text{J}$,$1\text{erg}=10^{-7}\text{J}$
密度(ρ)	kg/m^3 mol/m^3	g/cm^3	$1\text{g/cm}^3=10^3\text{kg/m}^3$
力(F)	N($kg\cdot m/s^2$)	dyn	$1\text{dyn}=10^{-5}\text{N}$
压力(p)	Pa(N/m^2)	atm,bar,Torr	1atm = 100kPa,1bar = 100kPa,1Torr = 133.32Pa
表面张力(σ)	N/m J/m^2	dyn/cm erg/cm^2	$1\text{dyn/cm}=10^{-3}\text{N/m}$ $1\text{erg/cm}^2=10^{-3}\text{J/m}^2$
黏度:η(动力黏度) ν(运动黏度)	Pa·s,N/sm^2 m^2/s	P(Poise) St	$1\text{P}=1\text{dyn}\cdot\text{s/cm}^2$,1P = 0.1Pa·s $1\text{St}=10^{-4}\text{m}^2/\text{s}$
扩散系数(D)	m^2/s	cm^2/s	$1\text{cm}^2/\text{s}=10^{-4}\text{m}^2/\text{s}$
电动势(E)	V	V	
电导率(κ)	S/m	$(\Omega\cdot cm)^{-1}$	$1(\Omega\cdot\text{cm})^{-1}=10^2\text{S/m}$

附录7 本书采用的部分符号说明

n_B：物质B的物质的量，mol；

x_B：物质B的摩尔分数；

c_B：物质B的浓度；

$w(B)$：物质B的质量分数,%；

$w(B)_{\%}$：物质B的质量百分数；

$\varphi(B)$：气体物质B的体积分数,%；

$\varphi(B)_{\%}$：气体物质B的体积百分数；

$a_{B(R)}$，γ_B：纯物质标准态组分B的活度及活度系数；

$a_{B(H)}$，$f_{B(H)}$：假想纯物质标准态组分B的活度及活度系数；

$a_{B(\%)}$，$f_{B(\%)}$：质量1%溶液标准态组分B的活度及活度系数；

γ_B^0：稀溶液中纯物质标准态组分 B 的活度系数；

ε_B^K：纯物质标准态第 3 元素 K 对组分 B 活度的相互作用系数；

e_B^K：质量 1% 溶液标准态第 3 元素 K 对组分 B 活度的相互作用系数；

p_B^*：拉乌尔定律常数（纯 B 的饱和蒸气压），Pa；

$k_{H(x)}$，$k_{H(\%)}$：亨利定律常数；

ΔG：体系的吉布斯自由能变化，$\Delta G = G_2 - G_1$；

ΔG_m：溶液的摩尔吉布斯自由能变化；

$G_B(\mu_B)$：组分 B 的偏摩尔吉布斯自由能或化学势；

ΔG_B：组分 B 的偏摩尔（溶解）吉布斯自由能变化（纯物质标准态）：$\Delta G_B = G_B - G_B^*$；

$\Delta G_B^\ominus$：组分 B 的标准溶解吉布斯自由能变化（质量 1% 标准态）；

G_B^*：纯物质 B 的摩尔吉布斯自由能；

$\Delta_r G_m$：反应进度为 1mol 的化学反应的吉布斯自由能变化，J/mol；

$\Delta_f G_m^\ominus$：化合物的标准生成吉布斯自由能变化；

$\Delta_{trs} G_m$：相变过程的吉布斯自由能变化，如 $\Delta_{fus} G_m$ 为熔化过程的相应值，对 H、S 等热力学函数可用相应的方法表示；

K：平衡常数；

$K^\ominus$：标准平衡常数；

p，p_B：量纲一的压力；

p'，p'_B：压力，Pa；

$p^\ominus$：标准态压力，100kPa，$p_B = p'_B/p^\ominus$；

$w(CaO)_\%/w(SiO_2)_\%$，$x(CaO)/x(SiO_2)$：炉渣的碱度；

δ：恒值厚度，m；

v：过程的速率；

T_{fus}：熔点，K；

h：高度，m；

ξ：反应进度；

u，v：速度或流速；

T_b：沸点，K；

上标符号：*：纯物质，界面的值；

上标或下标符号：0：初始态值；

$\sum n$：溶液中组分的物质的量的总和；

$\sum n_{B^+}$，$\sum n_{B^-}$：熔渣中正离子（B^+）或负离子（B^-）的物质的量的总和。

其余符号请见本书附录 6 及相应章节。

习 题 答 案

1 冶金热力学基础

1－1 $\Delta_f G_m^\ominus = -602414 + 109.75T$ （J/mol）。

1－2 （1） $\Delta_r G_{m(1)}^\ominus = -129300 + 20.07T$ （J/mol）， $\lg K^\ominus = 6753/T - 1.04$；
（2） $\Delta_r G_{m(2)}^\ominus = -618770 + 98.28T$ （J/mol）， $\lg K^\ominus = 32317/T - 5.13$。

1－3 $\lg K^\ominus = 1000/T - 1.22$， $\Delta_r G_m^\ominus = -19147 + 23.36T$ （J/mol）（作图法）；
$\lg K^\ominus = 993/T - 1.21$， $\Delta_r G_m^\ominus = -19013 + 23.16T$ （J/mol）（回归法）。

1－4 $\Delta_r G_m^\ominus = 21427$J/mol。

1－5 $\Delta_r G_m^\ominus = 354140 - 341.59T$ （J/mol）， $K^\ominus = K_2^2 K_1^{-1}$。

1－6 $\gamma_{Ti}^0 = 0.65$， $w[Ni]_\% / a_{Ni}$ = 10.46/10.803，20.82/21.82，31.07/33.48，41.21/45.93，51.26/60.65。

1－7 $H(Si) = -41948$J/mol， $\Delta H(Si) = -133048$J/mol。

1－8 $\Delta H(Si) = -149040$J/mol。

1－9 $G_m^{ex} = -2639$J/mol， $H_m^{ex} = -4607$J/mol， $S_m^{ex} = -1.05$J/(mol·K)，
$G_{Fe}^{ex} = -1991$J/mol， $G_{Ni}^{ex} = -3090$J/mol， $H_{Fe}^{ex} = -4462$J/mol，$H_{Ni}^{ex} = -4704$J/mol。

1－10 0.48，0.94，1.34，1.80，2.14。

1－11 $p_{Cu}^* = 72.94$Pa，$K_{H(x)} = 578.41$，$K_{H(\%)} = 5.08$。

1－12 $f_{Ti} = 0.143$。

1－13 $a_{Cr(Fe)} = x[Fe(Ag)]/(7.413 \times 10^{-3})$。

1－14 $a_{(FeO)} = 0.227$， $\gamma_{FeO} = 1.48$。

1－15 $a_{[S]} = (p_{H_2S}/p_{H_2}) \times (1/2.5 \times 10^{-3})$，$f_S = (p_{H_2S}/p_{H_2})/(1/2.5 \times 10^{-3}) w[S]_\%$。

1－16 $K^\ominus = 1.9 \times 10^4$， $\gamma_C^0 = 0.55$。

1－18 $p'_{Zn} = 0.45$kPa， $\Delta H_m = -4620$J/mol。

1－19 $p'_{Fe} = 0.756$Pa。

1－20 $\alpha = -54948$J/mol（由此利用相应热力学函数式进行计算）。

1－21 （1） $K^\ominus = 1.37 \times 10^{21}$， $\Delta_r G_m^\ominus = -467015$J/mol， $p'_{O_2} = 2.10 \times 10^{-4}$Pa；
（2） $K^\ominus = 1.65 \times 10^{15}$， $\Delta_r G_m^\ominus = -467055$J/mol， $p'_{O_2} = 2.10 \times 10^{-4}$Pa。

1－22 $\lg p_{O_2} = -\dfrac{98009}{T} + 25.89 - \ln w[Si]_\%$，$p'_{O_2} = 3.3 \times 10^{-7}/w[Si]_\%$ （Pa）。

1－23 －34415J/mol，72215J/mol。

1－24 $w[Ti] = 0.036\%$，$w[Ti] = 0.035\%$。

1－25 －163510J/mol，－164958J/mol。

1－26 $\lg w[O] = -6072/T + 2.8$。

1－27 $w[O] < 2.54 \times 10^{-3}\%$。

1－28 $\ln a_{Fe(H)} = 5.6/x[Fe] - 3.3/x[Fe]^2 - 2.3$。

1－30 $\Delta G^{\ominus}(Mn) = -38.20T$ (J/mol)，$\Delta G^{\ominus}(Cu) = 33513 - 39.37T$ (J/mol)。

1－31 $\gamma^0_{V(S)} = 0.099$。

1－32 (1) $\lg \frac{a_C}{x[C]} = \lg\gamma_C = \lg\frac{1}{1-2x[C]} + \frac{1180}{T} - 0.87 + \left(0.72 + \frac{3400}{T}\right)\cdot\left(\frac{x[C]}{1-x[C]}\right)$；

(2) $\lg\gamma^0_C = \frac{1180}{T} - 0.87$，$\gamma^0_C = 0.575$；

(3) $\Delta G^{\ominus}(C) = 22594 - 42.16T$ (J/mol)；

(4) $a_{C(\%)} = 0.257$。

1－33 $\Delta G(C) = 28845 - 44T$ (J/mol)。

1－34 $\Delta_r G^{\ominus}_m(CO) = 143960 - 128.74T$ (J/mol)，

$\Delta_r G^{\ominus}_m(FeO) = 138950 - 56.57T$ (J/mol)，

$\Delta_r G^{\ominus}_m(TiC) = -182290 + 99.79T$ (J/mol)。

1－35 －496492J/mol，－496458J/mol，－496493J/mol。

1－36 $T_{fus(B)} = 934K$，$T_{沸} = 1376K$。

1－37 $n(CO_2)/n(H_2) = 0.616$，$w[C] = 0.2\%$。

1－38 1775K，$p' = 4.7 \times 10^3 Pa$。

1－39 $\Delta_r G_m = 13223J/mol > 0$，不能氧化；$p_{CO}/p_{CO_2} = 1.473$。

1－40 $x(NiO)(l) = 0.7$，$x(MgO)(l) = 0.3$；$x(NiO_2)(s) = 0.48$，$x(MgO)(s) = 0.52$。

1－41 15710J/mol。

1－42 $\gamma_{Mn} = 3.30$，$\gamma_{Fe} = 1.51$。

1－43 112kJ/mol。

2 冶金动力学基础

2－1 1.34×10^{-2}mol/min，746min。

2－2 $E_a = 118711J/mol$，$\lg k = 6000/T + 0.94$。

2－3 $E_a = 33469J/mol$，$\lg k = 1748/T + 0.19$。

2－4 $E_a = 78923J/mol$，$k_{(1673K)} = 3.31 \times 10^{-1} min^{-1}$，$k = 1.52 min^{-1}$。

2－5 $\lg D_S = -7400/T - 4.18$，$E_a = 141688J/mol$。

2－6 $D_{Si} = 1.895 \times 10^{-9} m^2/s$。

2－7 $D_{H_2-H_2O} = 2.5 \times 10^{-5} m^2/s$。

2－8 0.25%。

2－9 $J_C = 9.6 \times 10^{-6} mol/s$。

2－10 0.441m/s，$\delta = 4.76 \times 10^{-4} m$。

2－11 $\beta = 3.3 \times 10^{-1} m/s$，$\delta = 6 \times 10^{-4} m$。

2－12 $\beta = 3.05 \times 10^{-4}\text{m/s}$，$\delta = 0.36 \times 10^{-4}\text{m}$。

2－13 $\beta = 2.3 \times 10^{-4}\text{m/s}$。

2－14 $1.89 \times 10^{-2}\text{m/min}$，$\delta = 3.2 \times 10^{-4}\text{m}$。

2－16 $T < 454\text{K}$，$E_a = 57.4\text{kJ/mol}$；$T > 454\text{K}$，$E_a = 68.9\text{kJ/mol}$。

2－17 $t = 0.67\text{min}$。

2－18 $v_S = 1.77 \times 10^{-4}\text{mol/s}$，$t = 176\text{s}$。

2－19 $r^* = 9.6 \times 10^{-8}\text{m}$。

2－20 $r^* = 1.2 \times 10^{-8}\text{m}$。

2－21 $\beta = 9.23 \times 10^{-6}\text{m/s}$。

2－22 $n_0^{1/2} - n^{1/2} = \frac{1}{2}k'\tau$。

2－23 $1.14 \times 10^{-8}\text{m}$，$1.14 \times 10^{-9}\text{m}$。

2－24 $2.88 \times 10^{-7}\text{m/s}$（$Al_2O_3$），$6.3 \times 10^{-7}\text{m/s}$（$SiO_2$）。

2－25 0.74s。

3 金属熔体

3－1 $f_S = 1.30$，$a_{[S]} = 0.026$。

3－2 $e_S^{Si} = 0.07$，$\gamma_S^{Si} = 1.687 \times 10^{-3}$。

3－3 $f_S^{Mn} = 0.967$，$e_S^{Mn} = 0.021$。

3－4 $\varepsilon_{Si}^{Si} = 18.768$，$e_{Si}^{Si} = 0.165$。

3－5 $e_C^{Si} = 0.034$，转换为以同一浓度法表示的 $e_C^{Si} = 0.088$。

3－6 $e_N^{Si} = 0.045$。

3－7 $e_H^{V} = -0.0065$（同一浓度法所得的数值）。

3－8 $e_N^{Ti} = -0.52$，$e_{Ti}^{N} = -1.78$。

3－9 $S^{ex}(\text{Si}) = -68.163\text{J/(mol·K)}$，$\Delta H(\text{Si}) = 120852\text{J/mol}$。

3－10 $w[\text{H}] = 1.3 \times 10^{-4}\%$（冬），$w[\text{H}] = 5.3 \times 10^{-4}\%$（夏）。

3－11 $w[\text{Zr}] = 1.43 \times 10^{-2}\%$，$w[\text{N}] = 0.023\%$。

3－12 $p'_{N_2(\text{Ar})} < 8.3 \times 10^2\text{Pa}$。

3－13 $w[\text{N}] = 0.141\%$。

3－14 $w[\text{H}] = 7.58 \times 10^{-5}\%$。

3－15 $\lg w[\text{O}]_{\%} = -6365/T + 2.73$。

3－16 $e_O^O = -0.28$。

3－18 1460℃。

3－19 $\lg\eta = 2000/T - 3.35$。

3－20 $\Gamma_S = 7.27 \times 10^{-10}\text{mol/cm}^2$，$x[\text{S}]^\sigma = 0.373$。

3－21 1.345N/m。

4 冶金炉渣

4 - 6 $w(CS)=22.7\%$，$w(C_2AS)=42.3\%$，$w(C_3S_2)=35.0\%$。

4 - 7 与 C_2S 平衡的液相成分：$w(CaO)=30\%$，$w(SiO_2)=5\%$，$w(FeO)=65\%$；固、液相的量：$w(l)=33\%$，$w(s)=67\%$，$\sum w(FeO)>65\%$。

4 - 8 $\Delta_r G_m^{\ominus}=19900-15.1T$ (J/mol)。

4 - 9 $a_{(FeO)}=0.481$，$w[O]=0.120\%$。

4 - 11 $a_{(CaO)}=0.148$，$a_{(CaF_2)}=0.723$。

4 - 12 $a_{(FeO)}=0.130$（完全离子溶液模型），0.1833（引入活度系数），0.35（查熔渣等活度曲线图）。

4 - 13 $a_{(FeO)}=0.339$，$a_{(MnO)}=0.0644$，$a_{(P_2O_5)}=1.16\times10^{-8}$。

4 - 14 $a_{(FeO)}=0.177$，$a_{(MnO)}=0.080$，$a_{(P_2O_5)}=0.0206$，$a_{(SiO_2)}=0.358$。

4 - 15 $x(SiO_2)/a_{(SiO_2)}=0.3/0.01, 0.4/0.05, 0.5/0.2$。

4 - 16 $R/a_{(FeO)}=0.6/0.21$，2/0.65，3/0.65，4/0.50，5/0.40。

4 - 17 $w[O]=0.06\%$（图 4 - 66），$w[O]=0.058\%$（图 4 - 63）。

4 - 18 $x(CaO)/a_{(CaO)}=0.6/0.003$，0.7/0.26，0.8/0.66，0.9/0.87。

4 - 19 $\Lambda=0.718$，$C_S=1.88\times10^{-3}$。

4 - 20 $C_S=8.4\times10^{-5}$（碱度法），$C_S=5.2\times10^{-5}$（光学碱度法）。

4 - 21 $C_{PO_4^{3-}}=6.0\times10^{4}$（光学碱度法），$C_{PO_4^{3-}}=1.46\times10^{4}$（式（4 - 61））。

4 - 22 $\eta=5.0$Pa · s（1400℃），1.6Pa · s（1500℃）。

4 - 23 $\sigma=0.476$N/m，0.43N/m（查图）。

4 - 24 $\sigma=0.525$N/m，0.500N/m（查图）。

4 - 25 $\lg\eta=6071/T-3.80$，$E_\eta=116242$J/mol。

4 - 26 $\lg\kappa=-3167/T-4.20$，$E_\kappa=-60639$J/mol。

4 - 27 $\sigma_{ms}=1.287$N/m，$S=-0.107$。

5 化合物的形成 - 分解及碳、氢的燃烧反应

5 - 1 $CaCO_3$：$T_b=1200$K，$MgCO_3$：$T_b=928.8$K。

5 - 2 $T_{开}=1054$K，$T_b=1183$K。

5 - 3 2.16×10^{-4}kg。

5 - 4 界面反应，$1-(1-R)^{1/3}=kt, k=2.3\times10^{-2}$m/min。

5 - 5 稳定性增长次序：FeC→FeS→FeO→SiO_2→Al_2O_3。

5 - 6 （1）$\Delta_r G_m^{\ominus}=900000+175T$ (J/mol)。

（2）Mg 气化，PbO 熔化，Ca 气化。

（3）1753K。

（4）不低于 973K（H_2O 与 CO 氧势线的交点）。

(5) $p'_{O_2(NiO)}=10^{-3}Pa$。

(6) 923K，1473K，1923K。

(7) 710℃。

(8) $-100000J/mol$。

(9) 1300K。

(10) 1000℃(1273K)，$\pi_O=\Delta_rG_m^\ominus=-370kJ/mol$；

$p'_{O_2}=10^{-4}Pa(p_{O_2}=10^{-9})$，$\Delta_rG_m^\ominus=-370-(-230)=-140kJ/mol$；

$p'_{O_2}=10^{-5}Pa(p_{O_2}=10^{-10})$，$\Delta_rG_m^\ominus=-370-(-250)=-120kJ/mol$；

$p'_{O_2}=10^{-10}Pa(p_{O_2}=10^{-15})$，$\Delta_rG_m^\ominus=-370-(-370)=0kJ/mol$。

5－7 $p_{O_2}=133\times10^{-5}$，$\pi_{O(MgO)}=-1465404+522.14T$；$p_{O_2}=133\times10^{-5}$，

$\pi_{O(MgO)}=-1465404+560.44T$；$p_{O_2}=1.33\times10^{-5}$，$\pi_{O(MgO)}=-1465404+598.74T$。

5－8 $-440kJ/mol$。

5－9 (1)$p_{O_2}=2.69\times10^{-11}$(600℃)；(2)$p_{O_2}=2.33\times10^{-7}$(800℃)。

5－10 $\pi_{O(CO_2)}(-371.93kJ/mol)<\pi_{O(NiO)}(-297.720kJ/mol)$。

5－11 $p_{CO}/p_{CO_2}=3.86\times10^5$（计算法），$p_{CO}/p_{CO_2}=3.16\times10^5$（由氧势图）。

5－12 $p_{H_2}=1.0$ 或 1.0×10^5Pa。

5－14 $\Delta_fG_m^\ominus(Fe_xO,l)=-232662+45.6T$ (J/mol)。

5－15 $5\times10^{-4}Pa$，$1.2\times10^{-5}Pa$，$2.0\times10^{-5}Pa$，$1.2\times10^{-6}Pa$。

5－16 $1-\frac{2}{3}R-(1-R)^{2/3}=k't$ 存在。

5－18 NiO(s)。

5－19 $\Delta_rG_m=-166400-219.28T$ (J/mol)。

5－20 $\varphi_{H_2O}/\varphi_{H_2}=0.215$。

5－21 $\varphi(H_2O)=7.27\%$，$\varphi(CO)=57.27\%$，$\varphi(CO_2)=17.73\%$，$\varphi(H_2)=17.73\%$；

$\pi_{O(H_2+H_2O)}=-381kJ/mol$，$\pi_{O(CO+CO_2)}=-381kJ/mol$，$p_{O_2(平)}=1.09\times10^{-17}$。

5－22 $CO_2/H_2=1.18$，$p'_{O_2}=1.02\times10^3Pa$。

5－23 (1)$\varphi(CO)=47.5\%$，$\varphi(CO_2)=0.171\%$，$\varphi(H_2)=52.33\%$；(2)$p'_{O_2(平)}=1.36\times10^{-15}Pa$。

5－24 $p_{CO}=0.301$，$p_{H_2O}=0.107$，$p_{CO_2}=0.097$，$p_{H_2}=0.495$。

5－25 $\varphi(CO)=12.5\%$，$\varphi(CO_2)=87.5\%$。

5－26 $\varphi(H_2)=\varphi(CO)=48.70\%$，$\varphi(H_2O)=\varphi(CO_2)\approx1.30\%$。

5－27 1.87kg。

6 氧化物还原熔炼反应

6－1 Fe_2O_3：$\varphi(H_2)=3.16\times10^{-3}\%$，$\varphi(CO)=3.16\times10^{-2}\%$；$Fe_3O_4$：$\varphi(H_2)=3.1\%$，$\varphi(CO)=9.1\%$；FeO：$\varphi(H_2)=52.63\%$，$\varphi(CO)=64.10\%$。

6－3 $K=7.90$，$\varphi(H_2)_{平}=33.56\%$。

6-5 $p_{H_2}=0.413$，$p_{CO_2}=0.124$，$p_{H_2O(g)}=0.272$，$p_{CO}=0.191$。

6-6 1091K。

6-7 $k=0.34$m/min。

6-8 $p'=1.08\times10^4$Pa 或 $p'=1.3\times10^4$Pa。

6-9 146min。

6-10 $p_{CO}=10^{1.45}$，$T_{开}=886$K。

6-11 980.5K，1025K。

6-12 1096℃。

6-13 （1）$p'=3.86\times10^5$Pa；（2）$\varphi(CO)=56.18\%$，$\varphi(CO_2)=44.44\%$；（3）7.2×10^{-3}kg(0.6molC)。

6-14 $T_{开}=1702$K，降低了83℃。

6-15 1734K，34℃。

6-16 1670K。

6-17 $\Delta_r G_m^{\ominus}=-372741$J/mol，$q=4538$kJ/kg。

6-18 1.54kg/kg。

6-19 127.36kg，$w[Ti]=26.35\%$。

6-20 降低282℃。

6-21 $w[Ti]=0.066\%$。

6-22 $w[C]=1.39\%$。

6-23 1580K。

6-24 1119.6K。

6-25 $w[Si]=3.35\%$。

6-26 1544K。

6-27 $L_S=81.72$。

7 氧化熔炼反应

7-1 $\lg K^{\ominus}=90017/T-38.10$。

7-2 2515K。

7-3 2026K。

7-5 $w[Mn]=0.136\%$，$w[O]=0.069\%$。

7-6 $w[Mn]=0.077\%$。

7-7 30min。

7-8 $w[Si]=3.3\times10^{-3}\%$。

7-9 $w[Si]=0.0165\%$。

7-10 $w[Cr]=1.06\%$，0.54%。

7-11 （1）2155K；（2）1796K。

7-12 $w[C]=0.0101\%$。

7-13 1612K。

7－14 $a_{(FeO)}=0.066$。

7－15 $w[C]=0.07\%$。

7－16 $a_{(FeO)}=3.13\times10^{-5}$。

7－17 $6\times10^{-5}\%/s$，17min。

7－18 0.038（正规离子模型），0.025（磷容量法）。

7－19 $\gamma_{P_2O_5}<4\times10^{-13}$。

7－20 $L_P=186.21$，$w[P]=0.048\%$。

7－21 0.027%/min，2.4min。

7－22 8.10（完全离子溶液法），7.96（硫容量法）。

7－23 $E_a=260kJ/mol$，$k=1785$，29.41min。

7－24 $w[H]=6.76\times10^{-5}\%$，$v_{H_2}=2.16\times10^{-6}\%/min$，29.4min。

7－25 $w[O]_{min}=0.032\%$。

7－26 $\lg(w[V]_{\%}^{2}w[O]_{\%}^{3})=-35278/T+14.39$；1600℃时，$w[V]_{\%}^{2}w[O]_{\%}^{3}=3.0\times10^{-5}$。

7－27 0.180%，0.225%，0.275%。

7－28 $\Delta_rG_m^{\ominus}=-146307+101.5T$，$\lg K^{\ominus}=\dfrac{7641}{T}-5.30$。

7－29 $w(SiO_2)=41\%$，$w(MnO)=59\%$；$w[Mn]=1.46\%$。

7－30 $w[Al]=4.73\times10^{-3}\%$。

7－31 $\Delta_rG_m=-6728J/mol$。

7－32 0.011%，0.016%（单独用 FeSi 脱氧）。

7－33 $\lg K_{Si}^{\ominus}=30321/T-11.54$，$m(FeSi)=3.33kg/t$。

7－34 FeSi：4.1kg/t，FeMn：12.7kg/t。

7－35 163s(5μm,10cm)，12.9s(50μm,2cm)。

7－36 0.053%，0.012%，0.010%，总量 0.075%。

7－37 $1.48\times10^{-4}m/s$。

8 铁水及钢液的炉外处理反应

8－1 $w[S]=0.013\%$。

8－2 $w[S]=0.068\%$。

8－3 $p'_{Cu}=0.816Pa$，不能挥发。

8－4 $w[N]=1.26\times10^{-4}\%$。

8－5 $p'_{Mn}=127.76Pa$，[Mn] 能挥发。

8－6 H_2、N_2 可被抽走，O_2、P_2、S_2 不能被抽走。

8－7 $w[H]=8.0\times10^{-5}\%$。

8－8 $\eta_O=54\%$。

8－9 $w[O]=1.5\times10^{-4}\%$，$w[C]=0.138\%$。

8－10 $w[H]=4.66\times10^{-4}\%$，$w[N]=0.08\%$，$w[O]=5.1\times10^{-4}\%$。

8-11 $w[O]=0.046\%$。

8-12 $V^0_{Ar}=0.108m^3/t$。

8-13 $p'_{Mg(g)}>p'_{(真空)}$，能发生侵蚀反应。

8-14 $2.1m^3/t$。

8-15 $w[H]=2.17\times10^{-4}\%$。

8-16 $4.32\times10^{-4}\%$。

8-17 $w[H]=1.4\times10^{-3}\%$。

8-18 $w[O]_{\%}<a_{(FeO)}L_O=0.028$，不能使钢液脱氧。

8-19 $w[S]=0.0146\%$，$\eta_S=78\%$。

8-20 $w[O]=7.47\times10^{-5}\%$，$w[S]=0.0115\%$。

8-21 渣量为5.08%，17s。

8-22 $w[S]=6.4\times10^{-6}\%$，0.2kg/t。

8-23 $w[Ce]=3.2kg/t$。

参考文献

[1] Сидоренко М Ф. Теория и Технология Злектероплавкой Стали. Металлургия. 1985：глава 1，2（中译本，黄希祜译．绵阳：长城特殊钢公司科学技术协会，1988）．

[2] The Verein Deutsher Eisenhütt enleute Slag atlas. 2nd edition，1995.

[3] 魏寿昆．冶金过程热力学［M］．上海：上海科学技术出版社，1980：第7～9章．

[4] Явойский В И，Кряковоский Ю В. Металлургия Стали. Металлургия，1983：раздел Ⅰ．

[5] Pavid R Gaskell. Introduction to Metallurgical Thermodynamics，1982：chapter 10.

[6] Филлипов С И. Теория Металлургических Продессов. Металлургия，1967：глава 3，5.

[7] Bodsworth C B，Bell H B. Physical Chemistry of Iron and Steel Manufacture. 2nd edition. Longman，1972：164～185.

[8] Turkdogan E T. Physicochemical Properties of Molten Slags and Glasses. The Metal Society，1983：chapter 2，6.

[9] Поволовский Д Я. Злектрометаллургия Стали И Ферросплавов. Металлургия，1984：раздел Ⅳ，Ⅷ.

[10] Hilty D C. Electric furnace steelmaking，Vol. Ⅱ. Interscience Publishers，1961：3.

[11] Мед Жибо Жский М Я. Основы Термодинамики и Кинетики Сталеплавильных Продессов. Биша Школа，1979：глава 5，14.

[12] Есин О А，Гельд Н В. Физическая Химия Пирометаллургических Продессов，Ⅰ. 1961：глава Ⅷ. Ⅱ. 1966：глава Ⅵ.

[13] Owonf Devereux. Topics in Metallurgical Thermodynamics. John Wiley & Sons，1983：chapter 9，11.

[14] 大谷正康．冶金物理化学演习．基础と応用．丸善株式会社，1971.

[15] Попель С И，Сотников А И，Боронеков В Н. Теория Металлургических Продессов. Металлургия，1986.

[16] Turkdogan E T. Physical Chemistry of High Temperature Technology. Academic Press，1980：chapter 6，9.

[17] Рыжонков Д И，идр. Расчеты Металлургических Продессов На ЭВМ. Металлургия，1987：глава Ⅰ，Ⅳ，Ⅵ.

[18] Rao Y K. Stoichiometry and Thermodynamics of Metallurgical Process. London：Cambridge，1985：880～891.

[19] 冶金过程物理化学，钢铁冶金过程的化学反应//中国大百科全书，矿冶卷．北京：中国大百科全书出版社，1984.

[20] Engn T A. Principle of Metal Refining. Oxford University Press，1992：chapter（5，6），9.

[21] Охотский В Б. Физико－химическая Механика Сталеплавильных Продессов. Металлургия，1993：глава 2.

[22] Рыжонков Д И，Арсентьев П П，Яковлев В В，и др. Теория Металлургических Продессов. Металлургия，1989.

[23] Казачков Е А. Расчеты по Теории Металлургических Продессов. Металлургия，1989.

[24] Nobuo Sano，Wei－Kao Lu，Paul V Riboud，et al. Advanced Physical Chemistry for Process Metallurgy. Academic Press，1997：chapter 5，10.

[25] 曲英，等译．炼钢过程的物理化学计算．北京：冶金工业出版社，1993.

[26] 蒋国昌．纯净钢及二次精炼．上海：上海科学技术出版社，1996：第4章．

[27] 梁英教，车荫昌．无机物热力学数据手册．沈阳：东北大学出版社，1993.

[28] 梁连科，车荫昌．杨怀，等．冶金热力学及动力学．沈阳：东北工学院出版社，1990.

[29] 金属化学入门シリズ，第1卷：金属物理化学．日本金属学会，1996.

[30] 黄希祜．钢铁冶金过程理论．北京：冶金工业出版社，1993.

[31] 魏庆成．冶金热力学．重庆：重庆大学出版社，1996.
[32] 张家芸．冶金物理化学．北京：冶金工业出版社，2004：I
[33] 曲英．炼钢学原理．2 版．北京：冶金工业出版社，1994：第 7 章．
[34] Seshadri Seetharaman. Fundamentals of Metallurgy. Woodhead Publishing Limited，2005：part 2，7.
[35] Ahindra Ghosch. Secondary steelmaking：Principles and Applications. CRS Press LLC，2001：chapter 5 ~ 7.
[36] Г. 奥特斯．钢冶金学．倪瑞明，等译．北京：冶金工业出版社，1997.
[37] 张鉴．冶金熔体和溶液的计算热力学．北京：冶金工业出版社，2007：第 4 章．
[38] 中国冶金百科全书，钢铁冶金．北京：冶金工业出版社，2001：3.
[39] Brandt Daniel A，Warner J C. Metallurgy Fundamentals. INC，1992.
[40] Turkdogan E T. Fundamentals of Steelmaking the Institute of Materials，1996.
[41] Guthrie R I L. Engineering in Process Metallurgy. Clarendon Press Oxford，1992.
[42] 殷瑞钰．冶金流程工程学．北京：冶金工业出版社，2005：第 4 章．
[43] 傅杰．现代电炉炼钢理论与应用．北京：冶金工业出版社，2009：3.
[44] Зайцев А И，Могутнов Б М，Шахпаов Е Х. Фчзическая Химия Метаппургических Шлаков Москва，2008：глава 2.

编 后 记

本书自1981年出版以来，历经了30年，被国内较多高等学校冶金院系选用，同时也在许多教材、相关科技论文的参考文献中被列出，并且较多的研究生、科研人员及工程技术人员也选用了此书，因此，在冶金行业和相关高校产生了强烈的反响，为培养专业高级人才发挥了一定作用。本书自第1版出版以来已修订过3次（其中，1986年第一次修订版由重庆大学印刷，内部发行全国），再版达16次，累计印刷6万多册。2007年应冶金工业出版社要求，对本书做第4次修订，以期更加适用、完善。编者历经了3年多的辛勤劳动，三移寒暑，完成了本书第4版的修订工作。这次修订中，虽保留了第3版的章节框架，但对原有的某些章节内容做了一些增删及改写（约300处），同时还新编写了一些钢铁冶金物理化学涉及的基础理论，扩大了本学科的基础范围，以满足较全面学习高层次基础之需；此外，为利于读者学习，还增写了相关较难学习章节内容的总结，增编了例题及习题，并加编了各章的复习思考题。

本书的编写和出版始终得到了冶金工业出版社及重庆大学教务处和材料科学与工程学院冶金系的大力支持。重庆大学及重庆科技学院的教师谢兵、白晨光、文光华、唐萍、董凌燕、吕学伟、黄勤易及朱光俊等，在我编写的过程中做了许多辅助工作，特此表示深谢。此外，还要感谢亡妻彭淑芬女士在我长期伏案编书的过程中对我生活上和工作中的鼎力相助，使编写工作得以顺利完成，在此，特致以深切的悼念。

黄希祜

2012年冬

于重庆大学东林村

时年九十岁

冶金工业出版社部分图书推荐